LEHRBUCH DER ORGANISCH-CHEMISCHEN METHODIK

VON

Dr. HANS MEYER

O. Ö. PROFESSOR DER CHEMIE
AN DER DEUTSCHEN UNIVERSITÄT ZU PRAG

ERSTER BAND

ANALYSE UND KONSTITUTIONS-ERMITTLUNG ORGANISCHER VERBINDUNGEN

SPRINGER-VERLAG BERLIN HEIDELBERG GMBH 1922

ANALYSE UND KONSTITUTIONSERMITTLUNG ORGANISCHER VERBINDUNGEN

VON

Dr. HANS MEYER

O. Ö. PROFESSOR DER CHEMIE
AN DER DEUTSCHEN UNIVERSITÄT ZU PRAG

VIERTE
VERMEHRTE UND UMGEARBEITETE AUFLAGE

MIT 360 FIGUREN IM TEXT

SPRINGER-VERLAG BERLIN HEIDELBERG GMBH 1922

ISBN 978-3-662-35866-5   ISBN 978-3-662-36696-7 (eBook)
DOI 10.1007/978-3-662-36696-7

SEINEM VEREHRTEN LEHRER
UND FREUND

HERRN PROF. Dr. JOSEF HERZIG

IN WIEN

ZUGEEIGNET VOM VERFASSER

Vorwort zur ersten Auflage.

Die freundliche Aufnahme, welche meine „Anleitung zur quantitativen Bestimmung organischer Atomgruppen" gefunden hat[1]), gab mir den Mut, das vorliegende Buch zu schreiben.

Dasselbe ist inhaltlich in zwei Teile gegliedert, deren erster die Vorbereitung der Substanz zur Analyse, die Reinigungsmethoden, Kriterien der chemischen Reinheit und Identitätsproben, die Bestimmung der physikalischen Konstanten, ferner die Ermittlung der empirischen Formel durch Elementaranalyse und endlich die Molekulargewichtsbestimmung behandelt.

Der zweite Teil des Werkes beschäftigt sich mit der eigentlichen Konstitutionsbestimmung, es sind daher hier die qualitativen Reaktionen und quantitativen Bestimmungsmethoden der in organischen Substanzen vorkommenden Atomgruppen — also auch die aus kohlenstofffreien Elementen zusammengesetzten Radikale wie die Nitro- oder Amingruppe — angeführt.

Anschließend wird das Verhalten und die Bestimmung der doppelten und dreifachen Bindungen abgehandelt und schließlich das Wesentlichste über Substitutionsregelmäßigkeiten und die gegenseitige Beeinflussung der verschiedenen Substituenten innerhalb der Moleküle in bezug auf deren Reaktionsfähigkeit und chemisches Verhalten überhaupt besprochen.

Die Zeiten, als sich die im allgemeinen so überaus konservativen „organischen" Analytiker mit der bloßen Elementaranalyse neu hergestellter Derivate begnügen durften, sind unleugbar vorüber.

Mehr und mehr bricht sich die Erkenntnis Bahn, daß ein zuverlässiges Arbeiten auf diesem Gebiete nur unter steter Mitbenutzung der Atomgruppenbestimmungen möglich ist.

Diese Methoden gewähren uns ja nicht bloß einen Einblick in die nähere Zusammensetzung der zu untersuchenden Substanz, sie zeigen uns nicht nur an, ob eine von uns beabsichtigte Reaktion in gewünschter Weise vor sich gegangen ist — ob z. B. die Einwirkung von Acetylchlorid wirklich zur Bildung des erwarteten Essigsäureesters geführt hat —, sondern sie machen uns auch von der Notwendigkeit einer absoluten Reinigung der Substanzen unabhängig, welche ja zum Gelingen der Elementaranalyse unerläßlich, bei vielen Substanzen labiler Natur aber gar nicht oder nur mit großen Zeit- und Materialverlusten zu erreichen ist.

---

[1]) Inzwischen ist von der deutschen Ausgabe dieses Büchleins die zweite, von der englischen Übersetzung die dritte und außerdem eine italienische Auflage erschienen; eine russische Ausgabe ist in Vorbereitung.

Freilich ist selbst diese verfeinerte Art des Analysierens nicht immer imstande, die gewünschten Resultate zu gewähren, wie das folgende Beispiel zeigt.

Die von Edinger gefundenen Molekulargewichte für das Digitogenin (528 bzw. 503) im Zusammenhange mit fünf gut untereinander übereinstimmenden Elementaranalysen von Kiliani und Windaus[1]) — welche im Durchschnitte C = 71.22% und H = 10.06% ergaben — berechtigen in gleicher Weise zur Aufstellung der drei Formeln:

$$C_{30}H_{48}O_6 \qquad \text{M. G.} = 504.5 \qquad C = 71.36 \qquad H = 9.61$$
$$C_{30}H_{50}O_6 \qquad \text{,,} \quad\;\; 506.5 \qquad \text{,,} \quad 71.08 \qquad \text{,,} \quad 9.97$$
$$C_{31}H_{52}O_6 \qquad \text{,,} \quad\;\; 520.5 \qquad \text{,,} \quad 71.47 \qquad \text{,,} \quad 10.09.$$

Wie die Berechnung der Prozentzahlen ergibt, läßt sich aber auch dann zwischen diesen drei Formeln keine Entscheidung treffen, wenn man:

$$\begin{array}{lll} \text{eine OH-Gruppe durch} & 1\ Cl, \\ \text{zwei OH-Gruppen} & \text{,,} & 2\ Cl, \\ \text{zwei Wasserstoffe} & \text{,,} & 2\ C_6H_5SO_2, \\ \text{einen Sauerstoff} & \text{,,} & 1\ NOH, \\ \text{zwei Wasserstoffe} & \text{,,} & 2\ C_2H_3O \end{array}$$

ersetzt.

Hydroxylamin und Benzolsulfochlorid treten übrigens überhaupt nicht in Reaktion mit Digitogenin.

Unter diesen Verhältnissen muß die Formel dieser Substanz als vorläufig noch unbestimmbar angesehen werden.

„Welcher Zwerg" — schreiben Kiliani und Windaus — „ist aber das Digitogeninmolekül gegenüber einem Eiweißmolekül, und doch glaubt man auch bei letzterem schon zur Aufstellung von Formeln schreiten zu dürfen! Voraussichtlich wird noch ein gutes Stück Arbeit zu leisten sein, bis auf solchen schwierigen Gebieten von wirklicher Sicherheit der Schlußfolgerungen betreffs der Formeln gesprochen werden kann, und höchstwahrscheinlich müssen nach dieser Richtung noch ganz neue Methoden gefunden werden, um das gewünschte Ziel zu erreichen."

Was indessen bis jetzt an derartigen analytischen Behelfen und verallgemeinbaren Einzelbeobachtungen, oft zerstreut oder an schwer auffindbarer Stelle versteckt, in der bereits vorhandenen Literatur gesammelt werden konnte, ist in dem vorliegenden Werke vereinigt und in tunlichst konziser Form wiedergegeben.

Möglichst vollständige Literaturangaben, welche sich nicht bloß auf die eigentlichen Fachzeitschriften, sondern auch auf Patentbeschreibungen, Dissertationen, Schulprogramme und andere Gelegenheitspublikationen, soweit sie irgend zugänglich waren, beziehen, ermöglichen überall ein Zurückgehen auf die Originalarbeiten, doch wird man auch stets direkt nach den mitgeteilten Vorschriften arbeiten können.

Daß ich vor allem auf die Bedürfnisse des im Laboratorium tätigen Chemikers Rücksicht genommen habe und daher theoretischen Spekulationen nur wenig Raum gewährte, auch die physikalisch-chemischen Grundlagen der behandelten Themen nur mittels Literaturhinweisen gestreift habe, ist durchaus nicht als eine Geringschätzung der Theorie aufzufassen. Es sind aber die

---

[1]) B. **32**, 2201 (1899).

einschlägigen Fragen, soweit sie gelöst erscheinen, in mustergültigen Kompendien des öfteren klargelegt worden, während andererseits weite Gebiete der organischen Analyse noch der dynamischen Behandlung harren.

Vorläufig wird man sich hier mit empirisch ermittelten Rezepten behelfen und mit Regeln, statt mit Gesetzen, vorliebnehmen müssen.

Wenn andererseits die eine oder andere Methode vielleicht ganz übersehen, oder ein Reaktiönchen nicht nach seinem vollen Werte gewürdigt worden ist, oder wenn sich Ungenauigkeiten eingeschlichen haben, so darf dafür wohl ein Wort Goethes als Rechtfertigung angeführt werden:

„Jeder, der ein Lehrbuch schreibt, das sich auf eine Erfahrungswissenschaft bezieht, ist im Falle, ebensooft Irrtümer als Wahrheiten aufzuzeichnen, denn er kann viele Versuche nicht selbst machen, er muß sich auf anderer Treu und Glauben verlassen und oft das Wahrscheinliche statt des Wahren aufnehmen."

Herrn Dr. Otto Hönigschmid, der mich beim Lesen der Korrekturen aufs allerbeste unterstützte, sage ich hierfür herzlichst Dank.

Prag, im April 1903.

Hans Meyer.

Vorwort zur zweiten Auflage.

Die vorliegende zweite Auflage ist von Grund auf umgearbeitet, dem jetzigen Stand der Wissenschaft entsprechend vermehrt und auch sonst, wie ich hoffe, verbessert worden.

Neu hinzugekommen ist vor allem der „Ermittlung der Stammsubstanz" überschriebene zweite Teil des Buches, welcher im wesentlichen die Oxydations- und Reduktionsmethoden. einschließlich natürlich der Alkalischmelze, enthält.

Im dritten Teile sind neben zahlreichen neuen Verfahren und Reaktionen die schwefelhaltigen Atomgruppen in einem eigenen Kapitel behandelt worden.

Manche Methode, deren Besprechung in der ersten Auflage breiteren Raum eingenommen hatte, konnte jetzt mit kurzen Worten abgetan oder ganz ausgeschieden werden, vieles, seither als irrig Erkannte, mußte entfallen; einiges aber, was früher als weniger wichtig erschienen war, hat neuerdings erhöhte Bedeutung gewonnen und mußte dementsprechend eingehender berücksichtigt werden: So ist denn, trotz aller Bemühungen, den Umfang des Buches nicht allzusehr wachsen zu lassen, die Seitenzahl von 700 auf 1003 gestiegen. —

Der zweckentsprechenden Anordnung des Sachregisters wurde, was vielleicht noch hervorgehoben werden darf, erhöhte Aufmerksamkeit gewidmet.

Für freundliche Winke und Vorschläge bin ich vielen Fachgenossen verpflichtet; auch eine Anzahl von Privatmitteilungen konnte in das Buch aufgenommen werden.

Besonderen Dank schulde ich hierfür den Herren Dennstedt (Hamburg), Goldschmiedt (Prag), Hantzsch (Leipzig), Herzig (Wien), Kaufler (Zürich), Skraup (Wien) und Wegscheider (Wien).

Beim Lesen der Korrekturen hat mich Herr Dr. Richard Turnau aufs beste unterstützt.

Prag, im Dezember 1908.

Hans Meyer.

Vorwort zur dritten Auflage.

Durch Anwendung gedrängteren Satzes und Vergrößerung des Formats ist es möglich geworden, den Umfang der dritten Auflage nur um ein geringes — etwa fünzig Seiten — anschwellen zu lassen, obwohl die Vermehrung des Inhalts reichlich ein Viertel beträgt.

Die bewährte Anordnung des Stoffs blieb im wesentlichen unverändert; von dem neu Hinzugekommenen seien nur besonders Fritz Pregls mikrochemische Methoden hervorgehoben, die sicherlich in nicht zu ferner Zeit die alten Formen der Elementaranalyse überall verdrängen werden, wie sie schon jetzt in den österreichischen und vielen reichsdeutschen Hochschullaboratorien mit bestem Erfolg eingeführt sind[1]).

Bis der Autor dieser ausgezeichneten Verfahren selbst Zeit gefunden haben wird, eine Mitteilung über sein Werk zu veröffentlichen, wird man nach den im vorliegenden Buche enthaltenen Angaben imstande sein, ohne Schwierigkeiten zu arbeiten. —

Daß im zweiten Jahre des Weltkriegs das Bedürfnis nach einer Neuauflage dieses Lehrbuchs sich fühlbar machen konnte, daß andererseits die Verlagsbuchhandlung Drucklegung und Ausstattung desselben so rasch und in jeder Beziehung vorzüglich durchführen konnte, wie im tiefsten Frieden, darf wohl mit als ein Beweis dafür angesehen werden, daß weder der Wille zur wissenschaftlichen Arbeit noch die Möglichkeiten zu seiner Betätigung bei den Mittelmächten eine Einbuße erlitten haben.

Möge nach dem Kriege dieses Buch, das über die einschlägige Weltliteratur bis Ende 1915 vollständig und in einzelnen Ergänzungen noch darüber hinaus unterrichtet, einen kleinen Baustein der Brücke bilden, die dann wieder die Wissenschaft von Volk zu Volk zu spannen haben wird!

Mehreren Freunden und Fachgenossen bin ich für unveröffentlichte Mitteilungen sowie der Verlagsbuchhandlung Julius Springer für ihr Entgegenkommen außerordentlich verbunden.

Ganz besonders dankbar aber muß ich die großen Verdienste anerkennen, die sich mein Assistent, Fräulein Dr. Alice Hofmann, durch Mitlesen der Korrekturen und, während ich unter den Waffen stand, durch längere Zeit selbständige Leitung der Drucklegung um das Zustandekommen dieses Werkes erworben hat.

Prag, im März 1916.

Hans Meyer.

---

[1]) Der Altmeister der Mikrochemie Emich schreibt [Ch. Ztg. **39**, 839 (1915)] u. a. über die Preglschen Verfahren: „Vielleicht ist eine Bemerkung über die wirtschaftliche Seite der Methoden am Platz. Nach einer ganz beiläufigen Schätzung wurden im Jahre 1913 in den deutschen Zeitschriften rund 6000 Elementaranalysen veröffentlicht. Rechnet man für die nichtdeutschen Zeitschriften ebensoviel und nimmt man weiter an, daß von den in den Instituten ausgeführten Analysen etwa die Hälfte publiziert wird, so ergibt sich eine Zahl von mehr als 20 000 Elementanalysen, in welchen jährlich mehrere Kilogramm kostbarsten Analysenmaterials verbrannt werden. Diese Menge könnte durch eine allgemeine Einführung der Preglschen Methoden auf nahezu den hundertsten Teil herabgesetzt werden!" Und Windaus und Hermanns heben [B. **48**, 981 (1915)] mit Recht hervor: „Der Wert der Mikroanalyse liegt . . . nicht nur darin, daß die Kleinheit der verfügbaren Substanzmenge kein Hindernis mehr bildet, sondern auch darin, daß man sich bei der kurzen Zeitdauer einer mikroanalytischen Bestimmung leichter entschließt eine größere Anzahl von Analysen auszuführen."

Vorwort zur vierten Auflage.

Mehrfach geäußerten Wünschen entsprechend habe ich einen größeren Abschnitt „Qualitative und quantitative Bestimmung der wichtigsten Abbauprodukte" eingefügt, der über eine Anzahl von Verbindungen Rechenschaft gibt, die beim Zurückführen komplizierterer Moleküle auf die Stammsubstanz erhalten werden.

Auch sonst mußten verschiedene Umarbeitungen vorgenommen werden, die den Umfang des Buches wesentlich vergrößern und so seiner Handlichkeit Eintrag tun konnten, zumal ja die Registrierung aller neugewonnenen Erkenntnisse — darunter eine größere Anzahl unveröffentlicher Beobachtungen aus dem Chemischen Laboratorium der Prager Deutschen Universität — viel Raum beanspruchte.

Durch knappere Fassung des Textes und mancherlei Kürzungen, vor allem aber durch kleineren Druck der Formeln und gedrängtere Anordnung der Anmerkungen konnte indes diesem unerwünschten Zustande entgegengearbeitet werden, so daß trotz der gewaltigen Vermehrung des Inhalts doch der Umfang des Buches um nicht mehr als etwa 130 Seiten zugenommen hat.

Wieder kann ich vielen Fachgenossen aus aller Herren Ländern für Privatmitteilungen und Zusendung von Separatabdrücken danken, die, soweit das möglich war, berücksichtigt wurden.

Auch meine treue Mitarbeiterin, jetzt meine liebe Frau, Dr. Alice Hofmann-Meyer, hat wieder eifrigst beim Lesen der Korrekturen geholfen.

Die Verlagsbuchhandlung Julius Springer hat in der gewohnten musterhaften Weise für Druck und Ausstattung des Werkes gesorgt.

Eine französische Ausgabe ist im Werden.

Prag, September 1922.

Hans Meyer.

Inhaltsverzeichnis.

Erster Teil.

Reinigungsmethoden für organische Substanzen und Kriterien der chemischen Reinheit. — Elementaranalyse. — Ermittlung der Molekulargröße.

Erstes Kapitel.
Vorbereitung der Substanz zur Analyse. Reinigungsmethoden für organische Substanzen.

Zweites Kapitel.

Kriterien der chemischen Reinheit und Identitätsproben. Bestimmung der physikalischen Konstanten.

Drittes Kapitel.

Elementaranalyse.

Viertes Kapitel.

Ermittlung der Molekulargröße.

Zweiter Teil.
Ermittlung der Stammsubstanz.

Erstes Kapitel.
Abbau durch Oxydation.

Zweites Kapitel
Alkalischmelze.

Drittes Kapitel.

Reduktionsmethoden.

Dritter Teil.

Qualitative und quantitative Bestimmung der wichtigsten Abbauprodukte.

Vierter Teil.

Qualitative und quantitative Bestimmung der organischen Atomgruppen.

Erstes Kapitel.

Nachweis und Bestimmung der Hydroxylgruppe.

Zweites Kapitel.

Nachweis und Bestimmung der Carboxylgruppe.

Drittes Kapitel.

Nachweis und Bestimmung der Carbonylgruppe.

Viertes Kapitel.

Methoxylgruppe und Äthoxylgruppe. — Höhere Alkoxyle. Methylenoxydgruppe. — Brückensauerstoff.

Fünftes Kapitel.

Primäre, sekundäre und tertiäre Amingruppen. — Ammoniumbasen. — Nitrilgruppe. — Isonitrilgruppe. — An den Stickstoff gebundenes Alkyl. — Betaingruppe. — Säureamide. — Säureimide.

Sechstes Kapitel.

Diazogruppe. — Azogruppe. — Hydrazingruppe. — Hydrazogruppe.

Siebentes Kapitel.

Nitroso- und Isonitrosogruppe. — Nitrogruppe. — Jodo- und Jodosogruppe. — Peroxyde und Persäuren.

Achtes Kapitel.
Schwefelhaltige Atomgruppen.

Neuntes Kapitel.
Doppelte und dreifache Bindungen. — Gesetzmäßigkeiten bei Substitutionen.

Reinigungsmethoden für organische Substanzen und Kriterien der chemischen Reinheit — Elementaranalyse — Ermittlung der Molekulargröße

Erstes Kapitel.

Vorbereitung der Substanz zur Analyse.
Reinigungsmethoden für organische Substanzen.

„Die erste Aufgabe, welche man bei der Ausführung der organischen Analyse zu lösen hat" — sagt Liebig — „ist, daß man sich die zu analysierende Substanz in dem höchsten Grade der Reinheit zu verschaffen sucht: kein Mittel darf vernachlässigt werden, um sich über die Abwesenheit fremder Stoffe zu vergewissern."

Als solche Reinigungsmethoden kommen für feste Körper vor allem das Umkrystallisieren und Sublimieren, für Flüssigkeiten die fraktionierte Destillation in Betracht. Ferner sind als wichtige Reinigungsoperationen namentlich das Entfärben, das Entfernen von Harzen, das Destillieren im (Wasser-) Dampfstrom und andererseits wieder das Trocknen der Analysensubstanz zu besprechen.

Erster Abschnitt.

Entfärben. – Entfernen von Harzen.

1. Farbige und gefärbte Substanzen.

Die überwiegende Mehrzahl der organischen Substanzen ist in reinem Zustand farblos, doch gibt es viele Stoffe, die infolge leichter Veränderlichkeit nicht dauernd ungefärbt erhalten werden können.

Dieser Umstand mag im allgemeinen für die analytische Charakterisierung des betreffenden Produkts belanglos sein: seit man aber erkannt hat, daß zwischen Konstitution und Farbe innige Beziehungen bestehen, ist es von Wichtigkeit geworden, zu erfahren, ob im übrigen reine Substanzen farbig oder aber nur durch hartnäckig anhaftende Verunreinigungen gefärbt seien[1]).

Diese Prüfung auf Farblosigkeit ist in manchen Fällen außerordentlich schwer, ja manchmal sogar unmöglich, weil entweder die Entfernung der letzten Spuren des färbenden Stoffs an sich undurchführbar ist oder der

---

[1]) Hantzsch betont B. **39**, 3087 (1906) die Wichtigkeit der strengen Scheidung dieser beiden Bezeichnungen: „Farbig" sind Substanzen mit Eigenfarbe, z. B. Azokörper, Chinone oder Farbstoffe, die also niemals als „gefärbte" Stoffe bezeichnet werden dürfen. „Gefärbt" sind nur farblose Stoffe durch farbige Fremdkörper. So sind z. B. die roten aci-Nitrophenolester farbig. Die echten farblosen Nitrophenole werden durch kleine Mengen der aci-Formen, wenn letztere als Verunreinigungen aufzufassen sind, „gefärbt". Wenn aber die aci-Formen als integrierende Bestandteile zum Gleichgewicht der „Meroaci-Nitrophenole" gehören, sind die freien Nitrophenole schwach „farbig".

farblose und der farbige Körper ein Isomerenpaar bilden, das sich im rasch wiederentstehenden Gleichgewicht befindet.

Wo in solchen Fällen trotzdem die Entscheidung betreffs der eventuellen Farblosigkeit von Wichtigkeit ist, müssen physikalische Methoden angewendet werden, oder man begnügt sich mit dem Nachweis, daß sich ein der betreffenden Substanz ganz analog gebauter Körper entfärben läßt.

So sind von Hantzsch[1]) Acetylderivate beschrieben worden, deren Entfärbung auf keine Weise gelang, während die zugehörigen Benzoyl- und Propionylderivate farblos zu erhalten waren.

Negative Versuche sind daher nur dann als ausschlaggebend zu betrachten, wenn wirklich alle verfügbaren Reinigungsmethoden gewissenhaft gebraucht worden sind.

Ein Beispiel für eine solchermaßen durchgeführte Untersuchung bietet G. Goldschmiedts Abhandlung über die Konstitution des Pyrens[2]).

Natürlich muß man auch farbige oder für farbig angesehene Substanzen auf eventuelle Entfärbbarkeit prüfen. Es ließ sich z. B. zeigen, daß die verschiedenen Farben Grün, Rot, Braun usw. der Salze des Phenylacridins nicht auf Chromoisomerie beruhen, sondern vielmehr einer denselben anhaftenden und die Krystalle anfärbenden, dunkelfarbigen Verunreinigung zuzuschreiben sind, die sich durch energische Behandlung mit Knochenkohle ohne große Schwierigkeiten entfernen läßt[3]).

Die Aufbewahrung der gereinigten Substanzen hat mit entsprechender Sorgfalt zu geschehen; namentlich das Licht ist bei empfindlichen Präparaten abzuhalten[4]).

Beispielsweise werden Bromjod- und Dijodbenzole, am raschesten die niedrig schmelzenden Isomeren und von diesen wiederum am leichtesten die Orthoderivate, besonders in Gegenwart des Sauerstoffs der Luft, vom Licht (auch diffusem) zersetzt. Dabei färben sich die Orthoverbindungen rosa, die Metaverbindungen gelblich[5]).

2. Anwendung der Tierkohle.

Die Entfernung von färbenden Verunreinigungen und Harzen wird in der Regel durch Kochen oder Digerieren der klaren, nicht zu verdünnten Lösung der zu reinigenden Substanz mit Tierkohle erstrebt.

Da die Wirkung der Kohle — wie die der anderen Entfärbungsmittel, von denen später die Rede ist — in erster Linie auf Adsorption beruht[6]), kann man auch die für die Adsorption geltenden Gesetze bei der Wahl der Versuchsbedingungen für die Entfärbung verwerten[7]).

[1]) B. **39**, 3075 (1906).
[2]) Festschrift f. Ad. Lieben 371 (1906). — A. **351**, 218 (1907).
[3]) Kehrmann und Danecki, B. **49**, 1338 (1916).   [4]) Siehe S. 371, 786, 1078.
[5]) Norbutt, B. **52**, 1032 (1919).   [6]) Siehe übrigens Davis, Soc. **91**, 1666 (1907).
[7]) Freundlich, Über die Adsorption in Lösungen. Habil.-Schrift. Leipzig 1906. — Z. phys. **57**, 385 (1907). — Z. ang. **20**, 749 (1907). — Z. Koll. **1**, 321 (1907). — Türk, Üb. d. adsorb. Eig. versch. Kohlensorten. Diss. Straßburg (1906). — Freundlich und Losev, Z. phys. **59**, 284 (1907). — Rosenthaler, Arch. **244**, 517, 535 (1906); **245**, 686 (1907). — Vhdl. Ges. Naturf. u. Ärzte. Stuttgart 210 (1907). — Baerwald, A. Phys. (4) **23**, 84 (1907). — Losev, Diss. Leipzig (1907). — Michaelis und Rona, Bioch. **15**, 196 (1908); **94**, 240 (1919): **97**, 57 (1919). — Mayrhofer, Bericht über die Tätigkeit d. k. k. landw.-chem. Vers.-Stat. in Wien f. 1908. Wien 1909, 50. — Z. landw. Vers.-Wes. in Österr. 1909, 227. — Aschan, Ch. Ztg. **33**, 561 (1909). — Warburg, Pflüg. **155**, 547 (1914). — Chapin, J. Ind. Eng. Ch. **6**, 1002 (1914). — Freundlich und Bjercke, Z. phys. **91**, 1 (1916). — Liesegang, Ch.-Ztg. **44**, 89 (1920). — Scheringa, Ph. W. **57**, 348 (1920). — Ardagh, Soc. Ind. **40**, 230 (1921). — Adler, Ch. Ztg. **46**, 104 (1922).

Leider ist man indessen noch weit davon entfernt, für alle Fälle gültige Regeln geben zu können, ist doch selbst die Frage, von welchen näheren Umständen [Oberflächenbeschaffenheit, Stickstoff- und Schwefelgehalt[1])] die Güte des benutzten Entfärbungsmittels abhängt, nicht mit Sicherheit zu beantworten[2]).

Nach Glassner und Suida[3]) soll der in Form von Cyanverbindungen in den Kohlen befindliche Stickstoff hierbei eine wesentliche Rolle spielen. Pelet-Jolivet und Mazzoli[4]) konnten dagegen einen derartigen Einfluß des Stickstoffs oder supponierter stickstoffhaltiger Atomgruppen auf die Sorptionskraft der Kohle nicht konstatieren.

Jedenfalls lassen sich die folgenden Grundsätze aufstellen:

Die zu verwendende Kohle muß sorgfältig gereinigt sein.

Die zu entfärbende Lösung muß klar sein, resp. darf keine ungelösten Anteile des zu reinigenden Körpers enthalten, andererseits soll aber die Lösung nicht zu verdünnt sein.

Man nehme, um den Substanzverlust tunlichst einzuschränken, möglichst wenig Entfärbungsmittel.

Die Temperatur hat auf das Adsorptionsvermögen geringen Einfluß, man wird daher, falls die zu entfärbende Substanz leicht genug löslich ist, die Operation ohne Erwärmen durchzuführen trachten, was den Vorteil hat, daß man die eventuellen Nebenwirkungen der Kohle, wie Oxydationen[5]) oder andere chemische Reaktionen, möglichst einschränkt.

Nach Dupont und Freundler[6]) soll oftmals das Entfärben in der Kälte wirksamer sein und weniger Kohle beanspruchen. Da aber sehr häufig die Löslichkeitsverhältnisse Arbeiten in der Wärme bedingen, beachte man, daß vor dem jedesmaligen Eintragen neuer Mengen von Entfärbungsmittel die Lösung, falls sie zum Kochen erhitzt war, oder falls die Möglichkeit eines Siedeverzugs besteht, etwas abgekühlt werde, damit kein Überschäumen eintritt.

Durch geeignete Vorkehrungen (Schütteln) ist für innige Durchmischung Sorge zu tragen, dagegen hat langdauerndes Digerieren keinen Zweck, da das Adsorptionsgleichgewicht sich innerhalb weniger Minuten einstellt[7]).

Die durch Adsorption entstehenden Verluste sind am größten bei wäßrigen Lösungen, es empfiehlt sich daher, wenn möglich, zur Entfärbung ein anderes Lösungsmittel zu nehmen, falls man darauf Gewicht legt, die Substanz möglichst vollständig wiederzugewinnen.

Sind in einer Flüssigkeit verschiedene Substanzen und in verschiedenen Konzentrationen enthalten, so wird die in geringerer Menge vorhandene und die mit höherem Molekulargewicht gewöhnlich stärker adsorbiert.

Da die zu entfernenden Verunreinigungen meist hochmolekulare Substanzen sind, deren Menge gegenüber jener der eigentlichen Substanz sehr zurücktritt, ist man häufig imstande, die Reinigung ohne besondere Schwierigkeiten

---

[1]) Siehe Knecht, J. Soc. Dyers and Colour. **23**, 221 (1907). — Ch. Ztg. **33**, 623 (1909).

[2]) Einfluß der Glühtemperatur auf die Aktivität der Kohle. Philip, Dunnill und Woreman, Soc. **117**, 362 (1920).

[3]) A. **357**, 95 (1907). — Siehe dazu auch Justin-Mueller, Ch. Ztg. **37**, 844 (1913). — Sisley, Ch. Ztg. **37**, 1357 (1913). — Zerban, J. Ind. Eng. Ch. **10**, 182 (1918). — Luisiana Bull. Nr. **167**, 1 (1919).   [4]) Bull. (4) **5**, 1011 (1909).

[5]) Hoffmann, B. **7**, 530 (1874). — Cazeneuve, C. r. **110**, 788 (1890). — Feigl, Z. an. **119**, 305 (1921).

[6]) Manuel opératoire de chimie organique, Paris 1898, 11. — Dupont, Freundler und Marquis, Manuel de trav. prat. de Chimie organique, Paris 1908, 29.

[7]) Siehe übrigens Kunckell und Richartz, B. **40**, 3395 (1907).

durchzuführen; doch ist nicht zu vergessen, daß die Kohle, wie schon weiter oben angedeutet, anderweitige unliebsame Störungen hervorrufen kann.

Leicht oxydable Substanzen entfärbt man daher, falls es überhaupt unvermeidlich ist, Kohle anzuwenden, nachdem man durch die Lösung ein paar Blasen Schwefeldioxyd oder Schwefelwasserstoff geleitet hat, und vermeidet tunlichst jede Erwärmung[1]).

Freie Basen werden natürlich leichter oxydiert als Salze; Alkaloide entfärbt man daher am besten in Form ihrer Verbindungen.

Leicht hydrolysierbare Salze werden durch die Einwirkung der Kohle partiell gespalten[2]) und dann die einzelnen Ionen verschieden stark adsorbiert, worauf eventuell durch Zusatz des einen Ions im Überschuß Rücksicht genommen werden kann. Auch in diesem Fall ist es natürlich besonders vorteilhaft, wenn man die Anwendung eines dissoziierenden Mediums vermeidet.

Schwer lösliche Substanzen führt man am besten in leichter lösliche Derivate über und entfärbt diese, oder man vermischt sie mit Kohle und extrahiert im Soxhletschen Apparat[3]).

Nach Versuchen von Wiechowski wird die beste Kohle aus Eiweiß erhalten[4]).

Die Prüfung der Kohle kann so ausgeführt werden, daß man ein gewogenes Quantum (etwa 0.2 g) trockner Kohle mit steigenden Mengen wäßriger Methylenblaulösung ($^1/_{200}$ normal) schüttelt, bis nach 1—2 Minuten bleibende Färbung des Wassers auftritt.

Gute Kohle muß pro Zehntel Gramm mindestens 20 ccm Methylenblaulösung innerhalb einer Minute entfärben.

Joachimoglu[5]) schlägt folgende Prüfung vor: 0.2 g genau abgewogene Kohle wird mit 50 ccm $^n/_{10}$-Jodlösung 30 Minuten lang bei gewöhnlicher Temperatur in einer 100 ccm fassenden weithalsigen Flasche mit gut schließendem Glasstopfen geschüttelt. Nach dem Schütteln kommt der ganze Inhalt der Flasche in ein Zentrifugenrohr und wird 10 Minuten lang scharf zentrifugiert. Man entnimmt, nachdem man sich davon überzeugt hat, daß keine Kohlepartikelchen in der Flüssigkeit herumschwimmen, 25 ccm davon, bringt sie in einen 200 ccm fassenden Erlenmeyerkolben und titriert das Jod mit $^n/_{10}$-Thiosulfatlösung.

Es ist von Wichtigkeit, daß ein Zusatz von aussalzenden Mitteln (Natriumsulfat u. dgl.) die adsorbierende Kraft der Kohle sehr merklich erhöht. Die verschiedenen Kohlensorten zeigen übrigens den zu adsorbierenden Verunreinigungen gegenüber oft ein sehr individuelles Verhalten. Für manche Zwecke sind Pflanzenkohlen (Carbovent, Carboraffin) besonders geeignet.

---

[1]) Siehe dazu Hofmann, B. **7**, 530 (1874). — Siemssen, Ch. Ztg. **36**, 934 (1912).

[2]) Liebermann, Sitzb. d. Akad. d. Wissensch. Wien **75**, 331 (1877).

[3]) Türk, Diss. Straßburg (1906), 59. — Rosenthaler und Türk, Arch. **244**, 531 (1906).   [4]) Münch. med. Woch. 1915, 103.

[5]) Das ehemalige österreichische Ministerium des Innern hat Prüfungsvorschriften bekanntgegeben, nach denen das Adsorptionsvermögen der in der Therapie angewandten Kohlen geprüft werden soll. Diese Prüfungsvorschriften[6]) lauten:

    a) 0.1 g fein gesiebte und bei 120° getrocknete Kohle muß mindestens 20 ccm einer 1.5 proz. Lösung von Methylenblauchlorhydrat medicinale (Merck) beim Schütteln in verschlossenem Gefäß innerhalb einer Minute vollständig entfärben (keine Filtration).

    b) Wird eine Aufschüttelung von 3,0 g Kohle in 65 ccm·der unter a beschriebenen Methylenblaulösung getrunken, darf der innerhalb der nächsten 24 Stunden ausgeschiedene Harn keine Grünfärbung zeigen.

[6]) Bioch. **77**, 2 (1916). — Siehe auch Wickenden und Hassler, J. Ind. Eng. Ch. **8**, 518 (1916). — Kolthoff, Ph. W. **58**, 630 (1921).

Über die Adsorption durch Kohle in alkoholischen Lösungen siehe noch Gustafson, Z. El. **21**, 459 (1915).

Anwendung der Tierkohle zum Entfernen von Jod: Hofmann, A. **67**, 66 (1848). — Von letzten Spuren von Bariumsulfat: Witzemann, Am. soc. **39**, 109 (1917).

Will man die in der Kohle zurückgebliebene Substanz wiedergewinnen, was natürlich oftmals nur sehr unvollständig gelingt, so muß man ein schwach adsorbierendes Extraktionsmittel wählen, am besten Chloroform oder Aceton.

Je nach der Größe der inneren Reibung des Lösungsmittels wird die in der Flüssigkeit befindliche Suspension feinster Kohleteilchen sich verschieden rasch klären: ätherische oder benzolische Lösungen setzen also die Kohle weit rascher ab als wäßrige oder alkoholische.

Dabei spielt auch das Hydroxylion des gelösten Stoffs noch eine besondere Rolle, indem es die Kohle hartnäckig kolloid erhält, ein Umstand, der das sog. „Durchgehen" der Kohle durch das Filter verursacht.

Für die Analyse bestimmte Präparate müssen daher nach dem Entfärben nochmals, am besten aus einem hydroxylfreien Lösungsmittel, umkrystallisiert werden[1]).

Reinigung der Kohle.

Die Art der Reinigung richtet sich immer nach der Art des Lösungsmittels sowie der zu lösenden Substanz.

Die durch Auskochen mit Salzsäure und Wasser vorgereinigte, namentlich auch von löslichen Eisenverbindungen[2]) befreite, zerriebene Kohle muß getrocknet und mit dem Lösungsmittel ausgekocht werden.

Hat man die massenhaft okkludierten Gase zu fürchten[3]), so glüht man sie vor der Verwendung im bedeckten Platintiegel.

3. Andere Entfärbungsmittel.

Statt der Tierkohle werden gelegentlich verschiedene Sorten von Infusorienerde[4]), Talk[5]), Bimsstein[6]) sowie Bergkork, der mit Zuckerlösung imprägniert und geglüht wird, oder feinfasriger Chrysotil angewendet, ohne indessen im allgemeinen besondere Vorteile zu bieten.

Ein altbewährtes Apothekermittel[7]) ist auch die weiße Pfeifenerde (Striegauer Erde), ein feiner, weißer Ton, als Bolus alba offizinell. Der Ton muß vor dem Gebrauch wiederholt mit verdünnter Salzsäure ausgekocht und gut ausgewaschen werden.

Über Eiweißfällung mit Kaolin siehe Rona und Michaelis, Bioch. **5**, 365 (1907). — Bang, Bioch. **7**, 325 (1908). — Neuberg, Bioch. **24**, 425 (1910).

---

[1]) Man lese hierzu Liebigs Anekdote über das Gmelinsche Allantoin. B. **23**, R. 818 (1890). — Siehe auch Kalb, A. **423**, 61 (1921).

[2]) Skraup, M. **1**, 185 (1880). — Auch Kupfer- und Bleiverbindungen finden sich häufig in der Kohle. Doroschewski und Bardt, Russ. **46**, 754 (1914).

[3]) Z. B. Fischer und Wolter, J. pr. (2) **80**, 104 (1909).

[4]) Stranecky, Neue Z. Rübenz.-Ind. **7**, 83, 98 (1881). — Jolles, Z. anal. **29**, 406 (1891). — Kral, Ch. Ztg. **17**, 1487, 1551 (1893). — Schweissinger, Ph. C.-H. **40**, 68 (1899). — Mossler, M. **29**, 72 (1908). — Wunderlich, Diss. Marburg (1908), 70. — Neuberg, Bioch. **24**, 425 (1910). — Wüstenfeld, D. Essigindustrie (1911), 230. — Bruhns, Z. ang. **34**, 242, 438 (1921).

[5]) Waliaschko, Arch. **242**, 226 (1904). — Willstätter und Benz haben zur Entfernung von Pflanzenschleim Talk mit großem Vorteil verwendet. A. **358**, 276 (1908). — Willstätter und Weil, A. **412**, 183 (1916).

[6]) Garcia, Bull. Ass. Chim. Sucr. et Dist. **28**, 199 (1910).

[7]) Heintze, Z. anal. **17**, 167 (1878). — Arch. **208**, 326 (1881).

Die Fuller- oder Walkererde[1]) hat Rakusin[2]) zum Entfärben von Mineralölen angewendet. Sie leistet auch sonst in ähnlichen Fällen gute Dienste[3]). Vor dem Gebrauch erhitzt man sie auf 300—400° und läßt im Exsiccator erkalten.

Über Frankonit Silitonit und Tonsil (aufbereitete Aluminium-Magnesium-Hydrosilicate) siehe Lach, Ch. Ztg. **37**, 573 (1913). — Die Ceresinfabrikation, Halle a. S., Knapp (1911), 150. — Fritz, Seifens. Ztg. **40**, 962 (1913). — Steinau, Ch. Ztg. **45**, 559 (1921). — Kambaraerde: Kabayashi, J. Ind. Eng. Ch. **4**, 891 (1912). — Tricalciumphosphat: Ayres, Soc. Ind. **35**, 679 (1916). — Tribariumphosphat: Fellenberg, Mitth. a. d. Geb. d. Lebensm.-Unters. **3**, 329 (1912).

„Gewachsene" oder „molekulare" Tonerde[4])

läßt sich in vielen Fällen wie Tierkohle als Entfärbungsmittel verwenden, mit dem Vorteil, daß dabei die Wirkung an der Aufhellung der Lösung und Dunkelfärbung der Tonerde verfolgt werden kann. Auch in Gemeinschaft mit Tierkohle ist diese Tonerde von Nutzen. Wenn sie einer mit Tierkohle behandelten Lösung zum Schluß zugesetzt wird, nimmt sie die suspendierte Kohle auf, die dann nicht durch das Filter geht[5]).

Darstellung der gewachsenen Tonerde.

In einem geräumigen Becherglas werden etwa 100 g Aluminiumgrieß, der auf etwa 1 mm Korngröße abgesiebt ist, in 5 proz. wäßriger Natronlauge unter Schütteln oder Rühren eingetragen und nach wenigen Minuten unter Schwenken die schmutzige Lauge abgegossen, sobald die Wasserstoffentwicklung lebhaft zu werden beginnt. Nach mehrmaligem Durchspülen der Metallmasse unter dem kräftigen Strahl der Wasserleitung wird diese Anätzung des Metalls wiederholt, indem man dem Waschwasser nochmals etwas Natronlauge zufügt und wieder bei lebhaftester Wasserstoffentwicklung abspült. Dem letzten Waschwasser setzt man nun ohne Rücksicht auf noch anhaftendes Ätznatron geringe Mengen konz. Sublimatlösung zu, schwenkt die Masse mit dem entstehenden grauen Schlamm kurz durch und spült dann wieder mehrmals kräftig. Das sehr festhaftende Wasser wird zum Teil mit Waschalkohol weggespült und dann Äther mit einer geeigneten Menge Wasser (etwa gleiche Teile Wasser und Aluminium) nebst etwas Alkohol wieder zugesetzt. Der Äther gerät nach und nach ins Sieden und dampft mit dem Alkohol und dem überschüssigen Wasser fort, wobei das poröse, trocken erscheinende, feinstpulvrige Hydroxyd aus dem Metallgrieß emporwächst. Allzuviel Wasser hemmt die Reaktion. In diesem Material ist

---

[1]) „Fuller's earth was first used to remove grease from woolen cloth in the process of shrinkage or fulling (Walken) by means of moisture and heat and it is to this use that it owes its name." Parsons, Am. soc. **29**, 598 (1907). — Middleton, Min. and Eng. World **30**, 117 (1913). — Seidell, Am. soc. **40**, 312 (1918). — Die Präparate sind sehr ungleichwertig, die englischen den amerikanischen im allgemeinen überlegen. Die Fullererde kann von den deutschen Fullererdwerken Hamburg bezogen werden. Das deutsche Produkt stammt aus Fraustadt in Schlesien.

[2]) B. **42**, 1642 (1909). — Holde, Ch. Ztg. **37**, 86, 87, 133 (1913). — Hoffmann, Ch. Ztg. **37**, 1310 (1913).

[3]) Müller, Ch. Ztg. R. **32**, 260 (1908). — Z. Koll. **2**, Suppl. 2, 11 (1908). — Graefe, Ch. Rev. **15**, 13, 33 (1908). — Loeb, ebenda 80. — Schimmel & Co., Ber. (1919) II, 97.

[4]) Wislicenus, Z. ang. **17**, 805 (1904). — Z. anal. **44**, 46 (1905). — Ch. Ztg. **31**, 961 (1907). — Wislicenus und Muth, Collegium 157 (1907). — DRP. 230 251 (1911); 230 252 (1911). — Das Präparat ist jetzt auch bei E. Merck erhältlich.

[5]) Freudenberg, B. **53**, 956 (1920).

ein großer Teil des Aluminiummetalls oxydiert. Dieser Teil wird zunächst durch ein sehr feines Sieb (bis $1/2$ mm Lochweite) abgetrennt. Der kalkig aussehende Rückstand kann ohne weiteres durch geringfügiges Nachspülen mit dünner Natronlauge, dann mit geringem Zusatz von Sublimatlösung (oft auch ohne diese) reaktiviert werden und liefert dann in gleicher Weise eine zweite große Portion des leichten Pulvers. Schließlich schlämmt man mit Äther möglichst von unzersetzten Aluminiumteilchen ab.

Eine andere Herstellungsweise erspart das Anätzen mit Natronlauge ganz, bedarf aber einer etwas größeren Menge Äther, mit dem der Aluminiumgrieß in einem geräumigen Kolben direkt überschichtet wird. Diesem Äther setzt man dann mehrmals ein wenig konzentrierte ätherische Quecksilberchloridlösung zu. Eine bei Zimmertemperatur gesättigte Lösung enthält etwa 8,5 bis 9 g Quecksilberchlorid im Liter. Diese Lösung reagiert sofort mit metallischem Aluminium und bildet aktives Aluminium-Quecksilber. Fügt man nun allmählich Wasser zu, jedoch weit weniger, als theoretisch nötig, evtl. noch so viel Alkohol, daß sich das Wasser möglichst mit dem Äther mischt, so geht die Hydratbildung stürmisch unter Verdampfung des Äthers vonstatten. Hierbei kann man den Äther durch Kühler und Vorlage zurückgewinnen. Das abgesiebte Produkt ist zunächst nicht vollkommen rein. Es enthält außer den oben genannten bedeutungslosen kleinen Verunreinigungen eine kleine Menge feinster Aluminiummetallkörnchen, die sich jedoch durch mehrmaliges Abschwemmen des leichteren Hydroxyds mit Äther gut entfernen lassen.

Zum guten Gelingen der Darstellung ist auf möglichst sparsames Zusetzen von Wasser zu achten. Wenn man zuviel Wasser zusetzt, so erhält man schleimige, nicht poröse Tonerde, und die Reaktion kommt bald zum Stillstand.

Die Adsorptionskraft des Präparats wird durch Ausglühen zum Oxyd eher gesteigert als gemindert.

4. Entfärben und Klären durch Fällungsmittel.

Während die Wirkung der Kohle und der anderen bisher besprochenen Entfärbungsmittel auf Adsorption beruht, sind im folgenden Verfahren beschrieben, die auf der Bildung eines Niederschlags innerhalb der Flüssigkeit fußen.

Farbstoffe und Harze werden in sehr vielen Fällen von Bleisalzen[1]) gefällt, manchmal erst nach Zusatz von etwas Ammoniak[2]). Man verwendet neutrales[3]) sowie einfach und zweifach basisches[4]) Acetat. Die Wirkung der einzelnen Reagenzien ist manchmal verschiedenartig. Auch das basische Bleinitrat kann Vorteile bieten[5]). In gewissen Fällen empfiehlt sich die Anwendung von fein aufgeschlämmtem Bleicarbonat[6]), so namentlich, wenn man keine Essigsäure ins Filtrat bekommen will[7]).

Man kann in wäßriger oder alkoholischer Lösung arbeiten; nach der Fällung zersetzt man Niederschlag und Filtrat getrennt durch Schwefelwasserstoff, verdünnte Schwefelsäure, Phosphorsäure oder deren Salze. Das ausfallende

---

[1]) Hlasiwetz und Pfaundler, A. **127**, 353, 355 (1863). — Hlasiwetz und Barth, A. **134**, 277 (1865.)

[2]) Z. B. Neuberg, Scott und Lachmann, Bioch. **24**, 163 (1910).

[3]) Über das Klären von Harn mit Bleizucker (normalem Acetat) siehe Neuberg, Bioch. **24**, 427 (1910).

[4]) E. Fischer, B. **27**, 3195 (1894).   [5]) Herles, Z. Ver. Dtsch. Zucker. **1909**, 782.

[6]) E. Fischer und Piloty, B. **24**, 4216 (1891).

[7]) E. Fischer, B. **24**, 4216 (1891). — Pyman, Soc. **91**, 1229 (1907). — Rosenthaler, Arch. **245**, 259 (1907). — Levene und Jacobs, B. **43**, 3142 (1910).

Bleisulfid vervollständigt die Reinigung durch mechanisches Niederreißen der Suspensionen[1]).

Viele stickstoffhaltige Verbindungen, so namentlich Eiweiß und Eiweißspaltprodukte, werden durch Mercurisalze ausgefällt, vor allem durch Mercurinitrat[2]) und Mercuriacetat[3]), von denen das letztere im allgemeinen vorzuziehen sein wird, wie ja fast allgemein das Fällungsvermögen der Acetate größer ist als das der Salze der starken Mineralsäuren.

Zur Reinigung der Digitoxonsäure verwandelt sie Kiliani in das Bariumsalz, dessen Lösung durch Einleiten von Kohlendioxyd zersetzt wird. Das Bariumcarbonat reißt den größten Teil des Farbstoffs mit nieder, der Rest wird dann leicht von Blutkohle weggenommen, während es nicht gelingt, die Bariumsalzlösung selbst durch Kohle gut zu entfärben[4]).

In analoger Weise verwandeln Rupe und Splittgerber die rohe a-Aminocampholsäure in das Kupfersalz, in dessen Lösung Schwefelwasserstoff geleitet wird. Das ausfallende Schwefelkupfer reißt die verunreinigenden Harze mit[5]).

Zur Entfernung von Eiweiß aus Harn, der auf seine stickstoffhaltigen Bestandteile untersucht werden soll, empfehlen Tracy und Welker[6]) Zusatz kolloider Tonerde, zu deren Darstellung man 1 proz. Alaunlösung bei Zimmertemperatur mit einem geringen Überschuß 1 proz. Ammoniaklösung versetzt und dekantiert.

In ähnlicher Weise wird Kieselsäurehydrat verwendet[7]).

Sehr wertvoll[8]) ist das kolloide Eisenhydroxyd[9]) als Fällungsmittel. Vor dem ebenfalls vorgeschlagenen, auch recht verwendbaren Eisenacetat (Liquor ferri subacetici, Lösung von halbbasischem Ferrisalz), das beim Aufkochen gute Klärung und Entfärbung zu bewirken pflegt, hat das Hydroxyd (Ferrum oxydatum dialysatum) den Vorteil, schon in der Kälte zu wirken, wenngleich Aufkochen auch hier häufig fördert und beschleunigt.

Außer bei Harn wurde es für die optische Untersuchung des Inhalts von Cysten, von Faecesextrakten, Fäulnislösungen, Bakterienkulturflüssigkeiten und Hefegärungsrückständen, ferner zur Entfernung feiner Suspensionen von Bariumsulfat, Bleisulfid, Calciumcarbonat u. dgl. benutzt.

Bei Anwendung sowohl von Ferrisubacetat als auch von kolloidem Eisenhydroxyd dürfen selbstverständlich keine starken Mineralsäuren zugegen sein, am besten ist angenähert neutrale Reaktion.

Häufig genügen zur Klärung wenige Tropfen Eisenlösung; hat man zuviel davon genommen, so gelingt die Entfernung des Eisenhydroxyds nach Michae-

---

[1]) Ausführliches über die „Bleimethode" siehe Rosenthaler, Grundzüge der chemischen Pflanzenuntersuchung. Berlin, Springer (1904), 21 ff. — Die Wirksamkeit der Bleifällungen steigt von den sauren, über die salzhaltigen, neutralen bis zu den basischen Bleiacetatlösungen mit zunehmendem Basizitätsquotienten an. Langecker, Bioch. **122**, 34 (1921).

[2]) Patein und Dufau, C. r. **128**, 375 (1899). — J. Pharm. Chim. (6) **10**, 433 (1899). — C. r. du IVe Congrès intern. de ch. appl. **2**, 655 (1900). — Denigès, Ber. d. V. intern. Kongr. f. ang. Ch. **4**, 130 (1903). — Porcher, Atti del VI. Congr. intern. di ch. appl. **5**, 140 (1906). — Andersen, Bioch. **15**, 83 (1909). — Neuberg, Bioch. **24**, 426 (1910).

[3]) Neuberg und Lachmann, Bioch. **24**, 173 (1910). — Neuberg, Bioch. **24**, 429 (1910); **43**, 505 (1912). — Neuberg und Ishida, Bioch. **37**, 142 (1912). — Rosenblatt, Bioch. **43**, 478 (1912).

[4]) B. **42**, 2610 (1909).   [5]) B. **40**, 4314 (1907).   [6]) J Biol. Ch. **22**, 55 (1915).

[7]) Siebel, Ch. Ztg. **36**, 1307 (1912). — DRP. 268 057 (1914).

[8]) Neuberg, Bioch. **24**, 424 (1910).

[9]) Michaelis und Rona, Bioch. **7**, 329 (1907); **14**, 476 (1908); **16**, 60 (1909). — Oppler und Rona, Bioch. **13**, 121 (1908). — Oppenheim, Ch. Ztg. **33**, 927 (1909). — Rona, Bioch. **27**, 348 (1910). — Fillinger, Z. Unt. Nahr. Gen. **22**, 605 (1911). — Über Methoden zur Enteiweißung siehe noch Albert, Bioch. **92**, 398 (1918). — Richter-Quittner, Bioch. **95**, 182 (1919). — Smith, J. Biol. Ch. **45**, 437 (1921).

lis, Oppler und Rona leicht durch Zusatz einer kleinen Menge Natriumchlorid oder besser Magnesiumsulfat, bzw. eines anderen Salzes mit zweiwertigem Kation, während beim Ferrisubacetat nach Neuberg Aufkochen mit einem löslichen Acetat (Natriumacetat) nötig ist.

Für gewisse Fälle kann es wichtig sein, zu bedenken, daß das dialysierte Eisenhydroxyd stets Chlorionen enthält[1]).

Huminsubstanzen lassen sich sehr leicht durch kolloides Eisenhydroxyd und Elektrolyte ausflocken[2]).

In ähnlicher Weise wie Eisen- wird gelegentlich[3]) auch Kupferoxydhydrat benutzt. Sörensen und Jessen-Hansen entfärben salzsaure Lösungen durch Zusatz von Silbernitrat[4]). Carrez klärt Milch und Harn mit Ferrocyankalium und Zinkacetat[5]).

Auch durch andere geeignete Kombinationen kann man Fällung innerhalb der Flüssigkeit erzielen; man hat nur dafür Sorge zu tragen, daß keine unausgefällten störenden Salze in der Lösung zurückbleiben.

Beispielsweise verwendet Schenk[6]) äquivalente Mengen von Aluminiumsulfat und Barythydrat zur Reinigung von Gerbstofflösungen.

Salkowski fällt der Lösung zugesetztes Blei- oder Bariumsalz mit Natriumcarbonatlösung[7]).

Über Klären mit Weinsteinlaugen siehe: Carles, Bull. (4) 7, 583 (1910). — Phosphorwolframsäure: Scheibler, B. 5, 801 (1872); 9, 1793 (1876). — Schulze, L. V. St. 36, 419 (1889). — Skraup, Z. physiol. 42, 280 (1904). — Geelmuyden, Z. physiol. 58, 256 (1909).

Allgemein läßt sich sagen, daß das Fällungsvermögen von der Wertigkeit des Kations abhängt, derart, daß die einwertigen Kationen so gut wie wirkungslos sind, während dreiwertige Kationen eine eminente Ausflockungsfähigkeit besitzen [Schulzesche Regel[8])].

Die Eigenschaft des Eiweiß, in der Hitze zu gerinnen, benutzt man schon seit langem, um fein suspendiertes Harz u. dgl. zu entfernen. Das Verfahren dürfte zuerst von Salles[9]) genauer ausgearbeitet worden sein.

Die auf einen Liter verdünnte Lösung eines vom Dotter befreiten Hühnereis wird der verdünnten, zu reinigenden Flüssigkeit beigemischt, hierauf im Wasserbad bis zur Klärung erwärmt und filtriert.

Schwer ausflockbare Kolloide kann man auch dadurch mechanisch niederreißen, daß man ihre Lösung mit der Lösung eines anderen Kolloids versetzt, das sich leicht fällen läßt.

So gehen z. B. Michaelis und Rona[10]) zur Entciweißung von Blutserum folgendermaßen vor:

Ein Volumen unverdünntes Blutserum wird mit dem dreifachen Volumen

[1]) Schacherl, Z. allg. österr. Apoth.-Ver. 1891, 505. — Krczmař, Z. allg. österr. Apoth.-Ver. 1897, Nr. 13.   [2]) Clementi. Arch. d. Farm. sper. 20, 561 (1915). [3]) Stutzer, J. f. Landw. 1881, 473. — König, Unters. 3. Aufl. 209. — E. Přibram, Arch. f. exper. Pathol. u. Pharm. 51, 379 (1904).   [4]) Bioch. 7, 407 (1908). [5]) A. Chim. anal. appl. 13, 17, 97 (1908).   [6]) DRP. 71 309 (1891). [7]) Z. physiol. 9, 493 (1885). [8]) J. pr. (2) 25, 431 (1882). — Bechhold, Z. phys. 48, 385 (1904). [9]) A. 29, 342 (1839). — Zannon, A. 58, 24 (1846). — Ruspini, Manuele eclettico dei rimedi nuovi, Bergamo 1846, 121. — A. 66, 204 (1848). — Waliaschko, Diss. Charkow (1903). — Arch. 242, 225 (1904). — Wunderlich, Arch. 246, 225 (1908). [10]) Bioch. 2, 219 (1906); 3, 109 (1907); 5, 365 (1907). — Michaelis, Pinkussohn und Rona, Bioch. 6, 1 (1907). — Anwendung von Gelatine: Staz. sper. agr. it. 45, 885 (1912). — Über Eiweißfällungen siehe auch Schjerning, Z. anal. 36, 643 (1898); 37, 73, 413 (1898); 39, 545 (1900). — Laszczynsky, Z. f. d. ges. Brauw. 22, 123, 140 (1899).

absoluten Alkohols versetzt, dazu nach einigen Stunden ein Volumen 50 proz. Lösung von Mastix in absolutem Alkohol gegeben und mit Wasser verdünnt, bis der Alkoholgehalt der Gesamtflüssigkeit höchstens noch 30 % beträgt[1]). Dann wird schwach mit Essigsäure angesäuert, oder pro Liter Flüssigkeit mit etwa 10—15 ccm 10 proz. Magnesiumsulfatlösung versetzt. Die eiweißfreie Flüssigkeit kann sofort filtriert werden, es ist jedoch vorteilhaft, einige Zeit damit zu warten. Bei eiweißarmen Flüssigkeiten, etwa bis $^1/_2$% Eiweiß, ist die Vorbehandlung mit Alkohol natürlich unnötig. In diesem Fall fügt man einfach zu der mit Essigsäure angesäuerten Flüssigkeit so viel 20 proz. alkoholische Mastixlösung, daß der Alkoholgehalt der ganzen Flüssigkeitsmenge 30% nicht übersteigt, und koaguliert durch geringe Mengen Kupferacetat.

5. Oxydations- und Reduktionsmittel. — Kondensationsmittel.

Durch Zusatz geringer Mengen von Oxydations- oder Reduktionsmitteln können manchmal Verunreinigungen entfernt werden, deren man sonst auf keinerlei Weise Herr wird.

Als Oxydationsmittel wird zumeist Kaliumpermanganat[2]), das schon Gößmann zum Entfärben von Harnsäure, Hippursäure und Cyanursäure empfohlen hat[3]), seltener Chromsäure[4]), Natriumhypochlorit[5]), Natriumhypobromit[6]), Chlorkalk[7]), Salpetersäure[8]) oder salpetrige Säure[9]) verwendet.

Mit Wasserstoffsuperoxyd hat Wiechowski[10]) Allantoin entfärbt, Kunz - Krause den Harnstoff[11]). Dieses reinliche Reagens wird sich sicherlich oftmals bewähren.

Auch Benzoylsuperoxyd ist, unter dem Namen Lucidol, empfohlen worden[12]).

Von Reduktionsmitteln werden zumeist schweflige Säure[13]) bzw. Natriumbisulfit[14]), in neuerer Zeit auch Formaldehydsulfoxylat[15]) angewendet. Ein ganz ausgezeichnetes Entfärbungsmittel, das namentlich auch für die Reinigung von Aminoverbindungen, Gerbstoffen und Zuckerarten brauchbar ist, ist das Natriumhydrosulfit[16]).

Zinnchlorür[17]) wird auch oftmals benutzt und ebenso andere lösliche Stannosalze[18]).

---

[1]) Man kann auch die Alkoholfällung umgehen. Siehe Bioch. **5**, 365 (1907).

[2]) Merz und Mühlhäuser, B. **3**, 713 (1870). — Prinz, J. pr. (2) **24**, 355 (1881). — Bechhold, B. **23**, 2144 (1890). — Knorr, B. **17**, 549 (1894). — v. Schmidt, M. **25**, 288 (1904).   [3]) A. **99**, 373 (1856).

[4]) Luck, Z. anal. **16**, 61 (1877) Reinigung des Anthrachinons. — Auerbach, Das Anthracen. 2. Aufl. (1880), 90. — Königs und Geigy, B. **17**, 593 (1894).

[5]) Wöhler, A. **50**, 1 (1844). — Fr. Pat. 371 900 (1907). — DRP. 257 832 (1913); 263 078 (1913).   [6]) DRP. 265 647 (1913).

[7]) Davidson, J. pr. (1) **20**, 184 (1840). — A. **36**, 343 (1840).

[8]) Auerbach, Das Anthracen, 2. Aufl. (1880), 90. — Rosenberger, Z. physiol. **56**, 373 (1908). — DRP. 257 832 (1913).   [9]) Prinz, J. pr. (2) **24**, 355 (1881).

[10]) Hofmeisters Beitr. z. Phys. u. Path. **11**, 128 (1907).

[11]) Koll. Ztschr. **25**, 240 (1919).   [12]) Lüdecke, Seif. Z. **35**, 1024 (1908).

[13]) Merz und Mühlhauser, B. **3**, 713 (1870). — Knorr, B. **17**, 549 (1884). — Orndorff und Bliss, Am. **18**, 457 (1896). — Knorr und Fertig, B. **30**, 939 (1897).

[14]) Bamberger und Pyman, B. **42**, 2311 (1909).   [15]) DRP. 206 166 (1909).

[16]) Herzfeld und Schneider, Z. Ver. Zuck. (1907), 1088. — Powarnin, Collegium (1912), 105. — DRP. 224 394 (1910). — Calciumhydrosulfit: Descamps, Bull. Ass. Chim. Sucr. **31**, 46 (1913).

[17]) Thiele, Ch. Ztg. **25**, 563 (1901). — DRP. 65 131 (1892); 67 696 (1893). — Klages, B. **39**, 2357 (1906).   [18]) DRP. 67 893 (1893).

Skraup und Biehler[1]) arbeiten damit z. B. folgendermaßen:

Die braune Lösung der Hydrolyseprodukte von Gelatine in kochendem Wasser wurde mit Zinnchlorür versetzt, einige Zeit erwärmt, noch etwas Bleisalz zugefügt und dann mit Schwefelwasserstoff gefällt. Das Gemisch der beiden Sulfide ist wesentlich besser filtrierbar, als Zinnsulfür allein.

Natürlich kann man auch gelegentlich mittels nascierenden Wasserstoffs (z. B. aus Zink und Essigsäure) reduzierend entfärben[2]).

Aluminiumamalgam: Kohn-Abrest, Ch. Ztg. **37**, 185 (1913). — Devos, Ch. Ztg. **37**, R. 107 (1913). — Iselin, Diss. Basel (1916), 36, 38, 50.

Kohlenwasserstoffe werden von sauerstoff- oder halogenhaltigen Begleitern und ebenso von Jod und Jodwasserstoff[3]) durch Kochen mit metallischem Natrium[4]), evtl. im Vakuum (Iselin) oder Calcium[5]) befreit.

Endlich kann man in manchen Fällen durch Zusatz von etwas Thionylchlorid, Aluminiumchlorid, Chlorschwefel, konzentrierter Schwefelsäure, Chlorzink oder anderen Kondensationsmitteln leichter angreifbare Verunreinigungen zur Abscheidung bringen. (Siehe S. 32.)

Speziell das Thionylchlorid läßt sich zur Verharzung und Verkohlung der Verunreinigungen gut gebrauchen, welche die Reindarstellung der höheren Fettsäuren aus Naturprodukten so sehr zu erschweren pflegen.

Führt man eine derartige Säure mittels Thionylchlorid in das Säurechlorid und dieses in den Ester über, so bleiben die zerstörten Beimengungen als alkoholunlösliche dunkle Masse zurück[6]).

Zweiter Abschnitt.

Krystallisieren und Umkrystallisieren.

Wenn eine Substanz befähigt ist, krystallisiert aufzutreten, muß man immer trachten, sie in diesen Zustand überzuführen, weil Krystalle durchgängig viel leichter in reiner Form zu erhalten sind als amorphe Massen und weil man bei ersteren durch die Bestimmung der Konstanten (Schmelzpunkt, Löslichkeit, optische und krystallographische Daten) sichere Anhaltspunkte für die Erkennung des Reinheitsgrads hat.

Nähere Angaben über die Darstellung zur Analyse geeigneter Krystalle sind weiter unten (S. 38 ff.) gemacht; es sei hierzu nur noch das Folgende bemerkt.

Die Krystallisationsgeschwindigkeit hängt von vielen Umständen ab; so von der Temperatur, der Art und Menge der Lösungsgenossen, von der Löslichkeit der Substanz selbst und ihrer spezifischen Neigung, übersättigte Lösungen zu bilden.

---

[1]) M. **30**, 471 (1909). [2]) Feuerstein und Lipp, B. **35**, 3253 (1902).
[3]) Lucas, B. **21**, 2510 (1888). — Liebermann und Spiegel, B. **22**, 135 (1889). — Spiegel, B. **41**, 884 (1908).
[4]) Lippmann nnd Louguinine, A. **145**, 108 (1868). — Ador und Rilliez, B. **12**, 329 (1879). — Senff, A. **220**, 231, 232 (1883). — Bamberger, A. **235**, 369 (1886). — Levy, B. **40**, 3659 (1907). — Semmler und Jakubowicz, B. **47**, 1146 (1914). — Semmler und Feldstein, B. **47**, 2689 (1914). — Dabei können unter Umständen Umlagerungen (Verwandlung einer Allyl- in eine Propenylgruppe) eintreten: Semmler, B. **41**, 1771, 1773 (1908). [5]) Ahsterweil, C. r. **148**, 1197 (1909).
[6]) Hans Meyer und Eckert, M. **31**, 1232 (1910). — Hans Meyer, Brod und Soyka, M. **34**, 1123 (1913). — Hans Meyer und Brod, M. **34**, 1147 (1913). Siehe dazu auch Pschorr und Pfaff, B. **53**, 215 (1920). — Zerstörung der Verunreinigungen beim Verestern mit Salzsäure und Schwefelsäure.

Hat man eine Substanz durch Erhitzen in Lösung gebracht, so gelingt es manchmal nicht mehr oder nur unvollständig, sie wieder nach dem Abkühlen zum Auskrystallisieren zu bringen, wenn sie auch in der Kälte in dem betreffenden Lösungsmittel genügend schwerlöslich war. Diese Erscheinung kann verschiedene Gründe haben: 1. kann die Substanz mit dem Lösungsmittel unter Addition des letzteren reagiert und ein leichter lösliches Produkt[1]) (Hydrat, Krystallalkoholverbindung od. dgl.) gebildet haben; 2. kann das Lösungsmittel, wenn auch nur partiell, mit dem Gelösten ein Derivat gebildet haben, das für die Substanz großes Lösungsvermögen besitzt (Veresterung hochmolekularer Fettsäuren beim Umkrystallisieren aus Alkoholen); 3. kann die zur Lösung erforderliche allzu hohe Temperatur zersetzend auf die Substanz gewirkt haben. Endlich kann 4. bei der Benutzung von Gemischen zweier oder mehrerer Lösungsmittel teilweise Verflüchtigung eines der Bestandteile erfolgt sein (siehe unter Ligroin, S. 25). — Im letzteren Fall ist das Umkrystallisieren unter Zuhilfenahme eines Rückflußkühlers vorzunehmen.

Bemerkenswert ist das Verhalten des Tetrasalicylids[2]):

$$\left(C_6H_4 \diagdown \genfrac{}{}{0pt}{}{CO}{O} \diagup \right)_4$$

zu einigen Lösungsmitteln, wie Chloroform, Äthylenbromid, Pyridin, Benzoesäureäthylester. Es löst sich leicht in diesen Lösungsmitteln auf, besonders beim Erwärmen. Beim Erkalten krystallisiert es mit dem Lösungsmittel als Doppelverbindung aus, die beim Erwärmen wieder zerlegt wird. Dieses Verhalten kann zur Reinigung obiger Lösungsmittel verwendet werden.

Analog verhält sich das β-Kresotid[3]) und ähnlich Pepton bei Gegenwart von Wasser[4]).

Über Jodnatrium - Aceton siehe S. 25.

Sind Gemische von Substanzen durch Krystallisation zu trennen, so wird man sie fraktioniert krystallisieren lassen und häufig das Lösungsmittel wechseln.

Zeigen zwei Substanzen im gleichen Lösungsmittel merklich verschiedene Krystallisationsgeschwindigkeit, so kann man sie gelegentlich auch vermittels dieser Eigenschaft voneinander scheiden.

So hat Biltz[5]) das sonst schwer trennbare Gemisch von Hypokaffein und Oxytetramethylharnsäure durch Krystallisation aus Wasser zerlegt, wobei letzteres schnell, ersteres langsam auskrystallisiert, also in der Mutterlauge verbleibt, wenn nach dem Ausscheiden einer Krystallpartie schnell abfiltriert wird.

Über das Aufheben von Übersättigung durch Impfen siehe S. 50 und Wegscheider, Z. phys. 80; 509 (1912).

Über die mechanische Trennung von Gemischen optischer Antipoden siehe die Literaturzusammenstellung bei Werner, Lehrbuch der Stereochemie, Jena 1904, 62.

Über die Trennung von verschieden ausgebildeten Krystallen durch Absieben (durch Stramin): Rückert, Arch. 246, 681 (1908).

Über Trennungen nach der Schwebemethode: Bechhold, B. 22, 2378 (1889). — Lobry de Bruyn, Rec. 9, 187 (1890).

---

[1]) Für derartige Additionsprodukte schlägt Vorländer, J. pr. (2) 87, 86 (1913) den geeigneten Namen „Addukte" vor. — Siehe auch S. 39, Anm. 4.

[2]) Anschütz und Schröter, B. 25, 3512 (1892). — A. 273, 97 (1893). — DRP. 69 708 (1893); 70 614 (1893). — Spallino, Ch. Ztg. 31, 950 (1907).

[3]) DRP. 70 158 (1893).   [4]) Am. P. 925 658 (1909).   [5]) B. 44, 297 (1911).

Weiteres über die Trennung von Gemischen[1]) und über untrennbare Gemenge siehe S. 51 f.

Von großer Wichtigkeit ist natürlich die Anwendung tunlichst gereinigter Lösungsmittel, worüber an den betreffenden Stellen das Notwendige gesagt wird. Allgemeines über das Reinigen der Lösungsmittel teilt Timmermans Bull. soc. chim. Belg. 24, 244 (1910) mit.

Während manche Substanzen einmal gelöst nicht mehr leicht zum Wiederausfallen gebracht werden können, zeigen andere die Eigentümlichkeit, einmal ausgefallen nicht mehr leicht oder überhaupt nicht mehr löslich zu sein. Man muß wohl annehmen, daß in solchen Fällen zumeist eine Veränderung mit der Substanz vor sich gegangen ist, sei es, daß eine metastabile Form in eine stabilere übergegangen[2]) oder daß Polymerisation eingetreten ist.

So zeigen nach E. Fischer[3]) einige Peptide die Eigentümlichkeit, in frisch abgeschiedenem Zustand in Alkohol leicht löslich zu sein und sich alsbald wieder in schwerlöslicher, fein krystallinischer Form abzuscheiden. Ebenso verhält sich nach Pauly[4]) das Tetrajodhistidinanhydrid.

Natürlich spielt für die Lösungsgeschwindigkeit die Korngröße eine Rolle, man muß daher schwerlösliche Substanzen in fein verteilte Form bringen, evtl. sogar mittels Schlagens durch ein Tuch („Beuteln“).

Es gibt aber auch Fälle, wo durch Umkrystallisieren Löslichkeitsverminderung eintritt, ohne daß die Substanz als solche Veränderung erlitten hat: in solchen Fällen ist die ursprüngliche Leichtlöslichkeit einer Verunreinigung zuzuschreiben, die lösend gewirkt hat. Mit zunehmender Reinigung nimmt dann die Löslichkeit des Hauptprodukts ab, um erst beim Eintritt der vollkommenen Reinheit konstant zu werden[5]).

Substanzen, die leicht mineralische Bestandteile aufnehmen, können nach dem Digerieren in Glasgefäßen aschehaltig geworden sein, zumal wenn längere Zeit oder mit einem Lösungsmittel, gegen das Glas nicht vollkommen resistent ist, gekocht wurde.

Xanthin z. B. nimmt beim Kochen mit Salzsäure im Glaskolben 1% Asche auf, während es nach gleicher Behandlung im Platinkolben mit Platinkühler aschefrei erhalten wird[6]).

I. Auswahl des Lösungsmittels.

Durch einen Vorversuch überzeugt man sich, ob eines der gebräuchlichen Lösungsmittel zum Umkrystallisieren besonders geeignet ist; eventuell kann auch ein Gemisch gute Resultate geben.

Während man meist schon unter den häufiger benutzten Lösungsmitteln ein geeignetes finden wird, gibt es doch einzelne Fälle, in denen nur ein ganz besonderes Solvens verwertbar ist.

A priori läßt sich im allgemeinen nicht bestimmen, welches Lösungsmittel zu versuchen sein wird; die bekannten Beziehungen zwischen Lösungsmittel und zu lösendem Stoff sind S. 168 mitgeteilt.

---

[1]) Trennungen mittels eines elektrisierten Ebonitstabs: Ciamician und Silber, B. 48, 188 (1915).

[2]) Von zwei Formen ist die stabilere stets die schwerer lösliche. Siehe Rothmund, Löslichkeit und Löslichkeitsbeeinflussung. Leipzig (1907), 92.

[3]) Untersuchungen über Aminosäuren, Polypeptide und Proteine. Berlin 1906, 41.

[4]) B. 43, 2258 (1910).   [5]) Z. B. Kiliani, Arch. 254, 260 (1916). — Schmidt und Wilkendorf, B. 55, 320 (1922).

[6]) E. Fischer, B. 43, 805 (1910). — Siehe auch S. 16.

Wenn sich bei gewissen Derivaten bestimmte Reagenzien besonders bewährt haben, wie für das Umkrystallisieren von Osazonen Pyridin oder für Anthrachinonderivate Chlorbenzol, wird man natürlich zunächst diese versuchen; es wird im folgenden immer hierauf verwiesen.

Besprechung der einzelnen Lösungsmittel.

Wasser.

Reinigung des Wassers. Über die Darstellung von ganz reinem (Leitfähigkeits-)Wasser siehe S. 762. — Im allgemeinen genügt die Verwendung des gewöhnlichen destillierten Wassers, das man aber zweckmäßig kurz vor Gebrauch durch Auskochen luftfrei macht, zumal wenn leicht oxydable Stoffe umkrystallisiert werden sollen.

Man arbeite auch stets in Gefäßen aus resistentem Glas; evtl. ist es sogar notwendig, zur Vermeidung der Aufnahme von Aschenbestandteilen, im Platintiegel umzukrystallisieren[1]). Siehe hierzu noch S. 15 und 44.

Zum Umkrystallisieren der α-Phenylpyridin-α'-, β'-, γ-tricarbonsäure ist keines der organischen Lösungsmittel geeignet.

Aus **Wasser** erhält man gut ausgebildete, derbe, prismatische Krystalle, aber nur nach längerem Stehenlassen der heiß gesättigten Lösung **in luftdicht verschlossenen Gefäßen.** Bei Luftzutritt und der Möglichkeit von Wasserverdunstung scheidet sich stets ein dichter Filz feiner farbloser Nadeln aus, die viel weniger leicht auf konstanten Schmelzpunkt zu bringen sind[2]).

Manche Stoffe, die aus Wasser gut krystallisieren, vertragen das **Kochen** nicht. Hierher gehören viele Ester, die dabei Verseifung erleiden, ferner die Trihalogenverbindungen der Brenztraubensäure, Aloin, die Diazobenzolsulfosäuren, Benzoylaminooxybuttersäure[3]) usf.

Substanzen, die durch den Luftsauerstoff verändert werden, krystallisiert man im Kohlendioxyd- oder Wasserstoffstrom um oder setzt der Lösung etwas Schwefelwasserstoff oder schweflige Säure[4]) zu.

Viele Stoffe sind in reinem Wasser sehr schwer löslich oder werden durch dasselbe verändert. In solchen Fällen hilft oft ein Zusatz von geringen Mengen Mineralsäure oder Alkali. Beispielsweise werden manche Derivate des Pyridins am besten aus **schwach salzsäure-** oder **salpetersäurehaltigem Wasser** (oder Alkohol) umkrystallisiert[5]). Viele Sulfosäuren[6]) erhält man am besten aus **verdünnter Schwefelsäure.** Die normalen Gold- und Platindoppelsalze verlieren oftmals beim Umkrystallisieren Salzsäure oder werden ganz zersetzt, wenn man nicht salzsäurehaltiges Wasser benutzt[7]). — **Oxalsäurehaltiges Wasser** verwenden **Nölting** und **Wortmann**[8]). Aus **Alaunwasser** krystallisieren **Schunck** und **Römer** das Purpurin[9]).

Während bei vielen Substanzen der Säurezusatz die Löslichkeit erhöht, kann man andererseits in Wasser allzu leicht lösliche Salze aus konzentrierteren Säuren, in denen sie oftmals schwerer löslich sind, sehr wohl erhalten.

---

[1]) **Dimroth** und **Goldschmidt**, A. **399**, 80 (1913).

[2]) **Böhm** und **Bournot**, B. **48**, 1572 (1915).

[3]) E. **Fischer** und **Blumenthal**, B. **40**, 113 (1907).

[4]) Z. B. **Baeyer**, A. **183**, 6 (1876). — **Nencki** und **Sieber**, J. pr. (2) **23**, 541 (1881).— **Schüler**, Arch. **245**, 266 (1907). — **Kremers** und **Wakeman**, Pharm. Rev. **26**, 329 (1909). — **Guggenheim**, Z. physiol. **88**, 279 (1913) (Aminosäuren).

[5]) **Weidel** und **Herzig**, M. **1**, 5 (1880). — **Bischoff**, A. **251**, 377 (1889).

[6]) **Lönnies**, B. **13**, 704 (1880). — Siehe S. 20.

[7]) E. **Fischer**, B. **35**, 1593 (1902). — Siehe auch S. 21.   [8]) B. **39**, 638 (1906).

[9]) B. **10**, 551 (1877). — Über Verwendung von **Borax**lösungen siehe **Palm**, Z. anal. **22**, 324 (1883).

Dies ist bei vielen Aminosäuren der Fall, ebenso bei den Chlorhydraten von Pyridinmonocarbonsäuren und aromatischen Sulfosäuren.

Auch Zusatz von Alkali kann von Vorteil sein. So werden viele Aminosäuren und Säureamide[1]) am besten aus Ammoniakwasser[2]), manche Ester aus sehr verdünnter Sodalösung umkrystallisiert.

Gewisse stickstoffhaltige Sulfosäuren, die den Charakter amphoterer Elektrolyte besitzen, wie Pseudomauvein- und Indazinmonosulfosäure, lassen sich aus kochender verdünnter Natronlauge unverändert umkrystallisieren. Alkoholische Lauge löst dagegen unter Bildung von Salzen, die durch Wasser völlig zerlegt werden[3]).

Nach Duyk lösen sich die Terpenalkohole, nicht aber deren Ester, in 45- bis 50proz. Natriumsalicylatlösung. Die Alkohole können durch Wasser wieder aus dieser Lösung herausgefällt werden[4]). Norcampher löst sich in Salzen der Oxybenzoesäure[5]).

Viele Harze und Gummiharze werden von konzentrierter Natriumsalicylatlösung aufgenommen[6]).

Auch zahlreiche andere Salze besitzen die Fähigkeit, in Wasser unlösliche oder schwer lösliche Substanzen löslich zu machen.

So werden zum Löslichmachen der Kresole kresotinsaures[7]), phenanthren- und hydrindensulfosaures Alkali[8]), vor allem aber auch Kaliseifen benutzt[9]). Verhalten der gallensauren Salze: Otto, B. **27**, 2131 (1894). — Wieland und Sorge, Z. physiol. **97**, 1 (1916).

Neuberg, der sich eingehend mit dieser Frage beschäftigt hat[10]), nennt die Erscheinung Hydrotropie.

Gemeinsam ist allen „hydrotropisch" befundenen Substanzen der „Salzcharakter". Die Art der Salzbildung kann aber sehr verschieden sein. Sie kann sich an Carboxylgruppen, an Sulfon-, Sulfin- und Ätherschwefelsäureresten vollziehen oder am Hydroxyl, wie bei der Carbolsäure, vor sich gehen[11]). Die salzbildenden Stoffe können offene Ketten oder ringförmigen Bau haben. Solange die salzbildende Gruppe unverändert bleibt, können, ohne daß die Hydrotropie erlischt, fast beliebige Substituenten (Halogene, Amino-, Nitro-, Hydroxylreste) eingeführt werden.

Im allgemeinen wächst die hydrotropische Kraft mit der Konzentration des hydrotropischen Salzes; zweifelsohne wird es möglich sein, in den Fällen, wo z. B. die Schwerlöslichkeit eines Natriumsalzes eine verhältnismäßig

---

[1]) E. Fischer, B. **35**, 1102 (1902).

[2]) Posen, A. **195**, 144 (1879). — Tiemann, B. **13**, 384 (1880). — Weidel, M. **8**, 132 (1887). — Marckwald, B. **27**, 1319 (1894). — Hans Meyer, M. **21**, 977 (1900). — Spiegel, B. **37**, 1763 (1904). — Siehe auch S. 66 und 566.

[3]) Kehrmann und Herzbaum, B. **50**, 874 (1917).

[4]) Ber. v. Roure-Bertrand Fils (1) **4**, 14 (1902). — Siehe auch Otto, a. a. O. — Ähnlich wirkt konzentrierte Resorcinlösung: Schimmel & Co.; siehe Ber. v. Roure-Bertrand Fils (2) **7**, 79 (1908). — Siehe unter Umscheiden S. 58.

[5]) DRP. 289 950 (1916).   [6]) Conrady, Pharm. Ztg. (1892), 180.

[7]) Solveol, DRP. 57 842 (1890).   [8]) DRP. 128 880 (1901).

[9]) Sapocarbol, Lysol usw. Hager, Ph. C.-H. **25**, 290 (1884). — Schneider, Ph. C.-H. **30**, 499 (1899). — Gerlach, Z. Hyg. **10**, 167 (1891). — Arnold und Werner, Ap. Ztg. **19**, 907 (1904). — Rapp, Desinfektion **2**, 688 (1909). — Ap. Ztg. (1909), Nr. 70. — Schneider, Arch. Hyg. **67**, 1 (1908).

[10]) Bioch. **76**, 107 (1916). — Sitzb. pr. Ak. d. W. Berlin (1916), 1034. — DRP. 300 939 (1917).

[11]) Durch saure Methylengruppen und saure Imidgruppen usw. vermittelte Salzbildungen sind noch zu prüfen.

schwache Hydrotropie bedingt, durch Bindung derselben Säure an ein anderes Kation, wie an Kalium, Lithium, Ammonium oder auch an Erdalkalien oder an organische Basen, noch günstigere Bedingungen ausfindig zu machen.

Von den hydrotropisch wirksamen Substanzen wurden bisher die Alkalisalze folgender Säuren geprüft: Benzoesäure, Hippursäure, Carbolsäure, m- und p-Nitrobenzoesäure, o-, m- und p-Aminobenzoesäure, o-Jodbenzoesäure, m-Chlorbenzoesäure, p-Brombenzoesäure, o-, m- und p-Oxybenzoesäure, p-Methoxybenzoesäure, m-Toluylsäure, o- und p-Kresotinsäure, 3, 5-Dijodsalicylsäure, Phthalsäure, 2, 4-Dioxybenzoesäure, 2, 5-Dioxybenzoesäure, Benzolsulfinsäure, Benzolsulfosäure, p-Toluolsulfosäure, α- und β-Naphthoesäure, α- und β-Oxynaphthoesäure, α- und β-Naphthalinsulfosäure, Naphthensäure, Abietinsäure, Sylvinsäure, α-Thiophencarbonsäure, Brenzschleimsäure, Picolinsäure, Phenylessigsäure, Phenylpropionsäure, Zimtsäure, Mandelsäure, Isovaleriansäure, Amylschwefelsäure.

In analytischer Hinsicht ist es von Interesse, daß die hydrotropische Wirksamkeit sich auch auf die Lösung anorganischer Substanzen erstrecken kann. Denn wie vorläufig nur am Benzoat, Salicylat und Isovalerianat untersucht worden ist, besitzen diese Salze die Fähigkeit, Magnesiumcarbonat, Calciumcarbonat sowie phosphorsaures Magnesium aufzulösen bzw. ihr Ausfallen zu verhindern. Sie besitzen ferner bemerkenswertes Löslichkeitsvermögen für Kalk- und Magnesiaseifen.

Krystallwasser.

Sehr zahlreiche Substanzen krystallisieren mit Krystallwasser. Gewöhnlich läßt es sich durch Trocknen bei genügend hoher Temperatur ohne Zersetzung der Substanz austreiben; evtl. ist dabei Evakuieren von Vorteil. Manche Stoffe, namentlich Salze der Erdalkalien, verlieren ihr Krystallwasser erst bei sehr hoher Temperatur ($200-300°$). Andere, wie fast alle Betaine, sowie Sulfosäuren sind in krystallwasserfreiem Zustand außerordentlich hygroskopisch.

Zum vollkommenen Entwässern von Salzen ist oft, auch wenn zum Trocknen sehr hohe Temperaturen angewendet werden, mehrfaches, feinstes Zerreiben der Substanz notwendig[1]). Über die Bestimmung des Krystallwassers in Substanzen, die kein Erhitzen vertragen, siehe S. 106 und 108.

Im allgemeinen beträgt der Krystallwassergehalt 1, 2, 3 oder auch mehr ganze Moleküle, doch kommt gelegentlich auch ein Gehalt von $1/_2$, $1^1/_2$ [acridonsulfosaures Barium[2])], $2^1/_2$ [anthranoylanthranilsaures Natrium[3])] und Calainsäure[4])], $1/_6$ (bei manchen Kohlenhydraten), $1/_4$ [Phenylparakonsäure[5])], $2/_3$ [Phenyldihydro-β-naphthotriazin[6])] u. dgl. vor.

Manchmal wechselt der Krystallwassergehalt ohne angebbaren Grund. Dies kann nach Wegscheider[7]) namentlich dann vorkommen, wenn die betreffende Substanz auf verschiedene Art dargestellt war und daher verschiedene Verunreinigungen enthält, welche die Bindung des Wassers katalytisch beeinflussen. Bei vielen Substanzen kann man verschiedene Hydrate erhalten, wenn man die Temperatur des Auskrystallisierens oder das Lösungsmittel variiert.

Über das merkwürdige Verhalten der Citronensäure siehe Buchner und Witter, B. **25**, 1160 (1892). — Meyer, B. **36**, 3599 (1903).

[1]) Kiliani und Löffler, B. **37**, 3614 (1904).
[2]) Schöpf, B. **25**, 1981 (1892).   [3]) Mohr, J. pr. (2) **80**, 30 (1909).
[4]) Dimroth und Goldschmidt, A. **399**, 80 (1913).
[5]) Fittig, A. **330**, 302 (1903).   [6]) Goldschmidt und Poltzer, B. **24**, 1003 (1891).
[7]) B. **44**, 908 (1911).

Anorganische Lösungsmittel.

Wasserstoffsuperoxyd[1]) als Lösungsmittel: Bamberger und Nußbaum, M. 40, 411 (1920).

Phosphortrichlorid und Phosphoroxychlorid sind nach Oppenheim[2]) gute Krystallisationsmittel für aromatische Nitrokohlenwasserstoffe.

Aluminiumbromid haben Izbekow und Plotnikow für Dibrombenzol und Dimethylpyron verwendet[3]).

Thionylchlorid ist sehr geeignet zum Umkrystallisieren der Anhydride von Orthodicarbonsäuren (Hans Meyer) und der Nitroessigsäure[4]).

Mineralsäuren. Starke Säuren (Salzsäure, Salpetersäure, Schwefelsäure) besitzen oft die Eigenschaft, die ein Rohprodukt begleitenden Harze ungelöst zu lassen[5]).

Dimethylureidamidoazin kann überhaupt nur aus konzentrierter Schwefelsäure oder Salzsäure umkrystallisiert werden[6]).

$\alpha\alpha$- und $\beta\beta$-Dimethyladipinsäure[7]) lassen sich nur dadurch voneinander trennen, daß erstere aus konz. Salzsäure krystallisiert werden kann, während letztere darin gelöst bleibt. Dimroth und Goldschmidt erhielten die Laccainsäure in besonders reiner Form und schön krystallisiert, als sie im Einschmelzrohr mit 20 proz. Salzsäure auf $150-160°$ erhitzten[8]).

Caryophyllinsäure[9]) ist nur aus konz. Salpetersäure krystallisiert zu erhalten, und ähnlich verhält sich das δ-Tetranitronaphthalin[10]).

Scholl und Mansfeld[11]) krystallisierten das Tetranitrotetraoxyanthrachinonazin aus Salpetersäure (spez. Gew. 1.4), und auch für die Trinitrochinolone[12]) ist Salpetersäure das beste Krystallisationsmittel, ebenso für Hexanitroazobenzol[13]) und Mellithsäure[14]).

Cystinnitrat wird am besten aus $30-45$ proz. Salpetersäure krystallinisch erhalten. In schwächerer Säure ist es zu leicht löslich, durch stärkere tritt Zersetzung ein[15]).

Nach Dhar[16]) ist Salpetersäure allgemein als Lösungs- und Trennungsmittel von aromatischen Nitrokörpern sehr zu empfehlen.

Konzentrierte Schwefelsäure[17]) verwendet man gewöhnlich so, daß man die Substanz durch vorsichtiges Erwärmen löst und nach dem Erkalten auf Eiswasser gießt.

Kaufler[18]) stellte die schwefelsaure Lösung von Indanthren über Wasser unter eine Glasglocke.

Anwendung von (phenolhaltiger) Jodwasserstoffsäure: Willstätter und Weil, A. 412, 190 (1916).

---

[1]) Krystall-Wasserstoffsuperoxyd: Stoltzenberg, B. 49, 1545 (1916).
[2]) B. 2, 54 (1869).   [3]) Russ. 43, 18 (1911). — Z. an. 71, 328 (1911).
[4]) Steinkopf, B. 42, 3927 (1909).
[5]) Baeyer, A. 127, 26 (1863). — Lönnies, B. 13, 704 (1880). — Bogert und Jouard, Am. soc. 31, 483 (1909).
[6]) Piloty, A. 333, 44 (1904).   [7]) Crossley und Renouf, Soc. 89, 1553 (1906).
[8]) A. 399, 76 (1913).   [9]) Mylius, B. 6, 1053 (1873).
[10]) Will, B. 28, 369 (1895). — Diphenylhydantoin: Biltz, B. 41, 1385 (1908).
[11]) B. 40, 329 (1907).   [12]) Decker, J. pr. (2) 64, 99 (1901).
[13]) Leemann und Grandmougin, B. 41, 1297 (1908).
[14]) Hans Meyer und Steiner, M. 35, 486 (1914).
[15]) Mörner, Z. physiol. 93, 203 (1915).   [16]) Soc. 117, 1002 (1920).
[17]) Baeyer, A. 127, 26 (1863). — Herzig und Wenzel, M. 22, 230 (1901). — Niementowski, J. pr. (2) 40, 22 (1889). — Bromberger, Diss. Berlin (1903) 34. — Houseman, Diss. Würzburg (1906), 15. — Schroeter, A. 426, 44 (1922).   [18]) B. 36, 931 (1903).

Über die Anwendung von Königswasser siehe DRP. 256 034 (1913).

Zum Umkrystallisieren von Diazobenzolsulfosäure wird am besten Flußsäure[1]) benutzt.

Auch verdünnte Mineralsäuren können gute Dienste leisten, so mäßig verdünnte Schwefelsäure [1,52[2])] und verdünnte Salzsäure[3]).

Zum Umkrystallisieren von Anthocyanen benutzt Willstätter 0,5—2 proz. Salzsäure oder 7 proz. Schwefelsäure[4]).

Namentlich aromatische Sulfosäuren krystallisieren oftmals gut aus vorsichtig verdünnter Schwefelsäure oder fallen krystallinisch aus, wenn man in ihre wäßrige Lösung Salzsäuregas einleitet[5]). — Siehe hierzu Witt, B. 48, 753 (1915).

Flüssiges Schwefeldioxyd hat Walden[6]) zum Lösen von Thein, ferner von Anthracen, Triphenyl-carbinol, -chlorid, -bromid und Triphenylmethyl benutzt. Schlenk und Weickel[7]) haben Triphenylchlormethan, Diphenylmonobiphenylchlormethan und Phenyldibiphenylchlormethan daraus krystallisiert. Nach dem Abdunsten des Dioxyds blieben die Salze unverändert zurück, während das Tribiphenylchlormethan ein schön krystallisiertes Addukt $(C_6H_5 \cdot C_6H_4)_3CCl + 4\,SO_2$ lieferte.

Die Anwendung von flüssigem Schwefeldioxyd zur Reinigung von Rohanthracen ist schon früher in einem Patent empfohlen worden[8]).

Über flüssiges Ammoniak siehe DRP. 113 291 (1901) und Bronn, Verflüssigtes Ammoniak als Lösungsmittel, Berlin, Jul. Springer, 1905.

Umkrystallisieren aus Hydrazinhydrat: Curtius, Darapsky und Bockmühl, B. 41, 350 (1908). — Bockmühl, Diss. Heidelberg (1909), 33.

Konzentrierte Kalilauge benutzt Steinkopf[9]) zum Umkrystallisieren von nitroessigsaurem Kalium. Auch sonst lassen sich oftmals Alkalisalze der Carbon- und Sulfosäuren aus mehr oder minder konzentrierter Lauge krystallisieren. (Siehe S. 43).

Alkohole.

Methylalkohol.

Über die Darstellung absolut reinen Methylalkohols siehe Timmermans, Bull. Belg. 24, 251 (1910).

Im allgemeinen genügt es, den Methylalkohol zu entwässern und dann zu destillieren. (Siehe S. 110). Ist er nicht acetonfrei, so muß er, in Fällen, wo dies stören könnte (Ketonreagenzien), durch Überführung in einen festen Ester (Oxalat, saures Sulfat) gereinigt werden[10]). Im allgemeinen entschließt man sich in solchen Fällen ökonomischer zur Beschaffung der käuflichen, acetonfreien Ware.

Manche empfindliche Substanzen lassen sich aus siedendem Methylalkohol, aber nicht mehr aus Äthylalkohol umkrystallisieren.

---

[1]) Lenz, B. 12, 580 (1879).   [2]) Scholl und Holdermann, B. 43, 342 (1910).
[3]) B. 42, 1905 (1909).   [4]) A. 412, 129, 135, 147, 160, 173 (1916).
[5]) Kastle, Am. 44, 483 (1910). — Siehe auch S. 16.
[6]) Z. phys. 43, 457 (1903). — Gomberg, B. 35, 2405 (1902). — Gomberg und Cone, B. 37, 2043 (1904). — Morrell und Egloff, Petroleum 16, 425, 461 (1921).
[7]) A. 372, 4, 9 (1910).   [8]) DRP. 68 474 (1893).
[9]) B. 42, 2027 (1909).
[10]) Reinigung durch Destillieren mit Chloroform: Lanzenberg und Duclaux, Bull. (4) 29, 135 (1921).

Bebirin kann nur aus Methylalkohol krystallisiert werden (siehe S. 39). Hydroergotinsulfat wird durch heißen Alkohol zersetzt, läßt sich aber aus schwach erwärmtem krystallisieren[1]), und ähnlich verhält sich o-Hydroxylaminobenzoesäure[2]).

Zum Umkrystallisieren sehr empfindlicher Ester setzt Herzig[3]) dem Alkohol eine geringe Menge Ätzkali zu. Bayer verwendet für denselben Zweck Natriumalkoholat[4]).

Krystallmethylalkohol wird oftmals beobachtet[5]). Seine Bestimmung erfolgt entweder nach S. 899, oder man begnügt sich mit dem Nachweis des Methylalkohols, indem[6]) man die Substanz mit Wasser (2 g mit 10 ccm Wasser) am absteigenden Kühler kocht, bis genügend Destillat erhalten wird (6 ccm). Die methylalkoholische Lösung wird dann nach Mulliken und Scudder[7]) folgendermaßen untersucht.

In die Flüssigkeit wird ein- oder mehrmals eine oberflächlich oxydierte rotglühende Kupferspirale getaucht. Zu der jetzt Formaldehyd enthaltenden Flüssigkeit wird ein Tropfen $^1/_2$ proz. wäßriger Resorcinlösung gefügt und vorsichtig mit einigen Kubikzentimetern konzentrierter Schwefelsäure unterschichtet. An der Berührungsstelle der Schichten entsteht eine rosenrote Zone[8]).

Goldschmiedt[9]) machte beim Tetrahydropapaverin die überraschende Beobachtung, daß die Base aus verdünntem Methylalkohol mit Krystallalkohol, aus absolutem dagegen ohne den letzteren erhalten wird.

Äthylalkohol.

Über das Trocknen des Äthylalkohols siehe S. 110.

Ganz reiner Äthyl- (und Methyl-) alkohol ist vollkommen geruchlos[10]).

Über das Umkrystallisieren empfindlicher Ester siehe unter Methylalkohol. — Partielle Esterifizierung von höheren Fettsäuren beim Kochen mit Alkohol ist wiederholt beobachtet worden[11]).

Manchmal muß der verwendete Alkohol ganz bestimmte Konzentration besitzen; so krystallisiert das Digitonin[12]) nur aus 85 proz. Äthylalkohol, und ähnlich verhält sich die Maltose[13]). Choleinsaures Barium[14]) ist weder in absolutem Alkohol noch in Wasser löslich, wohl aber — infolge Hydratbildung — in verdünntem Alkohol.

Aminosäuren krystallisiert man aus ammoniakhaltigem Alkohol (Hofmeister[15]). Doppelsalze organischer Basen (Platin-, Goldsalze) lassen sich gewöhnlich gut aus salzsäurehaltigem Alkohol umkrystallisieren, ebenso Sulfate aus schwefelsäurehaltigem Alkohol[16]).

Auch sonst empfiehlt sich der Zusatz kleiner Mengen Schwefelsäure in vielen Fällen: so steigt der Schmelzpunkt des auf andere Weise nicht weiter

---

[1]) Kraft, Arch. **245**, 645 (1907).
[2]) Bamberger und Pyman, B. **42**, 2307 (1909).
[3]) M. **22**, 608 (1901).   [4]) B. **37**, 2874 (1904).
[5]) Drei Moleküle: Willstätter und Page, A. **404**, 261 (1914).
[6]) Ehrlich und Bertheim, B. **45**, 763 (1912). — Siehe auch S. 690 f.
[7]) Am. **21**, 266 (1898).   [8]) Siehe auch S. 583.   [9]) M. **19**, 327 (1898).
[10]) Klason und Norlin, Ark. f. Kemi **2**, H. 3, Nr. 24 (1906).
[11]) Emerson und Dumas, Am. soc. **29**, 1750 (1907); **31**, 949 (1909). — Hans Meyer und Eckert, M. **31**, 1232 (1910). — Siehe ferner S. 39, Anm. 13 und S. 120.
[12]) Kiliani, B. **24**, 339 (1891). — Arch. **231**, 461 (1893).
[13]) Herzfeld, B. **12**, 2120 (1879).   [14]) Mylius, B. **20**, 1970 Anm. (1887).
[15]) A. **189**, 16 (1877).   [16]) Biedermann, Arch. **221**, 181 (1883).

zu reinigenden Pseudobaptisins[1]) durch Kochen der Substanz mit etwas Schwefelsäure enthaltendem Alkohol von 298° auf 303—304°.

V. Meyer hat schwer veresterbare Säuren von leicht veresterbaren Begleitern in gleicher Weise getrennt[2]).

Die Alkohole, und zwar sowohl Methyl- als Äthylakohol, können auch verändernd einwirken[3]), worauf Hans von Liebig nachdrücklich aufmerksam macht[4]).

Es findet nicht nur oftmals Bindung von Krystallalkohol statt[5]), sondern auch Ersatz von Acetyl- durch Alkylreste wird gelegentlich beobachtet, Säuren werden esterifiziert und tertiäre Alkohole in Äther verwandelt.

Auch Alkoholyse kann eintreten, zumal bei Gegenwart von Katalysatoren, die zum Ersatz eines Alkoholrests durch den anderen führt. Diese Umesterung können sowohl Alkalien[6]) als auch Säuren[7]) bewirken; sie kann auch durch Fermentwirkung bedingt sein.

So geht nach Willstätter[8]) das amorphe Chlorophyll unter der Einwirkung von Esterase durch Verdrängung des Phytolrests in das krystallisierte Alkylchlorophyll über.

Krystallalkohol läßt sich gewöhnlich durch Erhitzen der Substanz auf 100° entfernen; gelegentlich ist er aber sehr fest gebunden und kann über 120° beständig sein[9]) [10]).

Krystallalkohol neben Krystallwasser enthält das Conchairamin[11]) und das γ-Resorcinbenzein[10]). (Zwei Mol. Wasser und ein Alkoholmolekül.) Letztere Substanz verliert das eine Wassermolekül bei 100°, den Alkohol bei 140° und das zweite Wasser bei 240°.

Polymerisation durch Alkohol: Hantzsch, B. **42**, 73 (1909).

Amylalkohol[12])

ist ein sehr brauchbares Krystallisationsmittel, namentlich auch für manche Chlorhydrate[13]), nur muß er vor dem Gebrauch gereinigt werden.

Zur Reinigung des Amylalkohols bzw. des unter diesem Namen käuflichen Gemischs der beiden Gärungsamylalkohole genügt es im allgemeinen, das Handelsprodukt wiederholt mit verdünnter Salzsäure auszuschütteln und nach dem Trocknen über geglühter Pottasche zu fraktionieren (Sdp. 131°).

Die vollständigere Reinigung über das amylschwefelsaure Kalium[14]) ist mühsam und verlustreich.

Krystallamylalkohol ist wiederholt beobachtet worden[15]).

Livache benutzt gelegentlich ein Gemisch von Amylalkohol und Salpetersäure[16]).

---

[1]) Gorter, Arch. **244**, 403 (1906).

[2]) V. M. **2**, I, 543. — Jannasch und Weiler, B. **27**, 3445 (1894). — Lucas, B. **29**, 954 (1896). — E. Müller, Diss. Berlin (1908), 22. — Sudborough und Thomas, Soc. **99**, 2307 (1911).   [3]) Siehe auch S. 39 Bebirin.   [4]) Arch. **250**, 403 (1912).

[5]) Über dessen Bestimmung siehe S. 899.

[6]) Pfannl, M. **31**, 302 (1910); **32**, 509 (1911). — Komnenos, M. **32**, 77 (1911). — DRP. 282 266 (1913). — Siehe auch S. 756.

[7]) Grete Egerer und Hans Meyer, M. **34**, 69 (1913). — Siehe auch S. 756.

[8]) A. **387**, 317 (1912). — Siehe auch S. 750.   [9]) Freund, B. **40**, 201 (1907).

[10]) H. v. Liebig, J. pr. (2) **102**, 242 (1912).   [11]) Hesse, A. **225**, 247 (1884).

[12]) Niementowski, J. pr. (2) **40**, 22 (1889). — Escales, B. **37**, 3600 (1904). — Willstätter und Kalb, B. **37**, 3765 (1904). — Kaufler und Imhoff, B. **37**, 4708 (1904). — E. Fischer und Freudenberg, A. **372**, 37 (1910).

[13]) Küster, B. **27**, 573 (1904).   [14]) Udránszky, Z. physiol. **13**, 251 (1889).

[15]) Nencky, A. Pth. **20**, 328 (1884). — Küster, B. **27**, 573 (1904) (ein halbes Molekül).

[16]) Mon. sc. (4) **23**, 278 (1909).

Seltener werden Propylalkohol[1]), Isobutylalkohol[2]) und Allylalkohol[3]) verwendet.

Isobutylalkohol ist vielleicht das beste Krystallisationsmittel für hochmolekulare Kohlenwasserstoffe[4]).

Auch Allylalkohol ist als Krystallverbindung aufgefunden worden[3]): Henriques, Z. ang. **11**, 338, 697 (1898). — Kremann, M. **26**, 786 (1905); **29**, 23 (1908). — Fanto und Stritar, A. **351**, 332 (1907). — J. pr. (2) **78**, 35 (1908).

Glycerin[5]) wird sowohl für sich als auch in Mischungen mit Wasser[6]) und Alkohol benutzt.

Äthyläther.

Der käufliche Äther enthält Verunreinigungen, die öfters zu Schmierenbildung Veranlassung geben. Namentlich ist es häufig nötig, alkoholfreien und trocknen Äther zu verwenden[7]).

Von Alkohol befreit man den Äther durch wiederholtes Schütteln mit wenig Wasser[8]). Man trocknet dann durch Chlorcalcium, geschmolzenes Natriumsulfat oder Phosphorpentoxyd und schließlich mit Natriumdraht, oder nach Lassar-Cohn[9]) mit der flüssigen Legierung von Kalium und Natrium.

Über die Verwendbarkeit dieser Legierung, die durch Schütteln in äußerst feine Verteilung gebracht werden kann, siehe auch Lecher, B. **48**, 527 (1915).

Zu ihrer Darstellung werden die reinen Metalle (siehe dazu S. 221) in ein Gemisch von 1 Teil Amylalkohol und 9 Teilen Petroleum[5]) oder von Alkohol und Ligroin[6]) eingetragen und mit einem Glasstab aneinandergedrückt, bis Vereinigung zu einer silberglänzenden Kugel eingetreten ist. Der Alkohol wird durch Waschen mit Ligroin entfernt und die Legierung unter Ligroin aufbewahrt.

Gewöhnlich wird 1 Teil Natrium mit 2 Teilen Kalium gemischt; Lecher nimmt 1.6 g Kalium auf 0.35 g Natrium.

Der Äther muß in jedem Fall von dem Trocknungsmittel abdestilliert werden, evtl. unter Zusatz von Zinkpulver, um das Stoßen zu vermeiden[10]).

Phosphorpentoxyd darf nicht in allzu großer Menge angewendet und vor allem nicht mit dem Äther gekocht werden, weil es sonst nach der Gleichung:

$$C_2H_5OC_2H_5 + P_2O_5 = 2\,C_2H_5OPO_2$$

reagiert[11]). Es ist aber nach Timmermans besser geeignet, die letzten Spuren Alkohol zu entfernen, als Natrium.

Für letzteren Zweck kann man übrigens auch nach Guignes[12]) den Äther über Kolophonium (50 g auf einen Liter) destillieren.

Beim Eindampfen von ätherischen Lösungen sind öfters Explosionen be-

---

[1]) v. Braun und Langenheld, B. **43**, 1858 (1910.

[2]) Latschinow, B. **20**, 3275 (1887).   [3]) Mylius, B. **19**, 373 (1886).

[4]) Krafft, B. **40**, 4782 (1907).

[5]) Erdmann, A. **275**, 268 (1893). — DRP. 46252 (1889); 141976 (1903). — Nietzki und Becker, B. **40**, 3398 (1907).

[6]) Mass, Bioch. **43**, 68 (1912).   [7]) Klemenc und Ekl, M. **39**, 652 (1918).

[8]) Apparat zum Reinigen des Äthers: Fritsch, Ch. Ztg. **33**, 759 (1909).

[9]) A. **284**, 229 (1895).

[10]) Iselin, Diss. Basel (1916), 24.

[11]) v. Braun und Langheld, B. **43**, 1858 (1910).

[12]) J. pharm. Chim. (6) **24**, 204 (1906).

obachtet worden[1]). Verwendet man frisch durch Schütteln mit Lauge gereinigten und destillierten Äther, so ist wohl jede Gefahr ausgeschlossen.

Brühl empfiehlt[2]), da die explosible Substanz wahrscheinlich Wasserstoff- oder Äthylsuperoxyd ist, den Äther vor der Destillation mit Permanganat durchzuschütteln, das Superoxyde rasch zerstört.

Ebensogut wirkt Natriumsulfitlösung oder Trocknen mit Natrium allein. Geret[3]) schüttelt mit konz. alkal. Thiosulfatlösung, trocknet mit Chlorcalcium und destilliert.

Garbarini[4]) befreit den Äther von oxydierenden Verunreinigungen durch Schütteln mit Eisenoxydulhydrat, das man durch inniges Vermischen von Ferrosulfat mit äquivalenten Mengen Calciumoxyd bereitet.

Über die oxydierenden Wirkungen unreinen Äthers siehe: Ditz, Ch. Ztg. **25**, 705 (1901). — B. **38**, 1409 (1905). — Decker, B. **36**, 1212 (1903). — Rossolimo, B. **38**, 774 (1905). — E. Fischer, B. **40**, 387 (1907). — Kempf, Abderhaldens Handb. f. bioch. Arb. **8**, 361 (1915).

Entpolymerisierende Wirkung des Äthers: Diels und Stephan, B. **40**, 4339 (1907).

Über das Trocknen von feuchtem Äther haben in neuerer Zeit Wade und Finnemore[5]) und Siebenrock[6]) Untersuchungen angestellt.

Äther löst sich in 12 Teilen Wasser und vermag selbst 3% davon zu lösen, dagegen nimmt ein Gemisch von 9 Teilen Äther und 1 Teil Alkohol nur 0.4 Teile Wasser auf[7]).

Mit konzentrierter Salzsäure ist Äther mischbar; dieses Gemisch ist für manche Zwecke sehr verwendbar[8]).

Krystalläther ist oftmals gefunden worden[9]). Ein halbes Molekül haben Willstätter und Kalb[10]), $1\frac{1}{2}$ Moleküle Schmidlin und Massini[11]) beobachtet.

Im allgemeinen läßt sich Krystalläther durch Erhitzen der Substanz im Dampftrockenschrank austreiben. Doch ist er manchmal sehr fest gebunden, so in den Phyllinen, wo ein Molekül noch nach 16stündigem Erhitzen auf 100° im absoluten Vakuum zurückbleibt, so daß die Präparate zur Analyse 2—4 Monate im Vakuum auf 100—140° erhitzt werden müssen, um ätherfrei erhalten zu werden[12]).

Zur Bestimmung des Krystalläthers erhitzen Willstätter und Pfannenstiehl[13]) das Rhodophyllin auf 105—140° und fangen das Übergehende in einer mit Kohlendioxyd-Äthergemisch gekühlten Vorlage auf. Die Dämpfe des Krystalläthers werden auf ihrem Weg über metallisches Natrium geleitet. — Bequemer wäre wohl eine Äthoxylbestimmung (siehe S. 901).

[1]) Legler, B. **18**, 3343 (1885). — Schär, Arch. **225**, 623 (1887). — Cleve, Proc. **92**, 15 (1891). — Neander, Ch. Ztg. **26**, 336 (1902). — Kleemann, Ch. Ztg. **26**, 385 (1902). — Richter, Ch. Ztg., Rep. **31**, 368 (1907). — De Haen, Chem. Ind. **30**, 417 (1907). (Umfüllen von Äther.) — Kassner, Arch. **250**, 436 (1912). (Explosion bei der Dampfdichtebestimmung.)

[2]) B. **28**, 2858 Anm. (1895). — Wolffenstein, B. **28**, 2265 (1895).

[3]) Mitt. Lebensmitt. Unt. u. Hyg. **11**, 67 (1920).

[4]) Bull. Ass. Chim. Sucr. et Dist. **26**, 1165 (1909).

[5]) Soc. **95**, 1842 (1909).   [6]) M. **30**, 759 (1909).

[7]) Siebenrock, M. **30**, 759 (1909).

[8]) Hüfner, J. pr. (2) **19**, 306 (1879). — Siehe S. 992.

[9]) O. Fischer und Ziegler, B. **13**, 673 (1880). — Lagodzinski, A. **242**, 110 (1887). — O. Fischer und Hepp, A. **286**, 235 (1895). — Baeyer, B. **37**, 2874 (1904). — Liebermann und Danaila, B. **40**, 3592 (1907).

[10]) B. **38**, 1239 (1905).   [11]) B. **42**, 2398 (1909). — Massini, Diss. Zürich (1909), 64.

[12]) Willstätter und Fritzsche, A. **371**, 44 (1909).   [13]) A. **358**, 231 (1908).

Aceton und seine Homologen.

Aceton (Sdp. 56.3°) ist namentlich wegen seiner Leichtflüchtigkeit und leichten Mischbarkeit mit Wasser sehr verwendbar, reagiert aber bekanntlich mit vielen Stoffen. Für das Umkrystallisieren leicht veresterbarer Säuren muß es alkoholfrei sein[1]).

Zur Reinigung des Acetons führt man es in seine Bisulfitverbindung über und trocknet dann mit entwässertem Chlorcalcium und Kupfersulfat. Die letzten Spuren Wasser entfernt nur Phosphorpentoxyd, führt aber zu großen Materialverlusten[2]).

Löst man Jodnatrium in Aceton und kühlt auf — 8° ab, so krystallisiert die Verbindung $NaJ \cdot 3\,C_3H_6O$ aus, die beim Erhitzen Aceton gibt, das so rein ist wie das aus der Bisulfitverbindung dargestellte[3]).

Meist genügt es, das Aceton mit kleinen Mengen Permanganat, das sich darin leicht löst, zu kochen, bis die violette Färbung bestehen bleibt, und dann über trocknem Kaliumcarbonat[4]) abzudestillieren.

Auch das reinste Produkt färbt sich im Sonnenlicht gelb.

Calcium wirkt auf Aceton kondensierend unter Bildung von Mesityloxyd[5]).

Verwendung von feuchtem Aceton: Dimroth, A. **399**, 27 (1913).

Krystallaceton: Mylius, B. **19**, 373 (1886). — Zwei Moleküle: Abenius, J. pr. (2) **47**, 188 (1893). — Delbridge, Am. **41**, 416 (1909). — $^1/_3$ Molekül: Jansen, Z. physiol. **82**, 332 (1912). — $^1/_2$ Molekül: Hantzsch und Picton, B. **42**, 2125 (1909).

Methyläthylketon (Sdp. 79.6°) wird öfters benutzt[6]) und ebenso werden Äthylbutylketon und Valeron von Beringer[7]) als gute Lösungsmittel empfohlen.

Man trocknet diese Ketone mit Chlorcalcium und fraktioniert; der Vorlauf wird verworfen (Timmermans).

Fettkohlenwasserstoffe.

Ligroin (Petroläther).

Da Ligroin keine einheitliche Substanz ist, kann man bei unvorsichtigem Arbeiten leicht dadurch irregeleitet werden, daß beim heißen Lösen einer Probe der leichter flüchtige Anteil verdampft; in dem zurückbleibenden höher siedenden Kohlenwasserstoffgemisch ist dann die Substanz gewöhnlich leichter löslich und krystallisiert nicht mehr aus. Es empfiehlt sich daher, die zwischen 60 und 80° siedende Partie, den sog. Petroläther (Gasolin) herauszufraktionieren.

Dimethylhomophthalimid kann nur aus bei 60—80° siedendem Ligroin umkrystallisiert werden, da es in niedriger siedendem unlöslich ist[8]).

Gelegentlich werden auch höher siedende Fraktionen verwendet, so

---

[1]) Hesse, A. **225**, 247 (1884).

[2]) Timmermans, Bull. Soc. chim. Belg. **24**, 263 (1910).

[3]) Shipsey und Werner, Soc. **103**, 1255 (1913).

[4]) Wedekind und Goost, B. **49**, 946 (1916).

[5]) Raikow, Ch. Ztg. **37**, 1455 (1913). — Über eine andere Reinigungsmethode s. Duclaux und Lanzenberg, Bull. (4) **27**, 779 (1920).

[6]) Diels und Abderhalden, B. **36**, 3179 (1903). — E. Fischer und Freudenberg, A. **372**, 38, 42 (1910). — E. Fischer und Raske, B. **43**, 1751 (1910). — W. Küster, Z. physiol. **82**, 143 (1912). — **101**, 29 (1917).   [7]) DRP. 104106 (1899).

[8]) Tiemann und Krüger, B. **26**, 2687 (1893).

von Gerber die Fraktion 100—140°[1]), von Willstätter und Benz[2]) die Fraktion 120—160°, von Bezdik und Friedländer[3]), Felix und Friedländer[4]) und Richards[5]) Solventnaphtha[6]).

Andererseits kann sich auch wieder für bestimmte Zwecke die Verwendung der niedrigsten Fraktionen (Petroleumpentan und -hexan) empfehlen. Das „Pentan" (Sdp. 25—35°) ist namentlich ein gutes Ausschüttlungsmittel[7]); „Hexan" (Sdp. 30—50°) haben z. B. Liebermann und Trucksäß[8]) zum Umkrystallisieren der Isozimtsäuren benutzt.

Für die Trennung von Fettsäuren bei niedriger Temperatur wird die bei 30—50° siedende Fraktion verwendet[9]); ebenso wird Petroleumpentan für die Abscheidung von Dibenzyl[10]) und ähnlichen Substanzen bei — 80° benutzt. Abscheidung von Enolen durch Ausfrieren aus Gasolin: Knorr, B. 44, 1129, 2771 (1911).

Beim Umkrystallisieren des Diphenylendiazomethans aus Ligroin darf man nicht über 50—60° erhitzen[11]).

Umkrystallisieren aus Gasolin im Kohlendioxydstrom: Stoermer und Kirchner, B. 53, 1296 (1920).

Krystallhexan beobachteten Schmidlin und Huber[12]).

Zusatz geringer Mengen von Alkoholen kann die Löslichkeit in Ligroin sehr erhöhen[13]). Auch in Mischung mit anderen Lösungsmitteln (Benzol, Äther, Chloroform) ist das Ligroin vielfach in Gebrauch. (Siehe unter Ausfällen.)

Zur Reinigung[14]) des Petroläthers, die manchmal unerläßlich ist, schüttelt man mit konzentrierter Schwefelsäure, wäscht und destilliert. Man trocknet nach Timmermans am besten mit Phosphorpentoxyd.

In Ligroin sind nicht übermäßig viele Stoffe löslich, werden aber daraus meist besonders rein erhalten[15]).

Paraffin hat man zum Lösen von Indigo verwendet[16]), zum gleichen Zweck verwendet Wartha Petroleum[17]).

Chloroform. (Sdp. 61.2°.)

Das für medizinische Zwecke dienende „reinste" Chloroform enthält fast immer Alkohol (ca. 1%), worauf eventuell zu achten ist. Man reinigt es[18]) durch Waschen mit Wasser und Schütteln mit konzentrierter Schwefelsäure, schließlich durch Destillation über frischem Phosphorpentoxyd, das nicht in zu großer Menge angewendet werden darf.

---

[1]) Diss. Basel (1889) 46, 47, 61, 73. — Täuber und Löwenherz, welche sich, B. 25, 2597 (1892), ohne nähere Angaben auf die Gerbersche Arbeit beziehen, sprechen von „hochsiedendem Petroleum", was zu Täuschungen Veranlassung geben kann.

[2]) A. 358, 279 (1908).   [3]) M. 30, 271 (1909).   [4]) M. 31, 55 (1910).

[5]) Soc. 97, 1456 (1910).

[6]) Auch diese Bezeichnung ist nicht ganz eindeutig, da man in der Technik eine Solventnaphtha I (Sdp. 90—160°) und II (90—175°) unterscheidet. Siehe Herzog, Chemische Technologie der organischen Verbindungen. Heidelberg (1912), 396. — Über die Bezeichnung „Lösungsbenzol": Fischer und Niggemann, B. 49, 1479 (1916).

[7]) Reich, Z. Unters. Nahr. Gen. 18, 401 (1909).   [8]) B. 42, 4662 (1909).

[9]) Fachin und Dorta, Ch. Ztg. 34, 324 (1901). — Siehe auch v. Auwers und Ziegler, A. 425, 220 (1921).

[10]) Hans Meyer und Alice Hofmann, M. 37, 685 (1916). — Siehe auch S. 41.

[11]) Staudinger und Gaule, B. 49, 1955 (1916).

[12]) B. 43, 2831 (1910).   [13]) Willstätter und Isler, A. 390, 329 (1912).

[14]) Nölting und Schwarz, B. 24, 1606 (1891).

[15]) Weselsky und Benedikt, M. 3, 388 (1882). — Liebermann, B. 23, 142 (1890). — Tiemann und Krüger, B. 26, 2687 (1893).

[16]) DRP. 61 711 (1890).   [17]) B. 4, 334 (1871).   [18]) Siehe auch S. 14.

Es tritt oftmals als Krystallverbindung auf[1]) und ist dann manchmal so fest gebunden, daß es nicht leicht durch einfaches Erhitzen ausgetrieben werden kann; so muß man die Chloroformverbindung des Leukonditoluylenchinoxalins auf 140° bringen, um sie zu zersetzen (Nietzki und Benkiser a. a. O.).

Durch Erhïtzen mit Wasser[2]) werden aber wohl alle diese Verbindungen zerlegt.

Um z. B. im Chloroformcolchicin das Chloroform zu bestimmen, wandte Schmiedeberg[3]) Wasserdampf an. Das Destillat wurde über glühenden Kalk geleitet und in diesem das aufgenommene Chlor bestimmt.

Zwei Moleküle Krystallchloroform: Gomberg und Cone, A. **370**, 142 (1909). — Ein halbes Molekül: Semmler und Risse, B. **46**, 601 (1913). — Strauß, Diss. Halle (1915), 34. Ebenda: Krystallbromoform.

Basische Substanzen zerlegen das Chloroform beim Kochen[4]) und gehen dabei in Formiate und Chlorhydrate über; selbst Hydrazide und Hydrazone können auf diese Weise unter Umständen Zerlegung erleiden. (Hans Meyer.)

Polymerisation durch Chloroform: Hantzsch, B. **42**, 73 (1909).

Tetrachlorkohlenstoff. (Sdp. 76.8°.)

Zur Reinigung des Tetrachlorkohlenstoffs von dem darin fast immer enthaltenen Schwefelkohlenstoff geht man folgendermaßen vor[5]).

Etwa die anderthalbfache Menge des zur Bindung des Schwefelkohlenstoffs[6]) erforderlichen Kaliumhydroxyds, im gleichen Gewicht Wasser gelöst, wird mit 100 ccm Alkohol auf einen Liter Chlorkohlenstoff versetzt und das auf 50—60° erwärmte Gemisch eine halbe Stunde lang gut durchgeschüttelt. Man trennt die wäßrige Lösung ab, wäscht und filtriert und wiederholt diesen Prozeß noch ein zweites und drittes Mal mit etwa der halben Menge Lauge. Dann wird gut gewaschen, mit festem Ätzkali getrocknet, die letzten Spuren Wasser mit Phosphorpentoxyd oder Natrium entfernt und fraktioniert.

Sollte ein Gehalt an Hexachloräthan stören, so setzt man vor dem Destillieren etwas Paraffin zu.

Reiner Tetrachlorkohlenstoff gibt mit Anilin und alkoholischer Silbernitratlösung erst bei längerem Erwärmen einen grauweißen Niederschlag.

Mit Phenylhydrazin reagiert Tetrachlorkohlenstoff schon beim längeren Stehen in der Kälte unter Abscheidung eines basischen Chlorhydrats; Anilin gibt nach dreitägigem Stehen mit diesem Lösungsmittel lange Nadeln von $C_6H_5NH_2 \cdot HCl$.

Tetrachlorkohlenstoff ist das beste Lösungsmittel für Paraffine[7]). Es ist auch für die Isolierung von Chinolinsäureanhydrid[8]) benutzt worden und

---

[1]) Zeisel, M. **7**, 571. (1886) — Nietzki und Benkiser, B. **19**, 776 (1886). — Schmidt, Arch. **225**, 147 (1887); **228**, 625 (1890). — Nietzki und Kehrmann, B. **20**, 325 (1887). — Anschütz, A. **273**, 77 (1893). — DRP. 69 708 (1893). — DRP. 70 158 (1893); 70 614 (1893). — Wedekind, B. **36**, 3795 (1903). — Stobbe, B. **37**, 2657 (1904). — Liebermann und Danaila, B. **40**, 3592 (1907). — Jacobsen, Diss. Zürich (1908).

[2]) Kassner, Arch. **239**, 44 (1901).

[3]) Diss. Dorpat (1866), 19. — Merck, Pharm. Ztg. **61**, 509 (1916).

[4]) Gordin und Merrell, Arch. **239**, 636 (1901).

[5]) Siehe Schmitz-Dumont, Ch. Ztg. **21**, 511 (1897). — Siehe auch S. 1128.

[6]) Der technisch reine Tetrachlorkohlenstoff enthält nach Hans Meyer bis zu 7% Schwefelkohlenstoff.   [7]) Graefe, Ch. Rev. **13**, 30 (1906).

[8]) Philips, A. **288**, 255 (1895). — Siehe außerdem Tritsch, Diss. Zürich (1907), 27.

ebenso für die Reinigung des sauren 3.6-Dichlorphthalsäureesters[1]). Auch Krystalltetrachlorkohlenstoff ist schon beobachtet worden[2]).

Chlorierte Derivate des Äthylens und Äthans[3]).

Die seit einigen Jahren zu billigem Preis im Handel befindlichen Präparate:

sym. Dichloräthylen $C_2H_2Cl_2$, Sdp. 55°
Trichloräthylen C_2HCl_3, Sdp. 88°,
Perchloräthylen C_2Cl_4, Sdp. 121°.
sym. Tetrachloräthan $C_2H_2Cl_4$, Sdp. 147°,
und Pentachloräthan C_2HCl_5, Sdp. 159°

sind unentzündliche, recht beständige, im allgemeinen indifferente und sehr verwendbare Lösungs- und Krystallisationsmittel.

Herz und Rathmann[4]) haben gefunden, daß besonders die aromatischen Säuren in diesen chlorierten Kohlenwasserstoffen (sowie in Chloroform und Tetrachlorkohlenstoff) gut löslich sind. Der weniger chlorierte Kohlenwasserstoff besitzt im allgemeinen das größere Löslichkeitsvermögen. Hydroxylgruppen vermindern die Löslichkeit stark. In Gemischen folgt sie der Mischungsregel.

Dichloräthylen haben namentlich Staudinger[5]), Staudinger und Stockmann[6]), Felix und Friedländer[7]) mit Erfolg benutzt. Wacker[8]) empfiehlt die Anwendung des technischen, von 50—60° siedenden Dichloräthylens an Stelle von Äther. Es ist nicht explosionsgefährlich, das geringe gegenseitige Lösungsvermögen des Reagens und von Wasser verringert die Lösungsmittelverluste und macht meist das Trocknen der Lösung unnötig.

Trichloräthylen löst nach Gowing-Scopes[9]) alle organischen Verbindungen, die nicht mehr als eine Carboxyl- oder Hydroxylgruppe enthalten.

Sym. Tetrachloräthan (meist als Acetylentetrachlorid oder als „Tetra" bezeichnet) findet vielfache Anwendung[10]) [11]).

Pentachloräthan („Penta") wird seltener benutzt; es dürfte im allgemeinen vor dem „Tetra" keine Vorteile bieten[12]).

Flüssiges Chlormethyl[13]) und Chloräthyl[14]) haben Harries und Koetschau für die Reinigung von Ozoniden benutzt. Auch Bromäthyl[15]), Amylbromid[16]), Äthylenbromid[17]), Äthylenjodid[18]), Äthylnitrit[19]), Epi-

---

[1]) Graebe, B. **33**, 2020 (1900).   [2]) Anschütz, A. **359**, 201 (1908).

[3]) Allgemeines über diese Verbindungen siehe Konsortium f. elektrochemische Industrie, Nürnberg, Ch. Ztg. **31**, 1095 (1907); **32**, 529 (1908). — Ferner Chem. Fabrik Griesheim Elektron, Ch. Ztg. **32**, 256 (1908). — Hofmann, Kirmreuther und Thal, B. **43**, 187 (1910). — Walker, Ch. Trade J. **68**, 624 (1921).

[4]) Z. El. **19**, 887 (1913).   [5]) B. **42**, 398, 3973 (1909).   [6]) B. **42**, 3494 (1909).

[7]) M. **31**, 55 (1910).   [8]) Ch. Ztg. **45**, 266 (1291).   [9]) Analyst **35**, 238 (1910).

[10]) Fr. Pat. 368 738 (1906). — DRP. 175 379 (1907).

[11]) Suhl, Diss. Marburg (1906), 46, 48. — Friedländer, M. **28**, 991 (1907). — Crinsoz, Diss. Zürich (1908), 24. — Zincke und Buff, A. **361**, 241 (1908). — Leemann und Grandmougin, B. **41**, 1303 (1908). — Zincke und Schwabe, B. **42**, 799 (1909). — E. Fischer und Freudenberg, A. **372**, 42, 58 (1910). — Apitzsch und Kelber, B. **43**, 1262 (1910).

[12]) Hans Meyer, M. **30**, 175 (1909).

[13]) B. **42**, 3305 (1909). — Harries, A. **390**, 239 (1912).   [14]) Siehe S. 497.

[15]) Pope und Peachey, Soc. **95**, 572 (1909).

[16]) Zwenger, A. **66**, 5 (1848); **69**, 347 (1849). — Jones, Proc. Cambr. Phil. Soc. **14**, 27 (1907).

[17]) Dziewonski, B. **36**, 3773 (1903). — Beckmann, Ch. Ztg. **30**, 484 (1906). — Anschütz, A. **359**, 199 (1908). — Leemann und Grandmougin, B. **41**, 1301, 1303 (1908). — Krystalläthylenbromid: Spallino, Ch. Ztg. **31**, 950 (1907).

[18]) Lehmann, A. **287**, 46 (1895).   [19]) Baeyer, B. **29**, 23 (1896).

chlorhydrin[1]), Dichlorhydrin[2]), Jodmethyl[3])[4]), Jodäthyl und
Dimethylsulfat[5]) werden gelegentlich mit Erfolg verwendet.

Dimethylsulfat wird durch fraktionierte Destillation und darauffolgende
Destillation über aus Bariumnitrat frisch bereitetem Bariumoxyd gereinigt[6]).
Reinigen von Chlormethyl. Das technische Chlormethyl enthält fast
immer ungesättigte Verunreinigungen. Man setzt so lange Brom zu dem Präparat, als noch Entfärbung eintritt, und leitet dann das Chlormethyl erst
durch Kalilauge zur Entfernung von überschüssigem Brom und dann zum
Trocknen durch eine lange, mit Phosphorpentoxyd beschickte Röhre.

Über Krystalljodmethyl siehe: Lederer, A. **399**, 261 (1913) und
Straus, A. **401**, 356 (1913).

Schwefelkohlenstoff[7])

muß unbedingt vor dem Gebrauch gereinigt werden, was entweder durch
Mischen mit dem gleichen Volumen Olivenöl und Abdestillieren bei niedriger
Temperatur oder durch Schütteln mit metallischem Quecksilber[8]) leicht bewirkt werden kann. — Man trocknet ihn mit Phosphorpentoxyd (Timmermans). — Siehe auch Stock, B. **43**, 415 (1910).

Aliphatische Säuren und ihre Derivate.

Ameisensäure (Sdp. 101°)
hat Aschan[9]) namentlich in der hydroaromatischen Reihe, auch in Mischung
mit Essigsäure[10]), mit Erfolg angewendet, ebenso fand sie Baeyer[11]) bewährt.
Sie ist namentlich auch ein vorzügliches Mittel zum Umkrystallisieren von
substituierten Phthalsäuren und Protocatechusäuren[12]) und von zweibasischen
Säuren der aliphatischen Reihe. Gewöhnlich verwendet man die käufliche
95 proz. Säure, die übrigens auch sehr viele anorganische Verbindungen leicht
löst. Auch recht schwerlösliche Substanzen (Terephthalsäure, Indigo, Harnsäure, Alizarin) können aus ihr umkrystallisiert werden. Hie und da wirkt sie
zersetzend (Pinennitrosochlorid, Methyloxalat, Terpinhydrat) oder veresternd
auf Alkohole und Phenole (β-Naphthol), zum Teil schon in der Kälte (Borneol,
Isoborneol). Auch leicht reduzierbare Substanzen (o-Nitrophenol) dürfen nicht
mit Ameisensäure erhitzt werden.

Dimroth und Goldschmidt verwenden 85 proz. Säure[13]).

Man reinigt die Ameisensäure durch Ausfrieren. Phosphorpentoxyd ist
nicht als Trocknungsmittel zu gebrauchen [Sapojnikow[14])], ebensowenig
Chlorcalcium, das beim Erwärmen unter Salzsäureentwicklung angegriffen wird. Dagegen gelingt die Entwässerung der Ameisensäure und ebenso
der Essigsäure mit Kupfersulfat[15]).

Gleichermaßen bewährt sich Borsäureanhydrid[16]).

[1]) Pawlewski, B. **27**, 1566 (1894). — Ch. Ztg. **21**, 97 (1897). — Thiele und Dimroth, B. **28**, 1412 (1895). — Dimroth und Pfister, B. **43**, 2761 (1910).
[2]) Tschirch, Die Harze (1906), 41.
[3]) Pope und Peachey, Soc. **95**, 572 (1909).   [4]) Baeyer, B. **38**, 586 (1905).
[5]) Valenta, Ch. Ztg. **30**, 266 (1906). — Graefe, Ch. Rev. **1907**, 112. — Gomberg, B. **40**, 1855 (1907).   [6]) Dubroca, Journ. Chim. Phys. **5**, 463 (1907).
[7]) Juppen und Kostanecki, B. **37**, 4161 (1904). — Voigt, Diss. Rostock (1908), 27.
— Steinkopf und Supan, B. **43**, 3248 (1910).
[8]) Sidot, C. r. **69**, 1303 (1870). — Arctowski, Z. an. **6**, 257 (1900).
[9]) A. **271**, 266 (1892). — Ch. Ztg. **37**, 1117 (1913). — Schroeter, A. **426**, 49, 150
(1922).   [10]) Ebenso Schroeter, A. **426**, 49 (1922).
[11]) B. **38**, 589, 1161 (1905). — Bischoff, B. **40**, 3140 (1907).
[12]) H. E. Müller, Diss. München (1908), 46.   [13]) A. **399**, 70 (1913).
[14]) Russ. **25**, II, 626 (1893); **28**, II, 229 (1896).   [15]) DRP. 230 171 (1911).
[16]) Hans Meyer und Passer. (Unveröffentlichte Versuche.)

Ameisensäuremethylester ist wegen seines niederen Siedepunkts (32°) für die Isolierung flüchtiger Substanzen sehr geeignet[1]).

Essigsäure (Sdp. 118°).

Sowohl die reine Säure (Eisessig) als auch ihre Mischungen mit Wasser werden sehr häufig angewendet.

Das käufliche Produkt pflegt reduzierende Substanzen, höhere Homologe und nicht selten Kupfer zu enthalten.

Man reinigt am besten durch wiederholtes Ausfrieren und Fraktionieren, nach Zusatz von 2% gepulvertem Kaliumpermanganat, schließlich evtl. Destillieren über Phosphorpentoxyd.

Näheres hierüber: Orton, Edwards und King, Soc. 99, 1178 (1911). — Bonsfield und Lowry, Soc. 99, 1432 (1911).

Anwendung zur Trennung stereoisomerer Säuren: Bougault, Bull. (4), 21, 172 (1917).

Krystallessigsäure: Latschinoff, B. 20, 1046 (1887). — Niementowski, J. pr. (2) 40, 22 (1889). — Liebermann und Voßwinckel, B. 37, 3346 (1904). — Zwei Moleküle: Willstätter und Parnas, B. 40, 3974 (1907). — Dimroth und Scheurer, A. 399, 52 (1913). — Pfeiffer, A. 411, 109 (1916). — Ein halbes Molekül: Jansen, Z. physiol. 82, 333 (1912).

Krystallessigsäure kann sehr fest gebunden sein. Wenn es nicht gelingt, sie durch Erhitzen (auf 130—140°) zu entfernen, kann man die Substanz in Xylol oder einem noch höher siedenden Kohlenwasserstoff lösen und das Lösungsmittel abdestillieren. Die mit übergegangene Essigsäure wird titriert; evtl. ist es einfacher, sie in der krystalleisessighaltenden Substanz direkt zu bestimmen.

Derivate der Essigsäure.

Essigsäureanhydrid[2]) bewährt sich zum Reinigen von Acetylderivaten, namentlich aber auch zum Umkrystallisieren von Dicarbonsäuren und Säureanhydriden[3]). Es ist das einzige Krystallisationsmittel für chromoisomere Aldamine[4]).

Es kann natürlich unter Umständen acetylierend oder wasserabspaltend wirken.

Das käufliche Essigsäureanhydrid pflegt 8—10% Essigsäure zu enthalten, von der es durch wiederholtes sorgfältiges Fraktionieren getrennt werden kann. Es siedet[5]) in reinster Form bei 139.3—139.4°.

Krystallessigsäureanhydrid: Heller und Tischner, B. 43, 2579 (1910). Hier auch eine Methode zum Nachweis von Essigsäureanhydrid.

Eisessig entfernt man im Vakuum über Ätzkalk oder Natronkalk, Essigsäureanhydrid über Stangenkali.

Essigsäuremethylester (Sdp. 57°) haben Winterstein und Hiestand[6]) empfohlen.

---

[1]) Hans Meyer, B. 37, 3592 (1904).

[2]) Goldschmiedt und Strache, M. 10, 157 (1889). — Hans Meyer, M. 25, 489 (1904). — Baeyer und Villiger, B. 37, 2860 (1904). — Niementowski, B. 38, 2046 (1905). — Horrmann, Diss. Kiel (1907), 35. — Biltz, B. 40, 2635 (1907). — Mielek, Diss. Rostock (1909), 73. — Weiz, Diss. Würzburg (1909), 21. — Tutin und Naunton Soc. 103, 2050 (1913). — Fick, Diss. Greifswald (1914), 43. — Dimroth und Heene, B. 54, 2939 (1921).   [3]) Windaus und v. Staden, B. 54, 1065 (1921).

[4]) Ismailski, Russ. 47, 1626 (1915).

[5]) Pickering, Soc. 63, 1000 (1893). — Orton und Jones, Soc. 101, 1721 (1912).

[6]) Z. physiol. 54, 292 (1908).

Essigsäureäthylester (Sdp. 77.5°) ist ein vielfach erprobtes Krystallisationsmittel.

Man befreit ihn von der Hauptmenge des Wassers und Alkohols durch Schütteln mit Kaliumcarbonat und darauffolgendes Destillieren über Phosphorpentoxyd oder destilliert mit 2 g Wasser auf 500 g Ester, wobei Alkohol und Wasser zuerst übergehen.

Er wird sowohl für sich[1]) als auch namentlich in Mischungen, so mit $^1/_3$% Wasser[2]), benutzt.

Krystallessigester, der erst bei 150° entweicht: Liebermann und Lindenbaum B. **37**, 1175 (1904).

Essigsäure propylester (Sdp. 101.6°) wird zur Abscheidung von Paraffin aus Erdöl benutzt[3]).

Essigsäureamylester (Sdp. 139°) benutzten Willstätter und Hocheder[4]), sowie Praetorius und Korn[5]).

Triacetin dient zum Lösen von Glycerincarbonat[6]).

Über die Verwendbarkeit von Chloressigsäuremethyl- und Äthylester als Lösungsmittel für Acetylcellulose: DPA. Kl. **22** h, C. **22** 897 (1913). Zum Umkrystallisieren von Glucase: Rosenmund und Zetzsche, B. **54**, 451 (1921).

Acetylchlorid (Sdp. 51°) haben Stobbe[7]), Schlenk und Herzenstein[8]) und E. Fischer[9]) zum Reinigen von Säureanhydriden und -chloriden angewendet. Es ist zu beachten, daß dieses Lösungsmittel acetylierend, anhydrisierend und chlorierend wirken kann[10]).

Das käufliche Acetylchlorid enthält meist eine große Menge Salzsäure, von der es durch Destillation über Dimethylanilin befreit wird[11]).

Buttersäure hat Salkowski zum Lösen von Calciumpalmitat benutzt[12]); Essigsäure tut aber denselben Dienst.

Krystallbuttersäure: Boedeker, B. **53**, 1854 (1920).

Von den höher molekularen Säuren wurden Stearinsäure[13]) und Ölsäure[14]) angewendet.

Oxalsäureester erwähnen Bischoff[15]) und E. Fischer und Freudenberg[16]).

Acetessigester wird öfters benutzt[17]), kann aber infolge Bildung von Dehydracetsäure (Smp. 108°) zu Täuschungen Anlaß geben[18]).

In Formamid und Acetamid sind Albumosen und Peptone leicht löslich[19]) — Über Urethane (in wäßriger Lösung) als Lösungsmittel: DPA. K 63 442 (1919).

<hr>

1) Z. B. v. Schmidt, M. **25**, 285 (1904). — Siehe auch S. 670, 671, 704, 957.
2) Pyman, Soc. **91**, 1229 (1907). — Coccinon löst sich leichter in feuchtem als in trocknem Essigester. Dimroth, A. **399**, 27 (1913).
3) Kantorowicz, Ch. Ztg. **37**, 1439 (1913).   4) A. **354**, 253 (1907).
5) B. **43**, 2745 (1910). — Koelsch, Kunststoffe (1912), 477.
6) DRP. 252 758 (1912).   7) B. **37**, 2659 (1904).   8) A. **372**, 30 (1910).
9) Unters. üb. Aminosäuren (1906), 430. — B. **38**, 613 (1905).
10) Z. B. Schlenk und Herzenstein, A. **372**, 28 (1910).
11) Siehe S. 659.   12) Z. physiol. **98**, 27 (1916).
13) Wartha, B. **4**, 334 (1871).
14) DRP. 38 417 (1886). — E. P. 10 695 (1886).
15) B. **40**, 2805, 3164 (1907).   16) A. **372**, 33, 44 (1910).
17) O. Fischer, B. **36**, 3624, 3625 (1903). — Hesse, J. pr. (2) **73**, 152 (1906). — Nachmann, Diss. Berlin (1907), 23. — O. Fischer und Schindler, B. **41**, 391 (1908).
18) Hesse, J. pr. (2) **77**, 390 (1908).
19) Ostromysslensky, J. pr. (2) **76**, 267 (1907).

Lösungsmittel der aromatischen Reihe.

Benzol und seine Homologen.

Reinigung. Schwefelkohlenstoff wird mittels Durchleitens von feuchtem Ammoniak entfernt, oder man kocht mit alkoholischem Kali, wäscht das entstandene xanthogensaure Kalium mit Wasser heraus und destilliert.

Man trocknet dann die Kohlenwasserstoffe, indem man sie am Rückflußkühler mit metallischem Natrium kocht[1]).

Speziell für das Benzol (Smp. 5°, Sdp. 80°) empfiehlt sich die Reinigung durch wiederholtes Ausfrieren.

Hat man kein schwefelfreies Benzol (Toluol usw.) zur Verfügung, so muß man die betreffende Verunreinigung (Thiophen usw.) unbedingt entfernen.

Die Prüfung auf Thiophen (Indopheninreaktion) wird so ausgeführt, daß man[2]) in einen Meßzylinder von 100 ccm Inhalt 25 ccm einer Lösung von 0.5 g Isatin in 1000 g reiner Schwefelsäure, dazu 1 ccm des zu prüfenden Benzols und dann 25 ccm reine Schwefelsäure, die 1 Tropfen konz. Salpetersäure oder Eisenchloridlösung[3]) enthält, gibt. Beim Schütteln tritt die blaue Färbung sofort auf. Dieser Zusatz empfiehlt sich auch bei der colorimetrischen Bestimmung nach Schwalbe[4]).

Zum Entfernen des Thiophens und ähnlicher störender Verunreinigungen kann man den Kohlenwasserstoff mit einem Prozent Aluminiumchlorid[5]) oder Chlorschwefel[6]) kochen und das Produkt nach dem Abtrennen des schmutzigen Bodensatzes abdestillieren, oder man erhitzt mit den wäßrigen Lösungen von Quecksilbersalzen, wobei das Thiophen in leicht entfernbare Verbindungen übergeführt wird[7]).

Weit bequemer[8]) ist es, die Kohlenwasserstoffe unter Zusatz eines geeigneten Kondensationsmittels mit einem Aldehyd (Formaldehyd, Acetaldehyd) oder Anhydrid (Phthalsäureanhyhrid) zu digerieren, z. B. nach folgender Vorschrift[9]): 390 Teile mit Chlorcalcium getrocknetes, thiophenhaltiges Benzol werden mit 7.5 Teilen Phthalsäureanhydrid und 7 Teilen wasserfreiem Aluminiumchlorid einige Stunden bei gewöhnlicher Temperatur geschüttelt. Wenn eine abdestillierte Probe die Indopheninreaktion nicht mehr zeigt, wird der gereinigte Kohlenwasserstoff in üblicher Weise isoliert.

Notwendigkeit der Reinigung von Toluol: Montagne, B. **49**, 2270 (1916).

Krystallbenzol kann sehr fest gebunden sein; so läßt es sich aus dem Thioparatolylharnstoff selbst durch vierstündiges Erhitzen auf 100—109° nur zum Teil austreiben[10]).

---

[1]) Schwalbe, Z. f. Farb. u. Text. **3**, 462 (1904). — Siehe auch Liebermann und Seyewetz, B. **24**, 788 (1891).

[2]) Wray, Soc. Ind. **38**, 83 (1919). — Nach Bauer, B. **37**, 1244, 3128 (1904), wird die Reaktion durch oxydierende Mittel hervorgerufen, wird aber vielleicht durch Katalyse bedingt. — Meyer und Wesche, a. a. O. — Bei dem hohen Grade der Reinheit, den die Schwefelsäure heute besitzt, empfiehlt Wray, bei dieser Prüfung des Benzols auf Thiophen stets von vornherein ein oxydierendes Mittel hinzuzufügen. — Siehe über die Indopheninreaktion auch Hantzsch, B. **54**, 1253 (1921).

[3]) Bauer, a. a. O. — Meyer und Wesche, B. **50**, 428 (1917).

[4]) Ch. Ztg. **29**, 895 (1905). — Soc. Ind. **24**, 988 (1905). — B. **38**, 2208 (1905).

[5]) Haller und Michel, Bull. (3) **15**, 390, 1065 (1896). — Heusler, Z. ang. **1896**, 288, 318. — DRP. 79 505 (1894). — Reinigung von Naphthalin: DPA. G 47 397 (1919).

[6]) Lippmann und Pollak, M. **23**, 669 (1902).

[7]) Dimroth, B. **32**, 758 (1899).

[8]) Über andere Reinigungsmethoden siehe noch V. Meyer, B. **16**, 1466 (1883); **18**, 1489 (1885). — Die Thiophengruppe (1888), 43. — Staedel, A. **283**, 165 (1894). — Schwalbe, Z. Farb. Text. **3**, 461 (1904).   [9]) DRP. 211 239 (1909).

[10]) Truhlar, B. **20**, 669 (1887). — Siehe auch Tschitschibabin, B. **41**, 2424 (1908).

Ein halbes Molekül Krystallbenzol beobachtete Bosset[1]), ein drittel Molekül fanden Schmidlin und Massini[2]), ein viertel Molekül Liebermann und Lindenbaum[3]), zwei Moleküle neben einem Molekül Essigsäure Gomberg und Cone[4]). — Krystallbenzol neben Krystallwasser: Zerner und v. Löti[5]).

Krystalltoluol: Heinr. Meyer, Diss. Leipzig (1907), 28.

Manche Substanzen, die in siedendem Benzol fast unlöslich sind, lösen sich leicht in den höheres Erhitzen gestattenden Homologen[6]), unter denen namentlich die Xylole[7]) und Cumole bevorzugt werden.

Den Vorteil, höher zu sieden und größeres Lösungsvermögen zu besitzen, bieten auch die Halogenderivate des Benzols, wie Chlorbenzol [für α-Naphthylamin[8]), Tetranitrodichlorazobenzol, Tetranitro- und Tetrachlor-Hydrodiphenazin[9]), Anthrachinon, Anthrachinonnitrile[10]) und Anthrachrysonderivate[11])], o-Dichlorbenzol[12]), p-Dichlor- und Dibrombenzol[13]), (Chinolone), Hexachlorbenzol[14]) und Brombenzol.

Speziell das leicht zugängliche Monochlorbenzol ist sehr empfehlenswert[15]).

Es ist zu beachten, daß diese, an sich indifferenten Lösungsmittel bei ihrer hohen Siedetemperatur Oxydationen verursachen können.

So werden die substituierten Anthrone, wie Anthron selbst und ebenso Anthranol und ähnliche Substanzen, durch wiederholtes Umkrystallisieren in die entsprechenden Anthrachinonderivate verwandelt. In ähnlicher Weise werden Lösungen von Indigoblau oder Dibromindigo[16]) beim Kochen unter Luftzutritt durch Oxydation entfärbt.

Besonders leicht wird Indigo beim Kochen mit Phthalsäureester (Sdp. 295°) oder Phenanthren (Sdp. 340°) bei Luftzutritt zu Anhydro-α-isatinanthranilid oxydiert[17]).

Man kann diesem Verhalten durch Arbeiten in einer Kohlendioxydatmosphäre begegnen[18]).

Aber auch Reduktionen können unter Umständen stattfinden, wenn leicht reduzierbare Substanzen bei hoher Temperatur mit wasserstoffhaltigen Lösungsmitteln digeriert werden.

So gehen das Azin und das Azhydrin des Anthrachinons beim Umkrystallisieren in Indanthren über, wenn man nicht wasserstofffreie Mittel, wie Hexachlorbenzol, anwendet[14]).

---

[1]) B. **37**, 3196 (1904).
[2]) B. **42**, 2399 (1909). — Massini, Diss. Zürich (1909), 66.
[3]) B. **35**, 2917 (1902).   [4]) A. **370**, 142 (1909).   [5]) M. **34**, 991 (1913).
[6]) Xylol: z. B. Baeyer und Villiger, B. **37**, 2873 (1904). — (Pseudo-) Cumol: Tschirner, Diss. Zürich (1900), 194. — B. **33**, 959 (1900). — Dziewónski, B. **36**, 3769 (1903). — Scholl, B. **40**, 394 (1907).
[7]) Metaxylol: Scholl, B. **43**, 356 (1910).   [8]) DRP. 188 184 (1907).
[9]) Leemann und Grandmougin, B. **41**, 1293, 1303, 1304 (1908).
[10]) DRP. 271 790 (1914).
[11]) DPA. C 14 844 (1906). — Eckert und Steiner, M. **36**, 269 (1915).
[12]) DRP. 240 834 (1912).
[13]) Guthmann, Diss. Erlangen (1915), 18. — Fischer und Guthmann, J. pr. (2) **93**, 378 (1916). — Diese Stoffe wirken hier vor allem auch als Lösungsmittel für Phosphorpentachlorid(bromid).   [14]) Scholl und Berblinger, B. **36**, 3434 (1903).
[15]) Eckert und Steiner, M. **35**, 1129 (1914). Anthrimide.
[16]) Friedländer, M. **30**, 249 (1909). — Siehe auch Suida, A. **416**, 173 (1918).
[17]) Friedländer und Roschdestwensky, B. **48**, 1842 (1915).
[18]) Beim Arbeiten mit Eisessig setzt man zum gleichen Zweck eine Spur Aluminium zu. DRP. 201 542 (1908).

Nitrobenzol läßt sich leicht durch Ausfrieren und Fraktionieren reinigen. Es wird sehr häufig angewendet[1] [2]) und ist verhältnismäßig recht indifferent[3]). o - Nitrotoluol dient zum Reinigen von Trinitrotoluol[4]).

Benzaldehyd ermöglicht es, die sonst nur sehr schwer rein zu erhaltende p-Oxydiphensäure in farblose Krystalle zu verwandeln[5]). — Er wird auch sonst gelegentlich benutzt[6]).

Naphthalin[7]) ist für schwer lösliche Farbstoffe[8]), wie Indigo[9]), Nitroalizarinblau[10]), $\alpha\beta$-Naphthazarin und Triphendioxazin[11]), anwendbar. Die erkaltete Masse wird mit Alkohol oder Äther ausgekocht, um das Naphthalin zu entfernen[12]).

Bromnaphthalin wird auch gelegentlich empfohlen[13]). Über Tetralin (Tetrahydronaphthalin) und Dekalin (Dekahydronaphthalin) Schroeter, B. **51**, 1594 (1918). — A. **426**, 16, 75 (1922). — Schrauth, Ch. Ztg. **45**, 547, 565 (1921). — Thielepape, B. **55**, 135 (1922).

Ähnliche Verwendung findet Anilin[14]), das auch als Krystallanilin beobachtet worden ist[15]).

Anilin muß vor dem Gebrauch unbedingt frisch destilliert sein, weil sonst leicht Verschmierung der zu lösenden Substanz erfolgt.

Von anderen basischen Substanzen werden hie und da Dimethylanilin[16]) [17]), Diphenylamin[18]) und Methyldiphenylamin[19]) benutzt. Letzteres Lösungsmittel ist für Dianthrachinonylderivate, Azine und Acridone der Anthrachinonreihe vorzüglich geeignet[20]).

Auch Anthracen ist schon versucht worden[21]), ebenso Phenanthren[13]).

Phenole.

Das Phenol selbst ist in manchen Fällen ein vorzügliches Krystallisationsmittel[14]) [22]). Es tritt auch als Krystallverbindung auf[23]).

---

[1]) Gabriel, B. **19**, 837 (1886). — Graebe und Philips, B. **24**, 2298 (1891). — Bamberger, B. **28**, 848 (1895). — Dziewónski, B. **36**, 3770, 3773 (1903). — Kaufler und Borel, B. **40**, 3254 (1907).
[2]) Fischer und Römer, B. **40**, 3409 (1907).
[3]) Scholl und Berblinger, B. **36**, 3434 (1903).
[4]) DPA. Kl. 12o 8729 (1914).   [5]) Mudrovčič, M. **34**, 1441 (1913).
[6]) Böck, M. **26**, 590 (1905).   [7]) Siehe auch DRP. 123 695 (1901).
[8]) Fischer und Römer, B. **40**, 3409 (1907). — Fischer und Ziegler, J. pr. (2) **86**, 299 (1912).
[9]) Witt, B. **19**, 2791 (1886). — Schneider, Z. anal. **34**, 349 (1895). — Clauser, Öst. Ch. Ztg. **2**, 521 (1899).
[10]) DRP. 59 190 (1891).   [11]) Seidel, B. **23**, 184 (1890).   [12]) Siehe S. 524.
[13]) Lehmann, A. **287**, 46 (1895). — Elbs und Lerch, J. pr. (2) **93**, 1 (1916).
[14]) Gerber, Diss. Basel (1889), 50. — Aguiar und Baeyer, A. **157**, 367 (1871). — Kley, Rec. **19**, 12 (1899). — Nietzki und Becker, B. **40**, 3398 (1907). — Kyriacou, Diss. Heidelberg (1908), 34.   [15]) DRP. 135 561 (1902).
[16]) A. **272**, 165 (1893). — Kaufler und Borel, B. **40**, 3255 (1907). — Kaufler und Karrer, B. **40**, 3264 (1907). — W. Küster, Z. physiol. **94**, 145 (1915).
[17]) Möhlau und Fritzsche, B. **26**, 1035 (1893). — DRP. 73 354 (1894).
[18]) Kaufler, B. **36**, 931 (1903). — Cohn, Ph. C.-H. **53**, 27 (1912).
[19]) DRP. 167 461 (1905).
[20]) Eckert, Privatmitteilung. — Eckert und Halla, M. **35**, 761 (1914).
[21]) Kaufler, B. **36**, 931 (1903).
[22]) Witt, B. **19**, 2791 (1886). — Mehu, Pharm. J. (3) **2**, 645 (1872). — Baeyer, B. **12**, 1315 (1879). — Stülcken, Diss. Kiel (1906), 38.
[23]) Arch. **224**, 625 (1886). — B. **20**, 3278 (1887). — A. **272**, 280 (1892).

Kresolgemische finden gelegentlich Verwendung[1]), speziell auch Metakresol[2]).

β-Naphthol hat Kaufler[3]) als Krystallisationsmittel benutzt.

Anisol[4]) wird vor dem Gebrauch über Natrium oder Phosphorpentoxyd destilliert (Timmermans), falls seine absolute Reinheit erforderlich ist.

Ester der aromatischen Reihe.

Methylbenzoat[5]) und Benzylbenzoat[6]) werden nur selten erwähnt, häufig dagegen Äthylbenzoat[7]) [8]).

Krystalläthylbenzoat fand Spallino[9]).

Sehr gute Lösungsmittel sind auch die neutralen Phthalsäureester[8]).

Benzoylchlorid[10]) ist das einzige Krystallisationsmittel für Mellithsäureanhydrid[11]). Von anderen, seltener benutzten Lösungsmitteln der aromatischen Reihe seien Azobenzol[12]), Benzylcyanid[13]) und Phenylhydrazin[14]) [15]) genannt.

Pyridin und seine Derivate.

Das Lösungsvermögen des Pyridins und seiner Homologen ist sehr von seiner Reinheit (Trockenheit) abhhängig. Mit Wasser bildet es ein bei 94.4° siedendes Hydrat, das lange Zeit als „Cespitin" für eine eigentümliche Base angesehen wurde (siehe S. 73). Dieses Hydrat hat für hochmolekulare Kohlenwasserstoffe (Anthracen, Bitumen, usf.) sehr geringes Lösungsvermögen[16]).

In manchen Fällen ist dagegen wieder feuchtes Pyridin besonders geeignet: Dimroth, A. 399, 31 (1913).

Man trocknet die Pyridinbasen durch Schütteln mit Stangenkali oder Kochen mit Ätzkalk.

Trocknen mit Phosphorpentoxyd, wie es Freundler angibt, ist nicht zu empfehlen, da dadurch enorme Verluste entstehen (Timmermans).

Pyridin (Sdp. 116°) ist das beste Krystallisationsmittel für β-Cyanpyridin[17]) und auch für die gechlorten Derivate des Benzidins und Tolidins sehr am

---

[1]) Schlenk und Herzenstein, A. 372, 29 (1910).
[2]) Matton, Diss. Zürich (1909), 39, 56.   [3]) B. 36, 931 (1903).
[4]) Noelting, B. 37, 2597 (1904). — Gnehm und Kaufler, B. 37, 3032 (1904). — Kaufler und Karrer, B. 40, 3263 (1907). — Friedländer, M. 28, 991 (1907). — O. Fischer und Schindler, B. 41, 390 (1908).
[5]) E. Fischer und Freudenberg, A. 372, 33 (1910).
[6]) Koehler, Pharm. Ztg. 49, 1083 (1904). — Mann, Seifens. Z. 32, 234 (1905).
[7]) DRP. 79 241 (1894). — Will, B. 28, 369 (1895). — Kehrmann und Bürgin, B. 29, 1248 (1896). — Fischer und Hepp, B. 29, 367 (1896). — Gabriel, B. 31, 1278 (1898). — Scholl, B. 40, 394 (1907). — Kaufler und Borel, B. 40, 3256 (1907). — Leemann und Grandmougin, B. 41, 1309 (1908). — Sachs und Brigl, B. 44, 2103 (1911). — Siehe hierzu auch S. 14.
[8]) Friedländer, M. 30, 249 (1909). — DRP. 227 667 (1910). — Levey, J. Ind. Eng. Ch. 12, 743 (1920).
[9]) Ch. Ztg. 31, 950 (1907).   [10]) Kauffmann und Franck, B. 40, 4011 (1907).
[11]) Hans Meyer und Steiner, B. 46, 813 (1913). — M. 35, 513 (1914).
[12]) Seidel, B. 23, 184 (1890).   [13]) Finger und Zeh, J. pr. (2) 81, 470 (1910).
[14]) Martin und Kipping, Soc. 95, 309 (1909).
[15]) Hill und Sinkar, Soc. 91, 1501 (1907).
[16]) Siehe Mackenzie, J. Ind. Eng. Ch. 1, 360 (1909).
[17]) Fischer, B. 15, 63 (1882).

Platz[1]), ebenso für die Reinigung von Osazonen[2]). Auch sonst wird es vielfach für schwer lösliche Substanzen mit Erfolg gebraucht[3]) [4]) [5]) [6]) [7]). Da das käufliche Produkt infolge eines Gehalts an Pyrrolbasen und schwefelhaltigen Verbindungen zu Schmierenbildung Veranlassung geben kann, verwende man Pyridin aus dem Zinksalz (Erkner) oder Pyridin „Kahlbaum". — Zieht man es vor, das Pyridin selbst zu reinigen, so erhitzt man es in einem mit Rückflußkühler versehenen Blechgefäß mit 4 proz. Permanganatlösung, die man partienweise zufügt, so lange zum Sieden, bis auch nach mehrstündigem Kochen keine Entfärbung mehr stattfindet, destilliert ab und schüttelt nach Zusatz von Ätzkali mit Äther aus. Die getrocknete ätherische Lösung wird fraktioniert.

Krystallpyridin haben Nölting und Wortmann angetroffen[8]), ebenso Spallino[9]) und Heilbron[10]).

Die Homologen des Pyridins, die Picoline und Lutidine, sind als Reinigungsmittel hochmolekularer aromatischer Kohlenwasserstoffe von Bedeutung. Sie müssen ebenfalls vor dem Gebrauch getrocknet werden.

Über Krystallpicolin siehe Heilbron a. a. O.

Chinolin wird häufig[11]), vereinzelt auch Chinaldin[12]) in Verwendung genommen.

Weitere Krystallisationsmittel.

Während das früher häufig benutzte[13]) Terpentin gegenwärtig nur mehr selten[14]) angewendet wird, ebensowenig wie Olivenöl[15]) und auch Thiophen[16]) nur ganz ausnahmsweise genannt werden, haben sich Methylal[17]) $CH_2(OCH_3)_2$, Sdp. 42°, Acetal, Sdp. 104°[18]), und Amylal[19]) sehr bewährt.

Speziell das billige, von 40—50° siedende technische Methylal ist sehr verwendbar[20]). Auch Paraldehyd hat Anwendung gefunden[18]).

---

[1]) Böttiger, Diss. Jena (1891).
[2]) Neuberg, B. **32**, 3384 (1899); **35**, 2631 (1902). — Tutin, Proc. **23**, 250 (1907). — W. Mayer, Diss. Göttingen (1907), 26. — Siehe auch S. 786.
[3]) Hill und Sinkar, Soc. **91**, 1501 (1907). [4]) Bülow, B. **40**, 3797 (1907).
[5]) Fischer und Römer, B. **40**, 3409 (1907). — Fischer und Schindler, B. **41**, 391 (1908).
[6]) Baeyer und Villiger, B. **37**, 2872 (1904). — Basset, B. **37**, 3196 (1904). — Peters, B. **40**, 237 (1907). — Willstätter und Fritzsche, A. **371**, 88 (1910). — E. Fischer und Freudenberg, A. **372**, 38, 42 (1910).
[7]) Siehe auch S. 65 und 709. [8]) B. **39**, 645 (1906). [9]) Ch. Ztg. **31**, 950 (1907).
[10]) Diss. Leipzig (1910), 37.
[11]) Hüfner, Z. physiol. **7**, 57 (1883). — DRP. 129 845 (1902). — Scholl und Berblinger, B. **36**, 3429, 3441 (1903). — Dziewónski, B. **36**, 3772 (1903). — Fischer und Römer, B. **40**, 3409 (1907). — DPA. 37 540 (1904). — Kaufler und Borel, B. **40**, 3256 (1907). — Friedländer, M. **30**, 249 (1909). — Bohn, B. **43**, 999 (1910).
[12]) DRP. 83 046 (1895). [13]) Zwenger, A. **66**, 5 (1848); **69**, 347 (1849).
[14]) Gérard, A. chim. phys. (6) **27**, 549 (1893). — Jones, Proc. Cambr. Phil. Soc. **14**, 27 (1907).
[15]) Hart, Pharm. J. (4) **31**, 805 (1910). [16]) Liebermann, B. **26**, 853 (1883).
[17]) O. Fischer, B. **36**, 3623 (1903). — Willstätter und Benz, A. **358**, 278, 280 (1908); ebenda: Dimethylacetat. — Willstätter und Isler, A. **390**, 329 (1912). — O. Fischer und König, B. **47**, 1079 (1914).
[18]) Finger und Zeh, J. pr. (2) **81**, 468 (1910).
[19]) Von Merklin und Lösekann in Seelze bei Hannover in den Handel gebracht und zu Krystallisationszwecken empfohlen. — Knoevenagel und Weißgerber, B. **26**, 439 (1893). — Furol: DPA. C 26 763 (1919) für Nitrocellulose.
[20]) Oesterle und Haugseth, Arch. **253**, 331 (1915). Reinigung des Rheins.

Chloral[1]) und besonders Chloralhydrat[2]) leisten gute Dienste, auch für mikrochemische Zwecke[3]). Namentlich Mischungen von Chloralhydrat und Wasser sind gute Krystallisations- und Lösungsmittel[4]), so ein Gemisch von zwei Teilen Chloralhydrat und einem Teil Wasser für schwer lösliche Semicarbazone[5]).

Mischungen von Lösungsmitteln.

Sehr häufig löst man die umzukrystallisierende Substanz in einem Lösungsmittel, das sie leicht aufnimmt, und setzt dann vorsichtig eine zweite Flüssigkeit hinzu, die krystallinische Fällung verursacht (Aussüßen, Ausspritzen).

Oder man verwendet von Anfang an Gemische von zwei, selbst drei Lösungsmitteln.

Im allgemeinen liegt dann die Löslichkeit der Substanz in dem Gemisch zwischen der in den beiden einzelnen Lösungsmitteln, doch sind auch Ausnahmen bekannt.

Der Fall des choleinsauren Bariums ist schon erwähnt[6]).

Die Gliadine sind unlöslich in absolutem Alkohol und leichter löslich in 70—80 proz. Alkohol als in Wasser[7]).

Analog ist nach Oudemans[8]) Cinchonin in Chloroform-Alkohol leichter löslich als in jedem einzelnen der beiden Lösungsmittel.

Dimroth und Goldschmidt erhielten eine Säure $C_{12}H_{10}Br_2O_6$, die in Wasser und trocknem Aceton fast unlöslich, in 20% Wasser haltigem Aceton gut löslich war[9]).

Magnesiumdiphenyl ist in Benzol unlöslich, in Äther schwer löslich, wird dagegen reichlich von Äther-Benzolmischungen aufgenommen. Dies erklärt sich daraus, daß es eine in Benzol leicht lösliche Krystallätherverbindung bildet[10]).

Von wichtigen Gemischen seien

Alkohol- (Wasser-) Äther[11]),
Benzol-Ligroin[12]),
Benzol-Chloroform,
Benzol-Pyridin,
Aceton-Petroläther[13]),
Aceton-Benzol[14]),
Aceton- (Wasser-) Alkohol,
Aceton-Chloroform[15])

als besonders häufig gebraucht hervorgehoben.

Gelegentlich geben aber noch andere Mischungen, wie Methyl- (Äthyl-) Alkohol-Chloroform[16]), Xylol-Alkohol[17]), Anilin-Nitrobenzol[18]), Chloroform-Eis-

---

[1]) Baeyer, B. **38**, 1156 (1905).   [2]) Jacobsen, Ch. News **26**, 234 (1872).
[3]) Herder, Arch. **244**, 120 (1906).
[4]) Mauch, Diss. Straßburg (1898). — Arch. **240**, 113, 166 (1902).
[5]) Müller, Diss. Leipzig (1908), 30.   [6]) S. 21.
[7]) Czapek, Biochemie der Pflanzen, II, 61 (1905).
[8]) A. **166**, 74 (1873).   [9]) A. **399**, 88 (1913).
[10]) Hilpert und Grüttner, B. **46**, 1680 (1913).
[11]) Baeyer, Z. physiol. **3**, 303 (1879). — Hüfner, J. pr. (2) **19**, 306 (1879). — Partheil, B. **24**, 636 (1891). — Liebermann und Cybulski, B. **28**, 581 (1895). — Bülow und Sprösser, B. **41**, 491 (1908).
[12]) O. Fischer und Schindler, B. **41**, 392 (1908). — Bülow und Sprösser, B. **41**, 491 (1908).
[13]) E. Fischer, Bergmann und Lipschütz, B. **51**, 53 (1918).
[14]) Simon, C. r. **137**, 855 (1903).
[15]) Z. B. Klimont, M. **26**, 565 (1905).   [16]) Schaefer, Am. J. Pharm. **85**, 439 (1913).
[17]) Scholl, B. **43**, 353 (1910).   [18]) Stülcken, Diss. Kiel (1906), 37.

essig[1]), Chloroform-Essigester[2]), Essigester-Ligroin[3]), Chloroform-Pyridin[4]), Xylol-Petroläther[5]), Schwefelkohlenstoff-Ligroin[6]), Glycerin-Methylalkohol[7]), Phenol-Xylol, Eisessig-Essigester[8]), Amylalkohol-Salpetersäure[9]), Pyridin-Ammoniak- [Wasser[10])], Pyridin-Toluol[11]), Alkohol-Eisessig[12]) oder Äther-Methylal[13]) die besten Resultate.

II. Umkrystallisieren.

Zur Reinigung in einer passenden Flüssigkeit gelöste Substanzen erhält man durch eine der folgenden Methoden zurück.

1. Auskrystallisieren.

Die fein gepulverte Substanz wird, nachdem ein Vorversuch den ungefähren Löslichkeitsgrad kennen gelehrt hat, in einen leeren Kolben gebracht. In einem zweiten Kolben wird das Lösungsmittel zum Sieden erhitzt und hierauf sukzessive der zu lösenden Substanz so viel davon zugesetzt, daß sie sich in der Siedehitze (bis evtl. auf einen kleinen Rest von Verunreinigungen) eben löst. Man filtriert[14]) nun rasch durch ein mit dem siedenden Lösungsmittel gut durchfeuchtetes Faltenfilter unter Benutzung eines Trichters mit sehr kurzem Hals (Fig. 1).

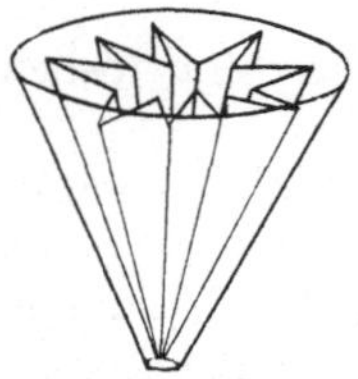

Fig. 1.
Filtriertrichter.

Sollte sich die Substanz schon während des Filtrierens in größerer Menge ausscheiden, so löst man nochmals in etwas mehr Flüssigkeit, um die unbequemen Heißwassertrichter zu umgehen.

Man kann auch, falls geringe Flüssigkeitsmengen in Frage kommen, den Glastrichter knapp vor dem Einlegen des Filters durch eine Flamme ziehen.

Wenn das Lösungsmittel keine Gefahr der Entzündung bietet, stellt man, um allzu rasches Auskrystallisieren zu verhindern, den die Lösung enthaltenden Trichter, auf ein Bechergläschen aufgesetzt, in einen entsprechend erhitzten Trockenkasten.

Das Filtrat läßt man erkalten, ohne im allgemeinen auf die Darstellung großer, gut ausgebildeter Krystalle hinzuarbeiten, da ja die für die Analyse bestimmte Substanz keine Lauge einschließen darf, was bei größeren Krystallen leichter eintritt.

Das Umkrystallisieren ist so lange fortzusetzen, bis die beim Erkalten ausgefallenen Krystalle denselben Schmelzpunkt zeigen wie die durch Eindampfen der Mutterlauge erhältlichen.

---

[1]) Emery, B. **24**, 596 (1891).   [2]) Soc. **89**, 846 (1906).

[3]) Simon, C. r. **137**, 855 (1903).   [4]) Küster, Z. physiol. **40**, 391 (1904).

[5]) Stohmann, Kleber und Langbein, J. pr. (2) **40**, 344 (1889).

[6]) Baeyer, Z. physiol. **3**, 303 (1879). — Hüfner, J. pr. (2) **19**, 306 (1879). — Partheil, B. **24**, 636 (1891). — Liebermann und Cybulski, B. **28**, 581 (1895). — Bülow und Sprösser, B. **41**, 491 (1908).

[7]) Erdmann, A. **275**, 258 (1893).

[8]) Hilpert und Grüttner, B. **46**, 1680 (1913).

[9]) Livache, Mon. sc. (4) **23**, 278 (1909).

[10]) E. Fischer und Freudenberg, A. **273**, 59 (1910).

[11]) Neuberg, B. **41**, 962 (1908).   [12]) Schroeter, A. **426**, 44, 49 (1922).

[13]) O. Fischer und König, B. **47**, 1079 (1914).

[14]) Weiteres über Filtrieren siehe S. 52ff.

Aber selbst dann braucht die Substanz noch nicht rein zu sein[1]), und man kann noch öfters durch Wechsel des Lösungsmittels weitere Reinigung und damit verbundene Erhöhung des Schmelzpunktes erreichen[2]).

Das Umkrystallisieren muß manchmal sehr lange fortgesetzt werden; so brachte Mach[3]), um reine Abietinsäure zu erhalten, das Rohprodukt dreißigmal wieder in Lösung.

Da es oft vorkommt, daß eine Substanz übersättigte Lösungen bildet, muß man sich stets einige Kryställchen des Rohprodukts zum „Impfen" aufbewahren.

Manche Substanzen zeigen die Eigentümlichkeit, beim Auskrystallisieren über den Rand der Schale zu „kriechen"; man verwendet in solchen Fällen nur zum Teil gefüllte, schmale Bechergläser.

Wasser. Methyl-, Äthyl-, Allyl-, Amylalkohol, Benzol, Toluol, Chloroform, Tetrachlorkohlenstoff, Äther, Anilin, Pyridin, Picolin, Eisessig, Phenol usw. können Krystallverbindungen[4]) bilden, worauf gebührend Rücksicht zu nehmen ist. Das Colchicin beispielsweise ist in krystallisierter wasserfreier Form überhaupt nur als Chloroformverbindung erhältlich[5]).

Um eine solche Krystallverbindung zu zerlegen, erhitzt man auf entsprechende Temperatur oder leitet einen Dampfstrom darüber. Wo beides nicht angängig ist, kann man sich auch oftmals durch Umkrystallisieren aus einem anderen Lösungsmittel oder Ausfällen helfen[6]).

Auch anderweitige Veränderungen kann die Substanz durch Umkrystallisieren erleiden, so wird das Bebirin[7]), das aus allen anderen Lösungsmitteln amorph ausfällt, durch Methylalkohol in ein krystallisiertes Isomeres verwandelt.

Ebenso wird die Digitogensäure[8]) durch Umkrystallisieren aus Eisessig isomerisiert.

Während das Trimethoxyvinylphenanthren unverändert aus Alkohol umkrystallisiert werden kann, wird es durch Eisessig in Methebenol verwandelt[9]).

Manche andere Substanz verträgt nur das Lösen in niedrigsiedenden Solvenzien [Aloin, Tribrombrenztraubensäure[10])].

Leicht oxydable Substanzen löst man im Wasserstoff- oder Kohlendioxydstrom[11]) oder fügt dem Lösungsmittel, falls dies sonst angängig ist, etwas schweflige Säure zu.

Daß durch Umkrystallisieren von Säuren aus Alkohol Esterifikation[12]), durch Essigsäure bei Hydroxylverbindungen Acetylierung eintreten kann[13]), ist nicht außer acht zu lassen; namentlich ist partielle Veresterung von Säuren

---

[1]) Z. B. Ullmann und Glenck, B. **49**, 2488 (1916).

[2]) Ein Beispiel: Cohen, Rec. **28**, 384 (1909). — Weiteres siehe S. 21 f.

[3]) M. **14**, 190 (1903).

[4]) Ähnlich wie die Krystallwasserverbindungen als Hydrate, können die analogen Verbindungen mit anderen Lösungsmitteln als Solvate bezeichnet werden. — Siehe auch S. 14, Anm. 1.

[5]) Zeisel, M. **7**, 571 (1886). — Über Krystalläther-Colchicin und das Hydrat mit 3 aq Merck, Ap. Ztg. **31**, 399 (1916).

[6]) Ein gutes Beispiel: Rohde und Schärtel, B. **43**, 2278 (1910); Entfernung von Krystallbenzol durch Lösen in Äther und Fällen mit Petroläther.

[7]) Scholtz, B. **29**, 2054 (1896). — Arch. **237**, 530 (1899). — Herzig und Hans Meyer, M. **18**, 385 (1897).

[8]) Kiliani, B. **37**, 1216 (1904).   [9]) Pschorr und Massaciu, B. **37**, 2789 1904).

[10]) Siehe S. 20 f..   [11]) Z. B. Staudinger, B. **41**, 1499 (1908).

[12]) Z. B. Lipp und Kordes, J. pr. (2) **99**, 249 (1919).

[13]) Siehe S. 21, 120. — Ferner Wegscheider, Perndanner und Auspitzer, M. **31**, 1279 (1910).

und anderen hydroxylhaltigen Verbindungen beim einfachen Umkrystallisieren aus Alkohol öfters beobachtet worden. Es ist dies eine allgemeine Eigenschaft der Chlorhydrate jener aromatischen Aminosäuren[1]), die das Carboxyl in einer aliphatischen Seitenkette enthalten und wurde ferner u. a. bei Cholalsäure[2]) und Dehydrocholsäure[3]) von Lassar - Cohn, bei Stearin- und Palmitinsäure von Emerson und Dumas[4]), bei Weinsäure von Guerin[5]), bei Brenztraubensäure von Simon[6]), bei Oxalsäure von Erlenmeyer[7]) und bei den Carbinolen der Triarylmethane von Herzig und Wengraf[8]), O. Fischer und Weiß[9]), sowie von Baeyer und Villiger[10]), Rosenstiehl[11]) und Mamontoff[12]) konstatiert.

Ebenso verhalten sich die Dicinnamenylchlorcarbinole[13]) und die Oxonium-Carbinolbasen allgemein, die in Carbinoläther übergehen und sich beim Erwärmen mit einem anderen Alkohol glatt umsetzen[14]).

Schwer lösliche Substanzen werden unter Druck in der Einschmelzröhre umkrystallisiert. So krystallisierte Baeyer Phenolphthalein aus auf 150—200° erhitztem Wasser oder verdünnter Salzsäure[15]), Hell und Rockenbach die Terephthalsäure aus Wasser bei 230°[16]), Gerike das Sulfobenzid aus alkoholischer Kalilauge bei 180°[17]). Knecht und Hibbert erwärmten das undeutlich krystallisierte Benzopurpurin 4 B in einer Druckflasche mit Alkohol, wodurch nach kurzer Zeit schöne Makrokrystalle entstanden[18]).

Schüttelt man fein gepulvertes Rhodophyllin mit trocknem Äther, so wird es, indem ein ganz kleiner Teil vorübergehend in Lösung geht, in etwa einer halben Stunde in prächtig glitzernde Krystalle verwandelt[19]).

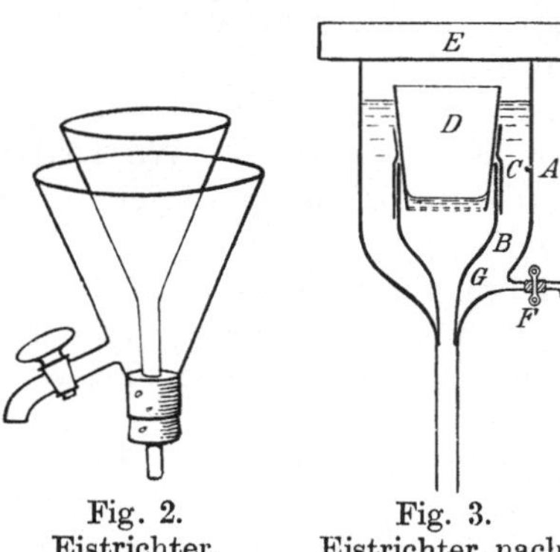

Fig. 2.
Eistrichter.

Fig. 3.
Eistrichter nach
Serger.

Manchmal ist es notwendig, das Auskrystallisieren durch starkes Abkühlen zu bewirken und auch unter Kühlung abzusaugen[20]).

Man benutzt hierzu einen Eistrichter (Fig. 2), der leicht erhalten wird, indem man einen Trichter in einen umgekehrten Absaugkolben steckt, dessen Boden abgesprengt ist und dessen Ansatzrohr zum Abfließenlassen des Schmelzwassers dient. Eine Kautschukkappe dient zum Abhalten von Feuchtigkeit.

Einen etwas komplizierteren Eistrichter hat Serger[21]) angegeben.

[1]) Salkowski, B. **28**, 1922 (1895).   [2]) Z. physiol. **16**, 497 (1892).
[3]) B. **14**, 72 (1881). — B. **25**, 805 (1892).   [4]) Am. soc. **31**, 949 (1904).
[5]) A. **22**, 252 (1837).   [6]) Thèse, Paris (1895).
[7]) N. Rep. Pharm. **23**, 624 (1874).   [8]) M. **22**, 610 (1901).
[9]) A. **206**, 132 (1880). — B. **33**, 3356 (1900). — Z. f. Farben u. Textilchemie **1**, 1 (1902).
[10]) B. **37**, 2861 (1904).   [11]) C. r. **120**, 192, 264, 331 (1895).
[12]) Russ. **29**, 220 (1897). — Siehe ferner S. 630 und Weishut, M. **34**, 1563 (1913).
[13]) Straus und Caspari, B. **40**, 2691 (1907). — Siehe hierzu Straus und Ackermann, B. **42**, 1820 (1909). — Straus und Hüssy, B. **42**, 2168 (1909).
[14]) Decker, J. pr. (2) **39**, 310 (1889). — B. **33**, 1715 (1900); **38**, 3072 (1905); **55**, 383 (1922).   [15]) A. **202**, 71 (1880).   [16]) B. **22**, 508 (1889).
[17]) A. **100**, 208 (1856).   [18]) B. **36**, 1553 Anm. (1903)
[19]) Willstätter und Pfannenstiel, A. **358**, 226 (1908). — Über einen ähnlichen Fall siehe Maaß, B. **41**, 1637 (1908). — Dimroth und Pfister, B. **43**, 2763 (1910). — Willstätter und Stoll, Unters. üb. Chlorophyll (1914), 347.
[20]) Willstätter und Piccard, B. **42**, 1905, 1913, 1915 (1909). — Siehe auch S. 57.
[21]) Ph. C.-H. **50**, 641 (1909).

A ist ein gläserner Mantel, der den eigentlichen Trichter *B* umgibt; *B* ist in *A* bei *G* eingeschliffen. *C* ist eine Gummihülle, die den Goochtiegel *D* luft- und wasserdicht mit *B* verbindet. *E* ist eine flache Glasschale und *F* ein Abfluß mit Quetschhahn. Zum Gebrauch wird der Raum zwischen Mantel und Trichter bis nahe an den Rand des Goochtiegels mit kleinen Eisstückchen gefüllt und ebenso *E* (Fig. 3).

Einen Apparat zum Ausfrieren unter Abschluß von Feuchtigkeit und Luft beschreibt Brühl[1]).

Zum Ausfrieren von Dibenzyl gingen Hans Meyer und Alice Hofmann folgendermaßen vor[2]):

Das Öl wurde in Eprouvetten mit dem gleichen Volum Petroleumpentan vermischt und verschlossen in ein Weinholdsches versilbertes Gefäß getaucht, das mit Aceton und festem Kohlendioxyd beschickt war.

Meist schon nach kurzer Zeit beginnt die Krystallisation, die durch einen den Stopfen durchsetzenden Glasstab angeregt werden kann. In solchen Gefäßen läßt sich die Substanz viele Stunden lang, etwa über Nacht, bei — 80° erhalten, ohne daß man neue Kältemischung nachfüllen müßte.

Zum Absaugen benutzt man den oben beschriebenen einfachen Apparat. Der Raum zwischen den beiden Trichtern wird mit der Kältemischung gefüllt.

Dieses Verfahren hat den Verfassern auch sonst gute Dienste geleistet und ist sehr zu empfehlen.

Das Absaugen von siedend heißer Flüssigkeit bewirkt man am besten unter Benutzung einer Vakuumglocke mit oberem Tubus, in den der Saugtrichter und bei Ermanglung eines seitlichen Tubus auch das Verbindungsrohr zur Pumpe eingeführt wird. Das Filtrat läuft in ein unter der Glocke befindliches Becherglas. Man vermeidet so das Springen der üblichen Absauggefäße[3]).

2. Krystallisation durch Verdunsten.

Hat man zu viel Lösungsmittel genommen oder ist die Substanz überhaupt zu leicht löslich, um beim bloßen Stehen wieder Krystalle auszuscheiden, oder ist sie in der Hitze nahezu ebenso löslich wie in der Kälte, so muß die erforderliche Konzentration entweder durch Abdestillieren oder durch Verdampfen hergestellt werden.

Zum Verdunsten des Lösungsmittels wird die in einer flachen Krystallisierschale befindliche Flüssigkeit in einen Vakuumexsiccator (am besten nach Hempel) gebracht und ein geeignetes[4]) Absorptionsmittel zugesetzt. Um die Lösung längere Zeit warm zu erhalten, kann man in den Exsiccator eine Thermophorplatte legen.

Eine besondere Art des Krystallisierenlassens durch Verdunsten besteht darin, aus der Lösung der Substanz in dem Gemisch zweier Lösungsmittel, durch geeignete Absorptionsmittel dasjenige zu entfernen, in dem die Substanz leichter oder ausschließlich löslich ist.

Da bei dieser Art des Vorgehens die günstigsten Bedingungen für das vorübergehende Eintreten von Übersättigung gegeben sind, werden auch zumeist besonders gut entwickelte Krystalle erhalten; es wird so auch öfters Krystallbildung erreicht, die auf andere Weise nicht erzielbar ist.

So sind viele Säureamide in konzentriertem, wäßrigem Ammoniak löslich und fallen nach und nach in prächtigen Krystallen aus, wenn man das Am-

---

[1]) B. **22**, 236 (1889).   [2]) M. **37**, 685 (1916).
[3]) Scholl, B. **52**, 1833 (1919).   [4]) Siehe S. 106.

moniak durch Stehenlassen der Lösung in einer offenen Schale, oder rascher durch einen Luftstrom, entfernt (Hans Meyer).

In gleicher Weise gewinnt man Silbersalze. Krafft[1]) löst die Säure in kaltem Alkohol, fügt alkoholisches Silbernitrat zu und leitet Ammoniakgas bis zur Wiederauflösung des zunächst ausfallenden Silbersalzes ein. Letzteres krystallisiert dann beim Eindunsten der ammoniakalischen Lösung unter Lichtabschluß über Schwefelsäure, evtl. unter Druckverminderung, rein aus. Diels und Abderhalden[2]) lösen ein gelatinös ausgefallenes Silbersalz in Ammoniak und erhitzen, bis das Salz, nunmehr in flimmernden Nadeln, auskrystallisiert.

Crossley und Renouf konnten die $\alpha\alpha$- und $\beta\beta$-Dimethyladipinsäure nur so voneinander trennen, daß sie das Gemisch der beiden Säuren in Wasser lösten, Salzsäuregas bis zur Sättigung einleiteten und nunmehr durch Entweichenlassen der Chlorwasserstoffsäure die $\alpha\alpha$-Säure zum Auskrystallisieren brachten[3]).

Ähnlich werden nach Rümpler[4]) Peptone und andere schwer in krystallisierte Form überführbare Substanzen in wäßrigem Alkohol gelöst und die Lösung über Ätzkalk ins Vakuum gebracht. Der Alkohol verdunstet dann rascher als das Wasser und die in letzterem unlösliche Substanz fällt in Krystallen aus.

Diese Art des Umkrystallisierens ist auch bei anderen Substanzen, die sonst geneigt sind, aus wäßriger bzw. wäßrig-alkoholischer Lösung ölig auszufallen, mit Vorteil anwendbar. Methylalkohol kann besonders gute Dienste leisten. So reinigte und krystallisierte Aschan[5]) die d-, l-Camphenolsäure durch Lösen in wenig heißem Wasser, Versetzen der nach dem Erkalten trüben Flüssigkeit mit Methylalkohol, bis nur mehr einige Öltröpfchen ungelöst waren, Filtrieren und Verdunsten des Alkohols an der Luft oder über Schwefelsäure.

In Aceton ist Mekocyaninchlorid unlöslich; dasselbe gilt für die anderen Glucoside des Cyanidins und für Cyanidinchlorid selbst. Sie sind aber alle sehr gut löslich in Mischungen von Aceton mit Wasser oder verdünnter Salzsäure. Das Lösungsmittel eignet sich besonders für die Krystallisation dieser Oxoniumsalze, die beim Verdunsten des Acetons z. B. in einer Glocke über Wasser erfolgt, rascher und infolgedessen für die Glucoside schonender als beim Verdunsten von Alkohol aus wäßrig-alkoholischer Salzsäure[6]).

Man kann auch das leichter lösende Solvens durch Ausschütteln nach und nach entfernen, wie dies Türkheimer[7]) gemacht hat: Eine alkoholischbenzolische Lösung der rohen Diphenylenglykolsäure wurde noch warm mit warmem Wasser geschüttelt, bis das Wasser den Alkohol extrahiert hatte und die nunmehr unlöslich gewordene Säure ausfiel, während ihre Verunreinigungen im Benzol gelöst blieben.

Willstätter und Benz[8]) lösten das krystallisierte Chlorophyll in Alkohol, vermischten mit Äther und wuschen den Alkohol wieder mit Wasser heraus. Aus der übersättigten ätherischen Lösung schied sich dann das Chlorophyll rasch ab. Auf ähnliche Weise gelang die Darstellung krystallisierter Cholsäure[9]) und des krystallisierten Bufotalins[10]).

[1]) B. **40**, 4786 (1907).   [2]) B. **36**, 3191 (1903).
[3]) Proc. **22**, 252 (1906). — Soc. **89**, 1552 (1906).   [4]) B. **33**, 3474 (1900).
[5]) A. **410**, 251 (1915).   [6]) Willstätter und Weil, A. **412**, 243 (1916).
[7]) Diss. Königsberg (1904). — Siehe auch Willstätter und Benz, A. **358**, 277 (1908).
[8]) A. **358**, 280 (1908).   [9]) Wieland und Weil, Z. physiol. **80**, 291 (1912).
[10]) Wieland und Weil, B. **46**, 3316, 3323 (1913).

Die geschilderten Manipulationen leiten zur dritten Art der Krystallgewinnung über.

3. Ausfällen von Krystallen.

Um das Auskrystallisieren gelöster Substanzen einzuleiten oder zu vervollständigen, setzt man der (gewöhnlich heißen) Lösung eine mit dem Lösungsmittel mischbare Flüssigkeit (ebenfalls heiß) hinzu, in der das Gelöste nicht oder nur schwer löslich ist. Man versetzt bis zum Eintreten einer Trübung und läßt erkalten.

Auf diese Art fällt man z. B. Eisessiglösungen oder alkoholische Lösungen mit Wasser, Benzollösungen mit Ligroin usw.

Als Regel gelte, die Flüssigkeiten nicht bis auf jene Temperatur zu erhitzen, bei der die trockne Substanz schmelzen würde, damit man öliges Ausfallen der letzteren tunlichst vermeidet.

Durch Ausfällen kann man auch Substanzen reinigen, die Umkrystallisieren aus erwärmten Lösungsmitteln wegen zu großer Zersetzlichkeit nicht vertragen. So wird das leicht veränderliche Nitrosodihydrocarbazol in kaltem Alkohol gelöst und durch Wasserzusatz in Krystallen ausgefällt[1]).

Ebenso wie mittels reiner Lösungsmittel kann man durch Zusatz von Salzlösungen die Löslichkeit der abzuscheidenden Substanz verringern (Aussalzen). Man verwendet zum Aussalzen wäßriger Lösungen namentlich kalt gesättigte Kochsalz- oder Ammoniumsulfatlösungen. Besser dürften oft noch Kaliumcarbonat[2]), Soda und Glaubersalz wirken[3]).

Da auch Kalium- und Natriumhydroxyd stark aussalzen, werden Kalium- und Natriumsalze oftmals durch konzentrierte Lauge gefällt; natürlich spielt hierbei auch die Löslichkeitsverminderung durch das gleichartige Ion eine Rolle.

4. Überführen in Derivate.

Die vierte Methode zur Abscheidung und Reinigung von Krystallen besteht darin, daß man die Substanz in eine lösliche Verbindung überführt, Säuren oder Basen in Salze, Phenole in Phenolate oder Carboxäthylderivate[4]) usw. und nach evtl. Filtrieren und Umkrystallisieren oder Ausäthern die Verbindung in geeigneter Weise wieder zersetzt[5]). Unter den Salzen sind oftmals solche mit organischen Basen [Anilin[6]), Chinolin[7])], bzw. Säuren besonders geeignet. — Chininsalze: Kiliani, B. 55, 94 (1922).

Das intermediäre Umkrystallisieren muß manchmal mehrfach wiederholt werden. So führten Knorr und Hörlein[8]) das rohe Isokodein in das saure Oxalat über, krystallisierten letzteres zwölfmal um, schieden die Base ab und erhielten sie nunmehr nach einmaligem Lösen in Essigester vollkommen rein.

Hat man z. B. ein Phenol zu reinigen, so löst man in Kalilauge und fällt wieder durch Einleiten von Kohlendioxyd. Evtl. gleichzeitig vorhandene

[1]) Schmidt und Schall, B. 40, 3229 (1907).
[2]) Blanc, C. r. 139, 800 (1904).
[3]) Über die Theorie des Aussalzens siehe: Rothmund, Löslichkeit und Löslichkeitsbeeinflussung. Leipzig, Joh. Ambr. Barth (1907), 148ff. — Siehe auch S. 20.
[4]) Nierenstein, B. 43, 1267 (1910).
[5]) Beispiele hierfür: Jacobsen, B. 18, 357 (1885). — Knoevenagel und Mottek, B. 37, 4475 (1904). — Bülow und Sprösser, B. 41, 490 (1908).
[6]) Siehe S. 34.   [7]) Nierenstein, B. 43, 1270 (1910).   [8]) B. 40, 4888 (1907).

Säuren bleiben in Lösung[1]). Analog werden Aminosäuren durch schweflige Säure gefällt usw.

Es muß auch daran erinnert werden, daß sich manche Säuren und Phenole aus ihren Salzen nicht direkt aschefrei abscheiden lassen (siehe S. 639, 734).

Selbst Ammoniumsalze können große Beständigkeit zeigen. So haben Errera und Guthzeit gefunden[2]), daß sich das Ammoniumsalz (und ebenso das Silbersalz) des 2,6-Dioxydinicotinsäureesters aus 50 proz. Essigsäure umkrystallisieren läßt. — Mellithsäure hält ebenfalls, aus ihrem Ammoniumsalz in Freiheit gesetzt, sehr hartnäckig Ammoniak zurück. Zu ihrer vollständigen Reinigung muß man sie entweder nach Baeyer[3]) aus der wäßrigen Lösung mit Äther ausschütteln, was sehr mühselig ist, oder besser, nach Hans Meyer und Steiner[4]) aus Salpetersäure umkrystallisieren. Auch viele organische Sulfosäuren geben schwer durch Mineralsäuren zersetzliche Alkalisalze[5]).

Andererseits nehmen manche Substanzen, wie die Chlorophyllderivate, sehr leicht Mineralbestandteile auf, und es gelingt dann nicht, sie durch Umkrystallisieren oder Überführen in Salze völlig aschefrei zu erhalten[6]).

Hat man empfindliche Basen abzuscheiden, so fällt man durch Diäthylamin[7]), Natriummethylat[8]), Bicarbonatlösung[9]) oder mit schwefligsaurem Alkali.

Als schwach saures Fällungsmittel haben Baeyer und Villiger[10]) auch wäßrige Benzoesäure verwendet. Über die Abscheidung von Pyridin- (Chinolin-) Carbonsäuren siehe S. 466.

Aromatische Aminosäuren können durch salzsaures Hydroxylamin oder siedende Kaliumalaunlösung in Freiheit gesetzt werden[11]).

Reinigen durch Benzoylieren: Jacobson und Hönigsberger, B. **36**, 4103 (1903). — Durch Überführen in den (sauren) Methylester: Windaus, B. **41**, 614 [1908[12])]. — Durch Acetylieren: Gorter, A. **359**, 219 (1908). — Durch Überführen eines Alkohols in seine Chlorcalciumverbindung: v. Braun und Bartsch, B. **46**, 3055 (1913); in Borsäureester: Michael, Scharf und Voigt, Am. soc. **38**, 653 (1916). — Methylalkohol wird am besten über seinen Oxalsäureester gereinigt[13]).

Abscheiden und Reinigen von Kohlenwasserstoffen, Phenolen usw. mittels ihrer Additionsprodukte mit aromatischen Nitroverbindungen.

Gewisse stark nitrierte aromatische Kohlenwasserstoffe[14]) (Dinitrobenzol, Dinitrochlorbenzol, Trinitrobenzol, Pikramid, Pikrylchlorid) und Phenole (Tri-

---

[1]) Dieser Satz gilt nicht in aller Strenge: durch Massenwirkung können schwer lösliche Säuren (evtl. als saure Salze) partiell mit herausgefällt werden. Siehe S. 638.

[2]) B. **32**, 779 (1899).   [3]) Spl. **7**, 16 (1870).   [4]) M. **35**, 486 (1914).

[5]) Sisley, Bull. (3) **25**, 863 (1901). — Biehringer und Borsum, B. **48**, 1317 (1915). — Siehe auch S. 734.

[6]) Willstätter und Pfannenstiel, A. **358**, 208 (1908). — Siehe auch S. 15 und 16.

[7]) Bräuer, B. **31**, 2193 (1898). — Wohl und Schweitzer, B. **40**, 100 (1907). — Wohl, B. **40**, 4680, 4689 (1907).

[8]) Lobry de Bruyn und van Ekenstein, Rec. **18**, 78 (1899).

[9]) Dabei kann sich eventuell das Carbonat der Base bilden. O. Fischer und Hepp, B. **22**, 357 (1889).   [10]) B. **37**, 2873 (1904).

[11]) Kliegl, B. **38**, 296 (1905). — Rainer, M. **29**, 180, 437 (1908).

[12]) Siehe auch S. 22 und Graebe, B. **33**, 2020 (1900). — Ferner Wheeler und Liddle, Am. **42**, 441 (1909).

[13]) Wöhler, A. **81**, 376 (1852). — Grodzki und Krämer, B. **7**, 1494 (1874). — Benzoesäureester: Carius, A. **110**, 210 (1859). — Ameisensäureester: Grodzki und Krämer, B. **9**, 1928 (1876).

[14]) Hepp, A. **215**, 379 (1882). — Schultz, Chemie des Steinkohlenteers (1882), 161

nitrophenol, Dichlorpikrinsäure, Trinitroresorcin) verbinden sich mit Kohlenwasserstoffen, Phenolen, Phenoläthern, Lactonen, Aldehyden und Ketonen[1] der aromatischen Reihe zu nicht sehr beständigen, aber meist gut krystallisierenden Additionsprodukten, die meist charakteristische Schmelzpunkte besitzen und schwer löslich sind. Namentlich die Derivate der **Pikrinsäure** und der **Styphinsäure** sind zur Charakterisierung, Abscheidung und Reinigung derartiger Benzolabkömmlinge geeignet.

Über die Bildungsmöglichkeit und Stabilität dieser Verbindungen läßt sich nicht sehr viel Allgemeines aussagen. Daß das Vorhandensein von Seitenketten Einfluß ausübt, ergibt sich u. a. daraus, daß von den ungesättigten Phenoläthern die **Propenylderivate** $R \cdot CH = CH \cdot CH_3$ sich sehr leicht mit Pikrinsäure, Pikrylchlorid und Trinitrobenzol zu krystallisierten Produkten vereinigen, während die isomeren **Allylderivate** $R \cdot CH_3 \cdot CH = CH_2$ dies unter denselben Umständen nicht tun[2].

Die Zahl der Molekeln des Nitrokörpers, die addiert werden können, ist im Grenzfall gleich den der unabhängigen (also nicht kondensierten) Benzolkerne. So kann Azobenzol zwei, ebenso Dibenzyl, Stilben und Tolan zwei, Triphenylmethan drei Moleküle Pikrylchlorid addieren, Naphthalin, Anthracen und Phenanthren nur eins[3].

Über das physikalisch-chemische Verhalten dieser Substanzen siehe namentlich: Paterno und Nasini, G. **19**, 202 (1889). — Behrend, Z. phys. **15**, 183 (1894). — Kuriloff, Z. phys. **24**, 700 (1897). — Bruni und Carpené, G. **28** II, 71 (1898). — Ssaposchnikoff, Russ. **35**, 1072 (1904). — Kremann, M. **25**, 1241, 1271 (1904); **26**, 143 (1905); **32**, 609 (1911).

Verbindungen mit Pikrinsäure[4].

Unter diesen sind einerseits die Additionsprodukte mit Kohlenwasserstoffen, andererseits die Salze mit Basen von Bedeutung. Über letztere siehe S. 957. Pikrate von Oxoniumbasen: S. 47.

Im allgemeinen[5] werden diese Additionsprodukte nur von Substanzen gebildet, die mindestens **einen** wahren Benzolring enthalten.

Es gelten also für diese Substanzen die weiter oben gegebenen, allgemeinen Regeln von Bruni.

Dementsprechend gibt z. B. auch Reten ein Pikrat[6], während alle Hydroretene, auch der Fichtelit, sich nicht mit Pikrinsäure verbinden[7]. Man hat dieses verschiedene Verhalten aromatischer und hydroaromatischer Verbindungen zur Trennung derselben, so z. B. zur Trennung des in der Natur neben Reten vorkommenden Fichtelits von ersterem[8], zur Abscheidung des Pyrens

---

[1]) Goedicke, B. **26**, 3042 (1893). — Reddelien, J. pr. (2) **91**, 239 (1915).

[2]) Bruni und Tornani, G. **34**, II, 474 (1904); **35**, II, 304 (1905). — Thiele und Henle, a. a. O. — Siehe auch S. 1125.

[3]) Bruni und Ferrari, Ch. Ztg. **30**, 569 (1906). — Thiele und Henle, A. **347**, 295 (1906).

[4]) Fritzsche, A. **109**, 247 (1859). — Berthelot, Bull. **7**, 30 (1867). — Küster, B. **27**, 1101 (1894). — Sisley, Bull. (4) **3**, 919 (1908); Indol, Skatol. — Pelet-Jolivet und Henny, Bull. (4) **5**, 623 (1909); β-Naphthol. — Dziewónski und Leyko, B. **47**, 1687 (1914); Dekacyclen.

[5]) Doch liefert auch das Pinen ein Pikrat: Lexstreit, C. r. **102**, 555 (1886). — Tilden und Forster, Soc. **63**, 1388 (1893).

[6]) Fritsche, J. pr. (1) **75**, 281 (1858).   [7]) Virtanen, B. **53**, 1880 (1920).

[8]) Fritsche, J. pr. (1) **82**, 322 (1861).

aus dem Stuppfett[1]) und zur Konstitutionsbestimmung von komplizierten Kohlenwasserstoffen benutzt.

Langstein[2]) hat, unter Berücksichtigung des Umstands, daß weder Di- noch Tetra-[3]) noch Hexahydronaphthalin ein Pikrat liefern, einem aus Pyrensäure durch Reduktion und Kohlendioxydabspaltung erhaltenen Kohlenwasserstoff die Struktur eines Peritrimethylennaphthalins zugeteilt,

$$\text{HC}_2 \overset{\overset{\text{CH}_2}{\diagup\diagdown}}{\underset{\text{I}}{}} \text{CH}_2 \quad \text{II} \;\; \text{III}$$

weil er (ebenso wie Acenaphthen) ein Pikrat liefert. Wäre Wasserstoff in die Kerne II oder III eingetreten (der durch Wasserstoff ersetzte Carbonylsauerstoff der Pyrensäure befindet sich in Kern I), so wäre der Kohlenwasserstoff in jedem Fall ein Dihydronaphthalin, dürfte also keine Pikrinsäure addieren.

Derartige Schlüsse müssen immerhin mit Vorsicht gezogen werden, denn — wie Hans Meyer, Bondy und Eckert[4]) betonen — das Tetra- und Oktohydroanthracen geben Pikrate, das Dihydroanthracen dagegen nicht[5]), und von den Hexahydroanthracenen reagiert nur eins mit Trinitrophenol[6]).

Sowohl Hirn[7]) wie Elbs[8]) gelang es, das α-Dinaphthostilben von dem unsymmetrischen α-Dinaphthyläthan mit Hilfe von Pikrinsäure zu trennen, indem nur das α-Dinaphthostilben ein Pikrat liefert, während das α-Dinaphthyläthan unter keinen Umständen eine Pikrinsäureverbindung gibt.

In analoger Weise könnte man[9]) bei der Substanz $C_{22}H_{18}$, Smp. 182°, als unsymmetrischem β-Dinaphthyläthan erwarten, daß die Pikratbildung ausbleibt; dies ist aber nicht der Fall; mit Pikrinsäure in Chloroform gelöst, gibt sie vielmehr ein bei 198° schmelzendes Pikrat, das 2 Mol. Pikrinsäure enthält. Auch das β-Dinaphthostilben vom Smp. 254° gibt mit Pikrinsäure in Chloroform gelöst ein Pikrat; es enthält 3 Mol. Pikrinsäure.

Die gleichen Verhältnisse haben sich bei den α-Methylnaphthalinderivaten ergeben, wo das Pikrat des 1.2-Di-α-naphthyläthans 2 Mol., das Pikrat des α-Dinaphthostilbens 3 Mol. Pikrinsäure enthält.

Die Pikrinverbindungen der Kohlenwasserstoffe sind zum Teil gegen Alkohol, Aceton, manchmal auch Benzol, genügend beständig, um umkrystallisiert werden zu können. Es empfiehlt sich, dem Lösungsmittel etwas Pikrinsäure zuzusetzen.

In jedem Fall lassen sich diese Addukte durch wäßriges Ammoniak leicht zerlegen.

Zur Analyse kann man von dem in Wasser unlöslichen Kohlenwasserstoff abfiltrieren, das Filtrat eindampfen und das zurückbleibende, bei 105 bis 110° getrocknete Ammoniumpikrat wägen.

Titration der Pikrinsäure in diesen Verbindungen nach Küster: S. 957.

Über die Konstitution dieser Verbindungen siehe Reddelien, J. pr. (2) **91**, 216 (1915).

---

[1]) Goldschmiedt und Schmidt, M. **2**, 6 (1881).
[2]) M. **31**, 868 (1910).   [3]) Graebe, B. **16**, 3030 (1883).
[4]) M. **33**, 1460 (1912).   [5]) Godchot, Bull. (3) **31**, 1339 (1904).
[6]) Liebermann, A. **212**, 25 (1882).   [7]) B. **32**, 3341 (1899).
[8]) J. pr. (2) **47**, 56 (1893).   [9]) Friedmann, B. **49**, 1355 (1916).

Styphnate.

Ebenso wie die Salze und Additionsprodukte der Pikrinsäure, sind jene der Styphninsäure, des Trinitroresorcins, in vielen Fällen gut verwertbar[1].

So wurde das Ätioporphyrin[2] am reinsten aus seinem krystallisierten Styphnat isoliert.

Darstellung der Styphninsäure[3]

$$\begin{array}{c}
\text{OH} \\
\text{O}_2\text{N} \diagup\!\!\diagdown \text{NO}_2 \\
\text{OH} \\
\text{NO}_2
\end{array}$$

Fein gepulvertes Resorcin wird in kleinen Portionen zur 5—6fachen Menge konzentrierter, ca. 40° warmer Schwefelsäure gesetzt, die sich in einer großen flachen Schale befindet. Dabei muß kräftig gerührt werden. Man setzt weitere Resorcinmengen immer erst zu, wenn wieder klare Lösung erfolgt ist. Wenn alles eingetragen ist, bringt man aufs kochende Wasserbad; es tritt in kurzem Ausscheidung der Resorcindisulfosäure ein, die den Schaleninhalt in einen steifen Brei verwandelt.

Man läßt erkalten und kühlt auch während der folgenden Operation (indem man z. B. die Schale über fließendes kaltes Wasser bringt) so weit ab, daß die Temperatur sich zwischen 10—12° hält.

Nunmehr wird konzentrierte Salpetersäure, der ca. 10% Wasser zugefügt wurden, unter gutem Rühren eingetropft. Die Reaktionsmasse wird bald gelb. Man setzt weiterhin unverdünnte und endlich rauchende Salpetersäure zu, bis der Säurezusatz im ganzen das $2—2^1/_2$fache der theoretischen Menge ausmacht.

Die Reaktionsmasse wird über Nacht sich selbst überlassen, dann allmählich in das $1^1/_2—2$fache Volumen kalten Wassers eingetragen, worauf man das ausgeschiedene hellgelbe Nitroprodukt bis zum Verschwinden der Schwefelsäurereaktion wäscht und bei 100° trocknet.

Aus der Mutterlauge können durch Eindampfen noch erhebliche Quantitäten gewonnen werden.

Die Styphninsäure ist, auf diese Art bereitet, schon nahezu rein; durch Umkrystallisieren aus wäßrigem Alkohol werden große, schwefelgelbe Krystalle vom Smp. 175—176° erhalten. Leicht löslich in Alkohol und Äther. Löst sich in 156 Teilen Wasser bei 14°, in 88 Teilen bei 62°.

Die Additionsprodukte an aromatische Kohlenwasserstoffe pflegen gegen Methyl- und Äthylalkohol und Aceton beständig, gegen Äther und Petroläther unbeständig zu sein. Achtung auf Krystallaceton!

Im Gegensatz zu den gelben oder roten Pikraten der Phenylhydrazone sind die entsprechenden Styphnate grün.

Isolierung von Farbstoffen mit Pikrinsäure und Dichlorpikrinsäure[4].

Die in Wasser leicht, aber in Äther und anderen, mit Wasser nicht mischbaren Lösungsmitteln unlöslichen Farbstoffe lassen sich mit Hilfe von Pikrin-

---

[1] Hlasiwetz, Wien-Ak. B. **20**, 207 (1856). — Noelting und Salis, B. **15**, 1863 (1882). — Gorter, Arch. **235**, 320 (1897). — Summizer, Diss. Zürich (1907). — Ciusa und Agostinelli, G. **37**, I, 214 (1907). — Gibson, Soc. **93**, 2098 (1908). — Agostinelli, G. **43**, I, 124 (1912). — Dimroth, A. **399**, 34 (1913). — Dimroth und Scheurer, A. **399**, 59 (1913). — Willstätter und Fischer, A. **400**, 184 (1913).

[2] Wie die Pyrrole überhaupt: Willstätter und Stoll, Chlorophyll, S. 390, 397, 412.

[3] Merz und Zeller, B. **12**, 2037 (1879).

[4] Willstätter, B. **47**, 2688 (1914). — Willstätter und Schudel, B. **51**, 782 (1918).

säure aus wäßriger Lösung in organische Solvenzien überführen. Dieses Verfahren ist zur Isolierung von Anthocyanen und auch von anderen basischen Farbstoffen aus verschiedenen Klassen anwendbar.

Fuchsin geht beim Versetzen der wäßrigen Lösung mit Pikrinsäure und Schütteln mit Äther vollständig in die ätherische Schicht über; ähnlich verhält sich Parafuchsin, dessen Pikrat aber aus der ätherischen Lösung rasch zum großen Teil auskrystallisiert. Die Farbstoffe der Anthocyangruppe unterscheiden sich in ihrer Verteilung:

Anthocyanidine (z. B. Cyanidin) gehen aus wäßriger Lösung mit Pikrinsäure quantitativ in Äther über.

Monoglucoside (wie Chrysanthemin) und Diglucoside (wie Cyanin) gehen auch mit Pikrinsäure gar nicht in alkoholfreien Äther über. Mit geeigneten organischen Lösungsmitteln kann man aber auch die Pikrate der glucosidischen Farbstoffe ihrer wäßrigen Lösung entziehen. Das Verhalten wird durch die Verteilungszahl[1]) gekennzeichnet, die den aus wäßriger Lösung durch Amylalkohol oder allgemeiner von einem organischen Lösungsmittel aufgenommenen Bruchteil eines Farbstoffes in Prozenten angibt.

Verteilungszahlen der Pikrate:

Lösungsmittel	Monoglucosidpikrat	Diglucosidpikrat
Diäthylketon	ca. 50	0
Amylalkohol.	80—90	ca. 30
Amylalkohol (2 Teile) und		
Acetophenon (1 Teil) . .	100	70—80

Mit Hilfe von Pikrinsäure und Diäthylketon lassen sich also Anthocyane mit einem und mit zwei Zuckerresten gut analytisch unterscheiden; es gelingt auch, sie in präparativem Maßstab zu trennen mit Hilfe eines anderen Ketons, des Carvons, dessen Lösungsvermögen für die Pikrate größer ist. Endlich lassen sich mit Acetophenon, das mit Amylalkohol verdünnt wird, sogar die Farbstoffe von der Art des Cyanins aus wäßriger Flüssigkeit, z. B. aus dem Safte von Früchten, extrahieren. Für die praktische Anwendung ist indessen die Verteilung der glucosidischen Farbstoffpikrate zum Teil auch noch zu ungünstig und namentlich ist ihre Löslichkeit im allgemeinen viel zu gering. Manche substituierte Pikrinsäuren, wie Chlorpikrinsäure, die von Tijmstra[2]) beschrieben worden ist und besonders die von Blanksma[3]) erwähnte Dichlorpikrinsäure bieten den Vorteil, daß ihre Verbindungen mit den basischen Farbstoffen in organischen Solvenzien viel leichter löslich sind. Freilich bedingt die große Löslichkeit der Dichlorpikrinsäure in Wasser, daß mehr Reagens erforderlich ist. Die Anwendung von Styphninsäure ist dagegen nicht vorteilhaft.

Die wäßrige Lösung von Fuchsin und Parafuchsin gibt beim Versetzen mit viel Dichlorpikrinsäure den Farbstoff vollständig an Äther ab, und er bleibt in diesem gelöst. Auch Safranin wird bei Gegenwart von Dichlorpikrinsäure durch Diäthylketon mit gelbroter Farbe extrahiert. Methylenblau wird in Äther vollständig als Dichlorpikrat extrahiert, das aber rasch in bronzeglänzenden Prismen auskrystallisiert.

Die Überlegenheit der Dichlorpikrinsäure bei der Isolierung der Anthocyane zeigt die nachfolgende Tabelle. Es gelingt schon mit Äther, die monoglucosidischen Farbstoffe zu extrahieren. Viel günstiger sind Verteilung und Löslichkeit bei anderen Solvenzien. Gemische von Acetophenon und Amylalkohol extrahieren Cyanin und andere Diglucoside mit einemmal vollständig aus der sehr verdünnten wäßrigen Lösung in Form der Dichlorpikrate.

---

[1]) A. **412**, 200, 208 (1916).   [2]) Rec. **21**, 292 (1902).   [3]) Rec. **27**, 36 (1908).

Verteilungszahlen der Dichlorpikrate:

Lösungsmittel	Monoglucoside	Diglucoside
Äther.	40	ungefähr 3
Diäthylketon	fast 100	ca. 60
Amylalkohol.	100	ca. 90
Acetophenon (1 Teil) und		
Amylalkohol (2 Teile) . .	100	100

Während die Abscheidung der Anthocyane durch Krystallisation ihrer Pikrate auf die Fälle beschränkt ist (Oenin, Myrtillin, Idaein, Malvin), in denen sich die Salze durch Schwerlöslichkeit auszeichnen, ist die Extraktion der Pikrate allgemein anwendbar. Für die Darstellung der Farbstoffe ist zu beachten, daß Alkalisalze der Pikrinsäuren in die organischen Lösungsmittel mit übergehen.

1-Amino-4-nitro-2, 6-dichlorbenzol. Darstellung am besten nach Flürscheim[1]) durch Einleiten von Chlor bei 0° in die Lösung von Nitranilin (100 g) in Eisessig (300 g) und konz. Salzsäure (600 g) bis zur Gewichtzunahme von 101 g; Ausbeute fast theoretisch.

1-Nitro-3, 5-dichlorbenzol. Im wesentlichen nach Holleman[2]). Dichlornitranilin (103 g) wird fein gepulvert in Alkohol (570 ccm) suspendiert und unter Schütteln mit konz. Schwefelsäure (100 g) vermischt; das in feiner Verteilung abgeschiedene Sulfat verrührt man $1^1/_2$ Stunden bei 20° mit dem gepulverten Nitrit. Die Zersetzung der Diazoverbindung verläuft am glattesten, wenn man die Flüssigkeit auf dem Wasserbad bis zum Eintritt der Stickstoffentwicklung erwärmt und die Temperatur nie über 50° steigen läßt. Nach $1^1/_2$ Stunden wird die Zersetzung im siedenden Wasserbad vervollständigt. Das Produkt wird durch Destillation mit Wasserdampf und Umkrystallisieren aus Alkohol von ein wenig Phenoläther befreit. Ausbeute 78—79 g (82—83% der Theorie). Den Nitrokörper reduziert man mit Eisenfeile und Salzsäure[3]).

3, 5-Dichloranilin (54 g) verrührt man mit Schwefelsäure (150 ccm Schwefelsäure + 660 ccm Wasser) zu einem festen Brei und trägt unter fortgesetztem Rühren das gepulverte Natriumnitrit (23 g) ein. Wenn die Flüssigkeit, in der sich das Dichloranilinsulfat vollständig auflöst, keine Salpetrigsäurereaktion mehr gibt, so wird sie von bald auftretenden ockergelben Flocken abfiltriert und in das lebhaft siedende Gemisch von 900 g Schwefelsäure, 500 g Wasser und 600 g Natriumsulfat (wasserfrei) eingetropft, das sich im Kolben mit abwärts gerichtetem Kühler befindet. Die Destillationstemperatur bewegt sich zwischen 145° und 155°. Zufließen und Abdampfen wird so geregelt, daß das Flüssigkeitsvolumen ungefähr konstant bleibt. Aus dem Destillat isoliert man das Phenol unter Aussalzen mit Äther; die Hauptmenge krystallisiert beim Einengen der ätherischen Lösung, die letzten Anteile werden durch Destillation unter vermindertem Druck (Sdp. 122—124° unter 8 mm) gewonnen. Die Ausbeute beträgt 39.6 g, d. i. 73% der Theorie.

Zur Nitrierung trägt man die Lösung von 3, 5-Dichlorphenol (81.5 g) in der vierfachen Menge Eisessig allmählich in rote rauchende Salpetersäure (326 g) ein und erwärmt $^3/_4$ Stunden im Wasserbad bis auf 70°. Dann wird die Flüssigkeit mäßig verdünnt und mit Kaliumhydroxyd alkalisch gemacht; das schwer lösliche Kaliumsalz saugt man ab und wäscht es aus. Das Salz wird durch Schütteln mit 2n-Schwefelsäure und Äther zersetzt und die äthe-

---

[1]) Soc. **93**, 1772 (1908).   [2]) Rec. **23**, 357, 366 (1904).
[3]) Vgl. Holleman, Rec. **23**, 367 (1904); **25**, 186 (1906).

rische Lösung wiederholt mit Schwefelsäure gewaschen, so daß sie keine Kalium-verbindung mehr enthält. Ausbeute etwa 90 g (ca. 60% der Theorie).

Das Dichlortrinitrophenol krystallisiert aus Eisessig in blaßgelben Prismen vom Smp. 139—140° (korr.).

5. Krystallisation aus dem Schmelzfluß und durch Sublimation.

Manche Substanzen sind nur so gut zum Krystallisieren zu bringen, daß man sie schmilzt (evtl. destilliert) und wieder erstarren läßt. Hierher gehört m-Oxybenzoesäuremethylester, vor allem aber Glycylvalinanhydrid, das überhaupt n u r so krystallisiert erhalten werden kann, während es sich aus Lösungen stets in amorphem, gequollenem Zustand ausscheidet[1]). Ähnlich verhält sich Camphenhydrat, das n u r durch S u b l i m a t i o n in Krystallform übergeht[2]).

L e i c h t s c h m e l z e n d e S u b s t a n z e n pflegt man durch Einbringen in eine Kältemischung (Eis-Kochsalz, festes Kohlendioxyd-Aceton) zur Krystalli-sation anzuregen. Es empfiehlt sich dabei sehr, die Substanz vorher mit K i e s e l -g u r anzuteigen[3]), wie ja überhaupt mechanische Reize [Reiben mit einem Glas- oder besser[4]) Kupferstab)] den Eintritt der Krystallisation beschleunigen.

R a m b e r g[5]) bringt l-Brompropionsäure (die bei —0.5 bis —0.3° schmilzt) in folgender Weise zum Krystallisieren. Die Säure wird auf etwa — 10° in einer Eprouvette abgekühlt, die sodann in ein Dewargefäß, auf dessen Boden sich etwas festes Kohlendioxyd befindet, gestellt wird.

Hierdurch wird ein starker Temperaturabfall in der Flüssigkeit erzeugt, es muß somit irgendwo die Optimumtemperatur der Krystallisation herrschen. An dieser Stelle beginnt die Ausscheidung der festen Phase.

Der beschriebene Kunstgriff kann auch in vielen anderen Fällen mit Er-folg benutzt werden, u. a. als Ersatz des Impfens bei kryoskopischen Bestim-mungen, indem man ein erbsengroßes Stück Kohlendioxyd (bzw. Eis) gegen die Wand des Gefrierrohrs preßt.

6. Impfen.

Wenn eine krystallisationsfähige Substanz hartnäckig überschmolzen bleibt oder durch Verunreinigungen am krystallinischen Erstarren gehindert wird, kann man die Krystallisation durch Berührung mit einem Splitter-chen (evtl. des Rohprodukts) einleiten. Man kann diesen Vorgang auch zu I d e n t i f i z i e r u n g e n benutzen, da im allgemeinen nur ein Krystall der gleichen Art imstande ist, die Übersättigung aufzuheben[6]).

So hat L a d e n b u r g[7]) die Spaltung des synthetischen, racemischen Coniins mittels des d-Bitartrats ausgeführt. Zu der sirupösen, nicht krystallisierbaren Lösung wurde ein Splitter natürlichen, rechtsdrehenden Coniinbitartrats gefügt. Es begann reichliche Ausscheidung von Krystallen, aus welchen mittels Alkali eine rechtsdrehende, mit natürlichem Coniïn identische Base erhalten wurde.

Trennung und Isolierung von o- und p-Toluidin durch Impfen der über-sättigten Lösung der Chlorhydrate mit einem Krystall des entsprechenden Salzes: R o s e n s t i e h l, Bull. **17**, 7 (1872).

---

[1]) E. F i s c h e r, B. **40**, 3558 (1907).　　[2]) A s c h a n, B. **41**, 1092 (1908).
[3]) H e s s, Mitt. d. Artill.- u. Geniewesen 1876. — W i l l, B. **41**, 1112, 1118 (1908). — Siehe H a n s M e y e r, M. **22**, 415 (1901).
[4]) Y o u n g, Am. soc. **33**, 148 (1911).　　[5]) A. **370**, 235 (1909).
[6]) Krystallographische Identifikation durch Fortwachsen: L e h m a n n, Krystall-analyse, S. 9. -- W i n z h e i m e r, B. **41**, 2381 (1908).　　[7]) B. **19**, 2582 (1886).

Es sind auch einige Fälle bekannt geworden, wo die Krystallisation schon durch Impfen mit chemisch nahestehenden. Substanzen in Gang gebracht werden konnte.

So hat Städel[1]) Äthylacetanilid durch ein Stäubchen Methylacetanilid, m-Kresol[2]) durch eine Spur Phenol zum Krystallisieren gebracht.

Propylidenessigsäuredibromid[3]) erstarrt durch Impfen mit Äthylidenpropionsäuredibromid, Methenyldiparatolyltriaminotoluol durch Infizieren mit fester Äthenylverbindung[4]). Dimethylaminbishydrochlorid durch Impfen mit saurem Tetramethylammoniumchlorid[5]).

Noch bemerkenswerter ist ein von Anschütz beobachteter[6]), von Hans Meyer[7]) bestätigter Fall. Danach bleibt Citraconsäureanhydrid selbst bei —18° flüssig, erstarrt aber sofort vollständig bei der Berührung mit einer Spur Itaconsäureanhydrid.

In gleicher Weise hat Skraup[8]) γ-Chlorchinolin durch α-Chlorchinolin zum Krystallisieren gebracht.

Dagegen kommen aber doch auch wieder Fälle vor, wo „reine" Substanzen durch Impfen nicht zum Erstarren gebracht werden können, die Impfkrystalle vielmehr selbst in Lösung gehen[9]). Offenbar verwandeln sich derartige Substanzen leicht in unkrystallisierbare Isomere; denn daß sich ein Impfkrystall in der unterkühlten Schmelze der reinen Substanz löst, ist nach der Theorie unmöglich. Es genügen aber oft auch minimale, sonst kaum nachweisbare Mengen von Verunreinigungen, um die Krystallisationsgeschwindigkeit außerordentlich herabzusetzen [Zuckersirupe[10])].

Eine eigentümliche Beobachtung von Gluud registrieren E. Fischer und Raske[11]). Die Isolierung von krystallisiertem Tetraacetylglucosepyridiniumbromid ist nur dadurch zu erreichen, daß man dem Gemisch der Komponenten (15 g β-Acetobromglucose in 30 g Pyridin gelöst) 5 ccm Phenol zusetzt. Das einmal krystallisierte Salz läßt sich dann aus Methyläthylketon reinigen.

III. Prüfung von Krystallen auf Reinheit (Einheitlichkeit).

Um die Reinheit (Einheitlichkeit) einer krystallisierbaren Substanz zu konstatieren, krystallisiert man sie in Fraktionen und untersucht, ob der erste und der letzte Anteil denselben Schmelzpunkt zeigen.

Nicht immer ist man übrigens imstande, ein Gemisch zweier Substanzen durch Umkrystallisieren zu trennen[12]), namentlich wenn es sich um Isomere handelt[13]).

---

[1]) B. **18**, 3444 Anm. (1885).   [2]) B. **18**, 3443 (1885).
[3]) Ott, B. **24**, 2603 (1891). — Dieser Fall ist übrigens nicht ganz durchsichtig.
[4]) Green, B. **26**, 2778 (1893).   [5]) Kaufler und Kunz, B. **42**, 385 (1909).
[6]) B. **14**, 2788 (1881).   [7]) M. **22**, 415 (1901).   [8]) M. **10**, 730 (1889).
[9]) Rainer, M. **25**, 1041 (1904). — Siehe auch Diels und Stephan, B. **40**, 4339 (1907).
[10]) Siehe dazu Kiliani, Arch. **254**, 266 (1916).
[11]) Ostromisslensky, B. **41**, 3036 (1908).
[12]) Kolbe und Lautermann, A. **119**, 139 (1861). — Hlasiwetz und Barth, A. **134**, 276 (1865). — Cohn, Z. physiol. **17**, 306 (1892). — Perrier und Caille, C. r. **146**, 769 (1908). — Über die Trennung von Gemischen durch mechanische Operationen (Schlämmen, Sieben, Auslesen) siehe S. 14.
[13]) Über Mischkrystalle von Oxyfenchensäuren: A. **315**, 285 (1901). — Thuyonsemicarbazone: A. **336**, 255, 256, 265, 269, 270 (1904). — Terpenisoxime: A. **346**, 257 (1906). — Terpinmodifikationen: A. **356**, 204 (1907). — Benzoylcyclo- (1, 3-) methylhexanonoxim: A. **332**, 339 (1904).

Diese Beobachtung hat z. B. V. ·Meyer[1]) bei der sog. α-Thiophencarbonsäure gemacht, die ein untrennbares Gemisch von α- und β-Thiophencarbonsäure von konstantem Schmelzpunkt, bestimmter Löslichkeit usw. bildet. Ähnlich verhalten sich die Tribromverbindungen des α- und β-Thiotolens[1])[2]) und anscheinend auch α- und β-Thiophensulfosäure[2]).

Nach Voerman[3]) ist der Fall der α-Thiophencarbonsäure durch die Fähigkeit der α- und β-Thiophencarbonsäuren, Mischkrystalle zu bilden, zu erklären. Stoffe aber, die Mischkrystalle bilden, sind natürlich sehr schwer oder gar nicht trennbar[4]).

Wegscheider[5]) kommt im Anschluß an seine Beobachtungen über die Krystallisationsverhältnisse der isomeren Nitrohemipinmethylestersäuren[6]) zu folgendem Schluß:

„Wenn zwei Isomere bei allen Temperaturen die Regel von Carnelley und Thomsen[7]) über das konstante Löslichkeitsverhältnis genau befolgen und wenn das Verhältnis der Löslichkeiten gleich ist der Zusammensetzung des eutektischen Gemisches, so geben ihre Gemische beim Umkrystallisieren neben anderen Fraktionen, die bestenfalls den einen der beiden Stoffe rein liefern können, ein Gemisch von scharfem Schmelzpunkt, welches beim Umkrystallisieren höchstens mit Hilfe von Übersättigungserscheinungen oder mechanisch getrennt werden kann.‘‘

In seltenen Fällen bilden auch Substanzen verschiedener Zusammensetzung Mischkrystalle, so das aktive Carvoxim mit dem aktiven Carvotanacetoxim. Das entstehende Produkt hat auffallende Beständigkeit, ändert auch bei mehrfachem Umkrystallisieren seinen Habitus und Schmelzpunkt nicht merklich und macht ganz den Eindruck einer durchaus einheitlichen Substanz[8]).

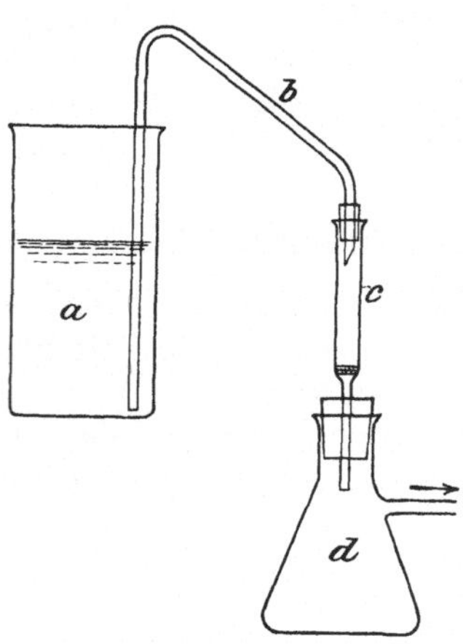

Fig. 4.
Filtration nach Stritar.

Läßt die Methode der Schmelzpunktsbestimmung im Stich, so verwandelt man die Substanz, falls sie eine Säure ist, in verschiedene Fraktionen von Silber-, Magnesium- oder Bleisalzen, deren Metallgehalt bestimmt wird. Basen gelangen als Platin- oder Gold-Doppelsalze, Kohlenwasserstoffe als Pikrate oder Styphnate[9]) zur Untersuchung usw.

Falls es angängig ist, werden auch Gruppenreaktionen (Methoxylbestimmung usw.) ausgeführt.

IV. Filtrieren.

Eine außerordentlich praktische Vorrichtung zum raschen Filtrieren von Niederschlägen für die Analyse — speziell auch zum Sammeln von Halogensilber — hat Stritar[10]) angegeben (Fig. 4). In das Becherglas a, das die zu filtrierende, wo-

[1]) A. **236**, 200 (1886). — Gattermann, Kaiser und V. Meyer, B. **18**, 3005 (1885). — Andere Fälle: Perrier und Caille, Bull. (4) **3**, 654 (1908).
[2]) V. Meyer und Kreis, B. **17**, 787 (1884).   [3]) Rec. **26**, 293 (1907).
[4]) Ostwald, Lehrb. d. allg. Ch., 2. Aufl., IIa, 153 (1906).
[5]) Z. physiol. **80**, 509 (1912).
[6]) Wegscheider und Müller, M. **33**, 899 (1912).   [7]) Siehe S. 169.
[8]) Wallach, A. **403**, 83 (1914). — Siehe auch Harries, B. **34**, 1931 (1901).
[9]) Siehe S. 47.
[10]) Z. anal. **42**, 582 (1903). — Siehe auch Schaumann, Z. anal. **47**, 235 (1908) und S. 906.

möglich warme, Flüssigkeit enthält, wird ein heberartig gekrümmtes Rohr b von ca. 5 mm lichter Weite, das seinerseits durch Kautschukstopfen mit dem gewogenen Filtrierröhrchen c und dem Absaugkolben d luftdicht verbunden ist, eingeführt. Man saugt erst die überstehende Flüssigkeit, dann den Niederschlag und das Waschwasser ab, entfernt schließlich b und wäscht c nochmals aus.

Das möglichst (evtl. unter Zuhilfenahme von Alkohol, dann Aceton oder Äther) trocken gesaugte Rohr wird entweder im Trockenkasten oder unter beständigem Durchsaugen von Luft und unausgesetztem Drehen über der Flamme zur Gewichtskonstanz gebracht.

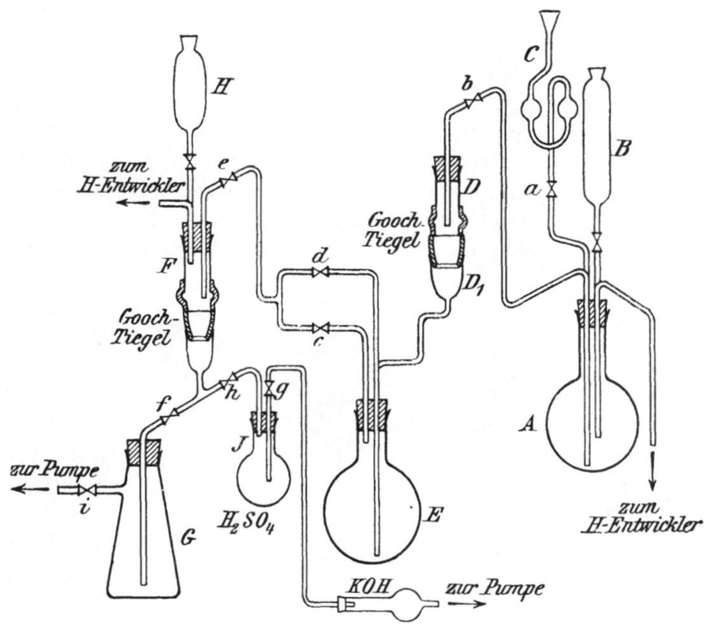

Fig. 5. Filtration nach Steinkopf.

Einen Apparat zum Filtrieren in einem beliebigen Gasstrom und daher auch bei Abschluß von Feuchtigkeit und Sauerstoff hat Steinkopf[1]) angegeben. Der Apparat (Fig. 5) gestattet, in ununterbrochener Reihenfolge im Wasserstoffstrom zu reduzieren, abzufiltrieren, umzukrystallisieren, auszuwaschen und zu trocknen.

In den Kolben A kommt die Substanz, worauf der ganze Apparat von den beiden an den Enden des Systems angeschlossenen Wasserstoffentwicklern an mit Ausnahme des durch den Hahn h ausgeschalteten Kolbens J evakuiert, dann von beiden Seiten mit Wasserstoff gefüllt wird. Dieser Vorgang wird wiederholt. Ist alle Luft durch Wasserstoff ersetzt, so wird b abgeschlossen und vom rechten Entwickler aus nach Öffnen von a ein konstanter Gasstrom eingeleitet, wobei die Kugeln von C zum Abschluß gegen äußere Luft mit

[1]) B. **40**, 400 (1907). — Siehe auch Beckmann und Paul, A. **266**, 4 (1891). — DRP. 162 821 (1905). — Schmidlin, B. **41**, 423 (1908) — Weikel, A. **273**, 17 (1910) — Thal, B. **46**, 2840 (1913) — Claaß, Z. anal. **54**, 47 (1915). — Steinkopf und Wolfram, B. **54**, 856 (1921) — Wolfram, B. **54**, 857 (1921) — Apparat zum Filtrieren ätzalkalischer Flüssigkeiten: Rinne, Ch. Ztg. **31**, 411 (1907).

Wasser gefüllt sind. Aus B wird dann die Reaktionsflüssigkeit od. dgl. tropfenweise eingelassen. Ist die Reaktion in A beendet, so wird die Lösung vom Rückstand durch einen Goochtiegel, der mittels eines Schlauchstücks mit D und D_1 verbunden ist und in dem sich eine angefeuchtete, dünne Asbestschicht und darauf eine durchlöcherte Porzellanplatte befindet, in den Kolben E filtriert. Zu diesem Zweck wird nach Verschluß von A die Saugpumpe bei i in Tätigkeit gesetzt und nun b geöffnet, während Quetschhahn d zur Verhinderung sofortigen Weiterdrückens der Flüssigkeit aus dem Kolben E geschlossen wird. Nach Schließen von e läßt man die Flüssigkeit in E erkalten, wobei Krystallisation eintritt. Um die Mutterlauge abzutrennen, drückt man den Kolbeninhalt von E nach Verschluß von c durch den mit einem gewöhnlichen Filter belegten Goochtiegel F, indem man d öffnet, bei i die Pumpe in Tätigkeit setzt und bei e öffnet. Nach Verschluß von e kann dann der Niederschlag von H aus ausgewaschen, auch, wenn nötig, getrocknet werden, indem man f verschließt und den mit konzentrierter Schwefelsäure beschickten Kolben J nach Öffnung von g evakuiert. Nach Schließen dieses Hahnes wird dann durch h die Verbindung zwischen dem Niederschlag und dem Trockenapparat J hergestellt, aus dem linken Entwickler das Ganze mit Wasserstoff gefüllt, wieder evakuiert und so der Niederschlag zum Trocknen sich selbst überlassen.

Der Apparat läßt sich auch für Gase mit höherem spezifischen Gewicht als Luft, z. B. Kohlendioxyd, verwenden; man muß nur C sowie das in G und J reichende Rohr weiter herausziehen, damit die Luft nach oben verdrängt werden kann.

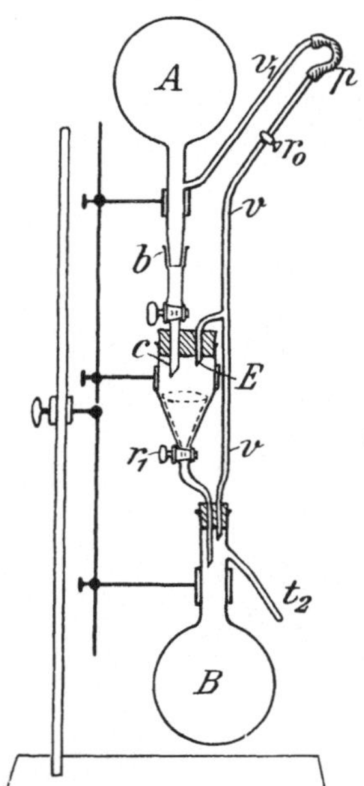

Fig. 6.

Apparat von Radulescu.

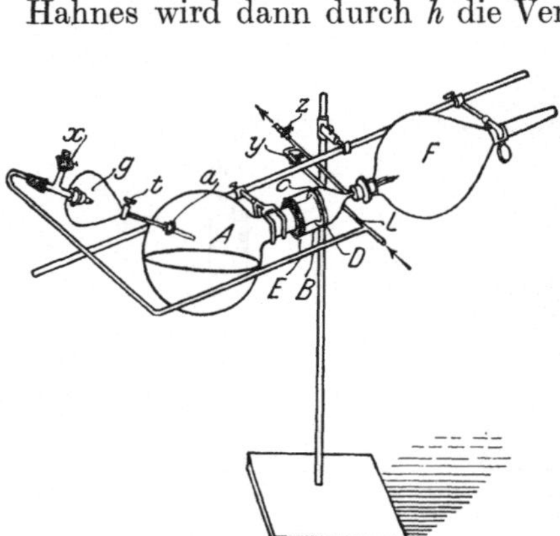

Fig. 7.

Apparat von Wolfram.

Einen weiteren Apparat zum Filtrieren im geschlossenen, mit einem indifferenten Gas gefüllten Raum beschreibt Radulescu[1]) (Fig. 6). Er setzt sich aus den Behältern A und B, die durch die Leitung $v v_1$ verbunden sind, zusammen. Die gesamte Apparatur ist um die Mittelachse drehbar, so daß A nach unten, B also gleichzeitig nach oben gedreht werden kann. An A schließt sich das Hahnrohr $b c$ an. In E kann ein Filter (Papier, Asbest oder Glaswolle) eingesetzt werden. Die Reaktion wird in dem Kolben A, der sich dabei in Tiefstellung befinden muß und noch nicht mit E verbunden ist, ausgeführt; dann wird $b c E B$ angeschlossen, A nach oben gedreht, der Schlauch p als Verbindung von v und v_1 eingefügt und die Hähne r_0 und r_1 geschlossen;

---

[1]) Bulet. Soc. de Știinţe din Bucureşti **16**, 191 (1908). — Siehe auch Lachwitz, Diss. Rostock (1908).

t_2 wird dann mit einem Kühler verbunden, der zu einem Gefäß führt, das mit der Luftpumpe in Verbindung steht. Durch Anstellen dieser wird die gesamte Vorrichtung luftleer gemacht und darauf das inerte, trockne Gas eingeführt. Man öffnet nun alle Hähne und setzt die Filtration tropfenweise in Gang. Sie kann auch durch geeignetes Anstellen eines geringeren Drucks im unteren Teil der Apparatur erleichtert werden.

Der ähnliche Apparat von Wolfram[1]) besteht aus einem Rundkolben A, dessen abgeschliffener Hals ein gehärtetes Filterpapier gegen eine Porzellanfilterplatte preßt, die sich in einem mit dem Kolbenhals luftdicht verbundenen Vorstoß B befindet, der selbst auf einem Scheidetrichter F ruht, in dem das Filtrat aufgefangen wird. Ein seitlicher Tubus des Rundkolbens trägt einen Tropftrichter g, durch den die Substanzen, Waschwasser und indifferentes Gas zugeführt werden können (Fig. 7).

Zur Isolierung von Substanzen, die Kautschuk angreifen, zum Auswaschen mit Acetylchlorid usw. bei Feuchtigkeitsabschluß, verfährt E. Fischer folgendermaßen[2]) (Fig. 8):

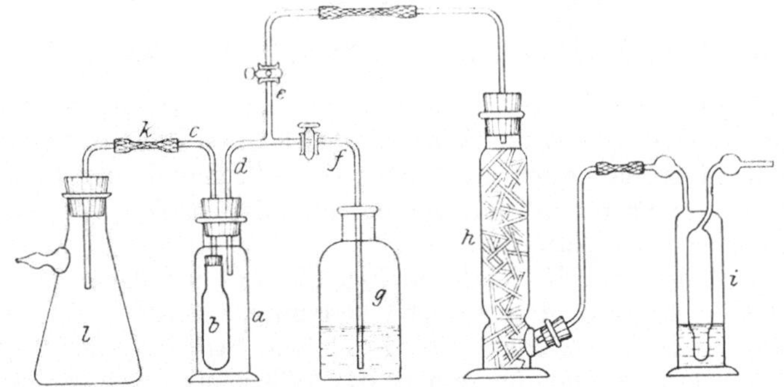

Fig. 8.   Auswaschen bei Feuchtigkeitsausschluß nach E. Fischer.

a ist der Stöpselzylinder, in dem die Reaktion vorgenommen wird, b der Tonzylinder, in den mittels eines Gummistopfens das Rohr c, das fast bis zum Boden reicht, eingesetzt ist. a ist mit einem doppelt durchbohrten Gummistopfen verschlossen, durch den einerseits c und andererseits das Rohr d durchgeht. d verzweigt sich in e und f, die beide mit Glashähnen versehen sind; f dient dazu, die Waschflüssigkeit aus der Flasche g zu entnehmen, e führt zu dem mit Phosphorsäureanhydrid gefüllten Turm h und der mit Schwefelsäure gefüllten Flasche i, die dazu dienen, einen trocknen Luftstrom in a zu leiten. c steht durch den Gummischlauch k mit der Saugflasche l in Verbindung. Wird bei l evakuiert, so geht die in a enthaltene Flüssigkeit durch die Tonzelle und das Rohr dorthin. Gleichzeitig läßt man durch e einen langsamen, getrockneten Luftstrom in das Gefäß eintreten. Der größte Teil des Niederschlags setzt sich fest an die Tonzelle an. Um zu waschen, schließt man den Hahn bei e und öffnet bei f, worauf die Waschflüssigkeit aus der Flasche g nach a übertritt. g enthält frisches Acetylchlorid, sie wird später durch eine andere mit Petroläther, der über Phosphorsäureanhydrid getrocknet ist, ersetzt. Damit das Übersteigen der Waschflüssigkeit erleichtert wird, ist es ratsam, a, wo bei der hohen Tension der verwendeten Flüssigkeit nur sehr geringer Minderdruck herrscht, durch Einstellen in eine Kältemischung

[1]) B. **54**, 857 (1921).
[2]) B. **38**, 616 (1905). - - Unters. über Aminosäuren usw. (1906), 433.

oder durch Aufspritzen von Äther momentan abzukühlen. Noch bequemer wird die Operation, wenn in *a* ein drittes, in der Zeichnung fehlendes Rohr mit Hahn einmündet, das direkt mit der Saugpumpe verbunden werden kann. Einmaliges Waschen mit so viel Acetylchlorid, daß *a* bis zur Höhe des Niederschlags damit gefüllt ist, und zweimaliges Waschen mit der gleichen Menge Petroläther genügen, um ein analysenreines Präparat zu gewinnen. Zum Schluß wird unter gleichzeitigem Zutritt des getrockneten Luftstroms scharf abgesogen, dann der Niederschlag möglichst rasch in einen mit Phosphorpentoxyd beschickten Vakuumexsiccator übergeführt und hier zur Entfernung der letzten Reste Petroläther etwa eine Stunde getrocknet.

Das Verfahren ist wohl für manche ähnliche Fälle verwendbar. Selbstverständlich läßt sich hier auch die von Beckmann und Paul[1]) angegebene Waschvorrichtung anbringen, wenn man es mit Flüssigkeiten zu tun hat, die nicht, wie Acetylchlorid, Kautschukschläuche angreifen, oder wenn man mit Substanzen arbeitet, die die Luft nicht vertragen und deshalb in einem indifferenten Gasstrom filtriert werden müssen.

V. Absaugen und Trocknen der Krystalle[2]) — Zentrifugieren.

Die beim Reinigen der Substanzen erhaltenen Krystalle werden von der Mutterlauge durch Absaugen und Waschen befreit. Ist die Substanz sehr leicht löslich oder die Mutterlauge sehr zähflüssig, so preßt man die Krystalle zwischen nicht faserndem (gehärtetem) Filterpapier ab oder streicht sie auf hart gebrannte unglasierte Tonplatten.

Skraup[3]) empfiehlt, im letzteren Fall die auf der Tonplatte befindliche Substanz in einen Exsiccator zu bringen, der mit dem in der Mutterlauge enthaltenen Lösungsmittel beschickt ist. In einigen Stunden oder Tagen ist die Mutterlauge eingesaugt und die reinen Krystalle sind zurückgeblieben.

Bei sorgfältiger Arbeit gestattet dieser Kunstgriff selbst das Absaugen hygroskopischer Substanzen.

Richards[4]) schlägt vor, die Abtrennung der Mutterlauge von den Krystallen durch

Zentrifugieren

zu bewirken. Man kann dabei auch ohne Maschine auskommen, wenn man folgendermaßen vorgeht. Ein kurzes, dickwandiges Reagensglas wird am Boden mit einem feinen Ausflußrohr versehen. Dieses Rohr ist durch einen doppelt durchbohrten Stopfen mit einem kleinern Reagensglas verbunden, das zur Aufnahme der Mutterlauge dient. Die Krystalle ruhen auf einem kleinen Platinkonus, einer Siebplatte oder einer Kugel. Jedes Glas wird oben mit einer starken Drahtschlinge versehen und das kleinere noch an das größere mit Draht befestigt. Am Drahtgriff des oberen Glases wird eine starke Schnur befestigt und das Ganze so schnell als möglich in einem Kreis von ca. 2 m Durchmesser in der Luft rotieren gelassen.

Zum Auswaschen von Niederschlägen mittels der Zentrifuge[5]) läßt man den Niederschlag in einem dickwandigen Glasrohr entstehen, das den Druck, der durch das Zentrifugieren auf dessen Boden ausgeübt wird, gut ver-

[1]) A. **266**, 4 (1891).   [2]) Siehe auch S. 102ff.
[3]) M. **9**, 794 (1888). — Blezinger, Diss. Erlangen (1908), 38. — Schulze und Liebner, Arch. **254**, 577 (1916).
[4]) Am. soc. **27**, 104 (1905). — B. **40**, 2771 (1907). — Am. soc. **30**, 285 (1908).
[5]) Hamburger, Z. anal. **56**, 45 (1917).

trägt. Handelt es sich um sehr kleine Flüssigkeitsmengen, so kann man kleine Reagierröhrchen nehmen, deren Wand die gewöhnliche Dicke besitzt. Nachdem sich der Niederschlag gebildet hat, wird zentrifugiert und die überstehende Flüssigkeit abgegossen oder abgesaugt. Oft kann man sie einfach abgießen, weil der Niederschlag in sehr vielen Fällen durch die Zentrifugalkraft fest zusammengepreßt worden ist. Ist er aber nicht zu einem festen Kuchen komprimiert, so muß man die Flüssigkeit absaugen. Man verbindet eine Pipette mit einem nicht zu dünnwandigen Gummiröhrchen von 40—50 cm Länge und bringt an dem anderen Ende des Gummiröhrchens ein kleines Glasrohr an, führt die Spitze der Pipette nahezu bis an die Oberfläche des Niederschlags, saugt, wenn der geeignete Augenblick gekommen ist, und klemmt das Gummirohr zu. Wenn die Flüssigkeit möglichst abgehoben ist, wird auf den Niederschlag eine große Menge Waschflüssigkeit gegossen. Nach dem Durchrühren von Flüssigkeit und Niederschlag wird abermals zentrifugiert und die überstehende Flüssigkeit entfernt. Dieses Verfahren wird so oft wiederholt, bis der Niederschlag als genügend ausgewaschen betrachtet werden darf.

Eine geeignete Zentrifuge liefert Fr. Runne in Heidelberg. Behandlung von Emulsionen mit der Zentrifuge: Ayres, Soc. Ind. **35**, 676 (1916). — Weiteres über die Anwendung der Zentrifuge: Baxter, Am. soc. **30**, 287 (1908). — Hamburger a. a. O. und Rixon, Soc. Ind. **37**, 255 (1918).

Sehr feinkörnige oder schleimige[1]) Niederschläge oder solche, die beim Auswaschen leicht kolloid werden, saugt man auf einem Filter ab, auf das man eine Schicht ausgeglühter Kieselgur gebracht hat[2]) oder vermischt sie damit.

Lösungen, die das Filterpapier angreifen, z. B. stark salzsaure, werden auf Nitrocellulose abgesaugt[3]), oder man benutzt die säure- und alkalifesten Filtriersteine von Schuller[4]), die mit Asbest oder Bleiwolle (z. B. beim Filtrieren konzentrierter schwefelsaurer Lösungen) abgedichtet werden.

Abpressen auf vorgetrockneten Tonplatten: Pfeiffer, A. **412**, 317 (1916) — mit der hydraulischen Presse: Diels und Farkas, B. **43**, 1960 (1910).

Absaugen unter Abkühlen (auf —30°), Willstätter, Mayer und Hüni, A. **378**, 101, 132, 136 (1910). — Siehe auch S. 40.

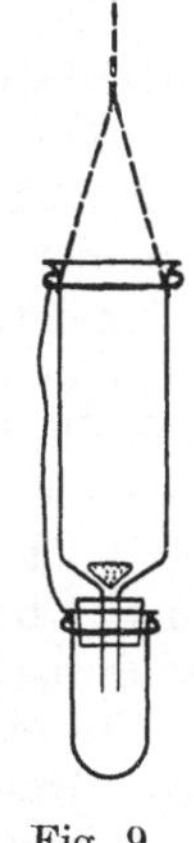

Fig. 9.
Zentrifuge
nach
Richards.

VI. Identifizieren durch Schmelzpunktsbestimmung.

Blau hat zuerst nachdrücklich darauf aufmerksam gemacht[5]), daß man in der Schmelzpunktsbestimmung einer Mischung der fraglichen Substanz und der Type ein einfaches Hilfsmittel zur Identifizierung zweier Substanzen besitzt, das immer dann entscheiden wird, wenn die beiden Substanzen keine

---

[1]) v. Lippmann, B. **46**, 3862 (1913).

[2]) Wiechowski, Bioch. **19**, 381 (1909). — E. Fischer und Delbrück, B. **42**, 2783 (1909). — Bruhns, Z. ang. **34**, 242 (1921).

[3]) Leuchs und Boll, B. **43**, 2370 (1910).

[4]) Isny, Württemberg. — Siehe Hans Meyer und Steiner, M. **35**, 483 (1914).

[5]) M. **18**, 137 (1897). — Die Tatsache selbst und ihre Verwendbarkeit war schon früher bekannt, siehe Kipping und Pope, Soc. **63**, 558 (1893); **67**, 371 (1895). — Pope und Clarke, Soc. **85**, 1336 Anm. (1904). — Wegscheider, M. **16**, 111, 124 (1895); **28**, 823 (1907). — Anschütz, A. **353**, 152 (1907).

isomorphen Mischungen (Mischkrystalle) geben[1]). Das Herabgehen des Schmelzpunkts beträgt bei Nichtidentität oft über $30°$[2]), selbst $40°$[3]), manchmal allerdings[4]) auch nur sehr wenig ($1/_2-1°$).

Sehr wertvolle Dienste hat diese Methode u. a. zur Unterscheidung der Dipenten- und Terpinenderivate geleistet[5]).

Da man beim Mischen im allgemeinen nicht jenes Verhältnis der Komponenten vorausbestimmen kann, welchem das Maximum der Depression entspricht, empfiehlt es sich, in zweifelhaften Fällen eine Mischungsschmelzpunktskurve aufzunehmen[6]).

Gemische zeigen im übrigen nur in gewissen Ausnahmsfällen scharfen Schmelzpunkt, sie werden daher ein dem Schmelzen vorangehendes Sintern erkennen lassen[7]).

Zeigt die zu identifizierende Substanz selbst beim Schmelzpunkt charakteristische Erscheinungen: Farbenänderungen, Sintern usw., so untersucht man auch die beiden Proben am selben Thermometer in gleichen Capillaren nebeneinander. (Siehe auch S. 118ff.)

Aktive Substanzen, deren racemische Form höheren Schmelzpunkt besitzt, kann man auch so identifizieren, daß man die gleiche Menge der optischen Antipode zumischt und beobachtet, ob der Schmelzpunkt steigt.

So erhielten Zerner und Waltuch[8]) ein rechtsdrehendes Osazon vom Smp. $162-163°$, das sie für l-Xylosazon anzusehen gute Gründe hatten.

Um zu entscheiden, ob dieses Osazon wirklich dem Xylose- und nicht etwa dem Arabinosetypus entstamme, stellten die Autoren ein Gemisch annähernd gleicher Teile l-Xylosazon und des fraglichen Pentosazons her. Das Gemisch schmolz bei $200°$, nach dem Umkrystallisieren bei $208-210°$ (und war optisch inaktiv und schwerer löslich). Reines d, l-Xylosazon schmilzt bei $210-215°$. Das fragliche Osazon muß also d-Xylosazon sein.

VII. Umscheiden.

Willstätter und Hocheder verstehen[9]) unter „Umscheiden" das Auflösen und Wiederabscheiden eines Stoffs aus der Lösung in nicht krystallisiertem Zustand.

Man geht hierzu wie beim Umkrystallisieren vor, ermangelt aber meist der Kontrolle der zunehmenden Reinheit durch die Schmelzpunktsbestimmung..

Es ist daher beim fraktionierten Umscheiden steter analytischer Vergleich der Fraktionen geboten.

Diese Reinigungsoperation ist auch oftmals bei flüssigen Stoffen anwendbar.

So reinigten Willstätter und Hocheder[10]) das Phytol durch Lösen in

---

[1]) Wegscheider, Perndanner und Auspitzer, M. **31**, 1254 (1910). — R. und W. Meyer, B. **52**, 1249 (1919). — v. Auwers und Ziegler, A. **425**, 270 (1921).

[2]) Liebermann, B. **10**, 1038 (1877).

[3]) Haiser und Wenzel, M. **31**, 360 (1910).

[4]) Auwers, Traun und Welde, B. **32**, 3320 (1899). — Wallach, A. **336**, 16 (1904). — Diels und Stephan, B. **40**, 4339 (1907).   [5]) Wallach, A. **350**, 146 (1906).

[6]) Hans Meyer und Beer, M. **33**, 328 (1912); **34**, 1202 (1913). — Hans Meyer, Brod und Soyka, M. **34**, 1125, 1135 (1913). — Siehe auch S. 123.

[7]) Siehe hierzu auch Stock, B. **42**, 2059 (1909).

[8]) M. **34**, 1649 (1913). — Bioch. **58**, 412 (1913).

[9]) A. **354**, 221 (1907).   [10]) A. **354**, 245, 246 (1907).

Holzgeist und Filtrieren von der kleinen Menge ausgeschiedener Öltröpfchen. Nach dem Abdampfen des Methylalkohols im Vakuum wurde diese Reinigung mit geringeren Mengen des Lösungsmittels noch viermal wiederholt.

Dritter Abschnitt.

Sublimieren.

Die einfachste Methode des Sublimierens, zwischen zwei durch ein Filtrierpapier getrennten Uhrgläsern, die vorsichtig im Luftbad erhitzt werden, stammt von Kolbe[1]).

Statt des oberen Uhrglases nimmt man zweckmäßiger einen Trichter, oder man verwendet einen Erlenmeyer - Kolben, ein Becherglas, in dem ein Dreifuß aus Glas steht, der die trennende Papierscheibe trägt[2]) und durch das man einen Kohlendioxydstrom schickt, eine Retorte[3]) oder einfacher eine Verbrennungsröhre usw.

Apparate mit Wasserkühlung haben Landolt[4]), Brühl[5]), Hertkorn[6]) u. a. angegeben, sie alle erfüllen nur in seltenen Fällen in befriedigender Weise ihren Zweck.

Weit besser sind Apparate, die Arbeiten im Vakuum gestatten. Von Wichtigkeit ist dabei die Einhaltung möglichst niedriger Temperatur. Volhard[7]) erhitzt die Substanz zwischen Asbestpfropfen in einer Verbrennungsröhre, die von einer Seite mit der Pumpe in Verbindung steht, während von der anderen getrocknete Luft eintritt, deren Menge durch einen Quetschhahn reguliert wird. Die Röhre befindet sich zum Teil in einem Lufttrockenkasten.

Der anbei reproduzierte praktische Apparat von Arctowski[8]), dessen Zusammenstellung sich aus den Figuren ergibt, gestattet sowohl mit Flüssigkeitsbädern (Fig. 10) als auch, für höhere Temperaturen, im Luftbad zu arbeiten (Fig. 11). Er ist ebenso wie der Volhardsche nur für die Verarbeitung geringer Substanzmengen gut geeignet.

Ein anderer Apparat ist von Riiber[9]) angegeben worden. Der eigentliche, ganz aus Glas gefertigte Sublimationsapparat (Fig. 13) besteht aus einem vertikalen Glaszylinder A, der mit der Pumpe in Verbindung gebracht wird und unten mit einem angeschliffenen Töpfchen C verschlossen werden kann. Behufs Sublimation füllt man die Substanz in C, legt auf ein paar vorstehende Glaszäpfchen ein paar Scheiben Filtrierpapier oder ein Uhrglas, verschließt den Zylinder und erhitzt entweder in zwei eisernen Schalen (Fig. 13) oder im Lothar Meyerschen Luftbad (Fig. 12), nachdem man mit der Pumpe verbunden hat.

Steigert man allmählich die Hitze, so entwickeln sich bei einer bestimmten Temperatur Dämpfe, die sich in A verdichten. Nunmehr vermeidet man weitere Temperatursteigerung.

Ein Kunstgriff, der darin besteht, daß der Schliff des Töpfchens an den Zylinder nicht ganz dicht gemacht ist, befördert die Sublimation, indem durch den Schliff eine kleine Menge heißer, stark verdünnter Luft dauernd über die Substanz gesaugt wird, sich mit ihrem Dampf sättigt und sie wieder in den

---

[1]) Handw.-Buch Spl. 425. — Gorup - Besanez, A. **95**, 266 (1855). — Schützenberger, Traité de chimie générale I, 44 (1880).   [2]) Baeyer, A. **202**, 164 (1880).
[3]) Liebig, A. **101**, 49 (1857).   [4]) B. **18**, 57 (1885).
[5]) B. **22**, 248 (1889).   [6]) Ch. Ztg. **16**, 795 (1892).
[7]) Volhard, A. **261**, 380 (1891). — Siehe auch Sckworzon, Z. ang. **20**, 109 (1907).
[8]) Z. an. **12**, 225 (1896).   [9]) B. **33**, 1655 (1900).

kälteren Teilen des Apparats abgibt, wodurch die Sublimation auch ermöglicht wird, wenn die Dampfspannung des benutzten Stoffes weit unter dem angewendeten Druck liegt.

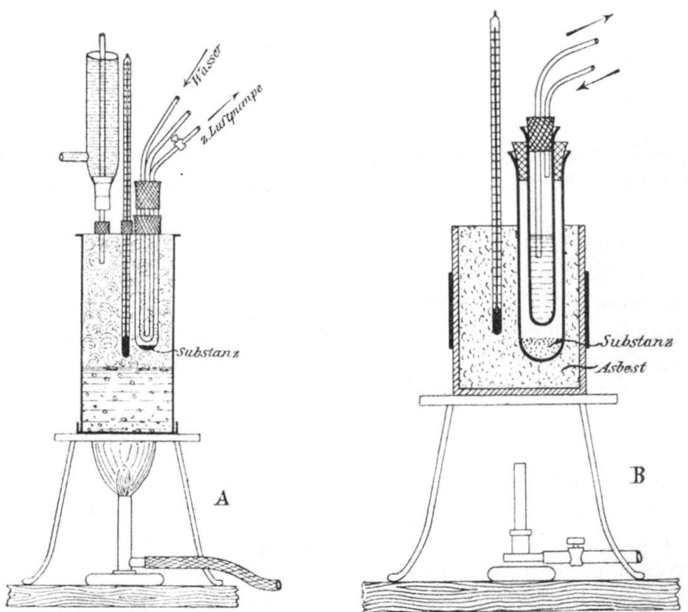

Fig. 10 und 11. Apparat zum Sublimieren nach Arctowski.

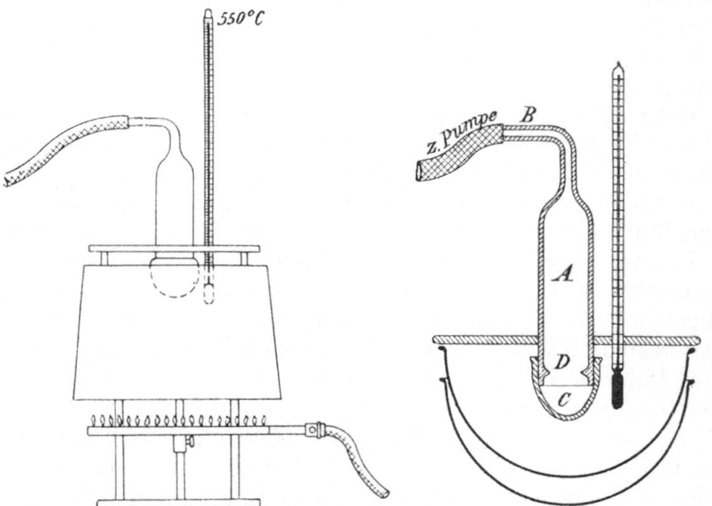

Fig. 12. Sublimieren nach Riiber.　　　Fig. 13. Apparat von Riiber.

Der Riibersche Apparat hat sich in vielen Fällen gut bewährt. So gelingt[1] nicht nur mit Leichtigkeit die Sublimation solcher Substanzen, die, wie Indigo[2],

[1] Liebermann und Riiber, B. **33**, 1658 (1900).
[2] Sommaruga, A. **195**, 305 (1879).

Monobrom- und Dibromchinizarin, bei dem gewöhnlichen Sublimationsverfahren sich nur schwer und unter großen Substanzverlusten sublimieren lassen, sondern auch die Trennung zweier Substanzen von verschiedener Flüchtigkeit, indem man die Temperatur so wählt, daß schon die eine, dagegen noch nicht die andere sublimiert, was sich in dem Glasapparat sehr gut sehen läßt. Ferner läßt sich die Sublimationstemperatur gut ermitteln.

Man kann auch durch Wägen des ganzen Apparats und des unteren Töpfchens vor und nach der Sublimation die weggeführten flüchtigen Produkte, den unsublimierten Rückstand und die sublimierte Menge bestimmen.

Der Apparat hat sich auch zum Trocknen und zum Bestimmen von gebundenem Wasser, Alkohol, Benzol, Schwefelkohlenstoff und Brom gut bewährt. Sollte die oxydierende Wirkung des Luftstroms die Anwendung eines indifferenten Gases wünschenswert machen, so läßt sich das durch eine kleine Änderung leicht erreichen.

Das am meisten benutzte Modell hat 25 mm inneren Durchmesser, wiegt ca. 80 g und genügt für 1—4 g Substanz; mit einem größeren Apparat von ca. 60 mm Weite wurden 13 g Indigo in 3 Stunden sublimiert.

Um zu verhindern, daß C nach dem Erhitzen an A haften bleibt, wird der Glasschliff mit ein wenig Graphitpulver eingerieben [1]).

Zur Auflockerung der Substanz und zur Wärmeleitung vermischt man gegebenenfalls mit dem 15fachen Gewicht entfetteter Eisenspäne. Der Apparat wird bis zu 2 cm unterhalb des Schliffs in einen mit Eisenfeilspänen gefüllten Tiegel gebracht und entsprechend erhitzt. Schönberg und Nedzati, B. **54**, 241 (1921).

Apparat von Diepolder [2]).

Dieser in Fig. 14 abgebildete Apparat ist eine Modifikation des Riiberschen. Er hat vor diesem den Vorzug, daß er keinen Schliff besitzt und das Arbeiten bei verschiedenem Druck und mit beliebigen Bädern und Gasen gestattet.

In das unten geschlossene, äußere Glasrohr passen möglichst genau ein Glasbecherchen und das Rohr zur Aufnahme des Sublimats. An letzteres Rohr ist ein dünneres angesetzt, das durch die Mitte des Stopfens nach außen führt. Die Substanz bringt man in das Glasbecherchen, läßt dieses in das Rohr hineingleiten und stellt dann den Apparat mit einem Gummistopfen so zusammen, wie es aus der Abbildung zu ersehen ist. Über das Becherchen kann man noch vorher ein Scheibchen Filtrierpapier legen, um Zurückfallen der bereits sublimierten Substanz zu verhüten. Man bringt dann das untere Ende des Apparats in ein Bad. Durch das rechtwinklig gebogene Rohr, das seitlich im Stopfen angebracht ist, leitet man einen ganz langsamen Luft- oder Gasstrom, der die Dämpfe der Substanz in die Höhe führt und Absetzen des Sublimats zwischen den Röhren verhindert. Im Innern des Rohrs über dem Becherchen setzt sich das Sublimat meist in sehr gut ausgebildeten Krystallen ab.

Will man im luftverdünnten Raum sublimieren, so verbindet man das gerade Rohr mit einer Luftpumpe und reguliert den Luft- oder Gasstrom, der dann durch das rechtwinklig gebogene Glasrohr eintritt, mit einem Schraubenquetschhahn so, daß nur ganz wenig Luft oder Gas eintritt und das Quecksilber

---

[1]) Der Apparat ist von den Firmen Max Stuhl, Berlin, Philippstr. 22, und E. Gerhardt, Bonn, das Lothar Meyersche Luftbad von C. Bühler, Tübingen, zu beziehen.

[2]) Ch. Ztg. **35**, 4 (1911). — Eder, Arch. **253**, 14, 17 (1915). — Looser, Diss. Göttingen (1914), 67.

in einem zwischen Apparat und Pumpe angebrachten Manometer kaum merklich fällt. Bei der Sublimation sehr flüchtiger Substanzen kann man den Apparat mit einem herumgewickelten, von Wasser durchflossenen Bleirohr kühlen und allenfalls noch ein weiteres in geeigneter Weise gekühltes Gefäß anbringen. Nach beendeter Sublimation schließt man den Schlauch zur Pumpe ab und läßt durch den Quetschhahn langsam Luft eintreten, dann bringt man den Apparat in horizontale Lage und nimmt den Stopfen mit dem Rohr heraus. Aus dem inneren Rohr läßt sich so das Sublimat leicht entfernen.

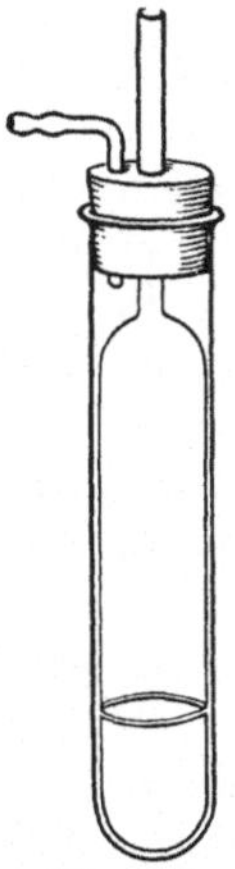

Bei geeigneter Anordnung kann man nicht allein die Farbe der Dämpfe, sondern auch spektroskopisch ihre Absorption untersuchen.

Sehr zweckmäßig ist auch ein von Kempf angegebener Apparat, der in Fig. 15 abgebildet ist.

Der ganz aus Glas gefertigte Apparat besteht aus drei Teilen, die durch zwei gut schließende Schliffe miteinander verbunden sind, nämlich einem birnförmigen, schräg nach unten gerichteten Gefäß zur Beschickung mit dem Sublimationsgut, einem weiten horizontalen Rohr zur Aufnahme des Sublimats und einer abschließenden Haube mit Hahnrohr.

Fig. 14. Apparat von Diepolder.

Zum Gebrauch wird der Apparat bis zur punktierten Linie (vgl. die Figur) in die seitliche Öffnung eines Luftbads[1]) gesetzt und das letztere nach dem Evakuieren des Apparats erhitzt. Der birnförmige Teil des Apparats kann auch zugleich als Reaktionsraum bei chemischen Prozessen dienen, bei denen aus schwer flüchtigen Ausgangsstoffen ein leicht sublimierendes Reaktionsprodukt entsteht, z. B. bei der Darstellung mancher Säureanhydride durch Erhitzen der zugehörigen Säuren mit Phosphorpentoxyd[2]). — Neuerdings hat Kempf diesen Teil dosenförmig gestaltet und mit einer Vorrichtung versehen, um vorgewärmtes Gas über die zu sublimierende Substanz zu leiten. Ch. Ztg. 42, 19 (1918).

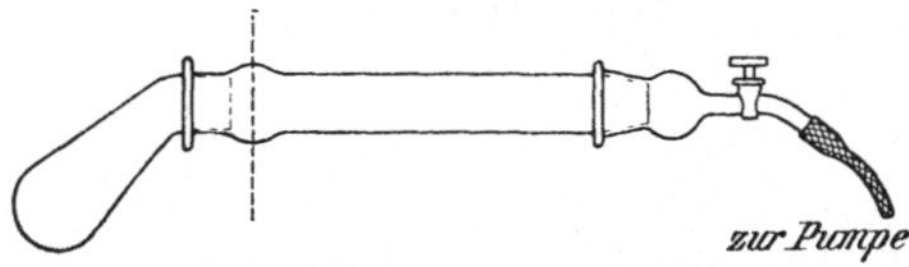

Fig. 15. Apparat von Kempf.

Mikrosublimation: Schunk und Roemer, B. 13, 41 (1880). — Nestler, Z. Nahr. Gen. 4, 289 (1901); 5, 245 (1902); 6, 408 (1903). — Ber. der D. bot. Ges. 19, 350 (1901). — Frank, Z. Nahr. Gen. 6, 880 (1903). — Behrens, Z. anal. 43, 333 (1904). — Mikroch. Analyse, I, 2 (1895). — Tunmann, Ber. Pharm. Ges. 21, 312 (1911). — Rosenthaler, Ber. Pharm. Ges. 21, 338 (1911). — Eder, Ch. Ztg. 36, 1207 (1912).

Sublimieren im Einschmelzrohr: Tollens, B. 15, 1830 (1882).

Sublimieren im Vakuum des Kathodenlichts: Krafft und Dyes, B. 28, 2583 (1895); 29, 1316, 2240 (1896). — Emich, Mikrochemie (1911), 20. — Behrens-Kley, Mikroch. An. I, 188, 195 (1916).

[1]) Auf die richtige Konstruktion des Luftbads kommt es sehr an. Wenn die Temperatur rings um die Birne nicht überall nahezu gleich hoch ist, tritt, namentlich bei schwer sublimierenden Substanzen, partielle Überhitzung ein.

[2]) Kempf, B. 39, 3722 (1906). — Ch. Ztg. 30, 1250 (1906). — Kristeller, Diss. Berlin (1906), 32. — Decker und Felser, B. 41, 3005 Anm. (1908).

Vierter Abschnitt.

Ausschütteln und Extrahieren — Dialyse.

1. Ausschütteln.

Der Teilungskoeffizient ist nicht von dem relativen Volum der Flüssigkeiten, dagegen von Temperatur und Konzentration abhängig.

In bezug auf die Variierung der Temperatur ist aus mancherlei Gründen, unter denen Feuergefährlichkeit der meisten leicht verdampfenden Extraktionsmittel, Dampfspannung und niederer Siedepunkt erwähnt seien, im allgemeinen kein großer Spielraum gewährt; man schüttelt daher, im Scheidetrichter oder in Flaschen auf der Schüttelmaschine, gewöhnlich bei Zimmertemperatur aus.

An Stelle des Ausschüttelns warmer Lösungen kann man in geeigneten Apparaten eine Extraktion ausführen, wie weiter unten besprochen wird.

Schüttelvorrichtungen für Thermostaten sind übrigens S. 158ff. beschrieben.

Über ein Schüttelgefäß mit Innenkühlung (Erwärmung) und Gasableitung siehe Kempf, Ch. Ztg. 30, 475 (1906).

Wenn man also im allgemeinen den Temperaturfaktor nicht berücksichtigen kann, so wird man dagegen dem Berthelotschen Gesetz dadurch Rechnung tragen, daß man nicht einmal mit viel, sondern öfters mit kleineren Mengen Lösungsmittel ausschüttelt.

Man trachtet auch den Teilungskoeffizienten dadurch zu verändern, daß man in dem zu extrahierenden Medium (meist Wasser) geeignete Stoffe auflöst, die „aussalzend" wirken. (Siehe S. 42.)

Im Laboratorium dienen als geeignete Aussalzungsmittel namentlich Kochsalz und Ammoniumsulfat. In der Technik werden außerdem noch verschiedene andere Substanzen, wie Chlorcalcium oder Magnesiumsulfat[1]), empfohlen.

Speziell für das Aussalzen von Alkoholen dienen Kaliumcarbonat und Kaliumfluorid[2]).

Über fraktioniertes Aussalzen von Alkoholen: Fellenberg, Mitt. Leb. u. Hyg. 4, 141 (1913).

Bilden die beiden Flüssigkeiten nach dem Schütteln eine Emulsion, so hilft oftmals Zusatz von Wasser oder dem Extraktionsmittel zur Vergrößerung der Unterschiede im spez. Gewicht und erleichtert die Schichtenbildung. Manchmal empfiehlt sich auch der Zusatz kleiner Mengen eines dritten Stoffs, der die Oberflächenspannung ändert, so von Alkohol oder Glycerin zu Äther, Äther[3]) zu Kohlenwasserstoffen, oder von Kochsalz, Chlorcalcium, Ammoniumsulfat zur wäßrigen Schicht[4]).

---

[1]) Z.B. DRP. 28 064 (1884).   [2]) Frary, J. Phys. Chem. 17, 402 (1913).

[3]) Krämer und Spilker, B. 24, 2788 (1891). Tetrachlorkohlenstoff: Schroeter, A. 426, 39 (1922).

[4]) Schröder, Z. phys. 3, 325 (1889). — B. 28, 740 (1895). — Schulze und Likiernik, Z. phys. 15, 147 (1895). — Neurath, M. 27, 1152 (1906).

Fein verteilte Niederschläge oder hautartige Abscheidungen, die oftmals störend wirken, entfernt man, indem man die Emulsion durch ein Tuch filtriert[1]).

Hat man eine geeignete Zentrifuge zur Verfügung, so wird man sich ihrer fast immer mit Erfolg bedienen können[2]).

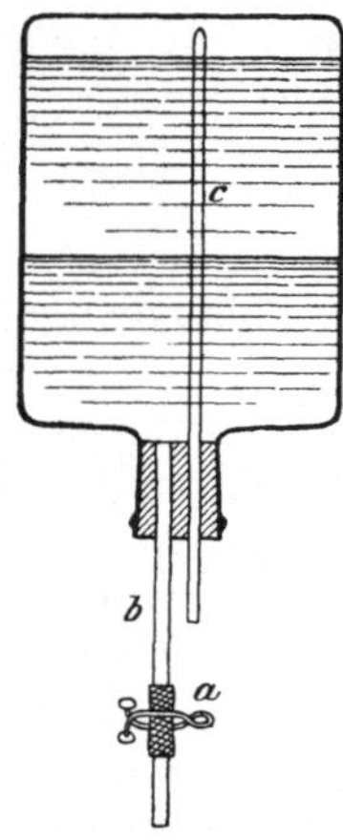

Manche Lösungen können nicht direkt extrahiert werden, z. B. Milch oder Harn, weil das Extraktionsmittel zur Fällung kolloid gelöster Stoffe und damit zu kaum überwindbaren Emulsionen Veranlassung gibt. Solche Flüssigkeiten müssen entweder zuerst mit koagulierenden Stoffen behandelt und filtriert oder mit Gips (Milch) eingedampft und wieder (evtl. nach vorhergehender Behandlung mit Alkohol) gelöst werden[3]).

Große Flüssigkeitsmengen schüttelt man nach Holde[4]) in einer Flasche mit doppelt gebohrtem Stopfen. Das mit der Mündung abschneidende Ablaßrohr b ist mit einem Quetschhahn a oder einem Glashahn verschließbar, das zweite Rohr c, das zur Luftzuführung dient, ist an seiner Spitze eng ausgezogen (Fig. 16).

Es wird natürlich während des Schüttelns ebenfalls verschlossen gehalten.

Fig. 16. Apparat zum Ausschütteln nach Holde.

Die Anwendungsweise des Apparats ist ohne weiters aus der Zeichnung verständlich[5]).

Hat man nur kleine Flüssigkeitsmengen, so benutzt man nach Doht[6]) eine Eprouvette, die ungefähr in halber Höhe einen seitlichen Ansatz besitzt. Letztere Öffnung wird verschlossen, bis fast zur Höhe des Ansatzrohrs die auszuschüttelnde Flüssigkeit und darüber das Extraktionsmittel gefüllt, das nach dem Schütteln durch die seitliche Öffnung entleert wird (Fig. 17).

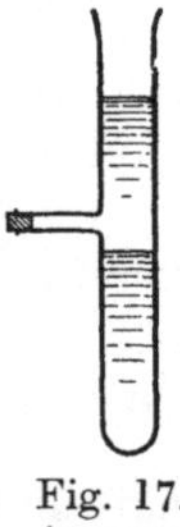

Als Lösungsmittel werden meist Äther, Benzol, Chloroform, etwas seltener Essigester[7]) und Tetrachlorkohlenstoff oder Schwefelkohlenstoff verwendet.

Von den Alkoholen kommt namentlich der Amylalkohol[8]) resp. das unter diesem Namen figurierende Gemenge in Betracht.

Über fraktioniertes Extrahieren salzsaurer Lösungen mit Amyl- und Propylalkohol: Willstätter (mit Bolton, Burdick, Zollinger und Weil), A. **412**, 115, 120, 121, 143, 154, 172, 185, 208, 249 (1916).

Fig. 17. Apparat von Doht.

---

[1]) Eine sehr interessante Diskussion und mancherlei Angaben von Pickering über Emulsionen finden sich Proc. **23**, 256 (1907). — Pickering, Soc. **91**, 2001 (1907). — Siehe auch Marshall, Pharm. J. (4) **28**, 257 (1909). — Hofmann, Z. phys. **83**, 385 (1913).

[2]) Siehe dazu Ayres, Soc. Ind. **35**, 676 (1916).

[3]) Ausführlicheres hierüber z. B. Lassar - Cohn, Praxis der Harnanalyse. 3. Aufl. Voss, Hamburg (1905).

[4]) Z. anal. **34**, 54 (1895).

[5]) Einen Apparat, der dem von Holde angegebenen entspricht, hat schon J. v. Freyssmuth (gest. 1819) konstruiert. Pleischl hat ihn noch verbessert. Siehe A. M. Pleischl, „Das Chemische Laboratorium an der k. k. Universität zu Prag." Prag (1820), 56.

[6]) Ch. Ztg. **29**, 309 (1905).

[7]) Z. B. Schultze, A. **359**, 143 (1908). — Diels und Farkaš, B. **43**, 1961 (1910).

[8]) Über Äthylalkohol als Extraktionsmittel: Lassar - Cohn, Z. physiol. **19**, 564 (1901). — B. **27**, 1340 (1904). — Kiliani, B. **41**, 2650 (1908).

Willstätter hat auch mit bestem Erfolg Methylalkohol verschiedener Konzentration zum Ausschütteln und Trennen der Petrolätherlösung von Chlorophyllfarbstoffen benutzt[1]).

Für die Ausschüttlung der Anthocyanine aus Lösungen in verdünnten Säuren ist Butylalkohol weit geeigneter als Amylalkohol, da er die in diesen übergehenden Mono- und Rhamnoglucoside weit besser und auch die in ihn nicht übergehenden n-Diglucoside löst. Die zuckerfreien Anthocyanidine sind noch leichter darin löslich und bleiben bei wiederholtem Ausschütteln mit frischer verdünnter Säure, wodurch die glucosidischen Anthocyanine wieder entfernt werden, darin. Butylalkohol kann ferner Alkohol und Eisessig bei der direkten Extraktion von Anthocyaninen ersetzen[2]).

Extrahieren von Aminosäuren mit Butylalkohol: Dakin, Bioch. J. 12, 290 (1918). — B. und S. Johns, J. Biol. Ch. 40, 435 (1919).

Für spezielle Fälle werden aber noch ganz andere Lösungsmittel herangezogen, wie z. B. Phenol[3]), Cylcohexanol[4]) oder Weinsäureester[5]). Auch Methylformiat[6]) hat schon gute Dienste geleistet, ebenso Pyridin[7]).

Die zu verwendenden Extraktionsmittel müssen sorgfältig von Verunreinigungen befreit sein, die auf leicht veränderliche Substanzen wirken oder das extrahierte Produkt verschmieren könnten. Namentlich gilt das Gesagte vom Äther und vom Amylalkohol, von denen der erstere oftmals oxydierende Bestandteile, der letztere Basen enthält.

Über den Wert wasserhaltiger Lösungsmittel: Willstätter und Stoll, Unters. über Chlorophyll (1914), 17, 70, 74.

Wasser nimmt nach Herz[8]) von einigen dieser Ausschüttlungsflüssigkeiten folgende Mengen auf:

$$
\begin{array}{ll}
\text{Äther} & 8.11\,\% \\
\text{Amylalkohol} & 3.28\,,, \\
\text{Chloroform} & 0.42\,,, \\
\text{Schwefelkohlenstoff} & 0.17\,,, \\
\text{Benzol} & 0.08\,,, \\
\text{Ligroin} & 0.34\,,, \\
\text{Anilin} & 3.48\,,,
\end{array}
$$

Um die ausgeschüttelte Substanz aus der Lösung zu isolieren, dampft man, evtl. nach vorhergehendem Trocknen, ab oder schüttelt sie selbst wieder aus.

So kann man Basen, die man einer wäßrigen Lösung entzogen hat, mit Säuren, saure Lösungen mit verdünnten Laugen behandeln usw.

Wie wertvolle Dienste dabei fraktioniertes Ausschütteln mit Säuren oder Basen von verschiedener Stärke zur Trennung von Gemischen leisten kann, haben die klassischen Studien von Willstätter[9]) in der Chlorophyllreihe gezeigt.

---

[1]) Willstätter und Isler, A. 390, 317 (1912). — Willstätter und Stoll, Unters. üb. Chlorophyll (1913), 58. [2]) Rosenheim, Bioch. J. 14, 73 (1920). [3]) Bernthsen, A. 251, 5 (1889). — Hirsch, B. 23, 3705 (1890). — DRP. 58 001 (1891). [4]) Willstätter und Zollinger, A. 412, 176 (1916). [5]) Patterson und Fleck, Soc. 97, 1773 (1910). [6]) Hans Meyer, B. 37, 3591 (1904). [7]) Cremer, Z. Biol. 35, 124 (1898). [8]) B. 31, 2669 (1898). [9]) Mit Mieg, Hocheder, Utzinger, M. Fischer und Forsén, A. 350, 1 (1906); 354, 205 (1907); 371, 37 (1910); 382, 129 (1911); 390, 305 (1912); 400, 174 (1913). — Z. physiol. 87, 439 (1913). — B. 47, 2842 (1914).

Auch bei der Aufarbeitung der natürlich vorkommenden Harze wird vielfach von der Methode des fraktionierten Ausschüttelns Gebrauch gemacht[1]).

Manche Phenole lassen sich aus alkalischer Lösung mit Äther (Heptan) ausschütteln und gehen dabei zum Teil als Phenolate in Lösung[2]).

In ähnlicher Weise lassen sich Pyridinbasen aus saurer Lösung extrahieren. Aber auch die Salze wirklicher Carbonsäuren werden unter Umständen auf diese Art zum großen Teil zerlegt[3]).

So berichten Barth und Schmidt[4]), daß sich einer Lösung von protocatechusaurem Barium durch Äther freie Protocatechusäure entziehen lasse. Diese Tatsache wurde, als möglicherweise durch Bildung basischer Salze verursacht, erklärt.

Später fanden Barth und Schreder[5]), daß das in Wasser gelöste Natriumsalz der Meta- und der Para-Diphenylcarbonsäure beim oftmaligen Ausschütteln mit Äther 25% der Säure abgab. Die Autoren vermuten, daß das Salz sich in der wäßrigen Lösung zum Teil dissoziiert, daß der Äther dann die geringe Menge freier Säure aufnimmt, weil sie darin leichter löslich ist als in Wasser, daß dann wieder geringe Dissoziation eintritt usw., bis endlich die Menge des gebildeten Ätznatrons die Dissoziation nahezu zum Stillstand bringt, resp. die frei werdende Säure sofort wieder bindet, so daß der Äther nichts mehr aufnehmen kann. Wenn wir an Stelle des Wortes „Dissoziation" „Hydrolyse" setzen, so erhalten wir wohl ein richtiges Bild von dem Vorgang, denn die Diphenylcarbonsäuren sind sehr schwach und krystallisieren z. B. unverändert aus Ammoniaklösung.

Über analoge Vorgänge beim Entfärben mit Tierkohle siehe S. 6.

2. Extraktionsapparate.

Bequemer als das Ausschütteln und oftmals dadurch besonders vorteilhaft, weil man bei höheren Temperaturen arbeiten kann, ist das Extrahieren, für dessen Ausführung eine große Zahl von Apparaten beschrieben worden ist. Man kann dabei verschiedene Typen unterscheiden, je nachdem der Apparat für feste oder flüssige Substanzen verwendet werden soll.

Zur Extraktion fester Stoffe

wird meist der mannigfach modifizierte Apparat von Soxhlet[6]) verwendet, der den Vorteil hat, die Substanz ziemlich lange mit größeren Mengen Lösungsmittel in Berührung zu lassen, aber eigentlich nur kalte Extraktion ermöglicht.

Etwas besser ist in letzterer Beziehung der von Haak (Wien IX, Mariannengasse) erzeugte Apparat und noch viel einfacher und zweckmäßiger folgendes von Warren[7]) angegebene Verfahren (Fig. 18).

---

[1]) Tschirch, Die Harze (1906).

[2]) Jahns, B. **15**, 816 (1882). — Klages, B. **32**, 1517 (1899). — Stoermer und Kippe, B. **36**, 3994 (1903); **39**, 3167 (1906). — Sherk, Am. J. Pharm. **93**, 8 (1921).

[3]) Aus diesem Grund ist es auch notwendig, z. B. fettsaure Salze, die man durch Extraktion von neutralen Verbindungen reinigen will, vorher sorgfältig zu trocknen, was zweckmäßig nach dem Verreiben des Salzes mit geglühtem Sand geschieht.

[4]) Sitzber. d. Wiener Ak. d. Wiss. **1879**, 640.   [5]) M. **3**, 813 (1882).

[6]) Eine einfache Vorrichtung zur Extraktion mit Lösungsmitteln von inkonstantem Siedepunkt beschreibt Wörner, Ch. Ztg. **32**, 608 (1908).

[7]) Ch. News **93**, 228 (1906). — Einen ganz ähnlichen Apparat beschreiben Jackson und Zanetti, Am. **38**, 461 (1907). — Siehe auch Medicus, Z. anal. **19**, 163 (1880). — Landsiedl, Ch. Ztg. **26**, 274 (1902). — Kumagawa und Suto, Bioch. **8**, 212 (1908). — Thar, Bioch. **58**, 503 (1914). — Wislicenus, Zellstoffch. Abh. 1920, Heft 3. — Hartmann, Z. Unt. Nahr. Gen. **42**, 183 (1921).

In einen Kolben mit recht breitem Hals wird in der durch die Figur skizzierten Weise ein unten hakenförmig gekrümmter und beiderseits offener Zylinder gehängt oder einfach gestellt, der in seinem Innern eine oben mit etwas Watte verschlossene Soxhlethülse mit der Substanz trägt. Man füllt Lösungsmittel durch den Kühler ein und kocht auf dem Wasserbad. Das im Kühler kondensierte Lösungsmittel tropft in den Zylinder, der bis zur Höhe der außerhalb befindlichen Flüssigkeit gefüllt bleibt, und die Extraktion findet beim Siedepunkt des Lösungsmittels statt.

Bei der Fettextraktion mit Tetrachlorkohlenstoff bildet der Feuchtigkeitsgehalt der Materialien eine nicht zu vernachlässigende Fehlerquelle, da gleichzeitig mit dem kondensierten Chlorkohlenstoff auch Wassertropfen auf das

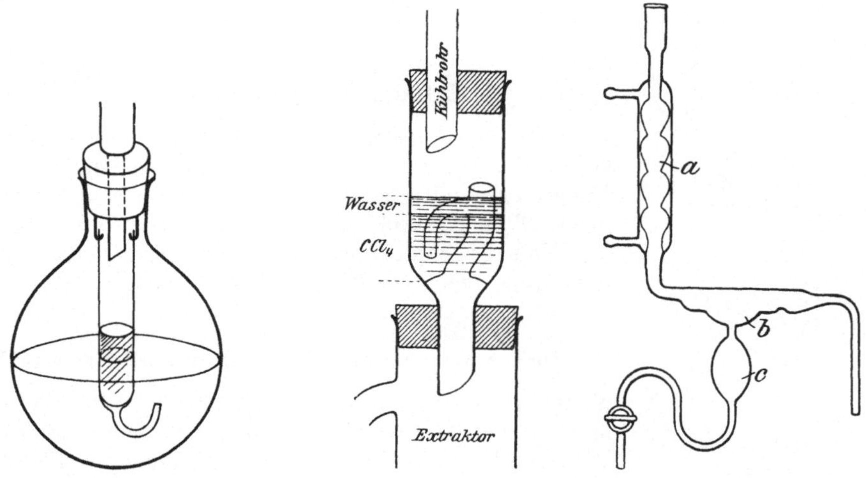

Fig. 18.   Fig. 19.   Fig. 20. DRP. 212 854.
Extrahieren nach Warren. Wasserfänger nach Vollrath. Wasserfänger.

Extraktionsgut fallen, es benetzen und dadurch vollständige Extraktion erschweren. Die Einschaltung des aus der Fig. 19 ohne weiters verständlichen Wasserfängers zwischen Kühler und Extraktor vermag dies zu beseitigen[1]. Dieser Kunstgriff wird sich auch sonst oftmals bewähren.

Extrahiert man mit Flüssigkeiten, die Korke angreifen, so überzieht man letztere nach Schulz[2] mit dünner Bleifolie oder Stanniol.

Noch viel bequemer und ausgezeichnet wirksam ist Chromgelatine, die durch Lösen von 4 Teilen Gelatine in 52 Teilen kochenden Wassers, Filtrieren und Zusatz von 1 Teil Ammoniumpyrochromat dargestellt wird. Man

---

[1] Vollrath, Ch. Ztg. **31**, 398 (1907). — Einen anderen Wasserfänger (Fig. 20) beschreibt das DRP. 212 854 (1909). Man bringt an einem unten knieförmig gebogenen Kühler *a* zwischen der Kühlvorrichtung und dem Reaktionsgefäß einen Abscheider *c* an. Über diesem befindet sich zum Ansammeln des Flüssigkeitsgemisches eine Ausbuchtung *b*. Erhitzt man nun z. B. Wasser und Xylol, so werden die gemischten Dämpfe beider Flüssigkeiten im Kühler kondensiert und fließen in den Abscheider zurück. Hier trennt sich Wasser und Xylol. Letzteres steigt nach oben, und das Wasser sammelt sich unten an. Wenn das Gefäß gefüllt ist, kann man das Wasser mechanisch oder automatisch wegfließen und das organische Lösungsmittel in das Gefäß zurückgelangen lassen.

[2] Z. physiol. **25**, 20 (1898). — Siehe Staněk, Ch. Ztg. **30**, 347 (1906). — Kolbe, Ch. Ztg. **32**, 421 (1908). — Talkpulver: DRP. 321 048 (1914). — Siehe auch S. 101, 998 und Gross und Wright, J. Ind. Eng. Chem. **13**, 701 (1921).

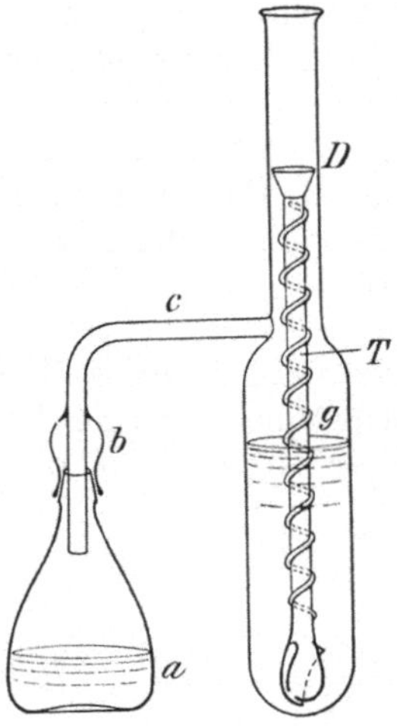

Fig. 21.
Apparat von Kutscher
und Steudel.

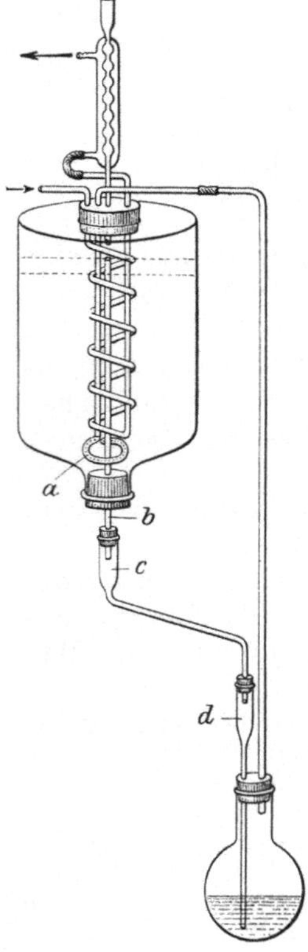

Fig. 22. Extraktions-
apparat für größere
Flüssigkeitsmengen.

bestreicht die zu dichtenden Stellen des Korks mit der im Dunkeln erkalteten Lösung und setzt sie dann zwei Tage lang dem Licht aus[1]).

Ward[2]) empfiehlt, die Korke während zweier Stunden in der Wärme in Gelatine-Glycerinlösung einzutauchen, dann äußerlich abzuwischen, während einiger Stunden an einem warmen Ort zu trocknen und dann im Soxhletschen Apparat zu verwenden. Derartig behandelte Stopfen sind widerstandsfähig gegen die Dämpfe von Äther, Petroläther, Benzol, Schwefelkohlenstoff und Chloroform.

Extraktion klebriger Stoffe: Blicke, Ch. Ztg. **39**, 424 (1915).

Extraktion von Flüssigkeiten.

Man hat Apparate für die Extraktion mit Flüssigkeiten, die spez. leichter sind als Wasser (Äther, Benzol, Essigester), und solche, die spez. schwerer sind (Chloroform, Tetrachlorkohlenstoff usw.), zu unterscheiden.

Von den zahlreichen hierfür vorgeschlagenen seien nur einige bewährte Formen beschrieben.

A. Der Apparat von Kutscher und Steudel[3])

dient zum Extrahieren mit Äther, Petroläther, Benzol und anderen Lösungsmitteln, die spez. leichter sind als Wasser. Aus dem Erlenmeyer-Kölbchen *a* (Fig. 21) gelangt das Extraktionsmittel durch das mittels aufgeschliffener Glaskappe *b* an *a* befestigte Rohr *c* in den Hals des Extraktionsapparats *D* und weiter in einen Rückflußkühler. Hier kondensiert es sich, tropft in das Trichterrohr *T* (das genügend lang sein muß, um entsprechenden Druck der Äther- usw. Säule zu ermöglichen), an dessen unterem Ende es in die zu extrahierende Flüssigkeit eintritt. Der Weg, den das Extraktionsmittel durch die Flüssigkeit nehmen muß, ist dadurch sehr verlängert, daß es gezwungen ist, den Windungen der Glasspirale *g* zu folgen. Dadurch wird relativ sehr rasche Extraktion bedingt. Schließlich fließt der Äther wieder durch *c* nach *a* ab.

Zum Extrahieren größerer Flüssigkeitsmengen dient nebenstehend gezeichneter Apparat[4]), der ohne nähere Beschreibung verständlich ist.

---

[1]) Neumann, B. **18**, 3064 (1885). — Hans Meyer und Alice Hofmann M. **37**, 862 (1916).

[2]) Analyst **42**, 1057 (1917).

[3]) Z. physiol. **39**, 474 (1903). — Einen ähnlichen Apparat beschreibt Kempf, Ch. Ztg. **37**, 774 (1913). — Mikro-Kutscher-Steudel: Laquer, Z. physiol. **118**, 215 (1922).

[4]) Will, Diss. Würzburg (1913), 26.

B. Extraktionsapparat für spezifisch leichte Flüssigkeiten von Zelmanowitz[1]).

Dieser ebenfalls recht empfehlenswerte Apparat, bei dem als Heizquelle am besten ein elektrisches Bad dient, wird folgendermaßen betrieben: Zuerst gießt man in das Gefäß G durch die kleine Öffnung L die zu extrahierende Flüssigkeit F und schichtet über sie Äther S bis nicht ganz zur Höhe von F; dann wird L durch einen Kork geschlossen. Nun wird das Kölbchen D, das mit G durch t in Verbindung steht, erhitzt, die dadurch erzeugten Ätherdämpfe steigen durch ae hinauf in den Kühler K, werden hier kondensiert und fallen in flüssiger

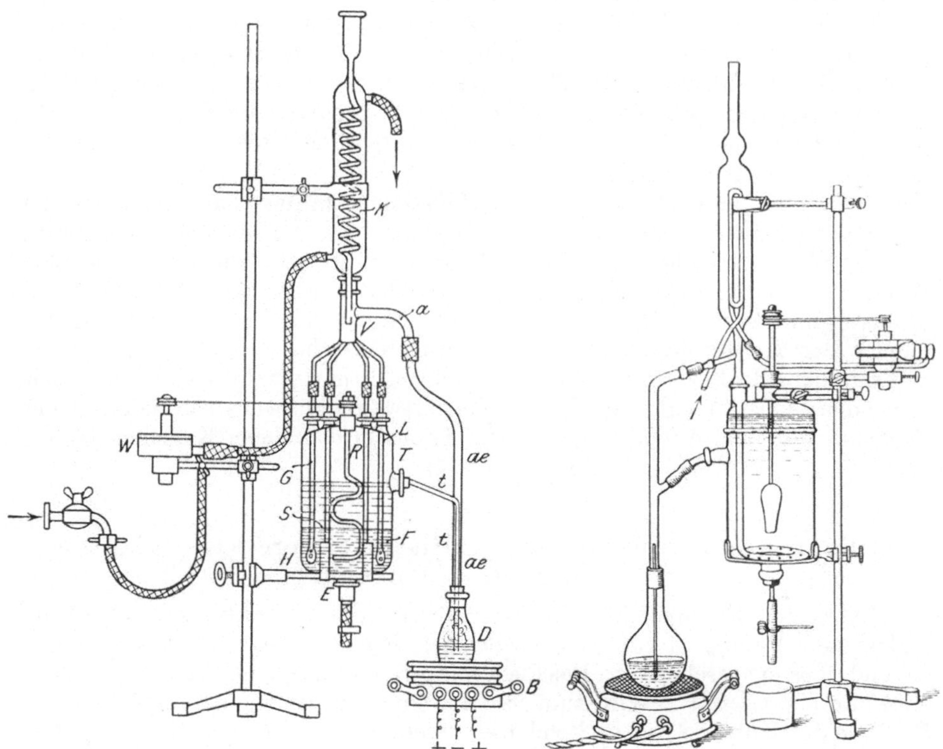

Fig. 23. Apparat von Zelmanowitz.　　　Fig. 24. Modifizierter Apparat von Zelmanowitz.

Form in den Verteiler V. Von hier aus wird der Äther durch 4 Röhren, die am unteren Ende zu einer kleinen, mit mehreren Löchern versehenen Kugel auslaufen, in F geleitet, nimmt hier die zu extrahierende Substanz auf und mischt sich mit der über der Flüssigkeit stehenden Ätherschicht, die durch den fortwährend nachströmenden Äther vermehrt wird und durch den seitlichen Tubus T und t nach D fließen muß.

Nach dem Ablassen der ausgeätherten Flüssigkeit schließt man bei E, entfernt den in der kleinen Öffnung L am oberen Teil des tubulierten Gefäßes

[1]) Bioch. 1, 252 (1906). — Siehe auch Emden und Lind, Bioch. 45, 7, 32 (1912). — Kreis, Ch. Ztg. 38, 76 (1914).

befindlichen Kork und gießt Wasser durch diese Öffnung, das aus dem seitlichen
Rohr wieder abfließt. So wird die Flasche für eine neue Extraktion gebrauchsfähig gemacht. Man kann auch einen an die Wasserleitung angeschlossenen,
kleinen Schlauch in die Öffnung einführen. Zeigen sich Emulsionen, so läßt
man F bis zu der unteren Emulsionsschicht durch den Tubus ablaufen. Dann stellt
man den in G angebrachten Rührer R so ein, daß eine Windung resp. die Löcher
desselben knapp die obere Fläche der Emulsionsschicht berühren und lasse ihn
nun ziemlich stark arbeiten. Schon nach kurzer Zeit wird man beobachten
können, daß die Emulsion mehr und mehr verschwindet. Nun gieße man durch
L die kurz vorher abgelassene Flüssigkeit wieder in die Flasche zurück und
fahre mit der Extraktion fort. Sollte die Emulsion sich wieder zeigen, so ver-
fahre man in derselben Weise noch einmal.

Der Apparat von Zelmanowitz ist von Tolmacz[1]) vereinfacht worden
(Fig. 24). Bei diesem Apparat schließt sich an den Kühler ein Glasrohr an,
das in die zu extrahierende Flüssigkeit reicht und in einer kreisförmigen,
horizontalliegenden Schleife mit vielen Bohrungen endigt. Am Extraktionsgefäß
selbst entfallen die 4 Tuben, durch welche die Glasrohre reichen, ferner besitzt
es einen abnehmbaren Deckel.

Zuerst wird die zu extrahierende Flüssigkeit in das Gefäß gegossen und
mit Äther überschichtet. Dann wird das andere mit Äther gefüllte Kölbchen,
das mit der großen Flasche in Verbindung steht, erhitzt. Die Dämpfe steigen
durch das Ätherdampfleitungsrohr in den Kühler, werden hier kondensiert und
in flüssiger Form durch die Glasröhre geleitet, wo sie durch die zahlreichen Öffnungen der kreisförmigen Rohrschleife austreten. Hier nimmt der Äther die
zu extrahierende Flüssigkeit auf und mischt sich mit der über der Flüssigkeit
stehenden Ätherschicht, die durch den fortwährend nachströmenden Äther
vermehrt wird und durch den seitlichen Tubus in das kleine Kölbchen fließen
muß.

C. Extraktionsapparat für spezifisch schwere Flüssigkeiten
von Stephani und Böcker[2]).

Durch den Einfülltrichter H (Fig. 25) wird das Extraktionsmittel bei geschlossenem Hahn g bis zum Niveau a eingefüllt und darüber bis b die zu extrahierende Lösung geschichtet. Das Siedegefäß D wird mit dem Extraktionsmittel
ungefähr bis s gefüllt. Wird zum Sieden erhitzt, so gehen die Dämpfe durch
$F—F_2$ in den Kühler S, wo sie kondensiert werden, und gelangen durch den Verteiler V in die zu extrahierende Lösung.

Durch Regulierung des Hahns g wird kontinuierliche Extraktion erzielt.
In den engen Hals von A stopft man etwas Glaswolle, die evtl. entstehende
Emulsionen sofort beseitigt. Die Kühlschlange G kann mit kaltem oder warmem
Wasser beschickt werden.

Wird der Apparat zur Extraktion fester Substanzen benützt, so
wird G entfernt und die betreffende Substanz bis b geschichtet, darauf einige
Lagen Filtrierpapier ausgebreitet. Hierbei ist das Einsetzen der Glaswolle in
den engen Hals von A unerläßlich, um das Mitreißen fester Partikelchen zu
verhüten. Es steht nun frei, die Extraktion so vorzunehmen, daß die Substanz
vollständig im Extraktionsmittel schwimmt oder daß dieses sie nur durchrieselt.

---

[1]) Ch. Ztg. **37**, 1381 (1913). — Von der Gesellschaft für Laboratoriumsbedarf m. b. H.
Bernhard Tolmacz & Co., Berlin NW 6, Luisenstraße 59, zu beziehen.
[2]) B. **35**, 2698 (1902). — Zu beziehen von C. Desaga, Heidelberg.

Im ersteren Fall ist der Hahn so zu stellen, daß sich, nachdem die Substanz vollständig benetzt ist, die Mengen der zu- und ablaufenden Flüssigkeit gleich bleiben. Im letzteren Fall bleibt der Hahn g ganz geöffnet.

Wenn hochsiedende und leichtkondensierbare Extraktionsmittel angewendet werden sollen, kann über F_1 ein Kühlermantel geschoben werden, durch den dann zwecks Erwärmung Wasserdampf geleitet wird.

Sollen Extraktionsmittel angewendet werden, die Kork angreifen, so kann statt des Hahnrohrs c ein Durchlaßhahn (evtl. mit oben angeblasener Kugel) in den engen Hals von A eingesetzt werden, und zwar so, daß das in das Gefäß hineinragende Ende mit seiner Mündung ca. 1 cm über dem Kork steht. Kleine Mengen Quecksilber schützen dann diesen vor der Berührung mit dem Extraktionsmittel.

Ein weiterer Vorteil des Apparats ist, daß er jederzeit erlaubt, das Extraktionsmittel vollständig abzulassen und neues zuzufügen, ohne die zu extrahierende Substanz zu entfernen.

3. Dialyse.

Wenn bisher die Dialyse im chemischen Laboratorium nicht die verdiente Verwendung gefunden hat, so liegt das daran, daß kein geeigneter Apparat hierfür beschrieben worden ist. Diesem Mangel dürfte nunmehr durch die Bemühungen von Thoms[1]) abgeholfen worden sein.

Gleit - Dialysator von Thoms.

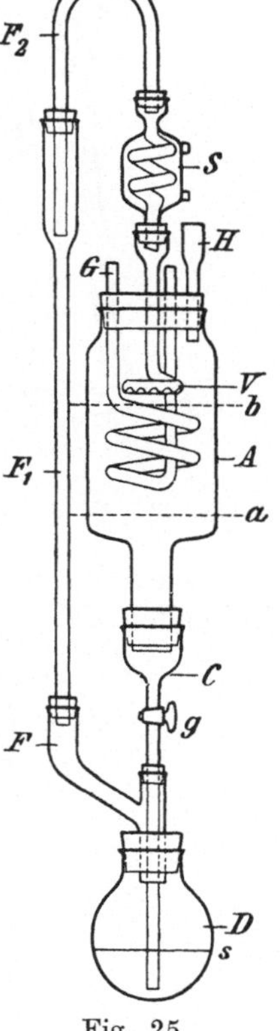

Fig. 25.
Apparat von Ste-
phani u. Böcker.

In einfachster Form kann man einen solchen Dialysator durch Zusammenfügen zweier mit Schliff versehener gleich großer, tubulierter und mit Korken verschließbarer Exsiccatorendeckel herstellen, zwischen welche die Membran (Pergamentpapier) gut schließend als Trennungswand gelegt ist. Durch vorsichtiges Anziehen von Klemmschrauben werden die beiden Deckel aneinander gepreßt und in einen Führungsring eingesetzt, der in eine rotierende Achse eingebaut ist. An der Welle befindet sich ein Triebrad, das durch einen Heißluftmotor oder sonstige Antriebkräfte in Bewegung gesetzt werden kann. An Stelle der gewölbten Dialysiergefäße können auch flache Kammern benutzt werden. Gleichviel welcher Art die Form dieser Dialysiergefäße nun auch sein mag, es kommt darauf an, daß die beiden Kammern nur zur Hälfte gefüllt sind, damit bei der langsam stattfindenden Umdrehung auch wirklich ein Hinübergleiten der Flüssigkeiten über die Membran erfolgt.

Der Verwendung dieses Gleit - Dialysators sind aber Schranken gesetzt, denn da bei den Umdrehungen die Flüssigkeiten auf die Membran auffallen, so wird dadurch ein Druck ausgeübt. Die zur Verwendung gelangenden Flüssigkeitsmengen dürfen daher nicht allzu groß sein, um ein Zerreißen der Membran zu verhindern. Ordnet man die Dialysierscheibe nicht in der Richtung der Antriebswelle, sondern derartig an, daß sie sich in senkrechter Lage zur Scheibe befindet, so ruhen die Flüssigkeiten auf den Gefäß-

---

[1]) B. **50**, 1236 (1917); **51**, 42 (1918).

wandungen der Umhüllungsgefäße, und bei der Umdrehung der Welle bewegt sich die Dialysierscheibe durch die in Ruhe befindlichen oder nur schwach be-

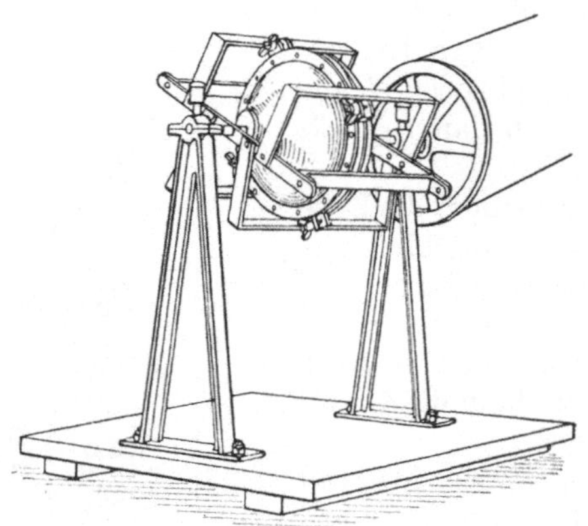

Fig. 26. Gleit-Dialysator von Thoms.

wegten Flüssigkeiten und hat daher nicht ihren Druck auszuhalten. Man kann somit erheblich größere Gefäße und Flüssigkeitsmengen verwenden, ohne ein Zerreißen der Membran befürchten zu müssen. Noch ein anderer Vorteil ergibt sich dabei. Bei schlammabsetzenden Flüssigkeiten kann sich kein Schlamm auf der Membran niederschlagen und dadurch die Wirksamkeit derselben verringern, sondern er bleibt an der Gefäßwandung haften. In kleinerer Ausführung kennzeichnet Fig. 26 die neue Anordnung. Beschleunigung der Dialyse läßt sich auch erreichen, wenn die aufrechtstehende Dialysiermembran innerhalb der beiden mit den Flüssigkeiten gefüllten und ihren Hauptdruck aushaltenden Gefäße mit einer Schaukelvorrichtung verbunden ist (Fig. 27).

Fig. 27. Dialysator von Thoms mit Schaukelvorrichtung.

Fünfter Abschnitt.
Fraktionierte Destillation[1].

1. Allgemeines.

Die Konstanz des Siedepunkts ist das häufigst verwendete Kriterium der Reinheit von Flüssigkeiten.

Es kann zwar auch vorkommen, daß Gemische zweier Flüssigkeiten konstant sieden[2] — dies ist der Fall, wenn zufällig die Tensionen der beiden Sub-

---

[1] Literatur: Wildermann, B. **23**, 1254, 1468 (1890). — Kahlbaum, Siedetemperatur und Druck. Leipzig (1885). — Nernst und Hesse, Siede- und Schmelzpunkte. Braunschweig (1893). — Anschütz und Reitter, Die Destillation unter vermindertem Druck im Laboratorium, 2. Aufl. Bonn (1895). — Young, Fractional Distillation. London (1903). — v. Rechenberg, J. pr. (2) **79**, 475 (1909). — Friedrichs, Z. ang. **32**, I, 340 (1919).

[2] Ein Gemisch von 3 Teilen Benzol und 2 Teilen Methylalkohol siedet bei 58°, ein analoges mit Äthylalkohol bei 68—70°, von 3 Teilen Toluol und 7 Teilen Methylalkohol bei 63—64°. — Engler und Löw, B. **26**, 1440 (1893). Allgemein scheinen Fettsäureester mit Wasser Minimumsiedepunkte zu geben. Faillebin, Bull. (4) **29**, 272 (1921).

stanzen in einem der Konzentration der Lösung (Mischung) gerade entsprechenden Verhältnis stehen; allein durch geeignete Behandlung vor der Destillation[1]) wird sich der eine Bestandteil (in der Regel wohl Wasser oder Alkohol) entfernen lassen, so daß Irrtümer, wie der von Church und Owen[2]), die im Teeröl eine bei 92—93° konstant siedende Substanz, das Cespitin gefunden zu haben glaubten, nicht mehr vorzukommen brauchen.

Nach den Untersuchungen von Goldschmidt und Constam[3]) ist bekanntlich das Cespitin ein Hydrat des Pyridins von der Formel $C_5H_5N + 3\,H_2O$, das durch Trocknen mit Ätzkali vollkommen zerlegt werden kann.

Ein anderes konstant siedendes Flüssigkeitspaar — Tetrachlorkohlenstoff und Methylalkohol — hat Young aufgefunden[4]).

Unter den zahlreichen Fraktionieraufsätzen, die zur Ermöglichung einer feineren Trennung im Gebrauch sind, ist das Kahlbaumsche[5]) „Normalsiederohr" für Substanzen, die unter 150° sieden, entschieden das zweckmäßigste. Seine Konstruktion ist aus Fig. 28 ersichtlich.

Vielfach ist auch der Hempelsche[6]) Aufsatz, namentlich in der Modifikation von Stefan[7]), in Gebrauch (Fig. 29), der aus einer mit Glasperlen gefüllten Röhre besteht. Vielleicht wäre es zweckmäßig, die beiden Apparate zu kombinieren und in die Kahlbaumsche Röhre Glasperlen einzufüllen[8]).

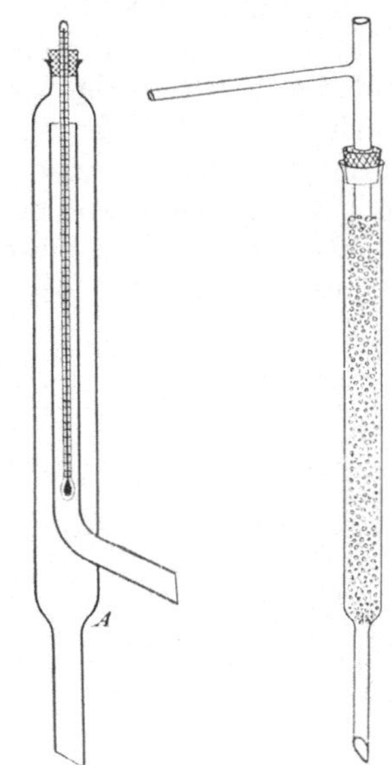

Fig. 28.
Kahlbaumsches Siederohr.

Fig. 29.
Fraktionieraufsatz von Hempel.

— Sehr empfehlenswert ist auch der Kolonnenapparat von Young[9]).

Andere mehr oder weniger komplizierte Siedeaufsätze stammen von Wurtz, A. **93**, 108 (1855). — Linnemann, A. **160**, 195 (1871). — Glinsky, A. **175**, 381 (1875). — Le Bel und Henninger, Wurtz, Dict. d. Ch. Suppl. **5**, 664 (1882). — Winssinger, B. **16**, 2642 (1883). — Claudon, Bull. (2) **42**, 613 (1884). — Hantzsch, A. **249**, 57 (1888). — Hempel, Ch. Ztg. **12**, 371 (1888). — De Koninck, Z. ang. **6**, 229 (1893). — Eckenberg, Ch. Ztg. **18**, 958 (1894). — Ganz, Ch. Rev. Nr. 31. 3 (1901). — Hirschel, Öst. Ch. Ztg. **21**, 517 (1902). — Angelucci, L'industria chimica **6**, 291 (1904). — Houben, Ch. Ztg. **28**, 525 (1904). — Vigreux, Ch. Ztg. **28**, 686 (1904). — Schlemmer, Ch. Ztg. **31**, 692 (1907). — Gadaskin, Russ. **41**, 66 (1909). — Siehe auch Cottrell, Am. soc. **41**, 721 (1919). — Smith, J. pr. (2) **102**, 295 (1921). — Gross und Wright, J. Ind. Eng. Ch. **13**, 701 (1921).

2. Fraktionierte Destillation unter vermindertem Druck[10]).

Höher siedende Substanzen oder solche, die bei Atmosphärendruck nicht unzersetzt sieden, werden unter Benutzung eines partiellen Vakuums, wie es

---

[1]) So kann man Alkohol aus Äther entfernen, indem man je einen Liter des letzteren mit 50 g Kolophonium destilliert. Guignes, J. Pharm. Chim. **24**, 204 (1906).

[2]) Phil. Mag. (4) **20**, 110 (1868).   [3]) B. **16**, 2977 (1883).   [4]) Soc. **83**, 77 (1904).

[5]) B. **29**, 71 (1896).   [6]) Z. anal. **20**, 502 (1881).   [7]) B. **42**, 3081 (1909).

[8]) Vgl. Hirschel, a. a. O.   [9]) Soc. **75**, 679 (1899).

[10]) Anschütz und Reitter, Die Destillation unter vermindertem Druck im Laboratorium, 2. Aufl. Bonn (1895). — Trennung von Keto-Enolisomeren durch fraktionierte Destillation: Kurt Meyer und Schöller, B. **53**, 1410 (1920). — Kurt Meyer und Hopff, B. **54**, 579 (1921).

durch die gewöhnlichen Wasserstrahlpumpen erzielt wird (bis zu 10 mm), destilliert.

Um dabei Stoßen (Siedeverzug) zu vermeiden, muß man unbedingt Siedeerleichterungen anwenden. Markownikow[1]) verwendet einseitig zugeschmolzene Capillarröhrchen; Anderlini[2]) stellt ein Bündel solcher Röhrchen im Fraktionierkolben aufrecht, bedeckt es mit einem Pfropfen Glaswolle und führt durch den Stopfen des Destillierkolbens einen starken Platindraht ein, der seinerseits wieder die Glaswolle festhält. Derartige Einrichtungen sollen ein Überschleudern der Flüssigkeit gut verhindern.

Am einfachsten wird jedoch regelmäßiges Sieden der unter vermindertem Druck zu destillierenden Flüssigkeit dadurch erreicht, daß man die Destillation in einem schwachen, aber stetigen Gasstrom vornimmt. Arbeitet man unter Drucken von ca. 15 mm abwärts, so ist es besser, in das Fraktionierkölbchen Siedesteine (Platintetraeder oder Granaten, weniger gut Tonstückchen) zu legen (siehe hierzu S. 422).

In den meisten Fällen bedient man sich eines Luftstroms[3]), der für wasserempfindliche Substanzen getrocknet wird. Gegenüber der Bequemlichkeit und Sicherheit, die ein Gasstrom bietet, kommen andere Mittel nicht in Betracht (Anschütz). Der Erfinder dieser Methode ist Dittmar[4]); die Verwendung des in die Flüssigkeit eintauchenden Capillarröhrchens ist zuerst in einer Arbeit von Kekulé und Franchimont[5]) beschrieben, doch scheint dieser Kunstgriff auch gleichzeitig von Wurtz aufgefunden worden zu sein[6]). Für das Laboratorium allgemein anwendbar haben sich namentlich die Versuchsanordnungen von Anschütz, Claisen und Kahlbaum erwiesen.

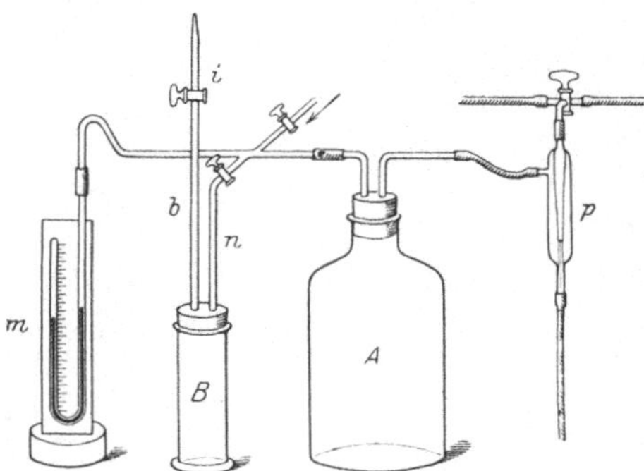

Fig. 30. Druckregulator von Krafft.

Was zunächst den zu verwendenden Druck anbelangt, so trachtet man im allgemeinen bei dem erreichbaren Minimum (bei Wasserstrahlpumpen 10—15 mm) zu destillieren[7]). Bei Substanzen indes, die bei niedrigen Temperaturen so große Tension besitzen, daß vollständige Kondensation der Dämpfe nur schwer erreichbar ist (Paraldehyd), muß man den von der Pumpe gelieferten Zug dadurch verringern, daß man außer durch die Capillare noch durch eine andere Öffnung des Apparats Luft saugt.

Druckregulatoren haben namentlich Krafft[8]), Michael[9]), Claisen[10]), Evans und Anschütz[11]), Lothar Meyer[12]), Godefroy[13]), Moschner[14]),

---

[1]) Russ. **19**, 520 (1887).   [2]) G. **24**, 1 (1894).
[3]) Anwendung von Wasserstoff: Richter, B. **49**, 2339 (1916). — Siehe auch S. 680.
[4]) Sitzber. der niederrhein. Gesellsch. f. Natur- u. Heilkunde **1869**, 125. — Kekulé und Franchimont, B. **5**, 909 (1872). — Thörner, B. **9**, 1868 (1876).
[5]) B. **5**, 908 (1872); vgl. auch Pellogio, Z. anal. **6**, 396 (1867).
[6]) Henninger und Le Bel, Artikel „Destillation" in Wurtz, Dict. d. Ch., Suppl. **5**, 667 (1882).
[7]) Dadurch wird der Siedepunkt um ca. 90—140° herabgesetzt.
[8]) B. **15**, 1693 (1882); **27**, 820 (1894).   [9]) J. pr. (2) **47**, 199 (1893).
[10]) Anschütz, Dest., 2. Aufl. (1895), 20.   [11]) A. **253**, 98 (1889).
[12]) B. **5**, 804 (1872).   [13]) Ch. Ztg. **8**, 492 (1884).   [14]) Ch. Ztg. **12**, 1243 (1888).

Perkin[1]), Bunte[2]), Staedel und Hahn[3]), Schumann[4]), Rutten[5]), Holtermann[6]) und Moye[7]) angegeben.

Am einfachsten verfährt man entweder nach Anschütz, indem man zwischen Pumpe und Manometer ein T-Rohr einschaltet, über dessen eine, in eine feine Öffnung endigende Röhre ein starkwandiger Gummischlauch gezogen wird, der sich mit zwei Schraubenquetschhähnen schließen läßt, oder man benutzt den von Krafft angegebenen kompendiösen Apparat (Fig. 30), der bis auf 0.1—0.5 mm genaue Regulierung des Drucks gestattet.

Zwischen Destillationsapparat und Wasserluftpumpe p ist eine starkwandige, nicht zu kleine Flasche A als Vakuumreservoir eingeschaltet, die durch das mit dem Glashahn h versehene Rohr n mit dem kleinen Zylinder B in Verbindung steht. Durch eine zweite Bohrung des in B eingesetzten Kautschukpfropfens geht das durch den Hahn i verschließbare Glasrohr s hindurch, das in eine feine Spitze endet. Ferner steht A in der durch die Figur angedeuteten Weise mit dem Manometer in Verbindung.

Zur genauen Druckeinstellung wird das System um einige Zentimeter mehr als nötig evakuiert. Hierauf öffnet man h vollständig und i so weit, daß ein langsamer Gasstrom eindringt, wodurch das Quecksilber stetig fällt und unter den gewollten Stand zu sinken droht. Ehe dies jedoch geschieht, schließt man i so viel, als nötig ist, um das Sinken der Quecksilbersäule immer langsamer werden zu lassen und schließlich genau beim gewünschten Punkt zu sistieren.

Einen Präzisionshahn für derartige Zwecke, bestehend aus einem Haupthahn mit parallel geschaltetem Hahn von geringerem Durchlaß, erzeugt die Werkstätte für Forschungsgeräte G. m. b. H., Freiburg i. B.[8]) (Fig. 31).

Man läßt den Hahn mit geringerem Durchlaß zunächst geschlossen und stellt den Haupthahn

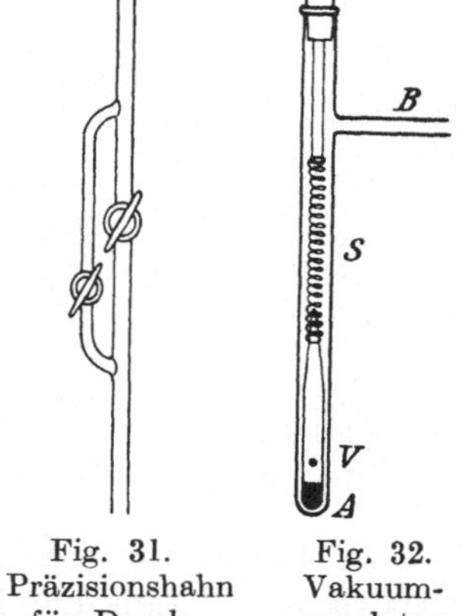

Fig. 31.
Präzisionshahn
für Druck-
regulierung.

Fig. 32.
Vakuum-
regulator
von Andrews.

annähernd auf eine etwas geringere als die geforderte Menge ein. Dann gibt man mit Hilfe des kleinen Hahns so viel Durchlaßquerschnitt frei, daß die gewünschte Einstellung erreicht wird. Der kleine Hahn besitzt eine Einkerbung an beiden Enden der Kükenbohrung zur weiteren Erhöhung der Präzision. Die Einstellungsgenauigkeit dieses „Differentialhahns" ist bis zum maximalen Durchlaßquerschnitt des Haupthahns bei jeder beliebigen wirksamen Öffnung die gleiche und eine weit höhere als bei gewöhnlichen Hähnen.

Der von Kahlbaum[9]) verwendete Regulator besteht einfach aus einer halb mit Wasser gefüllten Waschflasche. Das in das Wasser eintauchende Rohr ist unten spitz ausgezogen, so daß die Anzahl der eintretenden Luftblasen leicht erkennbar gemacht wird. Die Regelung geschieht zwischen Waschflasche und Pumpe mittels eines Glashahns.

Einen selbsttätigen Vakuumregulator hat Andrews[10]) an-

[1]) Soc. **53**, 689 (1888).   [2]) A. **168**, 139 (1873).   [3]) A. **195**, 218 (1882).
[4]) Wied. **12**, 44 (1881).   [5]) Ch. W. **1**, 635 (1904).   [6]) Ch. Ztg. **32**, 8 (1908).
[7]) Ch. Ztg. **32**, 103 (1908).
[8]) Ch. Ztg. **32**, 100 (1908).   [9]) Siedetemperatur und Druck S. 55.
[10]) Ch. News **96**, 76 (1907). — Der Apparat ist durch J. J. Griffin and Sons, London, zu beziehen.

gegeben (Fig. 32). Er besteht aus einer mit dem seitlichen Ansatzstück B versehenen Glasröhre und hat an seinem unteren Ende A eine kleine, durch einen abgerundeten Kautschukstopfen verschließbare Öffnung. Dieser Stopfen ist an dem kurzen Glasrohr V befestigt, das seitwärts mit einer Öffnung versehen und oben offen ist und bildet so ein Ventil, das mittels einer Feder S, die durch den verstellbaren Stab R gehalten wird, nach unten gedrückt wird. B führt zur Luftpumpe. Tritt diese in Tätigkeit, so nimmt der Druck des Ventils ab, bis der Punkt erreicht ist, wo das Ventil infolge des Außendrucks gehoben und infolge des Eintritts von Luft der ursprüngliche

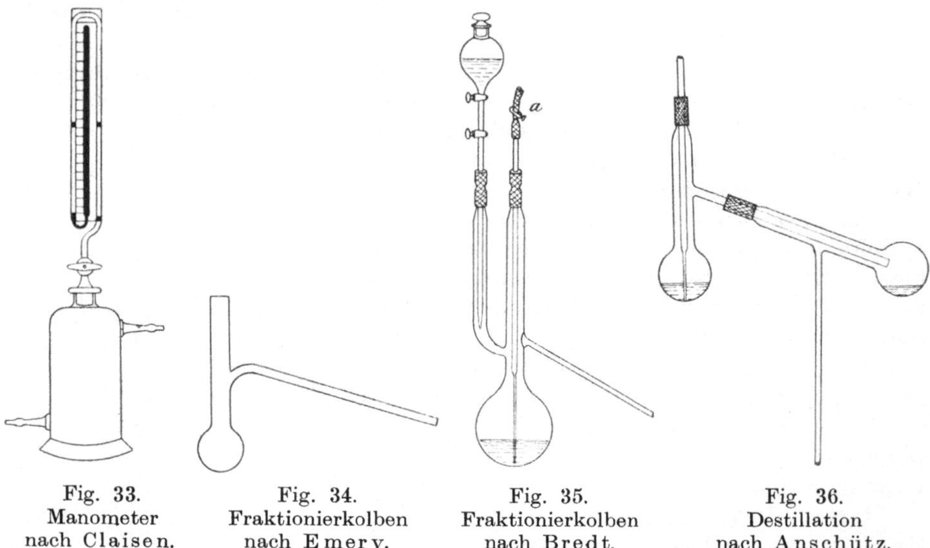

Fig. 33.
Manometer
nach Claisen.

Fig. 34.
Fraktionierkolben
nach Emery.

Fig. 35.
Fraktionierkolben
nach Bredt.

Fig. 36.
Destillation
nach Anschütz.

Druck im Innern wiederhergestellt und das Ventil geschlossen wird. Durch Verstellen von R kann der Feder jede gewünschte Spannung gegeben werden, so daß zur Öffnung des Ventils eben eine größere Luftleere erforderlich wird.

Als Manometer dient mit Vorteil die Claisensche Anordnung (Fig. 33). Hier[1]) ist das (abgekürzte) Manometer durch Schliff mit einer zweihalsigen Flasche verbunden, welche die sonst zwischen Manometer und Pumpe eingeschaltete Sicherheitsflasche ersetzt; der Pumpenschlauch wird natürlich an das niedriger gelegene Seitenrohr angesetzt, so daß zurücksteigendes Wasser von selbst wieder zurückgesaugt wird. Die dickwandigen Seitenröhren gestatten bequemes An- und Ablegen der Schläuche. Ferner kann die Flasche leicht gereinigt werden, und das Manometer selbst wird nicht durch übergerissene flüchtige Produkte verschmiert.

Über andere zweckmäßige Manometer siehe Kolbe, Ch. Ztg. **13**, 389 (1889). — Krafft und Nördlinger, B. **22**, 820 (1889). — Siehe auch S. 85, 91 und 93.

Fraktionierkolben. Diese dürfen nicht zu dünnwandig sein und müssen aus gut gekühltem Glas hergestellt werden; eine praktische Form (nach Emery) zeigt Fig. 34. Hat man größere Flüssigkeitsmengen zu destillieren, so verwendet man nach Bredt einen mit zwei Regulierhähnen versehenen Scheidetrichter und einen Kolben mit zwei Hälsen (Fig. 35). Man braucht dann zum Nachfüllen die Destillation nicht zu unterbrechen.

Anschütz hat Destillationskölbchen angegeben, die eine eingeschmolzene

----

[1]) Anschütz, Destill., S. 23.

Capillare besitzen; praktischer ist es indessen, die letztere durch den Hals des Kölbchens zu führen, evtl. auch nach Anschütz (Fig. 36) die Capillare mittels eines übergeschobenen Gummischlauchs in .den verjüngten Kolbenhals einzuführen, was den Vorteil hat, daß sie sich dadurch leichter verschieben läßt und für den Fall des Abbrechens bequem wieder an die tiefste Stelle des Kölbchens gebracht werden kann.

Man regelt die Schnelligkeit des Gasdurchtritts vermittels aufgesetzten Schlauchstücks und Quetschhahns (*a*, Fig. 35) und verwendet nötigenfalls zur Abhaltung von Feuchtigkeit, Kohlendioxyd usw.
ein entsprechend gefülltes Absorptionsrohr.

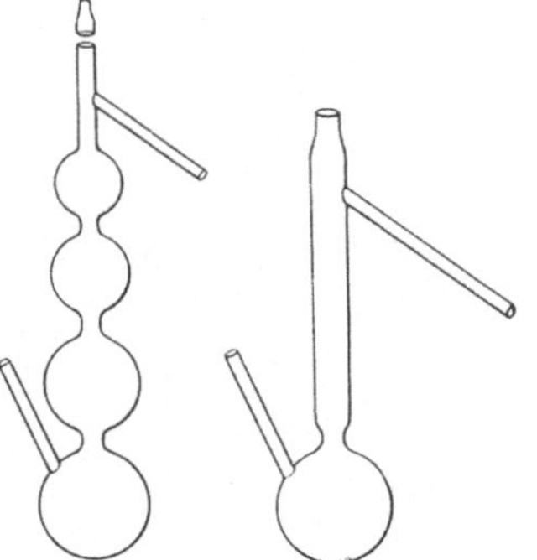

Fig. 39. Fraktionierkolben
nach Willstätter.

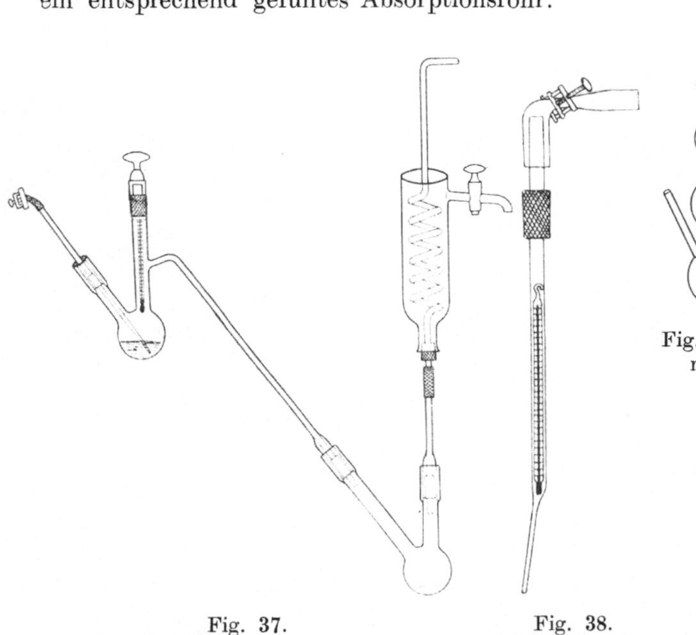

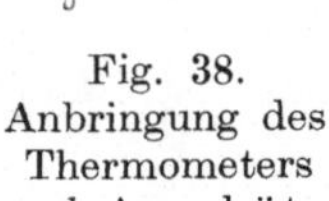

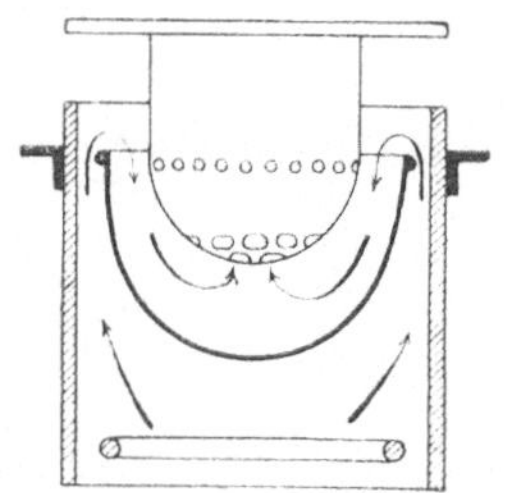

<table>
<tr><td>Fig. 37.
Destillationsapparat nach Kahlbaum.</td><td>Fig. 38.
Anbringung des
Thermometers
nach Anschütz.</td><td>Fig. 40. Luftbad
nach Bredt.</td></tr>
</table>

Man kann auch, wie dies Kahlbaum (Fig. 37), Michael[1]), Lederer[2]) und Claisen[3]) empfehlen, die Capillare durch eine zweite Öffnung des Kolbens eintreten lassen; in die andere Öffnung wird das Thermometer gesteckt, falls man es nicht vorzieht, es nach Anschütz in das Innere der zur Capillare ausgezogenen Glasröhre zu bringen (Fig. 38).

Willstätter, Mayer und Hüni[4]) (Fig. 39) kombinieren ähnlich wie Michael den Wurtzschen Kugelaufsatz mit der Hempelschen Glasperlenkolonne. Die Capillare wird durch das seitliche Ansatzrohr in die unterste Kugel eingeführt. Der Stopfen wird, um das Bespülen des Kautschuks zu verhüten, durch einen kleinen eingeschliffenen Helm ersetzt. Die Perlen, oder besser prismatischen Glasröhrchen, schichten sie nicht, wie Hempel, auf eine Glasröhre, sondern führen — nach dem Vorgang von Linnemann — an 2—3 der verjüngten Stellen Netze von Platin-, Silber- oder Nickeldraht.

<hr>

[1]) J. pr. (2) **47**, 197 (1893).   [2]) Ch. Ztg. **19**, 751 (1895).
[3]) A. **277**, 178 (1893).
[4]) A. **378**, 149 (1911). — Ohne seitliches Einführungsrohr sind diese Kolben für die Destillation bei Atmosphärendruck sehr geeignet.

Diese Kolben sind namentlich für Substanzen geeignet, die im Vakuum nicht höher als bei etwa 170° sieden und Überhitzen vertragen.

Bei der Trennung von niedrig- und hochsiedenden Verbindungen unterbricht man die Destillation, sobald die letztere rein übergeht, und spült den Rückstand in einen einfachen Kolben.

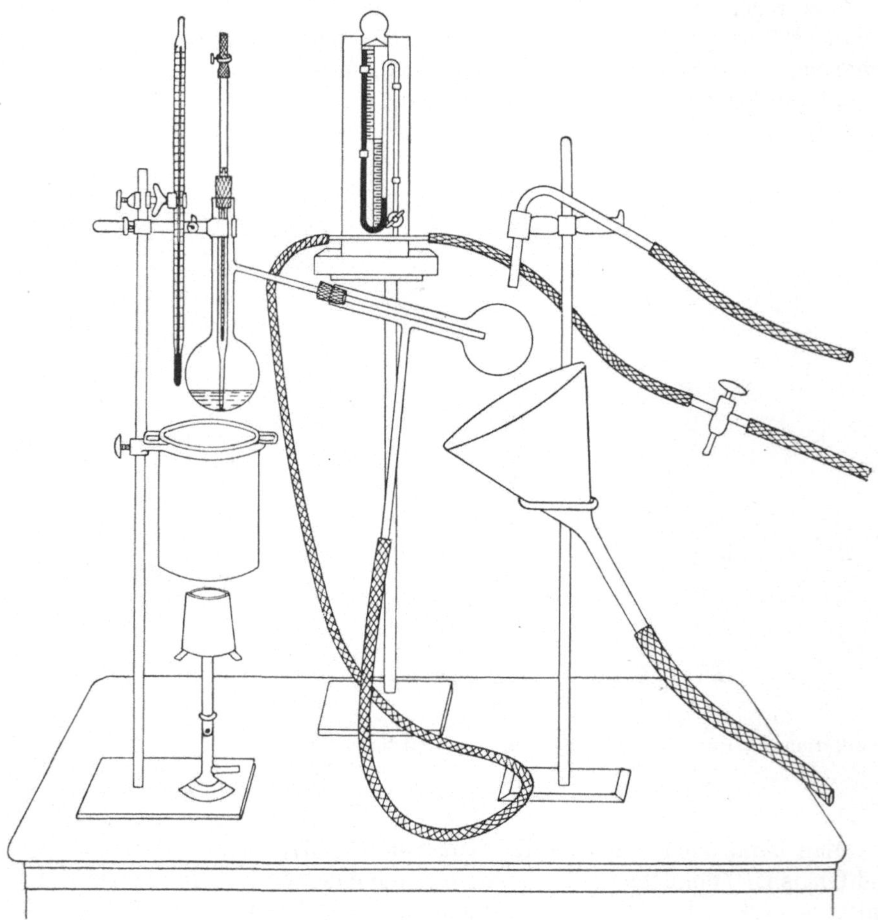

Fig. 41. Vakuumdestillation nach Anschütz.

Bei viscosen Stoffen staut sich die Flüssigkeit zuweilen in einer mittleren Kugel, so daß man das Erhitzen jeweils unterbrechen muß. Für solche Öle eignet sich ein Fraktionierkolben mit Hempelscher Säule (Fig. 29); die Glasröhrchen liegen auf einem Netz, die Capillare geht durch ein Ansatzrohr direkt in die Kugel.

Über das Destillieren zähflüssiger Substanzen siehe auch: Rupe und Friesel, B. **38**, 111 Anm. (1905).

Destillationen im luftverdünnten Raum müssen unbedingt unter Benutzung von Bädern ausgeführt werden.

Für Temperaturen bis ca. 80° werden Wasserbäder, bis 300° Öl- oder Paraffinbäder, für noch höhere Temperaturen Graphit-, Metall- oder Luftbäder benutzt.

Ein zweckmäßiges, von Bredt angegebenes Luftbad beschreibt Anschütz[1]). Es ist bei über 150° liegenden Destillationstemperaturen sehr verwertbar.

Die Form dieses Luftbades zeigt Fig. 40. In dem äußeren, beiderseits offenen Zylinder ist ein etwas engerer, unten halbkugelig geschlossener Zylinder durch einige Nieten festgehalten. In diesen wird das innerste, unten durchlochte Gefäß, das als eigentliches Bad dient, eingesetzt. Der seitliche Rand dieses innersten Zylinders dient gleichzeitig als Deckel des äußeren Mantels. Bei dieser Anordnung wird die Destillation gewissermaßen in einem dreifachen Luftbad vorgenommen und so gleichmäßige Erwärmung des Siedegefäßes bewirkt. Das Bad ist aus Kupferblech, der mittlere Einsatz, der mit der Flamme in Berührung kommt, aus Eisenblech gefertigt, der äußere Zylinder mit einem Asbestmantel bekleidet.

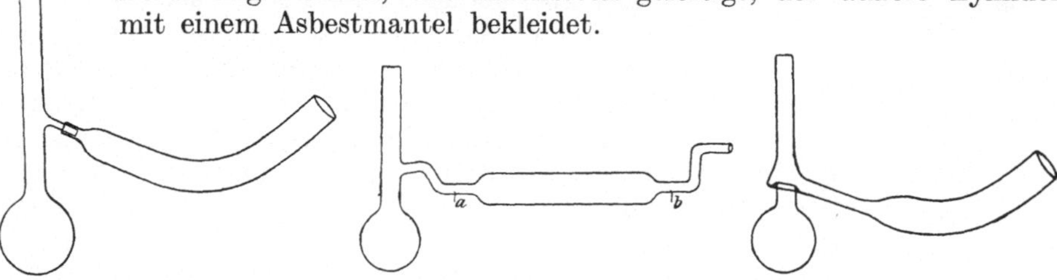

Fig. 42. Kolben mit
Ansatz nach Emery.

Fig. 43. Kolben nach
Anschütz.

Fig. 44. Kolben mit Rinne
nach Anschütz.

Während der Destillation werden alle Bäder durch eine in geeigneter Weise ausgeschnittene Asbestplatte bedeckt gehalten.

Über Brühls Luftbad, eine halbkugelförmige Metallschale, über die ein Trichter aus Asbestpappe gestülpt wird, siehe B. **21**, 3342 (1888).

Die Temperatur des Bads ist stets zu notieren und möglichst niedrig (10—30° über der Innentemperatur) zu halten. Wenn man Metallbäder benutzt, hat man das Destillierkölbchen vorher außen stark anzurußen.

Kühler zu verwenden ist nur bei (im Vakuum) unter 130° siedenden Flüssigkeiten angebracht, im allgemeinen genügt indessen auch hier die Anwendung eines Ansatzrohrs und Kühlung der Vorlage (Fig. 37, 41). Hat man es mit leicht erstarrenden Substanzen zu tun, so wählt man den Ansatz recht weit und benutzt für jede Fraktion neue Rohre, die daher am besten nach Emery[2]) angeschliffen werden. Solche Fraktionierkolben sind nicht nur bei hochschmelzenden Substanzen, sondern auch bei Flüssigkeiten zu empfehlen, wenn es sich um das Aufsammeln kleiner Mengen handelt (Fig. 42).

Ist die zu destillierende Substanz leicht zersetzlich, so verwendet man einen Anschützschen Kolben[3]), der in Fig. 43 wiedergegebenen Form.

Nach der Destillation wird die Vorlage bei *a* und *b* abgeschmolzen.

Für sehr hoch siedende Substanzen empfiehlt Anschütz noch eine andere Form des Kolbens (Fig. 44).

Der Kolbenhals ist hier nach unten erweitert und in der Weise über die Destillierblase gestülpt, daß im Innern des Gefäßes eine Rinne entsteht. Die bereits im Kolbenhals wieder verdichteten Dämpfe laufen in dieser nach der Vorlage ab, ohne in den Destillierkolben zurückzufließen.

---

[1]) Destillation, 2. Aufl. (1895), 24.　　[2]) B. **24**, 596 (1891).
[3]) Destillation usw., S. 43.

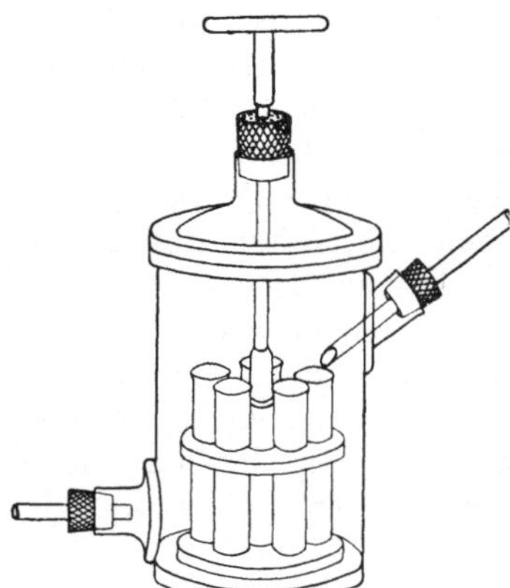

Fig. 45. Vorlage nach Brühl.

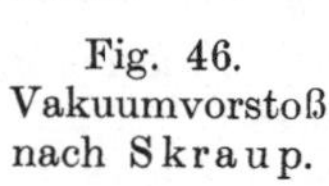

Fig. 46.
Vakuumvorstoß
nach Skraup.

Die Vorlagen.

Es ist eine große Anzahl von Vorlagen angegeben worden, die es gestatten sollen, mehrere Fraktionen des Destillats aufzufangen, ohne zeitweise Unterbrechung der Destillation oder Druckschwankung zu bedingen.

Für die Verarbeitung größerer Substanzmengen ist der Apparat von Brühl[1] recht geeignet, dessen Konstruktion aus der Fig. 45 ersichtlich ist.

Das Prinzip dieses Apparates, durch Drehen mehrere Vorlagen der Reihe nach unter das Abflußrohr zu bringen, stammt von Bevan und Konowalow[2]. Ähnliche Apparate haben Gorboff und Keßler[3], Pauly[4], H. Wislicenus[5], Schulz[6], Biltz[7], Billeter[8], Raikow[9], Gautier[10], Kahlbaum[11], Anderlini[12], Bertrand[13], Alber[14], Ubbelohde[15], Delépine[16] und andere[17] angegeben.

Skraup[18] hat eine außerordentlich zweckmäßige Modifikation des S. 85 erwähnten Thorneschen Vakuumvorstoßes empfohlen.

Die Anordnung des Apparats ist aus Fig. 46 ersichtlich. Das Ende A ist mit dem Destillationskolben in Verbindung, B mit der Wasserstrahlpumpe. An C werden mittels Gummistöpsel die Vorlagen angesetzt. Soll die Vorlage gewechselt werden, so wird der Hahn D, der nur eine, aber sehr weite Bohrung hat, um 90° gedreht, sodann durch Drehen des Dreiweghahns E um 90° Luft in die Vorlage gelassen, diese abgenommen und durch eine neue ersetzt. Diese Operation wird sehr erleichtert, wenn man zunächst den am Ende des Vorstoßes hängenden Tropfen an die innere Glaswand der neuen Vorlage fließen läßt und erst dann auf den Kautschukstöpsel aufdreht. Nunmehr wird E in die alte Lage gebracht und, wenn das Manometer wieder den früheren Stand eingenommen hat, D geöffnet. Das inzwischen in AD angesammelte Destillat fließt dann leicht in die vorgelegte Flasche über.

[1]) B. **21**, 3339 (1888).

[2]) Anschütz, Destill., S. 538. — Bevan, Z. anal. **19**, 188 (1880). — Konowalow, B. **17**, 1535 (1884).

[3]) B. **18**, 1363 (1885).

[4]) Ch. Ztg. **27**, 729 (1903).　　[5]) B. **23**, 3293 (1890).

[6]) B. **23**, 3568 (1890).　　[7]) Ch. Ztg. **19**, 304 (1895).

[8]) Bull. soc. sc. nat. Neufchâtel **16**, 13. Febr. (1888).　　[9]) Ch. Ztg. **12**, 694 (1888).

[10]) Bull. (3) **1**, 675 (1889).　　[11]) B. **28**, 393 (1895). — Z. an. **29**, 182 (1902).

[12]) Bull. (3) **12**, 1057 (1894).　　[13]) Bull. (3) **29**, 778 (1903).

[14]) Ch. Ztg. **28**, 819 (1904).　　[15]) Z. ang. **19**, 757 (1906).

[16]) Bull. (4) **3**, 411 (1908).　　[17]) Siehe auch Kohen, Ch. Ztg. **45**, 638 (1921).

[18]) M. **23**, 1162 (1902). — Ähnliche Apparate: L. Meyer, B. **20**, 1833 (1887). — Lederer, Ch. Ztg. **19**, 751 (1895). — Fogetti, Ch. Ztg. **24**, 374 (1900). — Kolbe, Ch. Ztg. **32**, 487 (1908).

Einfacher und daher im allgemeinen zweckmäßiger sind die Vorlagen von Bredt[1]) (Fig. 47) und Burstyn[2]) (Fig. 48); letztere dient namentlich zur Destillation kleiner Substanzmengen.

Bei diesen Apparaten wird der Wechsel der Vorlage durch Drehen des Stopfens a (bzw. des ihn durchsetzenden Rohrs) bewirkt. Man macht den Stopfen innen durch Einstreuen von etwas Federweiß oder Schmieren mit Glycerin oder Phosphorsäure glatt.

Destilliert man höher schmelzende Stoffe unter vermindertem Druck in Emerys Säbelkolben, so hat man verschiedene Schwierigkeiten, die recht lästig werden können, zu überwinden. Das Wechseln der Vorlage z. B. ist nur durch Unterbrechung des Vakuums möglich, oft kommt es auch vor, daß die Schliffstelle zerspringt.

Diesen Übelständen geht man aus dem Weg,

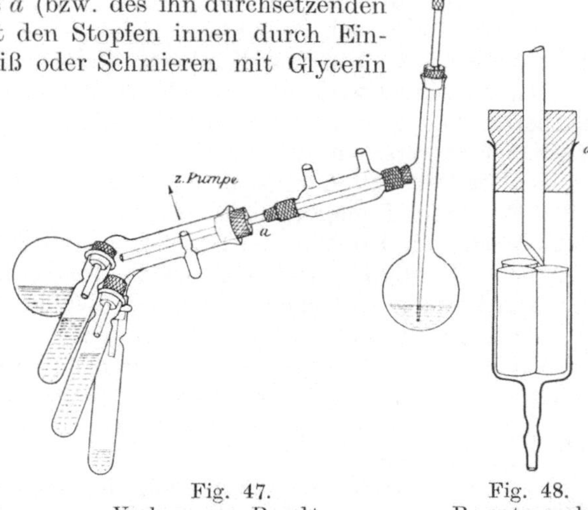

Fig. 47.
Vorlage von Bredt.

Fig. 48.
Burstynsche
Vorlage.

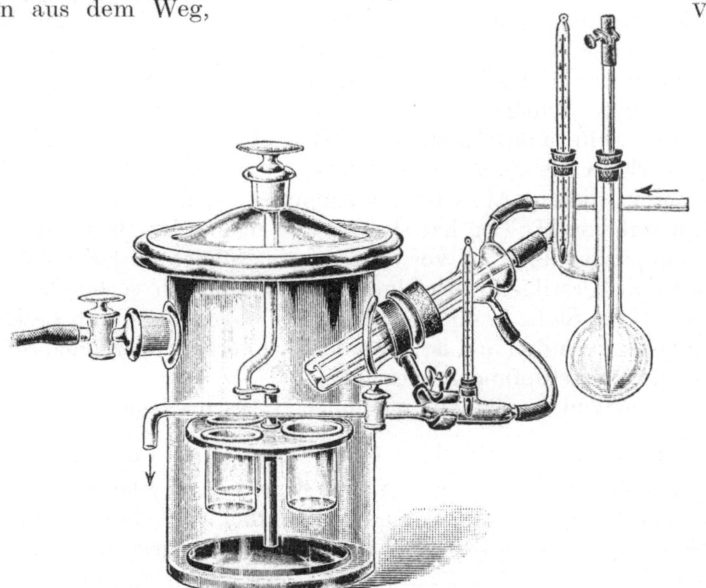

Fig. 49. Apparat von Haehn.

wenn man im Brühlschen Apparat destilliert, nur muß man dafür Sorge tragen, daß das Absteigrohr des Fraktionierkolbens mit einer Heizvorrichtung umgeben wird. Haehn[3]) führt in den seitlichen Tubus des Rezipienten

[1]) Anschütz, Destill., S. 39. — Siehe auch S. 83.
[2]) Öst. Ch. Ztg. **1901**, 563. — Siehe dazu Diels und Riley, B. **48**, 901 (1915).
[3]) Z. ang. **19**, 1669 (1906). — Zu beziehen von F. Hugershoff, Leipzig. — Einen ähnlichen Apparat nach Desaga beschreibt Krafft, B. **40**, 4780 (1907).

einen Kühler ein und verbindet ihn mittels dickwandigen Gummischlauchs mit
dem ca. 1 cm langen Absteigrohr eines Fraktionierkolbens (Fig. 49). Durch
Paraffinöl kann der Kühler, der hier als „Wärmer" dient, auf den Schmelzpunkt der zu destillierenden Substanz erhitzt werden.

Man wählt ein weites Absteigrohr am Fraktionierkolben, damit man den
Kühler zum Teil in das Rohr hineinstecken kann, wodurch die nicht erwärmte
Stelle zwischen Kolben und Kühler recht klein wird.

Das Paraffinöl wird in einem Metallgefäß erwärmt und durch den Kühler
gehebert. Nachdem es den Apparat verlassen hat, fließt es durch ein mit
Thermometer versehenes T-Rohr.

Bei der Destillation öffnet man zunächst den Glashahn am T-Rohr und läßt
kaltes Paraffinöl durchlaufen. Dann erhitzt man das Reservoir, und wenn das
Thermometer im Paraffin den Schmelzpunkt der Substanz anzeigt, kann die
eigentliche Destillation beginnen. Ist die Temperatur der Heizflüssigkeit nicht
genügend hoch, so entstehen am Ende des Kühlers stalaktitenähnliche Gebilde.

Bei längerem Gebrauch wird der Gummistopfen im Tubus weich, wodurch
der Kühler in den Rezipienten hineingezogen wird. Um dies zu verhindern,
bringt man zwischen Gummistopfen und Glaswulst einen durchbohrten Korkstopfen. Die einzelnen Glasteile des Paraffinhebers werden durch kurze Druckschläuche verbunden.

Man kann mit der Temperatur der Heizflüssigkeit weit über 100° hinausgehen. Zimtsäure z. B., die bei 133° schmilzt, wurde ohne Schwierigkeit destilliert.

Anfangs überhitzt man die Substanz ein wenig, damit sich die ersten
Dämpfe nicht an der Verbindungsstelle zwischen Kolben und Kühler verdichten.
Die Siedetemperatur liest man an einem langen Thermometer ab, da sich ein
kurzes im Dampf beschlägt.

Stoffe, die leicht sublimieren, setzen sich in der Vorlage in schönen Krystallen ab, weshalb die Sublimation·solcher höher schmelzender Substanzen
auch sehr gut in diesem Apparat vorgenommen werden kann.

Der Apparat von Haehn hat sich im allgemeinen gut bewährt, nur ist er
ein wenig kompliziert und hat vor allem an der Stelle, an der die Wärmevorrichtung mit dem Destillierkolben durch Gummischlauch verbunden ist, einen
toten Raum. Diese Stelle kann nicht direkt, sondern nur durch beschleunigte
Destillation geheizt werden und ist besonders bei hochschmelzenden Substanzen
der Gefahr einer Verstopfung ausgesetzt.

Diesen Übelstand besitzt der nachfolgend beschriebene

Apparat von Bredt und van der Maaren-Jansen[1])

nicht, der sich überhaupt durch einfache Konstruktion, leichte Regulierbarkeit der Temperatur des Abflußrohrs und namentlich auch dadurch auszeichnet,
daß er gestattet, die Temperatur im Abflußrohr auf 300°
und höher zu steigern.

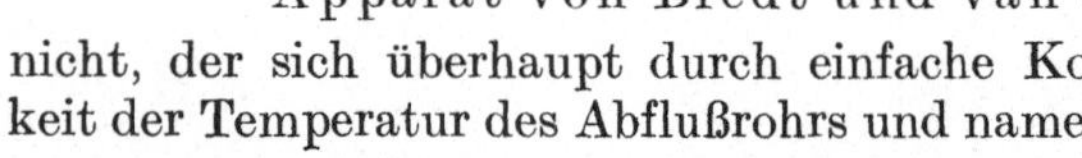

Fig. 50. Heizkörper zu Fig. 51.

Der Heizkörper (Fig. 50)
besteht aus einem 1.75 m langen, 0.2 mm dicken Nickeldraht, der auf ein
2 mm dickes Glasstäbchen aufgewickelt ist; dieses wird in ein Glasrohr
von ca. 4.5 mm äußerem Durchmesser eingeschmolzen; die Befestigung des
Stäbchens darf nur einseitig sein, damit es sich frei ausdehnen kann und
auch bei hohen Temperaturen keine Krümmung erleidet. Die Länge dieses Heizapparats hat sich nach der Länge des am Destillierkolben B (Fig. 51) befindlichen

<hr>

[1]) A. **367**, 354 (1909).

Abflußrohrs $a\,a'$ von ca. 6 mm innerem Durchmesser, in das der Heizkörper eingesetzt wird, zu richten; bei dem meist benutzten Modell beträgt sie ca. 27 cm.

Die Kontakteinrichtung in den Gummistopfen f und f' ist ohne weiteres aus der Zeichnung ersichtlich. Die Drähte $a'\,h$ und $a\,f'$, welche frei liegen und mit dem Destillat in Berührung kommen, bestehen aus Platin und sind 0.3 bis 0.4 mm stark. Sie sollen jedenfalls so dick sein, daß sie sich beim Durchgang des elektrischen Stroms nicht, oder nur wenig, erhitzen. Besonders bei hochschmelzenden Verbindungen ist es zweckmäßig, das Stück $s\,a'$ mit einem Glasrohr als Schutzmittel zu umgeben.

Da die Destillate im Abflußrohr nicht weit über ihren Schmelzpunkt erhitzt werden sollen, ist es erforderlich, die durch die Heizvorrichtung erzeugte Temperatur annähernd festzustellen. Dies wird durch den Apparat C zur Temperaturmessung erreicht, der aus einem ähnlichen, gleich langen

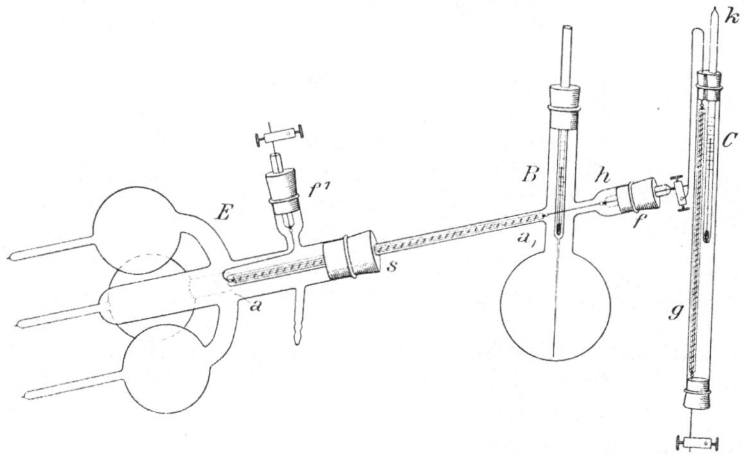

Fig. 51. Apparat von Bredt und van der Maaren-Jansen.

Heizkörper, wie im Abflußrohr befindlich, und einem dicht daneben stehenden Thermometer k, die zusammen von einem als Wärmeschutzmantel dienenden Glasrohr g eingeschlossen sind, besteht. Bei dieser Anordnung ergab es sich, daß durch Einschaltung beider Heizkörper in denselben Stromkreis die Temperatursteigerung in $a\,a'$ annähernd derjenigen entsprach, die k anzeigte. Die Stromzufuhr wird zunächst durch Lampenwiderstände und dann für die genauere Einstellung durch einen Kreuzschieferwiderstand (von der Elektrizitätsgesellschaft Gebr. Ruhstrat in Göttingen, Maximalbelastung 5 Amp., Widerstand 36 Ω) reguliert.

Als Vorlage dient eine abgeänderte Form des Bredtschen Sterns[1]), E, die das Herunterschmelzen der festen Substanzen durch Erhitzen mit direkter Flamme gestattet.

Der Apparat ist durch einen Korkstopfen s mit $a\,a'$ verbunden und um dieses drehbar. Korkstopfen schließen, wenn sie fehlerlos und neu sind, ebenso luftdicht wie Gummistopfen und lassen sich um das Abflußrohr leicht drehen, selbst wenn es auf 300° erhitzt ist.

Die drei Kugeln, die an das Mittelstück der Vorlage mit gekrümmten

---

[1]) S. 81.

Einflußröhren von 11—12 mm lichter Weite angeschmolzen sind, laufen an ihrem unteren Ende in zugeschmolzene Glasröhren aus.

Nach beendigter Destillation wird die Vorlage abgenommen und jede einzelne Fraktion aus ihrer Kugel, nachdem die Glasspitze am äußersten Ende abgeschnitten worden ist, mit einer Gasflamme herausgeschmolzen.

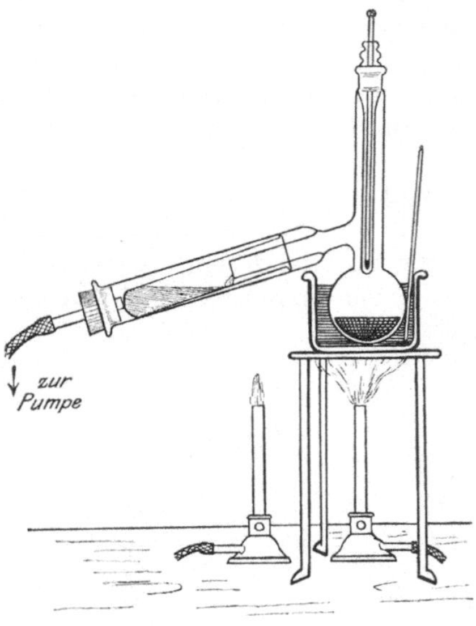

Der Apparat wird dann durch Auswaschen mit Alkohol, Äther oder einem anderen geeigneten Lösungsmittel gereinigt; er ist, nachdem schließlich die Glasröhren vor der Lampe wieder zugeschmolzen sind, zu weiterem Gebrauch fertig. Vorübergehend lassen sich diese Glasröhren auch durch Überschieben eines kurzen Gummischlauchs, in dessen anderes Ende ein Stück Glasstab eingeschoben ist, abschließen.

Die Kugelvorlage eignet sich auch für Substanzen, die sublimieren; das Sublimat setzt sich dann in dem geraden mittleren Rohr ab, während das Destillat in die darunter befindliche Kugel abfließt.

Dieselbe Vorlage kann auch zum fraktionierten Auffangen von Flüssigkeiten benutzt werden. Zur Abdichtung ist dann nur der mittlere Stopfen erforderlich, und das seitliche Ansatzstück fällt weg.

Für manche Zwecke reicht man übrigens auch mit dem einfachen Apparat aus, den Fig. 52 erläutert.

Fig. 52.
Destillation nach Diels.

3. Minderdruckdestillation nach E. Fischer und Harries[1]).

Die Vakuumdestillation nach Krafft und Weilandt (S. 90) ist recht brauchbar, wenn es sich um die Destillation von reinen Substanzen handelt, deren Tension bei der Temperatur der gewöhnlichen Kühlvorrichtungen genügend klein ist. Das Verfahren läßt aber im Stich, wenn Gase oder leicht flüchtige Flüssigkeiten zugegen sind oder während der Operation entstehen[2]), es wird auch schon unbequem, wenn etwas größere Mengen unzersetzt siedender Substanzen fraktioniert werden sollen, weil die hierbei gebräuchlichen Vorlagen nicht absolut luftdicht verschließbar sind, oder weil ihre Auswechslung das Eindringen von Luft mit sich bringt. In derartigen Fällen wirkt die Quecksilberluftpumpe viel zu langsam.

Diese Schwierigkeiten werden nach E. Fischer und Harries beseitigt:

1. Durch Anwendung einer sehr stark wirkenden mechanischen Luftpumpe, die einen Apparat von mehreren Litern Inhalt im Lauf von 10 Minuten bis auf etwa 0.15 mm Druck entleert;

2. durch Kühlung der Vorlage mit flüssiger Luft, wodurch alle Dämpfe und auch die meisten Gase (wie Ammoniak, Kohlendioxyd, Äthylen) kondensiert werden.

---

[1]) B. **35**, 2158 (1902). — Siehe auch D'Arsonval und Bordas, C. r. **143**, 567 (1906).
[2]) Riiber entfernt Kohlendioxyd durch Absorption in einem mit Natronkalk und Calciumchlorid beschickten, durch eine Kältemischung stark abgekühlten U-Rohr. B. **35**, 2414 (1902).

Als Luftpumpe dient die englische „Geryk“-Vakuumpumpe (Patent Fleuß, Typ C). Sie ist zweistieflig, und die Kolben gehen in Öl, das sehr geringe Tension hat. Zum Antrieb braucht sie einen Motor (am bequemsten Elektromotor) von ca. $^1/_2$ PS.

Die Verbindung mit den Apparaten geschieht durch ein Bleirohr, das in eine Schlauchspitze mündet.

Das Siedegefäß a (Fig. 53) steht bei Substanzen, die gegen Überhitzung empfindlich sind, in einem Ölbad, dessen Temperatur gemessen wird. Die Dämpfe entweichen durch das mit Glasperlen gefüllte, mit Thermometer versehene seitliche Ansatzrohr. Das Rohr wird zum Schutz gegen Abkühlung mit Watte oder Asbestwolle umgeben.

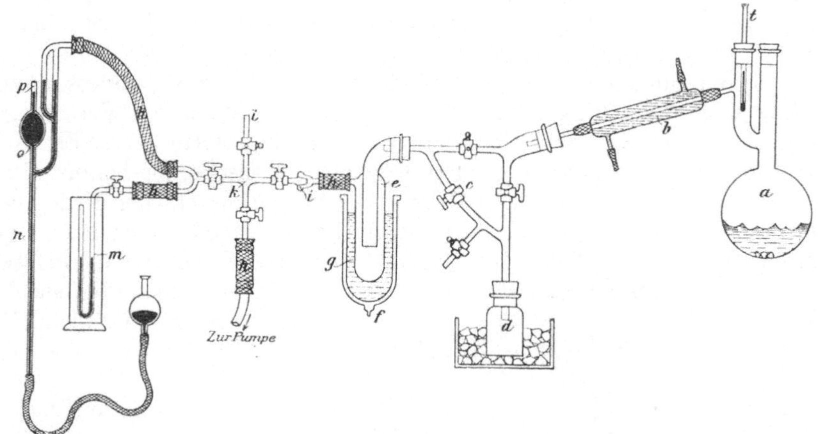

Fig. 53. Minderdruckdestillation nach E. Fischer und Harries.

Bei der außerordentlichen Verdünnung der Dämpfe sind die Angaben des Thermometers nicht so zuverlässig wie bei gewöhnlicher Destillation; die Einstellung ist natürlich bei tunlichst flottem Gang am schärfsten. Die Badtemperatur soll 15—40° über der Destillationstemperatur liegen.

Der Kühler b wird bei hochsiedenden Substanzen mit Wasser und bei niedrig siedenden mit stark gekühlter Chlorcalciumlösung gefüllt. Der mit 4 Glashähnen versehene Thornesche[1]) Vorstoß c gestattet jederzeit die Auswechslung der Vorlage d ohne Aufheben des Vakuums. Die Vorlage e, deren Zuführung wegen der Gefahr der Verstopfung sehr weit ist, dient zur Kondensation aller leichtflüchtigen Dämpfe und Gase und steht in einem Dewarschen Gefäß f, das mit flüssiger Luft g gefüllt ist.

Bei starker Gasentwicklung empfiehlt es sich, noch eine zweite derartige Vorlage einzuschalten.

Der Glasapparat k hat vier Hähne und bildet die Verbindung der Destillationsgefäße mit der Pumpe und mit den Druckmeßapparaten m und n. Durch den vierten Hahn l kann man Luft in das System einlassen; m ist ein gewöhnliches Quecksilbermanometer.

Für die Messung von Drucken unter 1 mm dient ein Volumometer nach Mc Leod und Kahlbaum[2]). Die Kugel o faßt ungefähr 55 ccm, und das Rohr p hat 8 mm im Lichten.

---

[1]) B. **16**, 1327 (1883).

[2]) Ein anderes Manometer empfiehlt Ubbelohde, Z. ang. **19**, 756 (1906); **20**, 321 (1907). — Siehe ferner S. 93.

Die Verbindungen h bestehen aus starken Gummischläuchen (4 mm Öffnung, 10 mm Wandstärke), die an die Glasröhren mit starkem Kupferdraht angepreßt sind.

Bei i befindet sich wegen der bequemen Loslösung ein Glasschliff. Alle anderen Verschlüsse sind mit Gummipfropfen hergestellt. Um möglichst vollkommene Dichtung zu erzielen, werden sie nach der Zusammenstellung des Apparats an der Berührungsstelle von Stopfen und Glas mit konzentrierter Kautschuklösung, wie man sie zur Dichtung der Fahrradreifen benutzt, befeuchtet, oder man benutzt die Krafftsche Mischung[1]).

Das so erzielbare Vakuum entspricht 0.15—0.2 mm Quecksilber[2]).

Um Siedeverzug zu verhindern, empfiehlt es sich, in den Kolben 2—3 linsengroße Stückchen Ziegelstein oder gebrannten Ton, noch besser einige Platintetraeder, einzubringen. Übrigens ist die Gefahr des Stoßens bei dem gleichmäßigen Druck, der im Apparat herrscht, gering.

Bei festen Substanzen ist die Anwendung eines Wasserkühlers unnötig, man verwendet dann die in Fig. 42—44 (S. 79) reproduzierten Vorlagen.

Das Verfahren bewährt sich speziell zur Fraktionierung von Estern der Aminosäuren behufs Trennung der komplizierten Gemische, die bei der Hydrolyse der Proteinstoffe entstehen. Hier tritt der Vorteil der starken Siedepunktserniedrigung besonders zutage, weil die höher siedenden Ester bei längerer Dauer der Destillation unter 8—10 mm Druck schon merkliche Zersetzung erleiden. — Die Operation läßt sich bequem noch mit einem halben Liter Flüssigkeit ausführen. An Stelle von flüssiger Luft kann im Notfall auch ein Gemisch von festem Kohlendioxyd und Äther als Kühlungsmittel Verwendung finden.

Erdmann[3]) erzeugt ein bis unter 0.1 mm liegendes[4]) Vakuum, indem er das System mit reinem Kohlendioxyd füllt und dieses dann durch flüssige Luft kondensiert.

Dieses Verfahren hat später auch Krafft[5]) angewendet.

Bloch und Höhn beschreiben eine praktische Anordnung[6]), die es gestattet, während der Destillation Rückstände aus dem Kolben herauszusaugen und große Substanzmengen in kontinuierlichem Betrieb zu verarbeiten.

4. Minderdruckdestillation nach Bedford[7]).

Der Apparat entspricht im wesentlichen dem von Erdmann beschriebenen, nur sind daran zwei Verbesserungen angebracht (Fig. 54). Zwischen Wasserstrahlpumpe und Mc Leodschem Manometer wird ein Quecksilberventil c, wie es Krafft[8]) anwendet, eingeschaltet. Sodann dient das mit Cocosnußkohle[9]) gefüllte Rohr B dazu, die letzten Spuren von Gasen durch Adsorption[10]) zu entfernen. Gummiverbindungen werden vollständig ver-

---

[1]) Siehe auch S. 96.   [2]) Siehe hierzu S. 91.

[3]) B. **36**, 3456 (1903). — Z. ang. **17**, 620 (1904). — B. **39**, 192 (1906). — Tafel, B. **39**, 3626 (1906).

[4]) Siehe hierzu auch S. 91.

[5]) B. **37**, 95 (1904). — Wittenstein, Diss. Heidelberg (1903).

[6]) B. **41**, 1978 (1908).   [7]) Diss. Halle (1906).   [8]) B. **37**, 95 (1904).

[9]) Siehe S. 88.

[10]) Dewar, A. chim. phys. (8) **3**, 5 (1904). — C. r. **139**, 261 (1904). — Blythwood und Allen, Phil. Mag. **10**, 497 (1905). — Dewar, Ch. News **97**, 4, 16 (1908). — Dieses Adsorptionsrohr hat Bedford schon vor der Veröffentlichung von Wohl und Losanitsch, B. **38**, 4149 (1905), regelmäßig zur Destillation im hohen Vakuum angewendet; vgl. Erdmann, B. **39**, 192 (1906).

mieden und überall Glas direkt mit Glas verbunden. Der Apparat hat folgende Teile:

1. Destillierkolben K, der mit einem seitlichen Einfüllrohr S, evtl. auch mit angeschmolzenem Fraktionieraufsatz F (nach Lebel und Henninger) versehen ist. Das kurze Thermometer T wird an einem Platindraht aufgehängt und dieser oben eingeschmolzen.

2. Vorlage V, bei deren Herausnahme die Verbindungsröhren an den punktierten Stellen p_1 und p_2 durchschnitten werden. Das Capillarrohr k dient zur Entleerung der Vorlage, das Ansatzrohr d zum Hineinblasen beim Zusammenschmelzen.

3. Gefäß A von etwa 150 ccm Inhalt, durch flüssige Luft kühlbar. Es steht durch Hahn h_1 mit einem Kohlendioxydentwickler in Verbindung.

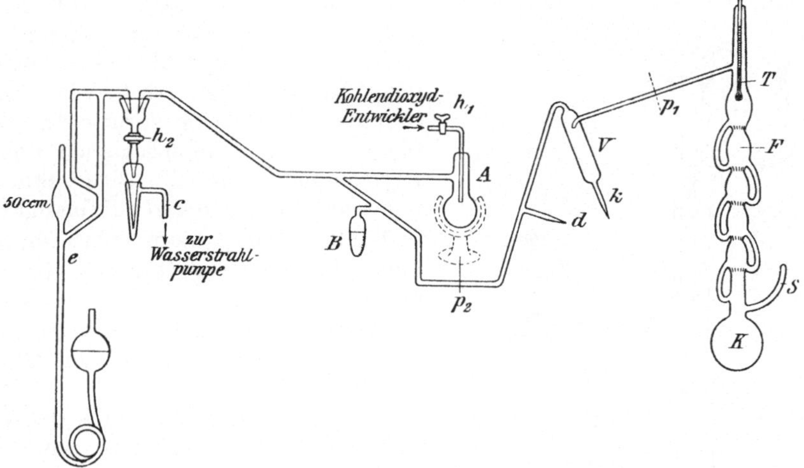

Fig. 54. Vakuumdestillation nach Bedford.

4. Gefäß B, ein 8 cm langer, 2.5 cm weiter Zylinder, der mit Holzkohle in kleinen Stücken gefüllt ist und ebenso wie A durch flüssige Luft gekühlt werden kann. Die Holzkohle wird durch starkes Ausglühen von Cocosnußschale in einem bedeckten Porzellantiegel gewonnen[1]).

5. Ein Manometer nach Mc Leod, das mit Quecksilberventil c versehen ist; letzteres steht in Verbindung mit der Wasserstrahlpumpe und ist durch Hahn h_2 abzuschließen.

Die Destillation wird folgendermaßen ausgeführt: Die zu destillierende Substanz wird nebst ein paar Stückchen Bimsstein od. dgl. durch S in K hineingebracht. S wird dann zugeschmolzen, V bei offenem d zuerst an p_2, dann an p_1 eingefügt, zuletzt auch d mit der Stichflamme einer kleinen Gebläselampe verschlossen.

Nun wird h_1 geschlossen, h_2 geöffnet und der ganze Apparat mit der Wasserstrahlpumpe evakuiert. Nachdem h_2 dann geschlossen ist, wird h_1 vorsichtig geöffnet und dem, in einem Kippschen Apparat entwickelten, durch konz. Schwefelsäure getrockneten Kohlendioxyd Eintritt gestattet. Diese Operation des Auspumpens und Füllens mit Kohlendioxyd wird ein- bis zweimal wiederholt; schließlich wird soweit als möglich evakuiert und bei geschlossenen Hähnen A allmählich mit flüssiger Luft gekühlt. Der Druck beträgt jetzt ca. $^1/_2$ mm.

---

[1]) Siehe S. 88, Anm. 2.

Nunmehr wird die Kohle in B ebenfalls mit flüssiger Luft abgekühlt. Die letzten Reste der Gase werden adsorbiert, und der Druck beträgt nach 2—3 Minuten weniger als $^1/_{1000}$ mm.

Nach beendeter Destillation werden die Gefäße mit flüssiger Luft entfernt und durch h_1 Kohlendioxyd eingelassen. Dann wird das an V befindliche Capillarrohr geöffnet und das Destillat mit Kohlendioxyd herausgedrückt.

5. Verfahren von Wohl und Losanitsch.

Auch Wohl und Losanitsch[1]) verwerten die adsorbierende Kraft mit flüssiger Luft gekühlter Blutkohle.

Am einfachsten läßt sich die Benutzung des Verfahrens gestalten, wenn man auf genaue Messung des Vakuums nach Mc Leod verzichtet. Es bedarf dann nur der Einschaltung eines T-Stücks in die zu evakuierende Apparatur. An dieses T-Stück wird mittels Gummischlauchs eine Vorlage und daran wiederum mit Gummischlauch das Adsorptionsgefäß mit 20—30 g Blutkohle angeschlossen, beide sind mit flüssiger Luft zu kühlen. Das letztere Gefäß kann aus einem größeren Reagensglas mit seitlichem Ansatz bestehen, am besten oben verengt, das nach Einführung der Kohle verschmolzen oder durch einen weichen Gummistopfen geschlossen wird.

Wenn mit der Erzeugung des Vakuums dessen genaue Messung verbunden werden soll, benutzt man folgenden Apparat (Fig. 55).

Der Adsorber A, der mit 20—30 g Blutkohle beschickt wird, ist mit dem Mc Leodschen Vakuummesser M, von dessen zweckmäßigster Form noch weiter unten die Rede sein wird, und der Wasserstrahlpumpe sowie mit der Kondensationsvorlage V durch Schliffe verbunden; an V sind die Gefäße angeschlossen, die evakuiert werden sollen. Durch die Hähne w und e kann Luft eingelassen werden. Zur Herstellung des Vakuums wird der Apparat mit dem angeschlossenen Gefäß vorsichtig[2]) durch die Wasserstrahlpumpe auf ca. 20 mm vorgepumpt, w geschlossen und der Adsorber durch allmähliches Heben des Dewar-Zylinders D_1 in die flüssige Luft getaucht. Die Adsorption geht rasch vor sich.

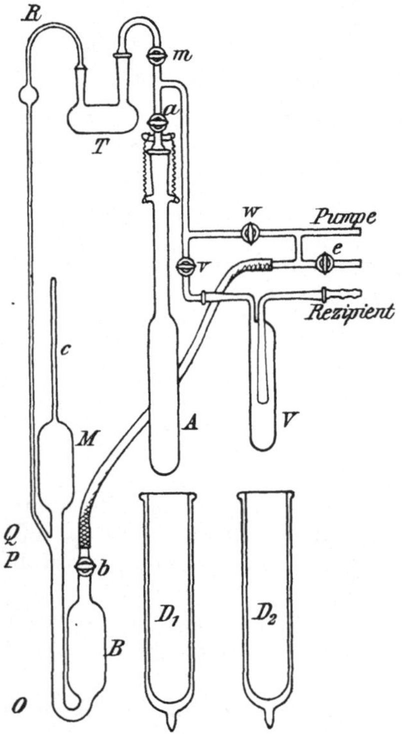

Fig. 55.
Apparat von Wohl und Losanitsch.
$OP = 14$—17 cm, $PQ = 4$—5 cm, $QR = 60$ cm.

---

[1]) B. **38**, 4149 (1905). — Einen ganz ähnlichen Apparat beschreibt Mol, Rec. **26**, 404 (1907). — Thèse, Leide, Adriani (1907).

[2]) Sonst wird die Kohle zu stark aufgewirbelt. — Nach Baerwald ist übrigens ein Zerkleinern der Kohle (er empfiehlt namentlich Cocos- und Lindenkohle) unnötig. A. Phys. (4) **23**, 84 (1907).

Am besten ist es, erst den Adsorber vorzupumpen, den Hahn a zu schließen und, während die angeschlossenen Gefäße vorgepumpt werden, den Adsorber in die flüssige Luft zu tauchen. Man kann dieselbe Kohle dreimal wieder benutzen, ohne sie aus dem Kühlgefäß herausnehmen zu müssen. Natürlich muß, bevor der Adsorber eingeschaltet wird, vorgepumpt werden.

Ist die Grenze der Aufnahmsfähigkeit erreicht, so genügt es, die Kohle auf Zimmertemperatur zu erwärmen, wobei die gesamte adsorbierte Luftmenge abgegeben wird, um ohne weiteres die volle Brauchbarkeit für die Wiederbenutzung herzustellen.

Der Apparat erhält endlich, auf einem Brett montiert, bequeme Form dadurch, daß der McLeodsche Vakuummesser abgekürzt wird, ähnlich wie dies Stock[1]) für die Quecksilberpumpe vorgeschlagen hat. Zu diesem Zweck werden M und B aus einem Stück angefertigt. B trägt den Hahn b und ist mit der Pumpe durch Gummischlauch verbunden; sie wird bis zum Hahn mit Quecksilber gefüllt. Bei der Druckmessung sind b und e geöffnet, das Quecksilber preßt die im Apparat befindliche verdünnte Luft bis in die Capillare c. Das Zusammenpressen der Luft gerade bis zu einer ganz bestimmten Marke der Capillare, das beim unverkürzten McLeodschen Vakuummesser durch passendes Heben des Quecksilbergefäßes bewirkt wird, läßt sich hier nach Anbringen der von Wohl[2]) eingeführten Feilstriche an b leicht und bequem ermöglichen. Das Quecksilber wird in B zurückgeführt, indem man e schließt, die Pumpe in Tätigkeit setzt und b schließt, sobald das Quecksilber bis unter die Abzweigung des McLeodschen Gefäßes gesunken ist. Dieser Vakuummesser[3]) hat den Vorzug, daß das Quecksilber immer rein bleibt und auch die Dichtung des Vakuummessers selbst absolut sicher ist. Natürlich sind die Messungen mit jedem Vakuummesser nach dem McLeodschen Prinzip illusorisch, wenn die Luft in dem Apparat nicht ganz trocken ist. Deshalb muß das Trockenrohr T immer genug Phosphorpentoxyd enthalten. Niemals soll in den Vakuummesser unnötig Luft hineingelassen werden, und der Hahn m ist außer im Augenblick der Druckmessung geschlossen zu halten. Es ist auch ratsam, zwischen dem Apparat und der Pumpe ein Chlorcalciumrohr oder noch besser ein Bariumoxydrohr (siehe S. 96) einzuschalten.

6. Apparat zur trocknen Destillation im Vakuum von Pauly und Neukam[4]).

Ein Kupferzylinder von 9 cm Höhe, 4 cm lichter Weite und 2 mm Wandstärke (siehe Fig. 56) mit hart eingelötetem Boden trägt am oberen, äußeren Rand eine 1.5 cm breite Verstärkung, so daß die obere Randfläche mindestens 5 mm breit wird. Letztere ist genau rechtwinklig zur Zylinderrichtung abgedreht und fein poliert. Mit Hilfe eines Gewindes, das die Verstärkung trägt, läßt sich ein außen kantiger Deckel aus Rotguß fest aufschrauben. Seine innere Fläche ist ebenfalls genau rechtwinklig zur Gewinderichtung abgedreht und poliert, so daß sich die Randfläche beim Zudrehen präzis anlegt, was für den luftdichten Schluß des Apparats wichtig ist. Der Deckel trägt einen zylindrischen Ansatz mit Stopfbüchse, wie sie zum Einsetzen von Wasserstandsgläsern üblich ist, mittels deren man in die 11—12 mm weite Bohrung ein knappschließendes, kräftiges Glasrohr mit angeschmolzener Vorlage luftdicht einsetzen

---

[1]) B. **38**, 2182 (1905).   [2]) B. **35**, 3495 (1902).
[3]) Vgl. Reiff, Ch. Ztg. **4**, 426 (1905). — Phys. Ztschr. **8**, 124 (1907). — Z. ang. **20**, 1894 (1907); **21**, 977 (1908). — Ubbelohde, Z. ang. **21**, 1454 (1908).
[4]) B. **40**, 3495 (1907). — Neukam, Diss. Würzburg (1908), 78. — Der Apparat wird von der Kupferwerkstatt J. Ostler, Würzburg, gefertigt.

kann. Besondere Aufmerksamkeit muß man den Dichtungen zuwenden, für die sich Asbest empfiehlt. In der Stopfbüchse verwendet man dicke Asbestschnur; Zylinder und Deckel werden durch einen ca. 1 cm breiten, flachen und e x a k t a n g e p a ß t e n, aus einer Platte geschnittenen Asbestring gedichtet, der folgendermaßen präpariert wird. Man schleift ihn mit feinstem Schmirgelpapier beiderseits und an den Rändern gut ab, bis er keine Unebenheiten mehr zeigt, feuchtet ihn stark mit Wasser an, legt ihn in den Deckel und dreht wiederholt den Zylinder fest mit der Hand ein, indem man den Asbestring mehrmals auf die andere Seite legt, bis er auf beiden Seiten feine, polierte Eindrücke zeigt. Dann läßt man ihn, ohne zu erwärmen, trocknen.

Vor dem Gebrauch wird der Ring (ebenso wie auch die Stopfbüchsenschnur) mit hocherhitztem, zähflüssigem, auch bei hoher Hitze kaum flüchtigem, sondern nur verkohlendem Öl, wie es neuerdings für maschinelle Zwecke in den Handel kommt (kein Steinöl), gründlich, aber möglichst sparsam, eingerieben. Man erzielt in diesem Apparat mit Hilfe der Wasserstrahlpumpe ohne Schwierigkeiten ein auch bei höherer Temperatur konstantes Vakuum von 20—25 mm. Den inneren Raum des Zylinders füllt man dicht mit 6 cm breiten, hin und her gebogenen, aufrecht stehenden, dünnen Kupferplatten (Kupferblech elektrolytisch 0.1 mm von K a h l b a u m), so daß schmale Luftschichten von 1—2 mm Dicke entstehen. Zwischen diese wird die mit der $1\frac{1}{2}$—2fachen Menge Kupferpulver innig gemischte Substanz fest eingefüllt. Die Erhitzung geschieht mit Öl- bzw. Metallbädern. Der Apparat nutzt sich kaum ab, selbst bei höheren Temperaturen bleiben die Schliffe glatt und dicht, und die inneren Wandflächen oxydieren sich fast gar nicht. Man kann 20—30 g auf einmal verarbeiten.

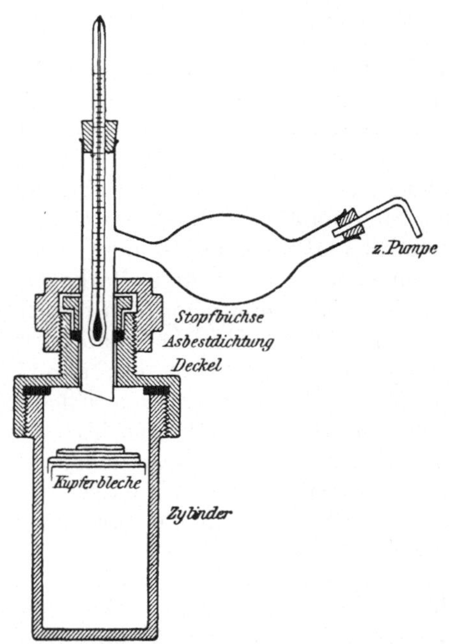

Fig. 56. Vakuumdestillation nach P a u l y und N e u k a m.

7. Destillation im sog. Vakuum des Kathodenlichts.

Nach K r a f f t und W e i l a n d t[1]) kann man die Siedetemperaturen schwer flüchtiger Substanzen unter Anwendung eines weit unter 1 mm liegenden Minderdrucks[2]) noch um ein Bedeutendes (80—100°) weiter herabsetzen, als dies unter Benutzung des Wasserstrahlpumpenvakuums (10—15 mm) möglich ist.

V o n R e c h e n b e r g macht nachdrücklich darauf aufmerksam[3]), daß Dampfdrucke von 0.001 mm und selbst von 0.1 mm, wenn sie wirklich im Siedekolben herrschen, für die Destillation praktisch wertlos sind, weil der Dampf zu verdünnt und das Destillat minimal ist.

[1]) B. **29**, 1316 (1896); **37**, 562 (1904). — S e i d e l, Diss. Heidelberg (1913), 24 u. 37.
[2]) Etwa ein Millionstel Atmosphärendruck.
[3]) J. pr. (2) **79**, 475 (1909). — S c h i m m e l & Co., B. (1919), II, 103.

Jede Verdampfung vollzieht sich unter dem Druck ihres eigenen Dampfs. Will man richtige Siedepunktsbestimmungen machen, so muß man also den Siedekolben direkt mit einem Manometer verbinden und dort, wo die Temperatur des Dampfs gemessen wird, auch dessen Druck feststellen.

Bei der üblichen Anordnung wird dagegen die Siedetemperatur im Kolben, der Druck aber weit außerhalb des Dampfraums bestimmt. Man nimmt hierbei an, daß überall im Apparat gleicher Druck herrschen müsse. Das ist, genau genommen, nie der Fall[1]).

Druck und Temperatur des Dampfs im Siedekolben sind in verschiedener Höhe über der Flüssigkeit verschieden, besonders bei lebhafter Verdampfung, was bei der Destillation hochsiedender Substanzen unter geringem Druck praktisch bemerkbar wird. Drosselung des Dampfs im Siedekolben ist bei Siedepunktsbestimmungen unter wenigen Millimetern Druck die Regel, und es bildet sich dann ein Druckunterschied zwischen Kolben und Vorlage heraus, der von der Destillationsstärke abhängig ist und mehrere Millimeter betragen kann.

Bei einer Substanz vom normalen Siedepunkt über 200° entspricht aber eine fehlerhafte Beobachtung des Dampfdrucks um 1 mm einem Fehler von 3—5° bei der Siedepunktsbestimmung.

Die gewöhnlichen Bestimmungen des Siedepunkts unter

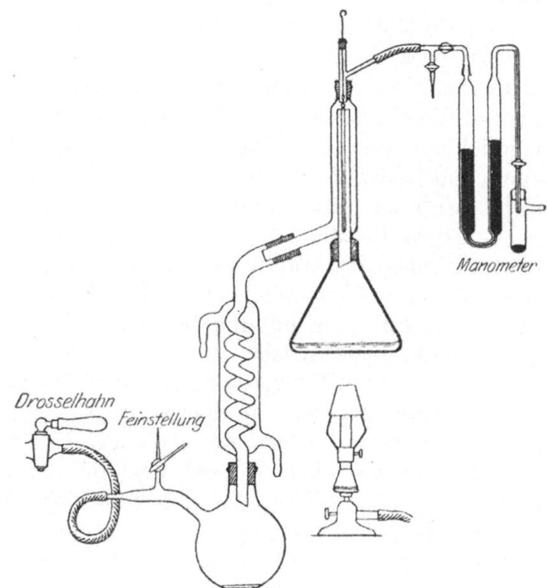

Fig. 57. Destillation nach v. Rechenberg.

wenigen Millimetern Druck dürften daher allgemein um viele Grade zu hoch sein.

Das sogenannte „absolute Vakuum" von Krafft dürfte einem Druck von etwa 0.5 mm entsprechen, der abgelesene Druck von 0.001 mm in Wirklichkeit 3—7 mm betragen.

Wichtiger, als zu versuchen, möglichst „absolutes Vakuum" oder unter 1 mm liegende Drucke zu erreichen, ist es daher, den Siedekolben vor jeder Abkühlung zu schützen, z. B. auch den Kolben ganz in das Heizbad einzutauchen, so daß eben noch der Stand des Quecksilbers am Thermometer abgelesen werden kann.

Der Ausdruck „Vakuumdestillation" ist also eigentlich unsinnig; an seine Stelle ist das Wort „Minderdruckdestillation" zu setzen.

Destillationen im sog. absoluten Vakuum werden mit organischen Sub-

---

[1]) Die Fehlerhaftigkeit der üblichen Methode, das Vakuummeter in die Vakuumleitung einzuschalten, wächst mit höherem Vakuum, mit steigender Destilliergeschwindigkeit, mit der Verengerung des Destillier- und Kühlerrohres und mit Undichtigkeiten innerhalb der Destillierapparatur. Den zur Verhütung des Stoßens gebrauchten feinen Luftstrom kann man unterhalb der Meßbarkeits- und Schädlichkeitsgrenze halten.

stanzen selten[1]) vorgenommen. Sie können, abgesehen von der Schwierigkeit, größere Substanzmengen nach diesem Verfahren zu verarbeiten, wie Lauk[2]) gezeigt hat, sogar weit schlechtere Resultate ergeben als Operationen, die bei etwas höherem Druck (2 mm) ausgeführt werden.

Beim Versuch der Trennung hochmolekularer Fettsäuren im Kathodenlichtvakuum wurden durchaus keine Erfolge erzielt. Bei über 15 mm Druck (entsprechend über 250° liegenden Siedepunkten der Fettsäuren) trat Zersetzung ein.

Es ergibt sich also das interessante Bild, daß eine Trennung der Säuren bei 0 mm wie bei 15 mm unmöglich ist, wohl aber sich bei 2 mm ausführen läßt. Dieses eigentümliche Ergebnis läßt sich auch theoretisch erklären. Unterhalb 200° haben nämlich die Fettsäuren die Eigenschaft, Doppelmoleküle zu bilden, wie es beispielsweise für Essigsäure nachgewiesen ist, da diese unmittelbar oberhalb ihres Siedepunkts bei ca. 130° anomale Dampfdichte zeigt, die auf die doppelte Molekulargröße hinweist. Oberhalb 200° hört diese Eigentümlichkeit auf, der Essigsäuredampf ist vollständig in Einzelmoleküle dissoziiert und besitzt nunmehr normale Dampfdichte. Wie die Essigsäure verhalten sich aber auch ihre Homologen, z. B. zeigen Dampfdichtebestimmungen der Buttersäure die gleichen Anomalien. Sollte demgemäß in einem Gemisch der verschiedenen Fettsäuren die Bildung von Doppelmolekülen vermieden werden, so mußte eine Temperatur oberhalb 200° erreicht werden, was man am besten durch eine geringe Erhöhung des Drucks bewerkstelligen kann. Da andererseits 250° nicht überschritten werden durften, wegen der alsdann beginnenden Möglichkeit einer Zersetzung, so schien der Druck von 2 mm und die entsprechende Siedetemperatur in dem vorliegenden Fall für die Trennung der höheren homologen Säuren besonders geeignet.

Bei einem solchen Versuch liegt die Schwierigkeit einerseits in der Regulierung und dem Festhalten des gewollten Drucks, andererseits in dem bisherigen Mangel eines bequem und genau bis auf Zehntelmillimeter, auf die es hier noch ankommt, direkt abzulesenden Druckmessers.

Zur Druckregulierung dient die Anordnung von Krafft (Fig. 30, S. 74).

Diese Vorrichtung konnte aber nicht ohne weiteres auf das Vakuum der Quecksilberluftpumpe übertragen werden. Es ist nämlich nicht möglich, die einströmende Luft so genau zu regulieren, daß eine Druckeinstellung erfolgt, selbst wenn man den Außenhahn mit einer ganz feinen capillaren Öffnung in die Atmosphäre einmünden läßt. Von Lauk wurde daher die Methode dahin modifiziert, daß das Vakuum der Quecksilberpumpe zwischen Destillationsgefäß und Pumpe anstatt mit dem Atmosphärendruck mit einem Vorvakuum von 15 mm unter Einschaltung der erwähnten Regulierhähne in Kontakt gesetzt wurde. Das Vorvakuum wurde möglichst groß gewählt in Form einer mehrere Liter fassenden starkwandigen Flasche, die den Zweck hat, größere Druckschwankungen auszuschließen. Wird nämlich diese Flasche gleichzeitig als Vorvakuum für die Quecksilberpumpe benutzt, wie es bei den Versuchen von Lauk der Fall war, so verursacht die aus der Quecksilberpumpe durch die Wasserstrahlpumpe abgesaugte Luft Stöße, deren Wirkung auf diese Weise einigermaßen unschädlich gemacht wird. Man kann übrigens bei der nötigen Übung die große Flasche durch ein kleineres Vakuumreservoir ersetzen. Auch die Handhabung der Reguliervorrichtungen ist im vorliegen-

---

[1]) Krafft und Weilandt, B. **29**, 1324 (1896). — Krafft und Dalmbert, B. **40**, 4779 (1907). — Trennung von Paraffinen.   [2]) Diss. Heidelberg (1914), 19.

den Fall etwas anders als die von Krafft beschriebene, da man auch den langsameren oder schnelleren Tropfenfall der Quecksilberpumpe zur Regulierung mitverwendet. Die Handhabung dieser Apparatur gestaltet sich folgendermaßen. Man pumpt zuerst bei geschlossenem Hahn bis fast auf 0 mm aus, dann läßt man durch verschieden weites Öffnen der beiden Hähne Luft aus dem Vorvakuum einströmen, wobei zwischen den Hähnen ein Vakuum von intermediärer Verdünnung entsteht, bis der gewünschte Druck einigermaßen einsteht. Die genauere Einstellung erfolgt dann durch die Regulierung des Tropfenfalls in der Quecksilberluftpumpe.

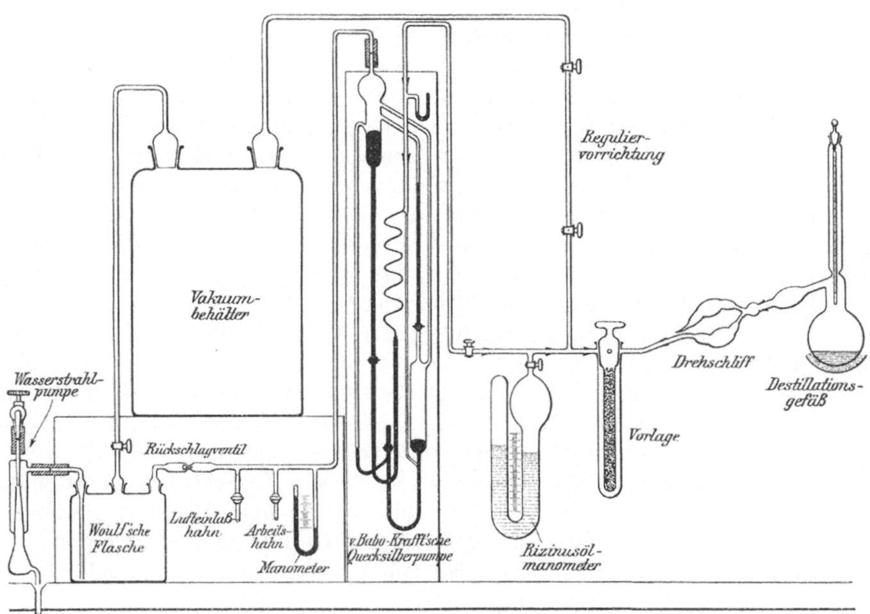

Fig. 58. Destillation nach Lauk.

Es wurde festgestellt, daß luftfreies Ricinusöl die geeignetste Manometerflüssigkeit ist. Es besitzt den Vorzug der absoluten Luftbeständigkeit im Vakuum und zeichnet sich vor anderen Ölen durch seine Unveränderlichkeit aus. Sein spezifisches Gewicht bei 15.5° ist 0.964. Einer Quecksilbersäule von 1 mm entspricht eine Säule von etwa 13 mm dieses Öls. Man kann also die Genauigkeit der Ablesung schon mit bloßem Auge bis auf Zehntel Quecksilbermillimeter treiben. Das Ricinusöl wird zum Einfüllen vorbereitet, indem man es unter gelindem Erwärmen bei 15 mm möglichst von Wasser und Luft befreit.

Das Manometer besteht aus einem einseitig geschlossenen U-Rohr von 25—30 cm Länge und 15 mm Durchmesser, an dessen offenem Ende eine Kugel angebracht ist, um Übertreten der Manometerflüssigkeit in die Leitung zur Pumpe zu verhindern. Das Manometer ist an zwei konischen Schliffen drehbar zwischen Pumpe und Destillationskolben eingeschaltet, durch einen Hahn absperrbar. Durch Drehen um die Schliffe läßt sich das U-Rohr wagrecht stellen, so daß es bei richtiger Füllung seiner ganzen Länge nach nur etwa zur Hälfte mit Flüssigkeit gefüllt ist. In dieser Stellung wird es nach

dem Einfüllen an die Pumpe angeschlossen und unter leichtem Erwärmen
bis auf das größtmögliche Vakuum ausgepumpt. Hierbei lösen sich die
letzten Luft- und Wasserspuren in Blasen ab. Diese letzten Wasserspuren
haften mit großer Zähigkeit. Es ist daher nötig, das Manometer stundenlang
an der Quecksilberluftpumpe zu evakuieren und auf $50-60°$ zu erwärmen.
Zugleich bringt man es mehrmals in wagrechte und senkrechte Stellung,
um den an der Wandung haftenden Gasteilchen Gelegenheit zum Loslösen
zu geben. Sodann wird es senkrecht gestellt, das Ricinusöl steht in beiden
Schenkeln gleich hoch und das Manometer ist gebrauchsfähig. Wenn es
nicht in Gebrauch ist, schließt man den Hahn und läßt im Vakuum stehen:
dadurch wird erreicht, daß das Öl kein Wasser anzieht. Es ist auch
deshalb von Vorteil, das Manometer im Vakuum stehen zu lassen, weil sich
die Flüssigkeit, wenn der geschlossene Schenkel des U-Rohres ganz gefüllt
ist, beim Auspumpen infolge ihrer Adhäsion an der Kuppe nicht loszulösen
vermag. Der Hahn wird am besten mit einer Mischung aus zwei Teilen Wachs
und einem Teil Lanolin, die unter Erwärmen verrührt wird, eingefettet.
Man kann dann das Manometer wochenlang im Vakuum stehen lassen.

Ein derartiges Manometer gestattet bequem Druckschwankungen von
$1/_4$ mm Quecksilber abzulesen. Sein Verwendungsgebiet ist zwischen 0 und
10 mm Quecksilber und füllt somit eine bis jetzt noch bestehende Lücke auf
dem Gebiet der Minderdruckdestillation aus.

Bei den Destillationen unter 2 mm gelangt ein Kolben mit 75 mm Steighöhe zur Anwendung; die große Steighöhe empfiehlt sich, weil die Destillation
nicht wie bei 0 mm ohne Blasenbildung vor sich geht, sondern wie bei 15 mm
unter starkem Stoßen und Aufschäumen der siedenden Substanz. Als Vorlagen wird eine Anzahl Säbelvorlagen um einen konzentrischen Schliff drehbar
angeordnet. Um Erstarren der Substanz innerhalb des Schliffs zu verhindern,
wird im Innern des Schliffs ein $1/_{10}$ mm dicker Platindraht eingeschmolzen[1]),
der durch ein Bunsensches Tauchelement zum Glühen gebracht werden kann.

Das Arbeiten im sogenannten „Vakuum des Kathodenlichts" nach Krafft
gestaltet sich folgendermaßen [Fig. 59[2])].

Als Druckmesser bzw. als Indicator für die Erreichung eines genügenden
Vakuums dient eine Hittorfsche Röhre, die bereits bei Anwendung eines
Bunsenelements und eines ganz kleinen Ruhmkorffschen Funkeninduktors
Licht gibt. Sobald sich das apfelgrüne Kathodenlicht an den Glaswänden zeigt,
ist genügende Verdünnung eingetreten. Eine solche Röhre kann man sich aus
zylindrischen 6 cm langen und 2 cm weiten Glasröhren herstellen, in die man
in Scheibchen endigende Platinelektroden mit 3 cm Abstand einschmilzt.

Der Destillierkolben faßt 15 ccm. Das Thermometer wird so eingesetzt,
daß es sich 2—3 cm über der siedenden Flüssigkeit befindet, wobei über der
Quecksilberkugel bis zum Abflußrohr eine Dampfsäule von 25—30 mm ist
und die Dämpfe noch weitere 35—40 mm hoch steigen. Nimmt man den Kolbenhals entsprechend länger, so wird der Kautschukstopfen sehr geschont.

Der Destillationskolben steht mit einer Vorlage, die einesteils mit der
Baboschen Pumpe, andererseits mit der Hittorfschen Röhre kommuniziert,
und endlich mit einem gut eingeschliffenen Glashahn in Verbindung.

Die Vorlage wird mit nassem Filtrierpapier und Eisstücken bedeckt.

Für die Bestimmung werden jedesmal 3—4 g Substanz verwendet und die
Versuche abgebrochen, sobald sich noch etwa 1 g Substanz im Kolben befindet.

---

[1]) Siehe S. 82.   [2]) Siehe Seidel, Diss. Heidelberg (1913).

Bei Eiskühlung der Vorlage kommen für Substanzen, die im Vakuum bei 100° und darüber sieden, keine den Gang des Versuchs störenden Dampfmengen in die direkt mit einem Glasrohr angeschlossene und kontinuierlich arbeitende Quecksilberpumpe. Wo Luft und Gase fehlen, ist offenbar die

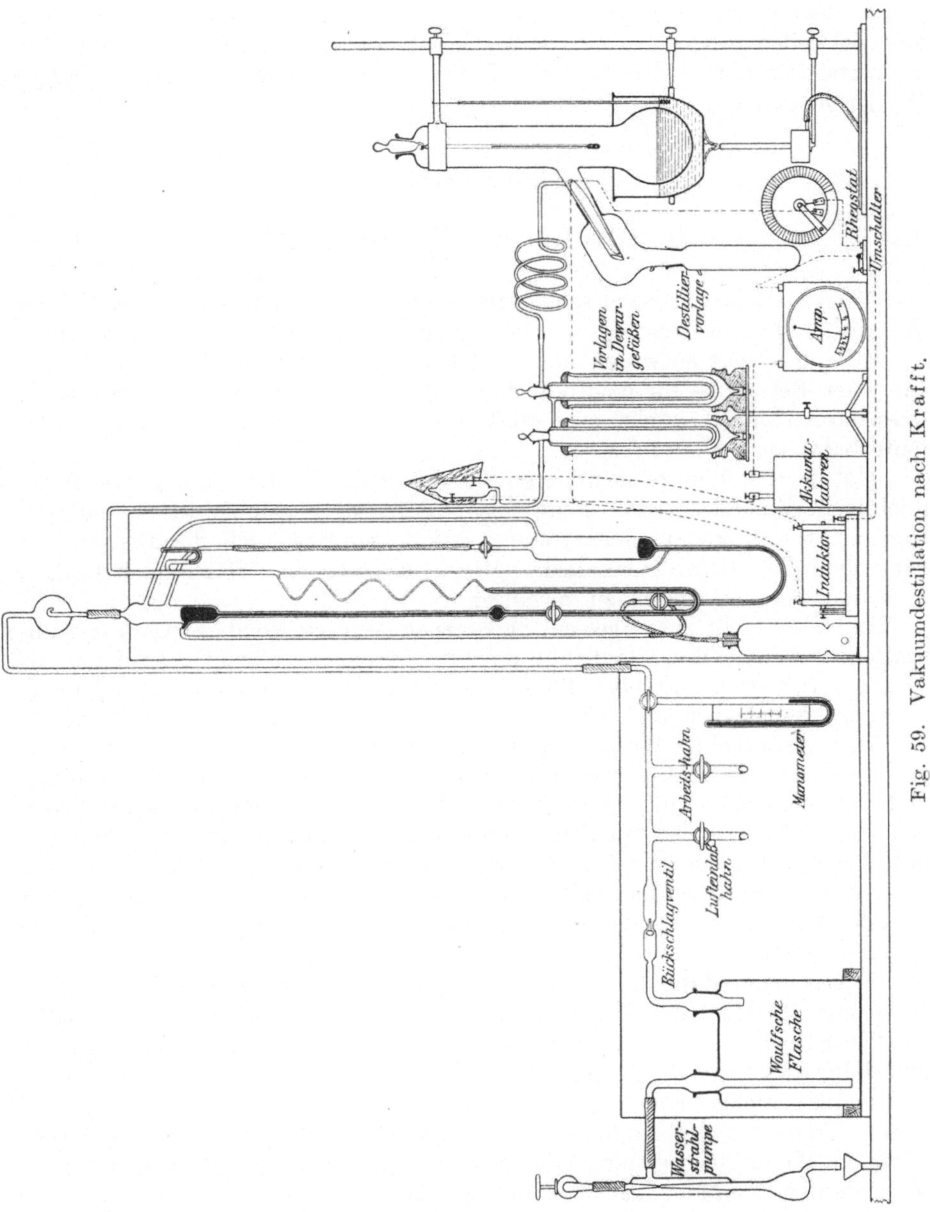

Fig. 59. Vakuumdestillation nach Krafft.

Bildung von schwer kondensierbaren Bläschen und Nebeln nicht möglich. Zudem verwendet man den Kunstgriff, von Anfang an ein wenig Substanz in die Vorlage zu bringen und womöglich in dünner Schicht an deren Wandung erstarren zu lassen. Eine solche Schicht übt augenscheinlich auf geringe Dampfspuren, namentlich zu Anfang des Versuchs, größere Anziehung aus als die nackten Glaswände. Zum Anheizen dient zweckmäßig ein Bad aus Woodscher Legierung.

Es empfiehlt sich, zwischen Pumpe und Vorlage eine mit Bariumoxyd gefüllte, gut gekühlte Vorlage einzufügen[1]).

Zum Dichten und Schmieren von Glashähnen wird eine Mischung aus zwei Teilen geschmolzenem, weißem Wachs und einem Teil Adeps lanae für Temperaturen über 15° empfohlen; für niedrigere wird entsprechend weniger Wachs genommen.

Sechster Abschnitt.

Destillation mit Wasserdampf.

Viele an und für sich schwerflüchtige Substanzen lassen sich leicht im Wasserdampfstrom übertreiben und dadurch von Verunreinigungen trennen.

Man destilliert entweder die mit Wasser versetzte Substanzlösung einfach aus einer Retorte — für empfindliche Stoffe im Kohlendioxyd- oder Schwefelwasserstoffstrom[2]) —, oder man setzt, zur Erhöhung des Siedepunkts, indifferente Salze zu[3]).

Hat man Säuren zu destillieren, so empfiehlt sich der Zusatz von nichtflüchtigen Mineralsäuren[4]) (Schwefelsäure, besser Phosphorsäure); dadurch wird nicht nur Siedepunktserhöhung erzielt, sondern auch die Dissoziation der organischen Säure zurückgedrängt und dadurch ihre Flüchtigkeit erhöht.

Analog ist bei Basen zu verfahren.

Dabei ist nicht zu vergessen, daß manche Säuren leicht ihr Carboxyl abspalten; so werden Mono- und Dibromparaoxybenzoesäure beim Destillieren mit wäßriger Schwefelsäure oder Phosphorsäure glatt in die entsprechenden gebromten Phenole verwandelt[5]). Ähnlich verhalten sich manche Sulfosäuren[6]).

Das verbrauchte Wasser kann man durch einen auf die Retorte aufgesetzten Scheidetrichter ersetzen; will man die dadurch bedingte Abkühlung und das gewöhnlich eintretende heftige Stoßen der siedenden Flüssigkeit vermeiden, so entwickelt man den erforderlichen Dampf in einem zweiten Gefäß A und leitet ihn, wie Fig. 60 zeigt, durch ein gebogenes Glasrohr in den die Substanzlösung enthaltenden schiefgestellten Rundkolben B. Sollte sich letzterer zu sehr mit kondensiertem Wasser füllen, so wird auch unter B eine Flamme gebracht.

Sehr bequem ist die Benutzung eines größeren metallenen Dampfentwicklers, wie solche von Hofmann und Landolt angegeben worden sind (Fig. 61, 62).

Über fraktionierte Destillation mit Wasserdampf machen Hardy und Richens folgende Bemerkungen[7]):

1. In manchen Fällen kann die Destillation mit Wasserdampf vollständigere Trennung herbeiführen als die gewöhnliche Destillation mit trockner Wärme. Wenn die zu trennenden Substanzen weit unter 100° sieden, ist die Methode der Dampfdestillation kaum von Wert.

---

[1]) Lauk, Diss. Heidelberg (1914), 17.   [2]) Bechhold, B. **22**, 2378 (1889).
[3]) Vgl. Wagner, Technologie, 10. Aufl., S. 676. — Matthews, Soc. **71**, 323 (1897).
[4]) Z. B. Königs, B. **26**, 2338 (1893). — Auwers, B. **28**, 265 (1895). Siehe auch S. 682.
[5]) Hans Meyer, M. **22**, 439 (1901).   [6]) Siehe S. 535.
[7]) Analyst **32**, 197 (1907). — Siehe auch Lazarus, B. **18**, 577 (1885). — Tiemann und Krüger, B. **26**, 2677 (1893).

2. Der Einfluß von Fraktionieraufsätzen ist wesentlich geringer als bei dem gewöhnlichen Verfahren.

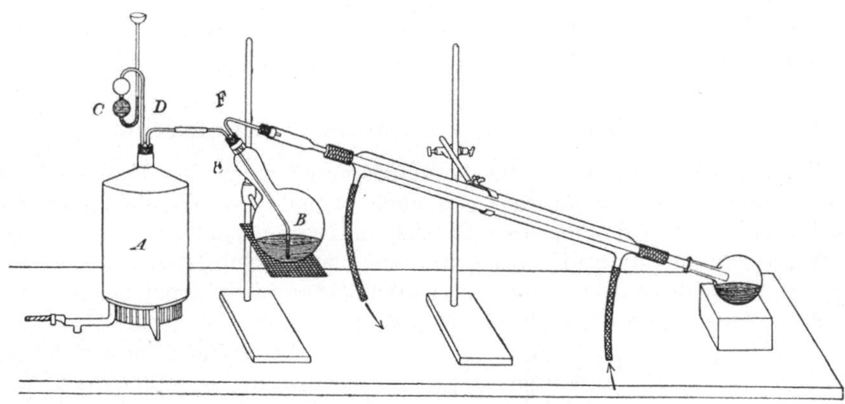

Fig. 60. Destillation mit Wasserdampf.

3. Die Destillationsgeschwindigkeit beeinflußt das Resultat nur wenig; in manchen Fällen ist es jedoch von Vorteil, den Dampf möglichst schnell durch das Gemisch gehen zu lassen.

4. Besonders gute Resultate können oft, wenn nicht immer, durch **Dampfdestillation unter vermindertem Druck** erhalten werden.

Nach Richmond[1]) geht unabhängig vom Siedepunkt die in Wasser schwerer lösliche Substanz aus ziemlich verdünnter wäßriger Lösung schneller über.

Duclaux[2]) und Buchner und Meisenheimer[3]) konnten Buttersäure und Essigsäure durch fraktionierte Destillation mit Wasserdampf trennen.

Um Überschäumen bei stark blasenbildenden Substanzen zu verhindern, leitet man nach einem Patent[4]) während der Destillation über die Oberfläche der kochenden Flüssigkeit einen Dampfstrom oder, nicht ganz so gut, nach Fanto[5]) einen Gasstrom.

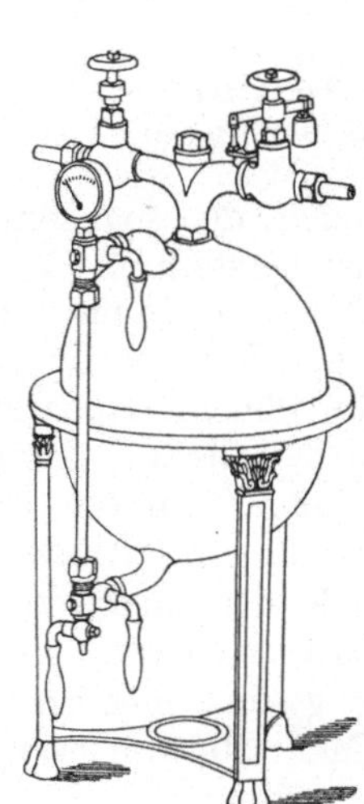

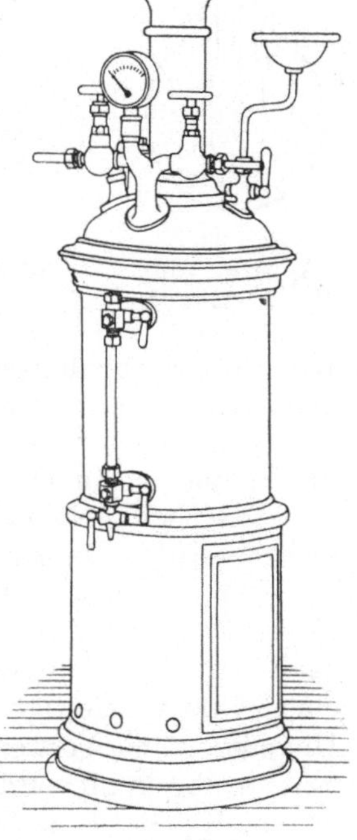

Fig. 61.
Dampfentwickler von
Hofmann.

Fig. 62.
Dampfentwickler von
Landolt.

1) Analyst **32**, 197 (1907); **33**, 209 (1908).

2) Traité de Microbiologie **3**, 384 (1900)

3) B. **41**, 1416 (1908).

4) DRP. 118 452 (1901). — In diesem Patent ist auch die Dampfdestillation unter vermindertem Druck ausführlich beschrieben.

5) Z. ang. **20**, 1232 (1907). — Siehe auch Lenk, Ch. Ztg. **44**, 330 (1920).

Für Wasserdampfdestillationen in kleinem Maßstabe hat Pozzi-Escot einen geeigneten Apparat angegeben[1]), dessen Konstruktion und Wirkungsweise aus der Fig. 63 ersichtlich ist.

Man kann ihn auch dazu benutzen, um flüchtige Substanzen durch andere Mittel (Äther, Benzin, Alkohol usw.) überzutreiben.

Destillation mit gespanntem Wasserdampf.

Ebenso, wie man durch Zusatz indifferenter Salze den Siedepunkt des Wassers erhöhen kann, bewirkt man auch oftmals eine Beschleunigung der Destillation durch Erhöhung des Drucks im Dampfkessel oder durch Leiten des Wasserdampfs durch überhitzte Röhren; manche Substanzen können überhaupt nur gut vermittels überhitzten Wasserdampfs übergetrieben werden, während wieder andere[2]) dadurch geschädigt werden.

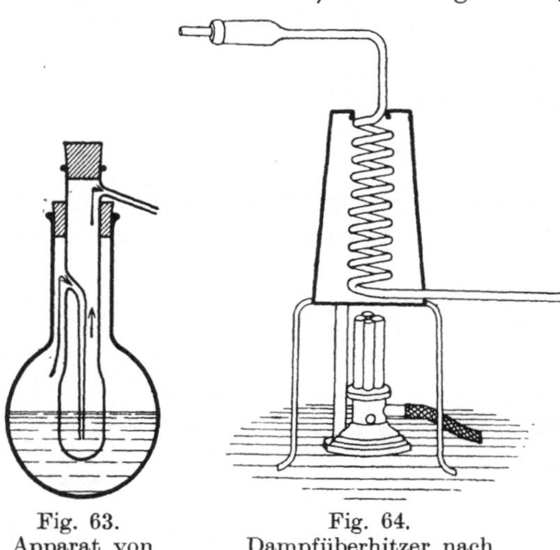

Fig. 63.
Apparat von
Pozzi-Escot.

Fig. 64.
Dampfüberhitzer nach
Lassar-Cohn.

Da es nicht ratsam ist, den Druck im Dampfentwickler auf mehr als zwei Atmosphären zu steigern (entsprechend 120° Dampftemperatur), zieht man es in der Regel vor, den unter Atmosphärendruck entwickelten Dampf durch ein entsprechend erhitztes Metallrohr zu schicken.

Einen geeigneten Apparat für diesen Zweck[3]) nach Lassar-Cohn zeigt Fig. 64. Er besteht aus einem 5 mm weiten Spiralrohr aus Kupfer von 10 Gängen, von 1.5 mm Wandstärke, im ganzen 2.5 m lang, in einen eisernen Mantel auf drei Füßen eingeschlossen. Das Rohr endigt in einem 20 mm weiten Ansatz für einen Verbindungsstopfen, den man am besten durch Umwickeln mit angefeuchtetem Asbestpapier herstellt[4]).

Will man mit Dampf von bestimmter Temperatur arbeiten, so setzt man die Spirale in ein Ölbad und kontrolliert mit dem Thermometer.

Ein noch weit zweckmäßigerer Apparat (Patent Heizmann) wird von Hugershoff, Leipzig, in den Handel gebracht (Fig. 65).

Der Überhitzer wird derart in die Dampfheizung zwischen *A* und *B* (Fig. 60) eingesetzt, daß die Austrittseite mit der Thermometer-Öltasche nach der Verwendungsstelle des überhitzten Dampfs gerichtet ist, und an einem Stativ befestigt. Dabei ist darauf zu achten, daß die Leitung zwischen Überhitzer und Verwendungsstelle möglichst kurz ist, damit der Dampf nicht zu sehr abgekühlt wird. Man lötet am besten ein gebogenes Zinnrohr an, das in den Kolben *B* gesteckt wird.

---

1) Bull. (3) **31**, 932 (1904).
2) Z. B. die Skatolcarbonsäure: Salkowski, Z. physiol. **9**, 493 (1885). — o-Nitrobenzonitril: Pinnow und Müller, B. **28**, 151 (1895).
3) Zu beziehen von W. J. Rohrbecks Nachfolger, Wien I, Giselastraße.
4) Pinnow und Müller, B. **28**, 150 (1895).

Nachdem ein Stückchen Paraffin oder etwas Öl in die Öltasche gebracht wurde, wird ein Thermometer eingesetzt.

Unter dem Apparat wird in angemessener Entfernung ein Bunsenbrenner aufgestellt, der, nachdem man das Dampfeinlaßventil vor dem Überhitzer geöffnet hat, angezündet wird.

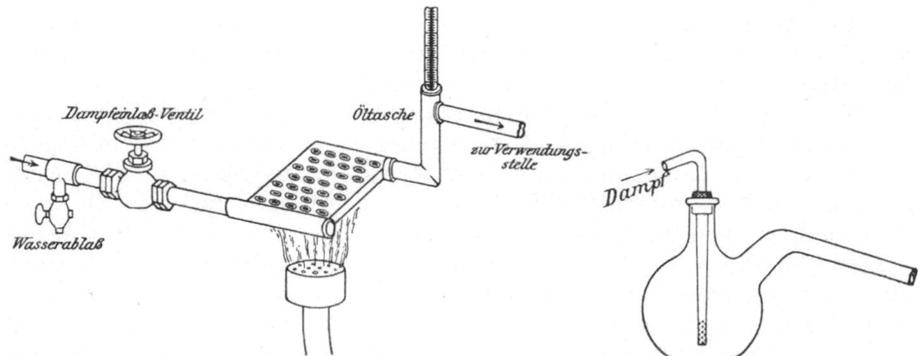

Fig. 65. Dampfüberhitzer nach Heizmann.　　Fig. 66. Kolben von Ziegler.

Nun wird das Ventil so eingestellt, daß das Thermometer die gewünschte Temperatur des Dampfs anzeigt. Es ist zweckmäßig, das Ventil anfangs, bis die gewünschte Temperatur erreicht ist, nur ganz wenig und dann, so lange die Temperatur zu weit steigt, vorsichtig mehr zu öffnen.

Ist der zu überhitzende Dampf feucht, so ist es angezeigt, vor dem Überhitzer ein Ventilchen an der untersten Stelle der Leitung oder an einem T-Stück (siehe Fig. 65) anzubringen, das zum Ablassen des Wassers zeitweise geöffnet wird.

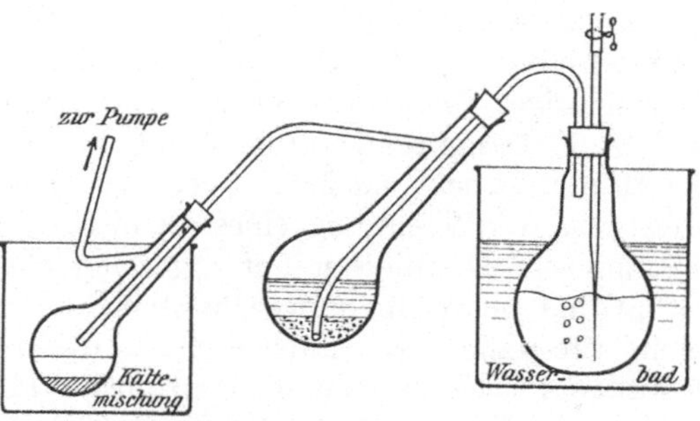

Fig. 67. Dampfdestillation unter vermindertem Druck nach Fränkel.

Beim Abstellen wird zunächst der Gashahn geschlossen, dann erst das Dampfventil.

Es empfiehlt sich, die Temperatur nicht über 300° steigen zu lassen.

Als Destillationskolben verwendet man den Fraktionierkolben von Emery (Fig. 34) oder den von Ziegler[1]) (Fig. 66).

[1]) Ch. Ztg. **21**, 96 (1897).

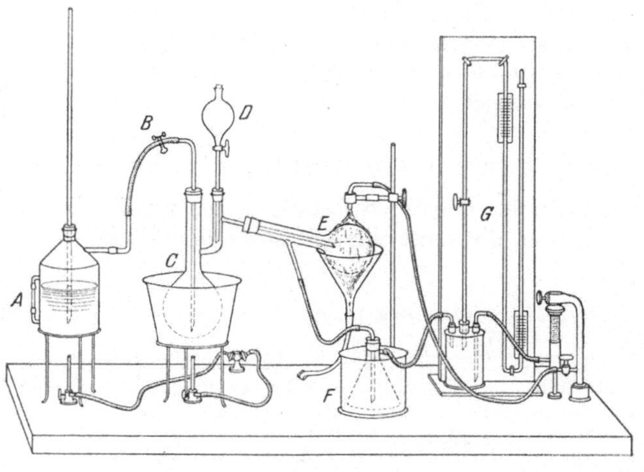

Fig. 68. Apparat von Welde.

7*

Über eine Methode zur selbsttätigen Regulierung der Destillation mit Wasserdämpfen: Matthews, Proc. **13**, 18 (1897). — Soc. **71**, 318 (1897).

Dampfdestillation unter vermindertem Druck.

Die Ausführung derartiger Destillationen hat sich in manchen Fällen, wo es sich um die Reindarstellung empfindlicher Substanzen handelte, sehr bewährt.

So gelang es Fränkel[1] (Fig. 67) auf diese Weise, den rohen Diazoessigester in bequemster Weise zu reinigen. Man brauchte nicht die Operation in kleinen Mengen durchzuführen und hatte nicht Zersetzung zu fürchten, wie sie bei der üblichen Wasserdampfdestillation kaum zu vermeiden ist und sich durch Aufschäumen bemerkbar macht. Bei 20—30 mm Druck ging das Ester-Wassergemisch bei 30—35°, also bei einer Temperatur, bei der im alkalischen Medium kaum Zersetzung eintritt, über. Bei Verarbeitung von ca. 50 g Diazoessigester dauert die Destillation 45—60 Minuten. Bei den verhältnismäßig niedrigen Temperaturen und bei der, besonders im Anfang, lebhaften Destillation ist gute Kühlung der Vorlage notwendig, da sonst leicht Ester in die Pumpe gerissen wird. Eine gute Kochsalz-Eis-Kältemischung in einem großen Becherglas, das die Vorlage ganz umschließt, erwies sich als zureichend.

Eine etwas andere Anordnung beschreibt Welde[2] (Fig. 68).

Auch Steinkopf empfiehlt die Wasserdampfdestillation im luftverdünnten Raum[3]. Er konnte Toluol, Anilin und selbst Nitrobenzol leicht bei sehr niedriger Temperatur übertreiben, und zwar ging Toluol bei 27 mm Druck und 27.5° Dampftemperatur, Anilin bei 20 mm Druck und 23°, Nitrobenzol bei 19 mm Druck und 22.5° über. Druck und Temperatur bleiben dabei sehr konstant. Die Trennung eines Gemischs von Toluol und Nitrobenzol durch fraktionierte Destillation unter gewöhnlichem Druck, wie sie Lazarus ausgeführt hat, gelang im luftverdünnten Raum nicht. Daß sich auch durch Wasser leicht zersetzliche Substanzen unter diesen Umständen mit Wasserdämpfen destillieren lassen, wurde am Benzoylchlorid nachgewiesen, das bei 16—17 mm Druck und 21°, allerdings nur in einer Ausbeute von 40% überging.

Hoering und Baum[4] machen darauf aufmerksam, daß das Dampfeinleitungsrohr und das Dampfableitungsrohr weites Lumen besitzen müssen. Bei schwerer flüchtigen Substanzen wird auch das Destilliergefäß in ein eigenes Wasserbad gestellt und ein genügend langer Kühler verwendet. Man kann dann bei 9—15 mm Druck destillieren.

Es ist auch möglich, die

Vakuumwasserdampfdestillation mit überhitztem Dampf

vorzunehmen und so Substanzen bei verhältnismäßig tiefer Temperatur zu destillieren, die sonst nur mit stark überhitztem Dampf flüchtig sind[5].

---

[1] Diss. Heidelberg (1906), 11. — Bredig, Vhdlg. Naturh.-Mediz. Ver. Heidelberg **9**, 4 (1907).

[2] Bioch. **28**, 511 (1910). — Bahrdt, Edelstein, Langstein und Welde, Z. f. Kinderheilk. **1**, 139 (1910). — Edelstein und Welde, Z. physiol. **73**, 152 (1911). — Edelstein und Csonka, Bioch. **42**, 372 (1912).

[3] Ch. Ztg. **32**, 517, 1083 (1908). — J. pr. (2) **81**, 109 (1910). — Monhaupt, Ch. Ztg. **32**, 573 (1908). — Geer, Ch. Ztg. **33**, 859 (1909).

[4] B. **42**, 3079, 3084 (1909).   [5] Harries und Haarmann, B. **51**, 789 (1918).

Man wendet Dampf von ca. 3—4 Atmosphären Druck an, wie man ihn in einem kupfernen, mit Manometer versehenen Kessel bequem erzeugen kann, führt ihn durch die Vorlage A, die zur Aufnahme von Kondenswasser eingeschaltet werden muß, durch das Drosselventil B in den Überhitzer C. Mit Hilfe des Thermometers D läßt sich die Temperatur regulieren und auf ca. 300° festhalten. Der Teil $c\,d$ ist ein mit der Schlange des Überhitzers verbundenes Metallrohr, in das auf beiden Enden bei c und d die Glasrohrleitungen eingegipst werden müssen. E ist ein mit kleinen Glasröhren (Prinzip Raschig) angefüllter Aufsatz, der außen mit einem Asbestmantel als Wärmeschutz umgeben ist. Dieser Aufsatz ist ca. 12 cm hoch und 5 cm weit, die unteren

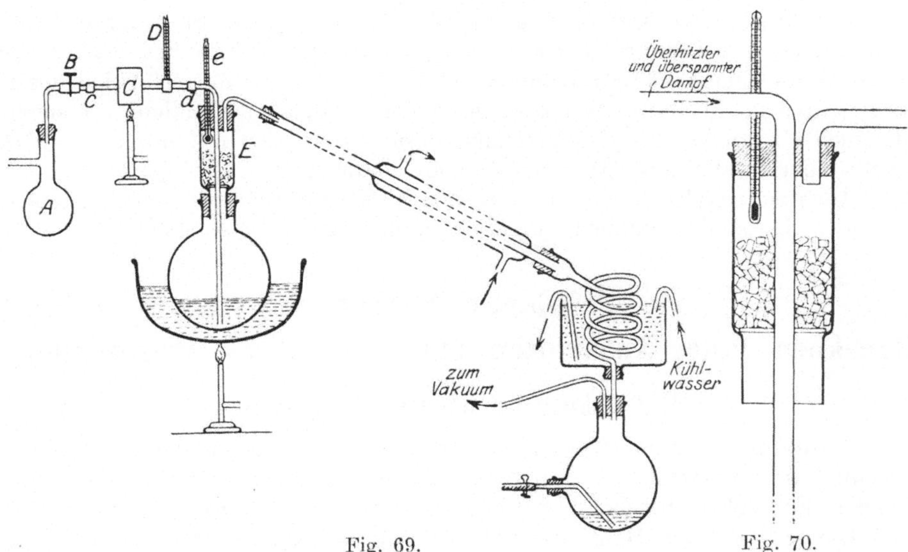

Fig. 69.   Fig. 70.

verjüngten Enden haben ca. 3.5 cm Durchmesser. Die Glasrohrstücke werden durch eine Metallspirale (verzinkter Eisendraht) oberhalb des verjüngten Teiles in der gewünschten Lage festgehalten. Das Dampfeinleitungsrohr geht durch die Mitte dieses Aufsatzes hindurch und dient zugleich als Heizvorrichtung. Der Aufsatz behebt das Überspritzen und Schäumen während der Destillation, das sonst kaum zu verhindern ist. Das Thermometer e kontrolliert die Temperatur der destillierenden Flüssigkeit. (Siehe das vergrößerte Bild, Fig. 70.)

Der Destillationskolben steht in einem Ölbad, das während der Destillation erhitzt werden kann. Das Kühlrohr muß, um Springen zu vermeiden, aus Jenenser Glas sein und darf nicht gleich mit kaltem Wasser gekühlt werden. Man läßt zu diesem Zweck ein Stück von ca. 70—80 cm als Luftkühler offen und umkleidet den unteren Teil mit einem Liebigkühler, am besten aus Blech von ca. 1 m Länge. Das Kühlrohr steckt am Ende in einem Schlangenkühler, der seinerseits mit einer Vorlage mit geeigneter Ablaßvorrichtung für das übergegangene Kondensat verbunden ist. Man benutzt Korkstopfen, die mit Leim und Kreide gedichtet werden. Man evakuiert nun, nachdem alles gut schließt. Hierbei muß das Ventil B (Fig. 69) gedrosselt werden, um ein gutes Vakuum zu erhalten. Man kann so leicht 50 mm und weniger erzielen. Es kommt nur darauf an, daß man den Wasserdampf vor dem Überhitzen und nicht hinterher abdrosselt, um die Temperatur auch im Destillationskolben auf der erreichten Höhe zu erhalten. Würde man den Dampf hinter dem Überhitzer abdrosseln, so erzielte man bei der Entspannung starke Temperaturerniedrigung.

Bemerkenswert ist, daß auch wäßrige Salzlösungen, die sonst nur schwer ihr Wasser abgeben, mit überhitztem Dampf leicht vom Wasser zu befreien sind.

Nicht nur mit Wasserdampf, sondern auch mit den Dämpfen anderer Flüssigkeiten, von selbst niedrigerem Siedepunkt, sind manche Substanzen erheblich flüchtig, was oftmals ihre Darstellung erleichtert.

V. Meyer und Askenasy reinigten das Nitropropylen durch Destillation im Ätherdampfstrom[1]), Bunzel[2]) das α-Pipecolin durch Übertreiben mit Alkoholdämpfen.

Auf diesen Umstand ist auch bei der Isolierung von Substanzen durch Abdampfen des Lösungsmittels Rücksicht zu nehmen. So hat man große Verluste an Cinchomeronsäureanhydrid[3]), wenn man das überschüssige Essigsäureanhydrid, in dessen Schoß es gewonnen wird, abzudestillieren versucht, da auch ein großer Teil des Cinchomeronsäureanhydrids mit übergeht. Man muß daher im Vakuum über Stangenkali eindunsten.

Auch Acetonylaceton ist nach Knorr[4]) mit Ätherdämpfen flüchtig, ebenso die o-Nitrodialkylaniline[5]), Pinakolinoxim[6]) und Ameisensäure[7]).

Siebenter Abschnitt.

Trocknen fester Substanzen und Krystallwasserbestimmung.

1. Trocknen bei höherer Temperatur.

Substanzen, die erwärmt werden dürfen, ohne Zersetzung zu erleiden, trocknet man entweder in Apparaten, die mit einer entsprechend hoch siedenden Flüssigkeit beschickt werden, oder in Lufttrockenkasten.

Die gewöhnlichen Heißwasser-Trockenschränke der Laboratorien leiden an dem Übelstand, daß die ganze verdunstete Feuchtigkeit in dem Kasten verbleibt und dementsprechend den Trockenprozeß selbst unnötig verzögert. Man sucht dies zu vermeiden, indem man kontinuierlich durch den Kasten einen Luftstrom hindurchsaugt, der die Feuchtigkeit fortführt und statt dessen trockne Luft einströmen läßt. Dieses Saugen wird fast immer durch Aspiratoren oder durch die Wasserluftpumpe bewirkt. Erstere sind aber recht unbequeme Apparate; durch letztere ist man an die Existenz einer Wasserleitung, in jedem Fall an einen bestimmten Platz gebunden. Es liegt nun nahe, das Saugen statt durch das strömende Wasser durch den beim Trocknen entwickelten Dampf bewirken zu lassen. Auf diesem Prinzip beruht der Trockenschrank von Gallenkamp[8]) (Fig. 71).

W ist ein Wasserbad, in das der eigentliche Trockenbehälter L eingelötet ist, der seinerseits durch den aufgeschliffenen Deckel D verschlossen wird. Aus W führen die beiden Rohre r_1 und r_4, von denen letzteres ein kleines Manometer M, ersteres eine kleine Wasser- oder Dampfstrahlpumpe S trägt, deren Luftrohr durch den Schlauch s mit dem Rohr r_2 verbunden ist,

---

[1]) B. **25**, 1702 (1892).   [2]) B. **22**, 1053 (1889).   [3]) Strache, M. **11**, 134 (1890).
[4]) B. **22**, 169 Anm. (1889). — Ebenso Nitroglycerin, siehe S. 248.
[5]) Weissenberger, M. **33**, 823 (1912).   [6]) Nef, A. **310**, 324 (1899).
[7]) Kempf, B. **39**, 3721 (1906).
[8]) Ch. Ztg. **26**, 249 (1902). — Von der Firma Böhm & Wiedemann, München, zu beziehen.

das in L führt. In den Boden dieses letzteren mündet das Rohr r_3, das wiederum mit einer kleinen, vom Stativ getragenen Waschflasche f in Verbindung steht, deren in die Schwefelsäure tauchendes Rohr unten in eine feine Spitze ausgezogen ist und oben einen Glashahn G hat. Sobald nun das Wasser in W siedet und der Dampf unter Druck (30—40 mm Quecksilber, an M zu kontrollieren) durch die Pumpe S strömt, wird die Luft durch G, f, r_3 getrocknet nach L und von da mit Feuchtigkeit beladen durch r_2, s und S nach außen gesogen. Die Stärke des Luftstroms reguliert man am Hahn G; damit die eintretende Luft nicht kalt in L hineinströmt, ist das Rohr r_3 dicht mit

Kupferspänen K gefüllt, die ihre gesamte, vom heißen Wasser erhaltene Wärme an die durchströmende Luft abgeben. Damit ferner die über das siedende Wasser und den Dampf hinausragenden Teile des Innengefäßes und der Deckel nicht die Luft in L abkühlen, sind sie mit Filz oder dichtem Flanell F bedeckt. Auf diese Weise wird erreicht, daß selbst bei raschem Durchsaugen die Temperatur im Innern kaum um $1/2^\circ$ gegen stagnierende Luft sinkt. Wie bei allen Wasserbädern empfiehlt es sich auch hier, statt reinen Wassers eine Kochsalzlösung zu nehmen, damit die Temperatur im Innern von L sicher 100° erreicht. Auch für konstantes Niveau läßt sich der Apparat einrichten; nur muß man natürlich die Zuflußstelle, dem Wasserdruck von 30—40 mm Quecksilber entsprechend, ca. 40 cm hoch anlegen. Selbstverständlich ist der Apparat auch für höhere Temperaturen zu gebrauchen, sofern man

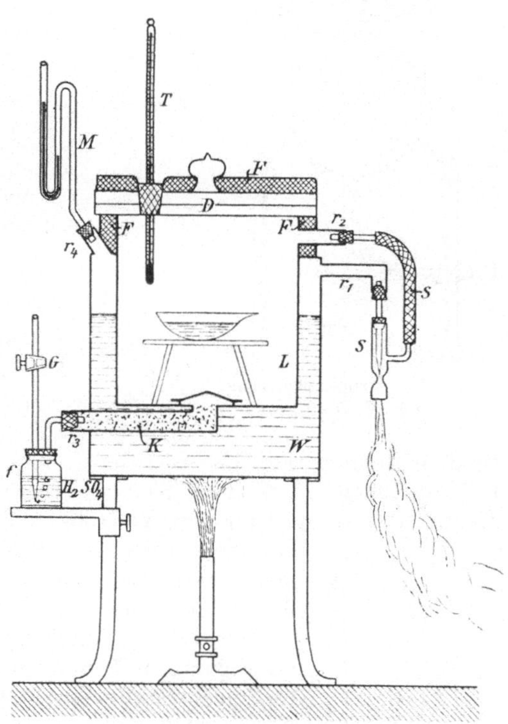

Fig. 71. Trockenschrank von Gallenkamp.

höher siedende Flüssigkeiten nimmt, wobei man natürlich zweckmäßig an S eine Vorrichtung zum Kondensieren des entweichenden Dampfs anschließen wird.

Von den gewöhnlich angewendeten Flüssigkeitstrockenschränken sind die von Viktor Meyer[1]) (Fig. 72 und 73) am meisten zu empfehlen.

Je nach der erforderlichen Temperatur wird eine der nachstehenden Heizflüssigkeiten verwendet.

Für eine Trockentemperatur von ca.:

30°	Methylformiat,
55°	Aceton,
60°	Chloroform,
75°	Äthylalkohol,
97°	Wasser,
107°	Toluol,
130°	Chlorbenzol,
135°	Xylol,
150°	Anisol, Amylacetat, Brombenzol,

---

[1]) B. **18**, 2999 (1885); **19**, 419 (1886).

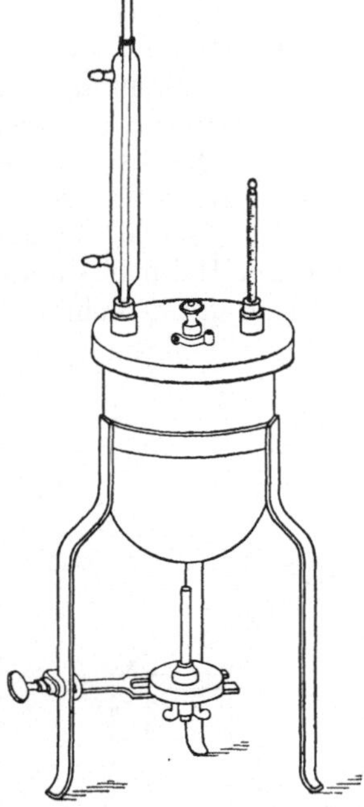

Fig. 72. Trockenschrank
nach V. Meyer.

160°	Teer-Cumol,
175°	Anilin,
185°	Dimethylanilin,
200°	Naphthalin, Äthylbenzoat,
235°	Chinolin,
255°	Amylbenzoat,
270°	Bromnaphthalin,
290°	Benzophenon,
300°	Diphenylamin,
390°	Reten,
480°	Chrysen.

Von geeigneten Salzlösungen für Bäder seien die folgenden angeführt:

Gesättigte Natriumcarbonatlösung	. . . .	Sdp.	104.6°
„ Natriumchloridlösung	. . . .	„	108°
„ Natriumnitratlösung	. . . . .	„	120°
„ Kaliumcarbonatlösung	. . . .	„	135°
„ Calciumchloridlösung	. . . . .	„	180°
„ Zinkchloridlösung	. . . . . .	„	300°

Trocknen im Leuchtgasstrom[1]).

Hierfür eignet sich der in Fig. 74 abgebildete Apparat. Das Gas durchströmt das innere Rohr A des doppelwandigen Gefäßes B und streicht dabei über die in A zum Trocknen aufgestellte Substanz. In dem Brenner wird das Gas verbrannt und bringt Wasser oder eine andere Heizflüssigkeit in C zum Sieden. Der Dampf durchströmt den äußeren Mantel des doppelwandigen Gefäßes und heizt dabei A. Das Kondensat sammelt sich im Becherglas an. Wirken Bestandteile des Gases auf die zu trocknende Substanz, wie vielleicht Schwefelwasserstoff, Kohlendioxyd oder Schwefelkohlenstoff, so muß man in die Gaszuleitung ein Reinigungsgefäß mit der entsprechend zu wählenden absorbierenden Substanz einschalten. Ist der zu trocknende Stoff sehr feucht, so kann es vorkommen, daß sich in der Brennerdüse Kondenswasser ansetzt und die Flamme verlöscht. In diesem allerdings seltenen Fall fügt man zwischen Trockenkammer und Brenner eine leere Waschflasche oder ein anderes Zwischengefäß, in dem sich das Kondenswasser ansammeln kann.

Weiteres über Trockengefäße siehe S. 197.

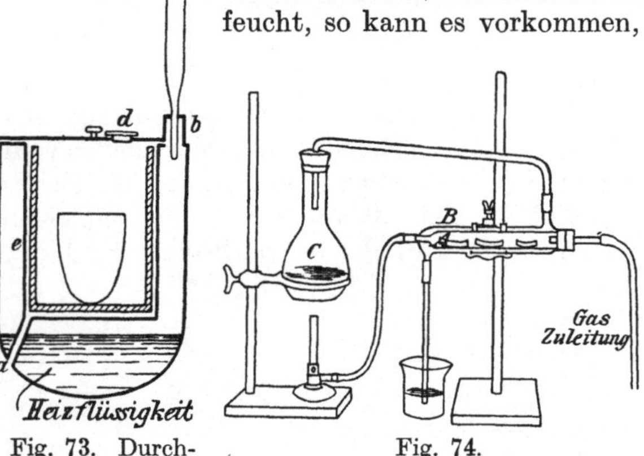

Fig. 73. Durchschnitt des Trockenschranks.

Fig. 74.
Trocknen im Leuchtgasstrom.

___

1) Davis, Z. ang. **20,** 1363 (1907).

2. Trocknen im Vakuum[1].

Viele Substanzen geben ihre Feuchtigkeit bzw. ihren Gehalt an Krystallwasser, Alkohol usw. erst bei Temperaturen ab, bei welchen die Substanz unter Atmosphärendruck nicht mehr unzersetzt bleibt. Für die Trocknung derartiger Stoffe sind heizbare Exsiccatoren[2] angegeben worden. Zweckmäßiger, namentlich für die geringen Substanzmengen, die zur organischen Analyse notwendig sind, ist der von Storch[3] modifizierte Habermann-Zulkowskysche Apparat, dessen Konstruktion aus der Zeichnung (Fig. 75) ersichtlich ist.

B ist ein Glasrohr von ca. 5 cm Weite, beiderseits verengt und entweder durch Korkstopfen oder durch Anschmelzen an das Rohr A fixiert. Die beiden Ansätze E und F bilden miteinander einen Winkel von etwa 160°. — Der in den Kolben C reichende Ansatz ist schief abgeschliffen. Der andre trägt ein entsprechend langes Kühlrohr. B wird ca. 30 cm, A 45 cm lang gewählt, $d = 2$ cm. C wird mit der passend gewählten Heizflüssigkeit beschickt, einige Porzellanschrote od. dgl.

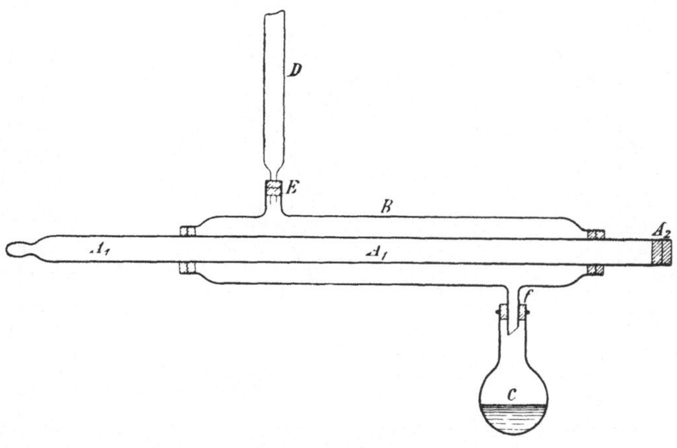

Fig. 75. Apparat von Storch-Habermann-Zulkowsky.

gegen Siedeverzug zugefügt und mit einer kleinen Flamme erhitzt. Man gibt dem Apparat schwache Neigung gegen den Kolben.

Die zu erhitzende Substanz wird im Schiffchen in das Innere von A eingeführt. Handelt es sich um Wasserbestimmungen, so bringt man in den Teil A_1 eine aus einer breiten Eprouvette geschnittene Röhre, die entsprechend mit einem Drahtstück als Handhabe zum Einführen und Herausziehen armiert und mit Chlorcalcium zwischen Wattepfropfen versehen ist. Dann verschließt man A_2 mit einem einfach durchbohrten Gummistopfen, der ein aus einem engen Glasrohr hergestelltes Quecksilbermanometer trägt. Man saugt die Luft aus dem Apparat, schließt den Saugschlauch durch einen Schraubenquetschhahn und ersieht an dem Manometer, inwieweit der Apparat Vakuum hält.

Sollen Substanzen von anderen flüchtigen Stoffen als Wasser befreit werden, so ist natürlich die Chlorcalciumschicht bei A unnötig. Man bringt dann in den Gummistopfen bei A_2 ein Chlorcalciumrohr, das mit einem Capillarenstück verschlossen ist, und saugt bei einigen Zentimetern Quecksilberdruck einen kontinuierlichen Luftstrom hindurch. Stört Kohlendioxyd, so wird ein Chlorcalcium - Natronkalkrohr an Stelle des Chlorcalciumrohrs benutzt. Wirkt der Sauerstoff der Luft ein, so kann durch ein Capillarrohr aus einem vollgeöffneten Kippschen Apparat trocknes Wasserstoff- oder Kohlendioxydgas zugeleitet werden. Das Trocknen geht rasch vonstatten.

[1] Siehe auch Rudolph, Ch. Ztg. **45**, 289 (1921).
[2] Anschütz, A. **228**, 305 (1885). — Brühl, B. **24**, 2458 (1891).
[3] Bericht der österr. Gesellsch. zur Förd. der Chem. Ind. **15**, 13 (1893).

Bei Substanzen, die Kohlendioxyd abgeben, kann man hinter das Röhrchen einen Kaliapparat bringen, im Wasserstoffstrom erhitzen und so auch die Kohlensäure bestimmen. — Verliert die Substanz Ammoniak, so fängt man es samt dem Wasser in Schwefelsäure auf.

Man kann als Trocknungsmittel natürlich auch Phosphorpentoxyd anwenden.[1]).

Der Apparat ist verschiedentlich modifiziert worden. Die Anordnung von Delbridge (a. a. O.) gibt Fig. 76 wieder.

Zum Aufbewahren[2]) der getrockneten Substanz benutzt man mit Vorteil einen sog. „Krokodilexsiccator" nach Ludwig (Fig. 77), der mit den entsprechenden Trockenmitteln versehen ist.

Im Vakuum des Kathodenlichts[3]) können wasserhaltige Salze leicht bei gewöhnlicher Temperatur entwässert werden. Hierbei ist ein deutlicher, wenn auch nicht scharf begrenzter Unterschied im Verhalten von Krystall- und Konstitutionswasser zu beobachten; letzteres entweicht nur sehr langsam. Da Schwefelsäure im hohen Vakuum rasch verdampft, ist sie als Trockenmittel wenig geeignet und deshalb durch lockeres Bariumoxyd zu ersetzen. — Siehe auch S. 218.

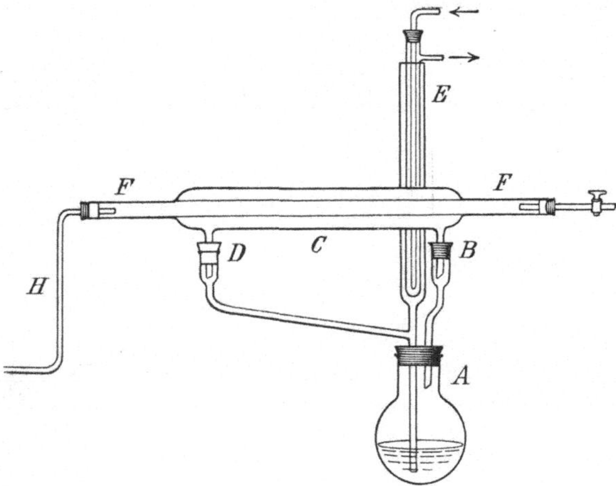

Fig. 76. Apparat von Delbridge.

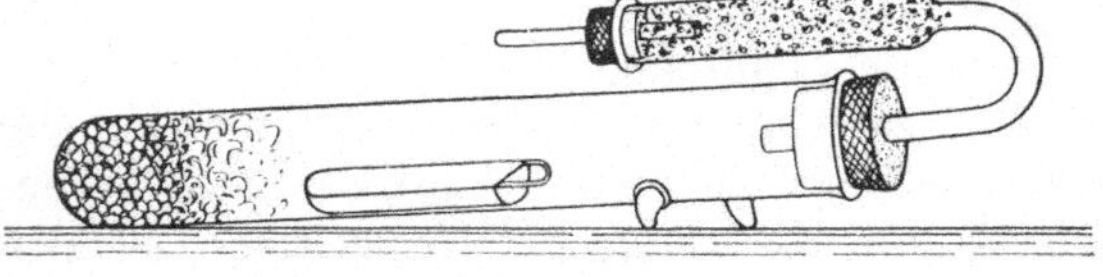

Fig. 77. Krokodilexsiccator.

3. Trocknen bei gewöhnlicher Temperatur.

Substanzen, die sogar das Erhitzen im Vakuum nicht vertragen, trocknet man im Exsiccator oder in der Storchschen Röhre unter Anwendung von Absorptionsmitteln für die zu entfernende Flüssigkeit, wobei man ebenfalls von der Luftverdünnung Gebrauch macht und für möglichst große Oberfläche der zu trocknenden Substanz sorgt.

Als passende Trockenmittel dienen zum Entfernen von

    Wasser: Chlorcalcium, Ätzkali, Natronkalk, Bariumoxyd[4]), Kalilauge[5]),
                           Konzentrierte Schwefelsäure[6]),
                           Phosphorpentoxyd, Chlorzink[7]),

---

[1]) Z. B. Delbridge, Am. **41**, 403 (1909). — Levene und Jacobi, B. **43**, 3143 (1910).

[2]) Siehe auch S. 197.

[3]) Krafft, B. **40**, 4770 (1907). — Siehe auch Shackell, Am. J. Physiol. **24**, 325 (1909). — Willstätter und Stoll, Chlorophyll (1913), 224.

[4]) Krafft, B. **40**, 4772 (1907). — E. Fischer, B. **41**, 1022 (1908).

[5]) Die mindestens 50proz. ist. — Kiliani, B. **55**, 503 (1922).

[6]) 300 ccm Schwefelsäure (1.8) sind imstande, 100 ccm Wasser zu binden. Dammer, Handb. anorg. Ch. **1**, 639.

[7]) Spiegel, Diss. Berlin (1906), 24.

Alkohol: Schwefelsäure, Paraffin[1]).

Äther:
Chloroform:
Benzol:
Ligroin:
} Olivenöl, Paraffin[1]), Kautschukabfälle.

Essigsäure: Ätzkalk, Ätzkali, Natronkalk und Schwefelsäure[2]), Natronkalk und Phosphorpentoxyd[3]).

Essigsäureanhydrid: Ätzkali, Natronkalk und Schwefelsäure.

Um ätherische Lösungen od. dgl. rasch abzudunsten, lassen Steinkopf und Bohrmann[4]) die Schale mit der Lösung auf einem Bad von konzentrierter Schwefelsäure schwimmen, mit der ein evakuierter Exsiccator über die Hälfte angefüllt ist (Schwimmexsiccator).

Verliert die Substanz im Vakuum Kohlendioxyd, so wird in einer Kohlendioxydatmosphäre getrocknet, verliert sie Ammoniak, so verwendet man als Trockenmittel eine Mischung von Ätzkali mit schwach angefeuchtetem Salmiak.

Man darf daher z. B. glutaminsaures Ammonium nicht über Schwefelsäure trocknen, weil es sonst Ammoniak verliert[5]).

Bisdimethylchromoncadmiumjodidjodhydrat kann im Vakuum über Ätzkali getrocknet werden; beim Trocknen über Schwefelsäure tritt dagegen Zersetzung ein[6]).

Dextro-weinsaures d-Coniin kann nach Ladenburg[7]) bei gewöhnlicher Temperatur über Chlorcalcium getrocknet werden, verträgt aber Trocknen über Schwefelsäure nicht. Auch p-Nitrodiphenyltriketonhydrat verliert schon über Schwefelsäure einen Teil seines Konstitutionswassers und kann nur im Luftexsiccator getrocknet werden[8]).

Es kann auch vorkommen, daß leicht zersetzliche Substanzen in geschlossenen Gefäßen, selbst im Vakuum, nicht aufbewahrt werden können, während sie in offenen Gefäßen oder über gewissen Trockenmitteln haltbar sind. So zersetzen sich viele Oxime[9]) und Salpetersäureester, wenn die spurenweise entwickelten, autokatalytisch den Zerfall beschleunigenden nitrosen Dämpfe nicht entweichen können.

Benzolsulfinsäureanhydrid ist über Natronkalk viel beständiger als über Schwefelsäure oder in geschlossenen Gefäßen schlechthin: Dies ist wahrscheinlich darauf zurückzuführen, daß die geringen Mengen Schwefeldioxyd, welche die Substanz schon bei Zimmertemperatur abspaltet, nur im Natronkalkexsiccator, durch Salzbildung, beseitigt werden[10]).

Bei schon durch Spuren von Feuchtigkeit dissoziierbaren Bromhydraten darf kein Stangenkali, sondern nur Phosphorpentoxyd als Trockenmittel verwendet werden[11]).

Näheres über die Wirkungsweise der einzelnen Trockenmittel siehe:

---

[1]) Eine zum Brei erstarrte Lösung von Paraffin in Paraffinöl (Liebermann und Finkenheiner, B. **28**, 2236 Anm. (1895), oder mit Paraffin getränktes Filtrierpapier sind besonders zu empfehlen. Benzol wird am langsamsten absorbiert.

[2]) Hiemesch, Diss. Halle-Wittenberg (1907), 27.

[3]) Pfeiffer, A. **412**, 292 (1916).   [4]) B. **41**, 1047 (1908).

[5]) Schulze und Trier, B. **45**, 257 (1912).

[6]) Simonis und Elias, B. **48**, 1515 (1915).   [7]) B. **27**, 3065 (1894).

[8]) Wieland und Bloch, B. **37**, 1533 (1904). — Siehe auch Edinger, B. **41**, 940 (1908).

[9]) Siehe S. 805.

[10]) Knoevenagel und Polack, B. **41**, 3325 (1908).

[11]) Scholl und Berblinger, B. **37**, 4182, Anm. (1904).

Liebermann, B. **12**, 1294 (1879).

Müller-Erzbach, B. **14**, 1096 (1881); — Arch. **222**, 107 (1884).

Morley, Z. phys. **20**, 91 (1896).

Siebenrock, M. **30**, 759 (1909).

Vergleich der Wirksamkeit der verschiedenen Trockenmittel: Baxter und Warren, Am. soc. **33**, 340 (1911). — Baxter und Starkweather, Am. soc. **38**, 2038 (1916).

4. Weitere Angaben.

Krystallwasserbestimmung.

Manche Substanzen vertragen selbst das Trocknen im Vakuum nicht. Säuren bzw. Basen kann man titrieren und findet so den Wassergehalt[1]) aus dem vergrößerten Molekulargewicht.

In den aus den Halogenalkylaten der Oxychinoline erhältlichen Ammoniumhydroxyden läßt sich keine direkte Krystallwasserbestimmung ausführen, da sie sich beim Erwärmen zersetzen. Claus und Howitz[2]) sowie Bärlocher[3]) und Reif[4]) machen hier deshalb eine indirekte Bestimmung, indem sie das aus den Basen durch Eindampfen mit Salzsäure erhältliche Chloralkylat wägen.

Der p-Chinolinaldehyd sublimiert bereits bei der Temperatur, bei der er sein Krystallwasser abgibt. Hier kann das Krystallwasser nur durch Elementaranalyse bestimmt werden[5]), wie dies auch sonst[6]) öfters der Fall ist. Spaltet eine Substanz beim Trocknen neben Wasser auch Kohlendioxyd ab [Oxonsäure[7])], so nimmt man das abgegebene Wasser in einer Chlorcalciumröhre auf.

Krystallwasser läßt sich auch oftmals so vertreiben, daß man die Substanz mit einem indifferenten Lösungsmittel (Chloroform, Benzol, Xylol) kocht und nach dem Erkalten das ausgeschiedene Wasser mechanisch abtrennt. Auf diese Art läßt sich z. B. Orthobenzoylbenzoesäure entwässern[8]).

Umgekehrt muß man Gynocardin, das, aus Alkohol krystallisiert, stets kleine Mengen des Lösungsmittels zurückhält, zur Entfernung des Alkohols mit Wasser kochen[9]).

Man gelangt auch oft zum Ziel, wenn man die zu trocknende Substanz in einem anderen Lösungsmittel aufnimmt und in geeigneter Weise ausfällt So lösen Rohde und Schärtel[10]) ein empfindliches benzolhaltiges Säureamid in Äther und fällen mit Petroläther.

Manche flüssige Substanzen bilden feste Hydrate, zerfließen daher im Exsiccator[11]).

---

[1]) Jacobsen, B. **15**, 1854 (1882). — Schroeter und Schmitz, B. **35**, 2086 (1902). — Delbridge, Am. **41**, 399 (1909).   [2]) J. pr. (2) **43**, 523 (1891).

[3]) Diss. Freiburg (1893), 14.   [4]) Diss. Freiburg (1906), 32.

[5]) Philipp, Diss. Freiburg (1906), 13.

[6]) Z. B. Marckwald, B. **33**, 3004, Anm. (1900). — Bucherer und Schenckel, B. **41**, 1351 (1908). — Leuchs und Schneider, B. **42**, 2996 (1909). — Mumm und Hüneke, B. **50**, 1584 (1917).

[7]) Biltz und Robl, B. **53**, 1976 (1920).

[8]) Anwendung von Chloroform: Graebe und Ullmann, A. **291**, 9 (1896); von Xylol: v. Pechmann, B. **13**, 1612 (1880). — Siehe auch S. 115.

[9]) De Jong, Rec. **28**, 24 (1909).   [10]) B. **43**, 2278 (1910).

[11]) Gabriel, B. **41**, 2013 (1908). — Freund und Bode, B. **42**, 1761 (1909). — Hans Meyer, M. **24**, 204 (1903).

Über die Erzeugung eines guten Vakuums im Exsiccator mittels Schwefelsäure und Äther siehe Benedict und Manning[1]) und Gore[2]).

Über den Einfluß des Lichts auf die Krystallwasserabgabe: Mc Kee und Berkheiser[3]).

Achter Abschnitt.

Trocknen von Flüssigkeiten.

Flüssigkeiten von hohem Siedepunkt lassen sich von Wasser, Alkohol, Äther usw., größtenteils durch fraktionierte Destillation trennen. Ist die Substanz wenig empfindlich, so trocknet man in der Art, daß man durch die am Rückflußkühler siedende Flüssigkeit einen indifferenten Gasstrom leitet[4]), wobei man evtl. noch das Vakuum zu Hilfe nimmt.

Ist man im Besitz genügender Substanzmengen, so schüttelt oder erhitzt man auch oftmals mit einem wasserentziehenden Trockenmittel, von dem man dann abdestilliert oder abfiltriert.

Meist aber empfiehlt es sich[5]), Flüssigkeiten nicht unverdünnt, sondern in einem passenden Lösungsmittel verteilt, zu trocknen. Natürlich muß dazu eine Flüssigkeit von weit niedrigerem Siedepunkt gewählt werden, die leicht durch Fraktionieren wieder zu entfernen ist und auch keinerlei schwer entfernbare Verunreinigungen enthält[6]).

Die Trockenmittel sollen im allgemeinen dazu dienen, Wasser und Alkohol den resp. Flüssigkeiten zu entziehen. Sie müssen derart wasser-(alkohol-)anziehend sein, daß sie keine merkliche Dampfspannung besitzen, dürfen die zu trocknende Substanz nicht angreifen und müssen leicht entfernbar sein.

All diesen Anforderungen entspricht am besten das Phosphorpentoxyd, das daher in sehr vielen Fällen mit Erfolg angewendet wird.

Die käuflichen Produkte enthalten aber meist niedere Oxyde, die reduzierend oder sonst verunreinigend wirken können. Für empfindliche Substanzen wird man daher nur ein nach Shenstone[6]) durch Sublimieren im Sauerstoffstrom über feinverteiltes Platin gereinigtes Präparat anwenden dürfen. Meist genügt aber das von E. Merck oder von Schering erhältliche Präparat.

Das Phosphorpentoxyd ist namentlich zum Trocknen der aliphatischen und aromatischen Kohlenwasserstoffe, der Halogenalkyle, des Schwefelkohlenstoffs, der Äther und Ester und der Säurenitrile geeignet. Letzteren Körperklassen entzieht es auch vollständig den Alkohol, der mit ihnen Gemische mit Minimumsiedepunkt gibt.

Nicht geeignet ist das Pentoxyd für Fettsäuren, die man besser durch Ausfrieren entwässert. Ameisensäure wird durch dieses Agens nach Sapojnikow[7]) und Hopfgartner[8]) zerstört.

Beim Trocknen des Pyridins mit Phosphorpentoxyd hat man, entgegen der Angabe Freundlers, enorme Verluste.

---

[1]) Am. **27**, 340 (1902).

[2]) Am. soc. **28**, 834 (1906). — Beutel, Öst. Ch. Ztg. **29**, 123 (1916).

[3]) Am. **40**, 303 (1908).   [4]) Brühl, B. **24**, 3391 (1891).

[5]) Liebermann, B. **22**, 676 (1889).

[6]) Siehe hierzu Timmermans „Sur la purification et les constantes physiques de quelques liquides organiques". Bull. soc. Belg. **24**, 244 ff. (1910).

[7]) Russ. **25**, II, 626 (1893); **28**, II, 229 (1896).   [8]) M. **32**, 523 (1911).

Auch Ketone (Aceton) und Chloroform werden bei länger andauernder Digestion durch Phosphorpentoxyd verändert.

Von den anderen Trockenmitteln ist der Ätzkalk das wertvollste. Er dient vor allem zum Entwässern der aliphatischen Alkohole, mit Ausnahme des Methylalkohols (Crismer) und der Pyridinbasen.

Er ist nicht anwendbar für Ketone, die selbst in der Kälte polymerisiert werden.

Was speziell das Trocknen von Alkohol mit Ätzkalk anbelangt, so hat Kailan[1]) gezeigt, daß das günstigste Verhältnis pro Liter Alkohol von 92—94% ca. 0.55 kg Kalk ist: damit erhält man nach ca. $3^1/_2$ Stunden 99.5-proz., nach 6 Stunden mindestens 99.9 proz. Alkohol. Größere Kalkmengen wirken noch rascher, bedingen aber auch größere Alkoholverluste. Man kocht am Rückflußkühler in einem von Wenzel angegebenen Apparat[2]) oder 24 Stunden lang auf dem Wasserbad (Timmermans).

Etwas weniger gut wirkt Ätzbaryt[3]), da er, infolge einer reversiblen Reaktion (z. B. an Alkohole), wieder etwas Wasser abgeben kann (Crismer), dagegen ist aber Bariumoxyd manchmal sehr wohl verwendbar[4]).

Auch das zum Trocknen von Pyridinbasen, Aminen usw. gebräuchliche[5]) Kaliumhydroxyd kann leicht Zersetzung herbeiführen, namentlich beim Erhitzen.

In neuerer Zeit wird auch Aluminiumoxyd empfohlen[6]).

Metallisches Natrium[7]) ist das beste Mittel, um Kohlenwasserstoffe und Äther von Wasser und Alkohol zu befreien, und auch vorzüglich geeignet zum Trocknen von Methylal (das durch Phosphorpentoxyd zerstört wird) und von Methylalkohol, wie auch wohl der meisten anderen Alkohole.

Auf jede Behandlung mit Natrium läßt man noch eine Digestion bei einer etwas unter der Siedehitze des Alkohols liegenden Temperatur folgen. Bei der Destillation ist es dann notwendig, im Ölbad hoch über den Siedepunkt des Alkohols zu erhitzen, bis eben nichts mehr übergeht. Der aus Natriumalkoholat nebst etwas Ätznatron bestehende voluminöse Rückstand bleibt dabei ganz weiß und färbt sich erst beim Erkalten bräunlich. Durch Destillation mit Wasser gewinnt man leicht den Alkohol daraus wieder[8]).

Man kann damit auch in einem Lösungsmittel (meist Äther) aufgenommene Flüssigkeiten trocknen[9]).

Die zu trocknende Flüssigkeit bleibt längere Zeit mit Natriumdraht stehen, bis, auch nach dem Hinzufügen neuer Mengen von Natrium, keine Wasserstoffentwicklung mehr erkennbar ist, oder sie wird erhitzt, bei empfindlichen Substanzen im Wasserstoffstrom.

Anwendung der Natrium-Kaliumlegierung[10]): Groschuff, Z. El. 17, 348 (1911).

Wohl ebensogut wie Natrium wirkt Calcium[11]), das entweder geraspelt oder

---

[1]) M. 28, 927 (1907). — Plücker, Z. Unt. Nahr. Gen. 17, 454 (1909). — Brunel, Crenshaw und Tobin, Ch. News 122, 256 (1921).

[2]) Zu beziehen von Stefan Baumann, Wien.

[3]) Das Absolutwerden des Alkohols zeigt sich hier durch Gelbfärbung der Flüssigkeit an. Berthelot und Péan de Saint-Gilles, L'Institut (Arnoult), 1862, 109.

[4]) E. Fischer, B. 41, 1022 (1908).

[5]) Z. B. Naumann, B. 37, 4609 (1904). — Walden und Centnerszwer, Z. phys. 55, 321 (1906).   [6]) Johnson, Am. soc. 34, 911 (1912).

[7]) Siehe S. 13.   [8]) Lieben, A. 158, 151 (1871).

[9]) Sachs, Diss. Breslau (1898), 40.   [10]) S. 23.

[11]) Winkler, B. 38, 3612 (1905); 39, 2769 (1906). — Klason und Norlin, Arkiv för Kemi 2, Nr. 24 (1906). — Perkin und Pratt, Proc. 23, 304 (1907). — Andrews,

in Form von Drehspänen zur Anwendung gelangt. Es wird namentlich zum Trocknen von Alkoholen (Crismer) und Kohlenwasserstoffen (McKey) empfohlen.

Wegen evtl. Nitridgehalts des Calciums soll so getrockneter Alkohol, um entstandenes Ammoniak zu binden, über Alaun destilliert werden[1]). Auch muß man frisch gedrehte Späne verwenden[2]).

Winkler[3]) empfiehlt folgendermaßen vorzugehen:

Käufliche Calciumspäne werden mit einem nicht zu feinen Drahtsieb ausgesiebt, wobei die Hauptmenge des Calciumnitrids durch das Sieb fällt. Zur Entfernung der anhaftenden Petroleumspuren werden die Späne mit trocknem Tetrachlorkohlenstoff gewaschen und an der Luft, besser in Kohlendioxyd, getrocknet. Das Calcium, das jetzt nur geringe Mengen Nitrid enthält, wird zum Entwässern des Alkohols benutzt (20 g auf 1 l Alkohol). Um aus dem wasserfreien Destillat Ammoniak zu entfernen, löst man in 1 l Destillat einige Zentigramm Alizarin, entnimmt 10 ccm und löst darin 0.5 g getrocknete Weinsäure. Von dieser Lösung gibt man so viel zum Alkohol, bis ihre rötlichblaue Farbe reingelb geworden ist, und fügt noch einige Tropfen Weinsäurelösung hinzu. Darauf wird, unter Ausschluß von Luft, nochmals destilliert.

Calciumcarbid wäre ein sehr gutes Trockenmittel und ist namentlich für Alkohole empfohlen worden[4]), aber es bringt schwer zu beseitigende Verunreinigungen in die Substanzen.

Zur Entfernung des Acetylens wird das Destillat mit getrocknetem Kupfersulfat geschüttelt und rektifiziert.

Auch Schwefelnatrium ist zum Trocknen von Alkohol vorgeschlagen worden[5]).

Ausgezeichnete Resultate[6]) erzielt man mit Aluminiumamalgam, das nach Neesen folgendermaßen dargestellt wird[7]).

Entölte Aluminiumspäne oder -grieß werden mit Natronlauge bis zu starker Wasserstoffentwicklung angeätzt und einmal mit Wasser oberflächlich abgespült. Man läßt nun ca. $^1/_2$ proz. Sublimatlösung 2 Minuten lang einwirken, wiederholt diese gesamten Operationen, um den auftretenden schwarzen Schlamm zu entfernen, spült gut und schnell nacheinander mit Wasser, Alkohol und Äther ab und bewahrt die Masse unter leichtsiedendem Petroläther auf.

Gleich gute Resultate liefert 2—10 proz. Magnesiumamalgam[8]). Man verreibt Magnesiumpulver mit dem gleichen Gewicht Quecksilber in einer angewärmten Reibschale unter 98 proz. Alkohol, der etwas Salzsäure enthält, gießt die Flüssigkeit ab und wäscht mit absolutem Alkohol.

Am. soc. **30**, 356 (1908). — Kyriacou, Diss. Heidelberg (1908), 29, 33. — Gyr, B. **41**, 4322 (1908). — Rewald, Diss. Berlin (1908), 24. — Plücker, Z. Unters. Nahr. Gen. **17**, 454 (1909). — McKey, Soc. **95**, 605 (1909).

[1]) DRP. 175 780 (1906); 176 017 (1906). — Dabei riskiert man freilich, wieder etwas Wasser in den Alkohol zu bringen.

[2]) Sudborough und Gittins, Soc. **93**, 211 (1908).

[3]) Z. ang. **29**, 18 (1916). — Haworth und Lapworth, Soc. **121**, 79 (1922).

[4]) Yvon, C. r. **125**, 1181 (1897). — Ostermayer, Pharm. Ztg. **43**, 90 (1898).

[5]) DRP. 236 591 (1911).

[6]) Wislicenus und Kaufmann, B. **28**, 1324 (1895). — Beckmann, Z. an. **51**, 237 (1906). — Pozzi - Escot, Bull. Ass. de Chim. de Sucr. et Dist. **26**, 580 (1909). — Brunel, Crenshaw und Tobin, Ch. News **122**, 256 (1921). Siehe dagegen Wegscheider, M. **20**, 693 (1899).

[7]) Sitzber. Phys. Ges. Berlin (1893); Sitzber. v. 1. Dez. — Siehe Wislicenus, J. pr. (2) **54**, 44 (1896).

[8]) Meunier, Bull. (3) **29**, 1175 (1903). — Evans und Fetsch, Am. soc. **26**, 1158 (1904). — Konek, B. **39**, 2264 (1906). — Andrews, Am. soc. **30**, 356 (1908). — Gyr, B. **41**, 4325 (1908).

Über die Anwendung von Aluminiumalkoholaten siehe DPA. Kl. 12o, f 38 280 (1915) und S. 114.

Noch schwerer als Wasser ist der letzte Rest von Äther oder Alkohol selbst aus hochsiedenden Substanzen auszutreiben.

Wie sehr dies von Bedeutung sein kann, zeigt die Geschichte des Parteins.

Ahrens[1]) hatte aus diesem Alkaloid durch Behandeln mit Jodwasserstoffsäure bei hoher Temperatur Jodmethyl erhalten und dementsprechend das Vorhandensein der Gruppe $N \cdot CH_3$ in diesem Pflanzenstoff angenommen. Später zeigten Herzig und Hans Meyer[2]), daß das Jodmethyl seine Entstehung einem geringen Alkoholgehalt des Präparats verdankte.

Schon früher hatte Bamberger gefunden[3]), daß das gewöhnlich bei 288° siedende Spartein, längere Zeit im Wasserstoffstrom mit Natrium bei 100° getrocknet, erst bei 311° kocht.

Wenn man auf die vollständige Entfernung der Feuchtigkeit verzichtet, kann man als Trockenmittel Salze anwenden, die der Flüssigkeit das Wasser entziehen und als Krystallverbindung festhalten. Man darf aber nicht vergessen, daß die Dampfspannung all dieser Salze nicht unbeträchtlich ist, so daß man sogar eine vollkommen trockne Flüssigkeit dadurch, daß man sie mit einem nicht völlig von Krystallwasser befreiten Salz zusammenbringt, wieder feucht machen kann.

Als meist verwendete Salze kommen die folgenden in Betracht:

Chlorcalcium. Dieses Salz hat den großen Vorteil, sowohl Wasser als auch Alkohol zu binden. Es ist aber mit großer Vorsicht anzuwenden, da es sich mit vielen Verbindungen[4]), namentlich mit Alkoholen[5]), Fettsäuren, Säureamiden[6]) und Estern[7]), Ketonen[8]) sowie Phenolen[9]) vereinigt und auf andere Substanzen[10]) zersetzend einwirkt.

Kaliumcarbonat, durch Glühen von reinem Bicarbonat erhalten, ist zum Trocknen von Estern geeignet, denen es auch die evtl. vorhandene freie Säure entzieht. Vielfache Verwendung finden auch die sehr indifferenten neutralen Sulfate des Kaliums, Natriums, seltener des Magnesiums[11]) und Eisenoxyduls[12]); besonders häufig wird das entwässerte Kupfersulfat[13]) benutzt, das namentlich von Perkin zum Trocknen von Aldehyden und Ketonen, die von den meisten anderen stärker wirkenden Trockenmitteln angegriffen werden, empfohlen wird. Übrigens ist nach Timmermans das Aceton auf die Dauer auch gegen dieses Salz nicht resistent. — Bemerkenswert ist, daß sich das Kupfersulfat in wasserhaltigem Methylalkohol löst.

Über das Trocknen von Organbrei mit Natriumsulfat siehe Njegovan, Bioch. **43**, 203 (1912).

---

[1]) B. **21**, 828 (1888). [2]) M. **16**, 602 (1895). [3]) A. **235**, 369 (1886).

[4]) Liebig, A. **5**, 32 (1833). — Kane, A. **19**, 164 (1836). — Strecker, A. **91**, 355 (1854). — Schreiner, A. **97**, 12 (1856). — Hlasiwetz und Habermann, A. **155**, 127 (1870). — Lieben, M. **1**, 919 (1880). — R. Meyer, B. **14**, 2395 (1881). — Göttig, B. **23**, 181 (1890). — Skraup und Piccoli, M. **23**, 284 (1902). — Menschutkin, Russ. **38**, 1010 (1906).

[5]) Kane, a. a. O. — Auch mit Glycerin: Grün und Husmann, B. **43**, 1296 (1910).

[6]) Kusnezow, Russ. **41**, 379 (1909). [7]) Naumann, B. **42**, 3796 (1909).

[8]) Pauly und Berg, B. **34**, 2092 (1901). — Bagster, Soc. **111**, 494 (1917).

[9]) DRP. 100 418 (1898). — Weinland und Denzel, B. **47**, 2244, 2990 (1914); **52**, 147 (1919).

[10]) Thümmel, Arch. **228**, 285 (1890). — Roithner, M. **15**, 666 (1894).

[11]) Hohenemser, Diss. Kiel (1908), 43. — Siebenrock, M. **30**, 759 (1909).

[12]) Für Äthylnitrit: Fischer, Diss. Leipzig (1908), 9.

[13]) Z. B. Abderhalden und Wurm, Z. physiol. **82**, 162 (1912). — DRP. 230171 (1911).

Ähnlich wird bekanntlich Milch zur Fettbestimmung mit entwässertem Gipspulver eingedampft.

Zum Trocknen empfindlicher Nitrokörper dient nach Lassar-Cohn[1]) das Calciumnitrat.

Gelegentlich werden auch noch andere[2]) Trockenmittel, so Carnallit, Natronkalk, Kaliumbisulfat, Thionylchlorid, Siliciumtetrachlorid oder Schwefelsäure, herangezogen.

Speziell rauchende Schwefelsäure ist nach O'ddo und Scandola[3]) ein vorzügliches Trockenmittel.

Man fügt den vorgetrockneten Basen ein wenig rauchende Säure zu. Das saure Sulfat der Base, das sich im ersten Augenblick bildet, ist im allgemeinen voluminös und trocknet infolgedessen beim Umschütteln die übrige, flüssige Masse der freigebliebenen Base schnell und vollständig. Beim Destillieren wird Schwefeltrioxyd erst gegen Ende der Operation übergetrieben.

Die festen Trockenmittel müssen selbstverständlich kurze Zeit vor dem Gebrauch möglichst vollständig entwässert bzw. geschmolzen werden.

Will man rasch die Hauptmenge (bis auf ca. 0.5%) der Feuchtigkeit aus einem Lösungsmittel entfernen, das mit Wasser nicht mischbar ist, so genügt es, die Flüssigkeit wiederholt durch schwach (z. B. mit Wasserdampf) angefeuchtete Faltenfilter laufen zu lassen oder, besser, nach Jackson und Fiske[4]) mit schwach befeuchteten Filterpapierschnitzeln zu schütteln.

Man kann so z. B. Äther, Benzol, Chloroform, Jodmethyl und Bromoform trocknen, aber auch Verunreinigungen, namentlich Jod, aus der Lösung ausschütteln.

Nachweis von Feuchtigkeitsspuren in organischen Substanzen.

Hierzu kann nach Biltz[5]) in besonders guter Weise das Kaliumbleijodid dienen. Dieses nahezu farblose Salz wird nämlich schon durch minimale Spuren Wasser unter Abscheidung von Bleijodid gelb.

Darstellung des Reagens. Eine filtrierte, warme Lösung von 4 g Bleinitrat in 15 ccm Wasser wird nach der Vorschrift von Herty[6]) mit einer warmen Lösung von 15 g Kaliumjodid in 15 ccm Wasser vermischt. Zunächst fällt Bleijodid aus; beim Erkalten verschwindet der gelbe Niederschlag mehr und mehr, und die ganze Masse gesteht zu einem Brei fast weißer, innig verfilzter Nädelchen der Doppelverbindung. Das scharf abgesaugte Präparat wird in 15--20 ccm Aceton zu einer gelben Flüssigkeit gelöst und die Lösung filtriert. Das Reagens kann entweder als solches verwendet werden, oder man fällt das Salz in Substanz mit dem doppelten Volumen Äther. Der amorphe, fast weiße Niederschlag wird mit Äther gewaschen und im Vakuumexsiccator getrocknet.

Um zu prüfen, ob organische Flüssigkeiten Wasser enthalten, tränkt man getrocknetes Filterpapier in einem getrockneten, verschlossenen und mit Tropftrichter versehenen Erlenmeyer-Kolben durch Eintropfen mit einer ungefähr 20 proz. Reagenslösung, befreit in einem durch konzentrierte Schwefelsäure gewaschenen Luftstrom von Aceton und füllt dann die zu untersuchende Lösung aus einem zweiten im Stopfen des Kolbens befindlichen Tropftrichter ein. Bequemer, wenn auch vielleicht nicht ganz so exakt, ist die Verwendung

---

[1]) Arbeitsmethoden, 4. Aufl., S. 263. — Siehe Biltz, B. **35**, 1529 (1902).

[2]) Entfernen von Alkohol durch Destillieren der Substanz mit Kolophonium: siehe S. 23.

[3]) Z. phys. **66**, 138 (1909).

[4]) Am. **44**, 438 (1910).   [5]) B. **40**, 2182 (1907).   [6]) Am. **14**, 107 (1892).

von festem Salz. Das schwach gelbe Pulver wird z. B. beim Schütteln mit sog.
absolutem Alkohol, der mit entwässertem Kupfersulfat nicht mehr reagiert,
sofort tiefgelb. Läßt man aber den Alkohol einige Zeit mit dem Reagens in
Berührung und filtriert dann unter Feuchtigkeitsabschluß in ein anderes Gefäß, das bereits mit dem Reagens beschickt ist, so bleibt die Reaktion aus
oder wird wesentlich schwächer.

Möglicherweise wird demnach das Kaliumbleijodid gelegentlich zur Darstellung völlig wasserfreier Flüssigkeiten Verwendung finden können.

Die aus Aluminiumäthylat darstellbaren äthoxylärmeren Umwandlungs-
produkte $Al_2(OC_2H_5)_4O$ und $Al_4(OC_2H_5)_6O_3$ geben, mit organischen Lösungsmitteln und Spuren von Wasser (0,05% und weniger), eine voluminöse Fällung
von Aluminiumhydroxyd. Auf diese Reaktion hat Henle[1]) ein Verfahren zum
Nachweis von Wasser in Alkohol und sonstigen organischen Lösungsmitteln
aufgebaut.

Wenige Kubikzentimeter der auf Wassergehalt zu prüfenden organischen
Flüssigkeit (z. B. Äthylalkohol, Methylalkohol, Äthyläther, Essigsäureäthylester
oder Gemische hieraus) werden in einem Reagensglas mit einigen Tropfen der
Xylollösung des Aluminiumäthylat-Umwandlungsprodukts versetzt. Je nach
der Menge des Wassers fällt sofort oder nach einigen Sekunden eine voluminöse
Gallerte von Aluminiumhydroxyd aus. Man überzeugt sich durch einen blinden
Versuch, daß absolut wasserfreie Vergleichspräparate mit dem gleichen Reagens
völlig klar bleiben.

Darstellung des Reagens:

In einem mit Rückflußkühler versehenen Gefäß werden 27 g Aluminiumspäne mit 276 g 100proz. Alkohol und 0.2 g Quecksilberchlorid versetzt. Wenn
die nach wenigen Sekunden einsetzende und sich allmählich steigernde Wasserstoffentwicklung und Selbsterwärmung wieder nachläßt, erhitzt man mehrere
Stunden auf dem Wasserbad, bis der dicke graue Brei von Aluminiumäthylat
sich aufgebläht hat und blättrig und trocken erscheint. Dann destilliert man
aus einem Ölbad von 210—220° den Krystallalkohol ab und erhitzt die dunkle,
dünnflüssige Schmelze des rohen Aluminiumäthylats im Sand- oder Luftbad
vorsichtig auf etwa 340° (Thermometer in der Schmelze), wobei Äther und
etwas Alkohol und Äthylen abgespalten wird. Wenn nach ungefähr einer
Stunde das eingetauchte Thermometer trotz weiterer Wärmezufuhr auf 330°
gesunken ist, bricht man das Erhitzen ab. Die durch Verunreinigungen des
metallischen Aluminiums getrübte Schmelze wird vor dem völligen Erkalten
in ca. 1 l kochendem Xylol gelöst und heiß durch ein trockenes Papierfilter
auf einer Nutsche abgesaugt. Das klare, schwach gelbbraune Filtrat wird
in Flaschen mit Gummistopfen aufbewahrt und ist bei Wasser und Luftabschluß
lange haltbar.

Die Reaktion gestattet noch einen deutlichen Nachweis von:

0.05 % Wasser in Äthylalkohol[2]),
0.1 ,,   ,,   ,, Methylalkohol,
0.005,,   ,,   ,, Äthyläther,
0.1 ,,   ,,   ,, Essigsäure-Äthylester,
0.1 ,,   ,,   ,, Acetaldehyd,
1.0 ,,   ,,   ,, Aceton.

Bei Acetaldehyd und Aceton ist zu beachten, daß sie überschüssiges unverändertes Äthylat als feine, weiße Trübung ausfällen. Auf Zusatz von Xylol

---

[1]) B. **53**, 719 (1920).
[2]) Auch bei Gegenwart der üblichen Denaturierungsmittel.

oder einer größeren Menge der Reagenslösung geht aber diese Fällung sofort wieder klar in Lösung, während Aluminiumhydroxyd als Gallerte bestehen bleibt. In Acetaldehyd sinkt Aluminiumhydroxyd zu Boden, die xylollösliche Trübung dagegen verteilt sich über die ganze Flüssigkeit.

In Methylalkohol tritt die Reaktion etwas langsamer ein als in Äthylalkohol. In Äthyläther ist sie ganz besonders scharf. Äther kann durch Natrium leicht völlig getrocknet werden, und ein absichtlicher Zusatz von nur 0.005 Vol.-Proz. Wasser genügt, um eine starke Fällung hervorzurufen. Dagegen ist es schwieriger, ein völlig trocknes, mit dem Reagens ganz klar bleibendes Aceton als Vergleichsobjekt zu erhalten. Erst 1% Wasserzusatz bringt eine unverkennbar stärkere Reaktion hervor, als ein mit Chlorcalcium getrocknetes, zwischen $55-56°$ aufgefangenes Aceton sie zeigt. Versetzt man je 5 ccm in kleinen Meßzylindern mit je 0.5 ccm Reagens, so gestattet ein Vergleich der zu prüfenden Flüssigkeit mit verschiedenen Lösungen von bekanntem Wassergehalt eine ungefähre Schätzung der Wassermenge.

Über den Nachweis geringer Wassermengen mittels der Bestimmung der kritischen Lösungstemperatur siehe S. 171.

Nachweis von Feuchtigkeit und Wasserbestimmung durch Zusatz von Calciumcarbid und Messung des entwickelten Acetylens: Dupré, Analyst **31**, 213 (1906). — **Durch Erhitzen mit Petroleum, Toluol, Xylol oder Amylacetat und Messen des mit übergehenden Wassers:** Marcusson, Mitth. Mat. Prüf. **22**, 48 (1904); **23**, 58 (1905). — Hoffmann, Woch. f. Brauerei, 1904, Nr. 12. — Graefe, Braunkohle **3**, 681 (1906). — Aschman und Arend, Ch. Ztg. **30**, 953 (1906). — Thörner, Z. ang. **21**, 148 (1908). — Schwalbe, Z. ang. **21**, 400 (1908). — Hoffmann, Z. ang. **21**, 2095 (1908). — Fabris, Z. Unters. Natr. Gen. **22**, 354 (1911). — Sadtler, Z. Unters. Nahr. Gen. **23**, 146 (1912). — Mai und Rheinberger, Z. Unters. Nahr. Gen. **24**, 125 (1912). — Campbell, Soc. Ind. **32**, 67 (1913). — v. Hogdin, Z. Unters. Nahr. Gen. **25**, 158 (1913). — Michel, Ch. Ztg. **37**, 353 (1913). — Schläpfer, Z. ang. **27**, 52 (1914). — Windisch und Glaubitz, Woch. f. Brauerei **32**, 389 (1915). — Scholl und Strohecker, Z. Unters. Nahr. Gen. **32**, 493 (1916). — Merl und Reus, Z. Unters. Nahr. Gen. **34**, 395 (1917). — Besson Ch. Ztg. **41**, 346 (1917).

Der Wasserfaktor, d. h. die Menge Wasser, die einem Gramm Acetylen entspricht, ist 1.3846.

Bestimmung von Wasser in Alkoholen[1]).

Der wasserhaltige Alkohol wird in Kohlendioxydatmosphäre mit Calciumhydrid reagieren gelassen; es entwickelt sich Wasserstoff, der zur Hälfte aus dem Wasser, zur Hälfte aus dem Hydrid stammt. Das primär gebildete Calciumhydroxyd wird in Carbonat verwandelt. Gesamtgleichung:

$$CaH_2 + H_2O + CO_2 = CaCO_3 + 2H_2 .$$

Etwa 5 g Calciumhydrid werden in erbsengroßen Stücken ohne Staub in ein 50-ccm-Kölbchen gegeben und mit Xylol, das durch Kochen mit Calciumhydrid vollständig entwässert wurde, überschichtet. Das Kölbchen wird mit einem dreifach durchbohrten Gummistopfen verschlossen, in dem ein in die Flüssigkeit tauchendes Einleitungsrohr, ein Tropftrichterchen und ein Ableitungsrohr eingesetzt sind. Das Ableitungsrohr wird mit einem Azotometer verbunden. Die Luft wird durch luftfreies, trockenes Kohlendioxyd vertrieben,

---

[1]) Wirth, D. Öl- und Fett-Ind. **1921**, 147.

wobei man das Xylol einmal kurz aufkochen läßt, um die an den Calciumhydridstücken haftende Luft zu entfernen. Man läßt im Kohlendioxyd erkalten, füllt die Substanz in den Trichter und saugt sie durch Öffnen des Hahns und Senken des Azotometer-Niveaugefäßes in das Reaktionskölbchen. Der Trichter wird mit etwa 10 ccm Xylol quantitativ nachgespült. Die Wasserstoffentbindung tritt sofort ein. Man läßt die Reaktion etwa $^3/_4$ Stunden gehen, während welcher Zeit beständig ein schwacher Kohlendioxydstrom (2 Blasen in der Sekunde) durch die Flüssigkeit streicht. Das Kohlendioxyd wird im Meßgefäß von Kalilauge absorbiert, der Wasserstoff sammelt sich an. Wenn keine Zunahme des Volumens mehr beobachtet wird, stellt man ab. Falls sich im Trichterrohr Gas ansammelt, verdrängt man es durch Einfließenlassen von trocknem Xylol in das Kölbchen. — Voraussetzung für die Anwendbarkeit des Verfahrens ist selbstverständlich, das der zu prüfende Alkohol unter den Versuchsbedingungen nicht mit Calciumhydrid reagiert. Wasserfreier Propylalkohol und Amylalkohol reagieren in der Kälte nicht.

Entwässern von Alkoholen nach Young[1]).

Zum Entfernen von Wasser aus Äthyl-, n-Propyl-, i-Propyl-, tert. Butyl-, i-Butyl- und i-Amylalkohol (und ebenso zum Entfernen der niederen Homologen aus den beiden letztgenannten Alkoholen (destilliert Young unter Zuhilfenahme eines wirksamen Fraktionierapparates mit Benzol.

Zum Absolutmachen von Äthylalkohol wird das Gemisch von wäßrigem Alkohol und Benzol destilliert. Zuerst geht bei 64.85° ein Gemisch von 18.5% Alkohol, 74.1% Benzol und 7.4% Wasser über, dann bei 68.25° ein Gemisch von 32.4% Alkohol und 67.6% Benzol, schließlich absoluter Alkohol. Spuren von Benzol, die dem Alkohol noch beigemischt bleiben, entfernt man durch Destillieren mit n-Hexan. Die Vorläufe werden immer wieder verarbeitet.

Anwendung der Young schen Methode für die Darstellung von Acetalen: Haworth und Lapworth, Soc. 121, 80 (1922).

---

[1]) Proc. 18, 104, 105 (1902). — Soc. 81, 707 (1902). — Pharm. J. (4) 17, 166 (1903).

Zweites Kapitel.

Kriterien der chemischen Reinheit und Identitätsproben. Bestimmung der physikalischen Konstanten.

Als „chemisch rein" bezeichnen wir eine Substanz, wenn sie keinerlei durch die Methoden der Analyse nachweisbare Verunreinigungen enthält. Je nach der Richtung, in der sich die beabsichtigte Untersuchung erstreckt, ist ein verschieden hoher Grad der Reinheit vonnöten: So werden gewisse Verunreinigungen, z. B. ein wenig Feuchtigkeit, das Resultat einer Methoxylbestimmung kaum alterieren, während die Elementaranalyse dadurch vereitelt wird. Auf jeden Fall wird man trachten, die zu untersuchende Substanz tunlichst zu reinigen; als Kontrolle für das Vorliegen einer einheitlichen Substanz dienen dabei die physikalischen Konstanten. Erfahrungsgemäß zeigt fast jede Verbindung, falls sie nicht besonders zersetzlich ist, in krystallinischer Form einen bestimmten Schmelzpunkt, als Flüssigkeit konstanten Siedepunkt. Weitere wertvolle Daten können die Bestimmung der Löslichkeit resp. der kritischen Lösungstemperatur und des spezifischen Gewichts geben.

Auf die anderen, im allgemeinen seltener in Frage kommenden oder im chemischen Laboratorium schwieriger ausführbaren Untersuchungen physikalischer Eigenschaften braucht hier um so weniger eingegangen zu werden, als zur Ermittlung derselben vorzügliche Spezialwerke zur Verfügung stehen.

Erster Abschnitt.
Schmelzpunktsbestimmung [1].

(Schmelzpunkt, Fusionspunkt = Smp. Sm. F. — Franz.: point de fusion = F. — Engl. melting point = M. P. — Italien.: punto di fusione = f., fusibile a, si fonde a = f. a.)

Allgemeine Bemerkungen.

Die Bestimmung des Schmelzpunkts ist das meist verwertete physikalische Kriterium für die Erkennung und Prüfung auf Reinheit der organischen Substanzen. Sie ist mit minimalen Substanzmengen, auf einfachste Weise und rasch ausführbar.

Die Art, wie im Laboratorium fast ausschließlich Schmelzpunktsbestimmungen ausgeführt werden, ist gewiß nicht die genaueste [2], aber für die Zwecke

---

[1] Über die Bestimmung des Erstarrungspunkts siehe Schimmel & Co., B. (1910), II, 152; ferner Holleman, Hartogs und van der Linden, B. 44, 705 (1911) und Timmermans, a. a. O.

[2] Landolt, Z. phys. 4, 357 (1889). — Über genaue Schmelzpunkts- (Gefrierpunkts-) bestimmungen mit Hilfe eines elektrischen Widerstandsthermometers und sorgfältig konstruierter Flüssigkeitsthermometer siehe Timmermans, Bull. soc. Belg. 25, 300 (1911); 27, 334 (1913). Hier auch Angaben über den „reduzierten Schmelzpunkt" (Verhältnis der absoluten Temperatur des Schmelzpunkts zur absoluten kritischen Temperatur). Im allgemeinen ist bei Isomeren der reduzierte Schmelzpunkt (Erstarrungspunkt) um so höher, je größer die Symmetrie des Moleküls.

des Chemikers vollkommen ausreichend. Das meist angewendete Verfahren (Näheres S. 123) besteht in der Beobachtung des Inhalts eines die Substanz enthaltenden Capillarröhrchens, das, an einer Thermometerkugel befestigt, im Luft- oder Flüssigkeitsbad erhitzt wird.

Als Schmelzpunkt[1]) ist jene Temperatur anzusehen, bei der die Substanz nach[2]) der Meniscusbildung vollkommen klar und durchsichtig erscheint. Bei vollkommen reiner Substanz pflegt das „Schmelzintervall" innerhalb eines oder höchstens zweier Grade zu liegen.

Es wird daher bei einer reinen Substanz unscharfes Schmelzen nur dann eintreten, wenn sie sich beim Erwärmen unterhalb des Schmelzpunkts zersetzt und daher beim Schmelzpunkt ein Gemisch der ursprünglichen Substanz mit deren Zersetzungsprodukten bildet[3]).

Sehr bemerkenswert sind die Angaben von Lehmann[4]) über Schmelzpunktsbestimmungen. Das Wichtigste davon ist im folgenden reproduziert.

Theoretisch ist der Schmelzpunkt einer Substanz immer der gleiche, ob ein weites oder enges, ein dick- oder dünnwandiges Capillarrohr benutzt wird. Daher würde der Übergang von der festen zur flüssigen Formart in Wahrheit auch nur dann richtig beobachtet werden können, wenn es möglich wäre, den Schmelzvorgang an einem einzelnen Molekül zu beobachten. In der Praxis sieht man jedoch nichts anderes als die von außen nach innen allmählich weiter fortschreitende Verflüssigung eines kompakten Substanzkegels, die mit einem scheinbaren Schwitzen der Substanz, der Sinterung, beginnt und bei fortwährend steigender Temperatur mit dem Verschwinden des letzten festen Partikelchens, der klaren Schmelze, beendet ist. Die in das Schmelzröhrchen hineingestopfte Substanzmenge leitet nämlich die Wärme so langsam, daß ihre Verflüssigung, zumal wenn es sich um mechanische Mischungen zweier fremder Stoffe handelt, eben nicht plötzlich und scharf bei einem bestimmten Temperaturgrad sichtbar vor sich gehen kann, sondern naturgemäß an den Wandungen des Röhrchens zuerst eintritt und in Form der Sinterung wahrgenommen wird. Wenn nun, was zumeist beobachtet wird, die Füllung noch zu einem aufrechtstehenden winzigen Kegel zusammenschrumpft, so bildet die umgebende Dampfhülle einen so schlechten Wärmeleiter, daß noch relativ viel Zeit vergeht und das Thermometer wesentlich über den Sinterungsgrad hinaus ansteigt, bis die halbfeuchte Substanzsäule zusammenschmilzt. In Wirklichkeit wird also bei der üblichen Schmelzpunktsbestimmung ein Temperaturintervall festgestellt, dessen Größe von der Geschwindigkeit abhängig ist, mit der das Capillarröhrchen auf höhere Wärmegrade erhitzt wird. Um den Substanzkegel bei konstanter Temperatur klar zu schmelzen, sind in der Tat viel größere Zeiträume erforderlich, als sie z. B. von den D. A. B. V.-Vorschriften ausbedungen sind oder in der Praxis eingehalten zu werden pflegen. Bei Mischungen zweier Körper werden die Verhältnisse noch verwickelter durch Lösungsvorgänge der einen Substanz in der anderen, die erfahrungsgemäß bei einer Temperatur beginnen, die je nach der chemischen Natur der Bestandteile und ihren Massenverhältnissen tiefer liegt als der Schmelzpunkt

---

[1]) Das Deutsche Arzneibuch V definiert den Schmelzpunkt als die Erscheinung des Zusammenfließens des Substanzkegels zu einer noch von festen Teilchen durchsetzten Flüssigkeitssäule.

[2]) Einige Substanzen werden bereits vor dem Schmelzen vollkommen transparent, ohne zu erweichen: V. Meyer und Locher, A. **180**, 151 (1875). — Kachler, A. **191**, 146 (1878). — Van Erp, Rec. **14**, 37 (1896).

[3]) Wegscheider, M. **16**, 81 (1895). — Ch. Ztg. **29**, 1224 (1905). — Z. phys. **80**, 511 (1912).   [4]) Ch. Ztg. **38**, 388 (1914).

eines derselben. Die Sinterungserscheinung ist dann der Beginn, die klare Schmelze das Ende des Lösungsvorgangs.

Es empfiehlt sich dementsprechend, das Erhitzen etwa 10° unterhalb der zu erwartenden Schmelztemperatur so langsam vorzunehmen, daß das Thermometer genau innerhalb einer Minute um 1° steigt. Dadurch wird Überhitzung des gut leitenden Quecksilbergefäßes gegenüber den schlecht leitenden Substanzröhrchen am besten vermieden.

Sehr wichtig ist es auch, die Substanz vor Ausführung des Schmelzpunkts fein gepulvert 24 Stunden lang im evakuierten Exsiccator stehen zu lassen oder, wenn angängig, bei höherer Temperatur zu trocknen. Das gilt nicht nur von frisch dargestellten Substanzen, denen naturgemäß noch Lösungsmittel anhaftet, sondern auch von käuflichen Präparaten, die oft zu frisch aus der Fabrikation zum Versand gekommen sind und denen man nicht die erforderliche Zeit zum „Ablüften“ gelassen hat. Ihnen haften noch Spuren der organischen Lösungsmittel, wie Benzol, Petroläther, Toluol u. dgl., aus denen sie umkrystallisiert wurden, an, oder sie haben in einer derartigen Atmosphäre gelagert und „angezogen“, wie der Terminus technicus lautet. Derartige Produkte zeigen, wenn sie nicht nachträglich, also unmittelbar vor der Untersuchung im Exsiccator, abgelüftet werden, oft starke Depression der Sinterungs- und natürlich auch der Schmelzkonstante. Selbst die nicht immer einwandfreie Laboratoriumsluft kann bei empfindlichen Stoffen, z. B. bei Cumarin, Heliotropin, Vanillin, Thymol, Borneol, Naphtholäthern, Anthranilsäureestern, Zimtsäure u. dgl., Veranlassung geben, daß die betreffenden Stoffe „anziehen“ und frühere Sinterung zeigen, als wenn sie ordnungsmäßig vorher im Vakuum gelegen haben.

Besondere Bedeutung hat das sorgfältige Trocknen für die Untersuchung krystallwasserhaltiger und hygroskopischer Substanzen. So genügen[1]) bereits einige Zehntel Prozent Feuchtigkeit, um den Schmelzpunkt der wasserfreien Oxalsäure um 80—90° herabzudrücken. Erst nach längerem Verweilen im Schwefelsäurevakuum verliert die aus konzentrierter Essigsäure krystallisierte Oxalsäure ihre letzten Feuchtigkeitsspuren und schmilzt dann bei 189°.

Um den Einfluß fremder Moleküle auf die Sinterungstemperatur einer Substanz, speziell des Vanillins, zu studieren, hat Lehmann eine ganze Reihe sehr heterogener Stoffe mit den verschiedensten Eigenschmelzpunkten zu je 5% reinem Vanillin beigemischt und gefunden, daß diejenigen Körper, die selbst am leichtesten flüchtig sind, bei gleicher Temperatur also den größten Dampfdruck besitzen, die tiefste Sinterung erzeugen. Dabei ist die Schmelztemperatur der betreffenden Substanz ohne jeden Einfluß, denn z. B. Campher mit einem allerdings etwas kleineren Molekulargewicht, aber um fast 70° höheren Schmelzpunkt drückt die Sinterung doch um 2° tiefer herab als die gleiche Menge Terpinhydrat. Noch sinnfälliger ist der Unterschied in der Wirkung zwischen den fast gleich großen Strychnin- und Rohrzuckermolekülen, deren Eigenschmelzpunkte um mehr als 100° differieren: Das höher schmelzende Strychnin erniedrigt die Sinterung um 4°, der unflüchtige Rohrzucker um 0°. Wider Erwarten rief auch die o-Phthalsäure keine Depression hervor, während ihr Anhydrid sogar sehr stark erniedrigend wirkte.

Fließende Krystalle. Gewisse Substanzen[2]), die im übrigen scharfen Schmelzpunkt besitzen, verflüssigen sich zu einer trüben, doppelbrechenden

---

[1]) Konek-Norwall, B. 51, 397 (1918). — Siehe S. 593.
[2]) Man kennt bereits weit über 100 derartige Substanzen. — Siehe Weiteres S. 135.

Schmelze, die erst bei weiterer Temperatursteigerung klar und isotrop wird. Zusatz eines Fremdkörpers drückt den Umwandlungspunkt herunter (Schenck).

Über den „doppelten Schmelzpunkt" gewisser Glyceride siehe Heintz, J. pr. (1) **66**, 49 (1855). — Heise, Ch. Rev. **6**, 91 (1899). — Guth, Z. Biol. **44**, 106 (1903). — Kreis und Hafner, B. **36**, 1125 (1903). — Grün und Schacht, B. **40**, 1778 (1907). — Grün und Theimer, B. **40**, 1792 (1907). — Knövenagel, Verh. Nat.-med. Ver. Heidelberg N. F. **9**, 220 (1907). — Bömer, Schemm und Heimsoth, Z. Unters. Nahr. Gen. **14**, 90 (1907). — In den vorliegenden Fällen dürfte physikalische Isomerie die Ursache des doppelten Schmelzpunkts sein.

Auch Enole können doppelten Schmelzpunkt zeigen [Enolacetyldibenzoylmethan[1])].

Aber auch Umlagerungen gröberer Art können beim Schmelzpunkt eintreten und zum Wiedererstarren der Probe führen, die dann bei höherer Temperatur zum zweiten Male flüssig wird.

Gleiches kann durch Abgabe von Krystallwasser (Natriumacetat) usw. bedingt sein.

Man nennt den Schmelzpunkt konstant, wenn er sich durch weitere Reinigung der Substanz (Umkrystallisieren, Lösen und Wiederausfällen, Regeneration aus Derivaten usw.) nicht mehr verändern läßt. Man prüft auf Konstanz des Schmelzpunkts, indem man eine Probe der auskrystallisierten Substanz und eine Probe, die durch weiteres Einengen der Mutterlauge erhalten wurde, vergleicht: beide Proben müssen sich bei der gleichen Temperatur verflüssigen.

Manchmal ist es von Vorteil, beim Reinigen durch wiederholtes Umkrystallisieren das Lösungsmittel zu wechseln.

Daß beim Umkrystallisieren aus Alkoholen partielle Veresterung eintreten kann, ist schon erwähnt worden[2]).

Die Malachitgrünbase und einige andere Aminocarbinole werden z. B. schon durch Stehenlassen mit Alkoholen in der Kälte ätherifiziert. Daher kommt es, daß sich beim Umkrystallisieren dieser Basen aus Alkohol der Schmelzpunkt fortwährend ändert, meist niedriger wird. So wird der Schmelzpunkt des Tetramethyldiaminobenzhydrols in der Literatur zu 96° angegeben, während die Base, aus alkoholfreien Mitteln (z. B. Ligroin) umkrystallisiert, bei 101—103° schmilzt (O. Fischer).

Auch wenn die Möglichkeit der Bildung von physikalisch Isomeren gegeben ist, haben gewisse Substanzen, je nach der Darstellungsart und dem Lösungsmittel, aus dem die Krystalle erhalten wurden, oft innerhalb 10 und mehr Graden differierende Schmelzpunkte. Derartige Körper sind der β-Aminocrotonsäureester[3]), der β-Phenylaminoglutaconsäureester[4]) und dessen Anilid[5]).

Das farblose Monoenol des Acetondioxalsäureesters[6]) schmilzt frisch bereitet bei 104°. Beim Umkrystallisieren oder einfachen Stehenlassen der festen Substanz sinkt der Schmelzpunkt durch Dienolbildung um 3—4°.

Der Schmelzpunkt des Phytosterins aus Tilia europaea erniedrigt sich

---

[1]) Dieckmann, B. **49**, 2208 (1916).   [2]) S. 39. Siehe auch S. 630.
[3]) Behrend, B. **32**, 544 (1899). — Knoevenagel, B. **32**, 853 (1899).
[4]) Besthorn und Garber, B. **33**, 3439 (1900).   [5]) A. a. O. S. 3444.
[6]) Willstätter und Pummerer, B. **37**, 3705, 3707 (1904).

ebenfalls mit der Zeit[1]). Der Schmelzpunkt des Cedrons sinkt bei längerem
Aufbewahren von 282 auf 260—270°[2]).

β-Acetochlorgalaktose schmilzt, wenn man das Rohprodukt aus Petroläther umkrystallisiert, bei 75—76°, nach dem Umkrystallisieren aus Äther
bei 82—83°; löst man aber wieder in Petroläther und impft mit einer Spur
des niedrig schmelzenden Präparats, so sinkt der Schmelzpunkt bis 77—78°
und bei nochmaliger Wiederholung dieser Operation bis 76—77°[3]).

Erhitzt man den sauren γ-Methylester der Cinchomeronsäure sehr langsam
auf 154° und hält einige Zeit auf dieser Temperatur, so schmilzt er und
lagert sich in Apophyllensäure um; erhitzt man rascher, so tritt erst bei 172°
Schmelzen ein [Kirpal[4])].

Die Polyoxymethylene schmelzen unscharf (von 165—172°), weil sie sich
während des Schmelzens depolymerisieren.

Geringe, hartnäckig anhaftende Verunreinigungen, die chemisch gar nicht
nachweisbar sind, können oftmals den Schmelzpunkt wesentlich beeinflussen[5]).
So schmilzt beispielsweise durch Oxydation von Teer- oder Tierölpicolin
erhaltene Nicotinsäure immer um etwa 10—15° niedriger als die synthetisch
aus dem Cyanid oder die aus Nicotin bereitete Substanz, und man ist selbst
durch oftmals wiederholtes Umkrystallisieren nicht imstande, den „richtigen"
Schmelzpunkt zu erreichen. Dies gelingt aber, wenn man die Säure über den
Methylester und das Kupfersalz sorgfältig reinigt.

Ob die betreffende Verunreinigung den Schmelzpunkt herabdrückt oder
erhöht, hängt von ihrem Charakter ab. Im allgemeinen pflegt sie ihn herabzudrücken.

Wenn aber die Verunreinigung mit der Substanz isomorph ist und
höheren Schmelzpunkt besitzt als diese, kann auch die Mischung höher
schmelzen.

Ein besonders charakteristisches und lehrreiches Beispiel hierfür bieten
nach Bruni[6]) Beobachtungen, die Piccinini[7]) gemacht hat. Durch Abbau
der Granatwurzelalkaloide erhielt er eine ungesättigte Säure von der Zusammensetzung $C_8H_{10}O_4$ (Smp. 228°), also mit zwei doppelten Bindungen. Die end-
gültige Feststellung der Konstitution obengenannter Alkaloide hing von
der Frage ab, ob jene Säure eine normale oder eine verzweigte Kette besaß.
Im ersteren Fall mußte sie durch Reduktion normale Korksäure (Smp.
140°) liefern. Das erhaltene Produkt schmolz aber bei 160°, und so
wäre wohl fast jeder Chemiker der Meinung gewesen, daß nicht Korksäure
vorliege. Der Schmelzpunkt fiel jedoch durch fünf Krystallisationen bis auf
125° und stieg dann durch drei weitere wieder auf 140°, so daß sich also der
vorliegende Stoff wirklich als Korksäure erwies.

Weitere Beispiele (Tribromverbindungen des Pseudocumols und Mesitylens):
R. und W. Meyer, B. 51, 1571 (1918); 52, 1249 (1919).

---

[1]) Klobb, A. chim. phys. (8) 24, 410 (1911).
[2]) Herzig und Wenzel, M. 35, 67 (1914).
[3]) Skraup und Kremann, M. 22, 375 (1901). — E. Fischer und Armstrong,
B. 35, 837 (1902). — Ähnliche Fälle werden auch von Pollak, M. 14, 407 (1893), berichtet.
— Siehe auch Pauly und Neukam, B. 40, 3494, Anm. (1907). — Ellinger und Flamand, Z. physiol. 55, 21 (1908).
[4]) M. 23, 239 (1902).
[5]) Fittig, A. 120, 222 (1861). — Beilstein und Reichenbach, A. 132, 818 (1864).
[6]) „Über feste Lösungen." Samml. chem. und chem.-techn. Vorträge von Ahrens,
6, 468 (1901).
[7]) G. 29 (II), 111 (1899) und mündliche Mitteilung an Bruni.

Oftmals schmelzen auch Fettsäuren, die durch ihre Alkalisalze[1]), Säure-amide[2]), die durch das zugehörige Ammoniumsalz, oder Ester, die durch freie Säure[3]), deren Salze[4]) oder (bei Polycarbonsäuren) durch die sauren Ester verunreinigt sind, höher als die reinen Substanzen. Ebenso sinkt der Schmelzpunkt der Phthalonsäure mit zunehmender Reinigung von der leicht aus ihr entstehenden Phthalsäure; der Schmelzpunkt des o-Oxy-biphenyls geht bei fortgesetzter Reinigung von den Isomeren von 80° auf 67° und 56° herunter[5]), und das Camphen zeigt im reinsten Zustand den Schmelzpunkt 49°, während minder reine Fraktionen bei 55—56° und bei 71—72° verflüssigt werden[6]).

Perger[7]) fand den Schmelzpunkt des nicht ganz reinen Acetyl-1-Amino-2-Oxyanthrachinons infolge Gehalts an Triacetat um 10—20° zu hoch.

Der Schmelzpunkt der Jodsalicylsäure wird durch einen Gehalt an Dijod-salicylsäure erhöht[8]).

Substanzen, die sich beim Schmelzen verändern [durch Anhydridbildung[9]), Kohlendioxydabspaltung usw.)], zeigen auch oftmals einen charakteristischen „Zersetzungspunkt" oder „Aufschäumungspunkt"[10]). Meist ist aber in solchen Fällen der Beginn des Sichtbarwerdens der Reaktion von der Schnelligkeit des Erhitzens sowie von der Temperatur abhängig, bei der die zu untersuchende Substanz in das Luft- oder Flüssigkeitsbad eingebracht wurde. Beispielsweise ist der Schmelzpunkt der Hydrazone und Osazone[11]), ebenso der Chloroplatinate[12]) in hohem Grad von der Schnelligkeit der Tem-peratursteigerung abhängig; man erhält nur beim raschen Erhitzen vergleich-bare Resultate.

Auch leicht racemisierbare, aktive Substanzen zeigen einen von der Schnelligkeit des Erhitzens abhängigen Schmelzpunkt. So gelingt es durch hinreichend langsames Erhitzen die Schmelzpunkte der aktiven Xanthogen-bernsteinsäuren bis fast zum Schmelzpunkt der racemischen Säure zu er-höhen[13]). Der Schmelzpunkt solcher Substanzen wird auch durch Umkrystalli-sieren verändert[14]).

Es ist in derartigen Fällen unerläßlich, der Schmelzpunktsangabe die „Bad-temperatur" und die Angabe, um wieviel Grade pro Minute die Temperatur erhöht wurde, beizufügen.

Die Verläßlichkeit der Schmelzpunktsbestimmung läßt auch bei vielen

---

[1]) Saalmüller, A. **64**, 110 (1847). — Hans Meyer und Eckert, M. **31**, 1227 (1910).

[2]) Blau, M. **26**, 96 (1905).

[3]) Knoevenagel und Mottek, B. **37**, 4472 (1904). — Hans Meyer, M. **28**, 36 (1907).

[4]) Willstätter und Pummerer, B. **37**, 3744 (1904).

[5]) Hönigschmid, M. **22**, 567 (1901).

[6]) Wallach, B. **25**, 919 (1892). — Siehe ferner Epstein, A. **231**, 32 (1885). — Jacobson, Franz und Hönigsberger, B. **36**, 4073, Anm. (1903).

[7]) J. pr. (2) **18**, 143 (1878).   [8]) Demole, B. **7**, 1439 (1874).

[9]) Z. B. Bertheim, B. **31**, 1855 (1898). — Baeyer und Villiger, B. **37**, 2862 (1904). — Nölting und Philips, B. **41**, 584 (1908). — Windaus und Stein, B. **47**, 3705, Anm. (1914).

[10]) Bamberger, B. **45**, 2746, 2752 (1912).

[11]) E. Fischer, B. **20**, 826 (1887); **21**, 984 (1888). — Fehrlin, B. **23**, 1581 (1890). — Beythien und Tollens, A. **255**, 217 (1890). — Franke und Kohn, M. **20**, 888 Anm. (1899). — Busch und Meussdörfer, J. pr. (2) **75**, 135 (1907). — E. Fischer, B. **41**, 74 (1908). — Achterfeld, Diss. Erlangen (1908), 26.

[12]) Epstein, B. **20**, 163 Anm. (1887). — Pechmann und Mills, B. **37**, 3835 (1904).

[13]) Holmberg, B. **47**, 175 (1914).

[14]) Deussen und Hahn, B. **43**, 522 (1910). — Klein, Diss. Göttingen (1914), 29. (Carboxim).

Anilsäuren, die dabei unter Wasserabspaltung in Anile übergehen[1]), bei Orthodicarbonsäuren, die Anhydride liefern[2]), bei Diamiden, aus denen Imide entstehen usw., im Stich.

Man untersucht in solchen Fällen das beim Schmelzen entstehende Anhydroprodukt, nach eventueller nochmaliger Reinigung.

Krystallwasser- (-Alkohol usw.) haltige Substanzen sind vor der Schmelzpunktsbestimmung zu trocknen. Manche Substanzen zeigen übrigens im getrockneten und im krystallwasser- (usw.) haltigen Zustand verschiedene, charakteristische Schmelzpunkte[3]) oder sind überhaupt nur mit Krystallwasser usw. in nicht amorphem oder überhaupt festem Zustand zu erhalten, wie z. B. Colchicin, das nur als Chloroform- oder Ätherverbindung krystallisiert[4]), und Chelidamsäurediäthylester, der wasserfrei flüssig ist[5]).

Viele **Betaine** und **Sulfosäuren** sind in krystallwasserfreiem Zustand enorm hygroskopisch.

Über die Schmelzpunktsbestimmung solcher hygroskopischer Substanzen siehe S. 137.

In vielen Fällen kann man auf das Vorliegen eines Substanzgemisches schließen, wenn der Schmelzpunkt „unscharf" ist, d. h. sich über ein großes Intervall erstreckt, doch wird man auch bei reinen Körpern oftmals ein dem klaren Schmelzen vorhergehendes Sintern oder starkes Schrumpfen und Anlegen der Substanz an eine Seite der Röhrenwand, Farbenänderung oder Dunkelfärbung beobachten, Begleiterscheinungen, welche charakteristisch sein können.

Untersuchung von Gemischen mittels der Schmelzpunktskurve: White, J. Phys. Ch. **24**, 393 (1920). — Schroeter, A. **426**, 42 (1922). — Siehe auch S. 58.

Ausführung der Schmelzpunktsbestimmung im Capillarröhrchen.

Die **Capillarröhrchen** müssen rein und trocken sein und sollen aus resistentem Glas[6]) hergestellt werden. Ihr inneres Lumen betrage $^3/_4$—1 mm, die Wand sei nicht zu dick. Man erhält passende Röhrchen, wenn man ein ca. 5 mm weites Glasrohr unter fortwährendem Drehen über dem entleuchteten Bunsenbrenner bis zum Weichwerden erhitzt und außerhalb der Flamme auszieht. Auf dieselbe Weise werden dann aus einem massiven Glasstab Fäden gezogen, die so dick sind, daß sie eben in die Capillarröhrchen passen.

Zum Gebrauch werden die Röhrchen in Abständen von etwa 3 cm mit einer scharfen Feile abgetrennt, wobei darauf zu achten ist, daß eine gerade Schnittfläche entsteht, weil sonst das Einfüllen der Substanz sehr erschwert wird. Das eine, eventuell das engere, Ende des Röhrchens wird zugeschmolzen, wobei es sich nicht biegen darf, dann sucht man einen passenden Glasfaden aus, der sich anschließend bis auf den Boden der Capillare einschieben läßt.

Wie sehr der Schmelzpunkt alkaliempfindlicher Substanzen (Keto-Enol-

---

[1]) Kerp, B. **30**, 614 (1897). — Über die Verwertung der Schmelzpunktsbestimmung von Anilsäuren und Anilen für die Charakterisierung von Dicarbonsäuren: Auwers, A. **285**, 225 (1895).

[2]) Weidel und Herzig, M. **6**, 976 (1885). — Graebe, A. **238**, 321 (1887). — B. **29**, 2802 (1896). — Bredt, A. **292**, 118 (1896). — Siehe auch Anm. 9, S. 122.

[3]) Z. B. Strophanthin. Brauns und Closson, Arch. **252**, 305 (1914). — Oxalsäure, siehe S. 119, 593.

[4]) Zeisel, M. **7**, 568 (1886). — Siehe auch S. 39.

[5]) Hans Meyer, M. **24**, 204 (1903).   [6]) Jenenser oder Kavalierglas „Bohemia".

isomeren) von der Qualität des verwendeten Glases abhängt, zeigen Versuche von Knorr, Rothe und Overbeck[1]) und Dieckmann[2]).

Durch Spuren von Alkali wird die Enolisierung gewisser Ketoverbindungen (z. B. Acetessigester, Ketoacetyldibenzoylmethan) enorm beschleunigt, während die Umwandlung des reinen Ketons beim Schmelzen in widerstandsfähigem Glas trotz der höheren Temperatur merklich langsamer erfolgt.

Man kann diese, die Schmelzpunktsdepressionen bedingende Wirkung des alkalisch reagierenden Glases meist durch Waschen mit Säure paralysieren.

Damit steht im Einklang, daß aus seiner alkalischen Lösung mit Essigsäure gefälltes Enolacetyldibenzoylmethan bei 99—100° schmilzt[3]), nach dem Umkrystallisieren aus salzsäurehaltigem Alkohol und nach direktem Fällen mit Salzsäure bei 85°[4]).

Das Alkali wirkt also hier ketisierend.

Man erhitzt meist in einem Paraffinöl-[5]) oder besser Schwefelsäurebad[6]).

Sehr geeignet für Temperaturen zwischen 250—400° ist[7]) eine Mischung von 3 Teilen Kaliumacetat und 2 Teilen Natriumacetat (Smp. ca. 220°) oder von gleichen Teilen der beiden Acetate[8]) (Smp. 224°). Man schmilzt die Salze in einem Aluminiumbecher zusammen und gießt von da in das Bestimmungsgefäß.

Auch ein Gemisch von 27.3 Teilen Lithiumnitrat, 54.5 Teilen Kaliumnitrat und 18.2 Teilen Natriumnitrat ist sehr zu empfehlen[9]).

Es schmilzt bei 120° und kann bis mindestens 400° benutzt werden. Ebenso hat sich die bei 218° schmelzende Mischung von 45.5 Teilen Natrium- und 54.5 Teilen Kaliumnitrat, die bis über 450° verwendbar ist, bewährt[10]). Weniger gut ist Silbernitrat, das sich leicht trübt und beim Erkalten meist die Gefäßwände sprengt. Es ist darauf zu achten, daß diese Nitrate bei Temperaturen über 250° das Glas der Thermometer angreifen; namentlich gilt das vom Lithiumnitrat.

Als zweckmäßige Badflüssigkeiten für Schmelzpunktsbestimmungen empfiehlt ferner Scudder[11]) eine Mischung von 7 Gewichtsteilen Schwefelsäure (spez. Gewicht 1.84) und 3 Teilen Kaliumsulfat, die bei Zimmertemperatur flüssig bleibt und oberhalb 325° siedet, sowie eine Mischung von 6 Teilen Säure mit 4 Teilen Sulfat (Smp. 60—100°, Siedepunkt über 365°). Diese Flüssigkeiten sind hygroskopisch und deshalb nicht lange verwendbar.

Die trockne[12]), in einer Achatschale fein geriebene Substanz wird eingefüllt, indem man durch Eintauchen des offenen Capillarenendes in die aufgehäufte Substanz ein wenig davon aufnimmt und dann mit dem Glas-

---

[1]) B. **44**, 1150 (1911).

[2]) B. **49**, 2204 ff. (1916); **50**, 13, 75 (1917). Siehe auch Dieckmann, Hoppe und Stein, B. **37**, 4627 (1904). — Dieckmann und Stein, B. **37**, 3370 (1904). — Michael, B. **41**, 1088 (1908):

[3]) Claisen, A. **291**, 59 (1896).   [4]) Dieckmann, B. **49**, 2208 (1916).

[5]) Van der Haar empfiehlt neuerdings — Monosaccharide und Aldehydsäuren, Berlin, Bornträger (1920), 30 — das Paraffinöl wegen der geringeren Gefahr und des großen Ausdehnungskoeffizienten, der mit dem Ansteigen des Quecksilberfadens gleichen Schritt haltendes Ansteigen der Flüssigkeit verursacht.

[6]) Verwendung von Phosphorsäure (bis 350°): Graustein, Am. soc. **43**, 212 (1921).

[7]) Pauly, Z. physiol. **64**, 79 (1910).

[8]) Hans Meyer und Beer, M. **34**, 1173 (1913).

[9]) Smith und Menzies, Am. soc. **32**, 899 (1910).

[10]) Carveth, J. Physic. Chem. **2**, 207 (1898). — Scudder, Am. soc. **25**, 161 (1903).

[11]) Am. soc. **25**, 161 (1903).   [12]) Siehe dazu S. 119.

faden auf den Grund des Röhrchens schiebt, dort feststampft und diese Operation wiederholt, bis sich eine 2 mm hohe Schicht im Röhrchen befindet.

Mit einem Tropfen Gummilösung oder ein wenig Speichel klebt man nun das Röhrchen dergestalt an das Ende eines kontrollierten Thermometers, daß sich die Substanz in der Höhe der möglichst kurzen Quecksilberkugel befindet. Das Röhrchen muß rechts oder links der Skaleneinteilung angebracht werden.

Hinter den Apparat stellt man einen Schmetterlingsbrenner und beobachtet als Schmelzpunkt den Moment, in dem der Capillareninhalt durchsichtig wird, resp. sich Meniscusbildung zeigt.

Vor jeder Schmelzpunktsbestimmung von Substanzen mit noch unbekannten Eigenschaften untersuche man das Verhalten einer kleinen Probe beim Erhitzen auf dem Platinspatel. Dadurch wird man nicht nur einen ungefähren Anhaltspunkt für die zu erwartende Höhe der Schmelztemperatur erhalten, man wird vor allem auch erkennen, ob die Substanz etwa explosive Eigenschaften besitzt. Denn schon die geringen Mengen, die in das Capillarröhrchen gefüllt werden, können zu einer Zertrümmerung des ganzen Apparats führen[1]). Bei der Untersuchung explosiver Substanzen hat man nach S. 137 zu verfahren.

Die meist verwendeten Apparate zur Schmelzpunktsbestimmung sind die von Anschütz und Schultz und von Roth; der Apparat von J. Thiele sei für über 50° liegende Temperaturen besonders empfohlen.

Schmelzpunktsapparat von Anschütz und Schultz[2]).

Der Apparat (Fig. 78) besteht aus einem Kolben von ca 250 ccm Inhalt, in dessen Hals ein 10 cm langes Reagensrohr von ca. 15 mm lichter Weite derart eingeschmolzen ist, daß sein unteres Ende etwa 5 mm vom Boden des Kolbens entfernt bleibt.

Der Kolben ist mit der Tubulatur a versehen, in welche die Röhre b oder c eingeschliffen ist. Durch die Tubulatur füllt man den Kolben zur Hälfte mit konzentrierter Schwefelsäure.

Thermometer und angefügtes Schmelzpunktsröhrchen werden mit einem eingekerbten Kork derart in dem Reagensrohr befestigt, daß sich die Thermometerkugel sowie die in gleicher Höhe befindliche Substanz, ohne an der Gefäßwand anzuliegen, einige Millimeter über dem Boden der Eprouvette, dabei aber vollständig unterhalb des Schwefelsäureniveaus befindet.

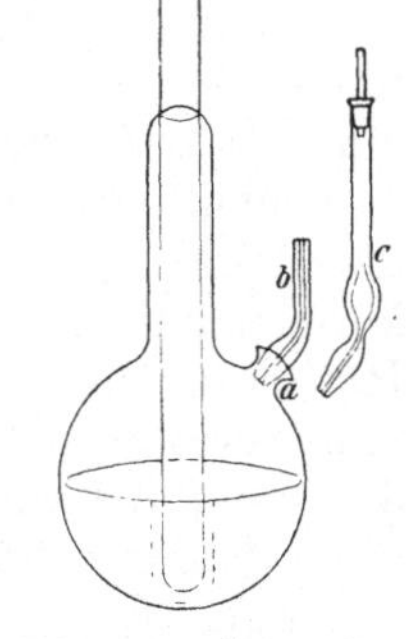

Fig. 78. Schmelzpunktsapparat von Anschütz und Schultz.

Der Apparat wird, etwa auf einem Asbestdrahtnetz, langsam erhitzt, nachdem man sich vorher jedesmal genau davon überzeugt hat, daß b resp. nicht c verstopft und daß somit jede Explosionsgefahr ausgeschlossen ist.

Die Schwefelsäure bedarf erst nach vielen Monaten einer Erneuerung. Man kann in diesem Luftbad Schmelzpunkte bis zu 290°, im Notfall bis ca. 300° beobachten, für höhere Temperaturen verwendet man eine der S. 124 angeführten Badflüssigkeiten.

---

[1]) Curtius, J. pr. (2) 76, 386 (1907).   [2]) B. 10, 1800 (1877).

<h2 align="center">Apparat von Roth[1]),</h2>

eine Abart des vorigen, liefert direkt korrigierte Schmelzpunkte.

In einem Rundkolben a (Fig. 79) von 65 mm Durchmesser und mit 20 cm langem, 28 mm weitem Hals b ist ein 15 mm weites Glasrohr c bis 17 mm vom Boden des Rundkolbens eingelassen. Dieses Rohr ist unten geschlossen, oben mit b verschmolzen. Bei d ist ein 11 mm weiter Tubus, der seitlich eine runde Öffnung besitzt. In diesen paßt ein eingeschliffener, hohler Glasstöpsel e, an dem sich gleichfalls eine seitliche Öffnung befindet.

Vor dem Gebrauch wird a durch den Tubus mit konzentrierter farbloser Schwefelsäure etwa bis zur Marke f gefüllt, dann wird e so eingefügt, daß die beiden seitlichen Öffnungen von e und d korrespondieren.

Wird nun erhitzt, so steigt die Badflüssigkeit in b und so befindet sich ein in c eingeführtes Thermometer bis ca. 280° in einem von heißer Schwefelsäure umschlossenen Luftbad.

Die verhältnismäßig große Säuremenge im Apparat bietet den Vorteil, Überhitzung vollständig zu verhindern, hingegen lassen sich schwer höhere Temperaturen als 250° erzielen[2]).

Landsiedl[3]) hat den Apparat durch Zufügen eines Glasschutzmantels modifiziert (Fig. 80). Es wird hierdurch das leichtere Erzielen höherer Temperaturen ermöglicht.

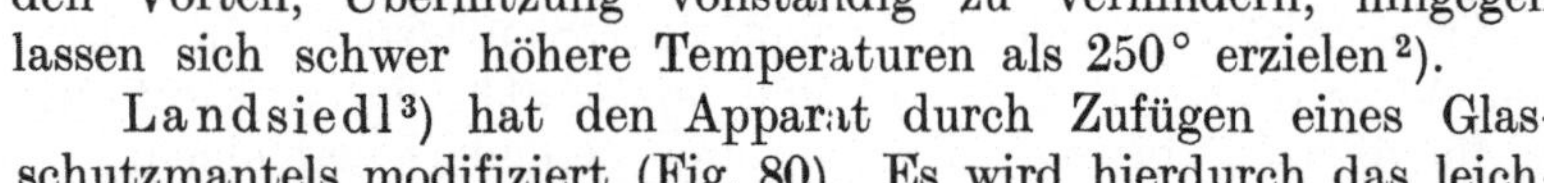

Fig. 79.
Apparat
von Roth.

<h2 align="center">Apparat von Landsiedl.</h2>

Die zur Aufnahme des Thermometers T und des Capillarröhrchens dienende, etwa 25 cm lange und 15 mm weite, unten geschlossene Glasröhre a ist in den bis zu $^2/_3$ seiner Höhe mit konzentrierter Schwefelsäure gefüllten Kolben eingeschliffen, dessen Körper zur Erzielung einer möglichst großen Heizfläche linsenförmige Gestalt hat. Die Verbindung des Kolbeninnern mit der äußeren Luft wird entweder durch einen kleinen, mit einer Kappe oder mit angeschliffener Chlorcalciumröhre versehenen Tubus oder durch eine am Schliff der Röhre a angebrachte und mit einem kleinen Loch im Hals des Kolbens b korrespondierende Einkerbung vermittelt. Der Kolben ist etwa bis zur Hälfte in ein engmaschiges, starkes Drahtnetz n sorgfältig eingebettet und in seiner oberen Hälfte mit einer Hülle d aus Asbestpappe bedeckt, auf welcher der, dem gleichen Zweck dienende, oben durch einen Deckel e verschlossene Glaszylinder c ruht.

Zum Festhalten der oben trichterförmig erweiterten Capillarröhrchen dient die ungefähr 4 mm weite Glasröhre r. Ihr unteres Ende ist etwas abgeschrägt und bis auf eine Öffnung von etwa 2 mm zugeschmolzen, so daß das Schmelzpunktsbestimmungsröhrchen, das man von oben her hineingleiten läßt, nicht durchfällt, sondern mit seinem erweiterten Ende darinnen hängen bleibt, wobei es infolge der Stellung der Öffnung eine schräge, dem Thermometergefäß zustrebende Lage einnimmt. Die richtige Einstellung des Capillarröhrchens ist leicht durch Verschieben bzw. Drehen von r zu bewirken. Ther-

---

[1]) B. **19**, 1970 (1886). — Houben, Ch. Ztg. **24**. 538 (1900). Siehe auch S. 139.
[2]) A. **276**, 342 (1893) bespricht Hesse die Vorzüge dieses Apparates.
[3]) Öst. Ch. Ztg. **8**, 276 (1905). — Ch. Ztg. **29**, 765 (1905).

mometer und r werden in ihrem unteren Teil durch einen dünnen Ring aus Spiraldraht s zusammengehalten, so daß stets korrekte Einstellung des Schmelzpunktsröhrchens gesichert ist. Will man die Bestimmung im Röhrchen ausführen, so macht man es etwas länger und schmilzt es im oberen Drittel zu. Die Entfernung der Röhrchen aus dem Apparat erfolgt höchst einfach und rasch in nie versagender Weise mittels eines entsprechend langen Zündholzspans, den man, nachdem man sein unteres, zugespitztes Ende etwas befeuchtet hat, durch r unter leichtem Druck und drehend in die Capillare einführt, so daß sie daran haften bleibt und mit herausgezogen werden kann.

Will man die gewöhnlichen zylindrischen Capillarröhrchen verwenden, so wird r mit einem etwa 4 mm vom unteren, etwas ausgezogenen Ende abstehenden Näpfchen versehen, welches das eingeführte Capillarröhrchen auffängt. Da leicht mehrere Einführungsröhren angebracht werden können, ist auch die Möglichkeit zu Parallelversuchen gegeben. Die Einführungsröhren verhindern auch nicht die Befestigung von Schmelzröhrchen in der sonst üblichen Weise am Thermometer.

Zur Ausführung einer Bestimmung heizt man an und läßt zu gelegener Zeit das mit Substanz beschickte Röhrchen in den Apparat gleiten, stellt durch Verschieben von r richtig ein und beobachtet mit Hilfe der Lupe, und zwar in der Regel am besten bei seitlicher Beleuchtung, das beginnende Schmelzen. Die Einführung des Röhrchens kann bei einer dem Schmelzpunkt der Substanz sehr nahe liegenden Temperatur erfolgen, da es nur wenige Sekunden dauert, bis das Röhrchen die Temperatur der Umgebung angenommen hat. (So begann z. B. bei 234° schmelzendes Phthalimid in dem auf 235° erwärmten Apparat in 8—10 Sekunden zu schmelzen.) Ist eine Bestimmung gemacht, so kann das Schmelzröhrchen in der angegebenen Weise sofort entfernt und — bei derselben Substanz, nachdem man den Apparat etwas unter die Schmelztemperatur hat abkühlen lassen, bei Untersuchung einer höher schmelzenden Substanz sofort oder später — durch ein anderes ersetzt werden, so daß sich rasch eine Anzahl von Bestimmungen ausführen läßt.

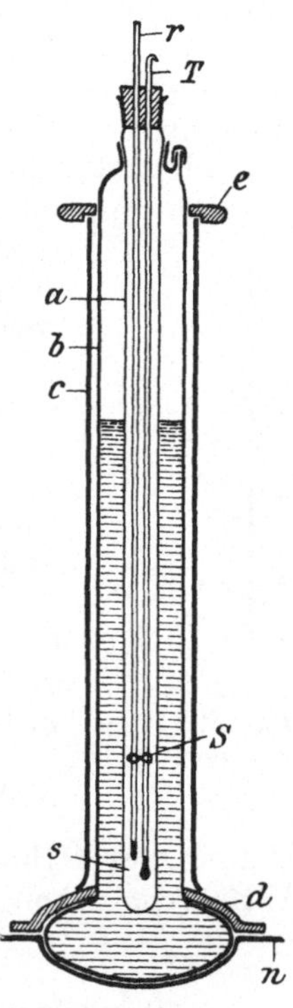

Fig. 80. Apparat von Landsiedl.

Apparat von Johannes Thiele[1]).

Außerordentlich praktisch und bequem ist ein von J. Thiele[2]) angegebener Apparat (Fig. 81).

Er besteht aus einem Rohr von ca. 2 cm Weite und 12 cm Länge, an das ein Bogen von 1 cm Weite so angesetzt ist, daß er das untere Ende des Rohrs mit der Mitte verbindet.

---

[1]) B. **40**, 996 (1907). — Die Firma Heraeus, Hanau, liefert diesen Apparat aus Quarzglas. — Über einen auf dem gleichen Prinzip beruhenden Apparat zur Bestimmung des Erstarrungspunkts siehe Holleman, Hartogs und van der Linden, B. **44**, 705 (1911).

[2]) Siehe auch Delbridge, Am. **41**, 405 (1909). — Stolzenberg, B. **42**, 4322 (1909). — Anthes, Ch. Ztg. **35**, 1375 (1911). — Apitzsch und Schulze, Ch. Ztg. **36**, 71 (1912). — Dennis, J. Ind. Eng. Ch. **12**, 366 (1920). — François, Bull. (4) **27**, 528 (1920).

Zum Gebrauch füllt man so viel Schwefelsäure (oder für sehr hochschmelzende Substanzen eine der S. 124 angegebenen Heizflüssigkeiten) ein,
daß sie die obere Mündung des Bogens gerade sperrt, wenn das Thermometergefäß sich etwa in der Mitte zwischen den Schenkeln des Bogens befindet.
Erhitzt man jetzt die Krümmung des Bogens, so beginnt die Schwefelsäure
zu zirkulieren, wie das Wasser in einer Warmwasserheizung; in
dem Rohr bewegt sie sich dabei von oben nach unten. Infolgedessen schmelzen die im oberen Teil der (mittels eines Schwefelsäure-
tröpfchens an das Thermometer geklebten) Capillare haftenden Sub-
stanzstäubchen früher als die Hauptmasse und geben so in er-
wünschtester Weise zu erkennen, wann man in die Nähe des
Schmelzpunkts gelangt ist.

Der Apparat arbeitet viel gleichmäßiger als alle anderen ohne
mechanischen Rührer, er heizt sich sehr schnell an,
geht fast gar nicht nach und kühlt sich sehr schnell
wieder ab.

Diels[1]) empfiehlt, das Rohr
a noch um ca. 10 cm zu verlän-
gern, Pratt[2]) heizt nicht mit
der Gasflamme, sondern mit
einem Mangan- oder Nichrom-
drahtwiderstand.

Für Substanzen, die unter
50° schmelzen, ist die Verwendung des Thieleschen Apparats
nicht zu empfehlen.

Es sei übrigens bemerkt,
daß, wie aus vorstehender Ab-

Fig. 81. Appa-
rat von Thiele.

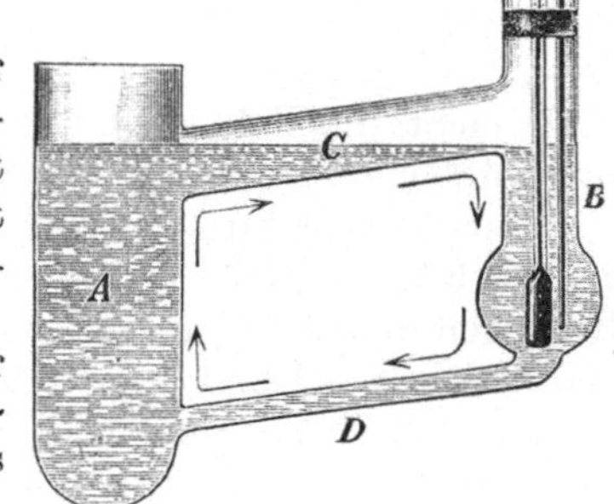

Fig. 82. Apparat von Olberg.

bildung des Olbergschen Apparats (Fig. 82) hervorgeht, das Prinzip dieses
Verfahrens schon lange bekannt war[3]).

Schmelzpunktsbestimmung farbiger oder gefärbter Substanzen.

Farbige Substanzen oder solche, die beim Erhitzen dunkel werden, zeigen
oftmals das gewöhnliche Kriterium des Schmelzens, das Durchsichtigwerden,
nur unvollkommen. Da in solchen Fällen auch die Meniscusbildung nicht
leicht zu beobachten ist, empfiehlt Piccard[4]) folgendermaßen zu verfahren
(Fig. 83).

Eine gewöhnliche Glasröhre wird 2—3 cm vor ihrem Ende trichterförmig
verengt, weiter unten capillar ausgezogen und an dieser Stelle U-förmig gebogen. Man bringt etwas Substanz durch den weiten Schenkel hinein, erhitzt
sie zum Schmelzen, so daß sich unten an der Biegung, da wo die Röhre anfängt capillar zu werden, ein kleiner Pfropfen *d* bildet; dann bringt man
noch ein Tröpfchen Quecksilber auf die Substanz *c*, schmilzt den weiten Schenkel an der vorher verengten Stelle zu und läßt den dünnen, langen Schenkel
offen. Über der Substanz befindet sich nun ein großer Luftbehälter *b*. Man
befestigt die Capillarröhre mit einem Kautschukring am Thermometer, so daß
die Substanz in die Mitte der Thermometerkugel, der Luftbehälter unter das

[1]) Privatmitteilung.   [2]) J. Ind. Eng. Chem. **4**, 47 (1912).
[3]) Repert. anal. Ch. **1886**, 95.   [4]) B. **8**, 688 (1875).

Niveau des Bades zu stehen kommt und erhitzt im Becherglas unter Umrühren. In dem Augenblick, wenn die Substanz schmilzt, wird sie durch die zusammengedrückte Luft des Behälters mit Kraft in die Capillarröhre hinaufgeschnellt.

Kratschmer[1]) empfiehlt ein ähnliches Verfahren für Fette, ebenso Zalosziecki[2]) und Thorp[3]).

Auf einem ähnlichen Prinzip beruht auch die Methode von Prouzergue[4]).

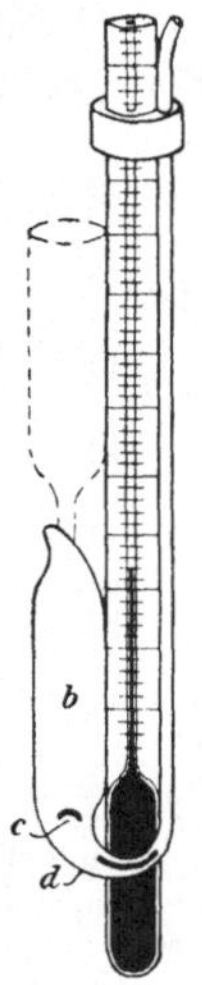

Schmelzpunktsbestimmung von hochschmelzenden und sogenannten unschmelzbaren Verbindungen[5]).

Substanzen, die vor dem Schmelzen sublimieren oder sich unter Abspaltung von Wasser, Salzsäure usw. zersetzen, müssen in beiderseits zugeschmolzenen Capillarröhrchen erhitzt werden.

Über geeignete Badflüssigkeiten siehe S. 124.

Zur Schmelzpunktsbestimmung wird die Substanz erst in die Heizflüssigkeit bzw. das Luftbad gebracht, wenn eine dem Schmelzpunkt naheliegende Temperatur — wie durch einen Vorversuch zu ermitteln — erreicht ist.

Als Apparat dient eine weite Eprouvette von schwer schmelzbarem Glas, in der sich ein Glasrührer befindet (Fig. 84). Zum Vermeiden von Überhitzung ist es nötig, eine dicke, mit kreisrundem Ausschnitt versehene Asbestplatte von unten über das Erhitzungsrohr bis wenig über das Niveau der Thermometerkugel zu schieben.

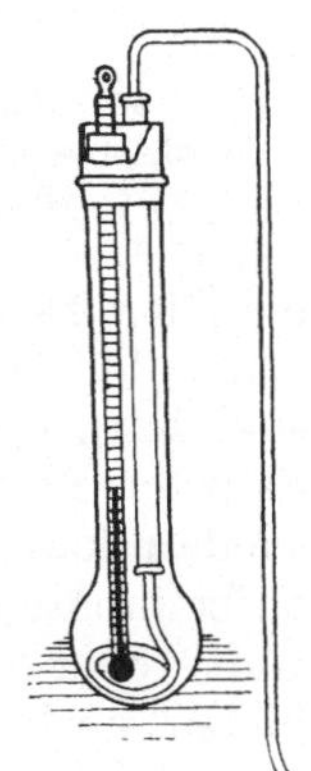
Fig. 83.
Apparat von
Piccard.

Hat man die Schmelztemperatur nahezu erreicht — man mißt die Badtemperatur mit einem zweiten Thermometer —, dann führt man die mittels einer Platindrahtschlinge an das Thermometer befestigte[6]), in der beiderseits zugeschmolzenen Capillare befindliche Substanz ein, oder man befestigt die Capillare an einem eigenen Schieber, der durch dieselbe Korkbohrung geht wie das Thermometer und dicht an letzterem anliegt.

Zieht man es vor, in einem Luftbad[7]) zu arbeiten, das mit einer Metallegierung (Wood oder Rose) erwärmt wird, so bringt man ein wenig Asbest auf den Boden der Eprouvette, die nur wenig in das Metallbad eintauchen darf, und wirft bei der geeigneten Temperatur – die durch das in der Eprouvette freihängende Thermometer angezeigt wird — das Substanzröhrchen ein.

Die Füllung hat derart zu geschehen, daß die Substanz nicht bis ganz an das untere Ende der Capillare heruntergestampft wird, vielmehr sich unter ihr noch ein mehrere Millimeter hoher, luftgefüllter Raum befindet. Die Capillare wird an beiden Enden zugeschmolzen. Substanzen, die leicht dissoziieren, z. B. Chlorhydrate,

Fig. 84. Apparat für hochschmelzende Verbindungen.

---

[1]) Z. anal. **21**, 399 (1882).   [2]) Ch. Ztg. **14**, 780 (1890).

[3]) Pharm. J. (4) **30**, 204 (1910). — Siehe auch Dallimore, Pharm. J. (4)**27**, 802 (1908).

[4]) Ann. chim. anal. appl. **17**, 56 (1912).

[5]) Graebe, A. **263**, 19 (1891). — Michaël, B. **28**, 1629 (1895); **39**, 1913 (1906).

[6]) Um den Platindraht festhaften zu machen, setzt man 2—3 cm über der Thermometerkugel ein Glaspünktchen an, welches das Herabrutschen des Drahts verhindert.

[7]) Ein Doppelluftbad mit äußerem Quarzkolben, der direkt erhitzt werden kann, haben Kutscher und Otori empfohlen; siehe S. 137.

schmilzt man in ein mit dem entsprechenden Gas gefülltes U-Röhrchen von 2—3 mm Durchmesser ein[1]).

Hochschmelzende Substanzen untersucht man auch oft einfach in einem Bechergläschen, das mit einer geeigneten Badflüssigkeit beschickt wird, und benutzt zur Temperaturregelung einen Rührer (Fig. 85).

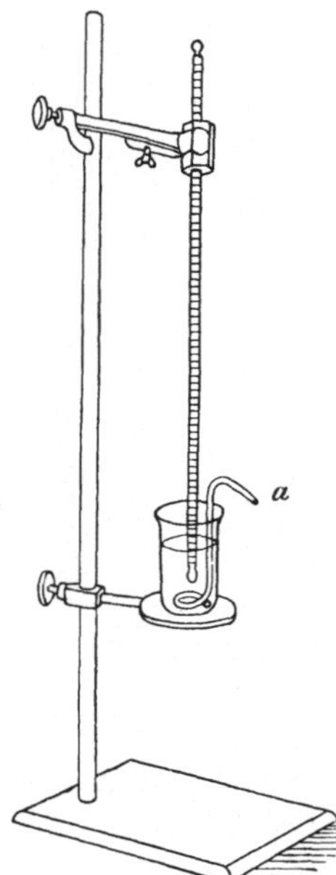

Fig. 85. Schmelzpunktsbestimmung mit Rührer.

Schmelzpunktsapparat für hohe Temperaturen von Schwinger[2].

Auf das obere Ende eines Bunsenbrenners B (Fig. 86) wird der äußere Teil eines sogenannten „Auerlichtsparbrenners" A so weit hinaufgeschoben, wie die Abbildung zeigt. Nötigenfalls umwickelt man das Brennerrohr mit etwas Asbestpapier. Auf den Auerbrenner wird ein passender Zylinder C gesteckt. Am besten eignet sich dafür ein Zylinder aus Jenaer Glas mit runder, die Beobachtung nicht störender Fabriksmarke. Er bildet ein außerordentlich leicht regulierbares Luftbad, in das ein Salpeterbad eingesenkt wird. Es besteht aus der 18—20 cm langen, nicht allzu dünnwandigen Eprouvette E, die an ihrem oberen Ende in einem Stativ befestigt ist und je nach Bedarf eine kleinere oder größere Menge eines geschmolzenen, äquimolekularen Gemisches von Kali- und Natronsalpeter enthält. Dieses zylindrische Salpeterbad hat gegenüber den sonst üblichen kugelförmigen manche Vorzüge: Die Spannungen sind darin bedeutend geringer; daher braucht der geschmolzene Salpeter nicht nach dem Gebrauch ausgegossen zu werden, sondern kann in der Eprouvette erstarren, ohne daß Zerspringen zu befürchten wäre. Das Bad ist, selbst wenn sich darin feine Luft- oder — bei hoher Temperatur — Sauerstoffbläschen bilden, noch genügend durchsichtig, um bequeme Beobachtung zu gestatten. Die Salpeterschicht kann so hoch gewählt werden, daß sich der Quecksilberfaden eines abgekürzten Thermometers ganz darin befindet und man so den korrigierten Schmelzpunkt leicht bestimmen kann. Das verhältnismäßig kleine Bad bedarf nur wenig Wärme[3]) und ist daher rasch auf die gewünschte Temperatur zu bringen. Durch den Heißluftmantel wird es recht gleichmäßig erhitzt.

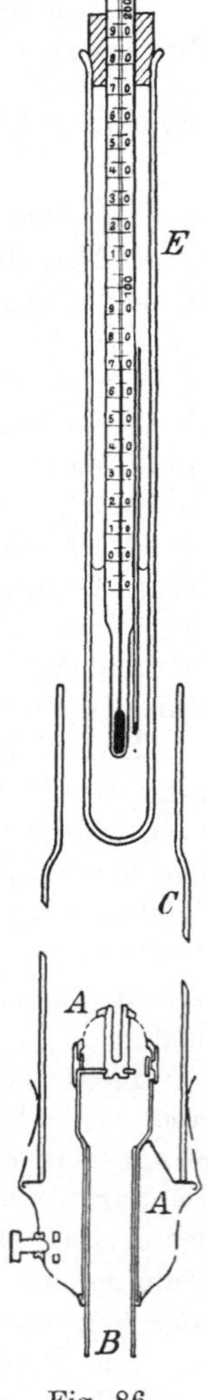

Fig. 86.
Apparat von
Schwinger.

Das Thermometer wird mit einem eingeschnittenen Kork befestigt.

Zur genauen Regulierung der Gaszufuhr ist es sehr zweckmäßig, am

---

[1]) Riban, Bull. (2) **24**, 14 (1875). — Schützenberger, Traité de chimie générale I, 86 (1880).

[2]) M. **34**, 977 (1913).

[3]) Der Gasverbrauch ist so gering, daß man bei häufigerem Gebrauch das Bad ständig etwas über dem Schmelzpunkt des Salpetergemisches (etwa 220°) hält.

Gashahn einen 10—15 cm langen Zeiger anbringen zu lassen, der auf einer Skala einspielt.

Der Hauptvorteil des beschriebenen Schmelzpunktsapparats liegt in seiner raschen und bequemen Handhabung. Man kann das Bad nach einigem Vorwärmen mit kleiner Flamme rapid bis in die Nähe der gewünschten Temperatur anheizen. Kleinstellen der Heizflamme bedingt fast augenblickliches Aufhören des Ansteigens der Badtemperatur, denn die erhitzte Luft wird sogleich durch nachströmende kühlere ersetzt. Die Einstellung auf bestimmte Temperatur ist leicht durchführbar. und fast unabhängig von Zugluft. Die mit dem Apparat ermittelten Schmelzpunkte zeigen gute Übereinstimmung. 550° sind leicht zu erreichen.

Schmelzpunktsbestimmung von Substanzen, die bei hoher Temperatur luftempfindlich sind,

nimmt Tafel[1]) im Vakuum vor. Ein dünnwandiges, 10 cm langes Glasrohr von ca 5 mm äußerer Weite wird in der Mitte zur Capillare ausgezogen und abgeschmolzen, wodurch man zwei Bestimmungsröhrchen erhält. Nach dem Einfüllen der Substanz wird das offene, weite Röhrenende mit der Pumpe verbunden und nach einer Minute die Capillare möglichst nahe dem weiten Ende abgeschmolzen.

Schon früher hat Goldschmiedt[2]) Schmelzpunktsbestimmungen vorgenommen, bei denen die Capillare während der ganzen Dauer des Versuchs mit der Wasserluftpumpe verbunden blieb. Späth[3]) untersuchte in gleicher Weise das Aribin (Harman).

Man kann auch in mit Kohlendioxyd gefüllten Capillaren erhitzen[4]).

Schmelzpunktsbestimmung sehr niedrig schmelzender Substanzen.

Niedrig schmelzende Substanzen bleiben leicht überschmolzen. Man kann diese Erscheinung in der Art verwerten, wie dies Staden[5]) bei der Untersuchung des p-Nitrodimethyl-o-toluidins gemacht hat.

8—10 g der Base wurden in Eis abgekühlt. Es trat keine Erstarrung ein. Etwa 0.1 g wurden nun in einem offenen engen Röhrchen, an der Kugel des Thermometers haftend, durch Eintauchen in Chlormethyl zum Krystallisieren gebracht. Als man darauf das Thermometer mit der an seiner Kugel haftenden festen Substanz in die unterkühlte Hauptmasse brachte, erstarrte diese rasch, und das Thermometer stieg auf 14°. Der Versuch wurde mehrmals mit gleichem Resultat wiederholt.

Krafft empfiehlt folgendes Verfahren[6]).

Man setzt in die eine Durchbohrung des Stopfens eines starkwandigen, 3—6 cm weiten, 15—30 cm hohen Zylinders, dessen Boden in einer kugelförmigen Erweiterung besteht, ein Weingeistthermometer mit am Gefäß befestigtem, beiderseits zugeschmolzenem Capillarröhrchen, das die flüssige

---

[1]) A. **301**, 305 Anm. (1898). — Tafel und Dodt, B. **40**, 3753 (1907). — Pauly, Z. phvsiol. **64**, 79 (1910).

[2]) M. **9**, 769 (1888). — Siehe auch Hilpert und Grüttner, B. **46**, 1681 (1913).

[3]) M. **40**, 356 (1919).

[4]) Schlenk, Weickel und Herzenstein, A. **372**, 4 (1910).

[5]) J. pr. (2) **65**, 249 (1902).

[6]) B. **15**, 1694 (1882).

Substanz enthält, und in eine zweite Durchbohrung ein weites, gebogenes Glasrohr. Dieses kommuniziert zunächst mit einem Druckregulator und letzterer mit einer Pumpe.

Beim Gebrauch gibt man in den Zylinder einige Kubikzentimeter flüssiges Schwefeldioxyd, in das die Thermometerkugel eintaucht, und evakuiert nun mit der Luftpumpe, deren Wirkung man durch langsames Schließen der Regulierhähne allmählich steigert, um das immer weniger verdampfende Schwefeldioxyd ohne anfängliches Überschleudern stark abkühlen zu lassen. Das Thermometer sinkt rasch auf − 40 bis − 50° und darunter. Um die Substanz, die mittlerweile erstarrt sein wird, beobachten zu können, befestigt man den Zylinder mit Hilfe eines großen durchbohrten Stopfens in einem entsprechend weiten Stehzylinder, so daß er in diesem frei schwebt, und gibt in den abgeschlossenen Zwischenraum einige Tropfen Alkohol.

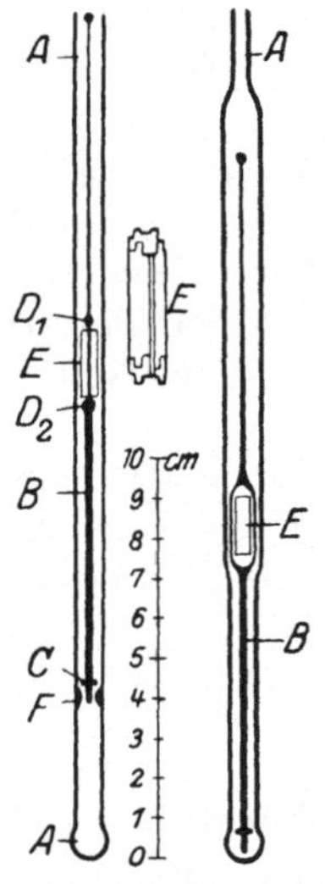

Durch allmähliches Öffnen der Regulierhähne läßt man den Druck im Apparat und somit auch den Siedepunkt und die Temperatur des Schwefeldioxyds nach und nach steigen, kann auch durch passende Hahnstellung die Temperatur minutenlang in der gleichen Tiefe halten und die erste Schmelzpunktsbestimmung durch wiederholtes Fallen- und Steigenlassen der Temperatur kontrollieren. Die Ablesung wird fast noch sicherer, wenn man das Thermometer nicht unmittelbar in das Schwefeldioxyd eintauchen läßt, sondern zunächst in eine teilweise mit Alkohol gefüllte Glasröhre einsetzt.

Noch weit größere Temperaturintervalle hat man natürlich zur Verfügung, wenn man das Schwefeldioxyd durch flüssige Luft ersetzt.

Man verfährt alsdann für Substanzen, die unter − 50° schmelzen, nach Stock[1]) folgendermaßen:

Fig. 87 I. Fig. 87 II.
Apparat von Stock.

In dem 6 mm weiten, dünnwandigen Außenrohr A (Fig. 87), welches unten zu einer kleinen Kugel von größerer Wandstärke erweitert und oben mit einer zum Destillieren im Vakuum eingerichteten Apparatur durch Verkitten oder Verblasen verbunden ist, befindet sich der frei bewegliche Glaskörper B. Er ist aus einem 2 mm starken Glasstab hergestellt, trägt etwas über seinem unteren Ende vier ein Kreuz bildende Ansätze C[2]), in der Mitte zwei knopfartige Verdickungen D_1 und D_2 und läuft oben in einen als Zeiger dienenden Glasfaden aus. Die Länge der Ansätze C ist so bemessen, daß sie B reibungslose Führung in A geben. Zwischen D_1 und D_2 befindet sich ein kleiner Eisenzylinder E, der aus wenige Zehntel Millimeter starkem Eisenblech hergestellt ist und durch einige nach innen umgebogene Zähne (vgl. die Nebenzeichnung) zwischen D_1 und D_2 festgehalten wird. E und B lassen sich durch einen über A geschobenen kleinen Elektromagneten[3]) in A auf und nieder bewegen.

---

[1]) B. **50**, 156 (1917).

[2]) Die Ansätze sind nicht ganz am Ende von B angebracht, damit sie nicht abbrechen, wenn B einmal unsanft gegen den Boden von A stößt.

[3]) Brauchbar ist ein Elektromagnet, wie er bei Beckmannschen Gefrierpunktsbestimmungsapparaten mit elektromagnetischem Rührer verwendet wird (zu beziehen z. B. von Universitätsmechaniker Gustav Hildebrandt, Leipzig, Brüderstraße 34). Die Wirkung des Magneten kann durch Einschieben zweier A angepaßten Eisenstückchen zwischen die Backen des Magneten vergrößert werden. Erforderliche Spannung: 4 Volt.

Vor einer Schmelzpunktsbestimmung hebt man B mittels des Magneten so hoch, daß sich das Glaskreuz mindestens 8 cm über dem Boden von A befindet. Man destilliert bei evakuierter Apparatur eine passende Menge der Substanz derartig in A hinein, daß sie sich in fester Form als Ring (F in Fig. 87 I) einige Zentimeter unterhalb des Endes von B ansetzt. Zu diesem Zweck taucht man A etwa 5 cm tief in flüssige Luft, die einen kleinen Vakuumbecher bis dicht zum Rande füllt; dies bewirkt die Bildung eines ziemlich scharf begrenzten dicken Ringes. Nach Beendigung des Destillierens hebt man das Luft-Kühlbad so weit, daß sich auch der untere Teil von B abkühlt, und senkt B, bis es mit dem Kreuz auf dem Substanzring ruht. In diesem Zustand ist der Apparat in Fig. 87 I dargestellt. Man bezeichnet auf A die Stellung der Zeigerspitze. Nach Entfernung des Magneten wird die flüssige Luft durch ein anderes geeignetes Kühlbad (Alkohol-, Pentanbad, gekühlter Metallblock in einem Vakuumgefäß) ersetzt, dessen Temperatur mindestens mehrere Grade unter dem Schmelzpunkt der Substanz liegen muß. Unter dauerndem Rühren steigert man die Temperatur des Kühlbades möglichst langsam. Sobald die Schmelztemperatur erreicht ist, schmilzt die A anhängende Substanzschicht, und Substanzring und B gleiten nach unten. Der Augenblick, in dem dies geschieht, ist durch Beobachten des aus dem Kühlbad herausragenden Zeigerendes bequem und scharf zu erkennen; man liest die Temperatur ab, sobald sich der Zeiger in Bewegung setzt.

Falls zu befürchten ist, daß E mit der Substanz reagiert, benutzt man den Apparat in der durch Fig. 87 II wiedergegebenen Form. Hier ist E in ein dünnwandiges, schwach evakuiertes Glasröhrchen eingeschmolzen und dadurch der Einwirkung der Substanz entzogen. A ist im mittleren Teil etwas erweitert. Einige außen an der Glashülle des Eisenzylinders angebrachte Glasknöpfchen sorgen für gleichmäßigen Zwischenraum zwischen der Glashülle und A, so daß sich das Ein- und Abdestillieren ohne Störung vollzieht. Das Wiederverdampfen der Substanz im Vakuum darf nicht zu schnell geschehen, damit B nicht von den Dämpfen in die Höhe geschleudert und zerbrochen wird. Bei Apparatform II macht man das engere, an A anschließende Rohr so lang, daß der zerbrechliche Zeiger darin Platz hat, ohne oben anzustoßen.

Das Verfahren arbeitet so genau, daß wiederholte Schmelzpunktsbestimmungen mit derselben Substanz nur um etwa $^1/_{10}°$ voneinander abweichende Zahlen geben.

Es braucht wohl kaum hervorgehoben zu werden, daß bei dieser Art Schmelzpunktsbestimmung die Temperatur des beginnenden Schmelzens gemessen wird und daß man das Verfahren zur Feststellung eines etwaigen Schmelzintervalls bei nicht einheitlichen Substanzen abändern muß. Dies ließe sich etwa so machen, daß man durch Ausbildung des unteren Endes von B zu einem kleinen Stempel und durch genaue Verfolgung der Zeigerbewegung den Zeitpunkt beobachtet, in dem der Stempel den Boden von A eben berührt, also keine festen Teile mehr in der Schmelze vorhanden sind.

Schmelzpunktsbestimmung niedrig schmelzender Substanzen mittels Luftthermometer: Haase, B. **26**, 1052 (1893). — Tensionsthermometer: Stock, Henning und Kuss, B. **54**, 1119 (1921) für Temperaturen unter $+ 25°$.

Anwendung eines Konstantan-Kupferpaars und Galvanometers: Guttmann, Proc. **21**, 206 (1905).

Zur Schmelzpunktsbestimmung klebriger Substanzen,

die sich schwer in ein Capillarröhrchen bringen lassen, kann man nach Kuhara und Chikashigé[1]) die Substanz zwischen den beiden Hälften eines Deckgläschens zerdrücken, die man in ein umgebogenes und, wie Fig. 88 zeigt, ausgeschnittenes Platinblech klemmt, das an das Thermometer gehängt wird. Im Moment des Schmelzens wird das Deckgläschen durchsichtig. Als Luftbad dient ein Bechergläschen, das vermittels eines Korkes und Thermometers in ein größeres, mit Schwefelsäure gefülltes Becherglas gehängt wird.

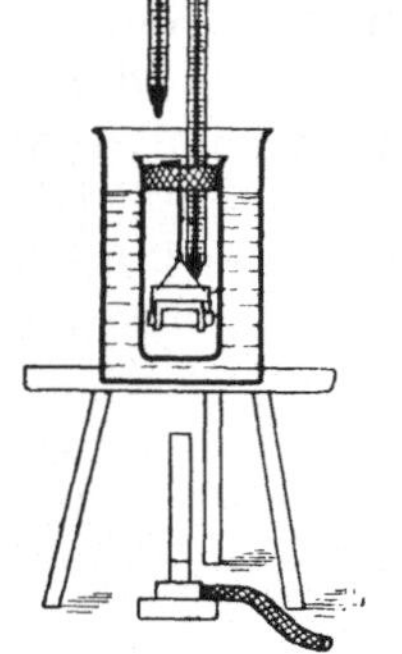

Fig. 88. Apparat von Kuhara und Chikashigé.

Schmelzpunktsbestimmung von Substanzen salbenartiger Konsistenz.

Außer der oben beschriebenen Methode von Kuhara und Chikashigé dienen zur Schmelzpunktsbestimmung von Fetten und ähnlichen niedrig schmelzenden Substanzen namentlich noch folgende Verfahren:

Verfahren von Le Sueur und Crossley[2]) (Fig. 89).

Die Methode gründet sich darauf, daß Flüssigkeiten das Phänomen der Capillarität zeigen, während dies feste Körper nicht tun. In ein kleines, dünnwandiges Glas A von etwa 75 mm Länge und 7 mm Weite wird eine feine, beiderseits offene Capillare B gebracht, deren Durchmesser nicht mehr als $^3/_4$ mm betragen darf. Dann wird von der Substanz so viel eingefüllt, daß das untere Ende der Capillare davon umgeben ist. Das Ganze wird mit zwei Gummibändern an ein Thermometer befestigt und in einem Wasserbad unter Umrühren langsam erwärmt. Als Schmelzpunkt wird der Punkt notiert, bei dem man Flüssigkeit in der Capillare aufsteigen sieht.

Verfahren von Kopp[3]) und Cook[4]).

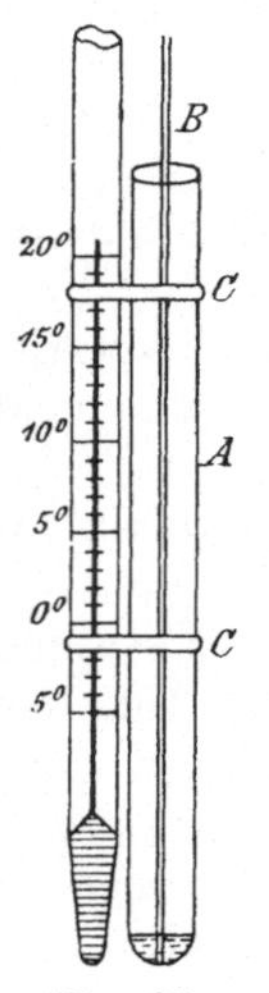

Fig. 89.
Schmelzpunkts-
bestimmung
nach Le Sueur
und Crossley.

Die Substanz wird auf ein Deckgläschen und letzteres auf Quecksilber gebracht, das in einem Kölbchen erwärmt wird (Cook). Man rührt mit einem Thermometer um, an dem auch der Schmelzpunkt abgelesen wird, oder man bringt die Probe auf Quecksilber und bedeckt mit einem aus dünnem Glas geblasenen Trichterchen, um Luftwechsel und Abkühlung von außen her zu verhüten.

Verfahren von Pohl[5]), Wien. Akad. Sitzb. 6, 587 (1851). — Verfahren von Cross und Bevan, Soc. 41, 111 (1882). — Verfahren von Ebert, Ch. Ztg. 15, 76 (1891). — Verfahren von Vandenvyver, A. chim. anal. appl. 13, 397 (1899). — Verfahren von Thorp, Pharm. J. (4) 30, 204 (1910). — Andere namentlich für technische Zwecke dienende Methoden siehe Benedikt, Anal. der Fette und Wachsarten, 3. Aufl., S. 96ff.

---

1) Am. 23, 230 (1900). — Vgl. auch Schweizer Wochenschr. f. Pharm. 1900, 107.
2) Soc. Ind. 17, 988 (1898).   3) B. 5, 645 (1872).   4) Proc. 13, 74 (1896).
5) Siehe dazu Halla, Öst. Ch. Ztg. (2) 13, 29 (1910). — Meldrum, Ch. News 108, 199, 223 (1913). — Knapp, Soc. Ind. 34, 1121 (1915).

Hülsebosch[1]) bringt die Substanz in ein auf Wasser schwimmendes, uhrglasförmiges Aluminiumschälchen und beobachtet mit der Lupe.

Für höher schmelzende Substanzen dient Quecksilber bzw. Weichlot[2]).

Schmelzpunktsbestimmung unter dem Mikroskop.

Sehr geringe Substanzmengen werden nach Lehmann[3]) und Loviton[4]) unter dem mit heizbarem Objekttisch versehenen Mikroskop untersucht.

Nach V. Goldschmidt[5]) liefert die Untersuchung aus unterkühltem Schmelzfluß erstarrender Substanzen mittels des Mikroskops wertvolle Ergebnisse. Die Erscheinungen „sind so mannigfaltig und so charakteristisch verschieden, daß es sich empfehlen dürfte, diesen einfachen Versuch, der sich in kürzester Zeit und mit einem Minimum von Substanz ausführen läßt, als qualitative Reaktion zur Unterscheidung organischer Verbindungen zu benutzen. Wird es auch nicht gelingen, alle unzersetzt schmelzbaren Verbindungen zu unterscheiden, so wird man sie doch in Gruppen trennen können, in denen eventuell eine Schmelzpunktsbestimmung oder eine Verbrennung zur genauen Bestimmung ausreicht."

Seither hat sich namentlich Vorländer[6]) mit der Untersuchung organischer Verbindungen nach dieser Richtung, speziell mit Rücksicht auf das Auftreten anisotroper flüssiger Phasen (fließender Krystalle) beschäftigt.

Die Resultate dieser Forschungen lassen sich in folgende Sätze zusammenfassen:

1. Substanzen, die beim Schmelzen oder beim Erstarren den krystallinisch-flüssigen Zustand annehmen — es sind ihrer weit über hundert bekannt —, finden, sich besonders bei vielen Arten von Benzolderivaten, und zwar bei:

Stickstofffreien Verbindungen	Stickstoffhaltigen Verbindungen	Kombiniert mit
Carbonsäuren: $— COOH$	Azoverbindungen: $— N = N —$	$— O \cdot CH_3$ $— O \cdot C_2H_5$
α-ungesättigte Säuren und Säureester: $— C = C \cdot COOH\ (R)$	Azoxyverbindungen: $— N — N —$ $\diagdown O \diagup$	$— O \cdot C_3H_7$ $— O \cdot CO \cdot CH_3$
Methylketone: $— C : O \cdot CH_3$	Arylidenamine und Azine: $— C = N —$	$— O \cdot CO \cdot C_6H_5$ $— O \cdot COO \cdot C_2H_5$
α-ungesättigte Ketone: $— C = C \cdot C : O \cdot R$ ungesättigte Phenoläther: $— C = C — OR$	Arylidenoxamine: $— C — N —$ $\diagdown O \diagup$	$— NH_2$ $— N(CH_3)_2$
Cholesterin- [Phytosterin-[7])] Derivate: $\cdots C = C \cdots$	Nitrile: $\cdots C \equiv N$	$-- NO_2$ $— C_6H_5$

[1]) Ph. C.-H. **37**, 231 (1892).

[2]) Havas, Ch. Ztg. **36**, 1438 (1912). — Grandmougin und Smirous, B. **46**, 3431 (1913).

[3]) Z. Kryst. **1**, 97 (1887). — Ein heizbares Mikroskop hat Siedentopf, Z. El. **17**, 593 (1906), angegeben. — Ausführliche Angaben über Schmelzpunktsbestimmungen unter dem Mikroskop macht auch Cram, Am. soc. **34**, 954 (1912).

[4]) Bull. (2) **44**, 613 (1885).

[5]) Verh. d. nat.-med. Ver. Heidelberg, N. F. **5**, 2. Heft (1893). — Z. Kryst. **28**, 169 (1897).

[6]) B. **39**, 803 (1906); **40**, 1415, 1970, 4527 (1907). — Vorländer und Gahren, B. **40**, 1966 (1907). — Z. phys. **57**, 357 (1907).

[7]) Jäger, Koninkl. Akad. Amsterdam **1907**, 481, 483.

2. Der krystallinisch-flüssige Zustand ist abhängig von der chemischen Konstitution; folgende Faktoren wurden als maßgebend nachgewiesen:

a) Alphylierung und Acylierung der Hydroxyle;

b) Gegenwart ungesättigter Gruppen, $C:O$, $C:C$, $C:N$, $N:N$ usw.;

c) Parastellung der in der obigen Tabelle angeführten Gruppen.

3. Der Dimorphie und Polymorphie bei krystallinisch-festen Substanzen ist das Vorkommen der krystallinisch-flüssigen Phasen insofern an die Seite zu stellen, als die Bildung der labilen krystallinischen Modifikation im flüssigen wie im festen Zustand von der Unterkühlung der Substanzen abhängt.

4. Es gibt auch Substanzen, die zwei verschiedene krystallinisch-flüssige Phasen nebeneinander oder mehrere krystallinisch-feste Phasen bilden.

5. Bei der Bildung mehrerer krystallinisch-fester Modifikationen ist im Gegensatz zu den krystallinisch-flüssigen keine bestimmte Beziehung zur chemischen Konstitution zu erkennen.

Weiteres über krystallinisch-flüssige Substanzen und eine vollständige Literaturübersicht: Vorländer, Samml. chem. und chem.-techn. Vorträge von Ahrens, 12, Heft 9/10 (1908).

Schmelzpunktsbestimmung mittels des elektrischen Stroms.

Löwe hat zuerst vorgeschlagen[1]), zur Schmelzpunktsbestimmung die Tatsache zu verwerten, daß der elektrische Strom eines schwach wirkenden Elements bei geschlossener Kette einen in den Kreis eingeschalteten kleinen elektromagnetischen Wecker in Tätigkeit versetzt. Wird dagegen bei geschlossener Kette ein 'mit einer nichtleitenden Substanz überzogener Platindraht eingeschaltet, so ist der Strom unterbrochen, und erst beim Schmelzpunkt beginnt der Wecker zu läuten.

Der Apparat zu diesem Verfahren wurde von Wolf[2]) verbessert. Krüss brachte noch weitere kleine Abänderungen an[3]), und Maler[4]) skizziert die Vorrichtung, die im Laboratorium der Handelsbörse in Paris gebraucht wird. Endlich ist die wiederholt beschriebene Methode von Christomanos[5]), Vandenvyver[6]), Chercheffsky[7]), Dowzard[8]), Mafezzoli[9]), Thierry[10]) und Limbourg[11]) nochmals erfunden worden.

In eine auf dem Sandbad zu erhitzende, mit Quecksilber gefüllte, etwa 100 ccm fassende zweihalsige Flasche A ist einerseits das Thermometer C und ein zur Batterie E und Klingel D führender Platindraht f, andererseits ein unten capillar ausgezogenes Glasrohr d gesteckt, dessen Spitze mit der geschmolzenen Substanz angefüllt wird. Nach dem Erstarren gießt man etwas Quecksilber auf die Substanz und steckt einen mit der Klingel verbundenen Platindraht d hinein. Beim Schmelzen der Substanz tritt Kontakt ein und die Klingel ertönt (Christomanos).

---

[1]) Dingl. 201, 250 (1872).   [2]) Arch. 206, 534 (1876).

[3]) Z. f. Instrum. 3, 326 (1884).   [4]) Analyst 15, 85 (1889).

[5]) B. 23, 1093 (1890). — Z. anal. 31, 551 (1892), woselbst ein Literaturverzeichnis.

[6]) Rev. de chim. anal. 1897, 104; vgl. Poulenc, Les nouveautés chimiques 1898, 67.

[7]) Ch. Ztg. 23, 597 (1899).   [8]) Ch. News 79, 150 (1900).

[9]) Progresso 28, 100 (1901).   [10]) Arch. sc. phys. nat. Genève 20, 59 (1905).

[11]) Ch. Ztg. 32, 151 (1908).

Bestimmung des Schmelzpunkts in der Wärme zersetzlicher oder explosiver Substanzen.

Wenn sich eine Substanz schon bei relativ niedriger Temperatur stürmisch zersetzt, ist der Schmelzpunkt so zu bestimmen, daß man verschiedene Proben in vorgewärmte Bäder von allmählich steigender Temperatur eintaucht[1]).

Hodgkinson[2]) verfährt folgendermaßen:

Der zu prüfende Stoff wird in ein kleines Platinblechnäpfchen B, das 2 mm weit und tief ist, gebracht und letzteres an einem Platindraht befestigt, so daß es frei schwebend in der Mitte der Eprouvette neben dem Thermometer hängt (Fig. 91).

Die Eprouvette wird durch locker gestopfte Asbestfäden D im Hals des Kolbens A festgehalten.

A steht auf einer doppelten Lage Drahtnetz und wird durch eine kleine Flamme vorsichtig erhitzt. Den Stand des Thermometers im Moment der Verpuffung oder Entflammung liest man am besten aus einiger Entfernung mit dem Fernrohr ab.

Kutscher und Otori[3]) benutzen einen Quarzkolben, der direkt erhitzt werden kann.

Man kann auch oftmals den „Explosionspunkt" nach der Methode von Kopp und Cook[4]) bestimmen.

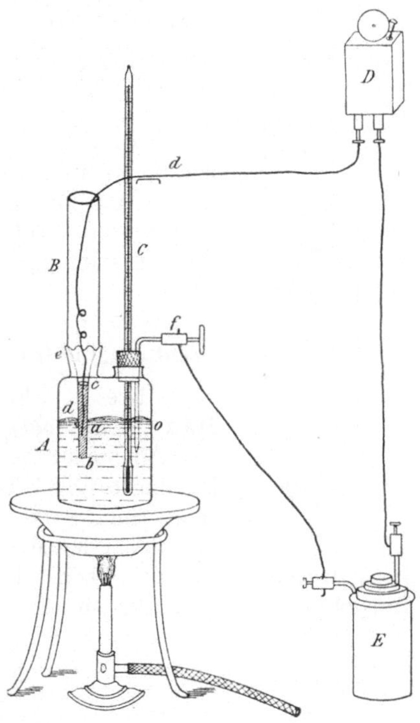

Fig. 90. Apparat von Christomanos.

Schmelzpunktsbestimmung hygroskopischer Substanzen[5]).

Hübner gelang die Schmelzpunktsbestimmung bei der außerordentlich hygroskopischen Benzolsulfosäure nur so, daß er sie im offenen Capillarröhrchen im Paraffinbad längere Zeit auf 100° erhitzte und dann das Röhrchen schnell zuschmolz.

Zur Schmelzpunktsbestimmung der sehr hygroskopischen wasserfreien Naphthalin-β-sulfosäure verfährt Witt[6]) folgendermaßen:

Geringe Mengen des Hydrats der Säure werden in ein Röhrchen gebracht, das an einem Ende zu

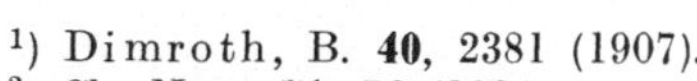

1) Dimroth, B. **40**, 2381 (1907).
2) Ch. News **71**, 76 (1894).
3) Z. physiol. **42**, 193 (1904).
4) S. 134.
5) Hübner, A. **223**, 240 (1884).
6) B. **48**, 759 (1915).

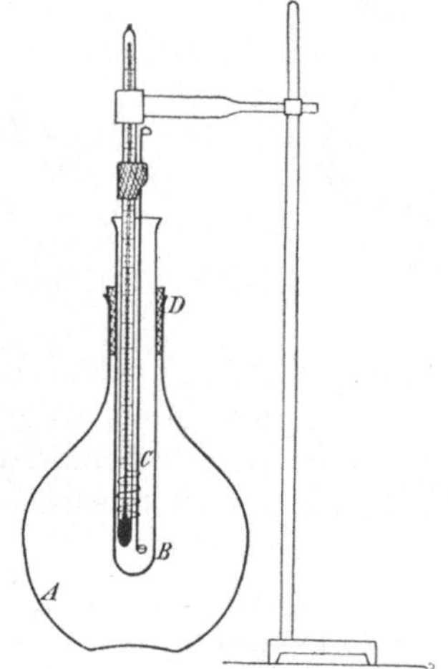

Fig. 91.
Apparat von Hodgkinson.

einer kleinen Kugel aufgeblasen ist. Das Röhrchen wird im Toluolbad erhitzt, während gleichzeitig mittels einer Capillare trockne Luft durchgeleitet wird. Nach einer Stunde wird es zugeschmolzen. Die nunmehr entwässerte Sulfosäure erstarrt beim Erkalten und nun kann der Schmelzpunkt in gewohnter Weise bestimmt werden.

Backer benutzt [1]) für hygroskopische Substanzen, die andauerndes Erhitzen nicht vertragen, einen H-förmigen Glasapparat (Fig. 92). In den 4 mm weiten Ast wird die Substanz gebracht und derselbe hierauf ausgezogen und zugeschmolzen. Der andere, ca. 10 mm weite Ast wird 2 cm hoch mit Phosphorpentoxyd gefüllt, capillar ausgezogen und mit der Luftpumpe verbunden und nach dem Evakuieren zugeschmolzen. Man wartet mit der Schmelzpunktsbestimmung noch mindestens 24 Stunden. Auf diese Art wurde der Smp. der Sulfopropionsäure bestimmt, die außergewöhnlich hygroskopisch ist.

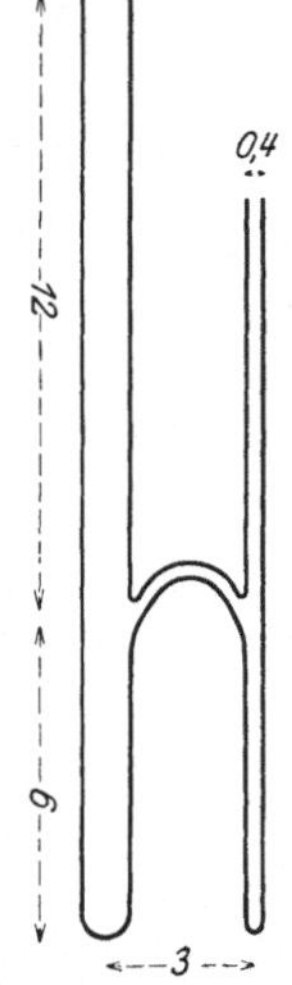
Fig. 92. Apparat von Backer.

Schmelzpunktsbestimmung mittels des „Bloc Maquenne".

Dieses in Frankreich viel geübte Verfahren [2]) ist von Maquenne angegeben worden [3]).

An Stelle des Flüssigkeitsbads wird ein Parallelepiped aus Messing (Fig. 93) benutzt, das durch eine Reihe kleiner Flämmchen erhitzt wird. Das Thermometer T ruht horizontal in einem Kanal, der den Messingblock 3 mm unter der Oberfläche der Länge nach durchsetzt. In der Oberfläche des Blocks befindet sich eine Anzahl kleiner Aushöhlungen c, in die man die Versuchssubstanz bringt. Man macht zuerst eine ungefähre Schmelzpunktsbestimmung und bringt hierauf das Thermometer so an, daß die Stelle der Skala, die dem zu erwartenden Schmelzpunkt entspricht, eben aus dem Block herausragt. Die Substanz gibt man dann in das der Thermometerkugel zunächst liegende Grübchen. Man erhitzt rasch bis ungefähr 10° unter den ungefähren Schmelz-

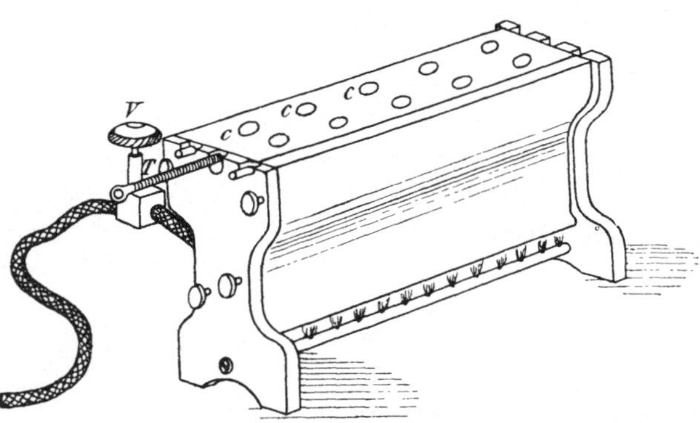
Fig. 93. „Bloc Maquenne".

punkt und steigert dann die Temperatur nur mehr sehr langsam. Hat man zersetzliche Substanzen, so gibt man sie erst jetzt auf das Metall. Man erfährt so direkt korrigierte Schmelzpunkte, kann auch leicht zersetzliche und explosive Verbindungen untersuchen, weniger gut stark sublimierende [4]).

---

[1]) Ch. W. **16**, 1564 (1919).

[2]) Freundler und Dupont, Manuel S. 32. — Tetny, Bull. (3) **27**, 184 (1902). — Tanret, C. r. **147**, 75 (1908).   [3]) Bull. (2) **48**, 771 (1887); (3) **31**, 471 (1904).

[4]) Tollens und Müther, B. **37**, 313 (1904) und Hesse, B. **37**, 4694 (1904) haben mit dem Apparat keine befriedigenden Erfahrungen gemacht.

Apparat von Hermann Thiele[1].

In ähnlicher Weise wie Maquenne vermeidet H. Thiele die Unbequemlichkeiten eines Flüssigkeitsbads. Sein Apparat gestattet indes nur die Bestimmung unkorrigierter Schmelzpunkte. Die Konstruktion ist aus Fig. 94 ohne weitere Beschreibung verständlich.

Ermittlung des korrigierten Schmelzpunkts.

Die nach den verschiedenen Methoden gefundenen Schmelzpunkte können nur als annähernd richtig angesehen werden, wenn nicht eine Korrektur für den herausragenden Quecksilberfaden vorgenommen wird. Arbeitet man mit dem Apparat von Roth und sorgt eventuell durch Benutzung der Anschützschen abgekürzten Thermometer dafür, daß das Quecksilber ganz unterhalb des Niveaus der Badflüssigkeit bleibt, so ist eine solche Korrektur unnötig, und man hat sich nur, durch öfters wiederholte Kontrolle, von der Verläßlichkeit des Thermometers zu überzeugen[2].

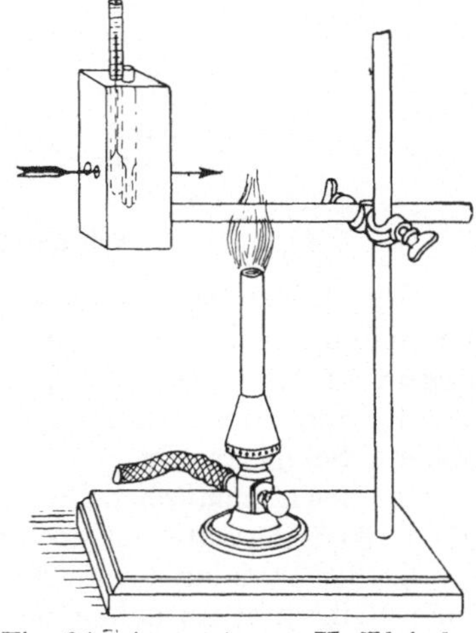

Fig. 94. Apparat von H. Thiele.

Zur Korrektur für den herausragenden Faden können die S. 149 bis 151 abgedruckten Rimbachschen Tabellen dienen.

Fast noch zweckmäßiger ist es, da ja das Kaliber usw. der Capillare bei der Schmelzpunktsbestimmung eine Rolle spielt, im gleichen Apparat mit einer gleichartigen Capillare den Schmelzpunkt einer leicht rein zu erhaltenden Substanz zu ermitteln, deren Verflüssigung bei annähernd gleicher Temperatur erfolgt wie die der zu untersuchenden Probe. Eine einfache Rechnung läßt dann aus der Differenz des für die „Type" gefundenen und des wirklichen Schmelzpunkts ermitteln, um wieviel Grade der Schmelzpunkt zu korrigieren ist.

Im folgenden ist eine Anzahl korrigierter Schmelzpunkte von hinreichend leicht zugänglichen Substanzen zusammengestellt[3].

Schmelzpunkt:	Substanz:
13.0°	Paraxylol,
23.0°	Diphenylmethan,
39.0°	Benzoesäureanhydrid,
49.4°	Thymol,
62.6°	Palmitinsäure,
80.0°	Naphthalin,
90.0°	m-Dinitrobenzol,
103.0°	Phenanthren,
114.2°	Acetanilid,
121.2°	Benzoesäure,
132.6°	Carbamid,
147.7°	o-Nitrobenzoesäure,
159.0°	Salicylsäure,
170.5°	Benzoylphenylhydrazin,
182.7°	Bernsteinsäure,
190.3°	Hippursäure,
201.7°	Borneol,

---

[1] Z. ang. **15**, 780 (1902). — Siehe auch Derlin, Ap. Ztg. **25**, 433 (1910). — Hantzsch und Schwiete, B. **49**, 213 (1916).

[2] Siehe dazu auch van der Haar, Monosaccharide und Aldehydsäuren, Berlin, Bornträger (1920), 31.   [3] Vgl. Reissert, B. **23**, 2242 (1890).

Schmelzpunkt:	Substanz:
216.5°	Anthracen,
229.0°	Hexachlorbenzol,
240.0°	Carbanilid,
252.5°	Oxanilid,
271.0°	Diphenyl-α-γ-diazipiperazin,
285.6°	Anthrachinon,
317.0°	Isonicotinsäure,
354.0°	Acridon,
402.0°	Dekacyclen.

Schmelzpunktsregelmäßigkeiten [1]).

Die Beziehungen zwischen Schmelzbarkeit und Konstitution organischer Verbindungen sind nur zum geringen Teil bekannt, doch lassen sich gewisse Regeln aufstellen, die allerdings nicht ohne Ausnahmen gelten.

1. Von zwei isomeren Verbindungen hat die symmetrischer gebaute den höheren Schmelzpunkt.

In der aromatischen Reihe schmelzen daher im allgemeinen die 1 · 4- und die 1 · 3 · 5-Derivate am höchsten.

In der Pyridinreihe steigt der Schmelzpunkt von der α-Reihe über die β-Reihe zur γ-Reihe (mit Ausnahme der Ester).

Äthylenverbindungen schmelzen höher als die isomeren Äthylidenverbindungen.

Maleinoide Körper schmelzen niedriger als fumaroide. (Diese Regel gilt nicht für Stickstoffverbindungen.)

2. Die Schmelzbarkeit ist um so geringer, je verzweigter die Kohlenstoffkette ist.

3. In homologen Reihen [2]) steigen die Schmelzpunkte mit wachsendem Molekulargewicht. Vergleicht man die geraden Glieder einer Reihe und die ungeraden für sich, so zeigt sich in jeder der beiden Reihen ein ununterbrochenes Steigen der Schmelzpunkte, und zwar so, daß der Grad dieser Steigerung zwischen je zwei aufeinanderfolgenden Gliedern derselben Reihe fortgesetzt abnimmt.

Die Glieder mit ungerader Kohlenstoffzahl haben (bei den gesättigten aliphatischen Mono- und Dicarbonsäuren und den Amiden von 6—14 Kohlenstoffatomen) niedrigeren Schmelzpunkt als die um ein C reicheren Glieder der gleich gebauten Reihe.

4. Gesättigte Verbindungen schmelzen gewöhnlich niedriger als die entsprechenden ungesättigten Methylenverbindungen.

5. Der Schmelzpunkt sinkt bei Ersatz von Hydroxyl- oder Aminowasserstoff durch Methyl [3]).

Methylester schmelzen höher als ihre nächsten Homologen [4]).

---

[1]) Petersen, B. **7**, 59 (1874). — Nernst im Neuen Handw. d. Ch. von Fehling **6**, 258. — Marckwald in Graham - Otto I, **3**, 505. — Markownikoff, A. **182**, 340 (1876). — Baeyer, B. **10**, 1286 (1877). — Linz, B. **12**, 582 (1879). — Schultz, A. **207**, 362 (1881). — Franchimont, Rec. **16**, 126 (1897). — Kaufler, Ch. Ztg. **25**, 133 (1901). — Henri, Bull. Ac. roy. Belg. **1904**, 1142. — Blau, M. **26**, 89 (1905). — Tsakalotos, C. r. **143**, 1235 (1906). — Hinrichs, C. r. **144**, 431 (1907). — Forcrand, C. r. **172**, 31 (1921). — Berner und Riiber, B. **54**, 1949 (1921).

[2]) Siehe hierzu Biach, Z. phys. **50**, 43 (1904).

[3]) So schmelzen die Methylamide niedriger als die Amide. Franchimont, Kon. Amst. Proc. **16**, 376 (1913).

[4]) Der Anisoylterephthalsäuredimethylester [Giese, Diss. Straßburg (1903), 28] und der o-Cyanbenzoesäuremethylester [Hoogewerff und Van Dorp, Rec. **11**, 96 (1892)] schmelzen niedriger als die resp. Äthylester.

6. Bei Substitution durch Halogen steigt der Schmelzpunkt mit dem Atomgewicht des eintretenden Atoms, falls nicht der Substituent an ein C-Atom tritt, das schon an Halogen gebunden ist.

Nitroverbindungen pflegen höher zu schmelzen als die entsprechenden Bromverbindungen.

7. Ersatz eines Wasserstoffatoms durch Hydroxyl, Carboxyl, die Amino- oder Nitrogruppe erhöht den Schmelzpunkt.

8. Säureamide pflegen höher, Ester und Chloride sowie Anhydride[1]) niedriger zu schmelzen als die entsprechenden Carbonsäuren, bei den Sulfosäuren schmelzen dagegen die Anhydride am höchsten[2]).

Die Säurechloride und Amide der Pyridinmonocarbonsäuren machen von dieser Regel eine Ausnahme.

9. Der Schmelzpunkt steigt, wenn zwei an ein C-Atom gebundene H-Atome durch Sauerstoff oder drei derselben durch Stickstoff ersetzt werden.

10. Bei den Nitroderivaten und den daraus darstellbaren Azoxy-, Azo-, Hydrazo- und Aminoverbindungen der aromatischen Reihe steigt der Schmelzpunkt mit der Sauerstoffentziehung bis zu den Azoverbindungen und fällt dann wieder bis zu den Aminoderivaten.

11. Schmelzpunktsregelmäßigkeiten bei Oxyflavonen: Ruhemann, B. **46**, 2188 (1913).

Zweiter Abschnitt.

Bestimmung des Siedepunkts.

(Siedepunkt = Sdp., S. P. oder Kochpunkt Kp. — Franz.: point d'ébullition = P. E. oder Eb. — Engl.: boiling point = B. P. — Italien.: punto di ebullizione = p. e.)

Allgemeine Bemerkungen.

Zur Siedepunktsbestimmung wendet man gewöhnlich, wenn man über genügend Substanz verfügt, die Methode der Destillation an und bezeichnet als· Siedepunkt die Temperatur, bei der das Thermometer während nahezu der ganzen Operation konstant bleibt.

Es ist hierbei zu beachten, daß zwar die Thermometerkugel fast augenblicklich die Temperatur des Dampfs annimmt, daß es aber geraume Zeit braucht, bis der Quecksilberfaden, der durch eine dicke Glasschicht bedeckt ist, sich ins Wärmegleichgewicht stellt. Außerdem rinnt die zuerst an den oberen Teilen des Siedekölbchens kondensierte Flüssigkeit am Thermometer herunter und kühlt die Kugel ab. Dadurch werden die ersten Tropfen des Destillats, selbst konstant siedender Flüssigkeiten, (scheinbar) bei einer unter dem eigentlichen Siedepunkt liegenden Temperatur übergehen.

Andererseits wird eine, wenn auch oft geringfügige, Veränderung der Substanz während des andauernden Siedens (durch Zersetzung, Polymerisation usw.) unvermeidlich sein, ebenso wie sich Überhitzen des Dampfs am Schluß der Operation kaum vermeiden läßt. Dadurch wird die Destillationstemperatur schließlich über den eigentlichen Siedepunkt steigen.

---

[1]) Anhydride, die höher schmelzen als die zugehörigen Säurehydrate: Auwers, B. **28**, 1130 (1895). — Fichter und Merckens, B. **34**, 4176 (1901). — Der Nitroopiansäure-ψ-Ester schmilzt höher als die zugehörige Säure: Fink, Diss. Berlin (1895), 39. — Rušnow, M. **24**, 797 (1903). — Kušy, M. **24**, 800 (1903). — Wegscheider, M. **29**, 713 (1908). — Diese Erscheinung bildet bei den Halogenphthalsäuren die Regel.

[2]) Hans Meyer und Schlegel, M. **34**, 561 (1913).

Es ist daher im allgemeinen besser, die Flüssigkeit in einem mit angeschmolzenem Rückflußkühler versehenen, z. B. dem L. Meyerschen Kölbchen[1]) (Fig. 95) bis zum Konstantwerden der Temperatur im ruhigen Sieden zu erhalten. Das Thermometer muß selbstverständlich ganz im Dampf sein. Das Kühlerende kann zum Schutz gegen Feuchtigkeit mit einem Absorptionsröhrchen versehen werden.

Zur Vermeidung von Überhitzung dient eine mit entsprechender kreisförmiger Durchlochung versehene Asbestplatte, auf der das Kölbchen ruht, oder elektrische Anheizung innerhalb des Kolbens[2]).

Zur Verhinderung des stoßweisen Siedens, „Siedeverzugs", bringt man in das Kölbchen einige Platinschnitzel, Granaten, Porzellanschrott od. dgl. Geeignet für diesen Zweck sind auch die Magnesia-Siedestäbchen[3]).

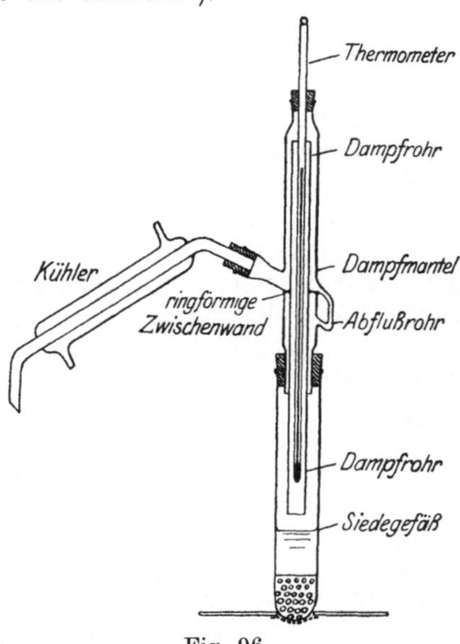

Fig. 96.
Apparat von Paul und Schantz.

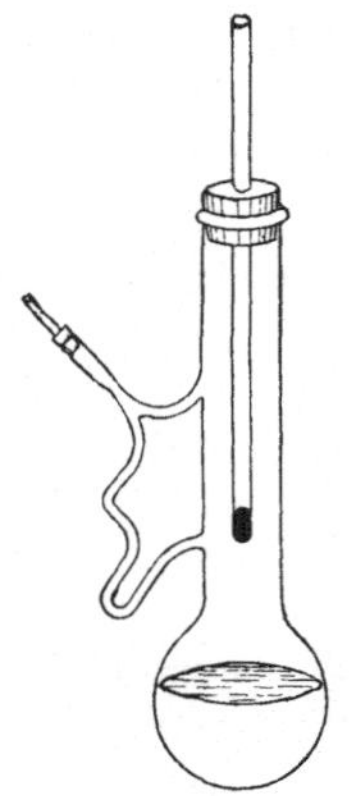

Fig. 95.
Siedekolben
nach L. Meyer.

Apparat von Paul und Schantz[4]).

In das Siedegefäß, das aus einem starkwandigen Probierrohr von etwa 18 cm Höhe und 20 mm lichter Weite besteht, wird eine ungefähr 3 cm hohe Schicht von Tariergranaten von 2 bis 2.5 mm Korngröße und hierauf so viel von der zu prüfenden Flüssigkeit gebracht, daß ihre Oberfläche ungefähr 3.5 cm über den Granaten liegt. (Etwa 15 ccm.) Auf diesem Siedegefäß wird der Siedeaufsatz befestigt. Er besteht aus einem Dampfrohr von etwa 11 mm lichter Weite und 23 cm Höhe, dessen oberer Teil von dem angeschmolzenen Dampfmantel von etwa 20 mm Weite und 20—22 cm Länge umgeben ist. Dieser Dampfmantel ist an der Stelle, wo er im Probierglas befestigt ist, etwas verjüngt. Die ringförmige Anschmelzstelle, die in der Abbildung als ringförmige Zwischenwand bezeichnet ist, teilt den Dampfmantel in einen oberen und einen unteren Teil und liegt etwa 14 cm über dem unteren Rand des Dampfrohres. Das obere, etwas verjüngte Ende des Dampfmantels ist mit einem Kork verschlossen, in dem das Thermometer befestigt wird. Unmittelbar über der ringförmigen Zwischenwand ist ein Abflußrohr für die kondensierte Flüssigkeit angebracht, das vor dem Einmünden in den unteren Teil des Dampfmantels etwas nach unten gebogen ist, damit sich ein Tropfen darin sammeln kann, der das Aufsteigen von Dampf durch dieses Abflußrohr verhindert. Auf der gegenüberliegenden Seite des Dampfmantels befindet sich der etwas nach oben gebogene Seitenstutzen, in dem der ungefähr 10 cm lange Kühler befestigt wird. Das Siedegefäß steht in der Mitte einer Asbestplatte, die an dieser Stelle eine

[1]) Neubeck, Z. phys. **1**, 652 (1887).
[2]) Richards und Mathews, Am. soc. **30**, 1282 (1908).
[3]) Von der Verein. Magnesiakompagnie u. Ernst Hildebrandt A. G. in Berlin-Pankow.
[4]) B. **47**, 2285 (1914). — Arch. **257**, 87 (1919). — Schimmel & Co., Ber. **1919**, II, 101. — Rechenberg und Brauer, Z. phys. **95**, 184 (1920).

runde Öffnung von 2 cm Durchmesser hat. Diese Öffnung ist von unten durch
ein Messingdrahtnetz verschlossen. Die Asbestplatte ist so groß zu wählen
(etwa 10 cm Durchmesser), daß die strahlende Wärme des Brenners vom Thermometer abgehalten wird. Es empfiehlt sich, besonders bei über 100° siedenden
Flüssigkeiten, das Siedegefäß mit einem Luftmantel von 5 cm Durchmesser
und 22 cm Höhe zu umgeben. Das Thermometer ist so weit in das Dampfrohr einzuführen, daß der Quecksilberfaden vollständig vom strömenden Dampf umgeben
ist. Die Flammenhöhe ist so zu regeln, daß die Flüssigkeit eben lebhaft siedet.

Soll zur Charakterisierung (Identifizierung) eines Stoffes dessen Siedepunkt
bei gleichbleibender Zusammensetzung bestimmt werden, so bringt man den
Kühler in die aufrechte Stellung, so daß er als Rückflußkühler wirkt, und
senkt das Thermometer so weit herab, daß sich das Quecksilbergefäß mindestens 5 mm unterhalb der Flüssigkeitsoberfläche befindet. Da es in diesem
Falle darauf ankommt, daß die kondensierte Flüssigkeit möglichst vollständig
in das Siedegefäß zurückfließt, ist es wünschenswert, daß das Abflußrohr
unmittelbar über der ringförmigen Zwischenwand des Dampfmantels angebracht und daß der Seitenstutzen etwas nach oben gebogen ist. Wenn durch
die Siedepunktsbestimmung der Reinheitsgrad einer Flüssigkeit bei der fraktionierten Destillation festgestellt werden soll, wird der Kühler nach unten
gedreht, so daß die Flüssigkeit abdestilliert. Das Quecksilbergefäß des Thermometers soll sich hierbei in dem unteren Teil des Dampfrohres befinden,
da es in diesem Falle zweckmäßig ist, die Temperatur des
Dampfes kennenzulernen.

Zur

Siedepunktsbestimmung kleiner Substanzmengen

empfiehlt Pawlewski[1]) ähnlich wie bei der Schmelzpunktsbestimmung vorzugehen.

Ein Kölbchen K (Fig. 97) von 100 ccm Kapazität ist, je
nach der Höhe des zu erwartenden Siedepunkts, mit Glycerin,
Schwefelsäure oder einer anderen geeigneten Badflüssigkeit (S. 124)
beschickt. In seinem Hals befindet sich ein Stopfen mit engem
Seitenkanal und einer Öffnung in der Mitte, durch die ein dünnwandiges Probierglas E (15—20 cm lang, 5—7 mm breit) geht.
Das untere, geschlossene Ende dieses Probierglases taucht in
die Badflüssigkeit. Über dem Hals des Kölbchens ist in der
Eprouvette eine kleine Öffnung O von 2 mm Durchmesser.
Man bringt in die Eprouvette einige Tropfen (0,5—1,5 ccm)
der Flüssigkeit und befestigt darüber ein Thermometer. Das
Quecksilber steigt beim Erwärmen des Apparats rasch und
bleibt bei einem bestimmten Punkt einige Zeit beständig —
dieser Punkt ist der gesuchte Siedepunkt.

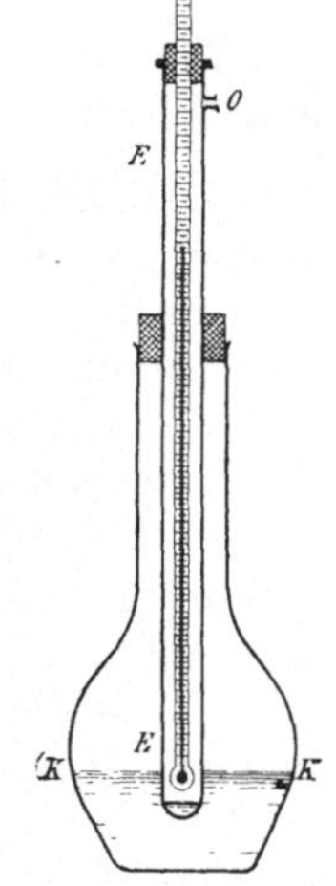

Fig. 97. Siede-
punktsbestim-
mung nach
Pawlewski.

Noch geringere Substanzmengen beansprucht die ebenfalls recht brauchbare

Methode von Siwoloboff[2]).

Man führt einen Tropfen der reinen Substanz in die Glasröhre (Fig. 98)
ein und bringt dazu ein Capillarröhrchen, das knapp vor dem unteren Ende

[1]) B. 14, 88 (1881). — Siehe ferner Gross und Wright, J. Ind. Eng. Chem. 13, 701
(1921).
[2]) B. 19, 795 (1886). — Schmidt, Arch. 252, 122 (1914). — Tschitschibabin
und Jelgasin, B. 47, 1848 (1914).

zugeschmolzen ist. Man befestigt die Glasröhre an einem Thermometer und verfährt dann so wie bei der Schmelzpunktsbestimmung, d. h. man taucht das Thermometer mit der Röhre in ein Bad, nach Richter[1] am besten ein Luftbad, und erwärmt. Ehe der Siedepunkt erreicht wird, entwickeln sich aus dem Capillarröhrchen einzelne Luftbläschen, die sich sehr rasch vermehren und zuletzt einen ganzen Faden kleiner Dampfperlen bilden. Dies ist der Moment, in dem das Thermometer abgelesen wird. Man wiederholt den Versuch mehrmals, jedesmal mit einer frischen, Capillare und nimmt das Mittel der Ablesungen. Ist die Flüssigkeit zersetzlich, so muß auch zu jeder Bestimmung eine neue Probe verwendet werden.

Etwas anders gehen Perkin und O'Dowd[2] vor. Sie schmelzen die Capillare an ihrem oberen Ende zu und betrachten als Siedepunkt jene Temperatur, bei welcher der Strom der Gasblasen ohne weitere Wärmezufuhr stockt und die Flüssigkeit in das Röhrchen zurückzusteigen droht.

Um nach dieser Methode unter vermindertem Druck zu arbeiten, verbindet man nach Biltz[3] das Substanzröhrchen mit einer Saugpumpe und einem Manometer.

Bei leicht zersetzlichen Substanzen arbeitet man mit einem bis in die Nähe des Siedepunkts vorgewärmten Bad und nimmt evtl. die Bestimmung im mit Wasserstoff oder Kohlendioxyd gefüllten Röhrchen vor.

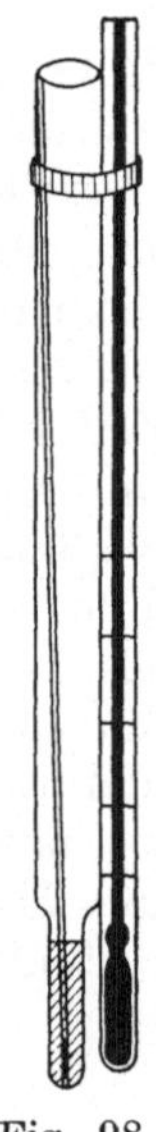

Fig. 98.
Methode von
Siwoloboff.

Mikro - Siedepunktsbestimmung nach Emich[4].

Man beschickt eine Glascapillare mit dem Flüssigkeitströpfchen und erwärmt sie in einem Bade wie bei einer Schmelzpunktsbestimmung. Sorgt man nach Schleiermacher dafür, daß sich im untersten Teil des Röhrchens von Anfang an eine winzige Gasblase befindet, so gibt diese beim Siedepunkt Anlaß zur Bildung einer Dampfblase, die das Röhrchen so weit erfüllt, als es im Bade steckt.

Aus einem gut gereinigten Biegerohr stellt man durch wiederholtes Ausziehen ein Röhrchen I (Fig. 99) her, das 7—8 cm lang ist und bei 0.6—1.2 mm Durchmesser etwa 0.1 mm Wandstärke besitzt. Es ist beiderseits offen, und das eine Ende ist zu einer recht feinen und etwa 2 cm langen Spitze verengt. Taucht man diese in einen Tropfen der zu untersuchenden Flüssigkeit, so steigt sie langsam auf, und zwar wird es je nach der Zähigkeit eine halbe bis mehrere Minuten dauern, bis die erforderliche Substanzmenge von rund einem halben Kubikmillimeter eingetreten ist und den verjüngten (kegelförmigen) Teil angefüllt hat. Hierauf wird das Ende der capillaren Spitze durch Ausziehen oder auch wohl durch bloße Berührung mit einem Flämmchen zugeschmolzen. (Der winzige Verlust, den man dabei durch Verspritzen erleidet, kommt nicht in Betracht.) Durch diese Art des Zuschmelzens erreicht man, daß sich in der Spitze der Capillare ein Gasbläschen bildet.

Für das Gelingen des Versuchs ist es hierbei notwendig, daß das Volumen des Bläschens verschwindend klein sei gegenüber dem der später entstehenden Dampfblase. Für die schon angegebenen Dimensionen und für eine Weite der capillaren Spitze von 0.05—0.1 mm hat sich eine Länge des Bläschens von

[1] Pharm. Ztg. **56**, 436 (1911).
[2] Ch. News **97**, 274 (1908).   [3] B. **30**, 1208 (1897).   [4] M. **38**, 219 (1917).

etwa einem Millimeter als entsprechend erwiesen. Natürlich kann es auch kürzer und dafür dicker sein. Nach unten zu kann man kaum eine Grenze angeben, wenigstens haben sich Bläschen von etwa 0.1 mm Durchmesser noch als völlig ausreichend gezeigt.

Ist das Bläschen zu groß ausgefallen, so kann man sich unter Umständen wohl durch Zentrifugieren des Röhrchens helfen, indem man so einen Teil der Gasmasse entfernt. Gewöhnlich wird sie aber dabei ganz verschwinden, und es ist einfacher, wenn man ein neues Röhrchen beschickt. Um dabei möglichst wenig Substanz zu verlieren, wird das mißlungene Röhrchen abgeschnitten und stumpf umgebogen; hierauf bringt man es (vgl. Fig. 99 V) in ein kleines Proberöhrchen und schleudert den Tropfen mittels der Zentrifuge[1]) hinein; nun kann er neuerdings mittels eines Röhrchens aufgesogen werden usw.

Die angegebenen Größenverhältnisse überprüft man mit einer guten Lupe und einem feinen Millimetermaßstab.

Das vorbereitete Siederöhrchen wird nach Art eines Schmelzpunktsröhrchens an ein Thermometer geklebt und in das Bad eingesenkt, in dem die Heizflüssigkeit mindestens 4—5 cm hoch steht. Als Rührer dient ein Glasröhrchen von der bekannten Form (Fig. 99 VI). Zuerst kann rasch erhitzt werden; sobald sich aber

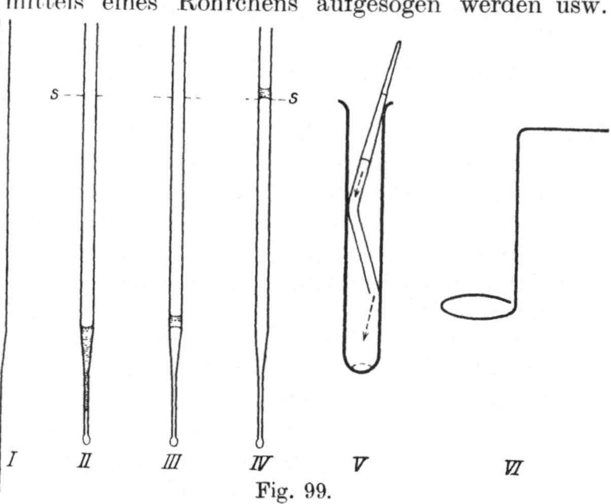

Fig. 99.
Mikro-Siedepunktsbestimmung.

das Bläschen stark vergrößert (vgl. Fig. 99 III) und der Tropfen unruhig zu werden beginnt, erhitzt man langsam und rührt fleißig. Der Tropfen hebt sich, endlich steigt er bis zum Spiegel SS der Badflüssigkeit, und damit ist der Siedepunkt erreicht. Oft kann man nachher durch Abkühlenlassen den Tropfen zum Fallen, durch neuerliches Erhitzen wieder zum Steigen bringen und so an einem und demselben Röhrchen eine Reihe von Ablesungen vornehmen. Mitunter wird es allerdings vorkommen, daß bei diesen Versuchen ein neuer Tropfen in größerer Höhe kondensierend eine Luftblase einschließt. Dann ist die Beobachtung natürlich abzubrechen. Bei leicht beweglichen Flüssigkeiten, z. B. Äthyläther, steigt der Tropfen mitunter nicht als zusammenhängende Säule auf; dann wird aber beim Siedepunkt ein richtiges Aufperlen beobachtet.

Die Schmelzpunktsbestimmung kann mit der Siedepunktsbestimmung vereinigt werden, doch ist es in diesem Fall notwendig, die geschmolzene Substanz in das Siederöhrchen einzufüllen (und nicht etwa das Pulver, das zu große Luftblasen bilden würde). Damit das Zuschmelzen der capillaren Spitze leicht gelingt, ist das Rohrende bis über den Schmelzpunkt zu erwärmen, am einfachsten, indem man es mittels eines heißen Blechs unterstützt.

Mit einem halben Kubikmillimeter (einem halben Milligramm) wird man leicht auskommen; besitzt man genügend Substanz, so mögen wohl auch 1—2 mg verwendet werden, es können aber auch Bestimmungen mit rund einem Zehntel-

---

[1]) Lehrbuch der Mikrochemie. Wiesbaden (1911), 49ff. und Z. anal. **54**, 494 (1915).

milligramm ausgeführt werden. Wo es sich um Identitätsbestimmungen handelt, kann das Miterhitzen eines Vergleichsröhrchens, das mit der bekannten Substanz beschickt ist, empfehlenswert sein. Die Bestimmungsmethode besitzt gewisse Nachteile: erstens gibt sie nicht über den Verlauf, sondern nur über den Beginn des Siedens Aufschluß, kann daher zweitens nur für reine Substanzen verwertet werden, und drittens ist sie nur bei gewöhnlichem Druck ausführbar. Das

<h3 style="text-align:center">Verfahren von Smith und Menzies[1]) (Fig. 100)</h3>

dient ebenfalls zur Siedepunktsbestimmung kleiner Substanzmengen. Man kann damit auch den Verdampfungspunkt fester, unschmelzbarer Substanzen bestimmen, wofür bisher nur ein sehr unvollkommenes Verfahren von V. Meyer und Harris[2]) bekannt war.

Überdies kann man nach dieser Methode eine fraktionierte Destillation in kleinstem Maßstab durchführen und dadurch Verunreinigungen erkennen und entfernen und endlich die Siedepunktsbestimmung bei beliebigem Druck ausführen bzw. zu einer Dampfdruckbestimmung[3]) gestalten.

Eine kleine Glaskugel mit 3—4 cm langer Capillare von nicht unter 1 mm Durchmesser A wird, wie S. 199 angegeben, zur Hälfte mit der Flüssigkeit gefüllt, oder die feste Substanz, deren Verdampfungspunkt bestimmt werden soll, eingetragen und im erstern Fall vor, im zweiten nach dem Füllen, wie B zeigt, umgebogen und dann am Thermometer befestigt in das Bad gebracht und unter Rühren erhitzt.

Ist der Siedepunkt erreicht, so steigen, nachdem alle Luft aus dem Gefäßchen entwichen ist, wenn die Substanz nicht in der Badflüssigkeit löslich ist, Dampfblasen in regelmäßiger rascher Folge an die Oberfläche; läßt man das Bad um wenige Bruchteile eines Grads abkühlen, so hört diese Dampfentwicklung spontan auf, um beim Anheizen sogleich wieder zu beginnen.

Man läßt, um okkludierte Gase und Spuren von Verunreinigungen (Feuchtigkeit) zu entfernen, einige Augenblicke sieden, bevor man, unter energischem Rühren, das Aufhören und Wiederbeginnen der Dampfentwicklung beim Entfernen und Wiederanstellen der Flamme als Siedepunkt bestimmt. Der Versuch wird mehrmals wiederholt und schließlich Thermometer samt Kügelchen aus dem Bad gezogen, um Eindringen von Flüssigkeit zu vermeiden.

Ist die Substanz in der Badflüssigkeit löslich, so ist die Temperatur, bei der die Dampfblasenbildung aufhört, nicht scharf bestimmbar.

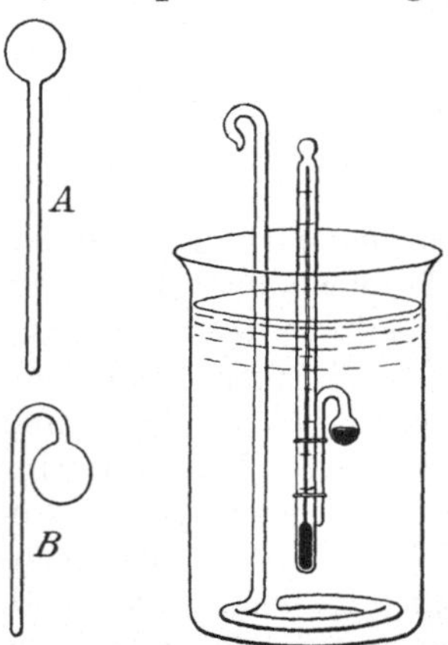

Fig. 100. Verfahren von Smith und Menzies.

Man liest dann ab, wenn die Badflüssigkeit bis zu einem bestimmten Punkt, den man sich an der Thermometerskala anmerkt, etwa 5—10 mm von der Capillarenöffnung, eingedrungen ist.

Über die Bestimmung der Dampftension nach dieser Methode siehe S. 153.

<h3 style="text-align:center">Bestimmung des normalen (korrigierten) Siedepunkts.</h3>

Da der Siedepunkt vom Druck in hohem Maß abhängig ist, hat man mit der Bestimmung stets eine Ablesung des Barometerstands zu verbinden, falls man es nicht vorzieht, den Druck im Siedeapparat auf 760 mm zu reduzieren.

---

[1]) Am. soc. **32**, 897 (1910).   [2]) B. **27**, 1482 (1894).   [3]) Siehe S. 153.

Bestimmung des Siedepunkts unter Reduktion des Barometerstands auf 760 mm.

Zu diesem Behuf sind verschiedene Apparate angegeben worden: L. Meyers Druckregulator[1]) gestattet den Siedepunkt für jeden Druck unter einer Atmosphäre zu bestimmen; Staedel und Hahn[2]) haben einen Apparat konstruiert, mit dem man Destillationen bei Über- und Unterdruck vornehmen kann. Schumann[3]) hat dazu Verbesserungen angegeben. Ein weiteres Verfahren rührt von Krafft[4]).

Am bequemsten arbeitet man nach Bunte[5]) folgendermaßen:

Der Apparat besteht (Fig. 101, 102) aus drei Hauptteilen: 1. einem in gewöhnlicher Weise eingerichteten Destillationsapparat (Fraktionierkölbchen usw.) für Siedepunktsbestimmungen mit tubulierter Vorlage; 2. einer 5—6 l fassenden Flasche von 20 cm Durchmesser und 3. aus einem kreuzförmigen Rohr, das mit der Wasserleitung in Verbindung steht.

Die Mündung der Druckflasche ist durch einen 3 fach gebohrten Kautschukstopfen verschlossen; in die eine Durchbohrung führt ein Knie-

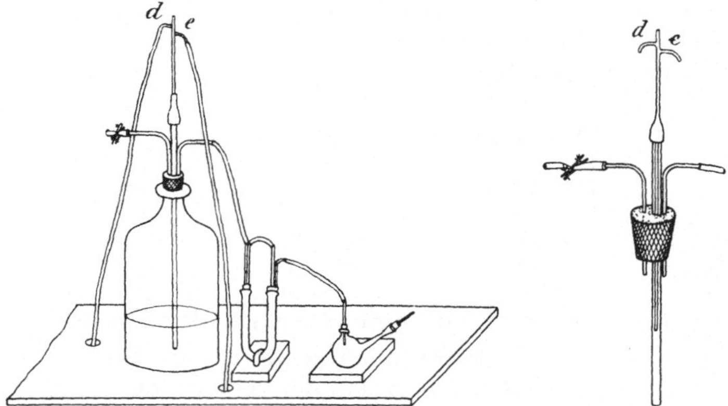

Fig. 101 und 102. Apparat von Bunte.

rohr, das unter dem Stopfen mündet und dessen anderer Schenkel in einen starken Kautschukschlauch gesteckt ist; in die andere Öffnung des letzteren ist ein Chlorcalciumrohr eingesetzt, das mit der tubulierten Vorlage des Destillationsapparats in luftdichter Verbindung steht.

In die mittlere Durchbohrung des Stopfens der Druckflasche ist ein weites gerades Rohr so eingesetzt, daß es bis auf den Boden der Flasche reicht und über den Stopfen etwa 10 cm hervorragt. Über seine obere Mündung wird ein ungefähr 6 cm langer Kautschukschlauch zur Hälfte eingeschoben. In diesem kann ein etwa 60 cm langes, engeres Rohr, das etwa 6 cm von seinem oberen Ende entfernt zwei seitlich angeschmolzene kurze Rohrstücke trägt, luftdicht auf und ab bewegt werden.

In die dritte Durchbohrung des Stopfens führt ein kurzes, unter dem Stopfen mündendes Glasrohr, an das ein mit Schraubenquetschhahn versehener 30 cm langer Kautschukschlauch angesetzt ist.

Ist die Flüssigkeit in das Destillationsgefäß gebracht und das Thermometer luftdicht aufgesetzt, so bringt man das kreuzförmige Rohr in solche

[1]) A. **165**, 303 (1873).　　[2]) A. **195**, 218 (1879). — B. **13**, 839 (1880).
[3]) Wied. **12**, 44 (1881).　　[4]) B. **22**, 820 (1889).　　[5]) A. **168**, 140 (1873).

Höhe, daß die seitlichen Ansätze so viele Millimeter von dem Wasserspiegel der Druckflasche entfernt sind, als die Höhe einer Wassersäule betragen muß, die den herrschenden Atmosphärendruck auf 760 mm ergänzt; d. h. daß die Höhe der Wassersäule $h = 13.596 \times (760 - B)$ ist, wo B den abgelesenen Barometerstand bezeichnet.

Man bläst nun durch den Kautschukschlauch so viel Luft ein, daß das Wasser an den seitlichen Ansätzen des kreuzförmigen Rohrs ausfließt, preßt in demselben Moment den Kautschukschlauch mit den Fingern zusammen und schließt durch den Quetschhahn die eingepreßte Luft ab.

Zugleich läßt man Wasser von e nach d fließen.

Wird nun die Destillation begonnen, so dehnt sich die Luft im Apparat aus, und es fließt etwas Wasser aus d, der Druck wird jedoch durch die geringe Änderung des Niveaus in der Flasche nicht wesentlich alteriert. Fließt nun stets Wasser von e nach d, so ist eine Verminderung des Drucks nicht möglich, da die Wassersäule stets konstant erhalten wird.

Wenn der Barometerstand nur wenig vom normalen verschieden ist, so kann man nach Kopp[1]) für je 2.7 mm unter 760 mm dem (korrigierten) Siedepunkt 0.1° hinzuaddieren. Nach Landolt[2]) erniedrigt sich der Siedepunkt für je 1 mm unter 760 mm um 0.043° [= 0.116° für 2.7 mm[3])].

Nach Kahlbaum[4]) berechnet sich die Verschiebung des Kochpunkts zwischen

720—730 mm zu	+ 0.038°	für jeden mm		
730—740 „	„ + 0.037°	„	„	„
740—750 „	„ + 0.037°	„	„	„
750—760 „	„ + 0.037°	„	„	„
760—770 „	„ — 0.036°	„	„	„
770—780 „	„ — 0.036°	„	„	„

Korrektur für den herausragenden Faden.

Falls man nicht unter Verwendung entsprechend abgekürzter Thermometer zu arbeiten imstande ist[5]), so daß der gesamte Quecksilberfaden sich im Dampf befindet, muß man den Siedepunkt je nach der Länge des herausragenden Teils und nach der herrschenden Lufttemperatur korrigieren, was genauer als durch Formeln [Kopp[6]), Holtzmann[7]), Thorpe[8]), Mousson[9]), Wüllner[10]), Wheeler[11])] nach den auf empirischem Weg ermittelten Korrektionstafeln von Rimbach geschieht.

Weitere Angaben zur Siedepunktskorrektur mittels des „Fadenthermometers" sind von Guillaume, Bull. (3) **5**, 547 (1893) und von Mahlke, Z. f. Instrumentenkunde **1893**, 58 gemacht worden.

In vielen Fällen hilft man sich einfach nach Baeyers Vorschlag[12]) so, daß man in demselben Apparat unter Benutzung desselben Thermometers bei gleichem Barometerstand eine Flüssigkeit von ähnlichem, aber genau bekanntem Siedepunkt destilliert und die entsprechende Korrektur errechnet.

---

[1]) A. **94**, 263 (1855).

[2]) Spl. **6**, 175 (1868).

[3]) Eine weitere Formel: Nernst, Artikel „Sieden" in Fehlings Handwörterb., 644.

[4]) B. **19**, 3101 (1886).

[5]) Über einen Apparat, der das ganze, unabgekürzte Thermometer aufnimmt: Edwards, Soc. Ind. **37**, 38 (1918).

[6]) A. **94**, 263 (1855).   [7]) Fehling, Handw., Artikel „Schmelzpunkt".

[8]) Soc. **37**, 160 (1880).   [9]) A. **133**, 311 (1865).   [10]) Experim. Physik III, 379.

[11]) Soc. Ind. **35**, 1198 (1916).   [12]) B. **26**, 233 (1893). — Siehe auch Waidner und Mueller, J. Ind. Eng. Ch. **13**, 237 (1921).

Nach Ramsay und Young[1]) ist das Verhältnis der absoluten Siedetemperaturen zweier chemisch naheverwandter Stoffe, die unter gleichem Druck stehen, nahezu konstant. Crafts[2]) empfiehlt daher, nach Berücksichtigung der Fadenkorrektur den absoluten Siedepunkt (durch Addition von 273°) zu berechnen und unter den nachstehenden Stoffen den ähnlichsten zu wählen. Der beistehende Faktor wird mit der absoluten Siedetemperatur multipliziert, wodurch man die Korrektur erhält, die pro Millimeter Abweichung vom Normaldruck anzubringen ist.

Wasser	0.000 100
Äthylalkohol	096
Propylalkohol	096
Amylalkohol	101
Methyloxalat	111
Methylsalicylat	125
Phthalsäureanhydrid	119
Phenol	119
Anilin	113
Aceton	117
Benzophenon	111
Sulfobenzid	104
Anthrachinon	115
Schwefelkohlenstoff	129
Äthylenbromid	118
Benzol	122
Chlorbenzol	122
m-Xylol	124
Brombenzol	123
Naphthalin	121
Diphenylmethan	125
Bromnaphthalin	119
Anthracen	110
Triphenylmethan	110
Quecksilber	122

In den nachfolgend reproduzierten Tabellen von Rimbach[3]) bedeutet:

t die abgelesene Temperatur,

t° die Temperatur der umgebenden Luft,

n die Anzahl der herausragenden Fadengrade.

Tabelle I.

Korrektionen für den herausragenden Faden bei sog. Normalthermometern aus Jenaer Glas (Stab- und Einschluß). 0—100° in $^1/_{10}$° geteilt. Gradlänge ca. 4 mm.

t—t°	30	35	40	45	50	55	60	65	70	75	80	85	t—t°
n = 10	0.04	0.04	0.05	0.05	0.05	0.06	0.06	0.07	0.08	0.09	0.10	0.10	n = 10
20	0.12	0.12	0.13	0.14	0.15	0.16	0.17	0.18	0.19	0.20	0.22	0.23	20
30	0.21	0.22	0.23	0.24	0.25	0.25	0.27	0.39	0.31	0.33	0.35	0.37	30
40	0.28	0.29	0.31	0.33	0.35	0.37	0.39	0.41	0.43	1.45	0.48	0.51	40
50	0.36	0.38	0.40	0.42	0.44	0.46	0.48	0.50	0.53	0.57	0.61	0.65	50
60	0.45	0.48	0.51	0.53	0.55	0.57	0.60	0.63	0.66	0.69	0.73	0.78	60
70						0.66	0.69	0.71	0.75	0.81	0.87	0.92	70
80							0.76	0.81	0.87	0.93	1.00	1.06	80
90								0.92	0.99	1.06	1.13	1.20	90
100									1.10	1.18	1.26	1.34	100

---

[1]) Phil. Mag. (5) 20, 515 (1885); 21, 33, 135 (1886); 22, 32 (1886). — Z. phys. 1, 249 (1887).　[2]) B. 20, 709 (1887).　[3]) B. 22, 3072 (1889).

150

Bestimmung des Siedepunkts.

Tabelle II.

Korrektionen für den herausragenden Faden bei Einschlußthermometern aus Jenaer Glas (0—360°), 1—1,6 mm Gradlänge

t—t°	70	75	80	85	90	95	100	105	110	115	120	125	130	135	140	145	150	155	160	165	170	175	180	185	190	195	200	205	210	215	220	t—t°
10	0.01	0.01	0.01	0.02	0.03	0.03	0.04	0.05	0.06	0.06	0.07	0.08	0.09	0.09	0.10	0.11	0.11	0.12	0.13	0.14	0.15	0.16	0.17	0.18	0.18	0.19	0.19	0.20	0.21	0.21	0.21	10
20	0.08	0.10	0.12	0.12	0.14	0.16	0.19	0.21	0.23	0.24	0.25	0.26	0.27	0.27	0.28	0.28	0.29	0.30	0.32	0.35	0.36	0.38	0.40	0.42	0.45	0.47	0.49	0.50	0.52	0.53	0.57	20
30	0.25	0.27	0.28	0.30	0.32	0.32	0.36	0.37	0.39	0.41	0.42	0.44	0.45	0.46	0.48	0.49	0.50	0.52	0.54	0.57	0.60	0.63	0.66	0.70	0.73	0.76	0.78	0.80	0.82	0.84	0.87	30
40	0.30	0.32	0.35	0.38	0.41	0.44	0.48	0.51	0.54	0.57	0.60	0.62	0.63	0.65	0.67	0.69	0.71	0.74	0.77	0.80	0.84	0.87	0.92	0.96	1.00	1.04	1.08	1.11	1.14	1.17	1.20	40
50	0.41	0.43	0.46	0.49	0.52	0.55	0.59	0.64	0.70	0.75	0.79	0.82	0.84	0.86	0.89	0.91	0.93	0.96	0.98	1.01	1.05	1.10	1.16	1.22	1.28	1.33	1.38	1.42	1.45	1.49	1.53	50
60	0.52	0.56	0.60	0.64	0.68	0.73	0.79	0.84	0.89	0.94	0.99	1.03	1.07	1.09	1.11	1.13	1.15	1.18	1.23	1.28	1.33	1.40	1.46	1.52	1.58	1.64	1.70	1.74	1.78	1.82	1.87	60
70	0.63	0.68	0.74	0.79	0.85	0.92	0.98	1.05	1.11	1.15	1.20	1.25	1.28	1.30	1.32	1.35	1.38	1.41	1.45	1.50	1.56	1.63	1.70	1.77	1.84	1.92	1.99	2.06	2.11	2.17	2.21	70
80	0.75	0.81	0.87	0.93	1.01	1.08	1.15	1.22	1.28	1.33	1.38	1.43	1.47	1.50	1.53	1.57	1.61	1.65	1.70	1.76	1.83	1.91	1.98	2.05	2.14	2.22	2.29	2.36	2.42	2.48	2.54	80
90	0.87	0.93	0.97	1.06	1.13	1.20	1.28	1.36	1.45	1.53	1.62	1.70	1.75	1.79	1.82	1.84	1.86	1.89	1.94	2.00	2.08	2.16	2.25	2.34	2.43	2.52	2.60	2.68	2.75	2.82	2.89	90
100	0.98	1.05	1.12	1.20	1.29	1.38	1.47	1.56	1.65	1.73	1.82	1.90	1.96	2.00	2.03	2.05	2.08	2.13	2.20	2.28	2.37	2.46	2.55	2.64	2.73	2.63	2.92	3.00	3.09	3.17	3.24	100
110							1.70	1.80	1.90	1.97	2.05	2.14	2.19	2.24	2.29	2.32	2.34	3.38	2.43	2.50	2.58	2.67	2.77	2.87	3.00	3.13	3.25	3.36	3.44	3.52	3.60	110
120							1.88	2.00	2.10	2.19	2.28	2.36	2.42	2.46	2.49	2.52	2.55	2.60	2.68	2.78	2.89	3.01	3.13	3.25	3.37	3.49	3.59	3.69	3.78	3.87	3.96	120
130								2.20	2.30	2.40	2.52	2.61	2.67	2.72	2.75	2.78	2.81	2.86	2.95	3.05	3.17	3.30	3.44	3.58	3.70	3.81	3.92	4.02	4.12	4.23	4.33	130
140									2.54	2.65	2.75	2.85	2.90	2.94	2.97	3.00	3.05	3.12	3.22	2.35	3.49	3.62	3.75	3.88	4.03	4.12	4.24	4.36	4.48	4.58	4.69	140
150															3.17	3.24	3.32	3.43	3.55	3.67	3.80	3.94	4.07	4.20	4.33	4.46	4.58	4.71	4.83	4.95	5.06	150
160															3.35	3.44	3.56	3.68	3.80	3.93	4.06	4.20	4.35	4.50	4.64	4.78	4.92	5.06	5.20	5.33	5.45	160
170																	3.83	3.96	4.08	4.21	4.36	4.51	4.66	4.81	4.96	5.11	5.26	5.40	5.54	5.68	5.82	170
180																	4.10	4.23	4.37	4.51	4.67	4.83	4.99	5.15	5.31	5.47	5.63	5.78	5.92	6.07	6.22	180
190																						5.19	5.35	5.51	5.67	5.83	5.99	6.15	6.31	6.46	6.61	190
200																							5.68	5.85	6.01	6.18	6.34	6.50	6.66	6.82	6.98	200
210																								6.22	6.35	6.54	6.70	7.87	7.04	7.21	7.37	210
220																									6.65	6.85	7.05	7.24	7.54	7.62	7.82	220

Tabelle III.

Korrektionen für den herausragenden Faden bei Stabthermometern aus Jenaer Glas (0—360°), 1—1.6 mm Gradlänge.

t—t°	70	75	80	85	90	95	100	105	110	115	120	125	130	135	140	145	150	155	160	165	170	175	180	185	190	195	200	205	210	215	220	t—t°
10	0.02	0.03	0.03	0.04	0.05	0.06	0.07	0.08	0.09	0.10	0.11	0.11	0.13	0.15	0.17	0.18	0.20	0.21	0.21	0.22	0.23	0.25	0.27	0.28	0.30	0.32	0.33	0.35	0.36	0.37	0.38	10
20	0.13	0.14	0.15	0.16	0.18	0.20	0.22	0.24	0.26	0.28	0.29	0.30	0.32	0.35	0.38	0.40	0.43	0.45	0.46	0.48	0.49	0.51	0.53	0.55	0.57	0.59	0.61	0.62	0.64	0.65	0.67	20
30	0.24	0.26	0.28	0.30	0.33	0.36	0.39	0.42	0.44	0.46	0.48	0.50	0.53	0.56	0.59	0.62	0.65	0.68	0.70	0.72	0.74	0.76	0.78	0.81	0.03	0.85	0.88	0.90	0.93	0.95	0.97	30
40	0.35	0.38	0.41	0.44	0.48	0.52	0.56	0.59	0.62	0.65	0.68	0.71	0.74	0.78	0.82	0.85	0.88	0.91	0.94	0.97	0.99	1.02	1.04	1.07	1.10	1.13	1.16	1.19	1.22	1.25	1.28	40
50	0.47	0.50	0.53	0.57	0.62	0.67	0.72	0.77	0.81	0.85	0.88	0.92	0.95	0.99	1.03	1.07	1.10	1.14	1.17	1.21	1.24	1.28	1.31	1.34	1.37	1.41	1.44	1.48	1.52	1.55	1.59	50
60	0.57	0.62	0.66	0.71	0.77	0.83	0.89	0.95	1.00	1.04	1.09	1.13	1.17	1.21	1.25	1.29	1.34	1.38	1.42	1.46	1.50	1.54	1.58	1.62	1.66	1.70	1.74	1.78	1.82	1.86	1.90	60
70	0.69	0.74	0.79	0.85	0.92	0.99	1.06	1.12	1.19	1.25	1.30	1.35	1.39	1.43	1.47	1.52	1.57	1.62	1.67	1.72	1.76	1.81	1.86	1.90	1.94	1.99	2.04	2.08	2.13	2.18	2.23	70
80	0.80	0.85	0.91	0.97	1.05	1.13	1.21	1.29	1.37	1.45	1.52	1.57	1.62	1.66	1.71	1.76	1.82	1.88	1.94	2.00	2.05	2.10	2.15	2.19	2.24	2.28	2.33	2.38	2.44	2.50	2.55	80
90	0.91	0.97	1.04	1.10	1.19	1.29	1.38	1.47	1.56	1.65	1.73	1.80	1.86	1.91	1.96	2.01	2.07	2.13	2.20	2.26	2.31	2.37	2.47	2.48	2.53	2.59	2.64	2.70	2.76	2.82	2.89	90
100	1.02	1.10	1.18	1.26	1.35	1.45	1.56	1.67	1.79	1.89	1.97	2.04	2.09	2.13	2.18	2.23	2.29	2.37	2.45	2.52	2.58	2.64	2.70	2.76	2.82	2.88	2.94	3.01	3.08	3.15	3.23	100
110							1.78	1.90	2.02	2.11	2.19	2.27	2.33	2.38	2.43	2.48	2.55	2.62	2.70	2.78	2.85	2.92	2.98	3.05	3.12	3.19	3.26	3.33	3.41	3.49	3.57	110
120							1.98	2.12	2.23	2.33	2.43	2.52	2.59	2.62	2.69	2.74	2.79	2.86	2.95	3.03	3.11	3.18	3.26	3.34	3.42	3.50	3.58	3.66	3.75	3.83	3.92	120
130								2.33	2.45	2.57	2.68	2.77	2.84	2.89	2.94	2.99	3.04	3.11	3.20	3.30	3.38	3.47	3.56	3.64	3.72	3.80	3.89	3.99	4.09	4.19	4.28	130
140									2.68	2.80	2.93	3.03	3.11	3.17	3.22	3.27	3.31	3.38	3.47	3.57	3.66	3.76	3.86	3.95	4.04	4.13	4.22	4.32	4.43	4.54	4.64	140
150																3.40	3.51	3.63	3.74	3.86	3.96	4.05	4.15	4.25	4.35	4.45	4.56	4.67	4.79	4.90	5.01	150
160																3.26	3.74	3.87	4.00	4.12	4.23	4.34	4.46	4.57	4.68	4.79	4.90	5.02	5.14	5.26	5.39	160
170																	4.01	4.14	4.27	4.30	4.52	4.64	4.77	4.88	5.00	5.12	5.24	5.37	5.51	5.64	5.77	170
180																	4.26	4.40	4.54	4.68	4.81	4.94	5.06	5.20	5.33	5.46	5.59	5.73	5.87	6.01	6.15	180
190																						5.24	5.38	5.52	5.65	5.80	5.95	6.10	6.25	6.40	6.54	190
200																							5.70	5.85	6.00	6.15	6.30	6.47	6.62	6.78	6.94	200
210																								6.18	6.35	6.51	6.68	6.84	7.01	7.18	7.35	210
220																									6.69	6.86	7.04	7.22	7.40	7.57	7.75	220

Bestimmung der Dampftension.

Der Siedepunkt einer Substanz gibt die Temperatur an , bei der ihr Dampfdruck die Größe des herrschenden Atmosphärendrucks erreicht. Man kann daher auch den Siedepunkt bestimmen, indem man die Temperatur mißt, bei der die Dampftension der untersuchten Substanz dem Barometerstand entspricht.

Zu diesem Zweck sind Methoden von Main[1]), Handl und Přibram[2]), Hasselt[3]), Chapman Jones[4]), Schleiermacher[5]) sowie Smith und Menzies[6]) angegeben worden.

Methode von Schleiermacher.

Diese Methode dürfte von den angegebenen die bequemste sein. Sie kann namentlich auch zur Siedepunktsbestimmung sehr geringer (auch fester) Substanzmengen Verwendung finden und gestattet außerdem, die verwendete Substanz wiederzugewinnen.

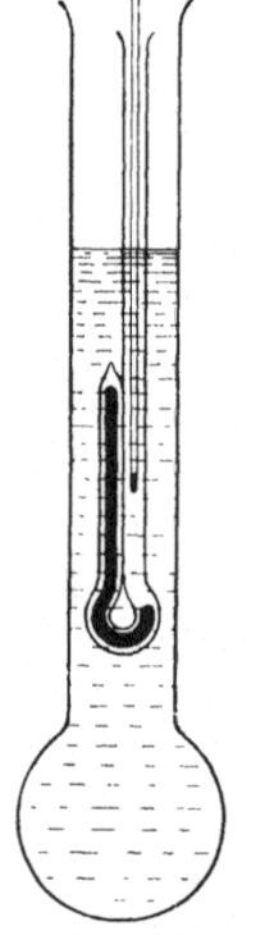

Fig. 103.
Methode von
Schleier-
macher.

Die Substanz befindet sich im geschlossenen Schenkel eines U-Rohrs, der mit Quecksilber gefüllt ist. Der offene Schenkel bleibt bis auf seinen untersten, ebenfalls mit Quecksilber gefüllten Teil leer und nimmt das Thermometer auf (Fig. 103). Um das Rohr herzustellen und luftfrei mit der Substanz und Quecksilber zu füllen, zieht man ein ca. 50 cm langes, 6—8 mm weites Biegerohr, das rein und trocken sein muß, an einem Ende zu einer etwa 1—2 mm weiten Capillare aus. Die Capillare wird da, wo sie an das weitere Rohr grenzt, nochmals zu einer haarfeinen, etwa 5 cm langen Capillare ausgezogen und das weitere Ende bis auf ein kurzes Stück abgeschnitten. Das Rohr wird nun zum U gebogen, so daß der offene Schenkel etwa doppelt so lang ist als der geschlossene, letzterer also ca. 15 cm lang wird. Hierzu läßt man das Rohr vor der Flamme an der bezeichneten Stelle auf ungefähr halbe Weite einsinken und biegt um. Die Schenkel sollen dann parallel stehen und sich fast berühren. Nun wird das Rohr gefüllt, indem man die Substanz in den offenen Schenkel bringt und durch die Biegung in den geschlossenen überführt. Hierauf läßt man in den offenen Schenkel (am bequemsten aus einer Hahnbürette) Quecksilber einfließen, bis es auf beiden Seiten etwa 2 cm unter dem geschlossenen Ende steht. Ist die Substanz flüssig, so hat sie sich von selbst über dem Quecksilber gesammelt, sonst bringt man sie leicht durch vorsichtiges Erhitzen und Schmelzen nach oben. Etwa im offenen Rohr zurückgebliebene Teile schaden keineswegs. Nunmehr bringt man die Substanz im geschlossenen Schenkel zum schwachen Sieden und erreicht dadurch, daß Luft, die in ihr oder an der Rohrwand absorbiert ist, durch die feine Capillare entweicht. Dann läßt man vorsichtig so viel Quecksilber zufließen, daß das obere Ende des geschlossenen Schenkels bis in die weitere Capillare hinein mit der flüssig erhaltenen Substanz erfüllt ist, und schmilzt die feine Capillare in

---

[1]) Ch. News **35**, 59 (1876).
[2]) Carls Repert. f. experim. Physik **14**, 103 (1877).
[3]) Maandblad voor Natuurwetenschappen **6**, 77, 113 (1878).
[4]) Soc. **33**, 175 (1878). — Ch. News **37**, 68 (1878).
[5]) B. **24**, 944 (1891). — Willstätter, Mayer und Hüni, A. **378**, 121, 132, 137 (1910).
[6]) Am. soc. **32**, 907 (1910).

der Mitte ab. Bei richtiger Ausführung bleibt in der Spitze nur eine minimale Gasblase zurück, die auf die Genauigkeit der Bestimmung ohne Einfluß ist und vorteilhaft wirkt. Endlich entleert man den offenen Schenkel bis zur Biegung von Quecksilber, indem man das U-Rohr, den geschlossenen Schenkel nach abwärts, bis zur Horizontalen neigt.

Nachdem so das Rohr zum Versuch fertiggestellt ist, bringt man es in das Heizrohr eines V. Meyerschen Dampfdichteapparats, das mit einer passend gewählten Flüssigkeit beschickt ist. Das U-Rohr wird möglichst vertikal und frei schwebend so aufgehängt, daß es sich mit seinem unteren Ende ca. 10 cm vom Boden des Gefäßes und mit seiner capillaren Spitze ca. 5 cm unterhalb des Flüssigkeitsspiegels befindet. Das offene Ende ragt aus der Heizflüssigkeit heraus.

Man erwärmt, und sobald sich eine Dampfblase gebildet hat, reguliert man die Heizung so, daß das Quecksilber im geschlossenen Schenkel möglichst langsam sinkt; in dem Augenblick, wo die Quecksilberkuppen in beiden Schenkeln gleiche Höhe haben, gibt das Thermometer die Siedetemperatur für den herrschenden Barometerstand an. Den „normalen" Siedepunkt findet man, indem man das Quecksilber im offenen Schenkel um ebenso viele Millimeter über das Niveau treibt, als der Barometerstand unter 760 mm liegt. Es genügt hierbei eine Schätzung nach dem Augenmaß. Auf den Flüssigkeitstropfen braucht man nicht Rücksicht zu nehmen.

Genauer erhält man die Siedetemperatur, wenn man die Quecksilberkuppen durch abwechselndes geringes Steigern oder Erniedrigen der Temperatur bald in der einen und bald in der anderen Richtung bewegt und jedesmal das Thermometer abliest, sobald die richtige Einstellung erreicht ist. Man nimmt dann den Mittelwert der Bestimmungen.

Bedingung für die Anwendbarkeit der Methode ist, daß die Substanz vollkommen rein und unveränderlich ist, nicht über 300° siedet und von Quecksilber nicht angegriffen wird. Man reicht in jedem Fall mit 0.1 g aus. Siehe auch Arreguine, A. Chim. anal. appl. (2) **3**, 40 (1921).

Methode von Smith und Menzies.

Das Verfahren ist ganz das S. 146 beschriebene, nur befindet sich das Substanzröhrchen in einem inneren Gefäß A (Fig. 104), das dieselbe Badflüssigkeit enthält wie B, und mittels der Luftpumpe bzw. durch einen Kompressor auf beliebigen Minderdruck oder auf den Normaldruck von 760 mm gebracht werden kann. — Siehe dazu Nelson und Senseman, J. Ind. Eng. Ch. **14**, 58 (1922).

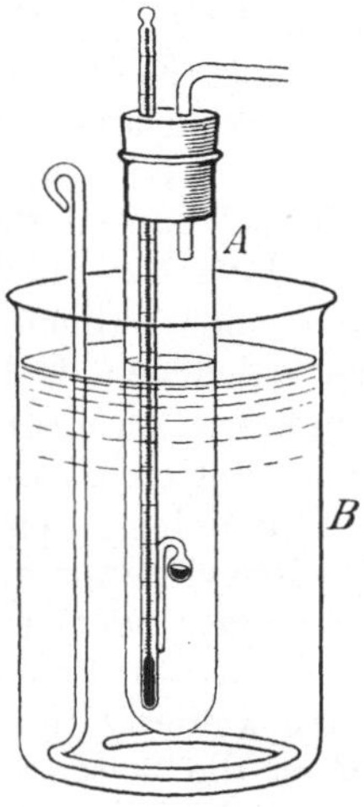

Fig. 104.
Methode von Smith und Menzies.

Siedepunktsregelmäßigkeiten [1]).

1. Regelmäßigkeiten bei homologen Reihen [2]).

Mit steigendem Molekulargewicht nehmen die Siedepunkte homologer Verbindungen zu, und zwar innerhalb der einzelnen Gruppen ziemlich regelmäßig.

---

[1]) Hesse in Fehlings Handwörterb. **6**, 655 ff. — Marckwald, Über die Beziehungen zwischen dem Siedepunkt und der Zusammensetzung chemischer Verbindungen. Berlin (1888). — Siehe auch S. 156.

[2]) Siehe hierzu auch Biach, Z. phys. **50**, 43 (1904).

So zeigen die homologen Alkohole, Säuren, Ester, Aldehyde und Ketone eine ungefähre Differenz[1]) von 19—25° für jedes CH_2.

Bei den Homologen des Benzols ist diese Siedepunktsdifferenz fast konstant 20—22°.

Bei den aromatischen Aminbasen beträgt sie nur 10—11°.

Das Pyridin und seine Homologen zeigen 19—23° Differenz.

Die Unterschiede der Siedepunkte der normalen Paraffine und aliphatischen Alkylhalogene nehmen von ca. 35° zwischen den beiden ersten Gliedern an für je CH_2 um zwei Grade ab.

Für die aus normalen Alkoholen gebildeten Äther und Ester gilt die Regel, daß die Differenzen der Siedepunktsunterschiede um so kleiner werden, je größer das eintretende Radikal ist.

2. Regelmäßigkeiten bei Isomeren.

Hier gilt der Satz, daß, je verzweigter die Kohlenstoffkette ist, desto niedriger der Siedepunkt. Willstätter, Mayer und Hüni[2]) haben indessen bei den Abbauprodukten des Phytols, zumal bei den Ketonen $C_9H_{18}O$ und $C_{11}H_{22}O$, aber auch bei dem gesättigten Kohlenwasserstoff $C_{15}H_{32}$ und dem Olefin $C_{15}H_{30}$, die alle viele Verzweigungen enthalten, abnorm hohe Siedepunkte (bis zu 30° über dem Siedepunkt des normalen Isomeren) gefunden.

Für Ketone kann hierfür in der Annahme, daß sie als Enole vorliegen, eine Erklärung gegeben werden.

Von den isomeren aliphatischen Kohlenwasserstoffen C_nH_{2n+2} hat der mit normaler Struktur den höchsten Siedepunkt.

Eine Seitenkette erniedrigt den Siedepunkt um so mehr, je näher sie dem endständigen C-Atom der normalen Kette steht. Zwei Seitenketten an verschiedenen C-Atomen bewirken beträchtliche Herabsetzung des Siedepunkts. Der niedrigste Siedepunkt kommt dem Isomeren zu, bei dem beide Seitenketten an das vorletzte C-Atom gebunden sind.

Bei den aliphatischen Alkoholen ist die Stellung der Seitenkette zur Hydroxylgruppe maßgebend, nicht, wie man früher geglaubt hat, die primäre, sekundäre oder tertiäre Natur des Alkohols.

Auch für andere isomere aliphatische Verbindungen, wie Halogen-, Amino-Carboxylderivate, gilt die Regel, daß der Siedepunkt um so niedriger ist, je näher die Seitenkette (resp. die Seitenketten) zum Substituenten steht.

Bei stellungsisomeren Alkoholen, Ketonen und einfach substituierten Halogenverbindungen sinkt der Siedepunkt in dem Maß, als der Substituent gegen die Mitte des Moleküls rückt.

Enthalten die Verbindungen mehrere Halogenatome oder Hydroxylgruppen, so liegt der Siedepunkt um so niedriger, je näher die Halogenatome (Hydroxyle) aneinander gelagert sind.

In der Benzolreihe sieden im allgemeinen am höchsten die Ortho-, dann die Meta- und endlich die Paraverbindungen. Zwischen Meta- und Paraverbindungen ist die Differenz oftmals gering.

Von den (Methyl-) Estern der stereoisomeren Zimtsäuren sieden die Ester der Transformen stets höher[3]).

---

[1]) Bei sekundären Alkoholen ist die Differenz öfters geringer: 13—15°. Muset, Bull. Ac. roy. Belg. **1906**, 775.

[2]) A. **378**, 79, 121, 126 (1910).

[3]) Stoermer, B. **53**, 1283, 1289 (1920). — Stoermer und Kirchner, B. **53**, 1292 (1920). — Siehe dazu Auwers und Schmellenkamp, B. **54**, 632 (1921).

3. Regelmäßigkeiten bei Substitutionsprodukten.

a) **Halogene.** Das erste eintretende Halogenatom verursacht die größte Siedepunktserhöhung, das dritte Halogenatom bewirkt eine noch geringere Abnahme der Flüchtigkeit als das zweite.

Wird ein Wasserstoffatom des Methylrests eines gechlorten oder gebromten Äthans (Äthylens) durch ein Bromatom ersetzt, so steigt der Siedepunkt je nach der Stellung des eintretenden Bromatoms um 38 oder 2 × 38°.

Die Flüchtigkeit der Cyanverbindungen wird dagegen durch den Eintritt negativer Radikale erhöht[1]).

Die Siedepunkte mancher aromatischer **Fluor**verbindungen liegen niedriger als jener der Muttersubstanz: und zwar liegen die Siedepunkte der Metaderivate am tiefsten, die der Orthoderivate am höchsten[2]).

Chlorverbindungen sieden niedriger als **Brom**verbindungen, diese niedriger als **Jod**verbindungen. Die Differenz bei der Vertretung von Chlor durch Brom beträgt 22—25°, die Vertretung von Brom durch Jod bewirkt eine Siedepunktssteigerung von ca. 30°.

Bei **Dihalogenverbindungen** beträgt die Differenz das Doppelte, bei **Trihalogenderivaten** das Dreifache dieser Zahlen[3]).

b) **Hydroxylgruppe.** Die Siedepunktserhöhung beim Übergang eines Kohlenwasserstoffs in einen Alkohol sowie eines einwertigen in einen mehrwertigen Alkohol, endlich eines Aldehyds in die zugehörige Säure beträgt rund 100° (Marckwald).

c) **Substitution durch Sauerstoff** (Henry).

Beim Übergang von Kohlenwasserstoffen in Monoketone findet starke, beim weiteren Übergang der letzteren in Diketone viel geringere Erhöhung des Siedepunkts statt, namentlich bei Orthodiketonen. Beim Übergang eines Alkohols in die entsprechende Säure, eines Äthers in den Ester und weiter das Säureanhydrid findet jedesmal Steigerung des Siedepunkts um ca. 45° statt.

Bei der Verwandlung eines Halogenalkyls in das Säurehalogenid bewirkt der Ersatz von H_2 durch O Siedepunktserhöhung von ca. 30°. Bei den Nitrilen dagegen (siehe oben) bewirkt auch hier der Eintritt des negativen Substituenten Sinken des Siedepunkts.

Allgemein ist nach **Henry** bei gleichen Atomgewichten die Verminderung der Flüchtigkeit, die durch Eintritt eines negativen Elements an Stelle eines Wasserstoffatoms im Methan bewirkt wird, um so größer, je negativer das Element ist.

4. Gesättigte und ungesättigte Verbindungen.

Die Derivate der Paraffine und der Olefine zeigen im allgemeinen entsprechende Siedepunkte, während die analogen Verbindungen der Acetylenreihe höher sieden.

Im allgemeinen sieden die gesättigten carbocyclischen Alkohole niedriger als die zugehörigen ungesättigten[4]). Tetrahydrofuralkohol siedet aber höher als Furalkohol[5]). Bei Kohlenwasserstoffen der Cyclopentanreihe wird der Siedepunkt durch Doppelbindungen erniedrigt, bei Cyclohexanen erhöht[6]).

---

[1]) Steinkopf, J. pr. (2) **81**, 114 (1910).
[2]) Hans Meyer und Hub, M. **31**, 935 (1910).
[3]) Earl, Ch. News **100**, 245 (1909).
[4]) Semmler, Die ätherisehen Öle I, **26** (1906).
[5]) Wienhaus, B. **53**, 1661 (1920).
[6]) Aschan, Alicyclische Verbindungen (1905), **226**.

5. Verbindungen, die aus zwei Komponenten unter Wasseraustritt entstehen.

Nach Beketow und Berthelot ergibt sich, wenn zwei Verbindungen unter Wasserabspaltung reagieren, der Siedepunkt der entstehenden Substanz, wenn man von der Summe der Siedepunkte der Komponenten 100—120° abzieht.

Dementsprechend sieden nach Marckwald die Äthylester aller Säuren um 32—42° niedriger als die entsprechenden Säuren.

Denkt man sich nach Flawitzky die verschiedenen Alkohole aus Carbinol durch Paarung mit anderen Alkoholen unter Wasseraustritt entstanden, so ist die Differenz der Summe der Siedetemperaturen des Methylalkohols und desjenigen Alkohols, dessen Radikal das Wasserstoffatom der Methylgruppe substituiert, und des durch Kombination entstandenen Alkohols für primäre Alkohole mit normaler Kette nahezu konstant 40.6°, für solche mit Isoradikalen 33°, für sekundäre Alkohole 50°, für tertiäre 51.8°.

6. Entsprechende Verbindungen verschiedener Körperklassen.

In der Fettreihe üben die Gruppen $COCH_3$, $COOCH_3$ und $COCl$ gewöhnlich gleichen Einfluß auf den Siedepunkt aus. Auch durch Austausch von Chlor gegen Methoxyl tritt oftmals keine Änderung des Siedepunkts ein.

In anderen Substanzen ist wieder Chlor mit der Äthoxylgruppe gleichwertig.

Eine entsprechende Siedepunktsgleichheit findet auch bei den Phenolen und den entsprechenden Aminen statt.

Literatur über Siedepunktsregelmäßigkeiten.

Kopp, A. **41**, 86, 169 (1842); **50**, 142 (1844). — Pogg. **81**, 374 (1850). — A. **96**, 1 (1855).
Beketow, Über einige neue Fälle der chemischen Paarung und allgemeine Bemerkungen über diese Erscheinung. Petersburg 1853.
Berthelot, A. Chim. Phys. (3) **48**, 422 (1856).
Schröder, Pogg. **79**, 34 (1858).
Wanklyn, A. **137**, 38 (1866).
Dittmar, Spl. **6**, 313 (1868).
Schorlemmer, A. **161**, 281 (1872).
Zincke und Franchimont, A. **162**, 39 (1872).
Graebe, B. **7**, 1629 (1874).
Städel, B. **11**, 746 (1878).
Hahn, Diss. Tübingen (1879).
Denzel, A. **195**, 215 (1879).
Sabajaneff, A. **216**, 243 (1882).
Schröder, B. **16**, 1312 (1883).
Bauer, A. **229**, 198 (1885).
Naumann, Thermochemie, S. 169—172.
Großhans, Rec. **4**, 153, 248, 258 (1885); **5**, 118 (1886).
Gartenmeister, A. **233**, 249 (1886).
Flawitzky, B. **20**, 1948 (1887).
Dobriner, A. **243**, 1 (1888).
Pinette, A. **243**, 42 (1888).
Lossen, A. **243**, 64 (1888).
Ostwald, Lehrb. d. allg. Chemie, S. 337.
Ramage, Proc. Cambr. Phil. Soc. **12**, V, 445 (1904).
Young, Phil. Mag. **9**, 1 (1905).
Henry, C. r. **103**, 603 (1886); **106**, 1089, 1165 (1888). — Bull. Ac. roy. Belg. **1907**, 842.
Muset, Bull. Ac. roy. Belg. **1907**, 775.
Hinrichs, C. r. **144**, 431 (1907).
Menschutkin, Ch. News **100**, 293 (1909).

Prüfung der Thermometer[1].

Da die käuflichen Thermometer wohl niemals genau sind, müssen sie vor erstmaligem Gebrauch und auch späterhin von Zeit zu Zeit kontrolliert werden. Im allgemeinen genügt es dabei, den Nullpunkt (Schmelzpunkt des Eises), ferner die dem Siedepunkt des Wassers, Naphthalins, Diphenyls und Benzophenons entsprechenden Werte (Faden natürlich ganz im Dampf) zu bestimmen und die entsprechenden Korrekturen für die zwischenliegenden Grade zu interpolieren.

Folgende Tabelle gibt die dem wechselnden Druck entsprechenden Siedepunkte dieser leicht in vollkommen reinem Zustand erhältlichen Verbindungen:

b	Wasser	Naphthalin	Diphenyl	Benzophenon
720 mm	98.5° C	215.4	252.5	302.9
725	98.7	215.7	252.8	303.2
730 ·	98.9	216.0	253.1	303.5
735	99.1	216.2	253.4	303.8
740	99.3	216.5	253.7	304.2
745	99.4	216.8	254.0	304.5
750	99.6	217.1	254.3	304.8
755	99.8	217.4	254.6	305.1
760	100.0	217.7	254.9	305.4
765	100.2	218.0	255.2	305.8
770	100.4	218.3	255.5	306.1

Man nimmt die Prüfung am besten im Mantel einer V. Meyerschen Dampfdichtebestimmungsröhre vor, der oben mit Rückflußkühler versehen wird, in den das Thermometer mittels eines Platindrahts freischwebend einige Zentimeter über dem Spiegel der siedenden Flüssigkeit aufgehängt wird.

Hat man ein Normalthermometer zur Verfügung, so befestigt man das zu prüfende Thermometer derart daran, daß die Quecksilberkugeln sich in gleicher Höhe befinden, erhitzt die beiden Thermometer langsam in einem Flüssigkeitsbad und notiert die Differenzen.

Für das Bestimmen von Schmelz- und Siedepunkt verwende man Thermometer mit möglichst kurzem Quecksilberreservoir.

Dritter Abschnitt.

Löslichkeitsbestimmung[2].

I. Bestimmung der Löslichkeit fester Substanzen in Flüssigkeiten.

Unter Löslichkeit oder „Löslichkeitszahl" eines festen Körpers sei das Maximum der Gewichtsmenge verstanden, das ohne Übersättigung, unter bestimmten Verhältnissen durch die Gewichtseinheit der Flüssigkeit in Lösung erhalten bleiben kann.

Die Löslichkeit ist in erster Linie von der Temperatur abhängig; jeder Temperatur entspricht eine bestimmte Löslichkeitszahl.

---

[1] Crafts, Am. **5**, 307 (1884). — B. **20**, 709 (1887). — Wiehe, Z. anal. **30**, 1 (1891). — Marchis, Z. phys. **29**, 1 (1899). — Jacquerod und Wassmer, B. **37**, 2533 (1904). — Scheel, Z. ang. **32**, 347 (1919).

[2] Siehe hierüber auch Rothmund, Löslichkeit und Löslichkeitsbeeinflussung, Leipzig (1907), 21 ff.

Im allgemeinen ändert sich die Löslichkeit nicht proportional der Temperatur; meist wächst sie mit einer Erhöhung derselben, doch ist auch der umgekehrte Fall (namentlich bei organischen Calcium- und Zinksalzen) nicht allzu selten.

Die Verfahren zur quantitativen Löslichkeitsbestimmung bei Zimmertemperatur einerseits und bei höheren oder tieferen Temperaturen andererseits sind etwas verschieden.

A. Löslichkeitsbestimmung bei Zimmertemperatur.

Diese Operation wird gewöhnlich nach V. Meyer[1]) folgendermaßen vorgenommen.

Die Substanz bzw. die miteinander zu vergleichenden Substanzen werden in einem (bzw. zwei gleich großen), 50—60 ccm fassenden Reagensglas in dem heißen Lösungsmittel gelöst, hierauf die Reagensröhren in ein geräumiges Becherglas mit kaltem Wasser gestellt und nun mit scharfkantigen Glasstäben[2]) so lange kräftig umgerührt, bis der Röhreninhalt die Temperatur des umgebenden Wassers angenommen hat. Nach zweistündigem ruhigem Stehen notiert man die Temperatur, rührt nochmals sehr heftig um, filtriert dann sofort die für die Bestimmung erforderliche Menge durch trockne Faltenfilter in mit den Deckeln gewogene Tiegel und wägt die Flüssigkeit und dann den Abdampfrückstand resp. bestimmt auf beliebige Art — z. B. durch Titration — die Menge der Substanz.

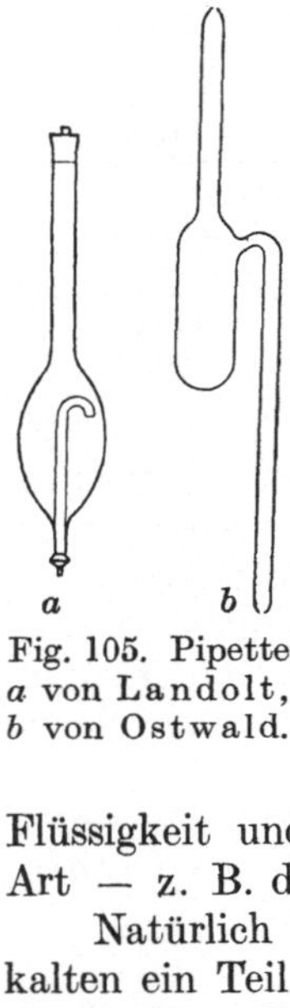

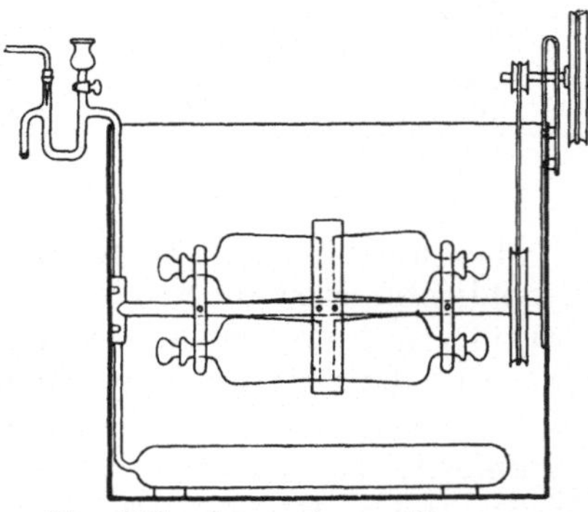

Fig. 105. Pipette *a* von Landolt, *b* von Ostwald.

Fig. 106. Apparat von Noyes.

Natürlich muß man so viel zur Bestimmung verwenden, daß beim Erkalten ein Teil wieder ausfällt, evtl. wird Übersättigung durch Impfen mit einem Krystallstäubchen verhindert. Setzt sich die ungelöste Substanz gut ab, so kann auch einfach ein bestimmter Teil der Lösung herauspipettiert werden, wozu am besten die Landolt- (*a*)[3]) oder Ostwaldsche (*b*)[4]) Pipette (Fig. 104) dient.

Oft sind geringe Übersättigungen[5]) nur sehr schwer zu beheben; man muß daher für genaue Bestimmungen einen anderen, etwas umständlicheren Weg einschlagen. Man beschickt in solchen Fällen[6]) gläserne Flaschen mit dem Lösungsmittel und überschüssiger feingepulverter Substanz und läßt sie im

---

[1]) B. **8**, 999 (1875).

[2]) Auch durch Schütteln unter Zusatz von Glasperlen kann man die Auflösungsgeschwindigkeit erhöhen: Willstätter und Piccard, B. **42**, 1905 (1909).

[3]) Z. phys. **5**, 101 (1890).

[4]) Ostwald-Luther, Hand- und Hilfsbuch, 2. Aufl., S. 132 und 283.

[5]) Namentlich bei in Wasser gelösten Säuren; Paul, Z. phys. **14**, 112 (1894).

[6]) Noyes, Z. phys. **9**, 606 (1892). — Paul, Z. phys. **14**, 110 (1894).

Thermostaten[1]) mehrere Stunden bis 2 oder 3 Tage rotieren. Der hierzu von Noyes benutzte Apparat (Fig. 106) ist folgendermaßen konstruiert.

An den Mittelpunkt eines horizontalen Messingschafts, der innerhalb des Thermostaten angebracht ist, werden zwei ringförmige Metallbänder gelötet, deren Durchmesser so beschaffen ist, daß die Böden der zu schüttelnden Flaschen gerade hineinpassen. Um die Flaschen in ihrer horizontalen Lage festzuhalten, wird der Hals einer jeden zwischen zwei elastische Metallstücke eingeklemmt. Ein Gummiriemen, der über ein Rad nahe dem Ende des Schafts

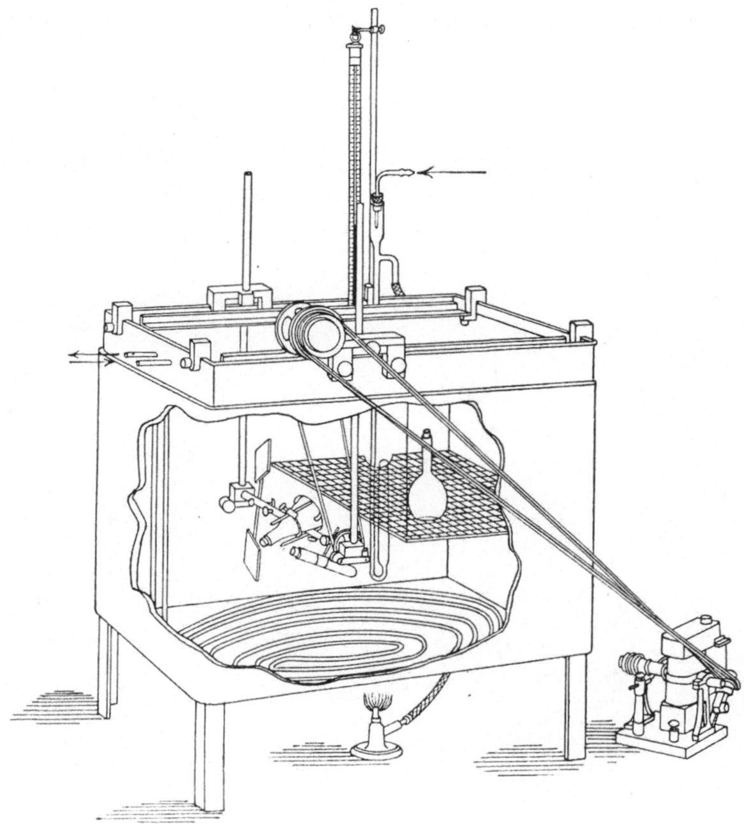

Fig. 107. Thermostat von Ostwald.

und über ein zweites kleineres Rad auf einer horizontalen Achse an der Spitze des Thermostaten geht, dient dazu, die Kraft eines kleinen Motors zu übertragen. Der Schaft macht ungefähr 20 Umdrehungen in der Minute. Eine ähnliche, von Ostwald angegebene Konstruktion[2]) zeigt Fig. 107.

Ein rechteckiger Kasten von Zinkblech mit Kupferbrennscheiben resp. ganz aus Kupfer ist von einem Filzmantel umgeben und mit drei Glasplatten, die in Schienen liegen und leicht abzunehmen sind, bedeckt.

Angelötete Schienen tragen verstellbare Lager für eine rotierende Achse.

---

[1]) Über Thermostaten siehe auch Marshall, Ch. News **104**, 295 (1911). — Ferner den Katalog „Thermostaten" von Fritz Köhler, Leipzig (1914).

[2]) Zu beziehen von Max Kaehler & Martini, Berlin W, Wilhelmstraße 50 und von Fritz Köhler, Leipzig.

Diese nimmt die zu schüttelnden Gefäße, Erlenmeyer-Kölbchen, Probierröhren usw. und die Rührflügel auf. Auch ein Einsatz aus Drahtgeflecht zum Aufstellen der Gefäße befindet sich im Bad, bei Nichtgebrauch kann er entfernt werden. Die Schnurübertragung ist von der Achse nach außen geleitet, wo sie an einen Motor angelegt wird.

Einen Thermostaten mit elektrischer Reguliervorrichtung und elektrischer Heizung beschreibt Joachimoglu[1]).

In einen mit destilliertem Wasser gefüllten Aluminiumtopf, dessen Durchmesser 20 cm und dessen Höhe 12 cm beträgt, wird der Heizkörper F versenkt, der, wie die Fig. 108 zeigt, aus einer Porzellanplatte ($12^1/_2 \times 12^1/_2$ cm) besteht,

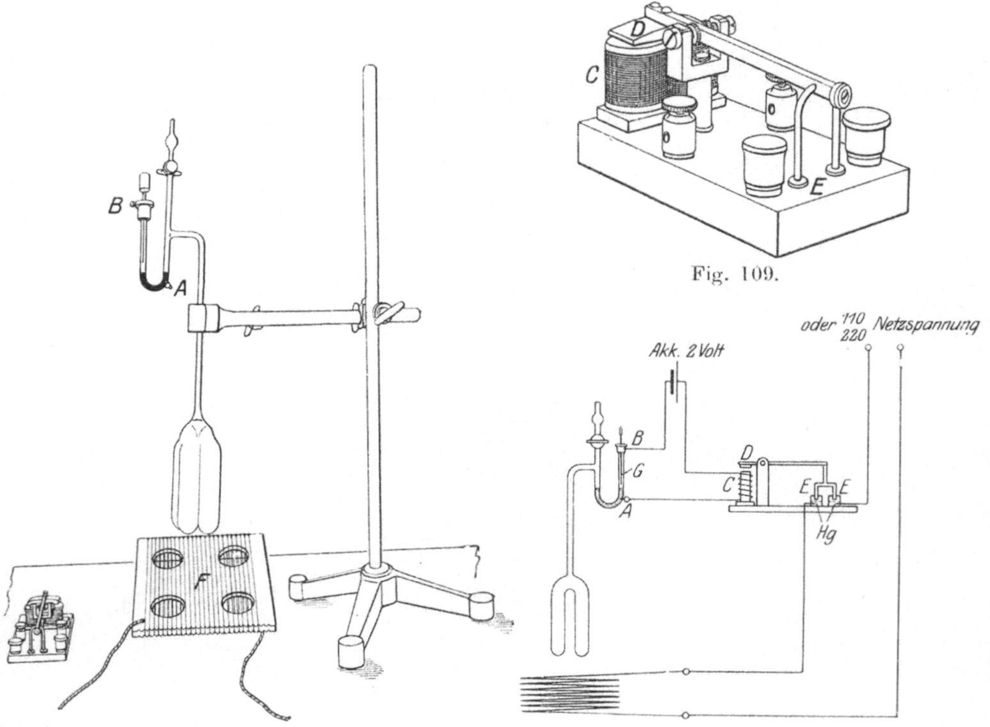

Fig. 108.   Fig. 110.
Thermostat mit elektrischer Reguliervorrichtung nach Joachimoglu.

um die eine etwa 5.5 m langer, 0.15 m dicker Platindraht umwickelt ist. Der Thermoregulator[1]), der ebenfalls in das Wasserbad kommt, hat die Form des gewöhnlichen Thermoregulators für Gasheizung und wird mit Toluol gefüllt. Das eine Ende seines U-Rohrs ist mit einem Glashahn verschließbar. In das andere Ende kommt ein Metallstift G, der durch ein Gewinde in der Mitte der Metallkappe B verschiebbar ist. Weiter gehört zum Apparat der in Fig. 109 wiedergegebene Unterbrecher, dessen Konstruktion äußerst einfach ist. Im unteren Teil des U-Rohrs befindet sich Quecksilber, und an der Stelle A (vgl. Fig. 110) ist ein Platindraht eingeschmolzen.

Der in Wasser befindliche Heizkörper F wird nun mit der Starkstromleitung verbunden. Das Wasser wird durch die dabei entwickelte Wärme ge-

---

[1]) Bioch. **103**, 49 (1920). — Von Bleckmann & Burger, Berlin N 24, Auguststr. 3a.

heizt und gleichzeitig entsteht Elektrolyse, die sich als sehr vorteilhaft erwiesen hat, da durch die Gasperlen eine gleichmäßige Verteilung der Wärme im Thermostaten stattfindet. Sobald das Wasser im Thermostaten die gewünschte Temperatur erreicht hat, wird der Glashahn des Thermoregulators geschlossen; eine weitere Steigerung und damit Ausdehnung des Toluols im Thermoregulator verdrängt das Quecksilber im U-Rohr, dadurch wird in dem Augenblick, wo das Quecksilber G erreicht hat, der Magnet C des Unterbrechers, der von einem Akkumulator gespeist wird, magnetisch, der Hebel D wird angezogen und dadurch die in zwei Quecksilbernäpfchen eintauchenden Metallstifte E aus dem Quecksilber gezogen, wodurch die Stromzuführung zu F unterbrochen wird. Kühlt sich das Wasser im Thermostaten ab, so kehrt das Quecksilber im U-Rohr in seine ursprüngliche Lage zurück, dadurch wird der Schwachstromkreis wieder unterbrochen, so daß eine automatische Schließung des Starkstromkreises erfolgt.

Es ist darauf zu achten, daß das Quecksilber in dem U-Rohr absolut sauber bleibt. Bei Verunreinigung oder bei Quecksilberniederschlägen an der Wandung des Rohres

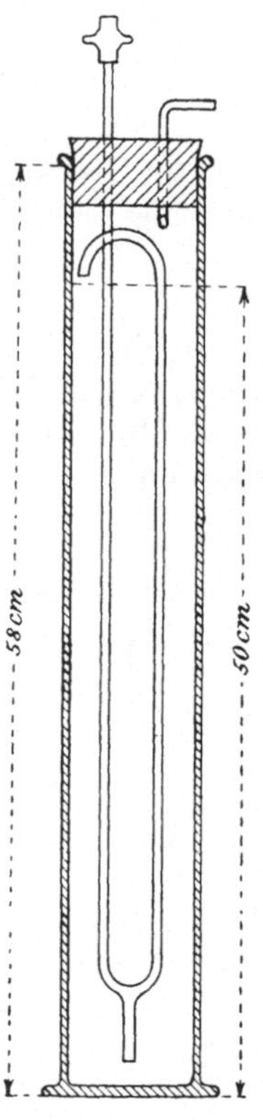

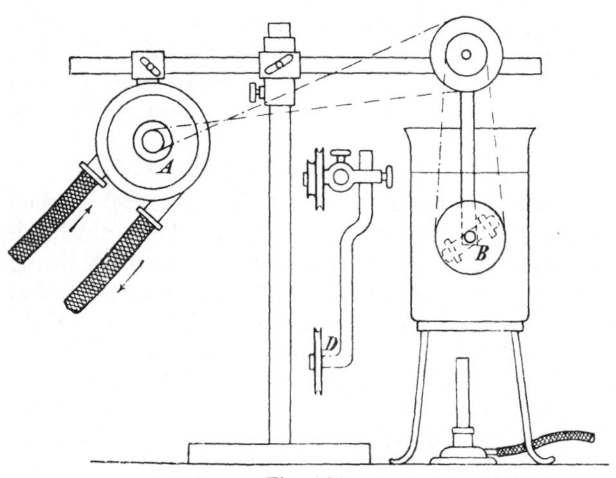

Fig. 111.
Apparat von Schröder.

Fig. 112. Apparat
von Hopkins.

erhält man unsaubere Kontakte, wodurch die Regulierung selbstverständlich eine mangelhafte ist.

Die Konstruktion eines dritten, von Schröder[1]) angegebenen Apparats ist aus Fig. 111 ohne nähere Beschreibung verständlich.

Die Schnelligkeit der Lösung ist bei gleicher Temperatur außer von dem Charakter der Substanz namentlich von der Form ihrer Verteilung abhängig; man verwendet daher durch Pulverisieren oder Ausfällen möglichst feinkörnig erhaltene Proben[2]).

Einen einfachen und praktischen Apparat zur Beschleunigung der Lösung hat Hopkins beschrieben[3]) (Fig. 112). Ein Glaszylinder mit doppelt

---

[1]) Z. phys. **11**, 454 (1893).
[2]) Ostwald, Z. phys. **34**, 405 (1900). — Hulett, Z. phys. **37**, 385 (1901).
[3]) Am. **22**, 407 (1899). Vgl. Richards, Am. **20**, 189 (1898).

durchbohrtem Stopfen trägt ein 6 mm weites Glasrohr, das oben einen Schlauch mit Quetschhahn besitzt und unten in ein Y-Rohr ausläuft. Der dritte Arm des letzteren ist an seinem Ende, wie die Figur zeigt, zurückgebogen. Durch die zweite Bohrung des Stopfens führt ein kurzes, mit der Pumpe kommunizierendes Rohr. Saugt man an, so reißt der Luftstrom gesättigte Lösung nach oben, und neues Lösungsmittel kommt mit der am Boden des Gefäßes liegenden Substanz in Berührung.

Einen Rührer hat Meyerhoffer[1]) beschrieben.

B. Löslichkeitsbestimmung bei höherer Temperatur.

a) Die Löslichkeit der zu untersuchenden Substanz nimmt mit steigender Temperatur zu.

Für diesen, den weitaus häufigeren Fall sind zahlreiche Bestimmungsmethoden vorgeschlagen worden[2]).

Methode von Pawlewski[3]).

In das Probierröhrchen *A* (Fig. 113), in dem sich die Substanz und das Lösungsmittel befinden, reicht durch einen Kautschukstopfen das Röhrchen *C*, dessen Mündung mit drei- oder vierfach zusammengelegter Gaze oder dünner Leinwand, die man mit einem Bindfaden befestigt, umwickelt ist. *A* steht durch *C* mit dem Wägegläschen *B*, das zur Aufnahme der bei einer gewissen Temperatur gesättigten Lösung bestimmt und beim Beginn des Versuchs leer ist, in Verbindung.

A sowie *B* sind mit den Röhrchen *ER* und *DR₁* verbunden, deren Enden mit Kautschukschläuchen versehen sind. Mittels dieser Schläuche kann durch den Apparat in einer oder der anderen Richtung Luft durchgesaugt werden. An *ER* und *DR₁* sind bei Anwendung flüchtiger Lösungsmittel kleine Kühler *K* und *K₁* angesetzt. Durch Aussaugen der Luft bei *R* wird Mischen der Lösung und ihre Sättigung bewirkt. Durch Einblasen von Luft durch *R* wird die gesättigte Lösung filtriert und in das Gläschen *G* hinuntergedrückt. Nach Ausführung eines Versuchs wird *B* abgekühlt, äußerlich getrocknet und gewogen; dann wird die Lösung abgedampft.

Ein ähnliches Verfahren stammt von Göckel[4]). Es dient speziell zur Löslichkeitsbestimmung fester Substanzen in leicht flüchtigen Lösungsmitteln beim Siedepunkt der letzteren.

Zum Auflösen der Probe dient ein etwa 125 ccm fassendes kurzhalsiges Kölbchen, das mit einem doppelt durchbohrten Kork verschlossen ist. Eine

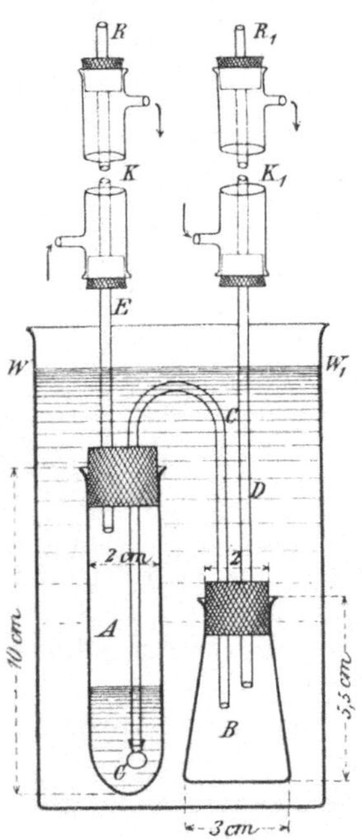

Fig. 113.
Apparat von Pawlewski.

[1]) Z. ang. **11**, 1049 (1898).

[2]) Natürlich sind hierfür auch die meisten unter A. angeführten Versuchsanordnungen brauchbar.

[3]) B. **32**, 1040 (1899). — Dolinski, Chemik Polski **5**, 237 (1905). — Manchot und Furlong, B. **42**, 3035 (1909).

[4]) Forschungsberichte über Lebensmittel usw. **4**, 178 (1897). — Z. anal. **38**, 446 (1899).

Bohrung trägt einen Rückflußkühler, die zweite eine zur Ableitung der gesättigten Lösung bestimmte Röhre, die mit ihrem unteren, etwas erweiterten und mit Watte gefüllten Ende in die Flüssigkeit des Kölbchens eintaucht und als Filter dient.

Dieses Ableitungsrohr ist mit einem Heizmantel umgeben, durch den man heißes Wasser ($1-2°$ über dem Siedepunkt des Lösungsmittels) leitet.

Ein zweites Kölbchen, das zur Aufnahme und Wägung der gesättigten klaren Lösung dient, ist gleichfalls mit einem doppelt durchbohrten Kork verschlossen. Jede dieser Bohrungen trägt einen kleinen Vorstoß. Diese werden mitgewogen und dabei mit undurchbohrten Stopfen verschlossen. Während der Apparat in Tätigkeit ist, setzt man in den einen, mit seinem Ende schräg aufwärts gerichteten Vorstoß das untere Ende des Röhrchens ein, das die gesättigte Lösung aus dem ersten Kölbchen in das zweite überführen soll. Das obere Ende des zweiten vertikalen Vorstoßes ist mit einem Rückflußkühler verbunden.

Bei der Ausführung der Bestimmung wird die gepulverte Substanz sowie eine unzureichende Menge Lösungsmittel in das Kölbchen gebracht, im Wasserbad erhitzt und, um eine gewisse Bewegung der Flüssigkeit herbeizuführen, durch das obere Ende des auf das zweite Kölbchen aufgesetzten Kühlers ein Luftstrom eingeleitet, der aus dem zweiten Kölbchen durch das Abflußröhrchen und das Wattefilter hindurch in die siedende Flüssigkeit eintritt.

Wenn man sicher sein kann, daß die Flüssigkeit gesättigt ist, unterbricht man die Verbindung des Gebläses mit dem oberen Ende des auf das Wägekölbchen aufgesetzten Kühlers und verbindet das Gebläse mit dem auf dem Lösekölbchen befindlichen Kühler. Dadurch treibt man durch das Filter und das von außen erwärmte Abflußröhrchen einen entsprechenden Teil der Lösung in das zweite Kölbchen. Man wägt letzteres und bestimmt in der Lösung die Menge der aufgenommenen Substanz.

Das

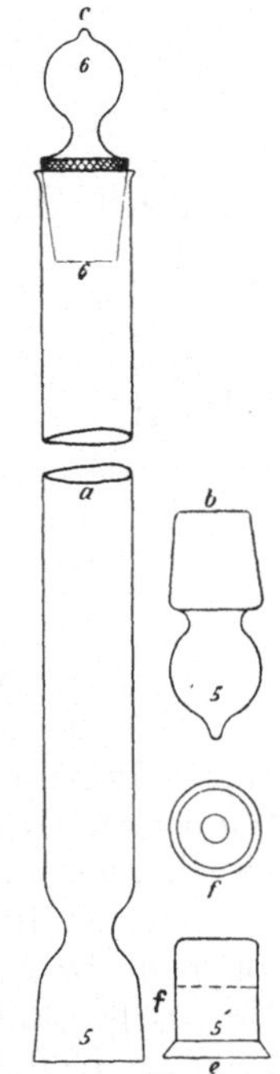

Lysimeter von Rice[1])

leistet ebenfalls, wenn das Lösungsmittel nicht kostbar und die Substanz nicht allzu leicht löslich ist, gute Dienste. Es gestattet in einfacher Weise die Bestimmung bei beliebiger Temperatur vorzunehmen, ohne durch Verflüchtigung des Lösungsmittels (die bei den weiter oben angeführten Methoden nicht ganz vermieden werden kann) Verluste zu veranlassen.

Der Apparat (Fig. 114) besteht aus einem 15 cm langen, 1 cm weiten Glasrohr, oben durch den Glasstopfen c, unten entweder durch einen bei f durchlochten Einsatz e oder auch durch einen Stopfen b verschließbar. e wird mit Baumwolle gefüllt, in das Rohr eingesetzt und festgebunden. Man hängt den Apparat in ein, auf die gewünschte Temperatur erhitztes, das Lösungsmittel und überschüssige Substanz enthaltendes, weites Reagensglas so weit ein, daß nebst c nur ein kleiner Teil des Rohrs über den Flüssigkeitsspiegel herausragt. Wenn Temperaturausgleich stattgefunden hat, zieht man c heraus und läßt dadurch die filtrierte Lösung in a eintreten. Man läßt nun die Lösung nochmals durch Heben des Rohrs

Fig. 114.
Lysimeter von Rice.

---

[1]) Am. soc. **16**, 715 (1894).

11*

zurückfließen und wiederholt das Füllen. Dadurch wird gleichmäßige Konzentration der Flüssigkeit erzielt. Schließlich wird die teilweise gefüllte Röhre a mit c verschlossen, herausgehoben, umgekehrt, e entfernt und durch b ersetzt, das Rohr äußerlich gereinigt und nach dem Erkalten gewogen. Die Gewichtszunahme entspricht der Summe von Lösungsmittel und gelöster Substanz. Man spült den Rohrinhalt in ein gewogenes Becherglas, verdampft das Lösungsmittel und wägt wieder, oder titriert, falls dies möglich ist.

Einen ähnlichen Apparat hat übrigens schon Rüdorff[1]) beschrieben.

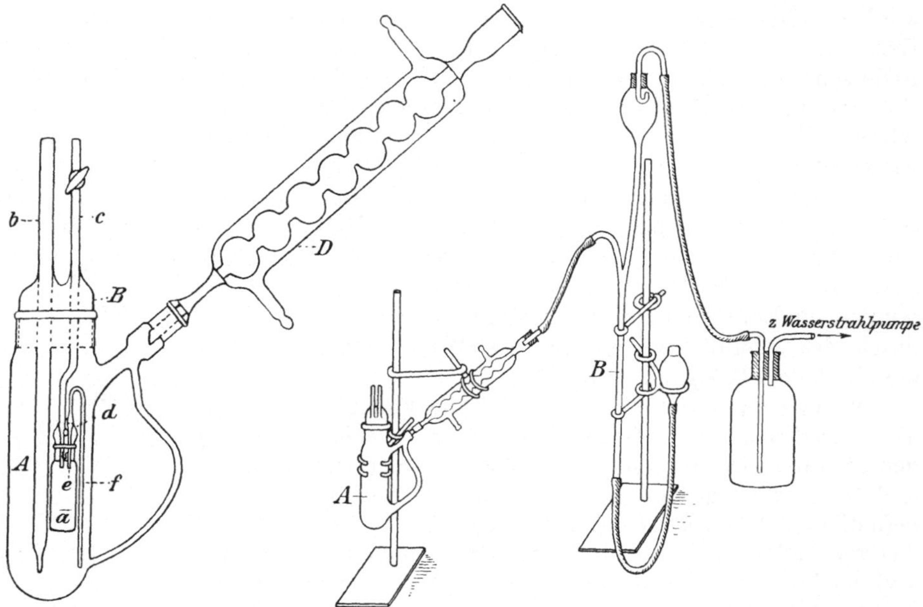

Fig. 115.   Fig. 116.
Apparat von Tschugaeff und Chlopin.

Verfahren von Tschugaeff und Chlopin[2]).

Dem im nachstehenden beschriebenen Apparat (Fig. 115, 116) liegt das folgende Prinzip zugrunde: Alle Löslichkeitsbestimmungen werden bei Siedetemperatur der gesättigten Lösung durchgeführt, wobei man diese durch Druckänderung variiert.

Die Ausführung der Bestimmungen bei Siedetemperatur der Lösung ermöglicht erstens ein gehöriges Umrühren derselben, und zweitens gestattet sie die Arbeit ohne Thermostaten, da bei konstantem Druck die Siedetemperatur konstant bleibt. Die Änderung des Drucks wird mit einer Wasserstrahlpumpe und seine Konstanz und Größe bei genaueren Bestimmungen mit einem Quecksilberdruckregulator erreicht. Bei weniger genauen Bestimmungen kann

──────────
[1]) Z. ang. **3**, 633 (1890). — Weitere Methoden zu Löslichkeitsbestimmungen: V. Meyer, B. **8**, 998 (1875). — Michaëlis, Ausführl. Lehrbuch der anorg. Ch. **1**, 186. — Köhler, Z. anal. **18**, 239 (1879). — Alexejew, Wied. **28**, 305 (1886). — Meyerhoffer, Z. phys. **5**, 99 (1890). — Reicher und van Deventer, Z. phys. **5**, 560 (1890). — Bodländer, Z. phys. **7**, 315, 358 (1891). — Trevor, Z. phys. **7**, 469 (1891). — Goldschmidt, Z. phys. **17**, 153 (1895). — Küster, Z. phys. **17**, 362 (1895). — Hartley und Campbell, Soc. **93**, 742 (1908). — Schröder, Z. anal. **48**, 250 (1909). — Forbes, Ch. News **106**, 300 (1912).   [2]) Z. an. **86**, 154 (1914).

ziemlich konstanter Druck dadurch erzielt werden, daß man in das System zwei hintereinander stehende Gefäße von verhältnismäßig großem Volumen einschaltet[1]).

Der Apparat besteht aus einem größeren Gefäß A, in dem die Sättigung der Lösung vorgenommen wird. Zu diesem Zweck bringt man auf den Boden des Gefäßes die feste, gepulverte Substanz im Überschuß. Dann wird das Lösungsmittel hineingegossen, und zwar gewöhnlich so, daß es eben den unteren Teil des Wägegläschens a bedeckt. Man schließt hierauf A mit einem Glasstöpsel B, der mit zwei Röhren b und c versehen ist. In b wird ein Thermometer (geteilt in $1/_5$ oder $1/_{10}$ Grad) geschoben, dessen Quecksilbergefäß in die Flüssigkeit eintaucht. c ist mit einem Glashahn versehen und trägt an seinem unteren Ende einen Glasstöpsel d, auf den man a aufsetzt (siehe Fig. 115). Um einem etwaigen Abspringen von a vorzubeugen, sind auf dem Stöpsel wie auch auf dem Gläschen selbst kleine Glashaken angebracht, die man nach dem Aufsetzen mittels eines Spiraldrahts fest verbindet. In d befindet sich noch ein Röhrchen e, das eine Filtriervorrichtung (Wattepfropfen bzw. Asbest) trägt und oben mit einem Schliff endet, auf den man einen Heber f, dessen unteres Ende in die Flüssigkeit eingetaucht ist, aufsetzt. A wird mit dem Kühler D verbunden und das ganze System samt dem Druckregulator mit der Wasserstrahlpumpe in Verbindung gebracht (siehe Fig. 116). Auf die oberen Enden b und c wird ein dickwandiger Gummischlauch gesetzt, der einen Schraubenquetschhahn trägt. Nachdem die Pumpe in Tätigkeit gesetzt worden ist, erzielt man einen gewissen Minderdruck, indem man die Menge der in A durch b und c a f einströmenden Luft reguliert. Wenn der nötige Druck erreicht ist, wird A in ein Ölbad eingetaucht und die Temperatur des Bades etwas oberhalb $(5-10°)$ der Siedetemperatur der Lösung bei gegebenem Druck gehalten. Man läßt die Flüssigkeit sieden, bis Sättigung erreicht wird, was gewöhnlich während einer Stunde geschieht, und filtriert dann eine bestimmte Menge der gesättigten Lösung in a. Wenn genügend großes Vakuum vorhanden war, kann die Filtration und das Einsaugen der Lösung einfach dadurch hervorgerufen werden, daß man die Luft in A durch den Kühler eintreten läßt und dadurch eine gewisse Menge Flüssigkeit nach a treibt. War das erzielte Vakuum ungenügend, um diesen Effekt hervorzurufen, so verfährt man wie folgt: Man verbindet für einige Zeit c mit der Pumpe und saugt durch f die nötige Menge gesättigter Lösung nach a. Nach Beendigung des Versuchs wird A geöffnet, a heruntergenommen, abgewischt und gewogen, dann entweder das Lösungsmittel eingedampft und der Rückstand abermals gewogen oder die Konzentration nach einer anderen Methode ermittelt.

Zur Löslichkeitsbestimmung in Wasser kann ein Apparat verwendet werden, in dem sämtliche Verbindungen durch Gummistopfen bzw. Schläuche bewerkstelligt werden.

Hat man mit einem Lösungsmittel, das stark Feuchtigkeit oder Kohlendioxyd absorbiert, zu tun, so muß die durchgesaugte Luft entsprechend gereinigt werden, wozu man vor b und c zwei geeignete Absorptionsröhren einschaltet.

Alle angeführten Methoden versagen, falls es gilt, die Löslichkeit flüch-

---

[1]) Die Druckänderungen, die bei Ausführung der Bestimmungen nach dieser Methode stattfinden (der Druck ist immer kleiner als Atmosphärendruck), können eine Änderung des Löslichkeitswertes nur in Hundertsteln von Prozenten hervorrufen, was bei Bestimmungen dieser Art innerhalb der Versuchsfehler liegt. (Vgl. z. B. Rothmund, Löslichkeit und Löslichkeitsbeeinflussungen, Leipzig 1907, 81.)

tiger, nicht titrierbarer Substanzen zu bestimmen. Für solche Fälle könnte man sich so helfen, daß man ein graduiertes Lysimeter verwendet, die Menge der eingefüllten Lösung mißt und — das spezifische Gewicht des Lösungsmittels als bekannt vorausgesetzt — dadurch dessen Gewicht erfährt. Die Volumänderung durch die gelöste Substanz kann bei nicht allzu großer Löslichkeit vernachlässigt werden.

Gehaltsbestimmung mittels des versenkten Schwimmers: Ostwald-Luther, Hand- und Hilfsbuch 2. Aufl., 146, 284.

Löslichkeitsbestimmungen von sehr leicht löslichen Substanzen.

Kenrick[1]) verfährt zur Löslichkeitsbestimmung von sehr leicht löslichen Substanzen, die außerdem nur in kleinen Quantitäten zur Verfügung stehen, folgendermaßen:

Der Apparat (Fig. 117) besteht aus einem Glasgefäß a von 1.4 cm Weite und 8 cm Länge. Es wird in einem federnden Drahtgerüst festgehalten, das

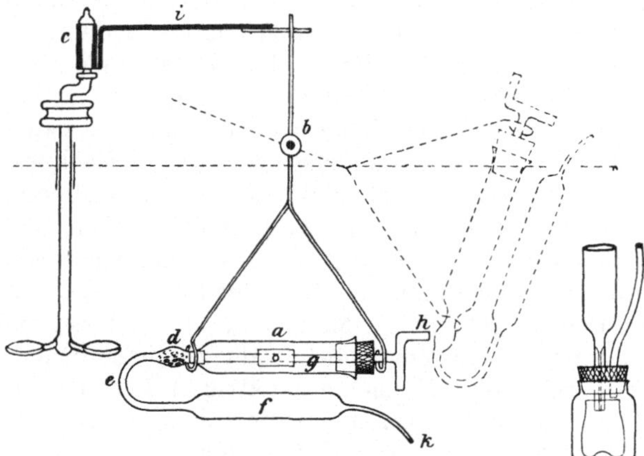

Fig. 117. Apparat nach Kenrick.

um die Achse b drehbar ist und durch die Kurbel c des Gattermannschen Rührers in oszillierende Bewegung gesetzt wird. Mit dem verengten Teil d, der Baumwolle enthält, ist das zweite zur Aufnahme des Filtrats bestimmte Gefäß f durch das Capillarrohr e verbunden. Die Verschlußröhre g ist unten mit einem Stück Gummischlauch versehen und trägt in der Mitte ein einfaches Ventil, das aus einem über eine kleine Öffnung geschobenen Kautschukschlauch besteht. Nachdem man die Verschlußröhre fest eingedrückt hat, werden die geeigneten Mengen Substanz und Lösungsmittel in das Gefäß gebracht, der Gummistopfen heruntergeschoben und mit Draht festgebunden. Das obere Ende der Verschlußröhre wird mit einem Stück Schlauch und Glasstab geschlossen und der Apparat in das Bad gestellt. Nach 4—5 stündigem Schütteln entfernt man die Verbindungsstange i und gibt dem Apparat die durch punktierte Linien gezeichnete Stellung. Der Verschluß wird dann gelockert und die Spitze k abgebrochen, wobei der Überdruck in a meist genügt, um das ganze Filtrat in f hineinzutreiben, nötigenfalls bläst man Luft bei h hinein, durch Quetschen eines damit verbundenen kurzen Kautschukschlauchs. Das Ventil verhindert das Zurücktreten der Flüssigkeit. Nach Entfernung des Apparats aus dem Bad bricht man das Capillarrohr bei e ab und läßt das Filtrat in ein gewogenes Wägeröhrchen fließen.

Um der Umständlichkeit des wiederholten Anschmelzens der Capillarröhre vorzubeugen, kann man sich der in Fig. 117, rechts, gezeichneten Anordnung bedienen, wobei das Filtrat direkt in ein gewogenes, von einer etwas größeren Flasche umgebenes Wägeröhrchen fließt. Der Hauptvorteil des Ap-

1) B. **30**, 1752 (1897).

parats ist, daß man mit einem vollständig verschlossenen Gefäß arbeitet, wodurch Verdampfung und damit verbundene Konzentrations- und Temperaturänderungen vermieden werden.

Beurteilung der Löslichkeit schwer löslicher Körper aus der elektrischen Leitfähigkeit der Lösungen: Kohlrausch und Holborn, Das Leitvermögen der Elektrolyte, Leipzig 1898. — Kohlrausch und Rose, Wied. 50, 127 (1893). — Z. phys. 12, 234 (1893); 44, 197 (1903). — Böttger, Z. phys. 46, 521 (1903).

β) Die Löslichkeit der Substanz nimmt mit steigender Temperatur ab.

In solchen Fällen wird man analog verfahren wie Jacobsen[1]) bei der Untersuchung des xylidinsauren Zinks.

Für die höheren (über 30° liegenden) Temperaturen erfolgt die Bestimmung, indem eine mehr und mehr verdünnte Lösung von bekanntem Gehalt im Wasserbad oder für 100° übersteigende Temperaturen in Glasröhren eingeschmolzen im Luftbad langsam bis zur beginnenden Trübung erhitzt wird.

Bekanntlich liefert die umgekehrte Methode der Abkühlung bei Salzen mit normaler Löslichkeit nur sehr ungenaue Resultate, selbst wenn die Löslichkeit sehr schnell mit der Temperatur zunimmt. Die durch Ausscheidung des ersten Partikelchens freiwerdende Wärme verzögert die Ausscheidung der Nachbarn. Die umgekehrten Verhältnisse lassen es verständlich erscheinen, daß bei der für das xylidinsaure Zink angewandten Methode die Trübung ganz momentan eintritt, so daß man schon bei der ersten Beobachtung kaum um einen Grad im Zweifel bleibt. Nur für niedere Temperaturen muß die Bestimmung durch Eintrocknen der Lösungen ausgeführt werden, weil unter 20° die Ausscheidung des Salzes sich nicht durch eine allgemeine Trübung zu erkennen gibt, sondern das Salz in Form sehr zarter Blättchen auftritt.

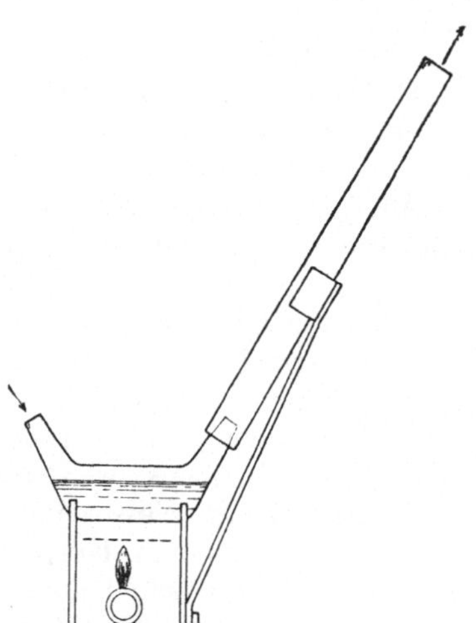

Fig. 118. Liebigsche Ente.

Um die gesättigten Lösungen eindampfen zu können, ohne Verluste durch Verspritzen usw. befürchten zu müssen, bedient man sich nach Trevor[2]) der sog. Liebigschen Ente[3]) aus resistentem Glas, an die, wie Fig. 118 zeigt, eine Glasröhre als Schornstein angefügt wird. Die Gewichtszunahme der Ente wird bestimmt.

C. Fraktionierte Löslichkeitsbestimmungen

können zur Untersuchung auf Einheitlichkeit der Substanz verwertet werden, z. B. bei der Prüfung eines Barium- oder Kaliumsalzes auf einen etwaigen Gehalt an Isomeren. Siehe Schönholzer, Diss. Zürich (1907), 14, 16.

---

[1]) B. 10, 859 (1877).   [2]) Z. phys. 7, 469 (1891).

[3]) Anwendung dieser Ente zum Trocknen und zur Wasserbestimmung: Link, Arch. 230, 311 (1892). — Voss und Gadamer, Arch. 248, 71 (1910).

D. Identifikation und Reinheitsprüfung mittels der Löslichkeitszahl.

Obermiller[1]) verwendet bei der Untersuchung der aromatischen Sulfosäuren, die ohne eigentlichen Schmelzpunkt zu verkohlen pflegen, die Feststellung der „Löslichkeitszahl ihrer Salze“, d. h. die Bestimmung des spezifischen Gewichts ihrer bei gewöhnlicher Temperatur gesättigten wäßrigen Lösung, was übrigens keineswegs mit peinlicher Genauigkeit ausgeführt zu werden braucht.

Liegt z. B. ein Gemenge von mehreren Salzen vor, so erhält man beim Umkyrstallisieren eine Mutterlauge, deren spezifisches Gewicht stets erheblich größer ist als die Löslichkeitszahl eines der Komponenten, soweit (was relativ selten vorkommt) kein isomorphes Gemisch vorliegt.

Bleibt andererseits beim Umkrystallisieren eines Salzes das spezifische Gewicht seiner Mutterlauge konstant, so darf es mit großer Sicherheit als rein angesprochen werden.

E. Beziehungen zwischen Lösungsmittel und zu lösendem Stoff.

Ostromysslensky stellt[2]) folgende drei Sätze auf:

Jede Verbindung löst sich in ihren Homologen.

Alle stellungsisomeren Verbindungen sind ineinander löslich.

Alle polysubstituierten Verbindungen eines beliebigen Stoffs lösen sich ineinander auf, falls die wasserstoffsubstituierende Gruppe eine und dieselbe ist.

Schwerlösliche bzw. unlösliche aromatische Hydroxylverbindungen lösen sich, wenn man sie mit Wasser und leicht wasserlöslichen Hydroxylverbindungen zusammenbringt.

10 Teile Phenol mit 3 Teilen Resorcin gemischt sind in jedem Verhältnis in Wasser löslich, ebenso werden die verschiedenen Kresole durch die 2—3fache Resorcinmenge mit Wasser mischbar usw.[3]).

Von zwei isomeren Körpern besitzt der mit dem niedrigeren Schmelzpunkt die größere Löslichkeit; das Verhältnis der Löslichkeiten zweier isomerer Substanzen ist konstant und von der Natur des Lösungsmittels unabhängig [Regel von Carnelley und Thomsen[4])].

Bei isomeren Säuren ist nicht nur die Reihe der Löslichkeiten der freien Säuren übereinstimmend mit der ihrer Schmelzpunkte, sondern auch ihre Salze zeigen analoges Verhalten.

Von isomeren Verbindungen ist ferner die meist löslicher (wenigstens in Wasser), die weniger symmetrische Anordnung besitzt; in der aromatischen und in der Pyridinreihe sind dementsprechend die p-Verbindungen am schwersten löslich.

Die Wasserlöslichkeit nimmt im allgemeinen mit steigendem Kohlenstoffgehalt ab, mit Zunahme der Sauerstoffatome dagegen zu.

Stark hydroxylhaltige Stoffe (mehrwertige Alkohole) sind in Äther schwer löslich. Unter den Salzen mit Schwermetallen sind die Bleisalze der Ölsäurereihe durch ihre Ätherlöslichkeit charakterisiert. Auch Kupfersalze sind oftmals in organischen Lösungsmitteln löslich. Gewisse Ammoniumsalze werden leicht von Chloroform aufgenommen. In Alkohol sind im allgemeinen nur die Salze der Alkalien löslich.

---

[1]) Z. ang. **27**, 38 (1914). — Siehe auch Witt, B. **48**, 767 Anm. (1915).
[2]) J. pr. (2) **76**, 264 (1907).   [3]) DPA. F 21 578 (1906).
[4]) Siehe dazu Van't Hoff, Vorl. üb. theor. und phys. Chemie II, 130 (1899).

Literatur über Löslichkeitsregelmäßigkeiten.

Carnelley, Phil. Mag. (5) 13, 180 (1882). — Carnelley und Thomsen, Soc. 53, 782 (1888).
Ostwald, Allgem. Chemie, 2. Aufl. 1, 1067 (1891).
Henry, C. r. 99, 1157 (1890); 100, 60, 943 (1890).
Schroeder, Z. phys. 11, 449 (1893).
Lobry de Bruyn, Rec. 13, 116 (1894).
Walker und Wood, Soc. 73, 618 (1898).
Vaubel, J. pr. (2) 51, 444 (1895); 57, 72 (1898); 59, 30 (1899).
Lamouroux und Massol, C. r. 128, 998 (1899).
Van de Stadt, Z. phys. 31, 250 (1899).
Holleman, Rec. 17, 249 (1898); 22, 273 (1903).
Rothmund, Löslichkeit und Löslichkeitsbeeinflussung (1907), 112ff.

II. Bestimmung der kritischen Lösungstemperatur[1]). (K. L. T.)

Franz.: T.C.D. = Température critique de dissolution. — Engl.: C.S.P. = critical solution point, C.T.S. = critical temperature of solution.

Bringt man zwei nicht vollkommen mischbare Flüssigkeiten A und B zusammen, so bilden sie zwei Phasen, deren eine aus der gesättigten Lösung von A in B, die andere aus der gesättigten Lösung von B in A besteht.

Bei Erhöhung der Temperatur ändert sich die Konzentration der Lösungen gewöhnlich in dem Sinn, daß die beiden konjugierten Löslichkeiten größer werden, bis schließlich bei einem bestimmten Punkt die Zusammensetzung der beiden Phasen identisch wird, d. h. vollkommene Mischbarkeit eintritt (kritische Lösungstemperatur).

Der bevorstehende Übergang der beiden Phasen in eine macht sich durch das Auftreten der kritischen Trübung[2]) bemerkbar: einer schönen Opalescenz, die im auffallenden Licht blau, im durchgehenden braunrot erscheint.

Die kritische Lösungstemperatur ist für reine Substanzen eine Konstante, deren Bestimmung in vielen Fällen für den Organiker von Wert sein kann.

So hat sie z. B. für die Analyse der Alkohole[3]), von Nitroglycerin[5])[7]), der Fette[4]), Petroleumarten[5]) und des Harns[6]) Anwendung gefunden.

Die K. L. T. ist nämlich schon durch sehr kleine Zusätze einer dritten Substanz, die nur in einer der beiden Flüssigkeiten löslich ist, alterierbar.

Durch die Bestimmung der K. L. T. kann man daher sowohl die Reinheit bzw. Gleichartigkeit verschiedener Fraktionen eines Destillats ermitteln[8]), als auch vor allem Feuchtigkeitsspuren, z. B. in Alkoholen, nachweisen und — da nach Crismer die Veränderung der K. L. T. dem Wassergehalt nahezu proportional ist — der Menge nach abschätzen.

---

[1]) Rothmund, Löslichkeit und Löslichkeitsbeeinflussung (1907), 31, 66ff., 76ff., 158, 162.

[2]) Nähere Angaben und Literatur: Rothmund, Löslichkeit usw., S. 76.

[3]) Mossler und Markus, Öst. Jahrb. f. Pharm. 15, 74 (1914).

[4]) Crismer, Bull. Soc. Chim. Belg. 9, 145 (1895); 10, 312 (1896); 11, 359 (1897). — Benedikt - Ulzer, Fette und Wachsarten, 5. Aufl. (1908), 104. — Hoton, A. de falsif. 2, 535 (1909); 3, 28 (1910). — Olivari, Staz. sper. agr. Ital. 50, 365 (1917). — Chavanne und Simon, C. r. 168, 1111 (1919); 169, 70 (1919).

[5]) Crismer, Ac. roy. Belg. 30, 97 (1895). — Rosset, A. Chim. anal. 3, 235 (1921).

[6]) Atkins, Brit. Med. Journ. 1908, 59. — Atkins und Wallace, Bioch. J. 7, 219 (1913).   [7]) Crismer, Bull. Soc. Chim. Belg. 18, 1 (1904); 20, 294 (1906).

[8]) Crismer, Bull. Soc. Chim. Belg. 18, 18 (1904). — Timmermans, Z. El. 12, 644 (1906). — Z. phys. 58, 129 (1907). — Andrews, Am. soc. 30, 354 (1908). — Flaschner, Soc. 95, 671, 677 (1909).

Beispielsweise stieg die K. L. T. eines absoluten Alkohols, der 25 Minuten an der Luft gestanden hatte, um 4°, nach $1\frac{1}{2}$ Stunden um 12.4°.

Besonders einfach gestaltet sich das Verfahren, wenn man in offenen Gefäßen arbeiten kann. Verwendet man z. B. ca. 99 proz. Alkohol, so liegt die K. L. T. für Butter bei etwa 54°, im Maximum 62°, während Margarine 78° zeigt. Für 91 proz. Alkohol dagegen liegt die K. L. T. der Butter bei ca. 100°, erfordert also die Anwendung von Einschmelzröhren.

Als geeignete Flüssigkeitspaare dienen etwa:

  Öle, Wachse, Fette, Nitroglycerin — Alkohol;

  Aceton, Alkohole — Petroleum;

  Fette — Eisessig;

  Pyridinbasen, Phenole, Fettsäuren — Wasser;

  Harn — Phenol.

Eine Tabelle über alle bis dahin benutzten Flüssigkeitspaare gibt Timmermans [1]).

Wo man, wie z. B. beim Petroleum [2]), keine einheitliche Flüssigkeit zur Verfügung hat, muß man für jede Versuchsreihe dasselbe Spezimen verwenden und durch einen Vorversuch, etwa mit ganz reinem (trocknem) Alkohol, die K. L. T. des Reagens ermitteln.

Beispiel 1. Bestimmung der K. L. T. von Äthylalkohol—Petroleum.

Erfordernisse: Eine in $\frac{1}{2}$ ccm geteilte Eprouvette von 10 ccm Inhalt. Käuflicher absoluter Alkohol [3]) — amerikanisches Petroleum in größerem Vorrat.

Ein in $\frac{1}{10}$-Grade geteiltes Thermometer, das mittels Kautschukstopfens in die Eprouvette paßt. Es muß bei den Versuchen mit der ganzen Kugel in die Flüssigkeit tauchen.

Man füllt in die Eprouvette 2 ccm Alkohol, hierauf 2 ccm Petroleum und erhitzt über einem Bunsenbrenner unter Umschütteln, bis die Flüssigkeit homogen wird, entfernt die Flamme und notiert die Temperatur, bei der Trübung eintritt.

Der Versuch kann beliebig oft wiederholt werden.

Nach dem Erkalten auf Zimmertemperatur fügt man 1 ccm Petroleum zu, bestimmt wieder die Temperatur, bei der Trübung eintritt usw.

Dann setzt man sukzessive Alkoholmengen zu und bestimmt wieder die Sättigungstemperaturen.

Man erhält etwa folgende Serie:

2 Vol. Alkohol $+$ 2 Vol. Petroleum	(= 2 : 2)	**31.7**°
$+ 1$ „ „	(= 2 : 3)	30.8°
$+ 1$ „ „	(= 2 : 4)	30.1°
$+ 2$ „ Alkohol	(= 4 : 4)	**31.7**°
$+ 1$ „ „	(= 5 : 4)	31.4°

Aus diesen Zahlen folgt, daß das kritische Gebiet erreicht wird, wenn man gleiche Volumina der Flüssigkeiten verwendet.

---

[1]) Bull. Soc. Chim. Belg. **20**, 305, 386 (1906).

[2]) Man reinigt Petroleum nach Andrews, indem man eine Zeitlang Wasserdampf durchschickt und es nachher sorgfältig trocknet. Am. soc. **30**, 354 (1908).

[3]) Derselbe enthält 0.2—1.0% Wasser.

2. Kontrolle der Entwässerung von Alkohol.

Die Bestimmung mit dem Typ habe ergeben (in einem 100-cm-Rohr):

Sättigungstemperatur

$$30 \text{ ccm Alkohol} + \begin{cases} 18 \\ 20 \\ 24.2 \\ 25.4 \\ 27 \\ 28.2 \\ 29.8 \\ 31.8 \\ 32.8 \\ 34 \end{cases} \text{ ccm Petroleum} \quad \begin{cases} 11.8° \\ 13.3° \\ 14.6° \\ 14.7° \\ 14.8° \\ 14.8° \\ 14.8° \\ 14.75° \\ 14.7° \\ 14.2° \end{cases}$$

K. L. T. (für 14.8°–14.75°)

Die K. L. T. ist also konstant für 27—31.8 ccm Petroleum auf 30 ccm Alkohol, oder für 4.5—5.4 ccm Petroleum auf 5 ccm Alkohol.

Setzt man zu einer Probe dieses Alkohols der K. L. T. 14.8° ein Zehntel Prozent Wasser, so wird die Konstante auf 16.6° erhöht; ein Teilstrich des in Zehntelgrade geteilten Thermometers entspricht daher 0.005%; die Methode ist also auf $\pm \,{}^{1}/_{100000}$ des Wassergehalts genau, entsprechend einer Präzision von der Größenordnung einer Dichtebestimmung auf 5 Dezimalen, braucht aber unvergleichlich weniger Zeit, Material und Mühe.

3. Bestimmung der K. L. T. von Phenol — Wasser[1]).

In eine reine Eprouvette wird ca. 1 ccm Phenol gegeben, dann aus einer Pipette etwas Wasser zugefügt und erwärmt, bis die Flüssigkeit homogen erscheint. Tritt beim Wiederabkühlen keine Opalescenz auf, so fügt man wieder etwas Wasser zu und wiederholt den Versuch, bis sich beim Abkühlen Opalescenz zeigt.

Man notiert die Temperatur, bei der diese Trübung, die der Schichtenbildung vorangeht, auftritt.

Nun wird wieder etwas Wasser zugegeben, bis die Opalescenz ihr Maximum an Deutlichkeit erreicht; die Temperatur, bei der jetzt beim stärkeren Abkühlen Undurchsichtigkeit (Nebelbildung) auftritt, entspricht der K. L. T. Durch wiederholtes Bestimmen dieses Punkts durch Anwärmen und Wiederabkühlen erhält man einen genauen Mittelwert.

4. Bestimmung der K. L. T. dieser Phenolprobe mit Harn.

Man geht in ganz gleicher Weise vor und beobachtet das Auftreten der kritischen Trübung, indem man die Eprouvette gegen einen schwarzen Hintergrund hält.

Die Differenz der beiden K. L. T. beträgt bei Harn aus einer gesunden Niere 11—16° und soll nicht unter 8° liegen.

Eine Versuchsreihe erfordert nicht mehr als 5 ccm Harn.

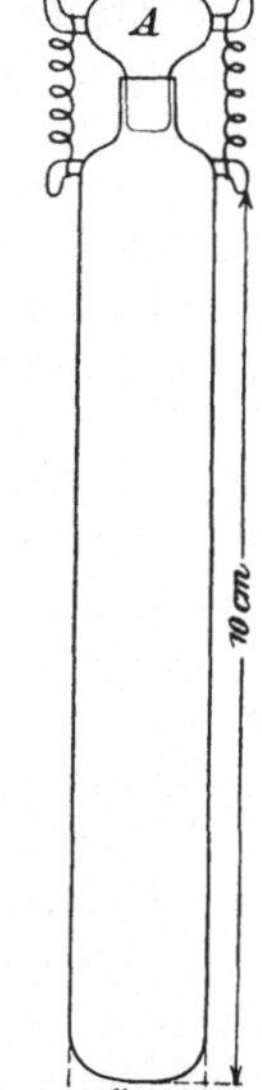

Fig. 119.
Apparat von
Timmermans.

---

[1]) Herabsetzung der K. L. T. von Phenol—Wasser durch Alkalizusatz: Dubrisay, Tripier und Toquet, C. r. **167**, 1036 (1908).

Ist man gezwungen, in geschlossenen Gefäßen zu arbeiten, so kann man auch meist die Einschmelzröhren vermeiden. Timmermans[1]) benutzt in solchen Fällen den in Fig. 119 skizzierten Apparat.

Der Glasstopfen A wird durch zwei Federn festgehalten, die den Verschluß bewerkstelligen. Wenn der Dampfdruck im Innern größer wird als der Atmosphärendruck, wirkt der Stopfen wie ein Sicherheitsventil; er hebt sich einen Augenblick, um die Dämpfe austreten zu lassen, aber gleich darauf nimmt der Druck ab, und die Feder schließt den Apparat automatisch.

Dieser Apparat wird mit einem Kautschukring an ein Thermometer befestigt und das Ganze in ein Bad von Wasser oder Glycerin gebracht, so daß das untere Ende der Röhre, welche die zu untersuchenden Stoffe enthält, neben die Thermometerkugel in gleiche Höhe mit ihr gestellt wird und daß die Röhre ungefähr 5 cm in das Bad eintaucht.

In einem ternären Gemisch hängt die Empfindlichkeit der K. L. T. gegen eine Verunreinigung eines Bestandteiles von der relativen Löslichkeit der Verunreinigung und des betreffenden Bestandteils in dem Gemisch der beiden anderen ab[2]). In dem System Toluol-Essigsäure-Wasser wird die K. L. T. durch Benzol wenig vermindert, durch Xylol etwas erhöht, und zwar erfolgt die Veränderung ungefähr linear mit der Menge der Verunreinigung. In Wasser leichter als Benzol lösliche Stoffe, wie n-Butylalkohol und Isoamylalkohol, bewirken schon in kleinen Mengen große Erniedrigungen der K. L. T., während umgekehrt Paraffine erhebliche Erhöhungen verursachen. Hierauf kann ein Verfahren zur Bestimmung des Erdölgehaltes des Toluols gegründet werden. Bis zu einem Gehalt von 17% Erdöl im Toluol bleiben die kritischen Erscheinungen sehr deutlich, und die Erhöhung der K. L. T. ist in diesem Bereich dem Erdölgehalt proportional; andererseits steigt die K. L. T. linear von — 5.9 auf 41.9°, wenn der Schmelzpunkt der wäßrigen Essigsäure von 5.45 auf 0.9° sinkt. Da Toluol leicht in größerer Menge rein erhalten werden kann, ist es zu empfehlen, eine Essigsäure von annähernd gewünschter Konzentration herzustellen und dann die K. L. T. mit reinem Toluol zu bestimmen. Das aus Toluol-p-sulfosäure gewonnene und gereinigte Toluol hatte $D_{12,6}{}^{12,6} =$ 0.87417.

Durch Salzsäure wird der Löslichkeitsring des Systems Wasser-n-Butylalkohol verengert. Eine 14proz. (13.994 g in 100 g Lösung) Salzsäure ist sehr gut geeignet, um mittels der K. L. T. des ternären Gemisches mit n-Butylalkohol den letzteren auf Reinheit zu prüfen. Reiner n-Butylalkohol, über das Natriumsalz des Salicylsäurebutylesters gewonnen, $D_{14,4}{}^{14,4} =$ 0.81617, gibt mit der genannten wäßrigen Salzsäure 43.55° als obere und 9.6° als untere K. L. T. Da die K. L. T. gegen kleine Änderungen der Konzentration der Salzsäure sehr empfindlich ist, kann man mittels n-Butylalkohols feststellen, ob zwei wäßrige Salzsäurelösungen genau gleiche Konzentration haben. Ferner ist die K. L. T. des ternären Gemisches recht empfindlich gegen Verunreinigung des Butylalkohols mit seinen Homologen, mit Toluol oder Paraffinen.

Anwendung der K. L. T.-Bestimmung zur Analyse von Petroläther (Gehalt an aromatischen Kohlenwasserstoffen) mit Anilin: Chavanne und Simon, C. r. **169**, 70 (1919).

---

[1]) Z. phys. **58**, 180 (1907).
[2]) Orton und Jones, Soc. **115**, 1055, 1194 (1919). — C. **1920**, IV, 110.

Vierter Abschnitt.

Bestimmung des spezifischen Gewichts.

Für die Zwecke der organischen Analyse kommt fast nur die Bestimmung des spezifischen Gewichts von Flüssigkeiten in Betracht[1]).

Anwendung des Pyknometers.

Für genaue Bestimmungen dient am besten das von Ostwald[2]) modifizierte Sprengelsche[3]) Pyknometer (Fig. 120).

Das konstante Volum desselben reicht von der Spitze b bis zur Marke a. Man füllt in der durch die Fig. 121 veranschaulichten Weise. Steht die Flüssig-

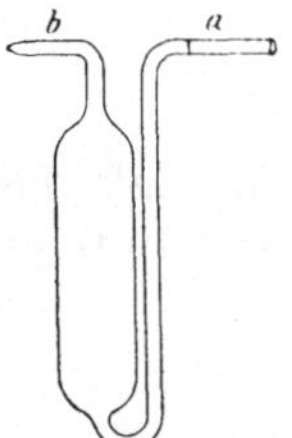

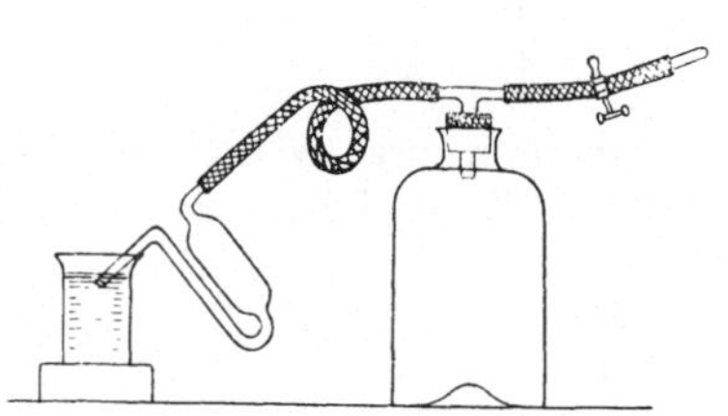

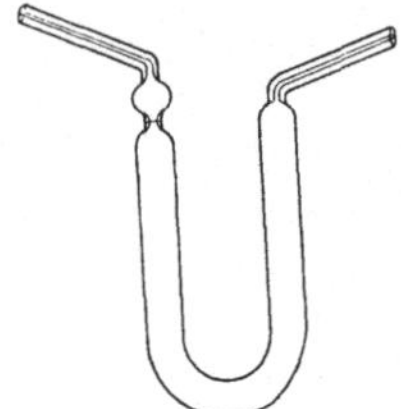

Fig. 120. Pyknometer ·nach Sprengel-Ostwald.   Fig. 121. Füllen des Sprengelschen Pyknometers.   Fig. 122. Pyknometer nach Perkin.

keit über a hinaus, so berührt man b mit einem Röllchen Filtrierpapier, bis der Meniscus a erreicht hat. Fehlt ein wenig Flüssigkeit, so bringt man mittels eines Glasstabs einen Tropfen an das bei a befindliche Ende, der Überschuß wird wieder mit Filtrierpapier weggenommen. Für Bestimmungen, die auf ± 0.0001 genau sein sollen, genügt ein Pyknometer von 5 ccm Inhalt.

Timmermans[4]) empfiehlt eine Modifikation dieses Pyknometers nach Perkin, die durch Fig. 122 wiedergegeben ist.

Um besonders auch Dichtebestimmungen stark ausdehnbarer, flüchtiger und hygroskopischer Flüssigkeiten vornehmen zu können, hat Minozzi[5]) die aus der Fig. 123 ersichtlichen Abänderungen angebracht.

Beim Einfüllen werden an die beiden Enden m und b des Pyknometers a die Ansatzstücke f und d gesteckt, die bei f mit einer Pumpe, bei d mit einem doppelt durchbohrten Pfropfen, in dessen einer Öffnung ein Trockenrohr steckt, mit dem die Flüssigkeit enthaltenden Gefäß verbunden sind.

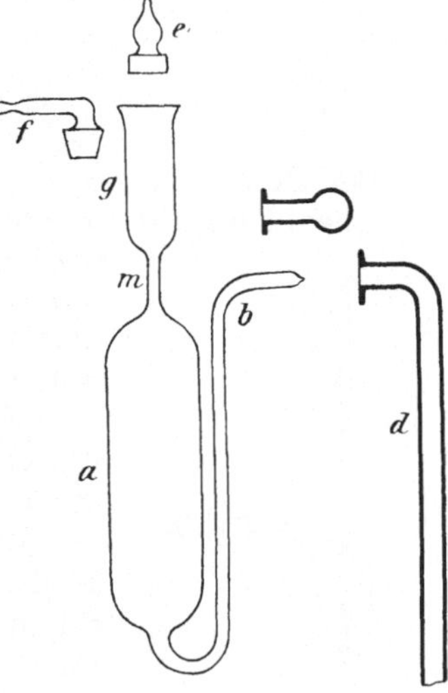

Fig. 123.
Pyknometer von Minozzi.

[1]) Bestimmung des spez. Gew. von festen organischen Substanzen nach der Schwebemethode von Retgers, Z. phys. **3**, 289, 497 (1889); siehe Bechhold, B. **22**, 2378 (1889). — Lobry de Bruyn, Rec. **9**, 187 (1890).

[2]) J. pr. (2) **16**, 396 (1877); **18**, 328 (1878). — Hand- und Hilfsbuch, 2. Aufl., 142. — Vgl. Brühl, A. **203**, 4 (1880).

[3]) Pogg. **150**, 459 (1875). — Siehe ferner Bartley und Barrett, Soc. **99**, 1072 (1911).

[4]) Bull. Soc. Chim. Belg. **24**, 246 (1910).

[5]) Atti Linc. (5) **8**, 450 (1899).

Nach dem Einfüllen bis zu einer Marke bei m schließt man das Pyknometer mittels c und e. Nun wird in ein auf 20° gebrachtes Bad gestellt, worauf die ausgedehnte Flüssigkeit eventuell nach g steigt, wo sie genügend Platz findet.

Ist das Gewicht des leeren Pyknometers P, des mit Wasser gefüllten P_1 und des mit der Substanz gefüllten P_2, so ist das spezifische Gewicht der Flüssigkeit bei der Temperatur t:

$$d_t = \frac{P_2 - P}{P_1 - P}.$$

Reduktion der Dichtebestimmung auf 4° und den leeren Raum.
Es gilt hierfür die Gleichung:

$$d\,\frac{20}{4} = \frac{m}{w}\,(Q - \lambda) + \lambda,$$

wo m das Gewicht der Substanz und w das des Wassers in Luft bei 20°, Q dessen Dichte bei 20° (0.998 27) und λ die mittlere Dichte der Luft (0.0012) bedeuten, also:

$$d\,\frac{20}{4} = \frac{m \cdot 0.997\,07}{w} + 0.0012.$$

Ist das Wassergewicht w eines Pyknometers bei 20° einmal bestimmt, so berechnet man den Wert:

$$\frac{0.997\,07}{w} = C.$$

Es ergibt sich dann das auf Wasser von 4° und auf den leeren Raum bezogene spezifische Gewicht:

$$d\,\frac{20}{4} = m\,C + 0.0012.$$

Bei Bestimmungen bis zur fünften Dezimale (die aber im allgemeinen vom Chemiker nicht ausgeführt werden) muß die Formel zur Korrektur wegen des Luftauftriebs geändert werden, da die Zahl 0.0012 nur einen Mittelwert repräsentiert. Siehe dazu Wade und Merriman, Soc. **95**, 2174 (1909) und Timmermans, Bull. soc. Chim. Belg. **24**, 250 (1910).

Dichtebestimmungen bei beliebiger Temperatur (man wählt gewöhnlich t = 20°) vorzunehmen, gestattet der Apparat von Brühl[1]) (Fig. 124).

In den oberen Teil des zylindrischen Glasgefäßes a ist das in $^1/_5$-Grade geteilte Thermometer B, zu beiden Seiten desselben die Röhrchen e und d angeschmolzen. Das Rohr e, das etwa in der Mitte eine Marke trägt, besitzt eine Bohrung von ca. $^1/_2$ mm Durchmesser, während d eine haarfeine Capillare bildet. Beide Röhren sind mit konischen Ansätzen versehen, auf welche die Glashütchen f und g luftdicht passen. Auf den Konus von e ist auch der Ansatz des Saugrohrs C luftdicht zugeschliffen.

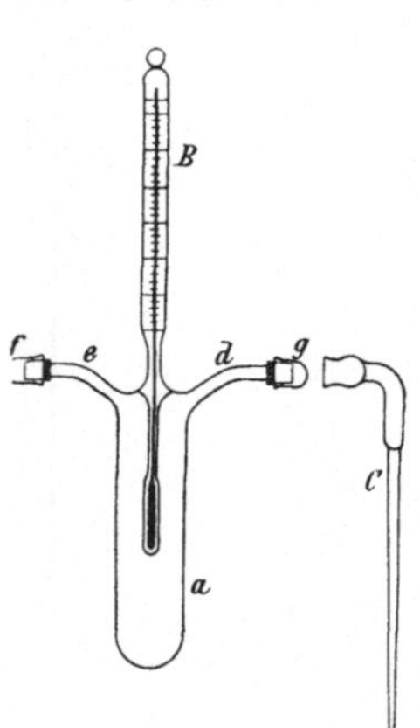

Fig. 124. Pyknometer von Brühl.

Die Füllung des Pyknometers geschieht, indem man C und e verbindet und die Flüssigkeit mit Hilfe eines auf d aufgesetzten Kautschukschlauchs

---

[1]) A. **203**, 3 (1880). — Vgl. Mendelejeff, Pogg. **138**, 127 (1871).

durch C aufsaugt. C und der Schlauch werden hierauf abgenommen und a einige Sekunden mit der Hand fest umschlossen, bis die Temperatur sich mehrere Grade über 20° erhebt. Dann wird das Pyknometer bis zur Marke in ein mit Wasser gefülltes Gefäß getaucht, dessen Temperatur nahezu 20° ist. Binnen 2—3 Minuten ist die Temperatur bis auf 20° gesunken.

Man berührt kurz vorher d mit einem Streifen Filtrierpapier, und zwar so lange, bis die Flüssigkeit in e auf die Marke eingestellt ist. Der Apparat wird aus dem Wasserbad herausgenommen, die Röhren mit den Hütchen verschlossen und gewogen. Die Beobachtungen werden mit jeder Substanz mindestens zwei- oder dreimal ausgeführt. Das Pyknometer wird also nach der Wägung wieder mit der Hand auf 22° angewärmt und in das Wasserbad gehängt. Ein Tropfen Substanz, mit Hilfe eines Glasstabs an d gehalten, wird angesaugt, so daß sich die Flüssigkeit wieder über das Niveau der Marke erhebt und von neuem ein-gestellt werden kann. Die Entleerung des Pyknometers geschieht endlich, indem man mit Hilfe eines auf d geschobenen Schlauchs, an dem ein Gummiball befestigt ist, die Flüssigkeit durch e hinausdrängt.

Zur Dichtebestimmung sehr zähflüssiger Substanzen dient ein anderer Apparat von Brühl, dessen Konstruktion aus Fig. 125 ersichtlich ist.

Dichtebestimmung bei der Siede-temperatur der Flüssigkeit: Neubeck, Z. phys. **1**, 657 (1887).

Zur Dichtebestimmung geringer Sub-stanzmengen hat Eichhorn[1]) ein Aräopy-knometer konstruiert (Fig. 126). Zwischen dem Quecksilberreservoir und der leeren Schwimm-kugel ist eine etwa 10 ccm fassende Hohlkugel angeblasen, die zur Aufnahme der Flüssigkeit dient. Beim Gebrauch füllt man diese Glaskugel mit der Substanz, setzt den Glasstopfen so auf, daß kein Luftbläschen innerhalb der Kugel bleibt, spült ab und setzt das Ganze in ein passendes, mit Wasser von 15° bzw. 17.5° gefülltes Gefäß. Die

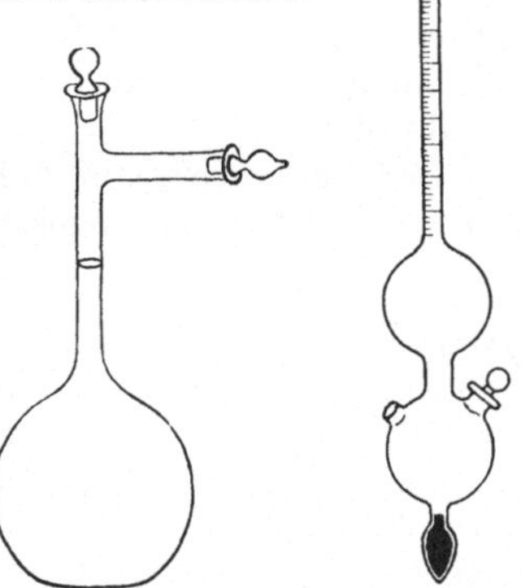

Fig. 125. Pykno-meter für zähflüssige Substanzen.

Fig. 126. Aräopykno-meter.

an dem Instrument angebrachte Skala zeigt dann direkt das spezifische Gewicht der Flüssigkeit beim Ablesen des Stands am Wasserspiegel. Der Apparat kann ebensogut für Flüssigkeiten, die leichter, als für solche, die schwerer sind als Wasser, konstruiert werden.

Einen ähnlichen Apparat hat Rebenstorff[2]) angegeben.

Dichtebestimmung mit der Pipette[3]).

Hat man nur ganz geringe Flüssigkeitsmengen zur Verfügung, so kann man nach Ostwald in folgender Weise immer noch auf 0.001 genaue und rasch ausführbare Bestimmungen machen. In eine Pipette von 1 ccm Inhalt, die mit fast capillaren Röhren versehen ist (Fig. 127), saugt man die Substanz bis zur Marke ein und bringt sie mittels eines aus Draht gebogenen Trägers auf die Wage. Der Capillardruck verhindert ein Ausfließen vollständig, wenn die Spitze abgetrocknet ist. Hat man sich ein für allemal eine Tara hergestellt,

[1]) Pharm. Ztg. **1890**, 252. — Z. anal. **30**, 216 (1891). — DRP. 49 683 (1891).
[2]) Ch. Ztg. **28**, 889 (1904).
[3]) Ostwald - Luther, Hand- und Hilfsbuch, 2. Aufl., 142, 144.

gleich dem Gewicht der leeren Pipette nebst ihrem Träger, so ergibt die erforderliche Zulage unmittelbar das gesuchte spezifische Gewicht.

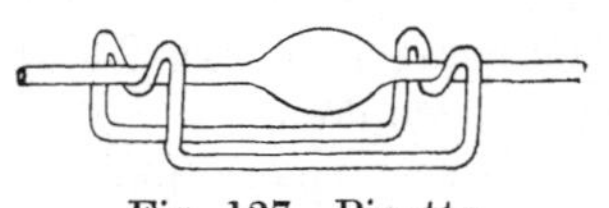

Fig. 127. Pipette nach Ostwald.

Schweitzer und Lungwitz[1]) haben ein noch verläßlicheres Instrument angegeben, dessen Konstruktion aus Fig. 128 ersichtlich ist.

Anwendung der hydrostatischen Wage.

Zur Bestimmung des spezifischen Gewichts von Flüssigkeiten, die in genügender Menge zur Verfügung stehen, kann auch die Mohr[2])-Westphalsche[3]) Wage benutzt werden, mit der man die spezifischen Gewichte direkt auf drei Dezimalen genau ablesen kann (Fig. 129).

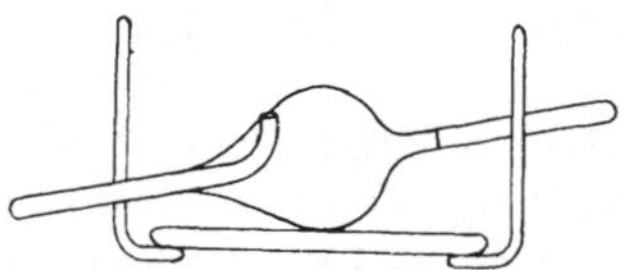

Fig. 128. Pipette von Schweitzer und Lungwitz.

Die Wage besteht aus einem Stativ, dem Balken, einem Senkkörper und den Gewichten.

Der Stativfuß F endigt nach oben in ein mit einer Preßschraube P versehenes Leitungsrohr L, worin sich das Oberteil auf und ab schieben sowie feststellen läßt. Das Oberteil trägt an einer Seite das Achsenlager H, auf der anderen eine Spitze J, die für die Einstellung des Nullpunkts dient.

Der Balken ist von Achse zu Achse in 10 Teile geteilt und gekerbt und läuft nach der entgegengesetzten Seite in ein Balanciergewicht mit Zunge aus.

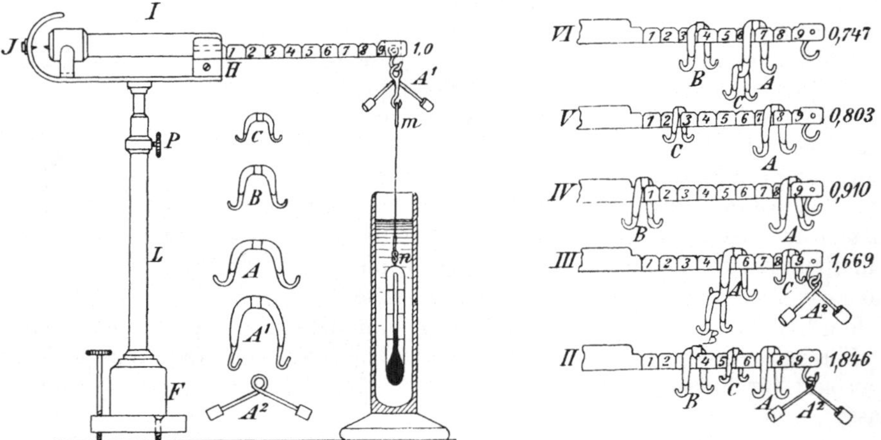

Fig. 129. Mohr-Westphalsche Wage.   Fig. 130. Anwendung der hydrostatischen Wage.

Der Senkkörper ist ein kleines Thermometer von 4 cm Länge und 5 mm Durchmesser und einer Skala von 5—25°. Am oberen Ende des Körpers ist eine Platinöse eingeschmolzen. Der Aufhängedraht wird in die Öse eingefügt und andererseits mit dem stärkeren Aufhängeglied m verbunden.

Die Gewichte sind so hergestellt, daß die drei größten (A, A_1 und A_2) dem Gewicht des vom Körper verdrängten destillierten Wassers bei 15° als Normaltemperatur gleich sind. Die Schwere des Reiters B ist $1/_{10}$, die von C $1/_{100}$ von A.

Zum Gebrauch stellt man die Wage auf einen möglichst horizontalen Tisch und bringt die Zunge zum Einspielen auf den Nullpunkt.

---

[1]) Am. soc. **15**, 190 (1893).   [2]) Pharmazeutische Technik 1853.
[3]) Arch. **10**, 322 (1867). — Z. anal. **9**, 23 (1870.)

Dann wird durch Aufhängen von A_2 in Wasser von 15° entsprechend Fig. 130 Gleichgewicht hergestellt.

Hat man eine Flüssigkeit, die schwerer ist als Wasser, so benutzt man noch, wie die Beispiele II und III zeigen, die Reiter A, B und C. Ist die Flüssigkeit leichter, so wird A_2 abgehängt (IV, V, VI).

Die dritte Dezimalstelle läßt sich mit Genauigkeit bestimmen, die vierte, wenn die Flüssigkeit wenig adhäriert, noch schätzen.

Die Drähte, an denen der Körper hängt, sind verhältnismäßig fein. Trotzdem tut man gut, die bei der Justierung der Gewichte angewendete Einsenkungstiefe bei den folgenden Bestimmungen beizubehalten. Sie wird so fixiert, daß sich nicht allein die Drahtdrehung, sondern noch ein dieser Drehung gleich langes Stück Draht in der Flüssigkeit befindet.

Oftmals wird es unangenehm empfunden, daß der Aufhängedraht schwierig gerade zu bringen ist, da er ob seiner geringen Dicke bei dem leisesten Fingerdruck bogenförmige Krümmungen annimmt. Man richtet ihn bequem schnurgerade, ohne daß der Schwimmkörper Gefahr läuft, verletzt zu werden, indem man ihn durch die Flamme einer Spirituslampe zieht, so daß er eben zu glühen beginnt, und dabei ein wenig spannt[1]).

Eine abgeänderte Konstruktion [nach Reimann[2])] gestattet, mit den üblichen Gewichtsatzstücken auszukommen. Die Konstruktion des Apparats ist aus Fig. 131 ersichtlich.

Der Senkkörper wird so justiert, daß er gerade 1, 5 oder 10 g Wasser verdrängt.

Bei der Wägung in Luft wird der Auftrieb nicht berücksichtigt. Zur Korrektur dieses Fehlers kann man entweder einen Reiter benutzen, dessen Gewicht gleich dem des durch den Senkkörper verdrängten Luftvolumens ist, oder man rechnet[3]) das wahre spezifische Gewicht π aus dem gefundenen Wert k nach der Korrektion (für 15°):

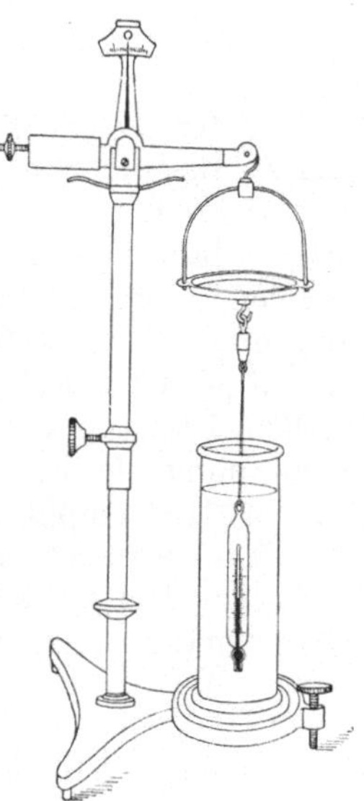

Fig. 131.
Wage nach Reimann.

$$\pi = k - 0.001\,225\,(k - 1).$$

<hr>

[1]) Gawalovski, Z. anal. **30**, 210 (1891).

[2]) DRP. 791 (1877). — Arch. (N. F.) **7**, 338 (1878). — Siehe auch Voller, Z. ang **28**, I, 54 (1915).

[3]) De Koninck, Bull. Soc. Chim. Belg. **18**, 86 (1904).

Drittes Kapitel.

Elementaranalyse.

Unter „Elementaranalyse" der organischen Substanzen wird die quantitative Bestimmung der in Kohlenstoffverbindungen vorhandenen Elemente auf dem Weg der Oxydation mit überschüssigem Sauerstoff verstanden. Elementaranalyse im engeren Sinn ist die Bestimmung von Kohlenstoff als Kohlendioxyd, im allgemeinen kombiniert mit der Wägung des zu Wasser verbrannten Wasserstoffs.

Eine qualitative Untersuchung auf Kohlenstoff bzw. Wasserstoff anzustellen, ist kaum nötig und auch auf anderem Weg als dem der Verbrennung nicht immer leicht und mit Sicherheit auszuführen.

Müller empfiehlt[1]) für diesen Zweck folgendermaßen vorzugehen:

Man erwärmt eine Mischung der Substanz (etwa 0.02 g) mit etwa der 20fachen Menge Kaliumazid in einem Röhrchen aus schwer schmelzbarem Glas zunächst so vorsichtig, daß die Zersetzung des Azids nach der Gleichung:

$$2\,KN_3 = 2\,K + 3\,N_2$$

in Kalium und Stickstoff möglichst wenig heftig verläuft (Schutzbrille), dann erst erhitzt man stärker und glüht schließlich 2 Minuten lang. Sehr wahrscheinlich bildet sich zunächst aus dem vom Zerfall des Kaliumazids herrührenden Stickstoff und Kalium Kaliumnitrid, K_3N, das sich dann weiter mit dem Kohlenstoff der Probe zu Cyankalium vereinigt. Dieses wird dann, wie bei der Prüfung auf Stickstoff üblich, als Berlinerblau nachgewiesen.

Noch empfindlicher wird die Probe, wenn man zur Mischung vor dem Erhitzen noch ein kleines Stückchen reines, von Kohlenwasserstoffen sorgfältig befreites Kalium hinzufügt. Wahrscheinlich wird dadurch die Menge des bei der Reaktion entstehenden Kaliumnitrids vergrößert.

Es ist unerläßlich, bei Substanzen, deren nähere Zusammensetzung nicht bekannt ist, auf das Vorhandensein von Elementen zu prüfen, die entweder nicht identifiziert werden — wie in der Regel der Stickstoff — oder die sonst leicht übersehen bzw. verwechselt werden können, wie der Schwefel.

Zu welchen Irrtümern das Außerachtlassen der qualitativen Analyse führen kann, sei an einigen Beispielen erläutert.

Das von Gmelin 1824 entdeckte Taurin hatte Demarçay 1838 analysiert[2]) und ihm die Formel $C_4H_7O_{10}N$ zugeteilt. Pelouze und Dumas[3]) haben diese Analyse wiederholt und bestätigt.

Erst Redtenbacher[4]) entdeckte 1846 den Schwefelgehalt dieser, nunmehr $C_4H_7O_6NS_2$ formulierten Substanz. „Es ist" — sagt Redtenbacher —

---

[1]) J. pr. (2) **95**, 53 (1917).　　[2]) A. **27**, 287 (1838).　　[3]) A. **27**, 292 (1838).
[4]) A. **57**, 171 (1846).

„ganz klar, wie es leicht möglich war, daß die früheren Untersucher des Taurins den Schwefel übersehen konnten, da er einerseits so innig gebunden, andererseits aber ein doppelt so großes Atom wie Sauerstoff hat, so daß der vernachlässigte Schwefelgehalt mit vier Äquivalenten Sauerstoff gerade aufging."

Liebig bestimmte[1]) die Formel der von ihm aus dem Muskelfleisch verschiedener Tiere isolierten Inosinsäure aus der Analyse des Kalium- und Bariumsalzes zu $C_{10}H_{14}O_{11}N_4$. — Gregory[2]) und Creite[3]) hatten seither die Substanz in Händen; Limpricht[4]) untersuchte das Bariumsalz von neuem und formulierte es $C_{13}H_{17}O_{14}N_5Ba_2$.

Endlich, nachdem die Substanz ein halbes Jahrhundert bekannt war, fand Haiser[5]), daß sie Phosphorsäure enthält und der Formel $C_{10}H_{13}O_8N_4P$ entspricht. Der Unterschied in der Formel, die Liebig für die Zusammensetzung des bei 100° getrockneten inosinsauren Bariums aufgestellt hat, und Haisers Formel besteht darin, daß letztere an Stelle von zwei Sauerstoffatomen ein Atom Phosphor enthält. Dadurch ist eine Differenz im Molekulargewicht von zwei Einheiten bedingt, und deshalb können nur geringfügige Unterschiede in bezug auf die Werte der einzelnen Bestandteile eintreten.

Daß Liebig den Phosphorgehalt der Inosinsäure übersehen hat, ist um so auffallender, als er auf S. 321 seiner Abhandlung bemerkt: „Bei seiner Lösung in heißem Wasser bietet er (der inosinsaure Baryt) eine ähnliche Erscheinung dar wie der phosphorweinsaure Baryt; wenn eine bei etwa 70° gesättigte wäßerige Lösung zum Sieden erhitzt wird, so schlägt sich ein Teil des Salzes in Gestalt einer harzähnlichen Masse nieder" usw.; es erscheint aber erklärlich, da Liebig die inosinsauren Salze mit Bleichromat gemischt der Verbrennung unterworfen und daher die Verbrennungsrückstände nicht untersucht hat.

Daß es auch vorkommen kann, daß ein Bestandteil quantitativ bestimmt wird, der gar nicht vorhanden ist, zeigt die Untersuchung von Benedikt[6]) über Hämatein und Brasilein, in denen er sowohl nach der Dumasschen als auch nach der Varrentrapp-Willschen Methode 1.36—1.6% Stickstoff fand, während diese Substanzen[7]) durchaus keinen solchen enthalten.

Benedikt, der diese Verbindungen für außerordentlich schwer verbrennlich hielt, „mußte die mit Kupferoxyd innig gemischte Substanz durch 4—5 Stunden zur hellen Rotglut erhitzen, bevor die Gasentwicklung völlig aufhörte".

Der Fehler liegt also hier in einer unrichtigen Ausführung der Methode.

Es sei auch daran erinnert, daß man bei der Charakterisierung von Substanzen durch Farb-[8]) oder Geruchsreaktionen sehr vorsichtig sein muß.

So wurde z. B. der eigentümliche „Mäusegeruch", der vielen Säureamiden anzuhaften pflegt, für ein charakteristisches Merkmal derselben gehalten[9]), bis es sich zeigte[10]), daß er durch Umkrystallisieren der Amide aus Äther oder Benzol vollkommen zum Verschwinden gebracht wird.

---

[1]) A. **62**, 317 (1847).   [2]) A. **64**, 107 (1847).

[3]) Z. f. ration. Med. **36**, 195.   [4]) A. **133**, 301 (1865).

[5]) M. **16**, 194 (1895).   [6]) A. **178**, 98 (1875).

[7]) Halberstadt und Reis, B. **14**, 611 (1881). — Buchka und Erck, B. **18**, 1142 (1885).

[8]) Siehe auch Grafe, M. **25**, 1017 (1904).

[9]) Siehe z. B. Roscoe-Schorlemmers Lehrbuch **3**, 461 (1884). — Beilstein, 2. Aufl. (1886), 983.

[10]) Mason, Ch. News **57**, 241 (1888). — Bonz, Z. phys. **2**, 967 (1888). — Hofmann, A. **250**, 315 (1889). — L. Meyer, B. **22**, 26 (1889). — Hentschel, B. **23**, 2395 (1890).

Wie das Ausbleiben der „Indopheninreaktion“ zur Entdeckung des Thiophens geführt hat, erzählt Thorpe sehr anschaulich in seiner Gedächtnisrede für Viktor Meyer[1]): „Im Verlauf seiner Vorlesungen über Benzolderivate war es, daß Meyer zu der vielleicht schönsten aller seiner Entdeckungen gelangte — zu der des Thiophens ... Er wollte seinen Hörern die Indopheninreaktion Baeyers vorführen, die zu dieser Zeit zum Benzolnachweis diente; aber zu seinem Erstaunen zeigte sich keine Spur der charakteristischen Blaufärbung, obwohl er nach seiner Gewohnheit das Experiment kurz vor der Vorlesung ausprobiert hatte. Es stellte sich heraus, daß sein Assistent Sandmeyer — selbst eine der „Entdeckungen“ Meyers — ihm eine Probe Benzol gereicht hatte, das im Kolleg aus Calciumbenzoat durch Erhitzen dargestellt worden war, während er darauf aufmerksam machte, daß die Vorprobe mit gewöhnlichem Laboratoriumsreagens — dem Benzol purissim. crystallisatum des Handels, natürlich Teerbenzol — angestellt wurde. Vielbeschäftigt, wie V. Meyer damals war, hätte er wohl diesen Zwischenfall unberücksichtigt lassen können oder wäre der Ursache desselben nicht augenblicklich nachgegangen. Aber das war nicht seine Art.

Fortuna teilt ihre Lose unparteiisch aus, und jeder kann einen Treffer machen; aber es ist nicht jedermanns Sache, zu merken, wann das Glück ihm hold ist, noch zu wissen, wann man die Gelegenheit beim Schopf fassen muß.

Madame de Staël sagt einmal, man könnte ein recht interessantes Buch darüber schreiben, was für gewaltige Folgen oft aus kleinen Divergenzen sich ergeben. Und solch eine kleine Divergenz war es, die V. Meyers Aufmerksamkeit fesselte. Sofort begann er, den Ursachen der Erscheinung nachzugehen. Alle Sorten Benzol, die in Zürich aufzutreiben waren, wurden untersucht, und bald stand es fest, daß nur Teerbenzol die Indopheninreaktion zeigt. Meyers erste Idee war, daß letztere durch ein Isomeres verursacht werde, ein zweites im Steinkohlenteer vorhandenes Benzol. In weniger als einem Monat hatte er sich aber davon überzeugt, daß es einen schwefelhaltigen Begleiter des Benzols gebe und daß Baeyers Indophenin wahrscheinlich eine Schwefelverbindung sei. — Meyer fand, daß Teerbenzol nach wiederholtem Schütteln mit Vitriolöl nicht mehr mit Isatin reagiert ... Durch Destillation des beim Ausschütteln von 10 Litern Benzol mit Vitriolöl erhaltenen Produkts erhielt er einige Kubikzentimeter eines farblosen, dünnflüssigen, schwefelhaltigen Öls, das gegen 83° siedete und eine intensive Indopheninreaktion gab.“

Dieses Produkt, das V. Meyer zuerst Thianthren, dann Thiophan und Thiol nennen wollte, wurde schließlich Thiophen genannt, wodurch es als schwefelhaltiges Analogon des Benzols charakterisiert ist.

Farbe und Geruch[2]) dienen ungleich häufiger als der Geschmack[3]) zur Erkennung und Unterscheidung ähnlicher Substanzen und zur Beurteilung des Beginns und des Endes einer Reaktion. Immerhin hat man öfters den Geschmack für diese Zwecke ausgenutzt. Ja, bei genügender Übung erlangt die Zunge eine unglaubliche Sicherheit im Erkennen von Verunreinigungen.

In einem Gemisch der isomeren Nitrobenzoesäuren ist die o-Verbindung leicht durch ihren süßen Geschmack nachweisbar.

Der Geschmack der Aminosäuren kann manchmal zur Unterscheidung der sonst so ähnlichen Verbindungen dienen, weil er in Abhängigkeit von

---

[1]) Soc. **77**, 189 (1900).
[2]) Siehe Steinkopf und Otto, A. **424**, 65 (1921).
[3]) Cohn, Die organischen Geschmackstoffe. Berlin (1914), 55. — Siehe auch S. 736 und 964.

der Struktur steht[1]). Aminosäuren schmecken süß, Polypeptide bitter. Deshalb kann man die Anwesenheit der ersteren in den letzteren am Geschmack erkennen. Das ist zur Beurteilung der Reinheit der Polypeptide, die ja aus den Aminosäuren gewonnen werden, wichtig[2]).

5 - Nitro - 2 - bromanilin kann durch seinen Geschmack selbst in der verdünntesten Lösung nachgewiesen werden[3]).

Veronal wurde von Conrad[4]) durch seinen Geschmack charakterisiert. Die Eigenschaft aromatischer Ester, die Geschmacksnerven zu betäuben, kann als einfaches, scharfes Mittel zum Nachweis minimalster Mengen dienen[5]).

Wohl[6]) erkennt das vollständige Abblasen des Nitrobenzols am Aufhören des süßen Geschmacks des Destillats.

Bei Gewinnung des 2 - Nitro - 4 - aminophenols wurde aus dem süßen Geschmack der Mutterlaugen auf die Anwesenheit des 4-Nitro-2-aminophenols[7]) geschlossen, dessen Isolierung dann auch gelang.

Als Posner[8]) Phenylalanin aus Zimtsäure mit Hydroxylamin erhalten hatte, glaubte er lange, die α-Verbindung in Händen zu haben. Eine Geschmacksprüfung hätte ihn sofort überzeugt, daß das isomere β-Phenylalanin vorlag, und ihm viel Arbeit erspart. Erst nach langer Zeit kam seine Berichtigung, die auch auf den Geschmack der Substanz Bezug nahm.

Durch den Geschmack verrät sich, ob eine Chinolinbase ein — bitter schmeckendes — Jodmethylat gebildet hat[9]).

Unsere Zunge ist für den Geschmack von Säuren so empfindlich, daß man diese bei genügender Übung bis auf 1—2% genau durch bloßes Kosten bestimmen kann[10]). Die Zunge ersetzt also den Indicator. Auch für Fette gilt Ähnliches[11]). Man kann die geringste Verunreinigung herausschmecken, während die chemische Analyse vollständig versagt. Kenner dieses Gebiets erhalten eine staunenswerte Routine und können ein einwandfreies Urteil abgeben[12]). Weniger gut Veranlagte oder Geübte können natürlich eine Nachprüfung nicht ausführen.

Will man Saccharin zu o-sulfaminbenzoesaurem Ammonium aufspalten, so ist das Ende der Reaktion durch das Verschwinden des süßen Geschmacks gekennzeichnet[13]). Eben dieser dient natürlich stets zum analytischen Nachweis des Präparats. Ein technisches Verfahren zur Trennung des Saccharins von der p-Sulfaminbenzoesäure besteht im Auskochen des Gemisches mit Xylol, das so lange fortgesetzt wird, bis die p-Verbindung geschmackfrei ist.

Bei der Darstellung von Chininkohlensäurephenylester aus Chinin und Phenolcarbonat erkennt man gleichfalls die Vollendung der Reaktion an der Geschmacklosigkeit der Reaktionsmasse[14]).

---

[1]) Siehe S. 964.
[2]) E. Fischer, Untersuchungen über Aminosäuren usw. Berlin (1906), Jul. Springer, S. 49.   [3]) Wheeler, Am. **17**, 700 (1895).
[4]) A. **340**, 317 (1905).   [5]) Einhorn, A. **371**, 127 (1909).
[6]) B. **27**, 1816 (1894).   [7]) Kehrmann und Idzkowska, B. **32**, 1066 (1899).
[8]) B. **36**, 4310 (1903); **38**, 2316 (1905).   [9]) Decker, B. **24**, 1984 (1891).
[10]) Richards, Am. **20**, 18, 98, 121 (1898). — Siehe S. 736.
[11]) Hermann, Ch. Ztg. **29**, 585 (1905).
[12]) In ähnlicher Weise kann man Tee, Hopfen, Kaffee usw. bei genügender Übung beurteilen; siehe Cohn, Die Riechstoffe (1904), 193.
[13]) Fahlberg und Barge, B. **22**, 755 (1889). — DRP. 220 171 (1909).
[14]) DRP. 117 095 (1899).

Butlerow[1]) reinigte Äthylenchlorhydrin durch Destillation mit Wasserdampf. Er destillierte so lange, als das Destillat noch süßen Geschmack zeigte. Wenn man Thioform-p-toluid[2]) aus Form-o-toluid und Phosphorpentasulfid herstellt, soll man so lange erhitzen, bis sich bitterer Geschmack zeigt.

Diese Beispiele tun in ausgiebiger Weise dar, wie man in der präparativen und analytischen Chemie vom Geschmackssinn Gebrauch macht. Es unterliegt keinem Zweifel, daß dies in Zukunft noch erfolgreicher geschehen kann.

Erster Abschnitt.

Elementaranalyse.

(Quantitative Bestimmung von Kohlenstoff und Wasserstoff.)

1. Geschichtliches[3]).

Die Geschichte der organischen Elementaranalyse beginnt mit Lavoisiers grundlegenden Arbeiten, die diesen genialen Forscher zum Nachweis der Irrigkeit der phlogistischen Hypothese führten.

Bereits im Jahre 1784 spricht Lavoisier[4]) die noch heute geltenden Grundsätze aller Methoden, welche die quantitative Bestimmung des Wasserstoff- und Kohlenstoffgehalts der organischen Substanzen bezwecken, mit bewundernswerter Schärfe und Klarheit aus, daß nämlich bei der Verbrennung der organischen Substanzen mit einem Überschuß von Sauerstoff nur Kohlendioxyd und Wasser gebildet werden:

„Mais si l'esprit de vin et les huiles sont composés principalement d'air inflammable et de substance charbonneuse; si d'un autre coté il est démontré que dans une combustion quelconque, l'air vital ou plutôt sa base que j'ai nommé principe oxygine se combine avec la substance qui brûle; enfin si principe oxygine combiné avec l'air inflammable, forme de l'eau, si, combiné avec la substance charbonneuse, il forme de l'air fixe ou acide charbonneux, il est évident que, dans la combustion de l'ésprit de vin et des huiles il doit se former de l'eau et de l'acide charbonneux et que le poids total des matières doit se trouver augmenté de toute la quantité d'air vital qui s'est combinée avec la substance qui a été brûlée. Cette Theorie de la combustion est démontrée en partant des bases que j'ai cherché à établir dans mes précédens Memoires; mais il me restoit à déterminer avec précision les quantités, d'eau et d'acide charbonneux formées pendant la combustion des differentes substances, afin d'en conclure la quantité d'air inflammable et de principe charbonneux qu'elles contiennent: c'est l'object que je me suis proposé à l'égard de quelques unes, dans les experiences dont je vais rendre compte."

Leicht verbrennliche Stoffe, wie Weingeist, Öl und Wachs, unterwarf Lavoisier der Analyse, wobei er annahm, daß diese Substanzen ausschließlich aus Wasserstoff und Kohlenstoff zusammengesetzt seien.

---

[1]) A. **144**, 40 (1867).   [2]) Senier, B. **18**, 2293 (1885).

[3]) Kopfer, Das Platin als Sauerstoffüberträger bei der Elementaranalyse. Diss. Tübingen (1877). — Dennstedt, Die Entwicklung der organischen Elementaranalyse. Stuttgart (1899).

[4]) Mém. de l'Acad. royal des sciences **1784**, 593. — Siehe auch ferner Mém. de l'Acad. **1784**, 448. — Traité de chimie, 2. ed., **2**, 171. — Oeuvres de Lavoisier **3**, 773 (1865). — Kopp, Geschichte der Chemie **4**, 249.

Sein Apparat, den die Fig. 132 wiedergibt, sollte nicht allein die quantitative Ermittlung des durch die Verbrennung gebildeten Wassers, sondern auch die der Kohlensäure durch direkte Wägung gestatten; die „Einrichtung zwingt trotz ihrer Schwerfälligkeit zur Bewunderung, zeigt sie doch in Wesen und Anordnung schon den Keim der noch heute üblichen Methoden" (Dennstedt).

Die Verbrennung geschah in einem becherartigen Glasgefäß A, dessen Deckel in einer Rinne mit Quecksilber hermetisch aufgesetzt werden konnte. Der Deckel hatte drei Bohrungen. Durch die eine ging das heberförmige Rohr a, das die Lampe während der Verbrennung mit Öl zu versehen hatte, durch die zweite das Rohr b, das der Lampe den aus dem Gasometer P kommenden und durch die Vorrichtung p getrockneten Sauerstoff zuführte. In die dritte war ein Ableitungsrohr c eingepaßt, dazu bestimmt, die erzeugten Verbrennungsprodukte nach den gewogenen Absorptionsapparaten zu führen. In der Flasche f wurde zunächst das entstandene Wasser aufgefangen und dessen letzte Spuren teils in dem Schlangenrohr h kondensiert, teils in dem

Fig. 132. Verbrennung nach Lavoisier.

mit einem Trockenmittel (sel hygroscopique) gefüllten Rohr k absorbiert. Dann strichen die Gase durch ein System von kugelförmigen Flaschen F. Die Figur zeigt deren nur zwei, in Wirklichkeit waren es indessen acht bis neun. Die letzte enthielt Ätzkalklösung, die vorhergehenden Kalilauge. Wurde während des Versuchs die Flüssigkeit in der letzten Kugelflasche nicht getrübt, so war man zu der Annahme berechtigt, daß das erzeugte Kohlendioxyd vollständig absorbiert worden war. Um die Gase von mitgerissener Feuchtigkeit zu befreien, wurden sie schließlich durch die mit „hygroskopischem Salz" gefüllte Röhre r geleitet. Die Gewichtszunahmen der Absorptionsapparate nach der Verbrennung ergaben die Gewichtsmengen des entstandenen Wassers bzw. der Kohlensäure.

Auch die Benutzung von Sauerstoff abgebenden Metalloxyden, wie Quecksilberoxyd und Braunstein, ferner von chlorsaurem Kalium wird schon von Lavoisier erwähnt.

Die so erhaltenen Resultate sind zwar praktisch — aus mehreren Gründen — vollständig wertlos, zumal auch die Versuche selbst erst viele Jahre nach

Lavoisiers Tod bekannt wurden und für die Entwicklung der Elementaranalyse ganz ohne Bedeutung geblieben sind. „Trotzdem sehen wir mit staunender Bewunderung auf diesen großen Geist, der, auch hier weit seiner Zeit vorauseilend, nicht nur das Baumaterial für die Entwicklung der organischen Analyse herbeischafft, sondern auch ihr Wesen, nämlich die Bestimmung des Wasserstoffs als Wasser, die des Kohlenstoffs als Kohlensäure, in voller Schärfe erfaßt und die späteren Methoden, die nicht zum mindesten das Gedeihen der organischen Chemie bedingten, man möchte fast sagen vorausahnte" (Dennstedt).

Die nächste Etappe in der Entwicklung der Elementaranalyse bilden die Analysen von Gay-Lussac und Thénard[1]) (Fig. 133).

Getrennt abgewogene Quantitäten der zu verbrennenden Substanz und von feingepulvertem chlorsaurem Kalium, dessen Gehalt an wirkendem Sauerstoff vorher genau bestimmt worden war, wurden innig gemengt, die Mischung

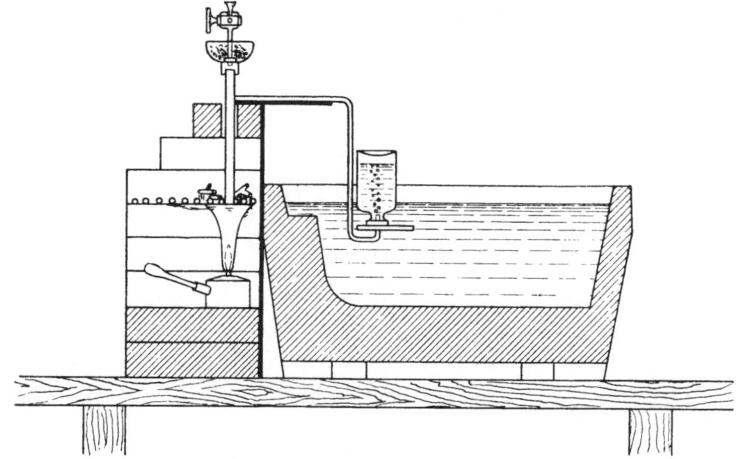

Fig. 133. Verbrennung nach Gay-Lussac und Thénard.

mit Wasser befeuchtet und nun in kleine Kugeln geknetet, die bei 100° getrocknet wurden. Organische Säuren wurden vorher mit Ätzkalk oder Ätzbaryt gemengt und das nach der Verbrennung zurückgebliebene kohlensaure Salz in Rechnung gezogen. Die Menge des angewendeten chlorsauren Kaliums betrug immer ein halbmal mehr, als theoretisch zur vollständigen Oxydation der organischen Substanz nötig gewesen wäre. Bei der Verbrennung der stickstoffhaltigen animalischen Stoffe wurde indessen nur die der Theorie nach nötige Menge des Oxydationsmittels angewendet, um einer etwaigen Oxydation des Stickstoffs vorzubeugen. Die Verbrennung geschah in einer 2 dm langen, 8 mm weiten aufrechtstehenden Glasröhre. Diese war mit einem seitlichen Ableitungsrohr versehen, das die entweichenden Gase über Quecksilber aufzusammeln gestattete. Am oberen Ende der Verbrennungsröhre war ein Hahn angebracht, der nicht durchbohrt war, sondern nur eine Vertiefung hatte. Vor Anstellung der eigentlichen Verbrennung wurde das untere Ende der Röhre zur heftigen Rotglut erhitzt und nun mit Hilfe des Hahns einige der erwähnten Kugeln in die Röhre gebracht, um sämtliche atmosphärische

<hr>

[1]) A. chim. 74, 47 (1810). — Recherches chimico-physique 2, 265 (1811). — Gilberts A. 37, 401 (1811).

Luft aus dem Apparat zu verdrängen. Dann erst wurde eine gewogene Anzahl Kugeln, die im ganzen höchstens 0.6 g organische Substanz enthielten, eine nach der anderen in die Röhre gebracht und die entwickelten Gase in passenden Gefäßen aufgesammelt. Die Analyse der Gase bestand darin, daß man sie mit $^1/_4$ ihres Volums Wasserstoffgas verpuffte und die Menge der erzeugten Kohlensäure durch Absorption mit Ätzkali bestimmte. Da so die Menge der verbrannten Substanz, die Menge des zur Oxydation verbrauchten Sauerstoffs und die Menge der entstandenen Kohlensäure bekannt war, hatte man alle Daten, um das während der Verbrennung gebildete Wasser zu berechnen. Gay-Lussac und Thénard leiteten hieraus die quantitative Zusammensetzung der verbrannten Substanz ab und erhielten bei der Analyse von 14 stickstofffreien und 4 stickstoffhaltigen Substanzen zum Teil sehr genaue Resultate.

Berzelius[1]) vermied die Unzukömmlichkeiten des aufrechtstehenden Rohrs. Sein Verfahren, das so weit vollkommen war, daß es ihn zur Erkenntnis der für die organischen Substanzen geltenden stöchiometrischen Gesetze führte[2]), war folgendes:

5—8 Gran [Troy-Gewicht[3])] der reinen trocknen Substanz wurden mit 30—40 Gran feingepulvertem, chlorsaurem Kalium in einem trocknen Por-

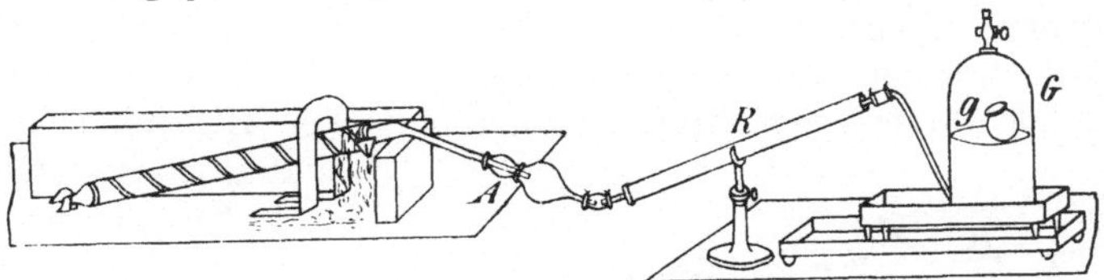

Fig. 134. Verbrennung nach Berzelius.

zellanmörser gemischt und die Mischung mit ihrem zehnfachen Gewicht Chlornatrium vermengt. In eine genügend lange, $^1/_2$—$^5/_8$ Zoll weite Verbrennungsröhre, die an einem Ende zugeschmolzen war, wurde zunächst eine Mischung von Kochsalz mit etwa 3 Gran chlorsaurem Kalium gebracht, dann die Mischung mit der organischen Substanz nachgefüllt, wobei der an dem Mörser festhaftende Rest durch Zusammenreiben mit grobkörnigem Kochsalz nachgespült und endlich wieder mit einem Gemenge von Kochsalz und Chlorat überschichtet wurde. Die Verbrennungsröhre wurde nun an der offenen Seite zu einer langen Spitze B ausgezogen und mit Hilfe von Backsteinen in eine schwach gegen den Horizont geneigte Lage gebracht (siehe Fig. 134). Von außen war die Verbrennungsröhre mit Zinnblech umwickelt, das sich durch einen mehrfach darumgewundenen Eisendraht fest an die Wand der Glasröhre anschloß. Sobald die Absorptionsapparate angepaßt waren, wurde zunächst bei B erhitzt und hiermit allmählich durch Weiterrücken des Schirms bis an das Ende der Röhre fortgeschritten. Zur Aufnahme des während der Verbrennung gebildeten Wassers diente eine dünne gläserne Vorlage A, an die sich ein mit Chlorcalcium gefülltes Glasrohr R von 20 Zoll Länge anschloß. Das entwickelte Kohlendioxyd wurde über Quecksilber in der Glocke G, deren Kapazität etwa 33 Kubikzoll betrug, aufgesammelt und dort durch Ätzkalistückchen, die sich in einem kleinen Glasgefäß g befanden, absorbiert. Am Schluß der Verbrennung wurde der hinterste Teil der Röhre stark erhitzt, wobei sich das daselbst befindliche Chlorat zersetzte und der entwickelte Sauerstoff alles etwa noch im System enthaltene Kohlendioxyd nach G trieb.

[1]) Thomsens, Annals of philosophy **4**, 401 (1814).
[2]) Annals of philosophy **5**, 93, 174, 260, 273 (1815).   [3]) 0.3—0.5 g.

Zu diesen Verbrennungen verwendete Berzelius ausschließlich Bleisalze organischer Substanzen. Da aber hierbei das zurückbleibende Bleioxyd einen Teil des überschüssig vorhandenen Kochsalzes zersetzte, unter Bildung von Chlorblei und Ätznatron, welch letzteres Kohlendioxyd zurückhalten mußte, wurde die Kohlendioxydmenge, die der Menge des in der verbrannten Substanz enthaltenen Bleioxyds entsprach, zu der durch Wägung ermittelten addiert.

Keines der bisher beschriebenen Verfahren gestattete indessen eine genügend genaue Analyse der stickstoffhaltigen Kohlenstoffverbindungen. Die letzteren ließen bei der Verbrennung stets einen beträchtlichen Teil ihres Stickstoffs als salpetrige Säure austreten, und die Resultate mußten sich von den richtigen weit entfernen.

Gay-Lussac[1]) gebührt das Verdienst, durch Einführung des Kupferoxyds[2]) den ersten Grund zu einer genauen Methode der Analyse der stickstoffhaltigen Substanzen gelegt zu haben; indem er die mit ihrem zwanzigfachen Gewicht Kupferoxyd gemengte Substanz in ein aufrechtstehendes einseitig zugeschmolzenes Glasrohr brachte, in das noch Kupferdrehspäne gefüllt wurden, war er imstande, die Verbrennung der Blausäure, des Cyans, der Harnsäure und anderer Stoffe mit Erfolg auszuführen.

So war denn eigentlich so ziemlich alles vorhanden, was die Ausführbarkeit von organischen Elementaranalysen bedingt. „Was aber fehlte" — sagt Dennstedt — „das war ein Verfahren, das mit einfachen Hilfsmitteln ohne übermäßigen Zeitaufwand gestattete, in nicht zu geringen Substanzmengen mit voller Sicherheit, wenigstens in der Hand der Geübten, die drei wichtigsten Elemente der organischen Verbindungen, Kohlenstoff, Wasserstoff und Stickstoff — die direkten Methoden zur Bestimmung des Sauerstoffs sind von den

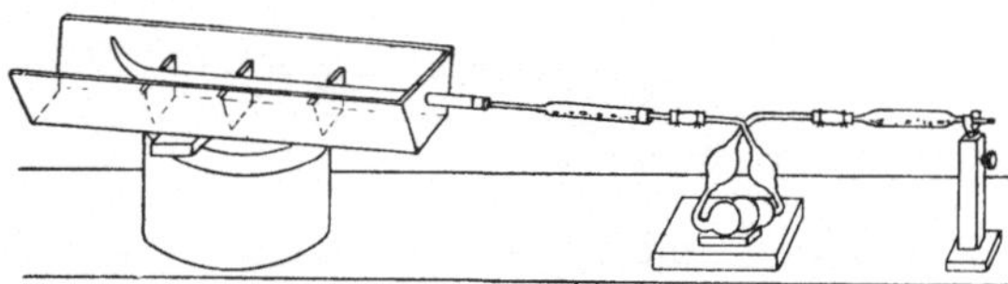
Fig. 135.   Verbrennung nach Liebig.

Chemikern stets als Stiefkinder betrachtet worden und dürften es auch für die Zukunft bleiben —, schnell und zuverlässig zu bestimmen; es fehlte der Mann, der die gesammelten Erfahrungen unter Erkennung und Vermeidung der noch vorhandenen Mängel und Schwierigkeiten zusammenfaßte und zu einer Waffe schweißte, die der mächtig aufstrebenden organischen Chemie den Weg bahnen konnte zu ihrem noch heute bestaunten Siegeszuge. Dieser Mann war Liebig!

Wenn man seine Abhandlung ‚Über einen neuen Apparat zur Analyse organischer Körper und über die Zusammensetzung einiger organischen Substanzen‘ im ersten Heft des Jahrgangs 1831 von Poggendorffs Annalen durchliest und die dazugehörige und hier wiederholte Abbildung (Fig. 135) betrachtet, so gewinnt man anfangs, zumal bei der schlichten Art der Darstellung, gewiß nicht den Eindruck, als habe man es mit einer Arbeit von epochemachender Bedeutung zu tun. Diesen Eindruck haben auch Liebigs Zeitgenossen nicht gehabt, denn spärlich nur fließen die Worte der Anerkennung, und reichlich sind die Vorschläge nicht immer verständnisvoller Abänderungen. Liebig selbst war jedoch der Bedeutung seiner Methode vollständig sicher, und gewiß

---

[1]) A. chim. **95**, 184 (1815); **96**, 53 (1815). — Vgl. Döbereiner, Schweig. J. **17**, 369 (1816).

[2]) Über die Verwendbarkeit anderer Metalloxyde: Kurtenacker, Z. anal. **50**, 548 (1911). — Am geeignetsten wäre danach Kobaltokobaltioxyd. — Auzies empfiehlt Thorerde, Bull. (4) **9**, 814 (1911). — Siehe auch S. 202.

hat er es bei seiner lebhaften Natur, wie auch aus seinem Briefwechsel jener Zeit hervorgeht, oft schmerzlich empfunden, daß andere sein Verdienst nicht anerkannten oder gar ihm Abgelauschtes zu eigenem Ruhme zu verwerten suchten.

Sehen wir zu, mit welchen Hilfsmitteln Liebig die geschilderte und nicht hoch genug zu rühmende Verbesserung der alten, wenn nicht gar die Schaffung einer neuen brauchbaren Methode der Elementaranalyse bewirkte, so müssen wir sagen, daß sie ganz außerordentlich einfacher Natur sind, ja so einfach, daß wir uns ordentlich Mühe geben müssen einzusehen, daß mit so einfachen, man möchte sagen selbstverständlichen Vorrichtungen so Großes geleistet werden konnte. Seine Neuerungen beziehen sich, wenn man von der Anwendung der Luftpumpe zum Austrocknen des gefüllten und mit heißem Sande umgebenen Verbrennungsrohres, wobei auch bei Verbrennung von Flüssigkeiten diese durch die in der kleinen Glaskugel enthaltene Luftblase herausgedrückt werden und dadurch stoßweises Verbrennen verhütet wird, absieht, nur auf drei Punkte, sie sind: der Kohlenofen, die bajonettförmige Spitze des Verbrennungsrohres und der Kaliapparat.“

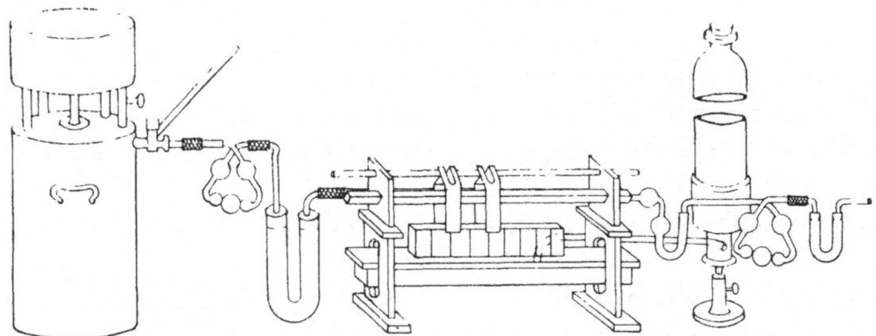

Fig. 136. Verbrennung nach Erdmann und Marchand.

Was seit Liebig an Verbesserungen der Methode geleistet wurde — Einführung von Spiritus- und Gasöfen an Stelle der immerhin nicht sehr bequemen und unsauberen Kohlenfeuerung, Anwendung des beiderseits offenen Rohrs usw. —, tangiert nicht das Wesen der Verfahrens, nach dem nunmehr seit neunzig Jahren in der ganzen Welt fast ausschließlich gearbeitet wird.

Nur noch eines Apparats sei kurz gedacht, des von Hess[1]) in Vorschlag gebrachten, später von Erdmann und Marchand[2]) modifizierten, mit Weingeistofen gespeisten Verbrennungssystems, das zum erstenmal vollkommen die Anordnung aller Bestandteile zeigt, wie sie seither in Anwendung stehen (Fig. 136).

2. Bestimmung von Kohlenstoff und Wasserstoff in Substanzen, die außer diesen beiden Elementen nur noch eventuell Sauerstoff enthalten. (Methode von Liebig.)

A. Nicht besonders flüchtige Substanzen.

Diese werden in einem beiderseits offenen Rohr aus schwer schmelzbarem Glas oder, noch besser, aber natürlich weit kostspieliger, aus Quarzglas[3]), das um 12—15 cm länger ist als der benutzte Ofen, verbrannt. Die

---

[1]) Pogg. **46**, 179 (1839).   [2]) J. pr. (1) **27**, 129 (1842).
[3]) Von Heraeus, Hanau, zu beziehen. — Dennstedt, B. **41**, 604 (1908). — Willstätter und Pfannenstiel, A. **358**, 232 (1908).

Beschickung des Rohrs, das 10—14 mm lichte Weite haben soll — bei einer Wandstärke von ca. 2 mm —, ist aus folgender Skizze zu ersehen (Fig. 137):

Das benutzte Kupferoxyd wird am besten durch Oxydation von Kupferdraht oder Kupferdrehspänen gewonnen, auch gekörntes Oxyd ist wohl verwendbar. Es wird beiderseits von kurzen, gut anschließenden Röllchen aus Kupferdrahtnetz zusammengehalten, die beim nachfolgenden Ausglühen des Rohrs im Sauerstoffstrom oxydiert und dadurch an ihrer Stelle fixiert werden.

Die Substanz (0.15—0.3 g) wird in einem Platin-, Kupfer- oder Porzellanschiffchen von 3—5 cm Länge abgewogen.

Hinter dieses schiebt man eine Spirale aus oxydiertem Kupferdraht von 10—15 cm Länge, die um einen am hinteren Ende zu einer Schlinge gedrehten starken Draht gewickelt ist.

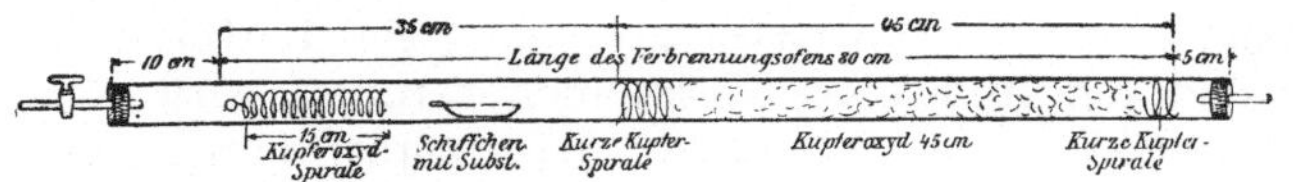

Fig. 137. Verbrennungsrohr.

Das Rohr wird durch gut schließende, einfach durchbohrte Kautschukstopfen[1]), die nahezu zylindrische Form haben sollen, einerseits mit den Gasometern bzw. Trockenapparaten, andererseits mit den Absorptionsröhrchen verbunden.

Einen Quecksilberverschluß an Stelle des Kautschukstopfens verwendet Marek[2]).

Man braucht je einen großen Luft- und Sauerstoffgasometer[3]) und trocknet die Gase vor ihrem Eintritt in das Rohr zunächst in mit Schwefelsäure beschickten Waschflaschen, läßt sie dann durch Absorptionstürme oder Röhren, die Natronkalk, Chlorcalcium und Ätzkali enthalten, passieren und schließlich in einen Habermannschen Hahn treten, der gestattet, nach Wunsch Luft oder Sauerstoff in genau reguliertem Strom austreten zu lassen. Zwischen den Habermannschen Hahn und das Verbrennungsrohr schaltet man noch einen kleinen, mit wenigen Tropfen Schwefelsäure beschickten Blasenzähler ein.

Das Plus (bis zu 0.3%) an Wasserstoff, das man gewöhnlich findet, soll nach Muller[4]) aus dem Verbindungsschlauch von Trocknungsapparat und Verbrennungsröhre stammen. Lieben hat sich schon vor mehr als vierzig Jahren[5]) in gleichem Sinn geäußert: „Wendet man . . . zur Verbindung des Verbrennungsrohres mit dem für Sauerstoff oder Luft bestimmten Reinigungs- und Trocknungsapparat lange Kautschukröhren an, so ist die Wirkung in vielen Fällen (es hängt dies von der sehr ungleichen Beschaffenheit des Kautschuks ab) ungefähr dieselbe, wie wenn man das vorher sorgfältig getrocknete Gas durch Wasser leiten würde." Man benutzt aus diesem Grund für den obigen Zweck und in allen ähnlichen Fällen entweder Glas oder dünne biegsame Bleiröhren.

---

[1]) Siehe hierzu Ditmar, Gummi-Ztg. **20**, 465 (1908).
[2]) J. pr. (2) **76**, 180 (1907); **79**, 510 (1909).
[3]) Darstellung von Sauerstoff für die Elementaranalyse aus Wasserstoffsuperoxydlösung und Kaliumpermanganat: Seyewetz und Poizat, C. r. **144**, 86 (1907). — Bull. (4) **1**, 501 (1907). Bombensauerstoff muß aus Luft dargestellt sein; Elektrolytsauerstoff ist wasserstoffhaltig.
[4]) Bull. (3) **33**, 953 (1905).   [5]) A. **187**, 143 (1877).

Absorptionsapparate für Kohlendioxyd und Wasser.

Ein U-förmiges Rohr, das mit erbsengroßen Körnern von schaumigem Chlorcalcium (pro analysi, Merck) gefüllt ist, dient zur Absorption des Wassers. Da das Chlorcalcium freien Ätzkalk oder basische Magnesiumsalze zu enthalten pflegt, die Kohlendioxyd zurückhalten würden, wird durch das Röhrchen vor erstmaligem Gebrauch einige Stunden Kohlendioxyd und dann wieder Luft geleitet. Vorher trocknet man das Chlorcalcium, indem man es in einem weiten, etwas schräg abwärts geneigt in eine Klammer eingespannten Reagensrohr so lange vorsichtig über freier Flamme erhitzt, bis sich an dem kälteren Teil des Rohrs kein Wasser mehr niederschlägt[1]). Das Chlorcalciumrohr wird mittels des an der Kugelseite befindlichen Ansatzröhrchens mit der Verbrennungsröhre derart verbunden, daß das Ende des Glasröhrchens nur ganz wenig aus dem Kautschukstopfen herausragt.

Durch ein kurzes Stück starkwandigen Kautschukschlauchs wird das Chlorcalciumrohr andererseits Glas an Glas mit dem zur Kohlensäureabsorp-

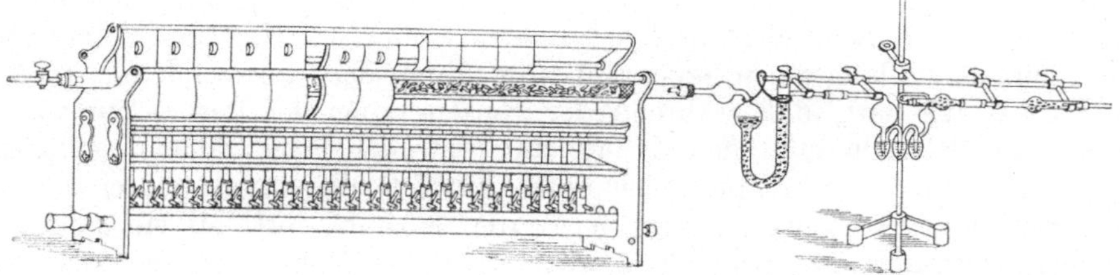

Fig. 138. Absorptionsapparate für Kohlendioxyd und Wasser.

tion bestimmten Kaliapparat verbunden, der seinerseits noch ein weiteres in seiner ersten Hälfte mit Natronkalk[2]), in der zweiten mit Chlorcalcium beschicktes U-Rohr angefügt enthält. An Stelle des Kaliapparats[3]) verwendet man mit Vorteil auch ein Natronkalkrohr[4]). In jedem Fall wird mit dem letzten Natronkalk-Chlorcalciumrohr noch ein weiteres, ungewogenes Röhrchen mit Calciumchlorid oder, falls man keinen Kaliapparat benutzt, ein Blasenzähler angefügt (Fig. 138).

Der meist benutzte Geißlersche Kaliapparat wird mit Kalilauge vom spez. Gewicht 1.27 durch Einsaugen so weit gefüllt, daß die drei unteren Gefäße zu $\frac{1}{4}$ gefüllt sind. Nach je drei Verbrennungen muß die Lauge erneut werden. Benutzt man ein Natronkalkrohr, so ist es nach jedesmaligem Gebrauch frisch zu füllen.

---

[1]) Dennstedt, B. **41**, 602 (1908).

[2]) Aus den Versuchen von Friedrichs, Z. ang. **32**, 363 (1919). geht hervor, daß bei einem guten Kaliapparat weit eher Verluste an Wasser als an Kohlendioxyd zu befürchten sind. Daher ist die Füllung des Chlorcalciumrohrs mit Natronkalk nachteilig. Im allgemeinen wird eine Chlorcalciumsäule von 4 cm Länge und 0.8 cm Durchmesser (etwa 1.5 g Chlorcalcium) genügen, wenn der Apparat mit Kalilauge 2 : 3 gefüllt ist, nicht mehr als 0.3 ccm Gase in der Sekunde den Kaliapparat verlassen und die Dauer des Versuchs 3 Stunden nicht überschreitet.

[3]) Pouget und Chouchak schlagen neuerdings wieder die Verwendung titrierter Barytlauge und volumetrische Bestimmung des Kohlendioxyds vor Bull. (4) **3**, 75 (1908). — Ebenso Hibbart, J. Ind. Eng. Ch. **11**, 941 (1919).

[4]) Der Natronkalk darf nicht zu trocken sein, weil er sonst kein Kohlendioxyd aufnimmt. Er muß beim vorsichtigen Erhitzen in einer Eprouvette reichlich Wasser abgeben; ist das nicht der Fall, so muß er entsprechend (z. B. durch Überleiten feuchter Luft) präpariert werden. Dennstedt, B. **41**, 603 (1908).

Wenn die Absorptionsapparate nicht im Gebrauch oder auf der Wage sind, werden sie durch mit Glasstäbchen versehene Schlauchenden verschlossen gehalten.

Vorbereitung und Durchführung der Analyse[1]).

Vor dem erstmaligen Gebrauch ist das Verbrennungsrohr samt der Kupferspirale im Sauerstoffstrom auszuglühen. Man legt das Rohr in den ca. 80 cm langen Verbrennungsofen derart ein, daß es an der dem Trockensystem zugewendeten Seite 10 cm, an der andern 5 cm aus dem Ofen herausragt und leitet nun so lange Sauerstoff hindurch, bis er sich am freien Ende eines an das Rohr angesteckten Chlorcalciumröhrchens durch Entflammen eines glimmenden Holzspans nachweisen läßt.

Nun läßt man die erste Hälfte des Rohrs erkalten, während man Luft einleitet, fügt die Absorptionsapparate an, nimmt die oxydierte Kupferspirale heraus und schiebt das die Substanz enthaltende Schiffchen bis auf einige Zentimeter vor das glühende Kupferoxyd, schiebt die Kupferoxydspirale bis auf 2 cm an das Schiffchen nach, verbindet wieder mit den Gasometern und leitet nun einen langsamen Sauerstoffstrom durch das Rohr, indem man das Tempo so reguliert, daß während der ganzen Dauer der Verbrennung 2—3 Blasen pro Sekunde durch den Kaliapparat (bzw. den Blasenzähler) streichen.

Man bringt die Kupferoxydspirale zum Glühen und schreitet mit dem Erhitzen des Rohrs langsam gegen die Substanz fort, bis sie ganz allmählich verbrannt ist. Schließlich wird das ganze Rohr noch so lange rotglühend erhalten, bis an der Austrittsstelle Sauerstoff nachweisbar ist. Nun werden die Flammen allmählich abgelöscht, eventuell noch im Rohr sichtbares Wasser durch Anhalten einer heißen Kachel oder durch ein Spiritusflämmchen ausgetrieben und Luft in lebhaftem Tempo durchgeleitet. Die Absorptionsapparate werden, wenn keine Spanreaktion mehr erfolgt, abgenommen und verschlossen eine halbe Stunde im Wägezimmer (zum Temperaturausgleich) belassen, worauf die Wägung erfolgt. Man verschließt nun das Verbrennungsrohr am vorderen Ende durch einen Kautschukstopfen, am anderen Ende durch ein Natronkalkchlorcalciumrohr. Vor Beginn der nächsten Verbrennung braucht man nur Schiffchen und Kupferoxydspirale zu entfernen und die Kupferoxydschicht im Luftstrom zur Rotglut zu erhitzen.

Was die Wahl des Verbrennungsofens anbelangt, so sind die meist benutzten Typen von Glaser[2]) Erlenmeyer[3]), Volhardt[4]), Fuchs[5]), Kekulé und Anschütz[6]) ziemlich gleichwertig, doch ist der Gaskonsum beim Volhardschen Ofen (der außerdem der billigste ist) am geringsten und auch die Belästigung des Experimentators durch Hitze und unvollkommen verbrannte Gase hier auf das Minimum beschränkt. — Zum Schutz des Rohrs empfiehlt sich — noch mehr als eine Tonrinne — ein untergelegter Streifen Asbestpapier oder noch besser Asbestdrahtnetz.

Die Flammengröße ist so zu regulieren, daß das Rohr zur Rotglut gelangt, aber nur wenig erweicht wird.

[1]) Ausführliche Beschreibung der Ausführung von Elementaranalysen: Benedict, Elementary Organic Analysis, Easton Pa. (1900). — Kenzo Suto, Z. anal. **48**, 1 (1909). — Siehe auch Walker und Blackadder, Ch. News **99**, 5 (1909).

[2]) Spl. **7**, 213 (1869). — Verbesserte Eisenkerne hierzu: Skraup, M. **23**, 1163 (1902).

[3]) A. **139**, 70 (1866).   [4]) A. **284**, 233 (1894).

[5]) B. **25**, 2723 (1892).   [6]) A. **228**, 301 (1885). — Einen neuen Ofen empfiehlt Hedley, Soc. **119**, 1242 (1921).

B. Leicht flüchtige, insbesondere auch flüssige Substanzen[1])

werden in einem Glaskügelchen mit angeschlossener zugeschmolzener Capillare, oder nach Zulkowsky[2]) zur Wägung gebracht und das angefeilte Capillarende knapp vor dem Einschieben des Schiffchens abgebrochen. Man legt das Kügelchen derart in das Schiffchen, daß das offene Ende der Capillare auf dem Rand des letzteren ruht und gegen die Seite der Absorptionsgefäße gerichtet ist.

Die Verbrennung wird sehr vorsichtig und zuerst bloß im Luftstrom ausgeführt; erst wenn das ganze Rohr zum Glühen erhitzt ist, leitet man Sauerstoff ein.

Substanzen, die selbst diese Art des Arbeitens wegen allzu großer Flüchtigkeit nicht vertragen, werden in einen vor das Rohr geschalteten Blasenzähler gebracht und so ihr Dampf zugleich mit dem Luftstrom durch die Verbrennungsröhre getrieben[3]). Man kann dann noch nach Dennstedt zur feineren Regulierung der Verdampfung eine Teilung des Sauerstoffstroms vornehmen, wobei ein schwächerer, regulierbarer Neben-

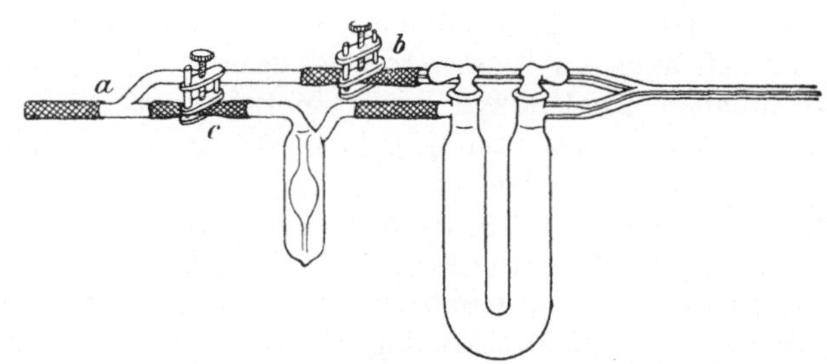

Fig. 139.   Apparat von Dennstedt.

strom durch das die Substanz enthaltende U-Rohr geleitet wird. Fig. 139 gibt die Anordnung wieder.

Das U-Rohr mit dem gabelförmigen capillaren Ansatzrohr kann mit Hilfe eines Metallhakens an die Wage gehängt und so die Substanz abgewogen werden.

Der vom Trockenapparat kommende Sauerstoff teilt sich bei a, der durch das einfache Rohr gehende Hauptstrom läßt sich am Schraubenquetschhahn b, der durch das U-Rohr gehende Nebenstrom durch den Quetschhahn c regulieren. Das Gas tritt zunächst durch einen kleinen, ganz aus Glas gefertigten, mit einigen Tropfen Schwefelsäure gefüllten Blasenzähler und dann durch das U-Rohr über die zu verdampfende Substanz. Je nach deren Flüchtigkeit muß dieser Strom geregelt werden. In den meisten Fällen wird man nur einen sehr geringen Bruchteil des Hauptstroms nötig haben; aus diesem Grund hat auch das in die Schwefelsäure eintauchende Rohr des Blasenzählers eine sehr fein ausgezogene Spitze.

Ist die Substanz vollständig verdampft, so läßt man noch einige Zeit einen etwas stärkeren Sauerstoffstrom hindurchgehen und erwärmt endlich das U-Rohr einige Male vorsichtig mit der Gasflamme.

Meist genügt es auch, den Teil der Röhre, wo sich die Substanz befindet, durch Auflegen eines mit Eisstücken gefüllten Kautschuksäckchens zu kühlen. Für derartige Bestimmungen ist ein Ofen, der das Freilegen eines Teils der Röhre gestattet (wie der Glasersche), von Vorteil.

[1]) Siehe auch S. 230. — Ferner Kassner, Z. anal. **26**, 585 (1887). — Dudley, B. **21**, 3172 (1888). — Reichardt, Arch. **227**, 640 (1889). — Warren, Am. J. Sci. (3) **38**, 387 (1889).
[2]) M. **6**, 450 (1885). — Kopfer, Z. anal. **17**, 15 (1878). — Siehe S. 199.
[3]) Siehe dazu auch Clarke, Am. soc. **34**, 746 (1912). — Reid, Am. soc. **34**, 1033 (1912).

C. Gasförmige Kohlenstoffverbindungen

werden meist nach den Methoden der Gasanalyse untersucht[1]).

Willstätter[2]) empfiehlt für solche Fälle die Dennstedtsche Methode.

Literatur.

Bunsen, Gasometrische Methoden, 2. Aufl., Braunschweig (1877).
Cl. Winkler, Gasanalyse. Freiberg (1901).
Hempel, Gasanalytische Methoden. Braunschweig (1890). — Z. an. **31**, 445 (1902).
Siehe auch Voldere, Bull. Soc. Chim. Belg. **22**, 37 (1908). — Ferner S. 293 u. 335.

D. Schwer analysierbare Substanzen.

Die Tatsache, daß manche Substanzen bei der Elementaranalyse ungenügende Zahlen geben, kann verschiedene Ursachen haben. — So kann durch Abspaltung eines Gases, das unverbrannt entweicht, ein Minus an Kohlenstoff, eventuell auch an Wasserstoff resultieren. Namentlich Substanzen, die beim Verbrennen Kohlenoxyd[3]) oder Methan[4]) entwickeln und ebenso solche, die viel Methoxyl enthalten[5]), geben oftmals unbefriedigende Zahlen.

In solchen Fällen ist es nötig, das Verbrennungsrohr besonders lang zu wählen[6]), oder, wie bei der Analyse schwefelhaltiger Substanzen, an Stelle des Kupferoxyds Bleichromat (siehe S. 195) zu verwenden[7]).

Das früher viel geübte Verbrennen im geschlossenen (Bajonett-) Rohr nimmt man zweckmäßiger so vor, daß man die Füllung des Verbrennungsrohrs mit Kupferoxyd oder Bleichromat wie bei der Stickstoffbestimmung nach Dumas bewirkt (nur daß keine blanke Kupferspirale zur Verwendung gelangt). Nach Beendigung der Verbrennung, wenn die Lauge im Kaliapparat zurückzusteigen droht, öffnet man den Geißlerschen Hahn und leitet Sauerstoff und schließlich Luft durch das Rohr[8]).

---

[1]) Elementaranalyse des Kohlensuboxyds: Diels und Wolf, B. **39**, 694 (1906). — Verbrennung des Ketens: Staudinger und Klever, B. **41**, 1596 (1908). — Butan: Weiz, B. **42**, 2554 (1909). — Azomethan: Thiele, B. **42**, 2578 (1909). — Blausäure, Kohlenoxysulfid: Willstätter und Wirth, B. **42**, 1917, 1918 (1909). — Vinylacetylen: Willstätter und Wirth, B. **46**, 538 (1913).

[2]) B. **42**, 1917 (1909).   [3]) Biltz, B. **41**, 1390 (1908).

[4]) Liebermann und Kardos, B. **46**, 203 (1913).

[5]) Fabinyi und Széki, B. **43**, 2678 (1910).

[6]) R. Meyer und Saul, B. **26**, 1275 (1893). — Abel, B. **37**, 372 (1904). — Goldschmiedt und Knöpfer, M. **20**, 748 (1899). — Gundermann, Diss. Würzburg (1909), 51. — Schneider, B. **42**, 3418 (1909).

[7]) Anwendung von Cerdioxyd S. 202.

[8]) Beispiele von schwer analysierbaren Substanzen: Hoogewerff und van Dorp, Rec. **3**, 358 (1884). — Zincke und Breuer, A. **226**, 26 (1884). — Lippmann und Fleißner, M. **7**, 9 (1886). — Claisen, B. **25**, 1768 (1892). — Wegscheider, M. **14**, 313 (1893). — Skraup, M. **14**, 476 (1893). — Smith, Am. **16**, 391 (1894). — Guareschi und Grande, Rend. Ac. Torino **33**, 16 (1894). — Hesse, Am. **18**, 727 (1896). — Haber und Grinberg, Z. anal. **36**, 558 (1897). — Goldschmiedt und Knöpfer, M. **20**, 748 (1899). — Rosenheim und Löwenstamm, B. **35**, 1124 (1902). — Rosenthaler, Arch. **243**, 499 (1905). — Veraguth, Diss. München (1905), 69, 82. — Müller, Bull. (3) **33**, 951 (1905). (Cyanide.) — Mayerhofer, M. **28**, 593 (1907). — Tafel und Houseman, B. **40**, 3748 (1907). — Cohen, Arch. **245**, 244 (1907). — Nölting und Philipp, B. **41**, 581 (1908). — Emmerling, B. **41**, 1374 (1908). — Kyriacou, Diss. Heidelberg (1908), 27. — Cohen, Arch. **245**, 244 (1907); **246**, 512 (1908). (Cholesterine.) — Kaufmann und Albertini, B. **42**, 3780 (1909). — Busch und Fleischmann, B. **43**, 749 (1910). — Kauffmann und Pannwitz, B. **43**, 1212 (1910). — Bugge und Bloch, J. pr. (2) **82**, 512 (1910). — Horrmann, B. **46**, 2793 (1913). — Kaufmann und Brunnschweiler, B. **49**, 2305 (1916). — Aschan, B. **54**, 872 (1921) — Emmert und Parr, B. **54**, 3173 (1921).

Andere Substanzen dagegen sind schwer verbrennlich, d. h. sie hinterlassen schwer oxydierbare Kohle.

Um solche Substanzen vollkommen zu oxydieren, mischt man sie im Schiffchen (am besten Platin- oder Kupferschiffchen) mit pulverförmigem Kupferoxyd, Bleichromat, eventuell noch Mangansuperoxyd[1]) oder mit dem vierfachen Volumen Platinschwamm[2]), oder gibt noch eine 10 cm lange Schicht[3]) Platinasbest in das Rohr (Herzig und Faltis).

Scholl und Weitzenböck[3]) benutzen mit großem Erfolg den Dennstedtschen Kontaktstern[4]), der zwischen Schiffchen und Kupferoxyd gebracht und von Anfang an auf deutliche Rotglut erhitzt wird. Auch Hans Meyer, Bondy und Eckert[5]) haben mit diesem Verfahren gute Resultate erzielt.

3. Analyse stickstoffhaltiger Substanzen.

Bei der Verbrennung stickstoffhaltiger Substanzen bilden sich Oxyde des Stickstoffs, die in die Absorptionsgefäße gelangen würden.

Das Verbrennungsrohr muß deshalb um 10 cm länger sein als das sonst angewendete. Es ragt sonach 15 cm aus dem Ofen heraus und ist bis 3 cm vom Ende mit einer zwischen zwei Kupferdrahtpfropfen eingeschlossenen 8 cm langen Schicht gekörntem Bleisuperoxyd — das durch Digerieren mit Salpetersäure usw. von Bleioxyd befreit sein muß[6]) — beschickt. Dieser Teil der Röhre wird durch einen kurzen Lufttrockenkasten andauernd auf 160—180° erhitzt.

Im übrigen wird die Verbrennung in üblicher Weise durchgeführt, indem man zuerst im Luftstrom erhitzt und erst Sauerstoff einleitet, bis die Substanz verkohlt ist, weil sonst, namentlich bei Nitrokörpern, stürmischer Reaktionsverlauf eintreten kann[7]).

Außer dem von Kopfer[8]) zur Bindung der Stickoxyde zuerst vorgeschlagenen Bleisuperoxyd werden gelegentlich Mangandioxyd[9]), chromsaures Kalium[10]), Nickel[11]), häufiger blanke Kupferspiralen[12]) benutzt.

Das früher[13]) empfohlene Silber ist zur Reduktion der Stickoxyde vollständig unbrauchbar[14]).

Meist beschickt man das 1 m lange Rohr bis auf 15 cm in gewöhnlicher Weise mit Kupferoxyd oder Bleichromat und führt schließlich eine bei 200° getrocknete 10 cm lange Kupferdrahtnetzspirale ein, die mit Methylalkohol[15]) oder Ameisensäure, nicht aber im Wasserstoffstrom reduziert worden ist[16]).

---

[1]) Ulffers und Janson, B. **27**, 97 (1894).

[2]) Demel, B. **15**, 604 (1892).

[3]) B. **43**, 342 (1910). — Siehe auch Wislicenus und Ruß, B. **43**, 2734 (1910).

[4]) Siehe S. 203. — Über eine andere Kontaktvorrichtung aus Platindrahtnetz: Heraeus, Z. chem. Appar. **1**, 541 (1906).

[5]) M. **33**, 1451 (1912). — Siehe auch Herzig und Faltis, M. **35**, 1004 (1914).

[6]) Über Bleisuperoxyd siehe Dennstedt und Haßler, Z. anal. **42**, 417 (1903). — Weil, B. **43**, 149 (1910). — Dennstedt und Haßler, B. **43**, 1197 (1910).

[7]) Kunz-Krause und Schelle, Arch. **242**, 267 (1904).

[8]) Z. anal. **17**, 28 (1878).

[9]) Perkin, Soc. **37**, 457 (1880). — B. **13**, 581 (1880).

[10]) Perkin, Soc. **37**, 121 (1880).

[11]) Kurtenacker, Z. anal. **50**, 548 (1911).

[12]) Klingemann, B. **22**, 3064 (1889). — Tower, Am. soc. **21**, 596 (1899). — Benedict, Am. **23**, 334 (1900).   [13]) Dennstedt, G. **28**, 78 (1898).

[14]) Ehmich, M. **13**, 78 (1892). — Hermann, Z. anal. **44**, 686 (1905). — Kurtenacker, Z. anal. **51**, 639 (1912).

[15]) Siehe aber Heydenreich, Z. anal. **45**, 741 (1906).   [16]) Siehe S. 226.

— In Ausnahmefällen muß man eine bis 30 cm lange Kupferspirale anwenden[1]).

Zur richtigen Herstellung der Kupferspirale[2]) benutzt man ein Rohr aus schwer schmelzbarem Glas (Einschmelzrohr), das 5—6 cm länger sein muß als die Spirale. Auf den Boden der Röhre gibt man etwas Asbest, darauf $1/2$ ccm reinen Methylalkohol, erhitzt die Spirale möglichst der ganzen Länge nach zum Glühen, führt sie rasch in das Rohr, das man mit einem Tuch umwickelt in der anderen Hand hält, setzt sofort auf das offene Rohrende einen gutschließenden Kork, der ein Glasrohr mit Hahn trägt, und verbindet mit der Wasserstrahlpumpe. Man evakuiert, bis das Rohr erkaltet ist.

Besser als Bleisuperoxyd soll nach Dennstedt und Haßler[3]) ein Gemisch von gleichen Teilen Superoxyd, „nach Dennstedt“, das man zur Abspaltung eventuell vorhandener Kohlensäure auf 320—350° erhitzt hat, und von Mennige, die durch Überleiten von Luft über dieses Superoxyd bei 400 bis 450° erhalten wird, wirken.

Eine andere Methode zur Reduktion der Stickoxyde rührt von Benedict[4]).

Das Rohr wird in üblicher Weise mit Kupferoxyd gefüllt und in dem dem Henkel abgekehrten Ende des Verbrennungsschiffchens ein 1—2 cm langer Raum nicht mit Substanz bedeckt. Hierher wird eine gewogene Menge (50—100 mg) reiner Kandiszucker, Benzoesäure oder Naphthalin gebracht und das Schiffchen bis auf 1 cm an das glühende Kupferoxyd herangerückt.

Man beginnt die Verbrennung im Luftstrom. Die zuerst verbrennende Benzoesäure (bzw. Naphthalin oder Zucker) reduziert das zunächst liegende Kupferoxyd, und wenn nunmehr nitrose Dämpfe sich zu entwickeln beginnen, werden sie durch das blanke Kupfer reduziert.

Hat man es mit besonders leicht zersetzlichen Nitrokörpern zu tun, so füllt man das Reduktionsmittel in ein separates Schiffchen, das zuerst in die Verbrennungsröhre eingeschoben wird. Man kann dann auch im geschlossenen Rohr oder im Stickstoffstrom verbrennen.

Bei der Berechnung der Analyse muß natürlich ein der benutzten Menge des Zusatzes entsprechender Abzug gemacht werden.

Es entsprechen:

  1 g Zucker $C_{12}H_{22}O_{11}$:
   0.5791 g H_2O log. Faktor = 0,76272 — 1
   1.5430 g CO_2 ,, ,, = 0,18836
  1 g Benzoesäure $C_7H_6O_2$:
   0.4428 g H_2O log. Faktor = 0,64622 — 1
   2.5235 g CO_2 ,, ,, = 0,40201
  1 g Naphthalin $C_{10}H_8$:
   0.5627 g H_2O log. Faktor = 0,75025 — 1
   3.4357 g CO_2 ,, ,, = 0,53602

Dunstan und Carr[5]) sowie Haas[6]) empfehlen für schwer verbrennliche stickstoffhaltige Substanzen Zusatz von Kupferchlorür.

---

[1]) R. Meyer und Saul, B. **26**, 1275 (1893). — Abel, B. **37**, 372 (1904). — Bülow und Schaub, B. **41**, 2359 (1908).

[2]) Ostrogovich, Ch. Ztg. **33**, 1187 (1909). [3]) Ch. Ztg. **33**, 770 (1909).

[4]) Elementary organic analysis, S. 60. — Am. **23**, 343 (1900).

[5]) Proc. **12**, 48 (1896). [6]) Soc. **89**, 571 (1906).

4. Analyse halogen- oder schwefelhaltiger Substanzen [1].

Solche werden entweder mit Bleichromat[2]) und Bleisuperoxyd[3]) verbrannt, oder man legt eine mehrere Zentimeter lange Schicht von Silberband[4]) oder -blech hinter das Kupferoxyd[5]), weit weniger gut eine Kupferspirale.

Das Bleichromat muß schwer schmelzbar sein[6]), was durch Zusatz von Bleioxyd bei der Fabrikation erreicht wird, und kann auch zweckmäßig nach Völkers Vorschlag[7]) mit Kupferoxyd vermengt werden.

Verbrennt man schwefelhaltige Substanzen mit Kupferoxyd, so muß man den Schiffcheninhalt mit Mennige oder einer Mischung von Bleichromat mit $^1/_{10}$ Teil Kaliumpyrochromat überschichten.

Gorup-Bésanez[8]) empfiehlt für stark halogenhaltige Verbindungen Vermischen der Substanz mit dem gleichen Gewicht Bleioxyd. Beilstein und Kuhlberg[9]) benutzten für schwer verbrennliche, chlorhaltige Körper Quecksilberoxyd und Kupferoxyd und hielten das Ende der Verbrennungsröhre kalt, um das Sublimat zurückzuhalten.

Johnson und Hawes[10]) empfahlen an Stelle des Bleichromats geschmolzenes, mit frisch geglühtem Porzellanton gemischtes Kaliumpyrochromat.

Chlorate müssen unter Zusatz von sehr viel pulverisiertem Kupferoxyd verbrannt werden[11]).

Auch sonst genügt bei stark halogenhaltigen Substanzen das Bleichromat nicht. Fiske[12]) empfiehlt für solche Fälle eine versilberte Kupferspirale.

5. Analyse von Kohlenstoffverbindungen, die anorganische Bestandteile enthalten.

Verbindungen, die Alkalien oder Erdalkalien enthalten, nehmen einen Teil der Kohlensäure auf, die entweder bestimmt und dem in den Absorptionsapparaten aufgefangenen Kohlendioxyd hinzugerechnet werden muß oder deren Fixation durch das Alkali man in geeigneter Weise verhindert.

Lieben und Zeisel[13]) geben der erstgenannten Art des Arbeitens den Vorzug und verfahren namentlich zur Calciumbestimmung folgendermaßen:

Nachdem das Platinschiffchen mit der Substanz in einem gut schließenden Wägeröhrchen gewogen worden ist, wird es in ein aus einem Stück Platinblech

---

[1]) Schwer verbrennliche halogenhaltige Substanzen: Mauthner und Suida, M. **2**, 111 (1881). — V. Meyer und Wachter, B. **25**, 2632 (1892). — Gundermann, Diss. Würzburg (1909), 51. — Schwer verbrennliche schwefelhaltige Substanzen: V. Meyer und Stadler, B. **17**, 1577 (1884). — Siehe auch Anschütz, A. **359**, 207 Anm. (1908). — Bugge und Bloch, J. pr. (2) **82**, 512 (1910).

[2]) Carius, A. **116**, 28 (1860). — Liebig, Anleitg. (1837), 32.

[3]) Henry, J. **20**, 59 (1834). — Overbeck, Arch. **1854**, 2. — Kopfer, Z. anal. **17**, 28 (1878).   [4]) Über Silberspiralen: Fiske, B. **45**, 870 (1912).

[5]) Kraut, Z. anal. **2**, 242 (1863). — Stein, Z. anal. **8**, 83 (1869).

[6]) Die einzelnen Handelssorten verhalten sich in dieser Beziehung sehr verschieden, daher auch die immer wiederholte Behauptung, daß das Bleichromat durch Anschmelzen an das Glas die Röhren unweigerlich zerstöre und zum wiederholten Gebrauch untauglich mache. Ein brauchbares Präparat liefert E. Merck. — Siehe auch de Roode, Am. **12**, 226 (1890). — Remsen, Am. **18**, 803 (1896).

[7]) Chem. Gaz. **1849**, 245.   [8]) Z. anal. **1**, 438 (1862).

[9]) J. pr. (1) **108**, 268 (1869).   [10]) Sill. (3) **7**, 465 (1874).

[11]) Datta und Choudhury, Am. soc. **38**, 1079 (1916).

[12]) Anm. 4 und Hellthaler, Diss. Halle a. S. (1915), 61.

[13]) M. **4**, 27 (1883).

geschweißtes Rohr eingesetzt, das etwas länger ist als das Schiffchen und das in das Verbrennungsrohr eingeschoben wird. Teils um das Platinblechrohr zu verstärken, teils um Ankleben an das Glasrohr möglichst zu verhüten, sind an seiner unteren Seite außen drei Streifchen aus dickem Platinblech angeschweißt, die gewissermaßen als Füße dienen. Außerdem ist das Rohr an der einen Mündung mit zwei angeschweißten soliden Handhaben versehen, die bequemes Herausziehen mit Hilfe eines Kupferdrahts ermöglichen. Man zieht es erst heraus, nachdem es im trocknen Luftstrom völlig erkaltet ist, bringt das Schiffchen in das Wägeröhrchen und erfährt so das Gewicht der bei der Verbrennung hinterbliebenen Asche, ohne Verunreinigung mit Kupferoxyd besorgen zu müssen, das sonst leicht in das Schiffchen fällt und die Aschenbestimmung wertlos macht. Das Schiffchen wird nunmehr noch vor dem Gebläse heftig bis zur Gewichtskonstanz geglüht und wieder gewogen. Der Gewichtsverlust entspricht der Kohlensäure, die noch vom Kalk zurückgehalten worden ist, während die hinterbleibende Asche aus reinem Calciumoxyd besteht.

Meist schlägt man den zweiten Weg ein und vermischt die Substanz im Schiffchen entweder mit Kaliumchromat [Wislicenus[1]], Chromoxyd [Schwarz und Pastrovich[2]], Kupferphosphat [Gaultier de Claubry[3]], Wolframsäure [Cloëz[4]] oder Kieselsäure [Schaller[5]], weniger gut Antimonoxyd oder Borsäure (Fremy).

Wenn man eine gewogene Menge z. B. Kieselsäure, Wolframsäure oder Chromoxyd nimmt, so kann durch Zurückwägen des Schiffchens die Menge der in der Substanz vorhanden gewesenen Base bestimmt werden.

Am meisten hat sich eine Mischung von Bleichromat mit $^1/_{10}$ Kaliumpyrochromat bewährt[6]).

Zur Analyse des stark asche-(baryt-)haltigen und hygroskopischen, bei 110° getrockneten Saponins geht z. B. Rosenthaler[7]) folgendermaßen vor:

Die Wägung wird in einem kleinen durch Gummistöpsel verschließbaren Reagensglas vorgenommen, dessen Boden durch Ausblasen so dünn gemacht ist, daß er leicht durchgestoßen werden kann. Auf den Boden des Gläschens kommt eine Schicht Bleichromat-Kaliumpyrochromatgemisch, dann wird das verkorkte Gläschen tariert, das Saponin hineingefüllt und wieder unter Verschluß gewogen. Darauf kommt nun wieder Chromat und wird mit dem Saponin durch Schütteln gemischt. Hierauf wird das Gläschen mit einem ausgeglühten Kupferdraht umwickelt — um Anschmelzen an das Verbrennungsrohr zu verhindern — und nach Entfernen des Stöpsels rasch in das Verbrennungsrohr eingeschoben, das erst halb mit Kupferoxyd gefüllt ist. Nun wird der Boden des Gläschens mit einem Glasstab durchstoßen und das Rohr zu Ende gefüllt.

Die Elementaranalyse der Doppelverbindungen von Antimonpentachlorid mit organischen Substanzen bereitete Rosenheim und Löwenstamm[8]) zum Teil überhaupt unüberwindliche Schwierigkeiten.

Wie bei der Analyse von Substanzen, die sonstige anorganische Bestandteile enthalten, zu verfahren ist, wird bei der Besprechung der Bestimmung dieser Elemente angeführt.

---

[1]) A. **116**, 13 (1873).
[2]) B. **13**, 1641 (1880). — Siehe auch S. 338.   [3]) C. r. **15**, 645 (1842).
[4]) Bull. (2) **1**, 250 (1864).   [5]) Bull. (2) **2**, 414 (1864).
[6]) Benedict, Elementary organic analysis, S. 70. — Fres, 6. Aufl., **2**, 29.
[7]) Arch. **243**, 498 (1905).   [8]) B. **35**, 1124 (1902). — Siehe S. 306.

6. Analyse hygroskopischer Substanzen.

Die Verbrennungen des Rhodophyllins führten Willstätter und Pfannenstiel[1]) in Röhren von Quarz und Bergkrystall[2]) aus, und zwar mit Rücksicht auf die Aschenbestimmung im Platinschiffchen.

Alle Wägungen der Substanz mußten, weil sie sehr hygroskopisch ist, durch Differenzwägung aus denselben verschließbaren Wägegläsern ausgeführt werden, in denen die Substanzen auch getrocknet worden waren. Es ist zweckmäßig, dafür birnenförmige Kölbchen (Inhalt ca. 20 ccm) mit eingeschliffenem Aufsatz zum Evakuieren und Stopfen anzuwenden (Fig. 140). Die Form der Wägekölbchen ist dafür wichtig, daß sich die Substanzen ohne Verstäubung in das Schiffchen oder in das Mischrohr ausschütten lassen. Zur Trocknung waren die mit Rhodophyllin beschickten Kölbchen in Bädern von 105—140° Tag und Nacht mit der Pumpe in Verbindung. In die evakuierten Gefäße läßt man die Luft langsam durch Trockenapparate wieder zutreten.

Um bei der Elementaranalyse sehr hygroskopischer Substanzen die Bestimmung, namentlich des Wasserstoffs, möglichst genau ausführen zu können, wägt Stein[3]) die nur an der Luft oder im Exsiccator getrocknete Substanz im Schiffchen ab und bringt es in die zur Elementaranalyse vollständig vorgerichtete Verbrennungsröhre. Damit nicht der Versuch durch die Wärmeleitungsfähigkeit der Blechrinne gefährdet werde, ist es zweckmäßig, letztere nur so lang zu nehmen, als die Kupferoxydschicht reicht, und die Stelle unter dem Schiffchen freizulassen. Nachdem der Apparat auf Dichte geprüft ist, zündet man in 10 cm Abstand hinter dem Schiffchen einen oder zwei Brenner an und leitet einen auf diese Weise erhitzten, vollkommen trocknen

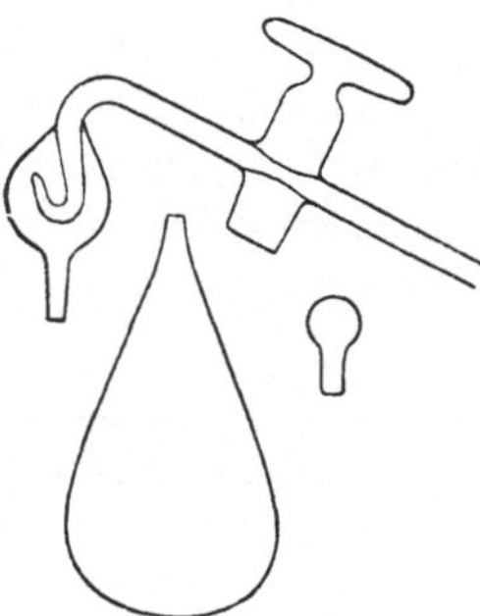

Fig. 140. Wägeglas für hygroskopische Substanzen.

Luftstrom langsam über die Substanz. Gewöhnlich erscheint sehr bald Wasser in der Chlorcalciumröhre und verschwindet nach einiger Zeit wieder, ohne auch bei etwas stärkerer Erhitzung des Luftstroms und Abkühlung der Kugel der Chlorcalciumröhre durch Äther wieder zum Vorschein zu kommen. Der Apparat wird nun wieder auf Schluß geprüft und die einzelnen Teile gewogen. Die Wägung des Kaliapparats mit dazugehöriger Kaliröhre läßt erkennen, ob Zersetzung der Substanz stattgefunden hat, und die Gewichtszunahme der Chlorcalciumröhre ergibt den Wassergehalt. Zeigt sich in einem Fall gar kein Wasser in der Chlorcalciumröhre, so ist die Wägung nichtsdestoweniger vorzunehmen, da es bei geringerem Wassergehalt der Substanz oder höherer Temperatur des Luftstroms vorkommen kann, daß kein Wasser in der Kugel verdichtet wird. Während der Wägungen geht der Luftstrom, ohne erhitzt zu werden, ununterbrochen durch die Röhre, und sobald sie ausgeführt sind, kann die Verbrennung der nun trocknen Substanz beginnen. Anstatt durch Abkühlung der Chlorcalciumröhre zu prüfen, ob die Austrocknung vollendet ist, ist es sicherer, nach der Wiederanfügung aller Apparate eine Zeitlang zu erhitzen und zum zweitenmal, diesmal jedoch nur die Chlorcalciumröhre, zu wägen.

---

[1]) A. **358**, 232 (1908).   [2]) Siehe S. 187.
[3]) Z. anal. **5**, 33 (1866).

In Fällen, wo höhere Temperatur nötig ist, um das chemisch gebundene
Wasser auszutreiben, hängt man an vier dünnen Drähten ein Kupferblech
zwischen Brenner und Röhre an der Stelle, wo das Schiffchen steht, auf, schiebt
ein Thermometer dazwischen und entzündet unter dem Blech einen Brenner.
Noch bequemer ist die Anwendung eines kleinen Lufttrockenkastens. Siehe
S. 193. Die Temperatur in der Röhre ist selbstverständlich etwas niedriger
als die Angabe des Thermometers.

7. Analyse explosiver Substanzen.

Oftmals lassen sich explosive, namentlich auch hoch nitrierte Verbindungen, anstandslos verbrennen, wenn man für genügende Verteilung der Substanz im Rohr sorgt[1]), eine lange Kupferspirale vorlegt und sehr langsam
erhitzt[2]).

Man verwendet in solchen Fällen ein 15 cm langes Schiffchen aus Kupfer
und bringt die mit pulverförmigem Kupferoxyd gemischte Substanz, von der
man nicht allzuviel (0.1—0.2 g) verwendet, darin unter, wobei man zwischen
je zwei Strecken von Substanz + feinem Kupferoxyd einen „Damm“ von
körnigem Kupferoxyd bringt [Jackson und Lamer[3])].

Pikrinsäure, Pikramid und verwandte Körper und ebenso Äthylen-
ozonid[4]) lassen sich leicht und ohne Verpuffung verbrennen, wenn man sie
mit ihrem drei- bis vierfachen Gewicht an feingepulvertem Quarz mischt[5]).
Ebensogut ist Kieselgur oder Glaspulver zu verwenden[6]).

Murmann[7]) empfiehlt 7—10 cm lange, 1—1.3 cm breite Verbrennungsschiffchen aus Porzellan mit 10 Abteilungen
[Querwänden[8])]. Beim Schmelzen muß jeder
Teil der Substanz in jener Abteilung verbleiben, in der er sich befand, und kann sich
nicht in den noch nicht geschmolzenen Teil
wie in einen Docht hineinziehen. Wird die

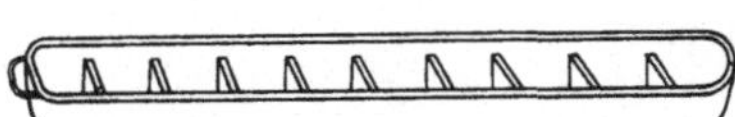

Fig. 141. Verbrennungsschiffchen
nach Kempf.

Temperatur der Zersetzung erreicht, so tritt sie nur bei einem kleinen Teil
ein und ist deshalb unschädlich, selbst bei lebhafter Verpuffung. Man kann
auch jeden zweiten Abteil des Schiffchens leer lassen und indifferente Stoffe
zumischen.

Kempf[9]) hat diese Schiffchen noch verbessert, indem er die Kante
der Abteilungsscheidewände 1—2 mm niedriger macht als die Außenwand
(Fig. 141).

Noch brisantere Stoffe, wie Nitroglycerin, werden nach Hempel[10])
im Vakuum verbrannt. Diese Methode gestattet die gleichzeitige Bestimmung des Stickstoffs.

---

[1]) Eder, B. **13**, 172 (1880). — Schwarz, B. **13**, 559 (1880). — Janowsky, M. **6**,
462 (1885); **9**, 836 (1888). — Leemann und Grandmougin, B. **41**, 1296 (1908). —
Schmitt und Widmann, B. **42**, 1893 (1909). — Wedekind und Goost, B. **49**, 948 (1916).
[2]) Harries und Weiß, B. **37**, 3432 (1904). — Ziegler, B. **54**, 3008 (1921).
[3]) Am. **18**, 676 (1896).
[4]) Harries und Koetschan, B. **42**, 3309 (1909).
[5]) Luzi, Z. f. Naturwiss. (V) **2**, 232 (1892). — Benedict, Am. **23**, 346 (1900). —
Tschugaeff und Chlopin, Z. an. **86**, 245 (1914).
[6]) Dennstedt, Z. ang. **18**, 1134 (1905).
[7]) Z. anal. **36**, 380 (1897). — Scholl, A. **338**, 32 (1904). — Die Schiffchen haben
nur den Nachteil großer Gebrechlichkeit.
[8]) Zu beziehen von Lenoir & Forster, Wien IV, Waaggasse 5.
[9]) Ch. Ztg. **33**, 50 (1909).　　　[10]) Z. anal. **17**, 109 (1878).

Derartige Sprengstoffe wird man indessen zweckmäßiger auf nassem Weg zersetzen[1]). Es genügt daher hier wohl der Literaturhinweis auf das Verfahren; doch sei eines Kunstgriffs gedacht, den Hempel anwendet, um bei Gegenwart von leicht flüchtigen Substanzen das Rohr ohne Verluste zu evakuieren, und der auch sonst Vorteile bieten wird[2]) (Fig. 142).

Man bläst aus einer dünnen Glasröhre Kugeln mit zwei capillaren Ansatzröhren und saugt ein wenig einer geschmolzenen Legierung von 10 Teilen Woodschem Metall (2 Teile Cadmium, 1 Teil Blei und 4 Teile Zinn) mit 2 bis 3 Teilen Quecksilber in b hinein. Eine derartige Legierung erstarrt in der Capillare sofort, ohne sie zu zersprengen, zu einem glänzenden, fest anliegenden Metallfaden. Der Schmelzpunkt dieser Legierung ist noch wesentlich niedriger als der des Woodschen Metalls; er liegt zwischen 50—60°. (Woodsches Metall allein zersprengt beim Erstarren die Glaswandungen.)

Von der so vorgerichteten Glaskugel schneidet man das Rohrende c bei d ab, kneipt mit einer Zange so viel von dem mit Metall erfüllten Capillarfaden ab, daß der kleine abschließende Metallzylinder 1 bis 2 mm lang ist, und füllt

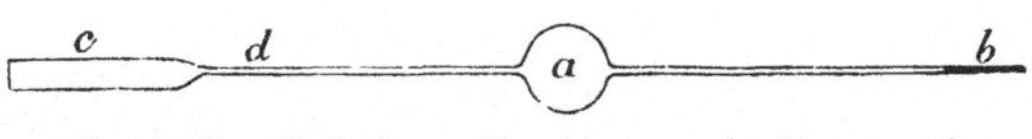

Fig. 142. Substanzröhrchen nach Hempel.

sie von d aus auf die gewöhnliche Art — durch Erwärmen und Abkühlen — mit der zu untersuchenden Flüssigkeit. Hierauf schmilzt man den Capillarfaden bei d zu.

Eine derartig doppelt geschwänzte Glaskugel gestattet das Evakuieren der Verbrennungsröhre, ohne daß während dieser Operation von der zu untersuchenden Flüssigkeit etwas verdampfen kann, und ermöglicht beliebiges, sicheres Öffnen der Kugel durch gelindes Erwärmen des die Legierung enthaltenden Endes der Capillare.

Bei sehr leicht flüchtigen Substanzen macht man die Capillare 10—12 cm lang, so daß die Flüssigkeit in der Kugel durch das Erwärmen nicht zum Sieden kommt.

8. Modifikationen des Liebigschen Verfahrens.

A. Verbrennung nach Blau[3]).

Als Absorptionsgefäße dienen ein Chlorcalciumrohr, im Minimum 30 g Chlorcalcium enthaltend, und zwei U-Röhren, jede zu $^2/_3$ mit Natronkalk (nicht unter 20 g), zu $^1/_3$ mit Chlorcalcium gefüllt. Das zweite Natronkalkrohr nimmt in der Regel um höchstens 1 mg zu, kann also sehr oft benutzt werden, im ersten ist der Natronkalk nach jeder Analyse zu erneuern, es wird daher zweckmäßig mit gut eingeschliffenen Glasstöpseln versehen. An die Absorptionsröhren schließt sich ein Schwefelsäure enthaltender, etwa 1 dm hoher Blasenzähler von möglichst kleinem Volumen, endlich folgt eine unten tubulierte Mariottesche Flasche von 2 l Inhalt, die unten mit einem Hahn versehen ist.

Das Verbrennungsrohr enthält eine Schicht von etwa 60 cm Länge, vom vorderen bis 25 cm vom hinteren Ende des Ofens reichend, von gut anliegenden Kupferdrahtnetzrollen. Die Drahtnetze (etwa 6 von je 10 cm Länge) werden, um besonders wirksam gemacht zu werden, vor der

---

[1]) Siehe S. 247.
[2]) Ähnliche Vorrichtungen: Francesconi und Cialdea, G. **34**, I, 440 (1904). — Marek, J. pr. (2) **73**, 366 (1904). — Dimroth und Wislicenus, B. **38**, 1575 (1905). — Dimroth, B. **39**, 3910 (1906). [3]) M. **10**, 357 (1889).

ersten Verbrennung zuerst im Sauerstoffstrom oxydiert, dann im Wasserstoff-
oder Alkoholdampfstrom reduziert und nun nochmals oxydiert. Das Kupferdrahtnetz enthalte etwa 75 Drähte von 0.3 mm Durchmesser auf den Dezimeter.
Dickere Drähte zerfallen viel leichter.

Hat man auf Halogen Rücksicht zu nehmen, so ist die vorderste Kupferdrahtnetzspirale durch eine Silberdrahtnetzrolle zu ersetzen.

Das Rohr ragt 19 cm aus dem Ofen. 6 cm vor dem letzteren beginnend
und 3 cm vor dem Kautschuk, der das Chlorcalciumrohr trägt, endend, wird
eine 10 cm lange Schicht reines körniges Bleisuperoxyd zwischen zwei
ganz schmale Kupferdrahtnetzröllchen eingeschlossen. Das Bleisuperoxyd
dient zur Absorption von Stickoxyden und Schwefeldioxyd, kann also unter
Umständen entbehrt werden.

Das hintere Ende des Rohrs trägt mittels eines einfach gebohrten Kautschuks ein T-Rohr, dessen seitlicher Ansatz *o* zur Luft- resp. Sauerstoffzuführung

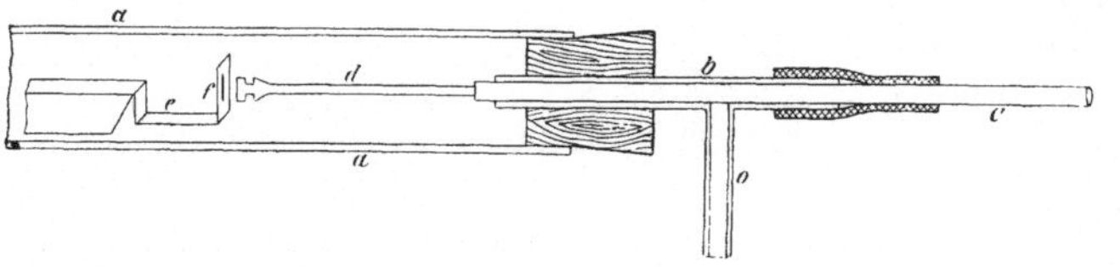

dient. Der horizon-
tale Schenkel *b* ist
10 cm lang und hat
etwa 3 mm innere
Weite. Durch ihn
ist ein dicker Eisen-
oder Kupferdraht,
der gegen die Spitze

Fig. 143.   Verbrennung nach Blau.

zu verjüngt und hakig gekrümmt oder, wie Fig. 143 zeigt, ausgeschnitten
ist, gesteckt und mittels eines dickwandigen, englumigen, 4 cm langen Kautschukschlauchs, der über *b* und *c* geschoben wird, so mit *b* verbunden,
daß er das Verbrennungsrohr von der äußeren Luft völlig abschließt, zugleich
aber mit nur geringer Reibung, die noch durch Einbringen einer Spur Federweiß (Magnesiumsilicat) in den Schlauch verringert werden kann, nach Belieben innerhalb *b* hin und her verschiebbar ist.

Der Draht habe $^1/_2$ m Länge, sein hakiges Ende ist dazu bestimmt, in die
Öse des Verbrennungsschiffchens (am besten Platinschiffchen) eingefügt zu
werden. Dadurch wird es ermöglicht, daß das Schiffchen bei völligem Luftabschluß von außen im Rohr verschoben werden kann.

Zur Ausführung der Analyse wird, während Luft durch das
Rohr streicht, das Bleisuperoxyd mittels eines kleinen, längs des Rohrs ver-
schiebbaren Luftbads, auf 160—180° erwärmt. Der hintere Teil des Ofens
wird vor der Hitze des vorderen, bis ungefähr 5 cm über das Kupfer hinaus
zum lebhaften Glühen gebrachten, durch Herausnehmen der Eisenkerne bis
auf einen oder zwei ganz hinten befindliche und (bei flüchtigen Substanzen)
durch einen Asbestschirm geschützt.

Glüht der Ofen, so werden die während des Anheizens gewogenen Absorptionsapparate angesetzt, das Schiffchen eingeführt, angehakt, der Blasenzähler
mit dem Aspirator verbunden und dessen Hahn vorsichtig geöffnet, indes so
weit, daß er in gleicher Zeit mehr Luft wegzusaugen imstande ist, als ihm
während der Verbrennung je zugeführt werden kann. Man verbrennt in einem
Luftstrom, der stark genug ist, um allzu weites Zurücksublimieren der Substanz
oder ihrer Zersetzungsprodukte zu verhindern.

Das Schiffchen wird gleich so weit vorgeschoben, daß die Verbrennung
beginnen kann, und in dem Maß, als ihr Gang träger wird, vorgerückt, schließlich bis in den glühenden Teil des Rohrs. Sollte die Verbrennung zu rasch
werden, so zieht man das Schiffchen entsprechend weit zurück. Nach und

nach werden die noch fehlenden vorgewärmten Eisenkerne eingeschoben, zum Glühen erhitzt und die Luft durch einen kräftigen Sauerstoffstrom ersetzt.

Ist das Kupfer vollständig oxydiert, was sich durch rascheren Gang der Blasen bemerklich macht, so wird wieder Luft eingeleitet, ohne daß man das Auftreten des Sauerstoffs beim Blasenzähler abwartet. Der Aspirator wird abgenommen und nach kurzer Zeit erst der Sauerstoff, dann die nachströmende Luft, durch die Spanreaktion nachgewiesen.

Das im vordersten Teil des Rohrs kondensierte Wasser wird während der zweiten Hälfte der Verbrennung durch Verschieben des Luftbads in das Chlorcalciumrohr getrieben.

Die Verbrennungsdauer, gerechnet von der Einführung des Schiffchens bis zur Abnahme der Absorptionsapparate, beträgt $^1/_2$ bis höchstens $^3/_4$ Stunde. Blau hat sogar Benzoesäure in 10, Rohrzucker in 14 und Naphthalin in 24 Minuten mit vorzüglichem Erfolg verbrannt.

Haber und Grinberg[1]) adoptieren das Prinzip der Verbrennung nach Blau für die Elementaranalyse von Steinkohlen. Zum Verschieben des Schiffchens benutzen sie einen Kupferdraht, an den vorn ein Platindraht mit hakig umgebogener Spitze angelötet ist, die in den Henkel des Porzellanschiffchens eingreift.

B. Methode von Lippmann und Fleißner[2]).

Zur Verbrennung bedient man sich, wie Kopfer[3]) angegeben, eines 70 cm langen und 1.5–2 cm weiten Verbrennungsrohrs (Fig. 144). Bei a kommt zunächst ein Pfropf aus Tressensilber, hierauf stopft man vorsichtig eine 20 cm lange Schicht Kupferoxydasbest, bei b kommt wieder ein

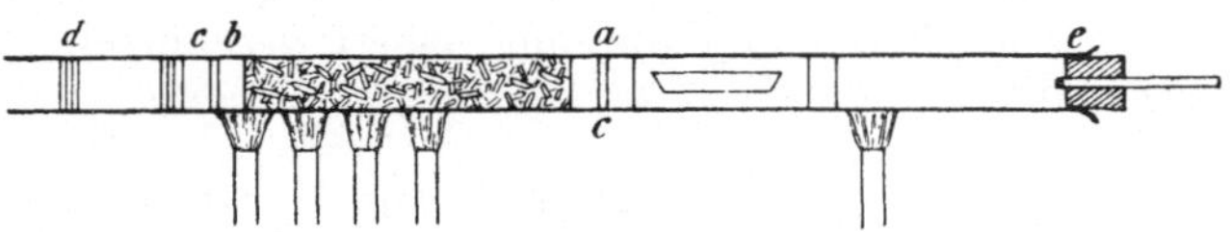

Fig. 144. Verbrennung nach Kopfer.

etwa $1^1/_2$–2 cm langer Pfropf aus Tressensilber und dicht an diesen ein Pfropf aus Asbest. Man erhitzt $a\,b$ zu schwacher Rotglut und leitet von c aus einen langsamen, trocknen Luftstrom durch die erhitzte Röhre. Nachdem fast alles Kupfer oxydiert ist, leitet man zur Vollendung der Oxydation Sauerstoff durch, bis man ihn bei d nachweisen kann. Man füllt, wenn das Rohr erkaltet ist, von c bis d eine 5 cm lange Schicht Bleisuperoxyd, das man durch Auskochen von Mennige mit Salpetersäure, Waschen und Trocknen erhalten hat, und verschließt bei d mit einem Asbestpfropfen. $c\,d$ wird dreimal mit Messingdrahtnetz umwickelt, ebenso schützt man bei $a\,b$ bis zur Hälfte mit Messingdrahtnetz. Die Verbrennungsröhre ist nun bis auf ihre vollständige Austrocknung fertig.

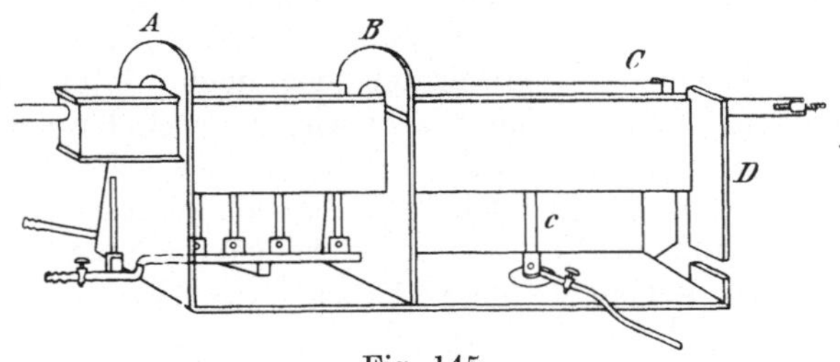

Fig. 145.
Verbrennung nach Lippmann u. Fleißner.

Als Verbrennungsofen dient der von Kopfer vorgeschlagene mit einigen kleinen Abänderungen, die aus Fig. 145 ersichtlich sind; so wurde der eine Schirm samt

---

[1]) Z. anal. **36**, 561 (1897).
[2]) M. **7**, 19 (1886). — Ch. Ztg. **27**, 810 (1903).   [3]) Z. anal. **5**, 169 (1866).

der dazugehörigen Wand weglassen. Die Wand bei D ist in der Weise durchschnitten, daß man den Brenner c auch aus dem Ofen herausschieben kann, ebenso wurde die rückwärtige Wand ganz weggelassen. Hat man sehr flüchtige Substanzen zu verbrennen, so ist darauf zu achten, daß die Röhre bei C nicht zu heiß werde, was namentlich bei der Einführung der Substanz wichtig ist. Man ersetzt in solchen Fällen den Schirm bei B durch einen solchen von Asbest.

Nachdem der vordere Teil des Rohrs zur Rotglut, das Bleisuperoxyd auf $160-200°$ erhitzt und Sauerstoff längere Zeit durchgeleitet worden ist, führt man die Substanz rasch ein und nähert ihr die Kupferdrahtnetzspirale. Man erhitzt diese mit Hilfe von c (Fig. 146) und schreitet langsam vorwärts; schließlich wird der Teil des Glasrohrs, wo die Substanz sich befand, nochmals durchgeglüht. Feste Substanzen werden im Porzellanschiffchen mit Bleichromat überdeckt oder gemengt. Niedrig siedende Flüssigkeiten werden im offenen Glaskügelchen, schwer flüchtige hingegen im Schiffchen gewogen, das sich in einem gut verschließbaren Präparatenglas befindet. Bei Cyanverbindungen muß die Substanz mit einem Gemenge von 1 Teil Kaliumpyrochromat und 10 Teilen Bleichromat im Achatmörser gut gemengt werden.

Die Elementaranalyse selbst der kohlenstoffreichsten Verbindungen ist nach $1^1/_2$ Stunden bequem beendigt, so daß man leicht vier Verbrennungen täglich machen kann, da nach beendigter Analyse das Rohr sofort für die nächste bereit ist.

Den Kupferoxydasbest bereitet man sich durch Reduktion einer schwefelsauren Kupfersulfatlösung mit Zink. Das gut ausgewaschene Kupfer wird im Mörser verrieben und dann mit Asbest geschüttelt und im Sauerstoffstrom ausgeglüht.

C. Methode von Dennstedt.

Der zuerst von Kopfer verwirklichte Gedanke, die Verbrennung organischer Stoffe im Sauerstoffstrom mit Platin als Katalysator unter Vermeidung von Kupferoxyd, Bleichromat oder ähnlichen „Sauerstoffreservoiren" mit nur wenigen Flammen in einem einfachen Ofen durchzuführen, ist weder von Kopfer selbst noch von seinen Nachfolgern bis zu den letzten Konsequenzen verfolgt worden.

Indem Kopfer irrigerweise den bei manchen Stoffen eintretenden Mißerfolg auf nicht genügend feine Verteilung und nicht genügend lange Schicht des Platins zurückführte, vertauschte er den anfangs in kurzer Strecke benutzten Platinmohr mit einer langen Schicht Platinasbest.

Die späteren „Verbesserer", wie Lippmann und Fleißner[1], von Walther[2] u. a., entfernten sich noch weiter von dem ursprünglichen Gedanken, indem sie das Platin wieder durch Kupferoxyd in unnötig feiner Verteilung, z. B. in Gestalt von Kupferoxydasbest, ersetzten. Es sei schon hier erwähnt, daß sich auch für die gleich zu beschreibende Dennstedtsche Methode ähnliche „Verbesserer", die das reine Platin wieder durch Kupferoxyd usw. ersetzen wollen, gefunden haben, z. B. Marek[3].

Erst durch Dennstedt ist unwiderleglich festgestellt worden, daß bei überschüssig vorhandenem Sauerstoff eine ganz geringe Menge Platin oder Palladium, sei es in Form von Blech oder Draht oder in Gestalt des zuerst

---

[1] Siehe S. 201.   [2] Ph. C.-H. **45**, 12, 509 (1904).

[3] J. pr. (2) **73**, 359 (1906); **74**, 237 (1906). — Über Cerdioxyd als Kontaktsubstanz siehe Bekk, B. **46**, 2574 (1913). — Reimer, Am. soc. **37**, 1636 (1915). — DRP. 285 285 (1915). — Levene und Bieber, Am. Soc. **40**, 461 (1918). — Fisher und Wright, Am. soc. **40**, 868 (1918).

von Zulkowsky und Lepez [1]) vorgeschlagenen Platinquarzes, genügt, um den Wasserstoff und Kohlenstoff organischer Substanzen vollständig zu Wasser und Kohlendioxyd zu verbrennen. Er hat ferner gezeigt, daß es zur Absorption der bei der Verbrennung stickstoffhaltiger Stoffe entstehenden Stickoxyde nicht notwendig ist, das Verbrennungsrohr in seinem ganzen Querschnitt mit Bleisuperoxyd oder Bleisuperoxydasbest auszufüllen, sondern daß dazu wenige Gramme reines Bleisuperoxyd in Porzellanschiffchen verteilt genügen, sofern diese angemessen erhitzt werden, was in einfacherer Weise als in einem eisernen, mit Thermometer versehenen Kasten, wie Kopfer vorschreibt, geschehen kann. Er hat ferner gezeigt, daß das Bleisuperoxyd in derselben geringen Menge auch für die vollkommene Absorption der Oxyde des Schwefels und von Chlor und Brom durchaus geeignet ist.

Die Bedingungen, unter denen diese Absorptionen zuverlässig vor sich gehen, sind von ihm in Gemeinschaft mit Haßler [2]) festgelegt worden. Für die Absorption des Jods ist von Dennstedt das molekulare Silber, ebenfalls in dünner Schicht im Schiffchen, eingeführt worden. Da sich die vom Bleisuperoxyd in Form von Bleisulfat zurückgehaltenen Oxyde des Schwefels, ebenso die Chlor- und Bromverbindungen des Bleis, wie endlich auch das in Form von Jodsilber zurückgehaltene Jod aus den Absorptionsmitteln leicht und vollkommen extrahieren lassen, so konnte mit der Verbrennung die genaue Bestimmung von Schwefel und Halogen in organischen Stoffen verbunden werden.

Auf Grund dieser Beobachtungen und Erfahrungen ist von Dennstedt, Haßler und Klünder die Methode der sog. „vereinfachten Elementaranalyse" oder „Kontaktanalyse" ausgearbeitet worden.

Es ist hier nicht der Ort, das ganze Verfahren in voller Ausführlichkeit zu beschreiben, es wird genügen, in kurzen Zügen das Prinzip unter Vorführung einiger Abbildungen zu erläutern, im übrigen auf die Dennstedtsche Anleitung zur vereinfachten Elementaranalyse, 2. Auflage, Hamburg 1906, Otto Meißners Verlag, zu verweisen [3]).

Das 86 cm lange Verbrennungsrohr (am besten aus Quarzglas) liegt in einem einfachen eisernen Gestell, das gestattet, einzelne Stellen oder auch das ganze Rohr mit eisernen, asbestgefütterten Dächern zu bedecken. Als Kontaktsubstanz dient entweder reiner, nach Zulkowsky und Lepez hergestellter Platinquarz oder ein Stück zusammengerolltes Platinblech — Platinlocke — oder ein aus Platinblechstreifen zusammengeschweißter Kontaktstern [4]). Die etwa in der Mitte des Rohrs liegende Kontaktsubstanz wird mit einem starken Bunsen- oder Teclubrenner (Verbrennungsflamme) erhitzt. In den vorderen Teil des Rohrs werden bei stickstoff-, schwefel- und halogenhaltigen Stoffen die mit Bleisuperoxyd oder molekularem Silber beschickten Porzellanschiffchen geschoben und dieser Teil des Rohrs durch einen Reihenbrenner mit etwa 20 bis 25 Flammen auf angemessene Temperatur — 300° — erhitzt.

Die allmähliche Vergasung der im hinteren Teil des Rohrs befindlichen Substanz geschieht durch einen Bunsenbrenner (Vergasungsflamme).

Die Schwierigkeit der Methode besteht in der richtigen Abstimmung zwischen Vergasung und Sauerstoffstrom; unter aller Umständen muß in jeder Phase der Verbrennung der Sauerstoff im Überschuß vorhanden sein. Das wird dadurch erreicht, daß die Vergasung nicht unmittelbar im Verbrennungsrohr, sondern in einem Einsatzrohr vorgenommen wird, das mit einer Capillare

---

[1]) M. **5**, 538 (1884).   [2]) Z. anal. **42**, 417 (1903).
[3]) Siehe ferner Dennstedt, B. **41**, 600 (1908). — Ch. Ztg. **32**, 77 (1908).
[4]) Von Heraeus, Hanau, zu beziehen. — Siehe S. 193, Anm. 4.

durch den hinteren Stopfen ins Freie führt. Mit Hilfe eines T-Stücks wird der Sauerstoff einmal in dieses Einsatzrohr und zweitens direkt in das Verbrennungsrohr geleitet, der Sauerstoff ist also in einen Vergasungsstrom und einen Verbrennungsstrom getrennt, und man hat daher die Geschwindigkeit der Vergasung und somit der Verbrennung vollständig in der Hand. Fig. 146 zeigt diese Einrichtung. Der aus einem Trockenturm kommende Sauerstoff geht für den inneren Strom durch den Blasenzähler mit einigen Tropfen Schwefelsäure, für den äußeren noch einmal durch ein kurzes Chlorcalciumrohr.

Für sehr flüchtige Substanzen wird diese doppelte Sauerstoffzuführung durch ein einfaches, hinten geschlossenes Einsatzrohr (Fig. 147) ersetzt, für nur unter Zersetzung bei hoher Temperatur flüchtige Stoffe (Zucker, Eiweiß, Steinkohle) kann ein hinten offenes Einsatzrohr mit Einschnürung benutzt werden (Fig. 148).

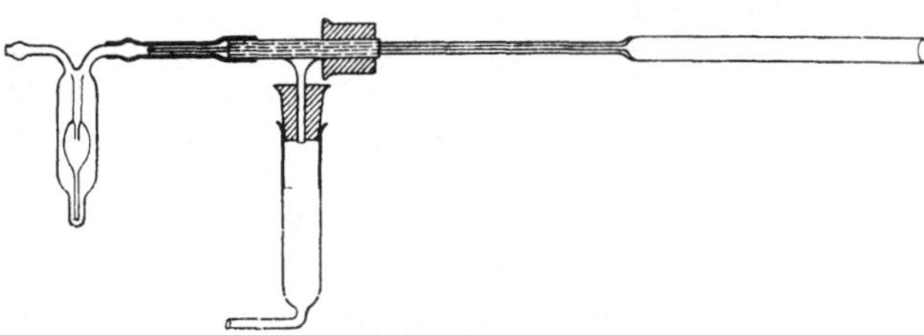

Fig. 146.   Sauerstoffzuführung nach Dennstedt.

Die Substanz wird in dreiteiligen, porösen Porzellanschiffchen abgewogen und in das Einsatzrohr geschoben, der vordere Teil des Einsatzrohrs wird mit einem Stab aus schwer schmelzbarem Glas ausgefüllt und auf diese Weise der Raum, wo sich ein verpuffendes Gemenge von Sauerstoff und brennbarer Substanz bilden könnte, auf ein Minimum reduziert. Den Verlauf der Vergasung und damit der Verbrennung erkennt man am Aufglühen der Kontaktsubstanz oder auch an einer kleinen Flamme in der Mündung des Einsatzrohrs — dieses nicht immer entstehende, oft schwer erkennbare Flämmchen darf niemals aus dem Einsatzrohr heraustreten — oder endlich an dem sich verdichtenden Wasser am vorderen Teil des Verbrennungsrohrs.

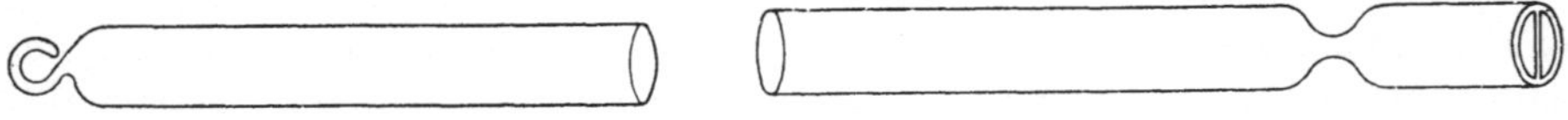

Fig. 147.   Fig. 148.
Einsatzrohre nach Dennstedt.

Da das Schiffchen mit irgendwie verstaubenden Substanzen, wie Kupferoxyd usw., nicht in Berührung kommt, so ergibt seine Gewichtszunahme die Menge etwa vorhandener Aschebestandteile.

Als Absorptionsapparate (Fig. 150 und 151) dienen für Wasser das gewöhnliche, aber mit eingeriebenen Stöpseln versehene Chlorcalciumrohr, für die Kohlensäure Natronkalkapparate in „Entenform" oder „Stempelform" usw., die eine so große Menge des Absorptionsmittels fassen, daß es für 20—30 Verbrennungen ausreicht. Das erlaubt wieder, die Apparate mit Sauerstoff gefüllt zu wägen und sie dauernd damit gefüllt zu lassen, so daß ihr Endgewicht gleich wieder als Anfangsgewicht für eine neue Verbrennung dienen kann.

An die Absorptionsapparate schließt sich ein Fläschchen mit Palladiumchlorürlösung, deren Trübung es andeutet, wenn einmal durch mangelnden Sauerstoff die Verbrennung unvollständig geblieben ist; solche Analysen sind zu verwerfen.

Für die Bestimmung des Schwefels und der Halogene wird das vorgelegte Bleisuperoxyd mit reiner Soda- oder Natriumhydroxydlösung, für die

Bestimmung des Jods das molekulare Silber mit verdünnter Cyankalium-
lösung extrahiert und in den Extrakten Schwefelsäure und Halogen nach
den bekannten Methoden der quantitativen Analyse bestimmt. Bei halogenhaltigen aber stickstofffreien Stoffen kann dieses auch einfach aus der
Gewichtszunahme des vorgelegten molekularen Silbers berechnet werden.
Ist gleichzeitig Schwefel neben Chlor und Brom vorhanden, so wird die

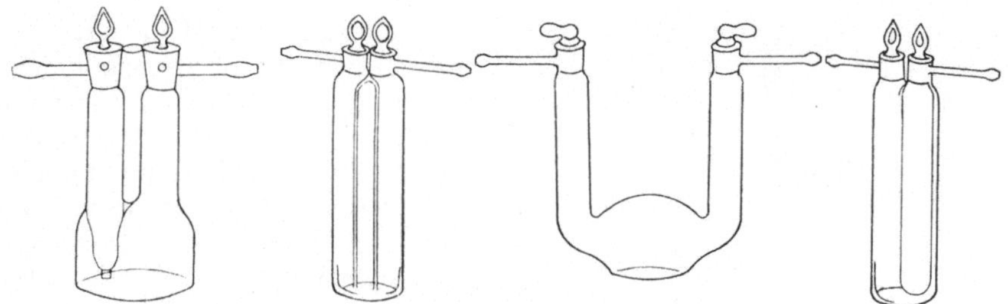

Fig. 149 und 150.   Absorptionsapparate nach Dennstedt.

alkalische Extraktionsflüssigkeit aus dem Bleisuperoxyd in zwei Teile geteilt;
in dem einen wird die Schwefelsäure, im anderen Chlor und Brom bestimmt.

Ist neben Jod noch Schwefel vorhanden, so muß außer molekularem
Silber auch Bleisuperoxyd vorgelegt werden, es bleibt dann der zu Schwefel-

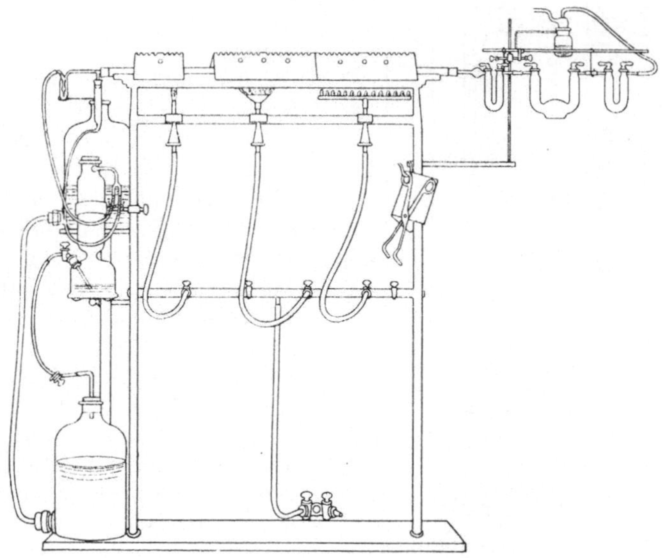

Fig. 151.   Universalstativ nach Dennstedt.

trioxyd verbrannte Teil als Sulfat im molekularen Silber und läßt sich
daraus durch Wasser extrahieren.

Nachdem man aus dieser wäßrigen Lösung das Silber gefällt hat, gibt
man das Filtrat nebst dem Waschwasser zu der Flüssigkeit, die man durch
Extraktion des Bleisuperoxyds erhalten hat, und fällt mit Chlorbarium.

Als sehr praktisch hat sich das tragbare Universalstativ (Fig. 151)
bewährt, das keiner näheren Erläuterung bedarf. Laboratorien, die nicht über

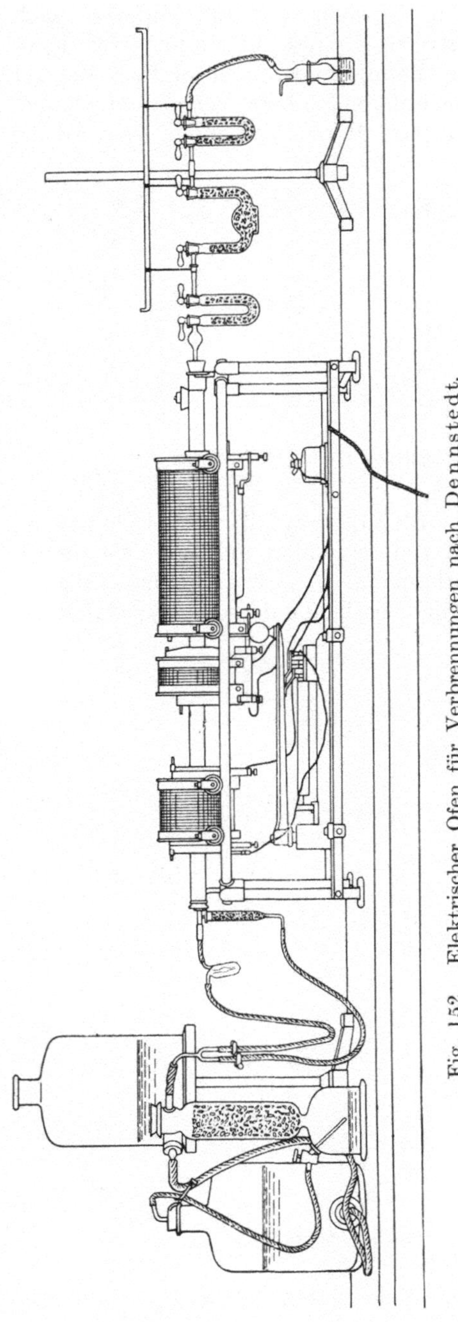

Fig. 152. Elektrischer Ofen für Verbrennungen nach Dennstedt.

Leuchtgas, aber über elektrischen Strom verfügen, bedienen sich des für die vereinfachte Elementaranalyse umgeänderten Ofens von Heraeus (Fig. 151) oder des Ofens von Milchsack und Roth[1]).

Endlich sei noch erwähnt, daß namentlich für technische Laboratorien, die in großer Zahl Elementaranalysen von Produkten ähnlicher Beschaffenheit (Steinkohlen, Schmieröle, Asphalte usw.) auszuführen haben, ein Doppelofen konstruiert worden ist, der ebenfalls mit nur zwei Brennern und dem Flammenrohr gleichzeitig zwei Analysen durchzuführen gestattet (Fig. 152).

Das geschilderte Verfahren hat sich bisher fast in allen Fällen[2]) bewährt. Es hat sich auch in solchen Fällen als brauchbar erwiesen, wo die Kupferoxydmethoden versagten[3]).

Da keine der sonst üblichen Methoden zur Schwefelbestimmung in organischen Substanzen das beschriebene Verfahren an Einfachheit, Bequemlichkeit und Genauigkeit übertrifft, so empfiehlt Dennstedt seine Anwendung auch dann, wenn man eine Bestimmung des Wasserstoffs und Kohlenstoffs nicht damit verbinden will[4]), ebenso ist die Methode brauchbar für anorganische Stoffe, z. B. die Bestimmung des Kohlenstoffs im Eisen, des Schwefels in Metallsulfiden, Pyrit, in gebrauchter Gasreinigungsmasse usw.

---

1) Z. ang. **27**, 5 (1914).

2) Siehe dagegen Weil, B. **38**, 282 (1905). — Delbridge, Am. **41**, 402 (1909). — Feist, B. **47**, 1180 Anm. (1914). — Wedekind und Goost, B. **49**, 948 (1916).

3) Z. B. Biehringer und Busch, B. **36**, 135 (1903). — R. Meyer und Spengler, B. **38**, 442 (1905). — Mayerhofer, M. **28**, 593 (1907). — Siehe auch Zaleski, Anz. Ak. Wiss. Krakau **1907**, 646. — C. **1908**, I, 1060. — Scholl, B. **43**, 342 (1910). — Straus und Ackermann, B. **43**, 606 (1910). — Siehe auch S. 192.

4) Siehe Kyriacou, Diss. Heidelberg (1908), 28.

Verfahren zur automatischen Verbrennung haben Deiglmayr[1]) und Pregl[2]) angegeben..

Bestimmung des Wasserstoffs allein.

Hat man aus irgendeinem Grund — z. B. um zwischen zwei Formeln, bei denen die Zahlen nur für den Wasserstoff außerhalb der Fehlergrenze differieren, zu entscheiden — auf die genaue Bestimmung des Wasserstoffs besonderes Gewicht zu legen, so führt man die Verbrennung nach Liebig mit außergewöhnlich großen Substanzmengen — 1 g oder noch mehr — aus und wägt nur das entstandene Wasser[3]).

9. Elementaranalyse auf nassem Wege.

Es ist oftmals versucht worden[4]), die vollständige Oxydation organischer Substanzen auf nassem Weg zu erzielen, indes ist keines der angegebenen Verfahren von allgemeiner Anwendbarkeit, abgesehen davon, daß naturgemäß bei derartigen Bestimmungen auf die Ermittlung des Wasserstoffgehalts verzichtet werden muß.

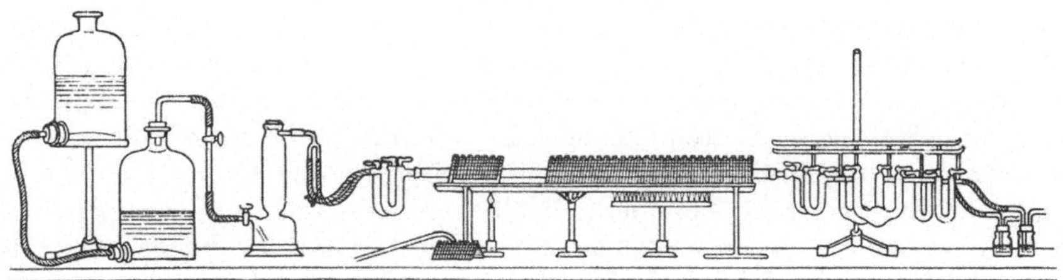

Fig. 153.　Doppelofen nach Dennstedt.

Wenn es demnach für die Elementaranalyse selbst im allgemeinen entbehrlich ist, so wird man sich doch der Oxydation nach Messinger für die Untersuchung explosiver[5]), schwefel-[6]), arsen-[7]), phosphor-[8]), thallium-[9]) usw. haltiger Substanzen öfters mit Vorteil bedienen[10]).

---

[1]) Ch. Ztg. **26**, 520 (1902). — B. **35**, 1978 (1902).

[2]) B. **38**, 1439 (1905). — Vgl. Abderhalden und Rostocki, Z. physiol. **46**, 135 (1905). — Gansser, Z. physiol. **61**, 34 (1909).

[3]) V. Meyer, B. **14**, 1465 (1881). — R. Meyer und Kissin, B. **42**, 2827 (1909).

[4]) Brunner, Pogg. **95**, 379 (1855). — Wanklyn und Cooper, B. **11**, 1835 (1878). — Cross und Bevan, Soc. **53**, 889 (1888). — Messinger, B. **21**, 2910 (1888); **23**, 2756 (1890). — Gehrenbeck, B. **22**, 1694 (1889). — Kjeldahl, Z. anal. **31**, 214 (1892). — Küster und Stallberg, A. **278**, 215 (1893). — Krüger, B. **27**, 611 (1894). — Phelps, Silliman (4) **4**, 372 (1897). — Fritsch, A. **294**, 79 (1897). — Tangl und v. Kereszky, Bioch. **32**, 266 (1911). — Simonis und Thies, Ch. Ztg. **36**, 917 (1912). — Cross und Bevan, Ch. Ztg. **36**, 1226 (1912). — Thies, Beiträge zur Elementaranalyse auf nassem Wege. Theissing, Münster i. W. (1913). — Ch. Ztg. **38**, 115 (1914); **44**, 548 (1920). — Hibbard, J. Ind. Eng. Ch. **11**, 941 (1919) — Robertson hat Soc. **107**, 902 (1915); **109**, 215 (1916) das Verfahren von Thies nacherfunden.

[5]) Thiele und Marais, A. **273**, 151 (1893). — Biltz und Stepf, B. **37**, 4029 (1904). 　[6]) Zincke und Krüger, B. **45**, 3474 (1912).

[7]) Steinkopf und Müller, B. **54**, 845 (1921). — Steinkopf und Buchheim, B. **54**, 1030 (1921). — Steinkopf und Wolfram, B. **54**, 852 (1921)

[8]) Dennstedt, Entwicklung usw., S. 74. — Michaelis, A. **407**, 290 (1915).

[9]) Meyer und Bentheim, B. **37**, 2059 Anm. (1904). — Siehe S. 377.

[10]) Siehe S. 301, 307, 349. — Ferner Busch und Fleischmann, B. **43**, 744 (1910).

Nach Struss[1]) ist das Chlorhydrat der 4-Aminocumarilsäure nur nach Messinger analysierbar.

Gleiches gilt nach Albert und Hurtzig für das Imidsulfat und Acetylderivat des Diaminoindigo[2]).

Die Kohlenstoffbestimmung wurde hier mit der von Küster und Stallberg[3]) beschriebenen Apparatur ausgeführt.

Vor der Vornahme der Wägungen wird das bereits ausgeglühte Verbrennungsrohr, das eine Schicht von etwa 20 cm Bleichromat mit Kupferoxyd zwischen zwei Kupferspiralen enthält, unter dieser Schicht angeheizt. Die Substanz — ungefähr 0.2 g — wird in einem ca. 5 cm langen und $^1/_2$ cm weiten Gläschen abgewogen, mittels Gummiring an einem Glasstab befestigt und in den wagerecht gehaltenen Kolben eingeführt. Jetzt stellt man den Kolben senkrecht, läßt die Substanz durch Klopfen an dem Glasstab hinabgleiten und wägt das Gläschen zurück. Zu der Substanz gießt man durch das Lufteinleitungsrohr, das beinahe bis auf den Boden reicht, 25 ccm konzentrierte kohlenstofffreie Schwefelsäure. Ein zweites, etwas weiteres Glasrohr, das gleichfalls durch den Gummistopfen, aber nur bis zu dessen unterem Rande führt, wird durch einen kurzen Gummischlauch mit einem schiffchenartigen horizontal gehaltenen, etwa 10 cm langen Glasrohr verbunden, das 5—6 g reines Kaliumpyrochromat enthält. Um das etwa in das kurze Einfüllrohr und den Chromatbehälter eintretende Kohlendioxyd von dort zu verdrängen, wird nach dem Lufttrocknungsapparat ein T-Stück eingeschaltet, so daß sowohl durch das eigentliche Lufteinleitungsrohr wie das Einfüllröhrchen ein durch Quetschhähne regulierbarer Luftstrom geleitet werden kann. Das mit Substanz und Schwefelsäure beschickte Kölbchen wird in einem Stativ befestigt, die Verbindung zur Lufteinleitung hergestellt, das Ansatzrohr, das sich direkt unter dem Gummistopfen befindet, durch einen Schlauch mit einem U-Rohr verbunden, das mit konzentrierter Schwefelsäure getränkte Glaswolle enthält, um etwa mitgerissene Feuchtigkeitströpfchen zurückzuhalten, und mit dem Verbrennungsrohr verbunden ist. Ist diese Verbindung hergestellt, wird das Bleichromat stärker erhitzt. Endlich wird der Kaliapparat und das Chlorcalciumrohr angesetzt. Unter Durchleitung eines langsamen Luftstromes wird mit der Oxydation begonnen. In etwa 20 Minuten gibt man durch Neigen des Chromatbehälters dessen Inhalt zu. Bei der Verbrennung des freien Imids setzt nach Zugabe von wenig Pyrochromat bei leichter Erwärmung mit einer kleinen Flamme die Kohlensäureentwicklung ein, die jetzt durch Zugabe von weiterem Pyrochromat reguliert werden kann. Erst wenn die Kohlensäureentwicklung schwächer wird, beginnt man mit dem Erhitzen des Kolbens. In dem Maße, wie die Gasentwicklung nachläßt, vergrößert man allmählich die Flamme. Man erhitzt so lange, bis die Lösung grün geworden und sich ein hellgrüner Niederschlag von Kaliumchromalaun absetzt. Gegen Ende der Oxydation darf man ziemlich stark erhitzen und, um das nach Ausscheidung des Kaliumchromisulfats auftretende Stoßen zu verhindern, den Kolben leicht umschütteln. Jetzt wird die Flamme entfernt und ein lebhafter Luftstrom durchgeleitet. Hier ist Vorsicht geboten, erstens, daß die Flüssigkeit im Kaliapparat nicht angesaugt wird und zweitens, daß nicht plötzlich, wenn Ausgleich bei der Abkühlung des Kolbens mit der eingeleiteten Luft erfolgt ist, das noch im Verbrennungsrohr befindliche Kohlendioxyd zu rasch durch den Kali-

---

[1]) Diss. Rostock (1907), 39.
[2]) B. **52**, 534 (1919). — Hurtzig, Diss. München, (1919), 38.
[3]) a. a. O.

apparat getrieben wird. Nachdem man noch einige Zeit einen lebhaften Luftstrom durchgeleitet hat, kann der Kaliapparat abgenommen und dann gewogen werden.

Zur Ausführung der Stickstoffbestimmung spült man den Oxydationsrückstand sofort in einen Destillationskolben. In diesen gibt man so viel Wasser, daß die Lösung etwa 300 ccm einnimmt, setzt einen Tropftrichter auf, verbindet den Kolben mittels eines Kühlers mit einer geeigneten Vorlage, in die man eine genau abgemessene Menge $n/_{10}$-Salzsäure und 50 ccm Wasser gibt, läßt etwa 100 ccm 30 proz. Natronlauge zufließen und destilliert endlich das entstehende Ammoniak ab.

Robertson hat ein Verfahren angegeben, Kohlenstoff und Halogen in einer Probe zu bestimmen[1]).

Berl und Innes[2]) haben das Messingersche Verfahren, namentlich für die Analyse aliphatischer Hydroxylverbindungen (z. B. Cellulosederivate) ausgearbeitet.

Das Prinzip der Methode besteht darin, die Verbrennung der organischen Substanz mit Chromsäure und Phosphorsäure zu bewerkstelligen und das gebildete Kohlendioxyd gasanalytisch nach dem Verfahren von Lunge und Rittener[3]) zu bestimmen. Man fügt außerdem, wie Hempel zur Kohlenstoffbestimmung im Eisen, ein paar Tropfen Quecksilber zu.

Die zu verbrennende Substanz wird in ein Kölbchen von aus der Fig. 154 zu ersehender Gestalt eingefüllt. Glashahn und Schliff werden mit zerflossener Phosphorsäure geschmiert. An das Kölbchen wird eine Bunte-Bürette angeschlossen und das ganze System, wie bei der Methode von Lunge und Rittener[4]), möglichst stark evakuiert. Die Bürette muß vor jedem Versuch mit angesäuertem Wasser durchgespült werden. Die Menge der Substanz ist so zu bemessen, daß auch bei vollständiger Verbrennung im System Kölbchen-Bürette Unterdruck vorhanden ist. Nach Evakuierung wird der untere Hahn der Bürette geschlossen und nun durch den Becher des Kölbchens 5—6 ccm gesättigte Chromsäurelösung unter Vermeidung von Luftzutritt einfließen gelassen. Die Chromsäure enthält zuweilen organische Verunreinigungen, es ist deshalb vor der Analyse, durch einen Blindversuch, deren Abwesenheit zu ermitteln und nur reine Chromsäure zu verwenden. Auch die Phosphorsäure des Handels enthält organische Verunreinigungen, es empfiehlt sich daher, die Lösung aus reinem, weißem Phosphorpentoxyd durch Zerfließenlassen zu bereiten.

In vielen Fällen erfolgt bereits beim Einbringen der Chromsäurelösung und von 1—2 Tropfen Quecksilber in das Kölbchen die Verbrennung der organischen Substanz. Nachdem die Reaktion nachgelassen hat, läßt man durch den Becher 5—6 ccm dickflüssige Phosphorsäure einfließen und erzielt die vollständige Verbrennung durch Erhitzen des Kölbchens. Nach Beendigung der Verbrennung wird das im Kölbchen und in der Capillare befindliche Gas

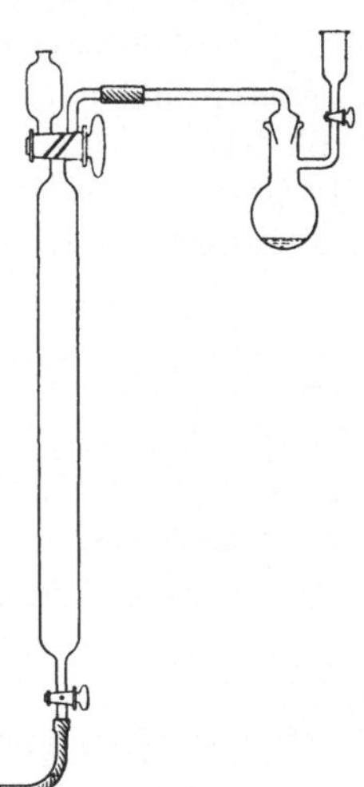

Fig. 154. Apparat von
Berl und Innes.

---

[1]) Soc. **109**, 215 (1916).　　[2]) B. **42**, 1305 (1909).
[3]) Gasanalytische Methoden, S. 412.　　[4]) Z. ang. **19**, 1849 (1906).

durch Einfließenlassen von heißem Wasser bis zur Bohrung des oberen Hahns der Bürette in diese übergetrieben und der Hahn geschlossen. Durch vorsichtiges Saugen mit der Wasserstrahlpumpe am unteren Hahn der Bürette wird das darin vorhandene Kondensat abgesaugt, wobei sorgfältig darauf zu achten ist, daß der untere Hahn geschlossen wird, wenn das Gas in den capillar verengten Teil der Bürette einzutreten beginnt. Man läßt nun 20 Minuten stehen, fügt dann ein mit konzentrierter Kochsalzlösung von Zimmertemperatur gefülltes Niveaugefäß an den unteren Teil der Bürette und stellt durch Öffnen des unteren Hahns auf gleiches Niveau ein. Nach erfolgter Ablesung läßt man durch den Becher der Bürette starke Natronlauge eintreten und bewirkt die Absorption des Kohlendioxyds durch Schütteln. Man läßt wieder kurze Zeit stehen, verdrängt die Absorptionslösung durch gesättigte Kochsalzlösung und liest wiederum ab. Die Differenz der beiden Ablesungen entspricht der Menge des gebildeten Kohlendioxyds.

Bedeuten

B = Barometerstand,
t = Temperatur,
b = Wasserdampftension einer bei t° gesättigten Kochsalzlösung (vgl. Tabelle unten),
a = ccm Kohlendioxyd (bei B—b und t°),
w = Gewicht der Probe,
so ergibt sich:

$$\text{Prozente Kohlenstoff} = \frac{(B - b) \times a \times 0{,}01936}{(t + 273) \times w}.$$

Wasserdampftension gesättigter Kochsalzlösungen bei verschiedener Temperatur.

t° C	mm Hg	t° C	mm Hg	t° C	mm Hg	t° C	mm Hg	t° C	mm Hg
10	7.3	15	10.2	20	13.9	25	18.8	30	25.2
11	7.9	16	10.9	21	14.8	26	20.0		
12	8.4	17	11.0	22	15.7	27	21.2		
13	8.9	18	12.3	23	16.7	28	22.5		
14	9.6	19	13.1	24	17.7	29	23.8		

Verfahren von Hilpert[1]).

Die nasse Verbrennung läßt sich, wie in neuerer Zeit von Hilpert gefunden wurde, fast immer umgehen, wenn man mit feuchtem Sauerstoff oxydiert.

Auf diese Art gelang z. B. die Verbrennung des Aluminiumphenyls, das, in der üblichen Weise behandelt, stets explodiert.

Die Methode hat sich namentlich auch bei stickstoff- und phosphorhaltigen Substanzen sehr bewährt, nicht aber bei arsenhaltigen[2]).

Zur Verbrennung wird, wenn man auch den Wasserstoff bestimmen will, in üblicher Weise vorgegangen. Dann wird eine neue Chlorcalciumröhre eingeschaltet und die Luft, oder der Sauerstoff, nunmehr durch eine mit Wasser beschickte Waschflasche geleitet.

Im allgemeinen wird es aber besser sein, auf die Bestimmung des Wasserstoffs in derselben Probe zu verzichten.

---

[1]) B. **46**, 950 (1913). — Dimroth und Heene, B. **54**, 2938 (1921).
[2]) Steinkopf und Wolfram, B. **54**, 852 Anm. (1921).

Vorsicht muß man lediglich anwenden, wenn man (bei stickstoffhaltigen Substanzen) eine reduzierte Kupferspirale benutzt, da dann auch diese leichter als sonst oxydiert wird.

Ferner ist es zweckmäßig, zur Absorption der letzten Spuren von Feuchtigkeit eine ca. 5 cm lange (nicht U-förmige) Röhre mit Phosphorpentoxyd zwischen Chlorcalciumrohr und Kaliapparat einzuschalten.

Das Chlorcalciumrohr muß sehr groß sein; noch besser wird ein Chlorcalciumturm angewendet.

10. Elementaranalyse auf elektrothermischem Wege[1]).

Die Verbrennung organischer Substanzen mittels Elektrizität als Wärmequelle und Platin als Sauerstoffüberträger vorzunehmen, ist zuerst von Levoir[2]), dann in ähnlicher Weise von Oser[3]) versucht worden. Letzteres Verfahren bietet gleichzeitig die Möglichkeit, eine calorimetrische Bestimmung der Verbrennungswärme der Substanz auszuführen. — Ein von Heraeus[4]) konstruierter Ofen wird von Holde und v. Konek sehr empfohlen[5]), auch zum Dennstedtschen Verfahren ist er anwendbar. (Siehe Fig. 151.)

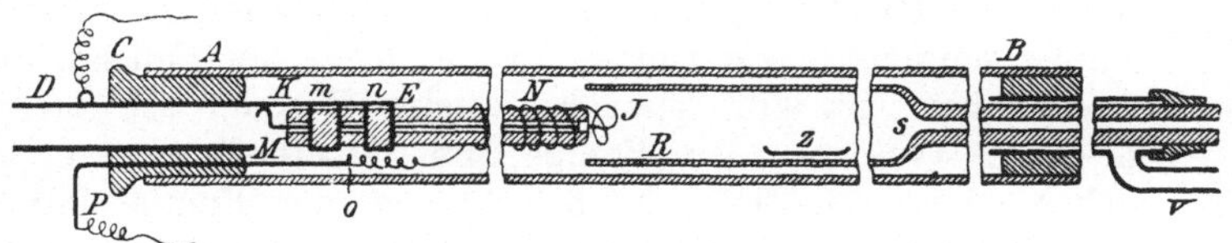

Fig. 155.   Verbrennung nach Breteau und Leroux.

Breteau und Leroux verfahren in Anlehnung an die Dennstedtsche Methode folgendermaßen[6]): Um ein Rohr MN aus Porzellan oder geschmolzenem Quarz (Fig. 155) wird ein Iridium-Platindraht gewickelt, dessen erste Windung bei J an einem stärkeren Platindraht KJ (der bei N in das Porzellanrohr eingeschmolzen ist) befestigt wird. Die letzte Windung ist bei O mit dem durch den Kautschukstopfen C gehenden Platindraht OP verbunden. Die Porzellanröhre steht mit dem Nickelrohr DE mittels der angelöteten Halter m und n in Verbindung. Durch den elektrischen Strom $DKJOP$ (80 Watt) wird die Spirale zur Rotglut erhitzt. Das Metallrohr geht durch C, der das Verbrennungsrohr AB (Jenaer Glas) verschließt. Die Substanz wird in das Verbrennungsrohr mittels einer Dennstedtschen Röhre mit doppelter Sauerstoffzuführung gebracht. An die Glasröhre RS schließt sich ein capillarartiger Ansatz S. Dieser ragt durch den horizontalen Teil eines ⊤-Rohrs hindurch, das durch den die Röhre B verschließenden Stopfen führt. Durch das Capillarrohr strömt Sauerstoff in das Einführungsrohr, während mittels des Ansatzes V des ⊤-Rohrs das Einführungsrohr von Sauerstoff umspült wird. Das Schiffchen Z wird mit etwa 15 cg Substanz gefüllt und die Absorptionsapparate an DE angeschlossen. Glüht die Platinspirale, so wird die Substanz vorsichtig

[1]) Siehe ferner Morse und Taylor, Am. **33**, 591 (1905); **35**, 451 (1906). — Taylor, Thesis, Johns Hopkins Univ. (1905). — Carrasco, Carrasco und Plancher, Atti Linc. **14**, II, 608, 613 (1905). — G. **36**, II, 492 (1906). — Carrasco und Belloni, G. **38**, II, 110 (1908). — J. Pharm. Chim. (6) **26**, 385 (1908). — Carrasco, Ch. Ztg. **33**, 755 (1909). — Dazu Lenz, Z. anal. **46**, 557 (1907). — Reid, Am. soc. **34**, 1033 (1912).
[2]) Elektr. Rundschau **47**, 88 (1889).
[3]) M. **11**, 486 (1890).   [4]) Pharm. Ztg. **50**, 218 (1905).
[5]) Holde, B. **39**, 1615 (1906). — Konek, B. **39**, 2263 (1906).
[6]) Ch. Ztg. **31**, 1028 (1907).   Bull. (4) **3**, 15 (1908). — Giral, Ch. Ztg. **32**, 497 (1908).

erhitzt; ist sie völlig zersetzt, so wird unter Verstärkung des inneren Sauerstoffstroms die Kohle schnell verbrannt. Die Analyse ist in 15—40 Minuten beendet.

11. Elementaranalyse unter Druck im Autoklaven.

Die Verbrennung in der calorimetrischen Bombe oder einem Autoklaven auszuführen, haben Berthelot[1]), Kroecker[2]), Eiloart[3]) und Hempel[4]) unternommen. Letzterer hat einen handlichen Apparat konstruiert, der die Bestimmung des Kohlenstoffs, Wasserstoffs, Schwefels und der Halogene gestattet.

In neuerer Zeit wird diese Methode, die sich bisher im chemischen Laboratorium noch keinen Eingang verschafft hat, für biologisch-chemische Zwecke empfohlen[5]).

Ihr Prinzip besteht darin, daß man nach der Verbrennung durch langsames Öffnen eines Ventils die Verbrennungsgase durch die auch bei der gewöhnlichen Elementaranalyse üblichen Absorptionsapparate streichen läßt und die letzten Spuren von Wasser und Kohlendioxyd durch Luft (evtl. in der Wärme) austreibt.

0.3—0.8 g der in Pastillen gepreßten Substanz werden in den Platintiegel[6]) der Bombe gebracht. Wenn man, wie das meist der Fall ist, nur den Kohlenstoff bestimmen will, gibt man bei stickstoff- oder schwefelreichen Substanzen 1—2 ccm Wasser in die Bombe, um Salpetersäure resp. schweflige Säure sicher zurückzuhalten. Nach Schließen der Bombe und Füllen mit 20 Atmosphären reinen, i. e. kohlendioxydfreien Sauerstoffs wird die Verbrennung in der bekannten Weise[7]) vorgenommen.

Man läßt bei N- oder S-haltigen Substanzen 1—2 Stunden stehen, bei N- und S-freien Substanzen genügt eine halbe Stunde.

Dann werden die Gase sorgfältig abgeblasen, wobei für die Bindung des Kohlendioxyds zwei Kaliapparate angesetzt werden. Von dem dichten Schluß der Ventile muß man sich, durch Einstellen der ganzen Bombe in Wasser, öfters überzeugen.

Ist nach frühestens 3 Stunden kein Überdruck in der Bombe mehr vorhanden, so saugt oder drückt man noch 4 l Luft durch den Apparat.

Zur Wasserbestimmung, die nicht ganz so genau ist (namentlich bei N- und S-haltigen Substanzen), muß die Bombe von Anfang an trocken sein und zum Schluß des Versuchs erwärmt werden. Die Fehler bei der C-Bestimmung sind meist positiv und betragen etwa das Doppelte der Fehler bei der Bestimmung nach Liebig.

Über die gasanalytische Bestimmung von C und H nach diesem Verfahren siehe Higgins und Johnson, Am. soc. **32**, 547 (1910). — Weitere Angaben über Elementaranalysen mittels der calorimetrischen Bombe: Diakow, Bioch. **55**, 116 (1913). — Klein und Steuber, Bioch. **120**, 81 (1921).

Eine relativ billige, praktische Bombe beschreibt Langbein, Ch. Ztg. **33**, 1055 (1909). — Zu beziehen von Aug. Kühnscherf & Söhnen, Dresden.

---

[1]) A. chim. phys. (6) **26**, 555 (1892). — C. r. **114**, 317 (1892); **129**, 1002 (1899). — Müller und Peytral, Bull. (4) **27**, 67 (1920).

[2]) Ver. Rübenz. **46**, 177 (1896). — B. **30**, 605 (1897).

[3]) Ch. News **58**, 284 (1889).

[4]) Z. ang. **9**, 350 (1896). — B. **30**, 202 (1897). — Tóth, Ch. Ztg. **32**, 608 (1908). — Zuntz und Frentzel, B. **30**, 380 (1897). — Tangl, Engelmanns Archiv **1899**, Spl. 251. — Fries, Am. soc. **31**, 272 (1909).   [5]) Grafe, Bioch. **24**, 277 (1910).

[6]) Die Anwendung eines Nickeltiegels empfehlen Higgins und Johnson, a. a. O.

[7]) Ausführliche Beschreibung in Oppenheimers Handb. d. Bioch. **1** (1908).

12. Mikroelementaranalyse nach Pregl.

Die organische Mikroanalyse, die sich bereits jetzt, wenige Jahre nach den ersten Mitteilungen ihres Erfinders im „Handbuch der biochemischen Arbeitsmethoden" von Abderhalden (Bd. V, 2, S. 1307ff. [1912]), vielfach begeisterter Anwendung erfreut und zweifelsohne berufen ist, in absehbarer Zeit alle früheren Methoden aus dem Feld zu schlagen, ist gegenwärtig, nach rascher Überwindung aller „Kinderkrankheiten", zu solcher Vollkommenheit ausgebildet, daß sie nicht nur mit größter Eleganz und Sicherheit und natürlich mit minimalen Substanzmengen alle Bestimmungen, die dem Organiker vorkommen, auszuführen gestattet, sondern auch von Anfängern bei entsprechender Anleitung und bei genügender „chemischer Asepsis" (Pregl) in kürzester Zeit erlernbar ist[1]).

Wage und Wägungen. (Fig. 156.)

Aufstellen der Wage[2]). Die Wage wird am besten auf eine Marmorplatte gestellt, die an einer Grundmauer möglichst erschütterungsfrei befestigt ist.

Prüfen der Wage. Der Nullpunkt wird wie bei einer gewöhnlichen analytischen Wage mittels der Fußschrauben und einer am Wagebalken angebrachten Schraube eingestellt. Die Reiterskala ist so eingerichtet, daß die Verschiebung des Reiters um einen Zahn 10 Teilstrichen der Skala gleich ist. Diese Forderung soll auch bei 10 und 20 g Belastung erfüllt sein. Die Empfindlichkeit der Wage ist $^1/_{500}$ mg. Da nur Differenzwägungen ausgeführt werden, ist es unbedingt nötig, falls bei zwei aufeinanderfolgenden Wägungen derselben Substanz oder desselben Apparats längere Zeit vergeht, vor jeder derartigen Wägung den Nullpunkt zu bestimmen. Dies geschieht wie bei einer gewöhnlichen analytischen Wage. Im Laufe des Tages zeigt der Nullpunkt Schwankungen. Zu gleichen Tageszeiten zeigen z. B. Platingeräte wochenlang gleiches Gewicht. Für die Wägungen größerer Apparate verwendet man Tarafläschchen, die mit feinem Schrot gefüllt werden, so daß also zum endgültigen Auswägen nur Zentigramme nötig sind. Die Gewichte hebt man am besten im Innern der Wage in einer Glasschale auf einem Stückchen Samt auf. Von Zeit zu Zeit ist es nötig, die Wage von Staub zu säubern. Man entfernt zunächst das Gehänge, dann den Wagebalken, wobei man besonders auf die äußerst fein ausgearbeitete Zeigerspitze zu achten hat. Man säubert hierauf mit trocknem Rehleder und einem feinen Haarpinsel sämtliche Arretierungskontakte, hierauf die Schneiden und Auflageflächen und endlich den Balken. Dann wird die Wage wieder zusammengesetzt und die Arretierung mit etwas säurefreiem Paraffinöl geschmiert.

---

[1]) Die nachfolgenden Angaben basieren im wesentlichen auf Aufzeichnungen, die Herr Prof. Dr. A. Eckert in Graz gemacht hat, wo er unter der freundlichen Anleitung Prof. Pregls diese ausgezeichneten Methoden erlernt hat, nach denen seither im Prager Laboratorium mit allerbestem Erfolg gearbeitet wird. — Natürlich wird sich jeder, der sich für die Mikroanalyse interessiert, in den Besitz des inzwischen erschienenen Büchleins von F. Pregl: „Die quantitative organische Mikroanalyse", Berlin, J. Springer (1917), setzen.

[2]) Von W. H. F. Kuhlmann, Hamburg-Barmbeck, Steilshoperstraße 103. Kat.-Nr. 19b.— Preis samt Gewichtssatz ca. 1700 Mk. — Die anderen Apparate zur Mikroanalyse nach Pregl liefern F. X. Eigner, Innsbruck, Physiol. Institut, und Mechaniker Cyrill Jedlicka, Chem. Lab. der deutschen Universität, Prag, Salmgasse 1.

Vor Beginn jeder Wägung öffnet man beide Türchen einige Zeit (es genügen 3—5 Minuten). Mittels des Reiters liest man die ganzen und Zehntelmilligramme ab. Der Zeigerausschlag gibt Hundertelmilligramme an. Ausschläge nach verschiedenen Seiten des Nullpunktes werden subtrahiert, nach gleichen Seiten addiert. Ein Teilstrich der Skala ist gleich $1/_{100}$ mg. Da es bei einiger Übung leicht ist, auch $1/_{10}$ der Teilung mit Sicherheit zu schätzen, so kann man die Wägungen auf $1/_{1000}$ mg ausführen. Bei Wägungen größerer Apparate ist die Tara so zu bemessen, daß der Reiter an den Anfang der Skala kommt, so daß die Wägung mit Hilfe des Reiters ausgeführt werden kann. Man verwendet für die Bestimmung von Kohlenstoff und Wasserstoff

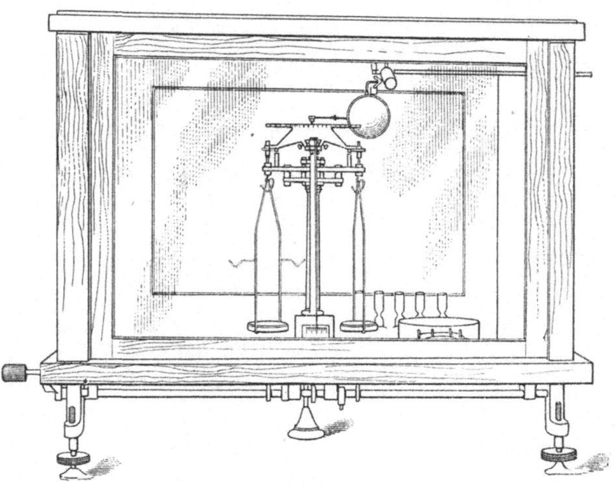

Fig. 156.   Mikrowage.

gewöhnlich 3—4 mg, für die Bestimmung des Stickstoffs 2—3 mg, für die Bestimmung von Halogen und Schwefel 3—6 mg, für die Bestimmung von Methoxyl 2—4 mg.

Platinschiffchen. Diese können nach 2—3 Minuten langem Stehen auf einem massiven Kupferblock, der sich in einem Exsiccator befindet, gewogen werden. Zum Einfüllen der Substanz bedient man sich einer Messerklinge. Die Schiffchen sind nur mit einer Platinpinzette anzufassen, wobei man, da letztere federn, etwas vorsichtig sein muß. Vor jedem Aufsetzen auf die Wage werden sie mit einem Pinsel gut abgewischt. Nach einer Verbrennung reinigt man die Schiffchen durch Auskochen mit Salpetersäure. Bei Verbrennung von halogenhaltigen Substanzen nehmen die Schiffchen etwas ab. Genau so behandelt man die Neubauer-Tiegel. Verwendet man Tiegel oder Schiffchen aus Porzellan (nur für Rückstandsbestimmungen, wo Platin angegriffen wird), so läßt man sie vor der Wägung eine halbe Stunde im Wägeraum stehen.

Absorptionsapparate. Die Enden derselben werden vor jeder Wägung mit etwas Watte ausgewischt, um von den Schläuchen stammenden Schmutz zu entfernen. Hierauf wischt man sie mit einem feuchten Flanellappen gut ab und reibt sie mit einem nicht zu trocknen Rehleder trocken. (Rehleder und Flanell hebt man am besten in zwei bedeckten Krystallisierschalen neben der Wage auf.) Nach dem Abwischen läßt man die Apparate

12—15 Minuten offen neben der Wage liegen. Man darf sie jetzt nicht mehr mit den Händen berühren. Das Auflegen der Apparate auf die Wage geschieht mit einem entsprechend gebogenen Aluminiumhaken. Wesentlich ist, daß Wägezimmer und Verbrennungsraum gleiche Temperatur und Feuchtigkeit haben. Steigende Tendenz ist unschädlich. Fallende Tendenz ist schädlich, weil dann Zimmerluft durch die Apparate gesaugt wird. Befindet sich daher die Wage nicht im Verbrennungsraum, so müssen die Apparate in einem geschlossenen Exsiccator auf die Temperatur des Wägezimmers gebracht werden. Analog wie die Absorptionsapparate behandelt man auch die Filterröhrchen für Halogensilber.

Bestimmung von Kohlenstoff und Wasserstoff.

Erfordernisse.

1. Man verwendet stets Sauerstoff, der aus flüssiger Luft erzeugt wurde. Ist man gezwungen, Sauerstoff aus Kaliumchlorat zu verwenden, so muß man bei der Darstellung alle Kautschukverbindungen vermeiden. Die Luft darf nicht aus einem Raum entnommen werden, wo mit organischen Flüssigkeiten gearbeitet wird. Man prüft die Gase durch einen blinden Versuch.

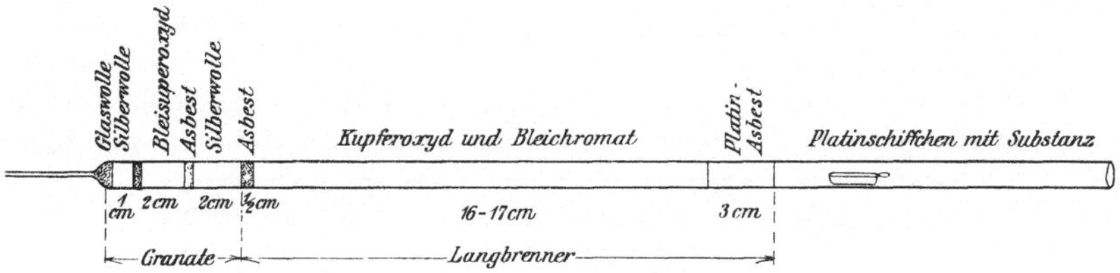

Fig. 157.   Verbrennungsrohr.

Erlaubte Zunahme des Kaliapparats 0—0.02 mg, des Chlorcalciumrohrs 0—0.05 mg.

2. Neue Schläuche geben an die durchstreichenden Gase Substanzen ab, die positive Fehler bedingen. Man muß sie daher künstlich „altern". Sie werden gut mit Wasser durchgespült und hierauf wird bei 80—100° 2—3 Stunden Luft oder Sauerstoff durchgeleitet. Die Verbindungsschläuche der Absorp-

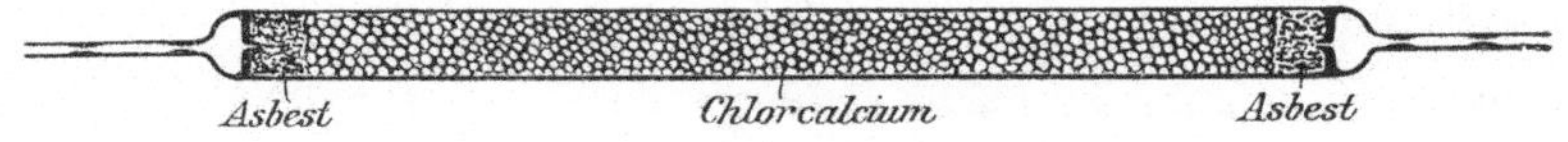

Fig. 158.   Chlorcalciumrohr.

tionsapparate werden 15 Minuten bei Wasserbadtemperatur in einem Gemisch von gleichen Teilen Vaselin und Paraffin erhitzt und dann innen und außen gut mit Watte geputzt.

3. Der Trockenapparat für die Gase besteht aus einem Druckregler, aus einem Blasenzähler und aus einer mit Chlorcalcium und Natronkalk gefüllten Röhre. Der verfügbare Druck ist 10—14 cm Wasser.

4. Die Dimensionen des Verbrennungsrohrs (Fig. 157) sind dieselben wie bei der Stickstoffbestimmung. Gegen das capillare Ende zu schiebt man etwas Glaswolle, die man mit einem Glasstab festdrückt. Darauf kommt 1 cm Silberwolle, dann etwas gut ausgeglühter Asbest und 2 cm gut gekörntes Bleisuperoxyd, dann wieder etwas Asbest und 2 cm Silberwolle. Dieser Teil

des Rohrs wird bei Ausführung der Verbrennung in einer Hohlgranate, die mit
bei 170—180° siedender Naphtha gefüllt ist und auf konstante Temperatur ge-
bracht wird, erhitzt. Auf die Silberwolle kommt 1 cm Asbest. Dieser Asbestpfropfen muß ziemlich dicht gepreßt werden, so daß bei vollständig eingeschobenem Druckregler etwa jede Sekunde eine Blase durch den Zähler geht. Ist der Stöpsel zu locker, so geht die Verbrennung zu rasch vor sich, und die Gase bleiben nicht lange genug mit dem Kupferoxyd in Berührung, um vollständig verbrannt zu werden. Auf diesen Asbestpfropfen kommt eine 15 bis 17 cm lange Schicht eines Gemisches von gleichen Teilen Kupferoxyddraht und

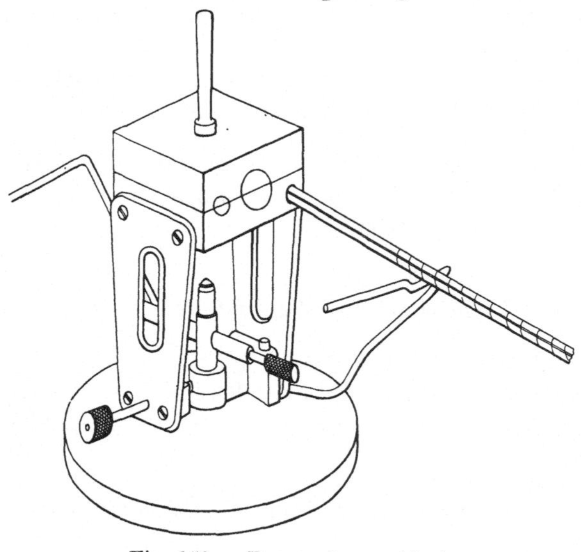

Fig. 159.   Regenerierungsblock.

Bleichromat. Abgeschlossen wird das Ganze durch einen lockeren Stöpsel
aus platiniertem Asbest. In einem derartig beschickten Rohr können alle Sub-

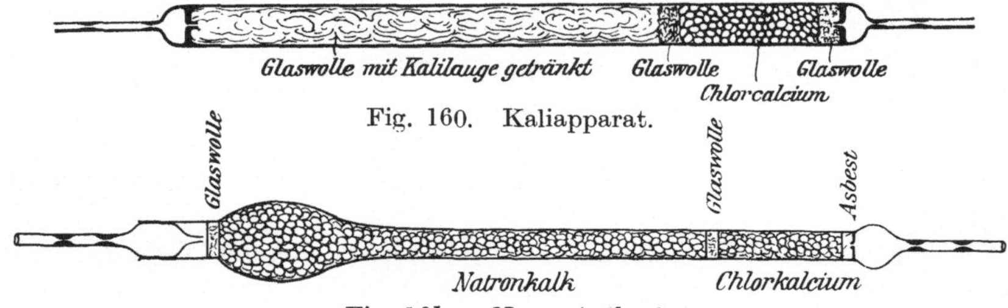

Fig. 160.   Kaliapparat.

Fig. 161.   Natronkalkrohr.

stanzen verbrannt werden[1]). Zum Schutz des Rohrs dient wieder eine
längere feste und eine kürzere bewegliche Drahtnetzrolle.

5. Absorptionsapparate.

Das Chlorcalciumrohr hat die in Fig. 158 wiedergegebene Form. Länge 15 cm, Durchmesser 7 bis

Fig. 162.   Neuer Absorptionsapparat mit Schliff.

8 mm. Die Enden sind glatt geschliffen. Gefüllt wird es mit feinschau-
migem Calciumchlorid von Hirsekorngröße, das durch 2 Stöpsel aus Glaswolle festgehalten wird. Beim Arbeiten achte man darauf, daß stets dieselbe Seite an das Verbrennungsrohr anschließt, damit nicht etwa in der
Vorkammer kondensiertes Wasser durch den Gasstrom in den Kaliapparat
geführt wird. Mit einer Füllung kann man zirka 20 Analysen ausführen.

[1]) In sehr seltenen Fällen ist die Verwendung von Platinasbest oder wiederholtes
Durchleiten der Verbrennungsgase durch das Rohr (Abderhalden, a. a. O.) notwendig.
Siehe Herzig und Faltis, M. **35**, 998 (1914).

Dann wird das Calciumchlorid wieder regeneriert. Man legt das Röhrchen zu diesem Zweck in den sogenannten Regenerierungsblock (Fig. 159) und erhitzt es darin langsam auf 150°, wobei man gleichzeitig trockne Luft durchsaugt. Nach 2 Stunden ist das Röhrchen wieder gebrauchsfertig.

Der Kaliapparat (Fig. 160) ist 18 cm lang, der Durchmesser beträgt 7—8 mm. Die Enden sind glatt geschliffen. Gefüllt ist das Rohr mit einer 3—5 cm langen Schicht Calciumchlorid, die sich zwischen zwei Pfropfen aus Glaswolle befindet. Der übrige Teil des Rohrs ist mit Glaswolle gefüllt. Für die Verwendung wird das Röhrchen folgendermaßen hergerichtet. Man saugt 50 proz. Kalilauge bis zur oberen Höhe der Glaswolle, bläst hierauf aus und schleudert den Überschuß der Lauge ab. Dann spült man die Vorkammer sorgfältig mit Wasser aus und trocknet sie unter fortwährendem Durchblasen von kohlendioxydfreier Luft und Drehen über freier Flamme. Dabei halte man das Röhrchen stets horizontal, so daß der Rest der Lauge nicht in die Vorkammer abfließen kann. Vor der Verwendung überzeuge man sich stets, ob die Capillare und die Vorkammer tadellos rein sind. Ein derartig beschicktes Rohr kann man für zirka drei Verbrennungen verwenden. Dann muß man es, wie eben beschrieben, frisch füllen, wobei man das auf der Glaswolle gebildete Kaliumcarbonat nicht erst auszuwaschen braucht, sondern direkt wieder die Lauge einsaugt. Die Chlorcalciumfüllung wird nach 6—8 Analysen, wie beim Chlorcalciumrohr beschrieben, regeneriert.

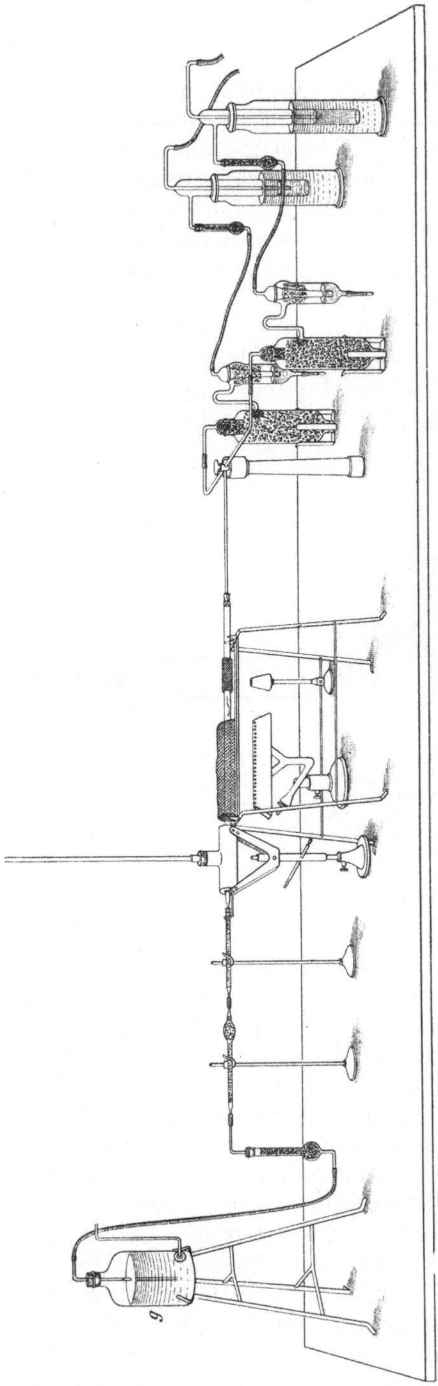

An Stelle dieses Kaliapparats kann man auch ein Natronkalkrohr verwenden (Fig. 161).

Die Länge desselben beträgt 20 cm und der Durchmesser 8 mm. Gefüllt wird es mit einer 3—5 cm langen Schicht Chlorcalcium, darauf Natronkalk von Hirsekorngröße. Als Abschluß der Füllung gibt man etwas angefeuchtete

Fig. 163. Mikroverbrennung.

Glaswolle. Zur Dichtung des schwach erwärmten Schliffs benutzt man einen aus 4 Teilen Kolophonium und 1 Teil Wachs hergestellten Kitt (Krönigscher Glaskitt). Der Überschuß des Kitts wird sorgfältig mit etwas Benzol entfernt. Man saugt nun durch das Rohr etwa 100 ccm Luft, um die Benzoldämpfe zu entfernen. Mit einem derartig beschickten Rohr kann man natürlich eine weit größere Zahl von Analysen ausführen als mit dem oben beschriebenen Kaliapparat. Neuerdings empfiehlt übrigens Pregl[1]) auch für die Füllung mit Kalilauge und für das Chlorcalciumrohr ein Rohr mit eingeschliffenem Stopfen (Fig. 162).

An die Absorptionsapparate ist mittels einer Capillare eine Mariottesche Flasche *g* angeschlossen (Fig. 163).

Ausführung der Verbrennung[2]).

Vor jeder Verbrennung wird das Rohr im Sauerstoffstrom gut ausgeglüht (zirka 20 Minuten), dann werden die Absorptionsapparate angeschlossen und mit der Mariotteschen Flasche verbunden. Hierauf wird das Schiffchen

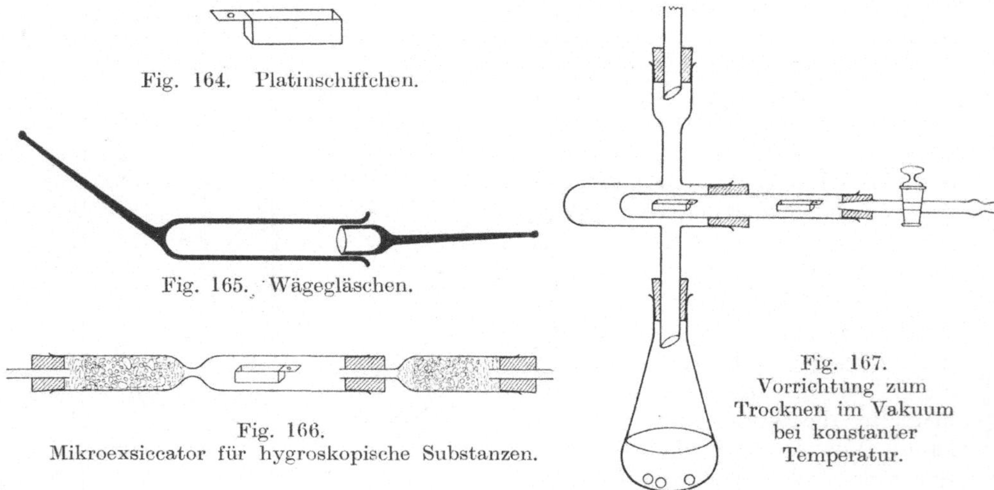

Fig. 164. Platinschiffchen.

Fig. 165. Wägegläschen.

Fig. 166.
Mikroexsiccator für hygroskopische Substanzen.

Fig. 167.
Vorrichtung zum
Trocknen im Vakuum
bei konstanter
Temperatur.

(Fig. 164) mit der Substanz eingeführt und mittels eines Platinhäkchens bis nahe an den Asbestpfropfen herangeschoben. Man trachte dies möglichst rasch auszuführen, damit nur wenig Zimmerluft in das Rohr eindringen kann. Nun wird das ganze System auf Dichte geprüft. Man öffnet den Gaszuführungshahn und senkt den Hebel der Mariotteschen Flasche.

Falls der Apparat dicht ist, treten aus der Capillare der Mariotteschen Flasche nur einige Gasblasen aus. Man legt nun den an der Granate befindlichen Haken auf die Capillare des Chlorcalciumrohrs, um das dort etwa kondensierte Wasser in das Rohr hineinzutreiben, dann reguliert man den Gasstrom vermittels des Druckreglers und der Mariotteschen Flasche so, daß etwa 2—3 Blasen in 2 Sekunden durch den Zähler gehen. Bemerkt sei, daß man die Verbrennung gleich mit Sauerstoff beginnt. Man achte peinlich darauf, daß im Rohr nie Überdruck herrsche, daß also immer Blasen durch den Zähler gehen. Kommt es zu einer Stockung, so kann Substanz nach rückwärts sublimieren, und die Analyse ist in den meisten Fällen verloren. Man verbrenne so rasch, daß man etwa 30 ccm Sauerstoff verbraucht.

---

[1]) Mikroanalyse, S. 36.
[2]) Andere Öfen für die Mikroelementaranalyse: Dubsky, B. **50**, 1713 (1917). — Dautwitz, Ch. Ztg. **44**, 963 (1920).

Ist die Substanz verbrannt, so leitet man durch Umschalten des Hahns etwa 100 ccm Luft durch das ganze System, hebt hierauf langsam den Bügel der Mariotteschen Flasche und nimmt die Absorptionsapparate ab.

Bei der Analyse hygroskopischer Substanzen wägt man das Schiffchen in einem Wägegläschen (Fig. 165).

Um die Oberfläche der mit der Hand anzufassenden Teile möglichst klein zu machen, sind die beiden Griffe des Wägegläschens capillar. Getrocknet

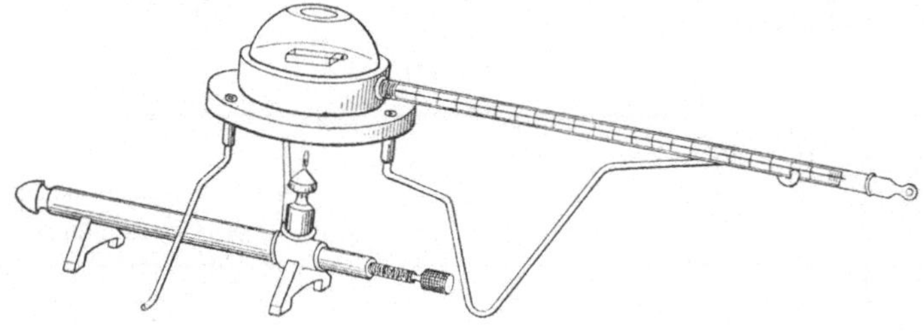

Fig. 168. Trockenblock.

werden derartige Substanzen entweder im Regenerierungsblock unter Verwendung eines Mikroexsiccators (Fig. 166), oder man gebraucht die Trockenvorrichtung Fig. 167 resp. einen Trockenblock (Fig. 168).

Analyse von Flüssigkeiten.

Man stellt sich eine 2—3 mm weite, $3—3\frac{1}{2}$ cm lange Capillare her (Fig. 169), die man einseitig zu einem dünnen Faden auszieht (I).

In diese Capillare bringt man einen Krystall reines Kaliumchlorat, den man vorsichtig zusammenschmilzt, so daß das Chlorat noch keinen Sauerstoff abgibt (II). Nun zieht man das offene Ende des Röhrchens zu einer feinen Capillare aus (III). In dieser Form wägt man das Röhrchen ab. Zur Füllung erwärmt man es schwach neben einer Flamme und taucht die

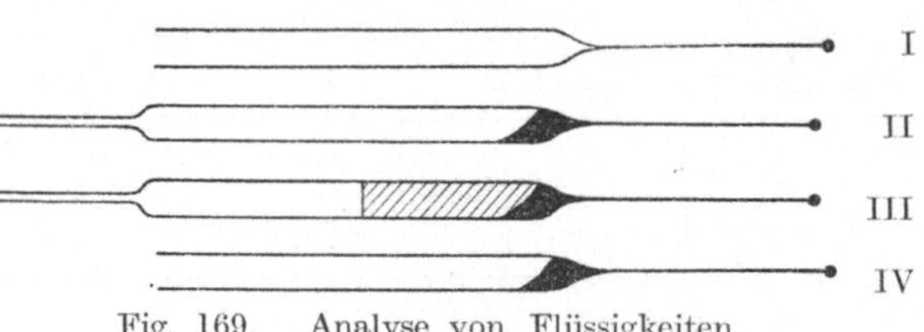

Fig. 169. Analyse von Flüssigkeiten.

Capillare in die zu analysierende Flüssigkeit ein. Nach dem Aufsaugen (dauert ca. 1 Minute) bringt man durch Klopfen den Flüssigkeitstropfen auf das Kaliumchlorat (Aufschlagen der Capillare auf das Knie) (IV). Hierauf wird der in dem dünnen Teil verbliebene Rest der Flüssigkeit mit einem Brenner sorgfältig ausgetrieben. Diese Operation muß peinlichst genau durchgeführt werden, damit beim folgenden Zuschmelzen nicht etwa dieser Teil der Flüssigkeit verkohlt, wodurch falsche Kohlenstoffwerte erhalten werden könnten. Dann wird zugeschmolzen und wieder gewogen.

Bei der Ausführung der Verbrennung legt man das Röhrchen auf ein passend gebogenes Platinblech, das man in das Rohr einschiebt. Man bricht den Stiel ab und kneift im Moment des Einschiebens die Capillare mit dem Nagel ab. Verbrannt wird nun wie gewöhnlich. Der aus dem Kaliumchlorat entwickelte Sauerstoff treibt die letzten Teile der Flüssigkeit aus dem Röhrchen[1]).

---

[1]) Über Mikroelementaranalyse siehe auch Dubsky, Ch. Ztg. **38**, 510, 767 (1914); **40**, 201 (1916). B. **50**, 1709, 1713 (1917). — Hel. **2**, 63 (1919). — Wise, Am. soc. **39**, 2055 (1918). — Gränacher, Hel. **2**, 76 (1919). — Diepolder, Ch. Ztg. **43**, 353

13. Berechnung der Analysen.

A. Bestimmung des Kohlenstoffs. C = 12.0.

Man findet den Prozentgehalt an Kohlenstoff nach der Gleichung

$$P_c = \frac{3\,(CO_2)}{11 \cdot S}$$

oder einfacher mittels der folgenden

Faktorentabelle[1]).

Gefunden	Gesucht	Faktor	2	3	4	5
$CO_2 = 44$	$C = 12$	0.27273	0.54545	0.81818	1.09091	1.36364

6	7	8	9	log
1.63636	1.90909	2.18182	2.45454	0.43573—1

B. Bestimmung des Wasserstoffs. H = 1.01.

Der Prozentgehalt an Wasserstoff berechnet sich nach der Gleichung

$$P_H = \frac{(H_2O)}{9 \cdot S}$$

oder vermittels der

Faktorentabelle.

Gefunden	Gesucht	Faktor	2	3	4	5
$H_2O = 18{,}02$	$H_2 = 2{,}02$	0.11210	0.22420	0.33629	0.44839	0.56049

6	7	8	9	log
0.67259	0.78469	0.89678	1.00888	0.04960—1

C. Formeln, um die Kohlenstoffprozentzahlen älterer Analysen nach dem neueren Atomgewicht des Kohlenstoffs zu korrigieren[2]).

Sind für die Korrektion von älteren Elementaranalysen die Originaldetails der Analyse nicht bekannt, sondern nur die berechneten Kohlenstoffprozente (= Carb.), so ist, falls den Rechnungen die Atomgewichtsbestimmung von Berzelius C = 76.438 zugrunde liegt, die Korrektur nach der Gleichung:

$$\log \text{Carb. korr.} = \log \text{Carb.} - 0.00598$$

und für Bestimmungen mit der Zahl von Liebig und Redtenbacher C = 75.854 die Korrektur nach der Gleichung:

$$\log \text{Carb. korr.} = \log \text{Carb.} - 0.00357$$

in Anwendung zu bringen.

(1919). — Schoorl, Ch. W. **16,** 483 (1919). — Barendrecht, Ch. W. **16,** 510 (1919). — Schoeller. Z. ang. **34,** 581, 587 (1921). — Wrede, B. **55,** 557 (1922).

[1]) Guttmann hat „Prozent-Tabellen für die Elementaranalyse", Braunschweig, Vieweg & Sohn (1904), herausgegeben. Sie bieten kaum besondere Vorteile.

[2]) Schiff, B. **7,** 781 (1874); **8,** 72 (1875). — G. **4,** 555 (1874).

Zweiter Abschnitt.

Bestimmung des Stickstoffs.

1. Qualitativer Nachweis des Stickstoffs.

A. Identifizieren des Stickstoffs[1]).

Um bei einer Reaktion abgespaltenen elementaren Stickstoff zu identifizieren, führt man das zu prüfende Gas in ein Eudiometer, läßt das gleiche Volum elektrolytisch entwickelten Sauerstoffs hinzutreten und dann einige Zeit Induktionsfunken hindurchschlagen. Es wird Stickstoffdioxyd gebildet, das durch seine Farbe sowie durch die Reaktion mit Diphenylamin und Schwefelsäure charakterisiert werden kann. Oder man leitet das getrocknete Gas über im Wasserstoffstrom zum Glühen erhitztes Magnesiumpulver. Das entstandene Nitrid gibt auf Wasserzusatz Ammoniakreaktionen.

B. Reaktion von Lassaigne[2]).

Man bringt in eine enge und lange Eprouvette 10—20 mg Substanz und darauf etwa die zehnfache Menge gut abgetrocknetes und durch Eintauchen in Äther von Petroleum befreites Natrium [oder Kalium[3]), das aber im allgemeinen keine Vorteile bietet[4])]. Man erhitzt bis zum Glühen des Röhrchens und sorgt dafür, daß an den Gefäßwänden kondensierte Zersetzungsprodukte wieder herabfließen und mit dem geschmolzenen Natrium in Reaktion treten können.

Man stellt gewöhnlich das Röhrchen noch heiß in ein kleines Bechergläschen und spritzt aus einiger Entfernung vorsichtig (um nicht durch eventuell herausgeschleudertes Natrium verletzt zu werden) Wasser erst auf das geschlossene Röhrenende, dann, nachdem das Eprouvettchen zersprungen ist, auch in das Innere desselben.

Zweckmäßiger wird es sein, das überschüssige Natrium nach Skraup[5]) mit Alkohol in Lösung zu bringen. Wenn die Hauptmenge des Natriums verschwunden ist, kann man Wasser in kleinen Mengen zufügen, worauf sich der Rest ganz ruhig auflöst.

Die resultierende alkalische Flüssigkeit, die 5—10 ccm betragen soll, wird mit etwas Kalilauge versetzt und mit nicht mehr als 2 Tropfen frischer, kaltgesättigter Eisenvitriollösung[6]) einige Augenblicke zum Kochen erhitzt. Man läßt erkalten, filtriert, säuert mit nicht zuviel verdünnter Salz

---

[1]) Siehe v. Cordier, M. **35**, 22 (1914).

[2]) C. r. **16**, 387 (1843). — A. **48**, 367 (1843). — Jacobsen, B. **12**, 2318 (1879). — Täuber, B. **32**, 3150 (1899). — Zellner, Pharm. Ztg. **57**, 979 (1912).

[3]) Das in Kugelform käufliche, mit einer braunen Kruste bedeckte Kalium wird gereinigt, indem man die Kugeln in einer mit Äther gefüllten Schale unter Zugabe einiger Tropfen Alkohol hin und her rollt. Kurtz, B. **46**, 3398 (1913).

[4]) Nach Bach B. **41**, 227 (1908) läßt sich der Stickstoffgehalt von Oxydationsfermenten (Peroxydase) nur mit Kalium, nicht mit Natrium, erkennen. — Mielck, Diss. Rostock (1909), 68. — Schirmer, Arch. **250**, 233 (1912).

[5]) Privatmitteilung. — Dasselbe Verfahren gibt auch Weston, Detection of Carbon compounds, Longmans, Green and Co., London (1904), 2, an.

[6]) Der früher ebenfalls übliche Zusatz von Eisenchlorid ist nicht nötig, sogar ungünstig. Mulliken und Gabriel, Ch. Ztg. **36**, 1186 (1912). — Vorländer, B. **46**, 187 (1913).

säure an und fügt wieder einige Tropfen Eisenvitriollösung zu. Man erhält nunmehr, falls die Substanz stickstoffhaltig war, eine mehr oder weniger stark blaugrün gefärbte Flüssigkeit, die beim Stehen (evtl. erst nach einigen Stunden) einen Niederschlag von Berlinerblau absetzt.

Um bei kleinen Stickstoffmengen diesen Niederschlag besser sichtbar zu machen, gehen Dupont, Freundler und Marquis[1]) folgendermaßen vor. Die kaum blau oder grün gefärbte Lösung wird durch ein feuchtes Filterchen gegossen, dieses mit heißer verdünnter Salzsäure vom spez. Gewicht 1.08 und dann mit Wasser gewaschen. Nach dem Trocknen tritt eine blaßblaue Färbung auf, auch wenn nur 0.1 mg Stickstoff anwesend ist.

Hat man nur sehr geringe Substanzmengen zur Verfügung, so stellt man nach Mulliken und Gabriel[2]) Pillen aus reinem Naphthalin her und tränkt sie mit der verdünnten Lösung der zu untersuchenden Substanz; auf diese Weise kann man noch mit halben Milligrammen den Nachweis von Stickstoff führen. Es gelang, nach diesem Verfahren auch stark explosive Sprengstoffe, sehr flüchtige Verbindungen und Alkaloide mit geringem Stickstoffgehalt zu untersuchen.

Zellner schichtet die alkalische Lösung in einer Eprouvette vorsichtig über angesäuerte Eisenchloridlösung und beobachtet die Blaufärbung der Zwischenzone[3]).

Die Reaktion von Lassaigne ist bei richtiger Ausführung vollständig zuverlässig[4]) und versagt nur bei Substanzen, die schon bei geringer Temperatursteigerung allen Stickstoff verlieren [Diazokörper[5])]. Für den Nachweis des Stickstoffs in derartigen Substanzen dienen die unter „Diazogruppe" — S. 1021ff. — angeführten Methoden.

Bei gewissen Pyrrolderivaten läßt indes die Methode in der beschriebenen Ausführungsform im Stich[6]). Man verfährt in solchen Fällen nach Kehrer[7]) folgendermaßen.

Eine kleine Menge Substanz wird in die nicht zu kurze Spitze eines ausgezogenen, nicht zu weiten Glasröhrchens, wie solche zur Reduktion von arseniger Säure durch Kohlensplitterchen dienen[8]), gebracht; man klopft einen Kanal und erhitzt das Natrium, das sich an der unteren, nicht verjüngten Stelle des Röhrchens befindet, vorsichtig zum Glühen, derart, daß die Substanz selbst möglichst wenig erwärmt wird. Hierauf bringt man diese mittels einer zweiten kleinen Flamme sehr vorsichtig zum Schmelzen und erhitzt in der Weise weiter, daß die entweichenden Dämpfe eben bis zum glühenden Metall, aber kaum über dieses hinaus gelangen. Man läßt die Dämpfe sich wieder verdichten und treibt sie nochmals bis an das glühende Metall vor. Zu rasche Dampfbildung ist zu vermeiden, auch darf nicht zuviel Substanz angewendet werden.

Bei Tschirchs Substanzen (Anm. 4) konnte nach dem Erhitzen mit trocknem Ätzkali Pyrrol nachgewiesen werden. — Außerdem kann man hier den Stickstoff dadurch nachweisen, daß man mit Kupferoxyd im Sauer-

---

[1]) Manuel de Travaux Pratiques de Chimie organique, 2. Aufl. (1908), 83. — Mulliken und Gabriel, Ch. Ztg. **36**, 1186 (1912).

[2]) a. a. O.   [3]) Z. anal. **53**, 57 (1914). — Siehe dazu Anm. 6.

[4]) Fälle, in denen die Methode anscheinend versagt: Tschirch und Stevens, Arch. **243**, 519 (1905). — Ph. C.-H. **1905**, 501. — Tschirch und Cerderberg, Arch. **245**, 101 (1907).   [5]) Graebe, B. **17**, 1178 (1884).

[6]) Feist und Stenger, B. **35** 1559 (1902). — Kehrer, B. **35**, 2524 (1902). — Tschirch und Schereschewski, Arch. **243**, 363 (1905). — Fischer, B. **51**, 1325 (1918).

[7]) B. **35**, 2525 (1902).   [8]) Fresenius, Qual. Analyse, 16. Aufl., 232.

stoffstrom ohne vorgelegte Spirale verbrennt und die Kalilauge mit Diphenylamin oder Brucin prüft.

Immerhin sei betont, daß wenigstens in einem der zitierten Fälle (Urushinsäure) der angebliche (nach Dumas bestimmte) Stickstoff sich als Kohlenoxyd erwies[1]).

Es sei noch die Ansicht H. Fischers angeführt[2]):

Die Lassaignesche Probe ist nicht so empfindlich, wie wohl allgemein angenommen wird. Beim 2.4-Dimethyl-5-acetyl-3-carbäthoxy-pyrrol ist z. B. mit 3 mg Substanz (bei Anwendung von Kalium) der Nachweis des Stickstoffs noch sehr unsicher, und erst nach 24 Stunden ist das Resultat definitiv verwertbar. Ähnliche Resultate geben zahlreiche stickstoffhaltige Verbindungen. Diese Gewichtsmenge von 3 mg genügt jedoch vollkommen, um nach Pregl bereits innerhalb einer Stunde in absolut eindeutiger Weise den Stickstoffgehalt festzustellen, und zwar gleich quantitativ. Auch bei noch verunreinigten Körpern weiß man dann aus der festgestellten Menge sofort, ob der gefundene Stickstoff in dem Körper selbst oder in einer Verunreinigung enthalten ist.

Eine Modifikation der Lassaigneschen Probe (mit Magnesium) ist von Castellana[3]) angegeben worden; nach Russel Ellis[4]) ist sie aber unbrauchbar.

Flierings[5]) glaubt indes die folgende Ausführungsform empfehlen zu dürfen:

Ein Gemisch von 2 Teilen nicht völlig entwässerten Natriumcarbonats ist mit 1 Teil Magnesium und etwas Zucker zu mischen, zum Aufglühen zu bringen und dann dem zu untersuchenden Stoff hinzuzufügen, endlich wie nach Lassaigne weiter zu verfahren.

Spica[6]) kombiniert mit der Prüfung auf Stickstoff die auf Schwefel und Halogene. Man prüft einen Teil der Flüssigkeit mittels der Berlinerblaureaktion auf Stickstoff, einen Tropfen auf blankem Silberblech auf Schwefel. Bei Abwesenheit beider Stoffe kann direkt mit Silbernitrat auf Halogen geprüft werden. Im anderen Fall erhitzt man mit etwa dem halben Volum Schwefelsäure 1—2 Minuten lang. Hierbei werden Schwefelwasserstoff und Blausäure vollständig entfernt, nicht aber die Halogenwasserstoffsäuren, die auch nach 5 Minuten langem Erhitzen noch nachweisbar sind.

Alle übrigen zum Stickstoffnachweis vorgeschlagenen Reaktionen sind nur von beschränkter Anwendbarkeit und in der Ausführung umständlicher. So das Erhitzen der Substanz mit Alkalien [Auftreten von Ammoniak[7]), das sich durch Schwarzfärbung einer Quecksilberoxydullösung, durch Bläuen von Lackmuspapier usw. verrät[8])], oder das Oxydieren mit Natriumsuperoxyd[9]) oder mit kaltgesättigter Kalilauge und festem Kaliumpermanganat, wobei nach Donath[10]) stets salpetrige oder Salpetersäure entstehen soll.

---

[1]) Miyama, B. **40**, 4391 (1907). — Siehe auch Bach, B. **41**, 227 (1908).
[2]) B. **51**, 1325 (1918).   [3]) G. **34**, II, 357 (1904).
[4]) Ch. News **102**, 187 (1910).   [5]) Ph. W. **57**, 3 (1920).   [6]) B. **13**, 205 (1880).
[7]) Faraday, Pogg. **3**, 455 (1825). — Neuerdings wieder von Brach und Lenk empfohlen. Ch. Ztg. **35**, 1180 (1911). — Siehe auch S. 239.
[8]) Du Menil, Arch. **1824**, 41. — Kronbach, Buchners neues Rep. **5**, 343 (1856).
[9]) v. Konek, Z. ang. **17**, 771 (1904).
[10]) M. **11**, 15 (1890).

2. Quantitative Bestimmungen des Stickstoffs.

Zur quantitativen Stickstoffbestimmung werden für wissenschaftliche Zwecke fast nur zwei Methoden benutzt: das Verfahren von Dumas und das von Kjeldahl. Die früher, namentlich für technische Zwecke, vielfach geübte Methode von Varrentrapp und Will ist veraltet, die in ihrem Prinzip einwandfreie von Dennstedt hat sich nicht recht einbürgern können.

A. Methode von Dumas[1]).

Das Verfahren beruht auf der von Gay-Lussac, Liebig und anderen zu Anfang des vorigen Jahrhunderts aufgefundenen Tatsache, daß bei der Verbrennung stickstoffhaltiger Substanzen mit Kupferoxyd neben Kohlendioxyd und Wasser im wesentlichen elementarer Stickstoff erhalten wird, neben geringen Mengen von Stickoxyden, deren Reduktion in geeigneter Weise vorzunehmen ist.

Das Verfahren ist von allgemeiner Anwendbarkeit, soweit nicht Substanzen in Frage kommen[2]), die schon bei gewöhnlicher Temperatur Stickstoff verlieren und daher auch nicht die unerläßliche Füllung des zur Analyse dienenden Rohrs mit Kohlendioxyd vertragen.

So läßt sich nach Weidel und Herzig[3]) eine direkte Bestimmung des Gesamtstickstoffs im neutralen isocinchomeronsauren Ammonium nicht ausführen, da das

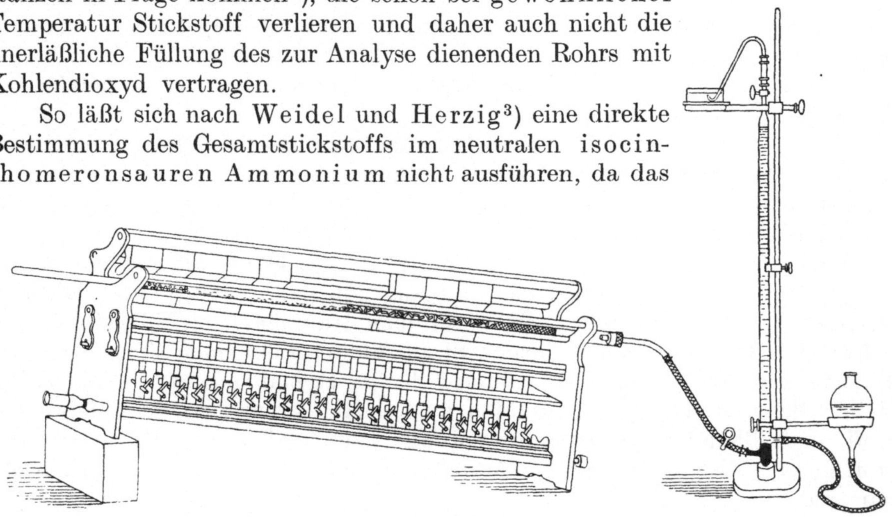

Fig. 170.   Stickstoffbestimmung nach Dumas.

Salz beim Überleiten von Kohlendioxyd zersetzt und ein Teil des gebildeten kohlensauren Ammoniums verflüchtigt wird; ebensolche Schwierigkeiten verursachen die Hydrazine[4]).

Erfordernisse: 1. ein Verbrennungsrohr von 100—120 cm Länge, an einem Ende rund zugeschmolzen, von etwa 10 mm innerer Weite.

---

[1]) A. Chim. Phys. **2**, 198 (1831). — Melsens, C. r. **20**, 1437 (1846). — Über die Geschichte dieser Methode siehe die trefflichen Ausführungen von Dennstedt, Entwicklung der Elementaranalyse (1899), 29—42. — Guillemard und Dombrowski, Bull. des sc. pharmacol., Juli 1902.

[2]) Wie man die Dumassche Methode auch für solche Substanzen verwendbar machen kann, siehe S. 230.

[3]) M. **1**, 9 (1880). — Ähnlich verhält sich das Ammoniummetapurpurat: Borsche und Bäcker, B. **37**, 1848 (1904). — Siehe auch Jacobsen und Huber, B. **41**, 662 (1908). (Benzoyltolylnitrosamin.)

[4]) E. Fischer, A. **190**, 124 (1877). — De Vries und Holleman, Rec. **10**, 229 (1891).

2. **Ein Apparat zum Auffangen und Messen des entwickelten Stickstoffs.**

Von den zahlreichen, für diesen Zweck vorgeschlagenen Instrumenten seien die Azotometer von Zulkowsky[1]), Gladding[2]), Ludwig[3]), Reinitzer[4]), Schwarz[5]), Städel[6]), R. Schmidt[7]), Dupré[8]), Groves[9]), Ilinski[10]), Sonnenschein[11]), Jowett und Carr[12]), Bleier[13]) angeführt. Ihnen allen ist das zuerst angegebene, das von Hugo Schiff[14]) stammt, in der von Gattermann[15]) modifizierten Form weitaus überlegen. Seine Konstruktion ist aus den Fig. 170 und 171 ersichtlich.

3. **Das Füllmaterial der Röhre.**

a) **Stickstofffreies Natrium- oder Kaliumbicarbonat.** Es dient als Kohlendioxydgenerator. An seiner Stelle werden auch **Magnesit** (in erbsengroßen Stücken), **Mangancarbonat, Soda** und **Kaliumpyrochromat**, seltener **Blei-** oder **Kupfercarbonat** benutzt. Flüssiges Kohlendioxyd hat Ludwig[16]) vorgeschlagen.

Weiter wird auch empfohlen, das Kohlendioxyd aus einem Gasentwicklungsapparat [Marmor und Salzsäure, Hufschmidt[17]), ferner geschmolzene Soda und Schwefelsäure, Kreusler[18]), gemahlene Kreide und Schwefelsäure, Hoogewerff und van Dorp[19]), konzentrierte Kaliumcarbonatlösung und 50proz. Schwefelsäure, Blau[20]) usw.] zu entnehmen; nach diesen Methoden muß man natürlich mit einem offenen, durch einen Geißlerschen Hahn abschließbaren Rohr operieren.

b) **Grobes** (am besten aus Kupferdraht oder -spänen erhaltenes) **Kupferoxyd.** Feines, pulverförmiges Kupferoxyd. Letzteres muß durch Glühen in einem Kupfer- oder Nickeltiegel von etwaigem Stickoxydgehalt befreit sein. Man bewahrt sie in gut schließenden Gefäßen auf, in die man das Oxyd noch warm einfüllt. Nach alter Tradition werden hierzu meist birnförmige Glaskolben benutzt, die durch einen mit Stanniol umwickelten Kork verschlossen werden[21]).

c) Eine 10—20 cm lange[22]) **Kupferdrahtnetzspirale**, die folgender-

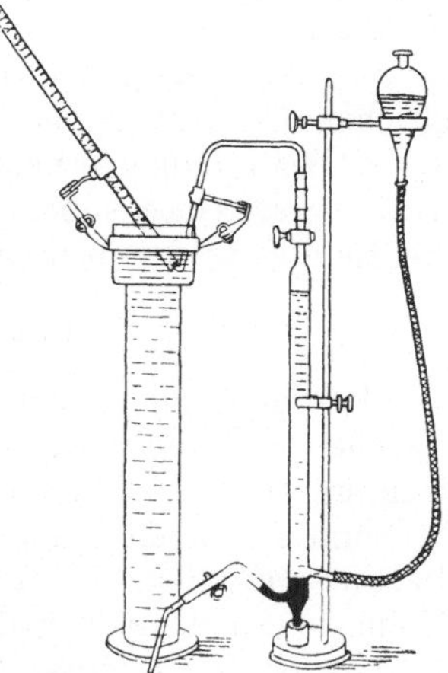

Fig. 171.   Azotometer nach Schiff - Gattermann.

---

[1]) A. **182**, 296 (1876).   [2]) Ch. News **46**, 39 (1882).   [3]) B. **13**, 883 (1880).
[4]) Dingl. **236**, 302 (1879).   [5]) B. **13**, 771 (1880).   [6]) Z. anal. **19**, 452 (1880).
[7]) J. pr. (2) **24**, 444 (1881).   [8]) Bull. (2) **25**, 498 (1876).
[9]) B. **13**, 1341 (1880).   [10]) B. **17**, 1347 (1884).   [11]) Z. anal. **25**, 371 (1886).
[12]) Ch. News **78**, 97 (1897).   [13]) B. **30**, 3123 (1897).
[14]) Z. anal. **7**, 430 (1868); **20**, 257 (1881).
[15]) Z. anal. **24**, 57 (1885). — Siehe auch S. 245.   [16]) Medizin. Jahrb. **1880**.
[17]) B. **18**, 1441 (1885). - Borsche und Böcker, B. **37**, 1848 (1904). — Siehe dagegen Bernthsen, Z. anal. **21**, 63 (1882). Nach neueren Untersuchungen ist die Benutzung dieses Verfahrens bei richtiger Ausführung sehr gut geeignet. Siehe S. 236.
[18]) Landw. Vers.-St. **31**, 207 (1884).   [19]) Rec. **1**, 92 (1882).
[20]) M. **13**, 279 (1892). — Young und Caudwell, Soc. Ind. **26**, 184 (1907). — Siehe S. 229.
[21]) Bader und Stohmann befürworten die Verwendung von Kupferoxydasbest, Ch. Ztg. **27**, 663 (1903).
[22]) In einzelnen Fällen ist auch eine längere Spirale notwendig. Siehe z. B. van der Zande, Rec. **8**, 211 (1889). — Deninger, J. pr. (2) **50**, 90 (1894). — Kehrmann und Decker, B. **54**, 2429 (1921).

maßen vorbereitet wird: In eine starkwandige, genügend weite und etwa 20 cm lange Eprouvette füllt man einige Tropfen Ameisensäure oder Methylalkohol[1]), umwickelt die Röhre mit einem Tuch und senkt die zum Glühen erhitzte Kupferspirale hinein. Man läßt die jetzt blanke Spirale erkalten und bewahrt sie in dem nunmehr verschlossenen Rohr bis zum Gebrauch auf. Die Spirale im Wasserstoffstrom zu reduzieren, empfiehlt sich nicht, da hierbei Wasserstoff okkludiert wird, der selbst beim Glühen der Röhre im Kohlendioxydstrom nicht vollständig entfernt wird und bei der Stickstoffbestimmung durch Zerlegung des Kohlendioxyds zu Fehlern führt[2]). Nach Eichhorn[3]) kann man sich übrigens so helfen, daß man die reduzierte Spirale im Stickstoffstrom ausglüht; immerhin ein umständliches Verfahren[4]).

4. Ein kleiner Pfropf aus Kupferoxyddrahtnetz, ein Kautschukstopfen mit Glasrohr zur Verbindung der Verbrennungsröhre mit dem Azotometer, eine glasierte Porzellanreibschale, weißes Glanzpapier, ein Einfülltrichter.

5. Kalilauge zur Füllung des Azotometers. Diese wird aus gleichen Gewichtsmengen Ätzkali und Wasser dargestellt und muß für jede dritte Bestimmung erneuert werden. In den untersten Teil des Azotometers wird etwas Quecksilber gebracht (siehe die Fig. 170, 171 und 191). Über die Reinigung der Kalilauge nach Pregl siehe S. 237.

Ausführung der Bestimmung[5]).

In das Rohr bringt man durch den mit gerade abgeschnittenem Hals versehenen Einfülltrichter — der Hals habe gleiches Lumen wie das Verbrennungsrohr und wird mittels Schlauchs aufgesetzt — zuerst eine Schicht Natriumbicarbonat (oder Magnesit usw.) von 15 cm Länge, dann den Kupferdrahtnetzpfropfen, hierauf 10 cm grobes Kupferoxyd, 3 cm feines Oxyd, 30 cm feines Kupferoxyd, in das die Substanz (0.1—0.5 g) gut eingemischt ist, wieder 5 cm feines Oxyd, 25 cm grobes Kupferoxyd, dann die blanke Kupferspirale und endlich wieder einige Stückchen grobes Kupferoxyd und den Verschlußpfropfen. Man klopft nun oberhalb des Bicarbonats und des feinen Kupferoxyds einen Kanal und legt die Röhre so in den Ofen, daß sich die ganze Bicarbonatschicht außerhalb des Bereichs der Flammen befindet; das andere Ende des Rohrs wird dann noch einige Zentimeter aus dem Ofen herausragen. Man verbindet mit dem Gattermannschen Azotometer, das mit Lauge gefüllt ist und dessen Kugel vollständig herabgesenkt wird. Der Verbrennungsofen steht etwas geneigt, um dem aus dem Bicarbonat und der Substanz entwickelten Wasser freien Ablauf zu gewähren. Das Glasrohr,

---

[1]) Melsens, A. **60**, 112 (1846). — Perrot, C. r. **48**, 53 (1848). — Limpricht, A. **108**, 46 (1859). — Schröter, J. pr. (1) **76**, 480 (1859). — Thudichum und Hake, Soc. **2**, 251 (1876) — Lietzenmayer und Staub, B. **11**, 306 (1878). — Hempel, Z. anal. **17**, 414 (1878). — Ritthausen, Z. anal. **18**, 601 (1879). — Pflüger, Z. anal. **18**, 301 (1879). — Leduc, C. r. **113**, 71 (1891). — Neumann, M. **13**, 40 (1892). — Siehe dazu auch Eichhorn, Ch. Ztg. **37**, 1465 (1913).

[2]) Lautemann, A. **109**, 301 (1859). — Groves, B. **13**, 1341 (1880). — Weyl, B. **15**, 1139 (1882). — V. Meyer und Stadler, B. **17**, 1576 (1884). — Siehe dagegen Heydenreich, Z. anal. **45**, 741 (1906).

[3]) A. a. O.

[4]) Das Kupfer muß frei von Zink und Eisen sein, weil sonst beträchtliche Mengen von Kohlenoxyd entstehen. Perrot, C. r. **48**, 53 (1859). — Cherbuliez, Hel. **3**, 652 (1920).

[5]) Siehe auch Brinton, Schertz, Crockett und Merkel, J. Ind. Eng. Ch. **13**, 636 (1921).

das zu dem Azotometer führt, darf nur sehr wenig durch den Kautschukpfropfen hindurch in das Rohr hineinragen. Man öffnet den Quetschhahn und den Glashahn des Azotometers und entwickelt durch Bestreichen der Bicarbonatschicht mit einer Bunsenbrennerflamme einen langsamen Kohlendioxydstrom. Ist nahezu alle Luft aus dem Rohr vertrieben (wovon man sich unter Heben der Azotometerbirne an dem nahezu vollständigen Absorbiertwerden der aufsteigenden Gasblasen überzeugt), so erhitzt man die blanke Kupferspirale und füllt durch entsprechendes Heben das Absorptionsrohr völlig mit Lauge, verschließt den Glashahn und senkt wieder die Birne zur Verminderung des Drucks möglichst tief herab. Es wird sich nun beim weiteren Kohlendioxyddurchleiten noch ein wenig Luft unterhalb des Glashahns ansammeln, die man durch Heben der Birne wieder aus dem Absorptionsrohr vertreibt, so lange, bis sich beim 5 Minuten dauernden Durchleiten eines lebhaften Kohlendioxydstroms nur mehr eine minimale Bläschenmenge unabsorbiert ansetzt, die sich auch nicht mehr wahrnehmbar vermehrt. Nun wird die Birne so hoch gehoben, daß nach dem Öffnen des Glashahns der angesammelte Schaum und ein wenig Kalilauge in die vorgelegte, mit Wasser versehene Schale fließt und die Capillare ganz mit Flüssigkeit gefüllt ist. Der Glashahn wird wieder geschlossen, die Birne gesenkt und nun nach und nach das Verbrennungsrohr zum Glühen gebracht, wobei man zuerst die Brenner neben dem Bicarbonat und nahe der Kupferspirale entzündet und mit dem Erhitzen von beiden Seiten allmählich an die Substanz heranrückt. Die Schnelligkeit des Kohlendioxydstroms wird so reguliert, daß sich stets gleichzeitig 2—3 Gasblasen im Absorptionsrohr befinden. Man wird jetzt nur mehr von Zeit zu Zeit oder auch gar nicht nötig haben, das Bicarbonat zu erhitzen. Beginnt die Substanz sich zu zersetzen, so entwickeln sich auch alsbald größere, nicht absorbierbare Gasblasen. Wenn das ganze Rohr rotglühend ist und das Volum des entwickelten Stickstoffs in der Absorptionsröhre nicht mehr zunimmt, vertreibt man durch 10 Minuten dauerndes Erhitzen der Bicarbonatschicht in lebhaftem Tempo den Rest des Stickstoffs aus dem Verbrennungsrohr, markiert den Stand des Meniscus durch ein aufgeklebtes Stückchen Papier oder einen Kreidestrich und probiert, ob das Gasvolum bei 5 Minuten langem Kohlendioxyddurchleiten noch weiter zunimmt. Ist dies nicht der Fall, so wird der Quetschhahn geschlossen und der Kautschukpfropfen rasch aus dem Verbrennungsrohr entfernt. Die Flammen werden verlöscht.

Man läßt nun den Stickstoff, nachdem man die Flüssigkeit durch wiederholtes Heben und Senken der Birne durchgemischt hat, noch eine halbe Stunde mit der Kalilauge — bei derart gestellter Birne, daß in beiden Gefäßen das Flüssigkeitsniveau gleich hoch ist — in Berührung und überleert dann das Gas in der aus Fig. 171 ersichtlichen Weise in ein mit reinem Wasser gefülltes Meßrohr. Letzteres wird hierauf derart eingespannt, daß das Wasser im Innern und außerhalb des Rohrs gleich hoch steht. Wenn sich nach einer halben Stunde die Temperatur ausgeglichen hat, korrigiert man noch eventuell den Stand der Röhre, liest Temperatur, Barometerstand und Gasvolumen ab und berechnet den Prozentgehalt der Substanz an Stickstoff nach der Gleichung:

$$n = \frac{v \cdot (b - w) \cdot 0.12511}{s \cdot 760 \, (1 + 0.00367 \cdot t)},$$

wobei v das Gasvolum bei der Temperatur t und dem Barometerstand b, w die korrespondierende Tension des Wasserdampfs und s die abgewogene Substanzmenge bedeutet.

15*

Sehr vereinfacht wird die Rechnung durch Benutzung der S. 232—233 gegebenen Tabellen.

Bemerkungen zu der Methode von Dumas.

„Es steht unzweifelhaft fest" — sagt Dennstedt[1] —, „daß bei sorgfältiger Ausführung unter Berücksichtigung der bekannten Fehlerquellen[2] der volumetrischen Stickstoffbestimmung keine andere an Zuverlässigkeit und fast absoluter Genauigkeit an die Seite gestellt werden kann, so daß sie für den wissenschaftlich arbeitenden Chemiker so heute wie in der nächsten Zukunft noch immer als Norm anzusehen sein wird."

Die hauptsächlichste Fehlerquelle liegt in der Unmöglichkeit, alle Luft aus dem feinpulvrigen Kupferoxyd austreiben zu können; infolgedessen fallen auch die Bestimmungen fast immer um ein Geringes (0.1—0.2% des N-Gehalts) zu hoch aus.

Schwer verbrennliche und stark schwefelhaltige Substanzen werden mit einer Mischung von Kupferoxyd und Bleichromat oder bloß mit Bleichromat[3] verbrannt.

Die meisten **Fluorindine** liefern ohne Zusatz von **Kaliumpyrochromat** nur etwa die Hälfte bis zwei Drittel des darin enthaltenen Stickstoffs. **Kehrmann**[4] empfiehlt deshalb, schwer verbrennliche, an Kohlenstoff und Stickstoff reiche, an Wasserstoff verhältnismäßig arme Substanzen zunächst innig mit ihrem gleichen Volumen Pyrochromat und dann erst mit Kupferoxyd zu mischen. In älterer Zeit wurde öfters auch **Quecksilberoxyd** oder **arsenige Säure**[5] benutzt.

Schwefelreiche Substanzen erfordern ein besonders langes Rohr und vorsichtiges Arbeiten[6]. Auch sonst ist gelegentlich beides vonnöten[7].

Für die Stickstoffbestimmungen von **Anilinschwarz** mischen **Willstätter** und **Dorogi**[8] die Substanz mit pulverförmigem Kupferoxyd (drahtförmiges gibt ungenügende Werte) und zünden die Flammen unter der ganzen Schicht Substanz-Kupferoxydmischung auf einmal an. Unter diesen Umständen geht die Bestimmung in der üblichen Zeit glatt zu Ende, während bei allmählichem Anheizen der Substanzschicht eine stickstoffhaltige Kohle entsteht, die nur in vielen Stunden den Stickstoff abgibt.

Scholl[9] empfiehlt zur **Analyse hochmolekularer Ringgebilde der Anthracenreihe** folgendermaßen vorzugehen.

1 g Kaliumchlorat wird in einem Porzellanschiffchen in das vordere, dem Hauptrohr zugewendete Ende des seitlichen, den Magnesit oder das Bicarbonat usw. enthaltenden Rohrs gebracht. Sobald die Stickstoffentwicklung nach dem gewöhnlichen Verfahren beendet ist, wird, bei starker Glut des Rohrs, die Kohlendioxydentwicklung abgestellt, die Flamme unter dem Kaliumchlorat entzündet und die Sauerstoffentwicklung so lange

---

[1] Entwickl. d. Elem.-Anal., S. 42.
[2] Kreusler, Landw. Vers.-Stat. **24**, 35 (1877). Siehe auch Mohr, B. **54**, 2758 (1921).
[3] Schröter, Diss. Basel (1905), 23, Anm. — Möhlau und Fritsche, B. **26**, 1042 (1893). — Kyriacou, Diss. Heidelberg (1908), 28.
[4] B. **45**, 3505 (1912).   [5] Strecker, Handw. d. Ch., 2. Aufl., **1**, 878.
[6] V. Meyer und Stadler, B. **17**, 1576 (1884).
[7] Jacobson und Hönigsberger, B. **36**, 4100 (1903). — Finger und Zeh, J. pr. (2) **81**, 469 (1910).
[8] B. **42**, 2161 (1909).
[9] B. **43**, 343 (1910). — Eckert und Steiner, M. **35**, 1147 (1914).

fortgesetzt, bis sich ein Überschuß des Gases an der beginnenden Schwärzung der Kupferspirale im vordersten Teil des Hauptrohrs zu erkennen gibt: der Rest des Stickstoffs wird dann durch Neubeleben des Kohlendioxydstroms ins Azotometer übergetrieben.

Hat man viele Bestimmungen nacheinander zu machen, so wird man nach Zulkowsky[1] im offenen Rohr verbrennen und das Kohlendioxyd in einem separaten, mit dem Verbrennungsrohr verbundenen Röhrchen entwickeln. Die mit Kupferoxyd oder Bleichromat gemischte Substanz wird in ein 15 cm langes Schiffchen aus Kupferblech gebracht und das Kupferoxyd nach Beendigung der Stickstoffbestimmung durch Glühen im Sauerstoffstrom regeneriert. Man wird zur Füllung der Röhre ausschließlich grobkörniges Kupferoxyd verwenden, das leichter luftfrei erhalten werden kann.

Über die Modifikation des Dumasschen Verfahrens nach Blau siehe M. **13**, 279 (1892). — Nach Johnson und Jenkins, Z. anal. **21**, 274 (1882). — Methode von Kreusler, Z. anal. **42**, 443 (1885).

Unter den Kohlendioxydgeneratoren hat das Natrium-(Kalium-)Bicarbonat den großen Vorteil, seine halbgebundene Kohlensäure außerordentlich leicht abzugeben. Zerspringen der Röhren durch das entwickelte Wasser ist nicht zu befürchten.

Mangancarbonat, das durch Braunfärbung das Fortschreiten der Zersetzung erkennen läßt und einen sehr regelmäßigen Kohlendioxydstrom entwickelt, und der von vielen bevorzugte Magnesit[2] erfordern starkes Erhitzen, sind aber nicht hygroskopisch und stets stickstofffrei, während das Natriumbicarbonat in dieser Beziehung zu prüfen ist.

Von verschiedenen Seiten[3] wird der Blausche Vorschlag, im Kohlendioxydstrom zu verbrennen, wieder aufgenommen. Young und Caudwell entwickeln hierzu das Kohlendioxyd in nebenstehend gezeichnetem Apparat, der dem Thieleschen Gasentwicklungsapparat[4] ähnelt (Fig. 172). Sehr geeignet ist auch der Apparat von Kreusler[5].

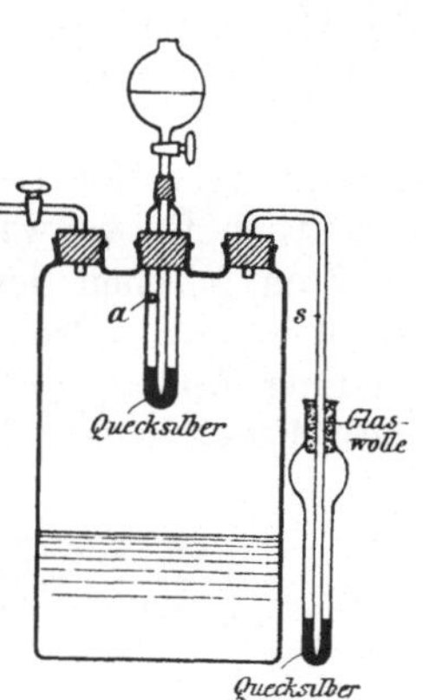

Fig. 172. Kohlendioxydentwickler nach Young und Caudwell.

Die nach Blau (S. 225) dargestellte Kaliumcarbonatlösung (1.45—1.5 spez. Gewicht) wird in die Kugel des Scheidetrichters gebracht und der Hahn geöffnet; die Flüssigkeit steigt dann im Außenrohr auf und läuft aus der Öffnung a, um in die (1 : 1) verdünnte Schwefelsäure (ca. 1 l) der Woulffschen Flasche von 2—3 l Inhalt zu tropfen. Durch den Hahn läßt sich die Menge der herabfließenden Lösung regulieren. Bei zu starker Gasentwicklung entweicht das Kohlendioxyd durch das Sicherheitsrohr s. Sind etwa 100 ccm Carbonatlösung zugetropft, so ist alle Luft entfernt, und man erhält einen Strom

---

[1] B. **13**, 1096 (1880). — Vgl. Ludwig, Mediz. Jahrb. **1880**, und Groves, Soc. **37**, 509 (1880).

[2] Eisenhaltiger Magnesit kann, durch Kohlenoxydentwicklung, Fehler verursachen. Dupont, Freundler und Marquis, Manuel de trav. prat. de chimie organique, 2. Aufl., Paris (1908), 94.

[3] Bader und Stohmann, Ch. Ztg. **27**, 663 (1903). — Young und Caudwell, Soc. Ind. **26**, 184 (1907). — Farmer, Soc. **117**, 1446 (1920). — Siehe auch S. 225.

[4] A. **253**, 242 (1899).

[5] Landw. Vers.-Stat. **31**, 207 (1884). — Über die Verwendbarkeit des Kippschen Apparats siehe S. 225, Anm. 17.

von reinem Kohlendioxyd. Es ist darauf zu achten, daß das Vakuum nicht so groß gemacht wird, daß Luft durch s eingesaugt werden könnte.

Die Austreibung der Luft und das Füllen mit Kohlendioxyd werden beschleunigt, wenn man das Rohr wiederholt evakuiert; natürlich ist dieses Verfahren nur bei schwer flüchtigen Substanzen anwendbar[1]).

Um bei Verwendung eines kontinuierlich funktionierenden Kohlendioxydgenerators die Gaszufuhr einstellen zu können, geht man nach Leemann[2]) folgendermaßen vor (Fig. 173).

Man schaltet zwischen Verbrennungs- und Bicarbonatrohr einen Dreiweghahn, von dem ein Arm einen kleinen Quecksilberabschluß hat. Die

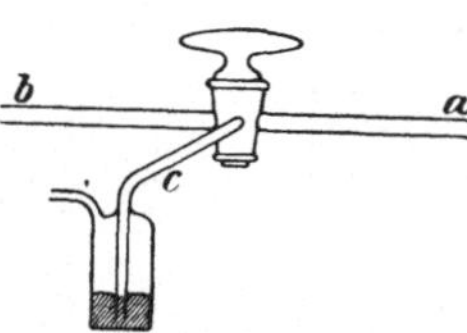

Fig. 173. Dreiweghahn nach Leemann

Arbeitsweise ist folgende: Bis die Luft verdrängt ist, leitet man Kohlendioxyd in der Richtung $a\,b$, dreht dann den Hahn um 90°, so daß b abgeschlossen ist und das Kohlendioxyd durch das Quecksilber in c entweichen kann. Nun wird die Verbrennung ausgeführt. Sobald keine Blasen mehr ins Azotometer entweichen, dreht man den Hahn wieder um 90° zurück und leitet das Kohlendioxyd zur vollständigen Verdrängung des Stickstoffs wieder in die Richtung $a\,b$. Dieser kleine Apparat gestattet sehr zuverlässiges Arbeiten, sowohl für leicht als auch namentlich für schwer verbrennbare Substanzen.

Zum Mischen der Substanz mit dem Kupferoxyd und beim Einbringen desselben in das Rohr darf weder eine Federfahne noch ein Haarpinsel Verwendung finden, weil diese stickstoffhaltigen Gegenstände durch Ablösung eines Federchens oder Haars zu Fehlbestimmungen Veranlassung geben

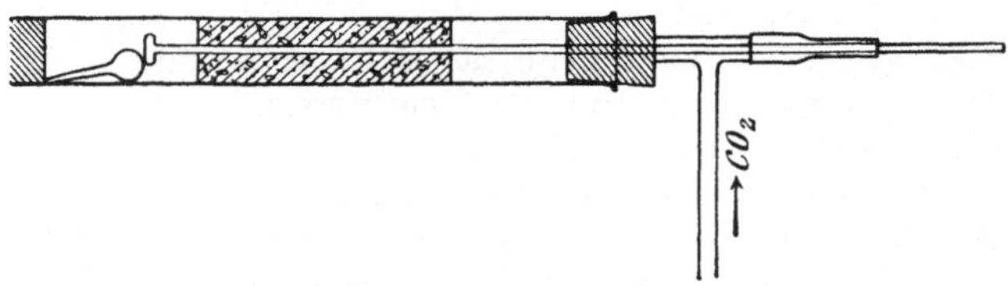

Fig. 174. Verfahren von Lobry de Bruyn.

können. Sehr geeignet sind dagegen für diese Zwecke gläserne Spatelchen und Pinsel aus Glasfäden.

Explosive Substanzen füllt Scholl[3]) in ein Reagensröhrchen von 1 cm Länge und ½ cm Weite, das dicht über der Substanz mit einem Paraffinpfropfen verschlossen wird, und bettet in pulverförmiges Kupferoxyd ein.

Das Verfahren für sehr flüchtige oder luftempfindliche Substanzen von Lobry de Bruyn[4]) ist aus Fig. 174 verständlich. Es ist analog für die Elementaranalyse brauchbar. — Siehe auch E. Fischer, Ann. 190, 124 (1878). — Steinkopf und Wolfram, B. 54, 854 (1921).

Stickstoffbestimmung im Diazoaceton: Greulich, Diss. (1905), 21.

Methylreiche Ketoxime liefern nach der Dumasschen Methode

[1]) Anschütz und Romig, A. 233, 331, Anm. (1886). — Anschütz, A. 359, 211, Anm. (1908).
[2]) Ch. Ztg. 32, 496 (1908).   [3]) A. 338, 32 (1904).
[4]) Rec. 11, 25 (1892). — Siehe auch Anschütz, A. 359, 208, Anm., 211, Anm. (1908), und ferner S. 291 dieses Buches.

zu hohe Werte[1]); auch sonst ist dieses Verfahren in einigen seltenen Fällen unzureichend[2])[3]).

Für solche Fälle wird die Methode von Kjeldahl[4])[5]) und die von Will-Varrentrapp[5]) empfohlen.

Dexheimer hat ein kontinuierliches Verfahren zur Stickstoffbestimmung nach Dumas beschrieben[6]).

Nach Beendigung der ersten Verbrennung wird der Kohlendioxydstrom in umgekehrter Richtung durch das Rohr geschickt. Nach Entfernung des das hintere (dem Bicarbonatrohr zugekehrte) Rohrende verschließenden Stopfens wird das 10 cm lange Schiffchen und der hintere Kupferoxydstopfen schnell aus dem Rohr entfernt und das bereitgehaltene, die nächste Substanz enthaltende Schiffchen samt einem frischen (kalten) Kupferoxydstopfen eingeschoben. Damit nun die Substanz nicht sofort durch das von der vorhergehenden Verbrennung noch heiße Rohr vergast wird, ragt das Verbrennungsrohr am hinteren Ende um 15—20 cm aus dem Ofen heraus. In diesen kalten Teil wird das Schiffchen gerade so weit eingeführt, als nötig ist, um den Stopfen wieder im Rohr be-

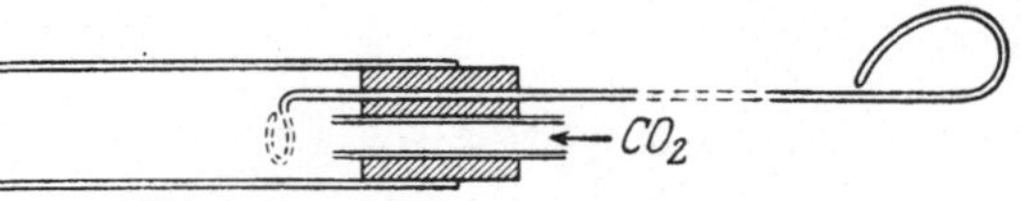

Fig. 175.   Einschiebevorrichtung.

festigen zu können. Nun wird der Kohlendioxydstrom wieder in normaler Richtung durch das Rohr geschickt, ein anderes, bereitgehaltenes Azotometer angeschlossen und, wenn das Luftvolumen im Azotometer keine Zunahme mehr aufweist, das Schiffchen mit der in Fig. 175 dargestellten Vorrichtung an die Stelle des Verbrennungsrohrs gebracht, wo die Verbrennung der Substanz vor sich gehen soll (d. h. anschließend an die Schicht gekörnten Kupferoxyds).

Die Einschiebevorrichtung besteht aus einem Draht, der durch den das hintere Rohrende verschließenden Gummistopfen luftdicht geführt

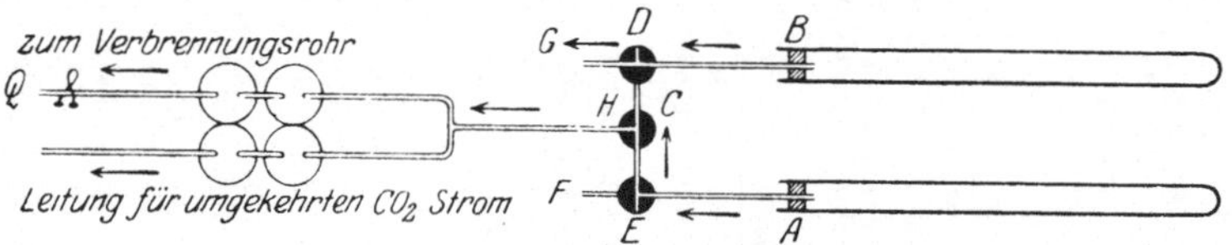

Fig. 176.   Verfahren von Dexheimer.

und mit zwei Schlingen an beiden Enden versehen ist, deren eine ein sicheres Verschieben des Schiffchens ermöglicht, während die andere als Handhabe dient. Damit sich der Draht leicht verschieben läßt, wird er mit etwas Glycerin bestrichen, da bei zu großer Reibung Kautschukteilchen abbröckeln und in das Innere des Rohrs gelangen. Manchmal dreht sich das Schiffchen

---

[1]) Nef, A. **310**, 330 (1900). — Scholl, Weil und Holdermann, A. **338**, 17 (1904). — Wienhaus und v. Oettingen, A. **397**, 231, 235 (1913). (Santonanoxim.) — Siehe dazu Wedekind und Beniers, A. **397**, 250 (1913). — Cain, Coulthard und Micklethwait, Soc. **103**, 2079 (1913). (Azokörper.)

[2]) Wyndham, Dunstan und Carr, Ch. Ztg. **20**, 219 (1896). — Guareschi und Grande, Atti Ac. Torino **33**, 1614 (1898). — Jacobson und Hönigsberger, B. **36**, 4100 (1903). — Busch und Fleischmann, B. **43**, 745 (1910). — Ott und Zimmermann, A. **425**, 337 (1921). (Stearinsäurevanillylamid.)

[3]) Flamand und Prager, B. **38**, 560 (1905).

[4]) Gehrenbeck, B. **22**, 1694 (1889). — Kehrmann und Messinger, B. **24**, 2172 (1901). — Young und Caudwell, Soc. Ind. **26**, 184 (1907). — Dunstan und Cleaverley, Soc. **91**, 1621 (1907).

[5]) Grünhagen, A. **256**, 289, 293 (1889). — Wienhaus und v. Oettingen, A. **397**, 232 (1913). — Eckert und Steiner, M. **35**, 1147 (1914).   [6]) Z. anal. **58**, 13 (1919).

Gewicht g eines Kubikzentimeters Stickstoff in Milligrammen[1]).

Der Stickstoffgehalt einer Substanz in Prozenten berechnet sich nach der Gleichung: $N = \dfrac{100 \cdot v \cdot g}{S}$.

t	10°	11°	12°	13°	14°	15°	16°	17°	18°	19°	20°	21°	22°	23°	24°	25°	26°	27°	28°	29°	30°
740mm	1.160 06449	1.155 06253	1.150 06064	1.145 05871	1.140 05671	1.134 05472	1.129 05274	1.124 05070	1.119 04866	1.113 04657	1.108 04442	1.102 04228	1.097 04013	1.091 03788	1.086 03562	1.080 03338	1.074 03101	1.068 02864	1.062 02622	1.056 02380	1.050 02126
738	1.157 06330	1.152 06134	1.147 05945	1.142 05751	1.136 05552	1.131 05353	1.126 05154	1.121 04950	1.116 04746	1.110 04537	1.105 04321	1.099 04107	1.094 03893	1.088 03667	1.083 03441	1.077 03216	1.071 02979	1.065 02742	1.059 02500	1.053 02258	1.047 02003
736	1.154 06210	1.149 06015	1.144 05826	1.139 05632	1.133 05432	1.128 05233	1.123 05034	1.118 04830	1.112 04625	1.107 04416	1.102 04201	1.096 03986	1.091 03772	1.085 03546	1.080 03320	1.074 03094	1.068 02857	1.062 02620	1.056 02377	1.050 02135	1.044 01880
734	1.151 06091	1.145 05895	1.140 05706	1.135 05512	1.130 05312	1.125 05113	1.120 04913	1.115 04709	1.109 04505	1.104 04295	1.099 04080	1.093 03865	1.088 03650	1.082 03424	1.076 03198	1.071 02972	1.065 02735	1.059 02498	1.053 02254	1.048 02012	1.041 01757
732	1.147 05971	1.142 05775	1.137 05586	1.132 05392	1.127 05191	1.122 04992	1.117 04793	1.111 04588	1.106 04384	1.101 04174	1.095 03958	1.090 03743	1.085 03528	1.079 03302	1.073 03076	1.068 02850	1.062 02612	1.056 02375	1.050 02131	1.045 01888	1.038 01633
730	1.144 05851	1.139 05654	1.134 05465	1.129 05271	1.124 05070	1.119 04871	1.114 04672	1.108 04467	1.103 04262	1.098 04053	1.092 03837	1.087 03621	1.082 03406	1.076 03180	1.070 02953	1.065 02727	1.059 02489	1.053 02251	1.047 02008	1.042 01764	1.035 01509
728	1.141 05730	1.136 05534	1.131 05344	1.126 05150	1.121 04949	1.116 04750	1.111 04550	1.105 04345	1.100 04141	1.095 03931	1.089 03715	1.084 03499	1.079 03284	1.073 03057	1.067 02830	1.062 02604	1.056 02366	1.050 02128	1.044 01884	1.039 01640	1.032 01384
726	1.138 05609	1.133 05412	1.128 05223	1.123 05029	1.118 04828	1.113 04628	1.107 04428	1.102 04224	1.097 04019	1.092 03808	1.086 03592	1.081 03377	1.076 03161	1.070 02934	1.064 02707	1.059 02481	1.053 02242	1.047 02004	1.041 01759	1.036 01516	1.029 01259
724	1.135 05488	1.130 05291	1.125 05101	1.120 04907	1.114 04706	1.109 04506	1.104 04306	1.099 04101	1.094 03896	1.089 03686	1.083 03469	1.078 03254	1.073 03038	1.067 02811	1.061 02583	1.056 02357	1.050 02118	1.044 01879	1.038 01635	1.033 01391	1.027 01134
722	1.132 05366	1.126 05169	1.122 04980	1.117 04785	1.111 04584	1.106 04384	1.101 04184	1.096 03979	1.091 03774	1.086 03563	1.080 03346	1.075 03130	1.069 02914	1.064 02687	1.058 02459	1.053 02233	1.047 01993	1.041 01755	1.035 01510	1.030 01265	1.024 01008
720	1.128 05244	1.123 05047	1.118 04857	1.113 04662	1.108 04461	1.103 04261	1.098 04061	1.093 03856	1.088 03650	1.082 03440	1.077 03223	1.072 03007	1.066 02791	1.061 02563	1.055 02335	1.050 02108	1.044 01868	1.038 01630	1.032 01384	1.027 01140	1.021 00882
718	1.125 05121	1.120 04925	1.115 04735	1.110 04540	1.105 04339	1.100 04138	1.095 03938	1.090 03733	1.085 03527	1.079 03316	1.074 03099	1.069 02883	1.063 02666	1.058 02439	1.052 02210	1.047 01983	1.041 01743	1.035 01504	1.029 01259	1.024 01014	1.018 00756
716	1.122 04999	1.117 04802	1.112 04612	1.107 04417	1.102 04215	1.097 04015	1.092 03815	1.087 03609	1.082 03403	1.076 03192	1.071 02975	1.066 02758	1.060 02542	1.055 02314	1.049 02085	1.044 01858	1.038 01618	1.032 01378	1.026 01133	1.021 00887	1.015 00629
714	1.119 04876	1.114 04679	1.109 04489	1.104 04293	1.099 04092	1.094 03891	1.089 03691	1.084 03485	1.078 03279	1.073 03068	1.068 02850	1.063 02634	1.057 02417	1.052 02189	1.046 01960	1.041 01732	1.035 01492	1.029 01252	1.023 01006	1.018 00761	1.012 00502
712	1.116 04752	1.111 04555	1.106 04365	1.101 04170	1.096 03968	1.091 03767	1.086 03567	1.081 03361	1.075 03155	1.070 02943	1.065 02725	1.060 02509	1.054 02292	1.049 02063	1.043 01834	1.038 01606	1.032 01366	1.026 01126	1.020 00879	1.015 00634	1.009 00375
b710	1.113 04629	1.107 04431	1.103 04241	1.098 04046	1.093 03844	1.088 03643	1.083 03442	1.077 03236	1.072 03030	1.067 02818	1.062 02600	1.056 02383	1.051 02166	1.046 01937	1.040 01708	1.035 01480	1.029 01239	1.023 00999	1.018 00752	1.012 00506	1.006 00247

[1]) Die obere Zahl bedeutet das Gewicht des in einem Kubikzentimeter enthaltenen trocknen Stickstoffs in Milligrammen (gemessen über Wasser); die untere die Mantisse des zugehörigen Logarithmus. — Für ungerade Barometerstände wird interpoliert.

beim Verschieben, so daß Gefahr besteht, daß sein Inhalt herausfällt. In solchen Fällen kann man durch eine entgegengesetzte Drehung des Einschiebedrahtes leicht abhelfen. Damit die Stelle des Verbrennungsrohrs,

t	b 740	742	744	746	748	750	752	754	756	758	760	762	764	766	768	770mm
10°	1.160 06449	1.163 06567	1.166 06686	1.170 06804	1.173 06922	1.176 07039	1.179 07156	1.182 07273	1.186 07389	1.189 07505	1.192 07621	1.195 07737	1.198 07852	1.201 07967	1.205 08081	1.208 08196
11°	1.155 06253	1.158 06372	1.161 06490	1.164 06609	1.168 06726	1.171 06844	1.174 06961	1.177 07078	1.180 07195	1.183 07311	1.187 07427	1.190 07542	1.193 07658	1.196 07773	1.199 07887	1.202 08002
12°	1.150 06064	1.153 06183	1.156 06302	1.159 06420	1.163 06538	1.166 06656	1.169 06773	1.172 06890	1.175 07007	1.178 07123	1.181 07239	1.185 07355	1.188 07470	1.191 07585	1.194 07700	1.197 07814
13°	1.145 05871	1.148 05990	1.151 06108	1.154 06227	1.157 06345	1.161 06463	1.164 06580	1.167 06697	1.170 06814	1.173 06930	1.176 07046	1.179 07162	1.182 07278	1.186 07393	1.189 07508	1.192 07622
14°	1.140 05671	1.143 05790	1.146 05909	1.149 06028	1.152 06146	1.155 06264	1.158 06381	1.161 06498	1.165 06615	1.168 06732	1.171 06848	1.174 06964	1.177 07080	1.180 07195	1.183 07310	1.187 07425
15°	1.134 05472	1.137 05592	1.141 05711	1.144 05829	1.147 05947	1.150 06065	1.153 06183	1.156 06300	1.159 06417	1.162 06534	1.166 06650	1.169 06767	1.172 06882	1.175 06998	1.178 07113	1.181 07228
16°	1.129 05274	1.132 05393	1.135 05512	1.138 05631	1.142 05749	1.145 05867	1.148 05985	1.151 06103	1.154 06220	1.157 06336	1.160 06453	1.163 06569	1.166 06685	1.170 06801	1.173 06916	1.176 07031
17°	1.124 05070	1.127 05189	1.130 05308	1.133 05427	1.136 05546	1.139 05664	1.142 05782	1.146 05900	1.149 06017	1.152 06134	1.155 06251	1.158 06367	1.161 06483	1.164 06599	1.167 06714	1.170 06829
18°	1.119 04866	1.122 04986	1.125 05105	1.128 05224	1.131 05343	1.134 05461	1.137 05579	1.140 05697	1.143 05814	1.146 05931	1.149 06048	1.153 06165	1.156 06281	1.159 06397	1.162 06512	1.165 06627
19°	1.113 04657	1.116 04777	1.119 04896	1.122 05015	1.126 05134	1.129 05253	1.132 05371	1.135 05489	1.138 05607	1.141 05724	1.144 05841	1.147 05957	1.150 06074	1.153 06190	1.156 06305	1.159 06421
20°	1.108 04442	1.111 04562	1.114 04682	1.117 04801	1.120 04920	1.123 05039	1.126 05157	1.129 05275	1.132 05393	1.135 05510	1.138 05627	1.141 05744	1.145 05861	1.148 05977	1.151 06093	1.154 06208
21°	1.102 04228	1.105 04348	1.108 04468	1.111 04587	1.115 04707	1.118 04825	1.121 04944	1.124 05062	1.127 05180	1.130 05298	1.133 05415	1.136 05532	1.139 05649	1.142 05765	1.145 05881	1.148 05997
22°	1.097 04013	1.100 04134	1.103 04254	1.106 04374	1.109 04493	1.112 04612	1.115 04731	1.118 04849	1.121 04967	1.124 05085	1.127 05203	1.130 05320	1.133 05437	1.136 05553	1.139 05669	1.143 05785
23°	1.091 03788	1.094 03909	1.097 04029	1.100 04149	1.103 04268	1.106 04388	1.109 04507	1.112 04625	1.115 04744	1.119 04862	1.122 04979	1.125 05097	1.128 05214	1.131 05330	1.134 05447	1.137 05563
24°	1.086 03562	1.089 03683	1.092 03804	1.095 03924	1.098 04044	1.101 04163	1.104 04282	1.107 04401	1.110 04520	1.113 04638	1.116 04756	1.119 04873	1.122 04991	1.125 05108	1.128 05224	1.131 05341
25°	1.080 03338	1.083 03459	1.086 03579	1.089 03700	1.092 03820	1.095 03940	1.098 04059	1.101 04178	1.104 04297	1.107 04415	1.110 04533	1.113 04651	1.116 04769	1.119 04886	1.122 05002	1.125 05119
26°	1.074 03101	1.077 03222	1.080 03343	1.083 03464	1.086 03584	1.089 03704	1.092 03823	1.095 03943	1.098 04062	1.101 04180	1.104 04299	1.107 04417	1.110 04534	1.113 04652	1.116 04769	1.119 04886
27°	1.068 02864	1.071 02986	1.074 03107	1.077 03228	1.080 03349	1.083 03469	1.086 03589	1.089 03708	1.092 03828	1.095 03946	1.098 04065	1.101 04183	1.104 04301	1.107 04419	1.110 04536	1.113 04653
28°	1.062 02622	1.065 02744	1.068 02865	1.071 02986	1.074 03107	1.077 03228	1.080 03348	1.083 03468	1.086 03587	1.089 03706	1.092 03825	1.095 03944	1.098 04062	1.101 04180	1.104 04297	1.107 04415
29°	1.056 02380	1.059 02502	1.062 02624	1.065 02745	1.068 02867	1.071 02987	1.074 03108	1.077 03228	1.080 03348	1.083 03467	1.086 03586	1.089 03705	1.092 03823	1.095 03941	1.098 04059	1.101 04177
30°	1.050 02126	1.053 02248	1.056 02370	1.059 02492	1.062 02614	1.065 02735	1.068 02855	1.071 02976	1.074 03096	1.077 03216	1.080 03335	1.083 03454	1.086 03573	1.089 03691	1.092 03809	1.095 03927

an die das Schiffchen gebracht wird, von der vorhergehenden Verbrennung nicht mehr zu heiß ist und die Vergasung der neuen Substanz nicht zu rasch vor sich geht, werden nach Beendigung jeder Verbrennung und Entfernung des Azotometers sofort die Flammen unter dem hinteren Teil des Verbrennungsrohrs (bis zum gekörnten Kupferoxyd) gelöscht und die Kacheln aufgeklappt. Bei leicht flüchtigen Substanzen, bei welchen die Gefahr besteht, daß trotzdem das Rohr noch zu heiß ist, schiebt man das Schiffchen nur allmählich in den warmen Teil des Rohrs vor, wobei man mit der Flamme dem Kupferoxydstopfen folgt. Es ist deshalb erforderlich, die Lage des Schiffchens im Rohr (bzw. die Länge der gekörnten Kupferoxydschicht) so zu bemessen, daß sich hinter dem Kupferoxydstopfen noch 1—2 Brenner befinden, die nur in diesem Fall benutzt werden. Meist kann man das Schiffchen ohne Gefahr in den noch warmen Rohrteil schieben, worauf dann schon nach kurzer Zeit langsame Vergasung einsetzt.

Die Auswechslung des Bicarbonatrohrs, ohne daß der Kohlendioxydstrom eine Unterbrechung erleidet, wird durch die in Fig. 176 dargestellte Anordnung erreicht. Sie besteht aus drei Dreiwegehähnen E, C und D, welche in der gezeichneten Weise miteinander verbunden sind. Bei A und B wird je ein Bicarbonatrohr angeschlossen. Vor der ersten Verbrennung wird das Rohrstück CD, wenn die an A angeschlossene Bicarbonatröhre zuerst benutzt wird, luftfrei gemacht und alsdann D wieder in die in der Zeichnung dargestellte Lage gebracht. Wird nun die an B angeschlossene Bicarbonatröhre in Gebrauch genommen, so kann die noch darin befindliche Luft aus G entweichen, und ist diese vollständig entfernt, so genügt eine Drehung von D, um sie durch C dem Rohr H zuzuführen. Erst jetzt schaltet man die Bicarbonatröhre aus, indem man E so stellt, daß das aus A sich noch entwickelnde Kohlenoxyd durch F entweichen kann. Nach dem Erkalten von A kann eine neue Bicarbonatröhre angeschlossen

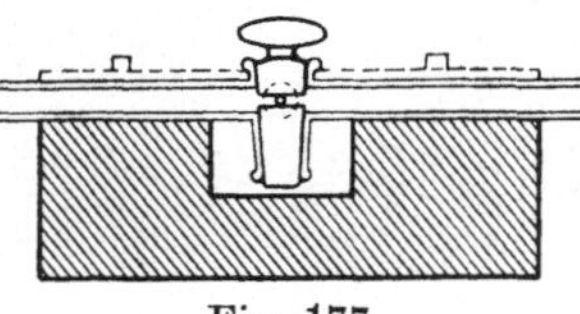

Fig. 177.

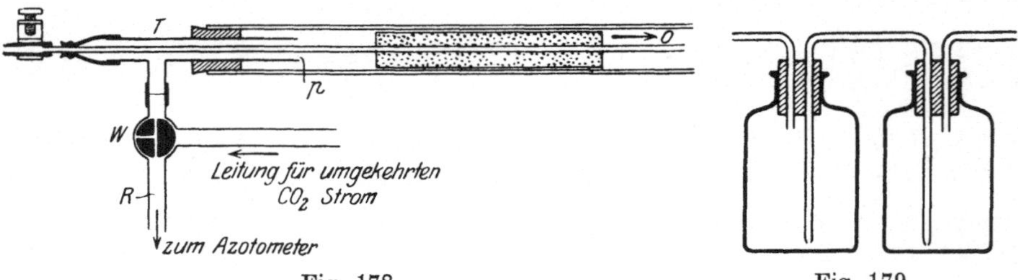

Fig. 178.   Fig. 179.

werden usw. Um zu verhüten, daß sich während einer Verbrennung der Hahnschlüssel eines Dreiwegehahns lockert, sind sie, wie Fig. 177 zeigt, in einem Holzstück befestigt.

Nach einigen Verbrennungen wird eine Regeneration des reduzierten Kupferoxyds ausgeführt, indem Sauerstoff durch das glühende Rohr geleitet wird (Fig. 178). Der Sauerstoff gelangt durch eine dünne Capillare, welche durch die Kupferspirale hindurchgeführt ist und um 3—4 cm darüber hinausragt, in das Verbrennungsrohr. Gleichzeitig läßt man einen langsamen Kohlendioxydstrom in gleicher Richtung wie den Sauerstoff durch das Verbrennungsrohr streichen. Derselbe tritt bei p ein. Ist das Kupferoxyd wieder regeneriert, so leitet man einen lebhaften Kohlendioxydstrom in der entgegengesetzten Richtung durch das Verbrennungsrohr, um den Überschuß an Sauerstoff herauszutreiben.

Hierfür ist nach C (Fig. 176) ein Gabelrohr eingeschaltet, dessen einer Arm mit dem Blasenzähler vor dem Verbrennungsrohr verbunden ist, während der andere mittels eines engen Glasrohrs an den Dreiwegehahn (Fig. 178) angeschlossen wird. Durch diesen kann das Kohlendioxyd durch das T-Stück (Fig. 178) in das Verbrennungsrohr eintreten, wenn der hintere Stopfen entfernt und der Quetschhahn Q (Fig. 176) geschlossen ist. Fig. 178 gibt die Stellung des Dreiwegehahns W während der Verbrennung, bei der kein Kohlendioxyd durch die Nebenleitung strömt, sondern durch den Rohransatz R in das Azotometer gelangt. Als Blasenzähler empfehlen sich die in Fig. 179 dargestellten Apparate. Sie verhüten Austreten des Wassers nach beiden Richtungen.

B. Gleichzeitige Bestimmung von Stickstoff und Wasserstoff.

Gehrenbeck[1]) hat zu diesem Zweck die Dumassche Stickstoffbestimmungsmethode folgendermaßen umgestaltet:

Man benutzt ein beiderseits offenes Rohr, wie auch sonst zur Stickstoffbestimmung beschickt. Auf die sorgfältige Trocknung des Kupferoxyds ist

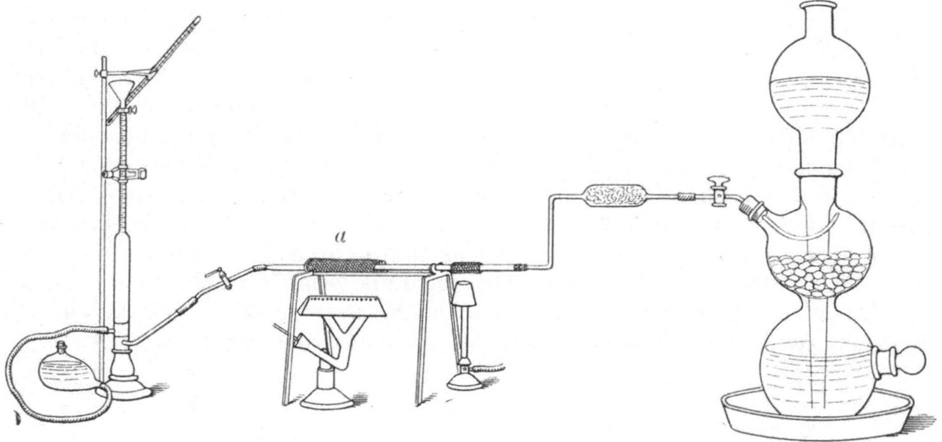

Fig. 180. Apparat zur Mikrostickstoffbestimmung.

besondere Sorgfalt zu verwenden. Hinten ist das Rohr mit einem Stopfen verschlossen, der einen Zweiweghahn trägt. Der eine Schenkel ist mit einem Luft- und Sauerstoffsystem, wie es zur Elementaranalyse dient, der andere mit dem Kohlendioxydentwicklungsapparat von Young und Caudwell (S. 229) verbunden; zwischen Gasentwicklungsapparat und Verbrennungsrohr werden noch zwei mit konzentrierter Schwefelsäure beschickte Waschflaschen eingeschaltet. Am anderen Ende des Verbrennungsrohrs befindet sich zuerst ein gewogenes, dann ein ungewogenes Chlorcalciumröhrchen und daran angeschlossen der mit Kalilauge gefüllte Schiffsche Stickstoffsammler.

Zur Ausführung der Analyse wird der Apparat mit Kohlendioxyd gefüllt, wozu ca. 1 Stunde notwendig ist. Sodann wird die Stickstoffbestimmung in üblicher Weise ausgeführt, nach deren Beendigung Stickstoffsammler und Kohlendioxydentwickler abgenommen und die Verbrennung im Sauerstoffstrom zu Ende geführt. Schließlich läßt man im Luftstrom erkalten. Statt Kupferoxyd wird natürlich im Bedarfsfall Bleichromat verwendet.

---

[1]) B. **22**, 1694 (1889). — Kehrmann und Messinger, B. **24**, 2172 (1901). — Young und Caudwell, Soc. Ind. **26**, 184 (1907). — Dunstan und Cleaverley, Soc. **91**, 1621 (1913).

Die gleichzeitige Bestimmung von Stickstoff und Wasserstoff, die nicht
viel mehr Zeit verlangt als die Stickstoffbestimmung allein, wird in neuerer
Zeit von verschiedenen Seiten wärmstens empfohlen.

Die Zahlen für Wasserstoff fallen gewöhnlich etwas zu niedrig aus.

C. Mikrostickstoffbestimmung nach Dumas von Pregl[1]).

Erfordernisse.

1. **Kohlendioxydgenerator.** In die mittlere Kugel des Kippschen
Apparats[2]) gibt man 1—2 cm hoch Glasscherben und füllt hierauf zu $^3/_4$ mit
verdünnter Salzsäure gut gewaschene Marmorstückchen. Die angewendete
chemisch reine Salzsäure wird 1 : 1 verdünnt. Um vollständig luftfreies Kohlendioxyd zu erhalten, muß man es vom höchsten Punkt der mittleren Kugel
entnehmen. Dies geschieht durch ein passend gebogenes Glasrohr.

Prüft man das Gas aus einem derartig zubereiteten Apparat, so wird man
finden, daß es immer noch lufthaltig ist. Die beigemengte Luft stammt aus

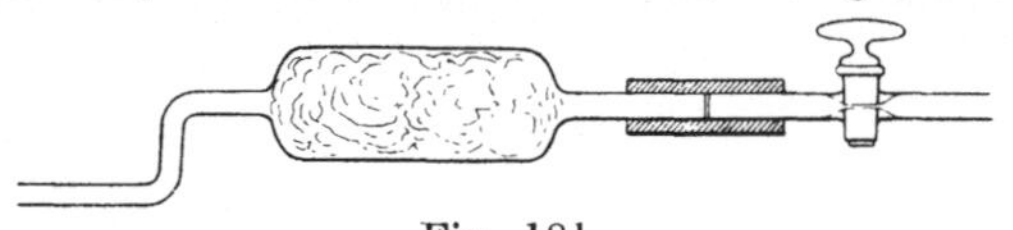

der Salzsäure. Man entlüftet da-
her vor jeder Bestimmung die
Säure, indem man ein kleines
Stückchen Marmor in die obere
Kugel des Kipps wirft. Will

Fig. 181.

man den Apparat verwenden, so entfernt man den Glashahn und läßt dadurch
die Kohlendioxydentwicklung sehr stürmisch vor sich gehen. Nach kurzer Zeit
setzt man den Hahn wieder ein. Durch 2—3 maliges Wiederholen dieser Operation („Dressieren") gelingt es, alle Luft zu entfernen. Läßt man das Gas aus
einem derartig vorbereiteten Kipp in das Mikroazotometer eintreten, so wird
es nahezu vollständig absorbiert. Mit der Lupe sieht man dann nur ganz
winzige Bläschen emporsteigen, deren Durchmesser so klein ist, daß 4—5
zwischen zwei Teilstrichen der Skala des Azotometers Platz haben. Schätzt

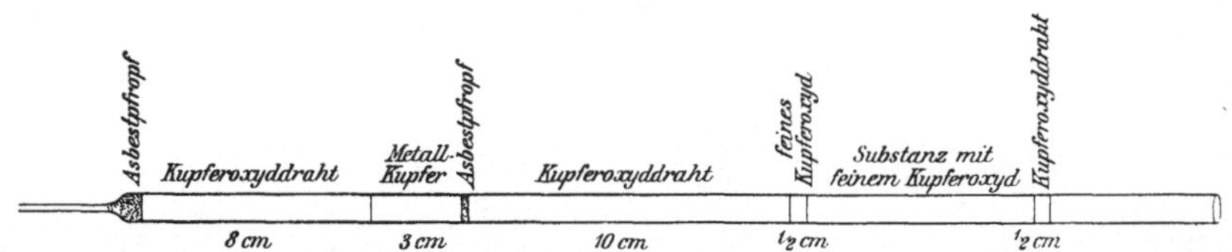

Fig. 182.   Verbrennungsrohr für Mikrostickstoffbestimmung.

man den Durchmesser auf $^1/_{10}$ mm, so ergibt eine einfache Rechnung, daß
Hunderte Blasen erforderlich sind, um das Volumen von 1 cmm, also die letzte
nur noch schätzbare Ablesung am Azotometer, anzufüllen.

2. **Die Zuleitung des Kohlendioxyds** zum Verbrennungsrohr erfolgt
durch ein zweimal rechtwinklig gebogenes Glasrohr.

Der Durchmesser des Rohrs ist gleich dem des Hahnstücks am Kipp.
Die Verbindung erfolgt Glas an Glas mit einem Gummischlauch. Das Rohr ist,
wie aus der Zeichnung (Fig. 181) ersichtlich, walzenförmig aufgeblasen. In
den erweiterten Teil kommt reine Watte, die ziemlich fest hineingestopft wird,
so daß die Gasentwicklung auch bei vollständig geöffnetem Hahn nur langsam
vonstatten geht. Um mitgerissene Salzsäureteilchen zurückzuhalten, kann
man evtl. etwas Natriumbicarbonatlösung auf die Watte bringen und dann·
scharf absaugen. Das Rohrende besteht aus einer Capillare, die durch einen
gut schließenden Kautschukstöpsel mit dem Verbrennungsrohr verbunden wird.

---

[1]) Siehe S. 213.

[2]) Über einen Mikro-Kipp-Apparat: Schoeller: Z. ang. **34**, 586 (1921).

3. Das Verbrennungsrohr (Fig. 182) aus Hartglas oder Quarz von 8 bis 9 mm äußerem Durchmesser und 42—43 cm Länge ist an einem Ende zu einer 3 cm langen und 3—4 mm starken Capillare ausgezogen. Das capillare Ende wird auf einer Schmirgelscheibe eben geschliffen, das andere abgeschmolzen. Vor der ersten Verwendung schiebt man durch das Rohr bis an die Capillare etwas ausgeglühten feinen Asbest, den man mit einem Glasstab schwach zusammenpreßt, so daß die Schicht etwa einen halben Zentimeter dick ist, darauf 8 cm drahtförmiges Kupferoxyd und auf dieses 3—4 cm metallisches Kupfer. Letzteres erzeugt man aus Kupferoxyddraht durch Reduktion im Wasserstoffstrom. Es folgt wieder ein Stöpsel aus Asbest ($^1/_2$—1 cm lang). Diese Füllung bleibt stets im Rohr. Eine fixe Drahtnetzrolle von 15 cm Länge a (Fig. 180), über die man evtl. noch eine Lage Asbestpapier mit dünnen Messingdrähten befestigt, und eine 5 cm lange verschiebbare Drahtnetzrolle b dienen zum Schutz für das Rohr.

4. Kupferoxyd. Man verwendet gewöhnliches drahtförmiges Kupferoxyd, das in einer starkwandigen Eprouvette mit Korkverschluß aufgehoben wird. Als „feines" Kupferoxyd wird gut ausgesiebter feiner Kupferhammerschlag (Merck) verwendet, der vor dem pulverförmigen den großen Vorzug hat, den Gasen auch ohne Kanal ungehinderten Durchtritt zu lassen. Als Verbindung des Verbrennungsrohrs mit dem Azotometer dient eine schiefwinklig gebogene Capillare mit einem Glashahn, an dessen Zapfen ein 6—7 cm langes, dünnes Glasröhrchen angeschmolzen ist, um die Schnelligkeit des Gasstromes besser regulieren zu lassen. Das eine Ende dieser Capillare ist ausgezogen, so daß der äußere Durchmesser möglichst genau so groß ist wie der des capillaren Teils des Verbrennungsrohrs. Dieses Ende wird abgeschliffen. Die Verbindung erfolgt mit einem englumigen Schlauch Glas an Glas.

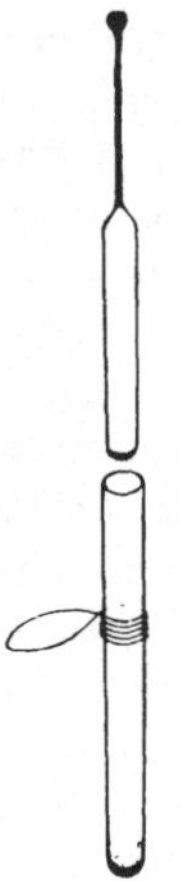

Fig. 183.
Wäge-
gläschen.

5. Das Mikroazotometer. Seine Konstruktion ist analog der des bei der Makroanalyse verwendeten Apparats. Man kann auf der Skala 0.01 ccm ablesen. Da man bei einiger Übung noch leicht $^1/_{10}$ der Teilung schätzen kann, so kann man 0.001 ccm noch mit ziemlicher Sicherheit angeben. Vor der Verwendung wird das Azotometer auf das peinlichste mit Chromsäure-Schwefelsäure gereinigt und dann getrocknet. Man füllt in das Azotometer so viel Quecksilber, daß bei gesenkter Birne keine Luft durch das zweite Ansatzrohr eingesaugt wird. Die Verbindung des Azotometers mit dem Hahnrohr erfolgt ebenfalls mit einem Schlauch, Glas an Glas.

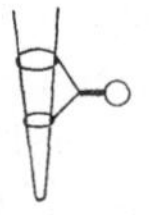

Fig. 184.
Wäge-
röhrchen.

6. Kalilauge. Für das Gelingen der Ablesung ist es unbedingt erforderlich, daß die Oberfläche der Lauge vollständig schaumfrei ist. 200 g Kaliumhydroxyd werden in 200 ccm Wasser gelöst. Zu dieser noch heißen Lösung gibt man eine Messerspitze voll Bariumhydroxyd, rührt gut um und filtriert nach 10 Minuten durch Asbest. Die Ablesung wird mit einer Lupe vorgenommen. Man liest den tiefsten Punkt des Meniscus ab. Eine Füllung des Azotometers reicht für zirka 20 Bestimmungen.

7. Wägeröhrchen (Fig. 184) und Mischröhrchen. Zum Abwägen der Substanz verwendet man kegelförmige Röhrchen von 3—3.5 cm Länge und 2—4 mm Durchmesser, die mit einem Halter aus dünnem Aluminiumdraht versehen sind, evtl. Wägegläschen mit Stopfen (Fig. 183). Man reinigt diese Röhrchen mit einem Rehlederlappen. Nach 2—3 Minuten langem Liegen auf der Wage sind sie gewichtskonstant.

Durch vorsichtiges Klopfen bringt man die Substanz aus diesem Röhrchen in eine kleine, mit einem guten glatten Kork verschlossene Eprouvette (Mischröhrchen). Eingewogen werden je nach dem Stickstoffgehalt der Substanz 3—8 mg.

Ausführung der Bestimmung.

Ein neues Rohr wird selbstverständlich gut ausgeglüht. Nach dem Erkalten löst man die Verbindungen des Rohrs mit dem Kipp und dem Azotometer und füllt mittels eines kleinen Einfülltrichters, den man sich am besten durch Ausziehen einer Eprouvette herstellt, 10 cm Kupferoxyddraht in das Rohr ein. Darauf kommt $^1/_2$ cm feines Kupferoxyd. Hierauf bringt man in das Mischröhrchen durch Schöpfen etwa $^1/_2$—1 cm hoch feines Kupferoxyd, setzt den Kork auf und schüttelt gut durch, öffnet wieder unter fortwährendem Drehen und Klopfen und schüttet das Gemisch in das Verbrennungsrohr. Durch dreimaliges Wiederholen dieses Vorgangs bringt man auch die letzten Substanzreste in das Rohr. Man füllt dann noch 1 cm Kupferoxyddraht ein, verbindet mit dem Azotometer, schiebt das kleine Drahtröllchen über das Rohr und verbindet mit dem Kipp[1]). Man entlüftet die Säure, dressiert den Kipp und läßt Kohlendioxyd durch das Rohr strömen. Um die Lauge zu schonen, kann man den Zapfen des Hahns vom Verbindungsrohr herausnehmen, so daß vorläufig kein Kohlendioxyd in das Azotometer kommt. Nach 3—5 Minuten ist das Rohr gewöhnlich entlüftet. Man setzt nun den Kücken wieder ein und vertreibt noch die im Ansatzrohr des Azotometers vorhandene Luft. Dann schließt man den Hahn und füllt das Azotometer mit Lauge. Durch vorsichtiges Öffnen des Hahns reguliert man den Gasstrom so, daß sich gleichzeitig höchstens 3 Blasen im erweiterten Teil des Azotometers befinden. Man prüft nun mit der Lupe, ob die aufsteigenden Blasen die früher erwähnten Forderungen erfüllen. Ist dies der Fall, so schließt man den Hahn des Kipp, öffnet den Verbindungshahn vollständig und erhitzt mit einem Langbrenner den vorderen Teil des Rohrs zum Glühen. Nun verbrennt man durch vorsichtiges Weiterrücken eines zweiten Brenners die Substanz in solchem Tempo, daß sich stets höchstens drei Blasen in der Erweiterung des Azotometers befinden. Hat man das ganze Rohr ausgeglüht, so kann man mit dem zweiten Brenner noch einmal rasch durchglühen, um evtl. noch unverbrannte Teilchen zu zerstören, dann schließt man den Verbindungshahn und öffnet den Hahn des Kipp. Durch vorsichtiges Öffnen des Verbindungshahns treibt man den Stickstoff, der sich noch im Rohr befindet, in das Azotometer. Ist fast aller Stickstoff ausgetrieben, so läßt man das Kohlendioxyd etwas schneller durchstreichen, bis die Blasen wieder klein geworden sind. Dann schließt man den Hahn und läßt das Rohr bis zur nächsten Bestimmung unter Druck stehen. Bei der folgenden Bestimmung entleert man zunächst das Kupferoxyd und geht dann wieder genau so vor, wie eben beschrieben worden ist. Neben das Azotometer stellt man ein Thermometer, so, daß das Quecksilberreservoir sich etwa in der Mitte des Gasvolumens befindet. Man stellt dann durch Heben der Birne Überdruck her, läßt 12—15 Minuten stehen und liest ab. Meist ist das Gasvolumen schon nach 2—3 Minuten konstant.

Bei der Berechnung sind vom gefundenen N-Wert 2% abzuziehen.

---

[1]) Anwendung von Natriumbicarbonat zur Kohlendioxydentwicklung: Brunner, Ch. Ztg. **38**, 767 (1914). — Dubsky, Ch. Ztg. **41**, 378 (1917). — Diepolder, Ch. Ztg. **43**, 353 (1919).

Das Volum des Azotometers wird nämlich durch die Benetzung mit Kalilauge um ca. $1^{1}/_{2}\%$ verringert, die Tension der Kalilauge beträgt bei Zimmertemperatur ca. $^{1}/_{2}\%$ [1]).

D. Methode von Varrentrapp und Will [1]).

Beim Schmelzen stickstoffhaltiger organischer Substanzen mit Alkali wird Wasserstoff frei, der zur Bildung von Ammoniak Veranlassung gibt [3]).

Diese Reaktion läßt sich für eine große Reihe Substanzen zu einer quantitativen gestalten, wenn man folgendermaßen vorgeht:

In das untere Ende einer 60 cm langen, hinten zugeschmolzenen Röhre werden 0.3 g reiner Zucker gebracht und durch Schütteln mit der ca. 20fachen Menge Natronkalkpulver gemischt. Darauf wird eine 12 cm lange Schicht gekörnten Natronkalks gegeben; es folgt dann eine 3 cm lange Schicht von gepulvertem Natronkalk, hierauf die Mischung der Substanz (ca. 0.2 g) mit 0.3 g Zucker und gepulvertem Natronkalk. Nunmehr wird die Röhre bis auf 5 cm mit Natronkalk in Körnern gefüllt, ein Asbestpfropf eingelegt und mit einem durchbohrten Kork verschlossen, durch dessen Öffnung entweder die Will - Varrentrappsche Birne (Fig. 185) oder besser der bekannte Apparat

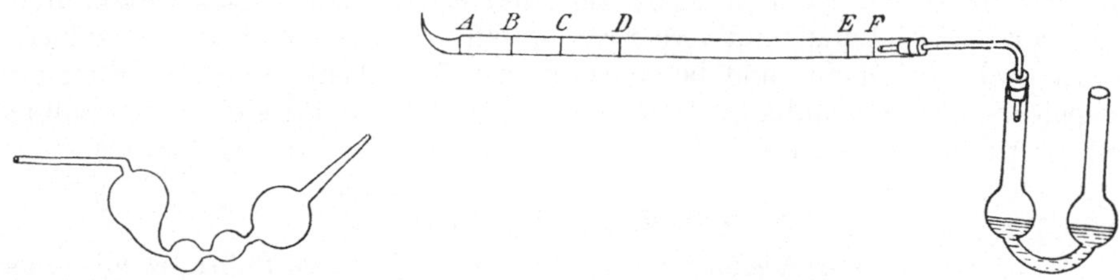

<table>
<tr><td>Fig. 185.
Varrentrapp-Willsche Birne.</td><td>Fig. 186.
Absorptionsapparat nach Péligot.</td></tr>
</table>

von Péligot (Fig. 186) oder der S. 241 abgebildete von Bärenfänger mit der Röhre verbunden wird. Der Absorptionsapparat wird mit etwa der doppelten Menge verdünnter Salzsäure gefüllt, die zur Absättigung des entweichenden Ammoniaks notwendig wäre. Zunächst wird nun die vordere Schicht des reinen Natronkalks zum Dunkelrotglühen erhitzt, sodann die Schicht Natronkalk zwischen der Substanz und der am Ende befindlichen Zuckernatronkalkmischung, dann die Substanz, und zwar so, daß ein kontinuierlicher

[1]) Brunner, Diss. Freiburg i. B. (1914), 40.

[2]) A. **39**, 257 (1841); vgl. Wöhler, Berzel. Jahresb. **1842**, 159. — Berzelius und Plantamour, 'J. (1) **33**, 23 (1841). — Péligot, C. r. **24**, 552 (1847). — Bouis, J. pharm. (3) **37**, 266 (1859). — Strecker, A. **118**, 161 (1861). — Mulder, Scheik. Verh. en Onderz. III. 26 (1860). — Knop, C. **1861**, 44. — Berthelot, Bull. **4**, 480 (1862). — Petersen Z. Biol. **7**, 166 (1871). — Salkowsky, B. **6**, 536. 1873). — Kreusler, Z. anal. **12**, 354). (1873). — Seegen und Nowak, Z. anal. **13**, 460 (1874). — Bobierre, C. r. **80**, 960 (1875). — Thibault, J. pharm. chim. (4) **22**, 39 (1875). — Liebermann, A. **181**, 103 (1876) — Makris, A. **184**, 371 (1876). — Fairley, Ch. News **33**, 238 (1876). — Rathke, B. **12**, 781 (1879). — Gassend und Quantin, B. **13**, 2241 (1880). — Keßler, Pharm. J. (3) **3**, 328 (1880). — Guyard, Z. anal. **21**, 584 (1882). — Goldberg, B. **16**, 2546 (1883). — Wagner, B. **16**, 3074 (1883). — Loges, Ch. Ztg. **8**, 1741 (1884). — Ramsay, Ch. News **48**, 301 (1884). — Stutzer und Reitmayer, Ch. Ztg. **9**, 1612 (1885). — Arnold, Rep. anal. Ch. (2) **33**, 1041 (1885). — B. **18**, 806 (1885). — Atwater, Am. **9**, 311 (1887); **10**, 113 (1888). — Houzeau, C. r. **100**, 1445 (1890). — Boye, B. **24**, R. 920 (1891). — Corradi, Giorn. Farm. Chim. **54**, 289 (1905). — Knublauch, J. Gasbeleucht. **55**, 713, 864, 883 (1912). — Eckert und Steiner, M. **35**, 1147 (1914). — Siehe auch S. 503.

[3]) Faraday, Pogg. **3**, 455 (1825). — Über die Theorie dieses Vorgangs: Quantin, Bull. (2) **50**, 198 (1888).

langsamer Gasstrom erhalten wird. Sobald die Gasentwicklung aufhört, wird die Zuckernatronkalkmischung erhitzt, um durch die daraus entwickelten Gase den Rest des Ammoniaks aus der Röhre zu vertreiben. Die angewendete Menge von 0.3 g Zucker genügt, um 15 Minuten lang eine kontinuierliche Gasentwicklung, die man beliebig regulieren kann, zu erhalten.

Die ganze Bestimmung soll nicht länger als eine halbe Stunde dauern. Das entwickelte Ammoniak (außerdem entstehen auch organische Basen, die ebenfalls als NH_3 bestimmt werden) wird entweder in üblicher Weise titriert oder als Platindoppelsatz gefällt und der Stickstoffgehalt der Substanz nach dem Glühen aus der gefundenen Platinmenge berechnet. Letzteres Verfahren ist umständlicher, aber etwas genauer als das titrimetrische.

Über das ähnliche Verfahren von Grouven: DRP. 17002 (1882). — B. 15, 546 (1882); 16, 1111 (1883); 17, R. 239 (1884). — Ch. Ztg. 8, 432 (1884).

Die Methode von Varrentrapp und Will ist für so ziemlich alle Körper anwendbar, die keinen an Sauerstoff gebundenen (namentlich Nitro-) Stickstoff enthalten. „Wenn trotzdem heute die Methode nur noch ganz beschränkte Anwendung selbst in den wissenschaftlichen Laboratorien findet, so hat das einmal darin seinen Grund, daß die Mängel der Dumasschen Methode, die einstmals Will und Varrentrapp zur Ausarbeitung der ihrigen veranlaßten, jetzt ganz beseitigt sind und ferner darin, daß man neue Methoden ausbildete, die in noch einfacherer und bequemerer und fast ebenso sicherer Weise die Abspaltung des Stickstoffs in Gestalt von Ammoniak und dessen Aufsammlung und Bestimmung gestatten. Das Bessere ist der Feind des Guten[1]."

E. Methode von Kjeldahl[2].

Das Prinzip dieses Verfahrens ist, die stickstoffhaltige Substanz mit einer reichlichen Menge konzentrierter Schwefelsäure zu erhitzen und die so erhaltene Lösung mit Zusätzen zu versehen, die entweder als Sauerstoffüberträger wirken oder die Siedetemperatur der Schwefelsäure erhöhen. Der Stickstoff wird unter diesen Umständen in Form von Ammoniak abgegeben, das nach beendigter Oxydation und Übersättigung mit Natron abdestilliert und titriert wird. Von den zahlreichen für die Ausführung dieser Methode angegebenen Modifikationen[3] sei die von Dyer[4] als die praktischste reproduziert.

---

[1] Dennstedt, Entwicklung, S. 50.

[2] Z. anal. 22, 366 (1883). — Pharm. J. (3) 18, 881 (1888). — Siehe auch S. 387 ff.

[3] Namentlich: Heffler, Hollrung und Morgen, Z. anal. 23, 553 (1884). — Czeczetka, M. 6, 63 (1885). — Wilfarth, Ch. Ztg. 9, 286, 502 (1885). — Arnold, Arch. 224, 75 (1886). — Asbóth, C. 1886, 161. — Jodlbauer, C. 1886, 433. — Ulsch, Z. ges. Brauwesen 1886, 81. — Dafert, Landw. Vers.-Stat. 34, 311 (1887). — Gunning, Z. anal. 28, 188 (1889). — Förster und Scovell, Z. anal. 28, 625 (1889). — Reitmayer und Stutzer, Z. anal. 28, 625 (1889). — Arnold und Wedemeyer, Z. anal. 31, 525 (1892). — Keating und Stock, Z. anal. 32, 238 (1893). — Krüger, B. 27, 609, 1633 (1894). — Denigès, Ph. C.-H. 37, 9 (1896). — Dafert, Z. anal. 35, 216 (1896). — Kellner, Landw. Vers.-Stat. 57, 297 (1903). — Flamand und Prager, B. 38, 559 (1905). — Sörensen und Andersen, Z. physiol. 44, 429 (1905). — Hepburn, J. Franklin Inst. 166, 81 (1908). — Sebellen, Ch. Ztg. 33, 785, 795 (1909). — Weston und Ellis, Ch. News 100, 50 (1909). — Garner und Bennett, Soc. Ind. 28, 291, (1909). — Neuberg, Bioch. 24, 435 (1910). — Hibbard, J. Ind. Eng. Chem. 2, 463 (1910). — Löwy, Z. physiol. 79, 349 (1912). (Blut.) — Trescot, J. Ind. Eng. Chem. 5, 914 (1913). — Hottinger, Bioch. 60, 345 (1914). — Dakin und Dudley, Biol. Chem. 17, 275 (1914). — Nolte, Z. anal. 54, 259 (1915). — Kober, Am. soc. 30, 1 (1908); 38, 2568 (1916). — Villiers und Moreau-Talon, A. Ch. anal. appl. (2) 1, 183 (1919). — Citron, D. med. Wochenschr. 46, 655 (1920). — Hahn, D. med. Wochenschr. 46, 428 (1920). — Cochrane, J. Ind. Eng. Ch. 12, 1195 (1920). — Willard und Cake, Am. soc. 42, 2646 (1920). — Kahn, Collegium 1920, 367. —   [4] Soc. 67, 811 (1895).

Die Substanz (0.5—5 g) wird in einem langhalsigen Rundkolben aus schwer schmelzbarem Glas, sog. Kjeldahlkolben, von 400—500 ccm Inhalt[1]) mit 20 ccm konzentrierter Schwefelsäure übergossen. Der Kolben wird durch eine hohle Glaskugel mit zugeschmolzener ausgezogener Spitze locker verschlossen. Man erhitzt den schief auf ein Drahtnetz gestellten Kolben, in den man noch einen Tropfen Quecksilber[2]) gebracht hat, bis die erste lebhafte Reaktion vorüber ist, nur schwach. Dann wird die Hitze sukzessive bis zum lebhaften Sieden gesteigert und innerhalb einer Viertelstunde 10 g trocknes Kaliumsulfat[3]) eingetragen und weiter gekocht, bis der Kolbeninhalt klar und farblos geworden ist. Man spült hierauf die erkaltete Flüssigkeit mit 100 ccm Wasser in ein geräumiges Kölbchen aus resistentem Glas, das mit einem geeigneten Destillationsaufsatz und einer

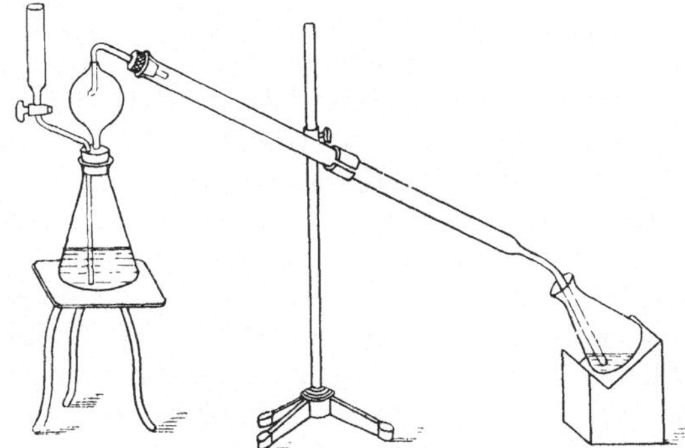

Fig. 187. Stickstoffbestimmung nach Kjeldahl.

Glasröhre (ohne Wasserkühlung) verbunden ist. Vor Beginn der Destillation mit 50 ccm konzentrierter Natronlauge aus einem Scheidetrichter unterschichtet[4]) man (Fig. 187). Man kann natürlich auch aus dem Zersetzungskolben selbst destillieren.

Dann werden, zur Verhinderung des Stoßens, 3—4 g Zinkpulver eingetragen, das gleichzeitig die evtl. entstandenen Quecksilberaminverbindungen zerlegt.

Für letzteren Zweck wird auch Zusatz von Schwefelkalium oder Thiosulfat[5]) empfohlen: 10 ccm 4proz. Kaliumsulfidlösung genügen völlig; oder man benutzt 10 ccm 20proz. Thiosulfatlösung, die mit 40 ccm gleich starker Natronlauge versetzt ist[6]).

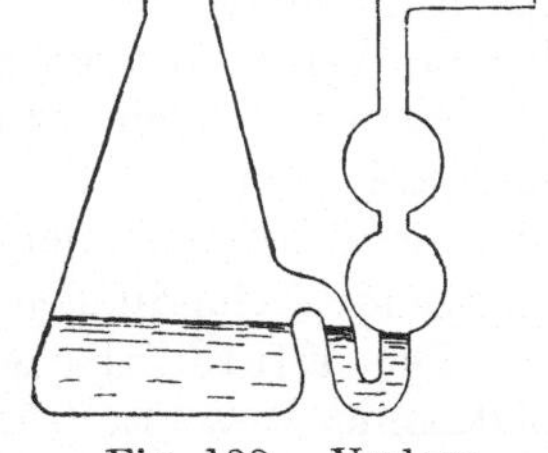

Fig. 188. Vorlage nach Bärenfänger.

Noch besser ist nach Neuberg[7]) Kaliumxanthogenat, von dem für je 0.4 g Quecksilberoxyd 1 g verwendet wird. Man destilliert 100 ccm ab und fängt das übergehende Ammoniak in titrierter Schwefelsäure auf. Als Indicator wird Methylorange oder Methylrot verwendet.

Auch Natriumpyrosulfat ist vorgeschlagen worden. Rivière und Bailhache, Bull. (3) 15, 806 (1896).

Ein praktisches Vorlegekölbchen (Fig. 188) beschreibt Bärenfänger. Z. ang. 20, 1982 (1907). Zu beziehen von Paul Altmann, Berlin NW 6, Luisenstraße 47.

---

[1]) Krieger, Ch. Ztg. 35, 1063 (1911).

[2]) Oder 5 ccm 10proz. Quecksilberacetatlösung: Salkowski, Z. physiol. 57, 523 (1910). — Kupfer: Latshaw, J. Ind. Eng. Ch. 8, 1127 (1916).

[3]) Während das Quecksilber katalytisch wirkt, verursacht das Kaliumsulfat nur eine Siedepunktserhöhung. Siehe Bredig und Brown, Z. phys. 46, 502 (1904).

[4]) Wolf-Joachimowitz, Ch. Ztg. 41, 87 (1917).

[5]) Maquenne und Roux, Bull. (3) 21, 312 (1899). — Neuberg, Beitr. ch. Phys. u. Path. 2, 214 (1902).

[6]) Salkowski, Z. physiol. 57, 523 (1910).   [7]) Bioch. 24, 435 (1910).

Bemerkungen zur Kjeldahlschen Methode.

Zur Vorgeschichte des Verfahrens: Salkowski, Bioch. **82**, 60 (1917).

Dieses in der Ausführung sehr bequeme Verfahren ist leider für eine große Anzahl stickstoffhaltiger Substanzen[1]), nicht nur für Nitroderivate, sondern auch für Körper mit stickstoffhaltigen Ringen (Pyridinderivate usw.) nicht ohne weiteres verwendbar. Es hat daher auch nicht an Versuchen gefehlt, durch verschiedene Zusätze und durch Änderungen in der Wahl des sauerstoffübertragenden Mediums seinen Anwendungsbereich zu vergrößern.

Substanzen[2]) mit den Gruppierungen $N = N$ oder $N = O$ (Nitro-, Nitroso-, Azokörper usw.) müssen vorerst reduziert werden.

Das kann man entweder mit salzsaurer alkoholischer Zinnchlorürlösung[3]) oder besser nach dem Verfahren von Eckert[4]) ausführen.

Auch gewisse Derivate der Harnsäure, ebenso Kreatin, Kreatinin und manche Aminosäuren und Alkaloide, bieten bei der Analyse Schwierigkeiten[5]). Zwar kann man meist durch genügend langes Erhitzen vollständige Aufschließung erzielen[6]), aber oft ist Zusatz von wäßriger Permanganatlösung unerläßlich. Auch andere Oxydationsmittel werden empfohlen, so Kaliumpyrochromat[7]), Kupfersulfat, Natriumsuperoxyd, Mangandioxyd und Vanadinsäure.

Eckert[4]) empfiehlt folgende Arbeitsweise, die bei aromatischen Nitround Nitrosoverbindungen vorzügliche Resultate ergibt:

0.2—0.5 g Substanz werden mit 0.4 g Schwefel in einem KjeldahlKolben durch Umschwenken gemischt und dann 15—20 ccm 30—40 proz. Oleum zugesetzt. Man erwärmt eine Stunde auf dem siedenden Wasserbad. Nach dieser Zeit ist die Reduktion beendet, und es wird nun in der gewöhnlichen Weise weitergearbeitet.

Es wurde auch versucht, diese Methode auf aliphatische Nitroverbindungen und auf anorganische Nitrate anzuwenden. Aber in beiden Fällen wurden viel zu niedrige Zahlen erhalten, so daß auf die geschilderte Weise nur aromatische Verbindungen analysiert werden können.

Die Kjeldahlsche Methode ist durchaus unanwendbar bei gold- und platinchlorwasserstoffsauren Salzen, weil diese Salze Chlor abspalten, das einen Teil des Ammoniaks zu Stickstoff oxydiert.

In manchen Fällen ist das übergehende Ammoniak durch mitentstandene Amine verunreinigt; das macht indessen im allgemeinen nichts aus, weil diese Basen ebenso wie Ammoniak gegen Methylorange reagieren.

Über die Vermeidung dieser Aminbildung siehe Débourdeaux, C. r. **138**, 905 (1904). — Bull. (3) **31**, 578 (1904). — Justin-Mueller, Bull. Sc. Pharm. **23**, 137 (1918).

---

[1]) Dafert, Z. anal. **27**, 224 (1888). — Heiduschka und Goldstein, Arch. **254**, 586 (1916).

[2]) Über die Analyse von Nitroverbindungen unter Zusatz leicht nitrierbarer Substanzen (Phenol, Salicylsäure, Zucker usw.) siehe Asbóth, C. **1886**, 161. — Jodlbauer, ebenda 433. — Dyer, Soc. **67**, 811 (1895). — Brinton, Schertz, Crockett und Merkel, J. Ind. Eng. Ch. **13**, 636 (1921).

[3]) Krüger, B. **27**, 1633 (1894). — Milbauer, Z. anal. **42**, 725 (1903). — Flamand und Prager, B. **38**, 559 (1905).   [4]) M. **34**, 1694 (1913).

[5]) Kutscher und Steudel, Z. physiol. **39**, 12 (1903). — Schöndorff, Pflüg. **98**, 130 (1903). — Sörensen und Andersen, Z. physiol. **44**, 429 (1904).

[6]) Beger, Fingerling und Morgen, Z. physiol. **39**, 329 (1903). — Malfatti, Z. physiol. **39**, 467 (1903). — Sörensen und Pedersen, Z. physiol. **39**, 513 (1903). — Gibson, Am. soc. **26**, 105 (1903).

[7]) Krüger, B. **27**, 609 (1894). — Giemsa und Halberkann, B. **54**, 1183 (1921).

Bygdén[1]) destilliert das Ammoniak in 25 ccm $n/_{20}$-Schwefelsäure und titriert die überschüssige Säure auf jodometrischem Wege nach Zusatz von Jodkalium und Kaliumjodat.

Wo die überschüssige Schwefelsäure lästig ist (wenn man z. B. außer dem Stickstoff noch Phosphorsäure und Kalk bestimmen will), kann man sie durch Zugabe von Zuckerwürfeln entfernen. Siehe hierzu Carpiaux, Bull. soc. Chim. Belg. **27**, 333 (1913).

Modifikation des Kjeldahlschen Verfahrens nach Schiff[2]), Ronchese und Bennett[3]).

Nachdem in üblicher Weise oxydiert wurde, wird die Schwefelsäure zunächst annähernd mit 50 proz., dann genau, mit Phenolphthalein als Indicator, mit $n/_{10}$-Natronlauge neutralisiert. Dann werden 25 ccm ca. 40 proz. Formalinlösung zugefügt, gut gemischt und die durch die Bildung von Hexamethylentetramin in Freiheit gesetzte Mineralsäure mit $n/_{10}$-Lauge titriert.

1 ccm $n/_{10}$-Lauge entspricht 0.0014 Stickstoff.

Das Verfahren wird für technische Zwecke öfters benutzt, namentlich für die Analyse der Hautsubstanz in Leder u. dgl.

Für die Stickstoffbestimmung im Harn wird die Flüssigkeit nach der Oxydation mit Schwefelsäure durch Eisenchlorid und Natriumacetat von Phosphorsäure und durch Schwefelnatrium von evtl. zugesetztem Kupfer befreit. Das schwefelwasserstofffreie Filtrat wird mit starker Lauge neutralisiert, mit Salzsäure wieder angesäuert, dann vorsichtig neutralisiert und, wie oben angegeben, mit Formol usw. titriert[4]).

Über die Bestimmung sehr kleiner Mengen Stickstoff nach Kjeldahl siehe Mitscherlich und Herz, Landw. Jahrbb. **38**, 279 (1909) und Mitscherlich und Merres, Landw. Jahrbb. **38**, 533 (1909). — Merres, Z. ang. **22**, 631 (1909). — Mitscherlich, Herz und Merres, Landw. V.-St. **70**, 405 (1909). — Schenke, Ch. Ztg. **17**, 977 (1893); **20**, 1032 (1896); **21**, 490 (1897); **33**, 712 (1909). — Mitscherlich, Ch. Ztg. **33**, 1058 (1909). — Landw. V.-St. **72**, 459 (1910). — Zeller, Landw. V.-St. **71**, 437 (1910). — Bardach, Z. anal. **36**, 776 (1898). — Ch. Ztg. **34**, 12 (1910).

Wenn auch nach obigem die Kjeldahlsche Methode an Genauigkeit und Bequemlichkeit der Ausführung der Dumasschen kaum nachsteht, pflegt man doch im wissenschaftlichen Laboratorium, wenn es sich nicht, wie bei agrikulturchemischen oder physiologischen Untersuchungen um die Ausführung zahlreicher Bestimmungen an gleichartigem Material handelt, die Dumassche Methode oder eine der Gruppenbestimmungen auszuführen.

„Nur für eine Art von Substanzen wird auch der wissenschaftlich arbeitende Chemiker sich der Kjeldahlschen Methode mit Vorteil und Vergnügen bedienen, nämlich da, wo bei relativ niedrigem Stickstoff- und hohem Kohlenstoffgehalt eine große Menge organischer Substanz bewältigt werden muß. Gewöhnlich wird dann die Anwendung sowohl der Varrentrapp - Willschen wie der Dumasschen Methode noch dadurch wesentlich erschwert, daß sich diese Substanzen nur schwer zerkleinern und sich, sei es mit dem Natronkalk,

<hr>

[1]) J. pr. (2) **96**, 99 (1917).   [2]) Ch. Ztg. **27**, 14 (1903); **33**, 689 (1909).

[3]) Ronchèse, J. Pharm. Chim. (6) **25**, 611 (1907). — Bull. (4). **1**, 900 (1907). — Bennet, Soc. Ind. **28**, 291 (1909).

[4]) Sörensen, Bioch. **25**, 1 (1910). — de Jager, Z. physiol. **67**, 1 (1910). Es ist übrigens nicht recht einzusehen, welche Vorteile dieses Verfahren vor dem ursprünglichen Kjeldahlschen haben soll.

sei es mit dem Kupferoxyd, nicht innig genug mischen lassen; die Natron-kalkmethode versagt dann vollständig, die Dumassche zwingt, um nicht stickstoffhaltige Kohle zurückzubehalten, zur Anwendung von Sauerstoff. Zu dieser Art von Verbindungen gehören insonderheit die Eiweißstoffe, und da die Untersuchung dieser für die nächste Zukunft das vornehmste Ziel der organischen Chemie sein wird, so kann auch den rein wissenschaftlich arbeitenden Chemikern nicht dringend genug empfohlen werden, sich mit der Kjeldahl-schen Methode innigst vertraut zu machen" [Dennstedt[1])].

Selbstverständlich hat man alle benutzten Reagenzien auf einen evtl. Stickstoffgehalt, am einfachsten durch eine blinde Probe, zu prüfen, evtl. sie zu reinigen.

Erheiternd wirkt in dieser Beziehung der Vorschlag von Meldola und Moritz[2]), der Schwefelsäure zur Befreiung von Stickstoff Kaliumnitrit zuzu-setzen.

F. Mikrostickstoffbestimmung nach Kjeldahl[3]) (Pregl).

Erfordernisse.

1. **Zersetzungskölbchen.** Man verwendet eine Jenaer Hartglas-eprouvette, die an ihrem Ende birnförmig erweitert ist.

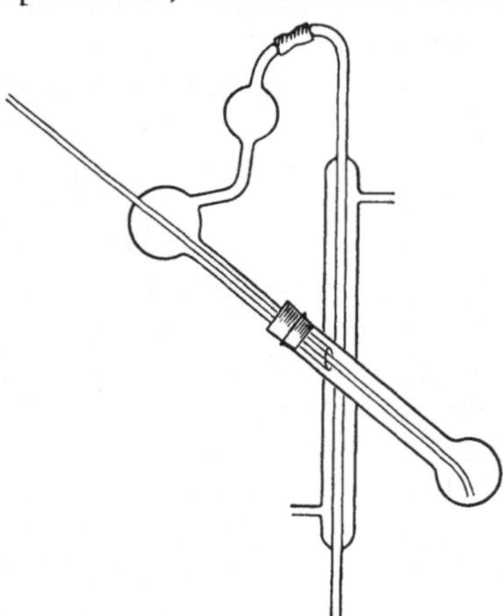

Fig. 189. Mikro-Kjeldahl.

2. **Destillationsapparat.** Das Ammoniak wird direkt aus dem Zersetzungs-kölbchen durch einen Dampfstrom in die vorgelegte Säure übergetrieben. Man verwendet dazu einen Apparat von folgender Form (Fig. 189). Als Kühler verwendet man am besten ein Rohr aus Quarzglas, doch können auch Jenaer Röhren verwendet werden, die man aber, um eine Abgabe von Alkali zu vermeiden, stundenlang im strömenden Dampf vorbehandeln muß.

3. **Maßflüssigkeiten.** Man verwendet $n/70$-Lösungen, als Indicator Methylrot. Man setzt es am besten den Maßflüssigkeiten zu. Die Büretten fassen 10 ccm und sind in $1/20$ ccm eingeteilt. Einhundertel Kubik-zentimeter lassen sich nach einiger Übung mit Sicherheit schätzen. Die Ausläufe bestehen aus 5—8 cm langen, $1/2$—1 mm starken Capillaren, so daß die Flüssigkeit auch bei vollgeöffnetem Quetschhahn nur in kleinen Tröpfchen austritt.

Ausführung der Bestimmungen.

Die Substanz wird aus einem Wägegläschen wie beim Mikro-Dumas in das Zersetzungskölbchen eingewogen. Man verwendet 4—5 mg. Nach Zu-fügen von $1/2$—1 ccm konzentrierter Schwefelsäure und etwas Kaliumsulfat

[1]) Entw. d. Elem.-Anal., S. 58. — Siehe Plimmer, Soc. **93**, 1502 (1908).
[2]) Soc. Ind. **7**, 63 (1888).
[3]) Andere Vorschläge, das Kjeldahlsche Verfahren mikroanalytisch durchzuführen: Pilch, M. **32**, 21 (1911). — Folin und Farmer, J. Biol. Ch. **11**, 493 (1912). — Donau, Arbeitsmethoden der Mikrochemie, Stuttgart (1913), 60. — Bang und Larsson, Bioch. **49**, 19 (1913); **51**, 193 (1913). — Kochmann, Bioch. **63**, 479 (1914). — Abder-halden und Fodor, Z. physiol. **98**, 190 (1917). — Ljungdahl, Bioch. **83**, 106 (1917). — Sjollema und Hetterschy, Bioch. **84**, 359, 371 (1917). — Bang, Bioch. **88**, 416 (1918). — Acél, Bioch. **121**, 120 (1921). — Parnas und Wagner, Bioch. **125**, 253 (1921).

und Kupfersulfat wird das Kölbchen in schiefer Lage erhitzt, bis die Zersetzung der Substanz beendet ist. (Bei schwer zersetzlichen Substanzen kann man nach einiger Zeit 2—3 Tropfen Alkohol zusetzen und hierauf weiter erhitzen.) Nach dem Erkalten verdünnt man mit Wasser, schließt an den Destillationsapparat an, läßt durch das innere Rohr so viel 50 proz. Kalilauge zufließen, daß der Kölbcheninhalt stark alkalisch wird. Dann wird Dampf durchgeleitet und das Zersetzungskölbchen mit einem Brenner schwach erwärmt. Die Säure wird in einem kleinen Kölbchen vorgelegt. Das Quarzrohr taucht in die Säure ein. Nach 10 Minuten langem Destillieren ist das Ammoniak ausgetrieben. Man senkt nun das Kölbchen und spült durch 2 Minuten langes Destillieren das Rohr aus. Hierauf wird zurücktitriert.

G. Stickstoffbestimmung evtl. unter gleichzeitiger Bestimmung von Kohlenstoff, Wasserstoff, Halogen, Schwefel und Asche (Mineralbestandteilen) nach Dennstedt[1].

Da in ähnlicher Weise wie bei der Bestimmung von Kohlenstoff und Wasserstoff mit Kupferoxyd, auch bei der Stickstoffbestimmung nach Dumas gewöhnlich weit über das Maß des Notwendigen erhitzt wird, hat Dennstedt sein Verbrennungsgestell auch diesem Zweck mit Erfolg angepaßt. Man kommt dabei mit vier Brennern sehr wohl aus, so daß wesentlich an Gas gespart wird und die Verbrennungsröhren geschont werden. Auch das (S. 205) beschriebene tragbare Stativ ist für die Stickstoffbestimmung eingerichtet (Fig. 190).

Als neu hinzugekommene Verbesserungen sind außerdem hervorzuheben: für die

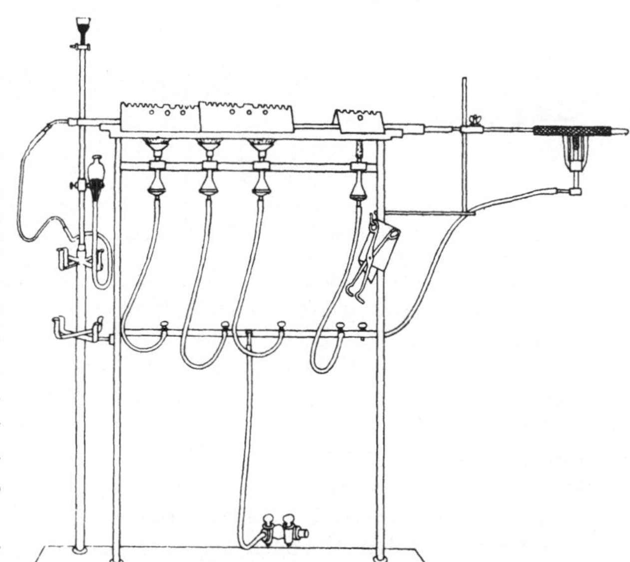

Fig. 190. Stickstoffbestimmung nach Dennstedt.

Aufnahme der Substanz ein in besonderer Weise gefaltetes Schiffchen aus Kupferblech, worin die abgewogene Substanz mit feinem Kupferoxyd gemischt wird. Das Zuleitungsrohr des Azotometers (Fig. 191a) ist in besonderer Weise geknickt, so daß durch einen Tropfen Quecksilber ein ziemlich sicherer Schutz gegen das Zurücksteigen der Kalilauge in das Verbrennungsrohr gegeben ist; dasselbe wird erreicht (Fig. 191b), wenn man das Capillarrohr am unteren Ende in eine Glasspitze auslaufen läßt: außerdem wird auf jeden Fall noch zwischen Verbrennungsrohr und Azotometer ein einfaches Rückschlagventil besonderer Form eingeschaltet.

---

[1] Nach frdl. Privatmitteilung. — Siehe auch B. **41**, 2778 (1908).

Das 86 cm lange Verbrennungsrohr wird wie folgt gefüllt:

Die ersten 8 cm bleiben leer, dann kommt eine 10 cm lange Rolle von Kupferdrahtnetz. Das nun folgende grobe Kupferoxyd (28 cm) wird beiderseits von je einem 3 cm langen Pfropf aus oxydiertem Kupferdrahtnetz festgehalten. Läßt man auf der anderen Seite des Rohrs ebenfalls 6 cm frei und gibt danach eine 10 cm lange Rolle von oxydiertem Kupferdrahtnetz, so bleibt für die Substanz ein Raum von 18 cm. Für die Erhitzung des vorderen Rohrendes (50 cm) genügen drei Teclu- oder gute Bunsenbrenner mit Spalt, da ein solcher Brenner frei brennend eine Flamme von 8 cm gibt, die sich unter der Rinne auf mindestens 10 cm ausdehnt. Die Vergasung und schließlich die Verbrennung geschieht mit einem vierten Brenner, dem zum Schluß die vorderen Brenner zu Hilfe kommen.

Das zur Verdrängung der Luft und später des Stickstoffs notwendige Kohlendioxyd wird aus groben Stücken Natriumbicarbonat in einem angehängten Rohr von schwer schmelzbarem Glas mit Hilfe einer kleinen Flamme entwickelt und die erhitzte Stelle durch ein verschiebbares Drahtnetz geschützt. Die ganze Anordnung ist aus Fig. 190 ersichtlich.

In sehr seltenen Fällen kann es wichtig sein, die Bestimmung des Stickstoffs mit der des Kohlenstoffs und Wasserstoffs und wenn erforderlich auch mit der des Schwefels und der Halogene zu verbinden.

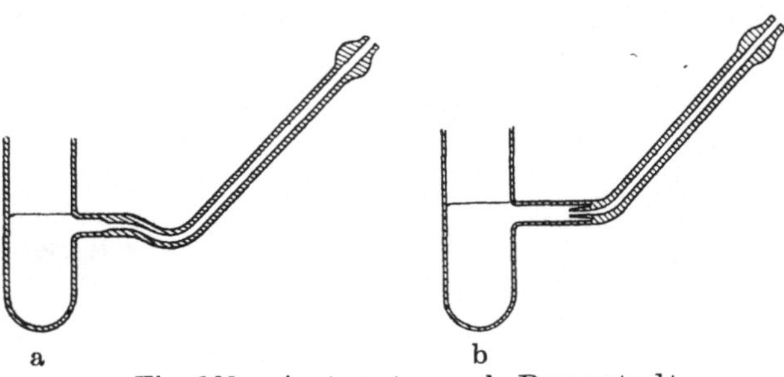
Fig. 191.   Azotometer nach Dennstedt.

Das ist sehr wohl möglich, wenn auch das Verfahren dadurch etwas schwerfällig wird und größere Geschicklichkeit und dauernde Anwesenheit des Experimentators erfordert.

Man benutzt als Sauerstoffquelle Kaliumpermanganat, das in einem Rohr entwickelt wird, und einen Gummisack als Gasometer. Man wendet doppelte Sauerstoffzuleitung an und entfernt die Luft durch einen starken Sauerstoffstrom.

Der Stickstoff wird mit dem überschüssigen Sauerstoff in einem Erlenmeyerkolben von etwa 1 l Inhalt aufgefangen, der mit doppelt durchbohrtem Gummistopfen versehen ist. Ein bis zum Boden reichendes Knierohr trägt einen Gummischlauch mit Niveaukugel, durch ein T-Rohr ist die Verbindung mit dem Verbrennungsrohr und der Luftpumpe vermittelt, aus der zweiten Öffnung kann man das angesammelte Gas austreten lassen (Fig. 192).

Da 2—3 l Sauerstoff zu absorbieren sind, so kann weder Pyrogallussäure noch ammoniakalische oder Pyridin-Kupferchlorürlösung verwendet werden. Man ersetzt daher die alkalische Lösung durch eine Lösung von Kupferchlorür in Salzsäure, in die man Kupferdrahtnetzrollen stellt.

Für die erste Füllung nimmt man am einfachsten Kupfersulfat mit viel Salzsäure und erwärmt unter Kupferzusatz. Die Flüssigkeit bleibt brauchbar, solange noch Kupfer vorhanden ist, wenn man nur ab und zu einen Teil davon durch Salzsäure ersetzt.

Der in Form von Bleinitrat zurückgehaltene Stickstoff wird aus dem mit 33 proz. Alkohol extrahierten und gewogenen Bleinitrat bestimmt.

Die Bestimmung von Schwefel, Halogen und Asche läßt sich auch in diesem Fall in der schon beschriebenen Weise mit der Kohlenstoff- und Wasserstoffbestimmung verbinden.

H. Analyse von Salpetersäureestern [1]).

Bei der Zerlegung von Salpetersäureestern ist die Salpetersäure als solche nicht zu fassen, da die organische Komponente mehr oder weniger stark reduzierend auf die Säure wirkt; die Reduktion kann bis zu elementarem Stickstoff und selbst bis zu Ammoniak führen [2]).

Kocht man aber z. B. Nitrocellulose mit Natronlauge bei Gegenwart von überschüssigem Wasserstoffperoxyd [3]), so resultiert ausschließlich Nitrat und Nitrit; zugleich wird die Cellulose durch Hydrolyse vollkommen in lösliche Form übergeführt.

Beim Ansäuern der alkalischen, überschüssiges Wasserstoffperoxyd enthaltenden Lösung wird sodann die salpetrige Säure quantitativ zu Salpetersäure oxydiert [4]), so daß man auf diese Weise den Gesamtstickstoff in Form von Salpetersäure erhält, die nunmehr mit „Nitron“ [5]) gefällt und zur Wägung gebracht werden kann.

Die Ausführung der Analyse gestaltet sich folgendermaßen:

Ca. 0.2 g Nitrocellulose werden in einem nicht zu weiten Erlenmeyerkolben von 150 ccm Inhalt mit 5 ccm 30 proz. Natronlauge und 10 ccm 3 proz. Lösung von Wasserstoffperoxyd (reines Mercksches Präparat) zunächst einige Minuten auf dem Wasserbad erwärmt, bis die erste Schaumbildung vorüber ist und dann auf freier Flamme gekocht, wobei meist innerhalb weniger Minuten Lösung erfolgt. Man fügt alsdann noch 40 ccm Wasser und 10 ccm Peroxydlösung hinzu und läßt in die auf 50° erwärmte Flüssigkeit mit einer Pipette 40 ccm 5 proz. Schwefelsäure am Boden des Gefäßes einlaufen. Nachdem die Flüssigkeit nunmehr bis ca. 80° erwärmt wurde, wird sie mit 12 ccm Nitronacetatlösung versetzt; man läßt erkalten und stellt das Gefäß darauf

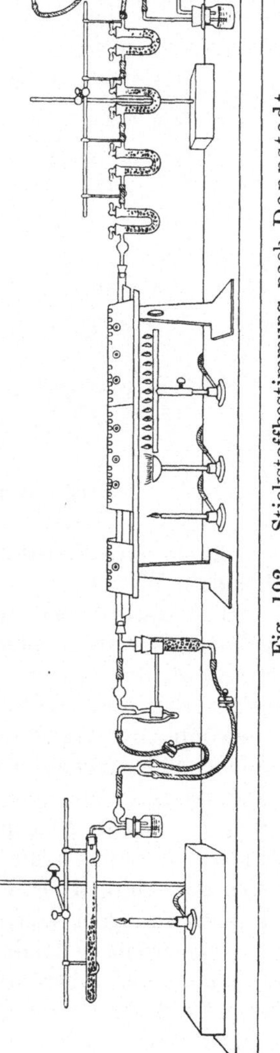

Fig. 192. Stickstoffbestimmung nach Dennstedt.

---

[1]) Siehe auch Wohl und Poppenberg, B. **36**, 676 (1903). — Débourdeaux, Bull. (3) **31**, 1, 3 (1904).   [2]) Häussermann, B. **38**, 1624 (1905).

[3]) Busch, Z. ang. **19**, 1329 (1906). — Busch und Schneider, Z. ges. Schieß- u. Sprengstoffwesen **1**, 232 (1906). — Utz, Z. anal. **47**, 142 (1908).

[4]) Busch, B. **39**, 1401 (1906).

[5]) Winkler, Z. ang. **34**, 383 (1921). — Siehe auch S. 957.

1¹/₂—2 Stunden an einen kühlen Ort, am besten in Eiswasser. Das Nitrat wird abgesaugt, mit dem Filtrat nachgespült und schließlich mit 10 ccm Eiswasser in 3—4 Portionen nachgewaschen. Durch $^3/_4$ stündiges Trocknen bei 110° erreicht man Gewichtskonstanz.

Einen anderen Weg, den der vollständigen Reduktion des Stickstoffs zu Ammoniak, schlagen Silberrad, Philips und Merriman[1]) zur Bestimmung von Nitroglycerin, Cordit usw ein.

Fig. 193a zeigt den Apparat für die Extrahierung und Verseifung des Nitroglycerins und Fig. 193b den, der zur Reduktion des Produkts zu Ammoniak dient. Es ist zu bemerken, daß der Extraktions- und Verseifungsapparat durchaus mit Glasschliffen und mit einem gut wirkenden Kühler ausgestattet sein müssen. Diese Vorsichtsmaßregeln sind notwendig, um Verluste an Nitroglycerin, das mit den Ätherdämpfen ziemlich leicht flüchtig ist, zu vermeiden.

a   b
Fig. 193.   Apparate von Silberrad, Philips und Merriman.

Die direkte Bestimmung des Nitroglycerins im Cordit geschieht in der folgenden Weise:

Eine abgewogene Menge des pulverisierten Cordits, genügend, um etwa 2 g Nitroglycerin zu liefern, wird in einer Extraktionshülse in den Soxhletapparat A, der, wie aus der Figur ersichtlich ist, aufgestellt wird, eingefüllt; 80 ccm absoluter Äther werden in den Kolben gegossen und die Extraktion in gewöhnlicher Weise ausgeführt. Die Extraktionshülse, welche die zurückgebliebene Nitrocellulose enthält, wird mit etwas frisch destilliertem Äther nachgewaschen und aus dem Extraktionsapparat entfernt. Die Absorptionskolben C, welche 10 ccm $^n/_{10}$-Säure enthalten, werden nun angesetzt und Natriumalkoholat (etwa 50 ccm einer Lösung, durch Lösen von 5 g Natrium in 100 ccm absolutem Alkohol bereitet) langsam durch das Seitenrohr D hinzugegeben. Die Reaktion geht rasch vor sich und wird durch 6 stündiges Erwärmen auf dem Wasserbad vollendet; ihren Verlauf kann man durch zeitweises Nehmen von kleineren Proben mittels des Hahns E verfolgen, die mit Diphenylamin und Schwefelsäure auf Nitroglycerin geprüft werden.

Der Äther wird dann in A des Soxhletapparats destilliert und durch E abgelassen. Der Rückstand wird in Wasser aufgenommen und auf 250 ccm verdünnt, wobei auch die wäßrigen und ätherischen Waschflüssigkeiten zur Lösung zugesetzt werden. 50 ccm Lösung werden in den Kolben F des

---

[1]) Z. ang. **19**, 1603 (1906).

Reduktionsapparats eingefüllt und hierzu ein Gemisch von 50 g Zinkeisen (2 Teilen Zink und 1 Teil Eisen) und 50 ccm 40 proz. Natronlauge gefügt. Das Ammoniak wird hierauf in einem langsamen Luftstrom abdestilliert und durch die im Absorptionskolben H enthaltene Säure (etwa 75 ccm $n/_{10}$-Säure) absorbiert. Der Überschuß der Säure wird dann durch Rück titration bestimmt.

1 ccm $n/_{10}$-Säure entspricht 0.00757 g Nitroglycerin.

Anwendung des Nitrometers für die Untersuchung von Nitraminen und Nitrosaminen: Cope und Barab, Am. soc. **38**, 2552 (1916). — Z. anal. **59**, 261 (1920). — Nitrocellulose: Beckett, Soc. **117**, 220 (1920).

Dritter Abschnitt.

Bestimmung der Halogene.
(Cl = 35.45, Br = 80.0, J = 126.9.)

1. Qualitativer Nachweis von Chlor, Brom und Jod.

A. Methode von Beilstein[1]).

Dieses Verfahren[2]) gründet sich auf die bekannte Berzeliussche Methode des Nachweises der Halogene in Mineralsubstanzen.

Man bringt in das Öhr eines Platindrahts etwas pulvriges Kupferoxyd, das nach kurzem Durchglühen festhaftet. Nun taucht man dieses Kupferoxyd in die Substanz oder bringt etwas davon auf das Kupferoxyd und hält das Öhr in die mäßig starke, entleuchtete Flamme eines Bunsenbrenners, zuerst in die innere, dann in die äußere Zone, nahe am unteren Rand.

Zunächst tritt Leuchten der Flamme, gleich darauf aber die charakteristische Grün- bzw. Blaufärbung ein. Bei der außerordentlichen Empfindlichkeit der Reaktion genügen die geringsten Mengen Substanz, um die Halogene mit Sicherheit nachweisen zu lassen, und an der Dauer der Flammenfärbung hat man einen ungefähren Maßstab für die Menge des vorhandenen Halogens.

Vor jedem Versuch muß man sich von der Reinheit des Kupferoxyds überzeugen. Ist es nämlich mehrfach benutzt worden, so bilden sich schwer flüchtige Oxychloride usw., und das Kupferoxyd gibt schon beim bloßen Befeuchten eine Flammenfärbung. Man benetzt in diesem Fall das Öhr mit Alkohol und glüht es erst in der leuchtenden und dann in der Oxydationsflamme aus.

Die Reaktion ist unbedingt verläßlich und gelingt bei allen Körperklassen organischer Substanzen.

Nach Nölting und Trautmann[3]) sind allerdings auch einzelne halogenfreie Körper der Pyridinreihe imstande, mit Kupferoxyd in die Flamme

---

[1]) B. **5**, 620 (1872).
[2]) Im Jahre 1895 wurde diese Methode, mit einer kleinen Verschlechterung und Komplikation in der Ausführung, von Lenz, Z. anal. **34**, 42, nochmals „entdeckt". — Verfahren für flüchtige Substanzen: Erdmann, J. pr. (2) **56**, 36 (1897).
[3]) B. **23**, 3664 (1890). — Camphersäure: Hahn, D. Parf. Ztg. **2**, 229 (1916).

gebracht, diese grün zu färben. Als solche Substanzen werden die Oxychinoline:

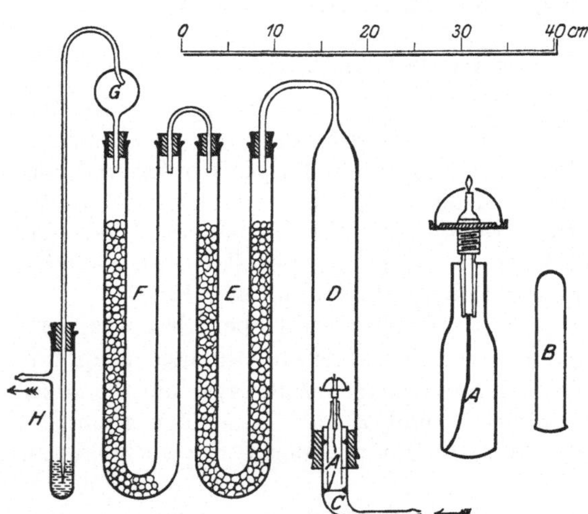

angeführt.

Nach Milrath[1] zeigen auch Harnstoff, Sulfoharnstoff und einige in α-Stellung substituierte Pyridinderivate die Beilsteinsche Reaktion, die hier offenbar von der Bildung von Cyankupfer herrührt.

Erlenmeyer und Hilgendorff[2] geben auch an, daß chlorfreies Kupfercarbonat, das ja beim Erhitzen mancher organischer Substanzen leicht entstehen kann, Grünfärbung veranlasse. Im allgemeinen ist aber keine Gefahr einer Täuschung vorhanden.

B. Andere Methoden zum Nachweis der Halogene.

Wenngleich die so überaus bequeme Beilsteinsche Methode alle anderen Verfahren entbehrlich macht, so seien doch noch einige der zahlreichen Vorschläge zum Nachweis der Halogene angeführt.

Drogin und Rosanoff[3] lösen einige Milligramme der Substanz in einem Kubikzentimeter absolutem Alkohol und werfen einige kleine blanke Natriumstückchen hinein, eines nach dem anderen, wobei schließlich mäßig erwärmt wird. Nach dem Erkalten säuert man mit 1 ccm verdünnter Salpetersäure (1:3) an, filtriert wenn nötig und gibt 10 Tropfen ca. $^{n}/_{15}$-Silbernitratlösung hinzu. Natürlich macht man auch eine blinde Probe.

Erlenmeyer[4] läßt die Substanz in ein Reagensglas fallen, dessen Boden zum schwachen Glühen erhitzt ist. Das ausgeschiedene Jod bzw. die entwickelte Brom- oder Chlorwasserstoffsäure wird in üblicher Weise nachgewiesen.

Fig. 194.   Apparat von Schimmel & Co.

Schützenberger[5] berichtet über ein in den französischen Laboratorien benutztes Verfahren. Die in Alkohol gelöste Substanz wird von Filtrierpapier aufsaugen gelassen, angezündet und über die Flamme ein innen mit destilliertem Wasser angefeuchtetes großes Becherglas gehalten, das dann mit Silbernitratlösung ausgespült wird.

[1] Ch. Ztg. **33**, 1249 (1909).

[2] B. **43**, 956 (1910). — Benzoat, Formiat: Kunz-Krause, Ap. Ztg. **30**, 141 (1915); **31**, 66 (1916). — Schimmel & Co., Ber. **1922**, 96.   [3] Am. soc. **38**, 716 (1916).

[4] Z. **1864**, 638. — Z. anal. **4**, 138 (1865).

[5] Traité de Chimie **4**, 30 (1885). — Hahn, D. Parf. Ztg. **2**, 229 (1916). Schimmel & Co., Ber. **1890**, I, 29; **1920**, 67; **1921**, 56; **1922**, 95.

Schimmel & Co. haben dieses Verfahren für die quantitative Bestimmung des Chlors in technischem Benzaldehyd [1]) ausgearbeitet.

Die beiden Schenkel des U-Rohrs E (Fig. 194) werden zu etwa $^3/_4$ mit Glasperlen gefüllt und mit 25 ccm $n/_{50}$-Kalilauge beschickt, so daß auch die Perlen benetzt werden. Sodann wird ein Schenkel des U-Rohrs F in gleicher Weise mit Glasperlen gefüllt und die gleiche Menge Kalilauge hineingegeben. Beide U-Rohre werden am oberen Teil festgeklemmt und durch die Gummistopfen des Verbindungsröhrchens verschlossen. Das Gläschen H wird mit etwa 10 ccm Wasser gefüllt, an den Kugelaufsatz G angefügt und dieser auf F aufgesetzt; dann wird H mit der Wasserstrahlpumpe verbunden. Zuletzt wird D an E gefügt und probeweise mit dem zur Aufnahme der Lampe dienenden Gefäß C durch den über C geschobenen Gummistopfen verschlossen. C wird zur Prüfung der Laboratoriumsluft mit einer mit verdünnter Silbernitratlösung gefüllten Waschflasche verbunden und die Pumpe in Tätigkeit gesetzt, wobei die durchzusaugende Luftmenge etwa 1 l in der Minute betragen muß. Die Lampe wird mit Benzaldehyd gefüllt, mit dem Brenner, aus dem der Asbestfaden etwa 2 mm weit herausragt, verschlossen und nach dem Aufsetzen der Kappe B gewogen. Nach dem Abnehmen von B wird der Gewindeteil mit dem Glockenträger über das Glasrohr geschoben, die Glocke aufgesetzt und durch Drehen des Trägers die Höhe so eingestellt, daß die Öffnung der Glocke das Ende des Asbestfadens nur wenig überragt. Dann wird die Lampe in C gebracht, wo sie auf den drei unteren größeren Einstülpungen steht, während die drei oberen kleineren Einstülpungen einen ringsherum gleichen Abstand von der Wandung gewährleisten. Der Benzaldehyd wird entzündet und C sofort unter D gebracht. Durch Drehung des Glockenträgers wird die Höhe der Flamme auf etwa 6—7 mm eingestellt, wobei darauf zu achten ist, daß keine Rußbildung erfolgt. Bei dieser Flammengröße verbrennt in der Stunde etwa 1 g Benzaldehyd. Der Stopfen von C wird dann fest in D eingesetzt und die Verbindung mit dem Waschgefäß wiederhergestellt. Durch eine Klemmschraube kann die Luftzufuhr geregelt werden. Die Pumpe muß recht kräftig wirken, um Erlöschen der Flamme zu verhindern. Der Luftstrom ist als ausreichend anzusehen, wenn an der Wandung des Verbrennungszylinders keine Wasserbildung auftritt. Zu starkes Schäumen der Absorptionsflüssigkeiten läßt sich durch Eintropfen von 1—2 Tropfen Petroleum in die U-Rohre vermeiden. Sollte nach einiger Zeit die Flammengröße erheblich nachlassen, so wird C herausgenommen, nachdem zuvor die Saugpumpe zum Teil zugeschraubt wurde, um beim Öffnen des Apparats Übersteigen der Absorptionsflüssigkeit zu vermeiden. Die Lampe wird gewogen, der Asbestfaden mit einer Pinzette 2—3 mm weit herausgezogen und die verkohlte Spitze abgeschnitten. Der entstandene Gewichtsverlust wird bestimmt. Ist eine genügende Menge Benzaldehyd verbrannt, so wird die Lampe herausgenommen und wieder gewogen. Nachdem inzwischen noch einige Zeit ein mäßiger Luftstrom durch den Apparat gesaugt worden ist, löst man die Verbindung mit dem Kugelaufsatz und stellt die Pumpe ab [2]).

Zur Entfernung des Petroleums und etwa doch gebildeten Rußes wird filtriert. Dazu werden zwei Trichter von ca. 12 cm Durchmesser mit Glaswolle versehen, nachdem über das Trichterrohr ein durch einen Quetschhahn ver-

---

[1]) Bei leicht brennbaren Körpern dürfte die Verbrennung auch sonst keinerlei Schwierigkeiten bieten, während schwer brennbare mit Alkohol oder dgl. zu mischen wären.

[2]) Über einige kleine Verbesserungen des Apparats siehe Schimmel & Co., Ber. **1922**, 56.

schließbares Stückchen Gummischlauch gezogen wurde. Unter die Trichter werden zwei Erlenmeyerkolben von etwa 500 und 350 ccm Inhalt gestellt. Nun wird D abgenommen, das Verbindungsstück der beiden U-Rohre entfernt und deren Inhalt bei geöffnetem Quetschhahn auf je einen Trichter entleert, wobei zur Aufnahme des Inhalts von E der größere Erlenmeyer dient. Ist die Flüssigkeit völlig abgetropft, so werden die Quetschhähne geschlossen; jedes U-Rohr wird dreimal und D zweimal mit etwa je 15 ccm Wasser ausgespült und das Spülwasser auf die Trichter gegeben (Zylinderspülwasser zu E). Sollten die Glasperlen auf den Trichtern noch nicht ganz mit Wasser bedeckt sein, so wird eine entsprechende Menge Wasser zugegeben. Nach einigen Minuten werden die Quetschhähne geöffnet. Das Nachwaschen der Perlen mit Wasser wird noch dreimal wiederholt, wonach die Flüssigkeitsmenge insgesamt etwa 300 und 200 ccm beträgt. Sodann werden in die beiden Erlenmeyerkolben je 50 ccm $n/_{50}$-Schwefelsäure und einige Siedesteinchen gegeben und die mit kleinen Trichtern versehenen Kolben auf einem Asbestdrahtnetz so lange erhitzt, bis die Flüssigkeitsmengen etwa 25 ccm betragen. Nach dem Erkalten wird nach Zugabe von wenig Phenolphthalein mit $n/_{50}$-Kalilauge bis zur bleibenden Rotfärbung titriert. Mit 1—2 Tropfen $n/_{50}$-Schwefelsäure wird die Rotfärbung entfernt, hierauf nach Zugabe von 5 Tropfen 10 proz. Kaliumchromatlösung mit $n/_{50}$-Silbernitratlösung die Absorptionsflüssigkeit des U-Rohrs F bis zum Auftreten einer schwachen Silberchromatfärbung und sodann der Inhalt des zweiten Erlenmeyer bis zum gleichen Farbenton titriert.

Messinger[1]) erwärmt 1—2 mg Substanz in einem Reagensglas mit etwas Chromsäure und konzentrierter Schwefelsäure und leitet die Dämpfe in verdünnte Jodkaliumlösung.

Thoms[2]) und Raikow[3]) zersetzen ebenfalls mit Schwefelsäure, evtl. unter Zusatz von Silbernitrat.

Kastle und Beatty[4]) glühen mit einem Gemisch von Silber- und Kupfernitrat.

Pringsheim[5]) oxydiert in einer Eiseneprouvette mit Natriumsuperoxyd.

Verwendung von Persulfaten: Dittrich, B. **36**, 3385 (1903). — Dittrich und Bollenbach, B. **38**, 747 (1905).

2. Quantitative Bestimmung der Halogene.

Vorbemerkungen: Die Fällung von Halogensilber geschieht zweckmäßig bei Gegenwart von Äther[6]) oder anderen mit Wasser nicht mischbaren Flüssigkeiten. Dadurch ballt sich der Niederschlag sehr rasch.

Das Abfiltrieren erfolgt am besten auf die Seite 52 beschriebene Weise.

---

[1]) B. **21**, 2918 (1888).   [2]) Ph. C.-H. **14**, 10 (1873).
[3]) Ch. Ztg. **19**, 902 (1895).   [4]) Am. **19**, 412 (1897).
[5]) B. **36**, 4244 (1903); **37**, 2155 (1904). — Am. **31**, 386 (1904). — Konek, Z. ang. **16**, 516 (1903); **17**, 771 (1904). — Neumann und Meinertz, Z. physiol. **43**, 37 (1904). — Siehe S. 259.
[6]) Alefeld, Z. anal. **48**, 79 (1909). — Rothmund und Burgstaller, Z. an. **63**, 334 (1909). — Biltz, B. **43**, 3560 (1910).

A. Allgemein anwendbare Methoden.

1. Kalkmethode.

Diese treffliche Methode[1] haben Soubeiran[2] und Liebig[3] unabhängig voneinander aufgefunden[4]. Sie ist von allgemeinster Anwendbarkeit, namentlich aber für feste und für wenig flüchtige, flüssige Substanzen zu empfehlen. Hexachlorbenzol ist eine der wenigen Substanzen, zu deren quantitativer Aufschließung die Kalkmethode in ihrer üblichen Ausführung nicht genügt. In diesem Fall muß dem Ätzkalk Kaliumnitrat zugefügt werden. Auch β-Jodanthrachinon liefert nach Kaufler[5] unbefriedigende Resultate und muß nach der Methode von Carius auf 400° erhitzt werden. Ebensowenig lassen sich nach diesem Verfahren Substanzen direkt untersuchen, die — wie Bromalhydrat — schon beim Mischen mit Kalk zersetzt werden[6].

Ausführung der Methode.

Erfordernisse: 1. Halogenfreier gebrannter Kalk. Sollte kein reiner (auch schwefelsäurefreier) Kalk zur Verfügung stehen, so bestimmt man entweder in einer Probe den Chlorgehalt und bringt nachher bei der Analyse eine entsprechende Korrektur an, oder man reinigt ihn, falls der Chlorgehalt irgend beträchtlicher ist, nach Brügelmann[7].

2. Ein an einem Ende geschlossenes Rohr aus schwer schmelzbarem Glas von 35 cm Länge und ca. 0.6—0.8 cm innerem Durchmesser.

3. Ein mittels eines Kautschukschlauchs aufsetzbarer Einfülltrichter, der einen gerade abgeschnittenen und mit dem Rohr gleichdimensionierten Hals besitzt.

4. Schwarzes Glanzpapier.

5. Eine Achatreibschale.

Zur Analyse werden je nach dem Halogengehalt 0.1—0.5 g abgewogen. Das Rohr wird vorerst bis zu etwa 30 cm mit frisch ausgeglühtem, nicht allzu fein pulverisiertem Kalk locker angefüllt und hierauf auf einzelne Stücke Glanzpapier nacheinander 3 cm, dann 20 cm, endlich 4 cm der Kalkschicht wieder herausgeschüttet. Im Rohr bleiben dann noch ca. 3 cm Kalk zurück. Man verreibt jetzt die Substanz partienweise innig mit der Hauptmenge des Kalks, füllt durch den Trichter ein, spült Reibschale, Glanzpapier und Trichter mit 5 cm Kalk ab und füllt schließlich noch die 3 cm reinen Kalk nach. Man klopft den Röhreninhalt ein wenig zusammen, nimmt den Trichter samt Schlauch ab, legt das Rohr horizontal und bildet durch vorsichtiges Klopfen einen Kanal, der über der ganzen Kalkschicht etwa $^1/_4$ des Rohrdurchmessers hoch sein muß. Nun wird das Rohr in einen Verbrennungsofen gelegt (Kanal nach oben). Man entzündet zuerst den nahe dem offenen Ende befindlichen Brenner und schreitet mit dem Erhitzen langsam fort, bis nach einer halben Stunde die ganze Röhre zur dunklen Rotglut gebracht ist. Man setzt das Erhitzen noch eine weitere Stunde fort. Sollte sich der Kanal verstopfen, so läßt man sofort erkalten und

---

[1] Die Methode wurde von Jannasch und Kölitz, Z. an. **15**, 68 (1897), wieder als neu beschrieben.

[2] A. Chim. Phys. **48**, 136 (1831). [3] A. **1**, 201 (1832)

[4] Siehe Hans Meyer, Handwörterb. d. Naturwissensch. II, 349 (1912).

[5] B. **37**, 61 (1904).

[6] Derartige Substanzen werden mit ausgeglühter Kieselsäure vermischt zwischen zwei Kalkschichten in das Rohr gebracht. (Hans Meyer.)

[7] Z. anal. **15**, 7 (1876). — Siehe auch S. 292.

erneuert die Durchgängigkeit durch Bohren mit einem starken Platindraht, den man dann im Rohr stecken lassen muß.

Nach dem Erkalten schüttet man den Rohrinhalt ganz langsam in ein großes Becherglas, das etwa 400 ccm Wasser enthält und durch Einstellen in öfters zu erneuerndes kaltes Wasser gekühlt wird. Nach dem Ablöschen des Kalks setzt man tropfenweise verdünnte chlorfreie Salpetersäure zu, rührt lebhaft um und fährt mit dem Säurezusatz so lange fort, bis aller Kalk[1]) gelöst ist und nur mehr dunkle Flocken von verkohlter organischer Substanz im Becherglas sichtbar sind. Das Rohr wird ebenfalls mit verdünnter Salpetersäure ausgespült. Man filtriert, wäscht aus und fällt mit Silbernitratlösung, filtriert, wäscht — zuerst mit verdünnter salpetersaurer Silbernitratlösung[2]) — und bestimmt das Halogensilber auf gewichtsanalytischem Weg, oder man versetzt mit Sodalösung bis zur beginnenden Alkalität und titriert nach Zusatz von neutralem Kaliumchromat mit $n/_{10}$-Silbernitratlösung.

Orndorff und Black[3]) sowie Delbridge[4]) führen die Bestimmung nach Volhard folgendermaßen aus.

Man löst den Kalk in einem Erlenmeyerkolben, setzt eine gemessene Menge $n/_{10}$-Silbernitratlösung zu und schüttelt den mit einem Kautschukstopfen verschlossenen Kolben einige Minuten, bis Halogensilber und Kohle sich klar absetzen. Dann wird abgesaugt, gut gewaschen und im Filtrat, dessen Volum 350—400 ccm betrage, mit $n/_{10}$-Rhodanammonium und Ferriammoniumsulfat als Indicator zurücktitriert.

Besondere Bemerkungen zur Kalkmethode.

Während aus chlor- und bromhaltigen Substanzen[5]) alles Halogen als Chlor- bzw. Bromcalcium gebunden wird, entsteht bei jodhaltigen Substanzen meist etwas jodsaures Calcium, zu dessen Reduktion sowie zur Bindung von durch die Salpetersäure freiwerdendem Jod man vor dem Lösen des Kalks in Salpetersäure 1—2 g Natriumsulfit zufügt.

Bei jodhaltigen Substanzen muß überhaupt das Ansäuern unter Vermeidung jeder Erwärmung sehr vorsichtig ausgeführt werden, damit nicht durch Freiwerden von elementarem Jod Verluste eintreten. Classen[6]) schlägt vor, derartige Substanzen im beiderseits offenen Rohr (das nur während des Erhitzens an einem Ende verschlossen wird) zu verbrennen und nach dem Glühen einige Stunden lang feuchtes Kohlendioxyd durchzuleiten. Hierauf erwärmt man mit Wasser, filtriert, säuert vorsichtig an und fällt mit Silbernitrat.

Platindoppelsalze — deren Halogengehalt man überhaupt besser nach Wallach[7]) bestimmt — erfordern Rücksichtnahme auf die Möglichkeit der Bildung von Platinchlorwasserstoffsäure beim Ansäuern mit Salpetersäure. Man darf bei ihrer Analyse den abgelöschten Kalk nicht vollständig auflösen, sondern filtriert, solange noch etwas Kalk ungelöst ist, wäscht den aus Platin, Kohle und Kalk bestehenden Rückstand mit heißem Wasser und säuert schließlich das Filtrat nach dem Erkalten an.

Für die Analyse der schwer zersetzlichen Chlorphenylharnstoffe verwendet Doht[8]) ein 60 cm langes Rohr.

[1]) Orndorff und Black, Am. **41**, 368 (1909).
[2]) Wegscheider, M. **18**, 345 (1897).
[3]) Am. **41**, 368 (1909).   [4]) Am. **41**, 397 (1909).
[5]) Tetrabromphenoltetrachlorphthalein gibt bei der Analyse auch Bromat und Chlorat. Orndorff und Black, Am. **41**, 380 (1909).
[6]) Z. anal. **4**, 202 (1865).   [7]) Siehe S. 356.   [8]) M. **27**, 214, Anm. (1906).

Flüchtige Substanzen werden in Glaskügelchen abgewogen und eine entsprechend lange Kalkschicht vorgelegt, in die man die Substanz durch vorsichtiges Erhitzen hineintreibt.

Baeyer empfiehlt allgemein[1]) an Stelle des Kalks Soda zu verwenden, indessen erhält man dann [wenigstens bei Brom- und Chlorprodukten[2])] öfters zu niedrige Werte (Hans Meyer).

Flüssigkeiten, die sehr wenig Halogen enthalten, können nach dem Verfahren von Benedikt und Zikes[3]) zur Bestimmung kleiner Mengen Chlor in Fetten analysiert werden (Fig. 195).

Man biegt das eine Ende eines ca. 100 cm langen Verbrennungsrohrs knieförmig aufwärts und führt in das obere Ende vermittels doppelt durchbohrten Kautschukstopfens einen kleinen Tropftrichter und ein Gaszuleitungsrohr ein. Der wagerecht liegende Teil des Rohrs enthält zunächst eine Schicht Tonscherben, die dazu dienen, das aus dem Tropftrichter herabfließende Öl gleichmäßig vorzuwärmen, dann, zwischen zwei Asbestpfropfen eingeschlossen, eine Schicht reinen Ätzkalk, die das in der Substanz vorhandene Chlor aufnimmt, und etwas dahinter noch eine ebensolche Kalkschicht, die bei richtig geleiteter Operation kein Chlor mehr aufnehmen soll und zur Kontrolle dient. Man läßt, nachdem die Röhre genügend erhitzt ist, unter gleichzeitigem Durchleiten von Luft oder Kohlendioxyd allmählich 100 g Fett zufließen. Am Ende der Röhre ist eine Eprouvette angefügt, aus der durch ein dünnes Röhrchen das aus dem Verbrennungsrohr kommende Gas wieder ins Freie tritt. Hier entzündet man die bei der Verbrennung entwickelten Gase und reguliert den Zufluß des Fetts nach der Größe der Flamme. In der Stunde sollen höchstens 7—10 g Fett zufließen. Nach beendeter Verbrennung wird im Kalk auf übliche Weise das Chlor bestimmt.

Stark stickstoffhaltige Substanzen können zur Bildung von Cyansilber Veranlassung geben. Man reduziert in solchen Fällen den Niederschlag nach Neubauer und Kerner[4]) mit Zink und verdünnter Schwefelsäure, filtriert und fällt die klare Lösung nochmals mit Silbernitrat.

2. Ähnliche Methoden[5]).

Nach Rose-Finkener[6]) wendet man mit Vorteil an Stelle des reinen Kalks den sogenannten Natronkalk an[7]). Man oxydiert damit die organische Substanz zu Kohlensäure, so daß sich bei der nachherigen Auflösung in Salpetersäure keine Kohle ausscheidet und auch die Cyanbildung unterbleibt. Da indessen die Glasröhren durch den Natronkalk stark angegriffen werden, ist es notwendig, nach dem Ansäuern von der abgelösten Glassubstanz zu filtrieren, ehe man mit Silbernitrat fällt.

Zulkowsky und Lepéz empfehlen an Stelle des Kalks ausgeglühte Magnesia[8]).

Es ist schon erwähnt worden, daß man zur Analyse des Hexachlorbenzols ein Gemisch von Kalk und Salpeter verwenden muß.

---

[1]) B. **38**, 1163 (1905). — Siehe S. 257, Anm. 1.

[2]) Auch bei Jodcasein: Skraup und Krause, M. **30**, 450 (1909).

[3]) Ch. Ztg. **18**, 640 (1894). — Siehe auch S. 250.

[4]) A. **101**, 344 (1857). — Siehe auch unter „Methode von Vanino", S. 372.

[5]) Siehe auch noch Moir, Proc. **22**, 261 (1906). — Stepanow, B. **39**, 4056 (1906).

[6]) Analyt. Chemie, 6. Aufl., II, 735 (1871).   [7]) Über Darstellung desselben nach Brügelmann siehe S. 291.   [8]) M. **5**, 557 (1884).

Feez, Schraube und Burckhardt[1]) haben die alte von Berzelius stammende Methode zur Verbrennung organischer Substanzen mittels Soda und Salpeter[2]) zur Halogenbestimmung ausgearbeitet.

Die Substanz wird, mit etwa dem Vierzigfachen ihres Gewichts einer vollkommen trocknen Mischung von 1 Teil kohlensaurem Natrium und 2 Teilen Salpeter, innig gemischt, im bedeckten Porzellantiegel langsam erhitzt. Die Verbrennung geht allmählich vor sich. Zuletzt erhitzt man zum ruhigen Schmelzen und läßt im bedeckten Tiegel erkalten. Der Schmelzkuchen springt beim Erkalten freiwillig von der Tiegelwand ab; man löst ihn in Wasser auf, wäscht den Tiegel mit heißem Wasser aus, setzt nach der Volhardschen Vorschrift mit der Pipette eine abgemessene Menge Silberlösung zu, mehr als hinreichend, um alles möglicherweise vorhandene Halogen zu binden, macht mit Salpeter-

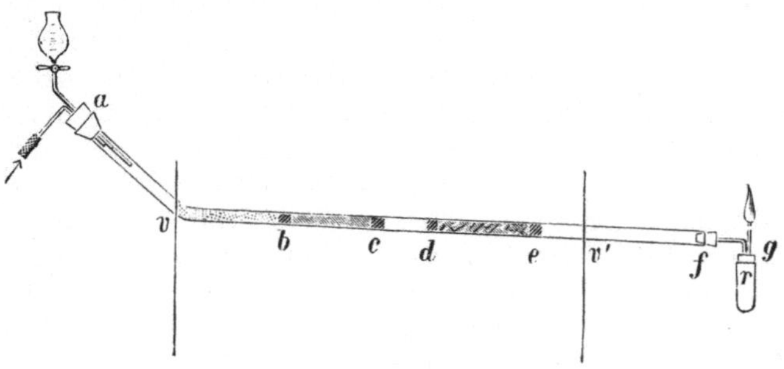

Fig. 195   Verfahren nach Benedikt und Zikes.

säure sauer und läßt auf dem Wasserbad stehen, bis alle salpetrige Säure entwichen ist. Nach dem Erkalten bestimmt man nach Zusatz von Eisensalz durch Zurücktitrieren mit Rhodanlösung den Silberüberschuß.

Leichter flüchtige Substanzen werden im Rohr (wie nach der Kalkmethode) verbrannt. Nach der die Mischung von Substanz, Soda und Salpeter enthaltenden Schicht füllt man noch trocknen Salpeter ein und erhitzt in einem schräg gestellten Ofen,

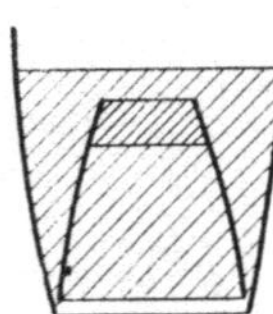

Fig. 196.
Verfahren nach
Piria u. Schiff.

dessen Achse mit der Horizontalen einen Winkel von etwa 30° bildet, zuerst die Salpeterschicht zum Schmelzen und darüber hinaus möglichst stark und fährt mit dem Erhitzen von dem offenen nach dem niedriger liegenden geschlossenen Ende hin allmählich vorschreitend fort. Sobald das Schmelzen zu der Mischung der Substanz mit dem Sodasalpetergemisch vorgerückt ist, beginnt die Verbrennung der meist schon verkohlten Substanz. Die Dämpfe verbrennen, durch den erhitzten Salpeter streichend, vollends, während das Halogen von den Basen zurückgehalten wird. Die Verbrennung ist beendigt, sobald keine Kohlenpartikelchen mehr sichtbar sind und der Inhalt des Rohrs vollkommen flüssig geworden ist. Das etwas abgekühlte Rohr bringt man in ein Becherglas mit kaltem Wasser, wobei es in kleine Stücke zerspringt. Nach erfolgter Auflösung der Schmelze setzt man Silberlösung zu, macht mit Salpetersäure sauer, verjagt die Stickoxyde und titriert zurück.

Methode von Piria[3]) und Schiff[4]).

Diese Variation der Kalkmethode ist für nicht allzu flüchtige Substanzen sehr empfehlenswert. Man bringt die Probe in einen Platin- oder Nickeltiegel

[1]) A. **180**, 40 (1877).
[2]) Mit Soda und salpetersaurem Ammonium haben übrigens schon viel früher Neubauer und Kerner Guanidindoppelsalze analysiert: A. **101**, 344 (1857).
[3]) Nuovo Cimento **5**, 321 (1857). — Lezioni di Chimica organica (1865), 153.
[4]) A. **195**, 293 (1879). — Wurde von Sadtler nacherfunden und kompliziert: Am. soc. **27**, 1188 (1905). — Siehe auch Berry, Ch. News **94**, 188 (1906).

der nebenstehend gezeichneten Form und Größe und mischt sie — falls Chlor oder Brom vorliegt — vermittels eines Platindrahtes innig mit einem Gemenge von 1 Teil wasserfreiem Natriumcarbonat mit 4—5 Teilen frisch ausgeglühtem Kalk[1]). Bei jodhaltigen Substanzen wird ausschließlich Natriumcarbonat benutzt, weil sich sonst schwer lösliches Calciumjodat bildet. Der vollkommen gefüllte Tiegel wird nun mit einem etwas größeren bedeckt und in der durch Fig. 196 veranschaulichten Weise verkehrt aufgestellt[2]). Der Zwischenraum zwischen den beiden Tiegeln wird nun mit der Zersetzungsmasse ausgefüllt und zuerst mit einer kleinen Spitzflamme, dann stärker erhitzt. Die im oberen Teil der Masse befindliche Substanz beginnt erst dann sich zu zersetzen, wenn die Salzmasse nahezu glühend ist, und die sich entwickelnden Dämpfe sind gezwungen, im kleinen Tiegel abwärts und im ringförmigen Zwischenraum aufwärts das glühende Alkalicarbonat zu durchstreichen. Die Zersetzung erfolgt sehr regelmäßig und ist in weniger als einer Stunde beendet.

Man kann diese Methode auch zur **Schwefelbestimmung** verwenden, wenn man als oxydierendes Agens eine Mischung von 1 Teil Kaliumchlorat und 8 Teilen Natriumnitrat benutzt, indes sind dabei Explosionen vorgekommen[3]).

3. Methode von Kopp[4]) und Klobukowski[5]).

Diese Methode ist auf die Tatsache gegründet, daß halogenhaltige Substanzen bei der Verbrennung mit Eisenoxyd und metallischem Eisen in Eisenhalogenide übergehen, die durch nachheriges Kochen mit Sodalösung unter Bildung von Eisenoxydhydrat und Halogennatrium umgesetzt werden. — Sie wird nur mehr selten[6]) angewendet.

4. Methode von Carius[7]).

Diese wichtige Methode, die neben der Kalkmethode hauptsächlich in Anwendung kommt, eignet sich namentlich zur Analyse flüssiger und leicht flüchtiger Substanzen und bildet dadurch eine wertvolle Ergänzung der letzteren, die vor allem für die Untersuchung schwerer flüchtiger und fester Körper geeignet ist. Die Methode hat, hauptsächlich schon durch ihren Autor, verschiedene Modifikationen erfahren. Am zweckmäßigsten verfährt man nach Küster[8]) folgendermaßen.

Man verwendet zum Erhitzen der Substanz — die, bei Gegenwart von Silbernitrat, durch hochkonzentrierte Salpetersäure vollständig oxydiert werden soll, wobei ihr Halogen durch das Silber gebunden wird — Einschmelzröhren aus Jenenser Glas[9]) von 50 cm Länge, 13 mm lichter Weite und 2 mm Wandstärke. Die Röhre wird mit überschüssigem Silbernitrat in ganzen Stücken — wovon etwa $^1/_2$ g in den meisten Fällen genügen wird — und 20 bis 30 Tropfen Salpetersäure vom spezifischen Gewicht 1.5 beschickt. Hierauf wird die Substanz (0.1—0.2 g) in einem einseitig geschlossenen Röhrchen

---

1) Z. anal. **45**, 571 (1906) empfiehlt Schiff, den Kalk ganz wegzulassen; siehe S. 255.
2) Um dies zu ermöglichen, setzt man den kleinen Tiegel auf eine Eprouvette und stülpt den größeren darüber. Nunmehr läßt sich das Ganze leicht umkehren.
3) Kolbe, Handw. Spl., 1. Aufl., S. 205.   4) B. **8**, 769 (1875).
5) B. **10**, 290 (1877).   6) Tollens und Wigand, A. **265**, 330 (1891).
7) A. **116**, 1 (1860); **136**, 129 (1865). — B. **3**, 697 (1870). — Linnemann, A. **160**, 205 (1871). — Volhard, A. **190**, 37 (1878). — Küster, A. **285**, 340 (1895). — Walker und Henderson, Ch. News **71**, 103 (1895). — Über geeignete Schießöfen hierzu: Küster, a. a. O. — Gattermann und Weinlig, B. **27**, 1944 (1894). — Volhard, A. **248**, 235 (1895). — Sudborough, Soc. Ind. **18**, 16 (1899).   8) A. **285**, 340 (1895).
9) Weniger resistentes Glas gibt zu Verlusten Anlaß: Tollens, A. **159**, 95 (1871).

von etwa $^1/_2$ mm Wandstärke, 9 mm lichter Weite und $2^1/_2$ cm Länge eingeführt, das offene Ende des Einschmelzrohrs zu einer nicht zu kurzen dickwandigen Capillare ausgezogen und zugeschmolzen. Die Röhre wird nun mit
dünnem Asbestpapier umwickelt und in den Schießofen gelegt, so daß ihr
capillares Ende ein wenig erhöht liegt. Jetzt wird einige Stunden (das
Anheizen nicht mitgerechnet mindestens 2 Stunden) auf 320—340° erhitzt,
wobei man langsames Anwärmen als zwecklos vermeidet.

Nach dem Erkaltenlassen und vorsichtigen Öffnen des Rohrs spült man
den Inhalt in eine Porzellanschale, wobei man etwaige hartnäckig festsitzende
Teilchen mit etwas Ammoniak herauslöst. Man erhitzt, falls Chlorsilber vorlag, nur bis zur Klärung der Flüssigkeit, beim Brom- und Jodsilber 2 Stunden
auf dem kochenden Wasserbad und bestimmt schließlich das Halogensilber
gewichtsanalytisch.

Bemerkungen zu der Cariusschen Methode.

Die Methode von Carius liefert bei sorgfältigem Arbeiten in der Regel[1])
sehr genaue Resultate, falls Chlor- oder Bromderivate vorliegen. Immerhin
gibt es Substanzen, die, wie das Heptachlortoluol oder das Perchlorinden,
überhaupt keine oder, wie das Hexachlorbenzol und das β-Brom-(Jod-)
anthrachinon, erst bei 19stündigem Erhitzen auf 400° (was nur sehr wenige
Röhren aushalten) richtige Zahlen geben. Weniger befriedigend sind die
Resultate bei Jodderivaten, was nach Linnemann[2]) von einer gewissen
Löslichkeit des Jodsilbers in silbernitrathaltiger Salpetersäure rührt. Linnemann empfiehlt daher den Silberüberschuß recht klein, etwa das Anderthalbfache der berechneten Menge, zu wählen.

Auch können sich beim Erhitzen der Substanzen mit der
konzentrierten Salpetersäure schwer zersetzliche oder explosive
Nitroverbindungen bilden. So berichtet Pelzer[3]), daß die Cariussche
Methode sich zur Analyse der Mono- und Dijodparaoxybenzoesäuren
nicht anwenden ließ. Es entstanden nämlich dabei stets neben Silberjodid
noch rote explosive Silbersalze einer nitrierten Säure, die auch beim Erhitzen
mit Salpetersäure und Kaliumpyrochromat auf 185° während vier voller
Tage noch nicht zerstört waren.

Nach Schulze[4]) kann die Bildung von Nitrokörpern, die das Halogensilber verschmieren, manchmal die Anwendbarkeit der Cariusschen Methode
vollständig illusorisch machen, wie das z. B. bei den Halogenverbindungen
des β - Naphthylchlorids und Bromids der Fall ist.

1.2-Xylochinon - 4.5 - dichlordiimid explodiert bei der Berührung
mit Salpetersäure[5]), ebenso das p - Bromphenyltriazenkupfer[6]).

In derartigen Fällen kann es sich empfehlen, die Substanz in einem
Stöpselgläschen auf die mit Kohlendioxyd-Aceton zum Gefrieren gebrachte
Salpetersäure zu geben und erst nach dem Zuschmelzen die Säure langsam
auftauen zu lassen[7]).

Bei der Analyse von Silberphenyl-Silbernitrat traten beim Umdrehen des

---

[1]) Siehe dagegen Liebermann, B. **43**, 1544 (1910). — Bei selenhaltigen Substanzen
löst man den Silberniederschlag in Ammoniak und fällt nach dem Verdunsten der Hauptmenge des Ammoniaks nochmals mit Salpetersäure. — Strecker und Willing, B. **48**,
202 (1915). — Strecker und Grossmann, B. **49**, 77 (1916). Bei chromhaltigen
Substanzen löst man das Halogensilber in Cyankalium und bestimmt das Silber elektrolytisch. Hein, B. **54**, 1915 (1921).
[2]) A. **160**, 205 (1871).　　[3]) A. **146**, 301 (1868).　　[4]) B. **17**, 1675 (1884).
[5]) Noelting und Thesmar, B. **35**, 643 (1902).　　[6]) Dimroth und Pfister,
B. **43**, 2761 (1910).　　[7]) Bloch und Höhn, B. **41**, 1973 (1908).

Rohrs gefährliche Explosionen ein, die vermieden wurden, wenn man das Rohr (vor dem Zuschmelzen) aufrechtstehend einen Tag sich selbst überließ[1]).

In Quecksilberchlorid(bromid)doppelsalzen läßt sich das Halogen nicht nach Carius bestimmen, weil das Halogensilber in Lösungen von Quecksilbersalzen nicht vollständig ausfällt[2]). Man arbeitet in solchen Fällen nach der Kalkmethode. Siehe unter Quecksilber S. 357.

Um in Doppelsalzen neben Chlor Gold, Platin oder Eisen zu bestimmen, trennen Simonis und Elias[3]) das Chlorsilber nach der Aufschließung durch Lösen in Ammoniak von dem Metall resp. Metalloxyd und fällen es nach der Filtration wieder aus.

Nach diesen Autoren kann man auch in Quecksilberchloriddoppelsalzen das Halogen nach Carius bestimmen, wenn man das Chlorsilber kalt abfiltriert. Nach Versuchen im Prager deutschen Universitätslaboratorium sind indes auch so die Resultate durchgängig zu niedrig.

Die Volhardsche titrimetrische Rhodanmethode läßt sich für die Cariussche Methode nicht wohl anwenden, weil stets eine gewisse Menge Silber vom Glas aufgenommen wird, um so mehr, je höher erhitzt wurde[4]).

Eine Variante der Cariusschen Methode, bei der das Einschmelzrohr vermieden ist, hat Klason[5]) angegeben.

5. Methode von Zulkowsky und Lepéz[6]).

Diese Methode bildet eine Ausarbeitung der Kopferschen Versuche[7]), den Halogengehalt organischer Substanzen, die im Sauerstoffstrom unter Benutzung von fein verteiltem Platin als Katalysator verbrannt werden, zu bestimmen.

Jod und Brom werden bei diesen Versuchen in elementarer Form, Chlor zum Teil als Salzsäure erhalten.

6. Methode von Pringsheim[8]).

Dieses Verfahren beruht auf der Oxydation der organischen Substanz mit Natriumsuperoxyd.

Substanzen[9]) mit mehr als 75% Kohlenstoff plus Wasserstoff bedürfen der 18fachen, solche mit 50–75% Kohlenstoff plus Wasserstoff der 16fachen Menge Natriumsuperoxyd, Substanzen mit 25–50% Kohlenstoff plus Wasserstoff mischt man mit dem halben, solche mit noch weniger Kohlenstoff und Wasserstoff mit dem gleichen Gewicht einer Substanz, die viel Kohlenstoff

---

[1]) Krause und Schmitz, B. **52**, 2160 (1919).

[2]) Wackenroder, A. **41**, 317 (1842). — Liebig, A. **81**, 128 (1852). — Manchot und Haas, A. **399**, 137 (1913).   [3]) B. **48**, 1512 (1915).   [4]) Küster, a. a. O.

[5]) B. **20**, 3065 (1887). — Ramberg, B. **40**, 2579 (1907). — Lovén und Johansson, B. **48**, 1257 (1915). S-Bestimmung.

[6]) M. **5**, 537 (1884). — Zulkowsky, M. **6**, 447 (1885). — Methode von Reid: Am. soc. **34**, 1033 (1912).   [7]) Z. anal. **17**, 23 (1878).

[8]) B. **36**, 4244 (1903); **37**, 324 (1904); **41**, 4267 (1908). — Am. **31**, 386 (1904). — Z. ang. **17**, 1454 (1904). — Pringsheim und Gibson, B. **38**, 2459 (1905). — Parr, Am. soc. **30**, 764 (1908). — Brigl, Diss. Berlin (1909), 35. — Struensee, Diss. Berlin (1911), 19. — Lemp und Broderson, Am. soc. **39**, 2069 (1917). — Über ein ähnliches Verfahren (mit Ätzkali und Permanganat) siehe Moir, Proc. **22**, 261 (1906); **23**, 233 (1907). — Über die Methode von Dennstedt S. 204. — Methode von Brügelmann S. 288.

[9]) Bei schwefelhaltigen Substanzen ist der S-Gehalt der Summe C + H bei der Berechnung der erforderlichen Superoxydmenge zuzuzählen.

und Wasserstoff enthält, wie Zucker, Naphthalin usw., und verwendet dann wieder die 16—18fache Menge Natriumsuperoxyd.

Ca. 0.2 g Substanz werden mit der entsprechenden Menge Natriumsuperoxyd in einem Stahltiegel[1]) (Fig. 197) von der gezeichneten Form und der $1^1/_2$fachen Größe gemengt, der Tiegel hierauf in eine Porzellanschale gestellt, die so viel Wasser enthält, daß er bis drei Viertel seiner Höhe umspült ist. Dann wird die Masse durch Einführung eines glühenden Eisendrahts durch das im Deckel befindliche Loch entzündet. Nach dem Erkalten wird der Tiegel nebst Deckel[2]) in das Wasser gelegt, die Schale schnell mit einem Uhrglas bedeckt und so lange erwärmt, bis das Verbrennungsprodukt bis auf einige Kohlenteilchen in Lösung gegangen ist, was sich dadurch zu erkennen gibt, daß keine Sauerstoffblasen mehr aufsteigen. Dann wird der Tiegel samt Deckel und Eisennagel abgespült und entfernt und zur alkalischen Lösung 3 ccm gesättigte Natriumbisulfitlösung[3]) und so viel verdünnte Schwefelsäure gegeben, daß der Eisenniederschlag verschwindet. Dabei werden Halogensäuren und Persäuren, die durch zu starke Oxydation entstanden sind, ohne Schwierigkeit zu Halogenwasserstoffsäuren reduziert. Darauf werden 3 ccm konz. Salpetersäure[4]) zugegeben und die jetzt etwa 500 ccm betragende Flüssigkeitsmenge mit Silbernitrat gefällt. Die Salpetersäure hält das schwefligsaure Silber in Lösung.

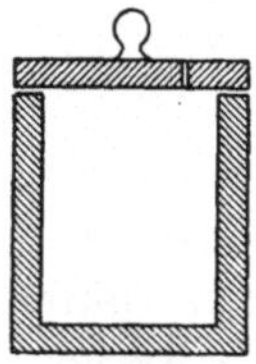

Nach dem Stehen auf dem Wasserbad wird der zusammengeballte Niederschlag abfiltriert, gewaschen und in der gewöhnlichen Weise gewogen.

Lemp und Broderson empfehlen[5]), das Silbernitrat vor dem Ansäuern zuzugeben und das bis dahin gebildete Halogensilber erst gut zu koagulieren, ehe angesäuert wird.

Fig. 197. Stahltiegel nach Pringsheim.

Kaufler[6]) hat dieses Verfahren namentlich für die Analyse schwer oxydabler Substanzen (Halogenanthrachinone); Arnold und Werner für Jodbestimmungen[7]) sehr brauchbar gefunden.

Es sind aber andererseits auch wiederholt[8]) unbefriedigende Resultate mit diesem Verfahren erhalten worden.

Bei schwer zerstörbaren Substanzen muß nach Heller[9]) mit Permanganat nachoxydiert werden, was eine große Komplikation bedeutet.

Warunis[10]) schlägt vor, ein Gemisch von Natriumsuperoxyd und Kaliumhydroxyd oder Soda anzuwenden.

Grandmougin und Smirous empfehlen[11]), statt das Chlorsilber zu wägen, die nach der Verbrennung mit Superoxyd resultierende Lösung mit

---

[1]) Über einen anderen Apparat für Na_2O_2-Schmelzen: Hodsman, Soc. Ind. **40**, 74 (1921). — Siehe auch Lemp und Brodersen, a. a. O.

[2]) Pozzi-Escot ersetzt den aufschraubbaren Deckel durch einen kaminartigen mit Bajonettverschluß und Ansatzrohr von 3 mm Durchmesser und 7—8 cm Höhe. Bull. Assoc. Chim. Sucr. et Dist. **26**, 695 (1909).

[3]) Oder besser Hydrazinsulfat (Lemp und Broderson a. a. O. 2072).

[4]) Die Salpetersäure muß frei von salpetriger Säure sein, da sonst eventuell Jodausscheidung erfolgt. Deshalb soll sie vor dem Gebrauch längere Zeit gekocht werden. Struensee, Diss. Berlin (1911), 21.

[5]) A. a. O. 2071 (1917).   [6]) Privatmitteilung.

[7]) Pharm. Ztg. **51**, 84 (1906). — Siehe auch Lassar-Cohn und Schultze, B. **38**, 3294 (1905). — Bredenberg, Diss. Erlangen (1914), 57, 62.

[8]) Virgin, Arkiv för Kemi **3**, 112 (1908). — Delbridge, Am. **41**, 396 (1909). — Siehe auch Koźniewski, Anzeig. Akad. Wiss. Krakau (1909), 735.

[9]) B. **46**, 2705 (1913).   [10]) Ch. Ztg. **35**, 907 (1911).

[11]) B. **46**, 3430 (1913).

Salpetersäure anzusäuern, dann mit überschüssigem Silbernitrat zu versetzen und mit Rhodanammoniumlösung zurückzutitrieren.

Die so erhaltenen Resultate sind durchweg etwas (ca. 0.2%) zu niedrig; dafür kann man die Halogenbestimmung in 20—30 Minuten ausführen.

7. Methode von Baubigny und Chavanne[1].

Das Verfahren beruht auf der Oxydation der Substanz mit Schwefelsäure-Chromsäure-Gemisch. Selbst in Gegenwart eines Silbersalzes entweichen Brom und Chlor bei den Bedingungen des Verfahrens gasförmig, während Jod zu Jodsäure oxydiert wird und als solche im Oxydationsgemisch verbleibt.

1. Jod. In einen länglichen Rundkolben (oder Erlenmeyer) von 150—200 ccm gibt man etwa 40 ccm Schwefelsäure (D. = 1.84) und Silbernitrat in geringem Überschuß, d. h. je nach dem Molekulargewicht der Substanz 1—1.5 g, erwärmt bis zur Lösung, fügt sogleich 4—8 g gepulvertes Kaliumpyrochromat hinzu und erhitzt von neuem unter Umschwenken, bis alles gelöst ist. Wenn das Oxydationsgemisch erkaltet ist, läßt man das Wägeröhrchen, in dem man 0.3 0.4 g Substanz abgewogen hat, hineingleiten und verteilt die Probe, indem man den Kolben im Kreise umschwenkt. Man unterstützt die Oxydation durch gelindes Erwärmen über freier Flamme, wobei man unausgesetzt umschwenkt Über 180° zu gehen ist unzweckmäßig; selbst bei Substanzen, die in der Kälte nicht angegriffen werden, genügen 150—170° zur völligen Verbrennung. Ein Thermometer zu benutzen ist überflüssig, denn obige Temperatur ist an der Sauerstoffentwicklung im Oxydationsgemisch kenntlich. Wenn die Sauerstoffentwicklung einsetzt, entfernt man die Flamme, schwenkt aber noch 4—5 Minuten lang um. Ist das Gemisch erkaltet, so verdünnt man es mit 140—150 ccm Wasser und reduziert Chrom- und Jodsäure mit einer konzentrierten Lösung von schwefliger Säure, worauf sich das Jodsilber abscheidet. Hat man zu großen Überschuß an Kaliumpyrochromat, also mehr als die angegebene Menge, verwendet, so scheiden sich zuweilen beim Abkühlen der wäßrigen Lösung jodathaltige Silberchromatkrystalle ab, die in Säuren selbst in der Hitze schwer löslich sind, sich aber in Ammoniak oder ammoniumsalzhaltigen Säuren leicht lösen. Man bringt sie durch Zusatz von Ammoniumnitrat in Lösung und reduziert erst dann mit schwefliger Säure. Statt wäßriger schwefliger Säure benutzt man besser eine konzentrierte wäßrige Lösung des käuflichen krystallisierten Natriumsulfits. Man setzt davon so lange zu, bis die Farbe hellgrün geworden ist. Wenn man einen zu großen Überschuß von schwefliger Säure angewendet hat, kann das Jodsilber durch metallisches Silber grau gefärbt sein, das sich durch Reduktion des Silbersulfats gebildet hat. Man digeriert in diesem Fall den Niederschlag mit heißer etwa 10 proz. Salpetersäure, wäscht aus und wägt. Man gießt die grüne reduzierte Flüssigkeit von dem Niederschlag möglichst vollständig durch einen Goochtiegel an der Saugpumpe ab, kocht die Fällung mit 10—25 proz. reiner Salpetersäure auf, gießt wieder ab, spült den Niederschlag mit heißem Wasser in den Tiegel und erhält ihn durch kurzes Nachwaschen völlig rein.

---

[1] C. r. **136**, 1198 (1903); **138**, 85 (1904). — Dupont, Freundler und Marquis, Man. de trav. prat., 2. Aufl. (1908), 105. — Emde, Ch. Ztg. **35**, 450 (1911). — Warszawski, Diss. Braunschweig (1913), 29. — Thies, Ch. Ztg. **38**, 115 (1914). —Vaubel, Ch. Ztg. **38**, 1037 (1914). — Troeger und Müller, Arch. **252**, 483 (1914). — Rupp und Lehmann, Arch. **253**, 444 (1915). — v. Braun und Braunsdorf, B. **54**, 699, 700 (1921). — v. Auwers und Ziegler, A. **425**, 307 (1921).

2. **Chlor oder Brom.** Den Apparat zur Chlor- und Brombestimmung veranschaulicht Fig. 198. Er besteht aus einem Kolben V, der etwa 100 ccm faßt, mit genügend langem Hals, in den ein Glasaufsatz r derart eingeschliffen ist wie bei Waschflaschen nach Drechsel. Er trägt zwei Rohre. Das eine $m\,n\,n'$ reicht bis zum Boden des Kolbens und dient dazu, zum Schluß der Operation einen Luftstrom durch den Apparat zu leiten, der die letzten Reste Chlor und Brom in das Absorptionssystem treibt. Das zweite Rohr von r ist zu einem Kugelabsorptionsapparat $a\,b\,c\,d\,e$ nach Art des Liebigschen Kaliapparats ausgebildet und wird mit alkalischer Natriumsulfitlösung beschickt, die Chlor und Brom absorbiert. Das freie Ende o des zweiten Rohrsystems kreuzt schräg das freie Ende m des ersten Rohrs und wird so mit ihm verbunden, daß man an der Kreuzungsstelle einen kleinen Korkkeil dazwischenschiebt und sie dann mit einem schmalen Heftpflasterstreifen umwickelt.

Man beschickt den Kondensator durch o mit etwa 30 ccm alkalischer Natriumsulfitlösung — etwa eine Mischung aus 1 Teil kalt gesättigter Natriumsulfitlösung und 1 Teil 15 proz. Natronlauge — und verteilt sie durch Einblasen in die Kugeln. Hierauf verschließt man m durch ein Stückchen Gummischlauch mit Glasstab, oder man schmilzt einen senkrechtstehenden kleinen Bulkschen Trichter an [1]).

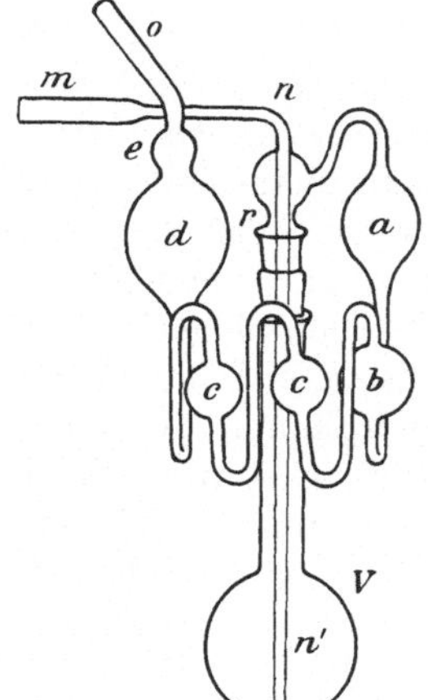

Fig. 198. Apparat nach
Baubigny u. Chavanne.

Darauf nimmt man r ab, füllt das Oxydationsgemisch (vgl. unter Jodbestimmung) in V, läßt das Wägegläschen mit Substanz in den geneigten Kolben gleiten und setzt sogleich den Aufsatz auf, dessen Schliff man vorher mit einem Tropfen konz. Schwefelsäure befeuchtet hat. Der Verschluß ist dicht. Wie von den jodhaltigen organischen Stoffen werden auch von den chlor- und bromhaltigen die meisten schon von gewöhnlicher Temperatur angegriffen, zuweilen muß man sogar die Reaktion durch Eintauchen in kaltes Wasser mäßigen und braucht nur gegen das Ende hin etwas zu erwärmen, um die organische Substanz völlig zu zerstören. Bei anderen Substanzen beginnt die Einwirkung erst in der Wärme. Man leitet die Oxydation stets so, daß sie nicht zu stürmisch wird, damit kein Halogen unabsorbiert durch den Kondensator streichen kann. Im Durchschnitt dauert die Zerstörung der Substanz 30—40 Minuten.

Zum Erwärmen verwendet man ein Paraffinbad, dessen Temperatur man allmählich auf 135—140° steigert. Der Kolben wird schwimmend eingehängt, indem man um den Hals bei r einen Bindfaden schlingt und diesen mit genügendem Spielraum an einer Klammer befestigt. Das Ende der Reaktion erkennt man daran, daß sich kein Gas mehr entwickelt. Man bläst dann mit dem Mund oder der Druckpumpe durch $m\,n\,n'$ einen Luftstrom, der die letzten Spuren Chlor und Brom in den Kondensationsapparat überführt. Man nimmt schließlich den Apparat auseinander, spritzt das Ende der Röhre $n\,n'$ ab und führt sie in einen so hohen Kolben (oder ein Becher-

---

[1]) Vorländer, B. **53**, 308 (1920). — Vorländer setzt bei Chlor- und Brombestimmungen Quecksilberoxydul oder -oxydnitrat zu, z. B. 1 g Quecksilbernitrat, 6—8 g Kaliumpyrochromat und 40 ccm reine konzentrierte Schwefelsäure für etwa 0.4 g Substanz. Die Zugabe von Silbersalz ist bei Abwesenheit von Jod unnötig.

glas) ein, daß dessen Rand r überragt. Indem man jetzt kräftig bei o einbläst, spült man die ganze Absorptionsflüssigkeit in den Kolben und wäscht nach, indem man drei- bis viermal 30—40 ccm Wasser in o einführt und in den Kolben überbläst.

Fällung des Chlor- bzw. Bromsilbers aus der alkalischen Natriumsulfitlösung. Man setzt einen reichlichen Überschuß von Salpetersäure zu, erwärmt, bis sich keine schweflige Säure mehr entwickelt, fällt mit Silbernitrat, klärt durch längeres Erwärmen, dekantiert, erwärmt die Silberfällung einige Zeit mit 10- bis 25 proz. Salpetersäure, wobei man sie mit einem Glasstab fein verteilt und bringt sie erst dann in den Goochtiegel oder aufs Filter.

Großes Gewicht ist darauf zu legen, daß die Reagenzien halogenfrei sind. Namentlich das Pyrochromat ist meist chlorhaltig.

Wenn diese Methode auch nicht gestattet, Chlor und Brom getrennt aufzufangen, so erlaubt sie doch eine automatische Trennung der Halogene in Chlorjod- und Bromjodverbindungen.

Die Substanzen dürfen aber nicht leicht mit Wasserdämpfen flüchtig sein, weil sie sonst teilweise unzersetzt in den Aufsatz getrieben werden. — Siehe auch noch S. 281.

8. Methode von Chablay [1]).

Nach Chablay werden alle halogenhaltigen Substanzen, die ein oder mehrere Atome Halogen enthalten, durch überschüssiges Natrium-, Kalium- oder Calciumammonium, das in flüssigem Ammoniak gelöst ist, zerlegt und das Halogen als Alkalihalogenid gebunden, das dann volumetrisch oder gravimetrisch bestimmt wird.

Man gibt die Substanz in eine Dewarflasche und übergießt mit 30 ccm flüssigem Ammoniak. Ist sie unlöslich, so muß sie fein verteilt werden. Man fügt Natrium in kleinen Stücken zu, bis sich der Überschuß durch Blaufärbung bemerkbar macht, und rührt um. Dann erwärmt man, bis das Ammoniak verdunstet ist. Der Überschuß an Natrium wird mit etwas Alkohol zerstört. Das Halogen der organischen Verbindungen wird in anorganisches Halogenid umgewandelt. In einzelnen Fällen wird Cyanid gebildet. Der Prozentgehalt an Cyanid ist nicht konstant für jede Substanz. Das resultierende Halogenid trennt man quantitativ von dem Cyanid durch Ansäuern mit Eisessig und nachheriges Kochen.

Ist Chlor zu bestimmen, dann kann man auch die salpetersaure Lösung bei Gegenwart von Silbernitrat kochen.

Etwas anders geht Cady [2]) vor.

Den Rückstand vom Ammoniak löst man mit wenig Wasser und säuert mit Salpetersäure an. Halogen wird durch Ausfällung mit überschüssigem n-Silbernitrat und Zurücktitrieren mit Natriumthiocyanat bestimmt. Zur quantitativen Entfernung des Cyanids wird die salpetersaure Lösung gekocht [3]).

---

[1]) A. chim. phys. (9) **1**, 469 (1914). — Courtot, A. chim. phys. (9) **5**, 52 (1916).
[2]) Cady, Dains, Vaughan und Janney, Am. soc. **40**, 936 (1918). — Clifford, Am. soc. **41**, 1051 (1919).
[3]) Dains und Brewster haben nach diesem Verfahren ungünstige Resultate erhalten. Am. soc. **42**, 1573 (1920).

9. Methode von Stepanoff[1].

Dieses Verfahren beruht auf der Einwirkung von metallischem Natrium auf die in Alkohol gelöste Substanz. Die ursprüngliche Methode, ebensowenig wie verschiedene Abänderungen, gab nicht in allen Fällen befriedigende Resultate[2].

Vor kurzem haben nun Drogin und Rosanoff[3] eine neue Ausführungsform vorgeschlagen, von der sie allgemeine Zuverlässigkeit behaupten. Der benutzte Alkohol muß absolut sein, etwa aus käuflichem abs. Alkohol durch nochmaliges Destillieren über 10 g Natrium pro Liter in einem trocknen Wasserstoffstrom erhalten. Das Natrium muß blank und chlorfrei sein, die chlorfreie Salpetersäure von der Konzentration 1 konz. Säure : 3 Wasser. Die $n/_{15}$-Silberlösung wird durch Auflösen von $1\,1 \cdot 326$ g trocknen Nitrats zu einem Liter erhalten, das Ammoniumthiocyanat durch Lösen von $5 \cdot 075$ g zum Liter.

Der Indicator wird erhalten, indem eine möglichst konzentrierte Eisenammoniumalaunlösung mit konzentrierter Salpetersäure bis zum Farbenumschlag von Rot in Strohgelb versetzt wird.

Bedeutet G das Gewicht der Substanz (0.2—0.3 g), so hat man

bei Chlorderivaten . . . . $156 \times G$
bei Bromderivaten . . . . $68 \times G$
bei Jodderivaten . . . . $44 \times G$

Kubikzentimeter Alkohol zum Lösen der Substanz und

$21.5 \times G$ . . . . für Chlorderivate
$9.4 \times G$ . . . . für Bromderivate
$6.1 \times G$ . . . . für Jodderivate

an Grammen Natrium zu verwenden.

Die Substanz wird in einen 300-ccm-Kjeldahlkolben gegeben und nach Zugabe der nötigen Menge absolutem Alkohol mit einem Rückflußkühler verbunden. Durch Erwärmen wird die Substanz in Lösung gebracht. Die Zugabe des Natriums erfolgt langsam in sehr kleinen Stücken innerhalb einer halben Stunde. Die erkaltete Lösung wird mit Wasser auf ca. $^{1}/_{4}$ l gebracht und unter Kühlung mit Salpetersäure (1 : 3) übersättigt[4]. Im Becherglas wird die Lösung mit einer bestimmten Menge $n/_{15}$-Silbernitratlösung im Überschuß versetzt. Der Niederschlag wird abfiltriert und das Filtrat mit 10 ccm des Indicators versetzt und mit Thiocyanat zurücktitriert.

10. Methoden, die auf katalytischer Reduktion beruhen.

a) Methode von Busch und Stöve[5].

Bereitung des Katalysators.

50 g Calciumcarbonat, aus Chlorcalcium und Soda heiß gefällt und ausgewaschen, werden in Wasser suspendiert und die Lösung von 1 g Palladiumchlorür zugegeben. Die Flüssigkeit wird gelinde erwärmt, bis alles

[1] B. **39**, 4056 (1906).

[2] Bacon, Am. soc. **31**, 49 (1909). — Maryott, Am. J. Sci. **30**, 378 (1910). — Ch. News **103**, 1 (1911). — Walker und McRae, Am. soc. **33**, 598 (1911).

[3] Am. soc. **38**, 711 (1916).   [4] Bei Jodverbindungen kühlt man mit Eis und säuert langsam mit stärker verdünnter Säure an.

[5] Z. ang. **27**, 432 (1914). — B. **49**, 1064 (1916). — Busch und Dietz, B. **47**, 3289, (1914). — Busch und Staritz, Z. ang. **31**, 232 (1918). — Brand, B. **54**, 1999, 2001 (1921).

Palladium als Hydroxyd auf dem Carbonat niedergeschlagen, d. h. die überstehende Flüssigkeit farblos geworden ist; nun dekantiert man einige Male mit destilliertem Wasser und wäscht schließlich auf der Saugnutsche aus, bis das Produkt chlorfrei ist. Allzu reichliche Verwendung von Waschwasser ist zu vermeiden, da sonst etwas $Pd(OH)_2$ in Lösung geht. Das getrocknete Präparat wird in gut schließender Pulverflasche aufbewahrt; die Reduktion des Hydroxyds zu metallischem Palladium erfolgt jedesmal beim Gebrauch.

Ausführung des Versuchs.

0.2 g Substanz wird in Alkohol (40—50 ccm) gelöst, 2 g palladiniertes Calciumcarbonat oder Bariumsulfat (1 proz.) eingetragen, $2^1/_2$ ccm 50 proz. Kalilauge sowie 10 Tropfen Hydrazinhydrat zugefügt und die Flüssigkeit $^1/_2$ Stunde am Rückflußkühler zum Sieden erhitzt. Man läßt den größeren Teil des Alkohols absieden, entfernt den Katalysator unter gutem Auswaschen und bestimmt in dem mit Wasser und Salpetersäure versetzten Fitrat das Halogen.

Ist die bei der Reduktion entstandene organische Verbindung in Wasser unlöslich, so wird man vor der Fällung mit Silbernitrat natürlich für ihre Entfernung sorgen, gegebenenfalls auch der Bildung organischer Silbersalze Rechnung tragen.

Die Hydrogenisation erfolgt gewöhnlich leicht und schnell, sie ist z. B. beim Brombenzol in 10 Minuten vollkommen beendet.

b) Methode von Kelber[1].

Den Katalysator erhält Kelber durch Reduktion von basischem Nickelcarbonat. Das Carbonat stellt man aus technischem, zinkfreiem Nickelsulfat durch Fällen mit Soda dar. Das Nickelcarbonat wird im Wasserstoffstrom bei 310/320°, und zwar von Erreichung der Temperatur ab gerechnet 30 Minuten lang erhitzt, im Wasserstoffstrom erkalten lassen und 20—30 Minuten Kohlendioxyd übergeleitet. Da das so erhaltene Nickel meist stark pyrophor ist, wird es sofort in ein verschlossenes Gefäß gebracht. Um beim Abwägen Verglimmen und dadurch Unbrauchbarwerden des Katalysators zu verhüten, gibt man die benötigte Menge Nickel (= 3 g) in ca. 10 ccm Wasser, spült es in die Schüttelente, gibt 10 ccm einer 10 proz. wässerigen Lösung von Kalilauge (= 1 g KOH) zu, verdrängt die Luft aus der Ente mittels Wasserstoff und verschließt. Das Schüttelgefäß ist durch Gummischlauch mit einer Gasbürette verbunden. Die Wasserstoffaufnahme geschieht bei dem ganz geringen Druck der Wassersäule der Sperrflüssigkeit. Durchleiten von Wasserstoff findet jetzt und bei der folgenden Hydrogenisation nicht statt. Um eine Kontrolle der Wasserstoffabnahme zu haben, stellt man den Stand der Wasserstoffsäule fest und setzt nun den Schüttelapparat in Bewegung. Ist keine Wasserstoffabnahme mehr erfolgt, so wird die Lösung der organischen Substanz eingesaugt und quantitativ nachgewaschen. Man wägt 1—2 g Substanz ab und löst auf 100 ccm 90/92 proz. Alkohol; 10 ccm = 0.1—0.2 g kommen zur Anwendung. Ist keine Wasserstoffabnahme mehr festzustellen, so schüttelt man noch einige Zeit (20—30 Minuten) weiter. Darauf wird vom Nickel abfiltriert, quantitativ ausgewaschen und im Filtrat das Halogen durch Titration bestimmt.

---

[1] B. **50**, 305 (1917); **54**, 2255 (1921).

In vielen Fällen erübrigt sich vor der Halogenbestimmung die Entfernung der enthalogenierten, organischen Substanz, sind jedoch Aminoverbindungen entstanden oder Reduktionsprodukte, die unlösliche Verbindungen mit Silber bilden, so ist Entfernung dieser Produkte (durch Ausäthern usw.) erforderlich.

Es ist, trotz vorsichtigsten Arbeitens, im Prager Deutschen Universitätslaboratorium nicht immer gelungen, ein wirksames Nickelpräparat darzustellen.

c) Verfahren von Rosenmund und Zetzsche[1]).

Diese Methode ist unstreitig besser, bequemer und schneller auszuführen als die beiden im vorstehenden beschriebenen. Als Katalysator verwendet man entweder Palladium- oder Platinlösungen und Gummi arabicum oder besser auf Bariumsulfat niedergeschlagenes Palladium nach Paal. Der Ersatz des Halogens durch Wasserstoff gelang in allen untersuchten Fällen, besonders, wenn — wo die Reaktion an Geschwindigkeit stark abnimmt oder gar zum Stillstand kommt — durch Alkalien oder Carbonate für Entfernung der Halogenwasserstoffsäure gesorgt wurde.

Die abgewogene Analysenmenge, ca. 0.1—0.2 g, in 20 ccm Lösungsmittel (Alkohol, Alkohol-Wasser) meist unter Zusatz von Alkali gelöst, wird in das Rohr oder auch in einen kleinen Rundkolben von ca. 100 ccm Fassungsvermögen, der mit einem doppelt durchbohrten Stopfen verschlossen ist, gegeben. Durch die eine Öffnung geht ein rechtwinklig gebogenes Glasrohr bis kurz über den Boden, die andere ist mit einem kurzen, oberhalb zur Capillare ausgezogenen Glasrohr versehen, um einen geringen Überdruck zu erzeugen und Substanzverlust durch den lebhaften Gasstrom zu vermeiden. Man gibt ca. 0.5 g Palladium-Bariumsulfat-Katalysator oder Nickel aus Nickelcarbonat zu, spült mit wenigen Kubikzentimetern nach und leitet einen mäßig schnellen Wasserstoffstrom unter Schütteln hindurch. Nach 15—20 Minuten ist bei den meisten Verbindungen die Reaktion beendet, und man kann nach dem Abfiltrieren vom Katalysator, Auswaschen und evtl. Ausäthern das Halogen bestimmen.

B. Methoden von beschränkterer Anwendbarkeit.

1. Methoden zur Chlorbestimmung.

Methode von Edinger[2]).

Dieses Verfahren ist namentlich zur Bestimmung des Chlors in Gold- oder Platindoppelsalzen, neben dem auf S. 356 beschriebenen Wallachschen, zu empfehlen.

Man trägt die Substanz in möglichst konzentrierte, wäßrige Natriumsuperoxydlösung ein, dampft auf dem Wasserbad zur Trockne, fügt nochmals etwas konz. Superoxydlösung hinzu, glüht schwach und kocht die ganze Platinschale in einem Becherglas mit Natriumsuperoxydlösung aus, säuert mit Salpetersäure an und filtriert vom ausgeschiedenen Platin. Man tut gut, die Veraschung des getrockneten Filters in derselben Platinschale vorzunehmen, in der die Zersetzung stattfand, da stets Spuren von Platin fest an der Schale haften bleiben. Im Filtrat fällt man das Chlor mit Silbernitrat.

•Auch Sulfosäuren und überhaupt organische Schwefelverbindungen, die in alkalischer Lösung nicht flüchtig sind, können gut nach dieser Methode analysiert werden (siehe S. 284).

---

[1]) B. **51**, 578 (1918).   [2]) B. **28**, 427 (1895). — Z. anal. **34**, 362 (1895).

Bestimmung von Chlor in den aliphatischen Seitenketten aromatischer Verbindungen [Schulze[1]].

Man wägt die Substanz in einem Kölbchen mit eingeschliffenem Rückflußkühler ab, fügt einen Überschuß heiß gesättigter alkoholischer Silbernitratlösung zu und erhitzt während 5 Minuten zum Sieden. Noch zweckmäßiger dürfte die Anwendung einer kleinen Druckflasche mit gut eingeriebenem Stopfen sein.

Man spült den Kölbcheninhalt in einen Goochtiegel und wäscht das Halogensilber mehrfach mit Alkohol aus, um wasserunlösliche Nebenprodukte zu entfernen, darauf mit heißem, schwach salpetersaurem Wasser und wieder mit Alkohol. Schließlich wird der Tiegel gelinde geglüht.

Die Ausführung der ganzen Analyse nimmt höchstens eine halbe Stunde in Anspruch. Diese Form der Halogenbestimmung hat noch den Vorteil, daß die an den aromatischen Kern gebundenen Halogene nicht in Aktion treten, was z. B. bei der Wertbestimmung von Benzyl- und Benzalchloriden von Wichtigkeit ist.

Analyse von Säurechloriden [Hans Meyer[2]].

Das Säurechlorid wird durch Auflösen in verdünnter Lauge zersetzt, wieder angesäuert, von evtl. ausfallender Substanz abfiltriert, bis zur schwach alkalischen Reaktion mit Sodalösung versetzt, einige Tropfen neutrales Kaliumchromat zugesetzt und die Flüssigkeit auf etwa 500 ccm verdünnt. Dann titriert man mit $n/_{10}$-Silbernitratlösung.

Ähnlich kann man zur Analyse von Chlor-, Brom- und Jodhydraten verfahren, oder man löst in verdünnter Salpetersäure und fällt in der Hitze mit Silbernitrat[3]). Zur Analyse von Chlorhydraten aromatischer Amine oder anderer Substanzen von reduzierenden Eigenschaften muß man in viel Wasser lösen und stark mit Salpetersäure ansäuern, da sich sonst stark verunreinigtes Chlorsilber abscheidet[4]).

Zur Analyse von Triarylcarbinolchloriden wird die Substanz in 2proz. alkoholischem Kali gelöst und kurze Zeit auf dem Wasserbad erwärmt. Dann wird der Alkohol verdampft, der Rückstand mit Wasser ausgekocht, filtriert und im Filtrat das Chlor gefällt[5]).

Zur Analyse von Perjodiden u. dgl. kann man nach Skraup und Schubert[6]) folgendermaßen vorgehen. Die fein geriebene Substanz wird in wenig lauem Wasser gelöst oder suspendiert, verdünnte Salpetersäure und überschüssige Silbernitratlösung zugefügt und unter Umrühren erwärmt, etwa eine Stunde lang. Dann wird der noch auf dem Wasserbad befindlichen Probe schweflige Säure zugefügt und noch ungefähr eine Stunde lang stehengelassen. Evtl. ausgeschiedenes Silber wird durch Erwärmen mit verdünnter Salpetersäure in Lösung gebracht.

Nach Simonis[7]) wird ein gewogener Anteil des Perjodids in Eisessig und Salzsäure gelöst, mit einem Überschuß von Jodkaliumlösung versetzt und mit $n/_{10}$-Thiosulfat titriert.

Vorländer und Siebert[8]) arbeiten mit warmer alkoholischer Jodkaliumlösung; ebenso, aber in der Kälte, Emery[9]).

[1]) B. **17**, 1675 (1884). — Cohen, Dawson, Blockey und Woodmansey, Soc. **97**, 1625 (1910).   [2]) M. **22**, 109, 415 (1901). — Pisovschi, B. **43**, 2141 (1910). [3]) Bülow und Deiglmayr, B. **37**, 1797 (1904). — Siehe auch Faltis, M. **31**, 572 (1910).   [4]) Hemmelmayr, M. **35**, 2 (1914). [5]) Gomberg, B. **33**, 3149 (1900). — Blaser, Diss. Freiburg (1909), 55. — Siehe auch Reinhardt, Diss. Zürich (1909), 15.   [6]) M. **12**, 680 (1891). [7]) B. **50**, 1140 (1917).   [8]) B. **53**, 287 (1920).   [9]) Am. soc. **38**, 145 (1916).

Zur Bestimmung des Perbroms und Bromwasserstoffs im Chelidonsäureesterhydroperbromid $C_{11}H_{12}O_6 \cdot HBr \cdot Br_7$ trägt Feist[1]) die Substanz in überschüssige Jodkaliumlösung ein, titriert mit $n/_{10}$-Thiosulfat und hierauf die farblose, bromwasserstoffsaure Lösung mit $n/_{10}$-Natronlauge und Lackmus. François bestimmt das addierte Jod in Perjodiden organischer Basen durch Titration mit arseniger Säure[2]).

Zur Analyse von Perchloraten werden die Substanzen nach Carius bei 280—300° zersetzt[3]), oder man schmilzt mit Soda im Platintiegel[4]), besser mit Ätznatron im Silbertiegel[5]).

Jod-(Brom-, Chlor-)Methylate werden in Wasser gelöst und mit Silberoxyd geschüttelt. Dann wird das Gemisch von Halogensilber und Silberoxyd mit überschüssiger verdünnter Salpetersäure versetzt und das zurückbleibende Halogensilber in üblicher Weise bestimmt. Jodmethylate von kernchlorierten Substanzen löst Walther[6]) in Alkohol und fällt das Jod mit alkoholischer Silberlösung aus.

Die Jodmethylate von Pyridincarbonsäuren lassen sich direkt nach Hans Meyer titrieren.

Zur Bestimmung des aliphatisch gebundenen Halogens im Tribromoxyxylylenjodid lösten Auwers und Erggelet[7]) in Aceton, versetzten mit überschüssigem feuchten Silberoxyd und digerierten $1^1/_2$ Stunden auf dem Wasserbad. Nunmehr wurde filtriert und das Filter mit heißem Aceton, siedendem Alkohol, verdünnter Salpetersäure und Wasser ausgewaschen.

Der Rückstand wurde dann in üblicher Weise aufgearbeitet.

Zur Analyse am Stickstoff chlorierter Substanzen, z. B. Hydantoin-N-Chloriden, lösen Biltz und Behrens[8]) die Substanz in Benzol, schütteln mit 300 ccm verdünnter Jodkaliumlösung und titrieren dann nach Zugabe von etwa 5 g Natriumbicarbonat mit $n/_{10}$-Thiosulfatlösung

Salzsäurebestimmung[9]) bei der Säuregemisch-Veraschung nach Neumann[10]).

Erforderliche Lösungen: 1. Säuregemisch, bestehend aus gleichen Volumteilen Wasser, Salpetersäure (spez. Gew. 1.4) und konz. Schwefelsäure.

2. 5 proz. Kaliumpermanganatlösung.

3. 5 proz. Ferroammoniumsulfatlösung, mit Schwefelsäure bis zur Klärung versetzt.

4. Eisenammoniumalaun, kalt gesättigte Lösung.

5. Silbernitratlösung von bekanntem Gehalt. Bei geringem Chlorgehalt benutzt man eine solche, bei der 1 ccm 0.002 g NaCl entspricht.

6. Rhodankalium(ammonium)lösung, gegen die Silberlösung genau eingestellt.

Ausführung der Bestimmung: In den Tubus einer Retorte von ca. $1/_2$ l Inhalt ist ein Tropftrichter luftdicht eingeschliffen. Das möglichst lange Rohr der Retorte verjüngt sich so, daß es leicht durch den Hals eines Kolbens von 2 l Inhalt hindurchgeht. Dieser als Vorlage dienende Kolben liegt in einer Schale, die zur Kühlung mit Wasser gefüllt ist.

---

[1]) B. **40**, 3651 (1907).
[2]) J. Pharm. Chim. (6) **30**, 193 (1909).   [3]) Pfeiffer, A. **412**, 317 (1916).
[4]) Pfeiffer, a. a. O. 331.   [5]) Schulze und Liebner, Arch. **254**, 575 (1916).
[6]) Diss. Rostock (1903), 17.   [7]) B. **32**, 3598 (1899).   [8]) B. **43**, 1987 (1910).
[9]) Neumann, Z. physiol. **37**, 135 (1902); **43**, 36 (1905).   [10]) S. 388.

Feste Substanzen werden feucht oder trocken in die Retorte gebracht. Flüssigkeiten müssen vorher bei schwacher Sodaalkalescenz soweit wie möglich konzentriert werden. Nachdem man in den Vorlagekolben überschüssige, genau abgemessene Silberlösung gegeben hat, fügt man so viel Wasser hinzu, daß ein Viertel des Kolbens mit Flüssigkeit gefüllt ist. Sodann legt man ihn in die mit Wasser gefüllte Schale und schiebt das Retortenrohr so hinein, daß sich sein Ende etwa 1 cm über der Flüssigkeit befindet, setzt den Tropftrichter in den Tubus luftdicht ein und läßt das verdünnte Säuregemisch langsam unter Erwärmen eintropfen. Nach Verlauf einer halben Stunde prüft man, ob noch Salzsäure übergeht.

Wenn kein Chlorsilber mehr ausfällt, ist die Destillation beendet. Die zu den Proben benutzten Silbermengen werden zu der Hauptmenge in der Vorlage gegeben, außerdem notiert man die Gesamtsilbermenge nach dem Stand in der Bürette.

Man kocht nunmehr eine halbe Stunde auf dem Baboblech und ersetzt das verdampfende Wasser. Der Rest von salpetriger Säure, der noch in der Flüssigkeit enthalten sein kann, wird durch Zufügen von Permanganat bis zur Rotfärbung wegoxydiert und dann der Überschuß des Permanganats durch einige Tropfen Ferroammoniumsulfatlösung entfärbt.

Nach völligem Erkalten wird unter Hinzufügen von 5 ccm Eisenammoniumalaun mit der Rhodankaliumlösung zurücktitriert. Man gibt letztere schnell unter starkem Umschütteln hinzu, bis gerade rötlich-bräunliche Färbung eintritt, die bei ruhigem Stehen 5—10 Minuten erhalten bleibt.

Berechnung. Durch Subtraktion der verbrauchten Rhodankaliummenge vom Gesamtsilber erhält man die Silbermenge, welche durch die in der Substanz enthaltene Salzsäure als Chlorsilber gefällt war; man kann daraus nach der Titerstellung die Salzsäuremenge leicht berechnen.

Über die Methode von Schimmel & Co. siehe S. 250.

2. Methoden zur Brom- und Jodbestimmung.

Verfahren von Kekulé[1]).

Die Substanz wird durch mehrstündiges Digerieren mit Wasser und Natriumamalgam zersetzt, die Flüssigkeit mit Salpetersäure neutralisiert und mit Silberlösung gefällt. — Auf diese Art lassen sich namentlich **substituierte Säuren der Fettreihe** leicht analysieren.

Nach Kekulé[2]) ist diese Methode auch für Halogenphenole anwendbar, was für Tribromphenol[3]) bestätigt wird; allgemein, wenigstens für Chlorderivate ist sie aber nicht zu empfehlen, sie versagt schon beim Orthochlorphenol (Hans Meyer). Dagegen ist sie für Halogensulfosäuren[4]) geeignet.

Bei jodhaltigen Substanzen setzt man das Silbernitrat zu der noch alkalischen Flüssigkeit und dann erst, zur Lösung des mit dem Jodsilber ausgeschiedenen Silberoxyds, Salpetersäure.

Verfahren von Kraut[5]).

Brom oder Jod in extraradikaler Stellung läßt sich nach Kraut und Maly[6]) in eleganter Weise und ohne Zerstörung der Grundsubstanz folgendermaßen bestimmen.

---

[1]) Spl. **1**, 340 (1861). — Tetrachlorkohlenstoff: Fetkenheuer, Z. an. **117**, 281 (1921).
[2]) Aromatische Verbindungen I, 278 (1867). [3]) Landolt, B. **4**, 77 (1871).
[4]) Glutz, A. **143**, 185 (1867). — Limpricht, B. **18**, 1280 (1885). — Kelbe und Pathe, B. **19**, 1555 (1886). — Jacobsen, B. **19**, 1218 (1886).
[5]) Z. anal. **4**, 167 (1865). [6]) Z. anal. **5**, 68 (1866).

Man löst etwa 1 g genau abgewogenes Silbernitrat in Wasser, fällt mit Salzsäure und dekantiert auf ein gewogenes Filter. Zu dem übrigen Chlorsilber bringt man die in Wasser gelöste Substanz, erwärmt gelinde und läßt ein paar Stunden stehen. Dann bringt man das Gemisch von Chlor- und Brom- (Jod-) Silber auf das Filter, wäscht, trocknet und wägt.

Aus der Gewichtszunahme wird der Gehalt der Substanz an Brom oder Jod berechnet.

Verfahren von Monthulé[1]).

In manchen organischen Substanzen, wie Jodtannin und Brompepton, läßt sich das Halogen folgendermaßen bestimmen.

Man löst eine gewogene Menge in Wasser, gibt titrierte Silbernitratlösung, Salpetersäure und eine ausreichende Menge reines Zink hinzu, füllt, nachdem das Zink gelöst ist, auf ein bestimmtes Volum auf und bestimmt in einem aliquoten Teil das überschüssige Silbernitrat.

Jodbestimmung in Harn und Kot: Winterstein und Herzfeld, Z. physiol. **63**, 49 (1909). Man erhitzt die mit Phosphorsäure angesäuerte jodhaltige Lösung mit überschüssigem Wasserstoffsuperoxyd und treibt das freigewordene Jod unter Durchleiten eines Luftstroms in eine Jodkaliumlösung. Das übergegangene Jod wird mit Thiosulfat titriert. — Nach Abderhalden und Hirsch, Z. physiol. **75**, 47 (1911) liefert diese Methode zu hohe Werte.

Verfahren von Baumann und Kellermann[2]).

Als Vergleichslösung wird eine Lösung von 0.5 g Jodkalium = 0.3821 g Jod im Liter verwendet. Das Jod wird mit Schwefelsäure und 10 proz. Natriumnitritlösung in Freiheit gesetzt, in Chloroform[3]) aufgenommen und colorimetrisch mit der Probe verglichen.

Zur Bestimmung des Jodgehalts im Kot wird 1 g des mit 5 g Soda gemischten und bei 100° getrockneten und gepulverten Kots mit 5 g einer Mischung von 2 Teilen Salpeter[4]) und einem Teil Soda in einem Nickeltiegel verbrannt. Die Schmelze wird in Wasser gelöst, das Filtrat auf 250 ccm verdünnt und colorimetrisch untersucht. Oder man bringt 70 ccm Chloroform unter die in einem hohen Schüttelzylinder befindliche Flüssigkeit, setzt das Jod in Freiheit, schüttelt aus, wäscht das Chloroform mit Wasser bis zum Verschwinden der sauren Reaktion aus und titriert mit $^n/_{10}$-Thiosulfatlösung.

Harn oder Schweiß[5]) usw. werden unter Zusatz von Soda (auf 25 ccm 5 g) eingedampft, verascht und dann in gleicher Weise weiter untersucht.

Elektrolytische Bestimmung kleiner Jodmengen: Krauß, J. Biol. Chem. **22**, 151 (1915); **24**, 321 (1916).

---

[1]) A. chim. anal. appl. **17**, 133 (1912). — In ähnlicher Weise unter Benutzung von Schwefelsäure verfährt Paolini, Mon. sc. (4) **23**, II, 648 (1909). — Rupp und Lehmann, Arch. **253**, 443 (1915). Permanganat und Schwefelsäure.

[2]) Z. physiol. **22**, 1 (1896). — Siehe Abderhalden und Gressel, Z. physiol. **74**, 473 (1911); auch Hunter, J. of Biol. Chem. **7**, 321 (1910).

[3]) Nach Riggs besser Tetrachlorkohlenstoff. Am. soc. **31**, 710 (1909).

[4]) Nach Neuberg, Bioch. **27**, 261 (1910) gibt der Zusatz von Salpeter zu Verlusten Anlaß. Es empfiehlt sich, nur mit Ätzkali (und Soda) zu veraschen. — Siehe auch Bernier und Péron, J. Pharm. Chim. (7) **4**, 151 (1911). — Über Jodbestimmung siehe noch Fendler und Stüber, Z. physiol. **89**, 123 (1914). — Blum und Grützner, Z. physiol. **85**, 429 (1913); **91**, 392 (1914). — Grützner, Ch. Ztg. **38**, 769 (1914).

[5]) Nach Gutmann und Schlesinger hemmt ein Überschuß an Soda die Veraschung sehr wesentlich; sie veraschen daher 10 ccm Serum mit nur 0.5 g Soda. Bioch. **60**, 285 (1914).

Bestimmung der Chloride und Bromide in organischen Flüssigkeiten nach v. Bogdándy[1].

Das Verfahren ist eine Modifikation des Neumannschen. Es bietet neben der Möglichkeit, zwei Halogene gleichzeitig und genau zu bestimmen, den Vorteil, daß mit dem Rückstand der Halogenbestimmung unmittelbar eine Stickstoffbestimmung nach Kjeldahl gemacht werden kann.

Die Veraschung wird in einem Jenaer Rundkolben von 500 ccm ausgeführt, in dessen Hals ein mit zwei Glasröhren versehener Glasstopfen eingeschliffen[2] ist. In eine Spiralgaswaschflasche, die einen eingeriebenen Glasstopfen als Boden hat, gießt man die mit chlorfreier Salpetersäure bis zu 20% HNO_3-Gehalt der Gesamtflüssigkeit versetzte Silbernitratlösung[3]. Eine zweite, gleichgestaltete Flasche wird ebenso gefüllt an die erste angeschlossen, um evtl. entweichendes Halogen zurückzuhalten; bei richtiger Handhabung enthält sie kaum wägbare Mengen Halogensilber.

Zur Veraschung wird Mercksche „Schwefelsäure, mit rauchender Schwefelsäure für Kjeldahl - Bestimmung" gebraucht, der pro 250 ccm 10 g Kupfersulfat und 80 g Kaliumsulfat zugesetzt werden.

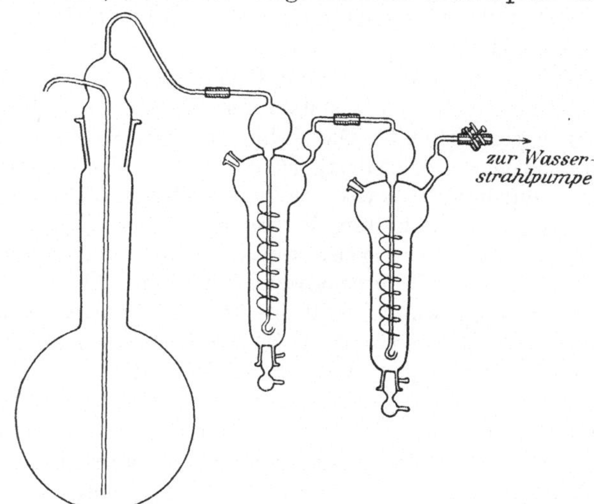

Fig. 199.   Apparat von v. Bogdándy.

Die Schwefelsäure wird unter ständigem Luftdurchsaugen $1-1^1/_2$ Stunden lang gekocht, um sie von evtl. vorhandener Salzsäure zu befreien, dann mit 100 ccm reinster konzentrierter Schwefelsäure versetzt und vor dem Abmessen im Meßzylinder umgeschüttelt. Während der Veraschung wird durch das ganze System ein nicht zu starker Luftstrom gesogen[4]. Der Rundkolben wird erhitzt, bis der Rückstand durchsichtig und blau geworden ist, was ungefähr eine Stunde beansprucht. Hierauf werden die Flüssigkeiten aus den Waschflaschen durch die obere Öffnung in ein Becherglas entleert, dann der geschliffene untere Stopfen entfernt, abgespült, die Flaschen von ihrer oberen Öffnung aus nachgewaschen, einige Kubikzentimeter konzentrierte Salpetersäure zugesetzt, der Niederschlag im Becherglas mit aufgesetztem Uhrglas erhitzt, bis er sich gut zusammenballt[5], und nach dem Erkalten durch ein Gooch - Filter abgesogen.

---

[1]) Z. physiol. **84**, 11 (1913).   [2]) Wie aus Fig. 199 ersichtlich.

[3]) Ihre Menge und Konzentration richtet sich nach der voraussichtlichen Menge der Haloide. Es muß selbstverständlich überschüssiges Silbernitrat vorhanden sein. — Die Ansätze des Kolbens und der Waschflasche sollen mit der Feile geschliffen sein; hierdurch lassen sich zerbrechliche Schliffe vermeiden.

[4]) Die Menge des zur Veraschung nötigen Schwefelsäuregemisches hängt von der Konzentration der zu analysierenden Flüssigkeit ab; für 10 ccm Blut genügen z. B. 20 bis 25 ccm. Die Stärke des Luftstroms kann mittels einer Klemmschraube verändert werden.

[5]) Überflüssiges Einengen (unter 250 ccm) ist möglichst zu vermeiden.

Falls Chloride und Bromide nebeneinander bestimmt werden sollen, nimmt man ein ca. 16 cm langes Asbestfilterrohr aus Jenaer Kaliglas und bestimmt das Gewicht von AgCl + AgBr, wandelt dann das Bromsilber im Chlorstrom in Chlorsilber um und berechnet aus der Gewichtsdifferenz die Brommenge[1]). Das Aufsetzen des Uhrglases während des Kochens verhindert das Kriechen und Haften des Niederschlags an der Wand, der sich so mit größter Leichtigkeit herausspritzen läßt.

Nach Gutmann und Schlesinger[2]) soll dieses Verfahren infolge Bildung von Silberchlorat (Bromat) zu niedrige Zahlenwerte liefern. Diesem Fehler könnte übrigens leicht abgeholfen werden.

Zur Bestimmung von Jod in Ölen (z. B. Lebertran) gehen Fendler und Stüber[3]) folgendermaßen vor:

25 g Öl werden in einer Platinschale mit 50 ccm alkoholischer Kalilauge[4]) verseift. Nach dem Verjagen des Alkohols wird die Seife über dem Pilzbrenner vorsichtig verkohlt. Die Kohle wird mittels eines kleinen Pistills zerrieben und vorsichtig weiter erhitzt, bis sie größtenteils verbrannt ist. Man behandelt sie dann mit heißem Wasser, filtriert nach dem Erkalten durch ein gehärtetes Filter und wäscht mit kaltem Wasser nach, bis das Filtrat nicht mehr alkalisch reagiert. Auf diese Weise werden etwa 150 ccm Filtrat erhalten; diesem fügt man 50 ccm verdünnte Schwefelsäure[5]) und 20 ccm 10 proz. Kaliumpyrochromatlösung hinzu, worauf man mit kleinen Mengen Tetrachlorkohlenstoff ausschüttelt. Die anzuwendende Tetrachlorkohlenstoffmenge ergibt sich von selbst, je nach der Menge des vorhandenen Jods. Bei Lebertran beispielsweise genügen insgesamt 10—15 ccm. Man überzeugt sich davon, daß die letzte Ausschüttlung nicht mehr gefärbt ist, anderenfalls setzt man das Ausschütteln fort.

Die vereinigten Ausschüttlungen werden mit Wasser gewaschen, das Waschwasser mit einigen Kubikzentimetern Tetrachlorkohlenstoff ausgeschüttelt. Nun werden die vereinigten Flüssigkeiten ohne Verwendung eines Indicators mit $n/_{100}$-Thiosulfatlösung auf farblos titriert.

Die $n/_{100}$-Thiosulfatlösung wird nicht durch direkte Einstellung, sondern durch Verdünnen von $n/_{10}$-Lösung bereitet.

Um die Reagenzien zu prüfen, führe man einen blinden Versuch aus, denn besonders das Kaliumhydroxyd ist nicht immer frei von Jod.

Colorimetrische Bestimmung kleiner Jodmengen: Bourcet, C. r. **128**, 1120 (1898).

Brombestimmung im Harn nach Hartwich[6]).

Mit Soda veraschter bromhaltiger Urin wird mit Schwefelsäure unter Kohlensäureentwicklung angesäuert. Dabei wird die Soda in Natriumsulfat und etwas saures Natriumsulfat übergeführt. Bei Zusatz von freiem Chlor wird dieses zuerst vom sauren Natriumsulfat verbraucht. Weiteres freies Chlor macht das Brom aus seinen Salzen frei. Das Brom wird mit Chloroform ausgeschüttelt. Sobald alles Brom entfernt ist, bleibt bei weiterem Chlorzusatz Chlor in Lösung. Aus der Menge Chlor, die nötig war, um alles Brom freizumachen, ergibt sich die vorhandene Brommenge. Durch etappenweise fortschreitende Chlortitrierung

---

[1]) Treadwell, Analyt. Chem., 5. Aufl., Leipzig und Wien, Deuticke (1911), 2. Bd., 276.   [2]) Bioch. **60**, 283 (1914).   [3]) Z. physiol. **89**, 126 (1914).
[4]) In 100 ccm 14 g Kaliumhydroxyd und 70 ccm Alkohol, sowie die entsprechende Menge Wasser.
[5]) In 100 ccm etwa 24 g Schwefelsäure.   [6]) Bioch. **107**, 202 (1920).

unter jedesmaliger Entfernung des freigewordenen Broms läßt sich diese Bestimmung ausführen.

Ob in dem Chloroform nach der Ausschüttlung Brom oder Chlor enthalten ist, zeigt ein Indicator, und zwar eine schwache schwefelsaure Fuchsinlösung, die mit Brom einen violetten, mit Chlor einen gelben Farbstoff bildet.

Chlorwasser: 3 große Bechergläser müssen so ineinanderpassen, daß das kleinste aufrecht im größeren steht und das mittlere umgekehrt im größten über das kleinste gestülpt werden kann. Das größte wird zur Hälfte mit frisch aufgekochtem, wieder abgekühltem destillierten Wasser gefüllt. Das kleinste wird mit einigen Löffeln Chlorkalk und genügend Salzsäure beschickt, ins größte gestellt, wo es auf dem Wasser schwimmt und mit dem mittleren überstülpt wird. Das Chlor kann so nur in ganz geringen Mengen entweichen; man erhält sehr rasch starkes Chlorwasser.

Indicatorlösung: Von einer 2 proz. alkoholischen Fuchsinlösung werden 10 ccm mit 10 ccm $^n/_{10}$-Schwefelsäure und destilliertem Wasser auf 100 ccm aufgefüllt und eine Weile stehen gelassen.

100 g Urin werden mit etwas Soda im Nickeltiegel verascht, mit heißem destilliertem Wasser ausgelaugt, filtriert und ausgewaschen. Das Filtrat soll etwa 50 ccm betragen. Die Menge des Filtrates wird notiert, dann mit der graduierten Pipette davon 5 ccm in den Schütteltrichter gefüllt. Ferner wird so viel verdünnte Schwefelsäure im Überschuß zugesetzt, bis keine Kohlensäure mehr frei wird (gelegentlich auftretende Gelbfärbung rührt von Urinfarbstoffen her und hat nichts zu sagen), und dann in folgender Weise mit Chlorwasser titriert.

Chlorwasser wird in eine dunkle Bürette bis oben gefüllt; davon werden 20 ccm in ein Kölbchen mit etwas Jodkaliumlösung gelassen (gleich schließen und schütteln, damit kein Chlor verloren geht) und die Bürette wieder aufgefüllt. — Nun werden 2 ccm Chlorwasser zu der im Schütteltrichter befindlichen Lösung gefügt. Sofort schließen und schütteln. Sodann wird mit einigen Kubikzentimetern Chloroform versetzt, ausgeschüttelt und das Chloroform in ein Reagensglas abgelassen. Ist bereits freies Brom im Chloroform enthalten, so hat letzteres Gelbfärbung angenommen und färbt sich auf Zusatz von 3—5 Tropfen Indicatorlösung nach Umschütteln violett. Ist kein Brom enthalten, dann färbt es sich nicht und bleibt nach dem Indicatorzusatz unverändert.

Sodann werden weitere 2 ccm Chlorwasser zugesetzt, geschüttelt, Chloroform zugegeben, ausgeschüttelt und in ein zweites Reagensglas abgelassen. Wieder wird Indicatorlösung zugesetzt, zum drittenmal 2 ccm Chlorwasser zugesetzt und die ganze Prozedur wiederholt usw. — Gewöhnlich tritt schon im zweiten Reagensglas Violettfärbung auf.

Erst wenn alles Brom aus dem Schütteltrichter verschwunden ist, wird ein erneuter Zusatz von Chlorwasser das Chlor unverändert im Chloroform erscheinen lassen Zusatz von Indicatorlösung bewirkt nunmehr keine violette, sondern gelbe Färbung.

Die Anzahl der violetten Gläser ergibt, wie oft 2 ccm Chlorwasser gebraucht wurden, um alles Brom freizumachen.

Das erste Kölbchen mit der braunen Jodkaliumlösung wird mit $^n/_{10}$-Natriumthiosulfatlösung titriert. Damit erhält man den Titer des Chlorwassers und kann die Brommenge errechnen:

$$\text{Brommenge (im Gesamturin)} = \frac{\text{Ur} - \text{cl} \cdot \text{T} \cdot \text{F}}{\text{ur} - 12.5},$$

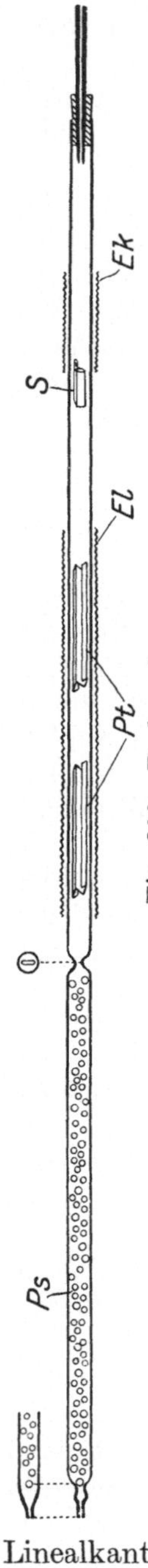

Dabei ist

Ur = Gesamturinmenge, der die 100 ccm entnommen wurden,

ur = Menge des veraschten Urins (gewöhnlich = 100 ccm),

T = Menge $^n/_{10}$-Thiosulfatlösung, die nötig war, um in 20 ccm Chlorwasser den Chlorgehalt zu bestimmen,

F = Menge des Filtrates, dem die 5 ccm zum Schütteltrichter entnommen wurden,

cl = zweimal die Anzahl der Reagensgläser, die Brom enthalten, d. h. Menge des dem Brom entsprechenden Chlorwassers in Kubikzentimetern.

12.5 = errechneter Faktor, der nur stimmt, wenn 5 ccm Filtrat und je 2 ccm Chlorwasser genommen wurden.

Nach der Veraschung dauert jede einzelne Bestimmung etwa 10—20 Minuten, wenn viel Brom vorhanden ist. Sonst geht es noch rascher.

Selbstverständlich läßt sich mit geringen Abänderungen auch Brom in Organen usw. bestimmen, und zwar selbst Bruchteile eines Milligramms bei Benutzung von Mikrobüretten. — Bei der geschilderten Methode sind Anfang und Schluß der bromenthaltenden Reagensgläserreihe zwar um kleinste Mengen ungenau, doch läßt sich erstens durch die Intensität der Färbung schon nach geringer Übung der minimale Fehler abschätzen und verkleinern, zweitens macht er am Schluß niemals mehr als 1—2 mg aus. — Hinzuweisen ist noch darauf, daß das Ausschütteln mit Chloroform sorgfältig zu geschehen hat und unter Umständen zu wiederholen ist. Die zweite Chloroformportion gehört natürlich nicht in ein gesondertes Reagensglas.

C. Mikrobestimmung von Halogen und Schwefel nach Pregl.

Erfordernisse. Halogenfreie Soda. Halogenfreies Natriumbisulfit. Das letztere stellt man sich durch Sättigen einer Natriumcarbonatlösung mit Schwefeldioxyd dar. Die Lösung bewahrt man am besten in kleinen zugeschmolzenen Eprouvetten auf. Halogenfreie Salpetersäure. Das zur Bestimmung verwendete „Perlenrohr" ist 50 cm lang. Der Durchmesser beträgt 8 mm. Das eine Ende ist zu einer Capillare (Lumen höchstens $^1/_2$ mm) ausgezogen. Dadurch wird erreicht, daß beim Ausspülen des Rohrs das Wasser ganz langsam abfließt.

Zu dem gleichen Zweck hat das Rohr im zweiten Drittel eine Einkerbung. Der dadurch abgeteilte Raum ist mit reinem Porzellanschrot ausgefüllt (Fig. 200).

Fig. 201. Durchschnitt eines Platinsterns.

Platinsterne. Man verwendet am besten zwei etwa 5 cm lange Platinbleche, die man über einer Linealkante nach dem gezeichneten Querschnitt (Fig. 201) biegt.

Als Schutz des Rohrs dienen eine längere feste und eine kürzere bewegliche Drahtnetzspirale.

Filterröhrchen. Zum Absaugen des Halogensilbers benutzt man ein Filterröhrchen von folgender Gestalt (Fig. 202).

Bei a befindet sich eine enge Spirale aus dünnem Platindraht. Auf dieser Spirale befindet sich die Filterschicht aus gut gereinigtem Asbest. Zur Reinigung wird zunächst gut ausgeglüht. Dann bringt man ein Bäuschchen Asbest

Fig. 200. Perlenrohr.

in das Röhrchen und drückt es mit einem Glasstab zu einer ungefähr $^1/_2$ cm
dicken Schicht zusammen. Der Asbest wird zunächst mit heißer Schwefelsäure-Chromsäure, dann mit konzentrierter Salpetersäure, mit Lauge
und endlich mit Wasser gut ausgewaschen. Ein derartig vorbereitetes Filter
kann man für etwa acht Bestimmungen verwenden. Dann entfernt man das
Halogensilber mit Cyankalium oder Natriumthiosulfat. Dabei
bleibt jedoch immer ein geringer schwarzer Rückstand. Dies ist
wahrscheinlich der Grund, weshalb die Halogenbestimmungen stets
etwas zu hoch ausfallen. Man entfernt diesen Rückstand mit heißer
Schwefelsäure-Chromsäure.

Der Gooch-Neubauer-Tiegel.

Dieser wird bei der Bestimmung des Schwefels verwendet.
Man überzeugt sich stets, ob er dicht genug ist, um gefälltes Bariumsulfat zurückzuhalten. Oft erlangt ein solcher Tiegel diese Fähigkeit
erst, wenn man einige Male Bariumsulfat durchfiltriert hat, wobei
sich dann zu große Poren verlegen. Beim Glühen achte man darauf,
daß der dünne Tiegel mit der Flamme gar nicht in Berührung kommt.
Man stellt ihn am besten auf einen Platintiegeldeckel und erhitzt
diesen zum Glühen.

Ausführung der Halogenbestimmung.

Vor jeder Bestimmung wird das Rohr sorgfältigst mit Schwefelsäure-Chromsäure, Wasser und Alkohol gereinigt. Beim Trocknen
achte man darauf, daß kein halogenhaltiger Staub hineingelangt.
Man mischt in einer weiten Eprouvette (15 cm lang, 20—25 mm Durchmesser), die vorher gleichfalls tadellos gereinigt sein muß, 1 ccm kaltgesättigte
Natriumcarbonatlösung mit 3 Tropfen Natriumbisulfitlösung. Dieses Gemisch wird auf die Porzellankugeln gesaugt, die Kugeln durch Drehen und
Klopfen des Rohrs damit gut benetzt und der Überschuß durch kurzes Ausblasen entfernt. Von jetzt ab halte man das Rohr stets horizontal. Man schiebt
die ausgeglühten Platinsterne mit einem an einen Glasstab angeschmolzenen
Platinhaken in das Rohr, so daß man beide mit dem Langbrenner auf Rotglut
erhitzen kann. Dann wird das Schiffchen mit der Substanz eingeführt (nicht
zu nahe an die Sterne). Beim Überstreifen der Drahtnetzrollen achte man
darauf, daß kein Eisen in das Rohr fällt. Man verbrennt im Sauerstoffstrom,
den man so einstellt, daß etwa 3 Blasen in 2 Sekunden durch die mit Kalilauge
gefüllte Waschflasche gehen. Um Verluste durch etwa herausspritzende Sodalösung zu vermeiden, stülpt man über den mit Porzellanschrot gefüllten Teil
der Röhre eine weitere Eprouvette, die man auch gleichzeitig für die Fällung
des Halogens benutzt. Die Substanz wird nun vorsichtig angeheizt, so daß
sie langsam über die glühenden Platinsterne destilliert. Die Verbrennung
dauert etwa 10—15 Minuten. Nach ihrer Beendigung wird noch kurze Zeit
Sauerstoff durchgeleitet. Nach dem Erkalten des Rohrs entfernt man
Schiffchen, Sterne und Drahtnetze. Dann füllt man das Rohr bis über
die Einkerbung mit Wasser, läßt ohne Nachhilfe langsam ablaufen, bläst aus
und wiederholt diesen Vorgang noch zweimal.

Bei der Bestimmung von Jod kommt es vor, daß es sich in Krystallen
ansetzt, wenn lokal das Alkali verbraucht ist. In diesem Fall saugt man
das erste Spülwasser nochmals auf und fügt noch etwas Natriumbisulfit zu.

Fig. 202.
Mikrofil-
trier-
röhrchen.

Zur Fällung des Halogens setzt man auf einmal ein Gemisch von 2 ccm konzentrierter Salpetersäure und 1 ccm Silbernitratlösung (1 : 10) zu. Dann stellt man in ein Wasserbad und erhitzt, bis sich der Niederschlag geballt hat. Dies ist gewöhnlich schon nach 10—20 Minuten der Fall. Dann wird abgekühlt und das Halogensilber auf dem Filterröhrchen abgesaugt. Dazu bedient man sich eines Hebers[1]). Das Halogensilber wird mit verdünnter Salpetersäure und Alkohol gewaschen. Getrocknet wird im Regenerierungsblock unter Durchsaugen von Luft bei 120°.

Ausführung der Schwefelbestimmung.

Es wird im Prinzip genau so vorgegangen wie bei der Halogenbestimmung. Der Porzellanschrot wird mit Perhydrol benetzt. Man beobachtet häufig nach der Verbrennung hinter dem Langbrenner einen Ring von Schwefelsäure. Nach dem Erkalten spült man in eine Hartglasschale (50—70 mm Durchmesser). Neue Schalen werden vorher längere Zeit mit strömendem Wasserdampf behandelt und dann mit Salzsäure ausgekocht. Zur Fällung setzt man ein Gemisch von 3 Tropfen verdünnter Salzsäure und 1 ccm normaler Bariumchloridlösung. Dann dampft man im Wasserbad auf 5—10 ccm ein, kühlt ab und filtriert. Es ist entschieden davon abzuraten, den Niederschlag mit einer Pumpe abzusaugen, weil man dabei gewöhnlich trübe Filtrate erhält. Man saugt besser mit dem Mund. Die letzten Reste des Bariumsulfats bringt man mit einer kleinen Federfahne und etwas Alkohol aufs Filter. Wegen des leichteren Auswaschens glüht man den Niederschlag sofort nach dem Filtrieren und wäscht nach dem Glühen nochmals nach. Enthält die Substanz nur Schwefel (also keinen Stickstoff und kein Halogen), so kann man die bei der Verbrennung entstehende Schwefelsäure auch mit Lauge titrieren. Man erhitzt zu diesem Zweck zunächst zum Sieden, um das überschüssige Wasserstoffsuperoxyd zu zerstören, und titriert mit $^n/_{40}$-$^n/_{70}$-Lauge. Als Indicator dient Methylrot.

D. Mikro-Schwefel- und Halogenbestimmung nach der Methode von Carius [Verfahren von Donau[2])].

1. Herstellung von Mikrobomben.

Die Bombenröhrchen werden aus schwer schmelzbarem, sogenanntem Einschmelzglas verfertigt. Solche Röhrchen sind chemisch und auch gegen Druck widerstandsfähiger als die aus gewöhnlichem Glas hergestellten. Der Außendurchmesser beträgt etwa 8 mm, die Wandstärke $^3/_4$—1 mm. Eine unten schwach ausgebauchte Eprouvette von etwa 9 cm Länge erhält in geringem Abstand vom Boden noch eine

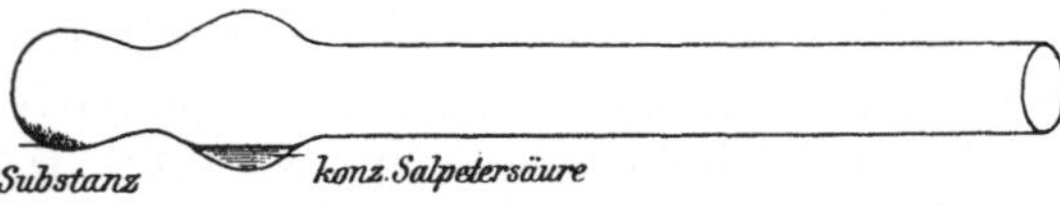

Fig. 203. Bombenröhrchen vor dem Zuschmelzen.

mäßige, kugelförmige Ausbauchung (Fig. 203).

Die Substanz wird in einem kleinen Platinschälchen mit angeschweißtem Stiel, das mit einem gewöhnlichen Platinwägeschälchen auf der Mikrowage austariert wurde, auf die Wage gebracht und der Zeigerausschlag notiert. Arbeitet man mit der Kuhlmannschen Wage, so braucht man nur das zuerst genannte Schälchen zu tarieren. Der Durchmesser dieses Schälchens beträgt

---

[1]) Siehe S. 906.   [2]) M. **33**, 169 (1912).

etwa 3 mm, die Höhe 1—2 mm; es wird durch Hineinpressen eines entsprechend großen Platinscheibchens von etwa 0.05 mm Dicke in eine Gummiplatte hergestellt. Die Länge des angeschweißten Drahtes von 0.1 mm Dicke beträgt 1—2 cm; das freie Ende ist, um es mit der Pinzette sicher und leicht fassen zu können, etwas breitgeklopft. Zum Anfassen bedient man sich einer Schieberpinzette von der in Fig. 204 dargestellten Form. Das die Substanz enthaltende Löffelschälchen wird vorsichtig in das horizontal eingespannte Röhrchen eingeführt. Ist man bis ans Ende des Röhrchens angelangt, so wird der größte Teil der Substanz durch eine einfache Drehung der Pinzette herausgeschüttet, das Schälchen vorsichtig herausgezogen, ins Wägeschälchen gelegt und zurückgewogen. Hierauf wird mit einem zweiten Löffelschälchen und der Pinzette ein kleiner Überschuß von Silbernitrat bzw. Chlorbarium zur eingewogenen Substanz gebracht; diese Operation kann übrigens auch der erstgenannten vorangehen. Die beiden Reagenzien werden in grobgepulvertem Zustand eingeführt. Sodann

Fig. 204. Schieberpinzette zur Einführung der Substanz.

läßt man 2 Tropfen konzentrierte Salpetersäure mit einer langen Hakenpipette in die kugelförmige Ausbauchung des noch immer in horizontaler Lage befindlichen Röhrchens einfließen und zieht die Pipette sorgsam, ohne an die Wandungen anzustoßen, wieder heraus. Endlich wird das Röhrchen, ohne es aus seiner Lage zu bringen, mit einem sogenannten Sterngebläse auf etwa 7 cm abgeschmolzen. In Ermanglung eines solchen Gebläses, das drei nach innen gerichtete Gebläseflammen erzeugt, kann man sich auch zweier gewöhnlicher entsprechend eingespannter Gebläse bedienen. Die ausgezogene Spitze braucht hierbei weder besonders fein noch länger als etwa $^1/_2$ cm zu sein. Jetzt erst läßt man durch Senkrechtstellung die Salpetersäure zur Substanz fließen; darauf bringt man die „Mikrobombe" in die Heizvorrichtung.

2. Erhitzen von Mikrobomben.

Die Erhitzung der Einschmelzröhrchen geschieht bei aufrechter Stellung in einem Kupferblock von etwa 10 cm Höhe und etwa 30—40 mm² Querschnitt. Der Block soll mehrere (z. B. vier) Längsbohrungen besitzen, die symmetrisch so angeordnet sind, daß die Zwischenwände überall nahezu gleich dick erscheinen. Der Durchmesser der Bohrungen beträgt etwa 16 mm, ihre Tiefe 8—9 cm. Die Bombenröhrchen müssen bequem hineinpassen und dürfen nicht oben herausragen (Fig. 205). In eine der Bohrungen kommt ein Thermometer, in die übrigen kommen die zu untersuchenden Proben. Der Boden der Bohrungen wird mit etwas Asbestwolle bedeckt. Sind alle Proben eingebracht, so werden die Mündungen mit einer Asbestscheibe oder einem Kupferdrahtnetz zugedeckt. Hierauf wird mit dem Erhitzen begonnen, und zwar wird der „Bombenheizblock" entweder an zwei seitlich angeschraubten Haken freihängend erhitzt, oder man stellt ihn auf einen eisernen Dreifuß, der sich über einem kräftigen Bunsenbrenner befindet. Vor einer Explosion schützt man sich durch Vorstellen einer dicken Glasscheibe. Das Anwärmen geschieht so langsam, daß in $^3/_4$ Stunden ungefähr 300° erreicht werden; bei dieser oder einer um 10—20° höheren Temperatur erhält man die Bombenröhrchen 1—3 Stunden, je nach der Zersetzbarkeit der betreffenden Substanz. Sodann wird der Ofen der Ab-

kühlung überlassen. Bei sehr leicht zersetzbaren Substanzen, z. B. Schwefel-
harnstoff, braucht die Temperatur nicht so hoch zu sein, auch ist die Zersetzung in viel kürzerer Zeit beendet.

Fig. 205. Mikrobombenheiz-
block im Durchschnitt.

Der Bombenheizblock dürfte sich
auch für andere Versuche mit Druckröhr-
chen eignen.

3. Weiterbehandlung der Bomben und Filtration.

Hat sich der Heizblock abgekühlt, so nimmt
man die Röhrchen vorsichtig heraus. Man benutzt
dazu die bereits erwähnte Schieberpinzette (s. S. 277),
über deren beide Enden man je einen dünnen
Schlauch zieht. Das Röhrchen wird in ein Stativ
aufrecht eingespannt und hinter eine Glasscheibe
gestellt. Darauf erwärmt man mit einem Bunsenbrenner vorsichtig den obersten Teil des Röhrchens,
bis die Salpetersäure herunterdestilliert ist, und
läßt sodann die heiße Flamme die Spitze umspülen,
die durch den Druck der eingeschlossenen Gase bald aufgeblasen wird. Die
Stelle, aus der die Gase unter Zischen entweichen, wird durch kurzes Erhitzen etwas eingeschmolzen, damit bei der Weiterbehandlung keine feinen
Glassplitter in die Röhre gelangen. Nun wird der untere Teil des Röhrchens
etwa in der Mitte der Ausbauchung, die während der Beschickung zur Aufnahme
der Salpetersäure diente, abgesprengt, indem man zunächst mit einem
Schneidediamanten auf dem Röhrchen eine kreisförmige Ein-
ritzung anbringt, die Stelle dann an einer feinen Stichflamme
unter beständigem Drehen schwach erhitzt und unter Drehen
in einem dünnen Wasserstrahl abkühlt. Auf diese Weise erhält
man nach einigen Versuchen einen längeren oder kürzeren Sprung
an der gewünschten Stelle, den man mittels Sprengkohle ganz
herumführt, worauf sich der obere Teil des Röhrchens glatt
abheben läßt. Bei all diesen Operationen ist zu beachten, daß
das Röhrchen nicht sehr aus der Vertikalstellung kommen darf,
damit nicht Flüssigkeit und Niederschlag in die Ausbauchung
gelangen. An dem abgesprengten unteren Teil dieser Ausweitung
wird durch eine kleine Stichflamme und mit Hilfe eines dicken
Platindrahts oder dergleichen ein kleiner Schnabel angebracht
(Fig. 206).

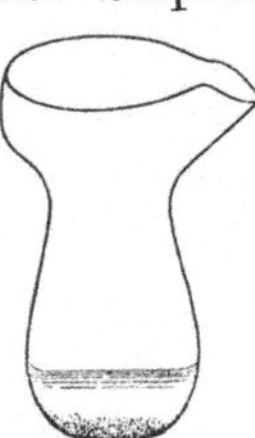

Fig. 206. Der
abgesprengte,
mit Schnabel
versehene
untere Teil der
Mikrobombe.

Der abgehobene zweite Röhrenteil wird mehrmals mit einigen Tropfen
heißen Wassers gut ausgespült; die Flüssigkeit läßt man jedesmal an einem
Glasstäbchen ins Becherchen fließen.

4. Bestimmung des Schwefels.

Der Inhalt des Schnabelschälchens wird zur Entfernung der Salpetersäure mehrmals mit Salzsäure eingedampft. Der Rückstand wird in 3—4
Tropfen salzsäurehaltigem Wasser aufgenommen und mit einem dünnen Glasstab auf ein Platinschwammfilterschälchen gebracht; man benutzt dabei eine
kleine Spritzflasche mit nach aufwärts gebogener, capillarer Spritzröhre, indem
man das nach abwärts über das Filterschälchen gehaltene Gefäß ausspritzt
und die am Schnabel sich sammelnde Flüssigkeit abtropfen läßt. Es gelingt

so, den Niederschlag in kürzester Zeit quantitativ aufs Filter zu bringen. Nach dem Auswaschen mit 10—20 Tropfen heißem Wasser wird der Niederschlag nach kurzem Trocknen auf einem Platinblech ganz schwach geglüht und noch heiß rasch in einen Exsiccator gestellt. Nach einer viertel oder halben Minute hat sich das Schälchen abgekühlt und kann gewogen werden.

5. Bestimmung der Halogene.

Nach der Zersetzung der Substanz, die 2—3 Stunden oder bei sehr schwer zersetzlichen Substanzen noch etwas länger dauern kann, wird die Bombe geöffnet. Hat man Ursache, anzunehmen, daß die Substanz noch nicht vollständig zersetzt ist, so muß das Rohr wieder zugeschmolzen und nochmals erhitzt werden. Wenn nach wiederholtem Zuschmelzen und Erhitzen beim Öffnen der Röhre keine Gase mehr herauszischen, ist die Zersetzung sicher beendet. Nach einem derartigen Vorversuch wird man die Erhitzungsdauer für die anderen Bombenröhrchen leicht bemessen können. Nach dem Absprengen usw. wird die Flüssigkeit auf dem Wasserbad auf 1—2 Tropfen eingeengt, mit einigen Tropfen destillierten Wassers verdünnt und das Halogensilber in der oben angegebenen Weise aufs Filter gebracht. Es wäre von Nachteil, den Gefäßinhalt auf dem Wasserbad bis zur Trockne abzudampfen und dann den Rückstand erst mit salpetersäurehaltigem Wasser aufzunehmen; man erhält so stets etwas zu hohe Resultate. Nach dem Waschen zuerst mit heißem Wasser, dem einige Tropfen Salpetersäure zugefügt wurden, schließlich mit 1—2 Tropfen reinem Wasser wird der Niederschlag bei etwa 130° getrocknet.

E. Berechnung der Analysen.

Faktorentabelle für Chlor.

Gefunden	Gesucht	Faktor	2	3	4	5
AgCl = 143.4	Cl = 35.5	0.24725	0.49449	0.74174	0.98898	1.23623

6	7	8	9	log
1.48347	1.73072	1.97796	2.22521	0.39318— 1

Faktorentabelle für Brom.

Gefunden	Gesucht	Faktor	2	3	4	5
AgBr = 187.9	Br = 80	0.42557	0.85114	1.27670	1.70247	2.12784

6	7	8	9	log
2.55341	2.97898	3.40454	3.83011	0.62897—1

Faktorentabelle für Jod.

Gefunden	Gesucht	Faktor	2	3	4	5
AgJ = 234.8	J = 126.9	0.54029	1.08059	1.62088	2.16117	2.70147

6	7	8	9	log
3.24176	3.78205	4.32234	4.86264	0.73263—1

F. Halogenbestimmung und Berechnung der Analyse, wenn mehrere Halogene gleichzeitig vorhanden sind.

1. Die Substanz enthält Chlor und Brom.

Man fällt beide Halogene zusammen als Silbersalze, sammelt auf einem tarierten Filter, wägt, bringt möglichst vollständig in einen Tiegel oder ein Kugelrohr, schmilzt, wägt und verdrängt das Brom durch einen Chlorstrom[1]).

War das ursprüngliche Gewicht des Halogensilbergemisches aus der Substanzmenge $= a$, das des resultierenden Chlorsilbers $= b$ und der Gewichtsverlust $a - b = c$, so ist die Menge des gesuchten Broms

$$\text{Brom} = 1.7965\, c; \text{ in Prozenten: } \frac{179.65\, c}{s}$$

$\log 179.65 = 25444$.

Die Menge des Chlors $= 1.04375\, b - 0.7965\, a$,

$$\text{Prozente Chlor demnach: } \frac{100}{s} \cdot (1.04375\, b - 0.7965\, a)$$

$\log 1.04375 = 0.1860$,
$\log 0.7965 = 90119$.

Statt des immerhin umständlichen Verfahrens, die Silbersalze im Chlorstrom zu behandeln, kann man unter Umständen nach Sielisch[2]) auch folgendermaßen vorgehen:

Durch die Verbrennung nach Dennstedt wird die Summe der freien Halogene gefunden. Werden dann in einer Probe die Halogene als Silbersalze gefällt, so muß diese Menge der Summe des gefundenen freien Halogens entsprechen. Liegen also in der Verbindung Chlor und Brom in äquivalenten Verhältnissen vor, so muß die aus der Gesamtsumme der Halogene nach molekularem Verhältnis berechnete Summe der Silbersalze gleich der gefundenen sein.

Beispiel. 0.7702 g Substanz lieferten 0.5980 g Halogensilber. Nach Dennstedt gefunden 27.0% Halogen (berechnet 27.12%). Das im Halogensilber vorhandene Gesamthalogen berechnet sich zu 0.2087 g (27.12% der Substanz). Bei molekularem Verhältnis von Chlor und Brom in 0.2087 g Gesamthalogen berechnet sich die Summe Halogensilber zu 0.5990 g, gefunden 0.5980 g.

2. Die Substanz enthält Chlor und Jod. (Siehe auch unter 5.)

Die Bestimmung erfolgt in ganz analoger Weise.
Berechnung:

$$\text{Prozente Jod} \ . \ . \ . \ 138.78\, \frac{a - b}{s}$$

$\log 138.78 = 14\,234$.

$$\text{Prozente Chlor} \ . \ . \ . \ \frac{100}{s}\, (0.6350\, b - 0.3878\, a)$$

$\log 0.6350 = 80\,277$,
$\log 0.3878 = 58\,861$.

3. Die Substanz enthält Brom und Jod.

Die Halogene werden mit Silbernitrat gefällt und das Halogensilbergemisch gewogen. Man löst hierauf in wenig überschüssiger Natriumthiosulfatlösung, fällt das Silber mit Schwefelammonium und dampft das Filtrat mit Natronlauge

---

[1]) Miller-Kiliani, Lehrb., 4. Aufl. (1900), 443. — Fres. Quant. Anal., 6. Aufl., 1, 655. — Tröger und Lünning, J. pr. (2) 69, 356 (1904). — Siehe auch v. Auwers und Ziegler, A. 425, 307 (1921).   [2]) B. 45, 2564 (1912).

ein, glüht schwach und titriert das Jod in der in Wasser aufgelösten Schmelze nach Duflos[1]) mit viel überschüssiger Eisenchloridlösung und Thiosulfat.

Das Brom wird aus der Differenz bestimmt.

4. Die Substanz enthält alle drei Halogene.

Chlorbromjodanisol hat Hirtz[2]) untersucht. Da eine Verdrängung des Broms und Jods durch Chlor aus dem Halogensilber doch keine prozentische Berechnung zugelassen hätte, so wurde nur eine Bestimmung des Gesamthalogengehalts ausgeführt.

Methode von Jannasch und Kölitz[3]). Das Halogensilber wird samt dem Filter im Silbertiegel mit der 5—6fachen Menge Natron geschmolzen, in Wasser gelöst, vom ausgeschiedenen Silber filtriert, mit Schwefelsäure angesäuert und nun nach Jannasch und Aschaff[4]) oder Friedheim und R. S. Meyer[5]) die Halogene getrennt und bestimmt.

Bekk[6]) schlägt in Anlehnung an die Methode von Baubigny und Chavanne (S. 261) den indirekten Weg ein und führt Silberchlorid und -bromid in Silberjodid über, wodurch eine weit sicherere Grundlage zur indirekten Bestimmung geschaffen wird als bei der bisher üblichen Umwandlung des Chlorid-Bromidgemenges in Chlorid. Ein besonderer Apparat ist dabei nicht notwendig, die Arbeitsweise selbst ist sehr einfach und schnell, und die Genauigkeit scheint verhältnismäßig groß zu sein.

Ausführung der Methode.

Durch Fällung mit überschüssigem Silbernitrat erhält man die Summe der Halogene, die an Silber gebunden sind. Durch ein kurzes Asbest- (oder Glaswolle)-Filterröhrchen filtriert, wird das Gemenge nach dem Trocknen und Wägen der Einwirkung einer Lösung von 2 g Kaliumpyrochromat in 30 ccm konzentrierter Schwefelsäure (auf 0.3 — 0.4 g Silberhalogenid) 2 Stunden lang bei 95° ausgesetzt, wodurch alles Jod zu Jodsäure, alles Chlor und Brom frei wird, ohne daß diese Halogene aufgefangen werden. Man kann die Dauer dieser Operation dadurch abkürzen, daß man die Silberhalogenide in frischgefälltem Zustand der Chromsäurebehandlung aussetzt, wodurch die Reaktion in einer halben Stunde beendet ist; dann ist die Bestimmung der Summe der Silberhalogenide in einer besonderen Probe erforderlich. Gegen Ende der Einwirkung leitet man zur Entfernung des etwa gelöst gebliebenen Chlors und Broms einen Luftstrom durch die Lösung, verdünnt sie mit destilliertem Wasser auf 300—400 ccm, filtriert und reduziert die Jodsäure durch tropfenweises Zufügen einer konzentrierten Lösung von Natriumsulfit unter ständigem Umrühren, bis ein schwacher Geruch von Schwefeldioxyd auch noch nach 10 Minuten bemerkbar bleibt. (Ein Überschuß würde unter Umständen teilweise Reduktion des Jodsilbers zur Folge haben.) Das ausgefallene Jodsilber wird abfiltriert, mit heißer verdünnter Salpetersäure nachgewaschen, getrocknet und gewogen. Hieraus berechnet sich der Gehalt an Jod. Das Filtrat vom Jodsilber enthält alles Silber, das vorher an Chlor und Brom gebunden war, in Form von Sulfat und wird durch Zufügen einiger Krystalle Jodkalium in Jod-

---

[1]) Miller-Kiliani, Lehrb., 4. Aufl. (1900), 463. — Orndorff und Black, Am. **41**, 380 (1909).

[2]) Diss. Heidelberg (1896), 48. — B. **29**, 1411 (1896).

[3]) Z. an. **15**, 68 (1897). — Ch. News **76**, 150 (1897).

[4]) Z. an. **1**, 444 (1892).   [5]) Z. an. **1**, 407 (1892).   [6]) Ch. Ztg. **39**, 405 (1915).

silber übergeführt, das filtriert und gewogen wird. Aus den so ermittelten drei Werten läßt sich der Gehalt an Chlor, Brom und Jod berechnen.

Als Beispiel hierzu diene folgende Analyse:

$$\text{Angewendete Substanzmenge} \quad \ldots \ldots \ldots \; 0.5322 \text{ g} \quad a$$
$$\text{Summe der Silber-Halogenide} \quad \ldots \ldots \ldots \; 0.8936 \text{ g} \quad b$$
$$\text{AgJ} \ldots \ldots \ldots \ldots \ldots \ldots \ldots \; 0.1973 \text{ g} \quad c$$
$$\text{AgJ aus (AgCl + AgBr)} \ldots \ldots \ldots \; 1.0339 \text{ g} \quad d$$

Aus c und a ergibt sich der Jodgehalt zu 20.02% J (statt 20.07), aus b und c die Summe des Chlor- und Bromsilbers zu 0.6963 g.

Somit gelten die Gleichungen:

$$1.0339 = \frac{\text{Mol. Gew. des AgJ}}{\text{Mol. Gew. des AgCl}} \cdot u$$

$$+ \frac{\text{Mol. Gew. des AgJ}}{\text{Mol. Gew. des AgBr}} \cdot q, \quad \text{wo } 0.6963 = u + q.$$

u und q bedeuten die Mengen von gefälltem AgCl bzw. AgBr und berechnen sich aus obigen zwei Gleichungen zu: $u = 0.4219$, $q = 0.2744$, woraus der Gehalt der Probe sich zu

$$19.61\% \text{ Cl (statt } 19.71 \; \%) \text{ und}$$
$$21.94\% \text{ Br } (\;\; ,, \quad 21.77 \; \%) \text{ berechnet.}$$

Wenn nur Chlor und Brom zu bestimmen sind, ist der Zusatz von Pyrochromat zur Schwefelsäure und die nachfolgende Reduktion nicht notwendig; doch empfiehlt sich dieser Zusatz trotzdem, da der Angriff der Lösung auf die Silberhalogenide ein unvergleichlich besserer ist. Schneller ist die Analyse beendet, falls man die Summe der Halogenide in einer besonderen Probe bestimmt und das aus einer anderen Probe gefällte Gemenge noch naß der Einwirkung der Chromsäuremischung aussetzt.

5. Analyse der Jodidchloride[1]).

Der Chlorgehalt dieser Verbindungen läßt sich in der Weise bestimmen, daß sie (man braucht nur wenige Zentigramme der Substanz anzuwenden) in eine wäßrige Jodkaliumlösung eingeführt und so lange mit einem Glasstab umgerührt werden, bis vollständige Umsetzung eingetreten ist. Das freigewordene Jod wird mit einer sehr verdünnten Natriumthiosulfatlösung titriert.

6. Berechnung der Anzahl addierter und substituierter Halogenatome in Substanzen, die bereits ein anderes Halogen enthalten[2]).

Kennt man das Molekulargewicht einer halogenierten Verbindung und führt in das Molekül, sei es durch Addition oder Substitution, weitere Halogenatome ein, die von dem bereits vorhandenen verschieden sind, so läßt sich die Zahl α der neu aufgenommenen Halogenatome aus der Menge des gefundenen Halogensilbers berechnen.

Addiert eine Substanz, die das Molekulargewicht M hat und β Atome Chlor enthält, α Atome Brom, so ist das Molekulargewicht des Additionsprodukts:

$$M + \alpha \cdot 80.$$

$M + \alpha \cdot 80$ Gewichtsteile (ein Grammolekül) des letzteren liefern:

$$\beta \, (35.5 + 108) + \alpha \, (80 + 108)$$

Gewichtsteile Halogensilber.

---

[1]) Willgerodt, J. pr. (2) **33**, 158 (1886).
[2]) Klages und Kraith, B. **32**, 2553 (1899). — Siehe auch Küster, Logar. Rechentafeln, 14. Aufl., S. 43.

Man kann also aus einer derartigen Halogenbestimmung die Anzahl α der eingetretenen Atome Brom berechnen, indem man die Proportion:

$$\frac{H}{S} = \frac{\beta\,(35.5 + 108) + \alpha\,(80 + 108)}{M + \alpha \cdot 80}$$

(H = gefundene Menge Halogensilber, S = Substanzmenge) nach α auflöst; man erhält so:

$$\alpha = \frac{H \cdot M - 143.5 \cdot S \cdot \beta}{188\,S - 80\,H}.$$

Wird das Brom nicht addiert, sondern substituiert, so ändert sich der erhaltene Wert α nur wenig. Die für α erhaltenen Zahlen differieren erst in der zweiten Dezimale.

Analoge Formeln gelten für:

Jodiertes Chlorid: $\quad \alpha = \dfrac{M \cdot H - 143.5\,S \cdot \beta}{235\,S - 127\,H},$

Chloriertes Bromid: $\quad \alpha = \dfrac{M \cdot H - 188\,S \cdot \beta}{143.5\,S - 35.5\,H},$

Jodiertes Bromid: $\quad \alpha = \dfrac{M \cdot H - 188\,S \cdot \beta}{235\,S - 127\,H},$

Chloriertes Jodid: $\quad \alpha = \dfrac{M \cdot H - 235\,S \cdot \beta}{143.5\,S - 35.5\,H},$

Bromiertes Jodid: $\quad \alpha = \dfrac{M \cdot H - 235\,S \cdot \beta}{188\,S - 80\,H}.$

Vierter Abschnitt.

Bestimmung des Schwefels S = 32.1.

1. Qualitativer Nachweis des Schwefels.

Außer den auch zur quantitativen Schwefelbestimmung dienenden Methoden sind folgende qualitative Proben angegeben worden:

Reaktion von Vohl[1]).

Eine geringe Menge Substanz wird in einem unten zugeschmolzenen Glasröhrchen (wie bei der Lassaigneschen Stickstoffprobe) mit einem Stückchen von Petroleum sorgfältig befreitem Natrium erhitzt.

Das entstandene Schwefelnatrium wird nach dem Lösen in Wasser durch die auf Zusatz von Nitroprussidnatrium entstehende rotviolette Färbung, durch Schwärzung von Silberblech oder nach Zusatz einer Auflösung von Bleizucker in Natronlauge durch die Bildung von Schwefelblei nachgewiesen.

An Stelle des Natriums kann man nach Schönn[2]) auch Magnesiumpulver verwenden. Manchmal muß Kalium benutzt werden [Ichthyol[3])].

Reaktion von Marsh[4]).

Dieses Verfahren ist eine Modifikation des vorigen, bei der reines körniges Zink oder Zinkstaub zur Verwendung gelangt.

---

[1]) Dingl. **168**, 49 (1863). — Bunsen, A. **138**, 266 (1866). — Schönn, Z. **1869**, 664. — Weith, B. **9**, 456, Anm. (1876). — Spica, B. **13**, 205 (1880). — Bülow und Sautermeister, B. **39**, 649 (1906). [2]) Z. anal. **8**, 51, 398 (1869). [3]) Scheibler, Arch. **258**, 76 (1920). [4]) Am. **11**, 240 (1889).

Man erhitzt in einer schräg gehaltenen Eprouvette langsam und nicht bis zum Glühen. Entweichende brennbare Gase werden entzündet. Dabei mäßigt man die Erhitzung so weit, daß die Flamme nicht aus der Röhre herausschlägt, sondern im Innern auf das an den Wänden haftende Zink wirkt. Nach dem Erkalten wird mit Salzsäure angesäuert und der entwickelte Schwefelwasserstoff mit Bleiacetatpapier nachgewiesen.

Mikrochemische Reaktion von Emich[1].

Die Substanz wird mit Chlorcalciumlösung befeuchtet und mit Bromdampf oxydiert, worauf in vielen Fällen die charakteristischen Gipskrystalle sichtbar werden.

Über „bleischwärzenden" Schwefel s. S. 303.

2. Quantitative Bestimmung des Schwefels[2].

Alle Methoden zur Schwefelbestimmung[3] basieren auf seiner Oxydation zu Schwefelsäure, die entweder gewichtsanalytisch oder titrimetrisch[4] bestimmt wird.

A. Methoden des Schmelzens oder Erhitzens mit oxydierenden Zusätzen.

a) Methode von Asbóth[5].

Dieses Verfahren besteht in der Anwendung der Hoehnel - Kassnerschen Methode[6], d. h. der Benutzung von Natriumsuperoxyd zur Aufschließung schwefelhaltiger Substanzen, auf organische Verbindungen.

In einem Nickel- oder Silbertiegel werden 0.2—0.5 g gepulverte Substanz mit 10 g calcinierter Soda, oder nach Warunis Kaliumhydroxyd, und 5 g Natriumsuperoxyd gemischt und mit einer kleinen Flamme erwärmt, so daß der Tiegel von ihr nicht berührt wird. Wenn die Mischung zusammensintert und zu schmelzen beginnt, verstärkt man die Flamme und erhitzt solange, bis die Schmelze dünnflüssig geworden ist. Noch sicherer ist es, den Tiegel zuerst eine Viertelstunde im Dampftrockenschrank zu erhitzen, dann im Verlauf einer Stunde im Aluminiumheizblock von Stähler allmählich auf 400° zu bringen und schließlich im elektrischen Muffelofen erst auf dunkle, dann auf helle Rotglut eine Stunde zu erhitzen. So lassen sich auch die sonst sehr schwer analysierbaren aromatischen Sulfosäuren[7] gut zersetzen[8].

[1] Z. anal. 32, 163 (1893).

[2] Kritische Studie über verschiedene Methoden der Schwefelbestimmung: Barlow, Am. soc. 26, 341 (1904).

[3] Über einen Fall, in dem die Schwefelbestimmung überhaupt nicht durchführbar sein soll, siehe Ostromisslensky und Bergmann, B. 43, 2772 (1910).   [4] S. 294ff.

[5] Ch. Ztg. 19, 2040 (1895). — Düring, Z. physiol. 22, 281 (1896). — Schulz, Z. physiol. 25, 29 (1898). — Friedmann, Beitr. chem. Physiol. u. Pathol. 3, 1 (1902). — Osborne, Am. soc. 24, 142 (1902). — Sadikoff, Z. physiol. 39, 396 (1903). — Petersen, Z. anal. 42, 406 (1903). — Willstätter und Kalb, B. 37, 377, Anm. (1904). — Konek, Z. ang. 17, 771 (1904). — Hinterskirch, Z. anal. 46, 241 (1907). — Folin, J. Biol. Ch. 1, 157 (1906). — Am. soc. 31, 284 (1909). — Koch und Upson, Am. soc. 31, 1355 (1909). — Warunis, B. 43, 2975 (1910). — Ch. Ztg. 34, 1285 (1910).

[6] Arch. 232, 220 (1894). — Anwendung der Calorimeterbombe: Ambler, J. Ind. Eng. Ch. 12, 1081 (1920). — Siehe auch S. 212.

[7] Vorländer und Nolte, B. 46, 3222 (1913).

[8] Hans Meyer und Schlegl, M. 34, 568 (1913).

Es ist notwendig, Natriumcarbonat und Natriumsuperoxyd
in den vorgeschriebenen Mengenverhältnissen anzuwenden, da
unter anderen Bedingungen — z. B. wenn man nach Hempel[1]) 2 Teile
Natriumcarbonat und 4 Teile Natriumsuperoxyd verwendet — Verpuffung
eintritt. Das Gemisch verpufft auch, wenn man anfangs zu stark erhitzt.

Die erkaltete Schmelze wird mit Wasser aufgenommen. Nach vollständiger Lösung fügt man einen Überschuß an Bromwasser hinzu, um etwa noch
vorhandene Sulfide in Sulfate überzuführen, und erwärmt noch eine halbe
bis eine Stunde auf dem Wasserbad, wobei die wäßrige alkalische Lösung
infolge Oxydation von teilweise gelöstem Nickeloxydul zu Nickeloxyd dunkelbraune Farbe annimmt. Nach beendeter Oxydation nimmt man den Tiegel
aus der Porzellanschale und spült ihn gründlich mit heißem Wasser ab.

Von Bedeutung ist es, das Bromwasser zuzugeben, bevor der Tiegel
aus der Lösung herausgenommen wird, da man sonst leicht zu wenig Schwefel
findet. Es liegt dies daran, daß die Alkalisulfide sich mit Nickelhydroxydul zu
Alkalihydroxyd und Nickelsulfid umsetzen und letzteres auf dem Filter zurückbleibt.

Häufig läuft beim Auswaschen etwas Nickeloxyd durch das Filter und wird
dann beim Fällen der Schwefelsäure mit dem Bariumsulfat niedergerissen,
wodurch die Werte oft 0.2% zu hoch ausfallen. Um diesem Übelstand abzu-
helfen, empfiehlt es sich, der alkalischen Lösung vor dem Filtrieren eine
Messerspitze Magnesiumoxyd zuzugeben, wodurch völlig klare Filtrate erzielt
werden.

Das Filtrat wird mit Salzsäure vorsichtig angesäuert und vollständig,
zum Schluß unter Umrühren mit einem Glasstab, zur Trockne eingedampft,
um evtl. Kieselsäure abzuscheiden. Auch ist es von Vorteil, den Salzrückstand noch ein- oder zweimal mit konzentrierter Salzsäure zu befeuchten und
wieder einzudampfen.

Nach dem Abfiltrieren der Kieselsäure fällt man die Schwefelsäure mit
Bariumchlorid aus.

Die Methode eignet sich auch zur Bestimmung des Schwefels in
Flüssigkeiten und Extrakten; Flüssigkeiten sind vorerst im Nickeltiegel auf Sirupkonsistenz einzudampfen. Man vermischt 5 g Natriumcarbonat mit der ursprünglichen Flüssigkeit, ehe man mit dem Eindampfen
beginnt. Zu dem sirupförmigen Rückstand setzt man noch 5 g Natriumcarbonat und 5 g Natriumsuperoxyd und rührt mit einem Platindraht vorsichtig zusammen. Es tritt energische Reaktion ein, doch lassen sich mit
einiger Sorgfalt alle Verluste vermeiden. Die Masse wird zunächst über kleiner
Flamme, dann auf höhere Temperatur erhitzt, bis die organische Substanz
verbrannt ist.

Die Schwefelbestimmung läßt sich in festen Substanzen in $2—2^1/_2$ Stunden
und in Flüssigkeiten in 6—7 Stunden ausführen.

Neumann und Meinertz[2]) schlagen die Benutzung von Kaliumnatriumcarbonat vor.

Sie arbeiten folgendermaßen:

1 g Substanz (z. B. Casein) wird mit 5 g Kaliumnatriumcarbonat und
$2^1/_2$ g Natriumperoxyd in einem Nickeltiegel von ca. 100 ccm Inhalt innig vermengt und über einer kleinen Gasflamme ungefähr eine Stunde erhitzt,
bis die Mischung völlig zusammengesintert ist. Nach kurzer Abkühlung

---

[1]) Z. an. **3**, 193 (1895).   [2]) Z. physiol. **43**, 37 (1904).

(ca. 5 Minuten) werden wieder $2^1/_2$ g Natriumperoxyd zugesetzt, dann mit kleiner Flamme noch einmal etwa eine Stunde erwärmt, und zwar bis die Hauptmenge sich verflüssigt hat. Hierauf entfernt man den Gasbrenner, gibt noch 2 g Peroxyd zu und glüht ca. $^1/_4$ Stunde, indem man die Flamme allmählich bis zur vollen Stärke vergrößert. Alsdann ist völlige Verflüssigung eingetreten. Der Tiegel bleibt dauernd bedeckt. Man kann die Schmelze während der ganzen Veraschung sich selbst überlassen. Verpuffen und Entzündung der Substanz sind sicher zu vermeiden, wenn man nur darauf achtet, daß man die Gasflamme bis zur letzten Viertelstunde, besonders aber am Anfang, nicht zu groß macht.

Bei leicht verbrennlichen Substanzen muß man besonders anfangs weniger Peroxyd, etwa 1 g, statt $2^1/_2$, nehmen.

Zur Schwefelbestimmung im Harn gehen Abderhalden und Funk[1] ähnlich vor wie Pringsheim[2] bei der Halogenbestimmung. Es werden 10 ccm Harn mit wenig Soda und 0.4 g reinem Milchzucker in einem Nickeltiegel auf dem Wasserbad zur Trockne verdampft. Der Rückstand wird mit 6.4 g Natriumperoxyd mit Hilfe eines Platinspatels gut gemischt. Nachdem der Tiegel in einer Porzellanschale in kaltes Wasser eingetaucht worden ist, wird sein Inhalt durch das im Deckel befindliche Loch mit einem glühenden Eisennagel entzündet. Nach dem Erkalten wird der Tiegel umgestürzt, die Porzellanschale rasch mit einem Uhrglas bedeckt und der Inhalt der Schale und des Tiegels quantitativ in ein Becherglas übergeführt. Die Flüssigkeit wird mit Salzsäure angesäuert und die Schwefelsäure mit Bariumchlorid gefällt.

Auf den evtl. Schwefelgehalt des Leuchtgases[3] und der Reagenzien ist entsprechend Rücksicht zu nehmen.

Über das ähnliche Verfahren von Edinger siehe S. 266.

b) Methode von Liebig und Du Ménil[4].

In eine geräumige Silber- oder Nickelschale bringt, man einige Stücke Kaliumhydroxyd nebst etwas Salpeter (etwa $^1/_8$ vom angewendeten Kali), schmilzt beides unter Zusatz von ein paar Tropfen Wasser zusammen, bringt nach dem Erkalten die fein gepulverte Substanz hinzu und erhitzt, bis zum Schmelzen. Man kann nun die Substanz durch Umrühren mit dem Silber- oder Nickelspatel verteilen. Indem man allmählich stärker erhitzt doch so, daß kein Spritzen stattfindet, gelingt es leicht, die meist anfangs durch ausgeschiedene Kohle geschwärzte Masse farblos zu erhalten. Sollte dies nicht bald geschehen, so fügt man noch etwas gepulverten Salpeter in kleinen Portionen zu.

Die Flüssigkeit erstarrt beim Erkalten zu einer festen Masse, die man mit Wasser übergießt und durch Erwärmen völlig löst.

Die Lösung wird in ein Becherglas gegossen, die Schale mit Wasser mehrmals ausgespült und die vereinigten Flüssigkeiten mit Salzsäure übersättigt. Man filtriert evtl. eine nach dem Verdünnen mit 1 l Wasser auftretende

---

[1] Z. physiol. **58**, 331 (1909).   [2] Siehe S. 259.

[3] Siehe S. 287, Anm. — Nach Neumann und Meinertz bedingt übrigens hier die Verwendung von Leuchtgas keinen Fehler.

[4] Arch. **52**, 67 (1835). — Rüling und Liebig, A. **58**, 302 (1846). — Walther, A. **58**, 316 (1846). — Verdeil, A. **58**, 317 (1846). — Schlieper und Liebig, A. **58**, 379 (1846). — Liebig, Anleitung, 2 Aufl. (1853), 99. — Mayer, A. **101**, 129 (1857). — Fahlberg und Ives, B. **11**, 1187 (1878). — Fraps, Am. **24**, 346 (1902). — Schmidt und Junghans, B. **37**, 3565, Anm. (1904). — Graff, Diss. Rostock (1908), 69. — Vorländer und Nolte, B. **46**, 3222 (1913). — Hans Meyer und Schlegl, M. **34**, 568 (1913). — Redfield und Huckle, Am. soc. **37**, 608 (1915).

Trübung[1]) von Chlorsilber ab (das von dem aufgelösten Silber des Schalenmaterials stammt, in der konzentrierten Lösung als Doppelsalz gelöst bleibt und mit dem Bariumsulfat ausfallen würde). Nun wird mit Chlorbariumlösung gefällt, filtriert, gewaschen und geglüht, das geglühte Bariumsulfat mit Salzsäure ausgewaschen, nochmals geglüht und gewogen[2]).

Eventueller Schwefelgehalt der Reagenzien wird in einer blinden Probe ermittelt, wobei man ebenso lange erhitzt wie bei der eigentlichen Bestimmung, um auch die geringen, aus den Verbrennungsprodukten des Leuchtgases aufgenommenen[3]) Schwefelsäuremengen zu berücksichtigen; man bringt entsprechende Korrektur an.

Um den Schwefelgehalt flüchtiger organischer Verbindungen zu bestimmen, verbrennt man sie mit einem Gemisch von kohlensaurem Natrium und Salpeter in einer Glasröhre.

An das Ende der Verbrennungsröhre bringt man ein Gemenge von trocknem, kohlensaurem Natrium und Salpeter, hierauf in geöffneten Glaskügelchen die zu untersuchende Flüssigkeit — feste flüchtige Stoffe in Glasschiffchen — und füllt hierauf die Röhre mit einer Mischung von Calciumcarbonat und wenig Salpeter. Man erhitzt den vorderen Teil zum Glühen und bewirkt hierauf durch gelindes Erwärmen der Glaskügelchen allmähliche Verdampfung der Flüssigkeit, wobei der hintere Teil der Röhre so weit erhitzt wird, daß sich daselbst keine Flüssigkeit kondensieren kann. Zuletzt wird auch das Ende der Röhre zum Glühen gebracht, wobei der entweichende Sauerstoff etwa abgeschiedene Kohle vollständig verbrennt.

Nach dem Erkalten der Röhre wird ihr Inhalt in Wasser gelöst, mit Salzsäure neutralisiert und mit Bariumchloridlösung gefällt usw.

Die Liebig-Du Ménilsche Methode wird vielfach variiert (z. B. in das geschmolzene Gemisch von Kaliumhydroxyd und Salpeter die mit calcinierter Soda verriebene Substanz portionenweise eingetragen); in der ursprünglichen Form liefert sie die zuverlässigsten Resultate[4]).

Anwendung zur Brombestimmung: Autenrieth, Arch. **258**, 13 (1920).

c) Methoden von geringerer Bedeutung

sind die folgenden:

Löwig[5]) erhitzt mit Salpeter und kohlensaurem Barium,

Weidenbusch[6]) mit Bariumnitrat und Salpetersäure,

Mulder[7]) mit Bleinitrat (Acetat) und Salpetersäure,

De Koningk und Nihoul[8]) glühen mit Calciumnitrat und Ätzkalk,

Fahlberg und Hes[9]) sowie Delacharal und Mermes[10]) schmelzen mit Kaliumhydroxyd und behandeln die Schmelze mit Bromwasser,

Beudant, Daguin und Rivot[11]) erhitzen mit Kalilauge und Chlor,

Lindemann[12]) mit Chlorkalk,

[1]) Keiser, Am. **5**, 207 (1883).   [2]) Schulze, Landw. Vers.-Stat. **28**, 161 (1881).
[3]) Price, Z. anal. **3**, 483 (1864). — Gunning, Z. anal. **7**, 480 (1868). — Binder, Z. anal. **26**, 607 (1887). — E. v. Meyer, J. pr. (2) **42**, 267, 270 (1890). — Lieben, M. **13**, 286 (1892). — Privoznik, B. **25**, 2200 (1892). — Mulder, Rec. **14**, 307 (1895). — Beythien, Z. Unters. Nahr. Gen. **6**, 497 (1903).
[4]) Hammarsten, Z. physiol. **9**, 273 (1885). — Stoddart, Am. soc. **24**, 832 (1902).
[5]) J. pr. (1) **18**, 128 (1839).
[6]) A. **61**, 370 (1847). — Way und Ogstone, J. Reg Agric. Soc. Engl. **8**, 134 (1847).
[7]) J. pr. (1) **106**, 444 (1869).   [8]) Mon. sc (4) **8**, 504 (1894).
[9]) B. **11**, 1187 (1878).   [10]) Bull. **31**, 50 (1879).
[11]) C. r. **37**, 835 (1853). — J. pr. (1) **61**, 135 (1854).
[12]) Bull. Ac. roy. Belg. **23**, 827 (1892).

Kolbe[1]) oxydiert mit Kaliumchlorat und Soda (1 : 6)[2]),

Hobson[3]) mit Magnesiumcarbonat und Kaliumchlorat,

Russel[4]) mit Quecksilberoxyd,

Strecker[5]) verwendet Bariumoxyd,

Wackenroder[6]) ein Gemisch von Calciumoxyd und Nitrat,

Shuttleworth[7]) Calciumacetat,

Debus[8]) empfiehlt Kaliumchromat,

Otto[9]) chromsaures Kupfer,

Höland[10]) arbeitet mit Bariumcarbonat und Kaliumchlorat,

Pearson[11]) mit Bariumchlorat und Salpetersäure,

Stutzer[12]) mit basischem Calciumnitrat,

Schreiber[13]) mit Magnesiumnitrat, Natriumnitrat und Natriumhydroxyd.

Benedict[14]) und Wolf und Österberg[15]) arbeiten mit Kupfernitrat und Kalium(Natrium)chlorat.

B. Methoden, bei welchen die Oxydation der schwefelhaltigen Substanz durch gasförmigen Sauerstoff bewirkt wird.

Wichtiger als die wohl kaum mehr benutzten Methoden von Warren[16]), Hempel[17]), Mixter[18]), Sauer[19]), Claesson[20]), Weidel und v. Schmidt[21]), Valentin[22]), Apitzsch[23]) ist die

I. Methode von Brügelmann[24]).

Diese Methode gestattet in organischen Substanzen Schwefel, Chlor, Brom, Jod, Phosphor und Arsen, eventuell auch nebeneinander, zu bestimmen. Das Verfahren beruht auf der Verbrennung der Substanz im Sauerstoffstrom und Überleiten der Verbrennungsprodukte über glühenden Kalk beziehungsweise Natronkalk.

Es ist etwas verschieden für feste und nichtflüchtige Substanzen einerseits und für leicht flüchtige Flüssigkeiten andererseits. Die Halogene bestimmt Brügelmann nach Volhard, Schwefelsäure titrimetrisch nach einer Modifikation der Wildersteinschen Methode[25]), Arsen- und Phosphorsäure nach einer eigenen Methode[26]). Sind mehrere dieser Elemente gleichzeitig vorhanden, so wird nach beendigter Verbrennung der Kalk (Natron-

---

[1]) Spl. z. Handwörterb. d. Chemie, 1. Aufl., S. 205. — Löw, Pflüg. **31**, 394 (1883). — Böse, B. **53**, 2001 (1920). Siehe auch S. 257.

[2]) Leeuwen, Rec. **11**, 103 (1892).   [3]) A. **76**, 90 (1850).

[4]) Soc. **7**, 212 (1854). — Vgl. Bunsen, J. pr. (1) **64**, 230 (1855).

[5]) A. **73**, 339 (1850); **74**, 366 (1850).   [6]) Arch. **53**, 1 (1848).

[7]) J. Landw. **47**, 173 (1899).   [8]) A. **76**, 88 (1850).   [9]) A. **145**, 25 (1868).

[10]) Ch. Ztg. **17**, 99 (1893).

[11]) Z. anal. **9**, 271 (1870). — Norton und Westenhoff, Am. **10**, 130 (1888). — Siehe dazu Vorländer und Nolte, B. **46**, 3222 (1913). (Schwefelgehalt der Handelssalpetersäure als Fehlerquelle.) — Anwendung zur Se-Bestimmung, S. 368, Anm. 5.

[12]) Z. ang. **20**, 1637 (1907).   [13]) Am. soc. **32**, 977 (1910).

[14]) J. Biol. Chem. **6**, 363 (1909).   [15]) Bioch. **29**, 429 (1910).

[16]) Z. anal. **5**, 169 (1866).   [17]) Z. ang. **5**, 393 (1892).

[18]) Sill. (3) **4**, 90 (1872).   [19]) Z. anal. **12**, 32, 176 (1873).

[20]) Z. anal. **22**, 177 (1883); **26**, 371 (1887). — B. **19**, 1910 (1886); **20**, 3065 (1887).

[21]) B. **10**, 1131 (1877).   [22]) Ch. News Nr. **429**, 89 (1868).

[23]) Z. ang. **26**, 503 (1913).

[24]) Z. anal. **15**, 1 (1876); **16**, 1, 20 (1877). — Über eine ähnliche Methode, bei der Soda und Magnesia verwendet werden: Bay, C. r. **146**, 333 (1908). — Siehe auch Kullgren, Z. ges. Schieß- u. Sprengst.-Wes. **7**, 89 (1912). — Mikroschwefelbestimmung S. 276.

[25]) Siehe S. 294.   [26]) Siehe S. 310.

kalk) vorsichtig in Salpetersäure gelöst, die Flüssigkeit auf ein bestimmtes Volumen gebracht und aliquote Teile für die einzelnen Bestimmungen verwendet.

Ausführung der Methode.

1. Feste Substanzen aller Art sowie flüssige, nichtflüchtige Verbindungen.

Die Länge des Verbrennungsrohrs, dessen innerer Durchmesser etwa 12 mm beträgt, richtet sich nach Natur und Menge der zu untersuchenden Substanz. Im allgemeinen entsprechen 50—60 cm. Die Schicht des gekörnten Ätzkalks ist ein für allemal 10 cm lang. Ebenso ist die Substanz von dem Rohrende, durch das der Sauerstoff eintritt, stets ungefähr 15 cm entfernt. Einige Verbindungen, insbesonders unzersetzt flüchtige, entwickeln beim Erhitzen so viel leicht entzündliche Dämpfe, daß Explosionen nicht zu vermeiden sein würden, wenn sie ohne weiteres vor die glühende Kalkschicht gebracht und dann im Sauerstoffstrom verbrannt würden. Diese Explosionen lassen sich aber mit Sicherheit abwenden, wenn man, was Warren für Kohlenstoff- und Wasserstoffbestimmungen in organischen Verbindungen in gleicher Absicht zuerst vorgeschlagen hat, vor die Kalkschicht eine Lage dichten, feinfaserigen Asbest bringt.

Beschicken des Rohrs: Das eine Ende wird mit einem zusammengebogenen Platinblech geschlossen, das man etwa 2 cm weit einschiebt. Es muß ziemlich fest an den Wandungen des Rohrs anliegen. Hierauf wird die Schicht des gekörnten Ätzkalks möglichst dicht unter gelindem Aufklopfen eingefüllt und die noch leere Partie sorgfältig von anhaftenden Kalkteilchen gereinigt. Substanzen, die sich in größeren Stücken anwenden lassen, bringt man direkt vor die Kalkschicht; befindet sich dagegen die Probe in einem Schiffchen, oder kann sie überhaupt, etwaiger leichter Zersetzbarkeit oder Flüchtigkeit wegen, erst dann in das Rohr eingeführt werden, wenn die Kalkschicht bereits zum Glühen gebracht ist, so gibt man der letzteren dadurch den nötigen Halt, daß man zwischen sie und die Substanz eine etwa 5 cm lange Lage Glasstückchen bringt. Noch besser ist — bei phosphorfreien Substanzen — etwas zusammengebogenes Platinblech.

Man führt noch eine 15—20 cm lange Asbestschicht, dann die Substanz ein. Die letzten 15 cm bleiben leer. Die den Gasometern zugewendete Seite steht 3—5 cm aus dem Ofen heraus. Der andere Teil des Rohrs, in dem die übrigen 14 cm Asbestschicht und die Substanz sich befinden, ruht frei im Ofen. Auf diese Weise bleiben Asbestschicht und Substanz vor zu starkem Erhitztwerden durch die heißen benachbarten Teile sicher bewahrt. Ist die Substanz bereits in das Rohr eingeführt, so erhitzt man eine solche Strecke der Kalkschicht, also etwa 5 cm, zum Glühen, wie es zulässig ist, ohne daß die Substanz selbst zu früh zersetzt wird. Erst wenn dies erreicht ist, erhitzt man langsam auch den übrigen Teil der Kalkschicht, der der Substanz zunächst liegt, und diese selbst, wie nachher angegeben wird. Soll dagegen die Substanz in einem Schiffchen verbrannt werden, so erhitzt man erst die ganze Kalk schicht samt Glasstückchen oder Platinblech, sowie 1 cm Asbestschicht zum Glühen, setzt dann den Sauerstoffstrom in Bewegung, führt das Schiffchen bis auf etwa 5 cm vor die erhitzten Teile in das Rohr ein und verschließt es hierauf sofort wieder mittels des durchbohrten Kautschukstopfens. Das in diesen eingepaßte Röhrchen habe, damit man vor dem Zurücktreten von Dämpfen gesichert ist, eine Ausströmungsöffnung für den Sauerstoffstrom von nur etwa 0.5 mm.

Die Verbrennung selbst wird durch vorsichtiges Erhitzen der Substanz eingeleitet und in der Weise weitergeführt, daß die Sauerstoffzufuhr bei den rein chemischen Verbindungen während der ganzen Operation im Überschuß vorhanden ist, bei den organisierten Gebilden womöglich fortwährend ausreicht, die anfangs ausgeschiedene Kohle sogleich zu oxydieren.

Man geht für alle Fälle sicher, wenn man die Schnelligkeit, mit der man den Sauerstoffstrom zutreten läßt, so regelt, daß in einer Minute etwas mehr als 100 ccm Gas in das Verbrennungsrohr gelangen.

Bei Substanzen, deren Zersetzungsprodukte zu Explosionen führen könnten, leitet man die Verbrennung im Luftstrom ein. Die Kalkschicht soll während der Verbrennung womöglich ganz weiß bleiben. Beginnt die Substanz zu glimmen oder zu brennen, so ist die äußere Wärmezufuhr zeitweise einzustellen und die Sauerstoffzufuhr entsprechend zu mäßigen.

Nachdem anscheinend alles Brennbare oxydiert worden ist, wird auch der Teil des Rohrs, in dem sich die Substanz befand, und die Asbestschicht zum Glühen erhitzt. Sobald die Kohle vollständig verbrannt ist und der Sauerstoff sich am offenen Rohrende nachweisen läßt, ist die Operation beendigt.

Man entleert die letzten 2 cm der Kalkschicht in ein Becherglas, nachdem man das Rohr an seiner Außenseite gründlich gereinigt und das den Verschluß bildende Platinblech mit einem starken, hakenförmig umgebogenen Draht vorsichtig entfernt hat. Finden sich hier Spuren der zu bestimmenden Elemente, so ist der Versuch zu verwerfen.

Der Rohrinhalt wird nun in ein Glas gebracht und in Wasser und Säure gelöst, worauf die Elemente in üblicher Weise bestimmt werden.

Verbrennt man Phosphor enthaltende Verbindungen und will die Bildung von Metaphosphorsäure verhindern, so mischt man die in einem Schiffchen befindliche Substanz innig mit dem 3fachen Volumen feingepulvertem Ätzkalk. Da in diesem Fall die gewöhnlich zur Anwendung kommenden Platinschiffchen zu klein sind, biegt man sich ein passendes aus einem großen Platinblech zurecht. Bei der Analyse dieser Verbindungen vermeide man unter recht vorsichtigem Operieren die Anwendung einer Asbestschicht; denn in einer solchen würde sich, auch wenn die Substanz mit Kalk gemischt ist, leicht nach dem Glühen Metaphosphorsäure absetzen.

2. Flüssige, flüchtige Verbindungen

werden wie bei Kohlenstoff- und Wasserstoffbestimmungen in einem kleinen, dünnwandigen Glaskügelchen mit 8 cm langem, feinem Hals abgewogen.

Die Länge des Verbrennungsrohrs beträgt 50 cm, der innere Durchmesser etwa 12 mm. Die Anwendung einer 20 cm langen Asbestschicht ist unerläßlich.

Das dem eintretenden Sauerstoffstrom zugekehrte Rohrende wird nach der Füllung vorsichtig eng ausgezogen. Dieser verengte Teil des Rohrs muß einen etwas kleineren Durchmesser haben als das zur Aufnahme der Substanz bestimmte Glaskügelchen, darf aber doch nicht zu schwach im Glase sein. Wird ohne Asbestschicht gearbeitet, so macht man 20 cm vor den Glasstücken ebenfalls in der schon erwähnten Weise eine Verengerung. Diesen Zwischenraum von 20 cm, durch den auch die flüchtigsten Verbindungen weit genug von den glühenden Teilen des Rohrs gehalten werden, kann man bei weniger flüchtigen den Umständen nach verkleinern und dann dementsprechend ein etwas kürzeres Verbrennungsrohr benutzen.

Die Rinne soll nur den Teil des Rohrs unterstützen, der die Kalkschicht und die Glasstückchen oder das Platinblech enthält. Man erhitzt die Kalkschicht sowohl wie die Glasstückchen oder das Platinblech, auch 1 cm der Asbestschicht, zum Glühen und schiebt erst, wenn dies vollständig erreicht ist, das die Substanz enthaltende Kügelchen so in das Rohr ein, daß es mit der zugeschmolzenen Spitze — also ohne diese vorher abzubrechen — bis an die Asbestschicht oder, falls eine solche nicht vorhanden, bis an den die Verengerung des Rohrs schließenden Asbestpfropfen reicht. Das Rohr wird hierauf mittels eines durchbohrten, weichen Kautschukstopfens, in den ein 20 cm langes, nicht zu schwaches und durch einen Kautschukschlauch mit dem Sauerstoffgasometer in Verbindung stehendes Glasröhrchen von etwa 6 mm Durchmesser eingepaßt ist, geschlossen, nachdem man schon vorher den Sauerstoffstrom in geeigneter Weise in Bewegung gesetzt hat. Die rund abgeschmolzene Spitze hat 0.5 mm Öffnung.

Dadurch, daß man die nötige Menge Glycerin auf das sauerstoffzuführende Röhrchen gestrichen hat, läßt es sich, wovon man sich vorher überzeugt, auch bei vollkommen dichtem Verschluß des Verbrennungsrohrs verschieben; man bewirkt daher das Abbrechen des Kugelhalses leicht durch Vorwärtsstoßen des Kügelchens[1]). Sobald alle Flüssigkeit das Kügelchen verlassen hat, zerbricht man es durch das sauerstoffzuleitende Rohr, indem man damit die Kugel bis an die Verengerung des Verbrennungsrohrs schiebt und dort zerdrückt. Hierdurch wird auch der kleine, noch gasförmig in der Kugel zurückgebliebene Überrest der Substanz der Kalkschicht zugeführt. Das Zuleitungsrohr wird dann wieder zurückgezogen und schließlich, nachdem man den Sauerstoff am offenen Rohrende bereits hat nachweisen können und die Substanz anscheinend der Kalkschicht zugetrieben ist, der Sicherheit wegen auch die Asbestschicht oder der ihr entsprechende leere Zwischenraum und die die Kugelüberreste enthaltende Stelle zum Glühen gebracht. Sobald hierauf am offenen Ende des Rohrs wieder Sauerstoff nachweisbar ist, ist auch die Verbrennung beendigt.

Um auch Brom und Jod nach dieser Methode bestimmen zu können, muß man an Stelle des Ätzkalks reinen Natronkalk benutzen.

Darstellung von reinem Natronkalk.

In einem großen Porzellantiegel von etwa 8—9 cm Öffnung und 7 cm Höhe löscht man 80 g zerriebenen Marmorkalk mit einer heißen Lösung von 20 g Natriumhydroxyd in 60 g Wasser. Nach dem Zusatz der Natronlauge rührt man sofort und schnell mit einem Glasstab um, damit die Lauge den Kalk vollkommen gleichmäßig durchdringt, ehe er gelöscht wird; denn tritt die Absorption des Wassers durch den Kalk früher ein, so ist die gleichmäßige Aufsaugung der Natronlauge nicht gesichert — es kann vielmehr ein Teil Kalk ungelöscht bleiben —, und nachherige gleichförmige Mischung ist bei der Zähigkeit der Masse nicht mehr zu erreichen. Andererseits ist aber ein größerer Zusatz von Wasser, das doch wieder verjagt werden müßte, wenn, wie angegeben, verfahren wird, nicht erforderlich. Der erhaltene Natronkalk wird über einem Bunsenbrenner so lange erhitzt, bis die Masse vollständig fest geworden ist. Sie löst sich nach dem Erkalten leicht los und wird für den Gebrauch, wie für den gereinigten Ätzkalk angegeben, gekörnt. 80 g Kalk und 20 g Natriumhydroxyd geben Material für etwa 8 Verbrennungen und

---

[1]) Ein ähnliches Verfahren auch S. 230 und 308.

lassen sich bequem in einem Tiegel der angegebenen Größe verarbeiten. Der Kalk wird direkt in dem Tiegel gelöscht.

Darstellung von reinem Ätzkalk.

Gebrannter Marmor wird zuerst in einer Porzellanschale mit Wasser gelöscht und dann mit nur so viel chlorfreier Salpetersäure behandelt, daß noch ein kleiner Teil ungelöst, die Reaktion also stark alkalisch bleibt. Auf diese Weise scheidet man Eisen und Tonerde gänzlich ab. Ohne abzufiltrieren, dampft man die Flüssigkeit über freiem Feuer so weit ein, bis der Siedepunkt auf 140° gestiegen ist; die zum Kochen erhitzte Lösung zeigt dann an ihrer Oberfläche eine Haut von ausgeschiedenem Calciumnitrat. Diese heißgesättigte Lösung, die nach dem Erkalten sehr zähflüssig ist, wird in ein passendes

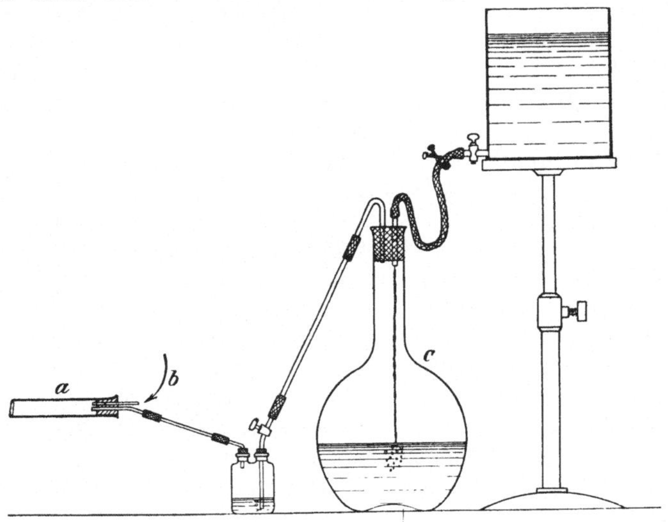

Fig. 207.　Schwefelbestimmung im Leuchtgas.

Gefäß gebracht und mit zwei Raumteilen einer Mischung von 2 Vol. absolutem Alkohol und 1 Vol. Äther durch Umrühren innig gemischt. Das Ganze wird in einen nachher zu verschließenden Kolben übergeführt. Nach 12 Stunden langem Stehen an einem nicht zu kalten Ort wird filtriert. Hierdurch werden Quarzkörner, Schwefelsäure, Phosphorsäure, Eisen und Tonerde vollkommen beseitigt, und die ablaufende Lösung enthält nunmehr reines salpetersaures Calcium. Sie wird jetzt in einer Porzellanschale unter Umrühren vollständig eingetrocknet. Von dem festen Calciumnitrat, das man in einem gut verschlossenen Glas aufbewahrt, wird ein kleiner Teil in einer Porzellanschale im Muffelofen zum Glühen erhitzt. Sobald das salpetersaure Calcium zersetzt ist, wird eine neue Quantität eingeführt und so fort. Der gewonnene Ätzkalk wird in sehr kleinen Teilen, denn sonst erhält man zu viel Pulver, zu Körnern von 5 mm Durchmesser zerstoßen.

Um auch das Chlor zu entfernen, löst man den Kalk zuerst wiederum in Salpetersäure, konzentriert die Lösung durch Eindampfen und fällt mit einer konzentrierten Lösung von Ammoniumcarbonat. Das Calciumcarbonat wird nun durch Dekantieren mit destilliertem, chlorfreiem Wasser unter gründlichem Umrühren nach jedesmaligem neuem Aufgießen so lange gewaschen, bis die letzten Waschwässer nicht mehr die geringste Reaktion auf

Chlor erkennen lassen. Dieser Punkt wird schnell erreicht, da sich das Calciumcarbonat ausgezeichnet absetzt. Wenn der Kalk vollkommen von Chlor befreit ist, löst man ihn von neuem in der Weise in chlorfreier Salpetersäure, daß ein kleiner Teil unzersetzt bleibt, um Eisen und Tonerde abzuscheiden. Ebenso verdampft man die Lösung wieder bis zum Siedepunkt 140° und verfährt zur Beseitigung der übrigen Verunreinigungen in allen Stücken wie oben auseinandergesetzt wurde.

Man kann nach dem Brügelmannschen Verfahren auch gasförmige Schwefelverbindungen untersuchen, z. B. auch den Schwefelgehalt des Leuchtgases bestimmen.

Vorstehende Abbildung (Fig. 207) zeigt den zusammengesetzten Apparat; *a* ist das Verbrennungsrohr, *b* das Sauerstoffzuleitungsrohr, *c* der das Leuchtgas enthaltende graduierte Gasometer.

II. Methode von Schenk.

Flüchtige organische Substanzen, die wenig Schwefel enthalten, z. B. Handelsbenzol, werden nach Schenk[1]) folgendermaßen untersucht.

Das Prinzip der Methode beruht auf Vergasen der Substanz durch einen schwachen Luftstrom in der Wärme und Verbrennung dieses Dampfgemisches.

Der hierzu dienende Apparat (Fig. 208) ist aus der Zeichnung verständlich. Das Verfahren ist speziell für Benzole erprobt. Um dem zu vergasenden Benzol möglichst große Oberfläche zu geben, wird das Gefäß lose mit Watte gefüllt und nach Einsetzen der beiden Schenkel tariert. Nach Zugabe des Benzols wird bei geschlossenen Hähnen die genaue Größe der Einwage festgestellt. Für die Schwefelbestimmung wird der Apparat in ein Wasserbad geklemmt, dessen Temperatur anfangs bei etwa 30—35° liegt. Das Benzol wird nun durch einen langsamen, gleichmäßigen Luftstrom vergast und das Benzoldampf-Luftgemisch an dem zur Capillare ausgezogenen Schenkel mit kleinem Flämmchen verbrannt. Während der Verbrennung läßt man je nach der Menge der in dem Benzol anwesenden höher siedenden Kohlenwasserstoffe die Temperatur langsam bis auf 75° steigen.

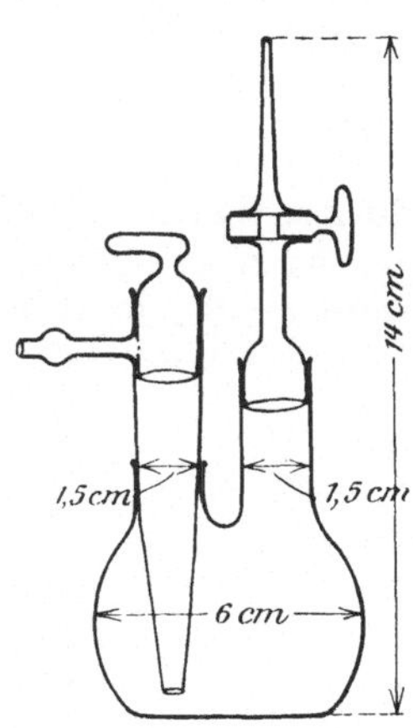

Fig. 208.
Apparat von Schenk.

Nachdem der aus der Capillare austretende Gasstrom entzündet ist, reguliert man die Luftzufuhr durch eine Klemmschraube so, daß das Flämmchen etwa 0.5—0.7 cm hoch brennt. Die Flammengröße läßt sich durch die Geschwindigkeit des Luftstroms leicht so einstellen, daß keine Rußabscheidung eintritt. Die Verbrennungsgase werden durch einen weiten Zylinder abgesaugt. Die Bestimmung muß, da Waschen der eingesaugten Luft nicht angängig ist, in säurefreiem Raum ausgeführt werden. Die gesamte Versuchsanordnung geht aus Fig. 209 hervor.

30 ccm 3 proz. Wasserstoffperoxyd werden auf das doppelte Volumen verdünnt und auf drei Waschflaschen verteilt. Dahinter schaltet man zum Schutz gegen etwa aus der Leitung zurücktretendes Wasser noch eine vierte Flasche. Die entstandene Schwefelsäure wird schließlich durch Titration mit $^n/_{10}$-Lauge

---

[1]) Ch. Ztg. **38**, 83 (1914). Der Apparat ist von den Verein. Fabr. f. Lab.-Bedarf, Berlin, zu beziehen. — Über Schwefelbestimmung im Leuchtgas siehe noch Mylius und Hüttner, B. **49**, 1428 (1916).

unter Verwendung von Methylorange als Indicator ermittelt. In der gleichen Menge Wasserstoffperoxyd muß natürlich die Acidität ermittelt und abgezogen werden.

Explosion durch Zurückschlagen der Flamme ist nicht zu befürchten, da die Öffnung der Capillare so klein gewählt ist, daß dies ausgeschlossen sein

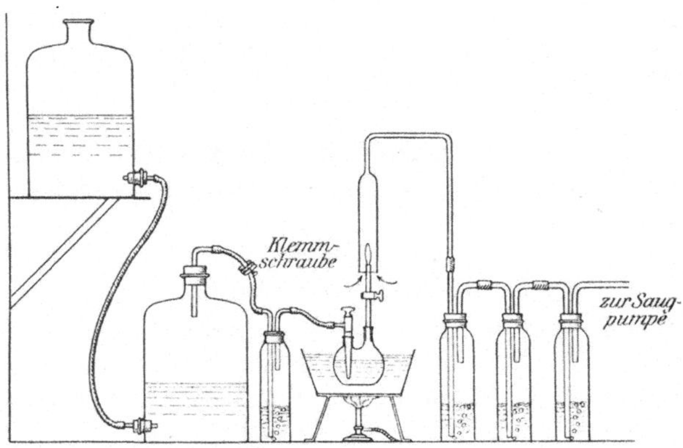

Fig. 209. Schwefelbestimmung nach Schenk.

dürfte. Bei reinen Benzolen gelingt es oft, sie bis auf den letzten Rest zur Vergasung zu bringen. In diesem Fall kann sofort die neue Einwage hineingebracht werden. Bei Rohbenzolen, die in einiger Menge höher siedende Kohlenwasser-

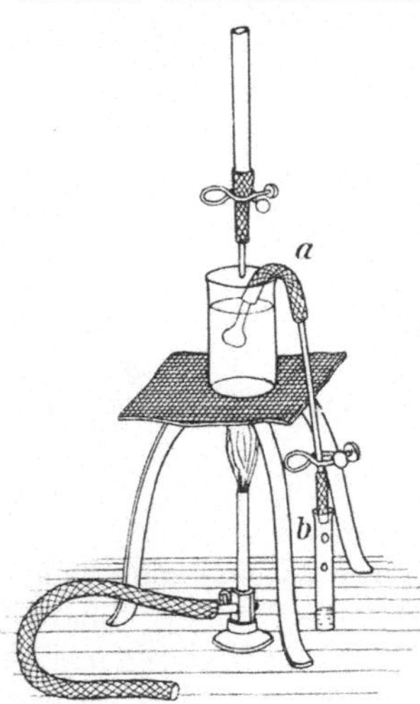

Fig. 210. Verfahren nach Brügelmann.

stoffe enthalten, gelingt es dagegen bis zu 75° nicht, sie zur völligen Vergasung zu bringen. Das hat jedoch auf das Ergebnis der Analyse keinerlei Einfluß, da sich die anwesenden Schwefelverbindungen — Thiophen, Schwefelkohlenstoff und vielleicht auch etwas Mercaptan — infolge ihrer leichten Flüchtigkeit in den ersten vergasten Anteilen befinden. Man führt in solchen Fällen die Verbrennung so weit, als bei 75° eben noch zu erreichen ist, und bricht die Bestimmung dann ab.

Maßanalytische Bestimmung der Schwefelsäure:

a) Nach Brügelmann[1]).

Die schwefelsäurehaltige Flüssigkeit wird siedend mit $^n/_5$-Chlorbariumlösung titriert und zur Erkennung der Endreaktion mittels eines kleinen Heberfilters *a* (Fig. 210) von Zeit zu Zeit eine Probe klar abgezogen und mit ein paar Tropfen Chlorbariumlösung aus der Bürette geprüft. Das Heberfilter wird auf dem Rand des Becherglases hängend in die heiße Flüssigkeit eingeführt, nachdem man es vorher mit heißem Wasser ganz angefüllt

---

[1]) Z. anal. **16**, 19 (1877). — Vgl. Wilderstein, Z. anal. **1**, 431 (1862). — In etwas anderer Form ist die Methode von Buchener, Z. anal. **59**, 298 (1920) noch einmal beschrieben worden.

hat. Dies kann ohne Gefahr für Verletzung des Filters, unter Anwendung von nur sehr wenig heißem Wasser, durch vorsichtiges Saugen mit dem Mund geschehen, namentlich wenn der zum Überbinden der Trichterglocke dienende, das Filtrierpapier einschließende Baumwollstoff dicht genug ist. Die Biegung des Hebers besteht aus einem Stück Kautschukschlauch, ebenso das Ende des aus dem Glas hervorragenden Heberarms. Die Strecke $a-b$ beträgt etwa 18 bis 20 cm.

Das Becherglas faßt 250 ccm, die Öffnung des kleinen Saugfilters hat etwa 1.5 cm Durchmesser, und der ganzen Saugvorrichtung gibt man solche Dimension, daß sie nicht über 15 ccm Flüssigkeit hält.

Man wird, wenn Bestimmungen von nicht bekannten Schwefelsäuremengen vorliegen, zuerst in einem Teil bloß annähernd, etwa auf 1 ccm titrieren und den Versuch hierauf in einem zweiten Teil beendigen, oder von vornherein etwas mehr $n/_5$-Chlorbariumlösung als nötig zusetzen und dann zurücktitrieren.

Die $n/_5$-Chlorbariumlösung, enthaltend 24.437 g $BaCl_2$ $+ 2$ aq. im Liter, entspricht auf 0.1 ccm nur 0.0008 Schwefelsäure (oder 0.00028 Schwefel), bis auf 0.1 ccm kann man aber mit Sicherheit titrieren. Die Genauigkeit der Schwefelsäurebestimmungen in der angegebenen Form ist denn auch, verglichen mit den entsprechenden auf gewichtsanalytischem Wege erhaltenen, vollkommen genügend.

b) Methode von Tarugi und Bianchi[1].

Wenn man die trübe Flüssigkeit, die das Bariumsulfat enthält, in einem engen Rohr durch Druck steigen läßt, tritt fast momentane Klärung ein. Diese Methode kann zur titrimetrischen Bestimmung des Bariums oder der Schwefelsäure dienen. Zu diesem Zweck wird folgender Apparat angewendet (Fig. 211). Der Kolben A faßt 300 ccm und ist mit einem mit drei Rohren versehenen Pfropfen B geschlossen. Das Rohr C, das als Manometer dient, ist U-förmig und enthält Quecksilber. L, das 5 mm Durchmesser besitzt, ist mit dem Trichter E mittels des Gummischlauchs G, der mit dem Quetschhahn F geschlossen werden kann, versehen. Das dritte Rohr trägt einen gläsernen Hahn D und den Gummischlauch H. In A wird z. B. die Sulfatlösung eingefüllt; es muß stets so viel genommen werden, daß L in die Lösung selbst eintaucht. Durch E und L läßt man aus einer Bürette $n/_{10}$-Bariumchloridlösung eintropfen. Man wäscht E mit destilliertem Wasser, und mittels des H bläst man, so daß die Flüssigkeit in L steigt und die an den Wänden hängengebliebenen Tropfen mitnimmt.

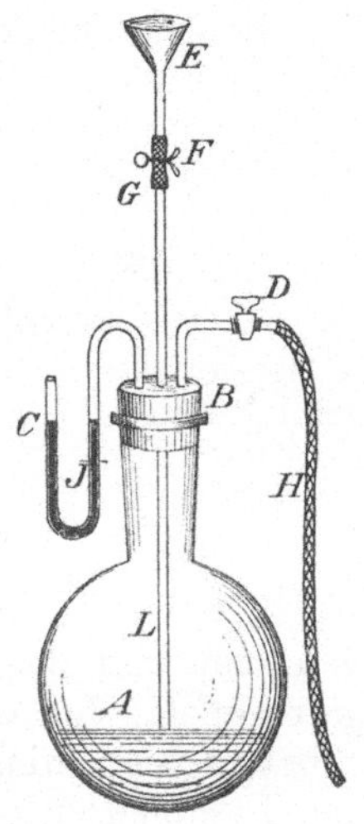

Fig. 211. Apparat von Tarugi u. Bianchi.

Man erwärmt dann auf 70—80° und schließt beide Rohre. Durch den entstehenden Druck steigt die Flüssigkeit in L. Hat die Absetzung vollständig stattgefunden, so erhält man eine klare Lösung, anderenfalls noch eine trübe. Wenn man die Bariumlösung durch eine Bürette tropfenweise hinzufügt und in genannter Weise arbeitet, kann man leicht den richtigen Punkt treffen und bequem und schnell den Gehalt an Schwefelsäure (bzw. an Barium) ermitteln.

---

[1] G. **36**, 1. 347 (1906). - Z. ang. **20**, 1111 (1907).

III. Methode von Barlow[1]).

Diese Methode ist auf einem von Berthelot[2]) angegebenen Verfahren aufgebaut und namentlich für die Analyse von Pflanzen- oder Tierstoffen geeignet.

Ein Rohr (Fig. 212) aus schwer schmelzbarem Glas von 70 cm Länge und 1.5 cm Durchmesser ist an einem Ende ausgezogen und nach unten gebogen. Ungefähr 30 cm von diesem Ende entfernt ist eine Röhre von 6—7 mm Durchmesser seitlich angeschmolzen; der Teil der weiteren Röhre zwischen dem angeschmolzenen und dem ausgezogenen Ende enthält kohlensaures Natrium oder „Sodaquarz" (s. u.), der Teil zwischen der seitlichen Röhre und dem nicht ausgezogenen Ende dient zur Aufnahme des oder der Porzellanschiffchen mit der Substanz.

Reiner Quarz, der zu Stückchen von 1—2 mm Größe zerstoßen ist, wird mit 3—4 g reinem Natriumcarbonat und etwas Wasser in einer Schale

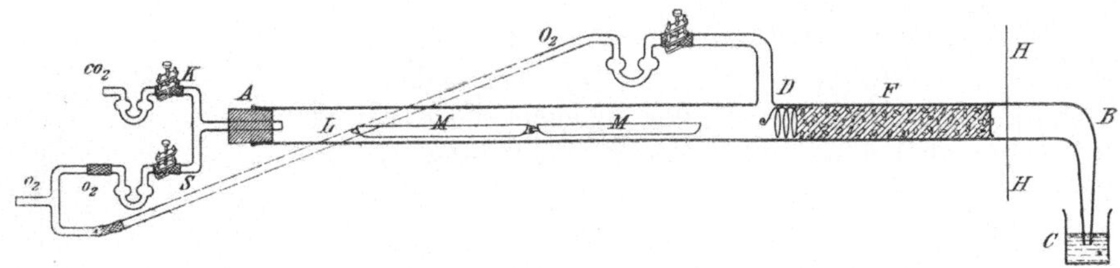

Fig. 212.   Schwefelbestimmung nach Barlow.

gemischt und das Gemenge unter Umrühren über einer Spirituslampe eingetrocknet. Von diesem „Sodaquarz" wird eine Schicht von 12—20 cm eingebracht; sie wird an einer Seite durch ein rundes Platinsiebchen, an der anderen, den Dämpfen zugewendeten, durch einen längeren, spiralig gebogenen Platindraht zusammengehalten.

Die Vorderseite der Platinspirale soll sich direkt unter der Öffnung der Seitenröhre D befinden. Die Röhre wird in den kalten Ofen gelegt, das Schiffchen M mit der Substanz eingeführt und der Kork A mit der T-Röhre KS eingefügt. Die Schiffchen sind 14 cm lang und 1 cm weit. Größere Substanzmengen, die selten erforderlich sind, werden in einen Zylinder aus reinem Filtrierpapier, der im Durchmesser etwas kleiner ist als die Röhre, gefüllt. Der Gebrauch der Schiffchen bietet indes den beträchtlichen Vorteil, daß Aschebestimmungen zugleich mit den Verbrennungen vorgenommen werden können. In beiden Fällen muß in der Verbrennungsröhre zwischen der Substanz und der Platinspirale bei E ein ca. 4—6 cm langer, leerer Raum gelassen werden. Bei C ist ein Becherglas mit ein wenig Wasser aufgestellt, um eine Probe bezüglich der Vollständigkeit der Absorption zu erlauben.

D ist mit einer Sauerstoffleitung verbunden und ebenso K und S mit Kohlendioxyd- bzw. Sauerstoffzufuhren.

Alle diese Gasströme streichen durch kleine Waschflaschen oder -kugeln, um die Stromstärke sichtbar zu machen, und werden durch Klemmschrauben auf kleinen Gummischlauchstücken reguliert.

---

[1]) Tollens, J. Landw. **26**, 289 (1903). — Barlow, Am. soc. **26**, 341 (1904).
[2]) Chimie Végétale et Agricole, **4**, Kap. 4.

Ausführung der Verbrennung.

Zunächst werden die Klemmschrauben bei S und D geschlossen. Ein langsamer Kohlendioxydstrom wird durch K geleitet und D bis H zu schwacher Rotglut erhitzt. Es empfiehlt sich, die Temperatur bei D ein wenig höher zu halten als bei H und sie allmählich von D nach H zu verringern. Bei H ist die Temperatur unterhalb Rotglut zu erhalten. So ist man sicher, daß, wenn die Temperatur bei D während der Verbrennung übermäßig hoch ansteigt, die Gase dessenungeachtet auf eine genügend große Schicht absorbierenden Materials von der richtigen Temperatur stoßen, bevor sie die Röhre verlassen. Wenn DH heiß ist, wird ein sehr langsamer Sauerstoffstrom durch D zugeführt, während der Kohlendioxydstrom unverändert gelassen bleibt. Die Erhitzung wird jetzt sehr allmählich von D nach M weitergeführt. Ein Brenner, der ausreicht, jede Rückdestillation zu verhindern, wird bei L angezündet. Im Augenblick, wo die Substanz im vorderen Teil des Schiffchens zu verkohlen anfängt, wird der Sauerstoffstrom durch D vergrößert. Nach kurzer Zeit, gewöhnlich nach einigen Sekunden, beginnt die Platinspirale bei D zu glühen, die Gase aus M entzünden sich in dem Überschuß des Sauerstoffs und verbrennen mit kleiner Flamme in der Nähe der Spirale. Am besten ist es, anfangs einen ziemlich starken Sauerstoffstrom durch D gehen zu lassen; nachdem die Gase sich einmal entzündet haben, ist die Regulierung des Stroms bei D eine leichte Sache, indem Lage und Gestalt der Flammenscheibe selbst den Zustand der Dinge anzeigen.

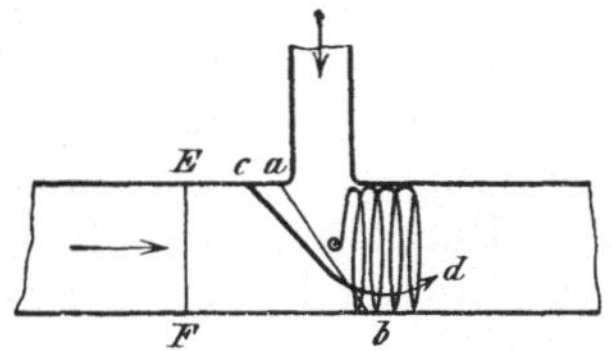

Fig. 213. Schwefelbestimmung nach Barlow.

In Fig. 213 zeigt die Linie $a\,b$ im Durchschnitt die von der Flamme eingenommene Lage, wenn die zugeführte Sauerstoffmenge gehörig geregelt ist. Wenn die Flamme vertikal wird und nach der Substanz zu fortschreitet, indem sie z. B. die Lage $E\,F$ einnimmt, so wird ein nutzloser Überschuß von Sauerstoff gebraucht. Andererseits, wenn der Sauerstoff nicht ausreicht, nimmt die Flamme eine geneigte Randlage, wie die durch $c\,d$ dargestellte, ein. In diesem Fall beginnt der niedrigere Rand zu flackern, die Flamme wird rußig, und auf den näherliegenden Teilen des kohlensauren Natriums lagert sich Kohle ab, die jedoch fast augenblicklich verschwindet, wenn man die Sauerstoffzufuhr zeitweilig vergrößert. Eine Sauerstoffzufuhr, die eben die Ablagerung von Kohle verhindert, ist genügend.

Von diesem Moment an schreitet die Verbrennung fast automatisch fort. Die Hitze wird allmählich nach dem vorderen (Kork-)Ende der Röhre geleitet. Hohe Temperatur ist nicht notwendig und sollte vermieden werden. Alles, was man in dieser Zeit erstrebt, ist die vollständige Verkohlung der Substanz, und diese findet unterhalb Rotglut statt. Die Verkohlungsprodukte werden von dem Kohlendioxydstrom, der jetzt verlangsamt werden kann, nach der Flamme fortgeführt.

Die Verkohlung muß langsam erfolgen, und es muß für überschüssigen Sauerstoff gesorgt werden.

Wenn die ganze Substanz verkohlt ist, nimmt die Flamme allmählich vertikale Stellung ein ($E\,F$) und schreitet langsam nach dem Schiffchen fort. Sucht man sie jetzt durch Verringerung der Sauerstoffzufuhr nach $a\,b$ zurückzuleiten, so wird auch die Flamme kleiner, sie flackert und erlischt. In diesem

Augenblick werden die Brenner auf der Strecke DL (Fig. 212) höher gedreht, die Kohlendioxydzufuhr abgestellt und Sauerstoff durch S geleitet, während der Sauerstoffstrom bei D vermindert, aber nicht vollständig abgestellt wird. Hat die Kohle die gehörige Temperatur gewonnen, so entzündet sich das Ende bei A im Sauerstoff, und die Masse gerät allmählich von A nach D zu ins Glühen. Bei manchen Substanzen beginnt dies Glühen bei sehr niedriger Temperatur, anscheinend unterhalb Rotglut, und das Verbrennen der verkohlten Masse wie auch der auf der Röhrenwand neben dem Schiffchen abgelagerten Kohle findet sehr schnell statt. Andere Substanzen, wie z. B. Casein, erfordern höhere Temperatur. Wenn die Kohle ganz verbrannt ist, wird die Sauerstoffzufuhr bei D ausgesetzt, die bei S vermindert, und die Temperatur wird allmählich während 10 Minuten verringert. Darauf werden die Brenner ausgelöscht, der Sauerstoff abgestellt, und die Röhre erkaltet in einem langsamen Kohlendioxydstrom.

Die ganze Operation ist in 20—30 Minuten bis höchstens (Eiweißkörper) einer Stunde beendigt und ist sehr leicht zu leiten. Der Sodaquarz hält jede Spur Schwefelsäure zurück. Nach beendeter Verbrennung wird das Schiffchen mit der darin befindlichen Asche herausgezogen und dann der Sodaquarz samt den Platindrähten und -siebchen in eine Prozellanschale gebracht. Das Rohr wird gut ausgespült, das Waschwasser zu dem Sodaquarz gebracht; letzterer wird unter einem aufgelegten Uhrglas mit Wasser und verdünnter Salzsäure übergossen. Auf der Spiritusflamme wird die Masse eingetrocknet, dann auf 110° erhitzt, mit Salzsäure angerührt und mit Wasser ausgewaschen. Die Flüssigkeit wird dann mit Chlorbarium gefällt. Auf diese Weise erhält man den flüchtigen Schwefel oder die flüchtige Schwefelsäure; beim Lösen oder Extrahieren der Asche erhält man auf gleiche Weise die nichtflüchtige Schwefelsäure.

IV. Methode von Höhn und Bloch[1]).

Bestimmung des Schwefels durch Erhitzen im Chlorstrom.

Diese Methode empfiehlt sich für die Analyse schwefelhaltiger organischer Bleisalze; vielleicht auch für Substanzen, die sich nach der Methode von Carius schwer zersetzen lassen.

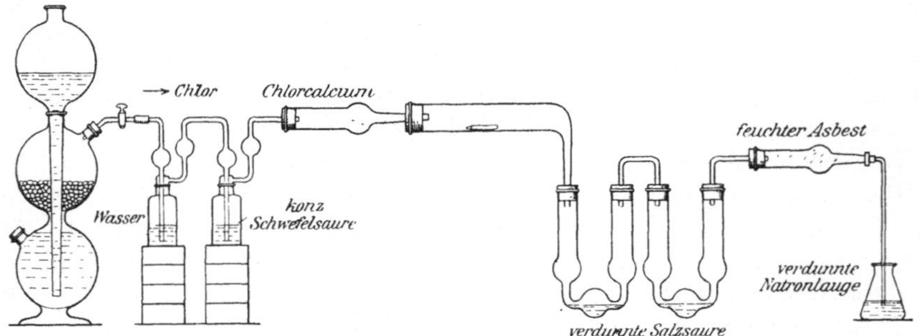

Fig. 214. Bestimmung des Schwefels nach Höhn und Bloch.

Der benutzte, von Schaefer[2]) angegebene Apparat ist in Fig. 214 reproduziert.

Die Aufschließung wird in der für Erze üblichen Weise ausgeführt. Der

---

[1]) J. pr. (2) **82**, 497 (1910).   [2]) Z. anal. **45**, 173 (1906).

Rückstand im Schiffchen und die evtl. entstehenden organischen Destillationsprodukte sind stets auf Schwefel zu prüfen.

Man läßt den Chlorstrom nie schneller als 5 Blasen in 2 Sekunden gehen und erwärmt je nach Bedarf mittels Flachbrenners; nach einer halben Stunde pflegt die Bestimmung beendet zu sein.

C. Methoden der Oxydation auf nassem Weg.

1. Methode von Carius.

Das Wesentliche über dieses Verfahren ist schon S. 257 f. mitgeteilt worden. Natürlich entfällt hier der Zusatz von Silbernitrat, im übrigen wird wie zur Halogenbestimmung vorgegangen.

Wie Carius bemerkt[1]), sind halogenhaltige Substanzen besonders leicht oxydierbar.

Angeli[2]), der diese Beobachtung bestätigt, empfiehlt daher Zusatz von einigen Tropfen reinen Broms zu der Salpetersäure (spez. Gew. = 1.52). Es wird dadurch die Temperatur, bei der vollkommene Zersetzung eintritt, wesentlich herabgesetzt und die Reaktion beschleunigt, so daß man manchmal sogar im Kjeldahlkolben arbeiten kann[3]). Sehr gut wirkt auch ein Zusatz von Salzsäure[4]).

Carius hat zur Reaktionserleichterung Zusatz von Chromsäure empfohlen, die später durch Erwärmen mit Alkohol zerstört wird.

Manchmal begegnet die Ausführung der Methode Schwierigkeiten.

Es muß dann viele (12—20) Stunden lang auf 300° und höher erhitzt werden[5]), bei gewissen Sulfosäuren (Phenanthrensulfosäuren) genügt aber auch dies nicht zur Aufschließung der Substanz[6]).

Nach Beckurts und Frerichs[7]) empfiehlt es sich übrigens nicht, bei so extrem hohen Temperaturen zu arbeiten. Die gegen Salpetersäure oft sehr widerstandsfähigen Sulfosäuren werden dagegen vollständig oxydiert, wenn man (bei 260—275°) lange Zeit (mindestens 9 Stunden) erhitzt und auf ca. 0.3 g Substanz mindestens 4 ccm rauchende Salpetersäure verwendet. Man kann auch die Oxydation durch Salpetersäure mit dem Schmelzverfahren kombinieren und braucht dann nicht im geschlossenen Rohr zu arbeiten.

So wird zur Analyse des Ichthyols folgendermaßen vorgegangen.

0.5 g Ichthyol werden mit je 10 ccm rauchender Salpetersäure dreimal abgedampft und der Rückstand mit 5 g einer Mischung aus 4 Teilen wasserfreier Soda und 3 Teilen Salpeter verrieben. Die Mischung wird in einen geräumigen Nickeltiegel gebracht und die Schale mehrere Male mit einigen Tropfen Wasser ausgespült. Nach dem Trocknen wird die Masse vorsichtig geschmolzen. Die Schmelze wird in üblicher Weise aufgearbeitet.

Evtl. muß auch (bei aliphatischen Sulfosäuren oder Substanzen, die bei der Oxydation die schwer angreifbare Methansulfosäure liefern, wie die Phenylcarbithionsäureester, oder die sonst die Gruppe SCH_3 enthalten) die Methode von Carius mit einer der Schmelzmethoden kombiniert werden, ähnlich wie

---

[1]) A. **116**, 19 (1860); **136**, 129 (1865).   [2]) G. **21**, II, 163 (1891).
[3]) Tschugaeff und Chlopin, Z. an. **86**, 245 (1914).
[4]) Harries und Fonrobert, B. **49**, 1391 (1916).
[5]) Wohl, Schäfer und Thiele, B. **38**, 4160 (1905). — Schneider, B. **42**, 3417 (1909).
[6]) Schmidt und Junghans, B. **37**, 3565, Anm. (1904).
[7]) Arch. **250**, 484 (1912).

für die Ichthyolbestimmung angegeben wurde[1]) und wie sie zuerst A. W. Hofmann bei der Analyse der Phosphine angewendet hat.

Auch bei Sulfonen[2]) kann die Methode von Carius versagen, aber die Liebigsche Methode zum Ziele führen.

Solche Substanzen analysiert man sonst auch nach Brügelmann[3]) oder noch besser nach Gasparini (siehe S. 302).

Thiophenderivate[4]) geben zu Explosionen Anlaß. Auch Thioharnstoffe (über deren Analyse siehe S. 1097) verursachen nach Löwenstamm[5]) Schwierigkeiten.

Die Oxydationswirkung der Salpetersäure ist hier außerordentlich energisch: Im geschlossenen Rohr geht die Reaktion schon in der Kälte unter Feuererscheinung und heftigster Entwicklung roter Dämpfe vor sich, gleichzeitig tritt starke Erwärmung ein. Man hüte sich deswegen, die Substanz mit der Säure in Berührung zu bringen, solange das Rohr nicht im Ofen liegt, auch nehme man, um jede Berührung auszuschließen, möglichst lange Wägeröhrchen.

Apitzsch[6]) behauptet, in einem Fall 8 Stunden auf mindestens 500° erhitzt zu haben. Derartig hohe Temperaturen hält aber doch wohl kein Rohr aus[7]).

Schwefelhaltige Calcium- oder Bariumsalze[8]) können nicht gut nach dieser Methode analysiert werden; man schließt sie nach Kaufler[9]) am besten mit Soda und Salpeter auf. Im phenyl- und naphthylcarbithiosauren Blei bestimmt aber Pohl den Schwefel nach der Aufschließung mittels Salpetersäure als Bleisulfat[10]).

Nach Kochs[11]) ist in den Eiweißstoffen die Schwefelbestimmung nach Carius nicht durchführbar. Wird die Temperatur zu niedrig gehalten, so bleibt die Oxydation unvollständig, steigert man sie, so zerspringen die Röhren.

Verfahren von Rupp[12]).

Rupp hat gefunden, daß es von Vorteil ist, ähnlich wie bei der Halogenbestimmung, die Fällung der Schwefelsäure schon während des Erhitzens im Einschmelzrohr vorzunehmen.

Der zu erwartenden Schwefelsäuremenge entsprechend, gibt man 0.5 bis 1 g gepulvertes Bariumnitrat oder [wahrscheinlich besser[13])] entwässertes Bariumchlorid zur Salpetersäure in das Bombenrohr.

[1]) Höhn und Bloch, J. pr. (2) 82, 494 (1910). — Obermeier, B. 20, 2928 (1887). — Gabriel, B. 22, 1154 (1889). — Marckwald, B. 29, 2918 (1896). — Gabriel und Leupold, B. 31, 2651 (1898). — Schneider, A. 275, 213 (1910).

[2]) Graff, Diss. Rostock (1908), 69, 76. Sulfone der Nitrophenylthiopyrine.

[3]) Bistrzycki und Mauron, B. 40, 4373, 4375 (1907).

[4]) Schwalbe, B. 38, 2209 (1905). — Scheibler, Arch. 258, 76 (1920). — Scheibler und Schmidt, B. 54, 139 (1921).

[5]) Diss. Berlin (1901), 15, Anm. 3. — V. J. Meyer, Diss. Berlin (1905), 36, Anm. 1. — Großmann, Ch. Ztg. 31, 1196 (1907).

[6]) B. 37, 1604 (1904).

[7]) Es sei denn, daß man besonders widerstandsfähige (Jenenser) Röhren nach dem Vorgang von Stock und Gomolka, B. 42, 4514 (1909), fest in getrockneten Seesand einbettet und in eiserne verschraubbare Schutzrohre bringt.

[8]) Bariumsalze könnte man nach Rupp analysieren.

[9]) Privatmitteilung. [10]) Diss. Berlin (1907), 19, 30.

[11]) Erg.-Heft z. Centralbl. f. allg. Gesundh.-Pflege 2, 171 (1886).

[12]) Ch. Ztg. 32, 984 (1908). — Schneider, B. 42, 3417 (1909). — Anelli, G. 41, I, 334 (1910). — Schütz, Diss. Jena (1914), 20.

[13]) Siehe S. 299, Anm. 2 und 3.

Das entstehende Bariumsulfat erlangt unter dem Einfluß der hohen Temperatur und des Drucks außerordentlich dichte Struktur, die das quantitative Sammeln sehr erleichtert. Das so gewonnene Sulfat ist auch der Eigentümlichkeit entkleidet, das als Fällungsmittel dienende Bariumsalz mitzureißen. Man spült das schwere, sandige Pulver mit ca. 200 ccm Wasser in ein Becherglas, bringt zum Sieden, während man mit einem Glasstab die größeren Konglomerate von Bariumsulfat und Nitrat (Chlorid) zerteilt, kocht einige Minuten und kann dann gleich, ohne daß vorhergehendes Dekantieren oder sonstige Vorsichtsmaßregeln nötig wären, filtrieren und mit heißem Wasser auswaschen.

Das Verfahren hat auch den wichtigen Vorteil, zu verhindern, daß durch die freie Schwefelsäure Kieselsäure aus dem Glas herausgelöst wird. (Anelli.)

Um im Cheirolinsilbersulfat für Silber und Schwefel zuverlässige Werte zu erhalten, mußte Schütz (a. a. O. S. 42) die Substanz ohne Zufügung von Bariumnitrat im Rohr mit roter, rauchender Salpetersäure erhitzen. Dann wurde zunächst das Silber mit Salzsäure ausgefällt und im Filtrat die Schwefelsäure in üblicher Weise bestimmt.

Mikro-Schwefelbestimmung nach Carius S. 278.

2. Methode von Messinger[1]).

Sind die Schwefelverbindungen nicht sehr flüchtig, so kann in den meisten Fällen — Sulfone sind auf diese Art im allgemeinen nicht analysierbar — die Oxydation in alkalischer Permanganatlösung oder mit chromsaurem Kalium und Salzsäure ausgeführt werden. Will man die der Schwefelsäurebestimmung hinderlichen Kaliumsalze ausschließen, so ersetzt man das Kaliumchromat durch Chromtrioxyd, das durch wiederholtes Auskrystallisieren aus konzentrierter Salpetersäure und Absaugen frei von Schwefelsäure erhalten werden kann.

1. Die abgewogene Schwefelverbindung wird mit $1\frac{1}{2}$—2 g übermangansaurem Kalium und $\frac{1}{2}$ g reinem Kaliumhydroxyd in einen Kolben von 500 ccm Inhalt gebracht, den man mit einem aufrechtstehenden Kühler verbindet. Durch die obere Mündung des Kühlers werden 25—30 ccm Wasser in den Kolben gegossen und hierauf 2—3 Stunden erhitzt. Nach dem Erkalten der Flüssigkeit, die nach Beendigung der Oxydation noch rot gefärbt sein muß, wird nach und nach konzentrierte Salzsäure durch den Kühler gegossen und nach beendeter Gasentwicklung so lange erwärmt, bis die Flüssigkeit klar erscheint. Man gießt nun den Inhalt des Kolbens in ein Becherglas und fällt die Schwefelsäure mit Chlorbarium.

In manchen Fällen erhält man durch tagelanges (8 Tage) Stehenlassen der Substanz mit der alkalischen Permanganatlösung ohne zu erwärmen bessere Resultate[2]).

2. Wendet man zur Oxydation chromsaures Kalium und Salzsäure an (es genügen 2—3 g Pyrochromat und 20—25 ccm Salzsäure, 2 Teile konzentrierte Salzsäure und 1 Teil Wasser), so wird die Operation ebenfalls mit Rückflußkühler ausgeführt und etwa 2 Stunden erhitzt. Nach beendeter Zersetzung fügt man noch einige Tropfen Alkohol hinzu, entfernt den Kühler, erhitzt bis zum Verschwinden des Aldehydgeruchs, verdünnt und fällt mit Chlorbarium.

---

[1]) B. **21**, 2914 (1888). — Dircks, Landw. Vers.-Stat. **28**, 179 (1881). — Wagner, Ch. Ztg. **14**, 269 (1890). — Schlicht, Z. anal. **30**, 665 (1891). — Konek, B. **53**, 1669 (1920).   [2]) Lenz, Z. anal. **34**, 39 (1895).

3. Pozzi - Escot[1]) oxydiert mit nascierendem Chromylchlorid aus trocknem Chromtrioxyd und konzentrierter Salzsäure.

3. Schwefelbestimmung auf elektrolytischem Weg[2]).

Der bei allen diesen Oxydationen zu verwendende Strom muß Gleichstrom mit einer Spannung von 8—10 Volt und 1—2 Ampere sein [bei Wechselstrom geht etwas Platin in Lösung[3]]). Eine Doppelklemme trägt an einem Ende einen zu einem Haken gebogenen Silberdraht, am anderen den Stromzuleitungsdraht. Man hängt die Klemmen mittels der Haken in die Ösen der Platindrähte ein.

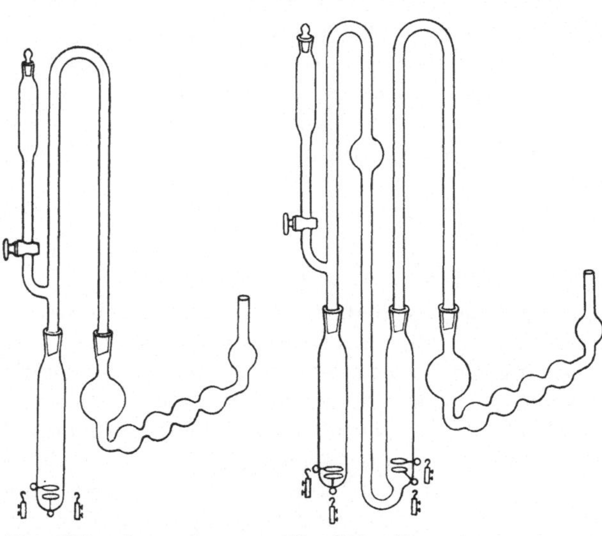

Fig. 215. Apparat von Gasparini.

Fig. 216. Doppelapparat von Gasparini.

Die beiden Ausführungsformen der Apparate besitzen eingeschmolzene Elektroden und unterscheiden sich dadurch, daß sie ein oder zwei Oxydationsgefäße besitzen. Der einfache Apparat (Fig. 215) mit einem Zersetzungsgefäß wird je nach dem Verwendungszweck in zwei Größen ausgeführt. Der kleinere, der zur Bestimmung des Schwefels in nichtflüchtigen, organischen Substanzen zu empfehlen ist, besteht aus einem zylindrischen Rohr mit zwei am Boden eingeschmolzenen Platinelektroden, deren äußere Drähte zu Ösen gebogen sind. Die untere Elektrode, die man als Anode wirken läßt, ist konvex, damit die Gasblasen, die sich dort ansammeln, beim Aufsteigen die Flüssigkeit durchmischen. In die Halsöffnung des Gefäßes ist ein gebogenes Rohr eingeschliffen, an das auf einer Seite ein Trichter mit Hahn, auf der anderen ein Kugelrohr angeschmolzen ist. Das Ganze wird auf einem geeigneten Gestell befestigt.

In den Trichter bringt man konz. Salpetersäure (1.42), die man dann vorsichtig tropfenweise auf die zu oxydierende Substanz fallen läßt. Im ganzen gibt man nicht mehr Salpetersäure als 2—3 cm über die obere Elektrode. In das Kugelrohr dagegen bringt man Wasser: Erstens hält es die Salpetersäuredämpfe fast vollständig zurück (es entweicht nur etwas Stickstoffdioxyd), so daß der Apparat während des Betriebs keine ernste Belästigung verursacht; zweitens hält es bei den Bestimmungen von Schwefel, Phosphor usw. kleine

[1]) Rev. gén. de Chim. pure et appl. 7, 240 (1904).

[2]) Gasparini und Savini, G. 37, II, 437 (1907). — Gasparini, Ch. Ztg. 31, 641 (1907). — Spence und Young, J. Ind. Eng. Chem. 4, 413 (1912). — Twiss, Soc. 105, 39 (1914). — Siehe auch S. 392. Die Bestimmungsmethode kann auch für Phosphor, Quecksilber usw. angewendet werden. Die Apparate sind von Martin Wallach Nachf., Kassel, zu beziehen.

[3]) Ruer, Z. phys. 44, 81 (1903).

Mengen Schwefelsäure, Phosphorsäure usw., die von den gasförmigen Produkten der Elektrolyse mitgerissen werden könnten, zurück. Die Wägung der Substanz kann im Zersetzungsgefäß selbst ausgeführt werden, wobei nur darauf zu achten ist, daß nichts davon an dem Schliffstück hängen bleibt. Der kleinere Apparat hat etwa 75 ccm, der größere 200 ccm Inhalt. Dieser größere Apparat dient besonders zur Analyse von Wein, Getreide, Düngemitteln usw., sowie auch für toxikologische Untersuchungen.

Der **Doppelapparat** (Fig. 216) unterscheidet sich von dem vorstehend beschriebenen durch das Vorhandensein eines zweiten Rohrs, das dem ersten ähnlich ist und durch das die Salpetersäuredämpfe hindurchgehen müssen, ehe sie zu den mit Wasser gefüllten Kugelröhren gelangen. Er ist zur Untersuchung flüchtiger Substanzen bestimmt (Thiophen, Senföl, Allylsulfid, Petroleum usw.). Falls ein Teil der Substanz sich der Oxydation im ersten Rohr entzieht, wird er im zweiten oxydiert, in das man vorher 10—15 ccm rauchende Salpetersäure bringt. Die vier Pole des Apparats schaltet man nebeneinander. Die Einfüllung der Substanz in das erste Rohr geschieht entweder direkt oder mit einem kurzen Glasröhrchen.

Die Dauer der Bestimmung beträgt gewöhnlich 5—6 Stunden, Sulfone brauchen oft viel länger. Hier empfiehlt sich die Anwendung stärkster Salpetersäure [Hans Meyer[1])].

Man entleert dann den Apparat und bestimmt die Schwefelsäure entweder in üblicher Weise gravimetrisch oder noch einfacher so, daß man erst zur Vertreibung der Salpetersäure wiederholt mit verdünnter Salzsäure, dann zur Entfernung der Salzsäure wiederholt mit Wasser eindampft, wieder verdünnt und direkt titriert.

Für nichtflüchtige Substanzen und namentlich dann, wenn es sich darum handelt, größere Substanzmengen aufzuschließen, wird man nach Hinrichsen[2]) folgendermaßen vorgehen:

In ein schmales Becherglas von 100—150 ccm Inhalt hängt man als Anode ein an einem Platindraht befindliches Körbchen aus Platindrahtnetz, in dem sich die zu untersuchende Probe befindet.

Als Kathode dient ein Platinspatel.

Nunmehr wird so viel starke, am besten rauchende Salpetersäure (die Konzentration richtet sich nach der Angreifbarkeit des Materials; die Oxydation ist natürlich um so schneller beendet, je stärker die Säure ist) hinzugegeben, daß das Körbchen davon bedeckt ist, und 6-8 Volt Spannung angelegt.

D. Bestimmung des „bleischwärzenden" Schwefels[3]).

Manche schwefelhaltige Substanzen, und zwar stets solche, bei denen der Schwefel sich nicht in direkter Bindung mit Sauerstoff befindet, geben beim

---

[1]) Unveröffentlichte Beobachtungen.   [2]) Ch. Ztg. **33**, 736 (1909).
[3]) Mulder, Berzel. Jahresb. **18**, 534 (1837); **19**, 639 (1838); **27**, 512 (1846). — Liebig, A. **57**, 129, 131 (1846). — Rüling, A. **57**, 301, 315, 317 (1846). — Laskowski, A. **58**, 129 (1846). — Mulder, Scheik. Onderzoek. **3**, 357 (1846); **4**, 195 (1847). — De Vrij, A. **61**, 248 (1847). — Fleitmann, A. **61**, 121 (1847); **66**, 380 (1848). — Mulder, J. pr. (1) **44**, 488 (1848). — Nasse, Pflüg. **8** (1874). — Danilevsky, Z. physiol. **7**, 427 (1883). — Baumann und Goldmann, Z. physiol. **12**, 257 (1888). — Krüger, Pflüg. **43**, 244 (1888). — Malerba, Rend. Ac. delle scienze Napoli (2) **8**, 59 (1894). — Suter, Z. physiol. **20**, 564 (1895). — Drechsel, C. f. Physiol. **10**, 529 (1896). — Gürber und Schenk, Leitf. d. Physiol. (1897), 23. — Middeldorf, Verh. phys.-med. Ges. Würzburg, N. F. **31**, 43 (1898). — Schulz, Z. physiol. **25**, 16 (1898). — Osborne, Stud. res. lab. Conn., agr. exp. stat. (1900), 467. — Mörner, Z. physiol. **34**, 210 (1901). — Sertz, Z. physiol. **38**, 323 (1903). — Bailey und Randolph, B. **41**, 2494 (1908).

Kochen mit Lauge Schwefelalkali, das durch Bleisalze oder Wismutoxyd in Schwefelmetall übergeführt werden kann.

Krüger hat für das qualitative Verhalten derartiger Substanzen folgende Sätze aufgestellt:

1. Während die Mercaptane $\equiv C \cdot SH$ im allgemeinen von wäßrigen Alkalien nicht angegriffen werden, tritt Zersetzung unter Bildung von Schwefelmetall ein, wenn an den Kohlenstoff direkt Sauerstoff (Thiosäuren) oder eine NH_2-Gruppe (Cystein) gebunden ist.

2. Verbindungen der Form $= C = S$ zersetzen sich, soweit bekannt, mit Alkalien unter Bildung von Schwefelmetall.

3. Verbindungen, in welchen der Schwefel zwei C-Atome verknüpft: $\equiv C - S - C \equiv$, sind zum Teil unangreifbar für wäßrige Alkalien, zum Teil werden sie zersetzt, jedoch stets ohne Bildung von Schwefelmetall.

4. Verbindungen der Form $\equiv C - S - S - C \equiv$ scheinen im allgemeinen unter Bildung von Schwefelwasserstoff zersetzt zu werden, falls jedoch der Kohlenstoff mit Sauerstoff verbunden ist, unangreifbar zu sein.

Die quantitative Bestimmung des „bleischwärzenden" oder „lockeren" Schwefels und sein Mengenverhältnis zum „oxydierten" — wie man früher unrichtig sagte — oder „festgebundenen", genauer, nach Schulz, zum „durch Alkali nicht abspaltbaren" Schwefel hat für die Eiweißchemie eine gewisse Bedeutung.

Bei der quantitativen Bestimmung des bleischwärzenden Schwefels ist entweder durch Kochen im Leuchtgasstrom, oder unter Zusatz von Zink, oder durch Wasserdampf die nachträgliche Oxydation durch den Luftsauerstoff auszuschließen.

Mörner geht folgendermaßen vor:

Die Substanz wird mit 50 g Natriumhydroxyd, 10 g Bleiacetat und 200 ccm Wasser nach Zusatz eines ganz kleinen Stückchens Zink gekocht. Das Kochen geschieht auf dem Drahtnetz in einem Kolben aus Jenaglas, von dem ein nicht zu weites Ableitungsrohr zu einem Rückflußkühler führt. Zur Verbindung werden Korkstopfen benutzt. Das Kochen wird 8—10 Stunden fortgesetzt. Der Einwirkung der Luft wird durch lebhafte Entwicklung von Wasserdampf vorgebeugt; der Zinkzusatz bezweckt nur, ruhiges Kochen der alkalischen Flüssigkeiten zu ermöglichen.

Nach einigen Autoren ist die Verwendung von frisch gefälltem Wismutoxyd vorzuziehen.

Das Metall muß jedenfalls in reichlichem Überschuß vorhanden sein.

Zur Schwefelbestimmung sammelt man den Niederschlag auf einem gehärteten oder einem Asbestfilter und wäscht möglichst rasch mit sehr verdünnter Natronlauge, bis das Filtrat schwefelsäurefrei und die Mutterlauge entfernt ist, was im allgemeinen leicht und in kurzer Zeit geschehen kann.

Dann wird der Niederschlag nach Zusatz von Salpetersäure mit Bromwasser oxydiert (das Zinkstückchen für sich in Salpetersäure gelöst und mit der übrigen Lösung vereinigt). Nach dem Eindampfen auf dem Wasserbad wird mit reinem Natriumcarbonat und etwas Wasser aufgenommen, in einen Silber- oder Nickeltiegel übergeführt, eingedampft und dann die nitrathaltige Masse über der Weingeistlampe erhitzt. Darauf wird mit Wasser ausgelaugt, das Ungelöste noch einmal mit Natriumcarbonatlösung erwärmt und dann mit Wasser ausgewaschen. Das Filtrat wird mit Bromwasser versetzt, mit reiner Salzsäure übersättigt und auf dem Wasserbad eingetrocknet.

Der Abdampfrückstand wird mit nicht zu wenig Salzsäure und Wasser behandelt[1]), das Filtrat mit Bariumchlorid gefällt usw.

Bei Gegenwart von Blei ist das geglühte Bariumsulfat gelblich; durch Umschmelzen mit Soda kann es gereinigt werden.

Auf das Leuchtgas als Fehlerquelle ist bei den Methoden, nach welchen im Tiegel erhitzt wird, entsprechend Rücksicht zu nehmen (blinde Probe).

Faktorentabelle:

Gefunden	Gesucht	Faktor	2	3	4	5
$BaSO_4 = 233.5$	$S = 3.21$	0.13733	0.27465	0.41198	0.54930	0.68663

	6	7	8	9	log
	0.82395	0.96128	1.09860	1.23593	0.13775 — 1

Fünfter Abschnitt.

Bestimmung der übrigen Elemente, die in organische Substanzen eingeführt werden können.

1. Aluminium Al = 27.1.

Da die Verbindungen des Aluminiums im allgemeinen nicht flüchtig sind, gelingt der Nachweis und die Bestimmung dieses Elements in dem nach dem Veraschen der organischen Substanz, evtl. unter Zusatz konzentrierter Schwefelsäure und Salpetersäure[2]), verbleibenden Rückstand leicht nach den Methoden der anorganischen Analyse.

Zur Analyse des Aluminiumpropyls $Al_2(C_3H_7)_6$ und anderer flüchtiger Aluminiumverbindungen verfuhren Roux und Louise[3]) folgendermaßen:

3 g wurden in ein Glaskügelchen eingeschmolzen und dieses in einen mit Kautschukstopfen verschlossenen, dickwandigen Rundkolben gebracht, mit etwa 100 ccm reinem Benzol übergossen, das Kügelchen durch Schütteln zerbrochen und dann zuerst Wasser und hierauf so viel Salzsäure zugesetzt, bis das ausgeschiedene Aluminium gelöst war. Nun wurde das Benzol im Vakuum abgetrieben, der Rückstand filtriert und das Aluminium durch Ammoniak gefällt.

Bestimmung von Aluminium in Faeces: Schmiedt und Hoagland, J. Biol. Ch. 11, 387 (1912).

Faktorentabelle:

Gefunden	Gesucht	Faktor	2	3	4	5
$Al_2O_3 = 102.2$	$Al_2 = 54.2$	0.53033	1.06067	1.59100	2.12133	2.65167

	6	7	8	9	log
	3.18200	3.71233	4.24266	4.77300	0.72455—1

---

[1]) Die zurückbleibende Kieselsäure ist mit Schwefelammonium auf Blei zu prüfen.
[2]) Klatte, Diss. Tübingen (1907), 19.   [3]) Bull. (2) **50**, 512 (1888).

2. Antimon Sb = 120.

Die quantitative Bestimmung des Antimons in organischen Substanzen wird gewöhnlich durch Glühen mit Kalk[1]) oder mit Kalk und Natronkalk[2]) im Sauerstoffstrom in einer engen Röhre nach der Brügelmannschen Methode (S. 288) ausgeführt, ebenso wie S. 349 bei der Phosphorbestimmung nach Schäuble angegeben ist.

Nach Beendigung der Verbrennung löst man den Röhreninhalt in Salzsäure und leitet Schwefelwasserstoff ein. Das gefällte Schwefelantimon wird mit rauchender Salpetersäure in antimonsaures Antimon übergeführt.

Die Elementaranalyse der Doppelverbindungen des Antimonpentachlorids mit organischen Stoffen bietet nach Rosenheim und Löwenstamm unüberwindliche Schwierigkeiten. Die Werte für Kohlenstoff und Wasserstoff werden zu hoch, die Werte für Stickstoff zu niedrig gefunden. Zur Antimonbestimmung in diesen Substanzen fällt man mit Schwefelwasserstoff und führt das Schwefelantimon durch Erhitzen im Kohlendioxydstrom auf $270-280°$ in Antimontrisulfid über[3]). Auch sonst wird das Antimon öfters als Trisulfid zur Wägung gebracht[4]).

Wieland[5]) schließt für die Chlor- und Antimonbestimmung nach Carius auf und entzieht der Antimonsäure das Chlorsilber mit Ammoniak. Dann dampft er ein und glüht zur Antimonbestimmung im Porzellantiegel.

Zur Chlorbestimmung konnte die Substanz (Tetratolylhydrazinantimonpentachlorid) auch durch wasserhaltiges Pyridin zerlegt werden.

Messinger[6]) empfiehlt seine zur Kohlenstoffbestimmung vorgeschlagene Methode.

Die Substanz (0.25—0.35 g) wird in einem Röhrchen gewogen und mit 1 g Chromtrioxyd versetzt. Der zur Oxydation dienende Kolben wird mit einem Rückflußkühler verbunden. Man gießt 10 ccm Schwefelsäure (2 Teile Säure mit 1 Teil Wasser verdünnt) durch die obere Mündung des Kühlers und erwärmt gelinde. Nach einer Stunde wird erkalten gelassen, mit Kalilauge im Überschuß und mit Schwefelnatrium versetzt und eine halbe Stunde gekocht. Aus dieser Lösung kann das Metall am einfachsten elektrolytisch abgeschieden werden.

In vielen Fällen genügt wiederholtes Eindampfen mit rauchender Salpetersäure auf dem Wasserbad und schließliches Glühen über dem Gebläse.

Stibäthyl, das weder durch Salpetersäure noch durch Königswasser vollständig oxydiert werden kann, analysieren Löwig und Schweizer[7]) folgendermaßen:

In eine lange Verbrennungsröhre kommt in den unteren Teil etwas Sand, darauf die Substanz. Der übrige Teil wird zu drei Vierteln mit Quarzsand gefüllt, der leere Teil des Rohrs ragt aus dem Ofen heraus, damit sich hier das Antimon, das sich sonst möglicherweise verflüchtigen könnte, kondensiert. Der Sand wird nun nach und nach zum Glühen erhitzt und dann darüber der Dampf der Verbindung geleitet. Sowie diese mit dem glühenden Sand in Berührung kommt, scheidet sich das Antimon krystallinisch aus und findet sich

---

[1]) Löloff, B. **30**, 2835 (1897).

[2]) Michaëlis und Reese, A. **233**, 45 (1886). — Michaëlis und Genzken, A. **241**, 168 (1887).

[3]) B. **35**, 1124 (1902). — Mandal, B. **49**, 1317 (1916); **52**, 337 (1919).

[4]) Micklethwait und Whitby, Soc. **97**, 36, 37 (1910). — Morgan und Micklethwait, Soc. **99**, 2297 (1911).   [5]) B. **40**, 4277 (1907).

[6]) B. **21**, 2916 (1888).   [7]) A. **75**, 320 (1850).

gewöhnlich in einem sehr kleinen Raum beisammen. Nach dem Erkalten wird
der Inhalt der Röhre in ein Becherglas gespült, die Röhre mit Königswasser
ausgewaschen und der Sand mehrere Stunden damit digeriert. Man verdünnt
mit Weinsäurelösung, fällt das Antimon mit Schwefelwasserstoff und bestimmt es in der gewöhnlichen Weise.

Zur Antimonbestimmung in Antimonigsäureestern zersetzt
Mackey[1] ca. 1 g der Substanz mit 5 ccm konzentrierter Salzsäure, setzt
50 ccm Weinsäurelösung zu und fällt das Antimon mit Schwefelwasserstoff.
Das Antimonsulfid wird durch Behandeln mit rauchender Salpetersäure und
Glühen in SbO_2 übergeführt.

Antimonbestimmung in vulkanisiertem Kautschuk: Wagner, Ch. Ztg.
30, 638 (1906).

Arylstibinoxyde und Triarylstibine können, wenn sie eine NH_2-
Gruppe enthalten, oft direkt in stark verdünnter, schwach saurer Lösung mit
Jod titriert werden. Sonst kann man mitunter mit Weinsäure und organischen
Lösungsmitteln eine titrierbare bicarbonatalkalische Lösung erhalten. Muß
man aufschließen, so kocht man $1/_{1000}$ Mol. mit $0 \cdot 2$ g Kochsalz, 3 g Natrium-
bisulfat, $1 \cdot 5$ ccm Salpetersäure $(1 \cdot 49)$ und 10 ccm konz. Schwefelsäure eine
Stunde im Kjeldahlkolben. Nach dem Erkalten wird 1 g Ammonium-
sulfat zugesetzt und noch $1/_2$ Stunde gekocht. Man verdünnt auf ca. 300 ccm,
setzt 20 ccm 5n-Salzsäure zu, reduziert mit Schwefeldioxyd und Bromkalium[2]
und titriert in bicarbonatalkalischer Lösung mit $^n/_{10}$-Jod[3].

Faktorentabelle.

Gefunden	Gesucht	Faktor	2	3	4	5
$SbO_2 = 152$	$Sb = 120$	0.78947	1.57895	2.36842	3.15790	3.94737

		6	7	8	9	log
		4.73684	5.52632	6.31580	7.10527	$0.89734 - 1$

Gefunden	Gesucht	Faktor	2	3	4	5
$Sb_2S_3 = 366$	$Sb_2 = 240$	0.71390	1.42781	2.14171	2.85561	3.56952

		6	7	8	9	log
		4.28342	4.99732	5.71122	6.42513	$0.85364 - 1$

3. Arsen As = 75.

Messinger[4] versetzt aromatische Arsenverbindungen (0.4 g) mit
5 g Chromsäureanhydrid und bringt in einen Kolben mit Rückflußkühler.
Nun werden 10 ccm Schwefelsäure (2 : 1) durch den Kühler gegossen und gelinde erwärmt. Nach einer Stunde fügt man weitere 10 ccm Schwefelsäure zu
und erhitzt noch eine Stunde. Dann verdünnt man auf 100 ccm und leitet
bei 70° Schwefelwasserstoff bis zur Sättigung ein, bringt auf ein Filter und
wäscht das Chrom mit Schwefelwasserstoffwasser heraus. Dann wird nach

---

[1] Soc. **95**, 606 (1909).   [2] Röhner, B. **34**, 1.565 (1901).
[3] Schmidt, A. **421**, 244 (1920).   [4] B. **21**, 2916 (1888).

Classen[1]) Filter und Niederschlag mit 50 ccm ammoniakalischer Wasserstoffsuperoxydlösung eine Stunde gekocht, filtriert, mit Ammoniak versetzt und
mit Chlormagnesium gefällt.

Die aliphatischen Arsenverbindungen sind gegen Oxydationsmittel sehr resistent.

Zur Analyse des Arsenäthyls kann man nach Landolt[2]) die Substanz
mit reinem Zinkoxyd wie bei der Elementaranalyse verbrennen, wobei der
vordere Teil der langen Verbrennungsröhre, der aus dem Ofen herausragt,
zur Regelung der Operation einen mit Wasser gefüllten Kugelapparat trägt.
Nach der Verbrennung löst man das Zinkoxyd in Salzsäure; Arsen und Kohle
bleiben zurück. Man digeriert mit Königswasser und fällt das Arsen schließlich
mit Schwefelwasserstoff.

Weit besser operiert man indessen auch hier nach der von Löwig und
Schweizer für die Analyse des Stibins ausgearbeiteten Methode (siehe S. 306).
Das Arsen scheidet sich als glänzender Metallspiegel aus. Die Stücke der Röhre,
an die es sich angelegt hatte, sowie der Quarzsand werden in einem Apparat,
in dem Verflüchtigung von Chlorarsen nicht stattfinden kann, mit Königswasser behandelt und aus der Lösung das Arsen als arsensaures Ammoniummagnesium gefällt.

Die Arsenbestimmung im Arsenmethylsulfid kombiniert Baeyer[3])
mit der Russelschen[4]) Schwefelbestimmung (siehe S. 288). Die Lösung des
Röhreninhalts wird zuerst von der Schwefelsäure befreit, dann die Arsensäure
mit schwefliger Säure reduziert, das gelöste Quecksilber durch Schwefelammonium entfernt und schließlich das auf dem gewöhnlichen Weg erhaltene arsensaure Ammoniummagnesium bei 100° getrocknet.

Das Methylarsinbisulfid (?)[5]) schmilzt G. Meyer[6]) mit Salpeter und
Kaliumnatriumcarbonat, löst in Wasser, säuert mit Salzsäure an, kocht kurze
Zeit zur Vertreibung der Salpetersäure, fällt in der Wärme mit Schwefelwasser-
stoff usw.

Die Brenzcatechinarsensäure und ihre Salze werden in 22 proz.
Salzsäure gelöst und bei 70° mit Schwefelwasserstoff gefällt[7]).

Analyse der primären Arsine nach Palmer und Dehn[8]).

Für die Bestimmung des Kohlenstoffs und Wasserstoffs wird ein
mit der zu analysierenden Flüssigkeit gefülltes Kügelchen etwa in die Mitte
eines langen Verbrennungsrohrs gebracht, das mit einer gesinterten Mischung
von gepulvertem Bleichromat und Kupferoxyd gefüllt ist. Das Rohr wird an
beiden Enden erhitzt, während der mittlere Teil bis zu dem Augenblick kalt
erhalten wird, in dem das Kügelchen mit Hilfe eines starken Metalldrahts, der
durch den Stopfen am hinteren Ende des Rohrs geführt ist, zerbrochen wird.
Hierauf wird auch der mittlere Teil des Rohrs auf Rotglut erhitzt und Sauerstoff eingeleitet, um die Verbrennung vollständig zu machen. Die Bestimmung des Arsens wird in gleicher Weise ausgeführt, jedoch an Stelle von
Bleichromat und Kupferoxyd reines Zinkoxyd verwendet.

Nach Beendigung der Verbrennung wird der ganze Rohrinhalt in Säure
gelöst und das Arsen durch Abscheidung als Sulfid, Oxydation zu Arsensäure
und Fällung als arsensaures Ammoniummagnesium bestimmt.

---

[1]) B. **16**, 1069 (1883).   [2]) A. **89**, 304 (1854).
[3]) A. **107**, 280 (1858).   [4]) Soc. **7**, 212 (1854).   [5]) Vgl. A. **249**, 149 (1888).
[6]) B. **16**, 1441 (1883).   [7]) Weinland und Heinzler, B. **52**, 1322 (1919).
[8]) B. **34**, 3594 (1901).

Körper der Kakodylreihe zerstört Partheil[1]) nach einer Modifikation der Russelschen Methode.

Ein 40 cm langes, einerseits zugeschmolzenes Verbrennungsrohr wird derart beschickt, daß es zunächst eine 1 cm lange Schicht reines Quecksilberoxyd, darauf eine Mischung aus gleichen Teilen Quecksilberoxyd und Natriumcarbonat mit der zu untersuchenden Substanz enthält und hierauf mit Natriumcarbonat, gemischt mit dem fünften Teil seines Gewichts Quecksilberoxyd, gefüllt wird. Von dem offenen Ende des Rohrs an wird die Natriumcarbonatschicht in Zwischenräumen von 5 zu 5 cm erhitzt, so daß zwischen den erhitzten Stellen noch Quecksilberoxyd vorhanden ist. Dann wird die mit der Substanzmischung gefüllte Stelle erhitzt und schließlich das ganze Rohr und das reine Quecksilberoxyd, bis die ganze Masse weiß ist. Die entweichenden Quecksilberdämpfe werden unter Wasser geleitet. Der erkaltete Röhreninhalt wird in Wasser gelöst, mit Salzsäure neutralisiert und auf ein bestimmtes Volum aufgefüllt. In einem aliquoten Teil dieser Lösung wird dann das Arsen nach Schneider und Beckurts bestimmt.

Maillard[2]) führt die Bestimmung des Arsens in flüchtigen Kakodylverbindungen folgendermaßen aus: Um die Substanz zunächst in die weniger flüchtige Kakodylsäure überzuführen, bringt man sie in einem mit eingeschliffenem Stopfen versehenen Gefäß mit einer zur Oxydation ausreichenden Menge Ammoniumpersulfat (z. B. 3 g), 30 ccm Wasser und 10 ccm Schwefelsäure zusammen; sobald die Substanz gelöst ist und Dämpfe im Kolben nicht mehr sichtbar sind, ist die Oxydation beendet, und nach Entfernung der Schwefelsäure kann Kakodylsäure als solche isoliert werden. Zur vollständigen Zerstörung der organischen Substanz versetzt man jedoch direkt mit 10 ccm rauchender Schwefelsäure, erwärmt in einer Schale mit aufgesetztem, umgekehrtem Trichter, zunächst vorsichtig zur Vertreibung des Wassers, dann bis zur gänzlichen Zerstörung unter zeitweiligem Zusatz von Salpetersäure. Schließlich verjagt man die Salpetersäure durch wiederholtes vorsichtiges Abdampfen mit Wasser und erhitzt zuletzt bis zum Auftreten der weißen Schwefelsäuredämpfe. In Gegenwart von Chloriden entwickelt sich bei der Oxydation Chlor; die Gefahr, daß ein Teil des Arsens als Arsentrichlorid entweicht, ist unter den angegebenen Bedingungen auf ein Minimum reduziert. Die weitere Verarbeitung des Reaktionsgemisches erfolgt wie üblich: Reduktion zu Arsentrioxyd mit Bisulfit, Fällung als Arsentrisulfid, Oxydation zu Arsensäure und Bestimmung als Ammoniummagnesiumarseniat.

Bestimmung von Arsen und Phosphor nach Monthulé[3]).

Zur Bestimmung der organischen Substanz dient eine Lösung von Magnesia in Salpetersäure (sp. Gew. 1.38), von der 100 ccm 10 g Magnesiumoxyd enthalten.

Man durchtränkt die Substanz in einem Porzellantiegel mit dieser Lösung, dampft auf dem Wasserbad ein, stellt in ein Sandbad und glüht schließlich über freier Flamme bei gelinder Rotglut. Zeigt sich ein kohliger Rückstand, so gibt man reine Salpetersäure hinzu, trocknet und glüht nochmals. Der

---

[1]) Arch. **237**, 135 (1899). — Carlson, Z. physiol. **49**, 410 (1906).

[2]) Bull. (4) **25**, 192 (1919). — Persulfat und Salpetersäure: Rogers, Ph. W. **57**, 710 (1920).

[3]) A. chim. anal. appl. **9**, 308 (1904). — Martindale, Ch. Ztg. **33**, 600 (1909). Kohn-Abrest arbeitet mit einer Mischung von Magnesiumoxyd und Nitrat. C. r. **171**, 1179 (1920).

Rückstand wird mit Salzsäure aufgenommen und die Lösung mit Magnesiamixtur gefällt.

Um das Arsen nach Brügelmann[1]) zu bestimmen, verbrennt man in der S. 290 angegebenen Weise, zuerst im Luft-, dann im Sauerstoffstrom. Man trennt indes für die Verbrennungen der arsenhaltigen Verbindungen die Asbestschicht von der Kalkschicht (oder Natronkalkschicht) nicht durch Platin, sondern durch Glasstücke, da das Platin sehr stark angegriffen wird.

Auch die arsenhaltigen Substanzen müssen, nachdem sie im Luftstrom in die Asbestschicht sublimiert worden sind, mit fortwährendem Sauerstoffüberschuß verbrannt werden, da sich bei der Abscheidung von Kohle auf der Kalk- oder Natronkalkschicht Arsen im metallischen Zustand verflüchtigen würde. Das Arsen erhält man als Arsensäure, in der es sich ebenso leicht und gut auf gewichtsanalytischem, wie besonders schnell und ebenfalls genau auf maßanalytischem Weg als arsensaures Uran bestimmen läßt.

Der Kalk muß frei von Eisen und Tonerde sein[2]). Zur gravimetrischen Bestimmung wird[3]) das Arsen aus der salzsauren Lösung des Röhreninhalts durch Schwefelwasserstoff gefällt, in rauchender Salpetersäure gelöst und als $Mg_2As_2O_7$ gewogen.

Maßanalytische Bestimmung der Arsensäure und der Phosphorsäure durch Uranlösung[4]).

Nachdem man das arsensaure Salz in Wasser, Salpeter- oder Salzsäure gelöst hat, gibt man vorsichtig ohne zu erwärmen Natriumhydroxyd (oder Ammoniak) tropfenweise zu, bis Lackmuspapier intensiv gebläut wird, und hierauf Essigsäure bis zur stark sauren Reaktion.

Zu jeder Bestimmung nimmt man nicht mehr als 50 ccm Lösung — ein Quantum, das man sich nötigenfalls durch Teilung oder auch durch Eindampfen herstellt.

Die Phosphorsäurebestimmungen werden in derselben Weise ausgeführt, wie eben für die Arsensäurebestimmungen beschrieben wurde, also insbesondere mit sorgfältiger Vermeidung eines Zusatzes störender Mengen von essigsaurem Natrium (Ammonium).

Die für die Phosphorsäurebestimmungen benutzte Uranlösung (auf 1 l etwa 20 g Uranoxyd enthaltend) dient auch zu den Arsensäurebestimmungen.

Erst nach dem jedesmaligen Zusatz der Uranlösung, nachdem die Hauptmenge der kalten Flüssigkeit zugefügt worden ist, wird die Lösung einige Minuten lang bis zum Kochen erhitzt und außerdem die Titrierung bis auf 0.1 ccm, dem die sehr kleine Menge von etwa 0.0005 Phosphorsäure (oder 0.00022 Phosphor) und 0.00081 Arsensäure (oder 0.00053 Arsen) entspricht, genau ausgeführt. Nach dem jedesmaligen Zusatz von Uranlösung und Kochen prüft man mit einer schwach gefärbten Lösung von gelbem Blutlaugensalz, ob die Ausfällung beendigt ist. Man betrachtet den Punkt als die Endreaktion, bei dem ein paar Tropfen der Lösung, nachdem sie einige Minuten zum Kochen erhitzt worden ist, auf einem Porzellanteller ausgebreitet und mit einem Tropfen der Ferrocyankaliumlösung zusammengebracht, ganz schwache, eben erkennbare Reaktion durch Bildung des braunen Niederschlags von Uranferrocyanid hervorbringen. Hat sich die Endreaktion eingestellt, so wird die

---

[1]) Siehe S. 288 f.
[2]) Reinigung des Kalks S. 292.
[3]) La Coste und Michaelis, A. **201**, 224 (1880).
[4]) Brügelmann, Z. anal. **16**, 20 (1877).

Flüssigkeit, ohne erneuten Zusatz von Uranlösung, noch einmal einige Minuten bis zum Kochen erhitzt und wieder in derselben Weise geprüft; tritt die Endreaktion auch jetzt wieder ein, so ist der Versuch beendigt.

Methode von Pringsheim[1]).

Diese Methode wird am besten in der Form, die ihr Little, Cahen und Morgan gegeben haben[2]), ausgeführt.

0.2—0.3 g Substanz werden in einem Nickeltiegel mit 10—15 g Natriumsuperoxyd und Soda (1 : 1) gemischt und über diese Mischung noch eine Decke von Soda und Superoxyd geschichtet. 15 Minuten lang wird schwach, dann auf dunkle Rotglut erhitzt und bei dieser Temperatur 5 Minuten erhalten.

Man muß sorgfältig mischen und vorsichtig erhitzen, um Verluste oder Explosionen zu vermeiden.

Die Bestimmung des Arsens erfolgt dann, der Gleichung:

$$As_2O_5 + 4\,HJ = As_2O_3 + 2\,H_2O + 2\,J_2$$

entsprechend, nach der volumetrischen Methode von Gooch und Browning[3]).

Der Tiegel wird mit Wasser extrahiert und die Lösung in einen $\frac{1}{2}$ l fassenden Erlenmeyerkolben gebracht. Man fügt vorsichtig 25—30 ccm 1 : 1 verdünnte Schwefelsäure zu und dampft auf ca. 100 ccm ein. Dann wird 1 g Jodkalium eingetragen und weiter bis auf 40 ccm eingedampft. Durch einige Tropfen verdünnte schweflige Säure werden die letzten Spuren Jod entfernt, die grüne Lösung mit heißem Wasser stark verdünnt und Schwefelwasserstoff bis zur Sättigung eingeleitet.

Das Arsensulfid wird dreimal mit heißem Wasser gewaschen, in 20 ccm $n/_2$-Natronlauge gelöst und wieder in einem Erlenmeyerkolben mit 30 ccm Wasserstoffsuperoxydlösung (20 Vol.-Proz.) digeriert und zur Zerstörung des überschüssigen Superoxyds 10 Minuten auf dem Wasserbad erhitzt.

Wenn das Schäumen aufgehört hat, wird Phenolphthalein zugefügt und hierauf 11 ccm Schwefelsäure (1 : 1).

Die Flüssigkeit soll jetzt ca. 100 ccm betragen. Man gibt 1 g Jodkalium zu, dampft auf 40 ccm ein und entfärbt mit etwas schwefliger Säure. Dann wird rasch mit kaltem Wasser verdünnt, mit $n/_2$-Natronlauge neutralisiert und mit Schwefelsäure eben angesäuert.

Nun werden der zu erwartenden $n/_{10}$-Jodlösung entsprechende Mengen 11 proz. Dinatriumphosphatlösung[4]) zugegeben und die arsenige Säure jodometrisch bestimmt.

Man kann natürlich auch die mit alkalischem Superoxyd oxydierte Lösung des Arsensulfids gravimetrisch nach Austin[5]) als Magnesiumammoniumarseniat bestimmen.

1 ccm $n/_{10}$-Jodlösung $= 0.004948$ g $As_2O_3 = 0.003748$ g As.

Warunis[6]) verwendet an Stelle der Soda Kaliumnitrat.

1. Verfahren für feste, schwer verbrennliche Arsenverbindungen.

In einem geräumigen Nickeltiegel werden 0,2—0,4 g fein gepulverte Substanz mit einer innigen Mischung von 10 g fein gepulvertem, trockenem Kalium-

---

[1]) Am. **31**, 386 (1904). — B. **41**, 4271 (1908).
[2]) Soc. **95**, 1478 (1909). — Warunis, Ch. Ztg. **36**, 1205 (1912).
[3]) Am. J. sc. (3) **11**, 66 (1890).
[4]) Besser als Natriumbicarbonat. Washburn, Am. soc. **30**, 43 (1908).
[5]) Z. an. **23**, 146 (1900). — Am. J. sc. (4) **9**, 55 (1900).
[6]) Ch. Ztg. **36**, 1205 (1912).

salpeter und 5 g Natriumsuperoxyd mittels eines Platindrahts gemengt und
der Tiegelinhalt reichlich mit Kaliumsalpeter-Natriumsuperoxydmischung überschüttet. Der Tiegel wird bedeckt und mit einer kleinen Flamme, die nach und
nach verstärkt wird, erhitzt, bis sein Inhalt dünnflüssig geworden ist. Dann
wird er vorsichtig mit einer Zange angefaßt und langsam umgerührt,
um die etwa den Wandungen anhaftenden Kohlepartikelchen in die Schmelze
zu bringen. In diesem dünnflüssigen Zustand läßt man die Schmelze kurze Zeit.
Hierauf wird sie mit kochendem Wasser aufgenommen und die Lösung vorsichtig mit Salzsäure bis zur stark sauren Reaktion versetzt. Man filtriert,
wenn nötig, wäscht aus und neutralisiert die Lösung mit Ammoniak. Die
Lösung, welche alles Arsen als Arseniat enthält, versetzt man auf je 50 ccm
mit etwa 10—20 ccm 2 n-Salmiaklösung, hierauf unter Umrühren mit 20 ccm
Magnesiamixtur und dann mit viel starkem Ammoniak, läßt 12 Stunden stehen,
filtriert und wäscht mit $2^{1}/_{2}$ proz. Ammoniak bis zum Verschwinden der Chlorreaktion. Nun trocknet man den Niederschlag bei 110° und stellt den Tiegel in
ein Luftbad, fügt einige Krystalle Ammoniumnitrat zu, erhitzt zuerst gelinde,
steigert allmählich die Hitze bis zur hellen Rotglut und wägt als $Mg_2As_2O_7$.

Noch schneller und ebenfalls genau läßt sich das Arsen in der· in Wasser
aufgenommenen Schmelze auf maßanalytischem Weg als arsensaures Uran
bestimmen[1]).

2. Feste Substanzen aller Art sowie flüssige, nichtflüchtige Arsenverbindungen

schmilzt Warunis mit einem Gemisch von Kaliumsalpeter und Natriumsuperoxyd in einem 35 cm langen, einseitig zugeschmolzenen Verbrennungsrohr.
Dieses wird zunächst mit einer 2 cm langen Schicht Natriumsuperoxyd, darauf
mit einer Mischung aus Salpeter und Natriumsuperoxyd (2 : 1), welche die zu
analysierende Substanz enthält, hierauf mit einer 3 cm langen Schicht Natriumsuperoxyd und einer Lage von dichtem, feinfaserigem Asbest beschickt. Dann
wird der übrige Teil des Rohrs mit wasserfreiem Natriumcarbonat gefüllt und
durch Klopfen ein Kanal gebildet. Mit dem Erhitzen beginnt man bei der Soda-
schicht, erhitzt dann langsam und gleichzeitig die Natriumsuperoxydschicht
einerseits, die der Asbestschicht benachbarte und die Substanzschicht andererseits. Beim Erhitzen der verschiedenen Teile des Verbrennungsrohrs fängt man
stets mit kleinen Flammen vorsichtig an — um Explosionen zu vermeiden —
und vergrößert sie allmählich. Schließlich wird das ganze Rohr vorsichtig erhitzt.

Zur Analyse des Tribenzylarsins erhitzen Michaelis und Paetow[2])
mit Brom und Wasser einige Stunden im zugeschmolzenen Rohr auf 180—200°.
Das Brom wird durch Kochen im Luftstrom verjagt und im etwas eingedampften
Filtrat die Arsensäure als Magnesiumpyroarseniat bestimmt.

Dibenzylarsinsäure läßt sich schon durch Kochen mit Salzsäure und
etwas Kaliumchlorat vollständig spalten.

Methode von Rupp und Lehmann[3])[4]).

Zur Bestimmung des Arsens im Tierkörper werden 5—20 g feuchtes
Untersuchungsmaterial mit 10 g Kaliumpermanganat und darauf mit 10 ccm

---

[1]) Siehe S. 310.   [2]) A. **233**, 68, 84 (1886).
[3]) Arch. **250**, 382 (1912); **251**, 1 (1913).
[4]) Nach Ewins ist das Verfahren nicht allgemein anwendbar, da die Oxydation
nicht immer vollständig ist. Soc. **109**, 1355 (1916). Er empfiehlt das Aufschließen mit
konzentrierter Schwefelsäure nach Norton und Koch, Am. soc. **27**, 1247 (1905).

verdünnter Schwefelsäure möglichst gleichmäßig gemischt. Die Mischung wird auf einem siedenden Wasserbad 15 Minuten erwärmt und während dieser Zeit häufig durchgearbeitet. Der noch warme, fast pulvrige Rückstand wird unter beständigem Umrühren in kleinen Portionen mit 25 ccm konzentrierter Schwefelsäure und bald darauf mit 30 ccm Wasserstoffsuperoxydlösung von 3% Gehalt versetzt. Sobald die Flüssigkeit nicht mehr schäumt, gießt man sie in einen Kjeldahlkolben um, spült mit 30 ccm konzentrierter Schwefelsäure nach, fügt 5 g entwässertes oder 10 g krystallisiertes Ferrosulfat hinzu, kühlt ab, gibt 50 g Natriumchlorid zu und destilliert unter Benutzung eines Kjeldahlkugelaufsatzes auf dem Sandbad. Der nach unten abgebogene Außenschenkel des Aufsatzes ist durch ein Schlauchstück pendelnd mit einem 30—40 cm langen Glasrohr verbunden, das in einen geräumigen Erlenmeyerkolben mit 40 g Natriumbicarbonat und 100 ccm Wasser taucht. Ist in dem öfters umzuschwenkenden Kolben alles feste Bicarbonat verschwunden, so unterbricht man die Destillation durch Lüften des Aufsatzstopfens oder löst die Schlauchverbindung und spült das Glasrohr mit etwas Wasser nach. Das Destillat läßt man erkalten, macht es nötigenfalls mit Bicarbonat alkalisch, filtriert und titriert mit $n/_{10}$- bzw. $n/_{100}$-Jodlösung und Stärke.

0.05 ccm $n/_{10}$- bzw. $n/_{100}$-Jod werden vom Titrationsverbrauch als Korrekturwert in Abzug gebracht.

Zieht man es vor, mit Persulfat zu oxydieren, so hat man folgendermaßen vorzugehen:

20 g arsenhaltiges Material (Fleisch) werden mit 10 g Kaliumpersulfat und darauf mit 10 ccm verdünnter Schwefelsäure möglichst gleichmäßig gemischt und unter häufigem Umrühren 10 Minuten lang stehen gelassen. Darauf gibt man 25 ccm konzentrierte Schwefelsäure zu, erhitzt beständig durchrührend über kleiner Flamme bis zum beginnenden Sieden, gießt in einen Kjeldahlkolben, spült mit 30 ccm Wasser nach, fügt noch 30 ccm konzentrierte Schwefelsäure hinzu und verfährt dann weiter wie nach der Permanganatmethode.

Pflanzliche Substanz liefert jodbindende flüchtige Spaltstücke (Furol?), welche zu hohe Resultate verursachen. Dieser Übelstand kann durch unmittelbares Nachoxydieren des Destillats behoben werden, indem dieses in 25proz. Salpetersäure aufgefangen wird. Man dampft zur Trockne, nimmt zur Entfernung etwaiger Eisenspuren mit wenig Lauge auf und titriert im Filtrat.

$$As_2O_3 + 4\,HJ = As_2O_3 + 4\,J + 2\,H_2O$$
$$1\,As_2O_3 = 4\,J = 4\,\text{Thiosulfat}$$

$$0.00495\ g\ As_2O_3 = 1\ ccm\ \tfrac{n}{10}\ \text{Thiosulfat}\,{}^{1}).$$

Zur Bestimmung des Arsens im Atoxyl und Arsacetin gehen Rupp und Lehmann[2]) folgendermaßen vor:

0.2 g Substanz werden im 200-ccm-Kolben mit 10 ccm konzentrierter Schwefelsäure auf 70° erwärmt, dann unter Umschwenken 1 g krystallisiertes Kaliumpermanganat in kleinen Portionen und 5—10 ccm 3proz. Wasserstoffsuperoxydlösung tropfenweise zugegeben, bis die Lösung wasserklar ist.

Man verdünnt mit 20 ccm Wasser, kocht 10—15 Minuten und setzt noch 50 ccm Wasser zu. Nach dem Erkalten werden 2 g Jodkalium zugefügt und nach einstündigem Stehen ohne Indicator mit $n/_{10}$-Thiosulfat titriert.

[1]) Lehmann, Arch. **255**, 305 (1917).
[2]) Apoth. Ztg. **26**, 203 (1911). – Sonn, B. **52**, 1704 (1919). — Ebenso werden Salvarsan und Neosalvarsan bestimmt. Lehmann, Apoth. Ztg. **27**, 545 (1912).

Zur Arsenbestimmung in Harn und Blut werden folgende Spezialvorschriften gegeben:

Harn.

500 ccm Harn werden mit 2.5 g fein gepulvertem Kaliumpermanganat kalt verrührt und auf dem Drahtnetz zunächst über großer, gegen Schluß über kleiner Flamme und unter Umrühren fast bis zur Trockne eingedampft. Schäumen verhindert man durch Zusatz von 0.3—0.5 g Paraffin. Den feuchten Salzrückstand verreibt man gleichmäßig mit 5 g gepulvertem Permanganat und 10 ccm verdünnter Schwefelsäure. Nach 3—5 Minuten fügt man unter Umrühren 20 ccm konzentrierte Schwefelsäure hinzu und läßt so lange unter dem Abzuge stehen, bis die reichliche Gasentwicklung vorüber ist. Nun vermischt man mit 30 ccm offizinellem 3proz. Wasserstoffsuperoxyd und erhitzt zur Verjagung freien Chlors bis zum Sieden. Die heiße Flüssigkeit gießt man in einen Kjeldahlkolben um, spült mit 30 ccm konzentrierter Schwefelsäure nach, gibt 5 g entwässertes Ferrosulfat zu und kühlt ab. Sodann versetzt man mit 50 g Natriumchlorid und destilliert mit verlängertem Stutzerschen Kugelaufsatz[1]) auf dem Sandbad ab. Als Vorlage dient ein 1-l-Erlenmeyerkolben mit 100 ccm Wasser und 40 g Natriumbicarbonat. Sobald letzteres vollständig oder bis auf einen geringen Rest zersetzt ist, unterbricht man die Destillation, alkalisiert nötigenfalls das Destillat nach dem Erkalten mit Natriumbicarbonat, filtriert und titriert mit $n/_{10}$- bzw. $n/_{100}$-Jodlösung unter Anwendung von Stärkelösung als Indicator.

0.05 ccm $n/_{10}$-J bzw. 0.5 ccm $n/_{100}$-J sind als Umschlags-Blindverbrauch vom Titrationsergebnis in Abzug zu bringen.

Blut.

25—50 g Blut werden in einem Kjeldahlkolben mit 2.5 g fein gepulvertem Kaliumpermanganat gleichmäßig vermischt und öfters durchgeschüttelt. Nach 10 Minuten gießt man unter ständigem Umschwenken in dünnem Strahle 50 ccm konzentrierte Schwefelsäure hinzu, läßt völlig erkalten und versetzt nun nochmals unter beständigem Umschwenken mit 10 g gepulvertem Kaliumpermanganat in kleinen Portionen. Tritt hierbei starke Erwärmung auf, so kühlt man unter der Wasserleitung ab, da sonst nutzloses Verpuffen und Entweichen von Sauerstoff stattfindet. Ist alles Permanganat eingetragen, so läßt man häufig schüttelnd eine Viertelstunde stehen und versetzt dann mit 30 ccm offizinellem Wasserstoffsuperoxyd. Nach dem Erkalten gibt man 7.5 g wasserfreies Ferrosulfat, 50 g Natriumchlorid sowie 3—5 g Olivenöl hinzu und verfährt, wie bei Harn angegeben, weiter.

Gehaltsbestimmung von Arsenpillen[2]).

25 Pillen werden mit 50 ccm konzentrierter Schwefelsäure in einem mit eingehängtem Trichter verschlossenen Kjeldahlkolben in schräger Stellung 15 Minuten anfangs schwach, dann stark erhitzt. Nachdem das Gemisch auf etwa 50° erkaltet ist, verdünnt man unter Umschwenken mit 25 ccm Wasser und kühlt auf Zimmertemperatur ab. Danach fügt man 50 g Natriumchlorid und zur Verhinderung zu starken Schäumens 10 Tropfen Olivenöl hinzu, verschließt mit einem Stutzerschen Aufsatz und verbindet mit der

---

[1]) Arch. **250**, 387 (1912).
[2]) Lehmann, Arch. **255**, 305 (1917).

Vorlage[1]), die durch den Perlaufsatz mit 20 ccm 25 proz. Salpetersäure beschickt wurde und in einem Kühltopf mit Wasser steht. Nun unterwirft man die Mischung der Destillation im Luftbad (Babo blech). Nach 20 bis 25 Minuten langer lebhafter Chlorwasserstoffentwicklung ist alles Arsen übergetrieben. Das Destillat spült man in eine Porzellanschale, wäscht Vorlage und Perlenrohr mehrmals mit Wasser nach und dampft über kleiner Flamme zur vollständigen Trockne ein. Den Rückstand nimmt man mit einem heißen Gemisch von 2 ccm 15 proz. Natronlauge und 10 ccm Wasser auf, filtriert die Lösung durch ein kleines Filterchen in einen Jodzahlkolben und wäscht Schale und Filter zweimal mit je 10 ccm heißem Wasser nach[2]). Die vereinigten Filtrate werden mit 5 ccm (10 g) konzentrierter Schwefelsäure angesäuert und nach völligem Erkalten mit 2—3 g Jodkalium versetzt. Nach halbstündigem Stehen titriert man.

Robertson[3]) erhitzt 0.2 g Substanz mit 5.5 ccm konz. Schwefelsäure und 1 ccm rauchender Salpetersäure im Kjeldahlkolben auf ca. 250°. Nach einer Stunde werden noch 15 Tropfen Salpetersäure zugesetzt und noch 5 Minuten gekocht, dann 1 g festes Ammoniumsulfat zugesetzt und erkalten gelassen. Dann wird die Arsensäure jodometrisch nach Gooch und Morris, Sill. (4) **10**, 151 (1900), bestimmt.

Arsenoxyde R · AsO

lassen sich in essigsaurer bzw. schwach mineralsaurer Lösung nach der Gleichung:

$$\text{R} \cdot \text{AsO} + \text{J}_2 + 2\,\text{H}_2\text{O} = \text{R} \cdot \text{AsO}_3\text{H}_2 + 2\,\text{HJ}$$

mit Jod quantitativ bestimmen.

Ehrlich und Bertheim, B. **43**, 921 (1910); **45**, 759 (1912).

Nachweis und Bestimmung geringer Arsenmengen.

Da durch die Arbeiten von Bertrand[4]) und Gautier[5]) das Vorkommen von geringen Mengen Arsen in organisierter Materie sichergestellt worden ist[6]) und arsenhaltige Medikamente jetzt vielfach verwendet werden, in denen das Element direkt an Kohlenstoff gebunden ist, haben die Methoden zum verläßlichen Nachweis dieses Elements für die physiologische Chemie erhöhte Bedeutung gewonnen.

Im folgenden ist eine Zusammenstellung der einschlägigen Literatur gegeben:

Tarugi, G. **32**, II, 380 (1902).
Pedersen, C. r. des trav. du Lab. de Carlsberg **5**, 108 (1902).
Thomsen, Ch. News **86**, 179 (1902); **88**, 228 (1903).

---

[1]) Halbliter-Weithalsflasche, durch deren doppelt gebohrten Kork ein mit Glasperlen oder zerstoßenen Glasscherben gefülltes Chlorcalciumrohr und das aus einer abgebrochenen 50-ccm-Pipette gebildete Absorptionsrohr geht. Die Pipette wird durch ein schwarzes Gummischlauchstück Glas an Glas mit dem Destillieraufsatz verbunden. Roter antimonhaltiger Gummi ist zu vermeiden. Als Aufsatz ist wohl auch ein zweimal rechtwinklig gebogenes, nicht zu enges Glasrohr verwendbar. Auch eine intakte 50-ccm-Pipette läßt sich benutzen, wenn deren Spitzenrohr bis an den Flaschengrund reicht.

[2]) War der Verdampfungsrückstand farblos bzw. die Salpetersäure eisenfrei, so ist die Laugenbehandlung entbehrlich, und es wird direkt mit 20—25 ccm offizineller verdünnter Schwefelsäure ohne Wasserzusatz in die Titrierflasche übergespült.

[3]) Am. soc. **43**, 182 (1921).

[4]) C. r. **134**, 1434 (1902).

[5]) Gautier und Clausmann, C. r. **139**, 101 (1904).

[6]) Kunkel, Z. physiol. **44**, 511 (1901). — Siehe auch Denigès, A. chim. phys. (8) **5**, 559 (1905). — Schaefer, a. a. O.

Bertrand, C. r. **137**, 266 (1903). — Bull. (3) **29**, 920 (1903). — A. chim. phys. (7) **29**, 242 (1903).
Gautier, C. r. **137**, 158 (1903). — Bull. (3) **29**, 639, 867 (1903); (3) **35**, 207 (1906).
Thorpe, Soc. **83**, 974 (1903); **89**, 408 (1906).
Gotthelf, Soc. Ind. **22**, 191 (1903).
Kehler, Am. J. Pharm. **75**, 30 (1903).
Panzer, Verhandl. Ges. Deutsch. Naturf. u. Ärzte **1902**, II, 1, 79 (1903).
Morgan, Soc. **85**, 1001 (1904).
Sand und Hackford, Soc. **85**, 1018 (1904).
Todeschini, G. **34**, I, 492 (1904).
Trotman, Soc. Ind. **23**, 177 (1904).
Strzyzowski, Öst. Ch. Ztg. **7**, 77 (1904). — Pharm. Post **39**, 677 (1906).
Monthulé, A. chim. anal. appl. **9**, 308 (1904).
Pozzi, L'Industria chimica **6**, 144 (1904).
Köhler, Arkiv för Kemi **1**, 167 (1904).
Mai und Hurt, Z. anal. **43**, 557 (1904). — Z. Unters. Nahr. Gen. **9**, 193 (1905); **10**, 290 (1905).
Frerichs und Rodenberg, Arch. **243**, 348 (1905).
Cantoni und Chautems, Arch. sc. phys. nat. Genève (4) **19**, 364 (1905).
Cowley und Catford, Pharm. J. (4) **19**, 897 (1905).
Mac Gowan und Floris, Soc. Ind. **24**, 265 (1905).
Lobello, Boll. Chim. Farm. **44**, 445 (1905).
Norton und Koch, Am. soc. **27**, 1247 (1905).
Lockemann, Z. ang. **18**, 416 (1905); **19**, 1362 (1906).
Bishop, Am. soc. **28**, 178 (1906).
Vamossy, Bull. (3) **35**, 24 (1906).
Bertrand und Vamossy, A. chim. phys. (8) **7**, 523 (1906).
Tarugi und Bigazzi, G. **36**, I, 359 (1906).
Carlson, Z. physiol. **49**, 410 (1906).
Chapman und Law, Analyst **31**, 3 (1906). — Z. ang. **20**, 67 (1907).
Schaefer, A. chim. anal. appl. **12**, 52 (1907).
Tonegutti, Boll. Chim. Farm. **46**, 681 (1907).
Goldschmiedt, Z. Allg. Öst. Apoth.-Ver. **45**, 375 (1907).
Hubert und Alba, A. chim. anal. appl. **12**, 230 (1907).
Salkowski, Z. physiol. **56**, 95 (1908).
Bloemendal, Arch. **246**, 599 (1908).
Sanger und Black, Soc. Ind. **26**, 1123 (1907). — Z. an. **56**, 153 (1908).
Denigès, Öst. Ch. Ztg. **12**, 208 (1909). Mikrochem. Nachweis.
Vournasos, B. **43**, 2271 (1910).
Kasarnowski, Ch. Ztg. **34**, 299 (1910).
Gaebel, Arch. **249**, 49, 241 (1911). — Ap. Ztg. **26**, 215 (1911).
Lockemann, Bioch. **35**, 478 (1911).
Ney, Pharm. Ztg. **56**, 615 (1911).
Bohrisch und Kürschner, Ph. C.-H. **52**, 1365 (1911).
Ehrlich und Bertheim, B. **45**, 756 (1912).
Bressanin, Z. anal. **52**, 54, 70 (1913).
Vinograd, Am. soc. **36**, 1548 (1914).
Smith, U. S. Dep. of Agriculture, Bureau of Chem. Nr. 102, 5 (1914).
Billeter, Z. anal. **54**, 190 (1915).
Bulyghin, Bull. Soc. Rom. de Stiinte **23**, 195 (1915).
Beck und Merres, Arb. Kais. Ges. **50**, 38 (1915).
Meillère, J. pharm. et Chim. (7) **14**, 5 (1916).
Vuaflart, Ann. fals. **9**, 272 (1916).
Muttelot, Ann. fals. **9**, 326 (1916).
Gautier und Clausmann, C. r. **165**, 11 (1917).
Bruno, Ann. fals. **11**, 84 (1918).
Collins, J. Ind. Eng. Ch. **10**, 360 (1918).
Fühner, B. D. Pharm. Ges. **28**, 221 (1918).
Billeeter, Hel. **1**, 475 (1919).
Duret, C. r. soc. biol. **81**, 737 (1919).
Scheffler, Z. ang. **34**, 5 (1921).
van Itallie, Ch. W. **18**, 247 (1921).
Engleson, Z. physiol. **111**, 201 (1921).
Keilholz, Ph. W. **58**, 1482 (1921).

Zur mikrochemischen Arsenbestimmung schließt Lieb[1]) nach Carius auf (bei 250—300°), dampft den Röhreninhalt ein, löst in Ammoniak und fällt mit Magnesiamixtur. Nach 12stündigem Stehen wird filtriert, mit 3 proz. Ammoniak und Alkohol gewaschen, geglüht, nochmals mit schwach ammoniakalischem Wasser gewaschen, wieder geglüht und gewogen. Man kann auch, wie bei der Phosphorbestimmung (S. 354), aufschließen.

Über Analyse der Molybdänsäurealkylarsinate siehe S. 346.

Faktorentabelle.

Gefunden	Gesucht	Faktor	2	3	4
$(MgNH_4AsO_4 + {}^1\!/_2\,H_2O)_2 = 380.9$	$As_2 = 150$	0.39380	0.78761	1.18141	1.57522

5	6	7	8	9	log
1.96902	2.36282	2.75663	3.15043	3.54424	0.59528 — 1

Gefunden	Gesucht	Faktor	2	3	4	5
$Mg_2As_2O_7 = 310.7$	$As_2 = 150$	0.48275	0.96550	1.44825	1.93100	2.41375

6	7	8	9	log
2.89650	3.37925	3.86200	4.34475	0.68372 — 1

4. Barium Ba = 137.4.

Die Bariumbestimmung selbst wird wohl kaum Schwierigkeiten machen[2]); bei der Verbrennung phosphorhaltiger Bariumsalze können sich indessen, wie Haiser[3]) bei der Analyse des inosinsauren Salzes fand, Anstände ergeben, da die bei der Operation zurückbleibende Asche, das Bariumpyrophosphat, Kohle eingeschlossen zurückhält. In solchen Fällen empfiehlt sich der Gebrauch eines 15 cm langen Platin- oder Kupferschiffchens, in dem man die Oberfläche der Substanz nach Möglichkeit vergrößert. Oder man vermischt die Substanz mit gepulvertem Bleichromat [Liebig[4])].

Hlasiwetz[5]) übergoß ein explosives Bariumsalz (und ebenso Kaliumsalz) mit alkoholischer Schwefelsäure, um Verpuffung zu vermeiden.

Das Barium wird entweder als Sulfat oder — nach dem Glühen des Salzes — als Oxyd gewogen bzw. titriert.

Will man die Bariumbestimmung vornehmen, ohne die Substanz zu opfern, so verfährt man nach Schotten[6]) folgendermaßen:

Die Substanz wird mit ihrem doppelten Gewicht Natriumcarbonat und Wasser mehrere Stunden unter Umrühren auf dem Wasserbad erhitzt, bis alles Barium sich als Carbonat zu Boden gesetzt hat und die überstehende

---

[1]) Abderhalden, Bioch. Handlex. 9, 727 (1919).
[2]) Über einen Fall, wo die Metallbestimmung unbefriedigende Resultate gab, siehe Biltz, B. 44, 293 (1911).
[3]) M. 16, 194 (1895).   [4]) A. 62, 317 (1847).
[5]) A. 102, 157 (1857). — Auch Bariumpikrat ist explosiv: Silberrad und Philips, Soc. 193, 481 (1908).   [6]) Z. physiol. 10, 178 (1886).

Flüssigkeit klar ist. Das Bariumcarbonat bringt man aufs Filter, wäscht aus und kann nun aus den vereinigten Filtraten die Substanz regenerieren. Man löst das Bariumcarbonat in verdünnter Salzsäure, bringt in das zuerst verwendete Becherglas, das noch Spuren Bariumcarbonat enthalten kann, und fällt endlich das Barium als Sulfat.

Siehe auch unter „Calcium" S. 326.

Faktorentabelle.

Gefunden	Gesucht	Faktor	2	3	4	5
$BaSO_4 = 233.5$	Ba = 137.4	0.58854	1.17708	1.76561	2.35415	2.94269

6	7	8	9	log
3.53123	4.11977	4.70830	5.29684	0.76977 — 1

Gefunden	Gesucht	Faktor	2	3	4	5
BaO = 153.4	Ba = 137.4	0.89570	1.79139	2.68709	3.58279	4.47849

6	7	8	9	log
5.37418	6.26988	7.16558	8.06127	0.95216 — 1

5. Beryllium Be = 9.1.

Berylliumalkyle werden durch Wasser oder Alkohol unter Abscheidung von Berylliumhydroxyd zersetzt [Cahours[1])].

Berylliumacetylaceton[2]) ist schon bei 100° unzersetzt flüchtig, und Berylliumacetat sublimiert bei 300°[3]).

Zur Analyse von Salzen des Berylliums mit organischen Säuren[4]) fällt man das Beryllium als Oxydhydrat und führt letzteres durch Glühen in Oxyd über.

Flüchtige Berylliumverbindungen werden mit starker Salpetersäure abgeraucht und der Rückstand geglüht.

In gleicher Weise analysiert Glaßmann aliphatische und aromatische Berylliumsalze[5]).

Faktorentabelle.

Gefunden	Gesucht	Faktor	2	3	4	5
BeO = 25.1	Be = 9.1	0.36255	0.72510	1.08765	1.45020	1.81275

6	7	8	9	log
2.17530	2.53785	2.90040	3.26295	0.55937 — 1

---

[1]) C. r. **76**, 1383 (1873).   [2]) Combes, C. r. **119**, 122 (1894).
[3]) Steinmetz, Z. an. **54**, 217 (1907).
[4]) Rosenheim und Woge, Z. an. **15**, 289, 302 (1897).   [5]) B. **41**, 34 (1908).

6. Blei Pb = 206.9.

In den Salzen mit organischen Säuren bestimmt man das Blei in der Regel durch Abrauchen der Substanz mit konzentrierter Schwefelsäure, da die Fällung mit Schwefelwasserstoff nicht immer quantitativ verläuft[1]). Zur Analyse der Bleisalze von Sulfosäuren geht Obermiller[2]) folgendermaßen vor:

Die Substanz wird zuerst vorsichtig im Porzellantiegel mit wenig Wasser durchfeuchtet und dann allmählich mit etwa 10 Tropfen konzentrierter Salpetersäure versetzt, so daß sich nur mäßige Reaktion bemerkbar macht. Sodann werden 1—2 Tropfen konzentrierter Schwefelsäure zugesetzt. Wenn sich alles Blei in Sulfat verwandelt hat und keine Knöllchen mehr vorhanden sind, werden noch weitere 8 Tropfen konzentrierter Schwefelsäure zugesetzt, wobei nach jedem Tropfen abgewartet werden muß, bis die Reaktion wieder nachgelassen hat. Schließlich wird sehr vorsichtig mit der Stichflamme angewärmt, um die Nitrierung zu Ende zu führen. Wenn keine roten Dämpfe mehr entweichen, wird im Sandbad, zuerst bei bedecktem Tiegel, weiter erhitzt, bis die Verkohlungsreaktion, die oft nur wenige Sekunden dauert, vorüber ist. Dann wird bei offenem Tiegel abgeraucht und zuletzt noch 15 bis 20 Minuten geglüht.

Wenn bei beginnendem Glühen der Rückstand nicht sehr rasch ziemlich rein weiß wird, so ist dies ein Zeichen dafür, daß teilweise Reduktion zu Schwefelblei stattgefunden hat, das sich dann in der kompakten Masse nicht mehr in Bleisulfat verwandeln läßt. Siehe hierzu (betr. der Schwefelbestimmung) auch S. 300.

Euwes[3]) benutzt zur Analyse löslicher Bleisalze die Methode von Rupp[4]).

Die wäßrige Lösung des Salzes wird in einen 200-ccm-Meßkolben gebracht, 25 ccm Jodatlösung zugefügt, der Kolben bis zur Marke gefüllt, durch ein trocknes Filter filtriert und nach dem Verwerfen der ersten Tropfen 50 ccm des Filtrats zur Lösung von 1 g Jodkalium in 50 ccm Wasser, das einige Kubikzentimeter verdünnte Schwefelsäure enthält, gegeben. Nach einer halben Stunde wird titriert.

Die Jodatmessung erfolgt im Sinne der auf $1^0/_{00}$ genauen, von Fessel[5]) eingehend untersuchten Reaktion:

$$HJO_3 + 5\,HJ = 6\,J + 3\,H_2O$$
$$2\,J + 2\,Na_2S_2O_3 = 2\,NaJ + Na_2S_4O_6.$$

Die als Fällungsreagens dienende ca. 2 proz. Kaliumjodatlösung wird als empirische Maßflüssigkeit mithergestellt. Das in dem Handelspräparat stets enthaltene Bariumjodat kann leicht durch mehrmalige Filtration durch ein doppeltes Filter entfernt werden. Um den J_2O_5-Gehalt bzw. den Thiosulfatwert der Lösung mit der erforderlichen höchsten Genauigkeit zu bestimmen, werden 5 ccm der Jodatlösung in einen durch Glasstopfen verschließbaren Erlenmeyerkolben gegeben, der etwa 50 ccm Wasser, 1—2 g Jodkalium und ca. 10 ccm verdünnte Schwefelsäure enthält. Nach ca. 5 Minuten langem Stehen erfolgt die Titration des ausgeschiedenen Jods mit $^n/_{10}$-Thiosulfatlösung. Als Indicator leistet eine 2 proz. Lösung von „löslicher Ozonstärke" die besten Dienste.

---

[1]) Lewkowitsch, Proc. 7, 14 (1891). — In vielen Fällen kann man sich allerdings durch Verdünnen der Lösung helfen; vgl. auch Otto und Drewes, Arch. 228, 495 (1890). Siehe auch S. 342.
[2]) B. 40, 3645 (1907).   [3]) Rec. 28, 302 (1909).   [4]) Arch. 241, 436 (1903).
[5]) Z. an. 23, 67 (1884).

Zur Analyse der aromatischen Bleiverbindungen löst Polis[1]
die Substanz unter Erwärmen in konzentrierter Schwefelsäure (20 ccm)
und läßt dann aus einer Bürette einige Kubikzentimeter konzentrierte Chamäleonlösung vorsichtig hinzutropfen. Zunächst scheidet sich braunes
Mangansuperoxyd aus, das sich durch weiteres Erhitzen unter teilweiser
Bildung von Manganoxydsulfat löst, das sich durch intensiv rote Färbung
kundgibt. Setzt man die Erhitzung weiter fort, so verschwindet diese Farbe
unter Bildung von Manganosulfat. Man fügt eine neue Menge Kaliumpermanganatlösung hinzu, erhitzt bis zur Entfärbung und setzt diese Operation so
lange fort, bis die Substanz vollständig zersetzt ist. Hierauf verdünnt man
mit Wasser und filtriert das ausgeschiedene Bleisulfat ab.

Über die Analyse der Bleitetraalkyle und ähnlicher Verbindungen äußern sich Grüttner und Krause[2] folgendermaßen:
Die Verbrennung muß bei sämtlichen Verbindungen außerordentlich
langsam, anfangs im Luftstrom, erst zum Schluß im Sauerstoffstrom ausgeführt
werden. Auch bei großer Vorsicht erfolgt bisweilen Verpuffung. Am besten
wägt man die Substanz in ein 2 mm weites Röhrchen ein unter Vermeidung
einer capillaren Spitze, da sich sonst, besonders bei den höher siedenden Verbindungen, geringe Mengen der Verbrennung entziehen.

Die Bleibestimmung muß bei den niedriger siedenden Verbindungen nach dem Verfahren von Carius ausgeführt werden, wobei man nur
etwa 68 proz. Salpetersäure verwendet. Zur Vermeidung des Springens werden
die Röhren erst 12 Stunden aufrechtstehend auf 150° erhitzt, abgeblasen und
weitere 12 Stunden in gewöhnlicher Weise auf 200°. Bei den höher siedenden
Verbindungen kann das Verfahren von Polis[3] mit gutem Erfolg angewendet
werden, einfacher ist indes folgende Methode:

Die Substanz wird im Kölbchen in der etwa 10fachen Menge reinen Tetrachlorkohlenstoffs gelöst und anfangs unter Kühlung mit einem großen Überschuß einer 10 proz. Lösung von Brom in Tetrachlorkohlenstoff versetzt. Die
Masse wird auf dem Wasserbad bis nahe zur Trockne eingedampft, mit wenig
absolutem Alkohol einige Zeit gekocht, gut abgekühlt, auf dem Gooch tiegel
filtriert und mit wenig eiskaltem Alkohol gewaschen. Der Niederschlag ist
reines Bleibromid.

Das phenyl- und α-naphthylcarbithiosaure sowie das äthylcarbithiosaure Blei wird mit Salpetersäure im Rohr aufgeschlossen, worauf
mit Schwefelsäure gefällt wird[4]. Oder man verascht vorsichtig im Porzellantiegel und raucht den Rückstand wiederholt mit konzentrierter Salpetersäure
und schließlich mit Schwefelsäure und Ammoniumnitrat ab[5].

Manche Bleisalze blähen sich bei der Elementaranalyse so auf, daß sich
das Rohr dadurch vollkommen verlegt.

In solchen Fällen muß man die Substanz mit viel Kupferoxyd mischen,
eventuell im geschlossenen Rohr verbrennen [Skraup[6]].

Explosive Bleisalze sind auch wiederholt beobachtet worden, so von
Steinkopf[7] und von Tschirch und Stevens[8] sowie Silberrad und

[1] B. **20**, 718 (1887). — Vgl. B. **19**, 1024 (1886).   [2] B. **49**, 1130 (1916).
[3] Siehe auch B. **50**, 1566 (1917).
[4] Pohl, Diss. Berlin (1907), 19, 30, 49. —Rindl und Simonis, B. **41**, 838 (1908).
[5] Höhn und Bloch, J. pr. (2) **82**, 490, 505 (1910).
[6] M. **9**, 787 (1888).   [7] B. **37**, 4627 (1904).   [8] Arch. **243**, 509 (1905).

Philips[1]) und Benary[2]). Man dampft sie zur Analyse wiederholt vorsichtig mit verdünnter[3]) Schwefelsäure ein. – Nachweis und Bestimmung von Blei in organischem Material: Erlenmeyer, Bioch. **56**, 330 (1913).– Schumm, Z. physiol. **118**, 189 (1922).

Siehe auch die Methoden von Halenke und Gras und Gintl, S. 387. – Über die Analyse schwefelhaltiger organischer Bleisalze siehe S. 298.

Faktorentabelle.

Gefunden	Gesucht	Faktor	2	3	4	5
PbSO$_4$ = 303	Pb = 206.9	0.68293	1.36586	2.04878	2.73171	3.41464

	6	7	8	9	log
	4.09757	4.78050	5.46342	6.14635	0.83438 — 1

Gefunden	Gesucht	Faktor	2	3	4	5
PbS = 239	Pb = 206.9	0.86584	1.73167	2.59751	3.46334	4.32918

	6	7	8	9	log
	5.19501	6.06085	6.92668	7.79252	0.93744 —

7. Bor B = 10.

Verbrennungen borhaltiger Verbindungen mit Kupferoxyd fallen, wie Frankland[4]) gefunden hat, nicht ganz befriedigend aus, weil etwas Borsäure sich verflüchtigt[5]), während andererseits die geschmolzene Borsäure Kohleteilchen einhüllt und deren Verbrennung hindert.

Landolph legt deshalb[6]) dem Kupferoxyd einige Zentimeter Bleichromat vor, dessen vorderster Teil aber nur mäßig erwärmt wird, um der Verflüchtigung von Borsäure vorzubeugen.

Wie Westram[7]) gefunden hat, können sich bei der Verbrennung borhaltiger Substanzen Borcarbide bilden, die außerordentlich schwer aufschließbar sind. Er mischt solche Substanzen in einem geräumigen Schiffchen mit neutralem Kaliumchromat[8]). Außerdem wird an Stelle des Kupferoxyds Bleichromat verwendet. Man erhitzt im Quarzrohr[9]).

Zur Borbestimmung werden aliphatische Substanzen[10])[9]) mit konzentrierter Salpetersäure im Rohr auf 100—230° erhitzt, wodurch alles Bor in Borsäure verwandelt wird, die aber nicht durch direktes Eindampfen bestimmt werden kann, weil sich dabei bis zu 20% verflüchtigen. Man versetzt daher die salpetersaure Lösung mit einer bekannten Menge überschüssiger Magnesia und glüht. Die Verluste betragen auch dann noch im Mittel 1.5, mindestens aber 0.7% des Borgehalts. Oder man verfährt nach S. 323.

[1]) Soc. **93**, 485 (1908).   [2]) B. **43**, 1954 (1910).
[3]) Siehe auch Gutbier und Wißmüller, J. pr. (2) **90**, 498 (1914).
[4]) A. **124**, 134 (1862).   [5]) Siehe auch Chaudhuri, Soc. **117**, 1082 (1920).
[6]) B. **12**, 1586 (1879).
[7]) Diss. Berlin (1907), 30. — Grün, M. **37**, 414 (1916). — Stadler, Diss. Prag (1920).
[8]) Kaliumpyrochromat: Dimroth und Faust, B. **54**, 3029 (1921).
[9]) Krause und Nitsche, B. **54**, 2788 (1921).
[10]) Landolph, B. **12**, 1586 (1879).

Aromatische Borverbindungen werden[1]) im zugeschmolzenen Rohr mit Brom und Wasser auf 150° erhitzt und die gebildete Borsäurelösung abfiltriert. In dieser Lösung wird das Bor nach Marignac[2]) bestimmt, indem ein Gemisch von Magnesia und borsaurem Magnesium abgeschieden und die Menge der Magnesia, durch Überführung in phosphorsaures Ammoniummagnesium, oder fast ebenso genau durch Titration (Indicator Methylorange), bestimmt wird.

Oder man oxydiert die Substanz[3]) durch Schmelzen mit Soda und Salpeter in einem großen Porzellantiegel, löst die Schmelze in Wasser und verfährt dann weiter nach dem Marignacschen Verfahren.

Borsäurephenylester analysiert man nach Hillringhaus[4]) folgendermaßen: In einen gewogenen großen Porzellantiegel wird Magnesia gebracht, bis zu konstantem Gewicht geglüht, die Substanz hinzugefügt und nun das Ganze mit wäßrigem Ammoniumcarbonat übergossen. Es wird so lange erhitzt, bis alle organische Substanz verflüchtigt ist, dann zur Trockne eingedampft und geglüht. Die Gewichtszunahme ist dann durch das gebildete Borsäureanhydrid bedingt.

Westram empfiehlt[5]) Natriumwolframat als borsäurebindendes Mittel. 5—6 g reines Salz werden im Platintiegel zur Gewichtskonstanz geglüht. Die Schmelze wird in der gerade erforderlichen Menge heißen Wassers gelöst, die Substanz hineingeschüttet und nun im offenen Tiegel eingedampft und vorsichtig zum Schmelzen gebracht, schließlich bis zur Gewichtskonstanz erhitzt. Halogenhaltige Substanzen lassen sich nach diesem Verfahren nicht analysieren.

Zur Borbestimmung in fluor- und borhaltigen Verbindungen[6]) wird erst (nach S. 335) das Fluor gefällt, die vom Fluorcalcium abfiltrierte Flüssigkeit mit dem Waschwasser vereinigt und Ammoniumcarbonat und etwas Ammoniumoxalat zugesetzt, um den Kalk vollständig auszufällen. Man filtriert nach einiger Zeit, wäscht gut aus und gibt nun zu der wäßrigen Lösung eine hinreichende Menge Chlormagnesium, dem etwas Salmiak und Ammoniak beigemengt ist, um die Borsäure in borsaures Magnesium überzuführen. Die Menge der Magnesia muß mindestens das Vierfache der Borsäure betragen. Man dampft in einer Platinschale zur Trockne, glüht andauernd und stark, pulverisiert die Masse nach dem Erkalten und wäscht auf einem Filter bis zum Verschwinden der Chlorreaktion. Das Waschwasser enthält geringe Mengen borsaures Magnesium. Es wird nochmals in gleicher Weise eingedampft, geglüht und gewaschen. Die vereinigten Filtrierrückstände werden getrocknet, zusammen mit der Filterasche in einen Porzellantiegel gebracht, geglüht und gewogen. Man löst hierauf das Gemenge von borsaurem Magnesium und Magnesia in Salzsäure, filtriert und bestimmt das Gewicht des immer in geringer Menge auf dem Filter zurückbleibenden Platins. Man versetzt nun die salzsaure Lösung mit Salmiak, bis Ammoniak keinen Niederschlag mehr hervorbringt, und fällt die Magnesia mit phosphorsaurem Natrium als Magnesiumammoniumphosphat. Die Gewichtsdifferenz gibt die Menge der Borsäure. Resultate genau.

Um die chlorhaltigen Einwirkungsprodukte von Bortrichlorid auf 1.3-Diketone zu analysieren, erhitzt Westram[7]) einige Stunden mit rauchender

[1]) Michaëlis, B. **27**, 255 (1894).   [2]) Z. anal. **1**, 405 (1862).
[3]) Thévenot, Diss. Rostock (1894), 26.
[4]) A. **315**, 41 (1901). — Stadler, Diss. Prag (1920).
[5]) Diss. Berlin (1907), 32.   [6]) Landolph, B. **12**, 1586 (1879).
[7]) Diss. Berlin (1907), 34.

Salpetersäure im Einschlußrohr auf 300°[1]). Man neutralisiert dann mit Soda und setzt wieder Salzsäure zu bis zur schwach sauren Reaktion, die auch nach 10 Minuten langem Kochen am Rückflußkühler vorhanden bleiben muß.

Die nun folgende Titration wird man am besten nach Bertram und Agulhon[2]) ausführen. — Siehe auch Krause und Nitsche a. a. O.

Man setzt tropfenweise eine Lösung von 10proz. Jodkalium und 4proz. Kaliumjodat zu, nimmt die Jodfärbung durch etwas pulverisiertes Hyposulfit weg und läßt gegen reine trockne Borsäure eingestelltes Barytwasser zufließen; Indicator Phenolphthalein. Man setzt jetzt abwechselnd kleine Mengen reinen Mannit und Barytwasser zu, bis die rosa Färbung auch bei weiterem Zusatz von Mannit bestehen bleibt.

Auf dieselbe Art analysieren Stock und Zeidler das Boraethyl[1]).

Nachweis von sehr kleinen Mengen Bor im Organismus: Bertram und Agulhon, Bull. (4) 7, 90 (1910). — Chim. anal. appl. 15, 45 (1910). — Bull. (4) 13, 396, 549, 824 (1913). — C. r. 157, 1433 (1913).

Borbestimmung als Borfluorkalium und nach Gooch erwähnt Werner[3]).

Analyse von Boressigestern: Dimroth und Faust, B. 54, 3027 (1921).

<h3 align="center">Faktorentabelle.</h3>

Gefunden	Gesucht	Faktor	2	3	4	5
$Mg_2P_2O_7 = 222.7$	$(MgO)_2 = 80.7$	0.36243	0.72486	1.08728	1.44971	1.81214

6	7	8	9	log
2.17457	2.53700	2.89942	3.26185	0.55922 — 1

Gefunden	Gesucht	Faktor	2	3	4	5
$B_2O_3 = 70$	$B_3 = 22$	0.31429	0.62857	0.94286	1.25714	1.57143

6	7	8	9	log
1.88572	2.20000	2.51429	2.82857	0.49733 — 1

8. Cadmium Cd = 112.4.

Zur Cadmiumbestimmung in Cadmiumdialkylen[4]) wird die Substanz in ein 4 mm weites, mit Kohlendioxyd gefülltes und mit Glasstopfen versehenes Röhrchen eingewogen. Dieses wird in einer Platinschale unter absolutem Alkohol geöffnet und entleert. Das Cadmiumalkyl sinkt unverändert zu Boden. Beim Umrühren erfolgt klare Lösung. Zu dieser werden vorsichtig 20 ccm 10proz. Schwefelsäure gefügt, wobei unter ruhiger Gasentwicklung ein weißer Niederschlag entsteht. Nach dem Verdampfen des Alkohols und Abkühlen wird mit 20 ccm verdünnter Salpetersäure versetzt und nach dem Eindampfen und Abrauchen das Cadmium als Sulfat zur Wägung gebracht.

Die Verbrennungen werden anfangs im Stickstoffstrom, erst nach erfolgter Zersetzung der Substanz im Luft- bzw. Sauerstoffstrom ausgeführt.

---

[1]) B. 54, 537 (1921).   [2]) Bull. (4) 7, 125 (1910).   [3]) Soc. 85, 1450 (1904).
[4]) Krause, B. 50, 1819 (1917).

Die vielfach geübte Methode, das Cadmium in löslichen organischen Salzen durch Fällung mit Alkalicarbonat und Glühen des gut
gewaschenen Niederschlags zu bestimmen, erfordert sehr sorgfältiges Arbeiten,
da das Cadmiumoxyd, das am Filter haften bleibt, leicht reduziert und verflüchtigt wird.

Fresenius[1]) empfiehlt deshalb, das vom Niederschlag tunlichst befreite
Filter im Trichter mit einigen Tropfen Ammoniumnitratlösung zu befeuchten,
wieder zu trocknen und vorsichtig in der Platinspirale zu veraschen. Nachdem
man die Asche zu dem Niederschlag in den Tiegel gebracht hat, glüht man
vorsichtig, so daß die Einwirkung reduzierender Gase vermieden wird, bis nach
einiger Zeit Gewichtskonstanz erreicht ist. Trotz dieser Kautelen sind die
Resultate meist etwas zu niedrig.

Barth und Hlasiwetz[2]) zersetzen das Salz in der Platinschale mit rauchender Salpetersäure auf dem Wasserbad. Man dampft wiederholt mit neuen
Säuremengen zur Trockne, bis die organische Substanz zerstört ist. Die eingetrocknete Salzmasse wird schließlich vorsichtig erhitzt und das hinterbleibende Oxyd stark und anhaltend geglüht. Wie sie später angeben[3]), erhält man
aber noch genauere Resultate, wenn man das als Carbonat gefällte Produkt
vom Filter in eine Platinschale spült, zur Trockne dampft und glüht. Gleiches
gilt von der Bestimmung des Zinks.

Gelegentlich wird das Cadmium auch als Sulfid gefällt[4]). Um vollständige Fällung zu erzielen, muß man mit ziemlich verdünnten und nur
schwach angesäuerten Lösungen arbeiten, oder man fällt[5]) in ammoniakalischer
Lösung mit Schwefelammonium.

Kunz-Krause und Richter[6]) zersetzten das Cadmiumcyclogallipharat
durch Erwärmen mit verdünnter Salzsäure, filtrierten von der abgeschiedenen
Cyclogallipharsäure und fällten im Filtrat mit Schwefelwasserstoff. Das
Cadmiumsulfid wurde im Goochtiegel gesammelt, bei 100° getrocknet, mit
Schwefelkohlenstoff gewaschen und wieder getrocknet.

Victor J. Meyer[7]) empfiehlt, das Cadmiumsalz mit konzentrierter Schwefelsäure im Platintiegel abzurauchen. Erhitzt man nicht zu hoch, nur bis zur
beginnenden Rotglut (600°), so erhält man gute Resultate[8]).

Auch Baubigny[9]) empfiehlt, das Sulfid stets in Sulfat überzuführen.

Liegt das Cadmiumsalz einer organischen Säure vor, so versetzt
man die Lösung mit einem beträchtlichen Überschuß an Schwefelsäure, filtriert
eventuell ausgeschiedene organische Säure ab, dampft wiederholt ein[10]) und verascht vorsichtig.

Kiliani befürwortet sehr die Methode von Miller und Page[11]), die er
folgendermaßen ausführt[12]).

Auf je 0.21 g Cadmium (im Salz) sollen 150 g ursprünglicher Lösung genommen und hierauf 35 ccm Ammoniumphosphatlösung, enthaltend 2.9 g
Ammoniumphosphat, zugegeben werden. Letztere Lösung wird vor der Anwendung mit 1 Tropfen Phenolphthalein (1 proz. Lösung in 60 proz. Alkohol)
und dann mit Ammoniak versetzt, bis gerade eine Spur von Rötung eintritt.
Leicht lösliche Cadmiumsalze werden direkt in Wasser, schwerlösliche nach

[1]) Analyse 1, 346.   [2]) A. 122, 104, Anm. (1862).
[3]) A. 134, 273, Anm. (1865). — Mayer, Diss. Göttingen (1907), 40.
[4]) Löhr, A. 261, 56 (1891). — Andreasch, M. 21, 290 (1900).
[5]) Milone, G. 15, 219 (1885).   [6]) Arch. 245, 33 (1907).
[7]) Diss. Berlin (1905), 33.   [8]) Siehe auch Mylius und Funk, B. 30, 824 (1897).
[9]) C. r. 142, 959 (1906).   [10]) Wöhler und Martin, B. 50, 589 (1917).
[11]) Z. an. 28, 233 (1901).   [12]) Arch. 254, 293 (1916). — B. 49, 720 (1916); 55, 496 (1922).

Zusatz der berechneten Menge 2 proz. Salzsäure (nötigenfalls unter Erwärmen) und nachträglicher Verdünnung mit Wasser auf das vorgeschriebene Volumen gebracht; dann fügt man, falls Salzsäure nötig war, die dieser entsprechende (kleine) Menge Ammoniak und schließlich die Phosphatlösung hinzu. Der anfangs flockige, amorphe Niederschlag verwandelt sich über Nacht in prächtige, perlmutterglänzende, blättrige Krystalle, die mit größter Leichtigkeit verlustlos auf ein im Vakuum getrocknetes gewogenes Filter zu bringen sind, hier mit 1 proz. Ammoniumphosphatlösung, dann mit 60 proz. Alkohol (bis zur völligen Entfernung von PO_4 oder Cl), schließlich mit 95 proz. Alkohol ausgewaschen und im Vakuum über Schwefelsäure getrocknet werden. Miller und Page trocknen bei 100—103°. Witt[1]) fällt das Cadmium elektrolytisch.

Bei den Knallsäurederivaten kann nach Wöhler und Martin[2]) die Cadmiumbestimmung elektrolytisch aus Cyankaliumlösung nicht direkt erfolgen, obwohl sonst diese Methode der Cadmiumbestimmung, wovon die Autoren sich überzeugten, ausgezeichnet ist, weil der Knallsäurerest infolge kohlenstoffhaltiger Abscheidungen zu hohe Resultate veranlaßt.

<h3 align="center">Faktorentabelle.</h3>

Gefunden	Gesucht	Faktor	2	3	4	5
CdO = 128.4	Cd = 112.4	0.87539	1.75078	2.62617	3.50116	4.37695
	6	7	8	9	log	
	5.25233	6.12772	7.00311	7.87850	0.94220 — 1	

Gefunden	Gesucht	Faktor	2	3	4	5
CdS = 144.5	Cd = 112.4	0.77807	1.55614	2.33421	3.11228	3.89035
	6	7	8	9	log	
	4.66842	5.44649	6.22456	7.00263	0.89102 — 1	

Gefunden	Gesucht	Faktor	2	3	4	5
$CdSO_4$ = 208.5	Cd = 112.4	0.53919	1.07838	1.61758	2.15677	2.69596
	6	7	8	9	log	
	3.23515	3.77434	4.31354	4.85273	0.73174 — 1	

<h3 align="center">9. Caesium Cs = 133.</h3>

Caesiumsalze werden, ebenso wie Rubidiumsalze, meist mit Schwefelsäure verascht und das Caesium als Sulfat gewogen[3]).

---

[1]) B. **48**, 771 (1915).   [2]) B. **50**, 589 (1917).
[3]) Salway, Diss. Leipzig (1906), 39. — Flade, Diss. Leipzig (1909), 24, 30, 32. — Heilbron, Diss. Leipzig (1910), 31, 32.

Willstätter und Fritzsche[1]) bestimmen das Metall als Chlorid, Windaus[2]) als Caesiumplatinchlorid, Cs_2PtCl_6. — Windaus erklärt diese Bestimmungsart, auch für Rubidium, für die beste[3]).

Das Caesium-(Rubidium-)salz wird in wenig salzsäurehaltigem Alkohol gelöst und mit einem geringen Überschuß konzentrierter Platinchloridlösung versetzt. Hierbei fällt das Chloroplatinat in krystallisierter, leicht filtrierbarer Form aus. Durch nachträglichen Zusatz von absolutem Alkohol wird die Fällung vollständig. Man wäscht auf dem Goochtiegel mit Alkohol und trocknet bei 105°.

Caesiumpikrat explodiert beim Erhitzen[4]).

<h3 align="center">Faktorentabelle.</h3>

Gefunden	Gesucht	Faktor	2	3	4	5
$Cs_2SO_4 = 362$	$Cs_2 = 266$	0.73469	1.46937	2.20406	2.93874	3.67343

	6	7	8	9	log
	4.40811	5.14280	5.87748	6.61217	0.86610 — 1

Gefunden	Gesucht	Faktor	2	3	4	5
$CsCl = 168.5$	$Cs = 133$	0.78955	1.57910	2.36866	3.15821	3.94776

	6	7	8	9	log
	4.73731	5.52686	6.31642	7.10597	0.89738 — 1

Gefunden	Gesucht	Faktor	2	3	4	5
$Cs_2PtCl_6 = 673.5$	$Cs_2 = 266$	0.39495	0.78990	1.18486	1.57981	1.97476

	6	7	8	9	log
	2.36971	2.76466	3.15962	3.55457	0.59654 — 1

<h3 align="center">10. Calcium Ca = 40.</h3>

Den Calciumgehalt organischer Salze bestimmt man durch Abrauchen mit Schwefelsäure oder durch Fällen der neutralen Salze mit Ammoniumcarbonat und Ammoniak in der Wärme und Titration des ausgeschiedenen gut gewaschenen Carbonats. Vielfach wird auch das Salz direkt im Platintiegel verascht und der Glührückstand als Calciumoxyd gewogen oder titriert.

Manche Calciumsalze blähen sich beim direkten Glühen sehr stark auf oder versprühen. Man dampft in solchen Fällen mit konzentrierter Oxalsäurelösung ein und glüht den Rückstand.

Dieses Verfahren ist auch für andere, z. B. Kupfersalze, empfehlenswert[5]).

[1]) A. **371**, 84 (1910).   [2]) B. **41**, 2563, 2565 (1908).   [3]) B. **42**, 3775 (1909).
[4]) Silberrad und Philips, Soc. **93**, 477 (1908).
[5]) Kiliani, B. **19**, 229 (1886). — Kiliani und Loeffler, B. **37**, 3614 (1904). — Kiliani, B. **41**, 123 (1908).

Über eine Methode der Calciumbestimmung in Salzen, bei der die organische Säure wiedergewonnen wird, siehe unter „Barium".

Man kann auch, wenn das Calciumsalz leicht löslich ist, wie E. Fischer[1]) zur Untersuchung der Trioxyglutarsäure verfahren.

Das gepulverte Calciumsalz wird in verdünnte Oxalsäurelösung eingetragen, von der etwas mehr als die berechnete Menge genommen wird. Im Filtrat vom Calciumoxalat wird dann die überschüssige Oxalsäure wieder durch Calciumcarbonat genau herausgefällt.

Das so gewonnene Calciumoxalat löst man wieder in verdünnter Salzsäure und fällt mit Ammoniumacetat und Oxalat nochmals aus. Dann wird zur Gewichtskonstanz geglüht[2]).

Für physiologische Untersuchungen schließt Aron[3]) mit Salpeterschwefelsäure auf und scheidet das Calciumsulfat durch Alkohol ab. Die Lösung verdünnt man mit etwas Wasser, verjagt die Salpetersäure durch kurzes Aufkochen, spült in ein passendes Becherglas, gibt unter Umrühren das 4—5fache Volumen Alkohol zu und erwärmt auf dem Wasserbad, bis sich der Niederschlag flockig abgesetzt hat. Nach 6—12 Stunden filtriert man, wäscht mit 80—90proz. Alkohol aus, verascht und wägt das Calciumsulfat.

Voraussetzung für die Anwendbarkeit der Methode ist natürlich, daß weder Barium noch Strontium in der Substanz enthalten ist. Kieselsäure muß vor dem Fällen abgeschieden werden; auch soll man nie mehr als 10 g, höchstens 15 g Trockensubstanz auf einmal verbrennen. Im Filtrat kann man noch Phosphorsäure und Alkalien bestimmen.

Nach Gutmann[4]) ist das Aronsche Verfahren nur dann anwendbar, wenn die Menge der Alkalien eine bestimmte Konzentration nicht überschreitet, da anderenfalls Alkalien bei der Alkoholfällung mitgerissen werden. Haben die organischen Flüssigkeiten großen Aschegehalt, so backen zudem die Sulfate an den Kolbenwänden an und lassen sich nur schwierig entfernen.

Man geht in solchen Fällen folgendermaßen vor:

Nach der Aufschließung (mit 30—50 ccm Säuregemisch) und Verdünnen mit 100 ccm Wasser wird die Salpetersäure durch Kochen ausgetrieben und, nach dem Erkalten, mit 500 ccm 96proz. Alkohol gefällt. Der Niederschlag wird eine halbe Stunde mit 200 ccm 10proz. Sodalösung gekocht, dann in 50proz. Essigsäure gelöst, gekocht, mit Ammoniak bis zur schwach sauren Reaktion abgestumpft, mit Ammoniumoxalat gefällt und als Calciumoxyd gewogen.

Das Calciumpikrat explodiert beim Erhitzen sehr heftig[5]).

Über die Elementaranalyse von Calciumsalzen siehe S. 195.

Faktorentabelle.

Gefunden	Gesucht	Faktor	2	3	4	5
$CaSO_4 = 136.1$	Ca = 40	0.29399	0.58798	0.88197	1.17595	1.46994

	6	7	8	9	log
	1.76393	2.05792	2.35190	2.64589	0.46833 — 1

[1]) B. **24**, 1842 (1891).   [2]) Willstätter und Lüdecke, B. **37**, 3756, Anm. (1904).
[3]) Bioch. **4**, 268 (1907).
[4]) Bioch. **58**, 470 (1914). — Siehe auch Rona und Takahashi, Bioch. **31**, 338 (1911) und von der Heide, Bioch. **65**, 363 (1914). — Bei der Kalkbestimmung im Harn darf die Kieselsäure nicht unberücksichtigt gelassen werden.
[5]) Silberrad und Philips, Soc. **93**, 479 (1908).

Gefunden	Gesucht	Faktor	2	3	4	5
CaO = 56	Ca = 40	0.71429	1.42857	2.14286	2.85714	3.57143

6	7	8	9	log
4.28572	5.00001	5.71429	6.42857	0.85387 — 1

11. Cer Ce = 140.

Durch starkes Glühen werden die Cersalze in Cerdioxyd umgewandelt[1]).

In den Doppelverbindungen des Certetrachlorids reduziert Koppel[2]) die in Wasser gelösten Substanzen mit Wasserstoffsuperoxyd, schwefliger Säure oder Oxalsäure, fällt das Cer als Oxalat und führt es durch Glühen in Dioxyd über.

Cerpikrat explodiert beim Erhitzen[3]).

Faktorentabelle.

Gefunden	Gesucht	Faktor	2	3	4	5
CeO_2 = 172	Ce = 140	0.81395	1.62791	2.44186	3.25582	4.06977

6	7	8	9	log
4.88372	5.69768	6.51163	7.32559	0.91060 — 1

12. Chrom Cr = 52.1.

Durch Glühen im Porzellantiegel lassen sich die organischen Chromate unter Zurückbleiben von Chromoxyd veraschen. Flüchtige Chromverbindungen[4]) müssen durch konzentrierte Salpetersäure zersetzt werden.

Im ersteren Fall hat man manchmal schlechte Resultate.

Es ist daher sicherer, das Salz mit Alkohol und Salzsäure zu erwärmen und, nach dem Verdünnen, Wegkochen des Alkohols und eventuellem Filtrieren, das Chrom mit Ammoniak in üblicher Weise zu bestimmen [Hunke[5])].

Explosives Chromat: Hoogewerff und van Dorp, Rec. 1, 13 (1882).

Über die Analyse komplexer Chromoxalate: Rosenheim, Z. an. 11, 200 (1896). — Elementaranalyse chromorganischer Verbindungen: Hein, B. 54, 1930 (1921).

Faktorentabelle.

Gefunden	Gesucht	Faktor	2	3	4	5
Cr_2O_3 = 152.2	Cr_2 = 104.2	0.68463	1.36925	2.05388	2.73850	3.42313

6	7	8	9	log
4.10775	4.79238	5.47700	6.16163	0.83545 — 1

---

[1]) Erdmann und Nieszytka, A. 361, 167 (1908). — Kolb, Z. an. 83, 145 (1913). Cernitrat-Antipyrin.

[2]) Z. an. 38, 308 (1902).   [3]) Silberrad und Philips, Soc. 93, 485 (1908).

[4]) Urbain und Debierne, C. r. 129, 302 (1899). — Gach, M. 21, 108 (1900).

[5]) Diss. Marburg (1904), 32.

Gefunden	Gesucht	Faktor	2	3	4	5
$Cr_2O_3 = 152.2$	$(CrO_3)_2 = 200.2$	1.31538	2.63075	3.94613	5.26150	6.57688

6	7	8	9	log
7.89225	9.20763	10.52300	11.83838	0.11905

13. Eisen = Fe 56.0.

Beim Veraschen organischer Eisenverbindungen hinterbleibt Eisenoxyd. Man erhitzt im anfangs bedeckten[1]) Platintiegel, erst gelinde, schließlich stark, bis zur Gewichtskonstanz. Der Rückstand wird nochmals mit Salpetersäure abgeraucht[2]).

Es sind auch flüchtige Eisenverbindungen bekannt geworden.

In solchen bestimmt man nach Bishop, Claisen und Sinclair[3]) das Eisen so, daß man einige Male erst mit verdünnter und dann mit rauchender Salpetersäure eindampft, hierauf vorsichtig erhitzt und schließlich über dem Gebläse glüht. Wegen der reduzierenden Wirkung der Kohle ist die Behandlung mit Salpetersäure nach dem Glühen zu wiederholen.

Bestimmung des Eisens in tierischen oder vegetabilischen Substanzen [Socin[4])].

Die organische, phosphorsäurehaltige Substanz (Harn, Kot, Eidotter, Serum usw.) wird in einer Platinschale mit Natriumcarbonatlösung[5]) bis zur deutlich alkalischen Reaktion versetzt, dann wird nochmals das gleiche Quantum Sodalösung zugegeben. Ist der Stoff von Anfang an alkalisch, so wird auf 100 g ca. 0.5—1 g Natriumcarbonat zugesetzt.

Das Gemisch wird auf dem Wasserbad unter häufigem Umrühren soweit wie möglich eingedampft und im Trockenkasten bei ca. 120° getrocknet. Hierauf wird mit einem Bunsenbrenner bei beginnender Rotglut verkohlt. Man beginnt am besten am oberen Rand des Gefäßes und geht langsam zum Boden herab; auf diese Weise wird das gefährliche Überschäumen gänzlich vermieden. Ist kein weiteres Verbrennen mehr wahrzunehmen, so wird die Kohle mit heißem Wasser ausgelaugt, filtriert, ausgewaschen, Filter und Kohle in das Platingefäß zurückgegeben, auf dem Wasserbad eingedampft und im Trockenkasten vollends getrocknet. Dann wird eingeäschert, die Asche mit heißem Wasser und verdünnter reiner Salzsäure aufgenommen, wieder eingedampft und bei aufgelegtem Deckel vorsichtig auf 110° erwärmt; allenfalls gelöste Kieselsäure fällt bei diesem Verfahren aus und wird unlöslich.

Die Asche wird zum zweitenmal in möglichst wenig Wasser und etwas Salzsäure gelöst, filtriert und ausgewaschen; das Filtrat wird mit Ammoniak ein wenig abgestumpft und nach dem Erkalten das Eisen durch Ammoniumacetat als Phosphat gefällt.

Der flockige Niederschlag wird im bedeckten Glas ca. 12 Stunden zum Absetzen hingestellt, filtriert, mit kaltem Wasser ausgewaschen, bis das Wasser rückstandfrei abläuft, im Trockenkasten bei 120° getrocknet, der Niederschlag

---

[1]) Siehe dazu Weinland und Herz, A. **400**, 262 (1913).
[2]) Kunz-Krause und Richter, Arch. **245**, 40 (1907).
[3]) A. **281**, 341, Anm. (1894).   [4]) Z. physiol. **15**, 102 (1891).
[5]) Um die Bildung von Pyrophosphorsäure zu vermeiden.

vom Filter möglichst entfernt, das Filter in einem Porzellantiegel verbrannt, der Niederschlag dazugegeben und geglüht, dann als Phosphat gewogen.

Röhmann und Steinitz[1]) oxydieren die organische Substanz nach der Methode von Neumann[2]), indem sie mit konzentrierter Schwefelsäure und mehreren Portionen Ammoniumnitrat (im ganzen etwa ebenso viele Gramme als Kubikzentimeter der Säure) über starker Flamme im Kolben aus Jenenser Glas erhitzen, bis hellgelbe klare Lösung resultiert. Die Flüssigkeit, welche nach dem Erkalten zu einem farblosen Krystallbrei erstarrt, wird unter Erwärmen mit wenig Wasser verdünnt und in ein höchstens 150 ccm fassendes Kochfläschchen gebracht, darauf wird sie mit konzentriertem Ammoniak alkalisch gemacht; fürchtet man, daß das Volumen der Flüssigkeit zu groß werden sollte, so kann man auch gasförmiges Ammoniak einleiten. Nach Hinzufügen von etwas Salmiaklösung versetzt man mit wenigen Tropfen farblosem Schwefelammonium und füllt bis zum Hals der Flasche mit Wasser auf. Der entstehende Niederschlag von Schwefeleisen wird nach völligem Absetzen, am besten erst nach mehr als sechsstündigem Stehen in der Wärme, auf einem aschenfreien Filterchen gesammelt, wobei zuerst die über dem Niederschlag stehende klare Lösung, dann der Niederschlag selbst auf das Filter gebracht wird. Bedient man sich geringer Druckdifferenz, so kann man die ganze Flüssigkeit binnen weniger Minuten filtrieren. Der Filterinhalt wird durch Übergießen mit wenig verdünnter Schwefelsäure gelöst, in das noch Spuren Schwefeleisen enthaltende Fläschchen filtriert und das Filter mit destilliertem Wasser ausgewaschen. Nun wird es in einer größeren Platinschale verascht; die minimalen Mengen Eisenoxyd, welche am Filter festhaften, werden durch Schmelzen mit einer kleinen Menge Kaliumbisulfat aufgeschlossen. Unterdessen hat man die Hauptmenge durch Kochen von gelöstem Schwefelwasserstoff befreit und auf wenige Kubikzentimeter eingeengt. Sie wird nun gleichfalls in die Platinschale gebracht und darin die Schmelze von Eisenoxyd und Kaliumbisulfat unter Erwärmen aufgelöst. Schließlich wird in einem mit Kohlendioxyd gefüllten Kölbchen mit einem eisenfreien Zinkstäbchen reduziert, nach einer halben Stunde der Zinkstab herausgefischt[3]) und das Eisen mit Kaliumpermanganatlösung titriert.

Für die Bestimmung des Eisens im Harn muß die beschriebene Methode folgendermaßen modifiziert werden. Der Harn (300—400 ccm) wird im resistenten Glaskolben mit 25—30 ccm reiner, rauchender Salpetersäure versetzt und über starker Flamme auf ein kleines Volumen eingedampft. Unter Hinzufügen von 20—30 ccm konzentrierter Schwefelsäure, eventuell noch mit Hilfe einiger Gramme Ammoniumnitrat, wird dann bis zu Ende oxydiert. Hat man innerhalb $^3/_4$ Stunden den Harn aufgeschlossen, so wird in gleicher Weise weiter verfahren wie bei anderen Substanzen.

Jodometrische Bestimmung des Eisens[4]) unter Benutzung der „Säuregemischveraschung"[5]).

Erfordernisse.

1. Eisenchloridlösung, enthaltend 2 mg Eisen in 10 ccm. Sie wird hergestellt, indem man 20 ccm der Freseniusschen Eisenchloridlösung[6]),

---

[1]) Z. anal. **38**, 433 (1899).   [2]) Arch. f. Anat. u. Physiol. **1897**, 556. — Siehe S. 388.

[3]) Sicherer ist es wohl, das Zink vollständig zu lösen. Vgl. Mitscherlich, J. pr. (1) **86**, 3 (1862).

[4]) Siehe auch Arch. f. Anat. u. Physiol., physiol. Abt., **1902**, 362. — Z. physiol. **37**, 120 (1902); **43**, 33 (1904). — Glikin, B. **41**, 911 (1908). — Berg, Ch. Ztg. **41**. 50 (1917).   [5]) Siehe S. 388 f.

[6]) Quant. Anal. **1**, 288. — Auch von Kahlbaum - Berlin zu beziehen.

die 10 g Eisen im Liter enthält, mit 2 ccm konzentrierter Salzsäure (spez. Gew. 1.19) versetzt und dann genau zum Liter auffüllt. Man bewahrt die Lösung in einer braunen Flasche auf; sie ist sehr lange haltbar.

2. Thiosulfatlösung, ca. $^1/_{250}$ normal. Man löst 40 g Natriumthiosulfat in 1 l Wasser. Aufbewahrung in brauner Flasche. Diese sehr haltbare Lösung verdünnt man für den Verbrauch von ca. einer Woche auf das 40fache.

3. Stärkelösung. 1 g löslicher Stärke (von Schering) wird 10 Minuten mit einem halben Liter Wasser gekocht.

4. Zinkreagens. Etwa 20 g Zinksulfat und 100 g Natriumphosphat werden jedes für sich in Wasser gelöst und in einem Litermeßkolben vereinigt, das ausgefallene Zinkphosphat mit verdünnter Schwefelsäure gerade gelöst und auf 1 l verdünnt.

Titerstellung der Thiosulfatlösung.

Vor jedem Versuch muß der Titer der Thiosulfatlösung neuerdings gestellt werden.

10 ccm Eisenchloridlösung werden mit etwas Wasser, einigen Kubikzentimetern Stärkelösung und etwa 1 g Jodkalium versetzt und bei $50—60°$ mit der Thiosulfatlösung titriert. Die Lösung muß nach der Titration mindestens 5 Minuten farblos bleiben; färbt sie sich früher violett, so muß noch etwas Thiosulfatlösung zugesetzt werden. Die verbrauchten Kubikzentimeter entsprechen dann gerade 2 mg Eisen.

Ausführung der Eisenbestimmung.

Die nach S. 389 aufgeschlossene Lösung wird mit Wasser verdünnt, 20 ccm Zinkreagens und hierauf unter Abkühlen Ammoniak zugefügt, bis der weiße Niederschlag gerade verschwindet[1]), und zum lebhaften Kochen erhitzt. Es scheidet sich ein krystallinisches Zinkeisenphosphat aus, das sich leicht absetzt und durch Dekantation gewaschen wird. Dabei wird ein Filter von höchstens $3^1/_2$ cm Radius benutzt. Das Filtrat darf mit Salzsäure und Rhodankalium keine Eisenreaktion geben, widrigenfalls das Kochen fortgesetzt werden muß.

Der gut gewaschene Niederschlag wird in verdünnter, heißer Salzsäure gelöst, mit Ammoniak abgestumpft, bis gerade der weiße Zinkniederschlag erscheint, dieser in der Hitze durch tropfenweises Zugeben von Salzsäure eben gelöst und nach dem Abkühlen auf $50—60°$ mit der Thiosulfatlösung titriert, ebenso wie bei der Titerstellung der letzteren angegeben.

20 ccm Zinkreagens sind ausreichend für 5—6 mg Eisen. Man wählt die Substanzmenge so, daß darin 2—3 mg Eisen vorhanden sind, z. B. bei Blut 5—10 g, bei getrockneten Faeces 3—5 g.

Hat man selbst in großen Mengen Substanz, z. B. in 500 ccm Harn, sehr wenig Eisen, so muß man genau gemessene 10 ccm Eisenchloridlösung vor

---

[1]) Enthält die Aschenlösung Erdalkaliphosphate in größerer Menge, so bleibt natürlich der weiße Niederschlag bestehen. In diesem Fall muß man mit Lackmuspapier als Indicator gerade schwach ammoniakalisch machen. In den meisten Fällen ist aber der flockige Zinkniederschlag von der Erdalkaliphosphatfällung leicht zu unterscheiden. Immerhin scheint ein größerer Phosphatgehalt der Genauigkeit der Analyse Eintrag zu tun. In solchen Fällen (Milch) sind die Verhältnisse so zu wählen, daß auf 300 ccm Flüssigkeit 2.5 ccm Salzsäure und 6 g Jodkalium kommen. — Siehe Krasnogorsky, Jahrb. f. Kinderheilk. **64**, 651 (1906). — Edelstein und Csonka, Bioch. **38**, 14 (1912). — Fendler, Z. physiol. **89**, 279 (1914).

dem Zinkreagens zugeben, um vollständige Jodabscheidung zu erhalten, was natürlich bei der Berechnung berücksichtigt werden muß.

Ripper[1]) bestimmt den Eisengehalt in Pflanzen- und Tieraschen maßanalytisch durch Titration des in Eisenchlorid verwandelten Metalls mit Jodkaliumlösung nach einer von Schwarzer[2]) ausgearbeiteten Methode. Das Eisen der Asche wird durch salpetersäurefreie Wasserstoffsuperoxyd- lösung vollkommen oxydiert und die nicht zu verdünnte schwach salzsaure Oxydlösung in einem bedeckten Bechergläschen mit 1.5 g Jodkalium und bis zu 0.3 ccm Salzsäure ca. eine Viertelstunde lang auf $50-60°$ erhitzt. Man titriert dann mit $n/_{100}$-Thiosulfat- und Stärkelösung.

Bei Gegenwart von Mangansalzen ist diese Methode nicht anwendbar.

Auch Weinland und Herz[3]) bedienen sich der Jodometrie zur Bestim- mung des Eisens, und zwar in den komplexen Ferribenzoaten.

Die Salze werden mit Salzsäure und Jodkalium unter Zusatz von etwas Calciumcarbonat erhitzt. Die entwickelten Joddämpfe werden in Jodkalium- lösung eingeleitet und mit $n/_{20}$-Thiosulfat titriert.

Über Eisenbestimmung im Harn siehe auch Walter, Bioch. **24**, 108, 125 (1910).

Methode von Gottlieb (Fällung des Eisens als Berlinerblau) Arch. f. exp. Path. **26**, 139 (1889).

Methode von Jolles (Fällung des Eisens mit Nitrosobetanaphthol) Z. anal. **36**, 154 (1897).

Siehe auch Damaskin, Arb. d. Pharmakol. Inst. zu Dorpat. Herausg. v. Kobert. **7**, 40 (1891).

Über spektrophotometrische Eisenbestimmung siehe Hörner, Z. physiol. **11**, 89 (1897).

Über Eisenbestimmung in der Milch siehe noch Fendler, Frank und Stüber, Z. Unters. Nahr. Gen. **19**, 369 (1910). — Edelstein und Csonka, Bioch. **38**, 14 (1912). — Nottbohm und Weißzwange, Z. Unters. Nahr. Gen. **23**, 514 (1912).

In den Eisenchloriddoppelsalzen der Pyryliumverbindungen bestimmen Decker und v. Fellenberg[4]) Eisen und Chlor in ein und der- selben Probe.

Etwa 0.2 g Substanz werden in 15 ccm Alkohol gelöst, mit Wasser auf 200 ccm verdünnt und etwa 2 Stunden unter Zusatz von wenigen Tropfen Salpetersäure, um die Fällung von basischen Eisensalzen zu verhüten, auf dem Wasserbad erhitzt. Man filtriert von der Base, die sich oft in Form von un- löslichen Krystallen ausgeschieden hat, und fällt das Eisen in der nur noch Anorganisches enthaltenden Flüssigkeit mit Ammoniak und das Chlor im Filtrat nach den üblichen Verfahren.

Über die Analyse von Ferri- und Ferrochloriddoppelsalzen aromatischer Basen macht ferner McKenzie Angaben[5]).

Auch explosive Eisensalze kommen vor. Ein derartiges Salz der Formel $Na_4Fe(ONC)_6 \cdot 2 H_2O$, das der Elementaranalyse unüberwindliche Schwierig- keiten bereitet, versetzt Nef mit wenig verdünnter Schwefelsäure, dampft ein und raucht ab. Der Rückstand wird in Salzsäure unter Zusatz von Salpeter-

---

[1]) Ch. Ztg. **18**, 133 (1894).   [2]) J. pr. (2) **3**, 139 (1871).
[3]) A. **400**, 219 (1913). — Beck, Ch. Ztg. **37**, 1330 (1913). — Z. an. **80**, 427 (1913). — Weinland und Bäßler, Z. an. **96**, 122 (1916).
[4]) A. **356**, 291, Anm. (1907).   [5]) Am. **50**, 309 (1913).

säure aufgelöst und das Eisen und Natrium auf gewöhnlichem Weg (als Fe_2O_3 und Na_2SO_4) bestimmt[1]).

Bestimmung des Eisens als Metall: Wagener und Tollens, B. **39**, 413 (1906).

Faktorentabelle.

Gefunden	Gesucht	Faktor	2	3	4	5
$Fe_2O_3 = 160$	$Fe_2 = 112$	0.70000	1.40000	2.10000	2.80000	3.50000
	6	7	8	9	log	
	4.20000	4.90000	5.60000	6.30000	0.84510 — 1	

Gefunden	Gesucht	Faktor	2	3	4	5
$FePO_4 = 151$	$Fe = 56$	0.37086	0.74172	1.11258	1.48344	1.85431
	6	7	8	9	log	
	2.22517	2.59603	2.96689	3.33775	0.56921 — 1	

14. Erbium Er = 167.7.

Antipyrinerbiumnitrat geht durch Glühen in Er_2O_3 über[2]).

15. Fluor F = 19.

Bei der Verbrennung der Alkylzinnfluoride wurden die flüchtigen Fluoride unter Verzicht auf die Wasserstoffbestimmung durch eine in das kaltgehaltene Ende des Verbrennungsrohrs eingebrachte 10 cm lange Schicht feuchter Glaswolle zurückgehalten und die Gase durch ein langes Chlorcalciumrohr wieder getrocknet. Zur Fluorbestimmung wurde in heißem Methylalkohol unter Zusatz von wäßrigem Ammoniak gelöst, mit Chlorcalcium versetzt und unter zeitweiligem Ersatz des Ammoniaks 30 Stunden auf dem Wasserbad erwärmt. Hierauf wurde mit Essigsäure schwach angesäuert, filtriert, mit viel essigsäurehaltigem Alkohol ausgewaschen und in gewohnter Weise zur Wägung gebracht[3]).

Die Elementaranalyse fluorhaltiger aromatischer Substanzen läßt sich nach Wallach und Heusler[4]) bei Anwendung von Bleichromat ohne Schwierigkeiten ausführen.

Zur Analyse von Fluorbenzol wird die Substanz mit trocknem Benzol verdünnt und nach dem Zufügen von Natriumdraht im geschlossenen Rohr auf 100° erhitzt. Nach einigen Tagen wird das Rohr geöffnet, der Inhalt in eine Platinschale gespült, derart, daß das überschüssige Natrium mit Alkohol in Lösung gebracht wird. Nach dem Verdunsten der Hauptmenge des Alkohols und Benzols wird das Alkoholat in der Schale abgebrannt und der Rückstand nach Fresenius[5]) verarbeitet.

---

[1]) A. **280**, 337 (1894).   [2]) Kolb, Z. an. **83**, 145 (1913).
[3]) Krause, B. **51**, 1451 (1918).   [4]) A. **243**, 243, Anm. (1888).
[5]) Quant. Anal., 6. Aufl., **1**, 428.

Auch für den qualitativen Nachweis von Fluor in organischen Substanzen wird das metallische Natrium meist zu verwerten sein, wenngleich zu berücksichtigen bleibt, daß z. B. in den Diphenylverbindungen das Fluor erheblich fester gebunden ist als in den Benzolderivaten.

In der o.o-Fluornitrobenzoesäure konnte übrigens van Loon[1]) nach obiger Methode das Halogen nicht finden, da die Säure mit Natrium sofort unter Wasserstoffentwicklung ein in Benzol unlösliches Salz bildet, das von Natrium nicht weiter zersetzt werden kann. Wohl aber kann man das Fluor nachweisen, indem man 50 mg Säure mit 0.2% chemisch reinem Natriumhydroxyd und einem Tropfen Wasser vorsichtig im Silbertiegel schmilzt, dann die Schmelze auflöst, filtriert, mit Essigsäure eindampft und die Flußsäure mit konzentrierter Schwefelsäure in Freiheit setzt, um sie an ihrer ätzenden Wirkung auf Glas zu erkennen[2]).

Durch die Elementaranalyse kann nicht entschieden werden, ob eine Oxy- oder eine Fluornitrobenzoesäure vorliegt; ist doch die Hydroxylgruppe $(= 17)$ fast ebenso groß wie Fluor $(= 19)$.

Das Fluor durch Glühen der Substanzen mit Kalk im Glasrohr als Fluorcalcium abzuscheiden, gelingt durchaus nicht, man kann vielmehr die übrigen Halogene nach dieser Methode oder nach Carius bestimmen, ohne daß das Fluor abgespalten würde.

Der Grund, weshalb die Fluorbestimmungen solche Schwierigkeiten bereiten, liegt in der außerordentlich festen Bindung zwischen Halogen und Kohlenstoff. Will man also diese Bindung zerstören, so muß man die Substanz einer hohen, über 1000° liegenden Temperatur aussetzen und dafür sorgen, daß sie in allen Teilen des Apparats herrscht, damit sich keine Anteile der Fluorverbindung unzersetzt verflüchtigen können.

Dies ist bereits Beekmann[3]) insofern gelungen, als er in zwei Fällen halbwegs genügende Bestimmungen in einem kostspieligen und komplizierten Platinapparat nach der Kalkmethode ausführte, wobei natürlich das Platin die Anwendung der erforderlichen großen Hitze ermöglichte.

Für diesen Zweck dient aber viel einfacher und in vorzüglicher Weise ein nach dem Mannesmannverfahren gezogenes, nahtloses Nickelrohr von 40 cm Länge und 4—5 mm lichter Weite, dessen eines Ende mit Silberlot verschlossen wird [Hans Meyer und Hub[4])].

Das Rohr wird mit schwach nach aufwärts gerichtetem Ende auf zwei Träger gelegt und mittels starker Spaltbrenner, langsam vom offenen Ende vorwärtsschreitend, im ganzen 2 Stunden auf Gelbglut erhitzt.

Nach dem Erkalten wird das Fluorkalium in bekannter Weise bestimmt.

Ein Rohr hält mindestens ein Dutzend Bestimmungen aus.

Fluorhaltige Derivate von Eiweißkörpern untersuchen Blum und Vaubel[5]) durch Schmelzen der Substanz mit Ätznatron und Salpeter im Nickeltiegel, Lösen, Filtrieren, Ansäuern mit Essigsäure und Fällen mit Chlorbarium. Der Niederschlag, der neben Fluorbarium noch Bariumsulfat zu enthalten pflegt, wird geglüht und gewogen; darauf wird nochmals konzentrierte Schwefelsäure zugefügt, geglüht und aus der Differenz der Gewichte vor und nach Zusatz von Schwefelsäure der Fluorgehalt berechnet.

---

[1]) Diss. Heidelberg (1896), 17.
[2]) Siehe auch V. Meyer und van Loon, B. **29**, 841 (1896).
[3]) Rec. **23**, 239 (1905).
[4]) M. **31**, 933 (1910). — Slothouwer Rec. **33**, 327 (1914).
[5]) J. pr. (2) **57**, 383 (1898).

Die Derivate der Fettreihe geben viel leichter ihr Fluor ab[1]) als die aromatischen Substanzen. So zersetzen sich die von Landolph[2]) untersuchten Fluorborverbindungen schon in Berührung mit wäßriger Chlorcalciumlösung.

Die Substanz wird in kleine Röhrchen eingefüllt, die auf beiden Seiten ausgezogen sind. Das eine Ende wird abgeschnitten und das Röhrchen sogleich bis auf den Boden einer etwas weiteren Probierröhre, die mit Chlorcalciumlösung gefüllt ist, eingetaucht. Beim nachherigen vorsichtigen Erhitzen mischt sich die Substanz allmählich mit der Lösung und wird unter Bildung von Fluorcalcium und Borsäure zerlegt. Man gießt die Flüssigkeit, nachdem das Röhrchen gehörig mit Wasser ausgespült worden ist, in eine Porzellanschale, verdünnt mit Wasser, neutralisiert mit Ammoniak und erhitzt einige Zeit zum Sieden, um sicher zu sein, daß die Zersetzung vollständig ist. Man filtriert vom unlöslichen Fluorcalcium und wäscht mit Wasser, bis salpetersaures Silber keine Trübung mehr hervorbringt. Um das während des Erhitzens gebildete kohlensaure Calcium zu entfernen, setzt man dem Waschwasser etwas Essigsäure oder Salpetersäure zu. Das Fluorcalcium wird hierauf getrocknet, geglüht und gewogen.

In ähnlicher Weise untersucht Meslans[3]) das Acetylfluorid. 0.4—0.5 g Substanz in flüssigem Zustand werden rasch in eine mit eingeriebenem Stöpsel versehene Flasche gegossen, in der sich reine Calciumacetatlösung befindet. Man verschließt und schüttelt. Das Acetylfluorid zersetzt sich und gelatinöses Fluorcalcium scheidet sich aus. Man spült in eine Platinschale, dampft zur Trockne und glüht, nimmt wieder mit Essigsäure auf, verjagt die Essigsäure auf dem Wasserbad, löst das Calciumacetat in heißem Wasser, dekantiert, filtriert, wäscht, trocknet und glüht.

Die Verbrennung wird, ebenso wie von Moissan beim Methylfluorid[4]) und Äthylfluorid[5]), in einer Kupferröhre, die mit einer Mischung von 80 Teilen Kupferoxyd und 20 Teilen Bleioxyd gefüllt war, im Sauerstoffstrom vorgenommen. Die Enden der Röhre tragen Bleischlangenkühlrohre. Mittels Korkstopfen sind einerseits die Absorptionsgefäße, andererseits das Zuführungsrohr für das Fluoralkyl angefügt, das langsam über die dunkelrotglühende Oxydschicht geleitet wird. Schließlich wird 25 Minuten Sauerstoff eingeleitet.

Die Bestimmung des Fluors in gasförmigen organischen Fluorverbindungen bewirkt Meslans[6]) durch Oxydation mit Sauerstoff. Bei Vorhandensein genügender Mengen Wasserstoff wird das gesamte Fluor in Fluorwasserstoffsäure verwandelt. Diese läßt sich titrimetrisch mit Normallauge bestimmen oder gewichtsanalytisch nach Umwandlung in das unlösliche Calciumfluorid.

Ein Kolben aus starkem Glas (Glas für Verbrennungsröhren) von ca. 500 ccm Inhalt ist durch einen Gummistopfen geschlossen, der drei Bohrungen besitzt. Durch die eine Bohrung geht ein mit Hahn versehenes Glasrohr, in das ein Platinrohr eingeschmolzen ist. Letzteres reicht bis in das Innere des Kolbens. Durch die beiden anderen Öffnungen des Gummistopfens sind zwei Glasröhren geführt, in die je ein starker Platindraht eingefügt ist. Der eine steht

---

[1]) Siehe auch Paternò und Spallino, Atti Linc. (5) **16** II, 160 (1907). — G. **37** II, 309 (1907).

[2]) B. **12**, 1587 (1879). — C. r. **96**, 580 (1883).   [3]) C. r. **114**, 1072 (1891).

[4]) A. chim. phys. (6) **19**, 266 (1890).   [5]) C. r. **107**, 993 (1888).

[6]) Bull. (3) **9**, 109 (1893). — Z. anal. **33**, 470 (1894).

im Innern des Kolbens in Berührung mit der Platinröhre, während der andere parallel zu demselben verläuft. Die Platinröhre ist von einer Spirale aus dünnem Platindraht umgeben, deren eines Ende mit dem zweiten Platindraht in Verbindung gebracht ist, während ihr anderes Ende die Platinröhre berührt. Durch einen elektrischen Strom läßt sich die Spirale zum Glühen bringen.

Bei der Ausführung des Versuchs beschickt man den Kolben mit verdünnter Kalilauge von bekanntem Gehalt, evakuiert ihn und läßt dann etwa 400 ccm Sauerstoff eintreten. Der Druck im Innern soll etwa 10 mm betragen. Durch die mit Hahn versehene Glasröhre leitet man langsam eine gemessene Menge des zu untersuchenden Gases ein. Beim Austritt aus der Platinröhre verbrennt es sofort an der glühenden Spirale. Faßt man dabei den Kolben mit der Hand am Hals, bringt ihn in fast horizontale Lage und schwenkt die Flüssigkeit so um, daß sie die Wände des Kolbens an allen Seiten bespült, so läßt sich sofortige Absorption der Fluorwasserstoffsäure bewirken, und das Glas bleibt unangegriffen. Sobald alles Gas eingeführt ist, schließt man den Hahn und leitet noch einige Kubikzentimeter Luft ein, um die in der Platinröhre befindlichen Anteile des Gases ebenfalls zur Verbrennung zu bringen. Man hat nun nur noch nötig, das überschüssige Alkali durch Titration zu bestimmen, um die Menge der absorbierten Flußsäure zu erfahren.

Will man das Fluor gewichtsanalytisch bestimmen, so verfährt man in gleicher Weise, nur daß man an Stelle der Kalilauge Kalkmilch in den Kolben bringt. Nach Absorption der Flußsäure dampft man die Masse, die Fluorcalcium, Ätzkalk und Calciumcarbonat enthält, zur Trockne und glüht, um das Fluorcalcium leichter filtrieren zu können. Alsdann säuert man mit Essigsäure an und verfährt in bekannter Weise zur Bestimmung des Fluors[1]).

Moissan benutzt zur Fluorbestimmung in den Fluoralkylen ihre Zersetzbarkeit durch konzentrierte Schwefelsäure.

Man bringt[2]) ein abgemessenes Volum Fluorverbindung, das sich in einer durch Quecksilber abgesperrten Meßröhre befindet, mit ausgekochter Schwefelsäure zusammen. Durch Schütteln wird fast die ganze Gasmenge zur Absorption gebracht. Läßt man nun 7—8 Tage stehen, so findet sich alles Fluor in Fluorsilicium umgewandelt vor, das in ein anderes Meßrohr übergefüllt und seinem Volumen nach bestimmt wird.

Aromatische Fluorverbindungen, die das Fluor in der Seitenkette enthalten, wie das ω-Di- und Trifluortoluol und das 1′, 1′-Difluor-1′-Chlortoluol, sind leicht durch Erwärmen mit konzentrierter Schwefelsäure auf 200° oder durch Erhitzen mit Wasser bis auf 150° im Rohr, manchmal schon bei gewöhnlicher Temperatur oder beim Kochen am Rückflußkühler hydrolysierbar[3]).

Paternò[4]) bestimmt das Fluor in der calorimetrischen Bombe mit Sauerstoff unter 25 Atmosphären Druck bei Gegenwart von Jodkalium und Kaliumjodat. Das Jod wird mit Thiosulfat titriert.

Auch explosive Fluorverbindungen sind beschrieben worden, wie das Trifluorbromäthylen [Swarts[5])].

Analyse von Wismutfluoriden: Challenger und Wilkinson, Soc. **121**, 96 (1922).

---

[1]) Fresenius, Quant. Anal., 6. Aufl., **1**, 529.   [2]) C. r. **107**, 994 (1888).
[3]) Swarts, Bull. Ac. roy. Belg. (3) **35**, 375 (1898); (3) **39**, 414 (1900).
[4]) G. **49**, II, 371 (1920).
[5]) Bull. Ac. roy. Belg. (3) **37**, 357 (1899).

Fluorbestimmung in Vegetabilien: Ost, B. **26**, 151 (1893); in Zähnen: Gabriel, Z. anal. **31**, 522 (1892); Hempel und Scheffler, Z. an. **20**, 1 (1899); in Knochen: Carnot, A. des mines **1893**, 1.

Nach Gautier und Clausmann[1]) verascht man zur Fluorbestimmung in tierischen oder pflanzlichen Stoffen das mit $1-1.5\%$ gelöschtem Kalk vermengte Produkt bei $600-650°$. Die alkalisch reagierende, ungeschmolzene Asche enthält die Gesamtmenge des Fluors, das in Fluorkalium und darauf in Fluorblei-Schwefelblei verwandelt und colorimetrisch bestimmt wird.

Faktorentabelle.

Gefunden	Gesucht	Faktor	2	3	4	5
$CaF_2 = 78$	$F_2 = 38$	0.48718	0.97436	1.46154	1.94872	2.43590
	6	7	8	9	log	
	2.92307	3.41025	3.89743	4.38461	0.68769 — 1	

Gefunden	Gesucht	Faktor	2	3	4	5
$SiF_4 = 104.4$	$F_4 = 76$	0.72797	1.45594	2.18391	2.91188	3.63985
	6	7	8	9	log	
	4.36781	5.09578	5.82375	6.55172	0.86211 — 1	

16. Gold Au = 197.2.

Das Gold organischer Doppelsalze läßt sich fast immer leicht durch Glühen im Porzellantiegel bestimmen, doch gibt es auch flüchtige Goldverbindungen, wie das Diäthylgoldbromid $(C_2H_5)_2AuBr$, das bei $58°$ schmilzt, bei raschem Erhitzen auf $70°$ explodiert und schon bei Zimmertemperatur sehr leicht verdunstet.

Zur Analyse dieser Substanz und ähnlicher Verbindungen löst man in Chloroform, fügt eine Lösung von Brom in Chloroform zu, dampft langsam zur Trockne und glüht[2]).

Wenn das Untersuchungsobjekt kostbar ist, empfiehlt sich die Scheiblersche Methode[3]), bei der sowohl die Substanz erhalten bleibt, als auch nach der Goldbestimmung noch eine Chlorbestimmung möglich ist.

Eine abgewogene Menge wird in Wasser gelöst oder bei schwerlöslichen Substanzen nur darin suspendiert oder in alkoholisch-essigsaure Lösung gebracht[4]) und mit metallischem Magnesium (am besten Magnesiumband) versetzt[5]), wobei das Gold unter Wasserstoffentwicklung gefällt wird. Man kann bei schwerlöslichen Substanzen auch auf dem Wasserbad operieren

---

[1]) C. r. **154**, 1469, 1670, 1753 (1912). — Bull. (4) **11**, 787, 872 (1912). — C. r. **156**, 1348, 1425 (1913); **157**, 94 (1913).

[2]) Pope und Gibson, Proc. **23**, 245 (1907). — Soc. **91**, 2064 (1907).

[3]) B. **2**, 295 (1869).

[4]) Weinland und Herz, B. **45**, 2677 (1912).

[5]) Man überzeuge sich durch einen Vorversuch, ob das Magnesium in verdünnter Salzsäure rückstandslos löslich ist.

und mit einer passenden Säure ansäuern. Das Gold läßt sich leicht mittels Dekantation durch ein Filter auswaschen. Danach entfernt man die zur Chlorbestimmung dienenden Filtrate und wäscht das Gold mit verdünnter Salzsäure, um Magnesium und Magnesiumhydroxyd zu beseitigen. Diese Methode wurde später nochmals von Villiers und Borg[1]) empfohlen, ihr Prinzip stammt von Roussin und Comaille[2]).

Man kann auch das Gold als Schwefelgold fällen und glühen. Im Filtrat wird das Chlor bestimmt [Bergh[3])].

Zur Analyse des Chloropentaäthylaminochromiauriats[4]) mußte ein komplizierter Weg eingeschlagen werden:

0.7544 g Substanz wurden mit Schwefeldioxyd-Wasser versetzt, wobei 0.2944 g Gold niedergeschlagen wurden. Das Filtrat wurde auf dem Wasserbad mit Ammoniak erhitzt, der Niederschlag abfiltriert und geglüht und nach Wägung mit Sodasalpeter geschmolzen, wonach 0.0049 g Gold verblieb; da der ganze Glührückstand 0.0642 g wog, waren also 0.0593 g Chromtrioxyd und 0.2993 g Gold erhalten worden.

Die „normalen“ Golddoppelsalze sind nach der Formel $R \cdot HCl \cdot AuCl_3$ zusammengesetzt, die „modifizierten“ besitzen meist die Formel $R \cdot AuCl_3$[5]).

Das explosive Diazobenzolgoldchlorid $C_6H_4N_2 \cdot HCl \cdot AuCl_3$ zersetzte Grieß[6]) in alkoholischer Lösung mit Schwefelwasserstoff und glühte das abgeschiedene Schwefelgold.

Über Aurosalze siehe Gadamer, Arch. **234**, 31 (1896) und Schacht, Diss. Marburg (1897), 16. — Hermann, B. **38**, 2813 (1905).

Elektrolytische Goldbestimmung in tierischem Gewebe: Cadwell und Leavell, Am. soc. **41**, 1 (1918).

Weiteres über Goldsalze siehe S. 962.

17. Kalium K = 39.15.

Bei der Elementaranalyse kaliumhaltiger Substanzen bleibt das Metall als Carbonat zurück. Genauer als die Wägung der solcherart zurückgehaltenen Kohlensäure ist es, dem zu analysierenden Salz Substanzen zuzufügen, die alles Kohlendioxyd auszutreiben gestatten[7]). Als solche Zusätze werden Antimonoxyd, phosphorsaures Kupfer, Borsäure oder chromsaures Blei empfohlen; letzteres ist, mit $^1/_{10}$ seines Gewichts Kaliumpyrochromat gemischt, für den angegebenen Zweck besonders geeignet.

Will man in derselben Probe gleichzeitig das Alkali bestimmen, so verfährt man nach Schwarz und Pastrovich[8]) folgendermaßen:

Man stellt sich durch Fällen von reinem, neutralem Kaliumchromat mit Quecksilberoxydulnitrat und Auswaschen des chromsauren Quecksilbers durch Dekantation reines Quecksilberchromat dar, trocknet und glüht es in einem Porzellantiegel, wobei sehr fein verteiltes, reines Chromoxyd zurückbleibt. Dieses wird mit dem abgewogenen, organischen Salz im Überschuß innig ver-

---

[1]) C. r. **116**, 1524 (1892).   [2]) Z. anal. **6**, 100 (1867).

[3]) Arch. **242**, 425 (1904).   [4]) Mandal, B. **49**, 1315 (1916).

[5]) Stöhr, J. pr. (2) **45**, 37 (1892). — Saggan, Diss. Kiel (1892), 18. — Brandes und Stöhr, J. pr. (2) **52**, 504 (1895). — Salkowski, B. **31**, 783 (1898). — Emde, Arch. **247**, 351 (1909). — Troeger und Müller, Arch. **252**, 483 (1914).

[6]) A. **137**, 52, 69, 91 (1866).

[7]) Gleiches gilt auch von den übrigen Alkalien und bis zu einem gewissen Grad auch von den Erdalkalien. — Siehe auch S. 196 und Mielck, Diss. Rostock (1909), 65.

[8]) B. **13**, 1641 (1880).

mischt und in ein nicht zu kleines Platin- oder Porzellanschiffchen übertragen. Beim Verbrennen mit Sauerstoff werden die Carbonate der Alkalien und alkalischen Erden gänzlich in neutrale Chromate verwandelt, die Kohlensäure also vollständig gewonnen. Selbst stickstoffhaltige Substanzen lassen sich so ohne Gefahr der Bildung von Stickoxyden verbrennen, wenn man nur durch Mäßigung des Sauerstoffstroms im Anfang dafür sorgt, daß das vorgelegte, metallische Kupfer bis zuletzt unoxydiert bleibt. Wird nach dem Erkalten das Schiffchen vorsichtig herausgezogen, so läßt sich durch die Bestimmung der darin enthaltenen Chromate auch die in den Salzen vorhandene Base genau bestimmen. Bei den löslichen Alkalichromaten geschieht dies am einfachsten mit einer $n/_{10}$-Bleilösung, die man zu der aus dem Schiffcheninhalt erhaltenen, wäßrigen Lösung so lange zufließen läßt, bis eine herausgenommene Probe einen Tropfen Silberlösung nicht mehr rot fällt. Bei den Chromaten der alkalischen Erden verfährt man nach der älteren Methode, indem man den Schiffcheninhalt mit einer sauren Eisenoxydulsalzlösung von bekanntem Gehalt im Überschuß versetzt und das nicht oxydierte Eisenoxyd im Filtrat mit titrierter Permanganatlösung zurückmißt.

Nur bei explosiven Nitroprodukten, wie z. B. Kaliumpikrat, ist es nötig, die Substanz zuerst mit Chromoxyd und dann mit einem Überschuß von Kupferoxyd zu mischen. Die Trennung des Chromats vom Kupferoxyd macht keine Schwierigkeiten.

Zur Kaliumbestimmung selbst verkohlt man nach Kämmerer die Substanz bei möglichst niedriger Temperatur im Platintiegel, bringt nach dem Erkalten einige Krystalle reines schwefelsaures Ammonium zu der kohligen Masse, spült diese mit etwas Wasser vorsichtig zusammen und verjagt nun durch Erhitzen des Öhrs des Tiegeldeckels zuerst das Wasser und das Ammoniumcarbonat, später durch gelindes Erhitzen des Tiegelbodens das überschüssige Ammoniumsulfat. Man behandelt nun noch in gleicher Weise mit geringeren Mengen salpetersaurem Ammonium und glüht schließlich.

Bei vielen Substanzen kann man auch gleich zu Beginn der Operation freie Schwefelsäure zusetzen, doch ist dann manchmal starkes Schäumen und Verlust durch Verspritzen kaum zu vermeiden.

Über Kaliumbestimmung im Harn siehe Přibram und Gregor, Z. anal. **38**, 401 (1899). — Drushel, Sill. (4) **26**, 555 (1909).

Verascht man Stoffe (z. B. Proteine, Fettsäuren, Kohlenhydrate), die neben viel organischer Substanz und Ammoniumsalzen nur geringe Mengen von Kalium enthalten, in gewöhnlicher Weise, so treten stets durch mechanisches Versprühen oder durch Verflüchtigung Verluste an Kalium ein. Nach Blumenthal, Peter, Healy und Gott[1]) vermeidet man dies, wenn man die Veraschung in einem Muffelofen vornimmt und den kohligen Rückstand zur vollständigen Oxydation und zur Überführung der Salze in Kaliumsulfat mit einer genügenden Menge Salpetersäure-Schwefelsäuregemisch abraucht.

Dieselben Autoren haben die Kaliumplatinchloridmethode zur Kaliumbestimmung folgendermaßen modifiziert:

Man dampft die etwa 0.7 g organische Substanz und 4—21 mg Kalium enthaltende Lösung in einer Quarzschale auf dem Wasserbad ein, verascht den schwarzen, gummiartigen Rückstand nach dem Abdampfen mit 5 ccm normaler Salpetersäurelösung und 5 ccm Schwefelsäure (1 : 1) im Muffelofen, bis er rein weiß erscheint, digeriert ihn mit 2—4 ccm Salzsäure (1 : 1)

---

[1]) J. Ind. Eng. Ch. **9**, 753 (1917).

über Nacht, filtriert, wäscht mit heißem Wasser aus, gibt zum Filtrat Platinchlorid im Überschuß zu, dampft auf dem Wasserbad ein, nimmt mit einigen Kubikzentimetern angesäuertem Alkohol auf, dekantiert nach dem Absetzenlassen die klare gelbe Flüssigkeit durch ein Asbestfiltrierröhrchen, wäscht und dekantiert mit saurem Alkohol, dann mit 80proz. Alkohol, wäscht den Niederschlag zwecks Lösung von Kupfer- und Magnesiumsulfat mit 4—6 ccm Salmiakwasser, dekantiert durch das Filtrierröhrchen, wiederholt das Auswaschen bis zum klaren Ablaufen des Filtrats, bringt das Kaliumplatinchlorid in das Filtrierröhrchen, wäscht mit 80proz. Alkohol, trocknet eine Stunde bei 98°, wägt, löst das Kaliumplatinchlorid mit heißem Wasser, trocknet mit 80proz. Alkohol, sowie bei 98° und wägt nochmals. Die Gewichtsdifferenz des Filtrierröhrchens zeigt das Gewicht des reinen Kaliumplatinchlorids.

Weiteres über **Alkalienbestimmung in Pflanzensubstanzen**: Neubauer, Z. anal. **43**, 14 (1908). — Über die Bestimmung kleiner Kaliummengen siehe noch Hamburger, Bioch. **71**, 416 (1915).

Explosive Kaliumverbindungen, wie z. B. das diazoäthansulfosaure Salz[1]), dampft man mit verdünnter[2]) Schwefelsäure auf dem Wasserbad ein und erhitzt hierauf langsam zum Glühen.

Explosive Kaliumsalze von Nitroverbindungen dampft man im Platintiegel mit **Ammoniumsulfid** ein, behandelt dann vorsichtig mit rauchender Salpetersäure und Schwefelsäure und raucht endlich ab[3]).

Faktorentabelle.

Gefunden	Gesucht	Faktor	2	3	4	5
$K_2SO_4 = 174.4$	$K_2 = 78.3$	0.44907	0.89814	1.34721	1.79628	2.24536

	6	7	8	9	log
	2.69443	3.14350	3.59257	4.04164	0.65231 — 1

Gefunden	Gesucht	Faktor	2	3	4	5
$K_2PtCl_6 = 485.8$	$K_2 = 78.3$	0.16118	0.32235	0.48353	0.64471	0.80589

	6	7	8	9	log
	0.96706	1.12824	1.28942	1.45059	0.20730 — 1

18. Kobalt Co = 59.

Zur Bestimmung des Kobalts in organischen Salzen glüht man die Substanz vorsichtig und wägt das zurückbleibende Kobaltoxydul; man bekommt dabei aber leicht, auch nach dem Abrauchen mit Schwefelsäure, infolge von Kohlenstoffeinschluß zu hohe Zahlen.

---

[1]) E. Fischer, A. **199**, 303, Anm. (1879). — Van Dorp, Rec. **8**, 195, 198 (1889).
[2]) Am besten alkoholischer; siehe S. 317. — Siehe ferner Willstätter und Hauenstein, B. **42**, 1849 (1909). — Mielck, Diss. Rostock (1909), 64. — Kögel, Diss. Erlangen (1909), 23. — Hesse, Diss. Berlin (1909), 27.
[3]) Leemann und Grandmougin, B. **41**, 1306, Anm. (1908).

Genauere Resultate erhält man[1]), wenn man die Kobaltverbindung im Roseschen Tiegel im Wasserstoffstrom erhitzt und so metallisches Kobalt zur Wägung bringt. Letzteres Verfahren empfiehlt sich auch für flüchtige Kobaltverbindungen[2]).

Oder man oxydiert die Substanz mit Natronlauge und Brom, filtriert das ausgeschiedene Oxyd ab und bestimmt das Metall elektrolytisch[3]).

Seltener[4]) bestimmt man das Kobalt als Sulfat. Eine Bestimmung des Kobalts als Co_3O_4 gibt Vaillant[5]) an.

Kobaltpikrat explodiert beim Erhitzen[6]).

Faktorentabelle.

Gefunden	Gesucht	Faktor	2	3	4	5
CoO = 75	Co = 59	0.78667	1.57333	2.35000	3.14666	3.93333

	6	7	8	9	log	
	4.72000	5.50666	6.29333	7.07999	0.89580 — 1	

Gefunden	Gesucht	Faktor	2	3	4	5
$CoSO_4$ = 155.1	Co = 59	0.38050	0.76100	1.14149	1.52199	1.90249

	6	7	8	9	log	
	2.28299	2.66349	3.04398	3.42448	0.58035 — 1	

19. Kupfer Cu = 63.6.

Gewöhnlich wird das Kupfer in organischen Substanzen durch Glühen, zuletzt unter Zusatz von salpetersaurem Ammonium oder freier Salpetersäure als Oxyd bestimmt[7]). Meist ist indessen diese Vorsicht nicht vonnöten; dann genügt energisches Glühen im offenen Tiegel.

Die Kupfersalze der β-Diketone und ähnlicher die Gruppe $-CO-CH_2-CO-$ enthaltender Verbindungen sind mehr oder weniger flüchtig[8]) und können daher nicht für sich allein, selbst nicht im Sauerstoffstrom, geglüht werden, ohne Verlust an Kupfer zu erleiden. Andererseits lassen sie sich größtenteils mit Salpetersäure an der Luft nicht oxydieren, weil hierbei leicht Explosionen stattfinden, die nur in umständlicher Weise zu vermeiden sind. Auch führt die Oxydation durch dasselbe Mittel in zugeschmolzenen Röhren häufig zu sehr unbefriedigenden Resultaten.

---

[1]) Wagener und Tollens, B. **39**, 413 (1906).   [2]) Gach, M. **21**, 106 (1900).

[3]) Clinch, Diss. Göttingen (1904), 48. — V. J. Meyer, Diss. Berlin (1905), 36.

[4]) Reitzenstein, Z. an. **18**, 275 (1898).   [5]) Bull. (3) **15**, 517 (1896).

[6]) Silberrad und Philips, Soc. **93**, 488 (1908).

[7]) Natürlich tritt, wenn man schon vor dem Zersetzen der organischen Substanz Ammoniumnitrat zusetzt, wie dies Rindl und Simonis getan haben [B. **41**, 839 (1908)], sehr leicht Verpuffung ein. — Man verwende nicht festes Ammoniumnitrat, sondern je einen Tropfen einer konzentrierten wäßrigen Lösung, mit der man das Kupferoxyd tränkt.

[8]) Combes, C. r. **105**, 870 (1887). — Ehrhardt, Diss. München (1889), 20. — Walker, B. **22**, 3246 (1889). — Claisen, A. **277**, 170 (1893). — Siehe auch Motylewski, B. **41**, 794 (1908).

Das isovaleriansaure Kupfer ist ebenfalls flüchtig, sogar unzersetzt sublimierbar[1]), ebenso, wenn auch in geringerem Maß, das benzoesaure und cyclogallipharsaure Kupfer[2]).

Auch bei stickstoffhaltigen Substanzen ist die gleiche Beobachtung gemacht worden, so beim Kupfernatriumcyanurat und beim dimethylcyanursauren Kupfer[3]).

Manchmal gelingt es allerdings doch, die Zersetzung mit Salpetersäure durchzuführen[4]), oder mit konzentrierter Schwefelsäure abzurauchen und dann stark zu glühen[5]), oder mit Natronlauge zu fällen und das so abgeschiedene Kupferoxyd zu bestimmen[6]), auch werden die getrockneten Kupfersalze durch sehr vorsichtiges Erhitzen in vielen Fällen verlustlos zersetzt[7]); wo dies aber nicht möglich ist, empfiehlt es sich, das Kupfer mit Schwefelwasserstoff zu fällen.

Man kann zu diesem Behuf entweder mit Lösungen operieren, wie Dimroth[8]), der ein explosives Kupfersalz mit Salzsäure zersetzte und dann Schwefelwasserstoff einleitete, oder man operiert mit dem trocknen Salz.

Nach Walker wird in solchen Fällen die Substanz in einen Rosetiegel gebracht und der Wirkung des Schwefelwasserstoffs ausgesetzt. Die Zersetzung findet schon in der Kälte statt und ist nach 15—20 Minuten vollendet: Man erwärmt dann gelinde unter fortdauerndem Durchleiten von Schwefelwasserstoff, um die organische Substanz zu verflüchtigen. Nachdem dies stattgefunden, bleibt in dem Tiegel nur Kupfersulfid zurück. Um dieses in eine wägbare Form überzuführen, leitet man Wasserstoff aus einem mit dem Tiegel durch ein T-Rohr in Verbindung stehenden Entwicklungsapparat hindurch, unterbricht erst dann den Schwefelwasserstoffstrom und glüht bis zu konstantem Gewicht.

Wenn man eine halbe Stunde geglüht hat, darf man annehmen, daß die Reduktion zu Kupfersulfür bei nicht zu großen Substanzmengen vollständig ist. Natürlich läßt man im Wasserstoffstrom erkalten. Ein Versuch dauert in der Regel anderthalb Stunden.

Bemerkenswert ist, daß das dimethylpyrrolincarbonsaure Kupfer von Schwefelwasserstoff in neutraler Lösung überhaupt nicht angegriffen wird, während die Zersetzung in saurer Lösung vollkommen glatt erfolgt[9]).

Auch sonst ist, zur Verhinderung der Bildung von kolloidem Kupfer, Fällen in stark saurer Lösung zu empfehlen[10]).

Vaillant[11]) behandelt das Dithioacetylacetonkupfer mit Schwefelsäure und bestimmt das Kupfer elektrolytisch. Auch für halogenhaltige Kupfersalze, die natürlich nicht direkt geglüht werden können, weil sich sonst Halogenkupfer verflüchtigt, ist Abrauchen mit Schwefelsäure recht geeignet[12]).

---

[1]) Kinzel, Ph. C.-H. **43**, 37 (1902).
[2]) Kunz-Krause und Richter, Arch. **245**, 34 (1907).
[3]) Werner, Diss. Leipzig (1908), 43, 45. — Ley und Werner, B. **46**, 4048 (1913).
[4]) Dickmann und Stein, B. **37**, 3381 (1904). — Struensee, Diss. Berlin (1911), 24.
[5]) Dubsky und Spritzmann, J. pr. (2) **96**, 117 (1917).
[6]) Kircher, Diss. (1885), 35.
[7]) Schulze und Winterstein, Z. physiol. **45**, 46, Anm. (1905).
[8]) B. **39**, 3911 (1906).   [9]) Zelinsky und Schlesinger, B. **40**, 2886 (1907).
[10]) Skraup, A. **201**, 296, Anm. (1880). — Hans Meyer, M. **23**, 438, Anm. (1902).
[11]) Bull. (3) **15**, 518 (1896). — Über elektrolytische Kupferbestimmung siehe auch Makowka, B. **41**, 825 (1908). — Witt, B. **48**, 771 (1915).
[12]) Liebermann, B. **41**, 839 (1908).

Der **Kupferdibromacetessigester** wurde[1]) mit **Soda und Salpeter** geschmolzen, die Schmelze in Wasser gebracht, filtriert und das Kupferoxydhydrat geglüht. Im Filtrat konnte das Halogen bestimmt werden.

Zur Kupferbestimmung des Salzes der **Thiopyrinphosphinsäure** wurde nach **Carius** aufgeschlossen, dann nach dem Verdampfen der Salpetersäure in Salzsäure aufgenommen, mit Schwefelwasserstoff gefällt und nach **Rose** als Sulfür gewogen[2]).

Analyse des **monophenylarsinsauren Kupfers**: La Coste und Michaelis, A. **201**, 210 (1880). — **Explosive Kupferselenverbindungen**: Stoecker und Krafft, B. **39**, 2199 (1906).

Faktorentabelle.

Gefunden	Gesucht	Faktor	2	3	4	5
CuO = 79.6	Cu = 63.6	0.79900	1.59799	2.39699	3.19600	3.99500

6	7	8	9	log
4.79397	5.59297	6.39196	7.19096	0.90254 — 1

Gefunden	Gesucht	Faktor	2	3	4	5
Cu_2S = 159.3	Cu_2 = 127.2	0.79869	1.59739	2.39608	3.19478	3.99347

6	7	8	9	log
4.79216	5.59086	6.38955	7.18825	0.90238 — 1

20. Lanthan La = 139.0.

Der Lanthangehalt im **Lanthannitrat-Antipyrin** wird durch direktes Glühen ermittelt, wobei La_2O_3 erhalten wird[3]).

Wenn das **Lanthansalz** des **p-Toluolsulfonsäurenitrosohydroxylaminophenylesters** geglüht wird, bildet sich Lanthansulfat, das sehr beständig ist. Um richtige Analysenzahlen zu erhalten, muß man den Glührückstand in verdünnter Säure auflösen und mit Ammoniak fällen[4]).

21. Lithium Li = 7.

Über die **Elementaranalyse lithiumhaltiger Verbindungen** gelten die S. 338 für Kaliumsalze gemachten Bemerkungen.

Da das **Lithiumcarbonat** beim Glühen unzersetzt schmelzbar ist, kann man es als Rückstand im Schiffchen bestimmen.

Sonst führt man das Salz durch Abrauchen mit Schwefelsäure in das Sulfat über[5]).

Das **pikrinsaure Lithium** explodiert beim Erhitzen sehr heftig[6]).

[1]) Wedel, A. **219**, 100 (1883). — Siehe Duisberg, A. **213**, 141 (1882).
[2]) Dyckerhoff, Diss. Rostock (1915), 28.   [3]) Kolb, Z. an. **83**, 144 (1913).
[4]) Baudisch, Gurewitsch und Rothschild, B. **49**, 189 (1916).
[5]) z. B. Flade, Diss. Leipzig (1909), 26. — Heilbron, Diss. Leipzig (1910), 32.
[6]) Beamer und Clarke, B. **12**, 1068 (1879). — Silberrad und Philips, Soc. **93**, 475 (1908).

Faktorentabelle.

Gefunden	Gesucht	Faktor	2	3	4	5
$Li_2CO_3 = 74$	$Li_2 = 14$	0.18985	0.37969	0.56954	0.75938	0.94923
	6	7	8	9	log	
	1.13908	1.32892	1.51877	1.70861	0.27840 — 1	

Gefunden	Gesucht	Faktor	2	3	4	5
$Li_2SO_4 = 110$	$Li_2 = 14$	0.12768	0.25536	0.38304	0.51072	0.63840
	6	7	8	9	log	
	0.76607	0.89375	1.02143	1.14911	0.10612 — 1	

22. Magnesium Mg = 24.4.

Die Bestimmung des Magnesiums wird entweder durch direktes Glühen der, eventuell mit ein wenig Salpetersäure angefeuchteten, Substanz — wobei man anfangs nur sehr gelinde erwärmen darf — oder durch Abrauchen des Salzes mit Schwefelsäure und schwaches Glühen, als Magnesiumoxyd bzw. Magnesiumsulfat ausgeführt, wenn man es nicht vorzieht, das Sulfat noch in das Pyrophosphat überzuführen[1]).

Magnesiumpikrat explodiert beim Erhitzen[2]).

Magnesiumdiphenyl wurde durch Wasser von $0°$ zerlegt, das Magnesiumhydroxyd in Salzsäure gelöst, gefällt und als Pyrophosphat gewogen[3]).

Faktorentabelle.

Gefunden	Gesucht	Faktor	2	3	4	5
$MgO = 40.4$	$Mg = 24.4$	0.60357	1.20714	1.81070	2.41427	3.01784
	6	7	8	9	log	
	3.62141	4.22498	4.82854	5.43211	0.78073 — 1	

Gefunden	Gesucht	Faktor	2	3	4	5
$MgSO_4 = 120.4$	$Mg = 24.4$	0.20229	0.40458	0.60688	0.80917	1.01146
	6	7	8	9	log	
	1.21375	1.41604	1.61834	1.82063	0.30598 — 1	

---

[1]) Willstätter und Fritzsche, A. **371**, 70 (1910).
[2]) Silberrad und Philips, Soc. **93**, 479 (1908).
[3]) Fleck, A. **276**, 139 (1893).

Faktorentabelle.

Gefunden	Gesucht	Faktor	2	3	4	5
$Mg_2P_2O_7 = 222.8$	$Mg_2 = 48.8$	0.21875	0.43750	0.65625	0.87500	1.09375

	6	7	8	9	log
	1.31250	1.53125	1.75000	1.96875	0.33995 — 1

23. Mangan Mn = 55.

Man führt die Substanz in der Regel durch starkes Glühen in Manganoxyduloxyd über[1]), seltener durch Ammoniak und Schwefelammonium in Mangansulfür[2]). Oder man raucht mit Schwefelsäure im Platintiegel ab, erhitzt bis zur beginnenden Rotglut und wägt als Sulfat[3]). — Bestimmung als $Mn_2P_2O_7$: Weinland und Fischer, Z. an. **120**, 170 (1921).

Manganpikrat explodiert beim Erhitzen[4]).

Zur Bestimmung von Mangan in tierischen Geweben[5]) erhitzt man ca. 0.2 g der getrockneten und gepulverten Substanz in einem Platintiegel, bis sie in der Hauptsache verbrannt ist, fügt Kaliumnitrat hinzu, bis eine homogene Schmelze hinterbleibt, läßt erkalten, löst in siedender verdünnter Salpetersäure, gibt Ammoniumpersulfat und einige Tropfen 10 proz. Silbernitratlösung hinzu, kocht, bis die Reaktion beendigt ist, läßt erkalten und titriert die erhaltene Übermangansäurelösung mit arseniger Säure.

Reiman und Minot[6]) empfehlen folgendes Verfahren:

Es wird bei nicht zu hoher Temperatur (Verbleiben von etwas Kohle ist unschädlich) im Quarzbecher (auf Freiheit von Mangan zu prüfen) verascht, dann mit Kaliumpersulfat geschmolzen, das zweckmäßig im Becher selbst durch Behandlung eines Gemisches von 2—4 g Natrium- und Kaliumnitrat mit 10 ccm Schwefelsäure und 5 ccm Salzsäure unter gelindem Erwärmen bereitet wird. Für die Oxydation der mit Wasser erhaltenen Lösung (50 ccm) wurde Ammoniumpersulfat, wenn frei von organischen Stoffen, dem Kaliumsalz gleichwertig gefunden; 0.5 g davon werden mit 1 ccm konzentrierter Salpetersäure und 0.2—0.4 ccm 2.5 proz. Silbernitratlösung verwendet, unter gelindem Erwärmen auf dem Sandbad ohne oder nur mit kurzem Kochen.

Bestimmung kleiner Manganmengen in Pflanzenaschen usw.: Wester, Rec. **39**, 414 (1920). — Jones und Bullis, J. Ind. Eng. Ch. **13**, 524 (1921).

Faktorentabelle.

Gefunden	Gesucht	Faktor	2	3	4	5
$Mn_3O_4 = 229$	$Mn_3 = 165$	0.72052	1.44105	2.16157	2.88210	3.60262

	6	7	8	9	log
	4.32314	5.04367	5.76419	6.48472	0.85765 — 1

---

[1]) Ladenburg, Spl. **8**, 58 (1872). — Schück, Diss. Münster (1906), 36.
[2]) Milone, G. **15**, 227 (1885).   [3]) V. J. Meyer, Diss. Berlin (1905), 41.
[4]) Silberrad und Philips, Soc. **93**, 487 (1908).
[5]) Bradley, J. Biol. Chem. **8**, 237 (1910).
[6]) J. Biol. Ch. **42**, 329 (1920). — C. 1920, IV, 241.

Faktorentabelle.

Gefunden	Gesucht	Faktor	2	3	4	5
MnS = 71	Mn = 55	0.63175	1.26350	1.89524	2.52699	3.15874

6	7	8	9	log
3.79049	4.42224	5.05398	5.68573	0.80054 — 1

24. Molybdän Mo = 96.

Organische Molybdänverbindungen sind nur selten dargestellt worden.

Das Molybdänacetylaceton[1]) ist schon wenig über 90° flüchtig. Das Molybdän wurde in dieser Substanz als MoO_3 bestimmt.

Zur Analyse der Molybdänsäurealkylarsinate[2]) wird die Substanz in einem Quarzkolben von 100 ccm Inhalt mit ca. 20 ccm konzentrierter Schwefelsäure mehrere Stunden lang schwach gekocht und von Zeit zu Zeit ein Körnchen Salpeter zugesetzt. Die zuerst blaue Lösung wird nach vollkommenem Aufschluß farblos. Das Arsen wird als Ammoniummagnesiumarseniat gefällt und in einem Teil des Filtrats die Molybdänsäure als MoO_3 bestimmt.

Faktorentabelle.

Gefunden	Gesucht	Faktor	2	3	4	5
MoO_3 = 144	Mo = 96	0.66667	1.33333	2.00000	2.66667	3.33334

6	7	8	9	log
4.00000	4.66667	5.33334	6.00000	0.82391 — 1

25. Natrium Na = 23.05.

In bezug auf die Bestimmung dieser Substanz gelten die für Kalium S. 338 gemachten Angaben. Die Bestimmung als Carbonat (Schiffchenrückstand) bei der Elementaranalyse gibt hier bessere Resultate als beim Kalium. Nur erhitze man nach beendigter Verbrennung noch einmal mit ein wenig kohlensaurem Ammonium.

Sonst bestimmt man das Natrium als Sulfat[3]).

Explosive Natriumverbindungen, wie das Natriumfulminat[4]) oder das Natriumpikrat[5]), werden in wenig Wasser gelöst, mit Schwefelsäure zersetzt, verdampft, getrocknet und geglüht.

---

[1]) Gach, M. **21**, 112 (1900). — Clinch, Diss. Göttingen (1904), 45.

[2]) Rosenheim und Bilecki, B. **46**, 550 (1913).

[3]) Bestimmung (im Blut) als Natriumcaesiumwismutnitrit; Doisy und Bell, J. Biol. Ch. **45**, 513 (1921).

[4]) Carstanjen und Ehrenberg, J. pr. (2) **25**, 243 (1882). — Ehrenberg, J. pr. (2) **32**, 231 (1885).

[5]) Silberrad und Philips, Soc. **93**, 476 (1908).

Faktorentabelle.

Gefunden	Gesucht	Faktor	2	3	4	5
$Na_2CO_3 = 106.1$	$Na_2 = 46.1$	0.43450	0.86899	1.30349	1.73798	2.17248
	6	7	8	9	log	
	2.60698	3.04147	3.47597	3.91046	0.63799 — 1	

Gefunden	Gesucht	Faktor	2	3	4	5
$Na_2SO_4 = 142.2$	$Na_2 = 46.1$	0.32428	0.64856	0.97285	1.29713	1.62141
	6	7	8	9	log	
	1.94569	2.26997	2.59426	2.91854	0.51092 — 1	

26. Nickel Ni = 58.7.

Für die Bestimmung dieses Metalls gelten dieselben Maßregeln wie für Kobalt. Siehe S. 340. Man bestimmt es also entweder als Metall oder als Oxyd — nach Zerstörung der organischen Substanz durch Erhitzen im Rohr mit rauchender Salpetersäure —, gelegentlich aber auch als Sulfat[1]) durch mehrmaliges Abrauchen mit konzentrierter Schwefelsäure [Schulze[2])].

Es gibt auch flüchtige Nickelsalze, wie das Dimethylglyoxim-nickel[3]), das von 250° an sublimiert.

Diese Verbindung, die bekanntlich wegen ihrer Schwerlöslichkeit für die Analyse anorganischer Verbindungen Verwendung findet, hat man auch für die Nickelbestimmung in organischen Substanzen benutzt[4]).

Nickelpikrat explodiert beim Erhitzen[5]).

Bestimmung kleiner Nickelmengen in Speisen und Organen: Armit und Harden, Proc. Lond. Roy. Soc. **77**, B, 420 (1906). — Lehmann, Arch. f. Hyg. **68**, 423 (1909).

Faktorentabelle.

Gefunden	Gesucht	Faktor	2	3	4	5
NiO = 74.7	Ni = 58.7	0.78581	1.57162	2.35743	3.14324	3.92905
	6	7	8	9	log	
	4.71486	5.50067	6.28648	7.07229	0.89532 — 1	

[1]) Reitzenstein, Z. an. **18**, 264 (1898).
[2]) Diss. Kiel (1906), 104. — Schück, Diss. Münster (1906), 13.
[3]) Tschugaeff, Z. an. **46**, 145 (1905).
[4]) Bygdén, J. pr. (2) **96**, 97 (1917). — Ephraim, B. **54**, 403, 405 (1921).
[5]) Silberrad und Philips, Soc. **93**, 489 (1908).

Gefunden	Gesucht	Faktor	2	3	4	5
$NiSO_4 = 154.8$	$Ni = 58.7$	0.37930	0.75859	1.13789	1.51719	1.89649

	6	7	8	9	log	
	2.27578	2.65508	3.03438	3.41367	0.57898 — 1	

27. Osmium Os = 190.9.

Die Hexachlorosmeate der aliphatischen Ammoniumverbindungen werden nach Gutbier und Maisch[1]) folgendermaßen analysiert:

Die Präparate werden in tarierte Porzellanschiffchen eingewogen und in einer Verbrennungsröhre sehr sorgfältig durch heißen Wasserstoff zersetzt. Man muß bei dieser Operation, besonders bei Beginn, mit außerordentlich großer Vorsicht verfahren, da die Substanzen in dem heißen Gasstrom leicht schmelzen und unfehlbar verspritzen, wenn man die Flamme zu früh dem Schiffchen nähert. Ist die Operation richtig geleitet worden, so bleibt blättchenförmiges, prachtvoll glänzendes Metall zurück, das man zur Entfernung des Kohlenstoffs im lebhaften Wasserstoffstrom kräftig und direkt erhitzt und schließlich unter sauerstofffreiem Kohlendioxyd der Abkühlung überläßt.

Der ganze Prozeß wird bis zum Eintritt der Gewichtskonstanz wiederholt.

28. Palladium Pd = 106.

In Palladiumdoppelsalzen[2])[3]) wird das Metall durch Glühen, eventuell im Wasserstoffstrom, bestimmt. Siehe unter Platin S. 355.

Das Chlor bestimmt man in solchen Doppelsalzen nach dem Schmelzen der Substanz mit Soda und Salpeter[3]).

29. Phosphor P = 31.0.

Zur Elementaranalyse phosphorhaltiger Eiweißverbindungen empfiehlt Dennstedt[4]) unglasierte Porzellanschiffchen zu verwenden. Die Phosphorsäure wird von der porösen Masse des Schiffchens aufgesaugt, während die Kohle zurückbleibt und nun genügend mit dem Sauerstoff in Berührung kommt, um leicht und vollständig verbrannt zu werden. — Ist der Phosphorgehalt groß, dann muß die Verbrennung nach vollständiger Verkohlung der Substanz unterbrochen werden. Man stellt das Schiffchen nach dem Erkalten in eine flache Glasschale mit Salzsäure und erwärmt auf dem Wasserbad. Die Flüssigkeit dringt von außen in das Schiffchen und laugt die Phosphorsäure vollständig aus, während die Kohle fest im Schiffchen liegen bleibt. Man gießt die Säure ab, wiederholt das Verfahren einige Male mit reinem Wasser, trocknet bei 120° und verbrennt von neuem. Auf diese Weise tritt vollständige Verbrennung ein, und man erhält gut stimmende Zahlen, während sonst die Resultate unbefriedigend zu sein pflegen[5]).

---

[1]) B. **43**, 3235 (1910). — Gutbier und Mehler, Z. an. **89**, 315 (1914).
[2]) Cohn, M. **17**, 670 (1896). — Rosenheim und Maaß, Z. an. **18**, 334 (1898), Anm. — Barbieri, Atti Linc. **23** (I), 880 (1914).
[3]) Kurnakow und Gwosdarew, Z. an. **22**, 385 (1900).
[4]) Z. physiol. **52**, 181 (1907).
[5]) Siehe z. B. Evans und Tilt, Am. **44**, 364 (1910).

Zur quantitativen Bestimmung des Phosphors in organischen Substanzen dienen gewöhnlich die auf S. 284ff. für die Schwefelbestimmung angeführten Methoden.

Die Methode von Carius für sich allein angewendet läßt hier allerdings öfters im Stich oder erfordert mindestens sehr langes Erhitzen [16—24 Stunden[1])]. Derartig resistente Substanzen müssen nach dem Erhitzen mit Salpetersäure und Neutralisieren mit Soda nach der Liebigschen Methode mit Ätzkali geschmolzen werden.

Verläßlichere Resultate werden nach der Brügelmannschen (auf S. 288 beschriebenen) Methode erhalten.

So untersuchte beispielsweise Schaeuble[2]) das Trixylylphosphin folgendermaßen: Die Substanz wurde in einem Schiffchen mit feinkörnigem Natronkalk und Ätzkalk überdeckt und in eine etwa 11 mm weite Röhre von schwer schmelzbarem Glas geschoben. Vor der Substanz befand sich eine ca. 12—14 cm lange, hinter ihr eine 8 cm lange Ätzkalkschicht, und zwar ohne Kanal. Die Röhre wurde dann ganz allmählich von beiden Enden nach der Mitte zu erhitzt und gleichzeitig erst ein langsamer Luftstrom, später ein Sauerstoffstrom so durchgeleitet, daß die Substanz ohne sichtbare Entzündung verbrannte. Der Phosphor wurde aus der salpetersauren Lösung des Röhreninhalts mit molybdänsaurem Ammonium gefällt. Das phosphormolybdänsaure Ammonium wurde auf einem Filter gesammelt, gut ausgewaschen, in Ammoniak gelöst und mit dem Magnesiagemisch als Ammoniummagnesiumphosphat gefällt und nach dem Glühen gewogen.

Titration der Phosphorsäure siehe S. 310 und 352.

Methode von Messinger[3]).

Die Substanz (0.3—0.4 g) wird in einem Röhrchen gewogen und mit 4—5 g Chromsäure zersetzt. Der Zersetzungskolben wird mit einem Rückflußkühler verbunden. Man gießt 10 ccm Schwefelsäure (2 Teile konzentrierte Säure und 1 Teil Wasser) durch den Kühler und erwärmt gelinde. Nach einer Stunde werden noch 10 ccm Schwefelsäure zugefügt und die Erwärmung etwa eine Stunde fortgesetzt. Mit dem Erhitzen darf man in keinem Fall zu weit gehen. Die Flüssigkeit muß nach dem Erkalten vollständig klar sein. Der Kolbeninhalt wird nach zweistündiger Digestion in ein Becherglas geleert und auf dem Wasserbad erwärmt. Man versetzt mit 3—4 g festem Ammoniumnitrat und 50 ccm Ammoniummolybdatlösung und setzt das Erwärmen 2—3 Stunden fort. Die grünliche Flüssigkeit wird abfiltriert, der Niederschlag mit einer salpetersauren Lösung von Ammoniumnitrat (20 g Salz in 100 ccm Wasser) 6—8 mal dekantiert, dann aufs Filter gebracht und in 2 proz. warmem Ammoniak gelöst. Die klare Flüssigkeit, deren Menge nicht mehr als 40—50 ccm betragen darf, wird mit 4—5 Tropfen konzentrierter Citronensäurelösung versetzt (um Spuren von Chromverbindungen als Citrate in Lösung zu halten) und mit Chlormagnesiumlösung gefällt.

---

[1]) Siehe z. B. Evans und Tilt, Am. **44**, 364 (1910).
[2]) Diss. Rostock (1895), 9. — Siehe auch Michaëlis und Gentzken, A. **241**, 168 (1887). — Abel, Diss. Rostock (1909), 57.
[3]) B. **21**, 2916 (1888).

Methode von Marie[1].

Die Substanz wird zuerst in überschüssiger konzentrierter Salpetersäure (etwa 15—20 ccm auf 1 g Substanz) gelöst, auf das kochende Wasserbad gebracht und eine kleine Menge feingepulvertes Kaliumpermanganat zugesetzt. Das Permanganat löst sich, und während sich die Lösung nach und nach entfärbt scheidet sich Braunstein aus. Man fügt wieder Permanganat zu, wartet die Entfärbung ab usw. und fährt so fort, bis die Lösung einige Minuten lang deutlich rot gefärbt bleibt.

Das verwendete Permanganat muß mindestens das 5—6fache Gewicht der angewendeten Substanz betragen, man nimmt um so mehr davon, je schwerer oxydabel sie ist; Ringverbindungen z. B. sind sehr resistent.

Man läßt erkalten und fügt tropfenweise 10 proz. Natrium- oder Kaliumnitritlösung zu, bis die Lösung klar wird, was plötzlich eintritt. Durch Kochen werden überschüssige Salpetersäure und salpetrige Säure verjagt und Molybdänsäurelösung, der erwarteten Phosphorsäuremenge entsprechend, zugesetzt. Die gefällte Phosphormolybdänsäure muß sehr sorgfältig ausgewaschen werden, wobei man untersucht, ob die Waschwässer beim Erhitzen mit Bleisuperoxyd keine Permanganatfärbung mehr zeigen. — Nach der Fällung des Phosphors mit Magnesiasolution muß natürlich wieder alles Molybdän ausgewaschen werden. Um letzteres nachzuweisen, säuert man das ammoniakalische Waschwasser mit überschüssiger Salzsäure an und fügt ein paar Tropfen Rhodanammonium und etwas Zink hinzu. Das Molybdän verrät sich dann durch das Auftreten einer deutlichen, aber nach einiger Zeit verblassenden Rosafärbung.

Die Methode von Marie führt namentlich auch bei sehr schwer oxydablen Substanzen, die nach Carius kaum aufgeschlossen werden können, z. B. dem Calcium-Ammoniumsalz der acetodiphosphorigen Säure[2]), zu ausgezeichneten Resultaten und vermeidet die Unbequemlichkeit des Arbeitens im Einschmelzrohr.

Zur Phosphorbestimmung bei physiologisch - chemischen Analysen bemerkt Rieger[3], daß man richtige Resultate nur dann zu erhalten hoffen darf, wenn man bei der üblichen Aufschließungsmethode[4] Asche herstellt, die, in Salpetersäure gelöst, keine Spur Kohle mehr enthält, die also rein weiß ist.

Rieger verfährt beispielsweise für die Phosphorsäurebestimmung in der Milch[5] folgendermaßen:

50 ccm Milch werden in einer geräumigen Platinschale unter öfterem Umrühren auf dem Wasserbad zur Sirupdicke eingedampft, mit 3 Löffeln chemisch reiner, wasserfreier, fein gepulverter Soda verrührt und vorsichtig verbrannt, darauf $^1/_4$ Stunde lang geglüht. Die vollkommene Veraschung wird zuletzt dadurch erreicht, daß man den in breiter, aber dünner Schicht befindlichen Schaleninhalt mit einer Mischung von 1 Teil Soda und 2 Teilen

---

[1]) C. r. **129**, 766 (1899). — Siehe hierzu auch Bordas, C. r. **134**, 1592 (1902). — Freundler, Bull. (4) **11**, 1041 (1912). — Steinkopf und Buchheim, B. **54**, 1032 (1921).

[2]) H. v. Baeyer und Hofmann, B. **30**, 1973 (1897).

[3]) Z. physiol. **34**, 109 (1901).   [4]) Methode von Hoppe - Seyler.

[5]) Siehe hierzu auch Miller, Analyst **36**, 579 (1911). — Taylor und Miller, J. Biol. Ch. **18**, 215 (1914).

Kaliumnitrat gut bedeckt und unter Umrühren mit einem Glasstab über einem Dreibrenner glüht. Es entsteht dann eine weiße Masse, die bei starkem Glühen flüssig wird. Die breiige Masse rührt man zu einem Häufchen zusammen, legt den Glasstab in eine Porzellanschale, läßt erkalten und kann dann die ganze Schmelze durch leichtes Zusammendrücken der Platinschale in einem oder mehreren großen Stücken herausheben. Man gibt sie in ein geräumiges Becherglas, ebenso den Glasstab, fügt verdünnte Salpetersäure zu und löst die Schmelze in dem mit einem Uhrglas bedeckten Becherglas in der Kälte. Inzwischen hat man in die Platinschale verdünnte Salpetersäure gegeben und fügt sodann zu dem im Becherglas gelösten Teil den in der Platinschale zurückgebliebenen gelösten Rest der Schmelze. Man erhält eine fast klare Flüssigkeit. Man kocht auf, behandelt mit Molybdänlösung usw.

Auf diese Weise können auch andere Nahrungsmittel, ferner Kot usw. analysiert werden.

Neben dieser Veraschungsmethode leistet auch das Verfahren von Röhmann und Keller[1]) in der Riegerschen Modifikation gute Dienste.

In einen Kjeldahlkolben werden z. B. 50 ccm Milch oder Urin gegeben und 5 ccm konzentrierte Salpetersäure zugefügt, um bei dem darauffolgenden Einengen auf ca. 20 ccm, das sehr vorsichtig zu geschehen hat, Überkochen zu vermeiden. Erst dann wird die eigentliche Oxydation durch 20 ccm rauchende Salpetersäure eingeleitet. Sobald die braunen Dämpfe durch Erwärmen vertrieben sind, läßt man abkühlen und fügt 20 ccm konzentrierte Schwefelsäure zu. Nachdem sich die Flüssigkeit, die man wieder erwärmt, schwarz gefärbt hat, werden 25 g Ammoniumnitrat in zwei Portionen zugegeben und die Lösung dabei so lange unter Umschütteln mit kleiner Flamme erhitzt, bis sie farblos ist. Nach abermaligem Abkühlen wird alkalisch gemacht, mit Salpetersäure stark angesäuert und die Phosphorsäurebestimmung nach der Molybdänmethode vollendet.

Man hat das bei der Oxydation gebildete Calciumsulfat vor der Fällung mit Magnesiamixtur abzufiltrieren.

Methoden der Phosphorbestimmung im Phosphoröl: Korte, Diss. Bern (1906). — Bohrisch, Ph. C.-H. 50, 19 (1909). — Willstätter und Sonnenfeld, B. 47, 2806 (1914).

Phosphorbestimmung in der calorimetrischen Bombe: Lemoult, C. r. 149, 511 (1909).

Faktorentabelle.

Gefunden	Gesucht	Faktor	2	3	4	5
$Mg_2P_2O_7 = 222.7$	$P_2 = 62$	0.27838	0.55675	0.83513	1.11351	1.39189
	$P_2O_5 = 142$	0.63757	1.27514	1.91272	2.55029	3.18786

6	7	8	9	log
1.67026	1.94864	2.22702	2.50539	0.44463 — 1
3.82543	4.46300	5.10058	5.73815	0.80453 — 1

---

[1]) Z. physiol. 29, 151 (1900). — Siehe auch Marcuse, Pflüg. 67, 363 (1897).

Alkalimetrische Bestimmung der Phosphorsäure unter Benutzung der Säuregemischveraschung nach Neumann[1]).

Erforderliche Lösungen:

1. 50 proz. Ammoniumnitratlösung,
2. 10 proz. Ammoniummolybdatlösung, kalt gelöst und filtriert,
3. $n/_2$-Natronlauge und $n/_2$-Schwefelsäure,
4. 1 proz. alkoholische Phenolphthaleinlösung.

Ausführung der Phosphorsäurebestimmung:

Die Substanz wird nach den S. 388 gegebenen Vorschriften verascht, wobei sogleich 20 ccm Säuremischung zugesetzt werden. Während des weiteren Verlaufs der Veraschung tröpfelt man nur konzentrierte Salpetersäure zu. Man verdünnt auf 250 ccm, wobei außer dem Wasser so viel Ammoniumnitratlösung zuzugeben ist, daß in dem Viertelliter 15% davon vorhanden sind. Man erhitzt auf 60—70°, d. h. bis gerade Blasen aufsteigen, und setzt einen nicht gar zu großen Überschuß Molybdatlösung zu.

40 ccm genügen für 60 mg Phosphorsäureanhydrid; zu Proben, die 10 bis 25 mg Phosphorpentoxyd enthalten, verwendet man ca. 40 ccm, zu solchen, die mutmaßlich weniger als 10 mg enthalten, 20 ccm Molybdatlösung.

Man schüttelt den Niederschlag von phosphormolybdänsaurem Ammonium etwa $^1/_2$ Minute gründlich durch und läßt 15 Minuten stehen. Dann filtriert und wäscht man durch Dekantation, wobei man aschefreie Faltenfilter von 5—6 cm Radius benutzt. Vorher wird das Filter mit 15 proz. Ammoniumnitrat befeuchtet, um die Poren zu verengen.

Um bequem zu dekantieren, legt man die Rundkolben in einen Stativring, etwas höher als das Filter und läßt durch Neigen die klare Flüssigkeit ohne Unterbrechung durch das Filter fließen. Zu dem im Kolben zurückgebliebenen Niederschlag fügt man 150 ccm eiskaltes Wasser, schüttelt kräftig und läßt absitzen. Währenddessen wird auch das Filter 1—2 mal mit eiskaltem Wasser gefüllt. Man dekantiert und wäscht noch 3—4 mal in gleicher Weise, bis das Waschwasser gerade nicht mehr gegen Lackmuspapier sauer reagiert.

Nunmehr gibt man das Filter in den Kolben zurück, zerteilt es durch heftiges Schütteln in der ganzen Flüssigkeit und löst den gelben Niederschlag, indem man gemessene Mengen Natronlauge hinzufügt, unter beständigem Schütteln und ohne Erwärmen gerade zu einer farblosen Flüssigkeit auf. Sodann werden noch 4 ccm Lauge zugesetzt und gekocht (ca. $^1/_4$ Stunde), bis in den Wasserdämpfen durch feuchtes Lackmuspapier kein Ammoniak mehr nachweisbar ist. Nach völligem Abkühlen unter der Wasserleitung und Ergänzung der Flüssigkeitsmenge auf ca. 150 ccm muß durch Hinzufügen von 6—8 Tropfen Phenolphthaleinlösung starke Rotfärbung eintreten, widrigen-

---

[1]) Z. physiol. **37**, 129 (1902); **43**, 35 (1904). — Malcolm, J. Physiol. **27**, 355 (1902). — Cronheim und Müller, Z. f. diät. u. phys. Therap. **6** (1902/03). — Donath, Z. physiol. **42**, 142 (1904). — Ehrström, Skand. Arch. Physiol. **14**, 82 (1904). — Wendt, Skand. Arch. Physiol. **17**, 215 (1905). — Rubow, Arch. f. exp. Pathol. u. Pharm. **57**, 71 (1905). — Plimmer und Bayliss, J. Physiol. **33**, 441 (1906). — Glikin, Bioch. **4**, 240 (1907). — Erlandsen, Z. physiol. **51**, 85 (1907). — Gregersen, Z. physiol. **53**, 453 (1907). — Plimmer, Soc. **93**, 1502 (1908). — Wolf und Österberg, Bioch. **29**, 436 (1910). — Heubner, Bioch. **64**, 393 (1914). — Jodidi, Am. soc. **37**, 1708 (1915). — Zlataroff, Bioch. **76**, 221 (1916). — Kleinmann, Bioch. **99**, 95 (1919). — Iversen, Bioch. **104**, 15 (1920).

falls nochmals nach Zusatz einiger Kubikzentimeter Lauge gekocht werden muß. Dann übersättigt man mit $^1/_2$—1 ccm Schwefelsäure, vertreibt durch Kochen die Kohlensäure und titriert zurück.

Da die Werte vielfach wegen eines Phosphorgehaltes der Reagenzien, der Anwesenheit von Kohlendioxyd und der Wirkung des kochenden Alkalis auf das Filterpapier zu hoch ausfallen, ist es angezeigt, einen blinden Versuch auszuführen und dessen Resultat in Rechnung zu stellen.

Die Zahl der verbrauchten Kubikzentimeter $^n/_2$-Lauge, mit 1.268 multipliziert, ergibt die Menge Phosphorsäureanhydrid in Milligrammen; Multiplikation mit 0.554 ergibt den Phosphor.

Zieht man vor, mit $^n/_{10}$-Lauge zu arbeiten, so ist:

$$1 \text{ ccm } ^n/_{10}\text{ - Lauge} = 0.2536 \text{ } P_2O_5 = 0.11075 \text{ } P.$$

Mikro - Phosphorbestimmung nach dem Neumannschen Verfahren[1]).

Man verfährt im allgemeinen, wie weiter oben angegeben, nur benutzt man gehärtete Filter (Schleicher und Schüll, 9 cm R. F. P. 575); der Niederschlag kann dann nach dem Waschen durch die Spritzflasche vollkommen vom Filter abgespült werden. Das Waschen kann mit etwa 40 ccm kaltem Wasser geschehen. Der Niederschlag wird in den Kolben zurückgespült, in dem gefällt wurde, und es wird $^n/_{25}$-Natronlauge zugesetzt, bis zu einem Überschuß von 1—2 ccm und außerdem 3—4 kleine Bimssteinstücke. Im Kolben müssen nun mindestens 50 ccm Flüssigkeit vorhanden sein. Das Ammoniak wird nun weggekocht, indem man über einem Drahtnetz bis auf etwa 20 ccm eindampft. Man setzt einen Tropfen 1 proz. alkoholischer Lösung von Phenolphthalein und so viel $^n/_{25}$-Schwefelsäure zu, daß Entfärbung eintritt und weiter etwa 0.4 ccm. Zwecks Entfernen der Kohlensäure wird ein paar Minuten gekocht und nach dem Abkühlen mit $^n/_{25}$-Natronlauge bis zur Rotfärbung zurücktitriert.

Man kann von 0.015—0.121 mg Phosphor mit einem absoluten Fehler von 0.003 mg bestimmen. Auch bei größeren Phosphormengen gibt die Methode dieselbe Genauigkeit. Bei Phosphormengen, die wesentlich größer sind als 0.2 mg, ist die Analyse jedoch etwas weniger bequem ausführbar, da das Waschen des Niederschlages hier mit etwas größerer Schwierigkeit verbunden ist und mehr Zeit in Anspruch nimmt.

Bei Phosphorbestimmungen in Plasma und Blut verwendet Iversen bzw. 0.3 und 0.5 ccm und bei der Bestimmung des säurelöslichen Phosphors (nach Greenwald die Phosphormenge der Stoffe, die in Lösung treten, wenn Blut oder Plasma mit einer salzsauren Pikrinsäurelösung gefällt und extrahiert wird) 0.5 ccm Blut und 1.0 ccm Plasma. Es ist angenehm, mit den angegebenen Mengen zu arbeiten, doch kann man ohne Schwierigkeiten mit der halben Menge auskommen. Zum Fällen und Extrahieren wird eine Lösung benutzt, die 0.25% Salzsäure und 0.5% Pikrinsäure enthält.

Bei den Gesamtbestimmungen wird das Blut oder das Plasma in einem 100-ccm-Kjeldahlkolben mit kurzem Hals oder in einem 100-ccm-Kochkolben untergebracht, und es wird 0.7 ccm konzentrierte Schwefelsäure und 1 ccm Salpetersäure zugesetzt, worauf entweder in schräger Stellung auf dem Drahtnetz oder besser auf einem Argandbrenner erwärmt wird, indem man

---

[1]) Iversen, Bioch. **104**, 26 (1920).

mit kleiner Flamme beginnt. Ist die Salpetersäure weggekocht, wird wieder
1 ccm zugesetzt. Man fährt damit fort, bis die Aufschließung vollkommen
ist, meist nach Anwendung von 3 ccm Salpetersäure. Wenn man bei den
genannten Blut- oder Serummengen 0.7 ccm konzentrierte Schwefelsäure
anwendet, wird die Flüssigkeit nach der Destruktion eine für die folgende
Molybdatfällung angemessene Menge Säure enthalten. Soll die Phosphorbestimmung im Filtrat aus einer Pikrinsäurefällung ausgeführt werden, wird
gleichfalls 0.7 ccm konzentrierte Schwefelsäure zugesetzt und eingedampft,
bis das Verkohlen eingesetzt hat (braunschwarze Farbe); man setzt darauf
1 ccm Salpetersäure zu und verfährt wie oben, bis die Flüssigkeit vollkommen
farblos ist. Die Pikrinsäure muß ganz entfernt werden; eine geringe zurückgebliebene Spur davon wird sich dadurch zu erkennen geben, daß der Kolbeninhalt bei Verdünnung mit destilliertem Wasser gelb wird; in diesem Falle
muß wieder eingedampft und noch 1 ccm Salpetersäure zugesetzt werden.

Nach der Aufschließung wird mit 10 ccm destilliertem Wasser verdünnt
und bei kräftigem Schütteln des Kolbens ein paar Minuten lang gekocht. Dieses
Kochen ist, wie bereits von Neumann dargetan, absolut notwendig. Nach
dem Kochen, wobei etwa 4 ccm Wasser verdampfen, werden 3 ccm 50 proz.
Ammoniumnitrat und nach wiederholtem Kochen 1 ccm 10 proz. Ammoniummolybdat zugesetzt, worauf die Analyse wie oben beschrieben vonstatten geht.

Mikrophosphorbestimmung nach Lieb[1]).

Reagenzien[2]).

Molybdänsäurelösung. 50 g Ammoniumsulfat werden in einem Literkolben
in 500 ccm Salpetersäure 1.36 gelöst. Man gießt dazu die Lösung von 150 g
Ammoniummolybdat in 400 ccm Wasser in dünnem Strahl unter Umschwenken,
füllt zum Liter auf und filtriert nach 2 Tagen in eine Flasche aus dunklem Glas,
die verschlossen an einem kühlen, dunklen Ort aufbewahrt wird.

Salpeterschwefelsäure. 357 ccm Salpetersäure 1.4 werden mit 500 ccm Wasser verdünnt. Man gießt dazu 15 ccm Schwefelsäure 1.84.

Ammoniumnitrat. Die 2 proz. wäßrige Lösung wird mit einigen Tropfen
Salpetersäure pro Liter schwach angesäuert.

Reiner 90—95 proz. Alkohol.

Reiner trockner Äther oder (besser)

Reines Aceton.

Reinstes Kaliumnitrat und reinste Soda, fein gepulvert 1 : 1.

Man erhitzt im Sauerstoffstrom in einem 15 cm langen Verbrennungsrohr,
dessen eines Ende zu einer weiten Capillare ausgezogen und rechtwinklig aufwärts gebogen ist.

2—5 mg Substanz werden im Platinschiffchen mit überschüssigem Soda-Sal-
peter gemischt, der benutzte Platindraht ins Schiffchen gelegt und mit dem
Oxydationsgemisch überschüttet.

Man erhitzt zunächst vorsichtig im langsamen Sauerstoffstrom, wobei der
Brenner entgegen der Richtung des Gasstroms verschoben wird. Nach Beendigung der Hauptreaktion wird das Schiffchen einige Minuten stark erhitzt. Man
läßt im Sauerstoffstrom erkalten.

Das Schiffchen wird in einer Eprouvette mit verdünnter Salpetersäure

<hr>

[1]) Siehe Pregl, Mikroanalyse, (1917) 133.
[2]) Lorenz, Z. anal. **51**, 168 (1912).

ausgekocht, in das mit Schwefelsäure-Chromsäure gereinigte Fällungsgefäß filtriert, wie bei der Mikrohalogenbestimmung, evtl. auch das Verbrennungsrohr mit der Salpetersäure ausgespült und durch die Capillare abtropfen gelassen.

Das Filtrat wird mit 2 ccm Salpeterschwefelsäure versetzt, evtl. auf etwa 15 ccm ergänzt und auf das siedende Wasserbad gebracht. In die Mitte der heißen Lösung gießt man unter kräftigem Umschwenken 15 ccm Molybdänreagens, läßt 3 Minuten stehen, schwenkt wieder $1/_2$ Minute um und läßt dann mindestens eine Stunde absitzen.

Das Filterröhrchen wird gewogen, wobei die Zeit von seiner Entnahme aus dem Exsiccator bis zur Beendigung der Wägung (etwa 5 Minuten) notiert wird.

Man wäscht nach dem Dekantieren den Niederschlag mit der Ammoniumnitratlösung, filtriert zu Ende, spült abwechselnd mit Alkohol und Ammoniumnitratlösung nach und füllt das Röhrchen einmal mit Alkohol, dann zweimal mit Äther oder besser[1]) Aceton.

Das Filterröhrchen wird mit feuchtem Flanell, dann trocknem Rehleder abgewischt, in den leeren Exsiccator gebracht und $1/_2$ Stunde im Vakuum stehengelassen, dann in derselben Zeit gewogen wie vorher.

Als Phosphorsäurefaktor wird 0.03326, als Phosphorfaktor 0.014524 angenommen.

Weiteres über Mikro-Phosphorsäurebestimmung: Embden, Z. physiol. **113**, 138 (1921).

30. Platin Pt = 194.8[2]).

Im allgemeinen wird das Platin in den organischen Doppelsalzen durch Glühen der Substanz als Metall erhalten.

Das Chloroplateat, $[CrCl(C_3H_7 \cdot NH_2)_5]PtCl_6 + 1\,H_2O$, wurde im Trockenschrank einige Stunden bis 160°, dann über freier Flamme, jedoch nicht zum Glühen, erhitzt; schließlich wurde mit einigen Tropfen Salpetersäure versetzt und geglüht[3]).

Bei direktem Glühen der kohlenstoffhaltigen Masse geht leicht Platin, mutmaßlich als Kohlenoxydverbindung, verloren.

In platinhaltigen Derivaten der Pikrinsäure und Pikrolonsäure wurde das Metall durch vorsichtiges Erhitzen in einem Quarzrohr mit etwas Schwefel- oder Salpetersäure und darauf folgendes Glühen bestimmt[4]).

Zur Analyse des explosiven Diazobenzoldoppelsalzes $(C_6H_5N_2Cl)_2PtCl_4$ und anderer derartiger Salze, die beim Erhitzen verpuffen, vermischte Grieß die Substanz mit Soda und erhitzte dann zum Glühen[5]).

Das sehr explosive Platindoppelsalz des Tetraäthyltetrazons $[(C_2H_5)_4N_4HCl]_2PtCl_4$ löste E. Fischer zunächst in Wasser, zersetzte durch gelindes Erwärmen und glühte den Rückstand[6]).

Trimethylplatiniumjodid und -sulfat werden durch vorsichtiges Erhitzen mit Jod und Chloroform, Trimethylplatiniumhydroxyd mit Jodwasserstoffsäure zersetzt[7]).

---

[1]) Neubauer und Lücker, Z. anal **51**, 164 (1912).
[2]) Siehe auch S. 962. — Iridiumbestimmung: Ottenstein, Z. an. **89**, 345 (1914). — Ruthenium: Gutbier und Kraus, J. pr. (2) **91**, 107 (1915).
[3]) Mandal, B. **53**, 336 (1920).
[4]) Tschugaeff und Chlopin, Z. an. **86**, 245 (1914).
[5]) A. **137**, 52, 63 (1866).   [6]) A. **199**, 320 (1879).
[7]) Pope und Peachey, Soc. **95**, 572, 574, 575 (1909).

Platindoppelsalze von Arsoniumbasen[1]) werden nach La Coste und Michaëlis folgendermaßen analysiert:

Die in einem Porzellanschiffchen abgewogene, lufttrockne Substanz wird in einer Verbrennungsröhre im schwachen Luftstrom zuerst sehr gelinde, dann allmählich bis zum schwachen Rotglühen erhitzt; die noch vorhandenen Reste von Kohle werden hierauf durch längeres Überleiten von Sauerstoff völlig verbrannt und das Platin durch darauffolgendes heftiges Glühen im Wasserstoffstrom von den letzten Spuren Arsen befreit.

Über die Analyse von Chloroplatinaten nach Edinger siehe S. 266.

Über die Scheiblersche Methode siehe unter Gold S. 337.

In allen Fällen, wo die Zusammensetzung einer Base lediglich aus der Analyse des Platinsalzes erschlossen werden kann, ist eine Bestimmung des Chlors natürlich unerläßlich. Die Cariussche Methode ist für diesen Zweck nicht anwendbar, weil die Platinchlorwasserstoffsäure mit dem Silbernitrat reagieren würde; die Chlorbestimmung nach der Kalkmethode macht die gleichzeitige Platinbestimmung schwierig und unbequem.

Wallach[2]) empfiehlt deshalb nachfolgendes, namentlich für die Chlorbestimmung sehr genaues Verfahren:

Die Substanz wird in einer Platinschale abgewogen und mit einer frisch bereiteten konzentrierten Lösung von $^1/_2-1$ g Natrium in absolutem Alkohol übergossen. Der überschüssige Alkohol wird durch Erwärmen auf dem Wasserbad bis zur Bildung einer Krystallhaut abgeraucht. Die Schale wird dann auf ein Dreieck gesetzt und der Alkohol durch vorsichtiges Nähern einer Flamme entzündet. Alkohol und Alkoholat brennen ganz ruhig und ohne das mindeste Schäumen und Spritzen ab. War der Alkohol aber wasserhaltig, oder hatte das Alkoholat Wasser angezogen, so macht sich beim Abdampfen immer mehr oder weniger starkes Spritzen bemerklich, und die Genauigkeit der Analyse wird in Frage gestellt.

Das Platinsalz wird dabei unter Abscheidung von metallischem Platin völlig zerlegt, während sich alles Chlor an das Alkali bindet. Wenn die Flamme erloschen ist, wird die Schale noch kurze Zeit über freiem Feuer erhitzt und dann, nach dem Erkalten, der Schaleninhalt in ein Becherglas gespült, mit Salpetersäure angesäuert, filtriert, gewaschen und das Chlor gefällt. Das auf dem Filter befindliche Gemenge von Platin und Kohlenstoff wird in dieselbe Schale gebracht, in der die Zerlegung des Platinsalzes stattfand, und nach Verbrennung des Filters und der Kohle geglüht und gewogen.

Hoogewerff und van Dorp[3]) fügen zur wäßrigen Lösung des Chloroplatinats reines Natriumamalgam und bestimmen das Chlor nach der Fällung des Platins im Filtrat.

Zur Analyse des Platindoppelsalzes der Thiopyrinphosphinsäure wurde mit Soda und Salpeter geglüht, der Rückstand mit verdünnter Säure digeriert, abfiltriert und samt dem Filter verascht[4]).

Trennung von Platin und Chrom: Mandal, B. **49**, 1314 (1916).

31. Quecksilber Hg = 200.3.

Um das Quecksilber bei der Elementaranalyse zugleich mit Kohlenstoff und Wasserstoff zu bestimmen, ziehen A. W. Hof-

---

[1]) A. **201**, 214 (1880).

[2]) B. **14**, 753 (1881). — Gansser, Z. physiol. **61**, 34 (1909). — Borsche und Gerhardt, B. **47**, 2911 (1914). — Bredenberg, Diss. Erlangen (1914), 31.

[3]) Rec. **9**, 55 (1890). [4]) Dyckerhoff, Diss. Rostock (1915), 27.

mann[1]), Nicholson[2]) sowie Frankland und Duppa[3]) das vordere Ende des Verbrennungsrohrs zu einer 8—10 cm langen, engen Röhre aus, die mittels eines Kautschukschlauchs direkt mit dem Chlorcalciumröhrchen verbunden wird. Einige Zentimeter weiter rückwärts ist die Verbrennungsröhre wieder ausgezogen, und die zwei ausgezogenen Röhrenteile sind so umgebogen, daß eine Art U-Röhre für die Aufnahme des Quecksilbers und Wassers entsteht. Diesen Teil des Rohrs hält man durch Einstellen in kaltes Wasser kühl[4]).

Bei Beendigung der mit Kupferoxyd im offenen Rohr ausgeführten Verbrennung wird, während der Luftstrom noch durchstreicht, der dem Kupferoxyd zunächst befindliche ausgezogene Teil der Röhre etwas aus dem Ofen herausgeschoben. Nachdem man sorgfältig mittels eines Brenners alle Quecksilberkügelchen, die sich etwa in dem ausgezogenen Hals befanden, in die U-Röhre getrieben hat, wird letztere mit einer Lötrohrflamme abgeschmolzen. Nachdem der Kaliapparat abgenommen ist, wird eine zweite Chlorcalcium-(Schwefelsäure-)Röhre an seine Stelle vorgelegt (zur Abhaltung der äußeren Feuchtigkeit) und das freie Ende mit einer gut wirkenden Luftpumpe in Verbindung gebracht. Es muß nun in dem System eine Stunde lang Minderdruck erhalten werden; nach dieser Zeit ist die ganze Menge des Wassers aus der U-Röhre in das Absorptionsgefäß übergegangen, ohne daß man erstere zu erwärmen braucht.

Nach dem Wägen der ausgetrockneten U-Röhre wird ihr zugeschmolzenes Ende am Gebläse erhitzt, während man von der anderen Seite trockne Luft hineinbläst. Es entsteht so ohne Glasverlust ein Loch, durch das das Quecksilber durch Hitze und einen Luftstrom ausgetrieben wird. Man kann auch nach der Verbrennung und Abnahme der Absorptionsgefäße das U-Rohr absprengen, zuerst für sich wägen, dann durch Gewichtsverlust im Exsiccator das Wasser und schließlich durch Erhitzen im Luftstrom das Quecksilber bestimmen (Dimroth).

Verzichtet man auf die Quecksilberbestimmung, so verbrennt man mit Kupferoxyd und vorgelegtem Bleisuperoxyd, das auf 150—160° erhitzt wird[5]) (15 cm lange Schicht), oder läßt bloß das Verbrennungsrohr 15—20 cm aus dem Ofen herausragen[6]).

Um Quecksilber mit Halogen gleichzeitig zu bestimmen, geht man ähnlich vor, indem man[7]) das nach S. 253 mit Kalk (und Magnesit) beschickte Rohr an seinem offenen Ende U-förmig auszieht, nachdem man bei A (Fig. 217) einen kleinen Pfropfen von halogenfreiem Asbest angebracht hat. Das in B angesammelte Quecksilber

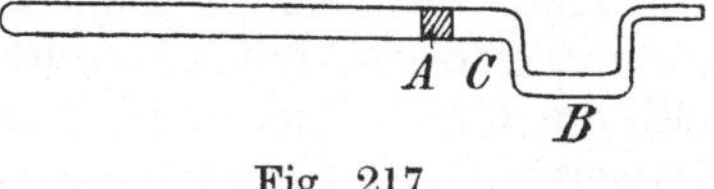

Fig. 217.
Quecksilberbestimmung.

wird, nachdem man das Rohr bei C abgesprengt hat, mit Wasser in ein gewogenes Schälchen gespült, die Hauptmenge des Wassers abgegossen, dann das Quecksilber mit Alkohol gewaschen, mit Filtrierpapier abgetupft und schließlich im Vakuumexsiccator über Schwefelsäure getrocknet.

---

[1]) A. **47**, 63 (1843).   [2]) A. **62**, 79 (1847).

[3]) A. **130**, 107 (1864). — E. Fischer, B. **40**, 387 (1907). — Anschütz, A. **359**, 208 (1908). — Abelmann, B. **47**, 2935 (1914). — Siehe auch Grignard und Abelmann, Bull. (4) **19**, 25 (1916). — Steinkopf, A. **424**, 34 (1921).

[4]) Dimroth, B. **32**, 759, Anm. (1899).

[5]) Konek-Norwall, Ch. Ztg. **31**, 1185 (1907).

[6]) Goy, Diss. Marburg (1908), 37.

[7]) Hofmann, A. **47**, 63 (1843). — Anderson, A. **63**, 380 (1847). — Siehe auch Bunsen, A. **37**, 41 (1841).

Bei besonders genauen Analysen fängt man die letzten Spuren Quecksilber, die aus der U-Röhre entweichen könnten, in vorgelegten Gold-blättchen auf, die sich mit dem Quecksilber amalgamieren[1]).

Bei der Verbrennung mit Ätzkalk bildet sich öfters auf dem Kalk ein Anflug von Kohle sowie ein Destillat von teerigen oder krystallinischen Stoffen, die die Reinigung des Quecksilbers erschweren. Um dies zu vermeiden, ver-mischen Marsh und Lye[2]) die Substanz mit dem doppelten ihres Gewichts an trocknem Calciumsulfat und mit einem Überschuß von Calciumoxyd und verfahren weiter in üblicher Weise. Zum Vertreiben des im Rohr verbliebenen Quecksilberdampfes verwenden sie Kohlenoxyd, das aus dem im geschlossenen Ende des Verbrennungsrohrs befindlichem Calciumoxalat entwickelt wird.

Für schwefelhaltige Verbindungen ist das Verfahren nicht gut an-wendbar.

Solche Substanzen, wie das phenylcarbithiosaure Quecksilber, schließt man mit Salpetersäure im Rohr auf und reduziert das Quecksilber, das schließlich als Chlorür bestimmt wird, mit phosphoriger Säure[3]).

Biltz und Mumm schließen im Rohr mit Salpetersäure auf[4]) und fällen als Quecksilbersulfid[5]).

Ebenso wurde[6]) der Sulfidquecksilbersalicylsäureester im Bom-benrohr mit rauchender Salpetersäure bei Zusatz von wenigen Tropfen Salz-säure aufgeschlossen und dann als Sulfid bestimmt. Beim kurzen Behandeln mit Salpetersäure in der Wärme spaltet die Substanz ein Molekül Quecksilbersulfid ab; der Niederschlag enthält sodann also Schwefel und die Hälfte des Quecksilbers. Diese Reaktion ermöglicht eine einfache und genaue Schwefel-bestimmung.

Zur Bestimmung des Quecksilbers im Quecksilberdisalicylsäureester wird etwa 0.2 g Ester in 100 ccm absolutem Alkohol gelöst und nacheinander 5 Stückchen metallisches Natrium von Kirschkerngröße in die Lösung einge-tragen: das Quecksilber verbleibt nach der Reduktion als kleine Kugel, die nach dem Dekantieren der Mutterlauge durch Behandeln mit verdünnter Salzsäure, Wasser und Alkohol leicht gereinigt werden kann.

Lajoux[7]) führt die Analyse des basischen Mercurisalicylats folgendermaßen aus:

Man löst 0.25 g Substanz in 25 ccm einer 4—6 proz. Cyankalium-lösung, versetzt mit überschüssiger Salzsäure und ca. 150 ccm Wasser und fällt das Quecksilber in der Nähe des Kochpunktes der Flüssigkeit mit Schwefel-wasserstoff als Sulfid. Zur volumetrischen Bestimmung zersetzt man 1 g Substanz durch Erhitzen mit konzentrierter Schwefelsäure oder mit Königs-wasser, füllt nach dem Erkalten zu 100 ccm auf und titriert 20 ccm dieser Lösung nach Zusatz von 10 ccm Ammoniak, 10 ccm $n/_{10}$-Cyankaliumlösung, 1 ccm Jodkaliumlösung (1 : 10) und 60 ccm Wasser mit $n/_{10}$-Silbernitratlösung bis zur beständigen Opalescenz. Wenn man 0.2 g Salicylat ohne vorher-

---

[1]) Erdmann und Marchand, J. pr. (1) **31**, 393 (1844). — Vgl. auch König, J. pr. (1) **70**, 64 (1856). — Abelmann, B. **47**, 2936 (1914).

[2]) Analyst **42**, 84 (1917). — C. **1917**, II, 247.

[3]) Pohl, Diss. Berlin (1907), 21.

[4]) Siehe dazu Hilpert und Grüttner, B. **48**, 911 (1915).

[5]) B. **37**, 4420 (1904). — Siehe auch Stamm, Diss. Würzburg (1909), 25. — Thon, Diss. Rostock (1910), 49. — Brieger und Schulemann, J. pr. (2) **89**, 131 (1914).

[6]) Schoeller, Schrauth und Hueter, B. **53**, 640 (1920).

[7]) J. Pharm. Chim. (7) **15**, 241 (1917). — Siehe dazu J. Pharm. Chim. (7) **11**, 279 (1917). — Brieger, Arch. **250**, 62 (1912).

gehende Zersetzung in 30 ccm Wasser und 10 ccm $^n/_{10}$-Cyankaliumlösung löst und nach Zusatz von Ammoniak, Jodkalium und Wasser mit $^n/_{10}$-Silbernitrat bis zur beständigen Trübung titriert, findet man genau die Hälfte des Quecksilbers.

Oftmals ist ein eigentliches Aufschließen der Substanz nicht notwendig. Man kocht bloß einige Zeit mit konzentrierter Salzsäure, verdünnt dann mit Wasser und leitet Schwefelwasserstoff ein[1]). Die Substanz braucht dabei in der Regel nicht gelöst zu werden[2]); für die Analyse der Oxymercabide[3]) ist es indessen notwendig, mit Bromwasser zu erwärmen, bis Lösung und Entfärbung eingetreten ist: erst dann fällt Schwefelwasserstoff reines Sulfid. Salzsäure und Schwefelwasserstoff greifen selbst bei tagelangem Digerieren nur unvollständig an.

Die Verbrennung dieser explosiven Körper ist mit den S. 198 gegebenen Kautelen auszuführen.

Quecksilberdibenzyl wird durch 2—3stündiges Erhitzen mit Eisessig im Rohr auf 170° unter Abscheidung des Metalls zerlegt[4]).

Die Quecksilberbestimmung in jodhaltigen Substanzen gelingt nur durch Erhitzen mit Kalk im Kohlendioxydstrom und Wägung des abdestillierten Metalls. Löst man die Substanz in Salzsäure (Chlornatriumzusatz) und behandelt in der Hitze mit Bromwasser und dann mit Schwefelwasserstoff, so sind die Niederschläge jodhaltig, und die Quecksilberzahl wird um 2—3% zu hoch gefunden [Sand[5])].

Zur Bestimmung des Quecksilbers in stickstoffhaltigen organischen Verbindungen ist es nach Schiff[6]) erforderlich, die organische Substanz vorerst vollständig (durch Eindampfen mit Königswasser, eventuell unter Zugabe von Kaliumchlorat) zu zerstören. Das Quecksilber wird dann am besten durch Erwärmen mit phosphoriger Säure als Kalomel bestimmt. Siehe Vanino und Seubert, B. **30**, 2808 (1897).

Bestimmung des Quecksilbers nach Rupp und Nöll[7]).

Wird die organische Substanz nach Kjeldahl oxydiert, so läßt sich nachher das Quecksilber nach der Gleichung:

$$HgSO_4 + 2\,NH_4SCN = Hg(SCN)_2 + (NH_4)_2SO_4$$

titrimetrisch mit Rhodanammonium und Ferriammoniumsulfat[8]) bestimmen.

0.3 g des Präparats werden mit 4 g Kaliumsulfat und 5 ccm konzentrierter Schwefelsäure in einem ca. 150 ccm fassenden Kochkölbchen zusammengebracht und dieses durch einen einfach durchbohrten Korkstopfen, der ein 40—50 cm langes, am oberen Ende erweitertes Steigrohr trägt, verschlossen. Man erhitzt sodann in geneigter Stellung auf dem Drahtnetz zum leichten Sieden, bis die Mischung wasserklar geworden ist. Nunmehr läßt man durch das Trichterrohr, um es auszuspülen, 5—10 ccm konzentrierte Schwefelsäure einlaufen, worauf das Steigrohr entfernt wird. Dann gibt man sofort einige Körnchen Kaliumpermanganat hinzu, 0.1—0.2 g, so daß das Reaktionsgemisch sich rot färbt. Hierauf wird nochmals einige Augenblicke auf dem

[1]) Schenk und Michaëlis, B. **21**, 1501 (1888). — Kunz-Krause und Richter, Arch. **245**, 34 (1907). — Biß, Diss. Berlin (1911), 26.
[2]) Pesci, G. **23** II, 533 (1893).
[3]) K. A. Hofmann, B. **31**, 1905 (1898).   [4]) Wolff, B. **46**, 65 (1913).
[5]) B. **34**, 1388, Anm. (1901). — Siehe dazu auch Steinkopf, A. **424**, 36 (1921).
[6]) A. **316**, 247 (1901).
[7]) Arch. **243**, 1, 244, 300, 536 (1905). — Rupp, B. **39**, 3702 (1906); **40**, 3276 (1907).
[8]) Titration mit Cyankalium und Silbernitrat: Bauer, B. **54**, 2080 (1921).

Drahtnetz erhitzt, um die Permanganatfärbung zum Verschwinden zu bringen. Nach dem Erkalten verdünnt man mit Wasser auf ca. 100 ccm, gibt ca. 2 ccm Eisenalaunlösung als Indicator hinzu und titriert unter fortgesetztem Schütteln mit $n/_{10}$-Rhodanlösung auf eintretende Braunrotfärbung.

Ein Kubikzentimeter dieser Lösung entspricht 0.010015 g Quecksilber.

Das Verfahren ist überall anwendbar, wo halogenfreie Quecksilberverbindungen vorliegen[1]), doch ist folgendes dazu zu bemerken:

Die Mineralisierung mit Schwefelsäure-Kaliumsulfat führt bei manchen Substanzen zu stark schäumender Kohleabscheidung. Solches wird vermieden, wenn man die Substanz (0.3 g) mit 5 ccm Schwefelsäure und 1 g Salpeter aufschließt. Die Erhitzung wird in einem schiefstehenden Reagensglas am Steigrohr vorgenommen. Nachdem bis zur Farblosigkeit gekocht wurde (10—30 Minuten), läßt man erkalten und gießt, Steigrohr wie Kork nachspülend, in einen Titrierbecher um. Hierauf versetzt man bis zu dauernder Rosafärbung mit Permanganatlösung, nimmt durch ein Tröpfchen Wasserstoffsuperoxydlösung die Rötung wieder weg und titriert nach Zugabe von Eisenalaun mit $n/_{10}$-Rhodanlösung, 1 ccm = 0.01003 g Quecksilber; Abwesenheit jeglichen Halogengehalts in Substanz und Reagenzien unerläßlich[2]).

Der Aufschluß mit Nitratschwefelsäure ist auch wohl geeignet zur gewichtsanalytischen Bestimmung des Quecksilbers als Sulfid. Die vorbehandelte und stark verdünnte Sulfatlösung wird mit etwa 1 g Kochsalz versetzt, mit Natronlauge bis zu beginnender Trübung versetzt und mit Salzsäure wieder angesäuert. Man gelangt so oftmals rascher zum Ziel, als wenn man das Quecksilber durch direktes Erwärmen der Substanz mit Salzsäure ionisiert.

Zur Aufschließung der Quecksilberverbindungen auf nassem Wege gehen Rupp und Kropat[3]) folgendermaßen vor:

Man löst 0.3 g Quecksilbersalicylat mit Hilfe von 1 g Soda in 9 g Wasser, gibt 1.5 g[4]) sehr fein pulverisiertes Permanganat hinzu und mischt gleichmäßig durch. Nach 5 Minuten fügt man vorsichtig 5 ccm konzentrierte Schwefelsäure zu, verdünnt nach weiteren 5 Minuten mit ca. 40 ccm Wasser und bringt dann den Braunsteinniederschlag durch allmählichen Zusatz von 4—8 ccm 3 proz. chloridfreiem Wasserstoffsuperoxyd ganz oder nahezu vollständig zum Verschwinden. Zur farblosen Lösung fügt man sodann tropfenweise bis zur ganz schwachen Rosafärbung 1 proz. Permanganatlösung, nimmt die Farbe durch eine Spur Ferrosulfat wieder weg und titriert nach Zugabe von ca. 5 ccm Eisenalaunlösung mit $n/_{10}$-Rhodanlösung.

Quecksilberbestimmung in Sozojodolpräparaten[5]).
Hydrargyrum sozojodolicum.

0.5 g des Präparats werden in einer 200 g-Glasstopfenflasche mit ca. 10 ccm Wasser übergossen und mit 2 g Jodkalium versetzt. Nachdem das ausgeschiedene Quecksilberjodid vollkommen in Lösung gegangen ist, versetzt man mit 10 ccm offizineller Lauge (Meßglas), gibt ein Gemisch aus 3 ccm Formaldehydlösung und ca. 10 ccm Wasser hinzu und schwenkt etwa eine Minute lang gelinde um. Nun säuert man mit 25 ccm verdünnter Essigsäure (Meßglas)

[1]) Brieger und Schulemann, J. pr. (2) **89**, 132 (1914).
[2]) Rupp, Arch. **255**, 196 (1917). — Siehe auch Westenson, Ap. Ztg. Nr. 20 (1917).
[3]) Ap. Ztg. **27**, 377 (1912). — Aufschließen mit Schwefelsäure und Perhydrol: Wöber, Z. ang. **33**, 63 (1920). — Bauer, B. **54**, 2079 (1921).
[4]) Rupp, Arch. **255**, 197 (1917). — Siehe auch Gadamer, Arch. **256**, 265 (1918).
[5]) Herrmann, Arch. **254**, 498 (1916).

an und läßt 25 ccm $^n/_{10}$-Jodlösung zufließen. Nachdem man sich überzeugt hat, daß alles Quecksilber in Lösung gegangen ist, wird der Jodüberschuß mit $^n/_{10}$-Thiosulfat zurücktitriert.

Der $^n/_{10}$-Jod-Sollverbrauch für 0.5 g Hydrargyrum sozojodolicum $= 16$ ccm $^n/_{10}$-Jod.

Noch einfacher läßt sich die Bestimmung des Anogons (sozojodolsaures Quecksilberoxydul):

$$C_6H_2 \underset{SO_3 \cdot Hg}{\overset{J_2}{<}} O \cdot Hg$$

ausführen.

0.5 g Anogon versetzt man in einer 100-g-Glasstopfenflasche mit 2 g Jodkalium und 25 ccm $^n/_{10}$-Jodlösung, spült nötigenfalls mit möglichst wenig Wasser nach, schüttelt um und läßt bis zur völligen Lösung stehen, oder führt alsbaldige Lösung durch 1—3 Minuten langes Schütteln herbei.

Der Jodüberschuß wird mit $^n/_{10}$-Thiosulfatlösung unter Anwendung von Stärkelösung als Indicator zurücktitriert. Das Anogon löst sich um so schneller, je konzentrierter die Jodkaliumlösung ist. Bei etwas längerer Stehdauer ist auch 1 g Jodkalium ausreichend. Da 1 ccm $^n/_{10}$-Jodlösung 0.041256 g Anogon entspricht, beträgt der berechnete Jodverbrauch 12.12 ccm $^n/_{10}$-Jodlösung.

Elektrolytische Bestimmung von Quecksilber in Quecksilberoleaten[1]). Als Kathode dient ein Quecksilber enthaltendes Becherglas von 50—75 ccm Fassungsvermögen, die Anodé soll rotierend sein. Ca. 0.7—10 g Oleat werden mit 15—20 ccm 10 proz. Salzsäure und 15 ccm Toluol in den Kathodenbecher gegeben, der Becher in ein Wassergefäß eingesetzt und die Elektrolyse mit allmählich auf 3 Ampere und 8 Volt gesteigertem Strom ausgeführt. Dauer der Elektrolyse $^1/_2$ Stunde, Umdrehungszahl der Anode 800 in der Minute. Das Wasser des Gefäßes wird stets ungefähr auf dem Kochpunkt gehalten. Droht das Elektrolysengemenge infolge Reaktionswärme überzuschäumen, so wird abgekühlt, jedoch nicht unter 60°. Nach Beendigung der Elektrolyse Dekantieren mit Wasser, Waschen mit Alkohol und Äther, Trocknen und Wägen.

Analyse der **Additionsprodukte von Oxoniumbasen und Quecksilberchlorid**: Straus, B. **37**, 3284 (1904).

Zur **Bestimmung von Quecksilber im Harn, in Leichenteilen** usw. sind viele Vorschriften angegeben worden. Sie beruhen zumeist auf Zerstörung der organischen Substanz durch Chlor (Kaliumchlorat und Salzsäure) oder Schwefelsäure und Kaliumpermanganat (Palme), Reduktion des Quecksilbersalzes mit Zinnchlorürlösung, Kupferpulver oder Zinkstaub und Fixation desselben mit Gold oder metallischem Kupfer.

Die Bestimmung selbst erfolgt entweder durch Wägung oder colorimetrisch durch Beobachtung der Gelbfärbungen, die durch Schwefelwasserstoffwasser in den sehr verdünnten Quecksilbersalzlösungen entstehen, oder endlich **elektrolytisch**[2]).

---

[1]) Murray, J. Ind. Eng. Ch. **8**, 257 (1916). — Quecksilbersalicylate: a. a. O. 258.

[2]) Jänecke, Z. anal. **43**, 547 (1904). — Enoch, Z. öff. Ch. **13**, 307 (1907). — Palme, Z. physiol. **89**, 345 (1914). — Browning, Soc. **111**, 236 (1917). — Steinkopf, A. **424**, 34 (1921).

Von den zahlreichen diesbezüglichen Vorschlägen seien die von Ludwig
und Zillner, Medizin. Chemie, 2. Aufl., S. 223—225 (1895). — Wien. Klin.
Wochenschr. 1889, Nr. 45; 1890, Nr. 28—32. — Z. öst. Apoth. Ver. **43**, 54
(1881). — Jolles, M. **16**, 684 (1895). — Z. anal. **39**, 230 (1900). — Winternitz, Z. anal. **28**, 753 (1889). — Schumacher und Jung, Z. anal. **39**, 12
(1900); **41**, 461, 482 (1902) und Werder, Z. anal. **39**, 358 (1900), sowie das
von Lomholt und Christiansen, Bioch. **55**, 216 (1913) erwähnt. — Siehe
auch S. 302, Anm. 3.

Das von Werder verbesserte Schumacher - Jungsche Verfahren,
das zum Teil in Anlehnung an die Methoden von Winternitz und Jolles
ausgearbeitet ist, wird folgendermaßen ausgeführt.

1 l Harn[1]) wird in einem Zweiliterkolben, der einen kurzen Glaskühler trägt, unter Zusatz von 15—20 g chlorsaurem Kalium und ungefähr
100 ccm konzentrierter Salzsäure auf dem Wasserbad erhitzt, bis sich durch
Hellerwerden der anfänglich tiefroten Flüssigkeit Einwirkung des nascierenden Chlors wahrnehmbar macht. Dann bleibt der Kolben 12 Stunden bei
gewöhnlicher Temperatur stehen, wird hierauf zur Vertreibung des überschüssigen Chlors wieder erwärmt, dann werden ungefähr 100 ccm klare Zinnchlorürlösung zugesetzt, mit kaltem Wasser gekühlt und durch ein Asbestfilter filtriert. Der Niederschlag, der neben wenig organischer Substanz
das Quecksilber enthält, wird ein wenig gewaschen und dann quantitativ
mit wenig Kalilauge und Wasser in einen 300 ccm fassenden Kolben gespült,
unter Rückflußkühlung auf dem Wasserbad erwärmt, um die organische
Substanz in Lösung zu bringen und dann wieder abgekühlt. Dann werden
einige Körnchen Kaliumchlorat zugefügt, mit konzentrierter Salzsäure stark
angesäuert und wieder gelinde erwärmt, bis das Chlor im Kühler sichtbar
wird. Es wird darauf durch einen kleinen Trichter, in dem sich ein Filter-
plättchen mit rundem, fest anliegendem Filter befindet, in einen 200 bis
300 ccm fassenden Kolben abgesaugt, so wenig wie möglich nachgewaschen
und die noch warme Lösung mit 10—20 ccm Zinnchlorür versetzt. Darauf

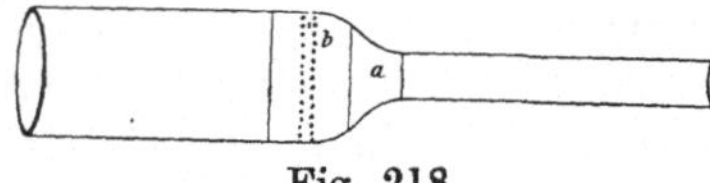

Fig. 218.
Filtrieramalgamierröhrchen.

wird sie durch ein Filtrieramalgamierröhrchen
(Fig. 218) filtriert, das mit Goldasbest, worin
noch feine Goldkörnchen verteilt sind, gefüllt
ist. Man wäscht mit verdünnter Salzsäure
und Wasser, dann dreimal mit Alkohol und
dreimal mit Äther aus, trocknet das Röhr-
chen gut im trocknen Luftstrom, wobei es anfangs ganz wenig angewärmt
wird, und wägt bis zur Gewichtskonstanz. Darauf wird das Quecksilber,
wieder im Luftstrom, weggeglüht, wozu starkes Erhitzen erforderlich ist.

Der Goldasbest wird so hergestellt, daß man chemisch reines Gold in
Königswasser löst, eindampft, bis nur noch wenig freie Säure vorhanden ist,
und in diese Lösung gereinigte feine Asbestfäden bringt, die man, nachdem sie
genügend mit der ziemlich konzentrierten Goldlösung durchtränkt sind, abtropfen läßt. Dann werden sie in einem Porzellantiegel auf dem Sandbad getrocknet, und in den Tiegel wird, während er über freier Flamme allmählich stark
erhitzt wird, durch ein Porzellanröhrchen reiner Wasserstoff eingeleitet. Nach
ungefähr 15 Minuten ist die Reduktion des Goldchlorids beendet, und der
Asbest zeigt sich mit zum Teil hellglänzendem, sehr fein verteiltem, metallischem

---

[1]) Für die Untersuchung anderer physiologischer Ausscheidungsprodukte, Leichen-
teile usw. sind entsprechende geringe Änderungen der Aufschließungsmethode notwendig.
— Siehe auch Beckers, Arch. **251**, 4 (1913).

Gold bedeckt. Er wird mit verdünnter Salzsäure und heißem Wasser gewaschen und getrocknet. Zur Füllung der Filtrieramalgamierröhren wird in die Verengung zuerst ein dichter Asbestpfropf *a*, darüber eine Schicht Goldasbest, dann eine Lage feinkörniges Gold *b* und darüber eine zweite Schicht Goldasbest gebracht. Vor der erstmaligen Anwendung sind die auf Absaugkolben aufgesetzten Röhrchen mit Salzsäure, Wasser, Alkohol und Äther zu waschen und im Luftstrom gut auszuglühen.

Jodide beeinträchtigen die Ausführbarkeit dieser Methode nicht.

Um gleichzeitig mit der quantitativen Quecksilberbestimmung nachzuweisen, daß der Glühverlust des Filtrierröhrchens nicht etwa von anderen zufälligen, in der Glühhitze gleichfalls flüchtigen Substanzen herrührt, schaltet Werner (a. a. O.) an

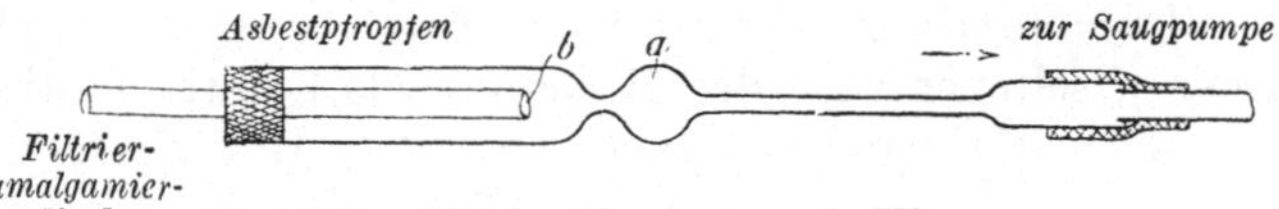

Fig. 219. Filtrierröhrchen nach Werner.

dem in Fig. 218 abgebildeten Apparat unmittelbar an den verjüngten Teil des Röhrchens eine Röhre von der abgebildeten Form (Fig. 219).

Die Dichtung wird durch eine Asbestumwicklung hergestellt. Den Quecksilberspiegel treibt man durch Erhitzen nach *a*, schneidet nach Beendigung des Versuchs bei *b* ab und bringt ein Kryställchen Jod in die bauchige Erweiterung. Bei gelindem Erwärmen bilden sich dann an der Stelle, wo sich das Quecksilber befand, je nach seiner Menge mehr oder weniger deutlich die charakteristischen Anflüge von rotem Quecksilberjodid [Methode von Neubauer[1])].

Methode von François[2]) für Quecksilberverbindungen der Fettreihe. Ca. 0.5 g fein gepulverte Substanz werden in einem Viertelliter-Erlenmeyerkolben in 30 ccm Äther, und 10 ccm 95 proz. Alkohol ganz oder größtenteils gelöst, 1 ccm konzentrierte Salzsäure und 1 g reine Zinkfeilspäne zugesetzt. Man schüttelt um, läßt eine halbe Stunde stehen, gibt wieder die gleichen Mengen Säure und Zink zu, wiederholt dies nach einer weiteren halben Stunde und läßt 24 Stunden stehen.

Das Zinkamalgam wird durch Dekantieren (ohne Filter) und viermaliges Waschen (zweimal mit einer Mischung von 100 Vol. Alkohol und 30 Vol. Wasser, dann zweimal mit Wasser) gereinigt. Diesmal dekantiert man über ein glattes Filter.

Man spült den Filterrückstand mit 5 × 5 ccm Salzsäure (1 : 1) in den Erlenmeyerkolben zurück. Nach 24 Stunden dekantiert man und löst durch 25 ccm rauchende Salzsäure das Zink im Verlaufe weiterer 24 Stunden auf. Es bleibt eine einzige Quecksilberkugel zurück. Man dekantiert, wäscht zweimal mit Wasser und trocknet.

Quecksilbersalze organischer Säuren sind noch viel einfacher analysierbar.

Man gibt ca. 0.5 g Substanz in einen Erlenmeyerkolben, füllt 0.5 g Kaliumjodid hinzu und hierauf 10 ccm 10 proz. Natronlauge. Man löst durch Umschütteln das Jodkalium und trägt 1 g Zinkfeile, nach einer halben Stunde wieder die gleichen Mengen Lauge und Zink ein und ebenso ein drittes Mal nach einer weiteren halben Stunde. Nach 24 Stunden fügt man 50 ccm Wasser hinzu, dekantiert durch ein glattes Filter und wäscht viermal durch Dekantation mit Wasser. Dann wird, wie weiter oben angegeben, zu Ende verfahren.

---

[1]) Z. anal. **17**, 399 (1878).   [2]) Bull. (4) **27**, 281, 568 (1920).

Faktorentabelle.

Gefunden	Gesucht	Faktor	2	3	4	5
$HgS = 232.3$	$Hg = 200.3$	0.86202	1.72405	2.58607	3.44810	4.31012

6	7	8	9	log
5.17214	6.03417	6.89619	7.75822	0.93552 — 1

32. Rubidium Rb = 85.5.

Rubidiumsalze werden nach Zusatz einiger Tropfen Schwefelsäure ver-ascht[1]), seltener wird das Rubidium als Chlorid bestimmt[2]).

Rubidiumpikrat explodiert beim Erhitzen[3]).

Faktorentabelle.

Gefunden	Gesucht	Faktor	2	3	4	5
$Rb_2SO_4 = 267$	$Rb_2 = 171$	0.64048	1.28096	1.92144	2.56192	3.20240

6	7	8	9	log
3.84288	4.48336	5.12384	5.76432	0.80651 — 1

33. Samarium Sm = 150.4.

Antipyrinsamariumnitrat geht durch Glühen in Sm_2O_3 über[4]).

34. Sauerstoff O = 16.

Der Sauerstoffgehalt organischer Substanzen wird ausschließ-lich indirekt bestimmt, was allerdings voraussetzt, daß man sich von der Abwesenheit anderer als der bestimmten Elemente vergewissert hat. Zu welchen Irrtümern das Unterlassen dieser Vorsichtsmaßregel Gelegenheit geben kann, ist in der Einleitung zu diesem Kapitel[5]) betont worden. Die bis jetzt ausge-arbeiteten Methoden zur Sauerstoffbestimmung sind überaus umständlich und nicht von allgemeiner Anwendbarkeit, so daß sie auch kaum jemals von anderen als ihren Erfindern benutzt worden sind.

Daß man übrigens „ohne eine solche Methode sehr wohl auskommen kann, lehrt die Entwicklungsgeschichte der organischen Chemie, man sieht keine Stelle, wo die fortschreitende Entwicklung durch das Fehlen einer solchen Methode gehemmt worden wäre"[6]).

Im nachfolgenden sind kurz die wichtigsten auf die Sauerstoffbestimmung abzielenden Vorschläge zusammengestellt.

Methode von Baumhauer[7]).

Die organische Substanz wird mit Kupferoxyd im Stickstoffstrom ver-brannt, wobei schließlich der zur Beendigung der Oxydation notwendige Sauer-

---

[1]) Van der Velden, J. pr. (2) **15**, 154 (1877). — Salway, Diss. Leipzig (1906), 39. — Fladde, Diss. Leipzig **24**, 28, 32 (1909). — Heilbron, Diss. Leipzig (1910), 29, 30.
[2]) Windaus, B. **41**, 617 (1908). — Als Rb_2PtCl_6: B. **41**, 2560 (1908). — Siehe S. 326.
[3]) Silberrad und Philips, Soc. **93**, 476 (1908).
[4]) Kolb, Z. an. **83**, 145 (1913).   [5]) S. 178.
[6]) Dennstedt, Entwicklung der organischen Elementaranalyse, S. 91.
[7]) A. **90**, 228 (1854). — Z. anal. **5**, 141 (1866).

stoff aus einer gewogenen Menge Silberjodat (nach einem Vorschlag Ladenburgs) entwickelt wird. Dabei regeneriert sich auch das reduzierte Kupferoxyd, und der überschüssige Sauerstoff wird von einer besonderen Schicht metallischen Kupfers aufgenommen. Letzteres wird dann mit reinem Wasserstoff reduziert und das dabei gebildete Wasser gewogen.

Methode von Ladenburg[1]).

Die Substanz wird in einem gewogenen Einschmelzrohr mit konzentrierter Schwefelsäure und überschüssigem gewogenen Silberjodat erhitzt, nach dem Erkalten vorsichtig geöffnet, der Rohrinhalt mit Wasser verdünnt, mit Jodkaliumlösung versetzt und das durch unverbrauchtes Silberjodat ausgeschiedene Jod mit $n/_{10}$-Thiosulfatlösung bestimmt. Zur gleichzeitigen Kohlenstoffbestimmung wird das Rohr vor dem Erhitzen evakuiert, nach dem Erhitzen gewogen, geöffnet, evakuiert und wieder gewogen. Die Differenz beider Wägungen gibt die Menge des Kohlendioxyds.

Methode von Maumené[2]).

Die mit phosphorsaurem Calcium und Bleioxyd vermischte Substanz wird in gewöhnlicher Weise verbrannt. Der Röhreninhalt wird hierauf mit der doppelten Gewichtsmenge Bleiglätte bedeckt in einem Tiegel geschmolzen und der entstehende Bleiregulus gewogen. Der Sauerstoffgehalt der Substanz ergibt sich aus der Differenz der im Kohlendioxyd und im Wasser befindlichen und der dem reduzierten Blei entsprechenden Sauerstoffmenge.

Methode von Mitscherlich[3]).

Die organische Substanz wird entweder mit Chlor (Kaliumplatinchlorid) zerlegt und der Sauerstoff durch Wägung des Kohlenoxyds und der Kohlensäure festgestellt — oder die Kohlenstoffverbindungen werden mit Quecksilberoxyd verbrannt. Durch Wägung des durch Reduktion entstandenen Quecksilbers wird der Sauerstoff, der zur Verbrennung gedient hat, und durch Abziehen von der in den Verbrennungsprodukten befindlichen Menge wird der Sauerstoffgehalt der untersuchten Substanz gefunden. — Mitscherlich ermöglicht es durch die weitere Ausbildung seines Verfahrens, Kohlenstoff, Wasserstoff, Sauerstoff, Stickstoff, Chlor, Brom, Jod und Schwefel in einer Operation zu bestimmen „Daß diese schwierige Aufgabe tatsächlich lösbar ist" — sagt Dennstedt[4]) — „beweisen die Beleganalysen, aber niemand, auch nicht die tapfersten Chemiker, haben sich je an die Wiederholung dieses Verfahrens herangewagt.

Methode von Phelps[5]).

Die Substanz wird in einer evakuierten Röhre mit einer gewogenen Menge Kaliumpyrochromat und Schwefelsäure auf 105° erhitzt. Nach vollendeter Oxydation wird mit Salzsäure behandelt. Die nicht verbrauchte Chromsäure entwickelt Chlor, das durch Kaliumarsenit von bekannter Stärke absorbiert wird. Der Überschuß des letzteren wird mit Jodlösung zurücktitriert.

---

[1]) A. **135**, 1 (1865).   [2]) J. pr. (1) **84**, 185 (1861). — C. r. **55**, 432 (1861).
[3]) Pogg. **130**, 536 (1841). — Z. anal. **6**, 136 (1867). — B. **1**, 45 (1868). — Z. anal. **7**, 272 (1868). — B. **6**, 1000 (1873). — Tageblatt der 47. Naturf.-Vers. **1874**, 122. — B. **7**, 1527 (1874). — Z. anal. **15**, 371 (1876).
[4]) Entwickl. d. Elem.-Anal. S. 93.   [5]) Sill. (4) **4**, 372 (1897).

Methode von Boswell[1]).

Die Substanz wird im Wasserstoffstrom in einer Quarzröhre auf hohe Temperatur erhitzt und die Zersetzungsprodukte über eine lange Schicht auf Weißglut erhitzte Kohle geleitet. Aller Sauerstoff soll dadurch in Wasser, Kohlenoxyd und Kohlendioxyd übergehen, die gewogen werden. — Oder man erhitzt im Stickstoffstrom und leitet die Dämpfe über Kupferoxyd, dessen reduzierte Menge bestimmt wird[2]).

Andere mehr oder weniger phantastische Vorschläge zur direkten Sauerstoffbestimmung stammen von Persoz[3]), Strohmeyer[4]), Wanklyn und Frank[5]), Cretier[6]) u. a.

35. Scandium Sc = 44.1.

Das Scandiumacetylacetonat ist schon bei verhältnismäßig niederer Temperatur flüchtig und sublimiert leicht. Die Bestimmung des Metalls muß daher so erfolgen, daß man mit sehr verdünnter Schwefelsäure zersetzt, worauf man das nach dem Eindampfen zurückbleibende Sulfat zu Oxyd Sc_2O_3 verglüht[7]).

36. Selen Se = 79.1.

Zur Elementaranalyse selenhaltiger Substanzen füllen Konek und Schleifer lange Verbrennungsröhren zur Hälfte mit Bleichromat[8]), zur Hälfte mit Kupferoxyd. Am Kopfende bringt man eine Bleisuperoxydschicht von 12—15 cm Länge an, die während der Analyse auf 180—200° gehalten wird. Die im Sauerstoffstrom nach vorn dringenden und eventuell noch Selendioxyd enthaltenden Verbrennungsprodukte werden in Berührung mit der heißen Bleisuperoxydschicht geläutert, indem die Selendioxyddämpfe als Bleiselenit oder -seleniat quantitativ absorbiert und zurückgehalten werden. Bei solcher Anordnung kann die zu verbrennende Substanz auch stickstoff- und halogenhaltig sein; das Bleisuperoxyd hält bekanntlich auch diese Elemente quantitativ zurück.

Auf den Gang der Dumasschen Stickstoffbestimmung ist der Selengehalt ohne Einfluß.

Eine genaue, allgemein anwendbare Methode zur Bestimmung des Selens dürfte es noch nicht geben[9]); so konnten Hofmann[10]) in den Selenazolverbindungen und Paal[11]) im Selenoxen das Selen „in Anbetracht des Mangels einer guten Methode" nur qualitativ nachweisen.

Rathke[12]) verbrennt im Sauerstoffstrom und leitet die Dämpfe über glühenden Kalk, aus dem dann durch Lösen in Salzsäure und Fällen mit schwefeliger Säure das Selen abgeschieden wird, oder oxydiert mit Chromsäure oder Salpetersäure (von 1.4 spez. Gew.) im Rohr bei 200° und fällt mit schwefliger Säure.

Zur Selenbestimmung kann man auch nach der Dennstedtschen Methode (S. 204 ff.), analog der Schwefelbestimmung, verfahren. Meissner,

---

[1]) Am. soc. **35**, 284 (1913).   [2]) Am. soc. **36**, 127 (1914).

[3]) A. chim. phys. (2) **75**, 5 (1840).   [4]) A. **117**, 243 (1851).

[5]) Phil. Mag. (4) **26**, 554 (1863).   [6]) Z. anal. **13**, 1 (1874).

[7]) Meyer und Winter, Z. an. **67**, 415 (1910).

[8]) B. **51**, 853 (1918). — Dieses dürfte dem von Rathke, A. **152**, 206 (1869), vorgeschlagenen Bleioxyd vorzuziehen sein.

[9]) Siehe auch Bartal, Ch. Ztg. **30**, 810, 1044 (1906). — Lesser und Weiß, B. **46**, 2649 (1913).

[10]) A. **250**, 297 (1889).   [11]) B. **18**, 2255 (1885).   [12]) A. **152**, 206 (1869).

Diss. Freiburg i. Br. (1915), 23—27. — Strecker und Willing, B. **48**, 202 (1915).

Im Falle der Antipyrinselenide lieferte[1]) folgendes Verfahren richtige Resultate: 0.2—0.3 g Substanz werden mit 10—12 ccm reiner, konzentrierter Schwefelsäure übergossen und auf dem Drahtnetz unter fortwährendem Umschwenken nur so lange erhitzt, bis die klare Lösung eine bräunlichgrüne Farbe annimmt oder eine schokoladenbraune Emulsion sich darin zu zeigen beginnt. Schwefelsäuredämpfe sollen sich dabei noch nicht entwickeln. Nach dem Abkühlen gießt man in ca. 200 ccm kaltes Wasser und sättigt unbekümmert um das ausfallende Selen mit Schwefligsäuregas. Nach dem Aufkochen und Zufügen von weiteren 100 ccm Wasser läßt man das Becherglas mindestens über Nacht stehen. Man sammelt das Selen auf gewogenem Filter und wäscht mit heißem Wasser, darauf mit Alkohol vollständig aus. In den Filtraten pflegen sich wägbare Selenmengen nicht mehr abzuscheiden. Der wunde Punkt des Verfahrens ist, daß weder Zeit noch Temperatur, wo die quantitative Herausnahme des Selens beendet ist, absolut sicher zu bestimmen sind; übertritt man diese Grenzen, so wird ein Teil des aufgelösten Selens durch die heiße, konzentrierte Schwefelsäure zu seleniger Säure oxydiert, deren Reduktion in Gegenwart überschüssiger Schwefelsäure Schwierigkeiten bereitet.

Über die Analyse des o-Cyanbenzylselencyanids schreibt Drory[2]): Die Selenbestimmung wurde durch Oxydation der Substanz mit rauchender Salpetersäure im Digestionsrohr ausgeführt; die hierbei gebildete Selensäure wurde dann mit Salzsäure reduziert und das Selen mit Natriumbisulfit ausgefällt. Andererseits wurde die Substanz in ca. 10 ccm konzentrierter Schwefelsäure unter gelindem Erwärmen gelöst und nach dem Erkalten in ca. 150 ccm Wasser gegossen, wobei das Selen vollständig ausfiel. Durch Aufkochen ballte es sich zusammen und wurde auf tariertem Filter gesammelt und gewogen. Aber auch diese Methode führt nicht immer zu genauen Zahlen, weil kein Anzeichen dafür vorhanden ist, wann die Zerstörung der Substanz und Auflösung des elementar abgeschiedenen Selens erfolgt ist. Bei zu langem Erwärmen verschwindet schließlich die grüne Färbung vollständig, indem unter Entwicklung von schwefliger Säure eine wasserklare Auflösung von Selenigsäure entsteht. Da nun auch das Schmelzen der Substanz mit Soda und Salpeter, Umsetzung des selensauren Alkalis mit Chlorbarium und Wägung des Selens als selensaures Barium kein ganz zuverlässiges Verfahren ist, wurde davon Abstand genommen, weitere Selenbestimmungen auszuführen.

Das Triäthylselenjodid wurde von Pieverling[3]) mit einer hinreichenden Menge konzentrierter Salpetersäure gekocht, die Lösung zur Reduktion von etwa gebildeter Selensäure mit wenig Salzsäure zur Trockne verdampft und der Rückstand durch wiederholtes Eindampfen mit einer gesättigten Lösung schwefliger Säure vollständig reduziert.

Nach Michaelis und Röhmer[4]) bedingt aber das Eindampfen mit Selen immer Verluste. Sie empfehlen, die Substanz mit gewöhnlicher konzentrierter Salpetersäure im Rohr auf 180° zu erhitzen, dann den in einen Kolben gespülten Rohrinhalt mit einem großen Überschuß konzentrierter Salzsäure einige Stunden am Rückflußkühler zu kochen, wodurch alle Salpetersäure zerstört wird. Dann wird die eventuell filtrierte Flüssigkeit längere Zeit mit

---

[1]) Konek und Schleifer, B. **51**, 852 (1918).   [2]) Diss. Berlin (1892), 37.
[3]) A. **185**, 334 Anm. (1877).
[4]) B. **30**, 2827 Anm. (1897). — Michaelis und Langenkamp, A. **404**, 27 (1914).

schwefligsaurem Natrium erhitzt, das Selen abfiltriert, getrocknet und gewogen.

Stolle dampft[1]) nach der Oxydation mit Salpetersäure unter Kochsalzzusatz ein und reduziert durch sechsstündiges Kochen mit Hydroxylamin,
nach der Methode von Jannasch und Müller[2]); Edinger und Ritsema[3]),
die im übrigen ähnlich arbeiten, fällen mit Hydrazinsulfat, erhalten aber auch
keine besonders guten Resultate. — Strecker und Grossmann[4]) schließen
nach Carius auf, entfernen die Salpetersäure durch Kochen mit Salzsäure,
neutralisieren mit Soda und fällen siedend heiß mit Hydrazinsulfat[5]).

Godchaux[6]) erhitzt zur Selenbestimmung mit Brom und Wasser im
Rohr, vertreibt dann das Brom auf Zusatz von Wasser und Kochsalz und gibt
zu der filtrierten Lösung behufs Fällung des Selens wäßrige schweflige Säure
im Überschuß.

Bauer hat mit der Methode von Michaelis und Röhmer bessere
Resultate erhalten[7]) als mit den weiter unten beschriebenen Methoden der
Bestimmung des Selens als Ag_2SeO_3. Es ist nur zweierlei zu beachten:

Erstens ist zur Zerstörung der Salpetersäure sehr großer Überschuß
rauchender Salzsäure erforderlich; verwendet man weniger, als unten angegeben, so wird die Salpetersäure, selbst bei stundenlangem Kochen, nicht
reduziert. Zweitens sind Kork- oder Gummistopfen zu vermeiden, weil sie
reduzierend wirken und vorzeitige Selenausscheidung bedingen.

Die Ausführung der

Selenbestimmung nach Bauer[8])

gestaltet sich also folgendermaßen: 0.2—0.3 g Substanz werden mit 1.5 ccm
rauchender Salpetersäure 5 Stunden — eventuell noch länger — im Rohr auf
250° erhitzt, mit möglichst wenig Wasser in einen Jenaer $^1/_2$-l-Rundkolben
gespült und mit 100 ccm Salzsäure (1.19) versetzt.

Nach Zugabe einiger Glasperlen, die Siedeverzug verhindern, wird der
eingeschliffene Rückflußkühler aufgesetzt und etwa 3 Stunden lang gekocht.
Nach dieser Zeit sollen im Kühlrohr keine nitrosen Gase mehr bemerkbar
und die Flüssigkeit fast farblos geworden sein.

Man filtriert in ein Becherglas von $^1/_2$ l Inhalt, setzt eine klar filtrierte
Lösung von 3 g Natriumsulfit (wasserfrei) hinzu und erhitzt auf dem Wasserbad, bis das Selen sich als schwarzer Niederschlag klar abgesetzt hat, was
nach etwa 3 Stunden erreicht wird.

Falls die Salpetersäure nicht vollständig zerstört war, genügt die angegebene Sulfitmenge nicht zur Fällung des Selens. Man setzt dann noch so
lange Sulfit zu, bis die Flüssigkeit dauernd nach Schwefeldioxyd riecht.

Das Selen wird schließlich in einen Goochtiegel abfiltriert, mit heißem
Wasser chlorfrei gewaschen und bei 110—120° getrocknet.

---

[1]) J. pr. (2) **69**, 510 (1904).   [2]) B. **31**, 23, 88 (1898).
[3]) J. pr. (2) **68**, 90 (1903). — Grossmann, Diss. Marburg (1915), 40.
[4]) B. **49**, 77 (1916).
[5]) Siehe ferner Strecker und Willing, B. **48**, 200, 203 (1915).
[6]) Diss. Rostock (1891), 58.
[7]) B. **46**, 92 (1913). — Dyckerhoff, Diss. Rostock (1915), 35.
[8]) Privatmitteilung. — Siehe auch Bauer, B. **48**, 507 (1915). — Michaelis, B. **48**,
873 (1915). — Binz und Holzapfel, B. **53**, 2029 (1920).

Bestimmung des Selens in organischen Substanzen nach Frerichs[1]).

Etwa 0.2--0.3 g Substanz werden nach Carius mit Salpetersäure (spez. Gew. 1.4) unter Zusatz von etwa 0.5 g Silbernitrat zerstört. Der Rohrinhalt wird mit Wasser oder Alkohol in eine Porzellanschale gespült und zur Trockne verdampft. Der Rückstand wird mit einigen Tropfen Wasser verrieben und dann mit Alkohol auf ein Filter gebracht und mit Alkohol gewaschen, bis im Filtrat kein Silber mehr nachweisbar ist. Das Filter mit dem Rückstand wird dann in einem Becherglas mit etwa 20 ccm 30 proz. Salpetersäure und 80 ccm Wasser so lange gekocht, bis der Rückstand völlig in Lösung gegangen ist, was nach etwa 5 Minuten der Fall zu sein pflegt.

Nach Zusatz von etwa 100 ccm Wasser und 1 ccm konzentrierter Eisenammoniumalaunlösung wird mit $^n/_{10}$-Rhodankaliumlösung (nach Volhard) titriert.

Jeder Kubikzentimeter Rhodanlösung entspricht 0.00395 g Selen.

Bei der Titration stört das Silbersulfid nicht, weil es sich in der verdünnten Salpetersäure nicht löst.

Auch die Bestimmung von Selen neben Halogen in organischen Verbindungen läßt sich nach dieser Methode durchführen. Man trennt das nach der Zerstörung der Substanz erhaltene Gemisch von Halogensilber und selenigsaurem Silber durch Kochen mit salpetersäurehaltigem Wasser und bestimmt den Rückstand als Halogensilber, das selenigsaure Silber im Filtrat nach dem Eindampfen. Allerdings fallen hierbei die Zahlen für Halogen etwas zu hoch, die für Selen etwas zu niedrig aus.

Becker und Jul. Meyer ziehen es vor, das selenigsaure Silber nach dem Trocknen direkt zu wägen[2]).

Verfahren zur Selenbestimmung von Lyons und Shinn[3]).

Während Frerichs eine indirekte Selenbestimmung ausführt, indem die dem Selen entsprechende Silbermenge titriert wird, schlagen Lyons und Shinn eine direkte Methode vor, die im wesentlichen folgendermaßen ausgeführt wird:

Die Substanz wird im Einschmelzrohr mit roher, rauchender Salpetersäure mindestens eine Stunde auf 235—240° erhitzt, der Rohrinhalt in eine Schale gespült und ungefähr um ein Viertel mehr Silber- oder Zinknitrat zugefügt, als zur Bildung des selenigsauren Salzes der Berechnung nach erforderlich ist. Man dampft zweimal mit etwas Wasser zur Trockne (auf dem Wasserbad) und versetzt den Rückstand mit etwa 50 ccm verdünntem Ammoniak, dampft wieder ein, setzt nochmals Ammoniak zu und bringt wieder zur Trockne. Dann wird noch zweimal mit Wasser eingedampft, um jede Spur überschüssiges Ammoniak zu entfernen. Der Rückstand wird mit kaltem Wasser verrührt und so lange durch ein Filter dekantiert, als sich im Filtrat noch Nitrate nachweisen lassen. Hierauf bringt man das Filter zu dem Niederschlag in die Schale zurück und zersetzt das selenigsaure Ammoniumsilber (-Zink) durch Zusatz von 10 ccm Salzsäure (spez. Gew. 1.124), verdünnt mit Wasser auf ca. 300 ccm und fügt einige Stückchen Eis hinzu.

---

[1]) Arch. **240**, 656 (1902). — Price und Jones, Soc. **95**, 1735 (1909). — Vanino und Schinner, J. pr. (2) **91**, 123 (1915).
[2]) B. **37**, 2551 (1904).
[3]) Am. soc. **24**, 1087 (1902). — Lyons und Bush, Am. soc. **30**, 832 (1908). Vanino und Schinner, J. pr. (2) **91**, 122 (1915).

Dann wird nach Norris und Fay[1]) titriert, indem man $n/_{10}$-Natriumthiosulfatlösung in geringem Überschuß zufügt und unter Kühlung auf 0° eine Stunde stehen läßt. Schließlich wird mit Jodlösung zurücktitriert.

$$1 \text{ ccm } n/_{10}\text{-}Na_2S_2O_3\text{-Lösung} = 0.001975 \text{ g Selen.}$$

Man kann auch das Selen gewichtsanalytisch bestimmen, indem man die filtrierte Salzsäurelösung mit Natriumbisulfit reduziert.

Die Selenbestimmungen in Selenosäuren sind folgendermaßen ausgeführt worden[2]): Man mischt die Selenosäure in einem geräumigen Nickeltiegel mit dem Sechsfachen eines Gemisches von einem Teil Natriumperoxyd und vier Teilen Natriumcarbonat, überdeckt mit einer Schicht des Natriumperoxyd-Natriumcarbonat-Gemisches und erhitzt sehr vorsichtig bei bedecktem Tiegel mit kleiner Flamme, bis die Oxydation erfolgt ist. Dann schmilzt man, löst die erkaltete Schmelze in Wasser, filtriert, reduziert in dem auf ein Drittel konzentrierten Filtrat mit Salzsäure die Selensäure zu seleniger Säure, diese mit Schwefeldioxyd zu Selen, sammelt das Selen in einem Goochtiegel, trocknet bei 105° und wägt.

Die Analysen der Alkalisalze der Säuren werden durch Erhitzen und Abrauchen mit reiner konzentrierter Schwefelsäure ausgeführt. Aus den Lösungen der Barium-, Magnesium- und Silbersalze fällt man die Metalle wie gewöhnlich. Die Zink-, Kupfer-, Nickel- und Kobaltsalze zerstört man zunächst durch vorsichtiges Erhitzen, um dann im Rückstand die Metalle zu bestimmen. Da indessen manche dieser Salze, z. B. die Zink- und Kupfersalze, der p- und o-Xylolselensäure trotz aller Vorsicht beim Erhitzen für sich verpuffen, so mischt man sie besser mit dem vierfachen Gewicht trocknen Seesandes, wodurch ruhige Zersetzung gewährleistet wird.

Um in selenhaltigen Platinverbindungen das Platin rein zu erhalten, muß man sehr andauernd über dem Gebläse glühen.

Silber durch Glühen selenfrei zu erhalten, ist überhaupt nicht möglich. Man muß in den betreffenden Fällen den Glührückstand in verdünnter Salpetersäure lösen und mit Salzsäure fällen[3]), oder man löst das selenhaltige Chlorsilber in Ammoniak und fällt nach Abdunsten der Hauptmenge des Ammoniaks mit Salpetersäure[4]).

Mikro - Selenbestimmung.

Nach Wrede[5]) wird wie bei der Schwefelbestimmung nach Pregl[6]) verfahren.

Als Verbrennungsrohr wird ein „Perlenrohr" nach Pregl, von etwa 7 mm lichter Weite benutzt. Die Perlen werden vor der Verbrennung mit Wasser benetzt und dienen zum Auffangen der selenigen Säure. Der leere Rohrteil wird wie bei der Schwefelbestimmung nach Pregl mit 1—2.5 cm langen Sternen aus dünnem Platinblech beschickt. In der Mitte zwischen den Sternen und der Öffnung des Rohrs liegt das Schiffchen mit der Substanz. Zur Kontrolle der Geschwindigkeit des Sauerstoffstroms, der direkt aus dem Gasometer entnommen

[1]) Am. **18**, 704 (1896); **23**, 119 (1900). — Norton, Am. J. Sc. **157**, 287 (1899).
[2]) Anschütz, Kallen und Riepenkroger, B. **52**, 1863 (1919).
[3]) Jackson, A. **179**, 8 (1875). — Derartige Salze können zudem explosiv sein. Stoeker und Krafft, B. **39**, 2200 (1906).
[4]) Grossmann, Diss. Marburg (1915), 40.
[5]) Ch. Ztg. **44**, 603 (1920). — Z. physiol. **109**, 272 (1920).   [6]) Siehe S. 274 ff.

werden kann, dient ein kleiner Blasenzähler. Es sollen etwa 8—10 ccm Sauerstoff in der Minute eingeleitet werden.

Das destillierte Wasser wird frisch ausgekocht und mit Methylorange kräftig angefärbt. Dann wird mit verdünnter Salzsäure oder Natronlauge ein Farbton erzeugt, der soeben nicht mehr rein gelb ist. (Es empfiehlt sich, zum Vergleich der Farben — auch bei der Titration selbst — ein Kölbchen von etwa gleicher Größe mit rein gelber, also alkalischer Lösung bereitzustellen.) Mit diesem neutralen Wasser wird eine Spritzflasche gefüllt.

Zur Bereitung der $n/_{100}$-Natronlauge verdünnt man $n/_{10}$-Lauge mit dem Methylorange-Wasser auf das 10 fache.

Vor dem ersten Gebrauch wird das Verbrennungsrohr mit Lauge und mit Säure behandelt, dann mit dem Methylorange-Wasser gut ausgespritzt. Das Rohr wird nicht weiter getrocknet, nachdem man überschüssiges Wasser durch Ausblasen entfernt hat. Über das capillare Ende stülpt man ein Erlenmeyerkölbchen. Nach Einführen der frisch ausgeglühten Platinsterne und des Schiffchens wird das Rohr über den Platinsternen zur hellen Rotglut erhitzt und die Substanz im Sauerstoffstrom recht langsam verbrannt. Die selenige Säure scheidet sich in glänzenden, weißen Krystallen am Anfang des Perlenrohrs ab. Das Auftreten von rotem Selen oder von Kohle ist ein Zeichen dafür, daß man zu schnell verbrannt hat. Wenn alles verbrannt ist, läßt man im Sauerstoffstrom erkalten. Nach Entfernen des Schiffchens und der Sterne spült man die selenige Säure durch Ausspritzen mit Methylorange-Wasser in das Erlenmeyerkölbchen, wobei zuletzt das Waschwasser seine Farbe behalten muß. Hierauf titriert man bis zur reinen Gelbfärbung mit $n/_{100}$-Natronlauge (Vergleich mit der alkalischen Methylorangelösung!).

Enthält die Substanz neben Selen Schwefel, so benetzt man durch Ansaugen das Perlenrohr mit neutralem 5 proz. Wasserstoffsuperoxyd (Schwefelbestimmung nach Pregl). Dann wird wie sonst verbrannt und titriert, danach die Schwefelsäure als Bariumsulfat gefällt, nach einigen Stunden heiß in einen kleinen Goochtiegel filtriert und gewogen.

Die Platinsterne sind nach jeder Verbrennung zu glühen, evtl. auch mit Königswasser anzuätzen, da sie durch das Selen oftmals einen leichten Beschlag erhalten, der offenbar ihre katalytische Wirkung verhindert. Entweicht aus der Capillare des Verbrennungsrohrs etwas weißer Rauch, so ist dies das Zeichen einer solchen „Vergiftung".

$$H_2SeO_3 + NaOH = NaHSO_3 + H_2O \quad (1 \text{ ccm } n/_{100} \text{ Natronlauge} = 0,792 \text{ mg Se}).$$

Enthält die zu analysierende Substanz Stickstoff oder Halogene, so ist die Titration nicht ausführbar.

37. Silber Ag = 107.9.

Viele Silbersalze sind[1] licht- oder luftempfindlich, worauf gebührend Rücksicht zu nehmen ist, auch sind sie nicht selten, wie das Silbersalz der Oxalsäure, Isocyanursäure, Pikrinsäure, der Knallsäure oder der Lutidoncarbonsäure[2], explosiv. Das chinolincarbonsaure Silber verbindet mit der unerfreulichen Eigenschaft, sich beim Erhitzen plötzlich zu zersetzen, eine sehr auffallende Neigung, Wasser anzuziehen[3]. Trocknes Diazobenzolsilber

[1] Namentlich wenn sie nicht ganz rein sind. Krause und Schmitz, B. **52**, 2159 (1919).
[2] Sedgwick und Collie, Soc. **67**, 407 (1895).
[3] Bernthsen und Bender, B. **16**, 1809 (1883).

explodiert beim Überleiten von Schwefelwasserstoff, kann aber in wäßriger Lösung als Sulfid gefällt werden[1]). Derartige Substanzen werden zur Silberbestimmung im Wasserstoffstrom geglüht, oder mit Salzsäure gekocht[2]) bzw. mit Schwefelsäure zerstört[3]) oder nach Carius aufgeschlossen[4]), während man sonst gewöhnlich einfach im Porzellantiegel verascht. Oder man zersetzt sie in verdünnter Salpetersäure (eventuell im Rohr) und fällt [nach eventuellem Filtrieren[5])] mit Salzsäure[6]).

Hierbei erhält man oft infolge eines kleinen Kohlegehalts des Silbers ein wenig zu hohe Zahlen, dann ist das Silber gewöhnlich nicht weiß und glänzend, sondern gelb und matt; man kann in solchen Fällen wieder in Salpetersäure lösen und nochmals vorsichtig abrauchen und glühen, meist genügt aber Abrauchen mit Schwefelsäure.

Manche explosive Silbersalze lassen sich auch, wie das dithiolpyrondicarbonsaure Silber[7]), nach dem Vermischen mit Ammoniumcarbonat durch vorsichtiges Erhitzen zersetzen.

Schwefelhaltige Silbersalze verlangen sehr intensives und anhaltendes Glühen[8]). (Siehe S. 817, „Thiosemicarbazone".) Besser ist es daher, sie im Rohr mit Salpetersäure bei ca. 200° aufzuschließen, nach dem Eindampfen das Silbernitrat mit Wasser und ein paar Tropfen Ammoniak zu lösen und mit Salzsäure zu fällen[9]). — Analyse selenhaltiger Silbersalze: S. 370.

Kemmerich[10]) löst die Silbersalze von Oximidoketonen in verdünnter Salpetersäure, bringt eventuell ausgeschiedenes Oximidooxazolon durch Alkohol in Lösung und titriert mit Rhodanammonium und Ferrisalz.

Silbersalze halogen-, eventuell auch noch schwefelhaltiger[11]) Substanzen[12]) analysiert man nach der Methode von Vanino[13]), oder man fällt das Silber als Halogensilber auf nassem Weg.

Methode von Vanino.

Man versetzt eine gewogene Menge des veraschten Silbersalzes, also ein Gemisch von Silber und Halogensilber, mit konzentrierter Ätznatron- oder Ätzkalilösung und setzt Formaldehyd zu. Die Reaktion vollzieht sich in wenigen Minuten, das Silber scheidet sich in schwammiger Form ab und kann mit Leichtigkeit von anhaftendem Alkali durch Waschen mit Wasser und Alkohol befreit werden. Natürlich wird die Reduktion in einer Porzellanschale vorgenommen. Bei Bromsilber gelingt die Reaktion nur in der Wärme, bei Jodsilber nur bei wiederholtem Aufkochen und erneutem Zusatz von Formaldehyd.

---

[1]) Griess, A. **137**, 76 (1866).
[2]) Gay-Lussac und Liebig, A. chim. phys. (2) **25**, 285 (1824).
[3]) Dubsky und Spritzmann, J. pr. (2) **96**, 108 (1917).
[4]) Krause und Schmitz, a. a. O. 2160. — Siehe dazu S. 258.
[5]) Heilbron, Diss. Leipzig (1910), 35.
[6]) Hoogewerff und van Dorp, Rec. 8, 173, Anm. (1899). — Dimroth, B. **39**, 3912 (1906). — Bülow und Hecking, B. **44**, 243 (1911).
[7]) Blezinger, Diss. Erlangen (1908), 50.
[8]) Salkowski, B. **26**, 2497 (1893). — Siehe auch Neuberg und Neimann, B. **35**, 2050 (1902).
[9]) Keller, Diss. Heidelberg (1905), 24.
[10]) Diss. Leipzig (1908), 30.   [11]) Rindl und Simonis, B. **41**, 840 (1908).
[12]) Thiele, A. **308**, 343 (1899). — Blezinger, Diss. Erlangen (1908), 53.
[13]) B. **31**, 1763, 3136 (1898).

Dupont und Freundler[1]) empfehlen ganz allgemein die Substanz mit Königswasser einzudampfen und so das Silber in Chlorsilber überzuführen; für bromhaltige Substanzen ist es vorteilhafter, Bromwasserstoffsäure + Salpetersäure anzuwenden. Chlor- und bromhaltige Substanzen werden nur mit Königswasser (im Kjeldahlkolben) erhitzt[2]).

Die Halogenbestimmung mit der Silberbestimmung in der Weise zu verbinden, daß man nach Carius unter Zusatz bekannter Silbernitratmengen erhitzt und im Filtrat vom Halogensilber eine Restbestimmung des Silbers macht, wie empfohlen wird[3]), ist, wie S. 259 gezeigt wurde, nicht statthaft.

Für die Gehaltsbestimmung organischer Silberpräparate hat Marschner[4]) eine Methode ausgearbeitet, die nach Lehmann[5]) allgemein (z. B. bei der Untersuchung von Argentum proteinicum, Argonin, Albargin, Hegonon, Novargan und Ichthargan) vorzügliche Resultate liefert.

0.2—0.5—1.0 g — je nach dem Silbergehalt — der Substanz werden in einem geräumigen Erlenmeyerkolben von ca. 400 ccm Inhalt in 10 ccm Wasser gelöst. Zu der Lösung fügt man in dünnem Strahl unter Umschwenken 10 ccm konzentrierte Schwefelsäure und gleich darauf in kleinen Portionen unter beständigem Schütteln 2 g feinst gepulvertes Kaliumpermanganat. (Bei sehr stark chlorhaltigen Präparaten, namentlich solchen, von denen man ihres geringen Silbergehalts wegen 1 g in Anwendung nehmen muß, wie z. B. Novargan, tut man gut, von vornherein 4—5 g Kaliumpermanganat zuzugeben.) Darauf läßt man 15 Minuten stehen und verfährt dann wie folgt weiter:

a) Bei chlorfreien Präparaten: Man verdünnt das Reaktionsgemisch mit 50 ccm Wasser, setzt zur Zerstörung der Permanganat- bzw. Mangansuperoxydreste Ferrosulfat in kleinen Portionen zu, bis klare, gelbliche Lösung resultiert, und titriert diese mit $n/_{10}$-Rhodanlösung auf Bräunlichrot.

b) Bei chloridhaltigen Präparaten: Man erhitzt das Reaktionsgemisch auf dem Drahtnetz zur Zersetzung des Chlorsilbers, bis durch die kondensierten Schwefelsäuredämpfe die an den Glaswandungen haftenden Braunsteinreste heruntergespült sind, verdünnt nach dem Erkalten mit 50 ccm Wasser, entfärbt mit Ferrosulfat und titriert mit $n/_{10}$-Rhodanlösung.

1 ccm $n/_{10}$-Rhodanlösung = 0.0108 g Silber.

Über Silberbestimmung in organischen Verbindungen siehe ferner: Lucas und Kemp, Am. soc. **39**, 2074 (1917).

Faktorentabelle.

Gefunden	Gesucht	Faktor	2	3	4	5
AgCl = 143.4	Ag = 107.9	0.75276	1.50551	2.25827	3.01102	3.76378

	6	7	8	9	log
	4.51653	5.26929	6.02204	6.77480	0.87665 — 1

[1]) Manuel opératoire de chimie organique (1898), 80. — Rindl und Simonis a. a. O. — Lifschitz, B. **48**, 417 (1915).

[2]) Orndorff und Black, Am. **41**, 386 (1909).   [3]) B. **48**, 200, 203 (1915).

[4]) Apoth.-Ztg. (1912), 887. — Arch. **252**, 9 (1914). — Kroeber, Apoth.-Ztg. (1913), 6; (1914), 713. — Stöcker, Apoth.-Ztg. (1914), 344. — Dankwortt, Arch. **252**, 69, 497 (1914). — Korndörfer, Apoth.-Ztg. (1914), 901. — Herzog, Arch. **253**, 441 (1915).

[5]) Arch. **253**, 42 (1915).

38. Silicium Si = 28.4.

Die Elementaranalyse von Siliciumverbindungen kann Schwierigkeiten machen, die aber fast immer durch die Anwendung von Bleichromat überwunden werden[1]. — Bygdén[2] empfiehlt vorsichtige Anwendung der Dennstedtschen Methode.

Zur Analyse von Kieselsäureglykol- und Glycerinestern muß Cerdioxyd und feuchter Sauerstoff für die Kohlenstoffbestimmung verwendet und der Wasserstoff in einer eigenen Probe bestimmt werden[3].

Die organischen Siliciumverbindungen der Fettreihe pflegt man mit Soda und Salpeter zu schmelzen und die Kieselsäure in üblicher Weise durch Salzsäure abzuscheiden[4]. Das silicoheptylkohlensaure Natrium[5] zeigt die interessante Eigenschaft, beim Glühen im Platintiegel reine Soda zu hinterlassen, nach der Gleichung:

$$2\ SiC_6H_{15}CO_3Na = (SiC_6H_{15})_2O + Na_2CO_3 + CO_2.$$

Für aromatische Siliciumverbindungen hat Polis[6] auf Anregung von La Coste eine der Kjeldahlschen Stickstoffbestimmung nachgebildete Methode ausgearbeitet. Man löst die Substanz unter Erwärmen in ca. 20 ccm Schwefelsäure, der man je nach Bedürfnis eine entsprechende Menge rauchender Säure zufügt, und läßt dann einige Kubikzentimeter konzentrierter Chamäleonlösung vorsichtig hinzutropfen. Es scheidet sich zunächst ein brauner Niederschlag von Mangansuperoxyd aus, der sich durch weiteres Erhitzen unter teilweiser Bildung von Manganoxydsulfat löst, das sich durch seine intensiv rote Farbe kundgibt. Setzt man die Erhitzung weiter fort, so verschwindet diese Farbe unter Bildung von Manganosulfat. Man fügt eine neue Menge Kaliumpermanganatlösung hinzu, erhitzt bis zur Entfärbung und setzt diese Operationen so lange fort, bis die Substanz vollständig zersetzt ist.

Es ist einleuchtend, daß die Zersetzung der Substanz wohl häufig in der Art verlaufen kann, daß zunächst leichtflüchtige Oxydationsprodukte entstehen, die beim Erwärmen mit den Wasserdämpfen entweichen; erstere geben dann mitunter durch ihren Geruch ein Kriterium, ob die Substanz ganz zersetzt ist oder nicht. Alle Kieselsäure scheidet sich bei dieser Art des Operierens als Siliciumdioxyd aus. Die erkaltete Flüssigkeit wird mit Wasser verdünnt, die Kieselsäure abfiltriert und geglüht.

Das Produkt enthält stets wägbare Mengen, bis zu 0.8%, Manganoxyduloxyd, zu dessen Entfernung mit Salzsäure schwach erwärmt wird. Man filtriert, wäscht aus und glüht nochmals im Platintiegel. Es kommt auch vor, daß selbst durch konzentrierte Salzsäure nicht alles Mangan in Lösung zu bringen ist, dann ist man gezwungen, nochmals mit Soda und einigen Körnchen Salpeter zu schmelzen.

Nach Bygdén[2] ist die Anwendung von Quecksilber als Katalysator vorzuziehen.

Das Siliciumphenylchlorid[7] $(SiC_6H_5Cl_3)$ wurde in offenem Kügelchen gewogen, dann durch Erwärmen in ein etwas Wasser enthaltendes Stöpselglas getrieben, darin längere Zeit verschlossen stehen gelassen und die Zersetzung durch Schütteln und schwaches Erwärmen beschleunigt. Der Inhalt

---

[1] Melzer, B. **41**, 3390 (1908).　　　[2] Diss. Upsala (1916), 72 ff.

[3] DRP. 285 285 (1915).　　　[4] Taurke, B. **38**, 1669 (1905).

[5] Ladenburg, A. **164**, 321 (1872).

[6] B. **19**, 1024 (1886). — Ladenburg, B. **40**, 2278 (1907).

[7] Ladenburg, A. **173**, 153 (1874). — Ähnliche Verfahren: Kipping, Soc. **91**, 217 (1907). — Robinson und Kipping, Soc. **93**, 442 (1908).

des Stöpselglases wurde dann in eine Platinschale gebracht, Ammoniak zugesetzt und auf dem Wasserbad zur Trockne gedampft. Hierauf wurde nach Wasserzusatz filtriert und die Silicobenzoesäure im Platintiegel geglüht. Da hierbei der Kohlenstoff niemals vollständig verbrannt wird, wird noch nach Zusatz von Soda geschmolzen, die Masse in Wasser aufgelöst, Salzsäure und Salmiak hinzugefügt und zur Trockne gebracht, dann von neuem in Wasser gelöst, die Kieselsäure abfiltriert, geglüht und gewogen.

Triphenylsilicol[1]) wurde einfach mit konzentrierter Schwefelsäure abgeraucht.

Faktorentabelle.

Gefunden	Gesucht	Faktor	2	3	4	5
$SiO_2 = 60.4$	$Si = 28.4$	0.47020	0.94040	1.41060	1.88080	2.35100

	6	7	8	9	log
	2.82119	3.29139	3.76159	4.23179	0.67228 — 1

39. Strontium Sr = 87.6.

Strontium wird am besten als Sulfat bestimmt, weniger gut durch Erhitzen des schwach geglühten Salzes mit Ammoniumcarbonat als kohlensaures Salz[2]).

Siehe auch unter „Calcium" und „Barium".

Faktorentabelle.

Gefunden	Gesucht	Faktor	2	3	4	5
$SrSO_4 = 183.7$	$Sr = 87.6$	0.47697	0.95394	1.43090	1.90787	2.38484

	6	7	8	9	log
	2.86181	3.33878	3.81574	4.29271	0.67849 — 1

40. Tellur Te = 127.

Elementaranalysen tellurhaltiger Substanzen müssen in einem Schiffchen mit Bleichromat unter großer Vorsicht vorgenommen werden, weil sonst leicht Tellur bis in den Kaliapparat gelangen kann[3]) und kleine Verpuffungen im Verbrennungsrohr selbst bei sehr langsamer Verbrennung kaum zu vermeiden sind.

Tellurmethyljodid wird nach Wöhler und Dean[4]) durch Kochen mit Königswasser zersetzt, bis fast zur Trockne eingedampft und das Tellur mit schwefligsaurem Ammonium gefällt.

---

[1]) Dilthey und Eduardoff, B. **37**, 1141 (1904).
[2]) Großmann und Von der Forst, B. **37**, 4142 (1904).
[3]) Köthner, A. **319**, 30 (1901). — Daselbst auch sehr detaillierte Angaben über die Bestimmung von Tellur. — Siehe auch Lederer, B. **49**, 336, 341 (1916).
[4]) A. **93**, 236 (1855).

Becker[1]) kochte Tellurtriäthyljodid andauernd mit konzentrierter Salpetersäure und fällte schließlich mit Schwefeldioxyd. Die Jodbestimmung erfolgte durch Glühen mit Natronkalk.

Nach Rohrbaech[2]) muß man beim Fällen des Tellurs die wäßrige Auflösung der schwefligen Säure allmählich zusetzen und längere Zeit erwärmen, da die Tellurabscheidung meist erst nach längerem Kochen eintritt. Den Tellurniederschlag trocknet man am besten auf dem Wasserbad. Zu langsames Trocknen muß vermieden werden, da dies auch die Oxydation erleichtert.

Zur Zerstörung der organischen Substanz wird vor der Tellurfällung mit rauchender Salpetersäure im Rohr erhitzt und danach der mit Wasser verdünnte Inhalt der Röhre zweimal zur Trockne gedampft und mit salzsäurehaltigem Wasser aufgenommen.

Jannasch und Müller[3]) reduzieren die tellurige Säure durch Kochen der ammoniakalischen Lösung mit Hydroxylamin. Das Tellur wird auf einen Asbesttrichter gebracht und im Kohlendioxydstrom getrocknet.

Lyons und Bush[4]) zersetzten das α-Dinaphthyltellur nach Carius mit roter rauchender Salpetersäure im Rohr, reduzierten die tellurige Säure in salzsaurer Lösung mit Natriumbisulfit, sammelten das Tellur auf einem Goochfilter und trockneten bei 105°.

Entschieden die beste Methode der Abscheidung des Tellurs ist die von Lenher und Homburger[5]). Die konzentrierte Lösung der (evtl. aufgeschlossenen) Tellurverbindung in ungefähr 10proz. Salzsäure wird bei Siedehitze mit 15 ccm gesättigter Schwefeldioxydlösung, dann mit 10 ccm 15proz. wäßrigem Hydraziniumchlorid und schließlich abermals mit 25 ccm Schwefeldioxydlösung vermischt. Man kocht, bis sich der Niederschlag in gut auswaschbarer Form abgeschieden hat, was nach längstens 5 Minuten der Fall ist. Das Tellur wird auf einem Goochtiegel säurefrei gewaschen, mit 15 ccm Alkohol vom Wasser befreit und schließlich bei 100—150° bis zur Gewichtskonstanz getrocknet.

Die Platinbestimmung von Tellurplatinverbindungen führt man aus, indem man die Substanz im Porzellantiegel einige Zeit erwärmt, dann mittels des Gebläses stark glüht, aus dem Rückstand die tellurige Säure durch Salzsäure extrahiert und nochmals heftig glüht.

41. Thallium Tl = 204.1.

Die Substanz wird[6]), evtl. im zugeschmolzenen Rohr, gewöhnlich aber im Becherglas, mit konzentrierter Salpetersäure erhitzt, dann die überschüssige Säure auf dem Wasserbad nahezu, aber nicht vollständig, verjagt, mit sehr wenig Wasser verdünnt und mit Sodalösung neutralisiert. Man versetzt dann in der Kälte mit genügend Jodkaliumlösung, fügt noch $^1/_3$ Volumen absoluten Alkohol hinzu und filtriert durch ein bei 105° getrocknetes und gewogenes Filter, wäscht erst mit 50proz., dann mit absolutem Alkohol und trocknet bei 105°.

Da sich sehr häufig neben Thalliumoxydulnitrat etwas Oxydnitrat bildet, fällt neben Thalliumjodür freies Jod aus, das dem an sich rotgelben Jod-

[1]) A. **180**, 266 (1875). [2]) Diss. Rostock (1900), 19.
[3]) B. **31**, 2388 (1898). [4]) Am. soc. **30**, 833 (1908).
[5]) Am. soc. **30**, 390 (1908). — Gutbier und Flury, J. pr. (2) **83**, 150 (1911).
[6]) Hartwig, A. **176**, 262 (1875). — Ost, J. pr. (2) **19**, 203 (1879). — Vorländer und Nolte, B. **46**, 3227 (1913).

thallium dunkle, oft ganz schwarze Färbung gibt. Um das Jod zu entfernen, setzt man so viel Schwefligsäurelösung zu, daß die charakteristische Färbung des Jodthalliums wieder auftritt und schwacher Geruch von Schwefeldioxyd wahrnehmbar ist. Bei jodhaltigen Substanzen, zu deren Aufschließung im Rohr oxydiert wird, muß die dabei gebildete Jodsäure vor dem Neutralisieren durch Soda mit schwefliger Säure reduziert werden.

Die Analyse von Thalliumsalzen erfolgt am besten nach der Methode von Baubigny[1]). So wird zur Thalliumbestimmung des harnsauren Thalliums mit 100 ccm 0.1 proz. Schwefelsäure kurz aufgekocht. Am nächsten Tage wird von der Harnsäure abfiltriert, nachgewaschen, auf 10 ccm eingeengt, mit Natriumcarbonat neutralisiert und in der Wärme mit Kaliumjodid gefällt[2]).

Ähnlich analysieren Wöhler und Martin das Thalliumfulminat[3]).

Bei der Analyse halogen- und schwefelhaltiger Thalliumverbindungen kann man nach Löwenstamm[4]) Schwierigkeiten finden.

Beim Erhitzen unter Silbernitratzusatz mit Salpetersäure im geschlossenen Rohr findet sich bei dem Chlor- bzw. Bromsilber stets noch unverändertes Chlor- und Bromthallium, und selbst eine kleine derartige Verunreinigung gibt naturgemäß schon einen beträchtlichen Fehler. Es ist also ein ziemlicher Überschuß von Silbernitrat und längeres Erhitzen notwendig. Im Filtrat vom Halogensilber kann nach dem Ausfällen des Silbers und Thalliums die Schwefelsäure mit Salzsäure, das Thallium in einer besonderen Probe durch Oxydation mit Bromwasser und Fällung mit Ammoniak als Tl_2O_3 bestimmt werden. Man kann aber auch — und das ist besser — gleich zwei Aufschlüsse machen, einen mit, einen ohne Silbernitrat: In dem mit Silbernitrat ausgeführten wird nur das Halogen bestimmt, in dem anderen die übrigen Bestandteile.

Stuzzi[5]) zerstört die organische Substanz durch abwechselndes Erwärmen mit Salpetersäure und Schwefelsäure, trocknet und verkohlt, extrahiert mit schwefelsäurehaltigem Wasser und bestimmt das Thallium durch Titration mit Normaljodkalium- und Normalsilberlösung.

Analyse der Thalliumdialkylverbindungen[6]).

Zur Thalliumbestimmung werden die Verbindungen mit rauchender Salpetersäure vorsichtig zersetzt; die Lösung wird dann auf dem Wasserbad eingedampft, der Rückstand unter Zusatz einiger Tropfen schwefliger Säure in Wasser aufgenommen und die auf 100—200 ccm verdünnte Lösung mit überschüssigem Jodkalium bei 90° gefällt. Nach dem Erkalten wird das Thalliumjodür auf dem Goochtiegel abgesaugt, mit einer Mischung von 4 Volumen absolutem Alkohol und 1 Volumen Wasser ausgewaschen, bei 160—170° getrocknet und gewogen.

Die Verbrennungen machten zunächst viel Schwierigkeiten, weil die Substanzen schon bei niedriger Temperatur — durchschnittlich gegen 200° — explosionsartig verpuffen und Gase entwickeln, die sich leicht der völligen Oxydation entziehen. Aus diesem Grund muß die Substanz, von der man nicht mehr als 0.2 g anwendet, in einer langen Schicht Bleichromat verteilt und die Verbrennung so langsam als möglich geleitet werden. Trotz aller Vor-

---

[1]) C. r. **113**, 544 (1891). — Long, Soc. **60**, 1295 (1891).
[2]) Freudenberg und Uthemann, B. **52**, 1512 (1919).
[3]) B. **50**, 590 (1917). — Siehe ferner Weinland und Heinzler, B. **53**, 1364 (1920).
[4]) Diss. Berlin (1901), 32.
[5]) Ph. C.-H. **38**, 167 (1896).   [6]) Meyer und Bentheim, B. **37**, 2055 (1904).

sichtsmaßregeln ergibt aber das Resultat leicht ein geringes Defizit an Kohlenstoff und Wasserstoff. Siehe hierzu S. 207.

Die Halogenbestimmungen werden nach Carius ausgeführt.

Thalliumverbindungen, die sich mit Salpetersäure explosionsartig zersetzen, werden durch Eindampfen mit Salzsäure vorbehandelt und dann, wie oben angegeben, analysiert.

Faktorentabelle.

Gefunden	Gesucht	Faktor	2	3	4	5
TlJ = 331.1	Tl = 204.1	0.61671	1.23342	1.85013	2.46684	3.08355

6	7	8	9	log
3.70025	4.31696	4.93367	5.55038	0.79008 — 1

42. Thorium Th = 232.4.

Zur Bestimmung des Thoriums im Thoriumacetylaceton behandelt Urbain[1]) das Salz mit Salpetersäure und glüht das Thoriumnitrat, wobei Thorerde ThO_2 zurückbleibt.

Karl[2]) erhitzt Thoriumpikrat, Thoriumhippurat und ähnliche Verbindungen mit konzentrierter Schwefelsäure, verdampft und glüht zu konstantem Gewicht und wägt als ThO_2. — Thornitrat-Antipyrin wird entweder direkt geglüht oder der Thorgehalt durch Fällen mit Ammoniak ermittelt[3]).

Faktorentabelle.

Gefunden	Gesucht	Faktor	2	3	4	5
ThO_2 = 264.5	Th = 232.5	0.87902	1.75803	2.63705	3.51607	4.39509

6	7	8	9	log
5.27410	6.15312	7.03214	7.91115	0.94400 — 1

43. Titan Ti = 48.1.

Durch Glühen geht Titanacetylaceton in TiO_2 über, das gewogen wird[4]).

Zur Titanbestimmung in den Additionsprodukten von Titantetrachlorid an organische Verbindungen muß je nach der Beständigkeit der Substanz mit kochendem Wasser oder Ammoniak zersetzt werden, manchmal führt auch nur Oxydation mit rauchender Salpetersäure zum Ziel.

Die so erhaltene Titansäure wird dann durch Glühen in TiO_2 übergeführt.

Die Halogenbestimmung wird entweder gewichtsanalytisch nach dem Ausfällen des Metalls durchgeführt oder titrimetrisch nach Mohr. Zur Abstumpfung der hydrolytisch entstehenden Salzsäure muß, nach Rosenheim, Natriumacetat zugefügt werden.

---

[1]) Bull. (3) **15**, 348 (1896).
[2]) B. **43**, 2069 (1910). [3]) Kolb, Z. an. **83**, 144 (1913).
[4]) Clinch, Diss. Göttingen (1904), 44.

Die Volhardsche Titrationsmethode kann hier nicht angewendet werden, weil die in der Lösung vorhandenen organischen Substanzen die Eisenrhodanreaktion beeinträchtigen.

Die Elementaranalyse macht zumeist unüberwindliche Schwierigkeiten, denn es bilden sich hierbei Titancarbide, die durch keine der bei der Verbrennung anwendbaren Reagenzien zerlegt werden können.

Schnabel[1]) hat alle Modifikationen der Verbrennung im geschlossenen und offenen Rohr, Beschickung mit Kupferoxyd, Bleichromat, Kaliumpyrochromat versucht und auch sonst nicht übliche Oxydationsmittel, z. B. ein Gemisch von Salpeter und Kaliumpyrochromat, bei Vorlegung von Kupferspiralen angewendet, ohne bei der Analyse befriedigende Resultate erzielen zu können.

Faktorentabelle.

Gefunden	Gesucht	Faktor	2	3	4	5
$TiO_2 = 80.1$	$Ti = 48.1$	0.60050	1.20100	1.80150	2.40200	3.00250

6	7	8	9	log
3.60299	4.20349	4.80399	5.40449	0.77851 — 1

44. Uran U = 238.5.

Zur Uranbestimmung zerstört man nach Vaillant[2]) die organische Substanz durch Kochen mit konzentrierter Salpetersäure. In der Lösung läßt sich dann das Uran durch Glühen als Oxyduloxyd U_3O_8 bestimmen.

Es empfiehlt sich, das Oxyd durch Abrauchen mit Schwefelsäure nochmals sorgfältig von Kohlenstoffresten zu befreien[3]).

Scholtz und Kipke[4]) fanden speziell das Uransalz des Piperonyl-pyrazolin-n-carbonamids zu dessen Reinigung geeignet. Zur Analyse wurde direkt geglüht.

Faktorentabelle.

Gefunden	Gesucht	Faktor	2	3	4	5
$U_2O_8 = 846.5$	$U_3 = 718.5$	0.84879	1.69758	2.54637	3.39516	4.24395

6	7	8	9	log
5.09273	5.94152	6.79031	7.63910	0.92880 — 1

45. Vanadium V = 51.2.

Merthes und Fleck[5]) geben folgende Vorschrift:

Zur Bestimmung von Vanadium und Chlor in organischen Vanadiumchloridverbindungen werden 0.5—1 g der Verbindung mit fein gepulvertem, chlorfreiem Kalk 2—5 Stunden im Ofen erhitzt, das Reaktionsprodukt in 300 ccm Wasser unter Zusatz von Salpetersäure gelöst und das Chlor heiß mit Silber-

---

[1]) Diss. Berlin (1906), 17.
[2]) Bull. (3) **15**, 519 (1896). — Schück, Diss. Münster (1906), 42.
[3]) Clinch, Diss. Göttingen (1904), 47.   [4]) B. **37**, 1702 (1904).
[5]) J. Ind. Eng. Chem. **7**, 1037 (1915). — C. **1916**, I, 528.

nitrat gefällt. Das Filtrat wird mit Ammoniak neutralisiert, mit Essigsäure
angesäuert und das Vanadium durch Zusatz von Bleiacetat als Vanadat gefällt.
Der Niederschlag wird abfiltriert, mit warmem Wasser ausgewaschen, in warmer,
verdünnter Salpetersäure gelöst und nach Zusatz von 10 ccm konzentrierter
Schwefelsäure bis zur Bildung weißer Dämpfe eingeengt. Abkühlen, mit Wasser
verdünnen, Bleisulfat abfiltrieren, Filtrat auf 300 ccm verdünnen und mit
Schwefeldioxyd sättigen. Überschüssiges Schwefeldioxyd wird durch Kochen
verjagt und heiß mit $n/_{20}$-Permanganat bis zur schwachen Rotfärbung titriert.
Der Vanadinwert der Permanganatlösung wird gegen Ammoniumvanadat eingestellt.

<h3 style="text-align:center">46. Wismut Bi = 208.5.</h3>

Zur Verbrennung der Wismutalkyle wägt sie Marquardt[1]) in
einem mit Stickstoff gefüllten Röhrchen; in ein Glaskügelchen einzuschmelzen
ist nicht ratsam, da sich bei der Verbrennung die Öffnung des Kügelchens
leicht durch Wismutoxyd verstopft, worauf bei weiterem Erhitzen Explosion
eintritt.

Die Wismutbestimmung wird ausgeführt, indem die im Glaskügelchen
abgewogene Substanz im zugeschmolzenen Rohr mit Salpetersäure zersetzt wird.

Im Wismutthioharnstoffrhodanid bestimmt V. J. Meyer[2]) das
Metall durch Fällen mit Schwefelwasserstoff in salzsaurer Lösung, Auswaschen
mit Schwefelwasserstoffwasser, Alkohol und Äther und Trocknen bei ca. 105°
als Bi_2S_3.

Meist wird indes das Sulfid in Oxyd übergeführt[3]).

Dampft man Wismuttriphenyl wiederholt mit Eisessig ein, so läßt
sich nach Classen[4]) der Rückstand ohne Kohleabscheidung in Salpetersäure
lösen und daraus in gewöhnlicher Weise Wismutoxyd gewinnen, das gewogen
wird. Zur Analyse des Triphenyldinitrowismutdinitrats erhitzt Gill-
meister[5]) im Rohr mit rauchender Salpetersäure 3 Stunden auf 150°, dampft
auf dem Wasserbad bis nahe zur Trockne, neutralisiert mit Ammoniak und versetzt dann mit wenig konzentrierter Salzsäure und hierauf mit sehr viel
Wasser. Es fällt dann sämtliches Wismut als Oxychlorid aus, das bis zum
Verschwinden der Chlorreaktion gewaschen und bei 100° auf gewogenem Filter
bis zum konstanten Gewicht getrocknet wird.

Die meisten anderen aromatischen Wismutverbindungen können
schon durch konzentrierte Salzsäure, evtl. beim Kochen, zerlegt werden. Die
Substanz wird in einem Glasschälchen mit konzentrierter Salzsäure auf dem
Wasserbad erwärmt, bis klare Lösung eingetreten ist, der Überschuß der Säure
möglichst verdampft und der Rückstand in viel kaltes Wasser gegossen, wobei
sich das Oxychlorid ausscheidet.

Resistente Wismutverbindungen werden in einer Platinschale mit mäßig
starker Salpetersäure übergossen und dann so lange rauchende Salpetersäure
in kleinen Portionen zugesetzt, bis die Oxydation bei sorgfältigem Vermeiden
alles Spritzens beendet ist. Bequemer ist wohl das Arbeiten im Kjeldahlkolben. Dann wird auf dem Wasserbad zur Trockne gedampft und der Rückstand nach und nach zum lebhaften Glühen erhitzt. Es hinterbleibt Wismutoxyd.

[1]) B. **20**, 1518 (1887).   [2]) Diss. Berlin (1905), 43.
[3]) Mandal, B. **49**, 1318 (1916).   [4]) B. **23**, 950 (1890).
[5]) Diss. Rostock (1896), 29, 37, 44, 48.

Die Jodbestimmung im Dimethylchromonwismuttrijodid-jodhydrat wird nach Carius ausgeführt und dabei durch Zufügen von Salpetersäure beim Herausspülen des Jodsilbers Sorge getragen, daß kein basisches Wismutsalz ausfällt. Im Filtrat wird nach dem Entfernen des überschüssigen Silbers mit der eben erforderlichen Menge Chlorammonium das Wismut durch Ammoniumcarbonat gefällt, geglüht und als Bi_2O_3 gewogen[1]).

Wismutsalze (Phenolate) kann man oftmals direkt veraschen[2]). Nach Gäbler[3]) ist dies bei möglichst niedriger Temperatur[4]) auszuführen. Die Asche wird in Salpetersäure gelöst und das Wismut als Phosphat gefällt.

Die Aufschließung der Wismutverbindungen kann auch in vielen Fällen mit Salzsäure und Kaliumchlorat oder durch Schmelzen mit Soda und Salpeter bewirkt werden. Im Filtrat von der Kohle wird dann das Wismut als Phosphat bestimmt[5]).

Halogenhaltige Wismutsalze können nicht direkt verascht werden, weil dabei ein Teil des Wismuts sich verflüchtigt.

Schlenk[6]) behandelt derartige Substanzen, z. B. Xeroform, folgendermaßen:

1—2 g werden mit 20 ccm 10 proz. Natronlauge digeriert, bis zur Abscheidung des Wismutoxyds verdünnt, durch ein Filter dekantiert und der Niederschlag noch einigemal mit verdünnter heißer Lauge behandelt. Man wäscht und verascht oder trocknet bei 100° zur Gewichtskonstanz[7]).

Bestimmung des Wismuts in aromatischen Derivaten des fünfwertigen Metalls[8]).

0.2—0.3 g werden mit ca. 10 ccm ammoniakalischer Schwefelwasserstofflösung digeriert und bei 115—125° zur Trockne gedampft. Der Wismutsulfid und Schwefel enthaltende Rückstand wird mit 10 ccm konzentrierter Salzsäure einige Minuten gekocht, nach dem Erkalten filtriert, mit Wasser verdünnt, Schwefelwasserstoff eingeleitet und das Schwefelwismut auf einem Goochtiegel mit Schwefelkohlenstoff gewaschen, getrocknet und gewogen.

Über die Halogenbestimmung in Verbindungen $BiRX_2$ und BiR_2X: Challenger und Allpress, Soc. 119, 913 (1921).

Faktorentabelle.

Gefunden	Gesucht	Faktor	2	3	4	5
$Bi_2O_3 = 465$	$Bi_2 = 417$	0.89677	1.79355	2.69032	3.58710	4.48387

6	7	8	9	log
5.38064	6.27742	7.17419	8.07097	0.90422 — 1

[1]) Simonis und Elias, B. 48, 1515 (1915).
[2]) Telle, Arch. 246, 489 (1908).   [3]) Pharm. Ztg. 45, 208, 567 (1900).
[4]) Siehe dazu Salkowski, Bioch. 79, 98, 99 (1917).
[5]) Siehe auch Moser, Die chemische Analyse X, 117 (1909).
[6]) Pharm. Ztg. 54, 538 (1909).   [7]) Kollo, Pharm. Post 43, 41, 49 (1910).
[8]) Challenger und Goddard, Soc. 117, 773 (1920). — Challenger und Wilkinson, Soc. 121. 103 (1922).

Faktorentabelle.

Gefunden	Gesucht	Faktor	2	3	4	5
BiOCl = 260	Bi = 208.5	0.80208	1.60415	2.40623	3.20831	4.01039

6	7	8	9	log
4.81246	5.61454	6.41662	7.21869	0.95268 — 1

Gefunden	Gesucht	Faktor	2	3	4	5
$Bi_2S_3 = 513.2$	$Bi_2 = 417$	0.81258	1.62516	2.43774	3.25032	4.06291

6	7	8	9	log
4.87549	5.68807	6.50065	7.31323	0.90987 — 1

47. Wolfram W = 184.

Zur Analyse der in der Eiweißchemie häufig verwendeten **Phosphorwolframate** kann man sich nach **Barber**[1]) nur der **Sprenger**schen Methode[2]) in etwas modifizierten Form bedienen, da alle anderen Verfahren zur Trennung von Phosphor- und Wolframsäure unbefriedigende Resultate geben.

Zu der in heißem Wasser gelösten Substanz wird möglichst wenig konzentrierte heiße Gerbsäurelösung gefügt (auf 1 g Substanz ca. 6—8 ccm 50 proz. Gerbsäure). Die Lösung wird mit Ammoniak übersättigt und längere Zeit warm gehalten, da sonst Erstarren zu einer gelatineartigen Masse eintritt, die erst wieder in Lösung gebracht werden muß. Sobald die anfangs hellbraune Flüssigkeit dunkel und trüb wird, säuert man mit konzentrierter Salzsäure an; solange die Flüssigkeit noch ammoniakalisch ist, entsteht durch die Salzsäure ein grünlicher und zu Klumpen geballter Niederschlag. Wird nun weiter genügend angesäuert, so fällt die Wolframsäure als brauner, feinkörniger Niederschlag aus, der eine Zeitlang gekocht wird, wodurch die Fällung vollständig wird. Man läßt absitzen und filtriert nach mindestens 6 Stunden, wäscht mit salzsäurehaltigem Wasser nach, dampft das Filtrat auf die Hälfte ein, um noch evtl. neuerdings ausgeschiedenes Wolfram abzufiltrieren, trocknet und glüht die vereinigten Niederschläge im Porzellantiegel bis zur Gelbfärbung, die beim Erkalten in Blattgrün übergeht. Der Niederschlag wird als WO_3 in Rechnung gezogen. Das Filtrat wird behufs Zerstörung der organischen Substanz nach vorsichtigem Zusatz konzentrierter Salpetersäure wenigstens zweimal bis zur Trockne eingedampft. Der Rückstand wird mit verdünnter Salpetersäure aufgenommen und mit molybdänsaurem Ammonium im Überschuß versetzt. Der nach längerem Stehen abfiltrierte Niederschlag wird in Ammoniak gelöst, mit Magnesiamixtur gefällt und als $Mg_2P_2O_7$ bestimmt.

Die Bestimmung aus dem Glührückstand, wie sie bei diesen Phosphorwolframaten manchmal gemacht wird[3]), erwies sich als ungenau, da der Glührückstand immer geringer ist, als dem tatsächlichen Gehalt an anorganischer Substanz entspricht, was auf die nicht völlige Überführung in WO_3 zurückzuführen ist.

---

1) M. **27**, 379 (1906).　　2) J. pr. (2) **22**, 421 (1880).
3) **Gulewicz**, Z. physiol. **27**, 192 (1899); dann auch **Kehrmann**, Z. an. **6**, 388 (1894).

Faktorentabelle.

Gefunden	Gesucht	Faktor	2	3	4	5
$WO_3 = 232$	$W = 184$	0.79310	1.58621	2.37931	3.17241	3.96552

6	7	8	9	log
4.75862	5.55172	6.34482	7.13793	0.89933 — 1

48. Zink Zn = 65.4.

Die Bestimmung des Zinks in organischen Verbindungen durch Fällen als Sulfid oder Carbonat ist umständlich, schwierig und in wenig geübter Hand nicht sehr genau[1]).

Nach Huppert und von Ritter[2]) erhält man dagegen gute Resultate, wenn man das Zinksalz mit konzentrierter Salpetersäure im Porzellantiegel (Platintiegel werden sehr stark angegriffen) übergießt, bei niedriger Temperatur (zur Vermeidung des Spritzens) abraucht und den anscheinend trocknen Rückstand — der bei unvorsichtigem Erhitzen leicht verpufft — langsam weiter erhitzt[3]) und schließlich glüht, bis er beim Erkalten vollständig weiß ist. Das Zink bleibt als Oxyd zurück. — Noch besser ist es nach Willstätter und Pfannenstiel[4]), die Zersetzung im Glaskölbchen vorzunehmen.

Kaufler[5]) erhitzt Chlorzinkdoppelsalze nach Carius, bestimmt das Halogen mittels Silbernitrat, fällt im Filtrat das Silber mit Salzsäure und hierauf das Zink mit Soda. Man wäscht, löst das Zinkcarbonat auf dem Filter mit Salpetersäure und arbeitet weiter nach Huppert und von Ritter.

Ähnlich verfährt Pohl[6]) zur Analyse des phenylcarbithiosauren Zinks.

Elektrolytische Zinkbestimmung: Witt, B. 48, 770 (1915).

Zinkpikrat explodiert beim Erhitzen[7]).

Zur Zinkbestimmung in Nahrungsmitteln, Harn usw. teilt Weitzel[8]) zwei Verfahren mit.

Das erste beruht darauf, daß das auf nassem oder trocknem Wege veraschte Material in saure Lösung übergeführt, Kupfer usw. mit Schwefelwasserstoff abgeschieden und das Zink im Filtrat, das noch sauer reagieren muß, mittels Ferrocyankalium gefällt wird. Das Ferrocyanzink wird durch konzentrierte Schwefelsäure zerstört, das Zink mit Schwefelammonium gefällt, wieder in Salzsäure gelöst und nochmals aus essigsaurer Lösung mit Schwefelwasserstoff gefällt. Darauf wird das Sulfid in 1proz. Salzsäure aufgenommen, mit Soda versetzt und das Zink als Oxyd bestimmt.

Bei dem zweiten Verfahren wird bis zur Abscheidung der Sulfide des Kupfers usw. in gleicher Weise wie beim ersten verfahren. Darauf werden die Eisenverbindungen mittels Salpetersäure in die Ferriform übergeführt, Natronlauge zugesetzt und durch Ansäuern mit Essigsäure der störende Einfluß der Phosphate beseitigt. Der Filterrückstand wird nach dem möglichst vollständigen

---

[1]) Siehe übrigens bei „Cadmium", S. 324. — Kiliani, B. 41, 2656 (1908).
[2]) Z. anal. 35, 311 (1896).
[3]) Bequem in einem Muffelofen.   [4]) A. 358, 250 (1908).
[5]) Privatmitteilung. — Siehe auch Wilhelmi, Diss. Berlin (1908), 30.
[6]) Diss. Berlin (1907), 20.   [7]) Silberrad und Philips, Soc. 93, 482 (1908).
[8]) Arb. Reichsges. Amt 51, 476 (1919).

Abtropfen der Flüssigkeit in verdünnter Salzsäure gelöst, wieder mit Natronlauge und Essigsäure behandelt usw. und nötigenfalls dieses Verfahren noch ein bis mehrere Male wiederholt, bis in dem essigsauren Filtrat Zink mittels der Ferrocyankaliumprobe nicht mehr nachweisbar ist. Die vereinigten essigsauren Filtrate werden mit Schwefelwasserstoff gesättigt.

Nach den beschriebenen Verfahren kann Zink, selbst wenn es in sehr kleinen Mengen vorhanden ist, im Harn und Kot, ebenso wie in tierischen Organen und Geweben und in Lebensmitteln als Oxyd genau und einwandfrei bestimmt werden. Während es hierbei gleichgültig ist, ob das organische Material auf nassem oder trocknem Wege oxydiert wird, verdient das zweite Verfahren den Vorzug, weil es Reagenzien nur in geringer Anzahl und geringen Mengen erfordert und in kürzerer Zeit ausführbar ist. Bei der Einhaltung der angegebenen Arbeitsweise und unter Verwendung reiner, als zinkfrei erwiesener Reagenzien tritt Zink auch aus den stark zinkhaltigen Kolben aus Jenaer Glas höchstens in so geringen Mengen in das Untersuchungsmaterial über, daß sie selbst bei der genauesten Analyse nicht berücksichtigt zu werden brauchen.

Faktorentabelle.

Gefunden	Gesucht	Faktor	2	3	4	5
ZnO = 81.4	Zn = 65.4	0.80344	1.60688	2.41032	3.21376	4.01720

6	7	8	9	log
4.82064	5.62408	6.42752	7.23096	0.90495 — 1

49. Zinn Sn = 118.5.

Die Zinnverbindungen müssen in inniger Mischung mit Kupferoxyd bei nicht zu niedriger Temperatur verbrannt werden, weil sie schwer vollständig verbrennen. Wahrscheinlich ist es die Zinnsäure, die Kohlenstoff hartnäckig zurückhält[1]).

Die Elementaranalyse der Zinntetrachloriddoppelverbindungen bietet nach Schnabel ähnliche Schwierigkeiten wie die der Titanchloridderivate[2]).

Schwer flüchtige Zinnverbindungen werden nach Aronheim[3]) mit Soda und Salpeter oder mit Ätzkali und Salpeter[4]) geschmolzen. Man löst dann in Wasser und fällt das Zinnoxyd durch genaues Neutralisieren mit Salpetersäure vollständig aus. Im Filtrat können evtl. die Halogenbestimmungen vorgenommen werden.

Flüchtigere Substanzen werden mit konzentrierter Salzsäure (auf 0.2—0.3 g genügen 5 ccm) im zugeschmolzenen Rohr auf 100° erhitzt. Hierdurch wird eine Spaltung in Zinnchlorid und Kohlenwasserstoff bewirkt. Nach 12—18stündiger Digestion öffnet man das Rohr und spült den Inhalt sorgfältig mit Wasser in eine Platinschale. Hierauf wird mit Soda alkalisch gemacht und vorsichtig zur Trockne gedampft, geglüht, mit Wasser aufgenommen, die Lösung mit dem Niederschlag in ein Becherglas gespült, in der

---

[1]) Krause und Schmitz, B. **52**, 2156 (1919).   [2]) Siehe S. 379.
[3]) A. **194**, 156 (1879).   [4]) Straus und Ecker, B. **39**, 2993, Anm. (1906).

Siedehitze genau mit Salpetersäure neutralisiert und einige Zeit gekocht. Dann wird das Zinnoxyd abfiltriert, gewaschen, geglüht und gewogen.

In Zinndoppelsalzen wird auch oftmals das Zinn als Sulfür abgeschieden und dann durch Glühen an der Luft in Oxyd übergeführt[1]).

Pfeiffer und Schnurmann[2]) zersetzten das Tetraphenylzinn mit rauchender Salpetersäure im Rohr.

Zur Zerlegung des Diisoamylzinnoxychlorids erhitzte Truskier[3]) 2 Tage lang auf 270°.

Reissert und Heller[4]) erhitzten ein Zinnchlorürdoppelsalz mit rauchender Salpetersäure und Silbernitrat im Rohr auf 300°. Das Reaktionsprodukt enthielt das Chlor als unlösliches Chlorsilber und das Zinn als unlösliche Metazinnsäure. Der Rückstand wurde mit warmem Wasser gewaschen, auf einem Filter gesammelt und mit verdünntem Ammoniak ausgelaugt.

Chlorsilber ging in Lösung und wurde im Filtrat wieder durch Salpetersäure herausgefällt, die auf dem Filter gebliebene Metazinnsäure wurde getrocknet und stark geglüht.

Faktorentabelle.

Gefunden	Gesucht	Faktor	2	3	4	5
$SnO_2 = 150.5$	$Sn = 118.5$	0.78738	1.57475	2.36213	3.14950	3.93688

6	7	8	9	log
4.72425	5.51163	6.29900	7.08638	0.89618 — 1

50. Zirkon $Zr = 90.6$.

Zirkonacetylaceton wurde direkt verascht und stark geglüht. Zirkonoxyd bleibt zurück.

Zur Elementaranalyse mischt man mit Kupferoxyd im Bajonettrohr, da das Zirkonoxyd außerordentlich leicht Kohlenstoff zurückhält[5]).

Zirkonpikrat explodiert beim Erhitzen[6]). Ebenso verpufft das Antipyrin-Zirkonnitrat[7]). Man löst derartige Substanzen in Wasser, fällt mit Ammoniak und glüht den Filterrückstand.

Faktorentabelle.

Gefunden	Gesucht	Faktor	2	3	4	5
$ZrO_2 = 122.7$	$Zr = 90.7$	0.73920	1.47840	2.21760	2.95680	3.69601

6	7	8	9	log
4.43521	5.17441	5.91361	6.65281	0.86876 — 1

---

[1]) Hofmann, B. **18**, 115 (1885).
[2]) B. **37**, 321 (1904). — Dilthey, B. **36**, 930 (1893). — Pfeiffer, A. **412**, 332 (1916).
[3]) Diss. Zürich (1907), 53.
[4]) B. **37**, 4375 (1904). — Ähnlich verfährt Truskier, a. a. O.
[5]) Clinch, Diss. (1904), 40. — Biltz und Clinch, Z. an. **40**, 218 (1904).
[6]) Silberrad und Philips, Soc. **93**, 484 (1908).
[7]) Kolb, Z. an. **83**, 143 (1913).

Sechster Abschnitt.

Aschenbestimmung[1]) und Aufschließung organischer Substanzen auf nassem Weg.

1. Aschenbestimmung.

Hat man die in einer organischen Substanz als Verunreinigung enthaltenen anorganischen Bestandteile zu bestimmen, so verascht man im allgemeinen am besten im Platintiegel unter Zuleitung eines Sauerstoffstroms[2]).

Zur Beschleunigung der Veraschung sowie zur Verhinderung des Überschäumens usw. ist das Beimengen gewogener Mengen von fein verteiltem Silber[3]), Calciumacetat[4]), Calciumphosphat[5]), Calciumoxyd[5])[6]), Magnesia[7]), Quarzsand[8]), Eisenoxyd[8])[9]) und Zinkoxyd[10]) empfohlen worden.

Ebenso kann „Verdünnen" der Substanz durch Oxalsäure[11]) oder Benzoesäure[12]) gelegentlich von Vorteil sein.

Ein Verfahren und einen (Platin-)Apparat zur exakten Veraschung hat Wislicenus[13]) angegeben.

Explosive Verbindungen müssen vorher in geeigneter Weise zersetzt werden[14]).

Verfahren von Grussfeld[15]).

Grussfeld hat die Methode von Klein[7]) modifiziert, indem er bei Gegenwart von Magnesiumacetat, statt Magnesiumoxyd, verascht.

Herstellung der Magnesiumacetatlösung. Etwa 50 g reine Magnesia werden in etwas überschüssiger Essigsäure gelöst, die Lösung mit Wasser auf 1 l gebracht, filtriert und in eine gut verschließbare Flasche übergeführt. Von der Lösung werden genau 20 ccm, entsprechend etwa 1 g der angewandten Magnesia, auspipettiert, in eine Platinschale übergeführt, getrocknet, verascht und gewogen.

Aschenbestimmung in schwer verbrennlichen Substanzen: 5 g der trocknen fein gepulverten Substanz werden mittels eines Glasstäbchens vermischt, das Glasstäbchen mit etwas destilliertem Wasser abgespült und der Schaleninhalt zunächst auf dem Wasserbad, dann im Trockenschrank bei 100 bis 120° C völlig getrocknet. Dann wird das Gemisch, anfangs unter mäßigem Erhitzen, später, wenn nötig, unter stärkerem Glühen verascht. Die Verbrennung

---

[1]) Siehe auch S. 195 und 329.

[2]) Minor, Ch. Ztg. **14**, 510 (1890).   [3]) Kassner, Pharm. Ztg. **33**, 758 (1888).

[4]) Shuttleworth und Tollens, J. Landw. **47**, 173 (1899).

[5]) Ritthausen, Die Eiweißstoffe usw. Bonn (1872), 239. — Gutzeit, Ch. Ztg. **29**, 556 (1905).   [6]) Wislicenus, Z. anal. **40**, 441 (1901).

[7]) Klein, Ch. Ztg. **27**, 923 (1903). Siehe auch Cohn, Ch. Ztg. **44**, 384 (1920).

[8]) Alberti und Hempel, Z. ang. **4**, 486 (1891). — Donath und Eichleiter, Öst.-Ung. Z. f. Rübenz. u. Landw. **21**, 281 (1892).

[9]) Kassner, Pharm. Ztg. **34**, 266 (1889).

[10]) Lucien, Bull. assoc. des chim. Belg. **1889**, 356.

[11]) Grobert, Neue Z. Rübenz.-Ind. **23**, 181 (1889). — Siehe S. 326.

[12]) Boyer, C. r. **111**, 190 (1890).

[13]) Z. anal. **40**, 441 (1901). — Siehe über Veraschung, speziell für Blutuntersuchung, auch Desgrez und Meunier, C. r. **171**, 179 (1917).

[14]) Siehe S. 317, 339, 378.   [15]) Ch. Ztg. **44**, 285 (1920).

geht in der Regel auch bei kaliumphosphatreichen Stoffen sehr glatt vor sich, und eine Auslaugung mit heißem Wasser ist meist überflüssig. Das Gewicht des Verbrennungsrückstandes wird, um das Gewicht der Reinasche zu ergeben, um den beim Verdampfen und Glühen der Magnesialösung erhaltenen Gewichtswert vermindert.

Zur Feststellung des Phosphor- bzw. Lecithingehaltes von eiweißhaltigen Stoffen bietet die Magnesiaveraschung nicht unerhebliche Vorteile. Der durch Alkohol erhaltene lecithinhaltige Extrakt wird durch Destillation von der Hauptmenge des Alkohols befreit, quantitativ in eine Platinschale übergeführt, wobei man zunächst mit etwas Alkohol, dann mit etwas heißem Wasser nachwäscht. Der Inhalt der Platinschale wird hierauf mit 20 ccm Magnesiumacetatlösung versetzt und auf dem Wasserbad zur Trockne verdampft.

Der Verdampfungsrückstand wird bei 100—120° C getrocknet und hierauf bei Rotglut geglüht. Bei dieser Veraschung ist vor allem darauf zu achten, daß die ganze Asche gut durchgeglüht wird, während völliges Weißbrennen überflüssig erscheint. Nach dem Erkalten wird die Asche in 25 ccm Salzsäure (D 1, 125) gelöst. Es empfiehlt sich, eine geringe Menge (0.1—0.2 g) Citronensäure zuzumischen, wodurch Mitausfallen von geringen Mengen Eisen-, Aluminium- oder Calciumverbindungen vermieden wird. Dieser Zusatz hat noch den Vorteil, ein schönes krystallinisches Ausfallen des Magnesiumammoniumphosphates sehr zu begünstigen, ohne die Analysenergebnisse wesentlich zu beeinflussen. Es erscheint also ausreichend, die salzsaure Aschenlösung gegebenenfalls unter Zusatz von etwas Citronensäure mit etwa 25 ccm Chlorammoniumlösung zu versetzen und darauf direkt die Fällung des Magnesiumammoniumphosphates vorzunehmen. Zusatz von Magnesiamixtur ist nicht erforderlich, vielmehr genügt es, die Lösung vorsichtig mit so viel 10 proz. Ammoniaklösung zu versetzen, bis die Abscheidung des Niederschlages eintritt, sodann einige Minuten zu warten und schließlich so viel Ammoniaklösung zuzufügen, bis dieselbe etwa $^1/_3$ der gesamten Flüssigkeitsmenge entspricht. Hierauf wird die Fällung entweder in üblicher Weise ausgeführt oder besser unter Bedeckung mit einem Uhrglas bis zum folgenden Tage stehengelassen, dann durch einen Gooch- oder Neubauertiegel filtriert, geglüht und gewogen.

Mikro-Aschenbestimmung nach Pregl[1]).

Silber, Gold und Platin bestimmt man durch Zurückwägen des Schiffchens nach der Verbrennung. Alkalien und Erdalkalien wägt man als Sulfate. Man wägt die Substanz in einem kleinen Platintiegel, fügt aus einer feinen Capillare einen Tropfen konzentrierter Schwefelsäure zu und bedeckt den Tiegel mit dem Deckel. Mit einem kleinen Brenner (Dackelbrenner) wird nun von oben her erhitzt, bis die Schwefelsäure verdampft ist. Der schwarze kohlige Rückstand wird weiß gebrannt.

2. Aufschließung organischer Substanzen auf nassem Weg[2]).

An Stelle der Veraschung tritt die Zerstörung der organischen Substanz auf nassem Weg namentlich dann, wenn es gilt, anorganische Substanzen, die in geringer Menge vorhanden oder beim Glühen flüchtig sind, quantitativ zu bestimmen.

---

[1]) Siehe S. 213.   [2]) Siehe auch S. 309 ff., 329 ff., 349 ff. und 359 ff.

Für diesen Zweck ist namentlich das Kjeldahlsche Verfahren (S. 240) wiederholt in Vorschlag gebracht worden, so von Ishewsky und Nikitin[1]), La Coste und Pohlis[2]), Halenke[3]), endlich von Gras und Gintl[4]), Neumann[5]) und Lockemann[6]).

Zerstörung der organischen Substanz nach Gras und Gintl.

Diese Methode ist speziell für die Untersuchung von Teerfarbstoffen ausgearbeitet worden. Sie ist übrigens aber mit gleich gutem Erfolg auch für die Untersuchung von Nahrungs- und Genußmitteln sowie für den Nachweis von Metallgiften in Leichenteilen (die, wenn nötig, vorher durch vorsichtiges Trocknen bei 80° von der Hauptmenge ihres Wassergehalts befreit werden) anwendbar.

Man bringt je nach Umständen 10 g oder mehr (bei Farbstoffen en pâte oder Farbstofflösungen nach vorherigem Trocknen) in einen geräumigen langhalsigen Kolben. Dieser ist mit einem Pfropfen verschließbar, dessen Bohrung eine im spitzen Winkel abgebogene Glasröhre trägt, die andererseits in ein Kölbchen mit Kugelrohransatz, etwa nach Peligot[7]), gasdicht eingepaßt werden kann. In diesem Kolben übergießt man die, wenn nötig vorher zerriebene, Substanz mit 60—80 ccm konzentrierter Schwefelsäure, der 10% gepulvertes Kaliumsulfat zugesetzt werden. Man erhitzt im schräg gestellten Kolben, den man vorher mit dem (mit ca. 20 ccm Wasser beschickten) Kölbchen verbunden hat, allmählich und, nach Aufhören des anfangs häufigen Schäumens, bis fast auf den Siedepunkt der Schwefelsäure. Nach 6—8 Stunden ist die organische Substanz zumeist größtenteils zerstört und eine nur mehr wenig gefärbte Flüssigkeit entstanden.

Vollständige Entfärbung erreicht man durch Zusatz kleiner Anteile zerriebenen Kaliumnitrats gewöhnlich binnen kurzer Zeit[8]). Ist Farblosigkeit erreicht oder doch bei weiter fortgesetztem Erhitzen keine weitere Veränderung der Flüssigkeit mehr wahrnehmbar, dann läßt man erkalten, verdünnt den Kolbeninhalt vorsichtig mit reichlichen Mengen Wasser und erwärmt längere Zeit auf dem Wasserbad, um Stickoxyde zu entfernen. Hierauf vermischt man die im Vorlegekolben angesammelte Flüssigkeit, in der evtl. Anteile flüchtiger Metalle vorhanden sind (so insbesondere in Fällen, wo die untersuchte Substanz Chloride oder als Chlorhydrat einer Farbbase Arsen, Antimon oder Quecksilber enthält), mit der noch warmen Hauptmenge der Lösung. Schließlich oxydiert man Reste des Schwefeldioxyds durch Einleiten von mit Luft gemengtem Bromdampf.

Die so vorbereitete und entsprechend verdünnte Lösung wird nun unter Erwärmen mit Schwefelwasserstoffgas gesättigt und durch längere Zeit im verschlossenen Kolben stehengelassen.

Der hierbei etwa abgeschiedene Niederschlag wird abfiltriert, gewaschen und der Untersuchung auf die durch Schwefelwasserstoff aus saurer Lösung fällbaren Metalle zugeführt. Zu diesem Zweck wird die Trennung der Metall-

---

[1]) Pharm. Ztg. f. Rußl. **34**, 580 (1895). — Nikitin und Scherbatscheff, Viertelj. f. ger. Med. **19**, 233 (1900).

[2]) B. **19**, 1024 (1886); **20**, 718 (1887).   [3]) Z. Unters. Nahr. Gen. **2**, 128 (1898).

[4]) Öst. Ch. Ztg. **2**, 308 (1899). — Medicus und Mebold, Z. Elektr. **8**, 690 (1902). —.Dennstedt und Rumpf, Z. physiol. **41**, 42 (1904). — Meillère, J. Pharm. Chim. **15**, 97 (1902). — Grigorjew, Viertelj. f. ger. Med. **29**, 74 (1905).

[5]) Siehe S. 388.   [6]) Z. ang. **18**, 421 (1905).   [7]) Siehe S. 239.

[8]) Bei schwer oxydierbaren Substanzen kann man den Zusatz von Kaliumnitrat auch schon früher vornehmen.

sulfide der fünften von jenen der sechsten Gruppe vorgenommen. Hierbei hat man es speziell zur Ermittlung des Arsens für zweckmäßig befunden, die Sulfide der sechsten Gruppe durch Kochen mit einer Lösung von Natriumsuperoxyd zu oxydieren und die dabei leicht entstehende Arsensäure nachzuweisen bzw. quantitativ zu bestimmen.

Das Filtrat vom Schwefelwasserstoffniederschlag untersucht man nach Neutralisation mit Ammoniak auf Metalle der dritten resp. vierten Gruppe.

Blei- oder Bariumgehalt verrät sich durch das Auftreten eines Niederschlages in der ursprünglichen, durch Erhitzen mit Schwefelsäure erhaltenen und verdünnten Lösung, die bei Abwesenheit bestimmbarer Mengen dieser Metalle, nach dem Verdünnen in der Regel vollkommen klar sein wird.

Aufschließungsmethode (Säuregemisch-Veraschung) von Neumann[1]).

Das Prinzip des von Neumann 1897 zuerst veröffentlichten[2]) und seither unter seinem Namen bekannten Veraschungsverfahrens organischer Substanzen mit Hilfe von konzentrierter Schwefelsäure und Salpetersäure ist von Lapicque[3]) schon 1889 für die Bestimmung des Eisens im Blut angegeben worden. Eine noch frühere Notiz über das gleiche Verfahren stammt von Millon aus dem Jahre 1864[4]).

Die Aufschließung wird in einem schief liegenden Rundkolben aus Jenenser Glas, von ca. 10 cm Halslänge und $^1/_2 - ^1/_4$ l Inhalt, vorgenommen. Über demselben befindet sich ein mit Tropfcapillare versehener Hahntrichter.

Das Säuregemisch wird durch vorsichtiges Eingießen von $^1/_2$ l konzentrierter Schwefelsäure in $^1/_2$ l Salpetersäure (spez. Gew. 1.4) erhalten.

Vorbehandlung der Substanz.

Blut wird zweckmäßig vor dem Aufschließen eingedampft.

Fett- oder kohlenhydratreiche Stoffe, wie Milch, werden, namentlich wenn es sich um größere Mengen handelt, so konzentriert, daß man sie in dem Veraschungskolben mit dem vierten Teil konzentrierter Salpetersäure mischt und dann auf einem Baboblech mit starker Flamme eindampft.

Für die meisten Bestimmungen im Harn ist Veraschung nicht erforderlich. Diese muß aber bei eiweißhaltigem Harn und für die Eisenbestimmung vorgenommen werden.

Um größere Mengen Urin (z. B. 500 ccm zur Eisenbestimmung) für die Aufschließung schnell und quantitativ zu konzentrieren, läßt man kontinuierlich kleine Anteile des mit $^1/_{10}$ Vol. konzentrierter Salpetersäure versetzten Harns zu konzentrierter siedender Salpetersäure fließen und reguliert das Zutropfen so, daß bei starkem Kochen der Flüssigkeit keine zu große Volumvermehrung (von 30 auf höchstens 100 ccm) eintritt. Kolben und Hahntrichter werden mit wenig verdünnter Salpetersäure nachgespült und schließlich die Lösung auf 50 ccm konzentriert.

---

[1]) Z. physiol. **37**, 115 (1902); **43**, 32 (1904).
[2]) Arch. f. Anat. u. Physiol., Physiol. Abt. (1897) 552; (1900) 159.
[3]) Bull. (3) **2**, 296 (1889).
[4]) Nach Lapicque, C. r. soc. de biol. **82**, 92 (1919).

Ausführung der „Säuregemischveraschung".

Die — evtl. vorbehandelte — Substanz wird im Rundkolben mit 5—10 ccm Säuregemisch übergossen und, falls energische Reaktion eintritt (wobei man abzukühlen hat), nach deren teilweisem Ablauf mäßig erwärmt.

Überhaupt ist die Veraschung mit kleiner Flamme, so daß die Oxydation gerade ohne besondere Heftigkeit verläuft, durchzuführen. Erst am Schluß steigert man die Hitze; sonst braucht man, weil ein Teil der Salpetersäure unausgenutzt entweicht, viel mehr Säuregemisch.

Sobald die Entwicklung der braunen, nitrosen Dämpfe geringer wird, gibt man aus dem Hahntrichter der gezeichneten Form [1]) (Fig. 220) tropfenweise weiteres Gemisch (annähernd gemessene Mengen) hinzu, bis man glaubt, daß die Substanzzerstörung beendet ist, was man daran erkennt, daß sich die hellgelbe oder farblose Flüssigkeit nach dem Abstellen des Zuflusses der Oxydationsflüssigkeit und dem Verjagen der braunen Dämpfe bei weiterem Erhitzen nicht dunkler färbt und auch keine Gasentwicklung mehr zeigt. — Will man eine Eisenbestimmung ausführen, so kocht man noch $\frac{1}{2}-\frac{3}{4}$ Stunden weiter.

Nun fügt man noch dreimal so viel Wasser hinzu, als Säuregemisch verbraucht wurde, erhitzt und kocht etwa 5—10 Minuten. Dabei entweichen braune Dämpfe, die von der Zersetzung der Nitrosylschwefelsäure herrühren.

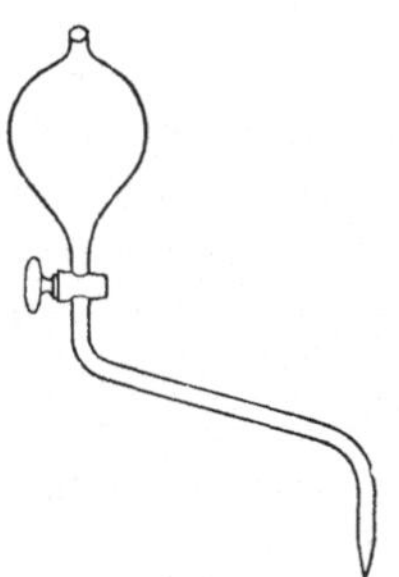

Fig. 220.
Hahntrichter von
Neumann.

In der so erhaltenen Lösung werden dann die Basen bestimmt; für Eisen, Phosphor und Salzsäure hat Neumann besondere Verfahren ausgearbeitet [2]). Siehe S. 268, 330 und 352.

Die Neumannsche Methode wird vielfach angewendet und ist zweifellos sehr gut und verläßlich. Nur bedingt die geschilderte Ausführungsform, daß sehr große Schwefelsäuremengen sich in dem Oxydationskolben sammeln, deren Beseitigung unbequem ist.

Dies wird beim

Verfahren von Kerbosch [3])

vermieden.

Die Substanz wird, wenn nötig [4]), mit Wasser zu einem dicken Brei angerührt und in eine tubulierte Retorte aus resistentem Glas gebracht, die wenigstens viermal so groß ist als das Volumen der zu zerstörenden Substanz.

Dann wird die Säuremischung (gleiche Raumteile Schwefelsäure und Salpetersäure, und zwar so viele Kubikzentimeter, als das Gewicht der Substanz in Grammen beträgt) eingetragen.

Oft fängt schon in der Kälte ziemlich heftige Einwirkung an. Am besten läßt man den Retortenhals in das Zugloch des Abzugs ausmünden.

Man erhitzt vorsichtig, um Überschäumen zu vermeiden. In die Retorte wird ein Scheidetrichter gebracht, dessen Rohrende ca. $\frac{1}{2}$ cm vom Boden

---

[1]) Über einen Meßhahntrichter: Lockemann, Z. physiol. **107**, 211 (1919).

[2]) Über ein ähnliches Verfahren siehe Rothe, Mitt. Kgl. Mater.-Prüf.-Amt **25**, 105 (1907).

[3]) Arch. **246**, 618 (1908). — J. Pharm. Chim. (7) **9**, 158 (1914). — Meillère, J. Pharm. Chim. (7) **7**, 425 (1913); **9**, 162 (1914).

[4]) Das Anrühren mit Wasser ist dann (z. B. bei Mehl) notwendig, wenn das Säuregemisch auf die trockne Substanz zu heftig einwirkt.

entfernt bleibt. Zwischen Röhre und Tubus kommt ein passender Trichter mit kurzem Hals.

Man läßt tropfenweise Salpetersäure zufließen und reguliert Temperatur und Schnelligkeit des Zutropfens so, daß keine wesentliche Verkohlung eintritt. Immer muß ein wenig Salpetersäure im Überschuß vorhanden sein.

Schließlich wird die Temperatur gesteigert und der Zutritt der Salpetersäure so geregelt, daß die gebildete feine Kohle gleich von der zufließenden Salpetersäure oxydiert wird.

Die Reaktion dauert im ganzen im Maximum 6 Stunden.

Aufschließen mit Salpetersäure und Wasserstoffsuperoxyd: Jannasch, B. **45**, 605 (1912).

Aufschließen mit Wasserstoffsuperoxyd und Eisensalzen[1]).

Reines Wasserstoffsuperoxyd (15 gewichtsproz.) vermag in Gegenwart von Eisensalz (Ferrinitrat, Ferrosulfat oder -chlorid) organische Verbindungen derart katalytisch zu verbrennen, daß in ihnen enthaltene Metalloide frei werden. Man kann auf diese Weise in den allermeisten Fällen Phosphor, Arsen, Schwefel, Selen, Tellur und die Halogene nachweisen, manchmal auch quantitativ bestimmen.

Aufschließen mit Caroscher Säure[2]).

Zur Darstellung der Säure gießt man zu einem Teil Perhydrol langsam drei bis vier Teile reine konzentrierte Schwefelsäure.

Man bringt die etwas zerkleinerte Probe in einen Kolben mit angeschmolzenem Kühler (siehe Abb.). In die konzentrierte Schwefelsäure taucht ein Tropftrichter ohne Hahn aus dickwandiger Capillarröhre.

Vor dem Einführen des Hydroperoxyds mittels des Druckballons erhitzt man den Kolbeninhalt auf etwa 100° C und stellt dann die Flamme ab. Nachdem die Färbung über tiefstes Schwarz in Rotgelb übergegangen ist, wird der Prozeß unterbrochen und der Inhalt langsam bei abgestelltem Kühler auf etwa 140° C erhitzt, um noch unzersetzte Substanz völlig zu zerstören, und nun nach der Abkühlung die Lösung durch Perhydrol und

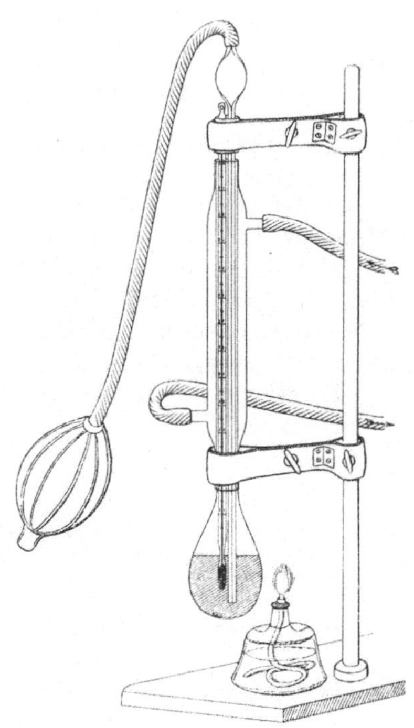

Fig. 221.
Methode von Migault.

abermaliges Erhitzen ganz entfärbt. Der Prozeß kann auch bei größeren Substanzmengen innerhalb 30 Minuten zu Ende geführt werden. Auf 1 g Substanz benötigt man 2—4 ccm Perhydrol und 6—12 ccm konzentrierte Schwefelsäure.

Durch Zusatz von wenigen Zehntelgrammen Quecksilber wird der Verbrauch an Perhydrol und konzentrierter Schwefelsäure sehr beschränkt, gleichmäßigere

---

[1]) Mandel und Neuberg, Bioch. **71**, 196 (1915).
[2]) Migault, Ch. Ztg. **34**, 337 (1910). — Wiedererfunden von Kleemann, Ch. Ztg. **45**, 1079 (1921).

Reaktion bei viel niedrigeren Temperaturen gewährleistet und Zerstörung der letzten Reste organischer Substanz ohne wiederholte Erhitzung erzielt. Die Zersetzung nimmt dann immer nur wenige Minuten in Anspruch.

Aufschließung durch Elektrolyse.

Gasparini[1]) empfiehlt zur Zerstörung der organischen Substanz die elektrolytische Oxydation in salpetersaurer Lösung.

Einen hierzu geeigneten Apparat liefert M. Wallach Nachf., Kassel. Die in Salpetersäure (D = 1.42) aufgenommene Substanz wird 6—16 Stunden lang zwischen Platinelektroden mit 4—7 Amp. und 8—16 Volt behandelt. Es empfiehlt sich, Gleichstrom anzuwenden. Das Ende der Oxydation ist daran zu erkennen, daß die Flüssigkeit fast farblos wird, nicht mehr schäumt und nach Stromunterbrechung keine Gasentwicklung mehr zeigt. Siehe auch S. 302.

Siebenter Abschnitt.

Ermittlung der empirischen Formel.

Das Verhältnis der Atome Kohlenstoff, Wasserstoff, Sauerstoff usw. in einer organischen Substanz wird nach den Ergebnissen der Elementaranalyse in der Art ermittelt, daß man zuerst die gefundenen Prozentzahlen durch die Atomgewichte der betreffenden Elemente dividiert.

Von den so erhaltenen Zahlen nimmt man die kleinste als Divisor für die übrigen. Man erhält nunmehr Werte, die entweder (nahezu) ganzen Zahlen entsprechen oder durch Multiplikation mit 2 oder 3 in Zahlen verwandelt werden, die durch geringe Abrundung zu Ganzen werden.

So seien zum Beispiel in einer Substanz gefunden worden:

$$C = 68.0\%$$
$$H = 10.7\%$$
$$N = 10.1\%$$
$$\text{Differenz f. } O = 11.2\%$$

Die Divisionen $\dfrac{68}{12}$, $\dfrac{10.7}{1}$, $\dfrac{10.1}{14}$ und $\dfrac{11.2}{16}$ ergeben die Zahlen:

$$5.67 \quad 10.7 \quad 0.72 \quad 0.70.$$

Diese durch 0.7 dividiert:

$$8.1 \quad 15.3 \quad 1.0 \quad 1.0.$$

Dem entspricht die einfachste Formel: $C_8H_{15}ON$.

Äußerst zweckmäßig ist der Vorschlag Kauflers[2]), die wahrscheinlichste Formel durch Entwicklung in Näherungsbrüche zu ermitteln. Obiges Beispiel wäre danach folgendermaßen zu rechnen:

Zunächst das Verhältnis $C : H = 5.67 : 10.7$:

$$
\begin{array}{c|c|c}
5.67 & 10.7 & 1 \\
64 & 503 & 1 \\
55 & 9 & 7 \\
1 & & 1 \\
& & 6 \\
& & 9 \\
\end{array}
\qquad
\begin{array}{c|ccccc}
& 1 & 1 & 7 & 1 & 6 & 9 \\
\hline
0 & 1 & 1 & 8 & 9 & 62 & \\
\hline
1 & 1 & 2 & 15 & 17 & 117 & \cdots
\end{array}
$$

[1]) Atti Linc. (5) **13** II, 94 (1904). — G. **35** I, 501 (1905). — Scurti und Gasparini, Staz. sperim. agrar. ital. **40**, 150 (1907). — Gasparini, G. **37**, II, 426 (1907). — Siehe auch Budde und Schou, Z. anal. **38**, 344 (1899).　　[2]) Privatmitteilung.

Dann das Verhältnis C : N = 5.67 : 0.72.

```
5.67  |  0.72  |  7           7   1   7
  63  |     9  |  1        ┌─────────────
      |        |  7      0 │  1   1   8
      |        |           ──────────────
      |        |         1 │  7   8  63
```

Endlich C : O = 5.67 : 0.70.

```
5.67  |  0.70  |   8          8  10
   7  |        |  10       ┌──────────
      |        |         0 │  1  10
      |        |           ───────────
      |        |         1 │  8  81
```

oder H : N = 10.70 : 0.72.

```
10.70  |  0.72  |  14        14   1   6   5
   62  |    10  |   1      ┌──────────────────
    2  |        |   6    0 │  1   1   7
       |        |   5      ────────────────────
       |        |        1 │ 14  15  104
```

Daraus ergibt sich zwanglos das Verhältnis:

$$C : H : N : O = 8 : 15 : 1 : 1, \quad \text{id est} \quad C_8H_{15}ON.$$

Man berücksichtigt beim Aufstellen der Formel, daß die Werte für Wasserstoff und Stickstoff in der Regel etwas zu hoch (bis zu 0.3%), die für Kohlenstoff bei Substanzen, die bloß Kohlenstoff, Wasserstoff und Sauerstoff enthalten, um ebensoviel zu niedrig auszufallen pflegen; Substanzen, die außer den drei genannten noch andere Elemente enthalten, liefern bei der Analyse oftmals ·ein Plus an Kohlenstoff von einigen Zehntelprozenten.

Auch auf das Gesetz der paaren Valenzzahlen ist Rücksicht zu nehmen.

Bei kompliziert zusammengesetzten Substanzen läßt sich natürlich die empirische Formel nicht mehr mit Sicherheit errechnen[1]), muß vielmehr auf Grund von Umwandlungsreaktionen und nach Ermittlung der Molekulargröße bestimmt werden[2]).

---

[1]) Siehe das Vorwort zur ersten Auflage.

[2]) Einen Anhaltspunkt für die richtige Formulierung saponinartiger Substanzen liefern in manchen Fällen (Digitonin, Gitonin) die Additionsprodukte mit Sterinen (Cholesterin, Stigmasterin). — Windaus, B. **42**, 246 (1909); **46**, 2630 (1913); **49**, 1730 (1916).

Viertes Kapitel.

Ermittlung der Molekulargröße.

Die Ermittlung der Molekulargröße kann entweder nach chemischen oder physikalischen Methoden erfolgen.

Von letzteren kommen für die Laboratoriumspraxis eigentlich nur die Dampfdichtebestimmung nach dem Luftverdrängungsverfahren einerseits, die Bestimmung der Gefrierpunkts- und Siedepunktsveränderung von Lösungen andererseits in Betracht. Andere Verfahren (Molekulargewichtsbestimmung aus dem osmotischen Druck oder aus der Löslichkeitserniedrigung usw.) werden fast niemals angewendet.

Erster Abschnitt.
Ermittlung des Molekulargewichts auf chemischem Weg.

Das Verfahren besteht hier allgemein darin, Derivate der Substanz herzustellen, die ein genau bestimmbares Atom oder Radikal besitzen, aus dessen Menge dann die Formel des Derivats und weiterhin der Stammsubstanz erschlossen wird. Ist man außerdem imstande zu bestimmen, wie oft der betreffende Rest in das Molekül eingetreten ist, so kann man nicht nur die empirische, sondern auch die Molekularformel ergründen.

Am einfachsten lassen sich salzbildende Stoffe untersuchen.

Man titriert Säuren bzw. Basen; oder man stellt ihre Silbersalze bzw. Chloraurate oder Chloroplatinate dar.

Hat man so die empirische Formel gefunden, so trachtet man die Basizität der Substanz — etwa durch Darstellung saurer Ester oder Salze usw. — zu ermitteln. Die Bestimmung der Leitfähigkeit gibt hier wertvolle Anhaltspunkte.

Von anderen Substanzen wird man je nach ihrem Charakter Acyl-, Alkylderivate usw. darstellen und die entsprechenden Gruppenbestimmungen vornehmen.

Kohlenwasserstoffe substituiert man durch Halogene oder untersucht (bei aromatischen Verbindungen) ihre Pikrate (Methode von Küster, siehe S. 46 und 957), an Doppelbindungen wird Chlorjod addiert usw.

Über die Bestimmung des Molekulargewichts von hochmolekularen Alkoholen siehe S. 604.

Ein schönes Beispiel dafür, wie durch geschicktes Gruppieren der Beobachtungen auch bei komplizierten Verbindungen ausschließlich durch chemische Untersuchung die richtige Molekulargröße einer Substanz ermittelt werden kann, bilden die Untersuchungen von Herzig[1] über das Quercetin.

---

[1] M. **9**, 537 (1888); **12**, 172 (1891).

Im allgemeinen wird man sich immerhin in Fällen, wo die Analyse kein vollkommen eindeutiges Resultat gibt, der physikalischen Methoden zur Bestimmung von Molekulargrößen bedienen.

Zweiter Abschnitt.

Bestimmung des Molekulargewichts vermittels physikalischer Methoden.

Von den zahlreichen, hierfür theoretisch möglichen Methoden kommen für die Praxis des organischen Chemikers nur drei in Betracht:

1. Dampfdichtebestimmung,
2. Bestimmung der Siedepunktserhöhung,
3. Bestimmung der Gefrierpunktserniedrigung, welche die gelöste Substanz bei dem Lösungsmittel verursacht.

1. Molekulargewichtsbestimmung aus der Dampfdichte.

Diese Methode ist nur bei (wenigstens unter vermindertem Druck) unzersetzt vergasbaren Substanzen anwendbar.

Im chemischen Laboratorium wird die Dampfdichtebestimmung jetzt wohl nur mehr nach der Luftverdrängungsmethode Viktor Meyers[1]) — die je nach Erfordernis verschiedenartig modifiziert wird — ausgeführt.

A. Dampfdichtebestimmung bei Atmosphärendruck nach V. Meyer.

Wird eine Substanz in einem mit Luft von erhöhter, konstanter Temperatur gefüllten Gefäß sehr rasch verdampft, so wird ihr Dampf eine Luftmenge von gleichem Volumen verdrängen. Ist das Luftvolum 2—3 mal so groß als das Dampfvolum, so wird, sehr rasche Verdampfung vorausgesetzt, der durch Diffusion entstehende Fehler sehr klein sein. Auch der Umstand, daß das Volumen zweier chemisch nicht aufeinander wirkender Gase nicht immer gleich der Summe der Einzelvolumina ist, läßt nur Fehler von geringer Größe voraussehen.

Mißt man demnach das durch Verdrängung erhaltene Luftvolum bei bekanntem Druck und bekannter Temperatur und ist die Menge der Substanz bekannt, so sind alle zur Berechnung der Dampfdichte dieser Substanz erforderlichen Größen gegeben.

Charakteristisch für dieses Verfahren ist, daß dabei weder der Inhalt des Gefäßes, in dem die Verdampfung vorgenommen wird, noch die Versuchstemperatur in Betracht kommt.

Der Apparat (Fig. 222) besteht aus einem zylindrischen Glasgefäß von ca. 200 ccm Inhalt bei 200 mm Höhe; an dasselbe ist eine Glasröhre von 6 mm lichter Weite und 600 mm Länge angesetzt, die sich am Ende erweitert. In ca. 500 mm Höhe ist ein Gasentbindungsrohr d von 1 mm lichter Weite und 140 mm Länge angeschmolzen.

Arbeitet man bei Temperaturen unter 300°, so kann man einen Heizmantel

---

[1]) B. **11**, 1867, 2253 (1878). — Mai, B. **41**, 3897 (1908). — Über die Methode von Blackman siehe Ch. News **96**, 223 (1907). — B. **41**, 768, 881, 1588, 2487 (1908). — Ch. News **100**, 13 (1909). — Siehe ferner Weiser, J. Phys. chem. **20**, 532 (1916).

aus Glas[1]) anwenden, für höhere Temperaturen bedient man sich eines Erhitzungsgefäßes, das aus einer schmiedeeisernen Röhre hergestellt ist, die unten geschlossen ist und einen Zylinder von 240 mm Höhe, 60 mm Durchmesser und 4 mm Wandstärke bildet. Um den Zylinder ist ein eiserner Ring gezogen, in dem die drei schmiedeeisernen Füße befestigt sind. Weit bequemer ist noch das von Lothar Meyer angegebene Luftbad (Fig. 223), das bei 100—500° zu arbeiten gestattet.

Zur Ausführung des Versuchs wird zuerst das Glasgefäß *b* (Fig. 222) auf genügend hohe Temperatur gebracht[2]). Als Erhitzungsflüssigkeiten dienen, falls man nicht das L. Meyersche Luftbad benutzt, die folgenden:

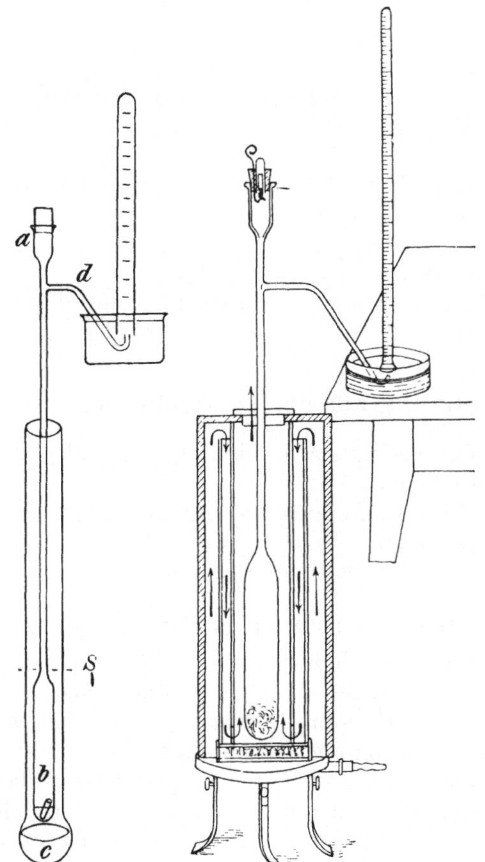

	Siedetemperatur
Wasser	100°
Xylol	140°
Anilin	183°
Äthylbenzoat	213°
Thymol	230°
Amylbenzoat	261°
Diphenylamin	302°
Schwefel	445°
Phosphorpentasulfid	520°
Zinnchlorür	606°

In Ermanglung einer passenden Heizflüssigkeit kann man auch ein Ölbad verwenden[3]).

Für hohe Temperaturen kann man auch ein Bleibad benutzen. In diesem Fall muß man den Glaszylinder mit einem Schutzgeflecht aus starkem Eisendraht umgeben, um ihn vor der Berührung mit den eisernen Wänden zu bewahren, und ihn anrußen, um Ankleben des Bleis zu verhindern.

Fig. 222. Dampfdichtebestimmung nach V. Meyer.

Fig. 223. Luftbad nach L. Meyer.

Auf den Boden des Glasgefäßes bringt man etwas ausgeglühten Asbest oder, für nicht zu hoch siedende Substanzen, die das Metall nicht angreifen, etwas Quecksilber[4]); die obere Öffnung des Glasapparates wird verschlossen[5]).

Sobald die Temperatur konstant geworden ist, also aus der unter Wasser befindlichen Mündung des Gasentbindungsrohrs keine Luftblasen mehr ent-

---

[1]) Patterson wählt das Außenrohr aus Kupfer. Ch. News **121**, 307 (1920).

[2]) Ob die Temperatur genügend hoch ist, erfährt man, wenn man eine kleine Probe der zu untersuchenden Substanz in einer dünnwandigen Glasröhre in das Bad taucht und sieht, ob sie rasch kocht. Zugleich kann man hierbei beobachten, ob Zersetzung der Substanz stattfindet oder nicht. [3]) Eijkman, Rec. **4**, 38 (1885).

[4]) M. u. J., 2. Aufl., **1**, 1, 48, Anm. (1907). — Blackman, B. **41**, 768 (1908).

[5]) Es ist zu beachten, daß Sand u. dgl. als Katalysatoren wirken können; so wird nach Kling durch Benutzung desselben die Dampfdichte tertiärer Alkohole nur halb so hoch gefunden (entsprechend der Spaltung in 2 Mol. ungesättigter Kohlenwasserstoffe) als ohne Sand oder bei Anwendung von Glaswolle. C. r. **152**, 762 (1911).

weichen[1]), setzt man das Meßrohr an seine Stelle und läßt die Substanz herab-
fallen.

Einige Formen[2]) der häufigst verwendeten **Fallvorrichtungen** zeigen
die Figuren 224, 224b und 226, von denen die in Fig. 224 abgebildete[3])
die meist angewendete ist. Be-
sonders erwähnt sei nur noch
die Vorrichtung von Patterson[4]) (Fig. 225).

Der in dem erweiterten
Teil E des Halses unten festsitzende Kork H ist bei F (nicht
in der Mitte) durchbohrt. Oben
ist F durch einen Gummistopfen
verschlossen, der ein schräg ge-
bohrtes Loch hat, durch das
die Glasröhre BC eingeführt
wird, die der Gummistopfen A

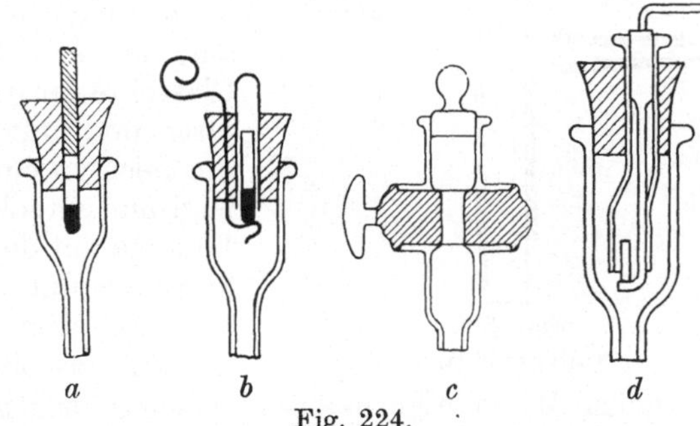

Fig. 224.
Fallvorrichtungen zur Dampfdichtebestimmung.

verschließt. Ist aus dem Kolben alle Luft vertrieben, so wird A geöffnet,
das mit der Substanz beschickte Röhrchen G eingeführt und A sofort wieder

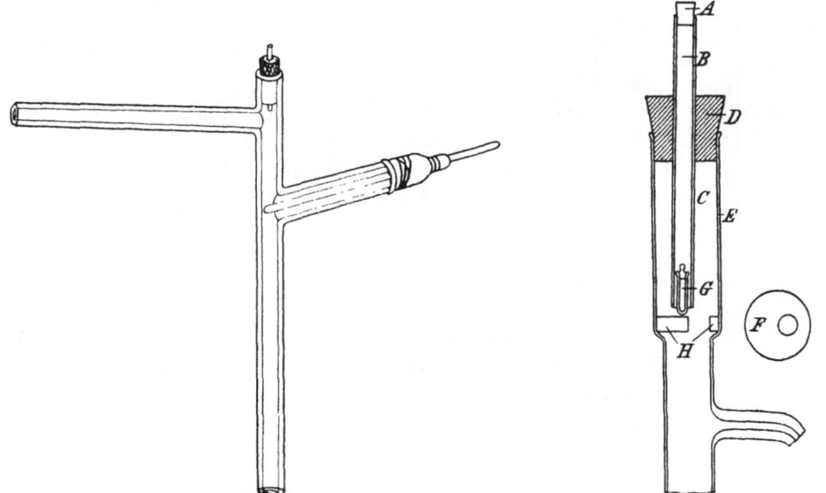

Fig. 224b. Fallvorrichtung
nach Biltz und V. Meyer.
Fig. 225. Fallvorrichtung
von Patterson.

verschlossen. Durch vorsichtiges Seitwärtsbiegen von BC läßt man nun G
durch das Loch von H in den Kolben hinunterfallen.

Nach wenigen Sekunden beginnt die Verdampfung, und eine entsprechende
Luftmenge tritt in die Meßröhre. Sobald keine Blasen mehr kommen (klopfen!)
— was in ganz kurzer Zeit der Fall ist —, entfernt man den Stopfen und bringt
in üblicher Weise das Gasvolumen zur Ablesung.

---

[1]) Der Siedering der Heizflüssigkeit muß sich oberhalb der Verengung der Glasbirne
befinden ($S \ldots S$ Fig. 221).

[2]) Siehe auch Brandenburg, Ch. Ztg. **33**, 192 (1909). — Walter, Ch. Ztg. **33**,
267 (1909).   [3]) Biltz und V. Meyer, Z. phys. **2**, 189 (1888).

[4]) Ch. News **97**, 73 (1908). — Eine weitere Fallvorrichtung beschreibt Chapin,
J. Ind. Eng. Chem. **4**, 684 (1912).

Feste Substanzen werden entweder in Pastillen[1]) gepreßt oder zu kleinen Stäbchen geschmolzen. Letztere fertigt man folgendermaßen an[2]):

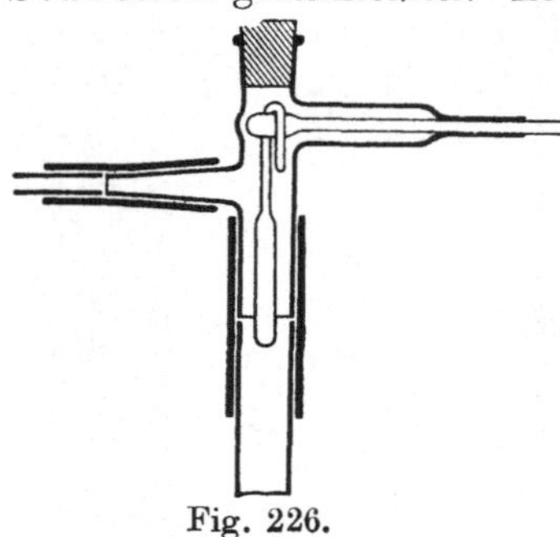

Fig. 226.
Fallvorrichtung.

Man bringt die Substanz in einem Schälchen zum Schmelzen und saugt in einer ca. 2 mm weiten und 6 cm langen Glasröhre so viel auf, daß sie zu $^1/_3$ gefüllt ist. In der kalten Glasröhre erstarrt die flüssige Masse meist rasch und haftet, wenn gänzlich fest geworden, nur noch an einigen Stellen des Glases. Bewegt man nun ein solches Röhrchen über einer kleinen Flamme mit der Vorsicht hin und her, daß die Substanz nur an den Stellen, wo sie das Glas berührt, eben zu schmelzen beginnt, so läßt sich mittels eines Drahtes ohne Schwierigkeit die ganze Masse in Form eines kleinen Stäbchens aus der Röhre herausschieben.

Flüssigkeiten werden in einem kleinen Eimerchen[3]) abgewogen, das sie möglichst vollständig ausfüllen sollen und das für flüchtige Substanzen mit Stopfen versehen sein muß[4]).

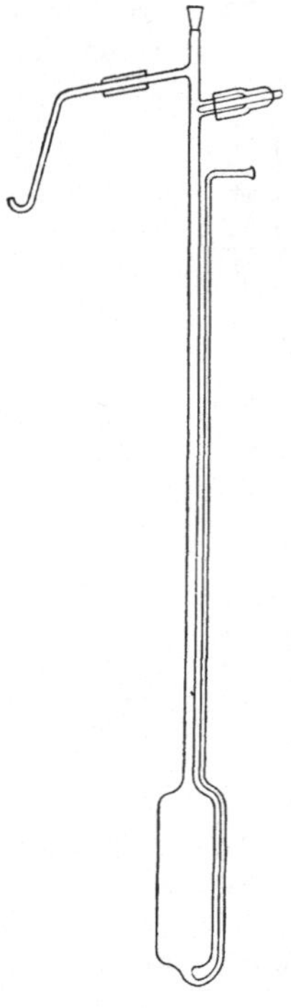

Luftempfindliche Substanzen untersucht man in einem mit indifferentem Gas (Stickstoff) gefüllten Gefäß (Fig. 227).

Die Berechnung der Resultate geschieht in folgender Weise:

Bezeichnet S das Gewicht der Substanz,
    P den Dampfdruck,
    T die unbekannte Dampftemperatur,
    V das unbekannte wirkliche Dampfvolumen bei T°,

so ist die Dichte $D = \dfrac{S \cdot 760\,(1 + \alpha\,T)}{P \cdot V \cdot 0.001293}$.

P setzt sich zusammen aus dem Luftdruck B und dem Druck der Wassersäule s, die sich zwischen der Mündung des Gasentbindungsrohres und dem Niveau der Flüssigkeit befindet, daher ist:

$$P = B + \frac{s}{13.596} \, .$$

V ist aber dem über Wasser gemessenen Luftvolum v gleich, wenn dieses auf T° und den Druck $B + \dfrac{s}{13.596}$ gebracht wird, d. h.:

Fig. 227.
Dampfdichtebestimmung luftempfindlicher Substanzen.

$$V = \frac{v \cdot (B - w)\,(1 + \alpha\,T)}{\left(B + \dfrac{s}{13.596}\right)(1 + \alpha\,t)} \, ,$$

---

[1]) Über eine geeignete Pastillenpresse: Gernhardt, Z. phys. **15**, 671 (1894) und Fritz Köhler, Hauptkatalog D (1905), 52.
[2]) V. Meyer und Demuth, B. **23**, 313, Anm. (1890).
[3]) Z. phys. **6**, 9, Anm. (1890).
[4]) Über einen Kunstgriff, der das Öffnen dieser Eimerchen innerhalb des Apparates gestattet, siehe „Methode von Bleier und Kohn", S. 404.

Tabelle zur Berechnung von Dampfdichten nach der Methode Viktor Meyers.

	731 mm	732 mm	733 mm	734 mm	735 mm	736 mm	737 mm	738 mm	739 mm	740 mm
10° C	.92713	.92653	.92593	.92533	.92473	.92413	.92353	.92293	.92234	.92174
	845.5	844.4	843.2	842.0	840.9	839.7	838.6	837.4	836.3	835.1
11°	.92914	.92854	.92794	.92734	.92674	.92614	.92554	.92494	.92434	.92375
	849.5	848.3	847.1	845.9	844.8	843.6	842.4	841.3	840.1	839.0
12°	.93115	.93055	.92995	.92934	.92874	.92814	.92754	.92695	.92635	.92575
	853.4	852.2	851.0	849.9	848.7	847.5	846.3	845.2	844.0	842.9
13°	.93316	.93255	.93195	.93135	.93074	.93014	.92954	.92894	.92835	.92775
	857.3	856.2	855.0	858.8	852.6	851.4	850.2	849.1	847.9	846.7
14°	.93522	.93461	.93401	.93340	.93280	.93220	.93160	.93100	.93040	.92980
	861.4	860.2	859.0	857.8	856.6	855.5	854.3	853.1	851.9	850.7
15°	.93727	.93666	.93605	.93546	.93485	.93425	.93365	.93305	.93245	.93185
	865.5	864.3	863.1	861.9	860.7	859.5	858.3	857.1	855.9	854.8
16°	.93928	.93867	.93807	.93746	.93686	.93626	.93565	.93505	.93451	.93391
	869.5	868.3	867.1	865.9	864.7	863.5	862.3	861.1	860.9	858.8
17°	.94149	.94088	.94027	.93967	.93906	.93846	.93786	.93725	.93665	.93605
	874.0	872.7	871.5	870.3	869.1	867.9	866.7	865.5	864.3	863.1
18°	.94359	.94298	.94237	.94177	.94116	.94056	.93995	.93935	.93875	.93815
	878.2	877.0	875.7	874.5	873.3	872.1	870.9	869.7	868.5	867.3
19°	.94575	.94514	.94453	.94392	.94332	.94271	.94211	.94150	.94096	.94034
	882.6	881.3	880.1	878.9	877.6	876.4	875.2	874.0	872.9	871.7
20°	.94796	.94735	.94675	.94614	.94553	.94492	.94432	.94371	.94311	.94250
	887.1	885.8	884.6	883.4	882.1	880.9	879.7	878.4	877.2	876.0
21°	.95018	.94957	.94896	.94835	.94774	.94713	.94652	.94592	.94537	.94477
	891.6	890.4	889.1	887.9	886.6	885.4	884.1	882.9	881.8	880.6
22°	.95245	.95183	.95122	.95061	.95000	.94939	.94878	.94818	.94757	.94684
	896.3	895.0	893.8	892.5	891.3	890.0	888.8	887.5	886.3	884.8
23°	.95477	.95416	.95355	.95294	.95232	.95171	.95110	.95050	.94989	.94928
	901.1	899.8	898.6	897.3	896.0	894.8	893.5	892.3	891.0	889.8
24°	.95710	.95648	.95587	.95526	.95464	.95403	.95342	.95285	.95220	.95160
	905.9	904.7	903.4	902.1	900.8	899.6	898.3	897.0	895.8	894.5
25°	.95948	.95886	.95825	.95763	.95702	.95641	.95580	.95519	.95458	.95397
	910.9	909.6	908.3	907.1	905.8	904.5	903.2	902.0	900.7	899.4

Tabelle zur Berechnung von Dampfdichten nach der Methode Viktor Meyers.

	741 mm	742 mm	743 mm	744 mm	745 mm	746 mm	747 mm	748 mm	749 mm	750 mm
10° C	.92115	.92055	.91996	.91937	.91888	.91818	.91759	.91701	.91642	.91583
	834.0	832.8	831.7	830.6	829.6	828.3	827.2	826.0	824.9	823.8
11°	.92315	.92256	.92196	.92137	92078	.92019	.91960	.91901	.91842	.91783
	837.8	836.7	835.5	834.4	833.3	832.1	831.0	830.0	828.7	827.6
12°	.92515	.92456	.92396	.92337	.92284	.92219	.92159	.92100	.92041	.91983
	841.7	840.5	839.4	838.2	837.2	836.0	834.8	833.7	832.6	831.4
13°	.92715	.92656	.92596	.92537	.92477	.92419	.92359	.92300	.92241	.92182
	845.6	844.4	843.3	842.1	841.0	839.8	838.7	837.5	836.4	835.3
14°	.92920	.92861	.92801	.92742	.92682	.92623	.92564	.92504	.92445	.92396
	849.6	848.4	847.2	846.1	844.9	843.8	842.6	841.5	840.3	839.4
15°	.93125	.93065	.93006	.92946	.92887	.92827	.92768	.92709	.92649	.92596
	853.9	852.4	851.2	850.1	848.9	847.8	846.6	845.4	844.3	843.1
16°	.93331	.93271	.93212	.93152	.93092	.93033	.92973	.92914	.92855	.92796
	857.7	856.5	855.3	854.1	853.0	851.8	850.6	849.5	848.3	847.1
17°	.93545	.93485	.93425	.93366	.93306	.93246	.93187	.93127	.93068	.93006
	861.9	860.7	859.3	858.3	857.2	856.0	854.8	853.6	852.5	851.3
18°	.93754	.93694	.93635	.93575	.93515	.93455	.93396	.93336	.93283	.93223
	866.1	864.9	863.7	862.5	861.3	860.1	858.9	857.8	856.7	855.5
19°	.93975	.93915	.93855	.93795	.93736	.93676	.93616	.93557	.93497	.93438
	870.5	869.3	868.1	866.9	865.7	864.5	863.2	862.1	860.9	859.8
20°	.94190	.94130	.94070	.94010	.93950	.93890	.93830	.93770	.93711	.93651
	874.8	873.6	872.4	871.2	869.6	868.8	867.6	866.4	865 2	864 0
21°	.94416	.94356	.94296	.94236	.94176	.94116	.94056	.93996	.93906	.93877
	879.4	878.1	876.9	875.7	874.5	873.9	872.1	870.9	869.7	868.5
22°	.94636	.94576	.94515	.94461	.94401	.94341	.94281	.94221	.94161	.94101
	883.8	882.6	881.4	880.3	879.0	877.8	876.6	875.4	874.0	873.0
23°	.94868	.94807	.94747	.94686	.94626	.94566	.94506	.94446	.94386	.94326
	888.5	887.3	886.1	884.8	883.6	882.4	881.2	879.9	878.7	877.5
24°	.95099	.95038	.94978	.94917	.94857	.94797	.94736	.94676	.94622	.94562
	893.3	892.0	890.8	889.6	888.3	887.1	885.9	884.6	883.5	882.3
25°	.95336	.95275	.95208	.95148	.95087	.95033	.94973	.94912	.94858	.94798
	898.2	896.9	895.5	894.3	893.0	891.9	890.7	889.5	888.3	887.0

	751 mm	752 mm	753 mm	754 mm	755 mm	756 mm	757 mm	758 mm	759 mm	760 mm
	.91524	.91466	.91407	.91355	.91296	.91228	.91180	.91121	.91063	.91005
10° C	822.7	821.6	820.5	819.5	818.4	817.3	816.2	815.1	814.0	812.9
	.91724	.91666	.91607	.91548	.91490	.91432	.91373	.91315	.91257	.91190
11°	826.5	825.4	824.3	823.2	822.1	821.0	819.9	818.8	817.7	816.6
	.91924	.91865	.91806	.91748	.91689	.91631	.91573	.91514	.91456	.91398
12°	830.3	829.2	828.1	827.0	825.8	824.7	823.6	822.5	821.4	820.3
	.92123	.92064	.92005	.91947	.91888	.91830	.91771	.91713	.91655	.91597
13°	834.1	833.0	831.9	830.7	829.6	828.5	827.4	826.3	825.2	824.1
	.92327	.92268	.92210	.92151	.92092	.92034	.91975	.91917	.91859	.91800
14°	838.1	836.9	835.8	834.7	833.5	832.4	831.3	830.2	829.1	827.9
	.92525	.92466	.92408	.92355	.92296	.92237	.92179	.92120	.92062	.92004
15°	841.9	840.7	839.6	838.6	837.5	836.3	835.2	834.1	833.0	831.8
	.92737	.92678	.92619	.92561	.92501	.92442	.92384	.92325	.92267	.92208
16°	846.0	844.8	843.7	842.6	841.4	840.3	839.1	838.0	836.9	835.8
	.92950	.92891	.92832	.92774	.92714	.92655	.92596	.92538	.92479	.92422
17°	850.2	849.0	847.8	846.6	845.5	844.4	843.3	842.1	841.0	839.9
	.93164	.93105	.93046	.92987	.92928	.92863	.92804	.92746	.92687	.92629
18°	854.4	853.2	852.0	850.9	849.7	848.5	847.3	846.2	845.0	843.9
	.93378	.93318	.93260	.93201	.93142	.93083	.93024	.92965	.92906	.92848
19°	858.6	857.7	856.2	855.1	853.9	852.8	851.6	850.5	849.3	848.2
	.93592	.93533	.93473	.93420	.93361	.93302	.93243	.93184	.93125	.93066
20°	862.8	861.6	860.5	859.4	858.2	857.1	855.9	854.8	853.6	852.4
	.93817	.93758	.93699	.93639	.93580	.93520	.93461	.93402	.93344	.93284
21°	867.3	866.4	865.0	863.8	862.6	861.4	860.2	859.1	857.9	856.7
	.94042	.93982	.93923	.93863	.93804	.93745	.93686	.93626	.93567	.93509
22°	871.8	870.6	869.4	868.2	867.0	865.9	864.7	863.5	862.3	861.2
	.94266	.94207	.94147	.94093	.94037	.93975	.93915	.93856	.93799	.93738
23°	876.3	875.1	873.9	872.8	871.6	870.5	869.3	868.1	866.9	865.7
	.94502	.94442	.94383	.94323	.94264	.94204	.94145	.94085	.94026	.93967
24°	881.1	879.9	878.7	877.5	876.3	875.1	873.9	872.7	871.5	870.3
	.94738	.94678	.94618	.94558	.94499	.94439	.94380	.94314	.94255	.94196
25°	885.9	884.7	883.5	882.2	881.0	879.8	878.6	877.3	876.1	874.9

wenn t die Temperatur der Luft und w die Tension des Wasserdampfs bei
dieser Temperatur bedeutet.

Setzt man die Werte von V und P ein, so wird:

$$D = \frac{S \cdot 760\,(1 + \alpha\,T)\left(B + \dfrac{s}{13.596}\right)(1 + \alpha\,t)}{v\,(B - w)\,(1 + \alpha\,T)\left(B + \dfrac{s}{13.596}\right)0.001293}$$

und daher:

$$D = \frac{S\,760\,(1 + \alpha\,t)}{v\,(B - w)\,0.001293}$$

oder wenn man die Konstanten zusammenzieht:

$$D = \frac{S\,(1 + \alpha\,t)\,587780}{(B - w)\,v}\,.$$

Im vorstehenden ist eine Tabelle mitgeteilt[1]), welche die Werte für:

$$\frac{(1 + \alpha\,t)\,587780}{B - w}$$

für t = 10° bis 25° und B = 730 bis 760 mm enthält.

Man findet mittels derselben die Dampfdichte[2]), indem man die dem Barometerstand und der Temperatur entsprechende Zahl mit dem Gewicht der
Substanz multipliziert und durch die Anzahl Kubikzentimeter des verdrängten
Luftvolumens dividiert.

Die rechts stehenden Ziffern geben die entsprechenden Logarithmen an,
als Charakteristik ist immer die Ziffer 2 einzusetzen.

B. Dampfdichtebestimmung unter vermindertem Druck[3]).

Von den zahlreichen Methoden, die hierfür angegeben wurden, ist das

Verfahren von Bleier und Kohn[4])

weitaus das einfachste, bequemste und von allgemeinster Anwendbarkeit.

Beschreibung des Apparats (Fig. 228).

Die Birne *A* ist 28—30 cm lang und hat 43 mm unteren Durchmesser, so
daß der Heizraum ca. 390 ccm faßt. Der Stiel ist innen 5—6 mm weit und
32 cm lang. An ihn ist mittels der Kautschukverbindung *k* die Biltzsche
Fallvorrichtung angesetzt. Oben ist das Rohr durch einen eingeschliffenen
Stopfen verschließbar. Das horizontale Ableitungsrohr ist capillar und trägt in
14 cm Entfernung eine vertikale Abzweigung, in die der Dreiweghahn *a* eingelassen ist. Durch dieses Hahnrohr kann der Apparat evakuiert oder mit

---

[1]) Dieselbe ist ein Auszug der von Pond (Amherst, Mass. U. S. A. 1886) herausgegebenen „Tables for calculating vapor density determinations by the Victor Meyer
Method".

[2]) Über die Korrektion des durch Nichtberücksichtigung der Tension des Wasserdampfes der Luft im Apparat bedingten Fehlers: Evans, Am. soc. **35**, 958 (1913).

[3]) Meunier, C. r. **98**, 1268 (1884). — La Coste, B. **18**, 2122 (1885). — Dyson,
Ch. News **55**, 87 (1887). — Bott und Macnair, B. **20**, 916 (1887). — Malfatti und
Schoop, Z. phys. **1**, 159 (1887). — Schall, B. **20**, 1435, 1759, 1827, 2127 (1887); **21**, 100
(1888); **22**, 140 (1889); **23**, 919, 1701 (1890). — Richards, Ch. News **59**, 39, 87 (1889). —
Eijkman, B. **22**, 2754 (1889). — Bleier, Neue gasom. Methoden, S. 293. — Demuth
und V. Meyer, B. **23**, 311 (1890). — Krause und V. Meyer, Z. phys. **6**, 5 (1890). —
Lunge und Neuberg, B. **24**, 729 (1891). — Traube, J. pr. (2) **45**, 134 (1892); **50**, 88
(1894); **62**, 536 (1900). — Bodländer, B. **27**, 2267 (1894). — Erdmann, Z. an. **32**,
425 (1902).   [4]) M. **20**, 505, 909 (1899); **21**, 599 (1900).

irgendeinem Gas gefüllt werden. An das horizontale Rohr schließt mittels dichter Kautschukverbindung der Ansatz m des Differentialmanometers B, während der Ansatz n mit dem Vakuumreservoir C verbunden ist. Dieses besteht aus einer ca. 1200 ccm fassenden dickwandigen Flasche, in deren Hals ein Oberteil dicht eingerieben ist, der, dreifach gegabelt, ein kleines Manometer und zwei Hahnrohransätze trägt.

Das Differentialmanometer ist folgendermaßen konstruiert:

Die beiden Schenkel einer zweimal U-förmig gebogenen Glasröhre von 5 mm lichter Weite kommunizieren nicht nur oben und unten, solange diese letztere Kommunikation nicht durch einen Hahn unterbrochen wird. Der untere Teil des Manometers ist bis zur Mitte, dort, wo sich beiderseits der 0-Punkt der aufgeätzten Millimeterteilung befindet, mit der Manometerflüssigkeit (Paraffinöl) gefüllt. Die Teilung reicht auf der rechten Seite 20 cm weit nach abwärts, auf der linken 20 cm weit nach aufwärts. Das Manometer kann demnach zur Messung eines von rechts her wirkenden Überdruckes bis zum Ausmaß von 400 mm Paraffinöl ($=$ ca. 24 mm Quecksilber) verwendet werden. Der rechte Schenkel ist dicht oberhalb des Nullpunktes der Teilung bis nahe zum Glashahn b verengt. Auch m ist nahezu capillar; nicht so sehr n.

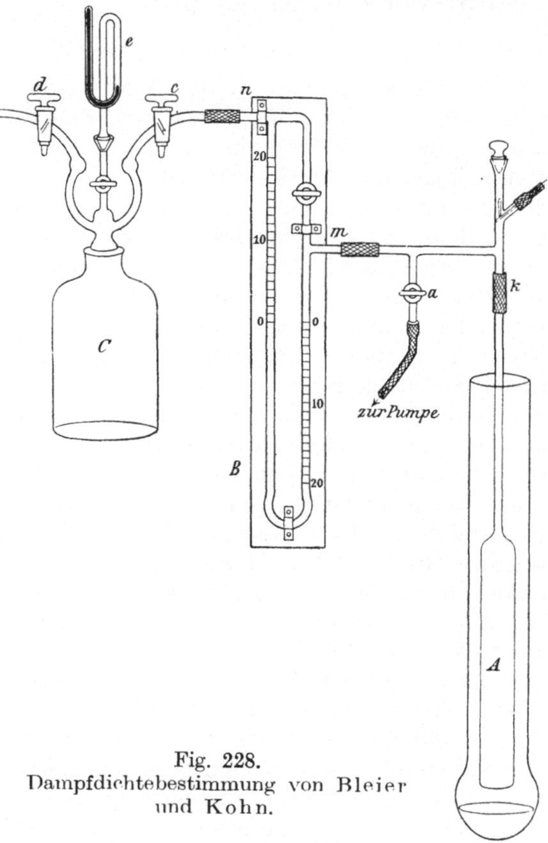

Fig. 228.
Dampfdichtebestimmung von Bleier
und Kohn.

Wenn das Manometer bei geschlossenem Hahn zwischen zwei abgeschlossene Drucksysteme eingeschaltet ist, muß sich die geringste Druckdifferenz — die von rechts positiv sein muß — zu beiden Seiten der Flüssigkeitssäule durch Verschiebung derselben kundgeben, und der Niveauunterschied gibt das Maß für diese Druckungleichheit.

Bei geöffnetem Hahn b hingegen tritt keine Verschiebung der Flüssigkeit ein, da der Druckausgleich nun durch die zweite Kommunikation oberhalb der beiden Flüssigkeitsniveaus stattfindet; dementsprechend wird das durch Schließen des Hahnes in Funktion getretene Manometer wieder ausgeschaltet. Damit der Druckausgleich durch den geöffneten Hahn in jedem Fall genügend rasch erfolge, darf seine Bohrung nicht capillar sein, und auch die verengten Stellen des Manometers sollen nicht weniger als 2 mm weit sein.

Um Austreten der Flüssigkeit aus den Schenkeln zu vermeiden, darf man das Manometer weder zu hohem Überdruck noch aber einem Minderdruck auf der rechten Seite aussetzen. Auch mache man es sich zur Regel, den Hahn stets geöffnet zu lassen und nur direkt für die Differentialbestimmung zu schließen.

Die Hähne am Vakuumreservoir sind schief gebohrt. Ferner besitzt der dem Differentialmanometer zugewendete Hahn c einen feinen vertikalen Schlitz im Schlüssel, der gestattet, bei gewisser Stellung (der in der Zeichnung angedeuteten) langsam Luft in den Apparat einzulassen, ohne daß das Vakuum des Reservoirs verlorengeht. Der Apparat soll so gut schließen, daß, wenn er auf 2 mm ausgepumpt war, im Laufe von 48 Stunden keine am Manometer sichtbare Druckzunahme erfolgt.

Ausführung der Bestimmung.

Die Substanz wird in den Warteraum gebracht (wie in der Figur ersichtlich), die Birne angeheizt und nun bei ausgeschaltetem Manometer von a aus bis zum gewünschten Minderdruck (2—3 mm) mit einer Quecksilberpumpe evakuiert. Ist in dem Vakuumreservoir von vorhergehenden Bestimmungen noch gutes Vakuum vorhanden, so wird die Flasche durch c erst dann mit dem Apparat verbunden, bis auch in ihm die gleiche Druckverminderung erreicht ist; sonst muß vorher evakuiert werden.

Das nach Belieben weiter evakuierte System wird nun durch Sperrung von a (resp. auch von d) vom Außenraum abgeschlossen. Jetzt wird durch Drehung des Hahnes das Manometer, dessen Flüssigkeit bis dahin natürlich im Gleichgewicht gestanden ist, eingeschaltet. Durch minutenlange Beobachtung des Niveaus, das unbewegt bleiben muß, kann wieder genau Temperaturkonstanz und vollkommene Dichtigkeit konstatiert werden. Ist dem so, so wird die Substanz in den Heizraum fallen gelassen. Ihr Verdampfen bewirkt sofort Verschiebung des Flüssigkeitsstands im Manometer. Sobald Konstanz eingetreten ist (1—4 Minuten), liest man ab und hat die zur Berechnung notwendige Größe p. Das Manometer wird ausgeschaltet und während des Erkaltens durch die Rille von c langsam Luft in den Apparat eingelassen.

Zum Einbringen der Substanz in den Verdampfungsraum bedient man sich für Stoffe, die bei dem verwendeten Druck über 100° sieden, kurzer, offener Gefäßchen. Für niedriger siedende Verbindungen werden Glasfläschchen mit eingeriebenem Glasstöpsel verwendet. Die Schwierigkeit, diese innerhalb des Warteraums noch geschlossen zu halten, während sie in den Verdampfungsraum offen gelangen sollen, wird dadurch überwunden, daß der Glasstöpsel mit einem runden Kopf versehen wird, der um eine Spur dicker ist als der Leib des Fläschchens. Durch vorsichtiges Zurückziehen des Glasstabes der Fallvorrichtung gelingt es nun leicht, den Kopf zurückzuhalten, während das Fläschchen geöffnet in den Verdampfungsraum, dessen Boden Porzellanschrot enthält, hinabfällt. Den Stöpsel kann man dann nachfolgen lassen.

Berechnung des Molekulargewichts.

Sie erfolgt nach der Gleichung:

$$M = k \cdot \frac{q}{p},$$

wobei q das Gewicht der Substanz,

      p die Druckerhöhung und

      k die „Konstante" des Apparates für die Versuchstemperatur bedeutet.

k entspricht der Druckveränderung, die das Milligramm-Molekulargewicht einer Substanz, bei bestimmter Temperatur, bei der Vergasung hervorbringt.

Die Konstante ist bei demselben Apparat nur eine Funktion des Siedepunktes der Heizflüssigkeit, der Apparat hat also eine „Wasserkonstante“, „Amylbenzoatkonstante“ usw.

Die einmal ermittelten Konstanten haben daher für alle gleichdimensionierten Apparate Geltung, wobei bemerkt sei, daß Differenzen von 3 ccm im Volumen, Fehler, die einem geübten Glasbläser nicht unterlaufen, die Resultate der Molekulargewichtsbestimmungen erst um ein Prozent alterieren würden[1]).

Es genügt daher, die von Bleier und Kohn ermittelten Konstanten anzuführen und betreffs ihrer Bestimmungsmethoden auf die Literatur[2]) zu verweisen.

Tabelle der Konstanten für einen Apparat von 393 ccm Inhalt.

	Siedepunkt	Konstante
Benzol	80°	826
Wasser	100°	870
Toluol	110°	905
Xylol	140°	973
Cymol	175°	1050
Anilin	183°	1060
Äthylbenzoat	212°	1133
Naphthalin	218°	1144
Thymol	230°	1177
Amylbenzoat	262°	1232
Diphenylamin	310°	1316
Quecksilber	360°	1447
Schwefel	448°	1634

Will man eine **Molekulargewichtsbestimmung bei einer anderen Temperatur** ausführen, so findet man die entsprechende Konstante C_x für die Temperatur T_x aus der zur nächstliegenden Temperatur T_1 gehörigen Konstante C_1 nach der Gleichung:

$$C_x = \frac{C_1\,T_x}{T_1}\,.$$

Ist der Apparat um **geringe** Volumdifferenzen von 393 ccm Inhalt verschieden, so kann man zu den ersten Molekulargewichtsbestimmungen die obigen Konstanten benutzen und dieselben dann auf Grund der eigenen Bestimmungen korrigieren, da ja jede Molekulargewichtsbestimmung gleichzeitig eine empirische Bestimmung der Konstante bildet.

Man habe z. B. unter Benutzung einer der obigen Konstanten c für eine Substanz, deren Molekulargewicht nach der Analyse nur ein Multiplum von 60 sein kann, den Wert 117 gefunden. Danach kann das Molekulargewicht der Substanz nur 120 sein. Mit Benutzung dieses theoretischen Molekulargewichts berechnet man aus den Zahlen der Bestimmung auf Grund der Proportion:

$$q : p = m : c$$

die Konstante und erhält so den korrigierten Wert c_1^1. Aus dieser korrigierten Konstante für die **eine** Temperatur können dann die Konstanten c_2^1, $c_3^1 \ldots$ für die **anderen** Temperaturen entweder mittels der Temperaturen:

$$c_1^1 : c_2^1 = T_1 : T_2 \quad \text{usw.}$$

oder mittels der **Bleier-Kohn**schen Konstanten nach den Proportionen:

$$c_1^1 : c_1 = c_2^1 : c_2 = c_3^1 : c_3 : \quad \text{usw.}$$

abgeleitet werden.

Weitere Apparate: Lumsden, Soc. **83**, 342 (1903). — Haupt, Z. phys. **48**, 713 (1904). — Menzies, Z. phys. **76**, 355 (1911).

---

[1]) Der Glasbläser P. Haack, Wien IX, Mariannengasse, liefert den Apparat unter Garantie des Volumens. [2]) M. **20**, 518 (1899).

2. Molekulargewichtsbestimmung aus der Gefrierpunktserniedrigung.

Nach Raoult zeigen äquimolekulare Lösungen des gleichen Lösungsmittels gleiche Gefrierpunktsdepression.

Die Gefrierpunktserniedrigung, welche 100 g Lösungsmittel durch Eintragen eines Gramm-Molekulargewichts einer Substanz erfahren, wird als Molekulardepression oder als Gefrierkonstante bezeichnet.

Von den zahlreichen, zu kryoskopischen Bestimmungen vorgeschlagenen Verfahren seien als die meist geübten die von Beckmann, Baumann und Fromm sowie Eijkman ausführlicher besprochen.

A. Verfahren von Beckmann[1]).

Diese, die genaueste, meist verbreitete und allgemein angewendete Methode sei vor allem dargelegt.

Der von Beckmann angegebene Apparat wird durch Fig. 229 veranschaulicht. In dem oberen, etwas erweiterten Ende des Gefrierrohrs A ist vermittels eines weichen Gummistöpsels

1. das Zentigrad-Thermometer D[2]),
2. der vertikale Teil des Trockenrohrs F

befestigt.

Der durch F ziemlich anschließend geführte Rührer E läßt sich ohne merkliche Reibung auf und nieder bewegen und besteht aus einem dicken Platindraht oder aus einem Glasstab, an dessen unterem Ende mit rotem Einschmelzglas ein starker Platinring befestigt ist. Als Handhabe streift man über das obere Ende ein Kniestück von Gummischlauch.

Um bei einer längeren Unterbrechung des Versuches den Apparat verschließen zu können, braucht man nur den Gummischlauch über das obere Ende von F zu schieben.

Das Einwägen oder Einpipettieren des Lösungsmittels in das Gefrierrohr kann sowohl vor wie nach dem Anbringen der obigen Vorrichtungen geschehen, im letzteren Fall durch den Tubus, der je nach dem Lösungsmittel mit Kork, Kautschuk oder Glas zu verschließen ist. Falls der Rührer sich schwer bewegt und mit dem Thermometer nicht parallel läuft, wird das Vertikalrohr von F mit einer Schnur oder einem Gummiband an das Thermometer herangezogen oder durch Zwischenschieben eines Korkstückchens in die richtige Lage gebracht.

An den Metalldeckel des Kühlgefäßes C sind vier schwache Federn zum Niederhalten des Luftmantels B nach Entfernung des Gefriergefäßes und vier Metallringe festgenietet, um dessen Abnehmen und Wiederaufsetzen zu erleichtern. Durch den größeren seitlichen Ausschnitt im Deckel kann man Eis und Wasser

---

[1]) Z. phys. **2**, 638 (1888); **7**, 323 (1891); **15**, 656 (1894); **21**, 239 (1896); **22**, 617 (1897); **44**, 173 (1903). — F. W. Küster, Z. phys. **8**, 577 (1891). — Fuchs, Anleitung zur Molekulargewichtsbestimmung nach der Beckmannschen Methode, Leipzig (1895), Engelmann. — Biltz, Praxis der Molekelgewichtsbestimmung, Berlin (1898). — Beckmann, Arch. **245**, 213 (1907). — Modifikationen des Apparates, namentlich für die Anwendung kleiner Substanzmengen: Kinoshita, Bioch. **12**, 390 (1908). — Scheuer, J. Chim. phys. **6**, 620 (1908). — Burian und Drucker, Z. Physiol. **23**, 772 (1910). — (Siehe S. 413.) — Bestimmungen bei sehr tiefen Temperaturen: Beckmann und Waentig, Z. an. **67**, 17 (1910). — Unter Stickstoff: Schlenk und Meyer, B. **52**, 13 (1919).

[2]) Über das Beckmannthermometer siehe Z. phys. **51**, 329 (1905) und Ostwald-Luther, Phys.-Chem. Messungen, 2. Aufl. (1902), 290. — Über eine praktische Modifikation des Beckmannthermometers (zu beziehen von Siebert & Kühn, Kassel): Kühn, Ch. Ztg. **36**, 843 (1912). — Disch, Z. ang. **26**, 279 (1913).

nachfüllen, die kleinere seitliche Öffnung dient besonders zum Einsetzen eines Thermometers oder des weiter unten erwähnten Impfstifts. An dem mittleren, den Luftmantel aufnehmenden Ausschnitt sind die Kanten abgerundet, um Abspringen des Glasrandes zu vermeiden; denselben Schutz gewährt dem Luftmantel das Überstreifen eines Gummirings. Ein Heber H ist zum Ablassen der Kühlflüssigkeit bestimmt, der Untersatz G zur Aufnahme des Überflusses derselben. Bei Anwendung niederer Temperaturen wird C mit einem schlechten Wärmeleiter, z. B. Filz, umgeben.

Für wäßrige Flüssigkeiten genügt als Gefriergefäß vielfach ein gewöhnliches, nicht tubuliertes, starkwandiges Probierrohr.

Vor dem Eintragen von Substanz in das Gefrierrohr durch den seitlichen Stutzen dreht man vermittels des oberen Stöpsels den Rührer so weit seitwärts, daß der Zugang zum Rohr frei wird.

Um aus dem Stutzen etwa anhaftende Substanz in Lösung zu bringen, füllt man ihn durch Neigen des Gefrierrohrs mit Lösungsmittel. Substanzteilchen, die sich am Rührer und Thermometer angesetzt haben sollten, werden beim Wiederaufrichten des Rohrs durch die aus dem Stutzen

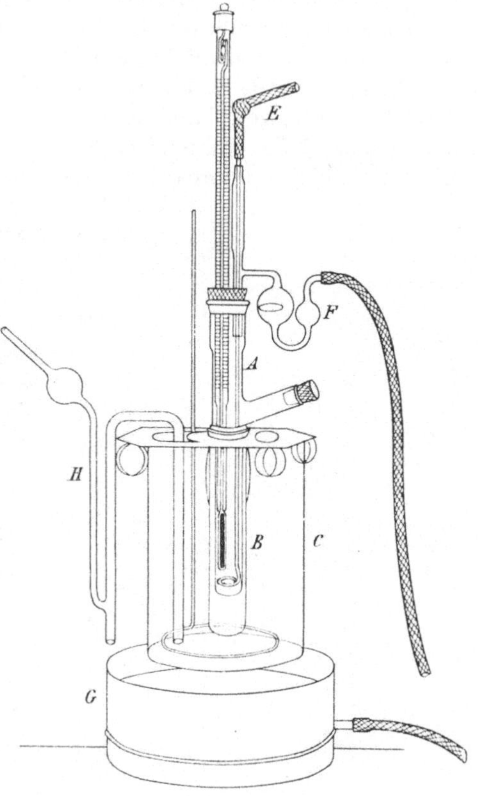

Fig. 229. Apparat von Beckmann.

tretende Flüssigkeit fortgeschwemmt. Man preßt die Substanz zu Pastillen. Bei Benutzung eines Thermometers mit kurzem Gefäß genügen etwa 5 ccm Lösungsmittel und einige Zentigramme Substanz.

Das Einimpfen von Krystallen zum Einleiten des Erstarrens läßt sich, wie später mitgeteilt, in den meisten Fällen umgehen, es wird nur notwendig, wenn die Lösung so viel Substanz enthält, daß bei der Unterkühlung Abscheidung derselben stattfinden würde. Das Einimpfen ist indes so bequem ausführbar, daß man es in allen Fällen anwenden wird, wo sich eine unbequeme Verzögerung der Krystallisation bemerkbar macht.

Etwas abweichend von dem Vorschlag Klobukows, der das Gefrieren mit einer dünnwandigen Capillare einleitet, worin ein Tropfen des Lösungsmittels gefroren ist, verfährt Beckmann in der folgenden Weise: In das Rohr A (Fig. 230) bringt man etwas Lösungsmittel, saugt es in das zu Boden gesenkte Rohr B fast völlig auf, erhält die Flüssigkeit durch Schließen des Quetschhahns C schwebend und läßt nun freiwillig oder nach dem Einsetzen von A in die Kühlflüssigkeit erstarren. Wird B, nachdem es etwas emporgezogen und mit dem Stöpsel aus dem Luftmantel entfernt ist, von unten

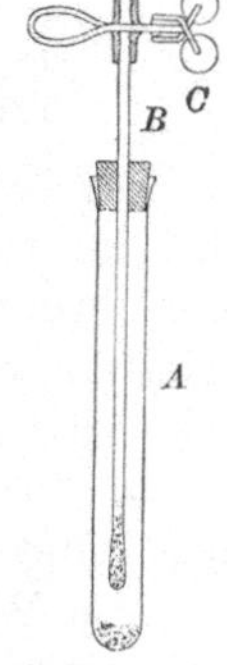

Fig. 230.
Impfstift.

nach oben so weit erwärmt, daß der angefrorene Substanzzylinder sich loslöst, so kann man ihn, während der Quetschhahn vorübergehend geöffnet wird, leicht etwas aus der Röhre herausschieben. Zur Aufbewahrung wird das Ganze in A zurückgebracht, das beständig im Kühlwasser steht, wenn der Schmelzpunkt des „Impfstiftes" unterhalb der Lufttemperatur liegt.

Beim Versuch führt man, sobald der Erstarrungspunkt erreicht ist, den Impfstift durch den Tubus des Gefrierrohres ein und berührt damit den Rührer am unteren Ende, während er mit der linken Hand in die Höhe gezogen wird. Da der Impfstift kompakt ist und unter dem Gefrierpunkt abgekühlt bleibt, läßt er sich auch bei niedrig schmelzenden Substanzen, wie Eis, bequem handhaben.

Von großer Wichtigkeit ist, namentlich bei der Benutzung von Eisessig und Phenol als Lösungsmittel, die Abhaltung von Luftfeuchtigkeit.

Auwers[1]) hat deshalb eine Verbindung von Kork und Rührer durch eine Kautschukmembran in Vorschlag gebracht; nach Beckmann[2]) ist indes Gummi für Wasserdampf nicht undurchlässig.

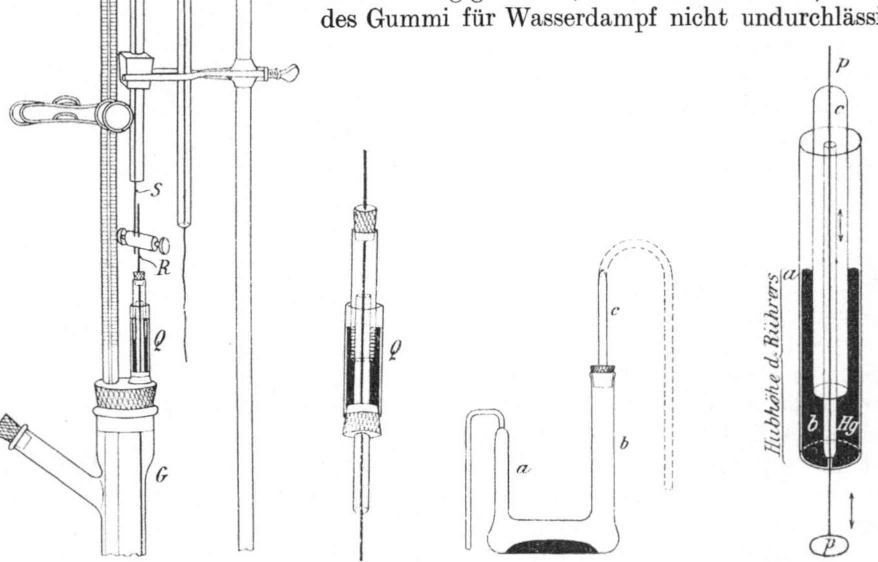

Fig. 231.   Fig. 232.   Fig. 233. Pipette   Fig. 234. Rührer
Rührwerk nach Beckmann.   nach Beckmann.   von Kaiser.

Die von Beckmann a. a. O. beschriebene Schutzvorrichtung F (Fig. 229) wird derart benutzt, daß man in das Kugelrohr so viel konzentrierte Schwefelsäure bringt, daß sie das Verbindungsstück der Kugeln füllt, und einen so lebhaften Strom trockner Luft hindurchschickt, daß die Blasen eben nicht mehr zu zählen sind.

In einer späteren Publikation[3]) empfiehlt Beckmann ein sehr bequemes, unter Quecksilberverschluß luftdicht gehendes Rührwerk (Fig. 231, 232).

Den Beckmannschen Rührer kann man sich leicht selbst aus drei Glasröhren von verschiedener Weite darstellen. Zum Verschluß dienen Korke, die mit Kollodium überzogen und wieder völlig getrocknet sind. An der Stelle,

<hr>

[1]) B. **21**, 536, 701 (1888).
[2]) Z. phys. **2**, 642 (1888). — Im allgemeinen genügt aber die Anordnung von Auwers.
[3]) Z. phys. **22**, 617 (1897).

wo der Platinrührer den oberen Kork passiert, läßt man evtl. etwas Siegellack auffließen. Zur Verbindung des Rührers R mit der Zugschnur S kann jede beliebige Klemmschraube Verwendung finden, die schwer genug ist, das Niederfallen des Platinrührers zu bewirken. Zum Einfüllen bzw. Entfernen des Quecksilbers dient die in Fig. 233 abgebildete Pipette, die man leicht aus einer sog. Liebigschen Ente durch Ausziehen des Röhrchens bei a erhält. Auf das Rohr b wird die Ausflußspitze c befestigt. Zum Überfüllen in das Gefäß Q läßt man das Quecksilber aus c ausfließen. Soll das Quecksilber aus Q entfernt werden, so taucht man a hinein und saugt mit einem in der Figur punktiert gezeichneten Gummischlauch bei c. Die Pipette dient auch zur ständigen Aufbewahrung der benötigten Quecksilbermengen.

Feuchtigkeit oder flüchtige Substanzen, die vielleicht von früheren Versuchen her dem Quecksilber anhaften und leicht zu Fehlern führen, können in der Pipette durch Überleiten trockner Luft und evtl. Erwärmen leicht entfernt werden.

Beim Arbeiten hat man darauf zu achten, daß die Stöpsel besonders in den Bohrungen gut schließen und daß durch richtiges

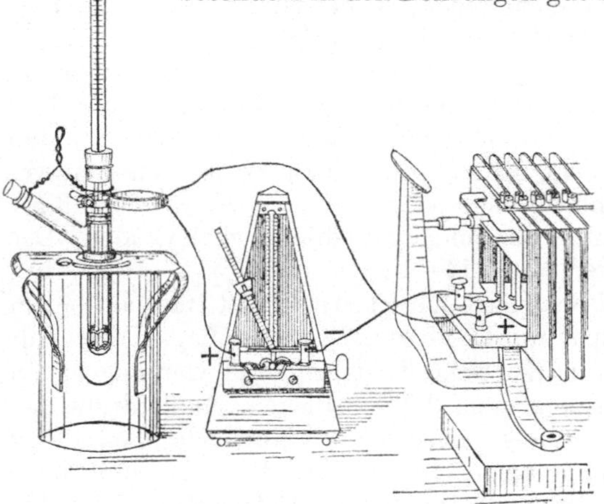

Fig. 235. Elektromagnetisches Rührwerk.

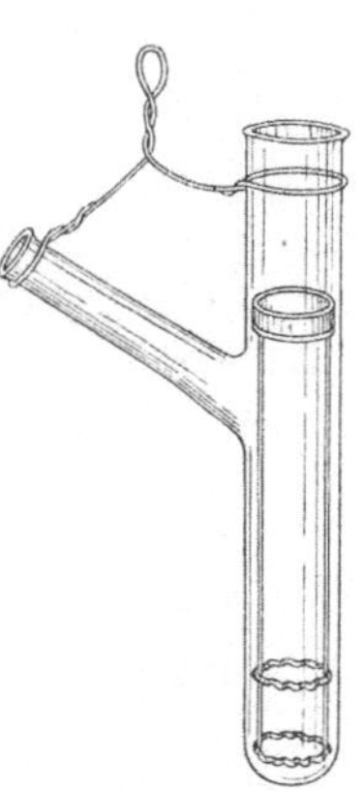

Fig. 236. Gefrierrohr nach Beckmann.

Einstellen von F (Fig. 231) Herausziehen des Rührers aus dem Quecksilber ausgeschlossen ist.

Einen ähnlichen Rührer (Fig. 234) hat gleichzeitig Kaiser[1]) beschrieben.

Auf dem Boden der Röhre a ist die Röhre b eingeschmolzen; durch letztere wird der Platinrührer p geführt, der in der Röhre c luftdicht eingeschmolzen ist. Der durch a und b gebildete Zwischenraum wird etwas über die Hälfte mit Quecksilber angefüllt, wodurch c, das über b gleitet, luftdicht verschlossen wird. Die Länge des Röhrensatzes beträgt ca. 10 cm; der Durchmesser der äußersten Röhre ca. 1 cm. Mit Hilfe einer Kautschukhülse kann man a und c leicht verschließen, so daß man das Rührwerk auf den Arbeitstisch legen kann, ohne Gefahr zu laufen, daß Quecksilber verschüttet wird.

Verwendet man luftempfindliche Lösungsmittel, so schickt man einen indifferenten Gasstrom (Kohlendioxyd) durch den Apparat[2]).

---

[1]) Z. phys. **22**, 618 (1897).
[2]) Küster, Z. phys. **8**, 579 (1891). — Helff, Z. phys. **12**, 217 (1893).

Elektromagnetisches Rührwerk von Beckmann[1]).

Den sichersten Abschluß von Luftfeuchtigkeit erzielt man, wenn man den Rührer bei geschlossenem Gefrierpunktsapparat mit einem Elektromagneten in Bewegung erhält. Der hierzu von Beckmann angewendete Apparat (Fig. 235) besteht aus:

A. dem eigentlichen Gefrierpunktsapparat (links);
B. der Stromquelle, die, in der Figur eine Gülchersche Thermosäule, zum Teil abgebildet ist (rechts);
C. dem Stromunterbrecher (Mitte).

A. Gefrierapparat. Das in Fig. 236 noch besonders abgebildete Gefrierrohr ist so kurz zu wählen, daß die ganze Skala des Thermometers sich über dem Verschlußstöpsel befinden kann.

Für Molekulargewichtsbestimmungen in gefrierendem Chloroform haben Stobbe und Müller[2]) dieses Gefrierrohr mit einem Mantel versehen, in dessen Hohlraum die Luft auf 400 mm Druck gebracht ist (Fig. 237).

Der Rührer besteht entweder aus einem oberen, schmiedeeisernen Ring, der ganz mit dünnem Platinblech bekleidet ist und an mittels Gold angelöteten Platindrähten die als eigentliche Rührer dienenden beiden unteren gewellten Platinblechringe trägt, oder noch zweckmäßiger nach Moufang[3]) aus einem gewellten Nickelzylinder. Der gesamte Rührer wiegt 14—15 g.

Der hufeisenförmige Elektromagnet trägt auf einem Eisenkern von 8 mm Dicke zunächst eine Lage Papier zur Vermeidung von Kurzschluß; darauf sind vier Lagen von mit Seide umsponnenem 0.8 mm dickem Kupferdraht gewickelt. Außen folgt noch eine schützende Umhüllung von Guttaperchapapier. Durch eine Messingstellschraube

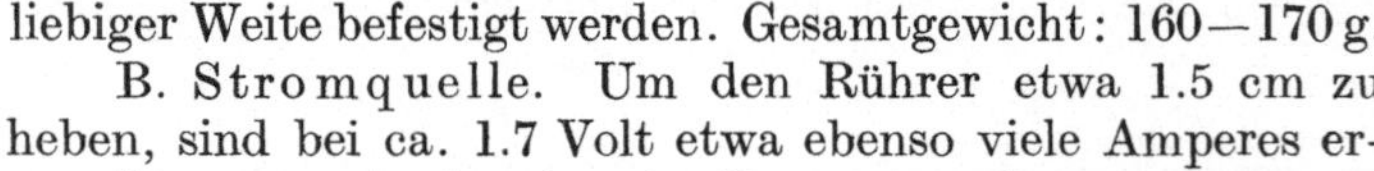

Fig. 237. Gefrierrohr nach Stobbe und Müller.

können die eisernen Polschuhe an Gefrierröhren von beliebiger Weite befestigt werden. Gesamtgewicht: 160—170 g.

B. Stromquelle. Um den Rührer etwa 1.5 cm zu heben, sind bei ca. 1.7 Volt etwa ebenso viele Amperes erforderlich. Für diesen Strom würde bereits ein Chromsäureelement genügen, doch ist ein kleiner Akkumulator oder eine Gülchersche Thermosäule wegen größerer Konstanz empfehlenswert.

C. Stromunterbrecher. Die Stromunterbrechung wird durch eine in Quecksilbernäpfchen eintauchende Wippe erzielt, die an die verlängerte Achse des Pendels eines Mälzelschen Musikmetronoms angebracht wird. Man kann auch nach Ostwald und Luther[4]) eine gewöhnliche Wanduhr verwenden, deren Perpendikel unten einen Platindraht trägt, der abwechselnd zwei seitlich angebrachte Platinkontakte berührt und dadurch periodisch den Strom des Akkumulators im Elektromagneten schließt. Das Metronom bietet den Vorteil, die Zahl der Stromunterbrechungen regulierbar zu machen[5]).

<hr>

[1]) Z. phys. **21**, 240 (1896); **44**, 161 (1904).
[2]) A. **352**, 147 (1907).
[3]) Preis-Arbeit der Julius-Maximilians-Universität Würzburg (1901), 11.
[4]) Physiko-chemische Messungen, 2. Aufl. (1902), 295.
[5]) Der Apparat wird von R. Götze in Leipzig geliefert.

Die Genauigkeit der Bestimmungen[1]) im Beckmannschen Apparat beträgt etwa $\pm\,5\%$.

B. Apparat von Baumann und Fromm[2]).

Für Bestimmungen, bei denen keine allzu große Genauigkeit erfordert wird, namentlich auch für das nicht hygroskopische Naphthalin als Lösungsmittel, erhält man nach dem Verfahren von Baumann und Fromm auf außerordentlich bequeme Weise verwendbare Resultate. Die Anordnung des Apparates geht aus der Zeichnung (Fig. 238) hervor.

a ist ein starkwandiges zylindrisches Gefäß von 2 cm[3]) Durchmesser und 10 cm Länge, das sich bei b zu einem offenen Fortsatz von 5 cm Länge erweitert. Als Verschluß dient ein becherförmiger Einsatz c, der in die Erweiterung so hineinpaßt, daß er darin festsitzt; darin befinden sich zwei runde Öffnungen für Thermometer und Rührer; letztere sind durch Korkscheiben d und e in den Öffnungen frei aufgehängt.

Der Apparat wird bis an die unterhalb b gezeichneten Linien in ein mit Wasser nahezu gefülltes Becherglas gebracht, das erwärmt wird. Um nach erfolgtem Schmelzen nicht längere Zeit warten zu müssen, kühlt man das Wasserbad durch Zugeben von kaltem Wasser auf 78° ab, wobei jede Erschütterung sorgfältig zu vermeiden ist. Der Boden des Glaseinsatzes wird mit Watte bedeckt.

Das Thermometer ist von 69—82° in $^1/_{20}$ Grade geteilt, so daß man mit ziemlicher Sicherheit noch $^1/_{100}$ Grade ablesen kann. Der Teilstrich 78° befindet sich ca. 15 cm über dem unteren Ende.

Man verwendet durch Umkrystallisieren aus Alkohol gereinigtes Naphthalin, das zur Vertreibung der letzten Spuren Alkohol eine Zeitlang auf dem Wasserbad geschmolzen erhalten wird. Smp. ungefähr 79.5°.

Zu jedem Versuch dienen 10 g Naphthalin. Die molekulare Depression desselben wurde mit diesem Apparat zu 69.6 bestimmt.

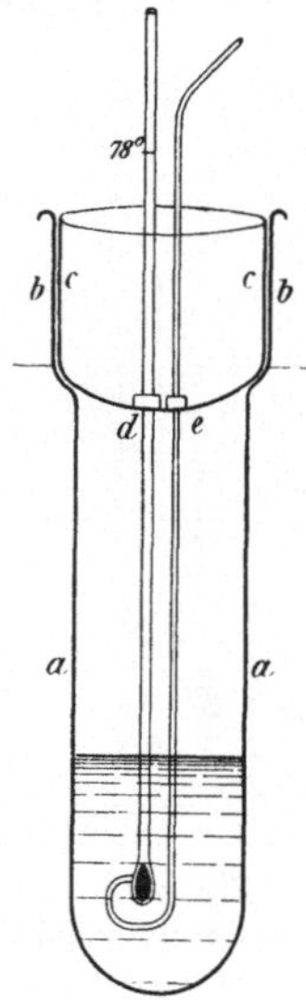

Fig. 238. Apparat von Baumann und Fromm.

Der Erstarrungspunkt des Naphthalins wird bestimmt, indem man, wenn das Thermometer auf 78.5—78.7° gesunken ist, rasch und energisch den Rührer bewegt, bis der Quecksilberfaden zu steigen aufhört. Man nimmt das Mittel aus mehreren Bestimmungen und wählt die Menge der nunmehr einzutragenden Substanz so groß, daß die Depression, wenn möglich, mehr als 0.2° beträgt.

Ein ähnlicher Apparat dient zu Bestimmungen mit Eisessig [Fromm[4])].

Ein starkwandiger, zylindrischer Glasbecher, 11 cm lang und 3.5 cm breit, wird mit einem doppelt durchbohrten Stopfen versehen; die eine Bohrung ist für das Thermometer (von 8—20° in $^1/_{20}$° geteilt), die andere für den Rührer bestimmt. Man ermittelt zunächst den Gefrierpunkt einer nicht gewogenen Menge Eisessig, indem man durch Eintauchen des Bechers in Eiswasser unter-

---

[1]) Noch genauere Bestimmungen können unter Beachtung besonderer Kautelen ausgeführt werden. Siehe Nernst und Abegg, Z. phys. **15**, 681 (1894). — Loomis, Wied. **51**, 500 (1894). — Wildermann, Z. phys. **19**, 63 (1896). — Abegg, Z. phys. **20**, 207 (1898). Raoult, Z. phys. **27**, 617 (1898). — Kryoskopie, Coll. Scientia, Paris (1901).
[2]) B. **24**, 1432 (1891).
[3]) Miller und Kiliani, Lehrb., 4. Aufl., 587.   [4]) A. a. O. 584.

kühlt, dann außen abtrocknet und durch heftiges Rühren die Erstarrung hervorruft. Die Maximalhöhe des Thermometerstandes wird als Gefrierpunkt notiert. Hierauf wird der Apparat gereinigt und getrocknet. Nun wägt man die Substanz in einem 50-ccm-Meßkolben ab, gibt von dem gleichen Eisessig hinzu, bis nach dem Umschwenken bei aufgesetztem Stopfen klare Lösung eingetreten ist, füllt bis zur Marke auf, wägt wieder, sorgt für gleichmäßige Mischung und gießt die Lösung ohne nachzuspülen in den Glasbecher, um den Gefrierpunkt neuerdings zu ermitteln.

C. Depressimeter von Eijkman[1]).

Neben Eisessig, Naphthalin und Benzol ist namentlich das Phenol für kryoskopische Bestimmungen sehr zu empfehlen, erstens weil es eine große Lösungsfähigkeit für die meisten Substanzen besitzt, zweitens einen etwas über Zimmertemperatur gelegenen Schmelzpunkt hat, so daß die Kühlung ausschließlich durch Luft bewirkt werden kann und endlich drittens sich durch eine hohe Molekulardepression (berechnet $= 76$) auszeichnet, so daß bei einer leicht zu erzielenden Depression von $2-3°$ Differenzen von $1/_{100}°$ das Resultat wenig beeinflussen. Da der Eijkmansche Apparat, der speziell für Bestimmungen mit Phenol konstruiert ist, auch die Abhaltung von Feuchtigkeit ermöglicht, ist er sehr wohl geeignet, in vielen Fällen gute Dienste zu leisten.

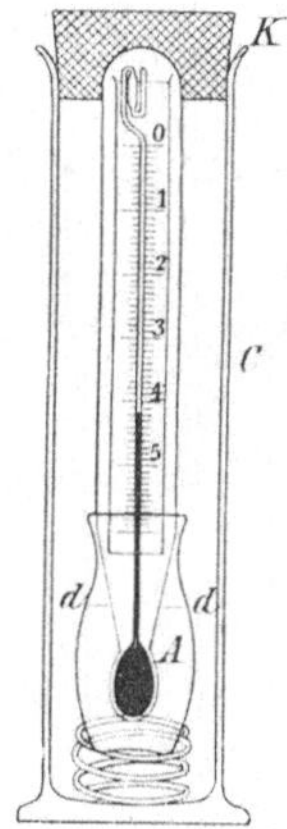

Er besteht (Fig. 239) aus einem kleinen Kölbchen A von ca. 10 ccm Inhalt, worin ein kleines Thermometer, über 6 Grade in $1/_{20}°$ geteilt (entsprechend z. B. $40-34°$), eingeschliffen ist. Das „Depressimeter" kann auf eine Spirale gesetzt und durch den passend ausgehöhlten Kork K in einem Standzylinder fixiert werden.

Fig. 239.
Eijkmanscher
Apparat.

Nachdem vorher mit dem Apparat der Gefrierpunkt des Phenols festgestellt worden ist, werden in das Kölbchen ca. 0.002 Grammolekül (bis auf Milligramm genau gewogen) Substanz hineingebracht, ferner etwa bis zur Höhe d (entsprechend 6—8 g) Phenol eingegossen, das Thermometer eingesetzt und die Gesamtmenge des Phenols + Substanz durch Wägung bestimmt. Nachdem die Substanz sich gelöst hat, wird der Inhalt zur partiellen Krystallisation gebracht und sodann durch Erwärmen wieder so weit aufgetaut, bis nur noch wenige Krystallnadeln in der Flüssigkeit schweben, wobei man Sorge trägt, daß die Temperatur nicht erheblich über den Gefrierpunkt des Gemisches steigt. Man setzt nun das Depressimeter in den Standzylinder und läßt unter sanftem Schütteln erstarren. Die Temperatur geht zunächst einige Zehntel unter den wahren Gefrierpunkt herab, um sodann unter teilweisem Ausfrieren des Lösungsmittels schnell zu steigen. Das genügend lang konstante Maximum wird unter Benutzung einer Lupe bestimmt, wobei die Hundertstelgrade geschätzt werden. Man nimmt das Mittel mehrerer Bestimmungen.

Sehr gute Resultate werden in diesem Apparat auch mit Stearinsäure oder Palmitinsäure erhalten.

D. Berechnung der Resultate bei den Gefrierpunktsbestimmungen.

Das Molekulargewicht M einer gelösten Substanz findet man nach der Gleichung:

¹) Z. phys. **2**, 964 (1888); **3**, 113, 205 (1889); **4**, 497 (1889).

$$M = K \cdot \frac{100 \cdot S}{\Delta \cdot L}.$$

Es bedeutet:

K die molekulare Depression (Gefrierpunktskonstante),

S das Gewicht der Substanz,

Δ die Depression in Graden und

L das Gewicht des Lösungsmittels.

Die Gefrierpunktskonstante läßt sich nach van't Hoff[1] aus der absoluten Gefrierpunktstemperatur des Lösungsmittels T und seiner Schmelzwärme w nach der Gleichung:

$$K = \frac{0.0198 \, T^2}{w}$$

berechnen.

Experimentell wird sie gefunden, indem man Substanzen mit bekanntem Molekulargewicht zur Gefrierpunktsbestimmung verwendet. Es ist dann:

$$K = \frac{\Delta \cdot L \cdot M}{100 \, S}.$$

E. Mikrokryoskopische Methode von Drucker und Schreiner[2].

Die Veranlassung zur Ausarbeitung einer mikrokryoskopischen Methode gab der Umstand, daß oft, insbesondere bei biologischen Aufgaben, nur eine kleine Flüssigkeitsmenge zur Verfügung steht. Diejenigen Verfahren zur Bestimmung osmotischer Konzentrationen, die bisher die geringsten Substanzmengen beanspruchten, sind erstens die vortreffliche Dampfdruckmethode von Barger[3] und zweitens die spezielle Form der Beckmannschen Gefrierpunktsmessung, die von Guye und Bogdan[4] angegeben und von Burian und Drucker[5] modifiziert worden ist. In dieser Gestalt verlangt der Apparat nur ca. 1 resp. 1.5 ccm Lösung, aber auch das ist in vielen Fällen noch erheblich mehr, als vorhanden ist.

Es erwies sich als zweckmäßig, die Temperaturmessung außerhalb des Versuchsobjektes vorzunehmen. Dadurch bekommt die Arbeitsweise Ähnlichkeit mit der Schmelzpunktsbestimmung reiner Stoffe; sie unterscheidet sich von ihr durch größere Feinheit der Temperaturmessung, eine andere Indexerscheinung und andere Eigentümlichkeiten, die wesentlich dadurch verursacht sind, daß eine Lösung und nicht ein reiner Stoff[6] zu untersuchen ist.

Anordnung[7]. Ein Weinholdsches Gefäß von etwa 10 cm lichter Weite und etwa 18 cm innerer Höhe wird mit einer wäßrigen Glycerinlösung von ca. 20% Gehalt gefüllt. In ihm steht frei ein Kühlrohr von der Form einer zu einem Zylinder gebogenen Mäanderschlange, durch das man mittels einfacher Hilfsvorrichtungen eine Kühlflüssigkeit[8] strömen lassen kann. In

---

[1]) Z. phys. **1**, 496 (1887).   [2]) Biol. C. **33**, 99 (1913).

[3]) Soc. **85**, 286 (1904). — Siehe S. 456.   [4]) J. chim. phys. **1**, 385 (1903).

[5]) C. f. Physiol. **23**, Nr. 22 (1910).

[6]) Gelegentlich eines Vortrags in der Deutschen Chemischen Gesellschaft wies Beckmann darauf hin, daß schon Fabinyi [Z. phys. **3**, 38 (1889)] versucht habe, Kryoskopie in Capillarröhrchen auszuführen. Fabinyi hat keine befriedigenden Ergebnisse erhalten und nur wenige Versuche gemacht. Er hat, wie es scheint, den Fehler begangen, den Schmelzungsbeginn zu beobachten, also den unteren Endpunkt des Schmelztrajekts, anstatt den oberen, den eigentlichen Gefrierpunkt.

[7]) Die Apparate stammen von R. Götze in Leipzig.

[8]) Am besten, um Zeit zu sparen, von nicht höherer Temperatur als — 10°. Das gewöhnliche rote Viehsalz ist verwendbar.

das Gefäß wird ein Beckmann-Thermometer mit $^1/_{10}$°-Teilung eingesenkt, und zwar so, daß sich dessen Kugel immer zentral in der unteren Hälfte des Gefäßes befindet; an diesem ist das Versuchsröhrchen mit kleinen Kautschukringen befestigt. Endlich läuft noch im Gefäß ein ringförmiger Rührer aus Glasrohr, der zu sicherer Vertikalführung mit zwei verschiedenen Geschwindigkeiten mechanisch[1]) betrieben werden kann.

Das Versuchsröhrchen — von der Form der gewöhnlichen Schmelzpunktscapillaren — soll möglichst dünnwandig sein, unten etwa 1 mm lichte Weite und passende Länge (7—10 cm) haben.

Verfahren. Unten in das Röhrchen bringt man, ohne die Wand oben zu benetzen, mit einer Capillarpipette einige Kubikmillimeter Wasser, befestigt es am Thermometer so, daß das untere Ende an der Thermometerkugel anliegt, und taucht dann dieses in eine starke Kältemischung (wenigstens — 10°). Ist das Wasser im Röhrchen erstarrt, so beobachtet man mit einer Lupe, ob etwa Eis an der Wand oberhalb des kleinen Eiszylinders sitzt, bringt solches durch Berühren mit dem Finger zum Schmelzen und Hinablaufen und läßt nochmals erstarren. Das Eis soll nicht klar, sondern trüb sein. Nunmehr setzt man Thermometer und Röhrchen in die unter 0° vorgekühlte Badflüssigkeit des Weinhold-Gefäßes ein — natürlich ohne die obere Öffnung des Röhrchens mit unterzutauchen — und läßt sodann den Rührer arbeiten, erst schnell, dann von — 0.2° ab langsam. Die Temperatur steigt langsam; dies ist notwendig, weil anderenfalls die Temperaturidentität von Thermometer und Röhrchen nicht besteht, besonders dann, wenn das Schmelzen[2]) beginnt. Dabei beobachtet man, evtl. mit Hilfe einer Lupe, das Röhrchen im Licht einer hinter dem Gefäß passend aufgestellten kleinen Glühlampe. Den Beginn des Schmelzens erkennt man bei engen Röhrchen an

---

[1]) Am besten benutzt man einen Elektromotor mit zwei Widerständen und Umschalter. Er wird so eingestellt, daß entweder ca. 60 Hübe pro Minute erfolgen („schnell") oder 20 („langsam").

[2]) Um auf 0.01° genau zu arbeiten, muß man dafür sorgen, daß das Schmelzen einer gewissen kleinen Eismenge — bei einer Lösung das Verschwinden der letzten Kryställchen — so schnell vor sich geht, daß währenddessen das Thermometer um höchstens 0.01° ansteigt. Hierfür braucht ein Thermometer von 2 ccm Volumen des Quecksilbergefäßes rund 0.01 Cal. Angenommen, die Wärmezufuhr erfolge bei Thermometer und Röhrchen gleich schnell, so darf die zu schmelzende Eismenge nur 0.01 Cal. verbrauchen, also nur rund 0.1 ccm groß sein. (Tatsächlich ist aber das Röhrchen dem Thermometer gegenüber wegen dessen viel größerer Oberfläche im Nachteil.) Man muß also mit möglichst geringer Eismenge arbeiten. — Andererseits friert, wenn man die Lösung a° unterhalb ihres wahren Gefrierpunkts zum Erstarren bringt (s. u.), so viel Eis aus, daß dessen Menge sich zur Gesamtwassermenge der Lösung verhält wie a zu (a + Gefrierdepression). Je höher die Lösung verdünnt ist, desto größer ist also die Konzentrationsänderung durch Ausfrieren bei einer a° unter dem Gefrierpunkt liegenden Temperatur. Diese Konzentrationszunahme geht allerdings zurück, wenn die Lösung sich dann bis auf ihren Gefrierpunkt erwärmt; damit das aber hinreichend rasch im Verhältnis zum Ansteigen des Thermometers geschieht, darf die für beide Teile nötige Wärme nur langsam zugeführt werden. — Ein Zahlenbeispiel erläutere diese Sache. Gegeben sei eine Lösung von der Gefrierdepression 0.4°; diese werde 0.1° unter ihrem Gefrierpunkt eingefüllt, so daß 0.1 : 0.5 = 20% ihres Wassers als Eis ausfrieren. Hat man 5 ccm genommen, so entsteht 1 ccm Eis. Beim folgenden langsamen Steigen der Temperatur schmilzt dieses wieder, im günstigsten Fall so schnell, daß immer der Thermometerstand den Gefrierpunkt der jeweils vorhandenen Konzentration anzeigt. 0.01° unter dem richtigen Gefrierpunkt sind noch 2% Eis vorhanden, eine Menge, wie sie beim Beckmannschen Verfahren durch Gefrieren bei Aufhebung einer Unterkühlung von 1.6° entstehen würde. Diese 2% machen bei 5 ccm Gesamtmenge 0.1 ccm aus; sie schmelzen weg, während das Thermometer gerade auf den richtigen Punkt steigt. Dies ist der ideale Fall für gerade diese Zahlenverhältnisse. — Es folgt aus dieser Betrachtung, daß man mit tunlichst wenig Flüssigkeit arbeiten soll, so wenig, als die

einer plötzlichen Änderung der Eisoberfläche, indem sich der konkave Meniscus wiederherstellt, bei weiteren am Abschmelzen an der Wand, wobei in der Mitte ein kleiner Eisberg stehenbleibt[1]).

Danach kühlt man unter Rühren auf ca. 0.4° unter den gefundenen Temperaturpunkt ab, läßt wie vorher die Temperatur unter Rühren steigen und stellt, wenn das Thermometer ca. $1/20$° unter dem gefundenen, dem richtigen wahrscheinlich sehr nahe liegenden Punkt zeigt, den Rührer ganz ab[2]). Das Thermometer steigt erst noch ein wenig, bleibt dann minutenlang 0.01—0.02° höher stehen und steigt dann wieder langsam an. War der Schmelzpunkt vorher nahezu richtig gefunden worden, so erhält man ihn jetzt innerhalb 0.01° genau, anderenfalls wiederholt man die Operation, was in wenigen Minuten geschehen ist.

Ohne das Röhrchen herauszunehmen, bestimmt man nunmehr den Gefrierpunkt der Lösung. Es wird zunächst wieder um ungefähr 0.3° unter den erwarteten Punkt[3]) abgekühlt; dann rührt man langsam, stellt den Rührer ab und bringt noch ca. 0.1° unterhalb des vermuteten Punktes mit Hilfe einer Capillarpipette eine etwa 3 mm hohe Schicht Lösung direkt auf das Eis, jedoch erst, nachdem man der Lösung im Pipettenröhrchen etwa 10 Sekunden Zeit zum Abkühlen gelassen hat. Treten Kryställchen an der Wand[4]) auf, so beobachtet man dann während des langsamen Steigens der Temperatur (ohne Rühren) das Wiederschmelzen. Hat man bei der vorläufigen Bestimmung den Punkt auf etwa 0.05° genau gefunden, so wird man jetzt keine größere Differenz als 0.02—0.03° zwischen Beginn und Ende des Schmelzens finden.

Das Schmelzen des aus der Lösung abgeschiedenen Eises ist leichter zu beobachten als das Schmelzen des Eiszylinders. Man wird deshalb gut tun, anstatt des Eispunktes den Gefrierpunkt einer Lösung von bekannter Depression zu bestimmen und dann den Eispunkt des Thermometers durch Addieren dieser Depression zu berechnen[5]). Z. B. kann man von einer 0.3-molaren Harnstofflösung ausgehen, deren Gefrierpunkt bei — 0.56° liegt, oder von einer entsprechend konzentrierten Chlorkaliumlösung.

Die für einen Versuch nötige Zeit wird, wenn der Apparat gebrauchsfertig vorbereitet und der Beobachter eingeübt ist, nicht länger sein als etwa eine

Beobachtungsmöglichkeit erlaubt; weil dann diese relativen Mengen ausgeschiedenen Eises absolut nur geringfügig sind und dadurch der oben besprochenen Notwendigkeit eines geringen Schmelzwärmeverbrauchs entsprochen werden kann. Und zwar soll dies besonders dann beachtet werden, wenn die Gefrierdepression selbst klein ist (Drucker).

[1]) Der Unterschied beider Erscheinungen ist natürlich in der Verschiedenheit ihrer Wärmeleitung im Röhrchen begründet, je nach dem Verhältnis von Wandstärke und Durchmesser.

[2]) Er soll ganz oben stehenbleiben. Denn die langsame Temperatursteigerung, die ja durch Leitung von oben her erfolgt, könnte sonst beschleunigt werden. Deshalb soll der Rührer auch nicht aus Metall bestehen.

[3]) Am bequemsten bestimmt man diesen annähernd in einem Vorversuch, indem man die Lösung genau so behandelt wie vorher das Wasser, und das Verschwinden der letzten Eisspuren beobachtet. Wird nur eine Genauigkeit von etwa 0.05° verlangt, so genügt dieses Verfahren, und man braucht das oben beschriebene, genauere gar nicht anzuwenden.

[4]) Auch auf der Fläche des bereits unten befindlichen Eises können Krystalle entstehen. Deren Verschwinden ist aber weniger leicht zu beobachten.

[5]) Das ist auch prinzipiell richtiger, wenn man kein hochreines Wasser verwendet. Denn wenn wir sehr viel von dem Wasser gefrieren lassen, so konzentrieren sich die verunreinigenden Stoffe, und der Schmelzbeginn entspricht dann dem Gefrierpunkt einer wenn auch verdünnten Lösung.

halbe Stunde. Die für ein Röhrchen nötige Flüssigkeitsmenge beträgt ca. 0.005 ccm; begnügt man sich mit der Genauigkeit des vorläufigen Versuches, so kommt man mit ca. 0.002 ccm aus.

Im folgenden sind die Konstanten für die hauptsächlich in Frage kommenden Lösungsmittel zusammengestellt.

	Schmelz-punkt	K	Anmerkung
Äthylenbromid	8 °	125.0	Im Dunkeln aufzubewahren, sehr hygroskopisch.
Ameisensäure	8.5°	27.7	Unterkühlung um 0.5° erforderlich, hygroskopisch, daher Quecksilber-verschluß notwendig[1]).
Anilin	— 6 °	58.7	
Anthrachinon.	285 °	148.0	
Benzoesäure	122 °	78.5	
Benzol.	5.4°	50.0	
Bromalhydrat	53.5°	110.4	Sorgfältig trocknen.
Bromoform.	8 °	143.0	
Diphenyl.	70 °	79.4	
Essigsäure	17 °	39.0	Hygroskopisch; um 0.5° unterkühlen.
Naphthalin.	80 °	70.0	
Nitrobenzol	5.3°	80.0	Sorgfältigst trocknen.
Paraldehyd.	10.5°	70.5	
Phenanthren	99 °	120.0	
Phenol.	40 °	72.0	Hygroskopisch.
Stearinsäure	53 °	42.5	Um 0.5° unterkühlen.
p-Toluidin	42.5°	51.0	
Trimethylcarbinol . . .	25 °	128.0	
Veratrol	22.5°	63.8	
Wasser	0 °	18.5	Um 0.5° unterkühlen.

F. Wahl des Lösungsmittels.

Die brauchbarsten Lösungsmittel sind im allgemeinen Benzol, Eisessig, Phenol und Naphthalin.

Lösungsmittel, die mit der zu untersuchenden Substanz feste Lösungen geben würden, dürfen nicht angewendet werden.

Dieser Fall tritt ein:

1. bei Lösungsmitteln, die mit der Substanz isomorph sind;

2. bei Lösungsmitteln, die mit der Substanz chemisch nahe verwandt sind, soweit cyclische Verbindungen in Betracht kommen.

Elektrolyte dürfen nicht in stark dissoziierenden Medien untersucht werden.

Assoziation[2]). Die sauerstofffreien Lösungsmittel, z. B. Benzol, Bromoform, Naphthalin und Phenanthren, wirken auf hydroxylhaltige und solche Substanzen, die durch Desmotropie leicht in hydroxylhaltige übergehen können (Säuren, Oxime, Alkohole, Phenole, Säureamide, Alkylammoniumverbindungen usw.), assoziierend: in konzentrierteren Lösungen wird ein höheres bis doppeltes Molekulargewicht gefunden. Die Assoziation steigt mit zunehmender Konzentration.

[1]) Dimroth, A. **335**, 35 (1904).
[2]) Auwers, Z. phys. **18**, 595 (1895); **21**, 337 (1896); **23**, 449 (1897); **30**, 300 (1899); **32**, 39 (1900). — Smith, Diss. Heidelberg (1898). — Auwers und Smith, Z. phys. **30**, 327 (1899). — Mann, Diss. Heidelberg (1901). — Gierig, Diss. Greifswald (1901). — Wedekind und Paschke, B. **44**, 3072 (1911). — Steinkopf und Wolfram, B. **54**, 853 (1921). — Siehe auch noch über das Verhalten der einzelnen Substanzgruppen im Register.

Nicht assoziierend wirken die Lösungsmittel vom Wassertypus: Ameisensäure, Essigsäure, Phenol, Stearinsäure (und Anilin).

Depolymerisierung des Glyoxals in verschiedenen Lösungsmitteln: Hess und Uibrig, B. **50**, 365 (1917).

Homologe Stoffe können verschieden stark depolymerisierend wirken. So ist Indigo nach Beckmann und Gabel[1]) in Anilin mono-, in Paratoluidin dimolekular, und Metacetaldehyd ist nach Hantzsch und Oechslin[2]) in Thymollösung stärker assoziiert als in Phenol.

Auch für die assoziierenden Lösungsmittel liefert die Bestimmung in sehr verdünnten Lösungen nahezu oder vollkommen genau die Werte für das einfache Molekulargewicht, das auf jeden Fall durch Extrapolation gefunden werden kann, wenn man die Werte für verschiedene Konzentrationen bestimmt und in einer Kurve vereinigt.

Wasserfreie Blausäure (Smp. $= -15°$, K $= 21.7$) wird von Piloty, B. **35**, 3116 (1902) für die Untersuchung von Nitrosoverbindungen empfohlen[3]).

Gefrierpunktsbestimmung in Chloroform: Stobbe und Müller, A. **352**, 147 (1907). — In Schwefelsäure: Hantzsch, Z. phys. **61**, 257 (1908); **62**, 178, 626 (1908).

Besonders hohe Konstanten besitzen Cyclohexan[4]) K $= 203$, s-Tribromphenol[5]) K $= 204$, Campher $= 498$[6]) und Zinnbromid[7]) K $= 280.0$.

3. Molekulargewichtsbestimmung aus der Siedepunktserhöhung[8]).

A. Direkte Siedemethode.
Verfahren von Beckmann[9]).

a) Älterer Apparat.

Einrichtung und Beschickung des Apparats (Fig. 240).

Als Siedegefäß dient das separat abgebildete Kölbchen A, das am Boden zur Siedeerleichterung mit einem dicken, eingeschmolzenen Platindraht s versehen und dreifach tubuliert ist. Man gibt bis etwa zur halben Höhe das Füllmittel, z. B. Granaten[10]), hinein, befestigt das Thermometer mit Kork oder Glasschliff in dem weiteren Röhrenansatz, so daß es die Granaten fast berührt, im mittleren Tubus b das Rückflußrohr B in der Weise, daß das Dampfloch d

---

[1]) B. **39**, 2611 (1906).   [2]) B. **40**, 4342 (1907).

[3]) Unter den seltener benutzten Lösungsmitteln wären noch zu nennen: p-Dibrombenzol Smp. $= 87°$, K $= 124$. — m-Dinitrobenzol Smp. $= 91°$, K $= 106°$. — 2, 4, 6-Trinitrotoluol Smp. $= 81°$, K $= 115°$. — p-Toluylsäuremethylester Smp. $= 33°$, K $= 62$. — p-Dichlorbenzol Smp. $= 53°$, K $= 77$. — Benzil Smp. $= 94°$, K $= 105$. — 2, 4-Dinitrotoluol Smp. $= 70°$, K $= 89$. — p-Nitrotoluol Smp. $= 52°$, K $= 78$. — p-Chlornitrobenzol Smp. $= 83°$, K $= 109$. — p-Chlorbrombenzol Smp. $= 67°$, K $= 92$. — Oxalsäuredimethylester Smp. $= 54°$, K $= 52$. — Resorcin Smp. $= 110°$, K $= 68$. — Palmitinsäure Smp. $= 60°$, K $= 44$. — Gefrierpunktsbestimmung nach Gilson, Ch. Ztg. **27**, 926 (1903). — Young und Sloan, Am. soc. **26**, 913 (1904).

[4]) Mascarelli, Atti Linc. (5) **16**, I, 924 (1907).

[5]) Bruni und Padoa, G. **33**, I, 78 (1903).

[6]) Jouriaux, C. r. **154**, 1592 (1912).

[7]) Garelli, Atti Linc. (5) **7**, II, 27 (1898).

[8]) Über Acetylprodukte, die bei der Siedepunktsbestimmung Acetyl verlieren: Tutin und Naunton, Soc. **103**, 2053 (1913).

[9]) Z. phys. **4**, 543 (1889); **6**, 437 (1890); **8**, 223 (1891); **15**, 661 (1894); **21**, 245 (1896); **40**, 130 (1902); **53**, 129 (1905). — Öst. Ch. Ztg. **1907**, 270 (Vortrag auf der 67. Vers. Ges. deutsch. Naturf. u. Ärzte, Dresden).

[10]) Raoult verwendet Quecksilber und darüber eine Schicht grobkantiger Glasstücke. Vgl. Lespieau, Bull. (3) **3**, 856 (1896).

als Weg für die Dämpfe zum Kühler frei bleibt und das untere Ende des Rohrs noch etwa 1 cm von den Granaten absteht, damit nicht später das Ausfließen von Flüssigkeit durch Aufsteigen von Dampfblasen behindert wird. Weiterhin hat man durch Drehung des Rückflußrohrs um seine Achse dafür zu sorgen, daß es weder in unmittelbarer Nähe des Thermometers mündet, noch auch das zum Einbringen von Substanz bestimmte Rohr C versperrt. So vorgerichtet und mit Korken verschlossen, wird der Apparat in ein Becherglas gehängt, bis auf Dezigramme oder Zentigramme genau tariert und mit so viel Lösungsmittel beschickt, bis das Thermometergefäß ganz eingetaucht ist. Die Flüssigkeit wird dann in dem erweiterten Teil des Kölbchens stehen und, wie es für die Erhaltung einer möglichst gleichmäßigen Konzentration wünschenswert erscheint, das untere Ende des Rückflußrohrs bedecken. Nachdem auch das Gewicht des eingefüllten Lösungsmittels festgestellt ist, schiebt man um das Kölbchen samt dem unteren Teil der Röhren einen Mantel von Asbestgewebe, der den Boden frei läßt, oben aber mit Watte ausgestopft wird, und gibt der Vorrichtung die aus der Zeichnung ersichtliche Aufstellung an dem durch ein Chlorcalciumrohr geschützten Soxhletschen Kugelkühler. Das Kölbchen ruht auf einer Asbestplatte. Behufs gleichmäßiger Erwärmung und zum Schutz der oberen Teile des Apparats gegen Hitze ist über der Heizplatte in geringem Abstand zur Herstellung einer Luftschicht eine zweite Asbestplatte angebracht, die einen Ausschnitt für den Boden des Siedegefäßes besitzt.

Als **Wärmequelle** verwendet man für leichtflüchtige Flüssigkeiten, wie Äther und Schwefelkohlenstoff, die spitze, leuchtende Flamme, die ein Bunsenbrenner nach dem Entfernen seiner Brennerröhre liefert; für höher siedende Substanzen, wie Alkohol, Benzol, Essigsäure, kommt die nichtleuchtende Bunsenflamme zur Anwendung. Besonders reichliche Wärmezufuhr verlangt Wasser. Behufs besseren Zusammenhaltens der Wärme ersetzt man hier die Heizplatte durch eine flache Asbestschale, auf welche die Schutzplatte direkt aufgelegt wird.

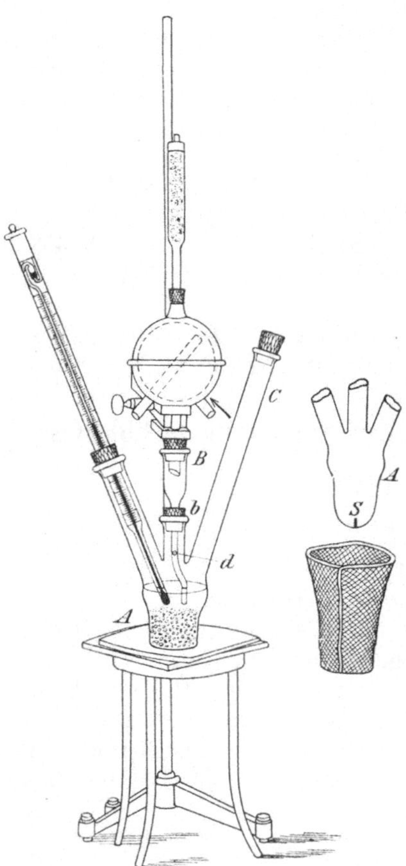

Fig. 240. Älterer Apparat zur Siedepunktsbestimmung nach Beckmann.

An der Erwärmung des Rückflußrohrs und durch die Tropfenbildung am Kühler läßt sich der Grad des Siedens bequem erkennen. Man richtet das Erhitzen im allgemeinen so ein, daß zwar das Rückflußrohr von Dämpfen erfüllt ist, diese aber nur in dem Maß in den Kühler aufsteigen, daß je nach der Flüchtigkeit alle 5—10—15 Sekunden oder noch seltener ein Tropfen abfällt. Man wird finden, daß dann das Thermometer im reinen Lösungsmittel und in dessen Dampf dieselbe Temperatur anzeigt.

Bei dem besonders schwer zu verdampfenden Wasser erkennt man genügendes Erhitzen am besten daran, daß die mit mangelhaftem Sieden verbundenen kleinen Temperaturschwankungen aufhören. Die Siedetemperatur ist hier erreicht, wenn die heißen Dämpfe in den sichtbaren Teil des Rückflußrohrs aufzusteigen beginnen.

Der Soxhletsche Metallkühler, der namentlich beim Arbeiten mit Asbesthülle wegen seiner intensiven Wirkung Verwendung findet, sich übrigens auch durch große Handlichkeit und Dauerhaftigkeit sehr empfiehlt, kann hier zumeist durch einen Liebigschen Glaskühler ersetzt werden. Dies geschieht in allen Fällen, wo die Dämpfe Metall angreifen würden.

Für die genaue Einstellung der Flammenhöhe ist ein Präzisionshahn sehr bequem. Er trägt eine gezahnte Kreisscheibe, die durch eine Schraube ohne Ende gedreht wird. Der Brenner wird mit Schornstein versehen, etwaige Zugluft durch einen Schirm abgehalten und größere Änderung des Gasdrucks vermieden. Mit Rücksicht auf die Zunahme des Drucks in der Leitung am Nachmittag und Abend wird man die Bestimmungen am besten vormittags ausführen. Der Einfluß des Gasdrucks läßt sich etwas herabmindern, wenn man durch Zusammenpressen des Zuleitungsschlauchs mit einem Quetschhahn den Druck der Leitung zum großen Teil fortnimmt. Besonders beim Arbeiten mit leichtsiedenden Lösungsmitteln, wie Äther, genügen diese Vorsichtsmaßregeln.

Siedepunkt des Lösungsmittels. Bekanntlich erhält man leicht kleine Abweichungen in den Angaben eines Thermometers, wenn auf dieselbe Temperatur das eine Mal erwärmt, das andere Mal abgekühlt wird. Aus diesem Grund empfiehlt es sich, die Ablesungen immer nach dem Ansteigen des Quecksilberfadens vorzunehmen. Hat man das Lösungsmittel behufs Zeitersparnis mit großer Flamme ins Kochen gebracht, so wird durch kurzes Entfernen derselben zunächst etwas unter den Siedepunkt abgekühlt und darauf das Sieden mit entsprechend verkleinerter Flamme wiederhergestellt. Zur weiteren Sicherung der Ablesungen dient Anklopfen des Thermometers.

Konstanz ist erst erreicht, wenn die Temperatur sich während 5 Minuten nicht oder doch nur um ein paar Tausendstelgrade ändert.

Man achte darauf, daß das auf dem Kühler angebrachte Chlorcalciumrohr leichten Druckausgleich gestattet und nicht etwa verstopft ist.

Der Tubus zur Aufnahme des Thermometers soll so lang und weit sein, daß der ganze Stiel des Thermometers von den Dämpfen erwärmt wird.

Einbringen der Substanz. Die Lösung wird durch Einführen der Probe durch C in das siedende Lösungsmittel hergestellt. Zum Eintragen von Flüssigkeiten dient eine mit langer, nicht zu enger Capillare versehene Ostwaldsche Pipette[1]), die zur bequemern Abschätzung der Substanzmenge in Kubikzentimeter geteilt werden kann.

Man füllt sie, nach dem Eintauchen der Capillare in die Flüssigkeit, durch Saugen an dem durch ein Chlorcalciumrohr geschützten weiteren Ende, tariert, entleert die wünschenswerte Menge in den unteren, mit Dämpfen erfüllten Teil von C durch Einblasen, saugt die Flüssigkeit aus der Capillare zurück und wägt wieder.

Feste Substanzen verwendet man in Form von Pastillen mit 5—6 mm Durchmesser.

Vor Verwechslung schützt man sich durch Numerieren der Pastillen mit

---

1) Fig. 105 auf S. 158.

weichem Bleistift. Locker anhaftende Teilchen werden vor dem Wägen mit einem Pinsel abgestaubt.

Ermittlung der Siedepunktserhöhung. Durch das Eintragen und die folgende Auflösung der Substanz sinkt zunächst die Temperatur, steigt aber alsbald über die frühere Ablesung hinaus, um nach einiger Zeit wieder konstant zu werden. Dauert das Ansteigen länger als wenige Minuten, so ist dies auf langsames Lösen der Substanz zurückzuführen. Die Konstanz wird aber als erreicht angesehen, wenn binnen 3—4 Minuten der Stand des Thermometers sich nicht oder doch nur um ein paar Tausendstelgrade geändert hat.

Wie bei der Gefriermethode ist es auch hier zweckmäßig, die Bestimmungen bei verschiedenen Konzentrationen auszuführen. Nach der ersten Beobachtung wird sofort neue Substanz zugeführt, die Siedeerhöhung bei der neuen Konzentration beobachtet, ein drittes Mal Substanz zugegeben usw. Man beginnt vielleicht mit 0.3—0.5 g Substanz und 0.1° Erhöhung und steigert, soweit die Substanz reicht oder es überhaupt wünschenswert erscheint.

Ist mehr Substanz eingeführt, als sich zu lösen vermag, so folgt auf das Ansteigen des Thermometers vielfach langsames Zurückgehen. Aus der zunächst übersättigten Lösung findet allmähliche Wiederausscheidung statt. In solchem Fall wird man später ungelöste Substanz am Boden des Siedegefäßes unterhalb des Füllmittels angesammelt finden.

Beendigung des Versuchs. Ist die letzte Temperaturerhöhung abgelesen, so entfernt man die Heizvorrichtung samt Asbestmantel und läßt das Kölbchen am Kühler zunächst in der Luft, später unter Eintauchen in Wasser erkalten. Nach dem Abnehmen vom Kühler wird durch Wägung die der Berechnung zugrunde zu legende Konzentration bestimmt.

Bei korrektem Arbeiten wird das Gewicht des Lösungsmittels nur einige Dezigramme weniger betragen als vor dem Versuch.

Die Substanz kann durch Abdunsten des Lösungsmittels vollkommen wiedergewonnen werden. Um die letzten Reste von dem Füllmittel zu trennen, wird im Soxhletschen Apparat mit ein wenig Lösungsmittel extrahiert.

b) Modifizierter Apparat (mit Luftmantel).

Der neuere Apparat von Beckmann[1]) gestattet die Menge des erforderlichen Lösungsmittels herabzumindern, der etwas sorgfältigere Behandlung erfordernde Platinstift ist .vermieden, und der Durchsichtigkeit des Apparats wird Rechnung getragen.

Der Apparat (Fig. 241) besteht aus dem Siedegefäß A, das zwei seitliche Tuben t_1 und t_2 besitzt. t_1 dient zum Einbringen der Substanz, t_2 zum Einführen eines inneren Kühlers K. A setzt sich nach unten bis über den angepaßten Ausschnitt einer Asbestplatte L fort und ruht mit dem Boden auf einem darunterliegenden Drahtnetz D. Zum Schutz des Siederohrs gegen direkte Berührung mit dem Drahtnetz bzw. der Flamme wird dessen Boden vermittels Wasserglas mit etwas Asbestpapier beklebt. Die äußere Luft wird von diesem Gefäß durch den Luftmantel G (ein abgesprengtes Stück eines Lampenzylinders), der warme Luftstrom vom oberen Teil des Apparats durch die Glimmerscheibe S abgehalten. Zur Vereinfachung kann man t_1 auch weglassen (da K leicht herauszunehmen ist) und die Substanz durch t_2 einfüllen. Nachdem so viel Lösungsmittel in das Siederohr eingeführt ist, daß später in

---

[1]) Z. phys. **21**, 246 (1896); **40**, 130 (1902); **53**, 129 (1905).

der Hitze, nach dem Eintragen von Füllmaterial, das Quecksilbergefäß des Thermometers davon bedeckt wird, erhitzt man zu so lebhaftem Sieden, daß reichliche Kondensation an K stattfindet. Nun wird die Überhitzung durch Eintragen von Platintetraedern[1]) od. dgl. beseitigt. Die ersten 3—4 Tetraeder werden lebhaftes Aufsieden und starke Temperaturerniedrigung hervorbringen. Fügt man in rascher Folge weitere Tetraeder hinzu, so sieht man, daß die Temperatur sich bald nur noch um ein geringes ändert. Wenn sie auf Zusatz einiger neuer Tetraeder nicht mehr als $^1/_{100}{}^\circ$ heruntergeht, so ist der richtige Siedepunkt erreicht. Das Thermometer wird, wenn nötig, in die Höhe gezogen, bis das untere Ende über dem Füllmaterial steht. Andrücken des Quecksilbergefäßes an das Füllmittel oder an die Wandung ändert sichtlich den Stand empfindlicher Thermometer.

Die weiteren Operationen bestehen im Ablesen der Temperatur des Lösungsmittels unter ganz leichtem Anklopfen des Thermometers, Einführung der Substanz (gewöhnlich in Pastillenform) und Ablesen der Temperatur der Lösung. Der Apparat ist sofort zur Aufnahme einer neuen Substanzmenge fertig und liefert in kürzester Zeit eine Serie von Bestimmungen bei verschiedener Konzentration.

Man hat dafür zu sorgen, daß das Siederohr dem Ausschnitt der Asbestpappe angepaßt ist, damit nicht die Flammengase durch das Drahtnetz an dem Ausschnitt vorbei, direkt an den über dem Füllmaterial befindlichen Teil des Siederohrs gelangen. Selbstverständlich würde hierdurch die Wirkung der Platintetraeder zum Teil illusorisch gemacht werden. Um ganz sicher zu gehen, wird

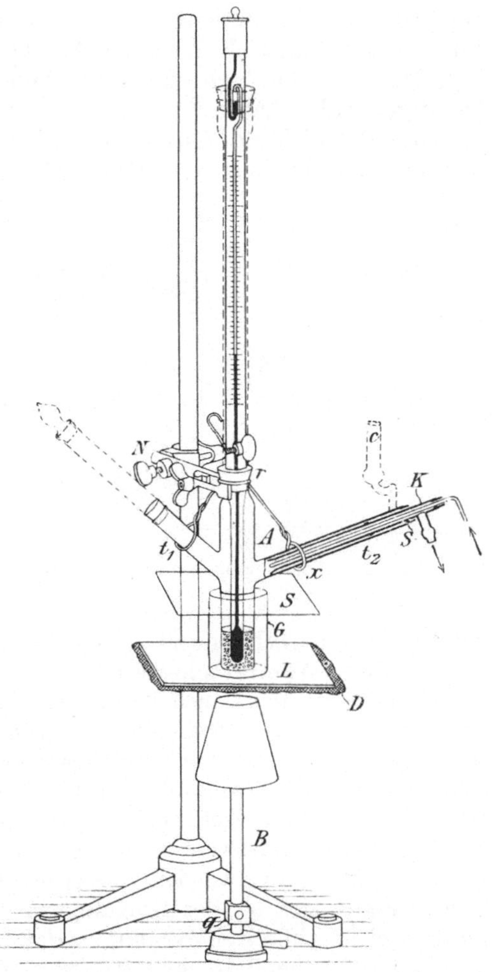

Fig. 241. Modifizierter Apparat zur Siedepunktsbestimmung nach Beckmann.

in der aus Fig. 242 ersichtlichen Weise der untere Teil des Siederohrs mit etwas Glaswolle h_2 umgeben. Zur Erhaltung einer stagnierenden Luftsäule ist auch der obere Teil des Luftmantels mit etwas Glaswolle h_1 abgedichtet. Dabei kann man die Glimmerplatte beibehalten oder auch weglassen. Will man von der Durchsichtigkeit des Apparats absehen, so kann auch der ganze Luftmantel mit Glaswolle gefüllt oder unter Weglassen desselben das

---

[1]) Siehe S. 422. — Ferner: Kröner, Z. phys. **66**, 637 (1909).

Siederohr bis über die Tuben mit Draht in Glaswolle oder Asbest eingepackt werden.

Ferner hat man zu vermeiden, daß vom Kühlrohr Tropfen direkt in das Siedegefäß zurückfallen. Dazu ist weiter nichts nötig, als daß das innere Kühlrohr am äußeren Tubus, wie in Fig. 242, anliegt; denn dann muß die Flüssigkeit von dem Schnabel des inneren Rohrs kontinuierlich abfließen. Das innere Kühlrohr wird stets im äußeren Tubus mit Kork oder Gummi befestigt oder auch zur völligen Sicherung seines Anliegens mit demselben zusammengeschmolzen. Für den Luftausgleich dient der Ansatz M, in dessen erweitertem Teil (vgl. Fig. 241) evtl., bei hygroskopischen Substanzen, ein kleines Chlorcalciumrohr befestigt werden kann.

Was die Wahl des Füllmaterials anbelangt, so sind für seine Wirksamkeit und Zweckmäßigkeit maßgebend:

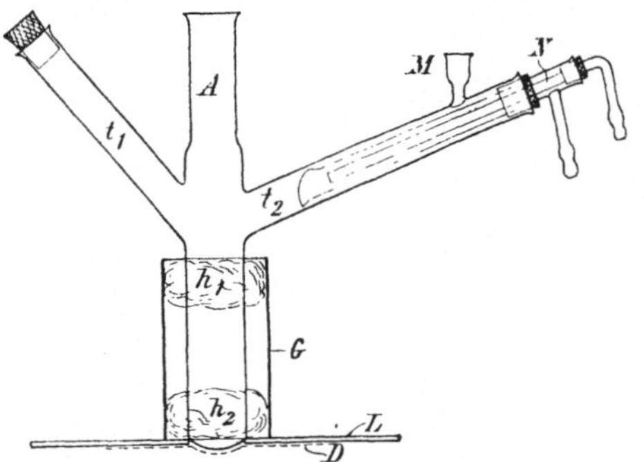

Fig. 242. Detail zum Siedeapparat Fig. 241.

1. genügend hohes spezifisches Gewicht, um Aufwirbeln vom Boden der Flüssigkeit zu verhindern;
2. nicht zu kleine Oberfläche, damit sich genügend Luftbläschen und Siedestellen ausbilden können;
3. genügende Widerstandsfähigkeit gegen die damit in Berührung kommenden Flüssigkeiten;
4. leicht zu bewerkstelligende Reinigung.

Allen diesen Anforderungen entspricht ausgezeichnet eng zusammengerolltes, dünnes Platinblech von 0.015—0.3 mm Dicke, durch dessen Zerschneiden unter jedesmaligem Drehen um 90° die Tetraeder[1]) hergestellt sind. In den allermeisten Fällen wird statt des Platins (10—15 g) auch Silber Verwendung finden können, das nur in der chemischen Widerstandsfähigkeit, sowie darin etwas gegen das Platin zurücksteht, daß es wegen seines niedrigeren Schmelzpunkts nicht so stark geglüht werden kann, man beschränkt sich hier nach dem Auswaschen auf mäßiges Erhitzen im Porzellantiegel. Bei der Anwendung von Platin und Silber ist man an obige Form keineswegs gebunden. Man kann auch beliebige Abfälle von Blech, Draht usw. verwenden; die erforderliche Menge und die Erreichung des Zwecks ergibt sich bei der Hinzufügung des Materials zum lebhaft siedenden Lösungsmittel ohne weiteres daraus, daß weiterer Zusatz den Siedepunkt nicht mehr erheblich herabdrückt. Man wird sich begnügen, wenn die Temperatur innerhalb eines $^1/_{100}$ Grades konstant bleibt.

An Platin bzw. Silber läßt sich in der folgenden Weise erheblich sparen: Man gibt zu der Flüssigkeit von den Metallen nur 1—2 g, um das Stoßen beim Sieden durch das schwere Material, dessen Aufwirbeln nicht zu befürchten ist, zu vermeiden, und füllt nun ein anderes körniges Material hinzu, das die weitere Temperaturregulierung bis zur erwähnten Konstanz besorgt. Als solches Füllmaterial haben sich Tariergranaten besonders bewährt; man verwendet 10 bis 15 g davon.

---

[1]) Fertig zu beziehen von Heraeus in Hanau. — Das Gewicht jedes Tetraeders beträgt ca. $^1/_4$ g.

Bei Lösungsmitteln, die über 100° sieden oder leicht erstarren, wird der Innenkühler mit warmem oder heißem Wasser gespeist, bzw. entfernt.

Handelt es sich um die Verwendung von Substanzen, die Korkverschlüsse angreifen, so läßt sich Berührung der Dämpfe mit denselben durch Verlängerung der Tuben t_1 und t_2 in der aus Fig. 241 ersichtlichen Weise oder durch Anbringen von Schliffen nach Art der Fig. 258 vorbeugen. Der Luftmantel G wird in den meisten Fällen den Einfluß äußerer Abkühlung in genügendem Maß beseitigen. Wie bei den Gefrierversuchen große Differenz der Temperatur des Kühlwassers und des Gefrierpunkts der Lösungen die Resultate ungünstig beeinflußt, so kann auch hier Erhitzung der Umgebung des Siedegefäßes bis nahe zur Siedetemperatur des Lösungsmittels erwünscht sein. In diesem Fall lassen sich Dampfmäntel aus Glas (Fig. 243) und Porzellan (Fig. 244) und evtl. auch aus Metall verwenden. Wie aus Fig. 243 ersichtlich wird, befestigt man das Siederohr in dem inneren Tubus des Dampfmantels mit Wülsten, h_1 und h_2, von Asbestpapier, von denen

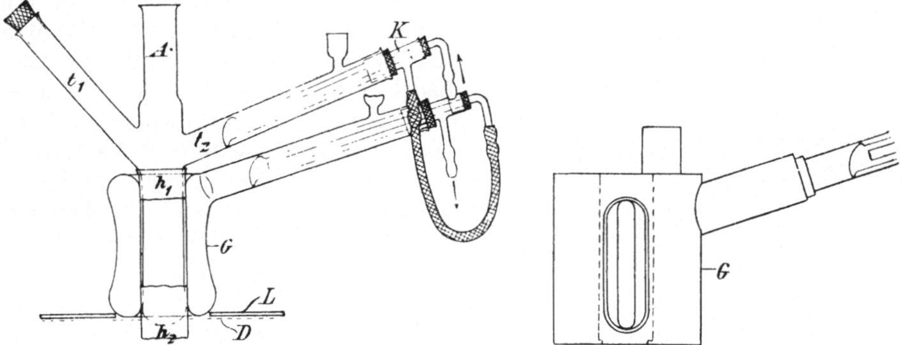

Fig. 243. Dampfmantel aus Glas.   Fig. 244. Dampfmantel aus Porzellan.

der untere etwas hervorragt. Die ganze Vorrichtung wird in den Ausschnitt einer Asbestpappe L eingepaßt und ruht auf einem Drahtnetz D, durch dessen mittleren Ausschnitt der untere Asbestwulst hervorragt. Zum Schutz des Glasmantels gegen das zu erhitzende Drahtnetz wird er zunächst mit dünnem Asbestpapier bedeckt. Aus der Figur geht hervor, daß der Kühler des Dampfmantels mit dem Wasser aus dem Kühler K des Siederohrs gespeist werden kann.

Im übrigen ist die Verwendung eines Dampfmantels bei raschem Arbeiten fast immer überflüssig.

Für hochsiedende Lösungsmittel[1]) (Chinolin, Schwefelsäure) hat Beckmann[2]) seinen Apparat ein wenig modifiziert (Fig. 245).

Aufkleben des Asbestpapiers mit Wasserglas ist für höhere Temperaturen nicht zu empfehlen. Um Eintreten der Flammengase in den Luftmantel G zu verhindern und eine stagnierende Luftsäule in demselben zu sichern, werden, wie die Figur andeutet, alle Öffnungen mit Asbest verstopft. Wenn man glaubt, davon absehen zu können, das Siederohr während des Versuchs zu beobachten, füllt man den Luftmantel ganz mit Asbest oder Glaswolle bis über den Ansatz der Tuben hinaus. Der weite Luftmantel macht selbst für die Siedetemperatur der Schwefelsäure einen Dampfmantel unnötig.

---

[1]) Apparat von Hantzsch für den gleichen Zweck: Z. phys. **61**, 257 (1908).
[2]) Z. phys. **53**, 129 (1905).

Aufdestillieren von Wasser und Zurücktropfen desselben in die siedende Schwefelsäure gefährdet das Siederohr. Um dieses unbedingt zu sichern, kann am Kühlrohr T (Fig. 245) die Warze W angeblasen werden, in der Wassertropfen bereits mit heißer Schwefelsäure zusammentreffen. Der Inhalt dieser Warze ist durch Wägen oder Messen zu ermitteln und für die Berechnung der Konzentration in Abzug zu bringen. Bei ganz konstant übergehender Schwefelsäure ist diese Warze nicht nötig. Zur Abhaltung von Luftfeuchtigkeit dient das mit Glaswolle und Phosphorpentoxyd beschickte Röhrchen R.

In neuerer Zeit[1]) befürwortet Beckmann die zuerst von Bigelow[2]) angegebene elektrische Heizung, die übrigens, entgegen den Angaben von Bigelow, die Verwendung von Granaten oder Platintetraedern nicht überflüssig macht.

Man benutzt eine Platindrahtspirale von 0.1 mm Durchmesser und 200 mm Länge und ein Weinholdsches Gefäß (a) oder einen Dampfmantel (M, Fig. 246). Bei d (Fig. 247) wird Asbest zwischen den Mantel und das Siedegefäß b gebracht. Der Heizdraht c kann auch in Form eines horizontal gelegten Spiralrings angebracht werden (Fig. 247), oder man wickelt ihn um einen S-förmig gekrümmten Glasstab (Fig. 248).

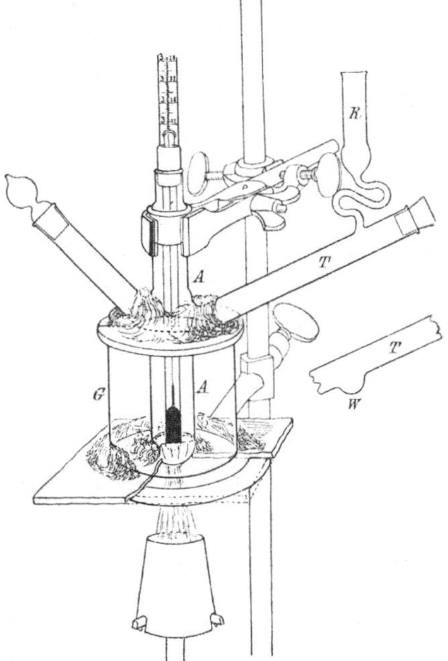

Fig. 245.   Apparat für hochsiedende Lösungsmittel.

Beseitigung von Fraktioniererscheinungen[3]).

Zur Erzielung genauerer Resultate ist es sehr zu empfehlen, den Siedeapparat so zu modifizieren, daß man vor dem eigentlichen Versuch einen Teil des Lösungsmittels abdestillieren kann. Geschieht dieses so, daß gleichzeitig ein trockner Luftstrom die Kondensation von Wasser usw. in den oberen Teilen des Apparats verhindert, so erzielt man ohne Zeitverlust sehr konstante Temperatureinstellungen.

Hierzu dient der in Fig. 249 abgebildete Apparat, der sich vom gewöhnlichen Modell des Siedeapparats nur dadurch unterscheidet, daß er am Schliffstück des Thermometertubus ein Capillarröhrchen zum Einleiten trockner Luft besitzt und neben dem Verschlußstöpsel des Tubus S, der zum Einwerfen der Substanz dient, ein in den Schliff passendes Rohr zum Abdestillieren erhält. Der Glasschliff am Thermometertubus ist so hoch über die Kondensationsstelle

---

[1]) Z. phys. **63**, 177 (1908). — Richards und Mathews, Am. soc. **30**, 1282 (1908). — Beckmann, Z. phys. **78**, 725 (1912); **79**, 177 (1912). — Man kann zum Heizen Gleich- oder Wechselstrom benutzen.
[2]) Am. **22**, 280 (1899).
[3]) Beckmann und Weber, Z. phys. **78**, 730 (1912).

des Kühlers gelegt, daß nur wenig Kondensat dorthin gelangt. Die Schliffstelle an S kommt nur während des Abdestillierens mit Flüssigkeit in Berührung und liegt während des eigentlichen Versuchs auch hoch über dem Niveau des Kühlers. In Fig. 250 ist der Apparat mit Siedemantel versehen neben einem gleichen Kontrollapparat aufgestellt, der Fehler durch Barometerschwankungen zu berücksichtigen gestattet

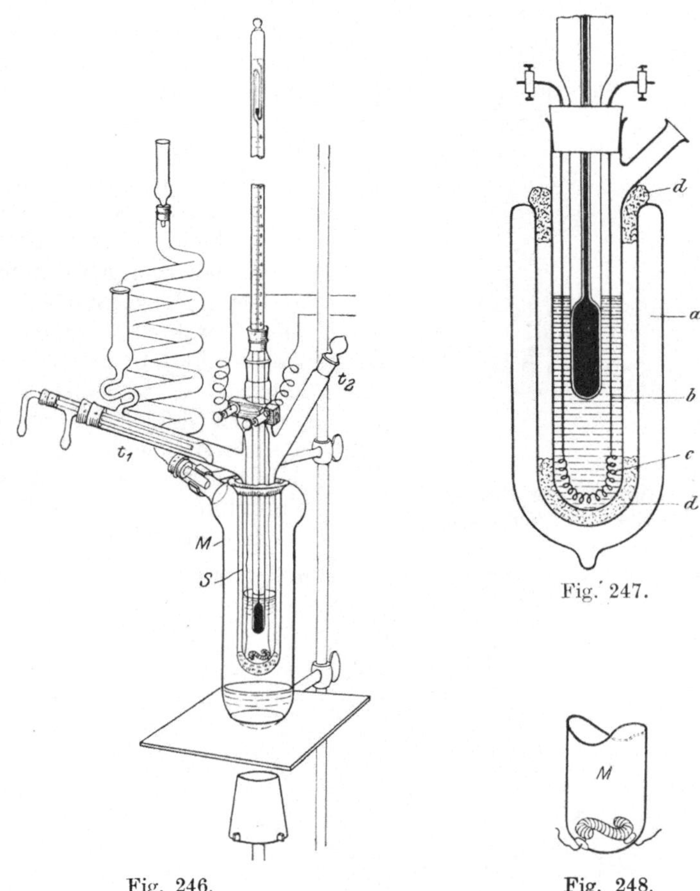

Fig. 247.

Fig. 246.   Fig. 248.

Apparat mit elektrischer Heizung.

Man füllt in das Siederohr ca. $^1/_3$—$^1/_2$ mehr Lösungsmittel ein, als später zu dem Versuch benutzt werden soll. Nachdem das Lösungsmittel sowohl im Dampfmantel wie im Siederohr ins Sieden gebracht ist, leitet man nach Fig. 249 getrocknete Luft mittels eines T-Rohrs einerseits nach dem Chlorcalciumrohr R des Kühlers, andererseits nach dem Schlifftubus des Siederohrs. Das Kühlerrohr K ist zunächst noch trocken und nicht mit fließendem Wasser gespeist. Mit den Dämpfen des Lösungsmittels gelangt die Luft in das vorgelegte, entsprechend gekühlte Reagensrohr, worin sich der größte Teil der Dämpfe verdichtet. Der Luftstrom sorgt dafür, daß sich in den Tuben des Apparats keine Feuchtigkeit oder sonstige Beimischungen des Lösungsmittels kondensieren können.

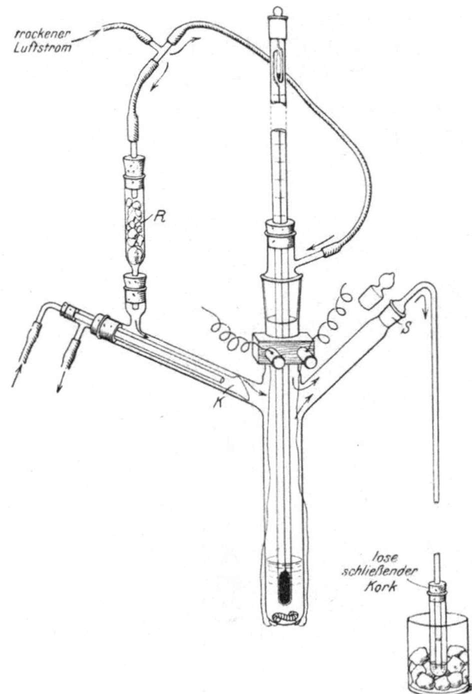

Fig. 249.   Apparat zur Beseitigung von
Fraktioniererscheinungen.

Hat man genügend Lösungsmittel abdestilliert, so wird der Verbindungsschlauch von R entfernt und abgeklemmt, sowie das Abflußrohr durch den Verschlußstöpsel ersetzt. Wird nun K mit kaltem Wasser gespeist, so tritt Beschlag von Feuchtigkeit usw. nicht auf; evtl. kann langsam noch etwas trockne Luft vom Thermometertubus her durch Kühler und Chlorcalciumrohr nachgeleitet werden. Bei niedrig siedenden Lösungsmitteln dauert das Abdestillieren 15 Minuten. Bei Lösungsmitteln, die erheblich über 100° sieden, kann man vom Abdestillieren einer größeren Menge absehen; es genügt meist, während längeren Siedens trockne Luft durch den Apparat zu leiten.

Der Zweck ist erreicht, wenn das Thermometer völlig konstante, d. h. nur um $\pm 0.001°$ schwankende Einstellung zeigt. Auf die Einstellung des Thermometers braucht man hier nicht lange zu warten, weil

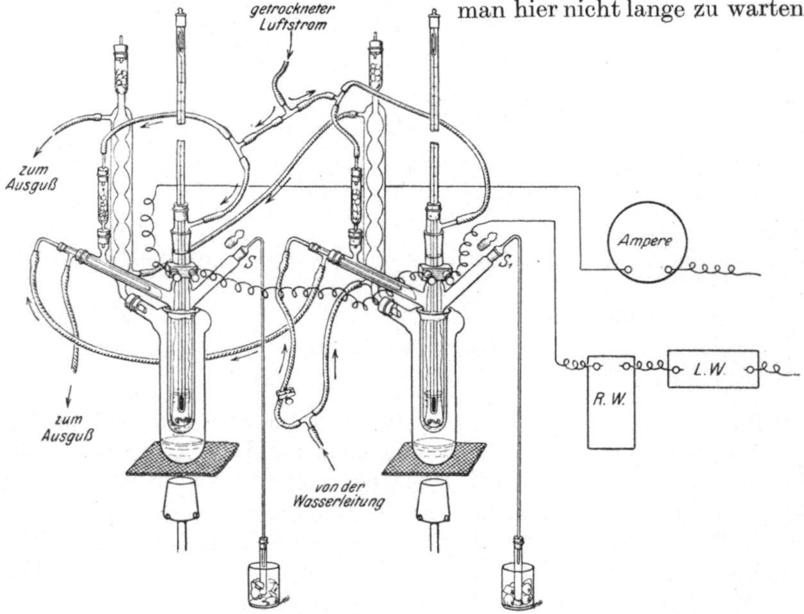

Fig. 250.   Ausgleich der Barometerschwankungen.

die zum Destillieren verwendete Zeit dem Temperaturausgleich des Thermometers zugute gekommen ist.

Das Lösungsmittel wird nach dem Erkalten des Apparats und Entfernen von Thermometer, Chlorcalciumrohr und Kühler durch Wägung ermittelt, wobei außer dem Leergewicht natürlich auch die gelöste Gesamtsubstanz in Abzug zu bringen ist.

Verwendet man einen Kontrollapparat (Fig. 250), so geschieht auch bei diesem, und zwar zu gleicher Zeit, das Abdestillieren des Lösungsmittels.

Hier mag, was eigentlich selbstverständlich ist, noch erwähnt werden, daß auch die Substanz weder Feuchtigkeit noch andere leicht abtrennbare Stoffe, wie Alkohol, Benzol usw., vom Umkrystallisieren her enthalten darf.

B. Indirekte Siedemethode.

1. Molekulargewichtsbestimmung nach der Siedemethode von Landsberger[1]).

Landsberger bringt die Lösung seiner Substanzen durch Einleiten des Dampfs des Lösungsmittels selbst zum Sieden. Kommt nämlich der Dampf

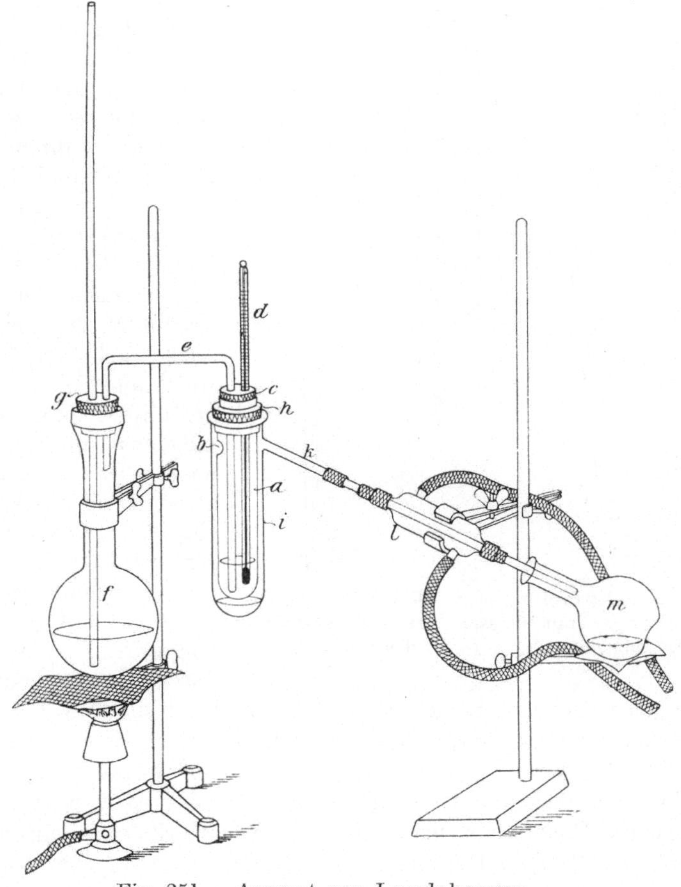

Fig. 251.   Apparat von Landsberger.

mit der kalten Flüssigkeit in Berührung, so kondensiert er sich zum größten Teil, und die in Freiheit gesetzte latente Wärmemenge bewirkt Steigerung der Temperatur der Flüssigkeit. Die Kondensation geht in beträchtlichem

[1]) B. **31**, 458 (1898). — Z. an. **17**, 424 (1898). — Vgl. auch Sakurai, Soc. **61**, 989 (1892).

Maß weiter vor sich, bis die Flüssigkeit auf ihren Siedepunkt erhitzt ist. Ist dieser erreicht, so wird sich nur so viel Dampf verflüssigen, als nötig ist, um den durch Strahlung und Leitung bewirkten Wärmeverlust zu decken. Dann kann auch die Temperatur nicht mehr unter den Siedepunkt gelangen, vorausgesetzt, daß mit der Dampfeinleitung in ziemlich regelmäßiger Weise fortgefahren wird. Andererseits wird das Lösungsmittel nicht überhitzt werden können, da eine reine Flüssigkeit durch ihren Dampf nur bis auf den Siedepunkt erwärmt werden kann[1]).

Beschreibung des Apparats.

Die Molekulargewichtsbestimmungen werden in dem in Fig. 251 abgebildeten Apparat[2]) ausgeführt. Das Reagensglas a von 3 cm innerem Durch-

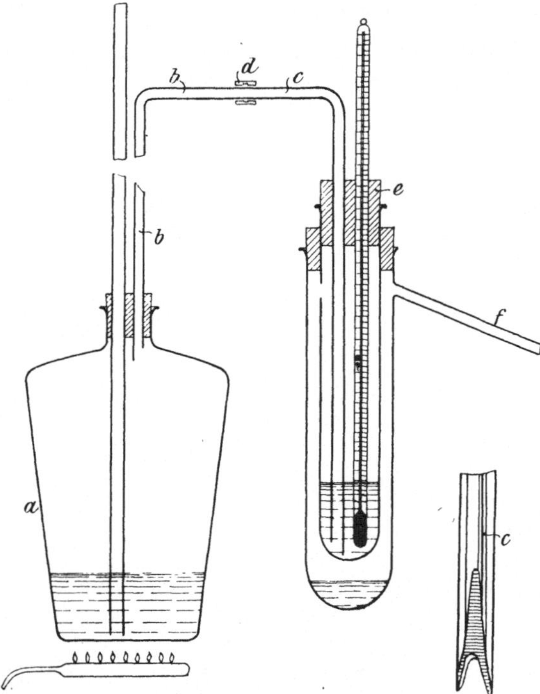

messer und 16 cm Höhe, das in 2 cm Entfernung vom Rand eine Öffnung b besitzt, bildet das eigentliche Siedegefäß. Es wird durch einen zweifach durchbohrten Kork c, dessen eine Öffnung für ein in $1/20°$ geteiltes Thermometer[3]) d bestimmt ist, verschlossen, während durch die andere Durchbohrung ein zweimal rechtwinklig gebogenes Glasrohr e geht. Der längere Schenkel von e ist sowohl nach der dem Beobachter zugekehrten als auch nach der ihm abgewendeten Seite schräg abgeschliffen, damit der Dampf möglichst ungehindert und nach allen Richtungen hin gleichmäßig austreten kann (Fig. 251). Durch dieses Glasrohr wird der Dampf, der in einem Rundkolben f von $1/4-1/2\,l$ Inhalt erzeugt wird, eingeleitet. Letzterer ist durch einen ebenfalls mit

Fig. 252. Siedepunktsbestimmung nach **Landsberger** mit Wasser als Lösungsmittel.

Fig. 253. Detail zum Apparat von **Landsberger**.

zwei Öffnungen versehenen Kork g verschließbar; durch die eine Durchbohrung geht eine Sicherheitsröhre, durch die andere die Röhre e. Mittels eines Korks h ist mit dem Siedegefäß ein zweites Reagensglas i von etwas größeren Dimensionen verbunden, das mit einem in einiger Entfernung vom Rand schräg angeschmolzenen Glasrohr k versehen ist. Ein Kork oder ein Stückchen Gummischlauch stellt die Verbindung von k mit einem **Liebig**schen Kühler l her.

Wendet man als Lösungsmittel Wasser an, so vereinfacht sich der Apparat dadurch, daß man den Kühler nebst Vorlage fortlassen kann, den Dampf also direkt von f (siehe Fig. 252) in das Zimmer strömen läßt.

[1]) **Gay-Lussac**, A. chim. phys. **20**, 320 (1822). — **Beckmann**, Z. phys. **40**, 129 (1902).
[2]) Zu beziehen von den Verein. Werkst. f. Labor.-Bedarf, Berlin.
[3]) Zu beziehen von Alex. Küchler & Söhnen in Ilmenau.

Als Entwicklungsgefäß für den Dampf empfiehlt sich ein kupferner Kessel a von ca. 3 l Inhalt. Er wird durch einen Kork verschlossen, der außer dem Sicherheitsrohr noch ein rechtwinklig gebogenes Glasrohr b trägt, das mit dem einmal gebogenen Einleitungsrohr c durch einen Kautschukschlauch d verbunden ist. Als Verschluß für das Siedegefäß wird bei diesem Lösungsmittel ein Gummipfropfen e verwendet.

Ausführung der Molekulargewichtsbestimmung.

Man bringt in das Siedegefäß a (Fig. 251) nur so viel Lösungsmittel, daß gegen das Ende des Versuchs die Quecksilberkugel des Thermometers gerade von der Flüssigkeit bedeckt ist, und zwar von:

Äthyläther	ungefähr	7 ccm
Schwefelkohlenstoff	,,	7 ,,
Aceton	,,	4 ,,
Chloroform	,,	$3^1/_2$—4 ,,
Äthylalkohol	,,	5 ,,
Benzol	,,	0 ,,
Wasser	,,	7 ,,

Darauf fügt man den Kork c so ein, daß die Röhre e den Boden des Gefäßes berührt, während das Thermometer d sich seitlich daneben befindet, und umgibt das Reagensglas mit dem Mantel i.

Den Kolben f füllt man mit ungefähr $^1/_4$ l Lösungsmittel[1]) und wirft, damit gleichmäßiges Sieden stattfindet, zwei Tonstückchen in die Flüssigkeit. Letztere wird entweder durch direkte Erhitzung mit einer Flamme (bei Alkohol, Benzol und Wasser als Lösungsmittel) oder dadurch, daß man den Kolben in ein angewärmtes Wasserbad stellt, unter dem man den Brenner entfernt hat, ins Sieden gebracht.

Hängt man den Kolben derart in das Bad, daß das Niveau innerhalb und außerhalb ziemlich gleich hoch ist, so empfiehlt sich für Äthyläther ein Wasserbad von ungefähr 70°, für Schwefelkohlenstoff von ca. 80°, für Aceton und Chloroform von 100° Anfangstemperatur.

Nachdem man das Kühlwasser in Gang gebracht und den mit einem kleinen Schornstein versehenen Bunsenbrenner angezündet, resp. den Entwicklungskolben in das erhitzte Wasserbad gestellt hat, steckt man die Röhre e des Siedeapparats durch die freie Öffnung des die Sicherheitsröhre tragenden Korks g und verbindet mittels eines Korks oder eines kurzen Gummischlauchs das Ansatzrohr k mit dem Kühler l.

Sobald das Lösungsmittel im Entwicklungskolben siedet und die Luft im wesentlichen verdrängt ist, wird sich der e passierende Dampf kondensieren, und gleichzeitig wird die Temperatur der Flüssigkeit in a schnell steigen, bis sie schließlich konstanten Wert erreicht hat. Es ist ratsam, die Temperatur jede Viertelminute abzulesen und aufzunotieren, damit man aus den Zahlen den Gang der Temperatur ersehen kann und sich betreffs der Konstanz nicht täuscht.

In der Regel ist die Konstanz in 2—6 Minuten, vom Beginn der Kondensation an gerechnet, erreicht. Man unterbricht den Versuch, wenn etwa während $1^1/_2$ Minuten kein Temperaturunterschied abgelesen wurde.

Es ist zu empfehlen, bei der Kürze der Zeit, die ein Versuch erheischt, ihn zur Kontrolle zu wiederholen, besonders wenn man nach dieser Methode

---

[1]) Will man nur wenige Bestimmungen ausführen und ist man nur im Besitz einer geringen Flüssigkeitsmenge, so genügen evtl. 100—125 ccm.

noch wenig gearbeitet hat oder ein noch nicht verwendetes Lösungsmittel benutzt. Man gießt dann die in sämtlichen Gefäßen befindlichen Flüssigkeitsmengen zu dem noch nicht gebrauchten Lösungsmittel, schüttelt durch, füllt und setzt den Apparat genau wie beim erstenmal in Tätigkeit. Man versäume hierbei nicht, die Tonstückchen zu erneuern. Bei Anwendung von Wasser als Lösungsmittel wird der nicht über die Hälfte mit destilliertem Wasser gefüllte Kupferkessel a der Fig. 252 durch direktes Erhitzen in beständigem, nicht allzu starkem Sieden erhalten. Will man den Versuch unterbrechen, so entfernt man nur den mittels eines Gummischlauchs d und durch eine Klammer am Stativ befestigten Siedeapparat.

Ist der Siedepunkt des reinen Lösungsmittels mit Sicherheit bestimmt, so gießt man wieder sämtliches Lösungsmittel zusammen, füllt und setzt den Apparat genau, wie oben beschrieben, in Tätigkeit, nur daß man in das Siedegefäß a (Fig. 251) die bereits vorher in einem Glasröhrchen auf Milligramme genau abgewogene Substanz schüttet und mit der betreffenden Menge Lösungsmittel die dem Röhrchen noch anhaftenden Substanzteilchen in das Siedegefäß hineinspült. Man beobachtet wieder die Temperaturen, womöglich jede $^1/_4$ Minute, und unterbricht den Versuch, sobald man dreimal nacheinander dieselbe Temperatur abgelesen hat, indem man die Verbindung mit dem Kühler löst, e aus g herauszieht und i nebst dem Pfropfen h entfernt. Mit zwei kleinen, bereitliegenden Gummipfropfen verschließt man die Öffnung b, sowie das freie Ende von e und wägt den äußerlich gesäuberten, an einer Drahtschlinge aufgehängten Apparat einschließlich Glasrohr und Thermometer auf einer Tarierwage auf Zentigramme genau.

Man reinigt hierauf den Apparat, meist durch Ausspülen mit Alkohol und Äther, trocknet und wägt ihn, in derselben Weise aufgehängt, nebst den Gummipfropfen.

Subtrahiert man von dem Gewicht der Lösung, d. i. der Differenz beider Wägungen, das Gewicht der Substanz, so resultiert das Gewicht des Lösungsmittels, und es ist leicht, die in 100 g Lösungsmittel gelöste Menge Substanz zu berechnen. Dieser Prozentgehalt, mit der berechneten Konstante multipliziert und durch die Siedepunktserhöhung dividiert, ergibt das gefundene Molekulargewicht.

Die Methode ist sehr rasch ausführbar, was die weiteren Vorteile hat, die Bestimmung von der Berücksichtigung einer Änderung des Barometerstands unabhängig zu machen und leicht zersetzliche Substanzen zu schonen.

Weiter ist der Apparat leicht und billig herstellbar und seine Handhabung die denkbar einfachste. Er gestattet bequeme und schnelle Reinigung.

Diesen Vorteilen des Verfahrens stehen nur wenige Nachteile gegenüber. Es erfordert eine größere Menge Lösungsmittel, wenn auch der Verbrauch kein wesentlich bedeutenderer ist als bei der Beckmannschen Methode. Hat man eine größere Zahl Bestimmungen in demselben Lösungsmittel oder Versuche in wäßriger Lösung auszuführen, so kommt dieser Nachteil nicht in Betracht.

Auf den ersten Blick mag es als eine wenig angenehme Eigenschaft dieses Verfahrens angesehen werden, daß ein Fortsetzen des Versuchs durch wiederholtes Hinzufügen von Substanz unmöglich ist. Da nun aber ein neuer Versuch in äußerst kurzer Zeit und mit geringer Mühe angesetzt werden kann, außerdem die Übereinstimmung zweier voneinander vollständig unabhängiger Versuche noch die Sicherheit erhöht, ist auch dieser Mangel nicht sehr fühlbar.

Dagegen darf nicht aus dem Auge gelassen werden, daß die Methode versagt, wenn die gelöste Substanz mit dem Dämpfen des Lösungsmittels flüchtig ist[1]).

2. Modifikation des Landsbergerschen Verfahrens von McCoy[2]).

Schon Walker und Lumsden[3]) haben vorgeschlagen, das Gefäß mit dem Lösungsmittel zu graduieren und das Volumen der Flüssigkeit zu messen statt zu wägen, ein Vorgang, der nach Beckmann[4]) sehr wohl statthaft ist. Diese Abänderung wird auch von McCoy akzeptiert. Bei dem Landsbergerschen Apparat wirkt die durch Kondensation des eingeleiteten Dampfs immer mehr zunehmende Menge des Lösungsmittels oft störend, weil die Möglichkeit, die Bestimmungen hintereinander mehrmals zu wiederholen, dadurch beschränkt wird. Dies wird hier vermieden. Die beiden Gefäße A und B (Fig. 254) sind von Glas. A, in dem das Thermometer angebracht ist, ist 20 cm lang und 2.7 cm weit. Sein unterer Teil ist von 10—35 ccm graduiert. Es hat ein enges Rohr $a\,b$, das 7.5 cm vom offenen Ende entfernt nach außen mündet. Es ist an seinem unteren Ende b geschlossen und mit fünf kleinen Löchern durchbohrt. Ein zweites Rohr c ist 2.5 cm von der oberen Mündung von A entfernt angebracht und führt zum Kühler C. B ist 22 cm lang, 4 cm weit und am unteren Ende etwas ausgebaucht. Er trägt 7 cm von der Mündung entfernt ein kurzes Rohr d, das mit Gummischlauch und Quetschhahn verschließbar ist. Zur Ausführung kommen in das innere Rohr 12—16 ccm, in den Mantel ca. 50 ccm reines Lösungsmittel und in letzteres einige Tonstückchen; die Flüssigkeit im Mantel wird zum Sieden erhitzt. Der Dampf muß seinen Weg durch $a\,b$ nehmen und erhitzt die Flüssigkeit im inneren Gefäß auf ihren Siedepunkt. In ca. 5—10 Minuten wird gewöhnlich Konstanz der Temperatur auf 0.001°

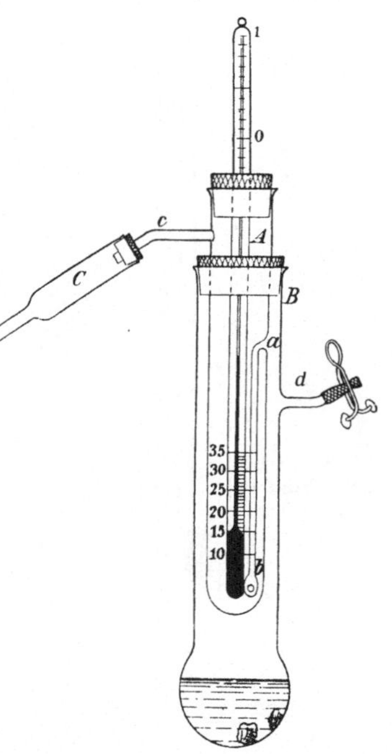

Fig. 254. Apparat von McCoy.

erreicht. Dann wird zuerst der Hahn bei d geöffnet, hierauf die Flamme entfernt, die Substanz eingeführt, d geschlossen und wieder erhitzt. Man kann so mit derselben Substanzmenge sechs oder mehr Bestimmungen bei immer wachsender Verdünnung ausführen, indem nach jeder Bestimmung das Volumen der Lösung abgelesen wird. Gewöhnlich ist die freiwillige Zunahme des Volumens durch jede neue Bestimmung sehr gering. Am größten ist sie bei Benzol, und zwar ca. 2.5 ccm bei jedesmaligem Erhitzen. Bei Wasser ist sie sehr gering; hier wird nach jeder Ablesung etwas neues Lösungsmittel zugesetzt, um die Verdünnung zu erhöhen.

---

[1]) Über eine Modifikation des Landsbergerschen Apparats (namentlich für die Verwendung von Eisessig als Lösungsmittel) siehe R. Meyer und Jaeger, B. **36**, 1555 (1903).

[2]) Am. **23**, 353 (1900).

[3]) Soc. **73**, 502 (1898). — Siehe über diesen Apparat auch Meldrum und Turner, Soc. **93**, 878 (1908).

[4]) Z. phys. **6**, 472 (1890).

Smits[1]) hat noch einen besonderen Apparat für wäßrige Lösungen konstruiert, und Riiber[2]) hat den Apparat nach dem Rückflußsystem umgestaltet. Siehe auch Walther, B. **37**, 78 (1904).

3. Modifikation des Landsbergerschen Verfahrens von Ludlam und Young[3]).

Die nicht sehr bequeme Versuchsanordnung von Riiber haben Ludlam und Young in folgender Weise modifiziert.

Der Apparat (Fig. 255) besteht aus dem weithalsigen Kolben A von 300 ccm Inhalt, der bei s einen Tubus zum Einfüllen der Siedeflüssigkeit besitzt. In dem Hals ist mittels eines Korks das mit einem seitlichen Loch b versehene Rohr B von 10 cm Länge und 2.6 cm Durchmesser befestigt, in das wiederum das graduierte Rohr c mit Kork eingesetzt wird. c besitzt unten ein kleines Loch, das durch ein Ventil, bestehend aus einer Glaskugel mit angeschmolzenem und rechtwinklig umgebogenem Platindraht, geschlossen wird.

Am oberen weiteren Ende von c befindet sich ein seitliches Rohr zum Einbringen der Substanz, ein ebensolches, das zum Kühler führt, und eine sackartige Ausbuchtung zur Aufnahme der im oberen Teil des Rohrs kondensierten Flüssigkeit. Der Dampf der in A siedenden Flüssigkeit geht durch b in den Raum zwischen B und c und durch das für sich vergrößert gezeichnete Ventil nach c; die hier angesammelte Flüssigkeit kann wegen des Ventils nicht nach B zurückfließen. c ist stets durch einen doppelten Dampfmantel vor Ausstrahlung geschützt.

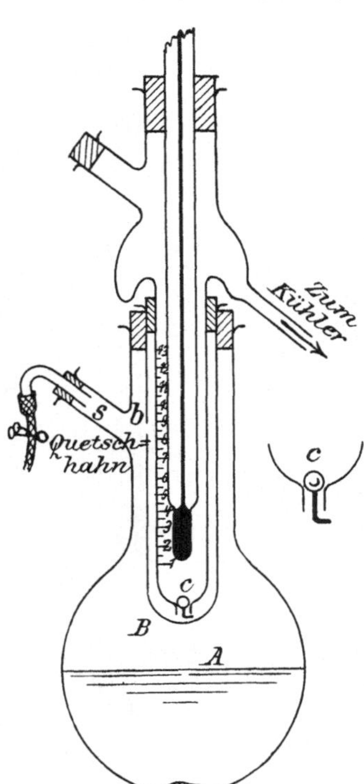

Fig. 255. Apparat von Ludlam und Young.

Ausführung der Bestimmung.

Man bestimmt zunächst den Siedepunkt des reinen Lösungsmittels und führt dann die zu untersuchende Substanz durch das obere seitliche Rohr in c ein. Sobald das Maximum der Temperatur erreicht ist, liest man den Stand des Thermometers ab, zieht es durch den Kork über den Spiegel der Flüssigkeit empor und liest das Volumen der Flüssigkeit in c ab, während man das Sieden in A einen Augenblick unterbricht, indem man durch den Quetschhahn Luft eintreten läßt.

Man kann diese Bestimmung sofort mehrmals wiederholen und auch neue Substanz in c einbringen.

Die mit diesem Apparat ausgeführten Bestimmungen geben sehr gute Resultate (Fehlergrenze $\pm$ 7%).

[1]) Proc. K. Akad. Wetensch. Amsterdam **3**, 86 (1900). — Z. phys. **39**, 415 (1902). — Ch. W. **1**, 469 (1904); **13**, 1296 (1916).
[2]) B. **34**, 1060 (1901).
[3]) Soc. **81**, 1193 (1902).

4. Apparat von Lehner[1]) (Fig. 256).

In ein äußeres zylindrisches Glasgefäß A (Dampfentwicklungsgefäß) ist ein zweites, engeres und kürzeres B (Siedegefäß) eingeschliffen, das durch eine im oberen Teil der Wandung eingesetzte und beinahe auf den Boden des Siedegefäßes reichende Röhre C mit A in Verbindung steht. Dieses Siedegefäß wird an seinem oberen Ende durch einen das Thermometer D tragenden Kork verschlossen.

Zwischen Kork und Schliff ist eine abwärts gebogene Röhre F eingesetzt, die durch ein Stückchen Schlauch mit einer abwärts führenden Röhre H verbunden werden kann.

Diese wiederum mündet in eine Röhre J, die, etwas schief gerichtet, im unteren Teil der Wandung von A eingeschmolzen ist, innerhalb desselben, bei K, fast auf den Boden reicht und an ihrem untersten Ende hakenförmig nach oben gekrümmt ist; außerhalb des Gefäßes trägt J eine den Anschluß eines Kühlers ermöglichende Erweiterung L.

Ausführung der Molekulargewichtsbestimmung.

Zunächst fraktioniert man das Lösungsmittel derart, daß man gesondert auffängt, was innerhalb eines Vierzigstelgrades übergeht. So genügt z. B. bei Anwendung von Kahlbaums „Aceton für Molekulargewichtsbestimmung"eine Ausgangsmenge von 300 ccm, um eine Anzahl von geeigneten, d. h. mindestens 40 ccm umfassenden Fraktionen zu erhalten, denn 40 ccm sind für eine Bestimmung ausreichend.

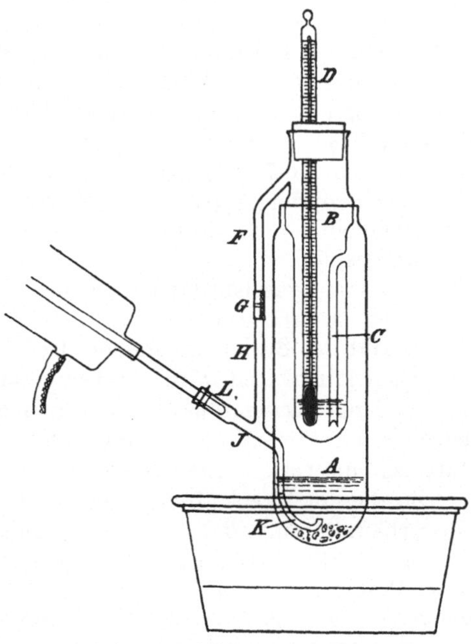

Fig. 256.　Apparat von Lehner.

Zur Ausführung des Versuchs wird der Apparat mit einem entsprechend geneigten Kühler durch einen Korkstopfen bei L verbunden und bei Anwendung von nicht über 80° siedenden Lösungsmitteln senkrecht auf die Ringe eines Wasserbads gestellt.

Hierauf wägt man B mit D und zwei, die Öffnungen von C und F verschließende Zäpfchen auf Zentigramme ab.

Verwendet werden meist die von Landsberger empfohlenen, in Zehntelgrade geteilten Thermometer, die direkt mitgewogen werden können; sollten an ihrer Stelle solche gebraucht werden, die das Mitwägen erschweren würden, so wird Kork mit Thermometer vor jeweiligem Wägen durch einen einfachen Kork ersetzt.

Nun bringt man, um gleichmäßiges Sieden zu erzielen, in A einige Tonstückchen oder, wenn es angeht, Chlorcalcium- oder Kalkstückchen und ca. 30 ccm einer Fraktion des Lösungsmittels. In B gibt man von der gleichen

---

[1]) B. **36**, 1105 (1903).

Fraktion so viel, als nötig ist, die Quecksilberkugel zu dreiviertel zu bedecken, ca. 8—10 ccm.

Es ist zu beachten, daß das Thermometer die Wandung nicht berühre. Dann wird der Apparat durch das Kautschukstück G verschlossen und auf dem Wasserbad erhitzt.

Es empfiehlt sich sehr, den ganzen Apparat mit Asbestpapier zu umwickeln oder in einen Asbestmantel einzuhüllen, besonders bei Anwendung höher siedender Lösungsmittel.

Sobald die Flüssigkeit im inneren Gefäß zu sieden beginnt, das Thermometer also annähernde Konstanz zeigt, liest man die Temperatur ungefähr von einer halben zu einer halben Minute genau ab, bis innerhalb zweier Minuten keine Temperaturänderung oder nur eine solche von 0.0005° beobachtet wird. Diese Konstanz wird, bei gut fraktioniertem Lösungsmittel, nach höchstens 8 Minuten, meist früher, von Beginn der Ablesungen an gerechnet, erreicht.

Nun löscht man die Flamme aus, schiebt den Apparat vom Wasserbad auf eine bereitgehaltene Unterlage, läßt ca. eine halbe Minute erkalten, hebt Kork mit Thermometer heraus, schüttet vorsichtig aus dem abgewogenen Wägegläschen 0.3 — 0.7 g Substanz in B, steckt Kork mit Thermometer wieder hinein, schiebt den Apparat aufs Wasserbad zurück und erhitzt wie früher. Es schadet nicht, wenn Substanz an der Wandung klebt, sie wird von selbst hinuntergespült.

Das Wägegläschen läßt man noch einige Zeit im Exsiccator offen stehen und wägt es dann zurück.

Sobald das Sieden im inneren Gefäß wieder eintritt, liest man wie früher ab. Nach kurzer Zeit wird die Temperatur völlig konstant bleiben. Man läßt nun so lange sieden, bis das Thermometer eben zu sinken beginnt. Findet jedoch nach fünf Minuten langer Konstanz kein Sinken des Thermometers statt, so unterbricht man, ohne weiter zu warten.

Zu diesem Zweck dreht man die Flamme aus, schiebt den Apparat vom Wasserbad, nimmt B heraus, verschließt es mit den beiden bereitliegenden Zäpfchen, läßt abkühlen und wägt auf Zentigramme genau. Die Differenz dieser Wägung und der früheren des leeren Gefäßes, abzüglich der Substanzmenge, ergibt das Gewicht des Lösungsmittels.

Da man mit einer sehr geringen Menge Flüssigkeit auskommen kann, bietet es auch keine Schwierigkeiten, bei der vorausgehenden Destillation des Lösungsmittels Fraktionen zu erhalten, von denen jede beinahe konstanten Siedepunkt hat. Das Thermometer stellt sich daher bei obiger Bestimmung rasch und scharf ein, so daß es auch Ungeübten nicht schwer fällt, die Siedepunkte vor und nach Zusatz der Substanz mit aller Sicherheit zu bestimmen, was bei Anwendung des Landsbergerschen Apparats nicht eben der Fall ist.

Ferner wird durch den Umstand, daß das Siedegefäß beständig von Dampf umspült und schon dadurch beinahe auf die Siedetemperatur erhitzt wird, die Kondensation des durchströmenden Dampfs so sehr vermindert, daß es möglich wird, die Substanz direkt nach Ablesung des Siedepunkts der Flüssigkeit einzuwerfen und sofort die Siedepunktserhöhung zu bestimmen. Dadurch wird nicht nur Zeit gespart, indem z. B. auch die von Landsberger empfohlene Kontrollbestimmung des Siedepunkts wegfällt, sondern auch an Genauigkeit gewonnen, da es das nämliche Lösungsmittel ist, dessen Siedepunkt vor und nach Zugabe der Substanz in rascher Folge unter gleichen Umständen ermittelt wird.

5. Apparat von Turner und Pollard[1]).

Das Molekulargewichtsbestimmungsrohr AB (Fig. 257)
hat einen zweifach durchbohrten eingeschliffenen Glasstopfen mit zwei Ansätzen; durch zwei Löcher am
Boden des Rohrs EF gelangt der Dampf in die Lösung.
Das äußere Gefäß CD trägt das Bestimmungsröhrchen
mit Hilfe des zweiten Schliffs b; es besitzt unten
ein Sicherheitsrohr GH mit Hahn T_1. Während der
Bestimmungen ist T_1 geschlossen, um einen kontinuierlichen Dampfstrom durch E eintreten zu lassen;
wenn aber das Molekulargewichtsbestimmungsrohr zum
Wägen abgenommen wird, setzt man einen Kork auf
die Öffnung und öffnet T_1, um von G aus vorgetrocknete
Luft einzulassen. Durch das Rohr K entweichen die
Dämpfe. Während des Wägens des Bestimmungsrohrs
wird T_2 geschlossen; bei E kann auch ein kleiner Kork
aufgesetzt werden. Das Thermometer ist vom Beck-
manntyp. Beim Erhitzen schützt man den zylin-

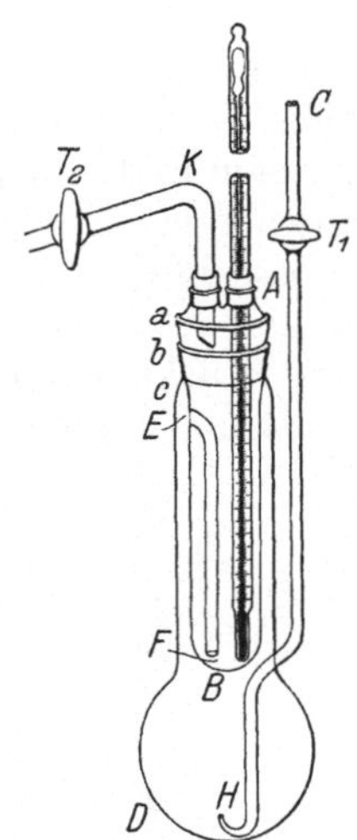

Fig. 257. Apparat von
Turner u. Pollard.

drischen Teil des äußeren Gefäßes durch einige Asbestscheiben vor zu großer
Wärmeabgabe.

6. Siedeapparat für Heizung mit strömendem Dampf von Beckmann[2]).

Das von den vorgenannten Forschern angestrebte Ziel, durch Anwendung
strömenden Dampfs genaue und bequeme Siedepunktsbestimmungen auszuführen, kann auch in sehr einfacher Weise durch Modifizieren des Beckmannschen Apparats mit Dampfmantel (Fig. 243) erreicht werden. Im folgenden ist
eine Beschreibung des Apparats (Fig. 258 und 259) gegeben.

Das Siederohr besteht, entsprechend dem früheren Apparat, aus dem
Glasrohr A mit den seitlichen Tuben t_1 zum Einführen der Substanz und t_2
zur Aufnahme des Rückflußrohrs K. An das Siederohr ist der Siedemantel
G angeschmolzen. Der entwickelte Dampf tritt durch das außen 7 mm weite,
unten ausgefranste Dampfrohr D bis nahe auf den flachen Boden des Siederohrs und wird sich dort zum Teil kondensieren; der nicht kondensierte Dampf
gelangt sodann in das Rückflußrohr K und erfährt am Kühler N völlige
Verflüssigung. Die Flüssigkeit kann nun nach Belieben dem Siederohr oder
dem Siedemantel zugeführt werden. In der Zeichnung Fig. 259 findet direktes
Rückfließen in das Siederohr statt, in Fig. 258 ist durch Drehen des Rückflußrohrs bewirkt, daß die Flüssigkeit durch eine Bohrung des Schliffs nach
dem am Tubus angeschmolzenen Überlaufrohr E und von da zurück in
den Siedemantel gelangt. Hierdurch hat man es ganz in der Hand, das
Siederohr rasch mit Flüssigkeit zu füllen oder die Hauptmenge der Dämpfe
den Weg zurück nach dem Siedemantel nehmen zu lassen. Das Siederohr ist
zwischen 2 und 5 cm Abstand vom Boden mit Millimeterteilung versehen.
Zum Einfüllen von Flüssigkeit in den Siedemantel dient der seitliche Tubus H.

[1]) Turner, Soc. 97, 1184 (1910). — Turner und Pollard, Ch. Ztg. 38, 451 (1914).
[2]) Z. phys. 40, 144 (1902); 44, 164 (1903); 53, 137 (1905); 63, 210 (1908). — Der Apparat ist durch die Leipziger Firmen O. Preßler, Brüderstraße 39; Goetze, Härtel-
straße 4, und Franz Hugershoff, Karolinenstraße 13, zu beziehen. — Es ist besonders
darauf zu achten, daß der Schliff des Rückflußrohrs gut schließt und genügend weite
seitliche Abtropföffnung besitzt. Der obere Tubus des Siederohrs muß so weit nach dem
Kühler zu liegen, daß das Thermometer weder das Dampfeinleitungsrohr noch die äußere
Wand berührt.

Um Zurücksteigen der Flüssigkeit aus dem Siederohr in den Siedemantel unmöglich zu machen, ist durch H das Sicherheitsrohr R geführt, das am unteren Ende aufgebogen ist, damit nicht Dampfblasen hineingelangen. Wird es aus der in der Fig. 258 wiedergegebenen Lage um 180° gedreht, so tritt die äußere Luft durch eine Öffnung Z des Tubus und eine eingedrückte Rinne am Schliff des Sicherheitsrohrs in den Siedemantel. Der so hergestellte Ausgleich des Drucks soll bequemeres und sicheres Ablesen am Siederohr ermöglichen. N ist am unteren Ende mit einigen Glaswarzen versehen, um kontinuierliches Rückfließen der Flüssigkeit herbeizuführen. K trägt einen seitlichen Tubus M, der den Ausgleich mit dem Atmosphärendruck bewirkt.

Beim Arbeiten mit hygroskopischen Substanzen kann ein kleines Chlorcalciumrohr sowohl an M wie an R befestigt werden. Um dem Thermometer

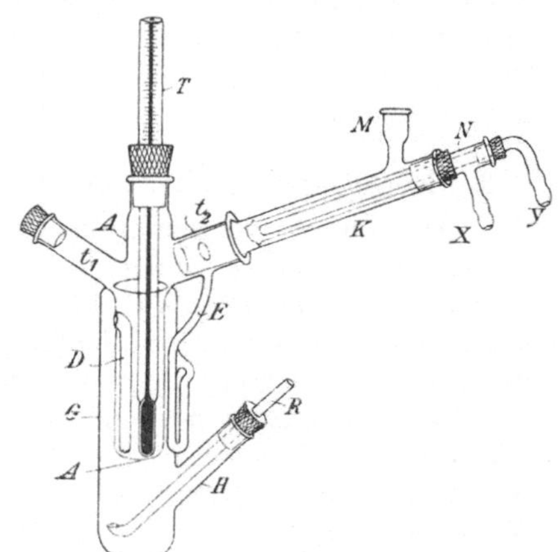

Fig. 258.   Apparate für Heizung mit strömendem Dampf von Beckmann.   Fig. 259.

stets dieselbe Stellung im Siederohr zu sichern, ist es (Fig. 258) in einem eingeschliffenen Hohlstöpsel S mit etwas Asbestpapier befestigt. Aufstehen des Thermometers auf dem Boden oder seitliches Andrücken an Glasteile ist zu vermeiden. Verschließt man auch noch den Tubus t_1 mit einem Glasstöpsel, so kommen Lösungsmittel und Dämpfe nur mit Glas in Berührung.

Der Siedemantel steht in dem Ausschnitt einer Asbestpappe L und ruht mit dem Boden auf einem Drahtnetz. Man schützt ihn vor direkter Berührung mit Drahtnetz und Flamme durch Aufkleben von etwas Asbestpapier vermittels Wasserglas. Auf das enge Anpassen der Asbestpappe ist besonders zu achten, um intensivere Erhitzung vom oberen Teil des Apparats abzuhalten, insbesondere um zu vermeiden, daß die Flüssigkeit in E zum Sieden kommt. Die ganze Vorrichtung ruht auf einem Stativring, während der obere Teil des Siederohrs von einer kleinen Stativklammer gefaßt wird.

Will man nicht eine Serie von Bestimmungen der Substanz bei verschiedenen Konzentrationen hintereinander erledigen, so wird die Skala auf dem Siederohr entbehrlich. Kommen nur Substanzen in Betracht, die Korke nicht angreifen, so können S, t_1 und H wegfallen (Fig. 259). Als Sicherheitsrohr genügt dann ein einfaches, im Stöpsel verschiebbares Glasröhrchen. Nach Erlangung einiger Übung wird es ganz entbehrt werden können; durch Verschließen nach außen läßt es sich jederzeit ausschalten. Schließlich kann man auch von t_1 ganz absehen, wenn man die Unbequemlichkeit nicht scheut, N wegzunehmen und die Substanz durch K in seiner Stellung von Fig. 258 einzuführen. Bei Substanzen, die über 100° sieden, wird N mit warmem Wasser gespeist oder fortgenommen. Um bei höher siedenden Substanzen, wie Phenol und Anilin, die Kondensation zu verringern, umwickelt man den oberen Teil des Apparats mit Asbest oder Glaswolle und heizt mit einem Intensivbrenner.

Ausführung des Versuchs.

Nachdem man sich überzeugt hat, daß der untere Teil des Apparats fest am Asbestausschnitt anliegt, wird durch H bzw. R so viel Lösungsmittel eingefüllt, daß die Menge, 15—30 ccm, ausreicht, um die untere Öffnung von R auch nach dem Abdestillieren in das Siederohr zu verschließen.

Die Regulierung des Quecksilbergehalts des Thermometers kann annäherungsweise im Apparat selbst vorgenommen werden. Die Flüssigkeit wird durch einen geeigneten Brenner zum Sieden erhitzt, so daß die Dämpfe durch D in das Siederohr und weiterhin zum Kühler gelangen, von wo die kondensierte Flüssigkeit durch E in den Siedemantel zurückgeführt wird. (Stellung des Kühlers wie in Fig. 258.) Nachdem sich im Siederohr so viel Flüssigkeit kondensiert hat, daß das Quecksilbergefäß davon bedeckt st, nimmt man die Regulierung vor.

Die im Siederohr angesammelte Flüssigkeit läßt sich jederzeit wieder in den Siedemantel überführen, indem man K so dreht, daß die Öffnung im Schliff auf die Wand trifft und somit t_2 von E abgeschlossen ist. (Stellung: Fig. 259.) Wird nun R in der aus der Zeichnung (Fig. 258) ersichtlichen Stellung verschlossen, so tritt bei äußerer Abkühlung des Siedemantels durch Wegnehmen des Brenners und eventuell Daraufblasen von Luft der gesamte Inhalt von A durch D nach G über. Hiernach ist es ohne großen Belang, wieviel Flüssigkeit während des Einstellens des Thermometers hinzudestilliert.

Um bei der Drehung von K Zusammenknicken der Kühlerschläuche zu vermeiden, werden unter Beibehaltung der Stellung des Rückflußrohrs, wie in Fig. 258, die Zu- und Abflußröhren (x, y) so weit nach rückwärts gedreht, daß eine Knickung der Schläuche noch nicht stattfindet. Beim Drehen des Rückflußrohrs in der Weise, daß die Öffnung auf die Vorderwand von t_2 trifft (Fig. 259), werden dann die Schläuche ebenfalls nicht geknickt.

Siedepunkt des Lösungsmittels.

Unter der Annahme, daß A entleert ist, wird das Lösungsmittel hineindestilliert und, soweit es sich in diesem nicht verflüssigt, vom Kühler durch E in den Siedemantel zurückgeführt. Je nach der Natur des Lösungsmittels dauert es verschieden lange, bis das Thermometergefäß mit Flüssigkeit bedeckt ist. Das Sieden soll so lebhaft sein, daß der Apparat bis zum Kühler ganz von Dämpfen erfüllt wird. Will man, wie z. B. bei Wasser, schneller zum Ziel gelangen, so läßt sich das sehr einfach durch Drehen von K und damit verbundenes direktes Zurückleiten des im Kühler kondensierten Lösungsmittels in das Siederohr bewerkstelligen.

Um eine genaue Ablesung des Stands der Flüssigkeit zu erreichen, unterbricht man das Destillieren durch Entfernung des Brenners und dreht R um 180°, so daß die Rinne des Hahns bei H auf z trifft und damit durch Zutritt der äußeren Luft Atmosphärendruck hergestellt wird.

Nachdem durch Zurückdrehen von K und R, sowie durch äußeres Abkühlen unter Daraufblasen von Luft bei gleichzeitigem Verschluß von R das Lösungsmittel in den Siedemantel zurückgeführt ist, bringt man die Substanz in Pastillenform durch t_1 in A. Darauf destilliert man Lösungsmittel zu der Substanz und macht eine Serie von Ablesungen in ungefähr denselben Höhen wie vorher bei der Siedepunktsbestimmung des Lösungsmittels.

Sobald das Lösungsmittel im Siederohr bis auf die gewünschte Höhe gelangt ist, kann abgelesen werden. Ängstlichkeit im Ablesen erhöht nur die Unsicherheit. Die Einstellung des Thermometers kann hier nur kurze Zeit konstant bleiben. Zunächst steigt es durch Wärmezufuhr auf den Siedepunkt des Lösungsmittels und darüber, entsprechend der durch Lösen der Substanz bewirkten Siedepunktserhöhung. Durch Hinzudestillieren von Lösungsmittel wird die Lösung verdünnter und die Temperatur geht zurück. Wie lange das Thermometer zum Anwärmen erfordert, ergibt sich gelegentlich der Siedepunktsbestimmung des Lösungsmittels. Ohne Berücksichtigung dieser Verhältnisse würden durch Beobachtung einer scheinbaren Konstanz, die eintreten müßte, wenn das Thermometer durch Anwärmen ebenso rasch steigt, wie es durch Verdünnung der Lösung fällt, Fehler gemacht werden.

Eine Serie von drei Versuchen ist gewöhnlich innerhalb 5—15 Minuten erledigt.

Beckmann hat übrigens[1]) den Apparat auch noch weiter vereinfacht und widerstandsfähiger gemacht (Fig. 260). Die Tuben sind bis auf jene zur Aufnahme des Seitenkühlers und des Thermometers beseitigt. Das Einwerfen der Substanz hat durch den Thermometertubus zu geschehen. Für den Druckausgleich zwischen Dampfmantel und Atmosphäre wird bei der Niveauablesung durch das zum Kühlertubus führende Verbindungsrohr V gesorgt. K, das in H eingeschliffen ist, besitzt drei Bohrungen, von denen die weiter nach dem Siederohr zu liegende ausschließlich dazu dient, den Druckausgleich durch V zu bewirken, in einer Stellung, wo die Flüssigkeit aus dem Kühler nur durch eine der beiden anderen Bohrungen in den Dampfmantel zurückfließen kann (Fig. 261). Durch Drehung des Kühlrohrs kann man auch unter Abschluß von V die Verbindung mit dem Ablaufrohr E herstellen (Fig. 262), und schließlich läßt sich durch Drehung des Kühlers ein Verschluß aller Bohrungen herbeiführen, wodurch direkter Rückfluß in das Siederohr veranlaßt wird (Fig. 263). In dieser Stellung ist es auch jederzeit leicht, die Flüssigkeit aus dem Siederohr in den Dampfentwickler zurückzuführen. Man braucht nur mittels des Gummiballs O wiederholt kleine Anteile Luft in das Siederohr einzupressen, während man zur Vorsicht den Schliffstöpsel Q niederdrückt. Um vollständiges Ablaufen der kondensierten Flüssigkeit durch E zu sichern, sind auf dem Weg vom Kühler zu den oberen Bohrungen der Schliffläche Führungsstäbchen aus Glas angeschmolzen und die Bohrungen nierenförmig gestaltet. Da bei hochsiedenden Flüssigkeiten leicht geringe Mengen Wasser vorwegdestillieren, ist die Wulst W angebracht, in der sich diese vor dem Zurückfließen mit heißem Lösungsmittel mischen

---

[1]) Z. phys. **53**, 137 (1905).

müssen. Die Kühlerschläuche X und Y sind so befestigt, daß sie dem Drehen des Kühlers nicht im Wege sind und auch keinen Knick bekommen können,

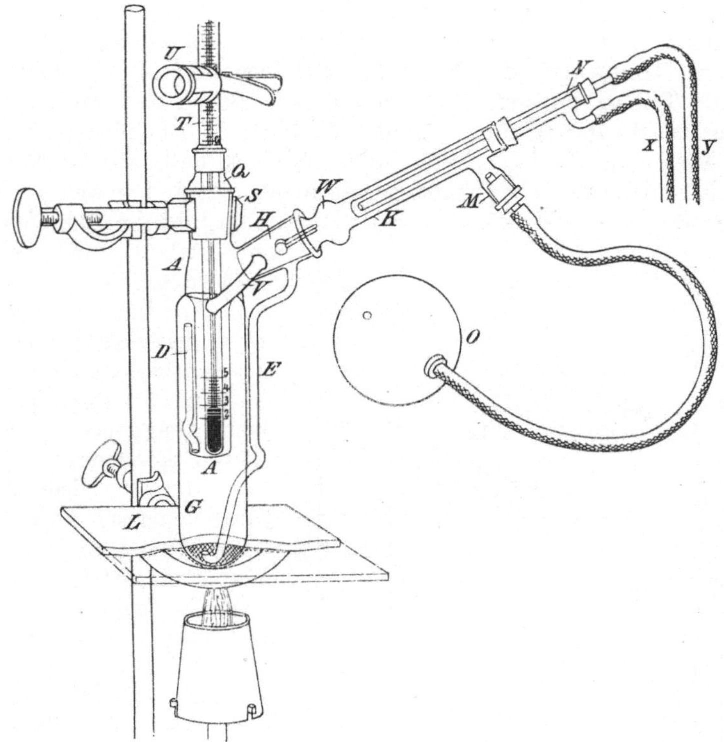

Fig. 260. Vereinfachter Apparat für strömenden Dampf von Beckmann.

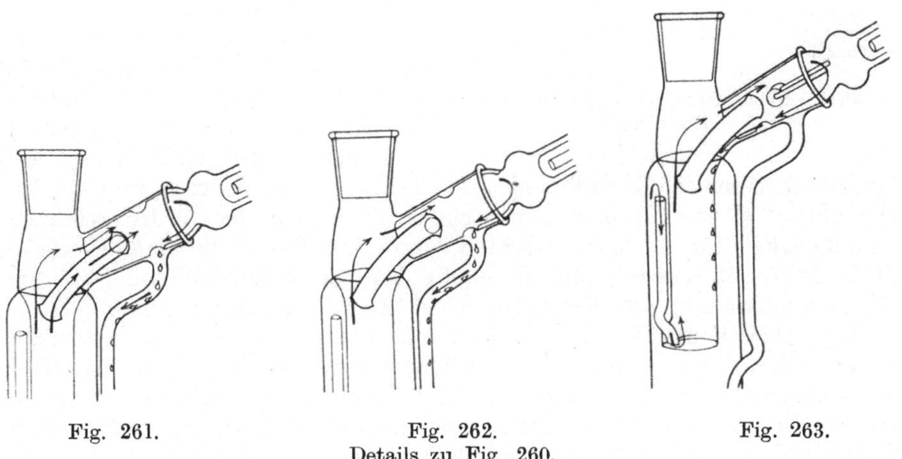

Fig. 261.   Fig. 262.   Fig. 263.
Details zu Fig. 260.

wenn sie nicht zu dünnwandig genommen werden. Alles übrige ist aus dem Vergleich mit dem früheren Apparat verständlich. Das Entleeren und Reinigen bietet keine Schwierigkeit, da der Dampfentwickler beim Ablassen der Flüssigkeit durch V eine Luftzufuhr durch E hat.

Das neueste[1]), von Beckmann in Hinblick auf einen von Eijkman konstruierten Apparat modifizierte Modell für die Dampfstrommethode unter Benutzung hochsiedender Lösungsmittel ist folgendermaßen eingerichtet (Fig. 264).

In den verkürzten, oben verschlossenen und mit seitlichem Kühlertubus versehenen Dampfentwickler E ist der aus Siederohr A und Glasglocke G bestehende Teil so eingesetzt, daß er auf dem Boden des Dampfentwicklers ruht. Direkte Berührung von Glas mit Glas würde natürlich leicht zu Sprüngen führen. Dieser Gefahr ist aber dadurch begegnet, daß, wie die Figur zeigt, in dem unteren Teil des Dampfmantels Ösen angebracht sind, in welchen Schleifen aus langfaserigem Asbest befestigt werden. Dadurch ruht die Dampfglocke nur auf Asbest, und selbst bei hochsiedenden Flüssigkeiten, wie konzentrierter Schwefelsäure, hat sich nie eine Neigung zur Ausbildung von Sprüngen im Boden des Dampfentwicklers bemerkbar gemacht. Um Rückfließen kondensierter Flüssigkeit in das Siederohr nach Möglichkeit auszuschalten, wird darauf gesehen, daß von der Vereinigungsstelle von Siederohr mit Dampfglocke diese sofort nach außen abfällt. Um die am Thermometer kondensierte Flüssigkeit in den Dampfentwickler abzuleiten, bringt man über dem Siederohr bei F eine Schleife von langfaserigem Asbest an. Durch das Dampfrohr D und die im Siederohr vorhandene Flüssigkeit können Dämpfe aus der Dampfglocke nur hindurchtreten, wenn in dieser genügend Druck vorhanden, d. h. wenn genügend Flüssigkeit in den Dampfentwickler gelangt ist. Der Schliffstöpsel Q braucht nicht genau eingepaßt zu sein, da die Kondensation von Flüssigkeit für genügenden Schluß sorgt. Das Rückflußrohr K ist wieder mit der Warze W versehen, um die häufig bei hochsiedenden Lösungsmitteln anfangs aufdestillierenden Wassertröpfchen unschädlich zu machen.

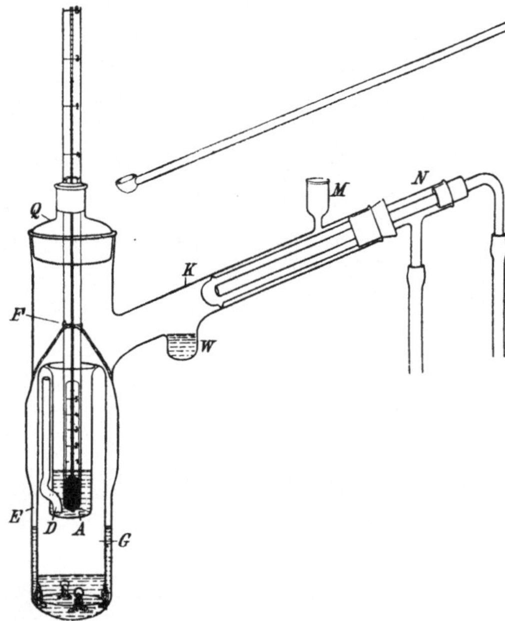

Fig. 264.   Neuer Apparat für strömenden Dampf von Beckmann.

Das Ablesen des Niveaus im Siederohr ermöglicht eine Millimeterskala aus Milchglas, die im unteren Teil des Thermometers eingeschlossen ist. Nach dem Wegziehen oder Kleindrehen des mit Zündflamme versehenen Brenners hört das Sieden auf und es ist leicht, für eine Ablesung konstantes Niveau zu erhalten. Zurücksteigen in den Dampfentwickler findet nicht statt, da schon vorher Druckausgleich durch die Löcher am unteren Rand der Dampfglocke herbeigeführt wird.

In den Dampfentwickler bringt man 40—50 ccm Lösungsmittel, auch das Siederohr wird mit ca. 5 ccm Lösungsmittel beschickt. Die geringe Flüssig-

---

[1]) Z. phys. **53**, 143 (1905).

keitszunahme im Siederohr bietet eine Reihe von Vorteilen. Man kann den Temperaturausgleich des Thermometers sich vollziehen lassen, ohne auf den Apparat achten und eine zu starke Füllung des Siederohrs befürchten zu müssen, sodann fällt die mit der Flüssigkeitszunahme Hand in Hand gehende Temperatursteigerung fort und es ist ruhigeres Beobachten der Temperatur möglich. Schließlich kann auch die Niveauablesung nicht so leicht durch nachlaufende Flüssigkeit fehlerhaft werden. Nach Bestimmung des Siedepunkts des Lösungsmittels wird die Substanz mittels eines Glaslöffels, der durch den Kühlertubus geschoben wird, in das Siederohr entleert. Die Kondensation von Lösungsmittel an dem Löffel spült auch die letzten Reste der Substanz weg. Selbstverständlich hat der Lösungsvorgang Kondensation von Flüssigkeit und Veränderung des Niveaus zur Folge und es ist unmöglich, einen Dampfstromapparat zu konstruieren, bei dem sich, wie bei dem Apparat für direktes Sieden, völlig konstant bleibendes Niveau erhalten ließe.

Nach Ablesung des Siedepunkts der Lösung und des Niveaus kann man neue Substanz einführen und eine zweite Bestimmung machen. Meist empfiehlt es sich aber, nur eine Bestimmung auszuführen und die Menge des Lösungsmittels durch Wägung festzustellen, indem man es mit einer fein ausgezogenen Pipette in ein tariertes Kölbchen überführt.

Bestimmung der Konzentration.

Am einfachsten wird die Konzentration auf Gramme Substanz in 100 ccm Lösung bezogen. Um bei beliebigem Thermometerstand zu erfahren, welchem Volumen die abgelesenen Mengen entsprechen, läßt man, während das Thermometer in derselben Stellung wie bei der Bestimmung belassen wird, bei gewöhnlicher Temperatur aus einer Bürette Wasser oder eine beliebige Flüssigkeit durch den Tubus in das leere Siederohr A bis zu den früheren Ablesungen einfließen. Die Ablesungen an der Bürette ergeben die in Anrechnung zu bringenden Kubikzentimeter. Als Siedepunktskonstanten werden in diesem Fall die auf S. 456 angegebenen benutzt, die durch Division der auf 100 g Lösungsmittel bezogenen Konstanten durch das beim Siedepunkt bestimmte spezifische Gewicht ermittelt sind.

Ist die auf 100 ccm bezogene Konstante des Lösungsmittels nicht bekannt, wohl aber die auf 100 g Lösungsmittel bezogene, so läßt sich die Umrechnung leicht bewerkstelligen, indem man das im Siederohr erhitzte Lösungsmittel nach Ablesung des Flüssigkeitsstands und Wegnahme des Thermometers vermittels Pipette aufsaugt, in ein tariertes Kölbchen bringt und wägt. Das spezifische Gewicht beim Siedepunkt des Lösungsmittels, das sich durch Division von Gewicht durch Volumen ergibt, wird zur Umrechnung verwendet. Man begeht auch keinen großen Fehler, wenn statt des Lösungsmittels die am Schluß der Versuchsserie im Siederohr verbleibende verdünnteste Lösung zu vorstehender Bestimmung des spezifischen Gewichts benutzt wird.

Zur Ermittlung der genauen Siedepunktserhöhungen trägt man die beobachteten Siedetemperaturen des Lösungsmittels und den entsprechenden Flüssigkeitsstand auf der Ordinaten- bzw. Abszissenachse eines Koordinatensystems auf. Die entstehende Kurve ergibt die Temperatursteigerungen für jeden Flüssigkeitsstand des Lösungsmittels, welche für die Berechnung der Siedepunktserhöhungen in Abzug zu bringen sind. Eine Berücksichtigung dieser Korrektur erscheint um so mehr geboten, als gerade bei den verdünnteren Lösungen, die nur geringe Siedepunktserhöhungen ergeben, der temperaturerhöhende Einfluß des Flüssigkeitsdrucks in erhöhtem Maß, besonders bei spezifisch schweren Flüssigkeiten, zur Geltung kommt. Modifikationen dieses Apparats:

Eijkman, J. chim. phys. **2**, 47 (1904).
Rupp, Z. phys. **53**, 693 (1905).

Einen Apparat zur Siedepunktsbestimmung leicht flüchtiger Substanzen hat Oddo[1]**) beschrieben.**

Siehe ferner Washburn und Read, Am. soc. **41**, 729 (1919). — Cottrell, Am. soc. **41**, 721 (1919).

7. Siedepunktsbestimmung bei Unterdruck.

Hierfür sind Apparate von Speyers[2]), Innes[3]), Drucker[4]) und Beckmann[5]) angegeben worden.

Apparat von Drucker (Fig. 265).

Der Hauptteil des Apparats ist ein Siedegefäß[6]) mit elektrischer Innenheizung, wie bei den Beckmannschen Apparaten neuer Konstruktion. Die Ansatzteile sind eingeschliffen, das Thermometer in seinen Schliffteil eingekittet. Dieses Einkitten wird so vorgenommen, daß man das Thermometer mit Kork einsetzt und dann die Schliffhöhlung mit Woodscher Legierung ausgießt[7]). Das Kondensationsrohr, in dem der Kühler sitzt, ist bedeutend länger als gewöhnlich, wegen der Annäherung der Siedetemperatur an die Temperatur des Kühlmittels (Eiswasser) durch die Druckverminderung. An das Siedegefäß schließt sich der Windkessel von etwa 3 l Kapazität; dann folgen der Regulator und die zum Druckausgleich nötige Nebenleitung[8]). Der Regulator, dessen Konstruktion die Figur unmittelbar erkennen läßt, wird auf der einen Seite durch den Hahn h leer gepumpt; hohes Vakuum ist nicht nötig, da es auf die absolute Druckhöhe hier nicht ankommt, sondern nur darauf, daß die bei einer langsamen Temperaturänderung der Zimmerluft eintretende Druckänderung des abgeschlossenen Luftvolumens keine merkliche Änderung des Gesamtdrucks im Apparat verursacht. Der Kontaktschluß des Quecksilbers mit der Drahtspitze bewirkt Einschaltung des Elektromagneten, und dieser öffnet dann das mit der am Anker befestigten gefetteten Kautschukscheibe verschlossene Ende des Nebenleitungsrohrs. Der Lufteintritt wird durch die zwei Hähne e und f gedrosselt[9]). Es läßt sich erreichen, daß die periodischen Schwankungen des Regulators nicht mehr als einige Zehntelmillimeter betragen. Eine Relaiseinrichtung würde noch feineres Spiel des Regulators erlauben, da das Quecksilber an der mit Paraffinöl bedeckten Kontaktspitze um so mehr klebt, je stärker der Unterbrechungsfunke

---

[1]) G. **32**, (II), 123 (1902).   [2]) J. phys. chem. **1**, 766 (1898).
[3]) Soc. **81**, 682 (1902).   [4]) Z. phys. **74**, 612 (1910).   [5]) Siehe S. 444.
[6]) Zweckmäßig mit einem Dampfmantel, wie er z. B. S. 423, Fig. 243 skizziert ist, umgeben. Der Dampfmantel, der mit Kühler versehen ist und ebenfalls elektrisch geheizt wird, wird mittels Schliff und Hahn an den Windkessel angeschlossen, parallel dem Siederohr (Drucker, Privatmitteilung).
[7]) Drucker, Privatmitteilung.
[8]) Die Verbindungen sind in der Figur, unter Weglassung der an einzelnen Stellen eingeschalteten Glasfedern, starr gezeichnet.
[9]) Das Mundstück soll nicht plan geschliffen, vielmehr zugeschärft sein: so schließt es bei Verwendung von weichem Kautschuk sicherer ab (Drucker, Privatmitteilung).

ist. Man kann sich aber damit begnügen, der Funkenstrecke einen Kondensator parallel zu schalten. Die kleinen Schwankungen werden durch den Windkessel praktisch vollkommen gedämpft.

Die Kühlung kann, falls man nicht tiefer als bei 20° sieden läßt, mit Eiswasser bewirkt werden, das von einer kleinen Lutherschen Zentrifugalpumpe[1]) getrieben wird.

Vor Beginn des Versuchs wird der Hahn a geschlossen und der Reguliermechanismus in Betrieb gesetzt. Nach einigen Minuten wird, sobald der mit Hilfe der Nivellierbirne eingestellte Druck beim Spiel des Magneten um einen

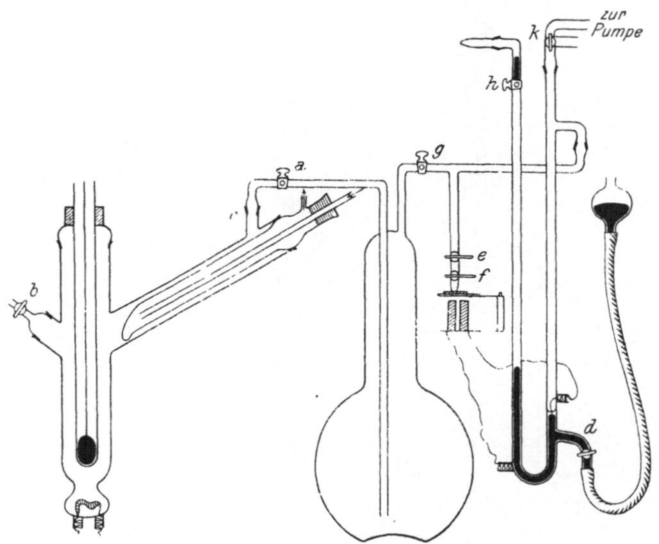

Fig. 265. Apparat von Drucker.

Mittelwert schwankt, das Siedegefäß angeschlossen, die Kühlung und dann die Heizung begonnen. Je nach der Höhe der Temperatur wird mit 10 bis 20 Watt gearbeitet, um das nötige intensive Sieden zustande zu bringen. Der Heizmantel begünstigt die Präzision, ist aber nur nötig, wenn eine Übereinstimmung der einzelnen Versuche auf 0.01° nicht genügt. Bei Benutzung eines Dewargefäßes dauert das Anheizen, je nach der Versuchstemperatur, etwa 5—10 Minuten.

Ist der Siedepunkt des reinen Lösungsmittels festgestellt, so wird die Heizung abgesperrt, nach Absperrung von a der Schliff b geöffnet, die Substanz eingeführt, b geschlossen, a geöffnet und wieder geheizt. Nach einigen Minuten ist die Temperatur wieder konstant; eine ganze Serie läßt sich meist bequem in einer halben Stunde durchführen.

Der Regulierungsmechanismus muß während des ganzen Versuchs ununterbrochen arbeiten. Soll er nach Beendigung der Messung abgestellt werden, so wird a geschlossen, das Siederohr abgenommen, der Dreiweghahn k auf Verbindung der Pumpe mit der Außenluft gestellt und der Hahn d etwas geöffnet. Dann dringt langsam durch die Nebenleitung Luft ein, während der Regulator sich mit Quecksilber füllt[2]).

---

[1]) Ch. Ztg. **32**, 267 (1908).
[2]) Der Apparat kann auch für Messungen bei Überdruck dienen und wird von R. Götze in Leipzig gebaut.

Druckregulator von Beckmann[1]).

Bei ebullioskopischen Bestimmungen hat man, was bei kryoskopischen nicht nötig ist, stets zu berücksichtigen, daß Änderung des Atmosphären-

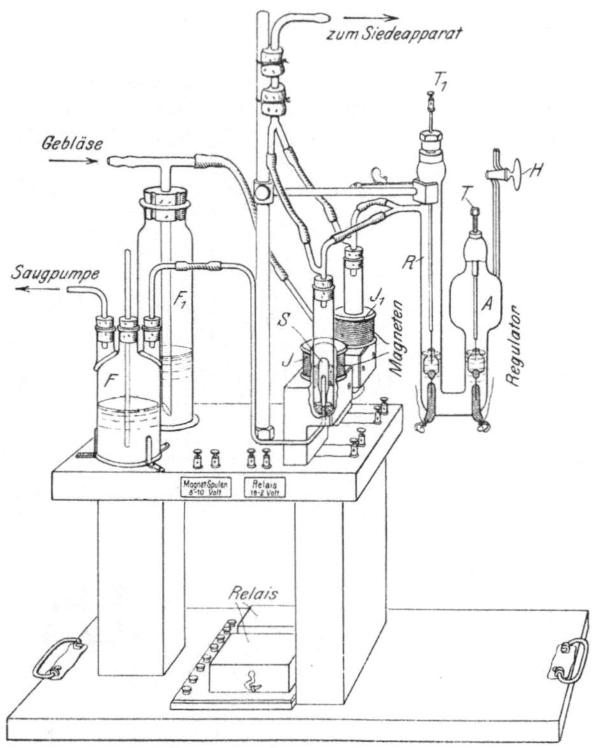

Fig. 266. Druckregulator (Manostat) nach Beckmann.

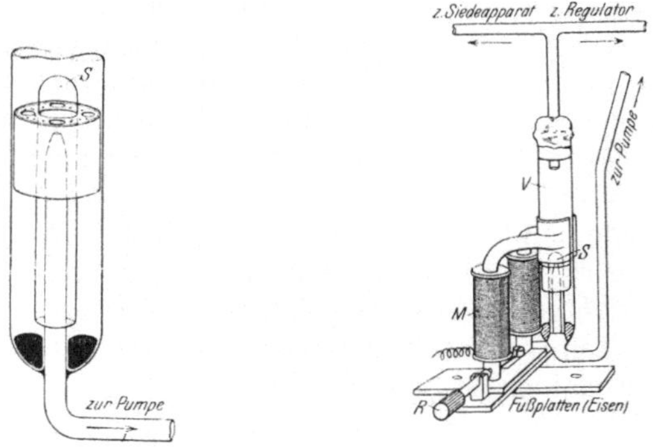

Fig. 267.   Fig. 268.

Details zu Fig. 266.

drucks die Resultate nachteilig beeinflussen kann. Bei Substanzen, die nicht zu langsam löslich sind und Erhöhungen von 0.2° und darüber geben, erscheinen die Fehler aus atmosphärischen Druckänderungen wenig bedenklich.

---

[1]) Z. phys. **79**, 565 (1912).

Jede Einzelbestimmung erfordert nach erfolgter Lösung nur 3—5 Minuten, eine Serie von 3—4 Bestimmungen also nicht mehr als 20 Minuten. Berechnet man für jede Substanzmenge den Molekularwert für sich, so läßt sich leicht erkennen, ob eine Bestimmung fehlerhaft ist, weil sie dann aus der Reihe herausfällt.

Handelt es sich um langsam lösliche Substanzen, die zudem geringe Erhöhungen liefern, so können die Druckschwankungen zu stark fehlerhaften Werten führen. Wie Beckmann[1]) gezeigt hat, lassen sie sich durch Siedepunktsbestimmungen in Kontrollapparaten mit großer Sicherheit eliminieren. Fehler aus Druckänderungen können aber auch durch einen Druckregulator ausgeschlossen werden.

In Fig. 266 ist ein solcher Manostat dargestellt, der den im Anfang herrschenden Atmosphärendruck während des ganzen Versuchs konstant er-

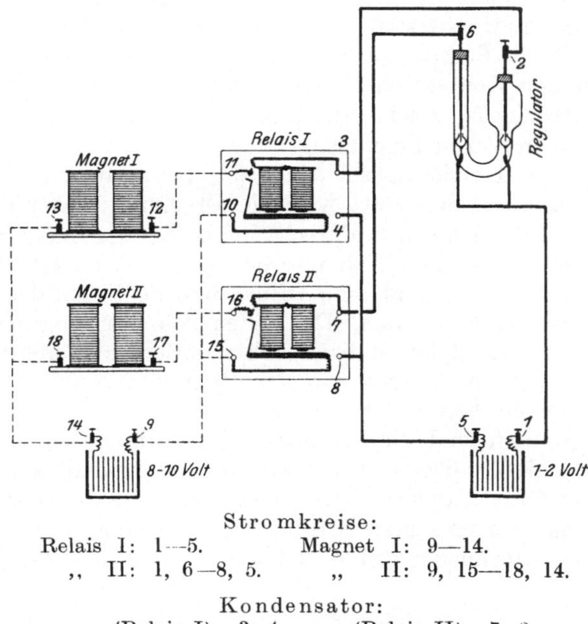

Stromkreise:
Relais I: 1—5.   Magnet I: 9—14.
„ II: 1, 6—8, 5.   „ II: 9, 15—18, 14.

Kondensator:
(Relais I): 3, 4.   (Relais II): 7, 8.

Fig. 269.   Schaltschema zum Manostaten.

hält, gleichviel ob nachher äußerer Über- oder Unterdruck eintritt. In A, R ist der Regulator wiedergegeben, in dem ein konstant zu haltendes Luftvolumen A von der Atmosphäre abgeschlossen werden kann. Das als Sperrflüssigkeit dienende, 5% Glycerin enthaltende Wasser steht bei Öffnung des Hahns H unter Atmosphärendruck, also in beiden Schenkeln gleich hoch. Die hohlen Glasschwimmerchen besorgen den elektrischen Kontakt bei Niveauänderungen. Am Boden derselben befindet sich je ein Tropfen Quecksilber, in das von unten eingeschmolzene Platindrähte ragen. Diese tauchen andererseits in Quecksilberröhrchen, in deren unteren Teilen Platindrähte eingeschmolzen und so befestigt sind, daß sie nicht abbrechen können. Für die Zuleitung sind Kupferdrähte angelötet.

---

[1]) Z. phys. 78, 734 (1912).

Wird nun A durch Verschluß von H abgesperrt, sind weiterhin die mit T, T_1 verbundenen Platinkontaktspitzen bis nahe an die Oberfläche des Quecksilbers der Schwimmer gebracht und ist das Luftvolumen in R mit dem des Siedeapparats verbunden, so wird jede Druckänderung im Apparat Niveauänderungen in R und A veranlassen. Steigt der Druck, so hebt sich das Schwimmerchen in A und der Quecksilberkontakt wird geschlossen. Der Strom eines Trockenelements oder Akkumulators von 1—2 Volt erregt ein Relais und dieses schließt einen Strom von 8—10 Volt, der zur Solenoidspule J führt. Diese aber hebt das mit Kork und Eisenring umgebene Röhrchen S aus dem Quecksilber (vgl. Fig. 267), worin es bis dahin tauchte (vgl. Fig. 268), und stellt dadurch eine Kommunikation des Gasraums von R mit den unter S befindlichen eng ausgezogenen Glasröhren und weiterhin mit dem Luftraum der Flasche F und der Saugpumpe her. Sofort senkt sich das Schwimmerchen in A, der Kontakt wird gelöst und die Saugluft abgestellt. Stellt sich umgekehrt im Apparat Unterdruck ein, hat z. B. die Pumpe etwas zuviel abgesogen, so steigt das Schwimmerchen in R und der Kontaktschluß erregt durch Vermittlung eines zweiten Relais die Drahtspule J_1, welche den Luftraum R in analoger Weise mit F_1 und dem Gebläse in Verbindung bringt.

Nach erfolgtem Druckausgleich sinkt das Schwimmerchen in R wieder und mit Aufhebung des Kontakts wird die Druckluft wieder abgesperrt.

So holt sich der Siedeapparat abwechselnd selbsttätig Luft von geringerem oder höherem Druck, um den Anfangsdruck konstant zu erhalten.

Im Lauf der Versuche sind zum Öffnen und Schließen der Ventile auch Elektromagnete verwendet worden. Die beiden Pole werden zweckmäßig nach Fig. 268 auf eisernen Fußplatten beweglich montiert und klemmen bei entsprechender Drehung der Schraube R das Rohr V fest oder geben es frei. Die Solenoidspulen erscheinen aber einfacher.

In obigen Figuren sind die Leitungsdrähte fortgelassen, in Fig. 269 ist das Schaltschema der größeren Deutlichkeit halber besonders wiedergegeben.

Der prompte Druckausgleich hängt von dem sicheren Funktionieren des Kontakts und von dem prompten Arbeiten der Ventile ab. Sind die darunter endigenden Rohre fein ausgezogen, so bewegt sich nur von Zeit zu Zeit eines der Ventile.

Der Öffnungsfunke am Quecksilberkontakt ist schon durch Zwischenschalten von Relais mit Strom von nur 1—2 Volt stark abgeschwächt, es hat sich aber doch als notwendig erwiesen, mit den beiden Relais zum Schutz der Kontaktstellen je einen Plattenkondensator zu verbinden, der in dem Schaltschema nicht gezeichnet ist.

Die Herstellung eines solchen findet sich in Ostwald-Luther, Physikochemische Messungen[1]), beschrieben. Er besteht aus abwechselnden Lagen von Stanniol und Isoliermaterial. Als solches wird besser statt des empfohlenen heiß (bei 140°) paraffinierten Papiers Billroth-Batist der Apotheken verwendet, der sehr biegsam und haltbar ist. Die Größe der ca. 100 Stanniollagen betrage 20 × 30 cm.

An den käuflichen Relais werden meist die vorhandenen Kontakte durch bessere zu ersetzen sein. Bei solchen Vorsichtsmaßregeln gelingt es, dauernd sicheres Funktionieren des Regulators zu erzielen.

Bei den Ventilen ist dafür zu sorgen, daß sie locker gehen und keine

---

[1]) 3. Aufl. (R. Luther und K. Drucker), 495. Verlag W. Engelmann, Leipzig.

Neigung zum Klemmen besitzen. Wie Fig. 267 zeigt, besteht ein solches aus einem Glashütchen S, das hier aus dem Quecksilber gehoben ist und am oberen Teil einen Korkring trägt. Dieser besitzt zum raschen Druckausgleich Luftlöcher und ist mit einem schwachen Eisenring umgeben. Die Magnete sind so einzustellen, daß eben ein möglichst sicheres Herausnehmen der Hütchen aus dem Quecksilber erreicht wird und das Heben sowie Zurückfallen des Hütchens in kürzester Zeit erfolgt.

Auch die Glasschwimmerchen müssen sich ganz frei bewegen können. Um Ansaugen an die Glaswandung zu verhüten, sind kleine Wärzchen angeschmolzen.

Um die Platinspitzen über der Quecksilberkuppe der Schwimmerchen einzustellen, sind sie an Stellschrauben befestigt, die durch Stopfbüchsen mit Gewinde geführt und gegen diese mit Quecksilber abgedichtet werden. Bei Anwendung von Relais und Plattenkondensator wird die Quecksilberober-

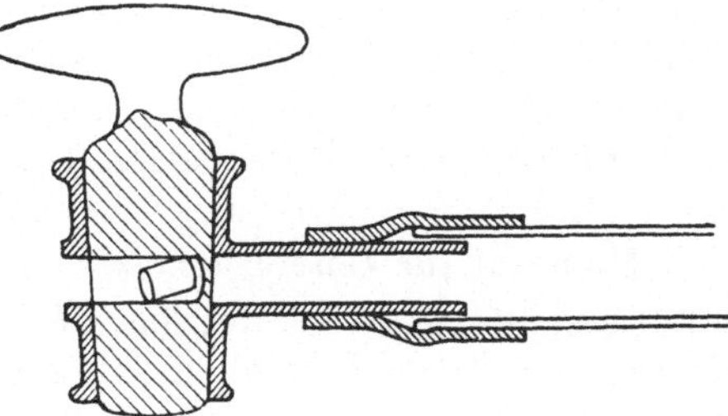

Fig. 270. Hahn zum Einfüllen der Substanz in den Manostaten.

fläche nur sehr wenig verändert; wenn sich nach längerer Zeit Neigung zum Verschmieren zeigt, ist das Quecksilber zu erneuern.

Um die Schwimmer zu schonen und eine Überschreitung ihrer Gleichgewichtslage zu dämpfen, ist es zweckmäßig, zwischen Siedeapparat und Manostat eine Flasche mit Luft von 5—10 l Inhalt zu schalten, deren Luftgehalt als Puffervolumen dient.

Um das Luftvolumen A des Regulators von der Außentemperatur unabhängig zu machen, wird er mit einer Mischung von Eis und Wasser umgeben. Diese befindet sich in einem Batterieglas, das zunächst mit Filz, sodann mit blankem Aluminiumblech umgeben ist; sie wird von Zeit zu Zeit umgerührt.

Ausführung eines Versuchs. Wenn es darauf ankommt, den anfänglichen Atmosphärendruck während der Versuchsdauer konstant zu erhalten, läßt man zunächst den Siedeapparat wie auch A mit der Atmosphäre kommunizieren. Um A von Temperaturschwankungen unabhängig zu machen, wird es in ein Batterieglas mit einer Mischung von Wasser und zerkleinertem Eis versenkt. Für gleichmäßige Temperatur ist weiterhin durch Umrühren zu sorgen. Nachdem Temperaturkonstanz eingetreten ist, werden die Platinspitzen fast in Berührung mit den Quecksilberkuppen der Schwimmerchen gebracht, was man aus dem Ansprechen der Ventile ermitteln kann.

Wird nun die Außenluft abgesperrt, so muß bei jeder Druckänderung im Siedeapparat ein Spiel der Ventile beginnen. Die zum Druckausgleich notwendige Luft von etwas geringerem bzw. höherem Druck wird den Paraffinöl enthaltenden Flaschen F, F_1 entnommen und dadurch erzeugt, daß man von einem Wasserstrahlgebläse das Saugrohr mit F, das Druckrohr mit F_1 verbindet und durch Regulierung der Sicherheitsröhren dafür sorgt, daß die Druckunterschiede die zu erwartenden Druckschwankungen der Atmosphäre nicht unnötig übersteigen. Etwa 5 cm Paraffinöldruck dürften genügen. Besser verwendet man je eine Saug- und Druckpumpe getrennt.

Beim richtigen Funktionieren stellt sich die Siedetemperatur dauernd auf $\pm$ 0.001° konstant ein. Druckänderung der Atmosphäre wird sich beim Öffnen des Siedeapparats zeigen, um nach dem Wiederverschließen zu verschwinden.

Zur Sicherung der Versuche ist aber zu empfehlen, den Apparat an allen Teilen gegen Nebenluft mit Plastilina oder Kollodium abzudichten; auf dem Weg vom Siedeapparat zum Manostaten würde ein- oder austretende Luft das Druckgefälle wie das Gleichgewicht stören. Auch empfiehlt es sich, die Einführung der Substanz ohne Öffnung des Apparats mittels des in Fig. 270 abgebildeten Hahns[1]) vorzunehmen. Der am Einführungstubus des Siedeapparats mit starkem Gummischlauch befestigte Hahn nimmt die Substanz in die Höhlung seines Kükens auf und läßt sie nach Drehen um 180° in den Apparat gleiten.

Andererseits muß sich der Druck im Apparat möglichst frei ausgleichen können. Es ist daher darauf zu achten, daß nicht durch Verstopfen des Chlorcalciumrohrs oder durch zu enge Rohrverbindungen Druckstauungen herbeigeführt werden.

Manostat für Unterdrucke[2]).

Der Apparat Fig. 271 besteht wieder aus Regulator mit Schwimmer, Relais, Elektromagnet und Kondensator. Dazu kommt ein Barometer P. Auf dem Weg zum Siedeapparat ist das Puffervolumen F zwischengeschaltet, durch Fig. 272 sollen die elektrischen Schaltungen verdeutlicht werden.

Die Molekulargewichtsbestimmung wird wie folgt ausgeführt:

Den Unterdruck braucht man zunächst nicht genau zu kennen, vielmehr wird das Beckmannsche Thermometer auf die Temperatur eingestellt, bei der das Lösungsmittel sieden soll. Falls nicht Zersetzung des Lösungsmittels befürchtet wird, bringt man mit eingesetztem Thermometer und unter Anwendung des Dampfmantels mit gleichem Lösungsmittel bei gewöhnlichem Luftdruck zum Sieden, um durch den Luftgehalt der Flüssigkeit möglichst viel Siedestellen zu bekommen. Da hierbei das Quecksilber in den oberen Teil des Reserve-

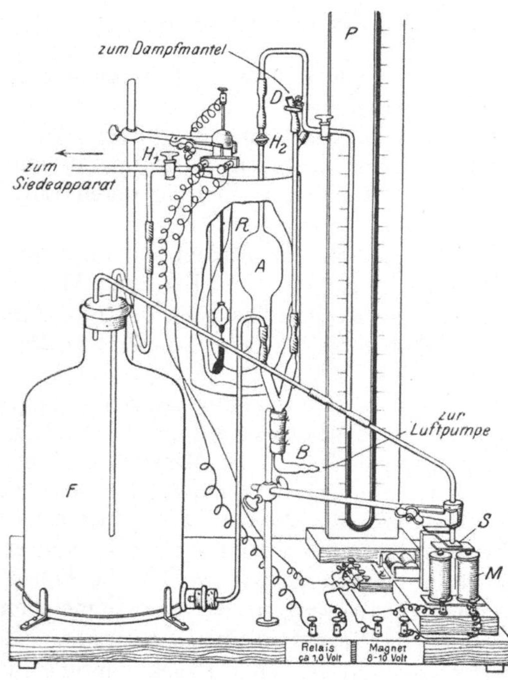

Fig. 271.
Manostat für Unterdrucke nach Beckmann.

[1]) Beckmann und Fuchs, Z. phys. **18**, 494 (1895).
[2]) Vgl. die früheren Versuche von Beckmann, Fuchs und Gernhardt, Z. phys. **18**, 492 (1895), sowie S. 442 (Apparat von Drucker).

gefäßes übersteigen muß, ist vorher das darin befindliche Quecksilber am Boden zu sammeln. Nun schließt man den Siedeapparat luftdicht da, wo er sonst mit der Atmosphäre kommuniziert, unter Zwischenschalten eines Chlorcalciumrohrs, an den Manostaten an.

Um die Temperatur des Dampfmantels immer gleich der Temperatur des Siedegefäßes zu halten, wird auch dieser, und zwar bei D (Fig. 271), an den Manostaten angeschlossen.

Auf das Abdichten des Apparats nach außen muß um so mehr Sorgfalt verwendet werden, je größer der Druckunterschied gegenüber der Atmosphäre ist. Es geschieht mit Marineleim oder bequemer Plastilina unter häufigem Aufpinseln von Kollodium. Darauf wird bei B mit der Wasserstrahlpumpe evakuiert, während H_1 noch geschlossen, H_2 dagegen geöffnet ist.

Die Luftverdünnung erstreckt sich also auf F, den Siedeapparat, den Dampfmantel, P und den Luftraum A; der in R vorhandene Druck gleicht sich durch Übertreten von Luft durch die Sperrflüssigkeit nach A aus. Hat sich das Quecksilber aus dem Reservegefäß fast ganz in die Capillare des Thermometers zurückgezogen, so wird A durch Verschließen von H_2 abgesperrt und der Regulator durch gleichzeitiges Öffnen von H_1 mit dem Siedeapparat und seinen Anschlußteilen in Verbindung gebracht. Nimmt bei weiterem Evakuieren der Unterdruck auf der Schwimmerseite R des Regulators noch zu, so steigt die Flüssigkeit so lange, bis das Quecksilber des Schwimmers mit der an einem dicken Messingdraht befestigten Platinspitze Kontakt erhält. Dadurch wird sofort das Relais samt Elektromagnet erregt und durch das Niederziehen des Ankers das Rohr S, das bis dahin verschlossen war, zum Nachströmen von Luft freigegeben.

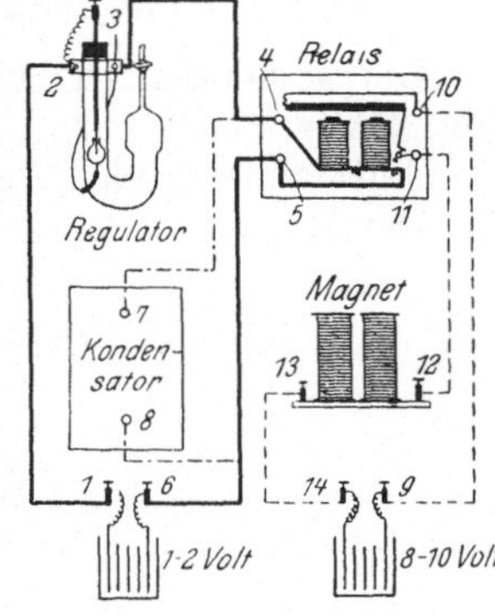

Fig. 272. Schaltschema zum Manostaten Fig. 271.

Je größer der Unterdruck genommen wird, desto feiner soll die Öffnung von S für das Nachströmen von Luft gewählt werden; das untere Ende von S ist deshalb auswechselbar. Man verwendet dickwandiges Capillarrohr, das man am Ende kugelig bis zum gewünschten Durchmesser zusammenfallen läßt.

Zum luftdichten Abschluß von S dient eine 3 mm dicke Kautschukplatte, die mit Syndetikon auf den Magnetanker festgekittet ist, der seinerseits im Ruhezustand durch eine starke, elastische Feder aus Bandstahl die Kautschukplatte gegen S preßt.

Kommt durch Nachdrängen von Luft nach R der Schwimmer außer Kontakt mit der Platinspitze, so wird S momentan wieder geschlossen. Sollte einmal der Quecksilberkontakt des Schwimmers während des Evakuierens und Ansteigens der Flüssigkeit in R versagen, so wird natürlich der Schwimmer unter Wasser geraten: dann muß der Versuch abgebrochen werden. Der Regulator ist aber so eingerichtet, daß dabei keine Flüssigkeit in die übrigen Apparatenteile gelangt. Durch Niederdrücken des Magnetankers mit der Hand kann übrigens jederzeit Luft zugelassen und dem Ansteigen der Flüssigkeit entgegengewirkt werden. Aus dem Tempo, in dem der Magnet arbeitet, erfährt man alsbald, wenn etwas in Unordnung ist. Der Gang sei regelmäßig, mit Intervallen von einigen Sekunden.

Bei Anwendung von Relais und Kondensator sowie zeitweiser Erneuerung des Quecksilbertropfens im Schwimmer ist solche Unzuträglichkeit nicht zu befürchten, wenn man nur darauf achtet, daß H_1 immer erst geöffnet wird, wenn der Druck im Apparat sich genügend ausgeglichen hat.

Es empfiehlt sich nicht, unter 55 mm Druck zu gehen, weil sonst leicht Siedeverzüge eintreten, die eine konstante Einstellung erschweren.

Die Einführung der Substanz geschieht mittels des früher beschriebenen Hahns bei Luftabschluß, wie denn auch das früher Gesagte sinngemäß bei diesem Apparat Verwendung findet.

Soll der Apparat nur benutzt werden, um die Schwankungen des Atmosphärendrucks während eines Siedeversuchs auszuschalten, so wählt man den Unterdruck klein und S entsprechend weit[1]).

In sehr bequemer Weise kann die Vorrichtung auch dazu dienen, die Änderung der Siedetemperatur des Lösungsmittels mit dem Druck festzustellen und aus dp/dT nach der Formel von Clausius die Verdampfungswärme und aus dieser die Siedekonstante zu berechnen[2]).

Neuer Druckregulator von Beckmann und Liesche[3]).

Die Gesamtanordnung ist durch das beistehende Schema wiedergegeben (Fig. 273).

Statt eines großen Puffervolumens wurden deren zwei verwendet, F_1 und F_2. Der Regulator $R—A$ zwischen F_1 und F_2 seitlich angeschaltet. Infolge-

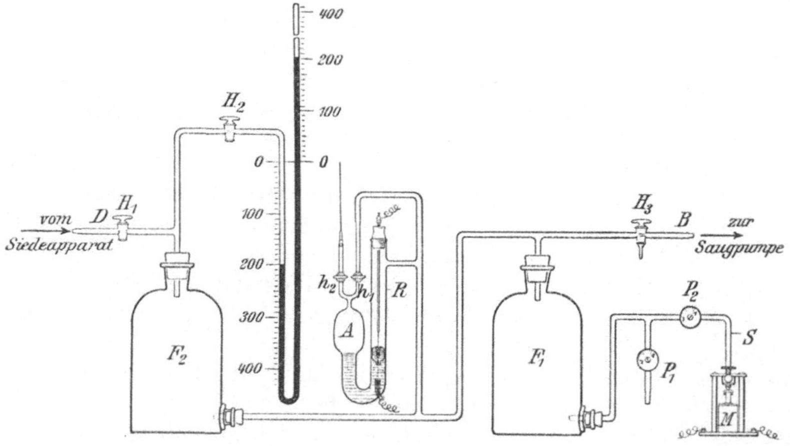

Fig. 273.   Schema der Gesamtanordnung.

dessen mäßigt F_1 die auf den Regulator wirkenden Luftstöße, während F_2 einen weiteren Ausgleich gegen das Barometer und den Siedeapparat hin bewirkt. Barometer und Siedeapparat sind an gleicher Stelle mit F_2 verbunden, so daß F_2 sozusagen die „künstliche Atmosphäre" darstellt, unter der das Sieden stattfindet.

---

[1]) Umgekehrt kann man auch den früher beschriebenen Apparat für größere Unterdrucke benutzen, wenn durch verschieden starkes Evakuieren auf beiden Seiten eine Druckdifferenz geschaffen wird, innerhalb deren die Einstellung zu erfolgen hat.

[2]) Die beschriebenen Apparate können durch Vermittlung des Univ.-Mechanikers G. Hildebrandt, Leipzig, Brüderstraße 34, und von F. Köhler, Leipzig, Windscheidstr. 33, bezogen werden.   [3]) Z. phys. **88**, 13 (1914).

Die Saugpumpe wird unter Einschaltung des Dreiweghahns H_3 an F_1 oben angeschlossen, während von unten her die Regulierung der Luftzufuhr erfolgt.

Um zunächst die Wirkung der Saugpumpe dem gewünschten Unterdruck anpassen zu können, ist der nach der äußeren Atmosphäre führende Präzisionshahn P_1 angebracht, der nach Bedarf kontinuierlich Luft nachströmen läßt. Er wird so weit abgedrosselt, daß der Druck im Apparat sich ohne die automatische Regulierung geringer einstellen würde, als dem gewünschten Vakuum entspricht.

Der durch den Elektromagnet besorgte automatische Luftzutritt wird durch einen entsprechenden Präzisionshahn P_2 abgedrosselt, so daß die periodischen Luftstöße auf eine angemessene Stärke reduziert werden können, was besonders bei stark reduziertem Druck in Betracht kommt. Die Capillare S, welche der Elektromagnet mit einer Platte aus schwarzem Paragummi abschließt, kann für alle Drucke beibehalten werden und ist durch eine Verschraubung am Verschieben verhindert. Falls der Gummi klebt, wird er mit einem Blättchen Goldschlägerhaut überzogen. Die Capillare hat bei 7 cm Länge 1.2 mm Lumen.

Veränderung des Drucks innerhalb kleiner Intervalle.

Neben dem auch in der früheren Ausführung vorhandenen Capillarhahn h_1 (Fig. 274), welcher die Verbindung zwischen dem Reguliervolumen A und dem übrigen Apparat gestattet, ist noch ein zweiter Capillarhahn h_2 angebracht, der durch die fein ausgezogene Capillare C eine Verbindung mit der äußeren Atmosphäre ermöglicht. Soll nun während eines Versuchs der Druck weiter herabgesetzt werden, so genügt zeitweiliges Öffnen von h_1; umgekehrt erhöht zeitweiliges Öffnen von h_2 den Druck in A und somit infolge der automatischen Selbstregulierung im ganzen Apparat. Wenn

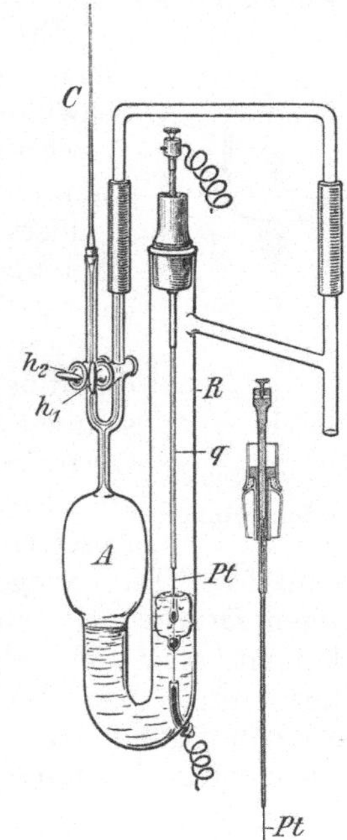

Fig. 274.
Flüssigkeitsregulator.

es sich bei diesen Druckänderungen um kleine Intervalle handelt, bedarf es keiner weiteren Nachregulierung der im vorigen Abschnitt beschriebenen Luftzufuhr.

Der starke Draht q aus Kupfer mit dem Platinende Pt zur Herstellung des Stromkontakts wird durch ein Gewinde in einem Metallgehäuse befestigt. Zur Abdichtung gegen die Atmosphäre bildet der obere Teil des Metallgehäuses eine Höhlung, die nach Einstellung der richtigen Lage stets luftdicht mit Plastilina ausgefüllt wird. Andererseits ist es in einen Glasschliff eingekittet, der in das Reguliergefäß eingesetzt wird. Pt wird etwa 1 mm dick genommen und unten abgerundet.

Der Schwimmer.

In den früher beschriebenen, oben offenen Schwimmer des Flüssigkeitsregulators konnte bei Erschütterung oder bei vorübergehendem Versagen der elektrischen Kontakte leicht Flüssigkeit eintreten, wodurch der Schwimmer natürlich außer Funktion kam. Der Versuch mußte in diesem Fall abgebrochen werden.

Daher erhielt der Schwimmer die untenstehende geschlossene Gestalt
(Fig. 275). In der Vertiefung a befindet sich etwas Quecksilber, ebenso an
der tiefsten Stelle b des zugeschmolzenen Hohlraums, damit der Schwerpunkt
möglichst nach unten verlegt und Schwimmen in aufrechter Stellung erzielt wird.

Die Stromleitung durch den Schwimmer hindurch findet statt: von dem
Quecksilber bei a durch den eingeschmolzenen Platindraht zum Quecksilber bei b und weiter durch den hier eingeschmolzenen Enddraht. Der
Schwimmer kann nicht untersinken. Es kann nur Flüssigkeit in die Vertiefung a über das Quecksilber gelangen, die deshalb von vornherein mit Sperrflüssigkeit gefüllt wird.

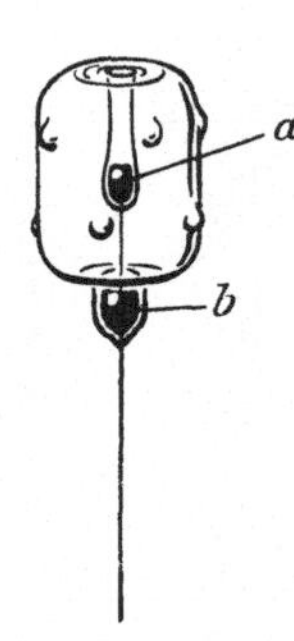

Fig. 275.
Schwimmer.

Der Regulator ist so weit mit Absperrflüssigkeit zu
füllen, daß Pt (Fig. 274) bei der Gleichgewichtslage des
Schwimmers, d. h. bei geöffnetem h_1, 2—3 mm über dem
Quecksilber bei a endet (Fig. 275). Mit Hilfe des oben erwähnten Gewindes kann dieser Abstand, wenn nötig, nach-
reguliert werden. Jedenfalls muß der Schwimmer eine nicht
allzu kleine freie Hubfläche aus der Gleichgewichtslage haben,
ehe der elektrische Kontakt bei a betätigt wird.

Als Absperrflüssigkeit erwies sich das auch bei 0°
dünnflüssig bleibende, chemisch beständige Gaultheriaöl (Salicyl-
säuremethylester) als sehr geeignet. Für die Konstruktion des
Schwimmers ist das spezifische Gewicht (bei 4°: 1.1992)
günstiger als das des Wassers, auch fällt das beim Wasser lästige
Ansetzen von Tropfen an die Gefäßteile über der Flüssigkeit fast
ganz fort. Die geringe Flüchtigkeit (Siedep. 224°) schließt auch bei niedrigen Drucken ein allmähliches Abdunsten fast vollständig aus. Besonders
kommt aber die elektrische Isolierfähigkeit zustatten (Dielektrizitäts-
konstante $= 8.8$). Die Füllung des Raums a über dem Quecksilber mit der
Sperrflüssigkeit läßt Öffnen und Schließen des Stroms innerhalb eines gut
isolierenden Mediums unter Fernhaltung von Sauerstoff erzielen.

Die elektrische Einrichtung.

Die frühere Benutzung von zwei Stromkreisen mittels Relais machte von
der Zuverlässigkeit des letzteren abhängig. Wenn auch die Anwendung eines
Relais mit Quecksilberkontakten in zugeschmolzenen Glasröhren länger ohne
Störung zu arbeiten gestattete als ein solches mit offenen Kontakten, war
doch hiermit der Nachteil verbunden, daß das Fließen des Quecksilbers eine
gewisse Zeit braucht und daher das Relais nicht momentan schaltet. Jedenfalls bedeutet die Benutzung nur eines Stromkreises eine wesentliche Vereinfachung und Erhöhung der Zuverlässigkeit.

Hierzu kommt eine neue Konstruktion des Elektromagnets in Verwendung,
bei der ein leichtbeweglicher Hebel K mit verschiebbarem Gegengewicht angebracht wird (Fig. 276). Statt des Hufeisenmagnets wird ein einfaches Solenoid
L benutzt, in dessen Mitte ein Eisenkern m nach abwärts gezogen wird und
auf einen Kupferstift aufstößt. Die Capillare ist durch ein Gewinde verstell-
bar und kann so mehr oder weniger dem Eisenkern genähert werden.

Durch Ummantelung des Solenoids mit weichem Eisen kann eine sehr
weitgehende Empfindlichkeit bei ganz geringen Stromstärken erreicht werden
(etwa 0.2 Ampere bei 2 Volt).

Das Schema der elektrischen Verbindungen erhält hiernach folgende einfache Gestalt (Fig. 277).

N ist die Stromquelle von 2 Volt (Akkumulator); M der Elektromagnet, $A-R$ der Flüssigkeitsregulator mit Schwimmer und T ein Papierkondensator zur Abschwächung des Öffnungsstroms. Zu diesem Zweck werden zwei kleine parallel geschaltete technische Kapazitäten von je 2 Mikrofarad benutzt.

Die Inbetriebsetzung (vgl. Fig. 273).

Die Glashähne H_1 und h_1 sowie H_3 (nach der Saugpumpe) sind zu öffnen, ebenso die Regulierhähne P_1 und P_2 auf den weitesten Durchlaß zu stellen. Der Hahn h_2 bleibt geschlossen.

Die Saugpumpe wird in Gang gesetzt und P_1 ganz allmählich unter Beobachtung des Barometers bei geöffnetem h_1 abgedrosselt. Wenn das gewünschte Vakuum annähernd erreicht ist, wird h_1 geschlossen und P_1 noch ein wenig weiter zugedreht. Der Schwimmer beginnt sich zu heben und, sobald er den elektrischen Kontakt hergestellt hat, tritt M in Funktion und läßt durch P_2 Luft nachströmen. Durch Abdrosseln des letzteren schwächt man die Luftstöße

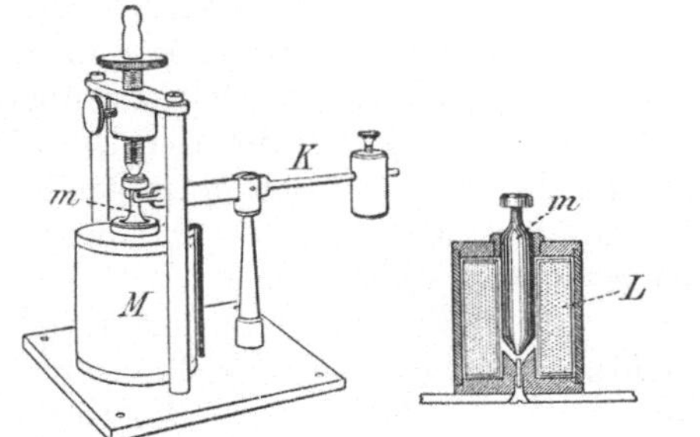

Fig. 276.   Elektromagnet.

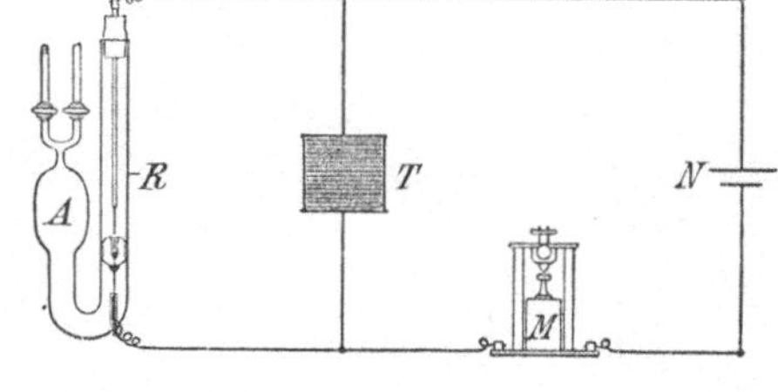

Fig. 277.   Schema der elektrischen Leitung.

so weit ab, daß der Apparat regelmäßig funktioniert. Wenn der Magnetkern zu lange angezogen bleibt, ist P_2 zu weit geschlossen; wenn umgekehrt der Elektromagnet zu lange außer Tätigkeit bleibt, ist P_1 noch zu weit geöffnet. Die Capillare über dem Eisenkern ist von vornherein so einzustellen, daß dem letzteren ein Spielraum von etwa 1—2 mm für die Bewegung bleibt. Durch allmähliches Herabschrauben der Capillare erfolgt nun die letzte Feinregulierung für einen gleichmäßigen und ruhigen Gang. Man hat es innerhalb gewisser Grenzen ganz in der Hand, den Rhythmus der Regulierung abzuändern. Wenn der Schwimmer leicht spielt, können mehrere Stöße in einer Sekunde und eine feste Einstellung des Barometers erzielt werden.

Die ganz genaue Einstellung auf einen gewünschten Druck erfolgt, wie oben beschrieben, durch kurzes Öffnen entweder von h_1, um den Druck etwas zu reduzieren, oder von h_2, um ihn etwas zu erhöhen. Für eine minimale Änderung empfiehlt sich rasches Drehen des betreffenden Hahns um 180°.

Um den Apparat außer Betrieb zu setzen, wird h_1 geöffnet, die Verbindung mit der Saugpumpe durch H_3 abgeschnitten und P_1 so weit geöffnet, daß allmählich Luft eindringt.

Eine noch genauere Kontrolle kleiner Intervalle als mit dem Barometer ist mittels eines in $1/_{100}°$ geteilten Beckmannschen Thermometers möglich. Es gelingt leicht, die Temperatur auf einen beliebigen Punkt der Thermometerskala einzustellen.

Der Apparat arbeitet sicher bis auf 100 mm hinab, wobei sich Konstanz des Siedens innerhalb $^1/_{100}$° leicht erhalten läßt. Unterhalb dieser Druckgrenze ist der Manostat auch noch zu gebrauchen, doch treten dann leichte Schwankungen des Drucks und der Temperatur auf.

Durch Anwendung von Siedecapillaren, die Luft nachströmen lassen, kann leidliche Konstanz auch bei erheblich niedrigeren Drucken, bis zu etwa 6 mm herab, erzielt werden.

Anwendung des Manostaten.

Durch den Manostaten ist ein sehr bequemes Hilfsmittel geboten, nicht nur für ebullioskopische Versuche unter vermindertem Druck, sondern auch für andere Zwecke. Schon lange ist man gewohnt, die Dämpfe siedender Flüssigkeiten als konstante Temperaturbäder anzuwenden. Man kann nun mit Hilfe des Manostaten die Siedetemperatur der betreffenden Flüssigkeit innerhalb weiter Grenzen herabsetzen und nach Belieben, unabhängig vom Atmosphärendruck, auf eine gewünschte Temperatur einstellen. Für kryoskopische Untersuchungen mit hochschmelzenden Lösungsmitteln kann man so erreichen, daß die Konvergenztemperatur im Innern des Gefriergefäßes je nach Wunsch mehr oder weniger unterhalb der Gefriertemperatur liegt. Ebenso ist für die Untersuchung sehr langsam sich einstellender und von der Temperatur abhängiger Gleichgewichte ein bequemer Ersatz für andere, umständlichere thermostatische Einrichtungen erzielt, zumal vollkommene Konstanz für beliebig lange Zeit erreicht werden kann.

Als Wärmebad wird meist der für ebullioskopische Zwecke bewährte Siedemantel benutzt, der sich bequem mit dem Manostaten verbinden läßt (Fig. 278).

Für Siedetemperaturen über 100° wird, soweit Luftkühlung nicht genügt, am besten ein Wasserkühler aus Quarzglas angewendet, der auch bei den schroffsten Temperaturübergängen nicht springt.

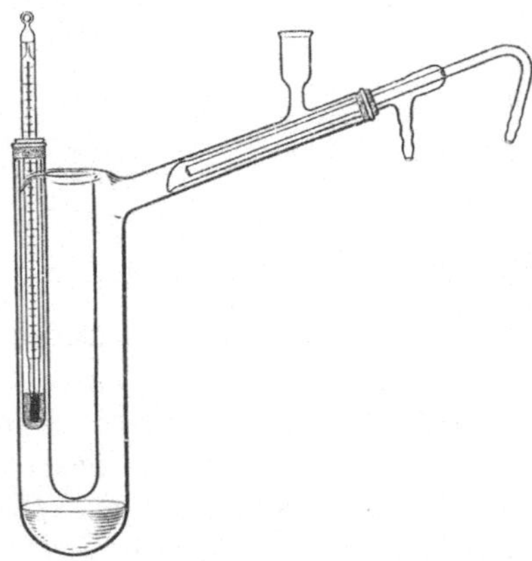

Fig. 278. Siedemantel.

Zur Kontrolle der Badtemperatur dient ein in dem Tubus befestigtes Thermometer. Um das Thermometer eventuell ohne Unterbrechung des Vakuums gegen ein anderes austauschen zu können, wird in dem Tubus ein dünnwandiges, unten geschlossenes und mit wenig Quecksilber beschicktes Glasrohr befestigt. Wenn man die Thermometerkugel in das Quecksilber eintaucht, nimmt es außerordentlich rasch die Badtemperatur an.

Der gesamte Manostat sowie die besonderen Teile, Flüssigkeitsregulator und Elektromagnet sind von der Firma **Paul Altmann**, Berlin NW 6, zu beziehen.

Mikromolekulargewichtsbestimmung nach der Siedemethode: Pregl, Mikroanalyse (1917), 167.

8. Indirekte Bestimmung des Molekulargewichts.

Wie man sich in gewissen Fällen, wo die Schwerlöslichkeit der Substanzen
eine ebullioskopische oder kryoskopische Bestimmung vereitelt, helfen kann
— allerdings nur dann, wenn es gelingt, die zu untersuchende Substanz wenigstens vorübergehend in Lösung zu halten —, haben in sinnreicher Weise
Schlenk und Thal gezeigt [1]).

Die Kaliumverbindung des Phenylbiphenylketons ist zwar nach ihrer
Isolierung in festem Zustand unlöslich, erhitzt man aber eine Lösung des
Phenylbiphenylketons in vollkommen trocknem Äther unter einer luftfreien
Stickstoffatmosphäre zum Sieden und bringt dazu metallisches Kalium,
so bildet sich die Kaliumverbindung, ohne daß Substanz zur Ausscheidung
gelangt.

Dabei bleibt der Siedepunkt der Lösung konstant, woraus hervorgeht,
daß die Anzahl der Moleküle in der Flüssigkeit bei der Bildung der Kalium-
verbindung sich nicht ändert, Phenylbiphenylketonkalium also bestimmt die
einfache Formel:

$$\begin{matrix} C_6H_5 \\ C_6H_5 - C_6H_4 \end{matrix} \Big\rangle C\!-\!OK$$

besitzt.

Zur Kontrolle wurde der Siedepunkt des Äthers bei Gegenwart des blanken
Kaliummetalls bestimmt und dann eine gewogene Menge des Ketons in den
Apparat gebracht. Es ergaben sich dann trotz der sehr raschen Bildung der
Ketonkaliumverbindung Siedepunktserhöhungen, die ganz dem unveränderten
Molekulargewicht des Ketons entsprachen.

C. Berechnung des Molekulargewichts [2]).

Wird mit
    M das gesuchte Molekulargewicht,
    K die molekulare Siedepunktserhöhung für 100 g Lösungsmittel
       (Siedekonstante),
    g das Gewicht der Substanz,
   Δ t die beobachtete Siedepunktserhöhung und
    G das Gewicht des Lösungsmittels bezeichnet,
so ist:

$$M = K \cdot \frac{100 \cdot g}{G \cdot \Delta t}.$$

K kann auf verschiedene Weise ermittelt werden [3]), am einfachsten
aus einer Siedepunktsbestimmung mit einer Substanz von bekanntem
Molekulargewicht.

Berechnen läßt es sich [4]) nach der Formel:

$$K = MT_0 / (475 \log T_0 - 0.007\, T_0).$$

---

[1]) B. **46**, 2840 (1913).

[2]) Beckmann und Arrhenius, Z. phys. **4**, 532, 550 (1889).

[3]) Beckmann, Fuchs und Gernhardt, Z. phys. **18**, 473 (1895). — Siehe auch
Kaufler und Karrer, B. **40**, 3265 (1907).

[4]) Tsakalotas, C. r. **144**, 1104 (1907).

Tabelle einiger Siedekonstanten.

	Siedepunkt	Konstante (= mol. Siedepunktserhöhung für 100 g Lösungsmittel)	Konstante (= mol. Siedepunktserhöhung für 100 ccm Lösung)
Aceton	56°	17.1	—
Äthylacetat	77°	26.8	—
Äthyläther	35°	21.1	30.3
Äthylalkohol	78°	11.5	15.6
Ameisensäure	99°	24.0	—
Anilin	184°	32.2	36.0
Benzol	79°	26.1	32.0
Buttersäure	163°	39.4	—
Chloroform	61°	36.6	26.0
Chinolin	240°	57.2	—
Dimethylanilin	192°	48.4	---
Essigsäure[1]	118°	30.7	. . .
Methylalkohol	66°	8.8	-- -
Nitrobenzol	209°	50.1	
Phenol	183°	30.4	32.2
Propionsäure	141°	35.1	---
Schwefelkohlenstoff . . .	46°	23.5	-
Wasser	100°	5.2	5.4

D. Wahl des Lösungsmittels.

Das möglichst gereinigte[2] Lösungsmittel muß einen Siedepunkt besitzen, der mindestens 140° unter dem der zu untersuchenden Substanz liegt.

Betreffs der assoziierenden Kraft der sauerstofffreien Lösungsmittel gilt das S. 416 f. Mitgeteilte.

Man wählt womöglich Lösungsmittel mit hoher Konstante.

4. Mikro-Molekulargewichtsbestimmung aus dem osmatischen Druck.

Barger, Soc. **85**, 286 (1904); **87**, 1042 (1905). — B. **37**, 1754 (1904).
Barger und Ewins, Soc. **87**, 1756 (1905).
Pyman, Soc. **91**, 1230 (1907).
Rast, B. **54**, 1979 (1921); 55, 1054 (1922).

5. Molekulargewichtsbestimmung aus der Dampfdruckerniedrigung.

Zur Messung der Dampfdruckerniedrigung kann man entweder[3] den Beckmannschen Siedeapparat mit einer Pumpe, einem Windkessel und Manometer verbinden und den Druckunterschied messen, der erforderlich ist, um Lösung und Lösungsmittel auf den gleichen Siedepunkt zu bringen, oder man macht von der Erfahrung Gebrauch, daß die Löslichkeit einer Flüssigkeit in einem indifferenten Gas ihrem Dampfdruck proportional ist.

---

[1]) Schon kleine Wassermengen drücken die molekulare Erhöhung stark herunter. Bei Verwendung von Eisessig zu Molekulargewichtsbestimmungen wird es sich empfehlen, vom eigenen Präparat zunächst die Konstante mit trocknem Benzil, Acetanilid oder Diphenylamin usw. zu ermitteln und dann die in Frage stehenden Bestimmungen anzuschließen. Im Apparat darf kein Kondensat am Zurückfließen gehindert werden, weil infolge der Neigung zum Fraktionieren sonst leicht Fehler eintreten. — Siehe Beckmann, Z. an. **74**, 291 (1912).

[2]) Beckmann, Fuchs und Gernhardt, Z. phys. **18**, 473 (1895). — Beckmann, Z. phys. **21**, 251 (1896). — Z. an. **51**, 237 (1906).

[3]) Noyes und Abbot, Z. phys. **23**, 63 (1897).

Nach **Ostwald** und **Walker**[1]) sowie **Will** und **Bredig**[2]) verfährt man folgendermaßen:

Ein konstanter, langsamer Luftstrom wird mittels Aspirators der Reihe nach durch einen Trockenapparat, eine Bleirohrspirale, einen mit der zu untersuchenden Lösung von bekanntem Gehalt angefüllten, gewogenen Neunkugelapparat (ähnlich dem **Liebig**schen Kaliapparat), einen zweiten gewogenen, der reines Lösungsmittel (Wasser, Alkohol) enthält, ein kleines, leeres U-Röhrchen und eine mit konzentrierter Schwefelsäure gefüllte Waschflasche geleitet.

Der ganze Apparat wird durch ein Wasserbad auf konstanter Temperatur erhalten.

Bedeutet

m das Molekulargewicht des Lösungsmittels,

s_1 und s_2 die Gewichtsabnahmen der Kugelapparate,

p die Anzahl Gramme gelöster Substanz auf 100 g Lösungsmittel,

so ergibt sich das Molekulargewicht M der Substanz:

$$M = \frac{m \cdot p \cdot s_1}{100 \cdot s_2}.$$

Die Resultate weichen im Mittel um $\pm\,8\%$ von den theoretischen Werten ab.

Siehe ferner:

Guglielmo, Atti Linc. (5), **10**, 11, 232 (1902).
Biddle, Am. **29**, 341 (1903).
Mittler, Diss. Kiel (1903).
Rügheimer, A. **339**, 297 (1905).
Perman, Soc. **87**, 194 (1905).
Menzies, Z. phys. **76**, 231 (1911).

Mikro-Molekulargewichtsbestimmung im Schmelzpunktsapparat: **Rast**, B. **55**, 1051 (1922).

---

[1]) Z. phys. **2**, 602 (1888). — Ostwald - Luther, Physiko chemische Messungen, 308.
[2]) B. **22**, 1084 (1889).

Zweiter Teil

Ermittlung der Stammsubstanz

Ermittlung der Stammsubstanz.

Die Konstitutionsbestimmung einer Substanz wird wesentlich erleichtert, ja in den meisten Fällen erst ermöglicht, wenn es gelungen ist, sie auf eine Verbindung bekannter Konstitution zurückzuführen.

Im allgemeinen dienen hierfür nur zwei Methoden: die Oxydation und die Reduktion; in Spezialfällen können auch andere Verfahren die Zugehörigkeit einer Substanz zu einer bestimmten Körperklasse erweisen. So haben große Gruppen von Verbindungen gewisse gemeinsame Eigenschaften und man spricht dementsprechend auch von Eiweiß-, Zucker- usw. Reaktionen, von der Cholesterinreaktion u. dgl. und verwertet diese mit mehr oder weniger Erfolg.

Die Anforderungen, welche an die Operationen zur Überführung in eine Stammsubstanz gestellt werden müssen, sind: möglichste Durchsichtigkeit der Reaktion, die also gestatten soll, die Zwischenstadien des Abbaus zu verfolgen und eventuell Zurückverwandeln in das Ausgangsmaterial, also eine partielle Synthese ermöglichen soll, und Einwandfreiheit, d. h. Gewähr dafür, daß nicht durch die Operationen eine einschneidende Änderung des Molekülaufbaus (Umlagerungen, Kondensationen) erfolgt sei. Endlich muß man trachten, das Kohlenstoffskelett der zu untersuchenden Verbindung möglichst intakt zu lassen.

Die zunehmende Erkenntnis, daß viele bis dahin als harmlos angesehene Reaktionen zu Umlagerungen Veranlassung geben können, hat namentlich die Zahl der als Oxydationsmittel in Betracht kommenden Reagenzien sehr eingeschränkt und uns überhaupt gelehrt, nicht mit aller Bestimmtheit den Resultaten eines solches Abbaus zu trauen, zwingt uns aber andererseits, alle Umstände, die derartigen Fehlern Vorschub leisten, wie übermäßig hohe Temperaturen und allzu stürmisch verlaufende Reaktionen, tunlichst zu meiden.

Erstes Kapitel.

Abbau durch Oxydation.

Die Oxydation wird namentlich zur Lösung folgender Aufgaben verwendet:
Verwandlung von Seitenketten C . . . . C . . C . . in COOH;
Spaltung ungesättigter Substanzen an der Stelle der doppelten oder dreifachen Bindung;
Überführung primärer oder sekundärer Alkohole in Aldehyd und Säure resp. in Keton;

Spaltung von Ketonen;

Verwandlung von Ketonen $RCOCH_3$ in Säuren $RCOOH$;

Überführung von Oxysäuren in Aldehyde resp. Ketone;

Dehydrogenieren von cyclischen Verbindungen;

Umwandlung von Säureamiden in primäre Amine;

Ersatz der Sulfogruppe aromatischer Verbindungen durch Hydroxyl.

Über den Mechanismus der Oxydationsvorgänge: Bredig und Sommer, Z. phys. **70**, 34 (1909). — Denham, Z. phys. **72**, 641 (1910). — Bredig, Ch. Ztg. **35**, 1095 (1911). — Blackadder, Z. phys. **81**, 385 (1912). — Wieland, B. **45**, 488, 679, 2606 (1912); **46**, 3327 (1913). — Löw, B. **45**, 3319 (1912). — Bach, B. **46**, 3864 (1913). — Bredig und Carter, B. **47**, 541 (1914). — Bredig, B. **47**, 546 (1914). — Wieland, B. **47**, 2085 (1914); **54**, 2353 (1921).

Erster Abschnitt.

Allgemeine Bemerkungen über Oxydationsmittel.

1. Übermangansäure.

Wenn Gefahr vorliegt, daß mit der Oxydation Umlagerungen einhergehen könnten, darf durchaus nicht in saurer Lösung oxydiert werden[1]).

Namentlich für die Terpenreihe und ähnliche Substanzklassen und allgemein bei Verbindungen mit beweglichen Doppelbindungen ist dann nur Oxydation in neutraler oder schwach alkalischer Lösung mit Chamäleonlösung statthaft[2]).

Leider gewährt auch dieses Verfahren keine absolute Sicherheit gegen Umlagerungen[3]). Namentlich Isomerisation der normalen in die Isopropylgruppe wird oft beobachtet[4]).

Über Wanderung von Carboxylgruppen: Claus und Mann, B. **18**, 1123 (1885). — Claus, Pieszcek und Dyckerhoff, B. **19**, 3085 [1886[5])].

Man verwendet gewöhnlich Kaliumpermanganat, seltener, wenn es darauf ankommt, keine anorganischen Salze ins Filtrat zu bekommen, Calcium-[6]), Barium-[7]), Magnesium-[8]), Silber- oder Zinkpermanganat[9]). Auch Natriumpermanganat ist schon benutzt worden[10]).

Calciumpermanganat pflegt stürmischer, Magnesiumpermanganat milder zu wirken als das Kaliumsalz.

---

[1]) Beispiele von Umlagerungen durch Chromsäure: Demjanow und Dojarenko, B. **41**, 43 (1908). — Ch. Ztg. **32**, 460 (1908); durch Persulfat: Kumagai und Wolffenstein, B. **41**, 297 (1908). — Siehe auch S. 608.

[2]) Tiemann und Semmler, B. **28**, 1345 (1895). — Semmler, B. **34**, 3122 (1901); **36**, 1033 (1903). — Windaus, B. **39**, 2008 (1906).

[3]) Wallach, A. **353**, 293 (1907). — Siehe auch S. 494.

[4]) R. Meyer, A. **220**, 6 (1883). — Widman, B. **19**, 2769 (1886). — Perl, Diss. München (1909), 26. — Przewalsky J. pr. (2) **88**, 501 (1913).

[5]) Diese Angaben verdienen eine Überprüfung.

[6]) Ullmann und Uzbachian, Ch. Ztg. **26**, 189 (1902). — B. **36**, 1797 (1903). — Pollak, Beitr. ch. Phys. u. Path. **7**, 16 (1905). — Brand und Matsui, B. **46**, 2947 (1913). Oxydation in Pyridinlösung.

[7]) Litterscheid, Arch. **238**, 208 (1900). — Steudel, Z. physiol. **32**, 241 (1901). — Benech und Kutscher, Z. physiol. **32**, 279 (1901). — Kutscher, Z. physiol. **32**, 413 (1901). — Zickgraf, B. **35**, 3401 (1902). — Hans Meyer und Ritter, M. **35**, 773 (1914). — Schmidt, Arch. **258**, 247. (1920).   [8]) Prileshajew, Russ. **39**, 769 (1907).

[9]) Guareschi, A. **222**, 305 (1883).   [10]) Grosse, Diss. Göttingen (1910), 37.

Das Kaliumpermanganat wird meist in wäßriger Lösung, in Konzentrationen von 1—5%, selten bis 10%, angewendet.

Komplizierte Moleküle werden in der Regel an mehreren Stellen angreifbar sein; benutzt man nun bei der Ausführung die zumeist übliche Vorschrift „Erhitzen auf dem Wasserbad", so hat die Mischung bis zum gleichmäßigen Erreichen des Temperaturmaximums eine große Anzahl von Wärmegraden allmählich zu durchlaufen, was zu allerlei unter sich verschiedenartigen Reaktionen Veranlassung geben kann. Dies wird vermieden, wenn man die Lösung der Substanz mit vorher in kochendem Wasser angeheizter Permanganatlösung vermischt und dann sofort in kochendem Wasser weiter erhitzt[1]).

Allmähliche Steigerung der Alkalikonzentration des Oxydationsgemisches begünstigt die Oxydation des o- und p-Nitrotoluols bis zu einem gewissen Grad, während die Oxydation des m-Nitrotoluols am besten in einem neutralen Medium ausgeführt wird. Erhöhte Verdünnung begünstigt die Oxydation aller drei isomeren Nitrotoluole; p-Nitrotoluol wird am schnellsten oxydiert, es folgt die o-Verbindung und dann die m-Verbindung[2]).

Nach Sachs[3]) ist für viele Fälle Aceton als Lösungsmittel sehr zu empfehlen, das natürlich vorher zu reinigen ist[4]).

Fournier[5]) macht übrigens darauf aufmerksam, daß auch reines Aceton, namentlich bei Gegenwart von Alkalien und in der Wärme, von Permanganat angegriffen wird, wobei u. a. Essigsäure, Oxalsäure und Brenztraubensäure entstehen.

Neben Aceton ist Essigsäure ein beliebtes Lösungsmittel, bedingt aber, wie noch viel mehr die seltener benutzte Salpetersäure[6]), durch ihre Säurewirkung oftmals einen veränderten Reaktionsverlauf.

Gelegentlich wird auch Chloroform[7]), Pyridin[8]) oder Alkohol[9]) angewendet.

Soll die Heftigkeit der Reaktion gemäßigt werden, so löst man die Substanz in einem Medium, das sich mit Permanganat nicht mischt, wie Äther, Benzol[10]), Ligroin[11]); oder man trägt das Permanganat in kleinen Partien als festes Pulver ein[12]).

Der bei der Oxydation in alkalischer Lösung entstehende Braunstein hält oftmals hartnäckig Substanz, namentlich Salze von Polycarbonsäuren (aber auch Kohlenwasserstoffe[13]) zurück und muß daher öfters mit Wasser oder einem entsprechenden Lösungsmittel ausgekocht werden.

---

[1]) Kiliani, B. **53**, 201 (1920).   [2]) Bigelow, Am. soc. **41**, 1559 (1919).
[3]) B. **34**, 497 (1901). — Harries und Pappos, B. **34**, 2979 (1901). — Harries und Schauwecker, B. **34**, 2987 (1901). — Fr. P. 349 896 (1901). — DRP. 115 516 (1901). — Michael und Leighton, J. pr. (2) **68**, 521 (1903). — Leuchs, B. **41**, 1712 (1908). — Semmler, B. **41**, 3993 (1908). — Schneider, Diss. Berlin (1909), 16. — Loewen, Diss. Berlin (1909), 26. — Weißgerber und Herz, B. **46**, 656 (1913). — Brand und Matsui, B. **46**, 2946 (1913). — Semmler und Jakubowicz, B. **47**, 1145 (1914). — Paal, B. **49**, 1571 (1916). — Schroeter, A. **426**, 47 (1922).
[4]) Siehe S. 25.
[5]) Bull. (4), **3**, 259 (1908). — Witzemann, Am. soc. **39**, 2657 (1917).
[6]) Rupp, B. **29**, 1625 (1896).   [7]) Riiber, B. **37**, 3120 (1904); **41**, 2412, 2415 (1908).
[8]) Brand und Matsui, B. **46**, 2947 (1913).   [9]) Haarmann, B. **42**, 1062 (1909).
[10]) Windaus, Arch. **246**, 131, 142 (1908). — Windaus und Resau, B. **47**, 1229 (1914).
[11]) Wienhaus, Diss. Göttingen (1907), 56. — Semmler, B. **33**, 3430 (1900).
[12]) Semmler, B. **24**, 3821 (1891). — Knorr, A. **279**, 220 (1894). — Wolff, B. **28**, 71 (1895). — DRP. 102 893 (1899).
[13]) Wienhaus, Diss. Göttingen (1907), 36.

Damit der Braunstein, der namentlich beim wiederholten Kochen Neigung hat, teilweise kolloid durchs Filter zu gehen, zurückgehalten werde, setzt man einen passenden Elektrolyten, meist Soda, zur Waschflüssigkeit[1]).

Hat man Grund zur Annahme, daß sich mit dem Braunstein schwer lösliche Oxydationsprodukte ausgeschieden haben, so bringt man ihn durch Einleiten von Schwefeldioxyd in Lösung. Ebensogut kann man natürlich ein schwefligsaures Salz zusetzen und dann ansäuern, oder man löst den Braunstein durch Erwärmen mit Oxalsäure und verdünnter Schwefelsäure[2]).

Überschüssiges Permanganat entfernt man durch vorsichtigen Zusatz von Formaldehyd, Ameisensäure oder Methylalkohol.

Will man in dauernd neutraler Lösung arbeiten, so leitet man während der Oxydation Kohlendioxyd ein, oder man setzt, was noch weit rationeller ist, der Lösung Magnesiumsulfat[3]) zu, das sich mit dem entstehenden Alkali nach der Gleichung:

$$MgSO_4 + 2\ KOH = Mg(OH)_2 + K_2SO_4$$

umsetzt. Das unlöslich ausfallende Magnesiumhydroxyd entfaltet dann keine Alkaliwirkungen.

Ähnlich wirkt Aluminiumsulfat[4]).

Regelmäßigkeiten bei der Oxydation der normalen Fettsäuren durch alkalisches Permanganat: Przewalsky, J. pr. (2) 88, 501 (1913).

Einfluß von Katalysatoren: Doroschowski und Pawlow.

Die Reaktionsgleichung für Permanganat in saurer Lösung ist:

$$2\ KMnO_4 + 3\ H_2SO_4 = 2\ MnSO_4 + K_2SO_4 + 3\ H_2O + 5\ O.$$

2 Mol. Permanganat (314 Teile) entsprechen also 5 At. Sauerstoff (80 Teilen). Für neutrale resp. alkalische Lösungen gilt die Gleichung:

$$2\ KMnO_4 + H_2O = 2\ MnO_2 + 2\ KOH + 3\ O.$$

314 Teile Permanganat geben sonach 48 Teile Sauerstoff.

2. Chromsäure.

Man benutzt als Oxydationsmittel entweder Chromsäureanhydrid, das in Eisessig oder in verdünnter, seltener in konzentrierter[5]) Schwefelsäure gelöst angewendet wird, oder man säuert die wäßrige Lösung eines chromsauren Alkalis mit Schwefelsäure[6]), Salpetersäure[7]) oder Essigsäure an.

Natriumpyrochromat ist in Wasser sehr leicht und auch in Eisessig genügend löslich, gestattet also, in konzentrierten Lösungen zu arbeiten; es ist daher in vielen Fällen dem schwerer löslichen (und auch teureren) Kaliumsalz vorzuziehen.

Orthoverbindungen werden im allgemeinen von Chromsäure viel leichter verbrannt als ihre Isomeren, doch ist die früher von Fittig[8]) aufgestellte These, daß mit diesem Oxydationsmittel Orthoverbindungen überhaupt nicht ohne tiefer gehende Zerstörung oxydierbar seien, nicht aufrechtzuerhalten[9]).

---

[1]) Baeyer, A. 245, 139 (1888).   [2]) Philipps, Diss. Göttingen (1901), 23.

[3]) Thiele, B. 28, 2599 (1895). — DRP. 94 629 (1897). — Lassar - Cohn, B. 32, 683 (1899).

[4]) Siehe hierzu Baum, Bioch. 26, 329 (1910).   [5]) DRP. 12 7325 (1902).

[6]) Daß ein Schwefelsäurezusatz zur Essigsäure unter Umständen von ausschlaggebender Bedeutung sein kann, haben E. und O. Fischer, B. 37, 3356 (1904), gezeigt. Siehe ferner Eckert, M. 35, 294 (1914).

[7]) DRP. 229 394 (1910). — Bratz und Niementowski, B. 51, 366 (1918).

[8]) Z. (2) 7, 179 (1871).   [9]) Remsen, Am. 1, 36 (1879). — DRP. 109 012 (1899).

Übergang des Tetra- in den Trimethylenring bei Chromsäureoxydationen: Demjanow und Dojarenko, B. **41**, 43 (1908).

Die Reaktionsgleichung für Kaliumpyrochromat ist:

$$K_2Cr_2O_7 + 4\,H_2SO_4 = K_2SO_4 + Cr_2(SO_4)_3 + 4\,H_2O + 3\,O.$$

Aus einem Molekül Pyrochromat (294 Teilen für $K_2Cr_2O_7$, 298 Teilen für $Na_2Cr_2O_7 + H_2O$) werden sonach 3 Atome (48 Teile) Sauerstoff disponibel.

Ebenso entsprechen 200 Teile Chromsäureanhydrid 48 Teilen Sauerstoff.

Oxydierende Acetylierung.

Das nachfolgende Verfahren hat zwar zu Konstitutionsbestimmungen[1]) nicht dieselbe Wichtigkeit wie sein Gegenstück, die reduzierende Acetylierung, verdient aber doch spezielle Erwähnung.

Werden aromatische Kohlenwasserstoffe mit Methylgruppen als Seitenketten bei Gegenwart von Essigsäureanhydrid, Eisessig und Schwefelsäure mit Chromsäureanhydrid oxydiert, so werden die als erstes Oxydationsprodukt entstehenden Aldehyde in Form ihrer Acetylderivate fixiert und vor weiterer Zerstörung durch das Oxydationsgemisch bewahrt[2]).

Zur Darstellung des Terephthalaldehyds werden z. B. 100 g Essigsäureanhydrid, 50 g Eisessig, 15 g Schwefelsäure und 3.3 g p-Xylol unter Turbinieren mit überschüssigem Chromsäureanhydrid (10 g) 4—5 Stunden lang bei 5—10° oxydiert. Durch Eingießen in Wasser erhält man 5.5 g Tetraacetat, das durch Salzsäure zersetzt und durch Wasserdampfdestillation in reinen Aldehyd übergeführt werden kann.

Zur

Isolierung der Reaktionsprodukte nach der Oxydation mit Chromsäure

muß, falls das entstandene Produkt nicht durch Wasserdampfdestillation oder Ausschütteln erhalten werden kann, oder durch Wasserzusatz gefällt wird, das Chrom und meist auch die Schwefelsäure, falls solche zugesetzt worden war, entfernt werden.

Im allgemeinen wird zu diesem Behuf mit Ammoniak übersättigt und gekocht, vom ausgefallenen Chromoxydhydrat abgesaugt und im Filtrat die Schwefelsäure und eventuell noch vorhandene Chromsäure mittels eines Bariumsalzes oder durch Barythydrat gefällt. Dabei kann das meist als Säure vorhandene organische Reaktionsprodukt mit ausgefällt werden und ist dann durch Auskochen vom Bariumsulfat zu trennen. Oftmals fällt man auch die organische Säure aus der neutralen Ammoniumsulfat enthaltenden Lösung mit Kupferacetat oder -sulfat als schwerlösliches Salz [Pyridin- und Chinolincarbonsäuren[3])].

Da das voluminöse Chromoxydhydrat oftmals viel organische Substanz mitreißt, die nur durch wiederholtes Auskochen extrahiert werden kann, empfiehlt Pinner[4]), vor der Fällung eine dem Chrom entsprechende Menge Phosphorsäure zuzusetzen, weil man dann beim Neutralisieren Chromphosphat

---

[1]) K. H. Meyer, A. **379**, 75 (1911). — Eckert u. Alice Hofmann, M. **36**, 498 (1915).
[2]) Thiele und Winter, A. **311**, 355 (1900). — Fr. P. 295 939 (1900). — DRP. 121 788 (1901). — Mesitylen: Bielecki, Anz. Ak. d. W. Krakau (1908), 29. — Anthranolacetat aus Anthracen: K. H. Meyer, A. **379**, 75 (1911).
[3]) Siehe auch S. 466.   [4]) B. **38**, 1519 (1905).

$CrPO_4$ an Stelle des Hydrats fällt, das viel leichter filtrierbar ist und schon nach einmaligem Auskochen fast nichts mehr zurückhält.

3. Salpetersäure.

Salpetersäure kann natürlich nur dann in Frage kommen, wenn die zu oxydierende Substanz nicht leicht nitrierbar ist[1]). Man benutzt sie daher gelegentlich zur Oxydation von Polynitrokörpern[2]), von Pyridinderivaten[3]), Naphthenen[4]) und deren Derivaten[5]) oder Fettsubstanzen.

Die Seitenketten von Benzolhomologen werden oftmals leicht durch verdünnte Salpetersäure (z. B. aus 1 Vol. Säure 1.4 und 1—3 Vol. Wasser) abgebaut.

Sehr resistente Stoffe können sogar mit Vorteil mit Salpeterschwefelsäure oxydiert werden[6]), wobei man bis auf 200° erhitzt.

Um die als Oxydationsprodukt erhaltenen Substanzen (Säuren) zu isolieren, verdünnt man mit Wasser und erhält so oft schon direkt die Abscheidung, oder man neutralisiert und fällt mit einem geeigneten Metallsalz (Kupfer, Blei, Silber, Barium).

Durch wiederholtes Eindampfen auf dem Wasserbad, namentlich rasch auf Salzsäurezusatz (wo dies angängig ist), kann man auch die Salpetersäure vollkommen verjagen.

Um sie auf chemischem Wege zu entfernen, setzt man nach Siegfried[7]) stark überschüssiges, kalt gefälltes und gut gewaschenes, unter Wasser befindliches Bleioxydhydrat zu, wodurch unlösliches basisches Bleinitrat gebildet wird. Im Filtrat wird dann das Blei mit Schwefelwasserstoff gefällt. Dieses Verfahren setzt natürlich voraus, daß die Säure kein unlösliches Bleisalz gibt. — Geringe Mengen Salpetersäure können auch, falls dies sonst statthaft ist, in alkalischen Lösungen durch Zinkstaub zu Ammoniak reduziert werden[8]).

Über die Verwendung von Nitron siehe S. 957.

Abscheidung von Pyridincarbonsäuren aus ihren Mineralsäuresalzen und aus ihren Salzen überhaupt.

Man pflegt diese Säuren in Form ihrer meist leicht zu reinigenden Salze mit Schwermetallen oder mit Mineralsäuren zu isolieren und führt dann im letzteren Fall (wie bei der Chinaldinsäure) auch noch in Silber-, Blei- oder Kupfersalze über, die nunmehr mit Schwefelwasserstoff zerlegt werden.

Diese Prozedur ist nicht nur wegen des starken Adsorptionsvermögens der Metallsulfide zeitraubend, mühsam und verlustreich, sondern auch für empfindliche Säuren gefährlich. Endlich werden die Schwefelmetalle, namentlich das Kupfer, zum Teil in kolloider, schwer fällbarer Form erhalten.

---

[1]) Als Nebenprodukte entstehende Nitrokörper werden durch Reduktion mit Zinn und Salzsäure, Ammoniak und Schwefelammon usw. entfernt. — Warren de la Rue und Müller, A. **120**, 341 (1861). — Oxydationen mit Salpetersäure im Bombenrohr: Freund und Fleischer, A. **411**, 24—27, 33, 35 (1916). — Siehe auch Anm. 5.

[2]) Tiemann und Judson, B. **3**, 224 (1870). — Haeussermann und Martz, B. **26**, 2982 (1893).

[3]) Z. B. Hans Meyer und Turnau, M. **28**, 155 (1907).

[4]) Aschan, B. **32**, 1771 (1899).

[5]) Bouveault und Locquin, Bull. (4) **3**, 437 (1908).

[6]) DRP. 77 559 (1899); 127 325 (1901).

[7]) B. **24**, 421 (1891).　　　[8]) Schmiedeberg und Meyer, Z. physiol. **3**, 444 (1873).

Letzterem Umstand hat Hans Meyer dadurch abgeholfen[1]), daß er die Fällung in salzsaurer Lösung vor sich gehen läßt. Die so leicht und in sehr reiner Form resultierenden Chlorhydrate sind in allen Fällen, wo Isolierung der Carbonsäure nicht notwendig ist, z. B. für die Esterifizierung oder die Chloriddarstellung, vollkommen entsprechend.

Will man aber die freien Carbonsäuren darstellen, so kann man[2]) der Gleichung:

$$\text{RCOOH} \cdot \text{HNO}_3 + \text{NaOH} = \text{RCOOH} + \text{NaNO}_3 + \text{H}_2\text{O}$$

nach die einem Äquivalent Säure entsprechende Menge Alkali zusetzen und erhält sogleich die ganze Menge der gesuchten Säure im Zustand vollkommener Reinheit. Liegt das Alkalisalz der Pyridin- (Chinolin-) Carbonsäure vor, so wird die Zerlegung natürlich mit der äquivalenten Menge Mineralsäure bewirkt.

Zum Beispiel wurde eine gewogene Menge Chinaldinsäurechlorhydrat in möglichst wenig Wasser gelöst, die Hälfte der Flüssigkeit neutralisiert und die andere Hälfte zugesetzt. Die Hauptmenge der Chinaldinsäure krystallisiert sofort aus, der Rest kann durch Konzentrieren gewonnen werden und wird von geringen Mengen Natriumnitrat durch Auskochen mit Benzol befreit.

In dem relativ seltenen Fall, daß die organische Säure allzu leicht in Wasser löslich sein sollte, um sich durch Umkrystallisieren von dem mitentstandenen anorganischen Salz bequem abtrennen zu lassen (Picolinsäure, α'-Methyl-picolinsäure), hat man es immer zugleich mit Substanzen zu tun, die in organischen Lösungsmitteln (Benzol, Eisessig, Aceton usw.), worin die Mineralsäuresalze nicht löslich sind, aufgenommen werden können, so daß man in jedem Fall zum Ziel kommt. Vielleicht wird sich auch hier Gelegenheit ergeben, von der leichten Löslichkeit der Lithiumsalze Gebrauch zu machen[3]).

Übrigens läßt sich selbst dieses Verfahren noch in der Ausführung vereinfachen, was sich namentlich in jenen Fällen als wichtig erweist, wo leicht dissoziierbare Salze vorliegen, die schon beim Trocknen einen Teil ihrer Mineralsäure verlieren können: Man löst alsdann das ungewogene Salz in möglichst wenig Wasser auf und neutralisiert mit verdünnter Lauge, während man Strichproben auf empfindlichem Kongopapier bis zum Verschwinden der Blaufärbung macht.

Zweiter Abschnitt.

Aboxydieren von Seitenketten.

Die eigentlichen Benzolderivate werden durch alle gebräuchlichen Oxydationsmittel, wie Salpetersäure, Chromsäure oder Permanganat, bis zu den Benzolcarbonsäuren abgebaut. Beim vorsichtigen Arbeiten, namentlich mit verdünnter Salpetersäure oder mit Kaliumpermanganat in alkalischer Lösung, lassen sich oftmals auch Zwischenprodukte fassen.

Unter den kohlenstofffreien Substitutionsprodukten sind einige geeignet, die Stabilität des Systems zu erhöhen, andere, es zu schwächen[4]).

---

[1]) M. **23**, 438, Anm. (1902). — Vgl. Skraup, A. **201**, 296 (1880).

[2]) Hans Meyer und Turnau, M. **28**, 156 (1907).

[3]) Hans Meyer, Festschr. f. Ad. Lieben (1906), 475. — A. **351**, 275 (1907).

[4]) Siehe über den Einfluß der Kernsubstitution auf die Oxydierbarkeit der Seitenketten namentlich Cohen und Miller, Proc. **20**, 11, 219 (1904). — Soc. **85**, 1622 (1905). — Cohen und Hodsman, Proc. **23**, 152 (1907). — Soc. **91**, 970 (1907). — Über die Wirkungsart der verschiedenen Oxydationsmittel: Law und Perkin, Soc. **91**, 258 (1907); **93**, 1633 (1908).

So vermindern **Nitrogruppen** die Oxydierbarkeit der Seitenketten (Nitroaldehyde, Trinitrotoluol), ebenso wie **Halogene**, namentlich in Orthostellung[1]), die Oxydierbarkeit verringern. Im allgemeinen verzögern Meta- und begünstigen Parasubstituenten die Reaktion.

Das Tetrabromxylol z. B.[2]) ist so widerstandsfähig, daß seine Überführung in die entsprechende Terephthalsäure nur durch die kombinierte Wirkung von Salpetersäure und Übermangansäure und vielstündiges Erhitzen im Einschlußrohr auf 180° gelingt. Das gleiche gilt von der entsprechenden Tetrachlorverbindung.

Über das ähnliche Verhalten des Tetrachlorisocymols: Kelbe und Pfeiffer, B. **19**, 1724 (1886).

Aminogruppen und **Hydroxyle** sind dagegen so leicht angreifbar, daß sie von dem Oxydationsmittel früher als die kohlenstoffhaltigen Seitenketten angegriffen werden und weitgehende Zertrümmerung des Moleküls herbeiführen würden, wenn man nicht in geeigneter Weise einen „Schutz" für sie anwenden würde.

Man schützt Aminogruppen durch **Acylierung**, sekundäre auch durch **Nitrosierung**[3]), Hydroxylgruppen durch **Alkylierung**[4]) oder **Acylierung** — selbst durch anorganische Reste (Kresylschwefelsäure: Königs und Heymann, B. **19**, 704; 1886).

In manchen Fällen gelingt es übrigens auch durch passende Wahl des Oxydationsmittels, einen derartigen Schutz entbehrlich zu machen.

So hat Perkin gefunden[5]), daß man manche Phenole mit **Wasserstoffsuperoxyd** oxydieren kann, und zwar sowohl in essigsaurer als auch in alkalischer Lösung, ohne daß es nötig wäre, sie vorher zu alkylieren. Als Reagens wird am besten Perhydrol, oft auch Kaliumpersulfat angewendet[6]), das auch sonst ein wertvolles Oxydationsmittel ist[7]).

Als Beispiel für die Oxydation in saurer Lösung sei die Darstellung von Oxycodeinon angeführt[8]).

50 g Thebain wurden in 200 ccm Eisessig gelöst und der siedend heißen Flüssigkeit 25 ccm 30 proz. Wasserstoffsuperoxyd zugefügt. Nach kurzer Zeit trat eine heftige Reaktion ein, während die Lösung eine tiefbraune Farbe annahm. Nach 15 Minuten war die Reaktion meist beendet. Die Flüssigkeit wurde mit dem gleichen Volumen Wasser versetzt und unter beständigem Umrühren mit starkem Ammoniak alkalisch gemacht. Das ausgeschiedene Oxycodeinon wurde abgesaugt, Ausbeute 25—28 g.

Dimroth und **Weuringh**[9]) haben bei der Carminsäure und **Dimroth** und **Goldschmidt**[10]) bei der Laccainsäure und dem Bromlaccain durch Oxydieren mit alkalischer Wasserstoffsuperoxydlösung, die minimale Spuren katalysierend wirkender Metallsalze enthielt, vorzügliche Resultate erhalten. Am wirksamsten sind Kobaltsalze[11]), dann folgen Mangan-, schließlich Cero- und Ferrosalze. Zunehmende Alkalikonzentration erhöht die

---

[1]) Schöpff, B. **24**, 3778 (1891).   [2]) Rupp, B. **29**, 1625 (1896).
[3]) DRP. 121 287 (1901).
[4]) Oppenheim und Pfaff, B. **8**, 887 (1875). — Ach und Knorr, B. **36**, 3067 (1903).
[5]) Proc. **23**, 166 (1907). — DRP. 81 068 (1897); 81 298 (1897).
[6]) Henderson und Boyd, Soc. **97**, 1659 (1910).
[7]) Law und Perkin, Soc. **91**, 258 (1907).
[8]) Freund und Speyer, J. pr. (2) **94**, 156 (1917).   [9]) A. **399**, 16 (1913).
[10]) A. **399**, 76 (1913).
[11]) Auch die Oxydation alkalischer Lösungen durch den Luftsauerstoff wird durch Kobaltosalze sehr erleichtert.

Oxydationsgeschwindigkeit wesentlich, verursacht jedoch, im Übermaß angewendet, Zersetzung der Reaktionsprodukte.

Beispielsweise werden 5 g Carminsäure in 25 ccm Wasser gelöst, 50 ccm fünffach normale Natronlauge und 5 ccm Perhydrol Merck sowie 3—4 Tropfen 10 proz. Kobaltsulfatlösung zugegeben. Man hält auf 25°, beendet die Reaktion im kochenden Wasserbad, kühlt dann auf 0° ab und scheidet das Reaktionsprodukt durch Ansäuern mit 80 proz. Essigsäure ab.

Über die Oxydation der homologen Phenole siehe auch unter „Alkalischmelze".

Auch in der Naphthalinreihe werden im allgemeinen die Alkylgruppen aboxydiert, ohne daß sich sonstige Veränderungen in dem System zeigen. Man kann z. B. aus Methylnaphthalin β-Naphthoesäure darstellen[1]). In manchen Fällen tritt aber auch Spaltung des einen Kerns ein; so liefert 1.4-Dimethyl-6-Äthylnaphthalin 1.4-Dimethylphthalsäure[2]):

$$\underset{CH_3}{\overset{CH_3}{\bigcirc\!\bigcirc}}C_2H_5 \;\rightarrow\; \underset{CH_3}{\overset{CH_3}{\bigcirc}}\!\!\begin{matrix}COOH\\COOH\end{matrix}\;.$$

Ist der Naphthalinring partiell hydriert, so wird stets die aliphatische Hälfte angegriffen.

In der Pyridinreihe liegen die Verhältnisse ganz ebenso wie in der Benzolreihe, dagegen sind in der Chinolinreihe, namentlich bei den eingehenden Untersuchungen von v. Miller[3]), ziemlich verschiedenartige Reaktionsfolgen beobachtet worden.

Gesetzmäßigkeiten bei der Oxydation von Chinolinderivaten mit Chromsäure[4]).

Alle im Pyridinkern durch Methyl oder Äthyl substituierten Chinolinderivate gehen in die betreffenden Chinolincarbonsäuren über. Auch längere Seitenketten werden in gleicher Weise abgebaut.

Von mehreren Methylen ist das α-ständige das resistenteste, dann folgt β, endlich γ, hierauf folgen die evtl. im Benzolkern vorhandenen Methyle, in der Reihenfolge: ortho, meta, para, endlich ana, das in dieser Reihe das schwächste ist.

Die Widerstandsfähigkeit der Pyridinseitenketten im Chinolinmolekül hängt von ihrer Länge ab: je kürzer desto resistenter, je länger desto schwächer.

Eine Ausnahme besteht, wenn α-Äthyl mit β-Methyl bei Anwesenheit eines Methyls in Parastellung konkurriert, dann zeigt das α-Äthyl dem β-Methyl gegenüber hervorragende Resistenz.

[1]) Ciamician, B. 11, 272 (1878).
[2]) Gucci und Grassi-Cristaldi, G. 22, I, 44 (1892).
[3]) B. 23, 2252 (1890).
[4]) Weidel, M. 3, 79 (1882). — Döbner und Miller, B. 16, 2472 (1883); 18, 1640 (1885). — Kahn, B. 18, 3369 (1885). — Spady, B. 18, 3379 (1885). — Königs und Neff, B. 19, 2427(1886). — Reher, B. 19, 2996, 3000 (1886). — Skraup und Brunner, M. 7, 149 (1886). — Beyer, J. pr. (2) 33, 401 (1886). — Panajotow, B. 20, 38 (1887). — Lellmann und Alt, A. 237, 308 (1887). — Heymann und Königs, B. 21, 2172 (1888). — Rohde, B. 22, 267 (1889). — Kugler, Diss. (1889), 30. — Eckart, B. 22, 277 (1889). — Seitz, B. 23, 2257 (1890). — Rist, B. 23, 2262 (1890). — Daniel, B. 23, 2264 (1890). — Ohler, B. 23, 2268 (1890). — Jungmann, B. 23, 2270 (1890). — v. Miller und Krämer, B. 24, 1915 (1891).

Die Widerstandsfähigkeit der gesättigten Alkylseitenketten wächst durch die gleichzeitige Anwesenheit von Carboxyl im anderen Kern derart, daß dadurch die Oxydation zur Dicarbonsäure überhaupt unmöglich wird. Ist indes die Seitenkette ungesättigt, so gelingt es, sie zu oxydieren.

Man macht hiervon Gebrauch, indem man vor der Oxydation, wo dies angängig ist (siehe S. 1141), den Rest eines Aldehyds einführt und so die Kette nicht nur durch ihre Verlängerung, sondern auch durch Überführung in eine ungesättigte leichter angreifbar macht.

Gesetzmäßigkeiten bei der Oxydation von Chinolinderivaten mit Permanganat[1]).

Die Oxydation führt hier im Gegensatz zu den Oxydationen mit Chromsäure in ihrem weiteren Verlauf regelmäßig zur Sprengung des Benzol- oder Pyridinrings oder beider.

Beim Oxydieren in saurer Lösung, das sich überhaupt im allgemeinen nicht empfiehlt, werden bei alkylierten oder carboxylierten Chinolinderivaten fast immer tiefgehende Zersetzungen beobachtet oder das Auftreten von Anthranilsäurederivaten, selten von Pyridinderivaten.

Das Paraaminophenylchinolin gab allerdings in saurer Lösung Benzolspaltung und Bildung von α-Oxychinolinsäure.

Über die Oxydation von Chinolin und Chinolinderivaten in konzentrierter Schwefelsäure: v. Georgievics, M. **12**, 317 (1891).

Oxydationen in alkalischer Lösung.

Chinolin und im Benzolkern alkylierte Chinoline erleiden Benzolspaltung.

Bei den Py-Methylchinolinen hängt der Verlauf der Oxydation von der Stellung der Methylgruppen ab. Die Widerstandsfähigkeit des Pyridinkerns bleibt nämlich erhalten, wenn das Methyl sich in γ-Stellung befindet. Ist jedoch Methyl in α-Stellung vorhanden, so bleibt der Benzolring erhalten und der Pyridinring wird zerstört. Dasselbe gilt für α-Phenyl- und Äthylchinolin, die allerdings nur in saurer Lösung relativ glatt oxydiert werden. Oxychinaldin gibt ebenfalls Benzolderivat (Acetanthranilsäure). Auch Substitutionen im Benzolkern scheinen an diesen Verhältnissen nichts zu ändern.

β-Methylchinolin endlich wird von alkalischem Permanganat vollständig zu Oxalsäure, Kohlensäure und Ammoniak verbrannt.

Ist neben Methyl in α-Stellung noch ein zweites Methyl vorhanden, so bleibt, wenn das zweite Methyl sich in β-Stellung befindet, der Benzolkern erhalten, wenn das Methyl sich aber in γ-Stellung befindet, entsteht ein Pyridinderivat.

Befindet sich im Pyridinkern nicht Methyl, sondern Carboxyl, so wird in jedem Fall der Benzolkern gesprengt. Das gleiche gilt, wenn sich neben dem Carboxyl im Pyridinkern Methyl befindet.

α-Phenylchinolin-γ-carbonsäure (Atophan) liefert bei der Oxydation mit alkalischem Permanganat sowohl Benzolderivate (Benzoesäure und Phenylbenzoxazol) als auch — als Hauptprodukt — Pyridinderivat (α-Phenylpyridin-α',-β',γ-tricarbonsäure[2]).

---

[1]) v. Miller, B. **24**, 1900 (1891). — Hier auch alle einschlägigen älteren Literaturangaben. — Rhodius, Diss. Freiburg i. Br. (1901). — Monath, Diss. Freiburg i. Br. (1912), 37.

[2]) Boehm und Bournot, B. **48**, 1570 (1915).

Die beiden Naphthochinoline, die β-Naphthochinolinsulfosäure und alle anderen Derivate der Naphthochinoline werden zu Pyridinderivaten abgebaut. Das gleiche gilt für die Phenanthroline.

Oxydation der Pyrazole: Claisen und Roosen, A. **278**, 277 (1894). — Michaelis und Schüler, B. **33**, 2618 (1900); **34**, 1303 (1901). — Triazole: v. Pechmann, B. **21**, 2761 (1888). — Chinazoline: Bischler und Barad, B. **25**, 3092 (1892). — Thiophenhomologe: Damsky, B. **19**, 3284 (1886). — Furazane: Wolff, B. **28**, 69 (1895).

Dritter Abschnitt.

Überführung von Alkoholen in Aldehyde (Ketone) und Säuren.

Nach Fournier[1]) empfiehlt sich zur Oxydation aliphatischer Alkohole zu den entsprechenden Säuren die Oxydation mit Permanganat.

Man mischt z. B. 100 Teile Isobutylalkohol mit 30 Teilen Natriumhydroxyd und 300 Teilen Wasser, verteilt auf mehrere Kolben, trägt innerhalb von 3 bis 4 Minuten bei $+ 4°$ 280 Teile Kaliumpermanganat, das in 5500 Teilen Wasser gelöst ist, ein, läßt die Temperatur innerhalb mehrerer Stunden auf Zimmerwärme steigen, filtriert, nachdem Entfärbung eingetreten ist, konzentriert im Wasserbad auf ca. 300 ccm und fügt nach dem Erkalten Äther und hierauf vorsichtig überschüssige Schwefelsäure zu. Man schüttelt wiederholt mit Äther aus. Ausbeute an Isobuttersäure 84%.

Wenn möglich, muß man trachten, auch den intermediär gebildeten Aldehyd zu isolieren und zu charakterisieren.

Mit dem Chromsäuregemisch erhält man oft, durch Bildung von Aldehyden und Estern, unbefriedigende Resultate an Säure, dagegen ist dieses Reagens für die Darstellung der Aldehyde (Ketone) sehr geeignet.

So oxydierten Semmler und Bartelt[2]) das Myrtenol mit Chromsäure in Eisessiglösung, fällten den entstandenen Aldehyd mit Semicarbacid, zersetzten das Semicarbazon mit Phthalsäureanhydrid und führten den freigemachten Aldehyd in sein Oxim über. Letzteres, mit Essigsäureanhydrid gekocht, gab das Myrtensäurenitril, das mit alkoholischer Kalilauge zur Säure verseift wurde, die ihrerseits in den Methylester übergeführt werden konnte:

$$C_9H_{11} \cdot CH_2OH \rightarrow C_9H_{11} \cdot C\overset{O}{\underset{H}{<}} \rightarrow C_9H_{11} \cdot C\overset{NOH}{\underset{H}{<}} \rightarrow C_9H_{11} \cdot CN \rightarrow C_9H_{11} \cdot COOH.$$

Chromsäure wird überhaupt, namentlich auch für die Darstellung der aliphatischen Aldehyde[3]), für diesen Zweck bevorzugt, und zwar wendet man gewöhnlich wäßrige, mehr oder weniger Schwefelsäure enthaltende Lösungen an, die man entweder mit Chromsäureanhydrid oder mit Kalium- oder Natriumpyrochromat bereitet.

---

1) C. r. **144**, 331 (1907). — Bull. (4) **5**, 920 (1909).   2) B. **40**, 1363 (1907).
3) Staedeler, J. pr. (1) **76**, 54 (1859) — Pfeiffer, B. **5**, 699 (1872). — Lipp, A. **205**, 2 (1880). — Fossek, M. **2**, 614 (1881). — Lieben und Zeisel, M. **4**, 14 (1883). — Bouveault, Bull. (3) **31**, 1310 (1904). — Neustädter, M. **27**, 884 (1906).

Ein von Beckmann[1]) ausgearbeitetes Verfahren, das vielfach mit außerordentlichem Erfolg angewendet wird, schreibt auf je 60 g (1 Mol.) Kaliumpyrochromat 50 g (2.5 Mol.) konzentrierte Schwefelsäure und 300 g Wasser vor (Beckmannsche Mischung). Diese Mischung ist gleich gut geeignet, sekundäre Alkohole in Ketone zu verwandeln.

Beispiel[2]):

Mit den angegebenen Mengen der Beckmannschen Mischung, die auf ca. 30° gebracht ist, werden 45 g Menthol versetzt, das sich, infolge Bildung einer Chromverbindung, momentan tiefschwarz färbt. Man schüttelt kräftig, wobei die Masse unter Selbsterwärmung heller wird. Bei 53° zerfällt die Chromverbindung, und es scheidet sich flüssiges Menthon ab. Evtl. ist durch Anwärmen oder Kühlen für Regulierung der Temperatur zu sorgen.

Gewisse Sesquiterpenalkohole (Maalialkohol) geben mit Chromtrioxyd charakteristische Verbindungen: Bericht von Schimmel & Co., 1908 II., Oktober.

Ungesättigte Alkohole werden an der Stelle ihrer Doppelbindung gespalten. Für diese sowie für die zugehörigen gesättigten Alkohole vom Typus des Dihydrophytols empfehlen Willstätter, Mayer und Hüni Oxydation mit Chromtrioxyd in Eisessig bei Gegenwart von Kaliumbisulfat[3]).

Auf 1 Teil Alkohol werden 25 Teile Eisessig und 5 Teile Kaliumbisulfat genommen.

Kiliani verwendet[4]) Natriumpyrochromat und größere Mengen Schwefelsäure (4 Mol.).

Leicht oxydable Aldehyde können natürlich auch nach diesem Verfahren nicht immer isoliert werden, fallen vielmehr der Weiteroxydation anheim[5]).

Dagegen gibt es auch wieder zahlreiche Aldehyde, bei denen die Überführung in die zugehörige Säure bemerkenswerte Schwierigkeiten macht.

So sind die aromatischen Nitroaldehyde, noch mehr die aromatischen Aldehydsäuren außerordentlich stabil[6]).

Für die Oxydation der Aldehyde kann sich dann wieder die Oxydation mit Permanganat empfehlen. So erhielt Fournier 90% Säure aus Önanthol.

Über die Methode der Oxydation von primären Alkoholen nach Hell siehe S. 603. — Über die Oxydation der Aldehyde mit alkalischer Silberlösung siehe S. 824.

p-Dimethylaminobenzaldehyd wird von Oxydationsmitteln (Permanganat, Kupfer- und Silberoxyd, Wasserstoffsuperoxyd) entweder gar nicht angegriffen oder völlig zerstört[7]).

Über die Bildung von Aldehyden aus Alkoholen mit Ozon: Harries, A. **343**, 312, 325 (1905).

---

[1]) A. **250**, 325 (1889). — Erlenbach, A. **269**, 47 (1892). — Siehe auch Baeyer, B. **26**, 822 (1893).

[2]) Siehe auch E. Müller, Diss. Leipzig (1908), 12. — Blumann und Zeitschel, B. **42**, 2698 (1909). — Elze, Ch. Ztg. **34**, 538 (1910).

[3]) A. **378**, 74, 104, 114 (1910).

[4]) B. **34**, 3564 (1901); **43**, 3564 (1910). — Siehe auch Cohen, Rec. **28**, 375 (1909). — An anderer Stelle — B. **46**, 676 (1913) — Arch. **254**, 285 (1916) — empfiehlt Kiliani ein Gemisch aus 400 g Wasser mit 80 g konzentrierter Schwefelsäure und 53 g Chromtrioxyd.

[5]) Z. B. Kirpal, B. **30**, 1599 (1897).   [6]) Siehe S. 468 und 513.

[7]) Meisenheimer, Budkewicz und Kananow, A. **423**, 81 (1921).

Vierter Abschnitt.

Oxydation der Ketone.

1. Chromsäure.

Durch stark wirkende Oxydationsmittel, namentlich durch Chromsäuregemisch, werden die Ketone derart gespalten, daß zwischen dem Carbonyl und einem der beiden benachbarten Kohlenstoffatome Trennung erfolgt.

Man hat lange Zeit geglaubt[1]), daß diese Spaltung so erfolge, daß sich das Carbonyl an dem kürzeren der beiden Spaltungsstücke erhalte· (Popowsche Regel).

Es hat sich aber seither gezeigt[2]), daß die Reaktion im allgemeinen nach beiden möglichen Richtungen verläuft.

Wagner hat gefunden, daß das primäre Stadium der Oxydation im Ersatz eines Wasserstoffatoms der neben der Carbonylgruppe befindlichen CH_3-, CH_2- oder CH-Gruppen durch Hydroxyl besteht. Das so entstandene Oxyketon zerfällt dann zwischen Carbonyl und Alkoholrest

Da nun wasserstoffärmere Gruppen leichter hydroxyliert werden als wasserstoffreichere, erfolgt die Spaltung des Ketons, wenn nicht durch Temperatursteigerung auch die andere Gruppe reaktionsfähiger gemacht wird, hauptsächlich in der dadurch gegebenen Richtung.

So gibt z. B. $CH_3 \cdot CO \cdot CH_2 \cdot CH_2 \cdot C_2H_5$ bei niederer Temperatur $CH_3 \cdot COOH$ und $C_2H_5 \cdot CH_2 \cdot COOH$, bei höherer Temperatur daneben auch etwas $C_2H_5 \cdot CH_2 \cdot CH_2 \cdot COOH$ und $HCOOH$.

Ketone, die primäre Alkoholgruppen liefern, zerfallen ebenso wie die primären Alkohole überhaupt, d. h. sie geben eine Säure als Oxydationsprodukt.

Sekundäre Alkylgruppen veranlassen dementsprechend Ketonbildung, tertiäre können nur nach einer Richtung zerfallen, weil ja das tertiäre Kohlenstoffatom nicht hydroxylierbar ist.

Folgende Beispiele werden das Gesagte erläutern:

1. $CH_3 \cdot CO \cdot CH_2 \cdot R_1$

$\nearrow CH_3 \cdot CO \cdot CHOH \cdot R \rightarrow CH_3COOH + RCOOH$ Hauptreaktion.

$\searrow CH_2OHCO \cdot CH_2R \rightarrow HCOOH + R \cdot CH_2 \cdot COOH$ Nebenreaktion.

2. $\begin{array}{c} R_2 \\ | \\ CH \cdot CO \cdot CH_2R \\ | \\ R_1 \end{array}$

$\nearrow \dfrac{R_1}{R_2}{>}C{-}CO \cdot CH_2R \rightarrow R_1CO \cdot R_2 + R \cdot CH_2COOH$ Hauptreaktion.

$\qquad \backslash OH$

$\searrow \dfrac{R_1}{R_2}{>}CH \cdot CO \cdot CHR \rightarrow \dfrac{R_1}{R_2}{>}CH \cdot COOH + R \cdot COOH$ Nebenreaktion.

$\qquad\qquad \backslash OH$

3. $\dfrac{R_1}{R_2}{\rangle}C \cdot CO \cdot CH_2R \rightarrow \dfrac{R_1}{R_2}{\rangle}C{-}CO{-}CH{-}R \rightarrow \dfrac{R_1}{R_2}{\rangle}C{-}COOH + R \cdot COOH$ Einzige Reaktion.

$R_3 \qquad\qquad R_3 \qquad\quad \backslash OH \qquad R_3$

2. Kaliumpermanganat.

Dieses Reagens wirkt im allgemeinen ganz ebenso wie das Chromsäuregemisch, zumal in saurer Lösung. In alkalischer Lösung pflegt die Reaktion

---

[1]) Popow, A. **161**, 285 (1872). — Hercz, A. **186**, 257 (1877).
[2]) Wagner, B. **15**, 1194 (1882); **17**, R. 315 (1884); **18**, 2267, R. 178 (1885). — J. pr. (2) **44**, 257 (1891).

nicht ganz so energisch zu sein, so daß als Reaktionsprodukt Ketonsäuren entstehen können[1]):

$$\begin{array}{c} CH_3 \\ CH_3 \\ CH_3 \end{array}\!\!\!>\!C \cdot CO \cdot CH_3 \rightarrow \begin{array}{c} CH_3 \\ CH_3 \\ CH_3 \end{array}\!\!\!>\!C \cdot CO \cdot COOH:$$

$$\bigcirc\!\!-\!CO \cdot CH_3 \rightarrow \bigcirc\!\!-\!CO \cdot COOH.$$

Reines, trocknes Aceton ist übrigens, wie schon angegeben[2]), gegen neutrales Kaliumpermanganat nahezu unempfindlich.

3. **Wasserstoffsuperoxyd** und **Carosche Säure** bilden explosive Ketonsuperoxyde, die zum Teil in Lactone umgelagert werden: Wolffenstein, B. **28**, 2265 (1895). — DRP. 84953 (1896). — Baeyer und Villiger, B. **32**, 3625 (1899); **33**, 124, 858 (1900). — Pastureau, C. r. **140**, 1591 (1905); **144**, 90 (1907).

4. Über die Einwirkung von Salpetersäure in der Kälte (und bei Gegenwart von nitrosen Gasen): Behrend und Schmitz, B. **26**, 626 (1893). — A. **277**, 313 (1893). — Apetz und Hell, B. **27**, 933 (1894). — Behrend und Tryller, A. **283**, 209 (1894). — Steffers, A. **309**, 241 (1899).

Einwirkung von Salpetersäure in der Wärme: Chancel, C. r. **86**, 1405 (1878); **94**, 399 (1882); **99**, 1053 (1884). — Fileti und Ponzio, J. pr. (2) **50**, 370 (1894); **51**, 498 (1895); **55**, 186 (1897); **58**, 362 (1898).

Fünfter Abschnitt.

Abbau der Methylketone R · COCH₃ zu Säuren R · COOH.

1. Oxydationen mit Hypojodit (Liebens Jodoformreaktion).

Nach Lieben[3]) werden Substanzen, welche die Gruppe CH₃CHOH — oder CH₃CO — enthalten, durch Jod in alkalischer Lösung[4]) unter Jodoformabspaltung zersetzt:

$$R \cdot COCH_3 + 3\,KOJ = R \cdot COCJ_3 + 3\,KOH$$
$$R \cdot COCJ_3 + KOH = R \cdot COOK + CHJ_3.$$

Diese Reaktion, die vielfach zu diagnostischen Zwecken Verwendung gefunden hat[5]), ist auch auf verschiedene Weise zu quantitativen Bestimmungsmethoden, so von Äthylalkohol und von Aceton, ausgebaut worden.

Zum Nachweis von Äthylalkohol erwärmt Lieben eine wäßrige Lösung der Probe und trägt einige Körnchen Jod und einige Tropfen Kalilauge ein, und zwar nicht mehr Kalilauge, als zum Entfärben der Lösung notwendig ist.

Wenn die Menge des Alkohols nicht gar zu gering ist, erfolgt sogleich eine Trübung, und es bildet sich ein citronengelber, aus mikroskopischen Kry-

---

[1]) Claus, B. **19**, 235 (1886). — Glücksmann, M. **10**, 770 (1889); **11**, 248 (1890). — J. pr. (2) **41**, 396 (1890). — Feith, B. **24**, 3543 (1891). — J. pr. (2), **46**, 474 (1893). — Fournier, Bull. (4) **3**, 259 (1908).

[2]) S. 463.

[3]) Spl. **7**, 218, 377 (1870) — Hager, Ph. C.-H. **1870**, 153. — Pieroni, G. **42**, I, 534 (1912).

[4]) Anwendung von ammoniakalischer Jodlösung (Jodstickstoff): Chattaway und Baxter, Soc. **103**, 1986 (1913).

[5]) Z. B. Haitinger und Lieben, M. **5**, 346 (1884). — Wallach, A. **275**, 145 (1893). — Windaus, B. **41**, 2563 (1908). — Sielisch, B. **45**, 2555 (1912).

stallen bestehender Niederschlag von Jodoform. Das Erwärmen ist übrigens nicht unbedingt notwendig, auch in der Kälte erfolgt, natürlich langsamer, die Reaktion. Erhitzt man die Jodoform in Lösung haltende alkalische Flüssigkeit mit Resorcin, so entsteht Rotfärbung[1]), die auf Säurezusatz verschwindet.

Von physiologisch wichtigen Substanzen, die „Jodoformreaktion" zeigen, seien außer Milchsäure (auch Fleischmilchsäure; Neuberg) Brenztraubensäure, Aldol, β-Oxybuttersäure, Quercit und Inosit angeführt.

Man erhält auf Zusatz von Jod und Lauge und evtl. nach gelindem Erwärmen einen gelben, charakteristisch riechenden Niederschlag. Es muß freilich dahingestellt bleiben, ob es sich stets um wirkliches Jodoform handelt oder um homologe Verbindungen bzw. um Substitutionsprodukte.

Besonders beachtenswert erscheint die Reaktion der cyclischen Substanzen Quercit und Inosit[2]). Sie wird auch von Äpfelsäure[3]) und Citronensäure[4]) geliefert.

Über die Jodoformreaktion bei Gegenwart von Eiweißkörpern: Bardach, Z. physiol. 54, 355 (1908).

Quantitative Bestimmung.

Diese kann gravimetrisch und volumetrisch ausgeführt werden.

a) Gravimetrische Methode.

Klarfeld[5]) gibt hierzu nach Krämer[6]) folgende Vorschrift:

Die Substanz wird in einem Eudiometerrohr, das mit eingeschliffenem Stöpsel versehen ist, mit wenig reinem Methylalkohol, der die Jodoformreaktion nicht gibt, dann mit einem großen Überschuß an Jod und tropfenweise bis zur Entfärbung mit Kalilauge versetzt. Hierauf wird das Gemisch mit Wasser verdünnt und mit so viel Äther tüchtig durchgeschüttelt, daß die Ätherschicht nach dem Absitzen 10 ccm beträgt. 5 ccm der Ätherschicht werden in eine tarierte Schale pipettiert und nach dem Verdunsten des Äthers das Jodoform nach dreistündigem Stehen über Schwefelsäure gewogen.

b) Volumetrische Methode von Messinger[7]).

Dieses Verfahren ist namentlich für die Acetonanalyse vielfach in Gebrauch. — Anwendung für Milchsäurebestimmung: Jerusalem a. a. O. Mikroacetonbestimmung: Ljungdahl, Bioch. 96, 346 (1919). — Lax, Bioch. 125, 262 (1921).

Gibt man zu einer mit Kalilauge gemischten Acetonlösung Jod im Überschuß, so wird durch 6 Atome Jod und 1 Molekül Aceton ein Molekül Jodoform gebildet, und das überschüssig zugesetzte Jod geht in unterjodigsaures Kalium bzw. jodsaures Kalium und Jodkalium über. Säuert man nun an, so wird das Jod der letzteren Verbindung wieder frei und kann titrimetrisch bestimmt werden.

---

[1]) Lustgarten, M. 3, 717 (1882). — Klar, Pharm. Ztg. 41, 629 (1896).

[2]) Neuberg, Bioch. 43, 500 (1912). — Nach Schmidt geben auch Äthyl- und Benzylphenylketon die Jodoformprobe: Arch. 252, 96 (1914).

[3]) Broeksmit, Ph. W. 41, 401 (1904).   [4]) Broeksmit, Ph. W. 52, 1637 (1915).

[5]) M. 26, 87 (1905). — Siehe auch Hintz, Z. anal. 27, 182 (1888). — Vignon, C. r. 110, 534 (1890).   [6]) B. 13, 1000 (1880). — Ch. Ind. 15, 79 (1896).

[7]) B. 21, 3366 (1888). — Arachequesne, C. r. 110, 642 (1890). — Collischonn, Z. anal. 29, 562 (1890). — Vignon, C. r. 110, 534 (1890). — Bull. (3) 5, 745 (1891). — Geelmuyden, Z. anal. 35, 503 (1896). — Klar, Ch. Ind. 15, 73 (1896). — Zetsche, Ph. C. H. 44, 505 (1903). — Keppeler, Z. ang. 18, 464 (1905). — Jerusalem, Bioch. 12, 369 (1908). — Krauss, Apoth. Ztg. 25, 22 (1910). — Sielisch, B. 45, 2556 (1912). — Marriot, J. Biol. Ch. 16, 281 (1913). — Goodwin, Am. soc. 42, 39 (1920).

Zur Bestimmung des Gehalts an Aceton in einem Methylalkohol bringt man in eine Flasche von ca. 250 ccm Inhalt 20—30 ccm Normalkali- oder Natronlauge, die nitritfrei sein muß. Man setzt 1—2 ccm Methylalkohol zu, schüttelt gut um und läßt unter fortwährendem Schütteln eine gemessene Menge $^n/_5$-Jodlösung — mindestens $^1/_4$ mehr als die berechnete Menge — zufließen, schüttelt noch etwa 1 Minute, läßt dann noch 5 Minuten stehen, säuert mit Salzsäure an, gibt $^n/_{10}$-Natriumthiosulfatlösung im Überschuß zu, versetzt mit Stärke und titriert mit Jodlösung zurück. 1 ccm dieser Jodlösung entspricht 0.19334 g Aceton.

Wie zuerst Gunning[1]) gezeigt hat, liefert eine statt mit Kali- oder Natronlauge mit Ammoniak bereitete Jodlösung nur mit Ketonen, nicht aber mit Alkoholen oder Pinakonen Jodoform. Man kann dies Verhalten zur Bestimmung von Ketonen neben Äthylalkohol usw. verwenden.

2. Oxydationen mit Hypobromit[2]).

Ähnlich wie nach Lieben mit Hypojodit kann man Methylketone und vor allem auch Methylketonsäuren mit Bromlauge oxydieren[3]).

Beim Arbeiten mit verdünnten Lösungen erhält man aber dabei mehr oder weniger leicht auch Tetrabromkohlenstoff, der unter Umständen zum Hauptreaktionsprodukt werden kann[4]).

Daher wird man seltener, namentlich für quantitative Bestimmungen — wie für das Auldsche Verfahren zur Acetonanalyse —, das abgeschiedene Bromoform in Betracht ziehen, als vielmehr die nach der Gleichung:

$$R \cdot CO \cdot CH_3 + 3\,BrOK = R \cdot COOK + CBr_3H + 2\,KOH$$

entstandene Säure isolieren.

Das Verfahren ist namentlich von Tiemann und Semmler mit viel Erfolg in der Terpenreihe verwendet worden; manchmal führt nur diese Methode der Oxydation zum Ziel[5]). Die Bildung von Bromoform und eines um ein Kohlenstoffatom ärmeren Produkts wird als sicherer Beweis für das Vorliegen einer die Gruppe COCH$_3$ enthaltenden Substanz angesehen, während die Bildung von Bromoform (oder Tetrabromkohlenstoff) allein[6]) hierfür keinen Anhalt liefert, da auch viele anders konstituierte Körper, wie z. B. Iretol:

[1]) J. Pharm. Chim. **1881**, 30. — Le Nobel, Nederlandsch Tijdschrift voor Geneeskunde **1883**. — Arch. exp. Path. **18**, 6 (1884). — Freer, A. **278**, 129, Anm. (1894).

[2]) Semmler, B. **25**, 3349 (1892). — Tiemann und Semmler, B. **29**, 539 (1896); **30**, 432, 434 (1897). — Tiemann, B. **30**, 254, 597 (1897); **31**, 860 (1898). — Tiemann und Schmidt, B. **31**, 883 (1898). — Semmler, B. **33**, 276 (1900). — Thoms, Ber. d. pharm. Ges. **11**, 5 (1901). — Kohn, M. **24**, 766 (1903). — Denigès, Bull. (3) **29**, 597 (1903). — Auld, Ch. Ind. **25**, 100 (1906). — Liechtenhan, Diss. Basel (1907), 37. — Semmler und Hoffmann, B. **40**, 3524 (1907). — Rupe, B. **40**, 4909 (1907). — Semmler, B. **40**, 4596 (1907); **41**, 386, 870 (1908). — Dorée und Gardner, Soc. **93**, 1331 (1908). — Haarmann, B. **42**, 1062 (1909). — Rupe, Luksch und Steinbach, B. **42**, 2520 (1909). — Schimmel & Co., Bericht Oktober **1910**, 85. — Rupe und Steinbach, B. **43**, 3465 (1910). — Semmler und Spornitz, B. **45**, 1553 (1912). — Baeyer und Piccard, A. **407**, 359 (1915). — Semmler und Lias, B. **50**, 1290 (1917).

[3]) Die cyclisch gebundene Gruppe — CHOH—CH$_2$— resp. —CO—CH$_2$ — wird durch Hypobromit in —COOH, —COOH aufgespalten; so Campher in Camphersäure, Cholesterin in die Säure C$_{25}$H$_{42}$(COOH)$_2$. — Diels und Abderhalden, B. **36**, 3177 (1903); **37**, 3094 (1904). — Windaus, Arch. **246**, 143 (1908).

[4]) Wallach, A. **275**, 147, 178 (1893); **277**, 120 (1893).

[5]) Semmler und Risse, B. **46**, 600 (1913).

[6]) Tiemann und De Laire, B. **26**, 2028 (1893).

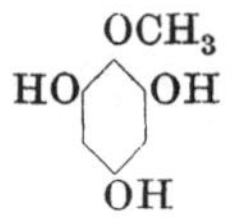

$$OCH_3$$
$$HO \diagup OH$$
$$OH$$

diese Reaktion zeigen. α-Bromcarmin:

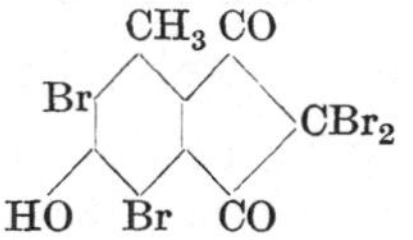

$$CH_3 CO$$
$$Br \diagdown CBr_2$$
$$HO \quad Br \quad CO$$

und α-Bromlaccain:

$$COOH CO$$
$$Br \diagdown CBr_2$$
$$HO$$
$$Br \quad CO$$

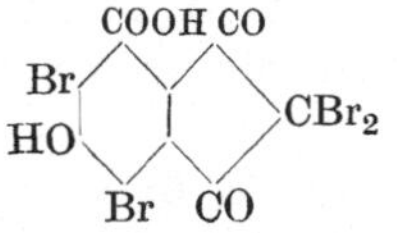

werden übrigens auch durch Hypobromit zu Bromoform und den um ein C-Atom ärmeren Säuren, Dibrommethyloxyphthalsäure:

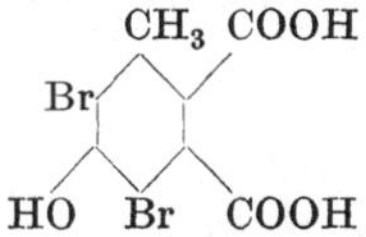

$$CH_3 \quad COOH$$
$$Br$$
$$HO \quad Br \quad COOH$$

und Dibromphenoltricarbonsäure:

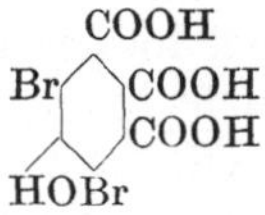

$$COOH$$
$$Br \diagup COOH$$
$$COOH$$
$$HO Br$$

aufgespalten[1]).

Andererseits sind auch Fälle bekannt geworden[2]), wo der Nachweis der CH_3CO-Gruppe mit Natriumhypobromit gar nicht oder nur höchst unvollkommen gelingt.

Derartige Ketone pflegen sich indes mit Chromtrioxyd-Schwefelsäure in Eisessig zur entsprechenden Säure abbauen zu lassen.

3. Oxydationen mit Hypochlorit.

Hypochlorite scheinen besonders leicht mit ungesättigten Ketonen nach dem Schema:

$$3\ HClO + RCH = CH \cdot CO \cdot CH_3 \rightarrow RCH = CHCOOH + HCCl_3$$

zu reagieren[3])[5]), es dürfte aber nichts im Weg stehen, dieses Reagens auch für gesättigte Verbindungen anzuwenden.

Einhorn und Gernsheim[4]) erhielten allerdings bei der auf diese Art durchgeführten Oxydation der Nitrophenyl-β-Milchsäureketone um noch zwei Wasserstoffe ärmere, nitrierte Phenylglycidsäuren.

Daß andererseits die Reaktion mit ungesättigten Ketonen und Jod- oder Bromlauge normal verläuft, beweisen die Angaben eines Patents[5]).

[1]) Dimroth und Goldschmidt, A. **399**, 67 (1913).

[2]) Harries und Hübner, A. **296**, 301 (1897). — Willstätter, Mayer und Hüni, A. **378**, 78, 123 (1910). — Willstätter, Mayer und Schuppli, A. **418**, 144 (1919).

[3]) Diehl und Einhorn, B. **18**, 2323, 2331 (1885). — Einhorn und Grabfield, A. **243**, 363 (1888). — Stoermer und Wehle, B. **35**, 3551 (1902). — Mayerhofer, M. **28**, 599 (1907). — Siehe indessen Harries, B. **29**, 386 (1896). — Ferner Warunis und Lekos, B. **43**, 655 (1910). [4]) A. **284**, 132 (1895). [5]) DRP. 21 162 (1882).

Sechster Abschnitt.

Dehydrierung cyclischer Verbindungen.

1. Methode der erschöpfenden Bromierung von Baeyer[1]).

Abbau der monocyclischen Terpene.

Der diesem Verfahren zugrunde liegende Gedanke war folgender. Zink und Salzsäure geben mit Benzolhexabromid Benzol. Gelingt es daher, das Dihydrobromid eines monocyclischen Terpens durch erschöpfende Bromierung in ein Derivat des Benzolhexabromids zu verwandeln, so wird es auch durch das genannte Reduktionsmittel in ein Benzolderivat übergeführt werden, wie z. B. folgende Formeln zeigen:

CH_3 Br CH_3 Br CH_3

C   ·C   C

H_2C⟨⟩CH_2 → $BrHC$⟨⟩$CHBr$ → HC⟨⟩CH

H_2C⟨⟩CH_2 $BrHC$⟨⟩$CHBr$ HC⟨⟩CH

CH   CBr   C

$\dfrac{CH_3}{CH_3}{>}CBr$ $\dfrac{CH_3}{CH_3}{>}CBr$ $\dfrac{CH_3}{CH_3}{>}CBr$.

Das Experiment lehrte, daß Brom bei Jodzusatz schon in der Kälte die gewünschte Substitution bewirkt, daß aber Wärme und andere Zusätze, wie das von V. Meyer benutzte Eisen, hier wegen Verharzung schädlich wirken.

Als Ausgangsmaterial hat sich in jedem Fall das Dihydrobromid des Terpens als das geeignetste erwiesen, da diese Produkte sich leicht und ohne Harzbildung bei gewöhnlicher Temperatur erschöpfend bromieren lassen.

Beispiel: Metacymol aus Carvestren.

Darstellung des Dihydrobromids. Wenn Carvestren mit 10 Teilen gesättigtem Eisessigbromwasserstoff behandelt wird, so dauert es auch bei andauerndem Schütteln einige Stunden, bis das Öl untersinkt, und einige Tage, bis es sich in eine krystallinische Masse verwandelt hat. Nach dem Aufgießen auf Eis und Waschen mit Wasser werden die Krystalle auf Ton getrocknet.

Bromierung. 13.8 g trocknes gepulvertes Dihydrobromid wurden unter Eiskühlung portionenweise in 42 g Brom eingetragen und dann nach dem Aufhören der ersten starken Einwirkung noch ebensoviel Brom zugesetzt. Als nach einstündigem Stehen noch 1.4 g Jod in kleinen Anteilen eingetragen wurde, trat bei jedem Zusatz verstärkte Gasentwicklung ein, die erst nach 3 Tagen vollständig aufhörte. Das Gefäß war während dieser Zeit mit einem Chlorcalciumrohr in Verbindung, um alle Feuchtigkeit abzuhalten. Die Flüssigkeit wurde hierauf mit Eis und Bisulfit versetzt, ausgeäthert und die ätherische Flüssigkeit durch nochmalige Behandlung mit Bisulfit und Waschen mit Soda gereinigt und schließlich mit Chlorcalcium getrocknet.

Reduktion. Die ätherische Lösung wurde hierauf mit dem halben Volumen absolutem Alkohol verdünnt, im Kältegemisch gut abgekühlt und abwechselnd mit Zinkstaub und frisch bereiteter alkoholischer Salzsäure — anfänglich in sehr kleinen Portionen — versetzt. Diese Operation muß mit sehr großer Vorsicht ausgeführt werden, weil sonst Verharzung eintritt. Das Zink verschwindet anfangs schnell, nach etwa einer Stunde tritt Gasentwicklung ein. Man setzt dann noch eine größere Menge Zinkstaub und alkoholische Salzsäure

---

[1]) B. **31**, 1401 (1898). — Goetz, Diss. Göttingen (1908), 27, und die Zitate auf S. 479.

zu und läßt noch eine Stunde im Kältegemisch stehen. Die Flüssigkeit wird darauf mit Wasser versetzt, mit Äther extrahiert, dieser mit Wasser und mit Soda gut gewaschen und mit Kaliumcarbonat gründlich getrocknet.

Das nach Abdestillieren des Äthers erhaltene Öl wird hierauf zur vollständigen Entfernung von Bromierungsprodukten in 140 g Alkohol gelöst, auf 20 g Natrium gegossen und in üblicher Weise weiter behandelt. Der isolierte Kohlenwasserstoff zeigt nicht mehr die Carvestrenreaktion (Blaufärbung mit Essigsäureanhydrid und konzentrierter Schwefelsäure).

Entfernung der ungesättigten Kohlenwasserstoffe. Der Kohlenwasserstoff wird unter Eiskühlung mit 10 proz.[1]) Permanganatlösung geschüttelt, bis eine isolierte Probe in alkoholischer Lösung die Farbe des Permanganats 2 Minuten lang unverändert läßt, dann mit Wasserdampf übergetrieben und über Natrium destilliert. Er erweist sich als ganz reines Metacymol, ohne Beimengung auch nur einer Spur von Paracymol. Die Ausbeute beträgt 1.6 g.

Mittels dieser Methode haben Baeyer und Villiger aus Limonen Paracymol[2]), aus Silvestren (und, wie oben beschrieben, Carvestren) Metacymol[3]), aus Euterpen Dimethyläthylbenzol[4]), aus Isogeraniolen Hemellithol und Pseudocumol[5]), aus Ionen Trimethylnaphthalin dargestellt[5]).

Baeyer und Seuffert[6]) unterwarfen dann auch noch ein sauerstoffhaltiges Glied der Terpengruppe der erschöpfenden Bromierung, das Menthon, und konnten auch hier Überführung in Benzolderivate erzielen.

In Menthon[7]), das in einer Kältemischung gut gekühlt ist, wird langsam Brom eingetropft. Man benutzt am besten eine mit eingeschliffenem Glasstopfen verschließbare Flasche mit seitlich angefügtem Rohr, zum Entweichen des Bromwasserstoffs, an das man ein Chlorcalciumrohr ansetzt. Den Bromwasserstoff leitet man zur Absorption in einen halb mit Wasser gefüllten Kolben — doch darf das Einleitungsrohr nicht eintauchen.

Anfangs wird das Brom nur langsam zutropfen gelassen: jeder Tropfen verschwindet momentan — es entwickelt sich massenhaft Bromwasserstoff, beim Umschütteln der Flüssigkeit bis zu lebhaftem Aufschäumen. Im ganzen wurden auf je 50 g Menthon 400 g Brom zugegeben; die Farbe des Broms, die anfangs rasch verschwindet, bleibt nach Zugabe von ca. 150 g bestehen und von da an kann die Zugabe des Broms rascher erfolgen.

Ist alles Brom eingetragen, so läßt man stehen, bis die Flüssigkeit zu einem Krystallbrei erstarrt ist: dies dauert bei Zimmertemperatur 8—10 Tage. Man kann diese Frist bedeutend abkürzen, wenn man die Flasche ständig in Eiswasser kühlt.

Der Krystallbrei wird in eine Schale gegeben und an der Luft stehen gelassen, bis das überschüssige Brom sich verflüchtigt hat. Dann wird die Masse durch Waschen mit Ligroin oder Benzin etwas gereinigt. Man erhält so aus 50 g Menthon 100—120 g eines ziemlich weißen Produkts, das aber, wie sich zeigte, noch viel Verunreinigung enthielt: es konnten daraus nur ca. 60% der Verbindung $C_{10}H_8Br_6O$ (umgerechnet aus dem tatsächlich erhaltenen Tetrabromdimethylcumaron) neben ca. 10—12% Tetrabrom-m-kresol erhalten werden.

Das Hydrobromid des Cyclooctadiens läßt sich nicht perbromieren[8]).

---

[1]) Wallach, A. **414**, 225 (1917).   [2]) B. **31**, 1401 (1898).
[3]) B. **31**, 2067 (1898).   [4]) B. **31**, 2076 (1898).   [5]) B. **32**, 2429 (1899).
[6]) B. **34**, 40 (1901).   [7]) Seuffert, Diss. München (1900), 29.
[8]) Willstätter und Veraguth, B. **40**, 957 (1907).

Dehydrogenisation hydrierter Benzolcarbonsäuren.

Nachdem schon Baeyer[1]) neben konzentrierter Schwefelsäure, Mangansuperoxyd und verdünnter Schwefelsäure sowie alkalischer Ferricyankaliumlösung die Addition von Brom und Abspaltung von Bromwasserstoffsäure als Oxydationsmittel für hydrierte Benzolcarbonsäuren erkannt hatte, haben Einhorn und Willstätter[2]) diese letztere Methode zu einer in den allermeisten Fällen, auch bei vollkommen hydrierten Säuren, wohl verwertbaren gestaltet.

Die zu oxydierende Säure wird mit der berechneten Menge Brom im Einschlußrohr 2 Stunden auf 200° erhitzt.

Zur genauen Wägung des Broms werden in Capillaren ausgezogene Glaskügelchen tariert, mit Brom gefüllt, zugeschmolzen und gewogen. Auf die so bestimmte Menge Brom wird die erforderliche Quantität Säure (für 1 Molekül Tetrahydrosäure z. B. 4 Atome Brom) berechnet und zusammen mit dem Kügelchen in ein Rohr eingeschmolzen. Durch Schütteln zertrümmert man nun das Bromröhrchen, was leicht gelingt, wenn man es mit der Spitze nach unten in das Rohr gesenkt hatte.

Nach Beendigung der Reaktion herrscht im Rohr starker Druck, und obwohl alles Brom verschwunden ist, haben sich als Nebenprodukte ungesättigte Säuren gebildet, die nach dem Aufnehmen des Rohprodukts in Soda durch Permanganatlösung zerstört werden müssen. Das so gereinigte Reaktionsprodukt muß noch von bromhaltigen Substanzen befreit werden.

Man versetzt deshalb die vom Permanganat schwach rot gefärbte Lösung mit Bisulfit, säuert an und schüttelt mit Äther aus, resp. löst die ausgefallene Säure darin auf. Der Abdampfrückstand wird wieder in Sodalösung aufgenommen und einige Stunden mit Natriumamalgam am Wasserbad behandelt. Man isoliert dann die nunmehr halogenfreie Säure und krystallisiert sie nochmals um.

Einen etwas anderen Weg gehen Kötz und Götz zur Gewinnung von Salicylsäure aus Hexahydrosalicylsäure[3]).

Aus dem Hexahydrosalicylsäureester wurde zunächst Cyclohexanoncarbonsäureester dargestellt (durch Oxydation mit Chlor oder Brom). Der weitere Abbau erfolgt über mehrere isolierbare Zwischenstufen.

Brom-1-cyclohexanon-2-carbonsäureäthylester-1 aus Cyclohexanon-2-carbonsäureäthylester-1,

$$
\begin{array}{c}
\text{CH}_2 \\
\text{H}_2\text{C} \diagup \diagdown \text{CH}_2 \\
\text{H}_2\text{C} \diagdown \diagup \text{CO} \\
\text{CH} \cdot \text{COOC}_2\text{H}_5
\end{array}
\; + \; \text{Br}_2 \; \rightarrow \;
\begin{array}{c}
\text{CH}_2 \\
\text{H}_2\text{C} \diagup \diagdown \text{CH}_2 \\
\text{H}_2\text{C} \diagdown \diagup \text{CO} \\
\text{C} \cdot \text{Br} \cdot \text{COOC}_2\text{H}_5 .
\end{array}
$$

30 g Carbonester wurden mit 30 g Brom unter guter Eiskühlung langsam versetzt. Um den gelösten Bromwasserstoff zu entfernen, wurde ein trockner Kohlendioxydstrom etwa eine halbe Stunde hindurchgeleitet. Bei 144° ging im Vakuum von 13 mm ein hellgelbes Öl über von stechendem Geruch. Für den Fall, daß noch Bromwasserstoffdämpfe aufsteigen, muß nochmals destilliert werden. Mit Eisenchlorid trat keine Blaufärbung mehr auf.

---

[1]) A. **269**, 176 (1892).   [2]) A. **280**, 91 (1894).   [3]) A. **358**, 185 (1908).

Cyclohexadien - 2, 6 - ol — 2 - carbonsäureäthylester - 1 ($\varDelta^{2,6}$ - Dihydrosalicylsäureäthylester) aus Brom - 1 - cyclohexanon - 2 - carbonsäureester - 1,

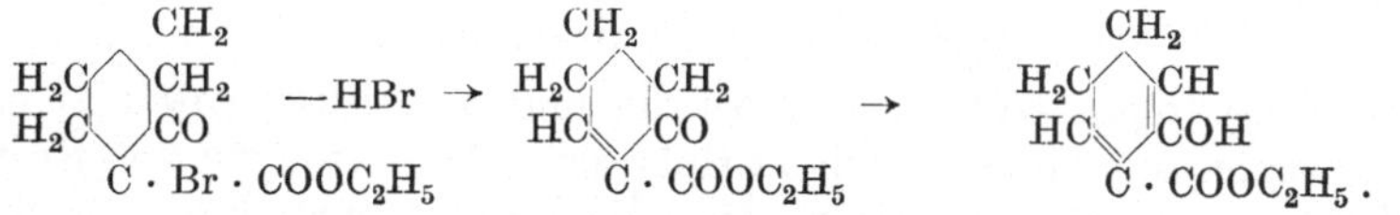

$$
\begin{array}{ccc}
\mathrm{CH_2} & \mathrm{CH_2} & \mathrm{CH_2} \\
\mathrm{H_2C}\diagup\diagdown\mathrm{CH_2} & \mathrm{H_2C}\diagup\diagdown\mathrm{CH_2} & \mathrm{H_2C}\diagup\diagdown\mathrm{CH} \\
\mathrm{H_2C}\diagdown\diagup\mathrm{CO} & \mathrm{HC}\diagdown\diagup\mathrm{CO} & \mathrm{HC}\diagdown\diagup\mathrm{COH} \\
\mathrm{C\cdot Br\cdot COOC_2H_5} & \mathrm{C\cdot COOC_2H_5} & \mathrm{C\cdot COOC_2H_5}
\end{array}
$$
$-\mathrm{HBr} \rightarrow \qquad \rightarrow$

10 g Brom-1-hexanon-2-carbonester-1 wurden bei gewöhnlichem Druck im Kohlendioxydstrom destilliert, wobei lebhafte Bromwasserstoffabspaltung stattfand. Zwischen 185—190° ging eine helle Flüssigkeit über, die sich an der Luft bald rot färbte. Darauf wurde nochmals bei gewöhnlichem Druck destilliert und dann noch eine Vakuumdestillation vorgenommen, wobei unter 13 mm Druck zwischen 104—105° der ungesättigte Ester wasserhell überging.

Cyclohexadien - 2, 6 - ol—2 - carbonsäure - 1 ($\varDelta^{2,6}$-Dihydrosalicylsäure) aus $\varDelta^{2,6}$ - Dihydrosalicylsäureäthylester,

$$
\begin{array}{cc}
\mathrm{CH_2} & \mathrm{CH_2} \\
\mathrm{H_2C}\diagup\diagdown\mathrm{CH} & \mathrm{H_2C}\diagup\diagdown\mathrm{CH} \\
\mathrm{HC}\diagdown\diagup\mathrm{COH} & \mathrm{HC}\diagdown\diagup\mathrm{COH} \\
\mathrm{C\cdot COOC_2H_5} & \mathrm{C\cdot COOH}
\end{array}
$$
$\rightarrow$

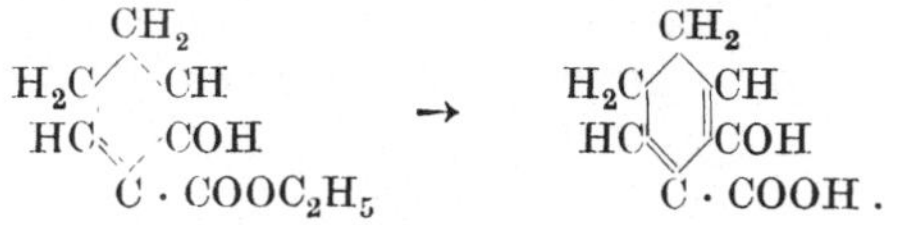

10 g ungesättigten Esters wurden mit 20 ccm 40 proz. Natronlauge versetzt und unter Rühren eine halbe Stunde auf 150—160° erhitzt, bis alles Öl verschwunden war. Die Lösung wurde abgekühlt, mit 50 ccm Wasser versetzt und mit verdünnter Schwefelsäure angesäuert, wobei ein gelbes Öl ausfiel, das beim Schütteln fest wurde. Der Rest krystallisierte beim Erkalten in schönen, weißen Blättchen aus.

Salicylsäure aus Brom-1-cyclohexadien-2,5-ol—2-carbonsäureäthylester-1,

$$
\begin{array}{cc}
\mathrm{CH_2} & \mathrm{CH} \\
\mathrm{HC}\diagup\diagdown\mathrm{CH} & \mathrm{HC}\diagup\diagdown\mathrm{CH} \\
\mathrm{HC}\diagdown\diagup\mathrm{COH} & \mathrm{HC}\diagdown\diagup\mathrm{COH} \\
\mathrm{CBr\cdot COOC_2H_5} & \mathrm{C\cdot COOH}
\end{array}
$$
$\rightarrow$

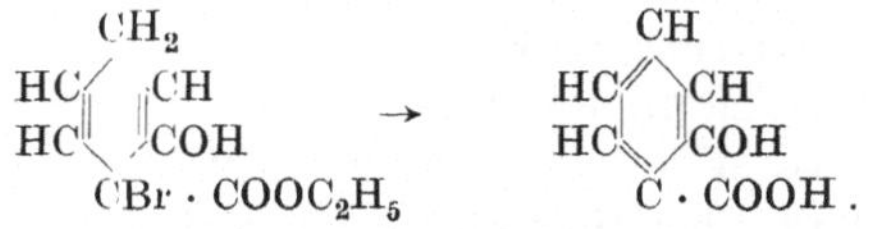

5 g Ester wurden bei gewöhnlichem Drucke destilliert, wobei sich lebhaft Bromwasserstoff abspaltete. Beim Siedepunkt des Salicylsäureesters ging ein helles, angenehm riechendes Öl über, das leicht identifiziert werden konnte.

Dehydrierung hydroaromatischer Phenole: Kötz, A. **358**, 185 (1908); Crossley und Renouf, Proc. **28**, 332 (1912); **29**, 369 (1913).

Als sehr bequemes Verfahren zum Abbau ungesättigter hexacyclischer Ringverbindungen zu Benzolkohlenwasserstoffen hat es sich erwiesen, die einfach ungesättigten Alkohole (die Terpineole) in Eisessiglösung mit 1 Mol. Brom zu versetzen, die Lösung bis zum Aufhören der gewöhnlich sehr schnell einsetzenden Bromwasserstoffentwicklung zu kochen und den entstandenen Kohlenwasserstoff dann mit Dampf überzutreiben. Nach der Neutralisation des Destillats kann man den Kohlenwasserstoff zur Entfernung ungesättigter Anteile mit verdünntem Permanganat schütteln. Schließlich wird er durch Destillation über Natrium bei gewöhnlichem Druck gereinigt. Man kann auf diesem Wege zu Benzolhomologen gelangen, die sonst nicht leicht zu synthetisieren sind[1]).

Heterocyclische Ringe.

Zur Dehydrogenierung von Piperidin und dessen Derivaten ist die Brommethode schon seit längerer Zeit in Gebrauch. So wurde sie von Schotten[2]) und Hofmann[3]) für Piperidin, von Hofmann und Königs für Tetrahydrochinolin, von Ladenburg[4]) für Tropidin und überhaupt bei zahlreichen Alkaloiden angewendet.

Daß aber hier die Reaktion nur mit Vorsicht zu verwerten ist, hat gerade der Fall des Tropidins gelehrt[5]).

Melilotsäureanhydrid soll sich nach Hochstetter[6]) durch Brom bei 170° glatt in Cumarin überführen lassen. Nach Grete Lasch[7]) sowie Hans Meyer, Beer und Lasch[8]) geht aber bei dieser Temperatur das Brom, wie bei gewöhnlicher Temperatur, in den Kern, und es entsteht Brommelilotsäureanhydrid, das zum Teil durch überschüssiges Brom dehydriert und in Bromcumarin übergeführt wird.

Läßt man aber die Reaktion bei um 100° höherer Temperatur (270—300°) vor sich gehen, so wird in guter Ausbeute nach der Gleichung:

$$\text{Melilotsäureanhydrid} + Br_2 = \text{Cumarin} + 2\,HBr$$

Cumarin erhalten.

2. Chlor[8])

wirkt sehr bemerkenswerterweise in gleichem Sinn, ebenso

3. Sauerstoff[9]),

den Hans Meyer, Beer und Lasch während 5—8 Stunden durch siedendes Melilotsäureanhydrid streichen ließen.

Die Ausbeute an Cumarin war hier infolge stärkerer Harzbildung weniger günstig, gegen 50%. Es erwies sich als ohne Einfluß, ob die Reaktion im diffusen Tageslicht oder im Quarzkolben im direkten Sonnenlicht oder unter den Strahlen der Quecksilberbogenlampe ausgeführt wurde. Luft allein bewirkt dagegen die Dehydrierung des Melilotsäureanhydrids, wenigstens in der angegebenen Zeit, nicht in merklicher Menge.

Tetrahydroacridon wird durch einen trocknen Luftstrom bei 280° zu Acridon oxydiert[10]).

Über Oxydationen mit Sauerstoffgas bei Gegenwart von Osmium siehe: Willstätter und Sonnenfeld, B. **46**, 2952 (1913); **47**, 2814 (1914); Sauerstoff und Phosphor: B. **47**, 2801 (1914).

---

[1]) Hallstein, Diss. Göttingen (1913), 8. — Berthold, Diss. Göttingen (1914). — Wallach, A. **399**, 166 (1913); **414**, 209 (1917).   [2]) B. **15**, 427 (1882).
[3]) B. **16**, 586 (1883).   [4]) A. **217**, 144 (1883).
[5]) Willstätter, B. **30**, 2696 (1897).   [6]) A. **226**, 355 (1884).
[7]) M. **34**, 1660 (1913).   [8]) M. **34**, 1665 (1913).
[9]) Hans Meyer, Beer und Lasch, M. **34**, 1672 (1913).
[10]) Tiedtke, Diss. Göttingen (1909), 54. — B. **42**, 623 (1909).

4. Jod

führt, ebenso wie Brom und Salpetersäure, Tetrahydroberberin in Berberin[1]), und das isomere Canadin[1]) ebenfalls in das um vier Wasserstoffe ärmere Alkaloid über. — Die Reaktion[2]) erfolgt in alkoholischer Lösung schon bei gewöhnlicher Temperatur, rasch im Druckfläschchen bei 100°.

Man kann bei diesen Substanzen den Hydrierungsgrad direkt jodometrisch bestimmen, wie Schmidt für Canadin[1]), und Faltis[3]) für Hydroberberin gezeigt haben. Analog verhalten sich Corydalin[4]) und α-Coralydin[5]).

Auch die Überführung von Pinen in Cymol[6]) und von Campher in Carvacrol und aromatische Kohlenwasserstoffe[7]) mittels Jod ist ausgeführt worden.

Ringsprengung beim Dehydrieren mit Jod: Dimroth und Heene, B. 54, 2934 (1921); Emmert und Parr, B. 54, 3168 (1921).

5. Ferricyankalium.

Dehydrieren von hydrierten aromatischen Säuren durch Ferricyankalium: Baeyer, A. 245, 184 (1888). — Herb, A. 258, 49 (1890). — Baeyer und Villiger, B. 29, 1927 (1896). — Auch die hydrierten Chinoxaline und Chinazoline lassen sich gut durch alkalisches Ferricyankalium oxydieren: Merz und Ris, B. 20, 1194 (1887). — Gabriel, B. 36, 808 (1903). — Gabriel und Colman, B. 37, 3645 (1904). — Oxydation des Nicotins zu Nicotyrin: Cahours und Étard, Bull. (2) 34, 452 (1880).

Über die quantitative Bestimmung des verbrauchten Sauerstoffs bei Oxydationen mit Ferricyankalium macht Decker[8]) folgende Angaben:

Die Methode beruht auf der Eigenschaft der Nitroisochinolinmethyliumsalze, mit den geringsten Mengen Alkali tiefrote Lösung zu geben, die durch Ferricyankalium innerhalb weniger Sekunden entfärbt wird, wobei auf ein Molekül Ferricyankalium ein Molekül quartäres Isochinolinsalz verbraucht wird.

Man bereitet sich $^n/_{20}$-Lösungen beider Reagenzien, die auf das leicht rein zu beschaffende feste Ferricyankalium eingestellt werden. Die Titration wird so ausgeführt, daß die zu oxydierende Substanz in 5—10proz. Natronlauge gelöst, mit einem Überschuß des $^n/_{20}$-Ferricyankaliums oxydiert und mit der Nitroisochinolinjodmethylatlösung zurücktitriert wird. Der Umschlag ist sehr scharf. Überschuß an Jodmethylatlösung, der sich durch dunkelrote Färbung kundgibt, wird mit Ferricyankalium bis zu hellrot oder farblos titriert.

Wenn das Oxydationsprodukt die Beobachtung des Farbenumschlags stört, wird es abfiltriert, ausgewaschen und das Filtrat titriert.

6. Schwefel

ist, im allgemeinen nicht mit besonderem Erfolg, als dehydrierendes Agens verwendet worden.

---

[1]) Schmidt, Arch. 232, 149 (1894).

[2]) Bulbocapnin, Corydin: Klee, Arch. 249, 509, 678 (1911). — Norcoralydin: Pictet und Chou, B. 49, 372 (1916).

[3]) M. 31, 568 (1910). — Siehe auch Gadamer, Arch. 253, 275f. (1915).

[4]) Ziegenbein, Arch. 234, 505 (1896).

[5]) Pictet und Malinowski, B. 46, 2694 (1913).

[6]) Kekulé, B. 6, 437 (1873).

[7]) Kekulé und Fleischer, B. 6, 935 (1873). — Armstrong und Miller, B. 16, 2259 (1883). — Dehydrofichtelit: Bamberger und Strasser, B. 22, 3365 (1889).

[8]) A. 362, 316 (1908).

Zur Cumarindarstellung aus Dihydrocumarin (Melilotsäureanhydrid) ist er aber sehr zu empfehlen[1]).

Erhitzt man Melilotsäureanhydrid mit reinem Schwefel, so beginnt schon bei 210° die Entwicklung von Schwefelwasserstoff. Erhitzt man weiter, so gelingt es, während die Temperatur langsam bis auf 300° gesteigert werden muß, 1 Mol. Schwefel vollständig als Schwefelwasserstoff zu verflüchtigen. Hierzu sind bei Anwendung von 3 g Melilotsäureanhydrid 10 Stunden erforderlich.

Der Kolbeninhalt hinterläßt dann nach wiederholtem Auskochen eine bei Wasserbadtemperatur unschmelzbare, bräunliche Masse in nicht großer Menge, während reichlich 80% an reinem Cumarin aus der wäßrigen Lösung erhalten werden.

Dehydrieren von Tetralin und Bistetralin: v. Braun und Kirschbaum, B. **54**, 609 (1921).

Weitere Angaben über Dehydrierungen mit Schwefel:

Curie, Ch. News **30**, 189 (1874). — Kelbe, B. **11**, 2174 (1878). — A. **210**, 1 (1881). — DRP. 43 802 (1887). — Bruhn, Ch. Ztg. **22**, 300 (1898). — Dziewonski, B. **36**, 964 (1903). — Easterfield und Bagley, Soc. **85**, 1238 (1904). — Schultze, Diss. Straßburg (1905). — Endemann, Am. **33**, 523 (1905). — Tschirch, Die Harze (1906), 704. — Schultze, A. **359**, 140 (1908). — Levy, Z. an. **81**, 149 (1913). — Ruzicka und J. Meyer, Hel. **4**, 505 (1921).

7. Selen

haben zuerst Étard und Moissan[2]) zur Abspaltung von Wasserstoff versucht.

Zur Verwandlung von Dihydrocumarin in Cumarin ist es auch verwendbar. (Hans Meyer.)

8. Quecksilberacetat

ist, wie Tafel[3]) gefunden hat, für die Überführung von Piperidinderivaten und Tetrahydrochinolin in die entsprechenden Derivate des Pyridins und Chinolins recht gut geeignet. Gleich gut[4]) waren die Resultate beim Tetrahydrochinaldin und bei der Tetrahydroorthochinolinbenzcarbonsäure. Dagegen wurden mit Tetrahydro-α-naphthochinolin keine faßbaren Mengen von α-Naphthochinolin erhalten.

Beispiel. Tetrahydrochinaldin.

5 g chinaldinfreies Hydroderivat wurden zu einer heißen Lösung von 25 g essigsaurem Quecksilberoxyd in 25 ccm Wasser gegeben und im zugeschmolzenen Rohr 10 Stunden auf 130° erhitzt. Es war dann alles Quecksilberacetat verändert und das Quecksilber in Kügelchen neben ziemlich viel Harz ausgeschieden. Beim Öffnen der Röhre war kein Überdruck vorhanden. Die dunkle Flüssigkeit wurde mit Natronlauge übersättigt und mit Wasserdampf destilliert. Es gingen reichliche Mengen Öl über, das in überschüssiger verdünnter Salzsäure gelöst und hierauf mit einer Lösung von Natriumnitrit ebenfalls im Überschuß versetzt wurde. Selbst bei längerem Stehen schied sich aus der sauren Flüssigkeit nur wenig gelbes Öl ab, das sorgfältig mit Äther aufgenommen wurde. Die wäßrige Lösung trübte sich beim Übersättigen mit Alkali unter Ausscheidung einer flüssigen Base, die durch mehrmaliges Ausschütteln mit Äther gelöst wurde. Die filtrierte und

---

[1]) Hans Meyer, Beer und Lasch, M. **34**, 1672 (1913).
[2]) Bull. (2) **34**, 69 (1880).
[3]) B. **25**, 1619 (1892). — Siehe auch Reissert, B. **27**, 2527 (1894).
[4]) Vogel, Diss. Würzburg (1893), 19. — Gadamer, Arch. **253**, 274 (1915).

mit Kali getrocknete Lösung hinterließ beim Verdampfen des Äthers 2 g reines Chinaldin.

Gleich gute Resultate wie mit Quecksilberacetat wurden mit

9. Silberacetat

erhalten[1]).

Beispiel der Anwendung von Silberacetat.

2.5 g reines Piperidin wurden in 25 ccm 10 proz. Essigsäure gelöst und mit 30 g Silberacetat in einer Röhre aus schwerschmelzendem Glas 4 Stunden auf 180° erhitzt. Beim Öffnen des Rohrs entweicht Kohlendioxyd, an Stelle des Silberacetats ist grauer Silberschwamm getreten und die Flüssigkeit ist braun gefärbt. Man filtriert, wäscht das Silber mit wenig Wasser, versetzt· die Lösung mit viel festem Kali und destilliert. Es geht noch piperidinhaltiges Pyridin über.

In gleicher Weise wurde aus Coniin Conyrin gewonnen.

Beide Reagenzien wirken auch sehr leicht auf hydrierte Indole ein, aber die Reaktion verläuft nur zum geringen Teil in der gewünschten Richtung. Hier ist

10. Silbersulfat[2])

das geeignete Mittel, um die Dehydrogenation durchzuführen[3]).

Zur Oxydation z. B. von Dihydromethylketol wurden 5 g Base mit 6.5 g Silbersulfat und so viel trockner Kieselgur — ca. 2 g — verrieben, daß eine pulvrige Masse entstand. Diese wurde in einem Fraktionierkolben über freier Flamme erhitzt, wobei das Silbersulfat nach der Gleichung:

$$AgSO_4 = Ag + SO_2 + O_2$$

zerfällt und demzufolge unter ziemlich heftiger Reaktion neben Schwefeldioxyd und Wasser ein rasch krystallisierendes Öl überdestilliert, während Silber neben teerigen Bestandteilen zurückbleibt.

Das Öl erwies sich als Methylketol.

Die Ausbeuten nach diesem Verfahren pflegen 50% zu betragen.

Für die Dehydrogenierung der unzersetzt flüchtigen Tetrahydrocarbazole ist nach Borsche[4]) die Destillation der hydrierten Verbindungen über fein verteiltes und nicht allzu hoch erhitztes

11. Bleioxyd

besonders geeignet. Die Methode von Mannich resp. Sabatier und Senderens gab dagegen hier kein sonderlich befriedigendes Resultat.

Ein auf der einen Seite zur Capillare ausgezogenes Verbrennungsrohr wird zunächst mit einer etwa 10 cm langen Schicht von erbsengroßen Bimssteinstücken, die mit einem Brei aus Bleioxyd und Wasser überzogen und sorgfältig getrocknet worden sind, dann mit der mit Bleioxyd gut gemischten Substanz beschickt. Der Rest des Rohrs wird mit Bleioxyd-Bimsstein ausgefüllt, und zwar so, daß 10—15 cm vom offenen Ende an frei bleiben. Dieses Stück ragt bei der Destillation aus dem Ofen heraus und wird durch einen darüber gestülpten, geräumigen Erlenmeyerkolben verschlossen.

---

[1]) Tafel, B. **25**, 1620 (1892).

[2]) Über die Anwendung von Silberoxyd: Königs, B. **12**, 2341 (1879). — Blau, B. **27**, 2537 (1894).   [3]) Kann und Tafel, B. **27**, 826 (1894).

[4]) A. **359**, 57, 74 (1908). — B. **41**, 2203 (1908). — In gleicher Weise gelingt die Verwandlung von Acenaphthen in Acenaphthylen: Blumenthal, B. **16**, 502 (1883).

Zunächst wird die substanzfreie Schicht mit kleinen Flammen erhitzt (wie hoch man die Temperatur in jedem einzelnen Fall zu steigern hat, ermittelt man am besten durch einen Vorversuch) und dann die Substanz, indem man nach und nach die nach dem ausgezogenen Röhrenende zu liegenden Flammen entzündet, in einem langsamen Luft- oder Kohlendioxydstrom darüber wegdestilliert.

Die Hauptmenge des Destillats setzt sich meist schon im freien Teil des Rohrs ab. Waren dem Destillat noch erhebliche Mengen Tetrahydroverbindung beigemengt, so wird es noch einmal in derselben Weise behandelt. Die rohen Reaktionsprodukte werden dann durch Überführung in die Pikrate gereinigt.

In einem anderen Fall[1]) erhitzen Dziewoński und Suknarowski im Einschlußrohr auf 300—380°.

12. Bleisuperoxyd

und Eisessig haben sich in der Puringruppe bewährt[2]).
Wasserfreies

13. Kupfersulfat

hat zuerst Brühl zur Überführung von Menthol[3]) und Menthen[4]) in Cymol verwendet. Ebenso konnte Markownikoff[5]) mit diesem Oxydationsmittel Heptanaphthensäure in Benzoesäure überführen. Im allgemeinen sind bei diesem Verfahren die Ausbeuten schlecht[6]) und infolge der hohen Reaktionstemperatur ist das Resultat nicht immer beweisend.

Von Wichtigkeit ist dagegen die Entdeckung Herzigs[7]), daß sich im Hämatoxylin bzw. Brasilin vier Wasserstoffatome durch

14. Chromsäure

wegoxydieren lassen, ohne daß sich sonst die Funktionen der Sauerstoffatome ändern, ausgenommen die des fünften, das phenolischen Charakter annimmt. Nach den Resultaten Herzigs muß also angenommen werden, daß im Hämatoxylin ein hydrierter Benzolring vorliegt, dessen „addierte" Wasserstoffatome wegoxydiert werden, wodurch das im Kern befindliche, ursprünglich alkoholische Hydroxyl zu einem phenolischen werden muß.

In ähnlicher Weise gelang es Petrenko-Kritschenko und Petrow[8]), Diphenylpiperidondicarbonsäureester:

$$CO$$
$$C_2H_5OOC \cdot HC \underset{C_6H_5 \cdot HC}{\overset{}{\bigcirc}} CH \cdot COOC_2H_5$$
$$NH$$

mit Chromsäure in Eisessiglösung zu dem um vier Wasserstoffatome ärmeren Pyridonderivat:

$$CO$$
$$C_2H_5OOC-C \underset{C_6H_5-C}{\overset{}{\bigcirc}} C-COOC_2H_5$$
$$NH$$

zu oxydieren.

---

1) B. **51**, 457 (1918).
2) Desoxytheobromin: Tafel, B. **32**, 3201 1899). — Desoxykaffein: Tafel und Baillie, B. **32**, 3206 (1899). — Desoxyheteroxanthin: Tafel und Weinschenk, B. **33**, 3376 (1900).
3) B. **24**, 3374 (1891). 4) B. **25**, 143 (1892). 5) B. **25**, 3359 (1892).
6) Oder der Erfolg überhaupt negativ: Markownikoff, J. pr. (2) **49**, 71, 75 (1894).
7) M. **16**, 906 (1895). 8) B. **41**, 1692 (1908).

15. Übermangansäure.

$\varDelta$ 2,5-Dihydroterephthalsäureester läßt sich leicht durch Permanganat dehydrieren[1]).

Die Oxydation von Dihydroisochinolinbasen der Formel:

nach der Gleichung:

bereitete Pictet und Kay[2]) unerwartete Schwierigkeiten. Das einzige Oxydationsmittel, das zum Ziel führte, war Kaliumpermanganat in berechneter Menge und in saurer Lösung.

Man löst z. B. 0.5 g Phenyldihydroisochinolin in überschüssiger verdünnter Schwefelsäure, erwärmt auf dem Wasserbad und gibt allmählich und unter gutem Schütteln 0.5 g Kaliumpermanganat, in 100 ccm Wasser gelöst, zu. Die Farbe des Permanganats verschwindet ziemlich langsam. Dann wird abgekühlt und die freie Base gleichzeitig mit Manganhydroxyd durch überschüssige Lauge ausgefällt. Durch Extrahieren mit Alkohol isoliert man das entstandene 1-Phenylisochinolin.

16. Salpetrige Säure (Äthylnitrit).

Während in dem oben genannten Fall der Dihydropyridinring außerordentlich große Beständigkeit zeigt, ist die leichte Oxydierbarkeit der Dihydrocollidinmono- und -dicarbonsäureester schon seit langer Zeit bekannt[3]).

Man übergießt den Ester mit der annähernd gleichen Gewichtsmenge Alkohol und leitet in das durch Wasser gekühlte Gemisch salpetrige Säure (resp. nitrose Gase) ein, bis sich eine Probe in verdünnter Salzsäure klar auflöst. Der entstandene Collidinsäureester wird durch Sodalösung zur Abscheidung gebracht.

17. Salpetersäure[4]).

Auch mit Salpetersäure läßt sich der Dihydrocollidindicarbonsäureester oxydieren, die Reaktion verläuft aber sehr stürmisch und wenig einheitlich.

Dagegen empfiehlt sich dieses Reagens nach Amos[5]) für die Gewinnung des analog konstituierten Lutidindicarbonsäureesters, der früher auch mit Salpetrigsäuredämpfen aus dem Dihydroderivat dargestellt worden war[6]).

Obwohl man mit dieser Methode wegen des starken Schäumens nur kleine Substanzmengen auf einmal verarbeiten kann, bietet sie dennoch Vorteile vor der Oxydation mit Salpetrigsäuredämpfen in alkoholischer Lösung, weil die Reaktion bei fast gleicher Ausbeute sich viel schneller und mit einfacheren Hilfsmitteln durchführen läßt.

20 g pulverisierter Ester wurden mit einer Mischung von 25 g 20 proz. Salpetersäure und 7 g konzentrierter Schwefelsäure in einem mit Steigrohr

[1]) Baeyer, A. **251**, 292 (1889).
[2]) B. **42**, 1975 (1909).   [3]) Hantzsch, A. **215**, 21 (1882).
[4]) Siehe auch S. 483 (Hydroberberin).   [5]) Diss. Heidelberg (1902), 7.
[6]) Engelmann, A. **231**, 50 (1885).

versehenen, langhalsigen $^1/_2$-l-Kolben über kleiner Flamme erwärmt. Die Menge der Salpetersäure ist so berechnet, daß sie bei der Reduktion zu salpetriger Säure gerade ausreicht, um den Dihydroester in Lutidindicarbonsäureester überzuführen. Durch den Zusatz von Schwefelsäure erreicht man, daß das Reaktionsprodukt sogleich als Sulfat in Lösung geht, wodurch seine weitere Oxydation durch etwa überschüssige Salpetersäure vermieden wird.

Die Flüssigkeit beginnt zunächst stark zu schäumen, bei weiterem Erwärmen läßt das Schäumen nach und nach etwa 5 Minuten ist alles klar gelöst. Der abgekühlte Kolbeninhalt wird in überschüssiges, verdünntes Ammoniak eingegossen und der hierdurch ausgefällte Ester abfiltriert, gewaschen und getrocknet. Die Ausbeute schwankt zwischen 72 und 76%.

18. Salzsäure.

Konzentrierte Salzsäure verwandelt den Dihydrocollidindicarbonsäureester[1] und den Dihydrolutidindicarbonsäureester[2] schon in der Kälte in ein Gemisch des entsprechenden Pyridincarbonsäureesters und höher (hexa-)hydrierter Ester.

Die Reaktion hat keine präparative Bedeutung, ist aber sehr interessant. Sie ist von Knoevenagel und Fuchs[3] aufgeklärt worden.

19. Zinkstaub

kann auch dehydrierend wirken. So hat Tiedke[4] bei der Zinkstaubdestillation des Tetrahydroacridons Acridin erhalten. Aus Coniin entsteht Conyrin[5]), aus Piperazin Pyrazin[6]), aus Dodekahydrophenylen Triphenylen[7]).

Über eine ähnliche, oxydierende Wirkung des Zinkstaubs (Verwandlung von Bianthron in Anthrachinon) siehe Hans Meyer, Bondy und Eckert, M. **33**, 1452 (1912).

Verwandlung von Hydropicen in Picen[8]) durch Zinkstaubdestillation: Liebermann und Spiegel, B. **22**, 781 (1889). — Bamberger und Chattaway, A. **284**, 64 (1894). Die Reaktion ist reversibel.

Norhydrotropidin: Ladenburg, B. **20**, 1647 (1887). — Norgranatanin: Ciamician und Silber, B. **27**, 2850 (1894). — Siehe auch S. 529.

Verbindungen, die durch Hydrierung aus beständigen Ringen hervorgegangen sind, zeigen die Tendenz, unter Wasserstoffverlust wieder in letztere überzugehen. Fein verteilte Metalle, in erster Linie

20. Nickel,

lassen diese Reaktion mit Leichtigkeit eintreten[9]).

So entstehen aus den Cyclohexanen und Hexenen[10]) bei 250—280° die Benzolhomologen[11]), aus den Cyclohexanolen über 350° die Phenole[12]). Cyclo-

---

[1]) Hantzsch, A. **215**, 37 (1882).

[2]) Grieß und Harrow, B. **21**, 2743 (1888). — Schiff und Prosio, G. **25**, II, 65 (1895).   [3]) B. **35**, 1788 (1902).

[4]) Diss. Göttingen (1909), 21, 37. — B. **42**, 623 (1909). — Hydroacridindione: Vorländer, A. **309**, 348, 356 (1899).

[5]) Hofmann, B. **17**, 825 (1884). — γ, γ-Dipyridyl aus Dibenzyltetrahydrodipyridyl: B. **52**, 1351 (1919).

[6]) Stoehr, J. pr. (2) **47**, 439 (1893).   [7]) Mannich, B. **40**, 159 (1907).

[8]) Ebenso verhalten sich Phenanthrenperhydrür und Retendekahydrür. (Liebermann und Spiegel, a. a. O.)

[9]) Sabatier, Die Katalyse in der organischen Chemie (1914), 140.

[10]) Padoa und Fabris, Atti Linc. **17** (I), 111, 125 (1908).

[11]) Ebenso, aber schwächer, wirkt Kupfer. Sabatier und Senderens, C. r. **133**, 568 (1901). — Sabatier und Mailhe, C. r. **137**, 240 (1903).

[12]) Skita und Ritter, B. **44**, 968 (1911).

hexylamin gibt Anilin, Dicyclohexylamin Diphenylamin. Piperidin geht zwischen 180—250° vollkommen in Pyridin über, selbst bei Gegenwart von Wasserstoff[1]). Tetrahydrochinolin gibt[2]) in Gegenwart von Nickel bei 180° eine gewisse Menge Chinolin, in der Hauptsache jedoch Skatol:

Sabatier und Senderens haben gezeigt[3]), daß Alkohole beim Leiten über erhitztes

21. Kupfer

in Wasserstoff und Aldehyde bzw. Ketone zerlegt werden.

Mannich[4]) hat daraufhin Dodekahydrotriphenylen mit diesem Reagens in Triphenylen überführen können, indem er folgendermaßen verfuhr:

In ein Verbrennungsrohr, das in einer breiten, mit Sand in dünner Schicht bedeckten Rinne liegt, wird eine 20 cm lange Schicht groben Kupferoxyds zwischen zwei kleinen Kupferspiralen festgelegt. Dicht neben dem Rohr im Sand liegt ein Thermometer, dessen Gefäß sich neben der Mitte der Kupferoxydschicht befindet.

Man erhitzt nun das Kupferoxyd und leitet reinen Wasserstoff darüber, bis es vollständig reduziert ist. Nach dem Erkalten bringt man die Substanz in das Rohr, füllt es mit Kohlendioxyd, erhitzt das Kupfer auf 450—500° und sublimiert die Substanz in einem schwachen Kohlendioxydstrom darüber weg.

Der entwickelte Wasserstoff wird über Natronlauge aufgefangen, er entspricht fast der berechneten Menge.

22. Palladium.

Hexamethylen und Methylhexamethylen werden durch Palladiumschwarz bei 170—300° glatt in Wasserstoff und Benzol bzw. Toluol gespalten[5]).

Ebenso verhält sich Tetrahydrobenzol, das glatt Benzol liefert[6]). Hexahydrobenzoesäure gibt Benzoesäure[7]).

Schon früher haben Knoevenagel und Fuchs angegeben[8]), daß Dihydrolutidindicarbonsäureester in Gegenwart ganz geringer Mengen Palladiummohr bei 200—265° nahezu quantitativ zwei Wasserstoffatome abgibt.

Darstellung von Palladiumschwarz[9]).

17 g Palladium werden in einem 2-1-Kjeldahlkolben in Königswasser aufgelöst und nach zweimaligem Abdampfen in wenig Salzsäure aufgenommen.

---

[1]) Ciamician, Atti Linc. **16**, 808 (1907).
[2]) Padoa und Scagliarini, Atti Linc. **17** (I) 728 (1908).
[3]) C. r. **136**, 921, 983 (1903). — Siehe auch S. 613.
[4]) B. **40**, 160 (1907).   [5]) Zelinsky, B. **44**, 3121 (1911).
[6]) Zelinsky, Russ. **43**, 1222 (1911).
[7]) Zelinsky und Uklonskaja, B. **45**, 3677 (1912).
[8]) B. **35**, 1788 (1902).   [9]) Taus und Putnoky, B. **52**, 1576 (1919).

Man gießt 1.5 l kochendes Wasser in den Kolben und setzt 5 ccm Ameisensäure vom spez. Gew. 1.22 zu. Die Lösung wird mit Kalilauge eben nur alkalisch gemacht. Zu der Suspension des Hydroxyds läßt man unter kräftigem Schütteln aus einer Bürette so lange neue Ameisensäure zufließen, bis die Flüssigkeit durch das fein verteilte Palladium schwarz erscheint und einen kleinen Überschuß an Ameisensäure durch die kräftige Gasentwicklung anzeigt Es ist ratsam, bei dieser Operation ein leeres Becherglas bereit zu halten, um im Falle des Überschäumens einen Teil der Lösung aufzunehmen. Nach dem Erkalten filtriert man das Palladium auf einer Nutsche ab. Zuweilen enthält das Filtrat noch kolloid gelöstes Palladium, das durch Zusatz von Ameisensäure gefällt wird. Das Palladium wird mit Wasser ausgewaschen, auf Uhrgläser ausgebreitet und im Vakuumexsiccator über Schwefelsäure getrocknet.

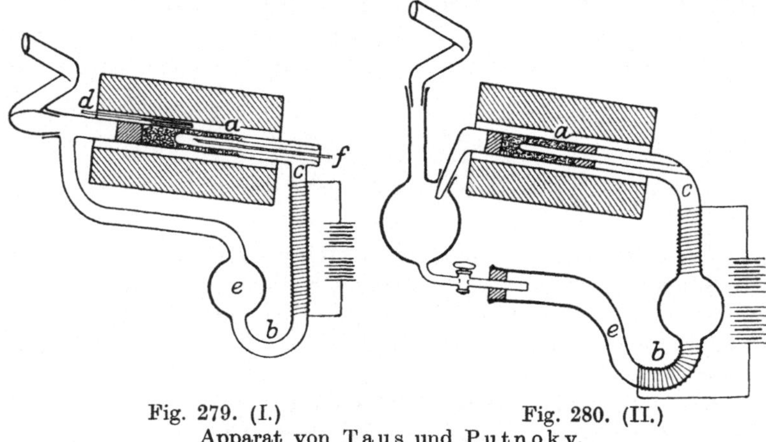

Fig. 279. (I.)   Fig. 280. (II.)

Apparat von Taus und Putnoky.

Mit Hilfe dieses sehr wirksamen Katalysators haben Taus und Putnoky verschiedene Cyclohexane quantitativ dehydriert.

Die benutzten Apparate (Fig. 279, 280) ermöglichen eine wiederholte Berührung der Kohlenwasserstoffdämpfe mit dem Katalysator. Dabei kann der Kohlenwasserstoff nicht in flüssiger Form mit dem Katalysator in Berührung kommen, wodurch Unwirksamwerden des Katalysators vermieden wird.

Der zu dehydrierende Kohlenwasserstoff wird in den heizbaren Schenkel b eingefüllt. Die nach links verlaufende Verlängerung des Schenkels e ist nicht geheizt und führt zum Ende des im elektrischen Ofen liegenden Heizrohrs und zu den Kühlern. Die Verlängerung rechts c führt wagerecht herauf zum Heizrohr am Anfang des elektrischen Ofens. c trägt eine Nickelheizspirale, die das Aufsteigen der Dämpfe in den Ofen ermöglicht. In dem Ofen passieren die Dämpfe die Palladiumschwarzschicht a, deren Temperatur durch das Thermoelement f und das Glasthermometer d gemessen wird. Die aus dem Ofen austretenden Dämpfe gelangen zusammen mit dem abgespaltenen Wasserstoff in die Kühler, werden dort kondensiert und fließen dann durch e nach b zurück, wo sie von neuem verdampft und dem elektrischen Ofen im Kreisprozeß zugeführt werden.

Die Heizung von c wird durch eine direkt auf dem Glase aufliegende Nickelspirale bewerkstelligt, die von a wird durch einen elektrischen Ofen besorgt, der besonders leicht gebaut sein muß. Der Ofen besteht aus einem mit einer dünnen Asbestschicht umklebten Messingrohr, das Wicklungen von Nickeldraht trägt. Diese sind mit Asbestpapier umgeben, dessen äußerste Lage mit Wasserglas verklebt ist. Bei Apparat I wird die Nickelspirale bei 110 Volt mit 1—2 Ampere belastet. Als Vorschaltwiderstand werden Kohlenfadenglühlampen verwendet. Beim Arbeiten mit über 100° siedenden Flüssigkeiten ist es angebracht, die Drahtwicklungen und die außerhalb des Ofens liegenden Teile mit einer Lage von Baumwolle zu umgeben. Bei Apparat II kann die Heizung von c auch mit einem Wasser- bzw. Ölbade bewirkt werden.

I ist ausschließlich zur Dehydrierung verwendbar, II zur Hydrierung und Dehydrierung. Während bei I der Verlauf der Dehydrierung ein kontinuierlicher ist, ist diese bei II auch diskontinuierlich durchführbar.

Bei Verwendung von reinem Cyclohexan wurde der erste Kühler mit Wasser von $+ 6°$, der zweite mit Kohlendioxydäthergemisch gefüllt. In allen übrigen Fällen wurde für den ersten Kühler eine Eiskochsalzmischung, für den zweiten eine feste Kohlendioxydäthermischung verwendet.

Über gleichzeitige Reduktions- und Oxydationskatalyse siehe: Knoevenagel und Fuchs a. a. O. und Zelinsky und Glinka, B. 44, 2305 (1911). — Wieland, B. 45, 484 (1912).

23. Platinmohr

hat ähnliche, aber weniger energische Wirkung[1]).

Siebenter Abschnitt.

Oxydative Sprengung der Doppelbindung.

Die häufig gestellte Aufgabe, die Lage der Doppelbindung in einer ungesättigten Substanz einwandfrei auf dem Weg der Oxydation zu ermitteln, kann auf verschiedene Arten gelöst werden.

1. Oxydation mit Permanganat in alkalischer Lösung.

a) Überführen ungesättigter Substanzen in gesättigte Hydroxylverbindungen.

Die ungesättigten Säuren werden bei vorsichtiger Oxydation mit alkalischer Kaliumpermanganatlösung[2]) ganz allgemein in Dioxysäuren übergeführt[3]). Die $\alpha\,\beta$-ungesättigten Säuren geben dabei Derivate, die beim Kochen mit verdünnter Salzsäure nicht verändert werden, dagegen gehen die Dioxysäuren

---

[1]) Zelinsky, Russ. 43, 1920 (1911). — B. 45, 3678 (1912).

[2]) Manchmal auch mit Ammoniumpersulfat und Schwefelsäure: Albitzky, J. pr. (2) 67, 357 (1903), oder durch Hypobromit: DRP. 107 228 (1899).

[3]) Tanatar, B. 12, 2293 (1879). — Kekulé und Anschütz, B. 13, 2150 (1880); 14, 713 (1881). — Saytzeff, J. pr. (2) 31, 541 (1885); 33, 300 (1886); 34, 315 (1886); 50, 66 (1894). — Regel, B. 20, 425 (1887). — Fittig, B. 21, 919 (1888). — Hazura, M. 9, 469, 948 (1888). — Gröger, B. 18, 1268 (1885); 22, 620 (1889). — Urwanzow, J. pr. (2) 39, 336 (1889). — Grüssner und Hazura, M. 10, 196 (1889). — Fittig, A. 268, 4 (1892). — Semmler, B. 26, 2256 (1893). — Fittig und De Vos, A. 283, 291 (1894). — Shukowsky, J. pr. (2) 50, 70 (1894). — Fittig und Silberstein, A. 283, 269 (1894). — Einhorn und Sherman, A. 287, 35 (1895). — Kohn, M. 17, 142 (1896). — Braun, M. 17, 216 (1896). — Kietreiber, M. 19, 734 (1898). — Edmed, Soc. 73, 627 (1898). — Ssemenow, Russ. 31, 115 (1899). — Holde und Marcusson, B. 36, 2657 (1903). — Marcusson, Ch. Rev. 10, 247 (1903).

aus $\beta\gamma$-ungesättigten Säuren beim Erwärmen mit Salzsäure glatt in neutrale Oxylactone über. Ebenso verhalten sich die $\gamma\,\delta$-ungesättigten Säuren wie die Cinnamenylpropionsäure[1]). Säuren mit zwei Doppelbindungen geben Tetraoxysäuren[2]), solche mit drei Doppelbindungen Hexaoxysäuren[3]), oder aber die Kette wird gesprengt. So zerfällt Cinnamenylakrylsäure in Benzaldehyd und Traubensäure, Piperinsäure in Piperonal und Traubensäure.

Die ungesättigte Säure wird mit kohlensaurem Alkali neutralisiert und in die sehr stark verdünnte (auf 1 Teil Säure 60—100 Teile Wasser) und durch Eiskühlung beständig auf nahezu $0°$ erhaltene Lösung 2proz. Kaliumpermanganatlösung (1 Molekül auf 1 Molekül Säure) unter fortwährendem Umschütteln langsam eingeträufelt. Dann wird die Oxysäure durch Ansäuern in Freiheit gesetzt.

In gleicher Weise lassen sich auch ungesättigte Alkohole[4]) oxydieren. So verwandelte Marko[5]) das Diallylpropylcarbinol in den entsprechenden fünfwertigen Alkohol

$$C_3H_7C\Big\langle{}^{CH_2-CHOH-CH_2OH}_{CH_2-CHOH-CH_2OH}\Big.\,-OH .$$

Aus Terpineol wird ein Glycerin $C_{10}H_{20}O_3$, und analog verhält sich Dihydrocarveol. — Entsprechend liefern Geraniol und Linalool Pentite.

Ebenso reagieren auch die ungesättigten Kohlenwasserstoffe[6]). Namentlich für die cyclischen Verbindungen (Terpene) ist diese Reaktion von großer Wichtigkeit[7]).

Man muß danach aus einem Kohlenwasserstoff mit einer doppelten Bindung zunächst ein Glykol erhalten, aus einem Kohlenwasserstoff mit zwei doppelten Bindungen einen Erythrit, aus einer olefinischen Substanz mit drei doppelten Bindungen einen Hexit. Dann geht die Oxydation weiter, je nachdem das vorliegende Molekül beschaffen ist; z. B.:

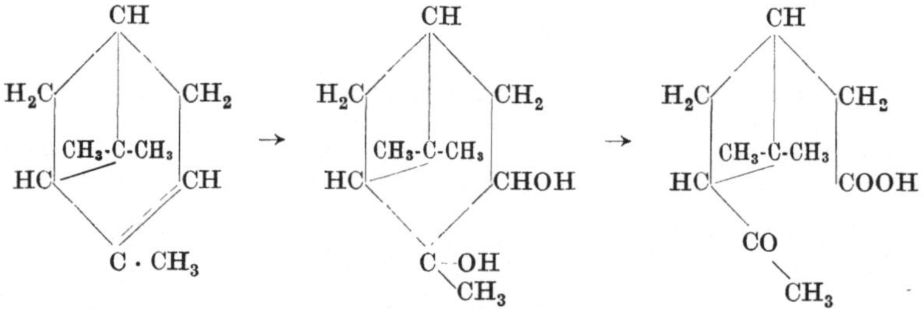

Pinen → Pinenglykol → Pinonsäure

<hr>

[1]) Fittig, A. **268**, 5 (1892). — B. **27**, 2670 (1894). — Fittig und Penschuk, A. **283**, 109 (1894).

[2]) Bauer und Hazura, M. **7**, 224 (1886). — Hazura und Friedreich, M. **8**, 159 (1887). — Reformatzky, J. pr. (2) **41**, 543 (1890). — Döbner, B. **23**, 2873 (1890); **35**, 1141 (1902).

[3]) Hazura, M. **8**, 267 (1887); **9**, 181 (1888).

[4]) Wagner, B. **21**, 3347 (1888); **27**, 1644 (1894). — Primäre und sekundäre Alkohole können dabei als Nebenreaktion ungesättigte Aldehyde resp. Ketone geben.

[5]) J. pr. (2) **65**, 46 (1902).

[6]) Wagner, Russ. **1**, 72 (1887). — B. **21**, 1230, 3343, R. 182 (1888). — Lwoff, B. **23**, 2308 (1890).

[7]) Wagner, B. **23**, 2313, 2315 (1890). — Semmler, Die ätherischen Öle, Leipzig, Veit & Co., **1**, 107 (1905).

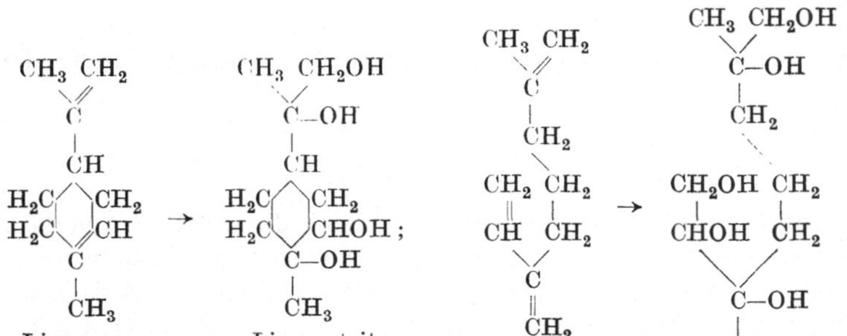

$$
\begin{array}{cccc}
\text{Limonen} & \text{Limonetrit} & \text{Myrcen}^{1)} & \text{Myrcenhexit.}
\end{array}
$$

Wir haben demnach in der Wertigkeit des entstandenen Alkohols das sicherste Mittel, die Anzahl der doppelten Bindungen zu bestimmen.

Je nach der Natur der Hydroxylgruppen verhalten sich die Alkohole verschieden. Wenn z. B. ein Glykol vorliegt, kann bei der weiteren Oxydation unter Ringsprengung entweder eine Dicarbonsäure oder eine Ketonsäure entstehen; wir erhalten auf diese Weise Einblick in die Natur der Doppelbindung, also eine Konstitutionsaufklärung. Diese Reaktion hat beim Terpineol, Pinen, Limonen usw. gute Früchte getragen. Interessant gestaltet sich die Anlagerung ferner, wenn man aus diesen mehrwertigen Alkoholen Wasser abzuspalten versucht; man kann dann neben Kohlenwasserstoffen Oxyde erhalten. So entsteht z. B. aus Pinen Sobrerol. Selbstverständlich können in diesen mehrwertigen Alkoholen die Hydroxylgruppen durch Halogene ersetzt werden; dies geschieht um so leichter und vollständiger, je mehr tertiäre Alkoholgruppen vorhanden sind.

Auch aus ungesättigten Aldehyden[2]) (Tetrahydroxygeraniumsäure aus Citral, Dioxycapronsäure aus Methyläthylacrolein) und noch leichter aus ungesättigten Ketonen[3]) können derartige Polyhydroxylderivate erhalten werden.

Die ungesättigten Aldehyde werden freilich meist primär zu den ungesättigten Säuren oxydiert[4]).

Wenn man aber die Aldehydgruppe durch Acetalisierung schützt, wird das dihydroxylierte Produkt oftmals anstandslos erhalten. So gelangten Harries und Schauwecker durch Oxydation des Citronellaldimethylacetals mit Permanganat in Acetonlösung zum Acetal eines Dioxydihydrocitronellals:

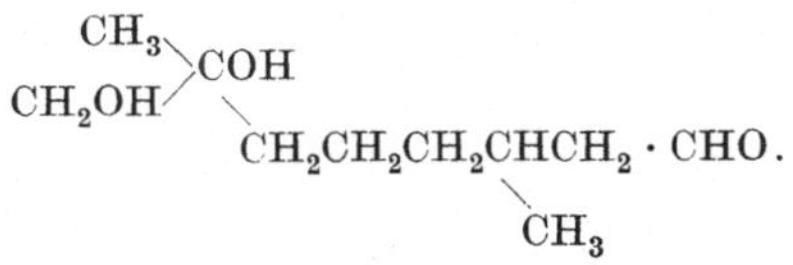

$$
\begin{array}{l}
CH_3 \diagdown \\
COH \\
CH_2OH \diagup \diagdown \\
CH_2CH_2CH_2CHCH_2 \cdot CHO. \\
\diagdown \\
CH_3
\end{array}
$$

Ausbeute 80%[5]).

Für das Citronellal folgt daraus die Struktur:

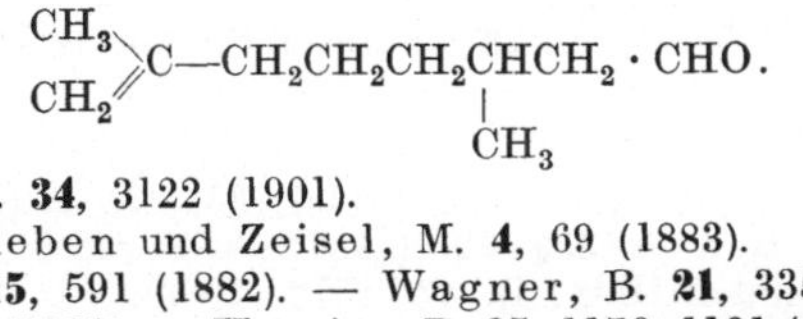

$$
\begin{array}{l}
CH_3 \diagdown \\
C - CH_2CH_2CH_2CHCH_2 \cdot CHO. \\
CH_2 \diagup | \\
CH_3
\end{array}
$$

---

[1]) Semmler, B. **34**, 3122 (1901).
[2]) Siehe auch Lieben und Zeisel, M. **4**, 69 (1883).
[3]) Pinner, B. **15**, 591 (1882). — Wagner, B. **21**, 3352 (1888). — Harries und Pappos, B. **34**, 2979 (1901). — Harries, B. **35**, 1176, 1181 (1902). — Weil, Diss. Berlin (1904), 43.
[4]) Claus, Spl. **2**, 123 (1862). — Lieben und Zeisel, M. **4**, 52 (1883). — Solonina, Russ. **1**, 302 (1887). — Semmler, B. **24**, 208 (1891). — Charon, A. ch. phys. (7), **17**, 212 (1899).   [5]) B. **34**, 1498, 2981 (1901).

Wenn man aber diesen Aldehyd in wäßriger Lösung mit Permanganat oxydiert[1]), so erhält man Aceton und β-Methyladipinsäure, was für die Formel

$$\begin{array}{c} CH_3 \\ \diagdown \\ C = CH \cdot CH_2CH_2CH_2CHCH_2CHO \\ \diagup \\ CH_3 \qquad\qquad\qquad | \\ CH_3 \end{array}$$

sprechen würde; daraus ist zu ersehen, daß auch die sonst so zuverlässige Permanganatmethode nicht immer mit voller Sicherheit zu Konstitutionsbestimmungen verwendet werden darf[2]), wenn es nicht gelingt, der Zwischenprodukte habhaft zu werden[3]) und wenn man nicht bei labilen Substanzen Umlagerungen (wie hier durch Kalilauge) ausschließt[4]).

b) Spaltung der Hydroxylderivate.

Die weitere Oxydation der hydroxylierten Produkte führt zur Ringsprengung und zur Bildung jener Produkte, die dem Charakter der Hydroxylgruppen entsprechend die Endprodukte sein müssen, also Säuren oder Ketone.

Im allgemeinen wird man am sichersten fahren, wenn man mit Permanganat weiter oxydiert, doch ist, nachdem die Doppelbindung verschwunden und damit die Hauptursache für Umlagerungen entfernt ist, auch oftmals Wechsel des Oxydationsmittels und etwa weiteres Arbeiten in saurer Lösung mit Chromsäure oder Salpetersäure am Platz.

2. Abbau mit Chromsäure.

Die ungesättigten Alkohole der Phytolreihe werden leicht und glatt an der Stelle der Doppelbindung von Chromsäure angegriffen. Von verschiedenen Anwendungsformen des Oxydationsmittels haben Willstätter, Mayer und Hüni[5]) namentlich zwei vorteilhaft gefunden: die Behandlung mit Chromtrioxyd unter Zusatz von konzentrierter Schwefelsäure in Eisessig oder mit Chromtrioxyd in Eisessig bei Gegenwart von Kaliumbisulfat. Letztere Methode gab die einfachsten Resultate und die reinsten Oxydationsprodukte. (Siehe hierzu S. 486.)

3. Methode von Jegorow[6]).

Bei der Addition von Stickstofftetroxyd an ungesättigte Verbindungen (Säuren) entstehen Additionsprodukte:

$$\begin{array}{ccccccc}
R & & R & & R & & R \\
| & & | & & | & & | \\
CH & \rightarrow & CH \cdot NO_2 & & CH{-}O \cdot NO & & CH \cdot NO_2 \\
\| & & | & \text{respektive} & | & \text{oder} & | \\
CH & & CH \cdot NO_2 & & CH \cdot NO_2 & & CH{-}O \cdot NO \\
| & & | & & | & & | \\
R_1COOH & & R_1COOH & & R_1COOH & & R_1COOH,
\end{array}$$

die beim Erhitzen mit 2—3 Volumen rauchender Salzsäure im zugeschmolzenen Rohr nach dem Schema:

---

[1]) Tiemann und Schmidt, B. **29**, 903 (1896); **30**, 22, 33 (1897).

[2]) Siehe außerdem Wallach, A. **353**, 293 (1907). — Perkin und Wallach, B. **42**, 145 (1909). — Ciamician und Silber, B. **42**, 1512 (1909).

[3]) Harries, B. **35**, 1179 (1902).

[4]) Siehe übrigens zur Erklärung dieses Falles auch Harries und Himmelmann, B. **41**, 2187 (1908).   [5]) A. **378**, 74 (1910).

[6]) J. pr. (2) **86**, 521 (1912). — Russ. **46**, 975 (1914). — Caminneci, Diss. Freiburg 1914), 20.

$$R—CH—CH—R_1COOH \quad \rightarrow \quad R—CO + OC—R_1COOH + N_2$$
$$\underset{NO_2\;\;\;NO_2}{\big|\quad\;\big|} \qquad\qquad \underset{OH\;\;\;HO}{\big|\qquad\;\big|}$$

gespalten werden.

Diese Methode verdient nähere Prüfung.

4. Oxydation mit Ozon.

Wie Otto[1]) und Trillat[2]) gezeigt haben, entstehen mit Ozon aus Phenoläthern mit ungesättigter Seitenkette Aldehyde. So gewinnt man aus Isoeugenol
Vanillin:

aus Isosafrol Piperonal:

Der eigentliche Reaktionsmechanismus ist aber von diesen Forschern nicht
aufgeklärt worden.

Harries[3]) hat dann die Einwirkung von Ozon auf ungesättigte Verbindungen studiert.

Dabei findet, wie er nachgewiesen hat, zunächst Anlagerung von einem
Molekül Ozon an jede Doppelbindung unter Aufhebung derselben statt, später
bei Anwesenheit einer CO-Gruppe im Molekül, also bei Ketonen, auch bei
ungesättigten Säuren, lagert sich noch ein Sauerstoffatom an dieses[4]). Die so
erhaltenen Körper wurden von Harries „Ozonide" genannt, sie sind meist

---

[1]) A. chim. phys. (7) **13**, 120 (1898). — DRP. 97620 (1898); 161306 (1905).

[2]) C. r. **113**, 823 (1901). — Mon. sc. **1898**, 351.

[3]) B. **36**, 1933, 2996, 3431, 3658 (1903); **37**, 612, 839, 845 (1904) — Harries und
Weiß, B. **37**, 3431 (1904). — De Osa, Diss. Berlin (1904). — Weil, Diss. Berlin (1904).
— Langheld, Diss. Berlin (1904). — Harries und Türk, B. **38**, 1630 (1905). — Türk,
Diss. Kiel (1905). — Reichard, Diss. Kiel (1905). — Weiss, Diss. Kiel (1905). — Har-
ries, A. **343**, 311 (1905). — B. **38**, 1196, 1632, 2990 (1905). — Molinari und Loncini,
Ch. Ztg. **29**, 715 (1905). - Thieme, Diss. Kiel (1906). — Drugman, Soc. **89**, 943 (1906).
— Harries und Thieme, B. **39**, 2844 (1906). — DRP. 192565 (1906). — Molinari,
B. **39**, 2737 (1906). — Weyl, B. **39**, 3347 (1906). — Harries, B. **39**, 3667, 3728 (1906);
40, 1651, 2823 (1907). — Harries und Türk, B. **39**, 3732 (1906). — Harries und Neres-
heimer, B. **39**, 2846 (1906); **41**, 38 (1908). — Harries und Langheld, Z. physiol. **51**,
342, 373 (1907). — Gutmann, Diss. Kiel (1907), 51. — Semmler, B. **40**, 4595 (1907);
41, 386 (1908). — Harries, B. **41**, 672, 1227, 1700, 1701 (1908). — Gottlob, Ch. Ztg.
32, 67 (1908). — Haworth und Perkin, Soc. **93**, 588 (1908). — Langheld, B. **41**, 1023
(1908). — Staudinger, B. **41**, 1498 (1908). — Harries und Himmelmann, B. **41**,
2187 (1908). — Diels, B. **41**, 2596 (1908). — Harries und Häffner, B. **41**, 3098 (1908).
— Harries und Splawa-Neymann, B. **41**, 3552 (1908). — Raspe, Diss. Halle (1909),
10, 12. — Straus, B. **42**, 2866 (1909). — Harries und Koetschau, B. **42**, 3305 (1909).
— Majima, B. **42**, 3664 (1909). — Dorée, Soc. **95**, 638 (1909). — Willstätter, Mayer
und Hüni, A. **378**, 75, 123 (1910). — Harries, A. **374**, 288, 331 (1910); **390**, 235 (1912);
410, 1 (1915). — Harries und Adam, B. **49**, 1030 (1916). — Herrmann und Wächter,
B. **49**, 1555 (1916). — Norduyn, Rec. **38**, 317 (1919). — Scheiber und Hopfer, B. **53**,
898 (1920). — Majima, B. **55**, 172 (1922).

[4]) Über diese Perozonide und über Oxozonide: Harries, B. **45**, 936 (1912). —
A. **390**, 235 (1912). - Wagner, Diss. Kiel (1913). — Hagedorn, Diss. Kiel (1913).

gelatinöse Substanzen von stechendem Geruch und mehr oder weniger explosiv.

Man muß unterscheiden:

1. Einwirkung von trocknem Ozon auf die Substanz ohne Lösungsmittel (oder in nicht dissoziierenden Lösungsmitteln).
2. Einwirkung von Ozon auf die Substanz bei Gegenwart von Wasser.

Das erste Verfahren liefert die peroxydartigen Ozonide, das zweite bewirkt Spaltung derselben an der Stelle der doppelten Bindung zu Aldehyden oder Ketonen:

1.
$$>C = C< + O\text{--}O = >\underset{\underset{O}{\underset{\diagdown\diagup}{O\quad O}}}{C\text{--}C}<$$

2.
$$>\underset{\underset{O}{\underset{\diagdown\diagup}{O\quad O}}}{C\text{--}C}< + H_2O = >CO + H_2O_2 + OC< .$$

Behandelt man die Substanz gleich bei Gegenwart von Wasser mit Ozon, so kann man auch die Gleichung aufstellen:

3. $\qquad >C = C< + H_2O + O_3 = >CO + H_2O_2 + OC< .$

Ungesättigte Aldehyde oder deren Acetale, Ketone sowie ungesättigte Säuren, Kohlenwasserstoffe, Phenoläther und Amine verhalten sich dem Ozon gegenüber völlig analog.

Acroleinacetal liefert ein Semiacetal des Glyoxals:

$$CH_2 = CH \cdot CH(OC_2H_5)_2 \rightarrow O : CH \cdot CH(OC_2H_5)_2 .$$

Maleinsäure wird zu Glyoxylsäure oxydiert:

$$COOH \cdot CH = CH \cdot COOH \rightarrow COOH \cdot CH : O + O : CH \cdot COOH .$$

Aus Fumarsäuremethylester erhält man Glyoxylsäuremethylester:

$$CH_3OOC \cdot CH = CH \cdot COOCH_3 \rightarrow CH_3 \cdot OOC \cdot CH : O + O : CH \cdot COOCH_3 .$$

Zimtsäure wird zu Benzaldehyd und Glyoxylsäure oxydiert:

$$C_6H_5 \cdot CH = CH \cdot COOH \rightarrow C_6H_5 \cdot CH : O + O : CH \cdot COOH .$$

In Wasser suspendiertes Stilben liefert langsam Benzaldehyd:

$$C_6H_5 \cdot CH = CH \cdot C_6H_5 \rightarrow C_6H_5 \cdot CH : O + O : CH \cdot C_6H_5 .$$

Allylaminchlorhydrat wird oxydiert zu Aminoacetaldehydchlorhydrat:

$$CH_2 = CH \cdot CH_2 \cdot NH_2 \cdot HCl \rightarrow O : CH \cdot CH_2 \cdot NH_2 \cdot HCl .$$

Auch Verbindungen mit zwei Doppelbindungen, z. B. 2.6-Dimethylheptadien-2.5, liefern analoge Produkte, doch reagieren cyclische Kohlenwasserstoffe mit konjugierten Doppelbindungen manchmal nur mit einem Molekül Ozon.

Eine ganze Anzahl bisher schwer oder überhaupt nicht zugänglicher Aldehyde, Dialdehyde, Ketoaldehyde und Aminoaldehyde kann nach diesem Verfahren leicht gewonnen werden. Da die entstehenden Aldehyde oder die entsprechenden Säuren meist leicht nachweisbar sind, so kann diese Methode auch zur Konstitutionsbestimmung ungesättigter Substanzen Anwendung finden[1]).

---

[1]) Konstitutionsbestimmungen von Enolen siehe S. 652.

Ausführung der Versuche mit Ozon.

Die beiden weiten Röhren A (Fig. 281), die durch paraffinierte Korkstopfen verschlossen und untereinander verbunden sind, werden in eine Kältemischung gebracht und das erste Rohr mit der zu oxydierenden Substanz beschickt. An diesem Gefäß befindet sich noch ein Einleitungsrohr für Kohlendioxyd. Diese Vorrichtung hat den Zweck, die Explosionsgefahr herabzusetzen und hat auch in manchen Fällen Erfolg gehabt. Das zweite Gefäß dient als Reservoir für eventuell überspritzende oder überschäumende Substanz. Das Ableitungsrohr führt in den Abzug. Als Dichtungen dienen Quecksilberverschlüsse, System Siemens & Halske.

Wo Glashähne gebraucht werden, wird als Hahnschmiere zerflossenes Phosphorpentoxyd [Metaphosphorsäure[1])] benutzt.

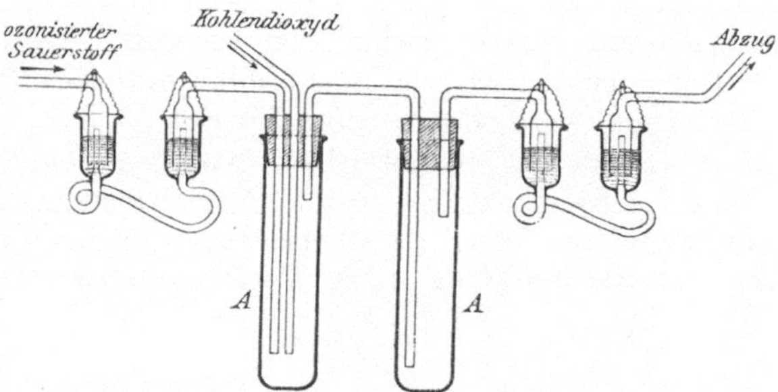

Fig. 281.   Ozonisieren nach Harries.

Zur Darstellung der Ozonide arbeitet man[2]) stets mit Lösungen, und zwar meist von trocknem Chloroform oder Tetrachlorkohlenstoff, seltener mit Hexan[3]), Chlormethyl[4]), Eisessig[5]), Chloräthyl[6]), Hexahydrotoluol[7]), gesättigter Oxalsäurelösung[8]), Paraldehyd[9]), 15proz. oder konzentrierter Salzsäure[10]) und unter starker Kühlung, wodurch ebenfalls die Explosionsgefahr herabgesetzt wird. Immerhin ist namentlich beim Abdampfen des Lösungsmittels im Vakuum (wobei die Wasserbadtemperatur nicht über 20° steigen darf) Vorsicht am Platz.

Das Ende der Reaktion sieht man gewöhnlich daran, daß beim Einleiten des Ozons keine weißen Nebel mehr auftreten. Pro Gramm Substanz rechnet man dazu gewöhnlich $^3/_4$—2 Stunden.

Zur Reinigung kann man die Ozonide in wenig Essigester oder Aceton aufnehmen und durch niedrigsiedenden Petroläther fällen.

Zur Zerlegung werden die Ozonide in Eiswasser gegossen, bzw. mit Eiswasser aus dem Kolben herausgespült, einige Zeit sich selbst überlassen und dann ganz allmählich auf dem Wasserbad am Rückflußkühler so lange erhitzt,

---

[1]) Travers, Exp. Unters. mit Gasen. Übers. v. Estreicher, Vieweg & Sohn, Braunschweig (1905), 24. — Siehe Fischer und Massener, Z. an. **52**, 209 (1907).

[2]) Verhalten der verschiedenen Lösungsmittel gegen Ozon: Harries, A. **374**, 307 (1910). — Smith, a. a. O.   [3]) Smith, Diss. Kiel (1914), 13.

[4]) Über die Reinigung des Chlormethyls siehe S. 29.

[5]) Harries und Haarmann, B. **46**, 2595 (1913).

[6]) Z. B. Willstätter, Schuppli und Mayer, A. **418**, 140 (1919).

[7]) Erdmann, Bedford und Raspe, B. **42**, 1334 (1909).

[8]) Smith, Diss. Kiel (1914), 13.

[9]) DRP. 216 093 (1909). — Fraser, Ch. Ztg. R. **33**, 650 (1909).

[10]) Lénart, B. **47**, 808 (1914).   A. **410**, 96, 115 (1915).

bis sie verschwunden sind oder sich verändert haben. Resistentere Ozonide werden in Eisessiglösung auf dem Wasserbad erhitzt (Bornylenozonid), bis die Gasentwicklung aufgehört hat, dann die Reaktionsflüssigkeit im Vakuum eingedampft und der Rückstand fraktioniert[1]).

Manchmal empfiehlt es sich, die öligen Ozonide direkt mit Wasserdampf zu behandeln, doch ist hierbei Vorsicht anzuwenden. Ungesättigte Säuren kann man in Wasser lösen[2]) und dann Ozon einleiten.

Beispiele:

Spaltung des Pikrotoxinsäure - Ozonids in Pikrotoxinonsäure und Ameisensäure. (Herrmann und Wächter.)

5 g wasserfreie Pikrotoxinsäure werden in der vierfachen Menge Essig-ester ozonisiert. Der Essigester wird verdunstet und das Ozonid durch halbstündiges Kochen mit Wasser zerlegt. Hinter den Rückflußkühler wird eine gekühlte Vorlage geschaltet, daran anschließend ein Natronkalkturm. Während der Zerlegung wird durch den Apparat Luft geleitet. In der Vorlage ist kein Formaldehyd nachweisbar, wogegen der Natronkalkturm eine Zunahme von 0.2 g Kohlendioxyd ergibt. Nach beendeter Zerlegung wird ein Teil abdestilliert und im Destillat Ameisensäure nachgewiesen. Aus dem Destillationsrückstand werden 3.8 g reine Pikrotoxinonsäure gewonnen, ca. 80% der Theorie.

Untersuchung der Ölsäure.

5 g ölsaures Natrium werden in 10 ccm Wasser gelöst, die Lösung filtriert und ca. 4—5 Stunden mit Ozon behandelt.

Es entsteht eine milchige Suspension, aus der sich der Nonylaldehyd nur schwierig durch Äther ausschütteln läßt. Deswegen wird besser im Vakuum eingedampft, wobei der größte Teil des Aldehyds mit den Wasserdämpfen über-geht. Er wird nunmehr mit Äther aufgenommen, auch läßt sich der noch im Rückstand verbliebene Anteil jetzt bequemer durch Äther isolieren. Beide Auszüge vereint liefern nach dem Verdunsten des Äthers und nach dem Trocknen ein farbloses Liquidum, ca 2 g, von dem reichlich die Hälfte unter 15 mm Druck bei 80—85° siedet und aus Nonylaldehyd besteht.

Der Rückstand siedet unter 15 mm Druck bei 120—145° und besteht aus Pelargonsäure.

In der im Vakuum eingeengten und danach ausgeätherten, wäßrigen Lösung befindet sich der andere Spaltungsanteil in Form des Natriumsalzes. Zu seiner Isolierung wird mit verdünnter Schwefelsäure angesäuert und mit Äther ausgeschüttelt. Beim Verdampfen des letzteren hinterbleibt ein weißer, fettglänzender Stoff, der sich aus heißem Wasser umkrystallisieren läßt. Er schmilzt dann bei ca. 86°. Diese Substanz besteht zum größten Teil aus Azelain-säure, enthält aber noch einen aldehydischen Bestandteil beigemengt, wie aus ihrem Verhalten gegen ammoniakalisches Silbernitrat hervorgeht. Oxydiert man das Rohprodukt mit verdünnter Permanganatlösung, so erhält man reine Azelainsäure.

Die Ozonide hydroaromatischer Verbindungen sind, sofern sie durch Anlagerung von Ozon an eine im sechsgliedrigen Ring vorhandene Doppel-

---

[1]) Harries und Haarmann, B. **46**, 2595 (1913).
[2]) Eventuell in Form ihrer Alkalisalze.

bindung entstanden sind, durch Wasser nur sehr schwer zerlegbar[1]). Sie lassen sich aber reduzieren, und hierbei bilden sich entweder dieselben Aldehyde bzw. Ketone, die bei der Spaltung mit Wasser entstehen sollten, oder bei weitergehender Einwirkung der reduzierenden Agenzien die zugehörigen Alkohole.

Die Reduktion wird mit Aluminiumamalgam[2]) in ätherischer Lösung ausgeführt.

Man reduziert so lange, bis eine abfiltrierte Probe keine

Ozonidreaktionen

mehr anzeigt: Betupfen mit konzentrierter Schwefelsäure, Verpuffung; Entfärben von Indigo- und Permanganatlösung; Wasserstoffsuperoxydreaktion mit Äther, Kaliumpyrochromat und Schwefelsäure; Freimachen von Jod aus Jodkalium.

Dann wird vom Aluminiumschlamm abgepreßt, dieser mehrfach mit Äther ausgekocht und die vereinten Lösungen in geeigneter Weise weiter behandelt.

Ozonentwickler[3]).

Ein geeigneter Ozonentwickler ist von Glasbläser Müller, Kiel, zu beziehen. Zum Betrieb dient Wechselstrom, ca. 2 Amp. 110 Volt, der in einem Öltransformator auf ca. 10 000 Volt gespannt wird. Der Sauerstoff ist sorgfältig zu trocknen.

Man kann[4]) zur Wechselstromerzeugung auch einfach einen Induktionsapparat von 20 cm Funkenlänge benutzen, der durch einen primären Strom von 14 Volt und 6—7 Ampere betrieben wird. Bei einer Geschwindigkeit des Sauerstoffstroms von etwa $1/2$ l in der Minute enthält das austretende Gas 2% Ozon, es kann also in der Stunde mehr als 1 g Ozon erzeugt werden. Das genügt für die meisten Laboratoriumsversuche.

Reinigung des Ozons.

Nach Harries[5]) enthält das Ozon „Oxozon" O_4, von dem es befreit werden kann, wenn man die Bildung abnormaler Ozonide zu fürchten hat.

Man leitet zu diesem Zweck das Rohozon durch 5proz. Natronlauge und hierauf konzentrierte Schwefelsäure. Das so erhaltene „Reinozon" wird durch eine mit Äther-Kohlendioxyd gekühlte Schlange[6]) geleitet, die den Wasserdampf sehr vollständig kondensiert.

Zur

Bestimmung des Ozongehalts

wird das Gas in neutrale Jodkaliumlösung geleitet, wo es nach der Gleichung:

$$2\,KJ + O_3 + H_2O = 2\,KOH + J_2 + O_2$$

Jod ausscheidet, das nach dem Ansäuern mit verdünnter Schwefelsäure durch $^n/_{10}$-Thiosulfatlösung titrimetrisch gemessen wird.

---

[1] Ebenso resistent ist das Ozonid der Cholsäure, Langheld, B. **41**, 1024 (1908). — Cholesterin: Dorée und Gardner, Soc. **93**, 1329 (1908). — Langheld, B. **41**, 378 (1908). — Diels, B. **41**, 2597 (1908).   [2]) Darstellung: S. 111.

[3]) Harries, B. **39**, 3667 (1906). — Z. Elektr. **18**, 130 (1912). — Einen anderen Apparat beschreibt Brach, Ch. Ztg. **36**, 1325 (1912). — Siehe auch Rothmund und Burgstaller, M. **34**, 665 (1913). — Scheiber, A. **405**, 314, 327 (1914).

[4]) Erdmann, B. **42**, 1334, Anm. (1909).

[5]) B. **45**, 936 (1912). — A. **390**, 235 (1912).

[6]) Koetschau, B. **42**, 3305 (1909).

Es ist notwendig, daß man die Jodkaliumlösung erst nach dem Einleiten des Ozons ansäuert. Man darf, wie Ladenburg und Quasig[1]) gezeigt haben, das Gas nicht in eine angesäuerte Jodkaliumlösung schicken, weil man sonst um etwa 50% zu hohe Werte erhält.

$$1000 \text{ cm } ^n/_{10}\text{-Na}_2\text{S}_2\text{O}_3 \text{ entspr. } \frac{\text{O}_3}{20} = \frac{48}{20} = 2.4 \text{ g Ozon.}$$

Daraus ergeben sich, wenn

n die verbrauchten ccm $^n/_{10}$-Na$_2$S$_2$O$_3$-Lösung,

s das Gewicht des zu ozonisierenden Gases in Grammen

ist, die Gewichtsprozente des Gases an Ozon zu

$$x = \frac{0.24\,\text{n}}{\text{s}}.$$

5. Indirekte Oxydation.

Aliphatische Säuren mit einer Doppelbindung lassen sich auch manchmal durch Überführen in Dibromfettsäure und zweimalige Bromwasserstoffabspaltung (durch Erhitzen unter Druck mit methylalkoholischer Kalilauge) in Säuren mit dreifacher Bindung überführen, die nach den weiter unten angegebenen Methoden auf die Lage ihrer dreifachen Bindung untersucht werden können[2]).

Achter Abschnitt.

Abbau von Substanzen mit dreifacher Bindung.

1. Einwirkung von Oxydationsmitteln.

Kaliumpermanganat. Auch hier dürfte primär die Anlagerung von Hydroxylen statthaben, und zwar von je zwei Hydroxylen an je ein Kohlenstoffatom. Da derartige Substanzen nicht beständig zu sein pflegen, erhält man die durch Wasserabspaltung aus ihnen hervorgehenden Diketonsäuren. So entsteht aus Stearolsäure Stearoxylsäure[3]).

Ganz analog wirkt Salpetersäure[4]): Behenolsäure wird in Behenoxylsäure übergeführt. Bei weitergehender Oxydation wird die Kette zwischen den beiden Carbonylgruppen gesprengt und aus den letzteren werden Carboxyle gebildet.

Ozon[5]) reagiert nach dem Schema:

$$-C \equiv C- + O_3 = -\underset{\underset{\displaystyle O}{|}}{C} = \underset{\underset{\displaystyle O}{|}}{C}- + H_2O = -COOH + HOOC-$$

---

[1]) B. **34**, 1184 (1901).

[2]) Otto, A. **135**, 227 (1865). — Overbeck, A. **140**, 42 (1866). — Schröder, A. **143**, 24 (1867). — Hausknecht, A. **143**, 41 (1867). — Holt, B. **24**, 4128 (1891). — Krafft, B. **29**, 2232 (1896). — Haase, Diss. Königsberg (1903). — Haase und Stutzer, B. **36**, 3601 (1903). — Vongerichten und Köhler, B. **42**, 1639 (1909).

[3]) Hazura, M. **9**, 470 (1888). — Hazura und Grüßner, M. **9**, 952 (1888).

[4]) Overbeck, A. **140**, 42 (1866). — Hausknecht, A. **143**, 46 (1867). — Spieckermann, B. **28**, 276 (1895). — Arnaud, Bull. (3) **27**, 487 (1902).

[5]) Thieme, Diss. Kiel (1906), 15. — Harries, B. **40**, 4905 (1907); **41**, 1227 (1908). — Siehe hierzu auch Molinari, B. **41**, 585, 2784 (1908).

manchmal mit explosionsartiger Heftigkeit (Phenylpropiolsäure), so daß meist starkes Verdünnen mit Tetrachlorkohlenstoff notwendig ist.

2. Indirekte Oxydation.

Behandelt man Substanzen mit dreifacher Bindung bei niederer Temperatur mit konzentrierter Schwefelsäure und zerlegt die Reaktionsprodukte mit Wasser, so erfolgt Hydratation und Bildung von gesättigten Ketonen resp. Ketonsäuren[1]).

Wenn man diese mit Hydroxylamin kondensiert, so entstehen Oxime, die durch Beckmannsche Umlagerung gespalten werden können.

Beispiel:

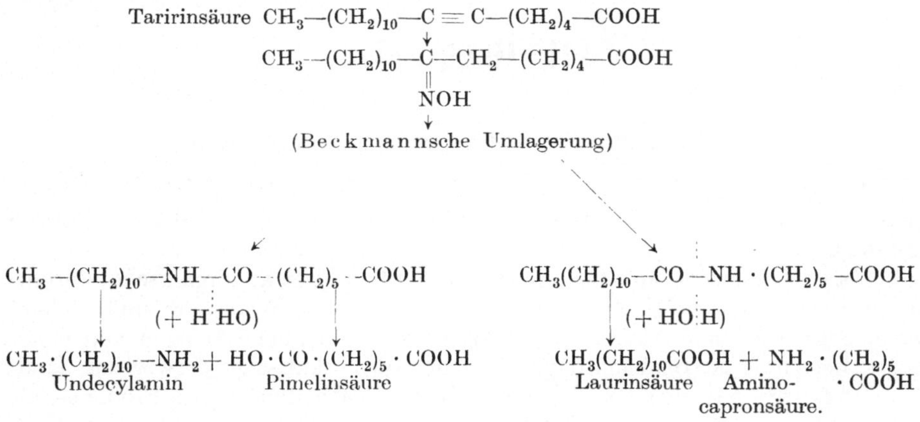

$$\text{Taririnsäure} \quad CH_3-(CH_2)_{10}-C \equiv C-(CH_2)_4-COOH$$

$$CH_3-(CH_2)_{10}-\underset{\parallel}{C}-CH_2-(CH_2)_4-COOH$$
$$NOH$$

(Beckmannsche Umlagerung)

$$CH_3-(CH_2)_{10}-NH-CO-(CH_2)_5-COOH \qquad CH_3(CH_2)_{10}-CO-NH \cdot (CH_2)_5-COOH$$

$$(+ H\,HO) \qquad\qquad\qquad\qquad (+ HO\,H)$$

$$CH_3 \cdot (CH_2)_{10}-NH_2 + HO \cdot CO \cdot (CH_2)_5 \cdot COOH \qquad CH_3(CH_2)_{10}COOH + NH_2 \cdot (CH_2)_5$$

Undecylamin   Pimelinsäure   Laurinsäure   Amino-   · COOH
                                                          capronsäure.

---

[1]) Béhal, A. chim. phys. (6) **15**, 268, 412 (1888); **16**, 376 (1889). — Holt und Baruch, B. **26**, 838 (1893). — Jacobson, B. **26**, 1869 (1893). — Baruch, B. **26**, 1867 (1893); **27**, 176 (1894). — Goldsobel, B. **27**, 3121 (1894). — Arnaud, Bull. (3) **27**, 489 (1902). — Michael, B. **39**, 2143 (1906). — Vongerichten und Köhler, B. **42**, 1639 (1909).

Zweites Kapitel.

Alkalischmelze.

1. Geschichtliches und allgemeine Bemerkungen.

Im Jahre 1822 fand Bussy[1]), daß beim Glühen von Kohle mit Ätzkali neben Wasserstoff und Kohlenoxyd Kaliumcarbonat und Kohlenwasserstoffe gebildet werden.

Gay-Lussac[2]) konstatierte dann, daß zahlreiche organische Verbindungen, wie Baumwolle, Zucker, Stärkemehl, Gummi, Weinsäure und andere, beim Schmelzen mit Ätzkali neben Wasserstoff reichliche Mengen von Oxalsäure liefern; eine Beobachtung, die sehr bald praktische Verwertung fand.

Possoz[3]) hat denn auch gerade beim Bearbeiten dieses Problems als erster die verschiedenartige Wirkung von Kali und Natron eingehend studiert.

Wöhler und Liebig[4]) konstatierten 1832, daß Bittermandelöl, mit festem Kalihydrat erhitzt, bei Luftabschluß benzoesaures Kalium und reinen Wasserstoff liefert. „Die Bildung von benzoesaurem Kali aus dem Öl, wenn dieses ohne Luftzutritt mit Kalihydrat erhitzt wird, ist demnach durch eine Wasserzersetzung bedingt, wobei das Wasser des Hydrats 1 Atom Sauerstoff aufnimmt, während der Wasserstoff als Gas entweicht."

Persoz zeigt in seiner „Introduction à l'étude de la chimie moléculaire", daß die Reaktion von Gay-Lussac ganz allgemein sei und schlägt vor, die bei der Einwirkung des Alkalis entwickelte Wasserstoffmenge zur quantitativen Analyse der organischen Substanzen zu verwerten. Er teilt auch noch mit, daß aus Essigsäure und Aceton bei dieser Reaktion Methan gebildet wird[5]). Über die Zersetzung organischer Materien durch Baryt berichten Pelouze und Millon[6]); sie leiteten u. a. Alkohol und Naphthalin über stark erhitzten Baryt und beobachteten im ersteren Fall das Auftreten eines dem Sumpfgas „isomeren" Gases neben Carbonatbildung, im zweiten das Auftreten von freiem Wasserstoff.

Gleichzeitig teilt Dumas[7]) Versuche mit, essigsaures oder chloressigsaures Alkali durch Erhitzen mit Ätzbaryt zu zersetzen; er erhielt dieselben Resultate wie Persoz, ohne indessen auf dessen Arbeiten Bezug zu nehmen, worauf Pelouze und Millon in ihrer zitierten Arbeit aufmerksam machen.

[1]) J. pharm. **8**, 266 (1822). [2]) A. chim. phys. **41**, 398 (1829).
[3]) C. r. **47**, 207, 648 (1858). [4]) A. **3**, 253, 261 (1832). [5]) Rev. sc. **1**, 51.
[6]) A. **33**, 182 (1840). — Nach ihren Angaben haben Austin und Higgen schon im 18. Jahrhundert „die Bildung von Sumpfgas oder wenigstens eines damit isomeren Gases bei Destillation von essigsaurem Kali beobachtet". [7]) A. **33**, 179 (1840).

In ihrer Arbeit: „Über die chemischen Typen" berichten dann Dumas und Stas[1]) über die Verwandlung von Alkohol in Essigsäure durch Erhitzen mit Kalikalk (chaux potassée) und über die Oxydation des Fuselöls zu Baldriansäure, sowie einige andere weniger durchsichtige Reaktionen[2]). Während Dumas und Stas, was sie ausdrücklich betonen, Schmelzen des Kalis auszuschließen bemüht waren — was der Kalkzusatz auch erreichen ließ —, um in Glasgefäßen arbeiten zu können, arbeitet bereits im selben Jahr Varrentrapp[3]) ganz so, wie es seither im Laboratorium üblich geblieben ist, in einer Silberschale, in der das Gemenge der zu oxydierenden Substanz (Ölsäure, Elaidinsäure) mit Kalihydrat und wenigen Tropfen Wasser unter Umrühren bis zum Schmelzen des Kalis und bis zur beginnenden Wasserstoffentwicklung erhitzt wurde.

Die Einwirkung von schmelzendem oder stark erhitztem Kali auf stickstoffhaltige Substanzen hat auch schon Gay - Lussac[4]) an Seide, Leim und Harnsäure studiert. Es wurden dabei Wasserstoff und Ammoniak beobachtet. Faraday hatte ebenfalls[5]) derartige Versuche angestellt. Berzelius schreibt dann[6]) später: „Bei der Bearbeitung für meinen Jahresbericht von Dumas' interessanter Abhandlung über die Zerlegung der organischen Stoffe durch Einwirkung von Kalihydrat ist mir aufgefallen, daß stickstoffhaltige Körper dabei ihren ganzen Stickstoffgehalt als Ammoniak abgeben müssen, welchen man in Salzsäure, wie Kohlensäure in Kalilauge, auffängt und als Platinsalmiak wiegt. Ich verfolge mit Plantamour diese Idee ... Wir machen die Versuche ganz so wie die gewöhnlichen organischen Analysen und lassen die Dämpfe durch ein Stück ungemischtes und stark erhitztes Gemenge von Kalihydrat und Kalkerdehydrat streichen."

Weiteres hat Berzelius über dieses Thema nicht mitgeteilt, dagegen haben Varrentrapp und Will[7]) in Liebigs Laboratorium kurze Zeit darauf ihre auf den gleichen Prinzipien beruhende Methode zur quantitativen Stickstoffbestimmung publiziert, wozu sie durch Liebigs Vermittlung von Wöhler schon vor Anstellung der Berzeliusschen Versuche angeregt worden waren[8]), der selbst schon den Stickstoff der Harnsäure in dieser Weise bestimmt hatte[9]).

Das Wesen der Kalischmelze[10]) besteht in einer durch die Zersetzung des Wassers bedingten gleichzeitigen Sauerstoff- und Wasserstoffentwicklung.

---

[1]) A. **35**, 134 (1840). — Sie schreiben dabei: „Schon Liebig hat gefunden, daß das in Alkohol aufgelöste Kali, beim Verdampfen an der Luft, einen Essigsäure enthaltenden Rückstand hinterläßt." — Einwirkung von Kalkerde auf Benzoesäure: Mitscherlich, A. **9**, 43 (1834). — Von Ätzkali auf Ameisensäure: Pelouze, A. **2**, 87 (1832). — Auf Elaidinsäure: Meyer, A. **35**, 183 (1840). — Auf Margarinsäure und Ölsäure: Bussy, A. **9**, 263 (1834). — Siehe ferner Peligot, A. **11**, 277 (1834); **12**, 39 (1839). — A. chim. phys. **73**, 133 (1834).

[2]) Diese Arbeit gilt — wie aus obigem zu ersehen mit Unrecht — als der Ausgangspunkt für die Ausübung der „Kalischmelze". Siehe Hofmanns Nachruf auf Stas, B. **25**, 3 (1892). — Graebe und Kraft, B. **39**, 794 (1906). — M. u. J., 2. Aufl., I, **1**, 247, Anm. (1907).

[3]) A. **35**, 210 (1840).

[4]) A. chim. phys. **41**, 389 (1829). — Pogg. **17**, 171, 528 (1829).

[5]) Pogg. **3**, 455 (1825). — J. of Science **19**, 16 (1826). — Berzelius, Jb. **6**, 80 (1827). — Brief von Wöhler an Liebig vom 29. April 1841 (Briefwechsel S. 228).

[6]) J. pr. (1) **23**, 231 (1841).   [7]) A. **39**, 265 (1841). — Siehe S. 239.

[8]) Wöhler, in Berzelius Jb. **21**, 159, Anm. (1842). — Siehe hierzu auch Nöllner, A. **66**, 314 (1848).

[9]) Brief Wöhlers an Liebig vom 30. Okt. 1840 (Briefwechsel Wöhler - Liebig **1**, 165).   [10]) Siehe auch Feuchter, Ch. Ztg. **38**, 273 (1914).

Während die Methode von Varrentrapp und Will die reduzierende
Kraft der Schmelze ausnutzt, bestimmt man bei der Analyse der hochmole-
kularen Alkohole nach Dumas und Stas bzw. Hell sowohl den entwickelten
Wasserstoff als auch die durch Oxydation gebildete Säure[1]).

Sonst pflegt aber fast ausschließlich[2]) die Oxydationswirkung verwertet
zu werden, und man hat schon frühzeitig gelernt, die Wasserstoffentwicklung,
die der Oxydation entgegenwirkt, durch passende Zusätze zu annullieren.

So gab Fritzsche der Schmelze chlorsaures Kalium zu[3]) und Liebig
benutzte zum gleichen Zweck Braunstein[4]).

Diese Angaben sind aber vollständig in Vergessenheit geraten, so daß
allgemein J. J. Koch, der 1873 dieses Verfahren in die Technik einführte,
als Erfinder der Oxydationsschmelzen gilt[5]).

Wasserhaltige Alkalien können nun bei höherer Temperatur folgende
Reaktionen veranlassen:

1. Wie schon erwähnt, eine Zerlegung des Wassers in Sauerstoff und
Wasserstoff, und infolgedessen gleichzeitige Reduktions- und Oxydationswirkung. Je nach dem Charakter der organischen Substanz wird entweder
nur einer diese beiden Wirkungen oder werden beide in die Erscheinung treten.

2. Die einfache Hydroxylwirkung, welche als Ionenwirkung im Schmelzfluß anzusehen ist.

3. Die kondensierende und umlagernde Wirkung, die Alkalien überhaupt zukommt.

In den kompliziertesten Fällen machen sich alle drei Arten von Wirkungen
nebeneinander geltend: die Folge davon ist, daß der Reaktionsverlauf an
Einheitlichkeit und Durchsichtigkeit einbüßt und die Resultate der Schmelze
an Beweiskraft für die Entscheidung von Konstitutionsfragen verlieren.

2. Ausführung der Alkalischmelze.

Als meist verwendetes Alkali dient Kaliumhydroxyd, doch wird
auch öfters Ätznatron und, oftmals mit besonderem Erfolg, ein Gemisch
von Ätzkali und Ätznatron benutzt.

Der in der Technik in Spezialfällen notwendige Ersatz des ganzen oder
eines Teils des Alkalis durch ein Erdalkali, wie Kalk, Baryt oder Magnesia,
hat für die Laboratoriumspraxis vorläufig nur selten[6]) Bedeutung.

Über die Anwendung von Kalikalk siehe S. 603ff.

Allgemeine Regeln für die Ausführung der Schmelze lassen sich kaum
aufstellen, denn dieses Verfahren muß mehr als die meisten anderen der Natur
der zu untersuchenden Substanz angepaßt werden: allgemein gilt nur, daß man
trachten soll, die Schmelze bei möglichst niedriger Temperatur auszuführen
und daß man in geeigneter Art für möglichst gleichmäßige Erhitzung sorgt.

Letzterem Umstand wird durch Rühren, am besten mit einem mechanischen Rührer (Turbine), Rechnung getragen.

Liebermann hat[7]) einen sehr brauchbaren Apparat zur Ausführung
der Schmelze angegeben, dessen Konstruktion aus Fig. 282 ersichtlich ist.

---

[1]) Siehe S. 603.

[2]) Reduzierende Schmelzen unter Zusatz von Eisenpulver, schwefligsauren Salzen
oder Natriumäthylat: Baeyer und Emmerling, B. **2**, 679 (1869). — Fr. P. 322 387
(1902). — DRP. 152 683 (1904).　　　[3]) A. **39**, 82 (1841).　　　[4]) A. **39**, 92 (1841).
[5]) Friedländer, **1**, 301 (1888). — Lassar - Cohn, Arbeitsmethoden, 4. Aufl.
(1907), 82.　　　[6]) Siehe S. 508.　　　[7]) B. **21**, 2528 (1888).

Der Apparat besteht aus einem Schmelzkessel nebst zugehörigem Löffel aus reinem Nickel und einem kupfernen Bad. Das Bad kann mit hochsiedenden Substanzen, Naphthalin, Anthracen, Anthrachinon usw. beschickt und die Schmelze dadurch bei der Siedetemperatur dieser Verbindungen ausgeführt werden.

Bei genügender Übung kann man übrigens meist mit einer in ein Ölbad gesenkten Nickel- oder Silberschale auskommen, oder erhitzt sogar mit direkter Flamme. Piloty und Merzbacher[1]) verwenden einen Kupferkessel von $^3/_4$ l Inhalt mit aufschraubbarem Helm, der eine Öffnung für das Thermometer und eventuell für einen Tropftrichter (zum Eintragen der Substanz) besitzt.

Graebe und Kraft empfehlen[2]) die Verwendung eines Nickeltiegels, der im Ölbad[3]) erhitzt wird, und die Anwendung eines Eisenspatels, der mit einem Rührwerk die Masse durchmischt.

Man erhitzt auf 200—300°, etwa nach folgendem Beispiel.

5 g o-Kresol, 50 g Ätzkali von ca. 90% und 10 g Wasser werden auf 200 bis 220° (im Ölbad gemessen) erhitzt und nach und nach unter Umrühren 3.4 g Bleisuperoxyd eingetragen. (Theoretisch sind 3.33 g Superoxyd, entsprechend 3 Molekülen, nötig.)

Es erfolgt rasch Reduktion zu Bleioxyd, das sich zum größten Teil krystallinisch ausscheidet. Die Dauer der Schmelze beträgt eine Stunde.

Der größte Teil des Alkalis wird mit Schwefelsäure neutralisiert, darauf vom Bleioxyd abfiltriert, das Filtrat sauer gemacht und die Flüssigkeit samt der darin suspendierten Fällung von Säure und von Bleisulfat mit Äther ausgezogen. Es werden 4.2 g Salicylsäure erhalten. Eventuell vorhandenes unverändertes Kresol trennt man mit Ammonium- oder Natriumcarbonat ab.

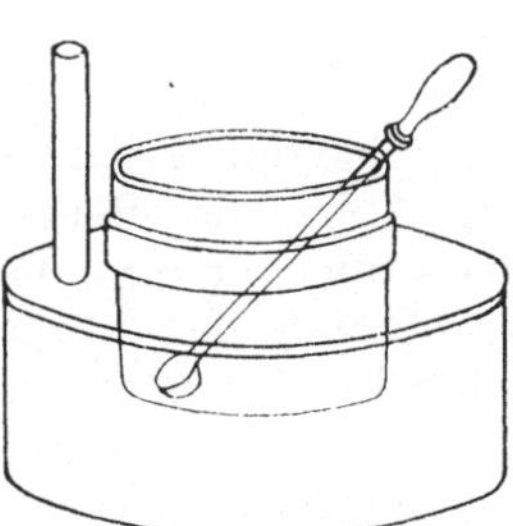

Fig. 282.   Kalischmelze nach Liebermann.

Der Zusatz von Bleisuperoxyd — in Fällen, wo, wie bei der Chinasäure, damit zu heftige Reaktion eintritt, von Bleioxyd — bewirkt, durch Verhinderung der Wasserstoffentwicklung, wesentliche Verbesserung der Ausbeute; daß aber auch durch diesen Kunstgriff die reduzierende Wirkung der Schmelze nicht völlig paralysiert werden kann, zeigt das Verhalten der Sulfosäuren der Benzolhomologen, die dabei ganz allgemein so reagieren, daß Alkylgruppen durch Carboxyl- und Sulfogruppen durch Wasserstoff ersetzt werden[4]).

Statt mit geschmolzenem Ätzkali in offenen Gefäßen zu arbeiten, zieht man es in neuerer Zeit vielfach vor, mit wäßrigen Laugen unter Druck zu erhitzen. Oftmals lassen sich auch mit alkoholischer Lauge bessere Resultate erzielen, oder es ist das Arbeiten im geschlossenen Rohr (Autoklaven) überhaupt unnötig oder schädlich.

Es wird hierbei dann im wesentlichen nur die verseifende Wirkung des Alkalis ausgenutzt.

---

[1]) B. **42**, 3254, 3259 (1909).   [2]) B. **39**, 795 (1906).
[3]) Man kann den Nickeltiegel auch im Zinnbad erhitzen: Schmidt, Retzlaff und Haid, A. **390**, 221 (1912).
[4]) Graebe und Kraft, B. **39**, 2507 (1906).

Zuerst hat namentlich Piccard[1]) gezeigt, daß man oft bei Anwendung von verdünnten, wäßrigen oder alkoholischen Laugen bei niederer Temperatur die Spaltungsstücke leichter und in unversehrterem Zustand fassen kann.

Beispiel einer Schmelze mit alkoholischem Kali[2]).

Dimethylpyranthren aus Tetramethyldianthrachinonyl.

3 g Substanz wurden mit 90 g einer genau bei 175° siedenden Lösung von Kaliumhydroxyd in Alkohol (96 proz.) 3 Stunden in lebhaftem Sieden gehalten. (Das alkoholische Kali wurde dargestellt, indem eine klare, möglichst konzentrierte Lösung von Kaliumhydroxyd in Äthylalkohol so weit eingedampft wurde, bis das Thermometer in der Flüssigkeit 175° zeigte.) Die erkaltete Reaktionsmasse wurde mit 750 ccm Wasser versetzt und dann bei Siedetemperatur Luft durch die weinrote Lösung geleitet. Der zum Teil in Form seines alkalilöslichen Reduktionsprodukts — durch die gleichzeitige Reduktionswirkung des alkoholischen Kalis[3]) — vorhandene Farbstoff fiel dabei vollständig aus, die Lösung wurde farblos. Nach dem Übersättigen mit Salzsäure wurde der Farbstoff abfiltriert, getrocknet und aus Nitrobenzol umkrystallisiert.

3. Kalischmelze der aliphatischen Säuren.

Eine der ersten und meist studierten Anwendungen dieser Methode betraf den Abbau der Säuren der Fettreihe. Namentlich die Frage nach der Lage der Doppelbindung der Ölsäure und ähnlicher Verbindungen schien sich leicht auf Grund der Beobachtung lösen zu lassen, daß diese Substanzen durch schmelzendes Alkali in zwei Säuren zerlegt wurden, eine Operation, die öfters annähernd quantitativ verlief.

So erschien es einleuchtend[4]), daß die Ölsäure

$$CH_3 \cdot (CH_2)_{14} \cdot CH = CH \cdot COOH$$

zu formulieren sei, da sie in glatter Reaktion[5]) in Palmitinsäure und Essigsäure gespalten wird:

$$CH_3 \cdot (CH_2)_{14} \cdot COOH + CH_3COOH.$$

Es hat sich seither gezeigt, daß alle Fettsäuren mit normaler Kette derart gespalten werden, daß die Sprengung der Kette zwischen α- und β-Kohlenstoffatom stattfindet.

Nach Wagner[6]) sind dabei als Zwischenprodukte β-Ketonsäuren anzunehmen, die der Säurespaltung unterliegen:

$$R \cdot CH_2CH_2COOH \rightarrow R \cdot CO \cdot CH_2COOH + H_2 \rightarrow R \cdot COOH + HCH_2COOH,$$

es entsteht also immer Essigsäure und eine Säure, die um zwei Kohlenstoffatome ärmer ist als die Stammsubstanz.

Ungesättigte Säuren werden, ganz gleich wo die Doppelbindung gelegen ist, durch den bei der Schmelze nascierenden Wasserstoff zu Fettsäuren reduziert, vielleicht im Weg über die Dioxysäuren; die Spaltung der Ölsäure wäre demnach folgendermaßen zu formulieren:

---

[1]) B. **7**, 888 (1874). — Herzig, M. **12**, 183 (1891). — Wunderlich, Diss. Marburg (1908), 65.   [2]) Mansfeld, Diss. Zürich (1907), 45.

[3]) Siehe auch Anm. 2 auf S. 504. — Kaliummethylat: Blau, M. **7**, 626 (1886), Brombenzol.   [4]) Marasse, B. **2**, 359 (1869).   [5]) Edmed, Soc. **73**, 632 (1898).

[6]) B. **21**, 3353 (1888).

$$CH_3 \cdot (CH_2)_7 \cdot CH = CH \cdot (CH_2)_5 \cdot CH_2 \cdot CH_2 \cdot COOH$$
$$\downarrow$$
$$CH_3 \cdot (CH_2)_7 \cdot CH\text{---}CH \cdot (CH_2)_5 \cdot CH_2 \cdot CH_2 \cdot COOH$$
$$\diagdown OH \diagdown OH$$
$$\downarrow$$
$$CH_3 \cdot (CH_2)_7 \cdot CH_2 \cdot CH_2 \cdot (CH_2)_5 \cdot CH_2 \cdot CH_2 \cdot COOH$$
$$\downarrow$$
$$CH_3(CH_2)_{14} \cdot CO \cdot CH_2 \cdot COOH$$
$$\downarrow$$
$$CH_3(CH_2)_{14} \cdot COOH + CH_3 \cdot COOH.$$

Die Kalischmelze ist somit zur Konstitutionsbestimmung ungesättigter Säuren nicht zu verwenden.

Nach Beobachtungen von Hans Meyer und Eckert[1]) ist die intermediäre Bildung der Dioxysäuren bei der Kalischmelze unwahrscheinlich. Viel wahrscheinlicher wandert bei der üblichen Ausführungsform der Schmelze die Doppelbindung bis in die a, β-Stellung.

Wenn man das Erhitzen der Dioxysäuren mit wäßriger Lauge unter Druck vornimmt, erhält man Spaltung an der Stelle der ursprünglich vorhandenen Doppelbindung.

4. Ersatz von Halogen in aromatischen Verbindungen durch die Hydroxylgruppe.

Diese Reaktion, die mehrfach zum Stellungsnachweis von Halogen in cyclischen Verbindungen gedient hat[2]), ist auch nicht mehr als vollkommen verläßlich zu bezeichnen, seit man gefunden hat, daß dabei Umlagerungen stattfinden können.

So erhält man aus den beiden bekannten Dichlor- und Dibromanthrachinonen und ebenso aus Tri- und Tetrabromanthrachinon dasselbe 1.2-Dioxyanthrachinon, das Alizarin[3]).

Salicylsäure entsteht beim Schmelzen von m-Brombenzoesäure mit Kali, während andererseits die Kalischmelze der o-Chlorbenzoesäure viel m-Oxybenzoesäure neben wenig Orthoderivat liefert.

1.3-Dioxybenzol (Resorcin) wird[4]) sowohl aus m- als auch aus o- und p-Bromphenol beim Schmelzen mit Kali erhalten: dabei wird nur aus p-Bromphenol ausschließlich Resorcin gewonnen, während o- und m-Bromphenol daneben noch Brenzcatechin liefern. Ebenso entsteht Resorcin aus p-Chlorbenzolsulfosäure[5]). Diese Umlagerungen lassen sich unschwer so deuten, daß nach stattgehabter Oxydation (Eintritt einer zweiten Hydroxylgruppe) durch Einwirkung des nascierenden Wasserstoffs Halogen gegen Wasserstoff ausgetauscht wird:

$$\underset{Br}{\overset{OH}{\bigcirc}} \rightarrow \underset{Br}{\overset{OH}{\bigcirc}}OH \rightarrow \underset{H}{\overset{OH}{\bigcirc}}OH \,.$$

Vielleicht wird auch noch die Beobachtung von Tijmstra von Wichtigkeit werden, daß o- und p-Chlor- und -Bromphenol mit Kaliumcarbonat erhitzt ohne Atomverschiebung in die Dioxyverbindungen übergehen[6]).

---

[1]) Siehe 3. Auflage dieses Buches, S. 1016. — Eckert, M. **38**, 1 (1917). — Siehe auch Jegorow, Russ. **46**, 975 (1915). — Le Sueur und Wood, Soc. **119**, 1697 (1921).

[2]) Weidel und Blau, M. **6**, 664 (1885). — Kircher, A. **238**, 349 (1887).

[3]) Hammerschlag, B. **19**, 1109 (1886). — Grandmougin, C. r. **173**, 717 (1921).

[4]) Fittig und Mager, B. **7**, 1177 (1874); 8, 362 (1875). — Siehe hierzu auch Blanksma, Ch. W. **5**, 93 (1908).   [5]) Oppenheim und Vogt, Spl. **6**, 376 (1868).

[6]) Ch. W. **5**, 96 (1908). — Siehe auch DRP. 197 649 (1908). — Anwendung von Erdalkalicarbonat: DRP. 195 874 (1908); 197 607 (1908).

Sehr bemerkenswert ist die Beobachtung von Hans Meyer, Beer und Lasch[1]), daß diese Umlagerungen meist vermieden werden, wenn man an Stelle der Ätzalkalien die Hydroxyde oder Carbonate des Calciums oder Bariums verwendet.

Es ist einleuchtend, daß hierbei die ortho- (und wahrscheinlich para-) substituierten Derivate leichter reagieren werden als die nicht (negativ) substituierten Metaderivate. Unter den verschiedenen Halogenderivaten reagieren die Chlorderivate am schwersten, die Jodderivate am leichtesten.

So wurde Metabrombenzoesäure beim achtstündigen Erhitzen mit wäßriger Barytlösung im Autoklaven bei 190—200° durchaus nicht angegriffen, während Orthojodbenzoesäure schon bei 170° in der gleichen Zeit alles Halogen in Ionenform abgespalten hatte, Orthobrombenzoesäure unter den gleichen Bedingungen ebenfalls reichliche Mengen von durch Silbernitrat fällbarem Halogen lieferte, Orthochlorbenzoesäure dagegen dieser Behandlung widerstand. In den Fällen, wo Reaktion stattgefunden hatte, wurde Salicylsäure und durch teilweise Zerstörung derselben gebildetes Phenol, aber keine Spur von isomeren Oxybenzoesäuren aufgefunden.

Nach einem Patent[2]) erhält man Di- und Polyoxybenzolverbindungen aus den einfach oder mehrfach halogenierten Phenolen oder deren Substitutionsprodukten (ausgenommen die Monohalogensubstitutionsprodukte der Oxybenzaldehyde) durch Erhitzen mit Oxyden oder Hydroxyden der alkalischen Erden.

Die in der Patentschrift gegebenen Beispiele sind alle aus der o- und p-Reihe: aller Wahrscheinlichkeit nach dürfte die Reaktion bei m-Derivaten nicht, oder nur sehr schwer ausführbar sein.

Sulfosäuren der Dioxybenzole, ihre Homologen und o-Alkyläther lassen sich dadurch darstellen, daß man Monobromphenolsulfosäuren oder deren Derivate mit verdünnter Kalkmilch unter Druck bei Gegenwart von Kupferpulver erhitzt[3]).

Wenn man, wie sonst üblich, die halogenierten Phenolsulfosäuren mit Ätzalkalien umsetzen will, bewirkt die dazu nötige (meist bis 250° oder höher gesteigerte) Temperatur Umlagerungen und eventuell Abspaltung der Sulfogruppe.

So gibt die o-Brom-p-Kresol-o-Sulfosäure I mit Ätzkali bei 170° die Kresorcinsulfosäure II, während sich beim Erhitzen mit wäßrigem Calciumhydroxyd (und Kupfer) ohne Umlagerung Homobrenzcatechinsulfosäure III bildet:

$$
\begin{array}{ccccc}
 & \text{CH}_3 & & \text{CH}_3 & \text{CH}_3 \\
\text{HO} & & & & \\
 & \text{SO}_3\text{H} & \leftarrow \quad \text{Br} & \text{SO}_3\text{H} \quad \rightarrow \quad \text{HO} & \text{SO}_3\text{H} \\
 & \text{OH} & & \text{OH} & \text{OH} \\
 & [\text{KOH}] & & [\text{Ca(OH)}_2] & \\
 & \text{II} & & \text{I} & \text{III}
\end{array}
$$

Derartiger Zusatz von Halogenabspaltung fördernden Mitteln (Kupfer, Kupferoxyd, Silber, Silberoxyd, Jodsalze) wird auch sonst empfohlen[3]), ist aber durchaus nicht immer erfolgreich.

Im Gegensatz zu den obenstehenden Angaben läßt sich in der o-Chlorhydrozimtsäure das Halogen durch Erdalkalien, auch bei Gegenwart von Katalysatoren, nicht herausnehmen, oder es erfolgt eine abnormale Reaktion[4]).

[1]) M. **34**, 1669 (1913).   [2]) DRP. 249 939 (1912).   [3]) DPA. S 35 125 (1913).
[4]) Lasch, M. **34**, 1649 (1913).

Dagegen wird beim Erhitzen der Säure mit Kalium- oder Natriumhydroxyd unter Druck bei 240—250° quantitative Umwandlung in Melilotsäure erzielt[1]).

Durch Erhitzen mit wäßriger Lauge auf hohe Temperatur (300—330°) kann man auch bei aromatischen Kohlenwasserstoffen (Chlorbenzol) glatten Ersatz von Halogen durch Hydroxyl erzielen. Kurt H. Meyer und Bergius, B. 47, 3155 (1914).

5. Ersatz der Sulfogruppe aromatischer Verbindungen durch Hydroxyl.

Diese präparativ und technisch so außerordentlich wichtige Reaktion, die nahezu gleichzeitig von Wurtz[2]), Kekulé[3]) und Dusart[4]) aufgefunden wurde, ist nicht ohne weiteres für Konstitutionsbestimmungen verwertbar, da auch hier Umlagerungen beobachtet worden sind.

So erhält man nicht nur, wie schon erwähnt, aus p-Chlorbenzolsulfosäure, sondern auch aus Phenol-p-Sulfosäure Resorcin[5]).

In der Naphthalinreihe gilt die Regel, daß in α-Stellung befindliche Sulfogruppen viel leichter durch Hydroxyl ersetzbar sind als in β-Stellung befindliche. Doch gibt es auch Ausnahmen. So bildet α-Naphthylamindisulfosäure $1 \cdot 4 \cdot 6$ in der Kalischmelze 1-Amino-6-naphthol-4-sulfosäure und dann $1 \cdot 6$-Dioxynaphthalin-4-sulfosäure[6]).

α_1-Oxy-β_1-naphthoe-$\alpha_2\beta_4$-disulfosäure liefert $\alpha_1\beta_4$-Dioxynaphthalin-α_2-sulfosäure[7]) und 1-Oxy-2-naphthoe-4·7-disulfosäure gibt 1·7-Dioxy-2-naphthoe-4-sulfosäure[8]).

Weiteres über das Verhalten von Sulfosäuren der Naphthalinreihe in der Kalischmelze: Winther, Patente der organ. Chemie I, 739 (1908). — Schroeter, A. 426, 141 (1922).

Während also die Kalischmelze[9]) für die Ortsbestimmung der Sulfogruppe nicht immer verwertbar ist, sind hierfür zwei Methoden in vielen Fällen wohl geeignet, die den Ersatz der Sulfogruppe durch Carboxyl ermöglichen.

6. Ersatz der Sulfogruppe und von Halogen durch den Cyanrest.

Wird ein Gemenge des sulfosauren Salzes (am besten des Kalium-, weniger gut des Calcium- oder Natriumsalzes) mit Cyankalium oder noch besser nach Witts Vorschlag[10]) mit entwässertem Ferrocyankalium der trocknen Destillation unterworfen, so findet nach der Gleichung:

$$R \cdot SO_3K + KCN = R \cdot CN + K_2SO_3$$

Verwandlung des sulfosauren Salzes in Nitril statt[11]).

---

[1]) Hans Meyer, Beer und Lasch, M. 34, 1670 (1913).
[2]) C. r. 64, 749 (1867).   [3]) C. r. 64, 752 (1867).
[4]) C. r. 64, 759 (1867).   [5]) Kekulé, Z. 1867, 301.
[6]) Friedländer und Lucht, B. 26, 3034 (1893). — DRP. 68 232 (1894); 104 902 (1899).   [7]) DRP. 81 938 (1895).   [8]) DRP. 84 653 (1895).
[9]) Vielleicht wird das Schmelzen mit Erdalkalihydroxyden oder mit Carbonaten die Verläßlichkeit der Reaktion erhöhen. Siehe DRP. 195 874 (1908); 197 649 (1908). Auch hier wird neuerdings die Anwendung von wäßriger Alkalilauge unter Druck bei hohen Temperaturen (über 300°) empfohlen. DPA. A 24 627 (1914). — Willson und Kurt H. Meyer, B. 47, 3160 (1914).   [10]) B. 6, 448 (1873).
[11]) Merz, Z. 1868, 33. — Irelan, Z. 1869, 164. — Garrick, Z. 1869, 551. — Merz und Mühlhäuser, B. 3, 709 (1870). — Fittig und Ramsay, A. 168, 246 (1873). — Döbner, A. 172, 111, 116 (1874). — Vieth, A. 180, 305 (1875). — Nölting, B. 8, 1113 (1875). — Barth und Senhofer, B. 8, 1481 (1875). — Liebermann, B. 13, 47 (1880). — Ekstrand, J. pr. (2) 38, 139, 241 (1888). — B. 21, R. 834 (1888).

Bei der Ausführung der Reaktion trachtet man, die Temperatur möglichst wenig hoch steigen zu lassen und das entstandene Nitril möglichst rasch aus dem Bereich der heißen Gefäßwände zu entfernen, um Verkohlung und Rückbildung von Kohlenwasserstoffen hintanzuhalten. Man nimmt zu diesem Behuf einen indifferenten Gasstrom zu Hilfe oder arbeitet mit Benutzung der Luftpumpe[1]).

In halogensubstituierten Sulfosäuren kann zugleich das Halogen durch die Cyangruppe ersetzt werden[2]), eine Reaktion, die sonst in der aromatischen Reihe nicht so leicht verläuft[3]).

Bei Gegenwart von Kupfer ist indes diese Reaktion auch bei nicht durch die Sulfogruppe substituierten Halogenderivaten möglich. So läßt sich in der Anthrachinonreihe die Substitution von Chlor durch den Nitrilrest unter Anwendung von Cyankupfer und Pyridin bewirken[4]). Auf diese Weise kann man auch in der Benzol- und Naphthalinreihe Erfolge erzielen, die Nitrile scheinen indes bei dieser Reaktion nicht in freier Form, sondern als komplexe, pyridinhaltige Verbindungen erhalten zu werden, aus denen durch Verseifen mit starker Schwefelsäure leicht die entsprechenden Carbonsäuren entstehen. So gibt beispielsweise p-Dichlorbenzol in guter Ausbeute Terephthalsäure [Hans Meyer und Alice Hofmann[5])].

Rosenmund und Struck[6]) haben in wäßriger Lösung unter Druck gearbeitet.

Die Halogenverbindung wird mit Kaliumcyanid in wäßriger oder alkoholisch-wäßriger Lösung im geschlossenen Rohr auf ca. 200° erhitzt, unter Beifügung von Kupfercyanür, das sich leicht in kaliumcyanidhaltigem Wasser auflöst. Primär entsteht dann das der Halogenverbindung entsprechende Nitril, das sofort verseift wird, so daß nach Beendigung des Erhitzens gleich die fertige Säure vorliegt.

Es wurden in den Kreis der Untersuchungen gezogen:

<blockquote>
Halogen-Benzol,
Halogen-Toluol,
Halogen-Anilin,
Dihalogen-Benzol,
Halogen-Nitrobenzol,
Halogen-Phenol,
Halogen-Carbonsäure,
Halogen-Naphthalin,
Halogen-Thiophen.
</blockquote>

Man achte besonders darauf, daß man sehr widerstandsfähige Einschlußröhren verwendet, die bei den in Frage kommenden Temperaturen nicht in Reaktion treten (gut geeignet sind die Röhren mit rotem Strich von Schott & Gen., Jena).

Die Methode, die CN-Gruppe an Stelle des Sulfosäurerests einzuführen, ist übrigens nicht auf die aromatische Reihe beschränkt, findet vielmehr

---

[1]) Lellmann und Reusch, B. **22**, 1391 (1889).
[2]) Barth und Senhofer, A. **174**, 242 (1874). — Limpricht, A. **180**, 88, 92 (1875).
[3]) Merz und Schelnberger, B. **8**, 918 (1875). — Merz und Weith, B. **10**, 746 (1877)
[4]) DRP. 271 793 (1914); 275 517 (1914).
[5]) Siehe 3. Auflage dieses Buches, S. 435 und DRP. 293 094 (1916).
[6]) B. **52**, 1749 (1919).

auch in der Pyridin-[1]), Chinolin-[2])[3]) und Isochinolinreihe[4]) vielfache Anwendung.

Wenn auch im allgemeinen hierbei glatte Substitution stattzufinden pflegt, darf doch nicht außer acht gelassen werden, daß bei der hohen Reaktionstemperatur die Sulfogruppen selbst umgelagert werden können, wodurch die Resultate zweideutig werden.

So entsteht aus Orthochinolinsulfosäure in reichlicher Menge Metacyanchinolin.

Die Nitrile werden, meist ohne daß vorher besondere Reinigung nötig wäre (nach den Angaben auf S. 992), in die korrespondierenden Säuren verwandelt; will man die Rohprodukte reinigen, so wäscht man sie mit Natronlauge, destilliert im Wasserdampfstrom und fraktioniert nochmals, evtl. im Vakuum.

7. Direkte Überführung von Sulfosäuren in Carbonsäuren mit Natriumformiat.

Dieses von V. Meyer aufgefundene Verfahren[5]) ist namentlich in solchen Fällen von Vorteil, wo, wie bei der Sulfobenzoesäure, das Reaktionsprodukt nicht unzersetzt flüchtig ist und daher nach der Cyankaliummethode nicht erhalten werden kann.

Bei der Benzolsulfosäure und p-Toluolsulfosäure sind die Ausbeuten sehr schlecht[6]).

Gleiche Gewichtsteile von sulfosaurem Kalium und gut getrocknetem ameisensauren Natrium werden innig gemischt und in einer Porzellanschale über offenem Feuer unter beständigem Umrühren anhaltend erhitzt, bis die Schmelze schwarzbraune Farbe angenommen hat. Während der Reaktion tritt der unangenehme Geruch flüchtiger Schwefelverbindungen auf.

Die Schmelze wird in Wasser gelöst, angesäuert und das entstandene Produkt entweder durch Ausschütteln mit einem geeigneten Lösungsmittel oder durch Wasserdampfdestillation oder dergleichen isoliert:

$$R \cdot SO_3K + H \cdot COONa = R \cdot COONa + HKSO_3.$$

Ersatz der Sulfogruppe durch den Aminrest: Jackson und Wing, B. 19, 1902 (1886). — Am. 9, 76 (1887). — DRP. 173 522 (1904). — Sachs, B. 39, 3006 (1906) ist zu Konstitutionsbestimmungen nicht zu empfehlen, weil hierbei Umlagerungen eintreten können.

Austausch der Sulfogruppen gegen Chlor:

Die ersten Beobachtungen über den direkten Ersatz der Sulfogruppe durch Chlor hat Carius[7]) mitgeteilt.

Wie er fand, werden Methyl- und Äthylsulfochlorid durch Erhitzen mit

---

[1]) O. Fischer, B. 15, 63 (1882).

[2]) Lellmann und Reusch, B. 22, 1391 (1889).

[3]) O. Fischer und Bedall, B. 14, 2574 (1881). — La Coste, B. 15, 196 (1882). — O. Fischer und Willmack, B. 17, 440 (1884). — O. Fischer und Körner, B. 17, 765 (1884). — La Coste und Valeur, B. 20, 99 (1887). — Lellmann und Lange, B. 20, 1449 (1887). — Lellmann und Reusch, B. 21, 397 (1888). — Richard, B. 23, 3489 (1890).

[4]) Jeiteles, M. 15, 809 (1894).

[5]) A. 156, 273 (1870). — Ador und Oppenheim, B. 3, 739 (1870). — Ador und V. Meyer, A. 159, 16 (1871). — Barth und Senhofer, A. 159, 228 (1871). — Remsen, B. 5, 379 (1872). — Cöllen und Böttinger, B. 9, 1249 (1876).

[6]) Unveröffentlichte Versuche von Hans Meyer und Passer.

[7]) A. 114, 140 (1860).

Phosphorpentachlorid auf 150—160° in Chlormethyl resp. Chloräthyl, Thionylchlorid und Phosphoroxychlorid umgewandelt:

$$CH_3SO_2Cl + PCl_5 = CH_3Cl + SOCl_2 + POCl_3.$$

Die gleiche Reaktion auf das im Laboratorium von Carius durch Kim-
berly dargestellte „Naphthylthionchlorür" (Naphthalin-α-sulfochlorid) angewandt, führte unter den gleichen Reaktionsbedingungen zu α-Chlornaphthalin.

Im Jahre 1872 hat dann Barbaglia[1]) beim Erhitzen von benzylsulfo-
saurem Kalium mit überschüssigem Phosphorpentachlorid Benzylchlorid und
haben Barbaglia und Kekulé[2]) beim Destillieren von benzolsulfosaurem
Kalium mit Pentachlorid oder beim Erhitzen unter Druck auf 200° Chlorbenzol und aus p-Phenolsulfochlorid Dichlorbenzol erhalten.

Rimarenko[3]) und Cleve[4]) haben β-Chlornaphthalin durch Destillation
von Naphthalinsulfochlorid mit Phosphorpentachlorid dargestellt.

Wie für die Darstellung der Carbonsäurechloride und der Chloride der
aromatischen Sulfosäuren hat sich auch für den Ersatz der Sulfogruppe durch
Chlor das Thionylchlorid den Phosphorchloriden als wesentlich überlegen
erwiesen, ja es hat den Anschein, als ob die Reaktion von Carius ihren glatten
Verlauf in Fällen, wo unter Druck gearbeitet wurde, nur dem bei der Reaktion
mitentstehenden Thionylchlorid verdanke.

Läßt man Thionylchlorid bei 160—180° mehrere Stunden lang auf
aromatische Sulfosäuren einwirken, so wird die Sulfogruppe glatt in Form
von Schwefeldioxyd abgespalten und der zugehörige chlorierte Kohlenwasserstoff gebildet[5]).

Das Thionylchlorid wirkt hier also nicht als chlorierendes Agens, sondern
als nicht indifferentes oder, wie man vielleicht einfacher sagen könnte, als
differentes Lösungsmittel.

Daß auch bei Abwesenheit des Thionylchlorids und wirksamer Lösungsmittel überhaupt die Reaktion

$$RSO_2Cl = RCl + SO_2$$

statthat resp. statthaben kann, wurde in mehreren Fällen konstatiert. Die
Ausbeute war aber in keinem Fall gut. Die Hauptmenge des Sulfochlorids
bleibt vielmehr auch beim Erhitzen auf 200° übersteigende Temperaturen
unverändert (namentlich bei Benutzung von Lösungsmitteln, die wie Tetrachlorkohlenstoff ganz indifferent sind) oder wird in komplizierter Weise verwandelt.

Es ist auch nicht notwendig, die Sulfosäurechloride zu isolieren, man kann
vielmehr direkt von den fast immer leichter zugänglichen Alkalisalzen ausgehen; denn auch die hierbei als Neben- oder Hauptprodukt entstehenden
Sulfosäureanhydride werden bei der weiteren Einwirkung des Reagens in die
Sulfochloride verwandelt.

Dementsprechend kann man auch die Sulfosäureanhydride in Chlorderivate der betreffenden Kohlenwasserstoffe verwandeln.

Die Reaktionstemperatur ist von der Natur der Sulfosäure abhängig.
Im allgemeinen wird man bei 160—180° arbeiten; in der Anthrachinonreihe
muß man manchmal auf 200—220° hinaufgehen.

Beispiele: 2 g Parachlorbenzolsulfosäure wurden mit 4 ccm Thionylchlorid 7 Stunden im Einschlußrohr auf 180° erhitzt.

[1]) B. **5**, 272 (1872).   [2]) B. **5**, 876 (1872).   [3]) B. **9**, 665 (1876).
[4]) B. **10**, 1723 (1877).
[5]) Hans Meyer und Schlegl, M. **34**, 565 (1913). — Hans Meyer, M. **36**, 719
(1915). — DRP. 267 544 (1913); 271 681 (1914); 284 976 (1915).

Der Röhreninhalt wurde in Wasser gegossen, alkalisch gemacht und mit Wasserdampf übergetrieben. Es ging ein farbloses Öl über, das mit Äther gesammelt wurde. Nach dem Abdunsten des Äthers erstarrte der Rückstand. Schmelzpunkt 51—52°, nach dem Umkrystallisieren aus wenig Äther und Abpressen Schmelzpunkt 52—53°. Der Mischungsschmelzpunkt mit reinem Paradichlorbenzol zeigte keine Depression. Die Ausbeute war quantitativ.

30 g benzolsulfosaures Natrium, in gleicher Weise behandelt, lieferten ausschließlich bei 123° siedendes Chlorbenzol. Dasselbe Resultat wurde mit Benzolsulfosäureanhydrid erhalten (Reaktionstemperatur 160—170°).

8. Anwendungen der Kalischmelze.

Ist auch die Kalischmelze für speziellere Ortsbestimmungen im allgemeinen nicht anwendbar, so ist sie doch, auch jetzt, wo für die meisten Zwecke verfeinerte Methoden zu Gebote stehen, vielfach sehr wohl verwertbar, namentlich dort, wo es gilt, für eine Substanz von noch großenteils oder völlig unbekannter Struktur die Klassenzugehörigkeit zu ermitteln.

Derartige Probleme stellt namentlich die Untersuchung der Naturprodukte und hier hat auch die Kalischmelze ganz außerordentliche Dienste geleistet. So ist namentlich die Chemie der Harze[1]), ferner die Chemie der Pflanzenfarbstoffe[2]), aber auch die Eiweißchemie[3]) durch die Anwendung dieser Methode gefördert worden.

Spezielle Verwendung findet die Kalischmelze ferner:

1. Zur Oxydation von Kresolen und ähnlichen Oxyderivaten zu den entsprechenden Oxysäuren.

Man geht nach dem von Graebe und Kraft angegebenen Verfahren vor, oder arbeitet nach Friedländer und Löw[4]) mit Wasser, Ätznatron und Kupferoxyd im Autoklaven bei 260—270°.

Ähnlich lassen sich die Alkylpyrrole in Pyrrolcarbonsäuren verwandeln[5]).

2. Zur Überführung von Naphthalinderivaten in Phthalsäure resp. substituierte Phthalsäuren: DRP. 138 790 (1903); 139 995 (1903); DRP. 140 999 (1903).

3. Zur Überführung von aromatischen Aldehydsäuren in Dicarbonsäuren und von Aldehyden in Monocarbonsäuren.

So schmelzen Tiemann und Reimer[6]) einen Teil Orthoaldehydosalicylsäure mit 10—15 Teilen Kaliumhydroxyd, unter Zusatz von wenig Wasser. Nach 6—8 Minuten wird erkalten gelassen. Es hat sich Oxyisophthalsäure in vorzüglicher Ausbeute gebildet. Aus 2.3-Oxymethoxybenzaldehyd entsteht in der Kalischmelze bei 215° quantitativ 2.3-Oxymethoxybenzoesäure[7]).

4. Zur Spaltung von Ketonen und Ketonsäuren, speziell auch von cyclischen Ketonen und Chinonen.

---

[1]) Literaturzusammenstellung bei Tschirch, Die Harze und die Harzbehälter. Gebr. Bornträger, Leipzig (1906), 151. — Goldschmiedt und Senhofer, Nachruf für L. Barth, B. **24**, R. 1089 (1891).

[2]) Literatur bei Rupe, Die Chemie der natürlichen Farbstoffe. Vieweg & Sohn, Braunschweig (1900). — Ferner Hummel und Perkin, Ch. Ztg. **27**, 521 (1903). — Perkin, Ch. Ztg. **26**, 621 (1902); **28**, 667 (1904).

[3]) Literatur: Cohnheim, Roscoe-Schorlemmers Chemie **9**, 44 (1901).

[4]) DRP. 170 230 (1906). — Siehe hierzu auch Barth, A. **154**, 360 (1870).

[5]) Ciamician, B. **14**, 1054 (1881). — Ciamician und Silber, B. **19**, 1959 (1886).

[6]) B. **10**, 1568 (1877).   [7]) Rupp und Linck, Arch. **253**, 39 (1915).

Pyrrylglyoxylsäure zu Pyrrolcarbonsäure, Carboxypyrrylglyoxylsäure zu Pyrroldicarbonsäure: Ciamician und Silber, B. **19**, 1958 (1886). — Benzophenon in Benzoesäure und Benzol: Chancet, A. **72**, 279 (1849). — Delange, Bull. (3) **29**, 1131 (1903). — Benzoylbenzoesäure in Benzoesäure (Hans Meyer und Alice Hofmann). — Diphenylenketon in Orthophenylbenzoesäure: Schmitz, A. **193**, 120 (1878). — Pictet und Ankersmit A. **266**, 143 (1891). — Siehe auch Weger und Döring, B. **36**, 878 (1903). — Fluorenon-1-carbonsäure in Isodiphensäure: Fittig und Gebhard, A. **193**, 155 (1878). — Von Fluorenon-3-carbonsäure in Isodiphensäure: Sieglitz und Schatzkes, B. **54**, 2071 (1921). — Chrysochinon zu Chrysensäure: Graebe und Hönigsberger, A. **311**, 269 (1900). — Anthrachinon zu Benzoesäure: Graebe und Liebermann, A. **160**, 129 (1871). — β-Methylanthrachinon zu p-Toluylsäure: Hans Meyer und Alice Hofmann (unveröffentlichte Beobachtung).

5. **Zur Verseifung von beständigen Acetylverbindungen.** Siehe S. 672.

6. **Zur Aufspaltung cyclischer Oxyde.**

Euxanthon: Graebe, A. **254**, 265 (1889). — Siehe auch S. 913.

7. **Zur Entalkylierung von Phenoläthern.**

Para-Oxybenzoesäure aus Anissäure: Barth, Z. **1866**, 650. — Meta-Oxybenzoesäure aus Methoxydiäthylphthalid: Bauer, B. **41**, 503 (1908).

8. **Zur Unterscheidung primärer, sekundärer und tertiärer Alkohole.**

Erhitzt man einen primären (aliphatischen oder aromatischen) Alkohol 16 Stunden mit dem Dreifachen der theoretisch erforderlichen Menge wasserfreien Ätzkalis im Rohr auf 230°, so entsteht ohne Umlagerungen im Sinn der Gleichung:

$$C_nH_{2n+1}OH + KOH = C_nH_{2n-1}OK + 4\,H$$

quantitativ die korrespondierende Säure[1]).

Die sekundären Alkohole liefern unter den gleichen Umständen in der Hauptsache zwei- bis dreifach kondensierte Alkohole und nur wenig Säuren[2]), daneben reichlich Wasserstoff. Die tertiären Alkohole werden bei 230° kaum angegriffen, liefern daher auch fast kein Gas. Bei höherer Temperatur werden sie unter Sprengung des Moleküls zu Säuren oxydiert[3]).

9. **Zur Verseifung resistenter Säurenitrile;** siehe S. 993.

10. **Zur Verseifung beständiger Urethane;** siehe S. 1016.

---

[1]) Guerbet, C. r. **153**, 1487 (1911). — J. pharm. chim. (7) **5**, 58 (1912). — Bull. (4) **11**, 164 (1912). — Über die ähnliche Reaktion von Hell siehe S. 603.

[2]) Guerbet, C. r. **154**, 222 (1912). — Bull. (4) **11**, 276 (1912).

[3]) Guerbet, C. r. **154**, 713 (1912). — J. pharm. chim. (7) **5**, 377 (1912).

Drittes Kapitel.

Reduktionsmethoden.

Durch die Reduktion wird im allgemeinen mehr als durch die Oxydation das ursprüngliche Kohlenstoffskelett intakt gelassen, da hierbei nur in Ausnahmefällen[1][2]) Sprengung von Kohlenstoffbindungen erfolgt.

Doch sind, ebenso wie bei der Oxydation, in vielen Fällen Umlagerungen zu gewärtigen. Semmler[2]), der als erster nachdrücklich hierauf aufmerksam gemacht hat, warnt namentlich vor den Reduktionen in saurer Lösung[3]).

Aber auch in neutraler[4]) und alkalischer Lösung sind Isomerisationen möglich. So tritt bei der Reduktion der Cumenylacrylsäuren mit Natriumamalgam Umwandlung der Iso- in die Normal-Propylgruppe ein[5]).

Es sind hier hauptsächlich die folgenden Aufgaben zu lösen:

1. Verwandlung von Ketonen oder Aldehyden in die zugehörigen Alkohole.

2. Zurückführung sauerstoffhaltiger Substanzen auf den entsprechenden Kohlenwasserstoff oder, falls noch andere Elemente, wie Stickstoff, Schwefel usw., vorhanden sind, auf den entsprechenden sauerstofffreien Stammkörper.

3. Umwandlung ungesättigter Substanzen in gesättigte [Hydrierung[6])].

4. Resubstitution, d. h. Abspaltung von Substituenten und Ersatz derselben durch Wasserstoff (Desulfonieren, Dehalogenieren usw.).

Erster Abschnitt.

Verwandlung von Ketonen und Aldehyden in die zugehörigen Alkohole.

1. Reduktion von Ketonen.

Diese Operation ist namentlich für die Terpenchemie von großer Bedeutung, und zwar ist hier nach Semmler[7]) namentlich die Reduktion nach Ladenburg[8]) angebracht.

Diese beruht auf der Entwicklung von nascierendem Wasserstoff bei der Einwirkung von Natrium auf absoluten Äthylalkohol, in

---

[1]) So zerfällt Benzoylthiophen in Thiophen und Benzoesäure. Allendorf, Diss. Heidelberg (1898), 17.   [2]) B. **34**, 3123 (1901); **36**, 1033 (1903).

[3]) Siehe auch unter „Jodwasserstoffsäure", S. 530 und 1108.

[4]) Isomerisation bei der Reduktion nach Sabatier und Senderens: Willstätter und Kametaka, B. **41**, 1480 (1908).   [5]) Widman, B. **19**, 2769 (1886).

[6]) Hierüber siehe S. 1106.   [7]) B. **34**, 3123 (1901); **36**, 1033 (1903).

[8]) A. **247**, 80 (1889); B. **27**, 78, 1465 (1894); B. **33**, 1074 (1900).

manchen Fällen, wo höhere Reaktionstemperatur notwendig ist, Amyl-alkohol[1]), worin die zu reduzierende Substanz gelöst ist.

Das Verfahren ist in der Fettreihe, in der Terpenreihe sowie bei hydro-aromatischen Verbindungen überhaupt, in der aromatischen Reihe und bei Pyridinderivaten gleich gut anwendbar.

Nach Diels und Rhodius[2]) zeigt Natriumamylat oftmals dieselben reduzierenden Eigenschaften wie Natrium und Amylalkohol. Nach diesen Autoren ist die Ursache der besonderen Reduktionswirkungen dieses Reagens auch nicht die erzielbare höhere Temperatur, da z. B. Benzophenon durch Amylat schon bei 90° reduziert wird, während Natriumäthylat bei 140—150° ohne Einwirkung ist.

Es ist zu beachten, daß der Amylalkohol selbst durch das Natrium zum Teil verändert wird. Die entstandenen Produkte[3]) können zu Täuschungen Veranlassung geben.

Windaus und Uibrig fanden, daß sich Cholesterin bei der Reduktion mit Natrium und Amylalkohol[4]) mit dem Alkohol kondensiert und dabei durch Ringschluß oder Reduktion in eine gesättigte Verbindung, α-Cholestanol, übergeht.

Über die Reduktion ungesättigter Ketone und Aldehyde siehe S 1108.

Nicht nur Ketone (und Aldehyde), sondern auch die Ester der meisten Carbonsäuren lassen sich nach diesem Verfahren in die zugehörigen Alkohole überführen[5]).

Ausführliche Angaben über die Reduktion aromatischer und gemischt fettaromatischer Ketone mit Natrium und Alkohol haben Klages und Allen-dorff[6]) gemacht.

Die Reduktionen werden im allgemeinen in der Weise ausgeführt, daß auf einen Teil des Ketons die gleiche Menge Natrium verwendet wird. Das Keton wird in absolutem Alkohol gelöst, die Lösung unter Rückfluß auf dem Wasserbad erwärmt und das Natrium möglichst schnell eingetragen. Auf einen Teil Natrium gelangt die zehnfache Menge Alkohol zur Verwendung. Nach Beendigung der Reduktion wird in die warme alkoholische Lösung Kohlendioxyd eingeleitet und allmählich mit Wasser versetzt. Der Alkohol wird dann unter Anwendung eines Aufsatzes abdestilliert, das zurückbleibende Öl ausgeäthert, die ätherische Lösung getrocknet und weiter verarbeitet.

Dabei zeigt es sich, daß die rein aromatischen Ketone sowie das Benzoyl-thiophen bis zu den entsprechenden Kohlenwasserstoffen reduziert werden, während die Acetophenone nur die entsprechenden Carbinole liefern.

Wie die fettaromatischen Ketone verhält sich auch das Michlersche Keton[7]) und sein Homologes, das Tetraäthyldiaminobenzophenon[8]).

Für die Reduktion der Ketone der Terpenreihe gibt Semmler[9]) noch folgende Vorschriften: Man löst das Keton in absolutem Alkohol

---

[1]) Bamberger, B. **20**, 2916 (1887); **21**, 850 (1888); **22**, 944 (1889). — Bamberger und Bordt, B. **23**, 215 (1890). — Besthorn, B. **28**, 3151 (1895). — Jacobson und Turn-bull, B. **31**, 897 (1898). — Verwendung von Caprylalkohol: Markownikoff, B. **25**, 3356 (1892). — Markownikoff und Zuboff, B. **34**, 3248 (1901). — Octylalkohol: Markownikoff, B. **22**, 1311 (1889). — Bestimmung des verbrauchten Wasserstoffs: Schroeter, A. **426**, 138 (1922).

[2]) B. **42**, 1072 (1909).   [3]) Guerbet, C. r. **128**, 511 (1899).

[4]) Oder mit fertigem Natriumamylat.

[5]) DRP. 148 207 (1904); 164 294 (1905). Dabei kann der ursprüngliche Alkohol zum Kohlenwasserstoff reduziert werden. Pommereau, C. r. **172**, 1503 (1921).

[6]) B. **31**, 998 (1898).   [7]) Siehe auch Möhlau und Klopfer, B. **32**, 2148 (1899).

[8]) Allendorff, Diss. Heidelberg (1898), 35.   [9]) Die ätherischen Öle **1**, 149 (1905).

und fügt allmählich ungefähr die $2^{1}/_{2}$fache Menge metallisches Natrium zu der unter Rückfluß siedenden Lösung. Sollte sich Alkoholat ausscheiden, so setzt man noch etwas absoluten Alkohol zu, bis sämtliches Natrium verbraucht ist. Zur Gewinnung des entstandenen Alkohols destilliert man mit Wasserdampf. Gewöhnlich geht hierbei zuerst der Äthylalkohol über, ohne daß erhebliche Mengen des durch Reduktion gewonnenen Alkohols mit überdestillieren. Man wechselt die Vorlage, sobald das Destillat sich trübt. Aus dem Destillat gewinnt man den Alkohol durch Ausäthern (evtl. Aussalzen); sollte jedoch mit dem Äthylalkohol bereits eine erhebliche Menge des neuen Alkohols übergegangen sein, so destilliert man nochmals die Hauptmenge aus einem Kochsalzbad ab, gießt den Rückstand in Wasser und schüttelt mit Äther aus.

Es ist zu beachten, daß als Nebenprodukte der Reduktion auch noch andere Substanzen: Pinakone und sonstige Kondensationsprodukte, entstehen können.

Zur Trennung der Alkohole von unangegriffenem Keton eignen sich am besten Hydroxylamin, Semicarbazid, manchmal auch Bisulfitlösung.

Für die Reduktionen von Ketonen der Pyridinreihe[1]) hat Tschitschibabin[2]) die Ladenburgsche Methode modifiziert.

Zur Lösung von 6 g Natrium in absolutem Alkohol werden 10 g Zinkstaub und 8 g Keton zugesetzt und 3—4 Stunden auf dem Wasserbad am Rückflußkühler gekocht. Dann wird die heiße alkoholische Lösung abfiltriert und das Ungelöste mit heißem Alkohol gewaschen. Durch Zusatz von Wasser zur alkoholischen Lösung werden die Pyridylcarbinole ausgefällt.

Über Reduktionen mit Zink und alkoholischer Lauge siehe auch: Zagumenny, A. 184, 175 (1876) und DRP. 27 032 (1883). (Amylalkohol.)

Über Reduktionen mit amalgamiertem Zink siehe S. 531.

2. Reduktion von Aldehyden.

Die Aldehyde lassen sich nach der Ladenburgschen Methode meist nicht so glatt reduzieren wie die Ketone, da sie dabei Polymerisationen zu erleiden pflegen.

Am meisten bewährt sich hier, für empfindlichere Substanzen, die Reduktion mit Natriumamalgam[3]), wie sie durch folgendes Beispiel illustriert wird.

50 Teile Citronellal werden in 600—700 Teilen absolutem Alkohol gelöst. Man trägt in kleinen Portionen 1000 Teile 5proz. Natriumamalgam und 150 Teile Eisessig mit der Vorsicht ein, daß die Flüssigkeit stets schwach sauer reagiert und jede erhebliche Temperatursteigerung vermieden wird. Man stellt den Kolben in Eiswasser, wenn die Reaktion zu stürmisch verläuft. Nach Beendigung derselben setzt man 50—60 Teile Kaliumhydroxyd hinzu und kocht einige Stunden am Rückflußkühler, um unverändertes Citronellal zu zerstören. Man fügt hierauf Wasser zu und destilliert das Citronellol im Dampfstrom über. Die Ausbeute beträgt etwa 80% der Theorie.

Citronellol ist durch Überführung in das entsprechende phthalestersaure Natriumsalz[4]) leicht zu reinigen und wird schließlich im Vakuum destilliert.

---

[1]) Überführung von Cinchoninon in Cinchonin mittels Äthylalkohol und Natrium: Rabe, B. 41, 67 (1908).　　[2]) B. 37, 1371 (1904).

[3]) Dodge, Am. 11, 463 (1890). — Tiemann und Schmidt, B. 29, 906 (1896). — Ähnlich wird die Reduktion des Dimethylgentisinaldehyds ausgeführt. Baumann und Fränkel, Z. physiol. 20, 220 (1895). — Siehe auch Claus, A. 137, 92 (1866).

[4]) Siehe S. 603.

Die Reinigung der Alkohole kann im übrigen ebenso wie auf S. 517 beschrieben erfolgen.

Eine sehr vorsichtige Art des Reduzierens ist auch das Verfahren von Wislicenus[1]): Reduktion mit Aluminiumamalgam[2]).

Beispiel[3]): Ein Teil Methylaminoacetobrenzcatechin wird in 30 Teilen heißem Wasser unter Zugabe der berechneten Menge Schwefelsäure gelöst; beim Erkalten der Lösung krystallisiert das schwerlösliche Sulfat der Base aus. Diese Lösung erwärmt man auf dem Wasserbad, gibt einen Teil Aluminiumspäne und einen Teil 1 proz. Mercurisulfatlösung hinzu und rührt 3—4 Stunden; durch vorsichtigen Zusatz der erforderlichen Menge verdünnter Schwefelsäure bringt man abgeschiedene Base wieder in Lösung. Um das Reduktionsprodukt in fester Form zu erhalten, kann man die filtrierte Lösung, nachdem durch genaues Neutralisieren mit Barytwasser überschüssige Schwefelsäure und gelöstes Aluminium gefällt ist, im Vakuum eindampfen. Man gewinnt so das Sulfat des Methylaminoalkohols als amorphe Masse; es ist leicht löslich in Wasser, schwer in Alkohol:

$$(HO)_2 : C_6H_3 \cdot CO \cdot CH_2NHCH_3 \rightarrow (HO)_2 : C_6H_3 \cdot \overset{\displaystyle /H}{\underset{\displaystyle \backslash OH}{C}}{-}CH_2NHCH_3.$$

Zur Reduktion der Aldosen und Ketosen hat E. Fischer ebenfalls Natriumamalgam angewendet.

Nach Neuberg und Marx[4]) ist hierfür Calcium bzw. Calciumamalgam besonders geeignet, weil die Trennung der anorganischen Natriumsalze von den Substanzen der Kohlenhydratgruppe entfällt. Man kann auf diese Weise Disaccharide ohne Spaltung reduzieren. Das Calcium wird in Form von Drehspänen verwendet; zur Darstellung des Calciumamalgams dient der käufliche feine Calciumgrieß. Eine geräumige Reibschale aus dickem Porzellan wird im Trockenkasten auf 100° angewärmt, mit der nötigen Menge Quecksilber beschickt, etwas Calcium eingetragen und mit dem gleichfalls angewärmten Pistill verrieben. Dabei tritt die Amalgambildung fast sofort ein und schreitet dann durch Selbsterwärmung auch beim Eintragen der Hauptmenge schnell fort. Man verwendet ungefähr 3 proz. Amalgam.

Das bei den Reduktionen entstandene Calciumhydroxyd kann entweder durch gleichzeitiges Einleiten von Kohlendioxyd oder nach Beendigung der Reaktion durch Oxalsäure, Ammoniumcarbonat usw. quantitativ entfernt werden.

Beispiele: 1. Verwendung von Calcium.

Reduktion von d-Glucose zu d-Sorbit.

5 g reiner Traubenzucker werden in 200 ccm Wasser gelöst und unter heftigem Turbinieren in kleinen Mengen mit Calciumdrehspänen versetzt. Während des Versuchs wird andauernd ein lebhafter Kohlendioxydstrom durch die Flüssigkeit geleitet. Die Reduktion ist beendet, wenn 25—30 g Calcium verbraucht wurden, wozu 4—5 Stunden nötig sind. Das Eintragen des Calciums muß in solchem Tempo geschehen, daß nennenswerte Erwärmung vermieden wird. Auf alle Fälle empfiehlt es sich, die Lösung zu kühlen. Sobald das Reaktionsgemisch Fehlingsche Lösung nicht oder kaum

[1]) J. pr. (2) **54**, 18 (1896). — Moore, B. **33**, 2014 (1900). — Fischer und Beißwenger, B. **36**, 1200 (1903). — Ponzio, J. pr. (2) **65**, 198 (1902); **67**, 200 (1903).
[2]) Siehe auch S. 1108.   [3]) DRP. 157 300 (1904).
[4]) Bioch. **3**, 539 (1907).

mehr reduziert, saugt man die evtl. mit Wasser verdünnte Lösung ab, wäscht das Calciumcarbonat auf dem Filter mit heißem Wasser gut aus und dampft das Filtrat im Kohlendioxydstrom auf dem Wasserbad ein, nimmt den Rückstand in heißem 90proz. Alkohol auf, filtriert und konzentriert wieder. Schließlich wird der Sorbit als Dibenzalverbindung isoliert.

2. Verwendung von Calciumamalgam.

Lactobiotit aus Milchzucker.

Die Reaktion erfolgt in analoger Weise, nur wird ein großer Überschuß an Amalgam verbraucht, so daß es nötig ist, wiederholt von dem Quecksilber-Calciumcarbonatschlamm abzusaugen, bei neutraler Reaktion einzuengen und wieder von neuem zu reduzieren. Das schließlich noch in Lösung bleibende Calcium wird durch Oxalsäure oder Ammoniumcarbonat gefällt, filtriert, bei niederer Temperatur eingedampft und der Lactobiotit aus dem restierenden Sirup durch Lösen in Alkohol und Fällen mit Äther isoliert.

Nach Ekenstein und Blanksma[1]) bildet übrigens die Verwendung von Calciumamalgam statt Natriumamalgam in der Zuckerreihe keinen Vorteil.

Falls keine Gefahr einer Umlagerung besteht, kann man auch in saurer Lösung arbeiten, am besten mit Eisenfeile[2]), Zinkstaub oder Zinkgranalien und Essigsäure[3]).

Auf diese Art, unter Anwendung verdünnter Säure, haben E. Fischer und Tafel das α-Acroson in α-Acrose verwandelt[4]).

Leicht esterifizierbare Alkohole können dabei acetyliert werden.

So geht Phenylacetaldehyd bei der Reduktion in Essigsäurephenyläthylester[5]), Benzaldehyd in Essigsäurebenzylester über[6]).

Während bei diesen Reduktionen die gleichzeitige Acetylierung eher als störende Nebenreaktion empfunden wird, kann diese Kombination zweier Operationen in anderen Fällen sehr verwertbar sein.

3. Reduzierende Acetylierung[7]).

Die Vereinigung von Reduktion und Fixierung der bei dieser Reaktion entstandenen acylierbaren Reste gestattet, leicht veränderliche oder sonst schwer zugängliche, wichtige Derivate darzustellen, aus denen man dann gewöhnlich leicht durch Verseifung und Reoxydation zum Ausgangsmaterial zurückgelangen kann.

Diese Methode hat es zuerst Liebermann[8]) ermöglicht, die für sich schwer faßbaren unbeständigen Reduktionsprodukte:

[1]) Ch. W. **4**, 743 (1907).   [2]) Rabe, B. **41**, 67 (1908).
[3]) Krafft, B. **16**, 1715 (1883).   [4]) B. **22**, 99 (1889).
[5]) Soden und Rojahn, B. **33**, 1723 (1900).   [6]) B. **19**, 355 (1886).
[7]) Siehe außer den zitierten Beispielen noch Hans Meyer, M. **30**, 176 (1909). — Grafmann, Diss. Bern (1910), 23, 25. — Nierenstein, B. **43**, 628 (1910); **45**, 500 (1912). — Hirosé, B. **45**, 2474 (1912). — Kehrmann, Oulevay und Regis, B. **46**, 3721 (1913). — Herzig und Wenzel, M. **35**, 75 (1914). — Hans Meyer und Alice Hofmann, M. **37**, 720 (1916). — Herzig, A. **421**, 247 (1920). — Tommasi, G. **50**, I, 263 (1920).
[8]) B. **21**, 436, 442, 1172 (1888).

von Anthrachinonen in Form der Derivate:

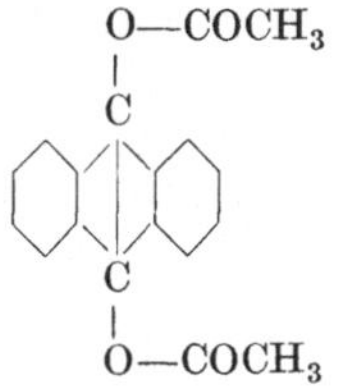

$$O-COCH_3$$
$$|$$
$$C$$
$$C$$
$$|$$
$$O-COCH_3$$

festzuhalten.

Die Technik des Verfahrens wird durch folgendes Beispiel[1]) erläutert. Reduktion der Anthraflavinsäure:

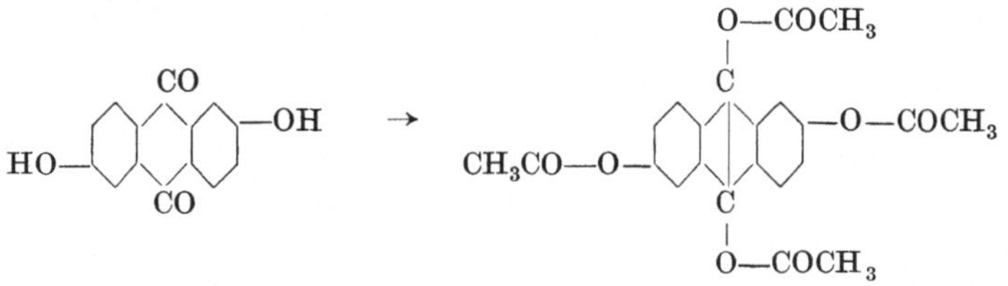

Je 1 Teil Anthraflavinsäure, 3 Teile entwässertes essigsaures Natrium, 2 Teile Zinkstaub und 20 Teile Essigsäureanhydrid werden in einem Kolben am Rückflußkühler so lange erhitzt, bis die ursprünglich grün gefärbte Lösung farblos geworden ist und sich die prachtvoll blaue Fluorescenz der Acetyl-leukoverbindungen zeigt. Die heiße Lösung wird von dem zusammengeballten Zinkstaub abgegossen und letzterer noch mehrere Male mit heißem Eisessig ausgezogen. Nach dem Erkalten wird das Produkt mit viel Wasser versetzt, wobei sich nach der Zersetzung des überschüssigen Essigsäureanhydrids die Acetylverbindungen häufig schon in krystallisierter Form abscheiden.

Die Anthraflavinsäure liefert bei dieser Reduktionsmethode zwei Produkte, die sich wegen ihres fast gleichen Verhaltens gegen alle Lösungsmittel nur schwierig voneinander trennen lassen. Nach vielfachen Versuchen hat folgende Methode zum Ziel geführt.

Das Gemenge der beiden Körper wird zunächst wiederholt mit verdünntem etwa 50proz. Alkohol ausgezogen, wobei der größte Teil eines leicht löslichen Stoffs entfernt wird. Der Rückstand wird dann noch wiederholt aus Eisessig umkrystallisiert und so schließlich in reinem Zustand in Form weißer, seideglänzender Nadeln vom Smp. 274° erhalten.

Es liegt ein Acetylprodukt des Oxanthranols der Anthraflavinsäure vor:

$$C_6H_3(O\overline{A})\!\!\underset{C(O\overline{A})}{\overset{C(O\overline{A})}{\bigg\langle\quad\bigg\rangle}}\!\!D_6H_3(O\overline{A})\,.$$

Die Verbindung ist in Alkohol, Eisessig und Chloroform leicht löslich, etwas schwerer in Benzol. Diese Lösungen fluorescieren wie die aller in der Mittelgruppe acetylierten Anthranol- und Oxanthranolabkömmlinge schön bläulich. Gegen wäßrige Alkalien ist die Acetylverbindung ziemlich beständig. Konzentrierte Schwefelsäure löst mit blutroter Farbe, auf Zusatz von Wasser fällt Anthraflavinsäure in gelblichen Flocken aus.

Je 1 g Substanz wurde in einem Kölbchen mit 10 ccm englischer Schwefel-säure versetzt und kurze Zeit auf dem Wasserbad erwärmt, bis sich alles mit roter Farbe gelöst hatte. Unter Abkühlung, so daß jede Erwärmung sorgfältig

---

[1]) Lochner, Diss. Berlin (1889), 34.

vermieden wurde, wurden dann nach und nach 100 ccm Wasser hinzugefügt. Es schied sich sofort ein schön grüner Körper in Flocken aus, der abfiltriert und auf Porzellan getrocknet wurde. An der Luft ist er ziemlich beständig. doch geht er beim Erwärmen oder in Berührung mit Lösungsmitteln in eine gelbe Substanz über, die sich bei der Analyse und spektroskopischen Untersuchung als Anthraflavinsäure erwies. Es ist kaum zweifelhaft, daß in dem grünen Produkt die unbeständige Verbindung:

$$C_6H_3(OH){<}{\overset{\textstyle C(OH)}{\underset{\textstyle C(OH)}{|}}}{>}C_6H_3(OH)$$

vorliegt.

Wird die Lösung des Acetylprodukts in Schwefelsäure beim Versetzen mit Wasser nicht sorgfältig gekühlt, so scheidet sich direkt Anthraflavinsäure aus, und zwar verläuft die Reaktion quantitativ und kann zur Bestimmung der Anzahl der Acetylgruppen dienen[1]).

Auch in anderen Reihen erhält man auf diesem Weg die meist schön krystallisierenden Leukofarbstoffe leicht und fast augenblicklich, auch da, wo die Leukostufen selbst, ihrer Unbeständigkeit wegen, sehr schwer darstellbar sind.

Derartige Verbindungen von Alkannin, Santalin und Indigo hat Liebermann[2]) dargestellt.

Das Acetylindigweiß ist übrigens auch durch reduzierende Acetylierung in alkalischer Lösung zu erhalten.

Vorländer und Drescher[3]) gehen hierzu folgendermaßen vor: 20 g Indigo werden mit 20 g Ätznatron, 600 ccm Wasser und 20 g Zinkstaub im Leuchtgasstrom durch Erwärmen im Wasserbad reduziert. Man kühlt dann die Lösung durch Einstellen in Eis ab und acetyliert durch Schütteln mit 60 ccm Essigsäureanhydrid, das man portionenweise mit kleinen Mengen 20 proz. Natronlauge hinzufügt, bis eine Probe des grauweißen Niederschlags an der Luft nicht mehr blau wird. Das mit Zink vermischte Produkt wird von der essigsauren Flüssigkeit abgesaugt, mit Wasser gewaschen und wiederholt mit je 75 ccm Aceton ausgekocht. Aus der Acetonlösung fällt das Diacetindigweiß auf Zusatz von Wasser krystallinisch aus. Ausbeute: 16 g.

Um ein zinkfreies Produkt zu gewinnen, kann man die alkalische Indigweißlösung vor dem Zusatz des Essigsäureanhydrids durch Abheben in einen mit Leuchtgas gefüllten Kolben vom Zinkschlamm trennen, oder man acetyliert statt der Zinkstaubküpe eine Hydrosulfitküpe, die man aus 20 g Indigo, 240 g 12 proz. Natronlauge, 600 g konzentrierter Hydrosulfitlösung[4]) und 200 ccm Wasser unter Leuchtgas bei 40—50° bereitet.

Beim Arbeiten nach Liebermann ist übrigens der Zusatz von Natriumacetat nicht notwendig[5]). Außerdem ist es zweckmäßig, möglichst bald von den Zersetzungsprodukten zu trennen, die bei der Reduktion von Indigo in der Hitze entstehen und, da sie mit Wasser aus der Essigsäureanhydridlösung als braune amorphe Massen gefällt werden, dem Rohprodukt anhaften.

---

[1]) Siehe S. 678.
[2]) B. **21**, 442, Anm. (1888); **24**, 4130 (1891). — Dickhuth, Diss. Jena (1893).
[3]) B. **34**, 1858 (1901). — Drescher, Diss. Halle (1902), 70.
[4]) 1 l käufliche, mit schwefliger Säure frisch gesättigte Natriumbisulfitlösung (1.37) wird mit einem Zinkbrei aus 130 g Zinkstaub und 500 ccm Wasser unter Eiskühlung reduziert, mit Wasser auf 1.9 l Gesamtvolumen verdünnt, mit 600 ccm 20 proz. Kalkmilch vermischt und nach 12 stündigem Stehen vom Niederschlag abgehoben. Während des Prozesses darf die Temperatur nicht über 40° steigen.
[5]) Drescher, a. a. O. S. 72.

10 g Indigo werden mit 100 ccm käuflichem Essigsäureanhydrid im siedenden Wasserbad erhitzt und unter beständigem Schütteln allmählich 20 g Zinkstaub zugesetzt. Sobald die Farbe des Kolbeninhalts blaugrau geworden ist, saugt man das Essigsäureanhydrid ab, wäscht das graue Reaktionsprodukt erst mit Eisessig, dann mit Wasser und erhält daraus durch wiederholtes Kochen mit Aceton und Fällen mit Wasser Diacetindigweiß in weißen Nadeln. Ausbeute: 7 g.

Mit Zinkstaub, Essigsäureanhydrid und Eisessig hat Cohn[1]) das Methylen- und Äthylenblau reduzierend acetyliert.

Henrich und Schierenberg haben[2]) in gleicher Weise einen Phenoxazinkörper charakterisiert.

Isatin und 5-Bromisatin liefern bei der reduzierenden Acetylierung das entsprechende Tetraacetyl-1-Methylisatin, das Diacetylisatyd[3]).

Besondere Wichtigkeit hat das Verfahren auch für die Chemie gewisser Pflanzenfarbstoffe, wie dies Herzig und Pollak wiederholt zeigen konnten[4]).

Auch zum Beweis der Phenolbetainformel der Isorosindone und Rosindone wurde die Methode mit Erfolg verwertet[5]).

So werden z. B. 10 g Isorosindonchlorhydrat, 10 g entwässertes Natriumacetat und 50 g Essigsäureanhydrid mit etwas Zinkstaub versetzt, zum Sieden erhitzt und nun portionenweise Zinkstaub bis zur Entfärbung eingetragen.

Dann wird noch 10 Minuten gekocht, heißt filtriert, mit etwas Eisessig nachgewaschen und 12 Stunden stehengelassen. Die ausgeschiedenen Krystalle werden abgesaugt, durch Waschen mit heißem Wasser vom Zinkacetat befreit und schließlich wiederholt aus siedendem Alkohol umkrystallisiert:

Isorosindon   →   Diacetylleukoisorosindon.

Reduzierende Acetylierung von Nitroverbindungen: Konstanze Bauer, Diss. Erlangen (1915), 37.

Eckert und Pollak haben[6]) gefunden, daß die im DRP. 201 542 (1910) erwähnte Reduktion von Anthrachinon mit Aluminium und konzentrierter Schwefelsäure auf die aromatischen Ketone verallgemeinert werden kann.

Die so erhältlichen mehr oder weniger labilen Zwischenstufen mit alkoholischem Hydroxyl lassen sich nach der Methode von Hans Meyer (S. 748) acylieren.

Zur Ausführung der Reduktion wird die Substanz (1 Teil) in der 20- bis 30fachen Menge Schwefelsäure gelöst, die zur Acylierung bestimmte Carbonsäure (1 Teil) zugefügt und unter gutem Rühren langsam $\frac{1}{5}$ der angewendeten Substanzmenge an Aluminiumpulver („Bronze") eingetragen. Es muß andauernd gut gekühlt werden. Das Ende der Reaktion gibt sich gewöhnlich durch starkes Schäumen kund.

---

[1]) DRP. 103 147 (1898). — Arch. **237**, 387 (1899).
[2]) J. pr. (2) **70**, 373 (1904).
[3]) Kohn und Klein, M. **33**, 929 (1912). — Kohn und Ostersetzer, M. **34**, 788 (1913).
[4]) M. **22**, 211 (1901); **23**, 168 (1902); **27**, 746 (1906). — Galitzenstein, M. **25**, 884 (1904).   [5]) Kehrmann und Stern, B. **41**, 13 (1908).
[6]) M. **38**, 11 (1917).

4. Reduzierende Propionylierung und Benzoylierung

ist ebenfalls öfters mit Erfolg unternommen worden[1]).

Zur Darstellung z. B. von Dipropionylindigweiß werden 5 g Indigo mit 7.5 g Ätznatron, 5 g Zinkstaub und 150 ccm Wasser im Kolben unter Leuchtgas reduziert. Die erkaltete Lösung hebt man vom Zinkschlamm ab und acyliert unter Schütteln und guter Kühlung durch allmählichen Zusatz von 11 g Propionsäureanhydrid, bis eine Probe des Niederschlags an der Luft nicht mehr blau wird. Das graue Reaktionsprodukt wird abgesaugt, mit Wasser gewaschen und wiederholt mit Aceton ausgekocht; beim Erkalten der heißen Lösungen fällt das Dipropionylindigoweiß in weißen kleinen Krystallen zu Boden; der Rest ist aus den Mutterlaugen durch Wasser zu fällen. Es verhält sich ·wie Diacetindigweiß. Aus Aceton oder Eisessig krystallisiert es in kleinen weißen Krystallen, die sich an der Luft schwach blaugrün färben.

Dibenzoylindigweiß. 10 g Indigo werden mit 10 g Ätznatron, 10 g Zinkstaub und 300 ccm Wasser im Kolben unter Leuchtgas reduziert. Die Küpe wird nach dem Erkalten vom Zinkschlamm abgehoben und mit 27 g Benzoylchlorid und 17 ccm 20 proz. Natronlauge, die man abwechselnd in kleinen Portionen zugibt, unter fortwährendem Schütteln und Eiskühlung benzoyliert, bis die alkalische Flüssigkeit an der Luft keinen Indigo mehr bildet. Der graue Niederschlag wird abgesaugt, mit Wasser gewaschen und wiederholt mit Aceton ausgekocht; aus den schwach blau gefärbten Lösungen krystallisiert das Dibenzoylindigweiß beim Erkalten aus, der Rest wird aus den Mutterlaugen krystallinisch gefällt. Aus Eisessig oder Aceton umkrystallisiert bildet die Verbindung weiße Krystalle, die sich an der Luft hellgrün färben, sonst aber äußerst beständig sind.

Reduzierende Benzoylierung des Indanthrens: Scholl, Steinkopf und Kabacznik, B. **40**, 390 (1907). Hierbei gelangt der S. 53 beschriebene Apparat von Steinkopf zur Verwendung.

5. Reduzierende Alkylierung.

Zur reduzierenden Alkylierung der Anthrachinone kann man nach Liebermann[2]) etwa folgendermaßen verfahren.

In einem geräumigen Kolben werden 120 g alkoholfeuchtes Anthrachinon mit 180 g Kali, 150 g Zinkstaub, 5 l Wasser und 50 g Amylbromid mehrere Stunden am Rückflußkühler gekocht und nach und nach weitere 50 g Amylbromid zugegeben. Nach 6—8 Stunden wird das entstandene Amyloxanthranol nach dem Abdestillieren des unverbrauchten Amylbromids abfiltriert und durch Umkrystallisieren aus verdünntem Alkohol usw. gereinigt.

Zweiter Abschnitt.

Zinkstaubdestillation.

Im Jahre 1866 zeigte v. Baeyer[3]), daß beim Überleiten der Dämpfe von Phenol und Oxindol über erhitzten Zinkstaub Benzol resp. Indol, also völlig sauerstofffreie Substanzen, gebildet werden.

Kurze Zeit darauf[4]) haben Graebe und Liebermann in ihrer klassischen

---

[1]) Vorländer und Drescher, B. **34**, 1858 (1901). — Drescher, Diss. Halle (1902), 76.
[2]) A. **212**, 73 (1882).   [3]) A. **140**, 295 (1866).
[4]) B. **1**, 49 (1868). — Spl. **7**, 297 (1869).

Arbeit über das Alizarin dieser Methode die bis jetzt übliche[1]) Ausführungsform gegeben.

Man mischt das Alizarin mit der 30—50fachen Menge Zinkstaub und bringt das Gemisch in eine einseitig verschlossene Verbrennungsröhre, legt noch eine Schicht Zinkstaub vor und läßt eine weitere Strecke im Rohr frei.

Es ist notwendig, durch Klopfen eine nicht zu enge Rinne herzustellen, da sonst leicht beim folgenden Erhitzen der Rohrinhalt herausgeschleudert wird.

Nunmehr wird genau wie bei einer Elementaranalyse vorgegangen, d. h. mit dem Erhitzen langsam vom vorderen (offenen) Rohrende nach rückwärts fortgeschritten. Man erwärmt bis zur schwachen Rotglut. Das Reduktionsprodukt setzt sich in dem leeren, kalt erhaltenen Teil des Rohrs ab. Es ist bereits ziemlich reines Anthracen.

Man kann auch in einem indifferenten Gasstrom [Wasserstoff[2]) oder Kohlendioxyd[3])] arbeiten und den Zinkstaub mit Sand oder Bimsstein[4]) vermengen. Der Zinkbimsstein wird zuerst im Wasserstoffstrom unter Evakuieren durchgeheizt, zur Entfernung von Verunreinigungen (Scholl).

Wesentlich ist es, die Temperatur nicht über das unbedingt Erforderliche zu steigern, oftmals auch, die Reduktionsprodukte möglichst rasch aus dem Bereich des erhitzten Zinks zu entfernen, was namentlich durch Arbeiten im luftverdünnten Raum erleichtert wird[5]).

Flavanthrin entsteht durch Erhitzen von Flavanthren mit der 8—10-fachen Menge Zinkstaub. Es destilliert dabei nicht aus dem Zink heraus, sondern muß durch Weglösen des Zinks mit Salzsäure oder durch Auskochen mit organischen Lösungsmitteln isoliert werden: Bohn und Kunz, B. **41**, 2328 (1908).

Statt des Destillierens mit Zinkstaub kann man auch gelegentlich im Einschmelzrohr — bei 220—230° — arbeiten.

Dieses von Semmler herrührende Verfahren ist als Reaktion auf tertiäre Alkohole S. 609 beschrieben.

Noch milder wirkt der Zinkstaub, wenn er durch ein indifferentes Medium verdünnt ist.

Als letzteres dient zweckmäßig ein hochsiedender Kohlenwasserstoff. So führte Binz[6]) Indigo durch Kochen mit der 5fachen Menge Zinkstaub und der 50fachen Menge Naphthalin in Indigoweißzink über.

Nach teilweisem Erkalten kann das Naphthalin durch warmes Xylol od. dgl. weggewaschen werden.

Verstärkt wird die Wirkung des Zinkstaubs durch Zusatz von Natronkalk[7]).

---

[1]) Es kann aber noch zweckmäßiger sein, die Substanz, gemischt mit der ca. achtfachen Menge Zinkstaub, aus kleinen Retorten zu destillieren. Bohn, B. **36**, 3443 (1903). — Bell, B. **13**, 877 (1880). — Elbs, J. pr. (2) **35**, 495 (1887). — Gabriel und Leupoldt, B. **31**, 1272 (1898).

[2]) Ruhemann, Soc. **63**, 874 (1893). — Pschorr, B. **39**, 3128 (1906). — Salzmann und Wichelhaus, B. **10**, 1397 (1877). — Le Blanc, B. **21**, 2299 (1888). — Vorländer und Kalkow, A. **309**, 356 (1899). — Evins, Soc. **103**, 97 (1913).

[3]) Le Blanc, B. **21**, 2300 (1888). — Irvine und Moodie, Soc. **91**, 537 (1907). — Wasserstoff verstärkt, Kohlendioxyd mildert die Wirkung des Zinkstaubs. Irvine und Weir, Soc. **91**, 1385 (1907).

[4]) Vongerichten, B. **34**, 1162 (1901). — Pschorr, B. **39**, 3128 (1906). — Scholl und Neumann, B. **55**, 123 (1922).

[5]) Scholl und Berblinger, B. **36**, 3443 (1903). — Knorr, A. **236**, 69 (1886). — Niementowski, B. **40**, 4285 (1907).   [6]) J. pr. (2) **63**, 497 (1901).

[7]) Emmerling und Engler, B. **3**, 885 (1870). — R. Meyer und Saul, B. **25**, 3588 (1892).

Manchmal ist es von Wichtigkeit, die zu reduzierende Substanz in möglichst reinem Zustand anzuwenden, die Menge des Zinkstaubs sehr zu vergrößern und für feinste Verteilung der Substanz in dem Reduktionsmittel zu sorgen. So geht z. B. Dimroth[1]) folgendermaßen vor:

Die Substanz (reinste krystallisierte Carminsäure) wird in $2^1/_2$ Teilen heißem Wasser gelöst und mit der 50fachen Menge Zinkstaub sorgfältigst verrieben. Nach dem Trocknen bei 110° mischt man je 100 g der Masse mit 250 g frischem Zinkstaub.

Man destilliert aus einem weiten Verbrennungsrohr im Wasserstoffstrom, wobei man noch eine Schicht reinen Zinkstaub vorlegt und möglichst rasch zur Dunkelrotglut erhitzt.

Ähnlich wurde bei der Zinkstaubdestillation der Kermessäure vorgegangen[2]).

Ersatz des Zinks durch andere Metalle

ist verschiedentlich versucht worden.

Schmidt und Schultz[3]) erhielten nach der Gleichung:

$$3\ C_6H_5\!-\!N\underset{\diagdown O \diagup}{-}N\!-\!C_6H_5 + Fe_2 = 3\ C_6H_5\!-\!N = N\!-\!C_6H_5 + Fe_2O_3$$

bei der Destillation von Azoxybenzol mit der dreifachen Menge Eisenfeile mit über 70% Ausbeute Azobenzol[4]).

In anderen Fällen ist aber die Verwendung von Eisenstaub oder reduzierter Eisenfeile direkt schlechter befunden worden[5]) als die von Zinkstaub, und ebensowenig konnten Irvine und Weir annehmbare Resultate mit Magnesium- oder Aluminiumpulver erzielen[6]), weil sie allzu heftig einwirkten. Systematische von Hans Meyer und John angestellte Versuche[7]) haben indessen ergeben, daß man in vielen Fällen (Anisol, Phenol, α- und β-Naphthol, Guajacol, Brenzcatechin, Hydrochinon, Anthrachinon usw.) bei richtiger Wahl der Temperatur mit Aluminiumgrieß und Magnesiumpulver (das evtl. mit Magnesiumoxyd verdünnt wird), oft auch mit Kupfer, Calcium und Eisen[8]) gute Resultate erhält. Speziell mit Magnesium werden oft besonders reine Produkte erhalten.

Die Resultate der Zinkstaubdestillation sind, wenn man die Hauptreaktionsprodukte der Beobachtung zugrunde legt, vielfach für Konstitutionsbestimmung von größtem Wert.

Doch muß man sich vor Augen halten, daß hierbei auch nicht selten Ringschlüsse und Umlagerungen beobachtet worden sind. (Siehe weiter unten.)

Was das Verhalten der einzelnen Körperklassen gegen Zinkstaub anbelangt, so läßt sich das Folgende sagen:

---

1) A. **399**, 34 (1913).
2) Dimroth und Scheurer, A. **399**, 58 (1913).   3) A. **207**, 329 (1881).
4) Siehe auch Rotarski, B. **41**, 865 (1908). Azoxyanisol.
5) Z. B. Scholl und Berblinger, B. **36**, 3443 (1903).
6) Soc. **91**, 1389 (1907).   7) Unveröffentlicht.
8) Verwandlung der Phenole in Kohlenwasserstoffe beim Leiten durch glühende verzinnte Eisenrohre im Wasserstoffstrom: F. Fischer und Schrader, Brennstoffchemie **1**, 4 (1920).

1. Aliphatische Verbindungen[1]).

Methylalkohol ergab Kohlenoxyd, Wasserstoff und kleine Mengen Methan, Äthylalkohol: Methan, Kohlenoxyd und Wasserstoff.

Die höheren Alkohole und Äther werden in Olefin und Wasserstoff gespalten.

Die einbasischen Fettsäuren werden in der Hauptsache in Kohlendioxyd, Wasserstoff und Äthylenkohlenwasserstoffe zerlegt. Letztere leiten sich in den niedrigeren Reihen von den betreffenden Säuren ab, bei den höheren Säuren entstehen dagegen durch Polymerisation und andere sekundäre Reaktionen Produkte, die mit dem Ausgangsmaterial in keinem einfachen Zusammenhang stehen. Analog verhalten sich die zweibasischen Fettsäuren.

Als Zwischenprodukte der Reaktion entstehen Ketone[2]). An Stelle des Zinks kann — wenn auch fast immer mit schlechterem Erfolg — Natrium, Magnesium, Aluminium, Eisen, Zinn und Kupfer verwendet werden (Hébert).

Stickstoffhaltige Substanzen liefern oftmals Zinkcyanid[3]). Cyclische Säureimide vom Typus des Succinimids geben Pyrrolderivate[4]):

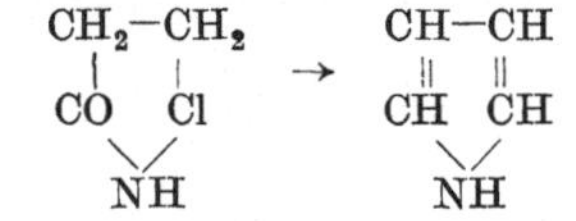

$$
\begin{array}{ccc}
CH_2{-}CH_2 & & CH{-}CH \\
| \quad\ \ | & \rightarrow & \| \quad\ \| \\
CO \quad Cl & & CH \quad CH \\
\diagdown\diagup & & \diagdown\diagup \\
NH & & NH
\end{array}
$$

Man kann hier auch, ohne Vorteil, Platinschwamm verwenden.

2. Aromatische Verbindungen.

Phenole und analoge hydroxylhaltige Verbindungen werden ihres Sauerstoffs beraubt.

Phenol, Oxindol: Baeyer, A. 140, 295 (1866).

Kresol, Guajacol: Marasse, A. 152, 64 (1869).

Alizarin: Graebe und Liebermann, B. 1, 49 (1868).

Oxylepidin: Knorr, A. 236, 69 (1886).

Diphenole: Barth und Schreder, B. 11, 1332 (1878); Diresorcin: B. 12, 503 (1879).

β-Dinaphtol: Julius, B. 19, 2549 (1886).

β-γ-Dimethylcarbostyril: Knorr, A. 245, 357 (1888).

β-Methyl-, αα-Dihydrooxypyridin: Ruhemann, Soc. 63, 874 (1893).

α-γ-Dioxychinolin-Anilid: Niementowski, B. 40, 4289 (1907).

Carbinole verhalten sich analog.

Dinaphthylphenylcarbinol: Elbs und Steinike, B. 19, 1965 (1886). — J. pr. (2) 35, 507 (1887).

Methyl-9-Phenanthrylcarbinol: Pschorr, B. 39, 3128 (1906).

Ketone liefern primär Äthanderivate, sekundär können Kondensationen eintreten etwa nach folgendem Schema:

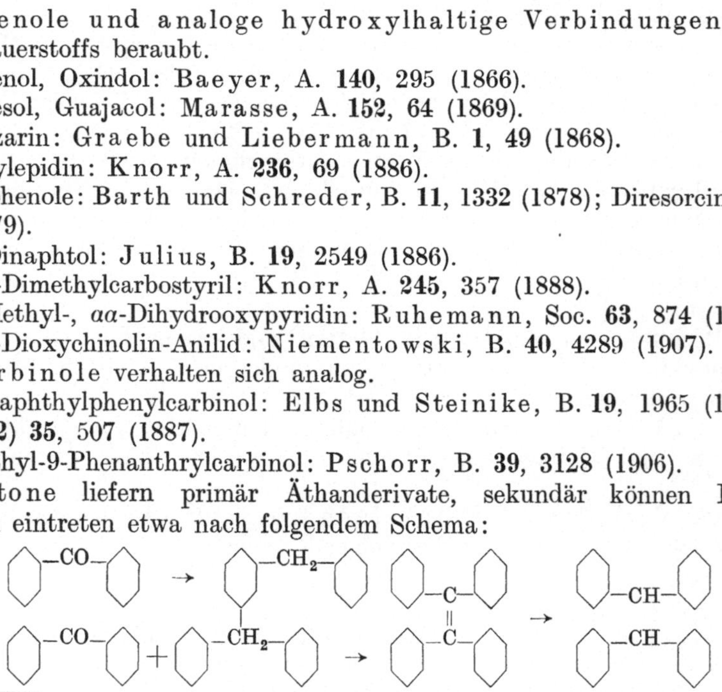

$$
\langle{\bigcirc}\rangle{-}CO{-}\langle{\bigcirc}\rangle \rightarrow \langle{\bigcirc}\rangle{-}\underset{|}{CH_2}{-}\langle{\bigcirc}\rangle \quad \langle{\bigcirc}\rangle{-}\underset{\|}{C}{-}\langle{\bigcirc}\rangle \quad \langle{\bigcirc}\rangle{-}CH{-}\langle{\bigcirc}\rangle
$$

$$
\langle{\bigcirc}\rangle{-}CO{-}\langle{\bigcirc}\rangle + \langle{\bigcirc}\rangle{-}CH_2{-}\langle{\bigcirc}\rangle \rightarrow \langle{\bigcirc}\rangle{-}\underset{}{C}{-}\langle{\bigcirc}\rangle \rightarrow \langle{\bigcirc}\rangle{-}CH{-}\langle{\bigcirc}\rangle
$$

[1]) Jahn, M. 1, 378 (1880). — B. 13, 2233 (1880). — Hébert, C. r. 32, 633 (1901); 136, 682. — Semmler, B. 27, 2520 (1894). — Gandurin, B. 41, 4359 (1908).

[2]) Easterfield und Taylor, Soc. 99, 2298 (1911). — DRP. 259191 (1913).

[3]) Aufschläger, M. 13, 268 (1892).   [4]) Bell, B. 13, 877 (1880).

Benzophenon: Staedel, B. **6**, 1387 (1873). — Siehe dazu Barbier, C. r. **79**, 840 (1874).

Tolylphenylketon: Beber und van Dorp, B. **6**, 753 (1873).

Naphthylphenyl-β-pinakolin: Elbs, J. pr. (2) **35**, 508 (1887).

Cyclische Ketone und Chinone reagieren meist glatt unter Bildung des zugehörigen Kohlenwasserstoffs usw.

Diphenylketon: Fittig, B. **6**, 187 (1873).

Retenchinon: Bamberger und Hooker, A. **229**, 102 (1885).

Retenketon: Ebenda.

Picenchinon: Bamberger und Chattaway, A. **284**, 52 (1895).

Acridon: Graebe und Lagodzinski, B. **25**, 1733 (1892).

Phenanthridon: Graebe und Wander, A. **276**, 245 (1893).

Phenonaphthacridon: Schöpff, B. **26**, 2589 (1893).

Als sekundäres Reaktionsprodukt wird dabei das Dihydrophenonaphthacridin erhalten: Schöpff, B. **27**, 2840 (1894).

Phenylmethylpyrazolon: Knorr, B. **21**, 2299 (1888).

Antipyrin: Ebenda.

Homoorthophthalimid: Le Blanc, B. **21**, 2299 (1888).

Anthrachinon: Graebe und Liebermann, Spl. **3**, 257 (1869).

α-Methylanthrachinon: O. Fischer und Sapper, J. pr. (2) **83**, 201 (1911).

Indanthren: Scholl und Berblinger, B. **36**, 3427 (1903).

Flavanthren: Scholl, B. **41**, 2304 (1908).

Sind im Molekül phenolische Hydroxylgruppen neben Ketongruppen vorhanden, so wird aller Sauerstoff eliminiert resp. durch Wasserstoff ersetzt. Sekundär kann noch weitere Hydrierung erfolgen.

Alizarin, Purpurin: Graebe und Liebermann, Spl. **3**, 257 (1869).

Chrysophansäure: Liebermann, A. **183**, 169 (1876).

Methylerythrooxyanthrachinon: Birnkoff, B. **20**, 2068, 2438 (1887).

Rufiopin: Liebermann und Chojnacki, A. **162**, 321 (1862).

Isoäthindiphthalid: Gabriel und Leupoldt, B. **31**, 1272 (1898).

1,4-Methyloxyanthrachinon: O. Fischer und Sapper, J. pr. (2) **83**, 201 (1911).

Pyrengewinnung: Freund und Fleischer, A. **402**, 77 (1913).

Brückensauerstoff wird im allgemeinen nicht angegriffen[1]).

Xanthon: Graebe, A. **254**, 265 (1889).

Euxanthon: Salzmann und Wichelhaus, B. **10**, 1397 (1877).

Graebe und Ebrard, B. **15**, 1675 (1882).

Carbonyldiphenylenoxyd: Richter, J. pr. (2) **28**, 273 (1883).

Tri- und Tetraoxybrasan: Kostanecki und Lloyd, B. **36**, 2193 (1903).

Leicht abspaltbare Gruppen werden eliminiert.

Carboxylgruppe:

1-Anthrachinoncarbonsäure: O. Fischer und Sapper, J. pr. (2) **83**, 201 (1911).

Die ein- und zweibasischen einfachen aromatischen Säuren bilden Benzol, evtl. etwas Benzaldehyd. Sobald sich die Konstitution der Säuren

---

[1]) Fluoran wird aber in Diphenylenphenylmethan übergeführt: R. Meyer und Saul, B. **25**, 3586 (1892). — Auch Biphenyläther wird bei genügend hoher Temperatur sowohl durch Zinkstaub als auch (leichter) durch Aluminium zu Benzol (und Phenol) reduziert. Hans Meyer und John, unveröffentlichte Beobachtung.

auch nur wenig kompliziert, bildet sich eine große Anzahl von aromatischen Kohlenwasserstoffen, von den einfachsten bis zu den kompliziertesten[1]).

Über das Verhalten der Benzoylbenzoesäuren siehe weiter unten.

Halogen:

α-Chloranthrachinon, 1,4-Chlormethylanthrachinon[2]): O. Fischer und Sapper a. a. O.

An Stickstoff gebundenes Methyl:

Homoorthophthalmethylimid, Dimethylhomo-o-phthalimid: Le Blanc, B. **21**, 2299 (1888).

Auch an Kohlenstoff gebundenes Alkyl kann abgespalten werden, zumeist läßt sich dies aber durch vorsichtiges Arbeiten vermeiden.

Trimethylhomo-o-phthalimid: Le Blanc a. a. O.

Chrysophansäure: Graebe und Liebermann, Spl. **3**, 257 (1869).

Phenylacridin zu Acridin: Vorländer und Strauß, A. **309**, 375 (1899).

Hochmolekulare Substanzen werden oftmals stark abgebaut, so Metaoxyanthracumarin zu Anthracen: Kostanecki und Lloyd, B. **36**, 2193 (1903).

Abietinsäure: Ciamician, Anz. Wien. Ak. 1877, 174.

Carminsäure ⎱
Kermessäure ⎰ Dimroth, A. **399**, 1 (1913).

Hydroacridindion: Vorländer und Kalkow, A. **309,** 356 (1899).

Diphenylenäthan zu Fluoren: Graebe und Mautz, A. **290**, 238 (1896).

Mesonaphthobianthron: Hans Meyer, Bondy und Eckert, M. **33**, 1447 (1912).

Morphin ⎱
Thebain ⎰ Vongerichten, B. **34**, 767, 1162 (1901).

Antipyrin: Knorr, B. **21**, 2299 (1888).

Die Methoxylgruppe wird nur bei hoher Temperatur angegriffen und dann gegen Wasserstoff ausgetauscht[3]).

Marasse, A. **152**, 95 (1869). — Nourisson, B. **19**, 2103 (1886). — Kostanecki und Lloyd, B. **36**, 2199 (1903). — Thoms, Arch. **242**, 95 (1904).

Natürlich können bei der Reaktion auch Umlagerungen eintreten.

Isoborneol in Dihydrocamphen: Semmler, B. **33**, 774 (1900).

Oxybenzimidazol zu o-Phenylenharnstoff: Niementowski, B. **43**, 3012 (1910).

Formaldehydpyrrol zu α- und β-Pikolin und Pyridin: Kostanecki und Rost, B. **36**, 2202 (1903).

Orthodimethoxybenzoin liefert Paradimethyltolan: Irvine und Moodie, Proc. **23**, 62 (1907). — Soc. **91**, 536 (1907).

Es ist daher bei Schlüssen auf die Konstitution aus den Resultaten der Zinkstaubdestillation Vorsicht am Platz.

Ringschlüsse werden auch öfters beobachtet.

Phthaloylsäuren liefern ganz allgemein Anthracen resp. Anthracenderivate. Nourisson, B. **19**, 2103 (1886). — Gresly, A. **234**, 238 (1886).

Di-o-Diaminobenzophenon ergab Acridin: Städel, B. **27**, 3362 (1894).

Nitroacetophenon lieferte Indigo: Emmerling und Engler, B. **3**, 885 (1870).

---

[1]) Baeyer, A. **140**, 295 (1866). — Hébert, C. r. **136**, 682 (1903). — Bull. (4) **5**, 11 (1909).   [2]) 1, 4-Chlormethylanthracen ging dagegen unzersetzt über.

[3]) Eintritt von Methyl in den Kern: Irvine und Moodie, a. a. O.

Ringsprengungen.

Norhydrotropidin: Ladenburg, B. **20**, 1651 (1887).

Norgranatanin, Norgranatolin: Ciamician und Silber, B. **27**, 2850 (1894).

Substanzen vom Typus des Benzoins gehen in Stilbenderivate über, die dann weiter zu Äthanderivaten hydriert werden können.

Anisoin, Anisoinmethyläther: Irvine und Moodie, Soc. **91**, 536 (1907).

o-Dimethoxyhydrobenzoin,

Benzoin, Benzil: Irvine und Weis, Soc. **91**, 1385 (1907).

Über Dehydrierungen mittels Zinkstaubs siehe S. 488.

Dritter Abschnitt.

Reduktionen mit Jodwasserstoffsäure.

Ungefähr zur gleichen Zeit als die Reduktionsmethode mit Zinkstaub aufgefunden wurde, entdeckte Berthelot[1]) das zweite allgemein anwendbare Verfahren zur vollkommenen Desoxygenierung von organischen Verbindungen.

Berthelot schreibt über seine Methode: (Sie) gestattet, irgendeine organische Verbindung in einen Kohlenwasserstoff überzuführen, der die gleiche Menge Kohlenstoff und die größtmögliche Menge Wasserstoff enthält ... Sie besteht darin, den organischen Körper mit einem großen Überschuß von Jodwasserstoffsäure in einer zugeschmolzenen Glasröhre 10 Stunden lang auf 275° zu erhitzen.

Die Jodwasserstoffsäure muß von der größten erreichbaren Konzentration. entsprechend dem spezifischen Gewicht 2 sein; den Druck, der sich unter diesen Umständen entwickelt, schätzt Berthelot auf etwa 100 Atmosphären.

Je weniger reich die Verbindung an Wasserstoff ist, desto mehr Jodwasserstoffsäure wird verlangt: auf 1 Teil eines Alkohols oder einer aliphatischen Säure genügen 20—30 Teile, während aromatische Verbindungen 80—100 Teile erfordern, andere Substanzen, wie Indigo, noch mehr.

Die reduzierende Kraft der Jodwasserstoffsäure erklärt sich aus der Zersetzbarkeit ihrer wäßrigen Lösung bei hoher Temperatur; sie ist quantitativ sehr verschieden, je nach der Beschaffenheit der gegenwärtigen organischen Substanz.

Baeyer[2]) betont, daß bei den Berthelotschen Versuchen Jod frei wird, das ohne Zweifel der Reduktion hinderlich ist, und daß das während der Reaktion entstehende Wasser die Säure verdünnt, was auch der beabsichtigten Wirkung entgegensteht. Er versuchte daher den Ersatz der Jodwasserstoffsäure durch Jodphosphonium, weil die geringste Menge Jod, die durch Zersetzung der Säure entsteht, nach Hofmanns Versuchen durch den Phosphorwasserstoff unter Bildung von Jodphosphor wieder in Jodphosphonium verwandelt wird, bis endlich nach der Gleichung:

---

[1]) C. r. **64**, 710, 760, 786, 829 (1868). — Siehe auch Berthelot, A. chim. pharm. (3) **43**, 257 (1855); **51**, 54 (1857). — Chimie organique fondée sur la synthèse, **1**, 438 (1860). — Lautemann, A. **113**, 217 (1860). — Luynes, A. chim. pharm. (4) **2**, 389 (1864). — Bull. (2) **7**, 53 (1867); (2) **9**, 8 (1868). — Erlenmeyer und Wanklyn, A. **127**, 253 (1863); **135**, 129 (1865). — Hess, B. **51**, 1009 (1918).

[2]) A. **155**, 267 (1870).

$$PH_4J = PJ + 4\,H$$

alles Jodphosphonium aufgebraucht ist.

Entgegen den Erwartungen Baeyers zeigte sich indessen Jodphosphonium der wäßrigen Jodwasserstoffsäure nicht nur nicht überlegen, es wurden vielmehr die aromatischen Kohlenwasserstoffe nicht so weit reduziert, als es bei den Berthelotschen Versuchen der Fall war. Offenbar deshalb, weil die Jodwasserstoffsäure bei Gegenwart von Phosphorwasserstoff viel beständiger ist und unzersetzt Temperaturen verträgt, bei denen die freie Säure sonst vollständig zerlegt wird.

Graebe und Glaser[1]) haben dann die beiden Verfahren gewissermaßen kombiniert, indem sie zur Reduktion des Carbazols folgendermaßen vorgingen:

Je 6 g Carbazol, 2 g roter Phosphor und 7—8 g Jodwasserstoffsäure (1.72 = 127° Sdp.) — also nur so viel Säure, daß ihr Wassergehalt genügt, um aus dem sich ausscheidenden Jod und dem Phosphor wieder Jodwasserstoff (und phosphorige Säure) zu bilden — wurden 8—10 Stunden in Röhren aus schwer schmelzbarem Glas auf 220—240° (nicht höher!) erhitzt.

Nach dem Erkalten müssen die Röhren vorsichtig geöffnet werden, weil sie immer freien Phosphorwasserstoff enthalten. Der Inhalt der Röhre ist fast vollkommen fest und besteht zum Teil aus Krystallen, zum Teil aus einer braunen, sirupösen, phosphorige Säure enthaltenden Masse. Man kocht mit Wasser aus, um alles jodwasserstoffsaure Carbazolin zu lösen, filtriert und fällt das Reduktionsprodukt mit Lauge. Die ausgeschiedenen Krystalle werden gewaschen und aus Alkohol umkrystallisiert. Ausbeute 50—60%:

$$C_{12}H_9N + 6\,H = C_{12}H_{15}N.$$

Es wird also hier nicht die höchste Hydrierungsstufe erreicht, doch gelingt auch dies bei Anwendung eines großen Überschusses an Säure und bei länger andauernder Einwirkung (16 Stunden) bei genügend hoher (250—260°) Temperatur[2]).

Es empfiehlt sich, die Luft in den Einschmelzröhren durch Kohlendioxyd zu verdrängen[3]).

In Fällen, welche die Gefahr einer Umlagerung in sich schließen, kann Jodwasserstoffsäure nicht verwertet werden. Namentlich bei der Reduktion cyclischer Verbindungen werden solche Veränderungen beobachtet: Methylengruppen werden teils abgespalten, teils addiert oder treten aus dem Ring in die Seitenkette und umgekehrt[4]).

So entsteht[5]) aus Benzol Methylpentamethylen:

$$\begin{array}{ccc}
\begin{array}{c} CH \\ CH\bigcirc CH \\ CH \qquad CH \\ CH \end{array}
& \rightarrow &
\begin{array}{c} CH_2\!-\!CH_2 \\ CH_2 \quad CH\!-\!CH_3 \\ CH_2 \end{array}
\end{array}$$

---

[1]) A. **163**, 353 (1872). — Die Anwendung des Phosphors hat zuerst Lautemann empfohlen: A. **125**, 12 (1863).

[2]) Lucas, B. **21**, 2510 (1888). Reduktion des Anthracens. — Liebermann und Spiegel, B. **22**, 135 (1889); **23**, 1143 (1890). Reduktion des Chrysens.

[3]) Rabe und Ehrenstein, A. **360**, 265 (1908).

[4]) Markownikoff, J. pr. (2) **46**, 104 (1892); **49**, 430 (1894). — B. **30**, 1214, 1225 (1897). — Siehe auch S. 1108.

[5]) Kižner, Russ. **26**, 375 (1894). — Ch. Ztg. **21**, 954 (1897). — Sabatier, B. **44**, 1986 (1911).

Die komplizierten Seitenketten werden leichter als das Methyl abgespalten.

Die polymethylierten cyclischen Verbindungen unterliegen desto leichter einer Abspaltung, je mehr Methylgruppen sie enthalten.

Über die vortreffliche Reduktionsmethode mit Jodwasserstoffsäure und Zinkstaub siehe: Willstätter, B. **33**, 368 (1900). — Willstätter und Iglauer, B. **33**, 1174 (1900). — Koenigs und Happe, B. **35**, 1345 (1902). — Zelinsky, B. **35**, 2678 (1902). — Klages, B. **36**, 1630 (1903).

Reduktion der Carbonylgruppe zur Methylengruppe.

1. Methode von Clemmensen[1].

Nach diesem Verfahren lassen sich Aldehyde, Ketone, Ketonsäuren und Chinone zu den entsprechenden Kohlenwasserstoffen resp. Carbonsäuren reduzieren, aromatische Oxyaldehyde und Oxyketone in die entsprechenden Phenole verwandeln[2]. Ungesättigte Ketone reagieren allerdings nur schwer[3], α-Diketone scheinen nur bis zu den Diolen reduziert zu werden[4].

Als Reduktionsmittel dient amalgamiertes Zink und rohe Salzsäure[5]; infolgedessen findet die Anwendbarkeit der Methode ihre Grenze bei Substanzen, die von Salzsäure zersetzt werden; in allen anderen Fällen aber hat sie fast niemals[6] versagt, und da sie außerdem in der Anwendung außerordentlich bequem ist und die ausnahmslos mit vortrefflicher Ausbeute gewonnenen Produkte stets sehr rein sind, so dürfte sie berufen erscheinen, größere Bedeutung für präparative Arbeiten zu erlangen.

Man verwendet als „Zink" am besten das im Handel erhältliche voluminöse, granulierte Metall; um es zu amalgamieren, überläßt man es einige Stunden der Einwirkung 5 proz. Sublimatlösung von gewöhnlicher Temperatur. Hierauf gießt man die Flüssigkeit vom Metall ab und bringt, ohne vorher zu waschen oder zu trocknen, in einen Kolben, in den man die zu reduzierende Verbindung und schließlich rohe Salzsäure von genügender Stärke hineingibt. Das Ganze wird schließlich am Rückflußkühler so weit erwärmt, daß gleichmäßig starke Wasserstoffentwicklung eintritt, die man durch häufiges Nachfließenlassen von Säure durch den Kühler in regelmäßigem Gang erhält. --- Beispiele:

Reduktion des Anthrachinons zu Dihydroanthracen:

$$C_6H_4\big\langle{}^{CO}_{CO}\big\rangle C_6H_4 \rightarrow C_6H_4\big\langle{}^{CH_2}_{CH_2}\big\rangle C_6H_4.$$

100 g amalgamiertes Zink wurden mit so viel roher Salzsäure übergossen, daß das Metall völlig von der Säure überdeckt war, und dann 10 g Anthra-

---

[1] Orig. Comm. 8th Intern. Congr. Appl. Chem. **7**, 68 (1912). — B. **46**, 1837 (1913); **47**, 51, 681 (1914). — Fischl, M. **35**, 530 (1914). — Johnson und Kohmann, Am. soc. **36**, 1259 (1914). — Leuchs und Lock, B. **48**, 1440 (1915). — Auwers und Borsche, B. **48**, 1727 (1915). — Windaus, B. **50**, 137 (1917). — Le Sueur und Withers, Soc. **107**, 736 (1915). — Majima und Tahara, B. **48**, 1606 (1915). — Borsche, B. **52**, 342, 1356 (1919). — Fleischer und Wolff, B. **53**, 926 (1920). — Borsche und Roth, B. **54**, 174 (1921). — Sonn. B. **54**, 774 (1921). — Windaus und v. Staden, B. **54**, 1064 (1921). — Auwers und Kolligs, B. **55**, 29 (1922).

[2] Leicht reduzierbare Phenole werden noch weiter reduziert, so Alizarin zu Anthracenhexahydrid.   [3] Borsche, B. **52**, 2077 (1919).

[4] Störmer und Förster, B. **52**, 1269 (1919). Diphenyltruxone.

[5] Reduktion mit alkoholischer Salzsäure: Mosimann und Tambor, B. **49**, 1262 (1916). Veratrumaldehyd, Dimethoxyacetophenon, Dioxyacetophenon.

[6] Siehe aber Windaus, Z. physiol. **117**, 147 (1921).

chinon, mit Salzsäure zu einer dünnen Paste angerieben, hinzugegeben. Beim Erwärmen erschienen innerhalb weniger Minuten Öltropfen im Kühler, die anzeigten, daß die Reduktion begonnen hatte. In den oberen Teilen des Kühlers erstarrten die Tropfen zu einer weißen, krystallinischen Masse. Das Kochen wurde unter häufigem Nachfließenlassen roher Säure noch einige Stunden im Gang erhalten und hiernach das Reaktionsprodukt, das sich im Kühler angesammelt hatte, herausgespült und in warmem Alkohol aufgenommen. Beim Stehen dieser Lösung schied es sich in glänzenden, schneeweißen, breiten, flachen Nadeln wieder aus, die bei 104—106° flüssig wurden. Nach dem Umlösen aus Alkohol zeigte das entstandene Anthracendihydrid den scharfen Smp. 106—107°.

Die Mutterlaugen lieferten beim Einengen noch kleine Mengen des gleichen Kohlenwasserstoffs, enthielten daneben aber einen tiefer schmelzenden, in Alkohol leichter löslichen Körper, der wahrscheinlich mit Anthracenhexahydrid identisch war und wohl zweifellos infolge weitergehender Reduktion aus dem Anthracendihydrid entstanden sein dürfte.

Will man die Bildung dieses Nebenprodukts vermeiden, so empfiehlt sich die Durchführung der Reduktion in folgender, etwas modifizierter Form: Das Zink, die Salzsäure und das Anthrachinon werden in den Kolben gebracht und letzterer dann mit einem abwärts gerichteten Kühler verbunden, so daß das Reaktionsprodukt in dem gleichem Maß, wie es entsteht, abdestillieren kann. Erhitzt man nunmehr das Gemisch, so geht das Anthracendihydrid mit den Wasserdämpfen über und erstarrt im Kühler zu einer krystallinischen Masse; durch stetes Nachtropfenlassen von Säure in den Kolben läßt sich leicht dafür Sorge tragen, daß immer das gleiche Flüssigkeitsvolumen in dem Gefäß vorhanden ist. Auf diese Weise werden aus 5 g Anthrachinon 3.5 g Anthracendihydrid gewonnen, das bereits nach einmaligem Umkrystallisieren aus Alkohol den scharfen Schmelzpunkt 106—107° aufweist. Ausbeute ungefähr 81% der Theorie.

Darstellung von p-Kresol aus p-Oxybenzaldehyd.

150 g amalgamiertes Zink und 300 ccm Salzsäure (1 : 1) wurden erhitzt und, sobald die Entwicklung von Wasserstoff begann, 25 g p-Oxybenzaldehyd, in kleinen Quantitäten Salzsäure der gleichen Stärke suspendiert, allmählich durch den Kühler hinzugegeben. Hierzu waren 2 Stunden erforderlich; das Kochen wurde dann — unter Hinzufließenlassen neuer Mengen unverdünnter roher Säure — noch eine weitere Stunde fortgesetzt und hiernach das Phenol, das als gelbliche Schicht auf der Flüssigkeit schwamm, mit Wasserdampf übergetrieben. Erhalten wurden 21 g p-Kresol, die vollständig zwischen 201.5 bis 202.5° übergingen und zu einer schneeweißen, krystallinischen, aus langen, dünnen Nadeln bestehenden Masse erstarrten. Die Ausbeute erreichte demnach ungefähr 95% der Theorie. Nochmals destilliert, ging das p-Kresol konstant bei 201° über.

Darstellung des p-Methylthymols aus p-Thymotinaldehyd.

$$\text{CH}_3{\Big\langle}\overset{\text{CH}_3}{\underset{\text{CH(CH}_3)_2}{}}{\Big\rangle}\text{OH} \quad \leftarrow \quad \text{CHO}{\Big\langle}\overset{\text{CH}_3}{\underset{\text{CH(CH}_3)_2}{}}{\Big\rangle}\text{OH}.$$

25 g bei 132° schmelzender Aldehyd, 150 g amalgamiertes Zink und 400 ccm verdünnte Salzsäure (1 : 1) wurden 3 Stunden unter häufigem Zufügen weiterer Mengen Säure derselben Stärke erhitzt. Innerhalb weniger Minuten bildete sich ein grünliches Öl, das jedoch bald hellfarbig wurde und zum Schluß nur noch wenig gefärbt erschien. Es wurde mit Wasserdampf übergetrieben und erstarrte hierbei schon im Kühler zu einer weißen, krystallinischen Masse. Letztere destillierte (nach dem Absaugen und Trocknen) unter 745 mm Druck bei 250—250.5°, ohne irgendwelchen Rückstand zu hinterlassen. Die in der Vorlage angesammelte, farblose, stark lichtbrechende Flüssigkeit erstarrte unmittelbar zu glasglänzenden, bei 69—70° schmelzenden Holorhomboedern. Die Ausbeute betrug 20 g, entsprechend etwa 87% der Theorie.

2. Verfahren von Wolff und Kishner[1].

Aldehyde und Ketone (auch ungesättigte), sowie Aldehyd- und Ketonsäuren in Form ihrer Hydrazone oder Semicarbazone mit Natriumäthylat erhitzt, gehen in die entsprechenden Kohlenwasserstoffe resp. Säuren usw. über. Es hat sich ergeben, daß sehr kleine Mengen Natriumäthylat zur Vollendung der Umsetzung genügen, daß demnach das Natriumäthylat bei dem Prozeß rein katalytisch wirkt.

Der Reaktionsverlauf ist folgender:

$$\text{I.}\quad {\textstyle{R \atop R_1}}{>}C : N \cdot NH \cdot CO \cdot NH_2 + H_2O = {\textstyle{R \atop R_1}}{>}C : N \cdot NH_2 + CO_2 + NH_3$$

$$R{-}\overset{\diagup H}{C} : N \cdot NH \cdot CO \cdot NH_2 + H_2O = R \cdot \overset{\diagup H}{C} : N \cdot NH_2 + CO_2 + NH_3.$$

$$\text{II.}\quad {\textstyle{R \atop R_1}}{>}C : O + NH_2 \cdot NH_2 = {\textstyle{R \atop R_1}}{>}C : N \cdot NH_2 + H_2O$$

$${\textstyle{R \atop R_1}}{>}C : N \cdot NH_2 \,(+\, NaOC_2H_5) = {\textstyle{R \atop R_1}}{>}CH_2 + N_2.$$

$$\text{III.}\quad R \cdot \overset{\diagup H}{C} : O + NH_2 \cdot NH_2 = R \cdot \overset{\diagup H}{C} : N \cdot NH_2 + H_2O$$

$$R \cdot \overset{\diagup H}{C} : N \cdot NH_2 \,(+\, NaOC_2H_5) = R \cdot CH_3 + N_2.$$

Der wesentliche Vorteil dieses Verfahrens gegenüber den bisher bekannten Reduktionsmethoden besteht darin, daß die Reaktion nahezu quantitativ verläuft und auf die Aldehyd- oder Ketongruppe beschränkt bleibt; evtl. vorhandene Doppelbindungen bleiben intakt.

Die Anwendung dieses Verfahrens auf Pyrazolone, deren Kern ja ebenfalls die Atomgruppe

$$- C = N - NH$$

der Hydrazone enthält, ergibt neben der Stickstoffabspaltung unter Sprengung des Fünferrings (I) Alkylierung der dem Carbonyl benachbarten Methylengruppe (II)

[1] Grau, Diss. Jena (1905), 35. — Weiland, Diss. Jena (1911). — Knorr und Hess, B. **44**, 2765 (1911). — Mayer, Diss. Jena (1912). — Wolff, A. **394**, 86 (1912). — Thielepape, Diss. Jena (1913). — Semmler und Jakubowicz, B. **47**, 1148 (1914). — Hess und Eichel, B. **50**, 1197 (1917). Stoermer und Foerster, B. **52**, 1271 (1919). Truxone. Siehe auch Staudinger, B. **44**, 2205 (1911) und Seite 535.

I.

$$\begin{array}{ccc} \underset{\text{CO N}}{\overset{\text{NH}}{\diagup\diagdown}} & \to & \underset{\text{CH}_2\text{--CH}_2\text{--CH}_3}{\overset{\text{COON}}{|}} \\ \text{CH}_2\text{-C}\cdot\text{CH}_3 & & \end{array}$$

II.

$$\begin{array}{ccc} \underset{\text{CO N}}{\overset{\text{NH}}{\diagup\diagdown}} & \to & \underset{\text{CO N}}{\overset{\text{NH}}{\diagup\diagdown}} \\ \text{CH}_2\text{-C--CH}_3 & & \text{CH}_3\text{--CH--CCH}^3 \end{array}$$

Durch Wahl der Temperatur hat man es in der Hand, Spaltung und Reduktion oder Alkylierung vorwiegen zu lassen.

Unter Umständen kann auch, wenn kein ganz wasserfreies Alkoholat verwendet wurde, eine dritte Reaktion Platz greifen:

III.

$$\begin{array}{ccc} \underset{\underset{\text{CH}_2}{\diagdown\diagup}}{\overset{\text{N--NH}}{\underset{\text{CH}_3\text{C CO}}{||\;\;|}}} & \to & \underset{\underset{\text{CH}}{\diagdown\diagup}}{\overset{\text{N--NH}}{\underset{\text{CH}_3\text{--C C}}{||\;\;|}}} \quad \underset{\text{CH-C--CH}_3}{\overset{\text{NH}}{\overset{\diagup\diagdown}{\text{CO N}}}} \end{array}$$

Siehe Wolff und Thielepape, A. **420**, 276 (1920).

Beispiele.

Überführung von Lävulinsäure in n-Valeriansäure.

Molekulare Mengen Lävulinsäure und Hydrazinhydrat werden vermischt und das sofort entstandene 3-Methylpyridazinon:

$$\begin{array}{c} \text{CCH}_3 \\ \text{N}\diagup\diagdown\text{CH}_2 \\ \text{HN}\diagdown\diagup\text{CH}_2 \\ \text{CO} \end{array}$$

nach dem Umkrystallisieren aus Wasser 5—8 Stunden auf 170° erhitzt, nachdem auf je 10 g Substanz 4 g Natrium, in 50 ccm Alkohol gelöst, zugefügt worden waren Ausbeute 90%.

Der Rohrinhalt, eine rein weiße Krystallmasse, wurde wie folgt aufgearbeitet:

Der größte Teil des freien Alkalis wurde mit verdünnter Schwefelsäure abgestumpft und die Lösung auf dem Wasserbad zur Befreiung von Alkohol eingedampft Die feste trockne Masse schied, mit überschüssiger Schwefelsäure versetzt, n-Valeriansäure als Öl ab, das ganz glatt zwischen 184 bis 185° siedete. Aus der Mutterlauge läßt sich noch eine kleine Menge gewinnen. Da es vorkommen kann, daß sich etwas Methylpyridazinon der Zersetzung entzieht, so ist es zur Gewinnung absolut reiner n-Valeriansäure zweckmäßiger, den Rohrinhalt mit Schwefelsäure anzusäuern und die Fettsäure mit Wasserdampf überzutreiben. Das Destillat wird dann mit Soda abgestumpft und die reine Säure aus dem Natriumsalz mit Schwefelsäure in Freiheit gesetzt.

Auch beim Kochen des 3-Methylpyridazinons mit Natriumäthylat am Rückflußkühler entsteht, wenn auch langsam, n-Valeriansäure.

Überführung von Furol in α-Methylfuran (Sylvan).

Man löst das Furol in der gleichen Menge wasserfreiem Äther und läßt diese Lösung langsam unter Eiskühlung in Hydrazinhydrat (molekulare Menge) eintropfen. Sofort nach beendeter Reaktion gibt man Chlorcalcium zu, läßt in Eis stehen und verdunstet den Äther. Es bleibt ein Öl zurück, aus dem sich etwas Azin abgeschieden hat, von dem abgesaugt wird.

17 g Furolhydrazon läßt man langsam in heiße Natriumäthylatlösung, erhalten aus 2 g Natrium in 50 ccm Alkohol, fließen. Die Zersetzung wird in einem geräumigen Kölbchen mit absteigendem Kühler, der mit der Vorlage festschließend verbunden ist, vorgenommen. Zur Vermeidung von Verlusten befindet sich an der Vorlage ein gut wirkender Rückflußkühler. Jeder einfallende Tropfen verursacht lebhafte Stickstoffentwicklung unter vorübergehender Grünfärbung. Man erwärmt dann, wobei der Alkohol und das Methylfuran neben kleinen Mengen Ammoniak überdestillieren. Zur Entfernung von Alkohol schüttelt man das Destillat wiederholt mit gesättigter Kochsalzlösung, trocknet das abgeschiedene Öl mit Kaliumcarbonat und destilliert. Es geht zum größten Teil zwischen 62.5 und 63° (745 mm) über. Die Ausbeute beträgt etwa 70%.

K i s h n e r [1]) verwendet an Stelle des Natriumäthylats kleine Mengen gepulvertes Ätzkali. Nach R a b e und J a n t z e n [2]) erhält man damit die besten Resultate. — Siehe auch T h i e l e p a p e, B. **55**, 136 (1922). Chinolone.

Vierter Abschnitt.

Resubstitutionen.

1. Abspaltung der Sulfogruppe.

Die Abspaltung der Sulfogruppen aus aromatischen Sulfosäuren erfolgt sehr verschieden leicht; man kann deshalb öfters aus dem Verhalten der Substanz auf die Stellung des Schwefelsäurerests im Molekül schließen.

Im allgemeinen wird [3]) die Abspaltung durch Einleiten von Wasserdampf in das auf geeignete Temperatur (110—220°) erhitzte Gemisch der Sulfosäure mit Phosphorsäure, Schwefelsäure und evtl. Salzen dieser Säuren bewirkt.

Besonders vorteilhaft ist die Verwendung überhitzten Dampfes (F r i e d e l und C r a f t s).

D u r o l- und P e n t a m e t h y l b e n z o l s u l f o s ä u r e werden schon beim Schütteln mit kalter konzentrierter Schwefelsäure zerlegt[4]). Offenbar wirken hier sterische Beeinflussungen.

Wenn man p-Toluolsulfochlorid, mit Kohle gemischt, unter Druck mit überhitztem Wasserdampf behandelt, so spaltet es sich in Salzsäure, Schwefelsäure und Toluol[5]).

Die α -ständigen Sulfogruppen von N a p h t h a l i n-, N a p h t h o l- und N a p h t h y l a m i n s u l f o s ä u r e n werden schon in kalter, verdünnter wäßriger Lösung durch N a t r i u m a m a l g a m abgespalten, während die β-S u l f o s ä u r e n unter diesen Umständen unverändert bleiben[6]).

A m a l g a m e d e r A l k a l i e n u n d d e r a l k a l i s c h e n E r d e n und ebenso e l e k t r o l y t i s c h e n t w i c k e l t e r W a s s e r s t o f f werden in Patenten[7]) empfohlen.

p - S u l f o z i m t s ä u r e geht in alkalischer Lösung beim Stehen mit A l u m i n i u m a m a l g a m in Zimtsäure über[8]).

---

[1]) C. **1912**, I, 1622, 1713, 2025; II, 1925. — [2]) B. **54**, 925 (1921).
[3]) F r e u n d, A. **120**, 80 (1861). — B e i l s t e i n und W a h l f o r s s, A. **133**, 36, 40 (1864). — A r m s t r o n g und M i l l e r, Soc. **45**, 148 (1884). — F r i e d e l und C r a f t s, Bull. (2) **42**, 66 (1884). — C. r. **109**, 95 (1889). — K e l b e, B. **19**, 93 (1886). — J a c o b s e n, B. **19**, 1210 (1886); **20**, 900 (1887). — F o u r n i e r, Bull. (3), **7**, 652 (1892). — DRP. 62 634 (1892). — Unter Druck: DRP. 80 817 (1893); 207 374 (1909). — Wasserdampf allein: DRP. 82 563 (1895). [4]) J a c o b s e n, a. a. O. [5]) DRP. 35 211 (1884).
[6]) C l a u s, B. **10**, 1303 (1877). — F r i e d l ä n d e r und L u c h t, B. **26**, 3030 (1893). — F r i e d l ä n d e r, K a r a m e s s i n i s und S c h e n k, B. **55**, 51 (1922).
[7]) DRP. 129 165 (1902). — Fr. P. 439 010 (1910). — DRP. 248 527 (1912).
[8]) M o o r e, B. **33**, 204 (1900).

Die Abspaltung der Sulfogruppen aus Hexaoxyanthrachinonmono- und disulfosäuren erfolgt sehr glatt in wäßriger, mineralsaurer Lösung bei Temperaturen, die 100° nicht überschreiten.

Als passende Reduktionsmittel können Zinkstaub, Aluminium oder Eisen dienen[1]).

Zu einer Hydroxylgruppe paraständige Sulfogruppen werden durch Kochen mit 20proz. Salzsäure leicht abgespalten[2]).

Ebenso wirkt Kochen mit verdünnten Säuren auf negativierenden Gruppen benachbarte Sulfogruppen[3]). So wird aus der 1,5-Aminonaphthol-2,7-Disulfosäure die in o-Stellung befindliche Sulfogruppe glatt entfernt[4]).

In gleicher Weise kann aber auch konzentrierte Schwefelsäure wirken[5]).

Bei der trocknen Destillation der Ammoniumsalze[6]) werden nach Stenhouse[7]) und V. Meyer ebenfalls vielfach die Sulfogruppen abgespalten[8]), doch scheint das Verfahren nur in der Benzol(Thiophen-)reihe ausführbar und ergibt zum Teil störende Nebenprodukte.

Die α-Naphthylamindisulfosäuren $1 \cdot 4 \cdot 6$, $1 \cdot 4 \cdot 7$ und $1 \cdot 4 \cdot 8$ spalten beim Erhitzen mit Anilin oder p-Toluidin die in 4 befindliche Sulfogruppe unter gleichzeitiger Arylierung der α_1-Gruppe ab. DRP. 158923 (1905). — DRP. 159353 (1905).

2. Ersatz von Hydroxylgruppen durch Wasserstoff.

Der direkte Ersatz von Hydroxyl durch Wasserstoff wird, weil hierbei im allgemeinen allzu energisch wirkende Reduktionsmittel notwendig sind, selten vorgenommen, wenn Konstitutionsbestimmungen ausgeführt werden sollen. Man zieht es vielmehr vor, zuerst an Stelle des Hydroxyls Halogen treten zu lassen und dann dieses gegen Wasserstoff auszutauschen.

Die Verwandlung der Hydroxylverbindungen in Chlorverbindungen wird mit Phosphorpentachlorid, manchmal auch Phosphortrichlorid oder Thionychlorid, zur Milderung der Reaktion meist in Lösungsmitteln, bewirkt. Als solche Lösungsmittel dienen Phosphoroxychlorid, Chloroform oder Tetrachlorkohlenstoff.

Zum Entchloren dient dann entweder nach Königs[9]) Eisenfeile in Gegenwart von verdünnter Schwefelsäure, oder Zinkstaub und Salzsäure[10]) oder

---

[1]) DRP. 103898 (1899).

[2]) Bucherer und Uhlmann, J. pr. (2) **80**, 201 (1909).

[3]) Z. B. DRP. 57525 (1891); 62634 (1892); 73076 (1893); 75710 (1894); 77596 (1894); 78569 (1894); 78603 (1894); 82563 (1895); 83146 (1895); 90096 (1895); 89539 (1896). — Dressel und Kothe, B. **27**, 1199 (1894). — Friedländer und Kielbasinski, B. **29**, 1983 (1896). — Friedländer und Taußig, B. **30**, 1460 (1897).

[4]) DPA. C 13536 (1905). — Wasserhaltige Schwefelsäure und Quecksilber: DRP. 160104 (1905).

[5]) DRP. 42272 (1887); 42273 (1887); 81762 (1895); 90849 (1897).

[6]) Oder Natriumsalze: Stenhouse, A. **140**, 288 (1866). — Kekulé und Szuch, Z. **1867**, 195. — Kekulé beansprucht die Auffindung dieser Methode für sich. Chemie der Benzolderivate I, 434, 435 (1867).

[7]) A. **140**, 293 (1866). — Infolge einer unrichtigen Angabe von V. Meyer, B. **16**, 1468 (1883), wird diese Methode in der Literatur [z. B. Egli, B. **18**, 575 (1885), Armstrong und Miller, Soc. **45**, 148 (1884), Kelbe, B. **19**, 93 (1886)] als von Caro herrührend angesehen.   [8]) B. **16**, 1468 (1883). — Egli, B. **18**, 575 (1885).

[9]) B. **28**, 3145 (1895). — Busch und Rast, B. **30**, 521 (1897).

[10]) E. Fischer und Seuffert, B. **34**, 797 (1901).

Lauge[1]), ferner Natriumamalgam in saurer und alkalischer Lösung, endlich Jodwasserstoffsäure, der roter Phosphor oder, nach E. Fischer[2]), Phosphoniumjodid zugesetzt wird.

Vielfach leichter als Chlorverbindungen reagieren die entsprechenden Brom- oder Jodderivate, die man entweder direkt oder durch Umsetzung aus den Chlorverbindungen erhält[3]).

Kekulé hat die leichte Resubstituierbarkeit von Brom und Jod durch aus Natriumamalgam entwickelten Wasserstoff zu einer quantitativen Bestimmungsmethode für diese Halogene in aliphatischen Verbindungen ausgearbeitet[4]).

Die Halogenderivate der aromatischen und Pyridinreihe sind im allgemeinen weit schwerer resubstituierbar; doch können gleichzeitig im Molekül befindliche Atome und Atomgruppen „auflockernd" wirken: so der Stickstoff des Pyridinrings auf α- und γ-ständiges Halogen, negativierende Gruppen in Ortho- oder Parastellung, wie die Nitro-, Hydroxyl- oder Carboxylgruppe bei Benzolderivaten.

Die alkylierten γ-Chlorchinoline halten ihr Cl-Atom viel fester als die α-Chlorchinoline, und zwar in einem mit dem Molekulargewicht der Alkylgruppe zunehmenden Maß, so daß bei den höher alkylierten γ-Chlorchinolinen die Reduktion mit Jodwasserstoffsäure (bei 10stündigem Erhitzen in Eisessig auf 270—300°) nicht mehr gelingt und zur Zinkstaubdestillation gegriffen werden muß[5]).

Sehr bemerkenswert ist andererseits, daß Spuren von Metallen, speziell Kupfer (und Eisen), in ähnlicher Weise das Halogen beweglich machen[6]) und daß auch die Grignardsche Reaktion in sehr vielen Fällen leichte Abspaltung des Halogens ermöglicht. Siehe Spencer und Stokes, Soc. **93**, 68 (1908). — Spencer, B. **41**, 2302 (1908).

Über die Beweglichkeit von Halogenatomen in organischen Verbindungen siehe auch die Zusammenstellung in der Dissertation von Chorower, Zürich (1907). — Siehe auch S. 1140ff.

3. Abbau der Carbonsäuren.

Außer durch direkte Abspaltung von Kohlendioxyd (S. 726) oder Kohlenoxyd (S. 729) kann man Carbonsäuren noch in verschiedener Weise in kohlenstoffärmere Verbindungen verwandeln.

Die wichtigste einschlägige Methode, der Hofmannsche Abbau, wird S. 1013 besprochen.

Außer dem Hofmannschen Verfahren hat man noch mehrere Wege, die Carboxylgruppe abzubauen.

1. Die Lossensche Methode[7]) der Umlagerung gewisser Hydroxylaminderivate durch Kochen mit Wasser:

$$2\,R\cdot C\!\!\begin{array}{l}\diagup NO\cdot CO\cdot R\\ \diagdown OK\end{array} + H_2O = 2\,R\cdot COOK + CO\!\!\begin{array}{l}\diagup NHR\\ \diagdown NHR\end{array} + CO_2.$$

---

[1]) Ladenburg, A. **217**, 11 (1883), setzt auch hier noch Eisenfeile zu.
[2]) B. **17**, 332 (1884); **32**, 692 (1899).
[3]) Haitinger und Lieben, M. **8**, 319 (1885). — Byvanek, B. **31**, 2153 (1898). — Siehe auch S. 539, 540.   [4]) Siehe S. 269.
[5]) Wohnlich, Arch. **251**, 526 (1913).
[6]) Ullmann, B. **38**, 2211 (1905). — A. **355**, 312 (1907).
[7]) A. **185**, 313 (1877).

Durch Hydrolyse des entstehenden Harnstoffs erhält man dann die Base RNH_2. Diese Methode hat mehrfach Anwendung in der Technik gefunden. Siehe DRP. 130 680 (1902) und DRP. 130 681 (1902)[1].

2. Die Reaktionsfolge von Curtius[2], die von den Säureestern ausgehend über die Säurehydrazide und Azide zu den Urethanen und weiterhin den primären Aminen führt:

$$R \cdot COOCH_3 \rightarrow R \cdot CONH \cdot NH_2 \rightarrow R \cdot CO \underset{N}{\overset{N}{\big\langle}} \| \rightarrow$$
$$\rightarrow R \cdot NH \cdot COOC_2H_5 \rightarrow R \cdot NH_2.$$

Dieses Verfahren hat die Darstellung des $\beta\beta'$-Diaminolutidins[3] und der Diaminopyridine[4] ermöglicht.

3. Die Beckmannsche Methode[5], welche von der Säure über das Keton und Oxim zum substituierten Säureamid führt, das dann gespalten werden kann:

$$RCOOH \rightarrow R \cdot CO \cdot RH \rightarrow RC(NOH)CR_3 \rightarrow RCONHR \rightarrow RCOOH + NH_2R_1.$$

Das Beckmannsche Verfahren ist nur in Ausnahmefällen für präparative Zwecke anwendbar.

4. Die aus den primären und sekundären Säuren leicht erhältlichen α-Bromfettsäureamide werden unter dem Einfluß von Alkalilauge, besser Natriumäthylat[6] unter Bildung von Bromwasserstoff und Blausäure nach dem Schema:

$$
\begin{array}{ccc}
\overbrace{R \text{ oder } H}\; O & & \overbrace{R \text{ oder } H}\; O\!-\!H \\
R\!-\!C\!-\!C & \text{oder} & R\!-\!C\!-\!C \\
\;\;Br\quad\;\;NH & & \;\;Br\quad\;\;N \\
\qquad H & & \qquad H
\end{array}
$$

abgebaut[7]. Das Verfahren ist noch auf die Cetyloctylessigsäure anwendbar[6].

Über weitere Reduktions- und Abbaumethoden siehe bei den betr. Atomgruppen; speziell für den

Abbau von Säuren $R \cdot CH_2 \cdot COOH$ und $R \cdot CH_2 \cdot CH_2 \cdot COOH$ zu $R \cdot COOH$

hat man folgende Verfahren:

1. Normale Fettsäuren und andere, eine längere aliphatische Seitenkette enthaltende Säuren $R \cdot CH_2 \cdot COOH$ lassen sich nach der Methode von Hell-Volhard-Zelinski (S. 731) in α-bromierte Säuren überführen, die durch Kochen mit Alkalien (Barythydrat) oder manchmal bloß Wasser[8] in α-Oxysäuren übergehen.

Die α-Oxysäuren lassen sich in verschiedener Weise zu den um ein C-Atom ärmeren Säuren abbauen.

a) Durch Kochen mit Bleisuperoxyd, Braunstein oder Wasserstoffsuper-

<hr>

[1]) Siehe auch Villiger, B. **42**, 3530 (1909).

[2]) J. pr. (2) **50**, 275 (1894). — Siehe dazu Curtius, J. pr. (2) **94**, 273 (1917).

[3]) Mohr, B. **33**, 1114 (1900). — Amos, Diss. Heidelberg (1902).

[4]) Hans Meyer und Mally, M. **33**, 393 (1912). — Hans Meyer und Staffen, M. **34**, 517 (1913). — Hans Meyer und Tropsch, M. **35**, 189, 207 (1914).

[5]) Siehe S. 1071.   [6]) Brigl, Z. physiol. **95**, 178 (1915).

[7]) Zernik, Apoth.-Ztg. **19**, 873 (1904); **22**, 960 (1907). — Saam, Ph. C.-H. **48**, 143 (1907). — Mossler, M. **29**, 69 (1908). — Mannich und Zernik, Arch. **246**, 178 (1908).

[8]) Thomsen, A. **200**, 81, 86 (1880).

oxyd wird der entsprechende Aldehyd erhalten, der durch weitere Oxydation in die Säure übergeht:

$$R \cdot CHOHCOOH \rightarrow RCOH \rightarrow RCOOH.$$

(Näheres hierüber S. 770.)

b) Durch **Erhitzen mit Chromsäure** wird dieser Abbau in einem Zug durchgeführt[1]). Das erstere Verfahren pflegt bessere Resultate zu geben. **Levene** und **West** empfehlen[2]), diese Oxydation mit Permanganat in Acetonlösung auszuführen. Auf diese Weise wurde aus Cerebronsäure Lignocerinsäure, aus α-Oxystearinsäure Margarinsäure, aus Palmitinsäure Pentadecylsäure erhalten.

c) Durch **Erhitzen** geben die α-Oxysäuren Lactide, die bei der Destillation unter CO-Abspaltung in Aldehyde übergehen[3]):

$$\begin{matrix} RCHOHCOOH \\ RCHOHCOOH \end{matrix} \rightarrow RCH\begin{matrix} O{-}CO \\ CO{-}O \end{matrix}CHR \rightarrow \begin{matrix} RCHO \\ RCHO \end{matrix} + 2\,CO.$$

Diese Aldehyde werden dann z. B. mit Permanganat zur Säure oxydiert.

2. **Verwandlung von Fettsäuren** RCH_2CH_2COOH **in Säuren** $R \cdot COOH$. Fettsäuren der Formel $R \cdot CH_2 \cdot CH_2 \cdot COOH$ werden in α-Bromfettsäuren übergeführt. Die weitere Verarbeitung kann in folgender Weise geschehen.

a) Verfahren von Ponzio[4]).

Die α-Bromfettsäure wird in wäßrig-alkoholischer Lösung in die Jodfettsäure, diese in alkoholischer oder acetonischer[5]) Lösung mit Ätzkali in die ungesättigte Säure und letztere in die dihydroxylierte Säure verwandelt[6]), die dann durch Oxydation mit Permanganat in Oxalsäure und die um 2 C-Atome ärmere Fettsäure gespalten wird[7]).

Man kann auch die Oxydation der ungesättigten Säure mit Ozon ausführen[8]).

Die Hauptschwierigkeit dieser Methode liegt bei der Abspaltung der Halogenwasserstoffsäure aus der Jodfettsäure. Durch die alkoholische Lauge wird nicht nur die gesuchte ungesättigte Säure gebildet, sondern auch Oxy- (und Äthoxy-) Säure.

Die Trennung der ungesättigten Säure von der Oxysäure kann durch Behandeln mit niedrig siedendem Petroläther ausgeführt werden, in dem die erstere weitaus löslicher ist[9]).

Auch die Überführung der ungesättigten Säure in die Spaltsäuren bietet in den höheren Reihen Schwierigkeiten, da nebenher mehr oder weniger große Mengen neutraler Produkte entstehen, die schwierig abzutrennen sind.

Beispiel:

Abbau der Lignocerinsäure[10]).

Für die Lignocerinsäure waren die nachfolgenden Zwischenstufen zu durchlaufen:

[1]) **Dossios**, Z. **1866**, 451 (Essigsäure aus Propionsäure). — **Baeyer**, B. **29**, 1908 (1896) Norpinsäure aus Pinsäure.   [2]) J. Biol. Ch. **16**, 475 (1914).
[3]) **Blaise**, C. r. **138**, 697 (1904). — **Le Sueur**, Soc. **85**, 827 (1904).
[4]) G. **34**, (2), 77 (1904); **35** (2), 132, 569 (1905).
[5]) **Finkelstein**, B. **43**, 1528 (1910).   [6]) Siehe S. 491.   [7]) S. 494.
[8]) S. 495 und **Hans Meyer**, **Brod** und **Soyka**, M. **34**, 1124 (1913).
[9]) **Hans Meyer**, **Brod** und **Soyka**, M. **34**, 1122 (1913). — **Eckert** und **Halla**, M. **34**, 1818 (1913).   [10]) **Hans Meyer**, **Brod** und **Soyka**, a. a. O.

$$C_{21} \cdot H_{43} \cdot CH_2\text{---}CH_2 \cdot COOH \quad (\text{Lignocerinsäure})$$
$$\downarrow$$
$$C_{21}H_{43} \cdot CH_2\text{---}CHBr \cdot COOH$$
$$\downarrow$$
$$C_{21}H_{43} \cdot CH_2\text{---}CHJ \cdot COOH$$
$$\downarrow$$
$$C_{21}H_{43} \cdot CH = CH \cdot COOH$$
$$\downarrow$$
$$C_{21}H_{43} \cdot CHOH\text{---}CHOH \cdot COOH$$
$$\swarrow \qquad \searrow$$
$$C_{21}H_{43}COOH \qquad COOH \cdot COOH \, .$$

Wenn die Lignocerinsäure normale Struktur hätte, so müßte die resultierende Säure $C_{21}H_{43}COOH$ mit Behensäure identisch sein, es wurde indessen eine isomere Säure erhalten.

Darstellung der α-Bromlignocerinsäure. Je 10 g trockne, feingepulverte Lignocerinsäure wurden mit der nach der Gleichung:

$$3 \, C_{23}H_{47}COOH + P + 11 \, Br = 3 \, C_{23}H_{46}BrCOBr + HPO_3 + 5 \, HBr$$

berechneten Menge trocknem, gereinigtem, rotem Phosphor gut verrieben und unter Feuchtigkeitsabschluß langsam etwas mehr als die berechnete Menge trocknes Brom zutropfen gelassen. Die Reaktion ist anfangs sehr heftig, später muß sie durch Erwärmen auf dem Wasserbad unterstützt werden. Zu Beginn des Versuchs machen sich an den Kolbenwandungen die schönen, leicht flüchtigen Krystalle des Säurebromids bemerkbar, die dann beim Übergang in das bromierte Bromid weniger flüchtig werden und herabschmelzen.

Nach sechsstündigem Erhitzen ist die Reaktion abgelaufen. Man gießt in Wasser, dem man zur Entfernung von überschüssigem Brom etwas schweflige Säure zugefügt hat, kocht zur Zerlegung des Säurebromids und schmilzt die als schweres Öl unter dem siedenden Wasser angesammelte bromierte Säure nochmals nach dem Erstarren und Abpressen mit reinem Wasser um. Zur vollständigen Reinigung der Säure wird sie nacheinander in das Lithium- und Magnesiumsalz verwandelt, wieder abgeschieden und mehrmals aus Petroläther und hierauf aus Eisessig umkrystallisiert, bis sie den konstanten Schmelzpunkt 68.5° zeigt.

α-Jodlignocerinsäure. Die in Alkohol gelöste Bromlignocerinsäure wurde mit der halben Gewichtsmenge Jodkalium, das in wäßrigem Alkohol gelöst worden war, 5 Stunden lang am Rückflußkühler gekocht.

Die gelbliche Flüssigkeit wurde in Wasser gegossen, angesäuert und ausgekocht, bis die entstandene jodhaltige Säure klar zusammengeschmolzen und alles Salz herausgewaschen war. Dann wurde mehrmals aus Eisessig und Petroläther umkrystallisiert. So wurden schließlich konstant bei 74° schmelzende, kleine, farblose Prismen erhalten, die bei der Analyse genau stimmende Zahlenwerte lieferten.

α-Oxylignocerinsäure. Diese Säure entstand bei allen Versuchen, Jodwasserstoffsäure aus der Jodlignocerinsäure abzuspalten, als Hauptprodukt.

Die jodierte Säure wurde mit der gleichen Menge Kaliumhydroxyd, das in der doppelten Menge Alkohol gelöst war, 6 Stunden lang gekocht.

Finkelstein[1]) empfiehlt für ähnliche Zwecke die Anwendung von Aceton als Lösungsmittel: im vorliegenden Fall bietet indes dieses Reagens keinerlei Vorteil.

Das Reaktionsprodukt wurde in mit Salzsäure angesäuertes Wasser ein-

---

[1]) B. **43**, 1528 (1910).

gegossen und erhitzt, bis sich an der Oberfläche eine klare, bräunliche Flüssigkeit von eigentümlichem Geruch abgeschieden hatte. Nach dem Erkalten wurde die erstarrte Masse abgepreßt, gepulvert, gewaschen und getrocknet und schließlich mit bei 20—30° siedendem Petroläther extrahiert. Der Rückstand wurde aus hochsiedendem Petroläther umkrystallisiert, bis er den konstanten Schmelzpunkt 92° besaß.

In den niedrigsiedenden Petroläther mußte die ungesättigte Säure $C_{21}H_{43}CH = CHCOOH$ gegangen sein. Nach dem Abdunsten des Lösungsmittels blieb sie als farbloser Sirup zurück, der bald erstarrte und nach dem Umkrystallisieren bei 59° schmolz.

Abbau der ungesättigten Säure $C_{24}H_{46}O_2$ zur Säure $C_{22}H_{44}O_2$. Die ungesättigte Säure wird in etwas überschüssiger Kalilauge gelöst und nach dem Erkalten die doppelte Menge 2 proz. Permanganatlösung langsam eingerührt. Nach einstündigem Stehen in der Kälte wird 2 Stunden lang auf 80° erwärmt. Man läßt erkalten, säuert mit verdünnter Schwefelsäure an und löst den Braunstein durch Zusatz von Bisulfit.

Die abgeschiedenen, weißen Flocken werden mit Lithiumacetat umgesetzt und das entstandene Lithiumsalz mit Petroläther extrahiert. Es ist beim andauernden Erhitzen in diesem Reagens nicht unbeträchtlich löslich. Man darf daher nicht allzu lange extrahieren, sondern muß, wenn der Extrakt merkliche Mengen Asche zu hinterlassen beginnt, aufhören und zur weiteren Reinigung das Lithiumsalz mit Thionylchlorid kochen. Dadurch wird die Säure als Chlorid in Lösung gebracht, während die noch vorhandenen Verunreinigungen verharzen und beim nachfolgenden Kochen mit Methylalkohol unlöslich zurückbleiben.

Der Ester wird wieder verseift und mit der abgeschiedenen Säure nochmals die ganze Folge der angeführten Reinigungen vorgenommen.

So wurde schließlich eine Säure erhalten, die aus Eisessig oder Petroläther in schönen, perlmutterglänzenden Blättchen krystallisiert. Schmelzpunkt 75°. Die Analyse führt zur Formel $C_{21}H_{43}COOH$.

Da die Reinigung dieser Säure schwierig war und die Ausbeute infolgedessen nicht befriedigte, wurden noch andere Methoden zu ihrer Darstellung versucht. Die Oxydation mit Salpetersäure führte nicht zum Ziel. Dagegen gelang es, die Doppelbindung mit Ozon zu lösen.

Zu diesem Behuf wurde die ungesättigte Säure in getrocknetem Chloroform gelöst und $1\frac{1}{2}$ Stunden lang ozonhaltiger Sauerstoff hindurchgeleitet, bis beim Einleiten des Ozons keine weißen Nebel mehr auftraten.

Es wurde in Eiswasser gegossen und nach längerem Stehen das Chloroform abgetrieben. Im Wasser blieben Tröpfchen zurück, die bald erstarrten und eine Substanz von Aldehydcharakter und vom Schmelzpunkt 54—55° bildeten.

Dieses Zwischenprodukt wurde in der beschriebenen Weise mit 2 proz. Permanganatlösung weiteroxydiert und lieferte nun leicht die Isobehensäure.

b) Verfahren von Crossley und Le Sueur[1]).

Die α-Bromfettsäureester werden mit Diäthylanilin oder Chinolin erhitzt. Dabei sollen Acrylsäureester entstehen, die in der beschriebenen Weise abgebaut werden könnten.

---

[1]) Soc. **75**, 162 (1899). — Siehe auch Volhard und Weinig, A. **280**, 252 (1894). — Perkin, Soc. **69**, 1470 (1896). — Wahl, C. r. **132**, 693 (1901). — Rupe und Lotz, B. **35**, 4265 (1902). — Fichter und Pfister, B. **37**, 1998 (1904). — Siehe S. 732.

Das Verfahren hat sich nicht allgemein bewährt[1]).

c) Reaktion von Krafft[2]).

Durch Destillation einer Mischung des fettsauren und essigsauren Bariums entsteht das gemischte Keton $R \cdot CH_2 \cdot CO \cdot CH_3$, aus dem durch Oxydation mit Chromsäuregemisch oder Kaliumpermanganat die Säure RCOOH neben Essigsäure resultiert.

Auf diese Art wurde die normale Struktur der Stearinsäure und ihrer niedrigeren Homologen bis zur Caprinsäure herab erwiesen. Die Ausbeuten nach diesem Verfahren sind sehr schlecht.

d) Reaktion von Dakin[3]).

Bei der Destillation von fettsaurem Ammonium mit 3proz. Wasserstoffsuperoxyd entstehen (neben niedrigeren Fettsäuren und Aldehyden) nach dem Schema:

$$R \cdot CH_2 \cdot CH_2 \cdot COOH \rightarrow R \cdot CO \cdot CH_2 \cdot COOH \rightarrow R \cdot COCH_3$$

Ketone, die als Semicarbazone oder Paranitrophenylhydrazone isoliert und entsprechend weiter abgebaut werden können.

e) Abbau nach Barbier und Locquin[4]).

Die Carboxylgruppe wird durch Einwirkung von Methylmagnesiumjodid auf den Methylester in eine tertiäre Alkoholgruppe verwandelt, die evtl. nach Umwandlung in den ungesättigten Kohlenwasserstoff oxydiert wird.

$$R \cdot CH_2 \cdot COOCH_3 + 2\,CH_3MgJ = R \cdot CH_2C(OH)(CH_3)_2 + \ldots R \cdot CH_2C(OH)(CH_3)_2 + 3O$$
$$= R \cdot COOH + CH_3COCH_3 + H_2O,\; R \cdot CH = C(CH_3)_2 + 3O = R \cdot COOH + CH_3COCH_3.$$

Dieselbe Umwandlung tritt ein, wenn man von den Ketonen ausgeht:

$$R \cdot CH_2 \cdot CO \cdot CH_3 + CH_3MgJ = R \cdot CH_2 \cdot C(OH)(CH_3)_2 + \ldots$$

Die zweibasischen Säuren reagieren gleichzeitig an beiden Carboxylen.

4. Aldehyde der Formel $R \cdot CH_2 \cdot CHO$ und $R \cdot R_1CHCHO$

lassen sich mit Essigsäureanhydrid und Natriumacetat enolisieren[5]).

Die entstandenen Enolacetate $R \cdot CH : CHOCOCH_3$ resp. $R \cdot R_1C : CH$ $OCOCH_3$ geben bei der Oxydation mit Ozon oder Permanganat im ersteren Fall eine Säure RCOOH, im letzteren ein Keton $RCOR_1$[6]).

[1]) Unveröffentlichte Beobachtungen von Hans Meyer und Soyka. — Siehe auch Eckert und Halla, M. **34**, 1816 (1913). [2]) B. **12**, 1672 (1879); **15**, 1706 (1882).
[3]) J. Biol. Chem. **4**, 221, 227, 235 (1908).
[4]) C. r. **156**, 1443 (1913). — Bouvet, Bull. (4) **17**, 202 (1915). — Godchot, C. r. **171**, 797 (1920).
[5]) Siehe S. 657.   [6]) Semmler, B. **42**, 584, 962 (1909); **43**, 1890 (1910).

Dritter Teil

Qualitative und quantitative Bestimmung der wichtigsten Abbauprodukte

Im nachstehenden sind Angaben über den Nachweis und die Bestimmung folgender Substanzen gemacht:

Abbauprodukte der Eiweißkörper (S. 545).
Äthylalkohol (S. 587).
Ameisensäure (S. 567).
Anthracen (S. 577).
Benzoesäure (S. 578).
Benzol (S. 578).
Benzoldicarbonsäuren (S. 594).
Benzoltricarbonsäuren (S. 579).
Benzoltetracarbonsäuren (S. 580).
Bernsteinsäure (S. 580).
Blausäure (S. 581).
Buttersäuren (S. 582).
Dioxybenzole (S. 583).
Formaldehyd (S. 583).
Harnstoff (S. 585).
Malonsäure (S. 587).
Methylalkohol (S. 587).
Monosaccharide (S. 588).
Oxalsäure (S. 593).
Oxybenzoesäuren (S. 594).
Phthalsäuren (S. 594).
Protocatechusäure (S. 595).
Pyridinmonocarbonsäuren (S. 595).
Pyridindicarbonsäuren (S. 596).
Pyridintricarbonsäuren (S. 597).
Pyridintetracarbonsäuren (S. 598).
Toluylsäuren (S. 598).
Trioxybenzole (S. 598).

Abbauprodukte der Eiweißkörper.

Hydrolyse der Proteine durch Säuren und Trennung der Aminosäuren durch die Estermethode[1]).

Für die praktische Hydrolyse kommen nur Salzsäure und Schwefelsäure in Betracht. Letztere hat den Vorzug, daß sie nach beendigter Operation durch Bariumhydroxyd vollständig entfernt werden kann. Da aber diese Operation immerhin ziemlich unbequem ist, so wird man Schwefelsäure nur da anwenden, wo einzelne Produkte, wie besonders das Tyrosin und die Diaminotrioxydodekansäure, durch direkte Krystallisation aus wäßriger Lösung isoliert werden.

Nach E. Fischer wird die Spaltung am besten durch 12—15 stündiges Kochen des Proteins mit der 5—6 fachen Menge 25 proz. Schwefelsäure am Rückflußkühler bewerkstelligt. Die, wenn nötig, filtrierte, saure Flüssigkeit verdünnt man dann noch mit dem doppelten Volumen Wasser und fällt die Schwefelsäure durch Zusatz von Bariumcarbonat oder durch eine konzentrierte Lösung von Bariumhydroxyd. Schließlich muß der in Lösung gegangene Baryt durch Schwefelsäure genau gefällt werden. Damit Verluste an Aminosäuren ausgeschlossen werden, ist der massenhafte Niederschlag von Bariumsulfat stark abzunutschen und mehrmals mit Wasser auszukochen; dies ist besonders nötig, um das schwerlösliche Tyrosin völlig zu gewinnen.

---

[1]) Das Folgende hauptsächlich nach E. Fischer, Untersuchungen über Aminosäuren, Polypeptide und Proteine. Berlin, Springer (1906), 55 ff.

Viel bequemer ist die Anwendung der Salzsäure: Man wird sie deshalb überall dort bevorzugen, wo es auf die Gewinnung von Tyrosin und ähnlichen Produkten nicht ankommt. Für die Ausführung der Hydrolyse wird der Proteinstoff mit der dreifachen Menge rauchender Salzsäure (spez. Gewicht 1.19) in einem Kolben übergossen, dann einige Zeit unter häufigem Umschwenken stehengelassen, wobei die meisten Proteine, u. a. auch die widerstandsfähigen Gerüstsubstanzen, wie Fibroin, Horn usw., schon zum großen Teil in Lösung gehen. Dann erwärmt man am Rückflußkühler bis zum Kochen und setzt diese Operation 5—6 Stunden fort. Dabei entweicht natürlich ein Teil der Salzsäure gasförmig, und schließlich bleibt eine Säure von ungefähr 25% zurück. In den meisten Fällen färbt sich die Lösung erst dunkelviolett und dann tief dunkelbraun. Häufig werden Huminsubstanzen oder fettsäureähnliche Massen ausgeschieden. Man filtriert deshalb die, wenn nötig, mit etwas Tierkohle aufgekochte Flüssigkeit nach dem Erkalten durch gehärtetes Papier oder Asbest und wäscht mit wenig Wasser nach. Die salzsaure Lösung wird entweder auf dem Wasserbad in einer Porzellanschale oder besser unter vermindertem Druck in einem Kolben eingedampft. Enthält die Masse Glutaminsäure in größerer Menge, so empfiehlt es sich, sie direkt als Hydrochlorat abzuscheiden. Dazu sättigt man die sehr stark konzentrierte Lösung nochmals in der Kälte mit gasförmiger Salzsäure und läßt einige Tage im Eisschrank stehen. Um den Krystallbrei filtrieren zu können, vermischt man ihn mit etwa dem gleichen Volumen eiskalten Alkohols, saugt ab und wäscht mit wenig eiskaltem Alkohol nach. Die salzsaure Glutaminsäure ist leicht durch Aufkochen der wäßrigen Lösung mit Tierkohle und abermalige Fällung mit gasförmiger Salzsäure zu reinigen.

Die salzsaure Mutterlauge, oder, bei Abwesenheit von größeren Mengen Glutaminsäure, die ursprüngliche salzsaure Lösung, dient für die Bereitung der Ester. Sie wird am besten unter geringem Druck möglichst stark eingedampft, dann der Rückstand mit absolutem Alkohol übergossen und gasförmige, trockne Salzsäure ohne Abkühlung, zuletzt sogar unter Erwärmen auf dem Wasserbad bis zur Sättigung eingeleitet. Auf 500 g Protein verwendet man $1^1/_2$ l Alkohol. Da bei der Veresterung ziemlich viel Wasser entsteht, das der Reaktion schädlich ist, so empfiehlt es sich, die salzsaure alkoholische Lösung unter stark vermindertem Druck (bei 15—30 mm) aus einem Bade, dessen Temperatur nicht über 50° geht, stark einzudampfen, den Rückstand wieder mit $1^1/_2$ l absolutem Alkohol zu übergießen und abermals mit Salzsäure zu sättigen. Eine zweite Wiederholung der ganzen Operation steigert noch die Ausbeute an Ester. Selbstverständlich kann man auch die Menge des Alkohols von vornherein größer wählen und kommt dann mit einmaliger Wiederholung der Veresterung aus. Wesentliche Zeitersparnis bedeutet dies aber nicht, weil das Sättigen der großen Flüssigkeitsmasse mit Salzsäure unbequem wird.

Enthält das Produkt größere Mengen von Glykokoll, so wird dieses jetzt am bequemsten als Esterchlorhydrat abgeschieden. Man läßt deshalb die mit Salzsäure gesättigte, alkoholische Lösung, am besten nach Einimpfen eines Kryställchens, 12 Stunden bei 0° stehen, wobei es vorteilhaft ist, die Krystallisation durch Umrühren oder durch Reiben der Glaswände zu befördern. Das salzsaure Salz wird in der Kälte abgesaugt und mit eiskaltem Alkohol gewaschen. Einmaliges Umkrystallisieren aus heißem Alkohol genügt zur Reinigung. Das Präparat hat dann den Smp. 144° und kann durch die Analyse leicht identifiziert werden.

Um die Abscheidung zu vervollständigen, konzentriert man die Mutterlauge, sättigt wieder mit Salzsäure und läßt abermals nach Einimpfen unter häufigem Rühren mehrere Stunden in der Kältemischung stehen. Es gelingt so, den allergrößten Teil des Glykokolls zu entfernen, wodurch die spätere Fraktionierung der Ester sehr erleichtert wird. Bei kleinen Mengen von Glykokoll findet in dem komplizierten Gemisch keine Krystallisation statt; es läßt sich dann aber nach der Fraktionierung der Ester aus den ersten Destillaten als Esterchlorhydrat isolieren. Die vom Glykokollesterchlorhydrat abfiltrierte, salzsaure, alkoholische Lösung wird jetzt unter stark vermindertem Druck bei einer 40° nicht übersteigenden Temperatur aus dem Wasserbad möglichst stark verdampft; der Rückstand enthält die Hydrochlorate der übrigen Aminosäureester.

Nach Osborne und Jones[1]) läßt sich die Veresterung besser nach der Methode von Phelps und Tillotsohn[2]) durchführen. Die konzentrierte Lösung der Aminosäurechloride wird in alkoholischer Salzsäure gelöst und Zinkchlorid als Katalysator zugesetzt. Die Lösung wird bei 100° gehalten und etwas salzsäurehaltige Dämpfe von absolutem Alkohol durch die Lösung geleitet. Das während des Prozesses entstehende Wasser wird sofort durch die Alkoholdämpfe entfernt, und die vollständige Veresterung erfolgt in kürzerer Zeit.

Foreman verwandelt die Aminosäuren zunächst in die Calciumsalze. Durch Zusatz von Alkohol zur konzentrierten wäßrigen Lösung werden Glutaminsäure und Asparaginsäure quantitativ ausgefällt[3]).

Die gelöst gebliebenen Kalksalze werden in Bleisalze verwandelt, getrocknet, in absolutem Alkohol suspendiert und durch trockne Salzsäure verestert.

Man dampft im Vakuum von 15 mm bei 40° auf die Hälfte ein, versetzt mit gesättigtem, absolut-alkoholischem Ammoniak und verjagt den Alkohol bei 40° und 15 mm Druck.

Die Chlorhydrate der Ester werden in trocknem Chloroform aufgenommen, die Ester durch Schütteln mit trocknem Bariumoxyd in Freiheit gesetzt, das Chloroform bei 40° und 15 mm abgedampft, in absolutem Äther aufgenommen und nach E. Fischer fraktioniert[4]).

Man kann die freien Ester nach E. Fischer entweder mit konzentriertem Alkali und Äther isolieren oder die Hydrochlorate in alkoholischer Lösung mit der berechneten Menge Natriumalkylat zersetzen.

1. Die erste Methode hat E. Fischer am häufigsten angewandt, weil dabei schon eine Entfernung des Tyrosins und der Diaminosäuren stattfindet. Man versetzt den dicken Sirup direkt in dem Destillationskolben, welcher der Bequemlichkeit halber nicht mehr als 250 g des ursprünglichen Proteins enthalten soll, mit dem halben Volumen Wasser und dem etwa $1^1/_2$fachen Volumen Äther, kühlt in einer Mischung aus Eis und Kochsalz sorgfältig ab, fügt dann so viel starke Natronlauge hinzu, daß die freie Salzsäure neutralisiert ist, und endlich einen erheblichen Überschuß von fein gekörntem, festem Kaliumcarbonat.

Diese Operation hat den Zweck, die schwach basischen Ester der Asparagin- und Glutaminsäure, welche gegen freies Alkali besonders empfindlich sind, abzuscheiden. Nach gutem Durchschütteln wird der Äther abgegossen, durch neuen ersetzt und zu der wiederum sehr sorgfältig gekühlten Masse in

[1]) Am. J. Physiol. **26**, 212 (1910).   [2]) Sill. (4) **24**, 194 (1907).
[3]) Bioch. J. **9**, 463 (1914).   [4]) Bioch. J. **13**, 378 (1919).

einzelnen Portionen 33 proz. Natronlauge und festes Kaliumcarbonat zugegeben. Nach jedesmaligem Zusatz wird kräftig umgeschüttelt, um das Alkali in der steifen Masse zu verteilen und den frei gewordenen Ester sofort in die ätherische Lösung überzuführen. Es ist vorteilhaft, den Äther mehrmals zu erneuern. Die Menge des Alkalis muß wenigstens so groß sein, daß sie zur Bindung sämtlicher Salzsäure ausreicht, und Kaliumcarbonat ist so viel zuzufügen, daß die Salzmasse einen dicken Brei bildet, denn nur dann werden die in Wasser äußerst leicht löslichen Ester der einfachen Aminosäuren ausgesalzen. Ganz besonders gilt das für die Fälle, wo Glykokoll, Alanin und Serin zu isolieren sind. Während der ganzen Operation soll die Temperatur des alkalischen Gemisches möglichst niedrig sein. Man erreicht das nur durch wiederholtes und kräftiges Schütteln in der Kältemischung.

Die vereinigten ätherischen Auszüge, welche braun gefärbt sind, werden etwa 15 Minuten mit Kaliumcarbonat geschüttelt, dann abgegossen und einige Stunden mit entwässertem Natriumsulfat getrocknet, da die übrigen Trockenmittel, wie Ätzkali, Kalium- und Bariumoxyd, oder selbst Kaliumcarbonat, bei längerer Einwirkung etwas Ester zersetzen.

Die Abscheidung der Ester aus dem rohen Gemisch der Hydrochlorate durch Alkali, Kaliumcarbonat und Äther hat, wie erwähnt, den Vorzug, daß dabei das Tyrosin, dessen Ester eine Alkaliverbindung bildet, und die Derivate der Diaminosäuren, die in Äther sehr schwer löslich sind. entfernt werden. Es hat aber andererseits den Nachteil, daß eine wechselnde Menge der gesuchten Ester durch das Alkali zerstört und deshalb der Extraktion durch Äther entzogen wird. Will man diesen Verlust wieder einbringen, so ist es nötig, die alkalische, mit großen Mengen Kaliumcarbonat durchsetzte Masse nach Abtrennung des Äthers mit Salzsäure zu übersättigen, dann einzudampfen, wobei man zeitweise das massenhaft auskrystallisierende Chlorkalium entfernt, schließlich den Rückstand mit Alkohol auszulaugen und die Veresterung sowie die Abscheidung der Ester durch Alkali zu wiederholen[1]). Auch hierbei tritt selbstverständlich wieder ein Verlust ein, der jetzt aber verhältnismäßig klein ist. Immerhin bringt diese Methode wegen der großen Masse von konzentrierten Salzlösungen viel lästige Arbeit mit sich.

2. In manchen Fällen, wo es auf die möglichst vollständige Gewinnung der Aminosäuren ankommt, scheint es deshalb bequemer zu sein, die Ester aus den Hydrochloraten nicht durch Alkali, sondern durch Natriumäthylat in Freiheit zu setzen. Man löst den durch starkes Verdampfen von überschüssiger Salzsäure möglichst befreiten dicken Sirup, der das Gemisch der salzsauren Ester enthält, etwa in der 5fachen Menge absolutem Alkohol, bestimmt in einer kleinen Quantität dieser Flüssigkeit den Chlorgehalt und fügt nun, ganz in der Kälte, eine ebenfalls gut gekühlte, etwa 3 proz. alkoholische Lösung von Natrium in berechneter Menge unter gutem Rühren zu. Dabei fällt eine erhebliche Menge Kochsalz aus, das abgesaugt und mit kaltem, absolutem Alkohol nachgewaschen wird. Die alkoholische Lösung wird jetzt unter stark vermindertem Druck eingedampft. Da hierbei nicht unerhebliche Mengen von Aminosäureester in das Destillat gehen, so muß dieses für sich nach dem Ansäuern mit Salzsäure verdampft werden, wobei die Hydrochlorate der Aminosäuren zurückbleiben. Die beim Verjagen des Alkohols

---

[1]) Einfacher ist es, den Carbonatbrei in absolutem Alkohol zu suspendieren und mit Chlorwasserstoffgas zu sättigen. Man filtriert und behandelt die alkoholische Lösung in der oben beschriebenen Weise.

hinterbleibenden Ester werden nun erst mit der Wasserstrahlpumpe und dann unter 0.5 mm Druck destilliert bis zu 160° Badtemperatur.

Der nicht destillierbare Rückstand ist hier viel reichlicher, weil er auch die Diaminosäuren, das Tyrosin und noch andere komplizierte Stoffe enthält, die bei der anderen Methode in der alkalisch-wäßrigen Flüssigkeit bleiben. Bei diesem Verfahren vermeidet man den Verlust von Estern durch Verseifung, aber es entstehen namentlich für die hochsiedenden Produkte größere Verluste bei der Destillation, weil das Estergemisch eine viel kompliziertere Zusammensetzung hat.

3. Methode von B. Pribram[1]). Nach diesem Verfahren werden die Ester mittels Ammoniak in Freiheit gesetzt.

Nach Abderhalden und Weil ist diese Methode den beiden von E. Fischer angegebenen gleichwertig[2]).

Man geht folgendermaßen vor:

Das Filtrat vom Glykokollesterchlorhydrat wird nach abermaliger Veresterung unter vermindertem Druck eingeengt, in einer starkwandigen Flasche mit getrocknetem Äther überschichtet und aus einer wäßrigen Ammoniaklösung unter gelindem Erwärmen mit der Luftpumpe scharf getrocknetes Ammoniakgas eingesaugt. Man trocknet in drei Türmen, die abwechselnd mit Calciumoxyd und Natronkalk gefüllt sind. Nach kurzer Zeit des Einleitens scheidet sich viel Salmiak ab und der Äther färbt sich bräunlich. Es wird ordentlich durchgeschüttelt, der Äther ab-, frischer Äther aufgegossen und wieder Ammoniak eingeleitet. Dies wird so lange durchgeführt, bis der Ammoniakgeruch auch nach dem Schütteln nicht mehr verschwindet und der Äther farblos bleibt.

Es empfiehlt sich, das Abdestillieren des Äthers bei etwas vermindertem Druck vorzunehmen, da dann die Hauptpartie des überschüssigen Ammoniaks gleich in die Pumpe geht. Aus dem Salmiakbrei lassen sich die übrigen Spaltungsprodukte leicht mit absolutem Alkohol herauslösen. Er wird zu diesem Zweck mit absolutem Alkohol gut durchgeschüttelt, wobei sich dieser dunkelbraun färbt und das Chlorammonium schließlich fast rein weiß zurückbleibt.

Bildung von Amiden scheint so gut wie gar nicht vor sich zu gehen, soweit man aus den guten Esterausbeuten schließen kann.

Es ist praktisch, vor der eigentlichen Esterdestillation eine eigene Alkoholfraktion bis ca. 45° aufzufangen, die auch etwas Glykokollester enthalten kann.

Weitere Verfahren zur Isolierung der Ester haben Levene[3]) (Bariumhydroxyd), sowie Zelinsky, Annenkoff und Kelikoff[4]) (Bleioxyd) vorgeschlagen. Sie haben sich nicht allgemein einbürgern können.

Die Estermethode kann auch mit der Gewinnung des Tyrosins und der Diaminosäuren kombiniert werden. Man bewirkt dann die Hydrolyse mit Schwefelsäure, scheidet, wie oben beschrieben, das Tyrosin durch Krystallisation ab, fällt aus dem Filtrat nach dem Ansäuern mit Schwefelsäure die Diaminosäuren durch Phosphorwolframsäure, entfernt aus der abermals filtrierten Lösung den Überschuß der Phosphorwolframsäure mit Baryt, dann den überschüssigen Baryt mit Schwefelsäure und verarbeitet das letzte Filtrat nach der Estermethode.

---

[1]) M. **31**, 52 (1910).   [2]) Z. physiol. **74**, 466 (1911).
[3]) Levene und Alsberg, J. Biol. Ch. **2**, 128 (1906). — Levene und van Slyke, Bioch. **13**, 441 (1908).   [4]) Z. physiol. **73**, 461 (1911).

Bei diesem komplizierten Verfahren ist aber darauf zu achten, daß dem Tyrosin außer Diaminotrioxydodekansäure auch wechselnde Mengen der schwer löslichen Monoaminosäuren, insbesondere Leucin, beigemischt sein können, ferner, daß durch Phosphorwolframsäure auch leicht ein Teil der Monoaminosäuren gefällt wird, wenn die Lösung nicht sehr verdünnt ist, und daß endlich das Absaugen und Auswaschen des Phosphorwolframat-Niederschlages mit besonderer Sorgfalt, am besten unter Anwendung von Pressen, geschehen muß, weil er leicht erhebliche Mengen von Mutterlauge in sich schließt.

Aus allen diesen Gründen wird man die kombinierte Methode nur dann anwenden, wenn Mangel an Untersuchungsmaterial zur Sparsamkeit zwingt. In allen anderen Fällen ist es ratsam, die Prüfung auf Tyrosin, Diamino- und Monoaminosäuren in drei getrennten Operationen vorzunehmen.

Fraktionierte Destillation der Aminosäureester.

Das durch Verdampfen bei gewöhnlicher Temperatur unter dem Druck der Strahlpumpe vom Äther möglichst befreite Gemisch der Ester wird unter demselben Druck mit gleichzeitiger Erhitzung im Wasserbad weiter destilliert und in etwa drei Fraktionen (bis 60°, bis 80° und bis 100° Badtemperatur) geteilt. Die Destillation wird jetzt unter etwa 0.5 mm Druck fortgesetzt[1]), bis bei der Temperatur des siedenden Wassers nichts mehr übergeht. Man ersetzt dann das Wasserbad durch ein Ölbad und destilliert in 2—3 Fraktionen, bis die Temperatur des Bades auf 160° gestiegen ist. Es ist jetzt vorteilhaft, die Gesamtmenge der Ester, die bis 100° destilliert sind, unter etwa 10 mm Druck über freier Flamme nochmals zu fraktionieren und dabei die Temperatur der Dämpfe als Maßstab für die Scheidung zu benutzen. Die Zahl der Fraktionen und die Temperaturintervalle hängen selbstverständlich von der Zusammensetzung des Gemisches ab. Im allgemeinen wird man mit 4 Fraktionen zwischen 40° und 100° auskommen. Sie enthalten außer kleinen Mengen von Glykokollester das Alanin, das Prolin, die α-Aminovaleriansäure, den allergrößten Teil des Leucins und das Isoleucin. In dem Teil, der unter 0.5 mm Druck über 100° siedet, sind hauptsächlich enthalten: die Ester der Asparaginsäure und Glutaminsäure, fast die gesamte Menge des Phenylalanins, ferner des Serins, zuweilen der Pyrrolidoncarbonsäure als Zersetzungsprodukts des Glutaminsäureesters und Produkte unbekannter Zusammensetzung.

In dem Destillationsrückstand, der ein dunkles, zähes, in der Kälte meist glasartig erstarrendes Öl ist, finden sich neben unbekannten Stoffen wechselnde Mengen von Diketopiperazinen, z. B. Leucinimid.

Nochmalige Fraktionierung der bei 0.5 mm über 100° siedenden Ester hat keinen besonderen Wert. Sehr vorteilhaft ist dagegen die Abscheidung des Phenylalaninesters. Man versetzt das Gemisch der Ester (Sdp. 100 bis 130°) mit der 4—5fachen Menge Wasser; ist wenig Phenylalanin vorhanden, so findet fast klare Lösung statt, da die Ester der Asparagin- und Glutaminsäure und des Serins, sowie anderer Oxyaminosäuren in Wasser leicht löslich sind. Ist die Menge des Phenylalanins größer, so bleibt der Ester zum Teil ölig in der wäßrigen Lösung suspendiert. Unter allen Umständen schüttelt man die Flüssigkeit mit dem gleichen Volumen Äther, trennt die ätherische Schicht ab und schüttelt sie dreimal hintereinander mit dem gleichen Volumen Wasser. Dadurch werden die Ester von Asparagin- und Glutaminsäure, die

---

1) Siehe S. 84 f.

von dem Äther aufgenommen wurden, wieder entfernt und beim Verdampfen der ätherischen Lösung bleibt jetzt der Phenylalaninester schon ziemlich rein zurück.

Ein anderes wertvolles Trennungsverfahren beruht auf der Unlöslichkeit des Serinesters in Petroläther. Versetzt man also die Fraktion, die ihn enthält, mit einigen Prozenten Wasser und dann mit dem 5—8fachen Volumen Petroläther, so scheidet er sich als Öl ab, während Leucin, Phenylalanin und der größte Teil des Asparagin- und Glutaminsäureesters in Lösung bleiben. Man kann den ausgeschiedenen Serinester noch mehrmals mit Petroläther durchschütteln, um die obenerwähnten Beimengungen möglichst zu entfernen, und benutzt schließlich das Präparat zur Gewinnung von Serin.

Nachdem die Trennung der Ester bis zu diesem Punkte durchgeführt ist, müssen sie in die Aminosäuren zurückverwandelt werden. Das geschieht für die Fraktionen, die unter 100° sieden, durch mehrstündiges Kochen mit der 5fachen Menge Wasser am Rückflußkühler. Das Ende der Verseifung erkennt man an dem Verschwinden der alkalischen Reaktion. Bei der Fraktion, die große Mengen Leucin enthält, findet während der Operation die Abscheidung der schwer löslichen Aminosäure statt.

Die Verseifung derjenigen Fraktion, die Glutamin- und Asparaginsäure enthält, geschieht durch Bariumhydroxyd, weil beim Kochen mit Wasser die Reaktion bei der Bildung von sauren Estern stehenbleibt, deren Anwesenheit die Erkennung der Aminosäuren erschwert. Man versetzt also die wäßrige Lösung der betreffenden Ester, die nach der Abtrennung des Phenylalaninesters resultiert, mit einem Überschuß einer ziemlich konzentrierten Lösung von Bariumhydroxyd und erhitzt $1-1^1/_2$ Stunden auf dem Wasserbad. Sind größere Mengen von Asparaginsäure vorhanden, so fällt bei dieser Operation asparaginsaures Barium aus, das in der Regel zum großen Teil aus Racemkörper besteht. Man kann diesen Niederschlag filtrieren und daraus direkt die Asparaginsäure in bekannter Weise isolieren. Die wäßrige Lösung wird mit Schwefelsäure genau vom Baryt befreit und am besten unter vermindertem Druck eingedampft.

Die Verseifung des Phenylalaninesters geschieht endlich durch ein- bis zweimaliges Abrauchen mit starker Salzsäure. Man erhält dabei das salzsaure Salz, das leicht durch Krystallisation aus starker Salzsäure gereinigt werden kann.

Trennung und Erkennung der einzelnen Monoaminosäuren[1]).

Glykokoll. NH_2CH_2COOH.

Für seine Erkennung ist die Abscheidung als Esterchlorhydrat bei weitem das beste Mittel. Größere Mengen können so direkt aus dem Gemisch der rohen Ester, wie oben beschrieben, krystallisiert werden. Kleinere Mengen findet man erst nach der Fraktionierung der Ester in dem ersten Anteil oder auch in den Partien der Ester, die beim Abdampfen des Äthers und Alkohols mit übergehen. Auch die kleinen Mengen von Glykokoll, die noch dem Alanin anhaften können, wenn es aus dem Ester regeneriert ist, werden immer am besten

---

[1]) Nachweis und Bestimmung der Aminosäuren durch Überführung in die Betaine mit Dimethylsulfat: Engeland, B. **42**, 2962 (1909). — Z. f. Biol. **63**, 470 (1914). — Extraktion der Aminosäuren mit Butylalkohol: Dakin, Bioch. J. **12**, 290 (1918). — B. und O. Johns, J. Biol. Ch. **40**, 435 (1919).

in Form des Esterchlorhydrats abgeschieden. Ein- bis zweimaliges Umkrystallisieren des Salzes aus heißem, absolutem Alkohol liefert ein reines Präparat, das durch den Schmelzpunkt 144° (korrigiert 145°) und die Analyse leicht identifiziert werden kann.

Das Verfahren gestattet auch eine annähernde quantitative Bestimmung der Aminosäure, das um so bessere Resultate liefert, je größer die Menge des Glykokolls ist. Nach besonderen Kontrollversuchen[1]) gelingt es, bei Anwesenheit von 20% Glykokoll im Protein etwa $^4/_5$ desselben als Esterchlorhydrat aus dem Gemisch der salzsauren Ester abzuscheiden, und von dem Reste findet man dann noch eine nicht unerhebliche Menge bei der späteren Fraktionierung der freien Ester. Das Esterchlorhydrat hat die Formel $C_4H_{10}O_2NCl$ und enthält 53.8% Glykokoll.

Man kann das Glykokoll auch als Pikrat bestimmen[2]), etwa in Mischung mit Alanin.

Man löst in wenig heißem Wasser und fügt das gleiche Volum alkoholischer Pikrinsäure zu. Die nach dem Erkalten auskrystallisierte Verbindung wird aus Wasser in schwach gelblichen Blättchen vom Schmelzpunkt 190° erhalten.

Alanin. CH_3CHNH_2COOH.

Es findet sich vorzugsweise in der Fraktion der Ester, die bei 10 mm Druck von 40—60° siedet, und kann nach der Verseifung mit Wasser in der Regel durch fraktionierte Krystallisation rein gewonnen werden, besonders, wenn seine Menge relativ bedeutend ist. Manchmal enthalten die ersten Krystallisationen noch etwas Leucin oder Aminovaleriansäure. Aus den späteren Fraktionen pflegt aber das Alanin ziemlich rein herauszukommen, vorausgesetzt, daß vorher das Glykokoll sorgfältig abgeschieden war. Ist das nicht der Fall, so empfiehlt es sich, hier nochmals zu verestern und die Abscheidung des Glykokolls als Esterchlorhydrat zu wiederholen. Die salzsaure Mutterlauge wird dann mit Wasser verdampft, aus dem Hydrochlorat die freie Aminosäure durch Kochen mit Bleioxyd in Freiheit gesetzt und durch Krystallisation gereinigt. In den Mutterlaugen kann auch Prolin enthalten sein, das die Gewinnung der letzten Anteile von Alanin erschwert. Es ist dann am besten, die wäßrige Lösung ganz zur Trockne zu verdampfen und den Rückstand mit der 5—10fachen Menge absolutem Alkohol sorgfältig auszukochen. Selbstverständlich kann man diese Operation auch von vornherein vornehmen, ohne sich erst mit der fraktionierten Krystallisation zu bemühen. Ob die eine oder andere Modifikation ratsam ist, hängt von den Mengenverhältnissen der Aminosäuren ab und muß in jedem einzelnen Falle geprüft werden. Das Alanin wird am besten durch die Analyse identifiziert, nachdem eine vorläufige Kontrolle durch den Schmelzpunkt stattgefunden hat.

Die rohe Aminosäure ist stets ein Gemisch von optisch-aktiver und racemischer Form. Bei der optischen Prüfung in salzsaurer Lösung findet man deshalb in der Regel eine geringere Drehung, als dem reinen salzsauren d-Alanin ($[\alpha]_D^{200} = + 10.3°$[3]) entspricht. Nur wenn die Menge der aktiven Aminosäure recht groß ist, wie bei der Seide, gelingt es, sie durch Krystallisation aus Wasser

---

[1]) E. Fischer, Z. physiol. **35**, 229 (1902).
[2]) Levene, J. Biol. Ch. **1**, 413 (1906). — Zur Identifizierung des Glykokolls ist auch seine Überführung in Hippursäure (Smp. 188°) sehr geeignet. Siehe Kossel und Edlbacher, Z. physiol. **107**, 49, 51 (1919).
[3]) E. Fischer, B. **39**, 464 (1906).

rein abzuscheiden. Will man noch weitere Beweise für das Vorliegen von Alanin haben, so empfiehlt sich die Darstellung der Benzoylverbindung mit Bicarbonat und Benzoylchlorid und deren Analyse. Dabei ist aber zu beachten, daß der Schmelzpunkt des Präparates unscharf sein kann, da es ein Gemisch von optisch-aktiver und racemischer Form zu sein pflegt.

Prolin (Pyrrolidin-α-Carbonsäure).

$$\begin{array}{c} CH_2\text{---}CH_2 \\ | \quad\quad | \\ CH_2 \quad CHCOOH \\ \diagdown \diagup \\ NH \end{array}$$

Es ist im Wasser sehr leicht löslich und findet sich hauptsächlich in der Fraktion, die Leucin und Aminovaleriansäure enthält, ist aber in kleiner Menge auch dem Alanin beigemengt. Man erhält es, indem man die wäßrigen Lösungen der Fraktionen eindampft, eventuell unter Abfiltrieren der auskrystallisierenden Partien, und dann den trocknen Rückstand in zerkleinertem Zustand mehrmals mit der 5 fachen Menge absolutem Alkohol sorgfältig auskocht. Die alkoholischen Auszüge von den verschiedenen Fraktionen werden vereinigt, zur Trockne verdampft und der krystallinische Rückstand abermals mit der 5 fachen Menge absolutem Alkohol gekocht. Dabei bleibt in der Regel wieder eine kleine Menge von gewöhnlichen Aminosäuren zurück. Das Eindampfen der alkoholischen Lösung und die Wiederaufnahme mit Alkohol muß eventuell nochmals wiederholt werden. Man erhält jetzt ein Präparat, das zum größten Teil aus Prolin besteht, aber wieder ein Gemisch von aktiver und racemischer Form ist. Um diese zu trennen, löst man die Masse in Wasser und kocht bis zur Sättigung etwa $1/_2$ Stunde mit überschüssigem, gefälltem Kupferoxyd. Das tiefblaue Filtrat wird auf dem Wasserbad verdampft und der zerkleinerte Rückstand zweimal mit der 5 fachen Menge heißem, absolutem Alkohol sorgfältig ausgelaugt. Dabei bleibt der größte Teil des racemischen Prolinkupfers ungelöst, und aus dem heißen Filtrat scheidet sich häufig noch eine kleine Menge des Salzes ab. Dieses Kupfersalz kann jetzt in der Regel durch Umkrystallisieren aus heißem Wasser völlig gereinigt und durch die Analyse (Gehalt an Krystallwasser und Kupfer) identifiziert werden. Qualitativ erkennt man schon längst vorher das Prolin an dem charakteristischen Geruch von Pyrrolidin, der sich beim Eindampfen des Kupfersalzes kundgibt. In der alkoholischen Mutterlauge ist das Kupfersalz des aktiven Prolins. Es wird nach dem Verdampfen des Alkohols in Wasser gelöst, durch Schwefelwasserstoff zerlegt und das Filtrat unter vermindertem Druck verdampft. Das Prolin muß sich jetzt in absolutem Alkohol klar lösen; ist das nicht der Fall, so enthält es noch gewöhnliche Aminosäuren. Man kann das Prolin aus der alkoholischen Lösung oder durch Pyridin aus der konzentrierten, wäßrigen Lösung krystallinisch abscheiden und den Schmelzpunkt bestimmen. Bequemer aber als die Isolierung der reinen Verbindung ist die Darstellung ihres Phenylhydantoins[1]), das einen konstanten Schmelzpunkt (144° korrigiert) besitzt und deshalb leicht zu identifizieren ist.

Die quantitative Bestimmung des Prolins ist ziemlich roh; sie gibt aber trotzdem vergleichbare Zahlen, wenn man das in Alkohol völlig lösliche Produkt nach sorgfältigem Trocknen wägt; denn der kleine Fehler, den man infolge der Verunreinigungen nach oben macht, dürfte ungefähr kompensiert

---

[1]) Z. physiol. **33**, 168 (1901).

sein durch die Verluste, die bei der Isolierung und Fraktionierung der Ester entstehen. Genauer ist natürlich die Wägung des racemischen Prolinkupfers, aber sie hat keine Bedeutung, da das Verhältnis von Racemkörper und aktiver Aminosäure wechselt und es nur auf die Gesamtausbeute an Prolin ankommt. Diese wird deshalb in der Regel nach dem Gewicht des in Alkohol völlig löslichen rohen Präparates angegeben.

Valin. (α-Aminovaleriansäure.)

$$\begin{matrix} CH_3 \\\\ CH_3 \end{matrix}\Big\rangle CHCHNH_2COOH$$

Sie findet sich zusammen mit dem Leucin in den Fraktionen der Ester, die bei 60—90° sieden, und ihre Abscheidung ist so schwierig, daß sie meist mißlingt, wenn nur kleinere Mengen vorhanden sind. Für ihre Isolierung hat E. Fischer die fraktionierte Krystallisation der freien Aminosäuren und des Kupfersalzes in wechselnder Reihenfolge benutzt. Eine Vorschrift zu geben, die für alle Fälle paßt, ist nicht möglich, da die Verhältnisse mit den Mengen zu sehr wechseln. Für die Identifizierung kommt in erster Linie die Elementaranalyse, dann aber auch das Drehungsvermögen in salzsaurer Lösung in Betracht. Am leichtesten ist die Abscheidung bei der Hydrolyse des Horns gelungen[1]). Aber selbst in diesem Falle war es sehr schwer zu sagen, daß das Produkt absolut rein sei. Die Aminosäure hat in salzsaurer Lösung ein wesentlich stärkeres Drehungsvermögen als das Leucin. Ihre Trennung von dem Leucin wird besonders durch den Umstand erschwert, daß sie mit jenem Mischkrystalle bildet und daß solche Mischkrystalle auch bei den Kupfersalzen der beiden Aminosäuren existieren[2]). Die Aminovaleriansäure ist in kleinerer Menge auch in der Fraktion des Alanins enthalten und sie geht endlich beim Auskochen des Prolins mit Alkohol in kleiner Menge in Lösung. Leichter wird die Isolierung der α-Amino-isovaleriansäure, wenn man das Gemisch mit Leucin zuvor racemisiert, wie es Seite 555 beschrieben wird, und in diesem Fall empfiehlt es sich, die durch Krystallisation möglichst gereinigte Aminosäure noch in das Phenylhydantoin umzuwandeln[3]).

Leichter als bei den gewöhnlichen Proteinen ist nach den Beobachtungen von Kossel und Dakin[4]) die Isolierung der Aminovaleriansäure bei einzelnen Protaminen, wie dem Salmin, weil hier das Leucin fehlt.

Leucin.

$$\begin{matrix} CH_3 \\\\ CH_3 \end{matrix}\Big\rangle CH \cdot CH_2CHNH_2COOH$$

Es findet sich hauptsächlich in den Fraktionen der Ester, die bei 10 mm Druck von 70—90° sieden. Da die Menge des Leucins bei den meisten Proteinen verhältnismäßig groß ist, so gelingt es in der Regel leicht, durch Krystallisation der aus den Estern regenerierten Aminosäuren Präparate in erheblicher Menge zu gewinnen, welche die Zusammensetzung des Leucins haben; es handelt sich dabei immer um das l-Leucin, das in salzsaurer Lösung nach rechts dreht. Sobald man aber die Präparate optisch untersucht, findet man, daß sie keineswegs einheitlich sind. Bei den schwer-

---

[1]) E. Fischer und Dörpinghaus, Z. physiol. **36**, 469 (1902).
[2]) Z. physiol. **33**, 162 (1901).
[3]) E. Fischer, Z. physiol. **33**, 160 (1901); **36**, 470 (1902).
[4]) Z. physiol. **40**, 565 (1903).

löslichen Fraktionen ist häufig das Drehungsvermögen zu gering, weil relativ viel Racemkörper vorhanden ist, und bei den leichter löslichen wird das Drehungsvermögen häufig zu hoch gefunden infolge eines Gehaltes an d-Isoleucin

$$\begin{matrix} CH_3 \\ CH_3 \cdot CH_2 \end{matrix} \Big\rangle CH \cdot CHNH_2COOH.$$

Erheblich leichter wird die Gewinnung von reinem Leucin aus Proteinen, wenn man auf die Isolierung der aktiven Substanzen verzichtet und das zu trennende Gemisch der Aminosäuren zuvor vollständig racemisiert. Das geschieht in der von E. Schulze vorgeschlagenen Weise durch Erhitzen mit Baryt auf 160—180°. Bei größerer Menge wird diese Operation im Autoklaven ausgeführt und als Gefäß ein Porzellanbecher benutzt, der von dem Baryt bei der hohen Temperatur viel weniger als Glas angegriffen wird. Da das Leucin auch bei Gegenwart von Baryt in Wasser nicht leicht löslich ist, werden in der Regel auf 1 Teil der rohen Aminosäure 20 Teile Wasser und 2—3 Teile krystallisiertes Barythydrat verwendet. Beim 24stündigen Erhitzen auf 170—175° ist die Racemisierung sicher vollständig. Der Baryt wird aus der wäßrigen Lösung am bequemsten durch Einleiten von Kohlendioxyd entfernt; dabei ist aber zu beachten, daß das racemische Leucin selbst in heißem Wasser keineswegs leicht löslich ist. Die Ausfällung des Baryts geschieht deshalb am besten in recht verdünnter und heißer Lösung. Beim Eindampfen der vom Bariumcarbonat filtrierten Flüssigkeit krystallisiert zuerst das schwerlösliche, racemische Leucin, das durch die Überführung in das Phenylhydantoin bzw. die Benzoyl- oder die Benzolsulfosäureverbindung sicher identifiziert werden kann, da alle diese Derivate bestimmte Schmelzpunkte haben. Die dem ursprünglichen Produkt beigemengte Aminovaleriansäure ist in der racemischen Form in Wasser viel leichter löslich und findet sich deshalb in den Mutterlaugen. Das gleiche scheint für das Isoleucin zuzutreffen.

Aus der eben geschilderten Schwierigkeit, reines Leucin (besonders in der aktiven Form) aus dem Gemisch der Aminosäuren abzuscheiden, ergibt sich schon, daß von einer genauen quantitativen Bestimmung dieser Aminosäure nicht die Rede sein kann.

Trennung der Leucinfraktion nach Levene und Van Slyke[1]).

Diese Methode beruht auf der Ausfällung des Leucins und Isoleucins als Bleiverbindung aus ihrer ammoniakalischen Lösung und der nachfolgenden Trennung dieser beiden Aminosäuren mit Hilfe der verschiedenen Löslichkeit ihrer Kupfersalze in Methylalkohol.

Die Mischung wird sorgfältig analysiert und die Menge von Leucin + Isoleucin aus dem Gehalt an Kohlenstoff berechnet:

Leucin und Isoleucin enthalten . . . . 54.92% C
Valin enthält . . . . 51.24% C   Differenz = 3.68%

$$\frac{\text{Prozent Kohlenstoff} - 51.24}{3.68} = \text{Prozent der Leucinisomeren in der Mischung.}$$

Die Mischung wird pulverisiert, in sieben Teilen Wasser suspendiert und das Wasser bis zum Siedepunkt erhitzt; pro Gramm der Substanz werden 1.5 ccm konzentrierter Ammoniaklösung zugesetzt. Der Kolben wird nun

---

[1]) J. Biol. Ch. 6, 391, 419 (1909). — Plimmer-Matula, Eiweißkörper, Steinkopf (1914), 26.

verschlossen und geschüttelt, so daß die Aminosäuren in Lösung gehen; wenn nötig, kann die Lösung nochmals erhitzt werden. Man setzt nun 4 ccm einer 1.1 M. Bleiacetatlösung (spez. Gewicht = 1.254 bei 20° C) pro Gramm Leucin und Isoleucin langsam unter gründlichem Umrühren zur Lösung zu. Die Lösung wird dann in Eiswasser gekühlt und nach 1—2 Stunden, je nach der Menge des Niederschlages, durch einen Buchnertrichter oder einen Goochtiegel filtriert. Die feste Masse wird niedergepreßt, um die Mutterlauge möglichst vollständig zu entfernen, und nun zunächst mit 90proz. Alkohol, dann mit Äther gewaschen und im Vakuum über Schwefelsäure getrocknet.

Merkwürdig ist, daß die Anwesenheit von Valin die Trennung der Bleisalze der Isomeren des Leucins begünstigt.

Wenn das Verhältnis der Isomeren : Valin kleiner als 2 : 1 ist, erfolgt die Fällung nicht so vollständig. In diesen Fällen soll weniger von der Bleiacetatlösung verwendet (3.7 ccm) und das Filtrat im Vakuum eingeengt werden, bis der Prozentgehalt des Valins 10% erreicht. Es wird nun wieder Ammoniak zugesetzt und der Niederschlag wie zuvor behandelt. Es ist empfehlenswert, das Filtrat nach Abscheidung des Valins nochmals in obiger Weise zu behandeln.

Das Filtrat wird mit Schwefelwasserstoff vom Blei befreit und die vom Bleisulfid abfiltrierte Lösung bis zur Trockne eingedampft.

Der Trockenrückstand wird zur Extraktion der Essigsäure und des Ammoniumacetats mit einer Alkohol - Äthermischung (3 : 1) behandelt. Die kleine, in Lösung gehende Menge von Valin wird durch abermaliges Eindampfen und Extraktion des Trockenrückstandes mit Alkohol und Äther wiedergewonnen.

Im allgemeinen bleibt reines Valin zurück.

Zeigt die Analyse die Gegenwart von Leucin an, so muß die obige Behandlung wiederholt werden.

Die Reinheit der Bleisalze von Leucin und Isoleucin wird durch Analyse geprüft. Dies geschieht durch Auflösen von ungefähr 0.3 g der Substanz in 5 ccm Normalsalpetersäure in einem 100 ccm fassenden Becherglas und Ausfällung des Bleis durch 5 ccm Normalschwefelsäure und nachfolgenden Zusatz von 50 ccm absolutem Alkohol. Das rasch in körniger Form fallende Bleisulfat wird nach ungefähr 15 Minuten in einem Goochtiegel gesammelt und mit 95proz., mit Schwefelsäure angesäuertem Alkohol gewaschen. Der Tiegel wird in einen anderen gesetzt und, behufs Vertreibung des Alkohols. zunächst schwach, dann aber unter der vollen Flamme des Bunsenbrenners 10 Minuten lang stark erhitzt.

Ist der Bleigehalt infolge Verunreinigung mit dem Bleisalz des Valins zu hoch, so reinigt man die Mischung, indem man sie nach gründlichem Zerpulvern in 5 Teilen heißen Wassers + $\frac{1}{4}$ Teil Eisessig löst und durch Zusatz von 0.5 ccm konzentriertem Ammoniak pro Gramm des Salzes wieder ausfällt. Der Niederschlag wird gesammelt und in der oben für den Fall, daß wenig Valin vorhanden ist, angegebenen Weise behandelt.

Die letzten Anteile der gemischten Leucine werden durch Wiederholung des ganzen Prozesses wiedergewonnen.

Trennung von Leucin und Isoleucin.

Die gemischten Bleisalze werden in 15—20 Teilen heißen Wassers + $\frac{1}{4}$ Teil Eisessig gelöst und Schwefelwasserstoff in die Lösung eingeleitet. Das nach

Abfiltrieren des Bleisulfids erhaltene Filtrat wird im Vakuum zur Trockne eingedampft und der Rückstand mit einer Mischung aus gleichen Teilen Alkohol und Äther zum Zweck der Entfernung der Essigsäure gewaschen.

Da gezeigt worden ist, daß diese Mischungen beim Erhitzen mit Essigsäure keinerlei Racemisierung unterliegen, kann die Zusammensetzung der Mischung durch Bestimmung der Drehung in 20 proz. Salzsäure ermittelt werden:

$$d\text{-Isoleucin hat eine Drehung von } (\alpha)_{20}^{D} = +37.4°$$
$$l\text{-Leucin hat eine Drehung von } (\alpha)_{20}^{D} = +15.6° \qquad \text{Differenz} = 21.8°$$

$$\text{Daher ist der Prozentsatz von } d\text{-Isoleucin} = 100 \times \frac{\alpha - 15.6}{21.8}$$

$$\text{der Prozentsatz von } l\text{-Leucin} = 100 \times \frac{37.4 - \alpha}{21.8}$$

Aus dem Gewichte des Aminosäurengemisches und diesen Angaben kann die Menge jeder einzelnen Isomere berechnet werden.

Die gemischten Isomeren werden durch Kochen mit überschüssigem Kupferoxyd in ihre Kupfersalze verwandelt; man kocht gründlich mit Wasser, um die letzten Spuren des Kupfersalzes des Leucins zu entfernen, das blaßblau gefärbt und sehr unlöslich ist

Die Lösung der Kupfersalze wird im Vakuum zur Trockne gedampft. Die trocknen und pulverisierten Kupfersalze werden im Schüttelapparat mit 94 proz. Methylalkohol geschüttelt. Das unlösliche Kupfersalz des Leucins wird abfiltriert und mit dem Lösungsmittel gewaschen. Das lösliche Kupfersalz des Isoleucins kann noch mit etwas Kupfersalz des Leucins verunreinigt sein. Es wird daher mit Schwefelwasserstoff zersetzt, wieder in das Kupfersalz umgewandelt und nochmals mit Methylalkohol extrahiert. Sowohl Leucin als Isoleucin werden in der gewöhnlichen Weise aus ihren Kupfersalzen hergestellt und aus Wasser umkrystallisiert.

Ihre Identifizierung geschieht durch Elementaranalyse, Bestimmung der Drehung und Bestimmung des Kupfers in ihren Kupfersalzen.

Phenylalanin.

$$\text{—CH}_2 \cdot \text{CHNH}_2\text{COOH}$$

Die beschriebene Abtrennung seines Esters ist so vollständig, daß die Reinigung keine Schwierigkeiten bietet. Es genügt, das durch Verseifung mit Salzsäure erhaltene Hydrochlorat einmal aus starker Salzsäure umzukrystallisieren, dann mit überschüssigem, wäßrigem Ammoniak zu verdampfen, aus dem Rückstand das Chlorammonium mit wenig eiskaltem Wasser wegzulaugen und die Aminosäure aus der heißen, wäßrigen Lösung durch Alkohol zu fällen. Dieses Präparat gibt in der Regel bei der Elementaranalyse scharf stimmende Werte; es ist aber gleichfalls ein Gemisch von aktiver und racemischer Form. Eine sehr scharfe qualitative Probe auf Phenylalanin beruht auf der Umwandlung in Phenylacetaldehyd[1]. Man löst die Aminosäure in verdünnter Schwefelsäure, fügt einen Überschuß von Kaliumpyrochromat zu und kocht, wobei der sehr charakteristische Geruch des Aldehyds sich bald bemerkbar macht. Die Probe kann auch mit recht kleinen Mengen ausgeführt werden.

---

[1] E. Fischer, Z. physiol. **33**, 174 (1901).

Für die quantitative Bestimmung des Phenylalanins wird direkt das beim Verdampfen des Esters mit Salzsäure hinterbleibende Rohprodukt gewogen, da bei sorgfältiger Ausführung der Estertrennung keine anderen Aminosäuren zugegen sind. Selbstverständlich haftet der Bestimmung der Fehler an, der durch Verluste bei der Isolierung und Fraktionierung der Ester entsteht. Will man der Sicherheit halber noch ein Derivat des Phenylalanins von festem Schmelzpunkt darstellen, so empfiehlt es sich, die Aminosäure zu racemisieren und in die Phenylisocyanatverbindung bzw. deren Hydantoin umzuwandeln[1]).

Asparaginsäure. $HOOC \cdot CH_2 \cdot CHNH_2COOH$.

Bei der Trennung der Ester bleibt sie schließlich gemischt mit Glutaminsäure und Serin, und bei der oben geschilderten Verseifung dieser Ester mit Barythydrat scheidet sich häufig ein Teil der Asparaginsäure als schwer lösliches Bariumsalz aus. Seine Umwandlung in die freie Säure und deren völlige Reinigung durch Krystallisation bietet nicht die geringsten Schwierigkeiten. Wie schon erwähnt, ist die aus dem Bariumsalz gewonnene Säure hauptsächlich Racemkörper. Um den in Lösung gebliebenen Teil der Asparaginsäure zu gewinnen, fällt man den Baryt genau mit Schwefelsäure aus und verdampft dann die Flüssigkeit. Ist verhältnismäßig viel Asparaginsäure zugegen, so scheidet sie sich langsam krystallinisch ab und kann dann durch Umlösen aus heißem Wasser gereinigt werden. Häufig ist sie durch Glutaminsäure verunreinigt, von der man sie durch starke Salzsäure, in der das Glutaminsäurechlorhydrat schwer löslich ist, trennen muß. Auch Serin kann die Isolierung der Asparaginsäure erschweren; es ist dann vorteilhaft, die Trennung von Asparaginsäure und Serin schon bei den Estern mit Petroläther vorzunehmen. Charakteristisch ist für die Asparaginsäure einerseits das ziemlich schwer lösliche Kupfersalz und andererseits der ausgesprochen saure Geschmack, wodurch sie sich namentlich von der Glutaminsäure und selbstverständlich auch von den einfachen Aminosäuren unterscheidet.

Glutaminsäure. $HOOC \cdot CH_2 \cdot CH_2 \cdot CHNH_2COOH$.

Bei größerer Menge ist es durchaus ratsam, sie direkt nach der Hydrolyse des Proteins mit Salzsäure als schwer lösliches Hydrochlorat abzuscheiden, wie zuvor ausführlich beschrieben wurde. Der Rest der Säure findet sich nach der Trennung durch die Ester bei der Asparaginsäure, und es ist in den meisten Fällen angezeigt, hier die Abscheidung durch starke Salzsäure zu wiederholen. Man löst das rohe Gemisch der beiden Säuren in wenig starker Salzsäure, läßt erkalten, sättigt, wenn nötig, noch mit gasförmiger Salzsäure und läßt dann in Eis oder auch in einer Kältemischung 1—2 Stunden stehen. Ist auch nur wenig Glutaminsäure zugegen, so fällt sie als Hydrochlorat aus, das auf Asbest abgesogen und durch Umkrystallisieren aus sehr starker Salzsäure gereinigt wird. Um daraus die freie Glutaminsäure zu gewinnen, löst man in wenig Wasser und fügt die zur Bindung der Salzsäure gerade ausreichende Menge titrierter Alkalilauge zu. Die in kaltem Wasser ziemlich schwer lösliche Glutaminsäure scheidet sich dann bei genügender Konzentration krystallinisch ab. Um aus dem Filtrat von der salzsauren Glutaminsäure die Asparaginsäure und andere Aminosäuren zu gewinnen, verdampft man dasselbe, löst den Rück-

---

[1]) E. Fischer, Z. physiol. **33**, 173 (1901).

stand in Wasser und entfernt durch Kochen mit Bleioxyd in der bekannten
Weise das Chlor. Die Reinigung der Glutaminsäure als Hydrochlorat setzt
natürlich voraus, daß das Phenylalanin, dessen salzsaures Salz in überschüssiger
Salzsäure schwer löslich ist, zuvor als Ester sorgfältig abgetrennt wurde. Ein
bequemes Erkennungsmittel für Glutaminsäure ist ihr eigenartig fader und
sehr schwach saurer Geschmack; der sichere Nachweis muß selbstverständlich
durch die Elementaranalyse der freien Säure oder des Hydrochlorats geführt werden. Bei größeren Mengen ist die quantitative Bestimmung der
Glutaminsäure verhältnismäßig genau, da ihre Abscheidung als Hydrochlorat aus dem ursprünglichen Gemisch der Spaltungsprodukte gute Resultate liefert.

Dagegen ist die Gewinnung aus dem Ester in quantitativer Beziehung
recht unvollkommen. Erheblich besser wird übrigens die Ausbeute, wenn
man den bei der Destillation der Ester bleibenden Rückstand mehrere Stunden
mit Barytwasser kocht und in dem Filtrat nach Entfernung des Baryts die
Glutaminsäure als Hydrochlorat abscheidet.

<h2 style="text-align:center">Serin. $CH_2OH \cdot CH_2 \cdot CH_2 \cdot CHNH_2 \cdot COOH$.</h2>

Sein Ester findet sich vorzugsweise in den Fraktionen, die unter 0.5 mm
Druck bei einer Temperatur des Bades von 100—130° übergehen. Seine Ab-
scheidung mit Petroläther aus dem Estergemisch ist S. 551 erwähnt. Der rohe
Ester enthält außer Serin auch wechselnde Mengen Asparagin- oder Glutamin-
säureester und außerdem noch Produkte unbekannter Zusammensetzung.
Er wird durch $1^1/_2$ stündiges Erhitzen mit überschüssigem, konzentriertem
Barytwasser auf dem Wasserbad verseift, dann der Baryt mit Schwefelsäure
genau ausgefällt und das Filtrat unter vermindertem Druck verdampft. Beim
Auskochen des Rückstands mit absolutem Alkohol geht ein Teil der Verunreinigungen in Lösung, während das Serin im Rückstand bleibt. Man löst
in wenig Wasser, filtriert evtl. von dem schwer löslichen Rückstand, behandelt
mit Tierkohle und überläßt dann die geklärte und eingedampfte Flüssigkeit der Krystallisation[1]. Das Präparat wird durch den Schmelz- und Zersetzungspunkt (gegen 245°) und die Elementaranalyse identifiziert.

Will man noch ein Derivat darstellen, so empfiehlt es sich, die β-Naphthalin-
sulfoverbindung[2]) zu wählen. Das so gewonnene Serin ist optisch-inaktiv und
identisch mit dem synthetischen Racemkörper. Wahrscheinlich ist aber, daß
die Aminosäure in den Proteinen ursprünglich auch in der optisch-aktiven
Form enthalten ist, und daß erst bei der Hydrolyse die Racemisierung eintritt.
Vielleicht ist auch noch eine optisch-aktive Form unter den Spaltprodukten
vorhanden, aber nicht so leicht zu krystallisieren, so daß sie sich bisher der
Beobachtung hat entziehen können.

Ist die Menge des Serins verhältnismäßig klein, so können die beigemengten
anderen Aminosäuren, insbesondere Asparagin und Glutaminsäure, die Krystallisation verhindern. Dann wird die Abtrennung dieser Produkte durch das
Kupfersalz und das Hydrochlorat notwendig, wie es bei der Isolierung des
Serins aus dem Casein geschah[3]).

---

[1]) Z. physiol. **36**, 472, 473 (1902).
[2]) B. **35**, 3784 (1902). — Siehe S. 930.   [3]) Z. physiol. **39**, 156 (1903).

Diaminosäuren[1]).

(Histidin, Lysin und Arginin.)

Aus dem mit Schwefelsäure hydrolisierten Eiweiß werden mit siedender Bariumhydroxydlösung die Huminsubstanzen und die Hauptmenge der Schwefelsäure gefällt.

In dem schwach sauren Filtrat werden nun zunächst

Histidin und Arginin

als Silberverbindungen gefällt.

Die Lösung wird in einem Fünfliterkolben mit heißgesättigter Silbersulfatlösung[2]) versetzt. Das Zufügen geschieht langsam und unter Umschwenken, so lange, bis ein Tropfen in Barytwasser einen braungelben Niederschlag erzeugt.

Eventuell ausgeschiedenes Silbersulfat wird durch Wasserzusatz in Lösung gebracht.

Ist alles Arginin und Histidin an Silber gebunden (Tüpfelprobe), so läßt man auf 40° abkühlen und übersättigt mit fein gepulvertem Baryt. Man saugt ab, verreibt Niederschlag und Filter mit Seesand und Barytwasser, saugt nochmals ab und wäscht gründlich mit barythaltigem Wasser.

Abscheidung und Bestimmung des Histidins[3]).

$$\text{CH}\!=\!\!\!\overset{\displaystyle \overset{\text{H}}{\text{N}\diagup\text{NH}}}{}\!\!\!\text{C}-\text{CH}_2\overset{\text{NH}_2}{\text{CH}}-\text{COOH}$$

a) Den größeren Anteil des Histidins entfernt man durch Fällung mit Quecksilbersulfat. Die Lösung wird auf 250 ccm eingeengt und so viel Schwefelsäure zugesetzt, bis die Konzentration derselben 5% beträgt; dann wird die Lösung mit einem kleinen Überschuß von Quecksilbersulfat behandelt. Nach 12—24 stündigem Stehen wird der Niederschlag von Histidin-Quecksilbersulfat abfiltriert, mit 5 proz. Schwefelsäure gewaschen, in Wasser suspendiert und mit Schwefelwasserstoff zerlegt. Die vom Quecksilbersulfid abfiltrierte Lösung sowie die Waschflüssigkeit, die also das Histidin enthalten, werden mit Baryt neutralisiert und nun weiter Bariumnitrat zugesetzt, bis nichts mehr ausfällt. Das Bariumsulfat wird abfiltriert und gründlich gewaschen. Das Histidin wird dann als Silberverbindung gefällt. Seine quantitative Bestimmung geschieht in der unten beschriebenen Weise.

b) Die von Histidin-Quecksilbersulfat abfiltrierte Lösung wird durch Schwefelwasserstoff vom Quecksilber befreit, gegen Lackmus mit Baryt neutralisiert und so lange Bariumnitrat zugesetzt, als sich ein Niederschlag bildet. Beide Niederschläge werden abfiltriert und gewaschen.

Die Lösung wird auf 300 ccm eingeengt, wenn nötig mit Salpetersäure angesäuert und wie oben mit Silbernitrat behandelt, bis ein als Probe verwendeter Tropfen mit Baryt Gelbfärbung gibt; ist dies eingetreten, so neutrali-

---

[1]) Kossel, Z. physiol. **25**, 177 (1898); **26**, 586 (1898). — Kossel und Kutscher, Z. physiol. **31**, 165 (1900). — Kossel und Pringle, Z. physiol. **49**, 318 (1906). — Steudel, Z. physiol. **37**, 219 (1903); **44**, 157 (1905). — Weiss, Z. physiol. **52**, 108 (1907).

[2]) Besser noch frisch bereitetes Silberoxyd, da dieses sich zu sehr fein verteiltem Sulfat umsetzt, das den Endpunkt der Sättigung leichter und besser erkennen läßt. Türk, Z. physiol. **111**, 74 (1920).

[3]) Plimmer - Matula, Eiweißkörper (1914), 34.

siert man genau mit Baryt gegen Lackmus und setzt 5 ccm einer kaltgesättigten
Barytlösung zu. Wenn 10 ccm der filtrierten Lösung bei Zusatz eines Tropfens
Barytlösung noch einen Niederschlag geben, so zeigt dies an, daß noch
nicht alles Silbersalz des Histidins ausgefällt wurde. Man muß dann 2 ccm
der gesättigten Lösung zur Hauptmasse hinzusetzen und diese Probe nochmals wiederholen, bis die geprüfte Lösung klar bleibt. Der Niederschlag
der Silbersalze des Histidins wird abfiltriert und zum Hauptteil hinzugefügt,
der in der gleichen Weise behandelt worden war.

Anstatt Baryt im Überschuß zuzusetzen, empfiehlt Steudel, Bariumcarbonat in der neutralen Lösung zu suspendieren, auf dem Wasserbad zu erwärmen und schließlich zu kochen. Nach Abkühlung werden die Silbersalze
abfiltriert und mit Barytwasser bis zur völligen Entfernung der Salpetersäure
gewaschen. Die Filtrate und Waschwässer behandelt man in der für das
Arginin beschriebenen Weise.

Die zwei Niederschläge des Silbersalzes vom Histidin werden in mit
Schwefelsäure angesäuertem Wasser suspendiert, erhitzt und mit Schwefelwasserstoff zerlegt. Der Schwefelwasserstoffüberschuß wird durch Kochen entfernt, das Silbersulfid abfiltriert und gewaschen. Die Lösung und die Waschwässer werden eingeengt und auf 250 ccm aufgefüllt. Eine Stickstoffbestimmung
nach Kjeldahl in 20—25 ccm gibt die Histidinmenge an.

Aus dem Rest der Lösung kann das Histidin als Chlorid oder als Pikrolonat isoliert werden.

1. Als Chlorid. Die Lösung wird mit Baryt alkalisch gemacht, das gebildete Bariumsulfat abfiltriert, der Überschuß von Baryt mit Kohlensäure
entfernt und das Ganze zur Trockne eingedampft, der Rückstand mit kochendem Wasser extrahiert und zu der vom Bariumcarbonat abfiltrierten Lösung
Salzsäure zugesetzt. Man erhält beim Eindampfen Histidinchlorid, $C_6H_9N_3O_2$
$\cdot\,2\,HCl$. Die mittels einer Kjeldahlbestimmung ermittelte Ausbeute beträgt
75—80 %.

2. Als Pikrolonat. Der Schwefelsäureüberschuß wird durch Behandlung
der heißen Lösung mit überschüssigem Baryt und der Überschuß von Baryt
mit Kohlensäure beseitigt; die Lösung wird eingeengt, vom Bariumsulfat und
Bariumcarbonat abfiltriert und der Filterrückstand gründlich ausgewaschen.
Filtrat und Waschwässer werden auf ungefähr 10 ccm eingedampft, nachdem
nötigenfalls vorher zur Beseitigung der letzten Spuren von Barium ein Tropfen
Schwefelsäure zugesetzt worden war. Es wird nun die nötige (aus der Kjeldahlbestimmung berechnete und in ein wenig Alkohol gelöste) Menge von
Pikrolonsäure zugesetzt, der Niederschlag von Histidinpikrolonat nach drei
Tagen abfiltriert, mit Wasser gewaschen und gewogen. Die Histidinmenge
kann aus der Formel $C_6H_9N_3O_2 \cdot C_{10}H_8N_4O_5$ berechnet werden.

Weiteres über die Darstellung von Histidin: Jones, J. Biol. Ch. **33**, 429 (1918).

Farbenreaktion für Histidin: Pauly, Z. physiol. **42**, 508 (1904). —
Inouye, Z. physiol. **83**, 79 (1913).

Colorimetrische Bestimmung: Hanke und Koessler, J Biol. Ch. **43**,
521, 527 (1921).

Bestimmung und Isolierung des Arginins.

$$\begin{array}{c}
NH_2 \\
/ \\
HC = C \\
\diagdownNH_2 \\
NH\cdot(CH_2)_3CH \\
\diagdown \\
COOH
\end{array}$$

Das Arginin enthaltende Filtrat wird mit Baryt gesättigt, der so erhaltene Niederschlag des Silbersalzes des Arginins abfiltriert und samt dem Filterpapier in einem Mörser mit Baryt verrührt, abfiltriert und der Vorgang bis zum Verschwinden der freien Salpetersäure wiederholt. Der Niederschlag wird dann in einem kleinen Überschuß von schwefelsäurehaltigem Wasser suspendiert und mit Schwefelwasserstoff zersetzt. Das Filtrat sowie die Spülflüssigkeiten des Silbersulfid- und Bariumsulfatniederschlags werden eingedampft und auf 500 ccm oder 1 l aufgefüllt. Aus der Stickstoffbestimmung nach Kjeldahl in 25—50 ccm dieser Lösung kann die Menge des Arginins ermittelt werden.

Aus der übrigbleibenden Lösung kann das Arginin als Nitrat, als Kupfernitratdoppelsalz und als Pikrolonat isoliert werden.

1. Als Nitrat. Die Lösung wird mit Baryt von der Schwefelsäure befreit, der Überschuß mit Kohlensäure entfernt und eingedampft. Die letzten Barytspuren entfernt man mit einem Tropfen Schwefelsäure, neutralisiert die Lösung mit Salpetersäure und dampft zur Trockne ein. Man erhält dann das Argininnitrat, $C_6H_{14}N_4O_2 \cdot HNO_3 + \frac{1}{2} H_2O$ als trockne, weiße, krystallinische Masse; aus dem Nitrat kann dann das Doppelsalz des Kupfers dargestellt werden; die Ausbeute beträgt 85—90%.

2. Als Pikrolonat. Die Lösung wird, wie oben beschrieben, von der Schwefelsäure befreit und auf ca. 10 ccm eingedampft. Hierauf wird die (aus dem

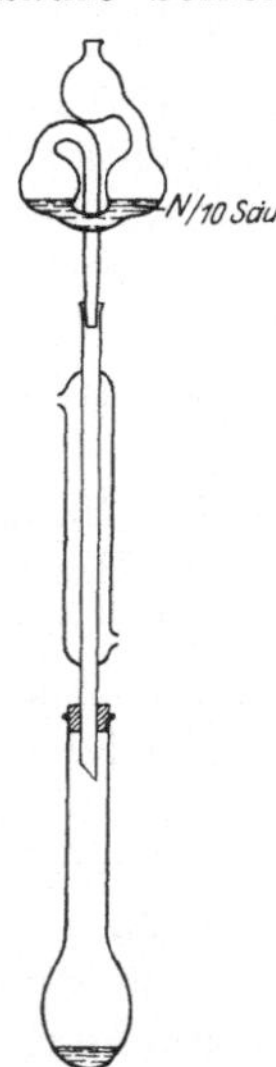

Stickstoffgehalt berechnete und in ein wenig heißem Alkohol gelöste) nötige Menge von Pikrolonsäure zugesetzt; nach einigen Tagen kann man die gelben Pikrolonatkrystalle abfiltrieren, die mit einer kleinen Menge Wasser gewaschen und bei 110° getrocknet werden. Die erhaltene Ausbeute des Pikrolonats, $C_6H_{14}N_4O_2 \cdot C_{10}H_8N_4O_5$, das bei 110° sein Molekül Krystallwasser verliert, ist nahezu quantitativ, da das Pikrolonat nur sehr geringe Wasserlöslichkeit besitzt (ein Teil in 1124 Teilen Wasser).

Bestimmung des Arginins nach Van Slyke[1]).

Man kann das Arginin in der Phosphorwolframsäurefällung neben Histidin, Lysin und Cystin durch 6stündiges Kochen mit 20proz.[2]) Kalilauge, wobei die Hälfte seines Stickstoffs als Ammoniak abgespalten wird, bestimmen. Das Arginin zerfällt dabei nach Osborne, Leavenworth und Brantlecht[3]) sowie Winterstein[4]) in je ein Molekül Ornithin und Harnstoff. — Siehe dazu auch Felix, Z. physiol. 110, 222 (1920).

Fig. 283.
Apparat von
van Slyke.

Man kocht 6 Stunden in einem aufrechtstehenden Kjeldahlkolben mit Kühler, der oben einen eingeschliffenen Aufsatz mit $^n/_{10}$-Säure trägt, setzt dann 100 ccm Wasser zu und destilliert schließlich den Rest des Ammoniaks ab, wobei nicht mehr als 100 ccm Flüssigkeit übergetrieben werden dürfen.

Bestimmung des Arginins mittels Arginase: Jansen, Ch. W. 14, 125 (1917).

[1]) B. 43, 3170 (1910). — J. Biol. Ch. 10, 15 (1911).
[2]) Plimmer, Bioch. J. 10, 115 (1916).   [3]) Am. J. Physiol. 23, 180 (1908).
[4]) Z. physiol. 34, 135 (1901).

Bestimmung und Isolierung des Lysins[1])

$$NH_2 \cdot (CH_2)_4 \overset{\displaystyle NH_2}{\underset{\displaystyle COOH}{CH}} \, .$$

Das Lysin ist in der von den Silbersalzen des Arginins und Histidins abfiltrierten Lösung enthalten.

Die Lösung wird mit Schwefelsäure angesäuert und mit Schwefelwasserstoff vom Silber befreit; die von den in gewöhnlicher Weise behandelten Silbersulfid- und Bariumsulfatniederschlägen abfiltrierte Lösung wird auf 500 ccm eingedampft. Es wird nun Schwefelsäure zugesetzt, bis ihre Menge in der Lösung 5% beträgt, und hierauf das Lysin durch Phosphorwolframsäure in nicht zu großem Überschuß gefällt. Man setzt dann noch so lange Phosphorwolframsäure zu, bis ein Teil der klaren Flüssigkeit bei weiterem Zusatz des Reagens 10 Minuten ungetrübt bleibt. Nach 24 Stunden wird der Niederschlag durch Dekantation abgetrennt und durch Verrühren mit 5 proz. Schwefelsäure gewaschen. Nachdem Filtrat und Spülflüssigkeit auf ein bestimmtes Volumen gebracht wurden, kann eine Bestimmung der nicht gefällten Substanzen mit Hilfe einer Kjeldahlbestimmung in einem aliquoten Teile durchgeführt werden.

Das Lysinphosphorwolframat wird mit Wasser zu einer gleichförmigen Suspension aufgeschüttelt und diese in kochendes Wasser gegossen. Man setzt heiß gesättigte Barytlösung zu, bis die Lösung stark alkalisch reagiert und einen Überschuß von Baryt enthält, der gebildete Niederschlag von Bariumphosphorwolframat wird abfiltriert und einige Zeit mit Baryt, dann mit Wasser gekocht. Die alkalische Lösung wird von Baryt mittels Kohlensäure befreit, eingeengt, filtriert und am Wasserbad bis nahe zur Trockne eingedampft. Dann wird Wasser zugesetzt, Bariumcarbonat abfiltriert, gewaschen, die Lösung nochmals eingedampft, auf ein bestimmtes Volumen aufgefüllt und das Lysin in einem aliquoten Teil mittels der Kjeldahlmethode bestimmt.

Das Lysin wird von der übrigen Lösung als Pikrat getrennt. Die Lösung wird in einer Porzellanschale eingedampft und dem breiigen Niederschlag eine geringe Menge Alkohol zugesetzt, hierauf mit einer gesättigten alkoholischen Pikrinlösung behandelt, bis keine weitere Ausfällung von Pikrat erfolgt. Nach 24 Stunden wird der Niederschlag abfiltriert, mit einer kleinen Menge absoluten Alkohols gewaschen und umkrystallisiert, indem man ihn zunächst in kochendem Wasser löst, wenn nötig filtriert und dann auf ein kleines Volum eindampft, wobei sich beim Abkühlen das Lysinpikrat ($C_6H_{14}N_2O_2 \cdot C_6H_2$ $(NO_2)_3OH$) in nadelförmigen Krystallen ausscheidet; diese werden abfiltriert, mit Alkohol gewaschen, getrocknet und gewogen.

Die letzten Anteile von Lysin, die in der Mutterlauge enthalten sind, können durch Ansäuern mit Schwefelsäure, Extraktion der Pikrinsäure mit Äther, Ausfällung als Phosphorwolframat und Wiederholung des für die Darstellung des Lysinpikrats angegebenen Vorganges erhalten werden.

---

[1]) Plimmer-Matula, Eiweißkörper (1914), 37.

Tryptophan[1]).

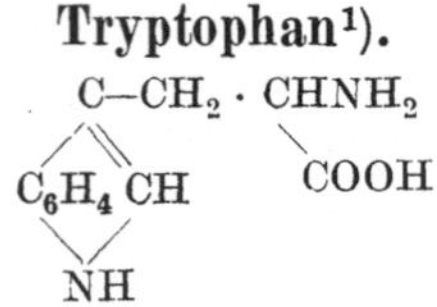

1. Gravimetrische Bestimmung[2]) (Hopkins und Cole).

Das Eiweiß wird in alkalischer Lösung so lange mit Trypsin verdaut, bis es bei Prüfung mit Bromwasser eine maximale Färbung gibt; die Lösung wird dann angesäuert, gekocht und filtriert. Die klare Lösung säuert man (am besten nach Einengung der Lösung im Vakuum und Abfiltrieren der Tyrosinkrystalle) mit Schwefelsäure bis zu 5% an und setzt nun in 5proz. Schwefelsäure gelöstes Mercurisulfat hinzu, bis ein Niederschlag entsteht, der Tryptophan, Cystin und Tyrosin enthält. Der Niederschlag wird vom Tyrosin durch Waschen mit 5proz. Schwefelsäure, in welcher die Tyrosinverbindung löslich ist, befreit; man wäscht, bis die Spülflüssigkeit keine Millonsche Reaktion mehr zeigt. Es wird dann mit Schwefelwasserstoff zerlegt und die Cystin und Tryptophan enthaltende Lösung wieder mit Schwefelsäure bis auf 5% angesäuert und mit Quecksilbersulfat fraktioniert gefällt. Das Cystin fällt zuerst aus, wird abfiltriert und dann das Tryptophan gefällt. Der Niederschlag wird nun wieder mit Schwefelwasserstoff zerlegt, die von der Schwefelsäure befreite Lösung eingedampft, wobei zur Beschleunigung der Verdampfung und Verhinderung einer Zersetzung des Tryptophans beständig Alkohol zugesetzt wird[3]). Die quantitative Bestimmung erfolgt durch Wägung des Tryptophans.

2. Colorimetrische Bestimmung.

Nachdem schon verschiedene Methoden zur colorimetrischen Tryptophanbestimmung vorgeschlagen worden waren[4]), hat Fürth[5]) eine anscheinend in jeder Beziehung entsprechende Modifikation der Reaktion von Voisenet[6]) ausgearbeitet.

2 ccm der Flüssigkeit werden mit einem Tropfen 2proz. Formaldehydlösung und mit ca. 15 ccm möglichst konzentrierter, reiner Salzsäure gemischt.

Nach ca. 10 Minuten fügt man 10—12 Tropfen (eventuell auch mehr, siehe unten) einer 0.05proz. Natriumnitritlösung hinzu, mischt und füllt mit konzentrierter Salzsäure auf 20 ccm auf.

Schon nach kurzer Zeit kann die Intensität der eingetretenen Violettfärbung mit der einer in analoger Weise aus einer 0.1proz. Standardlösung (Tryptophan „Merck") colorimetrisch mit Hilfe z. B. eines Dubosqcolorimeters verglichen werden.

Hierzu bemerken Fürth und Nobel[7]):

---

[1]) Siehe auch über Bestimmungsmethoden des Tryptophans Thomas, A. Inst. Pasteur **34**, 701 (1920).

[2]) Hopkins und Cole, J. of physiol. **27**, 418 (1901); **29**, 451 (1903) — Abderhalden und Kempe, Z. physiol. **52**, 207 (1907). — Abderhalden, B. **42**, 2331 (1909).— Neuberg und Popowsky, Bioch. **2**, 357 (1907). — Plimmer - Matula, Eiweißkörper (1914), 15. — Siehe dazu Plimmer und Eaves, Bioch. J. **7**, 311 (1913).

[3]) Einfacher ist es, den Quecksilbersulfatniederschlag mit feingepulvertem Bariumsulfid zu digerieren. (Abderhalden, a. a. O.)

[1]) Levene und Rouiller, J. Biol. Ch. **2**, 43 (1906). — Fasal, Bioch. **44**, 392 (1912); **55**, 88 (1913). — Herzfeld, Bioch. **56**, 256 (1913). — Kurchin, Bioch. **65**, 451 (1914). — Casparis, Diss. Zürich (1914). — Sanders und May, Bioch. Bull. **2**, 373 (1913).

[5]) Fürth und Nobel, Bioch. **109**, 103 (1920). — Fürth und Lieben, Bioch. **109**, 124, 153 (1920).

[6]) Bull. (3) **33**, 1198 (1905). — Siehe auch S. 583.　　　[7]) A. a. O. S. 111.

10 Tropfen 0.05 proz. Natriumnitritlösung auf 2 ccm der zu prüfenden Flüssigkeit entsprechen eben dem Optimum für eine 0.1 proz. Tryptophanlösung bzw. für eine Eiweißlösung von entsprechendem Tryptophangehalt. Ein Minus von Tryptophan aber erfordert weniger, ein Plus mehr Nitrit. Da man aber den Tryptophangehalt der zu prüfenden Lösung im allgemeinen ja nicht kennt, muß man vorsichtig tastend vorgehen und durch allmählichen tropfenweisen Zusatz der Nitritlösung das Optimum praktisch ermitteln. Es gelingt dies im allgemeinen ohne Schwierigkeiten. War das Optimum der Reaktion noch nicht erreicht, so sieht man, wenn man die mehr oder weniger intensiv violette Flüssigkeit, ohne umzuschütteln, mit 2 Tropfen der Nitritlösung überschichtet, alsbald einen intensiver gefärbten Ring entstehen, der die Zunahme der Reaktion ausreichend verrät. Man mischt dann durch und fährt mit dem Nitritzusatz fort, bis die Färbung sich nicht mehr steigert, was auch sehr bequem durch eine Parallelprobe mit um 2 Tropfen gesteigertem Nitritzusatz kontrolliert werden kann. Eine Nichtbeachtung dieser Vorschriften kann zu ganz verfehlten Resultaten Anlaß geben. So kann es geschehen, daß eine konzentriertere Lösung eines sehr tryptophanreichen Eiweißkörpers bei Zusatz von 10 Tropfen der Nitritlösung überhaupt noch keine Violettfärbung gibt, die erst bei einem Mehrzusatz von Reagens mit großer Intensität eintritt.

Sobald die optimale Reaktion nach Schätzung mit freiem Auge eingetreten ist, bringt man die Standardlösung einerseits, das Reaktionsgemisch andererseits in die beiden Tröge des Dubosq colorimeters[1]).

Zur Bestimmung stellt man den Standard auf eine Schichtendicke von 10 mm oder aber, wenn es sich um geringe Farbenintensitäten handelt, auf 5 mm ein und nimmt die Bestimmung in üblicher Weise vor. Entspricht der Farbenton der Lösung annähernd dem Farbentone der Standardlösung, so wird man ohne Blauglas einstellen. Sehr häufig (z. B. bei Lösungen von Organeiweißkörpern oder Verdauungsgemischen) nimmt die Probe einen mehr rötlichen Ton an, der die Anwendung des Blauglases erfordert.

Man unterlasse es niemals, nachdem man eine Bestimmung ausgeführt und das Mittel aus mehreren Ablesungen registriert hat, die beiden Tröge (rechts und links) zu vertauschen und die Ablesungen zu wiederholen. Man ziehe das Mittel aus einer gleichen Zahl von Ablesungen, wobei die Standardlösung rechts, und solcher, wobei sie links zu stehen kam. Nur so kann man aus Ungleichmäßigkeiten der Beleuchtung und des optischen Apparates sich ergebende Fehler ausreichend einschränken. Auch soll man nach Beendigung der Bestimmung nie unterlassen, in den Trog mit der zu prüfenden Flüssigkeit einige Tropfen 0.05 proz. Nitritlösung zufließen zu lassen, mit einem Glasstäbchen umzurühren und die Bestimmung zu wiederholen, um festzustellen, ob die Reaktion wirklich bereits die maximale sei.

Eventuelle Fällungen oder Trübungen müssen vor dem Colorimetrieren durch ein gehärtetes Filter entfernt werden, da selbst geringfügige Trübungen die Resultate in weitgehendem Maße zu fälschen geeignet sind. Der Tryptophangehalt der Flüssigkeit wird am besten 0.05—0.20% betragen, und man wird gut tun, durch Einengen oder Verdünnen nach Möglichkeit diesen Konzentrationsbereich anzustreben, falls man auf einen höheren Grad von Genauigkeit Wert legt.

---

[1]) Die angewandten Tröge müssen ganz aus Glas angefertigt sein.

Oxy-Prolin (Oxy-Pyrrolidin-α-Carbonsäure). $C_5H_9NO_3$.

Seine Abscheidung ist besonders mühsam und wurde deshalb bisher nur in wenigen Fällen (Gelatine, Casein, Oxyhämoglobin, Edestin) durchgeführt. Sie beruht darauf, alle anderen Aminosäuren teils durch Krystallisation, teils durch die Estermethode, teils durch Fällung mit Phosphorwolframsäure zu entfernen. Aus den letzten Mutterlaugen kann dann das Oxyprolin durch Krystallisation abgeschieden werden[1]). Zur Identifizierung empfiehlt sich die β-Naphthalinsulfoverbindung[2]).

Cystin und Tyrosin.

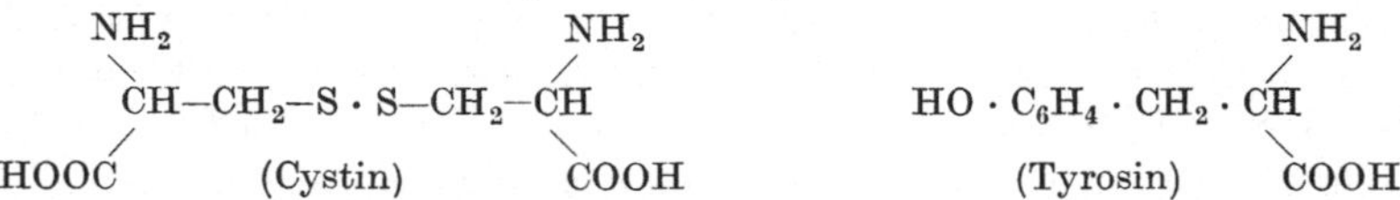

Diese beiden Aminosäuren werden nach der Hydrolyse (am besten mit Salzsäure) durch Einengen der neutralisierten Lösung erhalten[3]).

Gewöhnlich trennt man die beiden Substanzen nach Moerner folgendermaßen:

Das Eiweiß (Haare, Keratin aus Horn, Eischalen usw.) wird mit der fünffachen Menge von 13 proz. Salzsäure bei Verwendung eines Rückflußkühlers und Wasserbades 6—7 Tage hindurch gekocht. Die Lösung wird dann mit Holzkohle entfärbt, im Vakuum eingedampft und der Rückstand in 60- bis 70 proz. Alkohol gelöst. Die beiden Säuren krystallisieren bei der Neutralisation mit Natron aus und können durch fraktionierte Krystallisation aus Ammoniak[4]) voneinander getrennt werden. Ist viel Tyrosin vorhanden, so scheidet sich dieses zuerst ab; überwiegt aber die Menge des Cystins, so krystallisiert diese Verbindung zuerst aus; der Rest kann nach Winterstein (siehe unten) getrennt werden.

Nach Plimmer[5]) können Cystin und Tyrosin am besten[6]) mittels Phosphorwolframsäure getrennt werden, die nur mit der ersteren Substanz eine Fällung gibt (Methode von Winterstein).

Behufs Abscheidung von organischen Basen aus den schwerlöslichen phosphorwolframsauren Salzen zerlegt man die letzteren in der Regel mit Bariumhydroxyd in der Kälte, die vom Bariumphosphorwolframat getrennte Lösung enthält dann neben überschüssigem Bariumhydroxyd die freien Basen. Man kann aber auch die Trennung der Basen von der Phosphorwolframsäure in der Weise erzielen, daß man die Phosphorwolframsäurefällung mit verdünnten Säuren und Äther zusammenbringt. Werden die Phosphorwolframate mit verdünnten Säuren und Äther gemischt und im Scheidetrichter gut durchgeschüttelt, so erhält man drei Schichten: obenauf befindet sich wasserhaltiger Äther, darunter eine wäßerige Lösung der Basen in der angewendeten Säure, zu unterst eine sirupöse, durchsichtige, ätherische Lösung der Phosphorwolframsäure in

[1]) E. Fischer, B. **35**, 2660 (1902).

[2]) E. Fischer und Bergell, B. **35**, 3785)1902).

[3]) Moerner, Z. physiol. **28**, 595 (1899); **34**, 207 (1901). — Friedmann, Hofmeisters Beiträge **3**, 1 (1902). — Abderhalden, Z. physiol. **37**, 484 (1903). — Abderhalden und Teruuchi, Z. physiol. **48**, 528 (1906). — Folin, J. Biol. Ch. **8**, 9 (1910). — Plimmer, Bioch. J. **7**, 311 (1913). — Plimmer - Matula, Eiweißkörper (1914), 13.

[4]) Plimmer - Matula, Eiweißkörper (1914), 14.

[5]) Z. physiol. **34**, 153 (1901). — Siehe auch S. 963.

[6]) Nach Embden und Duccechi besser mit sehr verdünnter Salpetersäure, in der das Cystin sehr schwer, das Tyrosin sehr leicht löslich ist. Z. physiol. **32**, 96 (1900).

Äther. Über die Einzelheiten des Verfahrens ist folgendes anzugeben: Die Phosphorwolframsäureniederschläge werden mit Wasser fein zerrieben, der dünnflüssige Brei in einem Scheidetrichter mit kleinen Mengen konzentrierter Salzsäure versetzt. Alsdann fügt man Äther hinzu und schüttelt gut durch; hierbei bildet sich zunächst eine Emulsion, durch Zusatz weiterer Mengen Salzsäure und Äther erhält man nach fortgesetztem Schütteln eine in Form öliger Tropfen rasch absitzende ätherische Lösung der Phosphorwolframsäure; ist die Zersetzung des Phosphorwolframsäureniederschlags nicht vollständig erfolgt, so schließt die ätherische Lösung zuweilen einen Teil des Niederschlags ein, in diesem Falle bildet sich zu unterst eine undurchsichtige Schicht. Durch erneuten Zusatz einiger Tropfen Salzsäure und wiederholtes Schütteln gelingt es aber fast in allen Fällen, eine durchsichtige ätherische Phosphorwolframsäurelösung zu erhalten. Man trennt nun die mittlere salzsaure Basenlösung mit Hilfe eines Hebers, der Rückstand wird im Scheidetrichter nochmals in gleicher Weise behandelt und die vereinigten Lösungen nach dem Filtrieren eingedunstet. Sollte diese Basenlösung getrübt sein, so erwärmt man sie auf dem Wasserbad bis zur Vertreibung des Äthers, schüttelt im Scheidetrichter nochmals durch und trennt die klare Lösung von den minimalen Tropfen ätherischer Phosphorwolframsäure durch Filtrieren.

Ein Vorteil des Verfahrens liegt auch darin, daß man die Phosphorwolframsäure leicht regenerieren kann, indem man die ätherische Lösung verdunstet und den Rückstand aus Wasser umkrystallisiert.

Weiteres über Trennung von Cystin und Tyrosin: Embden und Duccechi, Z. physiol. **32**, 98 (1900) (Kupfersalz).

Folin, J. Biol. Ch. 8, 9 (1910) (Abscheidung mit Natriumacetat).

Plimmer: Bioch. J. **7**, 311 (1913) (Veresterung des Tyrosins).

Ist nur Tyrosin vorhanden, so kann es nach dem Verfahren von Millar[1]) mittels Brom bestimmt werden.

Die Reaktion erfolgt unter Bildung von Dibromtyrosin. Man bromiert mit einer $^n/_5$-Natriumbromatlösung, die im Überschuß zugegeben wird, und titriert mit Thiosulfatlösung zurück, unter Benutzung von Jodkalium und Stärke als Indicator. In Gegenwart von Proteinen und ihren Zersetzungsprodukten kann das Tyrosin nicht direkt bestimmt werden, da Histidin und Tryptophan gleichfalls Brom absorbieren. Man kann jedoch das Histidin mit Phosphorwolframsäure ausfällen. Bei den Säurehydrolysaten von tryptophanhaltigen Proteinen läßt sich dagegen der Fehler nicht vermeiden. Die Werte für den Tyrosingehalt, die man gewichtsanalytisch in tryptischen Verdauungsprodukten erhält, stehen in guter Übereinstimmung mit den durch Bromierung gefundenen, wenn man das Brom 6 Stunden einwirken läßt.

Zur Entfernung des öfters dem Rohtyrosin beigemengten Leucins kocht man letzteres mit Eisessig; dabei werden noch andere Verunreinigungen entfernt[2]).

Ameisensäure.

Qualitativer Nachweis[3]).

1. **Silbernitrat** erzeugt in der konzentrierten wäßrigen Lösung eines ameisensauren Alkalis einen weißen, krystallinischen Niederschlag von Silber-

---

[1]) Trans. Guinness Res. Lab. (1903), I, 1. — Brown und Millar, Proc. **21**, 286 (1.905) — Soc. **89**, 145 (1906). — Plmmier und Eaves, Bioch. J. **7**, 311 (1913). — Fürth und Fleischmann, Bioch. **127**, 137 (1922).

[2]) Habermann und Ehrenfeld, Z. physiol. **37**, 18 (1902).

[3]) Siehe dazu Vortmann, Ch. Anal. org. Stoffe (1891), 277.

formiat. Verdünnte Lösungen, ferner solche, die freie Säuren enthalten, geben mit Silbernitrat keinen Niederschlag; bei längerem Stehen reduziert die Ameisensäure das Silbersalz unter Abscheidung des Metalls. Beim Erwärmen findet die Reduktion sofort statt; auch der in konzentrierten Lösungen entstandene Niederschlag schwärzt sich beim Kochen mit Wasser durch Abscheidung von Silber. Ammoniakalische Silberlösung wird durch ameisensaure Salze auch beim Erwärmen nicht reduziert.

2. Versetzt man die neutrale Lösung eines ameisensauren Salzes mit einer Lösung von salpetersaurem Quecksilberoxydul, so entsteht ein weißer, schwer löslicher Niederschlag von ameisensaurem Quecksilberoxydul, der sich beim Kochen der Flüssigkeit durch Abscheidung von metallischem Quecksilber schwärzt:

$$(HCO\cdot O)_2Hg_2 = Hg_2 + H \cdot CO \cdot OH + CO_2 \,.$$

Eine wäßrige Lösung freier Ameisensäure gibt auf Zusatz von Quecksilberoxydulnitrat keinen Niederschlag; beim Kochen damit schwärzt sie sich aber unter Abscheidung von Quecksilber.

3. Versetzt man die wäßrige Lösung von Ameisensäure oder einem ameisensauren Salze mit Quecksilberchloridlösung, so scheidet sich beim Erwärmen Quecksilberchlorür ab. Diese Reaktion wird durch die Anwesenheit von größeren Mengen freier Salzsäure beeinträchtigt.

4. Verbindungen der Ameisensäure, die sich durch Schwerlöslichkeit beträchtlich von denen der anderen flüchtigen Säuren unterscheiden, sind nicht bekannt. Wenn auch vielleicht in einem einzelnen Fall, z. B. bei der Analyse chemischer Reaktionsprodukte, die Schwerlöslichkeit einzelner ameisensaurer Salze ein Mittel zur Trennung abgeben kann, so kommen doch solche Verfahren im allgemeinen, vor allem bei der Untersuchung pflanzlicher und tierischer Objekte, nicht in Betracht[1].

Für den mikrochemischen Nachweis der Ameisensäure wird außer Quecksilberchlorid und Silbernitrat noch Ceronitrat verwendet[2]. 100 g gesättigter wäßriger Lösung enthalten bei 13° 0.398 g Cerformiat, bei 73° 0.374 g[3]. Noch schwerer löslich ist Lanthanformiat[4].

Nach Hofmann werden die flüchtigen Säuren mit Calciumoxyd neutralisiert und die Kalksalze mit Alkohol ausgezogen. Durch Erwärmen einer Probe mit Cernitrat auf 40—50° und Zugabe von Calciumacetat wird Ameisensäure angezeigt.

Am Rande des Probetropfens entstehen bisweilen scheibenförmige, radialfaserige Aggregate (80—120 μ), mit schönem, negativem Polarisationskreuz. Vorherrschend sind vollkommen ausgebildete Krystalle, klare, farblose Pentagondodekaeder (50—70 μ), die in einem folgenden Wachstumsstadium weiß und trübe werden können, durch Anwachsen kleiner Kryställchen auf den Pyritoederflächen. Zu dieser selten vorkommenden Form des regulären Systems gesellt sich ein ganz ungewöhnliches optisches Verhalten. Zwischen gekreuzten Nicols zeigen die pyritoedrischen Krystalle, auch die vollkommen klaren Individuen, dasselbe Polarisationskreuz wie die weiter oben erwähnten radialfaserigen Aggregate[5].

Über die Isolierung der Ameisensäure als Bleisalz siehe V. Meyer und Jacobson, Lehrb. I, 1, S. 515 (1907) und Shannon, J. Ind. Eng. Ch. 4, 526 (1913). — Z. Unt. Nahr. Gen. 26, 222 (1913).

---

[1] Fincke, Bioch. 51, 256 (1913).
[2] Schimmel & Co., Ber. 1919, 17. — Hofman, Diss. Leiden (1919).
[3] Wolff, Z. an. 45, 106 (1905).   [4] Cleve, Bull. 21, 199, 249 (1874).
[5] Behrens, Mikrochemische Analyse II, 4, 21 (1897).

5. Zur qualitativen wie quantitativen Feststellung der Ameisensäure ist von vielen Seiten die Reaktion empfohlen, die **konzentrierte Schwefelsäure** auf Ameisensäure und Formiate ausübt: Zerlegung in Wasser und Kohlenoxyd. Diese Reaktion hat zuerst Wegner[1]) angegeben; sie ist von Kempf[2]), Merl[3]), Ost und Klein[4]), Röhrig[5]), Loock[6]) und anderen benutzt worden. Man verfährt so[7]), daß man das eingetrocknete Salzgemisch in einem kleinen Kölbchen unter Durchleiten von Kohlendioxyd durch Erwärmen mit konzentrierter Schwefelsäure zersetzt, das gebildete Kohlenoxyd über Natronlauge auffängt und gasvolumetrisch bestimmt. Dadurch, daß man das Gas durch ammoniakalische Kupferchlorürlösung absorbieren läßt, kann man leicht feststellen, daß es wirklich aus Kohlenoxyd bestand[8]). In manchen Fällen, vor allem zur Kontrolle anderer Nachweisverfahren mit Vorteil anwendbar, ist das Kohlenoxydverfahren doch nicht ohne Nachteile und ziemlich umständlich. Bei sehr geringen Ameisensäuremengen — 1 mg Ameisensäure gibt etwa 0.5 ccm Kohlenoxyd — wirkt die Schwierigkeit, einen völlig luftfreien Kohlendioxydstrom zu erzeugen, ungünstig. Wie weit andere organische Säuren stören können — Milchsäure und Blausäure erzeugen unter gleichen Bedingungen ebenfalls Kohlenoxyd —, ist noch nicht genügend erforscht. Der Wert des Kohlenoxydverfahrens besteht darin, daß es auf einer völlig anderen Reaktion beruht als die übrigen quantitativen Bestimmungsmethoden, die sämtlich auf der leichten Oxydierbarkeit der Ameisensäure fußen, und daß es daher in zweifelhaften Fällen einen Befund sicherstellen kann.

6. Die beste der Ameisensäurereaktionen ist die von Fenton und Sisson[9]), die darin besteht, daß Ameisensäure in saurer Lösung durch Magnesium zu Formaldehyd reduziert wird. Das Verfahren setzt vorherige Abwesenheit oder Entfernung von Formaldehyd voraus. Gegen andere Reduktionsmittel ist Ameisensäure sehr beständig, so sehr, daß Fincke vorschlagen konnte, einzelne Fehlerquellen bei dem Quecksilberchloridverfahren, z. B. Glyoxylsäure, eine in unreifen Früchten vorkommende Aldehydsäure, durch Behandlung mit Zink in schwefelsaurer Lösung oder mit Natriumamalgam unschädlich zu machen[10]). Ameisensäure wird hierbei nicht merklich angegriffen.

10 ccm der zu prüfenden neutralen oder schwach sauren Lösung werden in ein Reagensglas gegeben und mittels Glasstabes 0.5 g Magnesiumband in Form einer Spirale oder eines zusammengewickelten Knäuels, das sich federnd im Reagensglase anklemmt, in die Flüssigkeit hineingedrückt. Unter guter Kühlung (durch Einstellen in ein größeres Gefäß mit kaltem Wasser) fügt man etwa 6 ccm Salzsäure (1.124) tropfenweise innerhalb etwa 15 Minuten hinzu, läßt noch einige Minuten stehen und prüft dann 5 ccm der abgegossenen Flüssigkeit auf Formaldehyd.

Die formaldehydhaltige Lösung wird mit 2 ccm frischer Milch und 7 ccm Salzsäure (1.124), welche pro 100 ccm 0.3 ccm 5proz. Ferrichloridlösung enthält, versetzt. Erhitzt man diese Mischung ca. 1 Minute, so gibt sich das Vorhandensein von Formaldehyd durch eine mehr oder weniger starke Violett-

[1]) Z. anal. **42**, 427 (1903).   [2]) B. **39**, 3723 (1906).
[3]) Z. Nahr. Gen. **16**, 385 (1908).   [4]) Ch. Ztg. **32**, 815 (1908).
[5]) Z. Nahr. Gen. **19**, 1 (1910).   [6]) Z. f. öff. Ch. **16**, 350 (1910).
[7]) Fincke, Bioch. **51**, 256 (1913).
[8]) Nachweis mit Palladiumchlorür: Curtius und Franzen, B. **45**, 1715 (1912).
[9]) Proc. Cambridge Phys. Soc. **14**, 385 (1908). — Juckenak, Prause, Griebel, Jacobsen und Gaza, Z. Nahr. Gen. **24**, 7 (1912). — Stopp, Z. physiol. **109**, 102 (1920).
[10]) Z. Nahr. Gen. **22**, 93 (1911); **25**, 389 (1913).

färbung der Lösung und des gebildeten Koagulums zu erkennen. Bei relativ hohen Formaldehydkonzentrationen ist nur das Koagulum violett gefärbt und die Lösung gelblich, während bei geringen Konzentrationen das Koagulum überhaupt nicht mehr auftritt und dann nur noch die Lösung gefärbt ist. Die violette Farbe ist sehr unbeständig.

Es ergab sich, daß die Reaktion am besten bei einer Formaldehydkonzentration von 1 : 300 bis 1 : 20 000 eintritt, und daß sie unter und über diesen Konzentrationen bereits sehr rasch verschwindet[1]).

0.5 mg Ameisensäure in 10 ccm Flüssigkeit geben also noch eine Reaktion, wenn man zum Fomaldehydnachweis Milch und Eisenchloridsalzsäure benutzt. Ob und wie weit die auf Ameisensäure zu prüfende Flüssigkeit vorher konzentriert werden muß, ist in jedem Fall auf Grund der angegebenen Empfindlichkeit zu entscheiden.

Zur Kontrolle, oder wenn brauchbare Milch[2]) nicht zur Verfügung steht, leistet die Reaktion auf Formaldehyd mit fuchsinschwefliger Säure und Salzsäure wie in vielen anderen Fällen gute Dienste. Die Grenze des Eintrittes der Reaktion liegt bei einer Formaldehydkonzentration 1 : 500 000. Bei ihrer Anwendung und Vornahme der Reduktion in der oben angegebenen Weise ist 1 mg Ameisensäure in 10 ccm Flüssigkeit nachweisbar.

Quantitative Bestimmungsmethoden.

Reine Ameisensäure läßt sich mit Alkali und Phenolphthalein als Indicator titrieren[3]). Gewöhnlich sind aber neben der Ameisensäure noch andere organische Stoffe vorhanden, die dabei störend wirken. Manchmal läßt sich dann noch die Bestimmung durch Schwefelsäure (siehe oben) oder durch eine der folgenden Oxydationsverfahren durchführen.

Mit der Verwendung von Kaliumpermanganat teils in saurer, teils in alkalischer Lösung beschäftigen sich Arbeiten von Lieben[4]), Jones[5]), Klein[6]), Großmann und Aufrecht[7]) und Fouchet[8]). Die Bestimmung erfolgt entweder durch direkte Titration, bei der allerdings der Endpunkt oft schlecht zu erkennen ist, oder durch Zusatz eines Überschusses von Permanganat und Zurücktitration.

Das Verfahren von Fouchet sei im folgenden skizziert:

Gebraucht wird eine 5proz. Kaliumpermanganatlösung, eine 5proz. Lösung von krystallisierter Soda, eine Lösung von 20 g Ferroammoniumsulfat und 30 g Schwefelsäure in 1000 ccm, ein Gemisch aus gleichen Volumen Schwefelsäure und Wasser. Man gibt in 2 Erlenmeyerkolben je 40 ccm der Sodalösung und 20 ccm der Kaliumpermanganatlösung und bringt in den einen Kolben 0.05 g der fraglichen Substanz, gelöst in etwas Wasser, in den anderen, den blinden Versuch enthaltenden Kolben die gleiche Menge von reinem Wasser. Ist die Ameisensäure in der Substanz nur in sehr geringer Menge vorhanden, so verwendet man, ohne das Gesamtvolumen der Flüssigkeit zu ändern, eine 1proz. Kaliumpermanganatlösung und eine entsprechend ver-

---

[1]) Waser, Z. physiol. **99**, 67 (1917).

[2]) Für die Reaktion auf Formaldehyd ist frische Milch anzuwenden, von der festgestellt ist, daß sie frei von Formaldehyd ist und daß sie geringe Formaldehydmengen erkennen läßt.

[3]) Vortmann, Ch. Anal. org. Stoffe (1891), 279.

[4]) M. **14**, 746 (1893); **16**, 219 (1895).   [5]) Am. **17**, 540 (1895).

[6]) Arch. **225**, 522 (1887). — B. **39**, 2641 (1906).   [7]) B. **39**, 2455 (1906).

[8]) Ap. Ztg. **27**, 362 (1912). — Bull. (4) **11**, 325.

dünnte Ferrosulfatlösung. Man hält die beiden Kolben 3 Minuten in siedendes Wasser, kühlt ab, versetzt den Inhalt mit je 20 ccm der verdünnten Schwefelsäure und 50 ccm der Ferrosulfatlösung und titriert den Überschuß an letzterer mit 5 proz. Kaliumpermanganatlösung zurück. Die Differenz der von dem Inhalt des einen und anderen Kolbens verbrauchten Kubikzentimeter Kaliumpermanganatlösung gibt mit 3.51 multipliziert die in der Probe enthaltene Menge Ameisensäure in Milligrammen an. Die Homologen der Ameisensäure werden unter den obigen Versuchsbedingungen nicht oxydiert.

Niclo u x[1]) bestimmt kleine Ameisensäuremengen colorimetrisch mit Kaliumpyrochromat, Freyer[2]) oxydiert mit Chromsäure (bzw. mit Pyrochromat und Schwefelsäure) und titriert den Überschuß jodometrisch. Macnair[3]) verwendet Chromsäure in der Weise, daß er zunächst die Gesamtmenge der flüchtigen Säure bestimmt, dann die Ameisensäure mit Chromsäure zerstört und die übriggebliebene Menge der flüchtigen Säure wieder ermittelt; die Differenz wird dann als Ameisensäure berechnet. Auch Schwarz und Weber[4]) haben dies Verfahren angewandt. Rupp[5]) oxydiert mit bekannten Mengen von Bromlauge, Jodsäure oder Bromsäure, Mäder[6]) oxydiert mit Brom; beide titrieren den Überschuß jodometrisch zurück. Joseph[7]) behandelt mit Brom und bestimmt die Ameisensäure aus dem gebildeten Bromwasserstoff, der als Bromsilber zur Wägung gebracht wird.

Quecksilberoxydverfahren.

Göbel, Ph. Centr. **4**, 224 (1833). — Portes und Ruyssen, C. r. **82**, 1504 (1876). — Scala, G. **20**, 293 (1890). — Lieben, M. **14**, 746 (1893). — Leys, Bull. (3), **19**, 472 (1916). — Sparre, Z. anal. **39**, 105 (1900). — Smith, Am. soc. **29**, 1236 (1907). — Coutelle, J. pr. (2) **73**, 69 (1906). — Buchner, Meisenheimer und Schade, B. **39**, 4217 (1906). — Auerbach und Plüddemann, Arb. K. Ges.-Amt **30**, 178 (1909). — Denigès, Z. anal. **49**, 123 (1910). — Brasch und Neuberg, Bioch. **13**, 302 (1908). — Fincke, Z. Nahr. Gen. **21**, 1 (1911); **22**, 88 (1911); **25**, 386 (1913). — Bioch. **51**, 268 (1913). — Peters und Howard, J. Ind. Eng. Ch. **7**, 35 (1915). — Rieser, Z. physiol. **96**, 355 (1916) und die folgenden Zitate.

Von den Oxydationsmethoden ist das Quecksilberchloridverfahren[8]) deshalb das beste, weil die Tendenz des Quecksilberchlorids, andere Stoffe außer Ameisensäure zu oxydieren, ziemlich gering und weil beim Quecksilberchlorid die Reaktion leicht zu verfolgen ist. Ferner ist der Umstand günstig, daß die Menge des Reaktionsproduktes, das zur Wägung gelangt, des Quecksilberchlorürs, die Menge der durch dasselbe angezeigten Ameisensäure um das 10fache übertrifft, so daß Wägefehler keine Rolle spielen. Gegenüber dem Kohlenoxydverfahren hat das Quecksilberchloridverfahren den Vorzug größerer Einfachheit, der Möglichkeit, mehrere Bestimmungen zu gleicher Zeit zu machen, sowie der größeren Genauigkeit, vor allem bei kleinen Ameisensäuremengen. Bei dem Kohlenoxydverfahren fehlt ferner noch eine eingehende Untersuchung über störende Stoffe. Bekannt ist, daß Milchsäure dabei ebenfalls Kohlenoxyd entwickelt. Milchsäure kommt in vielen pflanzlichen und tierischen Untersuchungsobjekten vor und ist durch Wasserdampfdestillation nur un-

[1]) Bull. (3) **17**, 839 (1897).   [2]) Ch. Ztg. **19**, 1184 (1895).
[3]) Z. anal. **27**, 398 (1888).   [4]) Z. Nahr. Gen. **17**, 195 (1909).
[5]) Arch. **243**, 69 (1903).   [6]) Ap. Ztg. **27**, 746 (1912).
[7]) Soc. Ind. **29**, 1189 (1910).
[8]) Siehe dazu vor allem die ausführlichen Angaben von Fincke, a. a. O.

zulänglich von Ameisensäure zu trennen, da sie — wenn auch in geringerem Grade — mit Wasserdampf flüchtig ist. In diesen Fällen ist das Kohlenoxydverfahren somit nicht brauchbar.

Vor allem ist die Trennung der Ameisensäure von nichtflüchtigen Stoffen bei jedem Bestimmungsverfahren erforderlich.

Die Wasserdampfdestillation ist das hierzu fast allein in Betracht kommende Mittel. Nur in wenigen Fällen ist sie entbehrlich, z. B. dann, wenn neben Ameisensäure nur noch niedere Säuren der Essigsäurereihe vorhanden sind. Ist die Abwesenheit störender nichtflüchtiger organischer oder anorganischer Stoffe nicht durchaus sicher, so ist sie stets auszuführen.

Trennung der Ameisensäure von flüchtigen nichtsauren Stoffen ist dadurch zu bewirken, daß man die mit den flüchtigen Stoffen

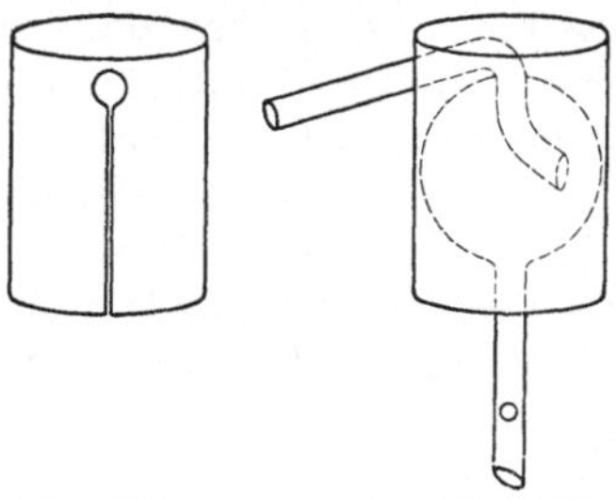

beladenen Wasserdämpfe bei der Wasserdampfdestillation durch eine siedende Anschwemmung von Calciumcarbonat (oder Bariumcarbonat) leitet. Hierbei wird die Ameisensäure unter Entstehen eines nur ganz geringen Verlustes von der Anschwemmung zurückgehalten, während Aldehyde und andere nichtsaure Stoffe in das Destillat übergehen. Bei Vorhandensein von 100 mg Ameisensäure beträgt der Verlust 1—2 mg; von 5—10 mg Ameisensäure gehen 0.5 mg verloren. Bei diesem Verfahren ist das Eindampfen

Fig. 284.   Fig. 285.
Wärmeschutzkappen.

einer großen Menge Filtrat unnötig; es besitzt ferner den Vorteil, daß die Trennung von nichtsauren Stoffen besser ist, als bei dem Eindampfen des Filtrats; dies zeigt sich vor allem dann, wenn die Menge der störenden nichtsauren Stoffe sehr groß ist. In schwierigen Fällen kann man die Wirksamkeit des Verfahrens dadurch

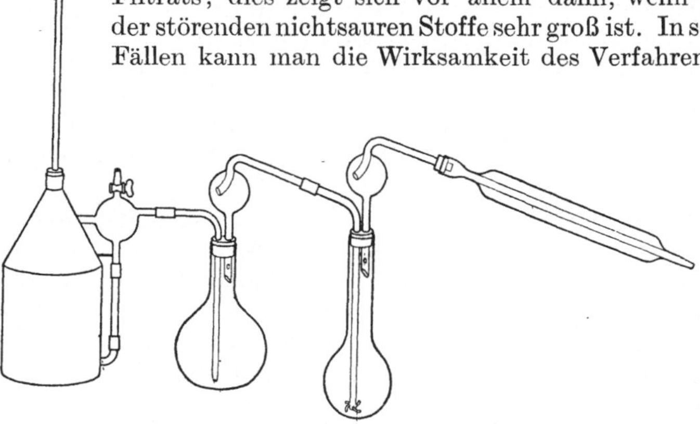

Fig. 286. Apparat von Fincke.

erhöhen, daß man nach Beendigung der eigentlichen Destillation noch einige Zeit reinen Wasserdampf durch die Anschwemmung schickt. Der geringe Verlust von Ameisensäure kann in vielen Fällen leicht in Kauf genommen werden, da andererseits größere Sicherheit vorhanden ist, daß die gefundenen Werte wirklich nur von Ameisensäure herrühren. In der Nahrungsmittelchemie wird man vor allem so verfahren, wenn die Ameisensäurebestimmung dem Nachweis einer Verfälschung gilt und die Grundlage eines gerichtlichen Verfahrens werden kann. Hönig[1]) wandte die Destillation durch die Kalkanschwemmung mit Vorteil bei der Bestimmung von Ameisensäure in Sulfitcelluloseablauge an.

[1]) Ch. Ztg. **36**, 889 (1912).

Man verwendet den in Fig. 286 skizzierten Apparat[1]): Mit dem Dampfentwickler wird wie bei jeder Wasserdampfdestillation ein Kolben verbunden, durch dessen doppelt durchbohrten Stopfen ein fast bis auf den Boden reichendes, am Ende verengtes Dampfeinleitungsrohr und ein sicher wirkender Destillationsaufsatz führen. Dieser steht durch einen kurzen Gummischlauch mit dem Dampfeinleitungsrohr eines zweiten, langhalsigen Kolbens von etwa 500 ccm Inhalt in Verbindung. Das Dampfeinleitungsrohr des ersten Kolbens muß mehr Dampf durchlassen als das des zweiten. Dieses besitzt[2]) zum Zwecke einer guten Dampfzerteilung am unteren zugeschmolzenen Ende vier gebogene Röhrchen mit feiner Öffnung, in einer zum Rohr senkrecht stehenden Ebene geordnet. Der zweite Kolben trägt ferner ebenfalls einen Destillationsaufsatz in Verbindung mit einem Liebigschen Kühler. Während der Destillation sind die Destillationsaufsätze mit Wärmeschutzkappen[1]) zu versehen (Fig. 284, 285).

In dem ersten Kolben, dessen Flüssigkeitshöhe während der Destillation durch Erhitzen — entweder mit Flamme und Drahtnetz oder im Ölbade — möglichst gleichmäßig gehalten wird, befindet sich die saure, von Ameisensäure zu befreiende Flüssigkeit.

In dem zweiten Kolben befindet sich die Calciumcarbonatanschwemmung, durch die mittels des bis auf den Boden reichenden Dampfzerteilers der Dampf, der durch den ersten Kolben hindurchgegangen ist, geleitet wird. Auch die Flüssigkeitsmenge des zweiten Kolbens wird durch Erhitzen mit Flamme und Drahtnetz während des Versuchs gleich groß erhalten. Als Anschwemmung genügt im allgemeinen eine Mischung von 1 g Calciumcarbonat und 100 ccm Wasser. Sind größere Mengen flüchtiger Säure vorhanden (z. B. bei Essig), so nehme man so viel Calciumcarbonat, daß ein Überschuß von 1 g vorhanden ist.

Die Ausführung der Destillation geschieht in folgender Weise: Man beschickt den Apparat und stellt die Verbindungen her, während man den Inhalt des Dampfentwicklers zum Sieden bringt. Alsdann erhitzt man den Inhalt der beiden Kolben und beginnt mit der Dampfdurchleitung, ehe der Inhalt des ersten Kolbens siedet. Sind größere Mengen flüchtiger Säure zugegen, so ist der Dampf zunächst langsam durchzuleiten, damit im zweiten Kolben keine zu stürmische Kohlensäureentwicklung, die zum Überschäumen führt, stattfindet. In anderen Fällen destilliere man mit kräftigem Wasserdampfstrom unter Anwendung eines Dampfdrucks von 50—100 cm Wassersäule. Einzelne Untersuchungsobjekte, z. B. Honiglösungen, neigen zum Schäumen. Durch Benutzung eines größeren Destillationskolbens sowie dadurch, daß man die Destillation für einige Augenblicke unterbricht, kann man der Schwierigkeiten leicht Herr werden. Zuweilen schäumt doch die Calciumcarbonatanschwemmung, ohne jedoch bei Anwendung eines größeren Kolbens die Destillation unmöglich zu machen.

Nach Beendigung der Destillation filtriert man die Calciumcarbonatanschwemmung und wäscht den Rückstand mit heißem Wasser gut aus. Das Filtrat, das bei sehr kleinen Ameisensäuremengen etwas einzudampfen ist, verwendet man ganz oder teilweise zur Ameisensäurebestimmung. Im allgemeinen kann es ohne weiteres für das Quecksilberchloridverfahren benutzt werden. Das Filtrat muß völlig farblos oder wenigstens fast farblos sein; ist es gefärbt, so hat möglicherweise bei der Destillation eine Zersetzung von

---

[1]) Von der Firma Franz Hugershoff, Leipzig, zu beziehen.
[2]) Siehe Stoltzenberg, Ch. Ztg. **32**, 770 (1908).

Zucker stattgefunden, oder es kann ein störender Stoff, z. B. Glyoxylsäure, zugegen sein.

Von anorganischen Säuren ist die schweflige Säure[1]) eine Fehlerquelle, da sie Quecksilberchlorid ebenfalls zu Chlorür reduziert. Man prüfe daher das Untersuchungsobjekt oder einen Teil des Filtrates der Calciumcarbonatanschwemmung mittels Kaliumjodatstärkepapier.

Ist schweflige Säure zugegen, so verfährt man in folgender Weise: Das auf etwa 100 ccm eingeengte neutrale Destillat oder das Filtrat der Calciumcarbonatanschwemmung versetzt man mit 1 ccm Normalnatronlauge und 5 ccm 3proz. Wasserstoffsuperoxyd und läßt damit 4 Stunden bei Zimmertemperatur stehen. Dann fügt man zur Zerstörung des überschüssigen Wasserstoffsuperoxyds etwas breiförmiges Quecksilberoxyd hinzu, das man in der Siedehitze durch Eingießen von Quecksilberchloridlösung in überschüssige Natronlauge, Auswaschen durch mehrmaliges Übergießen mit heißem Wasser, Absetzenlassen und Abgießen und zuletzt durch Sammeln auf einem Filter gewonnen hat. Das Quecksilberoxyd ist nur dann genügend wirksam, wenn es frisch bereitet oder höchstens einige Wochen alt und in feuchtem Zustande aufbewahrt ist. Das Quecksilberoxyd ist im Überschuß anzuwenden; man erkennt dies

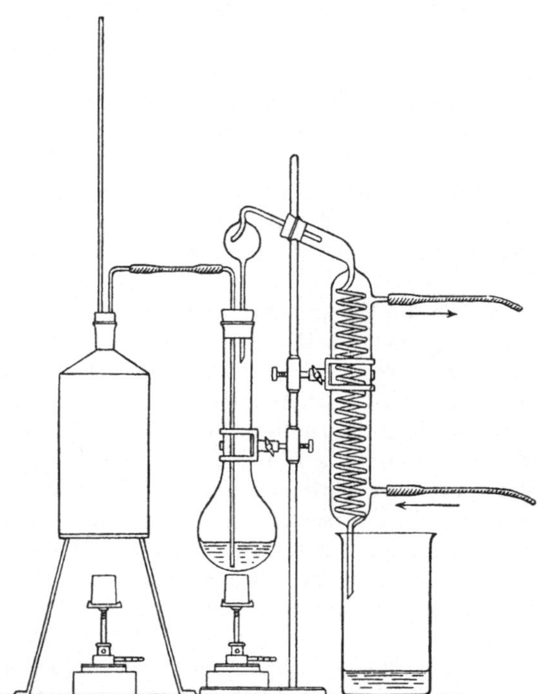

Fig. 287.   Apparat von Franzen und Greve.

daran, daß ein Teil seine Farbe unverändert erhält. Nach halbstündigem Stehen wird vom Quecksilber und Quecksilberoxyd abfiltriert, der Rückstand ausgewaschen und das Filtrat nach dem Neutralisieren mit Salzsäure zur Ameisensäurebestimmung verwandt.

Von flüchtigen organischen Säuren können Sorbinsäure, Glyoxylsäure, Lävulinsäure sowie mehrere Säuren der aromatischen Reihe unter Umständen Störungen bewirken. Sorbinsäure kommt nur in unreifen Vogelbeeren vor, kommt also im allgemeinen nicht in Betracht. Glyoxylsäure soll in unreifen Früchten und zuweilen im Harn vorkommen. Bei ihrer Gegenwart ist das Filtrat der Calciumcarbonataufschwemmung gelbbraun gefärbt. Die Glyoxylsäure kann durch Behandlung mit Zink in schwefelsaurer Lösung unschädlich gemacht werden. Die ameisensäure- und glyoxylsäurehaltige Lösung, deren Volumen etwa 20—25 ccm betragen soll, wird in einem langhalsigen, mit Rückflußkühler versehenen Kolben mit 2 g grobgepulvertem Zink und 0.5 ccm konzentrierter Schwefelsäure 3 Stunden zu

¹) Z. B. im Harn. Siehe dazu Franchini, Bioch. 6, 218 (1907). — Salkowsky, Z. physiol. 89, 510 (1914). — Autenrieth, Arch. 258, 19 (1920).

gelindem Sieden erhitzt; dann wird noch einmal die gleiche Menge Schwefelsäure zugefügt und nochmals 1—2 Stunden erhitzt. Die Flüssigkeit wird mit einigen Tropfen verdünnter Salzsäure versetzt, filtriert und mit Wasser verdünnt. Alsdann dient sie zur Ameisensäurebestimmung. Lävulinsäure dürfte ebenfalls nur selten vorkommen. Sie bildet ein schwerlösliches Quecksilbersalz und stört daher, wenn sie in größerer Menge vorhanden ist. Ihr Quecksilbersalz ist in Salzsäure leicht löslich. Fügt man daher der Flüssigkeit, die mit Quecksilberchlorid erhitzt war und die Kalomelausscheidung enthält, überschüssige Salzsäure zu (bei Anwendung von 3 g Natriumacetat und 100 ccm Flüssigkeit 5 ccm Salzsäure vom spez. Gew. 1.124) und läßt dann unter nochmaligem Umschwenken $^1/_4$ Stunde auf dem Wasserbad stehen, so geht die durch Lävulinsäure bedingte Ausscheidung völlig in Lösung, während das Quecksilberchlorür unverändert bleibt.

Fumarsäure erfordert außer dem Natriumchloridzusatz einen nachträglichen Zusatz von Salzsäure, wie er bei Lävulinsäure angegeben ist.

Besteht dennoch ein Verdacht, daß eine mit Quecksilberchlorid entstandene Ausscheidung nur teilweise durch Ameisensäure bedingt ist — ob überhaupt Ameisensäure vorhanden, ergibt sich bei der qualitativen Prüfung —, so macht man eine Kontrollbestimmung am besten mit dem Kohlenoxydverfahren.

Beim forensischen Ameisensäurenachweis ist zu beachten, daß Chloralhydrat, das im Mageninhalt enthalten sein könnte, leicht in Ameisensäure und Chloroform zerfällt. Dies ist beim Auftreten von Chloralhydrat- oder Chloroformgeruch im Destillat zu beachten. Chloralhydrat läßt sich sogar quantitativ genau bestimmen durch Feststellung der daraus gebildeten Ameisensäuremenge. Man läßt die Chloralhydratlösung einige Minuten mit einem Überschuß von Alkali stehen, neutralisiert genau, verjagt das Chloroform durch schwaches Erwärmen und bestimmt dann die Ameisensäure. Im allgemeinen läßt sich das Chloralhydrat hierbei einfacher aus dem Alkaliverbrauch berechnen; doch kann die alkalimetrische Bestimmung unter Umständen infolge Gegenwart anderer Stoffe nicht möglich sein. Die alkalische chloroformhaltige Flüssigkeit darf nicht erwärmt werden, weil sich sonst durch Einwirkung des Alkalis auf das Chloroform weitere Ameisensäure bilden könnte.

Verzichtet man auf die Abscheidung der flüchtigen nichtsauren Verunreinigungen, so kann man die Destillation nach Franzen und Greve[1] folgendermaßen ausführen (Fig. 287):

Als Destillationskolben dient ein Kjeldahlkolben von 800 ccm Inhalt mit ziemlich langem Hals. Er wird oben mit einem doppelt durchbohrten Gummistopfen verschlossen, durch dessen eine Bohrung das Dampfzuleitungsrohr bis nahe auf den Boden des Kolbens führt, während in der anderen Bohrung der bei Stickstoffbestimmungen nach Kjeldahl übliche Destillationsaufsatz steckt; das freie Ende des Destillationsaufsatzes wird mit einem langen Schlangenkühler verbunden.

Zum Auffangen des Destillats dient ein Becherglas von 2 l Inhalt, in dem nachher auch die Fällung vorgenommen wird. Die in ca. 200 ccm Wasser gelöste Menge des Formiats wird in den Destillationskolben gegeben, 10 ccm 50proz. Phosphorsäure[2] zugefügt und Wasserdampf durchgeleitet. Der Wasserdampfstrom muß so reguliert werden, daß aus dem Destillationsaufsatz keine Flüssigkeit mit in den Kühler übergerissen wird und

---

[1] J. pr. (2) **80**, 386 (1909). — Z. physiol. **64**, 181 (1910).
[2] Fincke empfiehlt die Verwendung von Weinsäure. Bioch. **51**, 271 (1913).

daß aus dem unteren Ende des Kühlers keine Dämpfe entweichen. Das letztere kann sehr leicht vermieden werden, wenn man den Kühler möglichst lang wählt und für einen kräftigen Wasserstrom sorgt. Ferner ist darauf zu achten, daß sich die Flüssigkeit in dem Destillationskolben nicht durch Kondenswasser vermehrt; am günstigsten gestaltet sich die Destillation, wenn man während des Versuchs die Flüssigkeit durch eine untergestellte Gasflamme auf ca. $^1/_4$ ihres Volumens eindampfen läßt. Um zu sehen, ob die vorhandene Ameisensäure übergegangen ist, fängt man 10 ccm des Destillats auf, fügt 1 Tropfen Phenolphthaleinlösung hinzu und titriert mit $^n/_{10}$-Barytlauge; die Ameisensäure ist vollständig übergetrieben, wenn 10 ccm des Destillats nicht mehr als $^1/_2$ Tropfen Barytlösung erfordern, um bleibende Rötung zu erzeugen. Nach Beendigung der Destillation wird der Inhalt des Becherglases nach Zusatz von einigen Tropfen Phenolphthaleinlösung mit Normalnatronlauge neutralisiert und dann die Bestimmung der Ameisensäure vorgenommen.

Auch die Methode von Wenzel zur Bestimmung von Acetylgruppen[1]) kann mit Erfolg zur Bestimmung von (Essigsäure und) Ameisensäure in sehr verdünnter wäßriger Lösung verwendet werden. Das Einsaugen von Luft während der Vakuumdestillation hat jedoch den Nachteil, daß Kohlendioxyd in das Destillat übergeht. Man kann dies vermeiden durch Vorschalten einer Waschflasche mit Natronlauge. Zur Trennung von Essig- und Ameisensäure wird das Gemisch der Säuren mit einer Kaliumpyrochromat-Schwefelsäuremischung $^1/_4$ Stunde gekocht; darauf wird die Destillation nach Wenzel ausgeführt[2]).

Methode von Franzen und Greve[3]).

Das ameisensaure Salz wird in ca. 1 l Wasser gelöst und auf je 0.5 g Ameisensäure 50 ccm einer Lösung von 200 g Sublimat, 300 g Natriumacetat und 80 g Kochsalz in 1 l Wasser hinzugefügt. Diese Quecksilberlösung ist am Anfang nicht ganz klar, bei zweitägigem Stehen setzt sich die Trübung jedoch in Form eines farblosen Niederschlags zu Boden. Man kann dann die überstehende klare Flüssigkeit abgießen; später tritt dann die Trübung nicht mehr auf. Das Gemenge wird $3—3^1/_2$ Stunden in ein kochendes Wasserbad gestellt. Schon nach wenigen Minuten beginnt das Kalomel sich abzuscheiden und setzt sich nach ca. $^1/_2$ Stunde in Form eines teils geballten, teils feinkörnigen, krystallinischen Niederschlages ab. Weiterhin wird dann der Niederschlag auf Gooch tiegeln abgesaugt, mit heißem Wasser, dann mit Alkohol und Äther 1 Stunde lang im Dampftrockenschrank getrocknet und gewogen.

Um aus dem Gewicht des Kalomels die Ameisensäure zu berechnen, muß das erstere mit 0.0975 multipliziert werden.

Die Konzentration der Ameisensäure muß so gewählt werden, daß sie nicht mehr als 0.5 g pro Liter Flüssigkeit beträgt.

Eine Abkürzung des Verfahrens, die besonders bei Serienbestimmungen sehr erwünscht ist, kann dadurch erreicht werden[4]), daß man das Kalomel mittels Jod in saurer Lösung bei Gegenwart von überschüssigem Jodkalium nach der Gleichung:

$$2\,HgCl + J_2 + 2\,HCl = 2\,HgCl_2 + 2\,HJ$$

[1]) Siehe S. 678. [2]) Heuser, Ch. Ztg. **39**, 57 (1915).
[3]) J. pr. (2) **80**, 383 (1909). — Z. physiol. **64**, 180 (1910). — Franzen und Egger, J. pr. (2) **83**, 323 (1911). — Steppuhn und Schellbach, Z. physiol. **80**, 274 (1912). — Siehe auch Fincke, Bioch. **51**, 281 (1913). — Autenrieth, Arch. **258**, 19 (1920).
[4]) Riesser, Z. physiol. **96**, 355 (1916).

titriert. Die Reaktion verläuft in wenigen Sekunden bei gewöhnlicher Temperatur.

Die Lösung des ameisensauren Salzes wird mit einer genügenden Menge der Quecksilberchloridmischung 6 Stunden auf dem Wasserbad erhitzt. Nach dem Erkalten fügt man, ohne erst zu filtrieren, 10 ccm 25 proz. Salzsäure und je 4 g festes Jodkalium auf je 10 ccm der angewandten Sublimatmischung hinzu und läßt einen Überschuß $n/_{10}$-Jodlösung hinzufließen. Man schwenkt den gutverschlossenen Kolben einige Male um, wobei das gesamte Kalomel in Lösung geht, und titriert sofort mit $n/_{10}$-Natriumthiosulfatlösung zurück. Die Zahl der verbrauchten Kubikzentimeter $n/_{10}$-Jodlösung gibt, mit 0.0023 multipliziert, die Menge der vorhandenen Ameisensäure in Gramm.

Besteht die Gefahr, daß bei der Wasserdampfdestillation Ameisensäure gebildet werde (z. B. aus Kohlenhydraten), so ist es am sichersten, die Ameisensäure zu extrahieren.

Zwecks Bestimmung von Ameisensäure, im Harn z. B., versetzt man $^{1}/_{4}$ l Harn mit 50 g Ammoniumsulfat, filtriert, säuert das Filtrat mit Phosphorsäure an, extrahiert mit Äther, behandelt die ätherischen Lösungen mit Sodalösung, säuert die alkalische Lösung mit Phosphorsäure an und destilliert mit Dampf[1]). Die Extraktion muß aber sehr lange (weit mehr als nach Dakin, 10—12 Stunden) fortgesetzt werden, am besten in einem Extraktionsapparat mit Rührer[2]).

Nach Merl[3]) läßt sich übrigens die Bildung von Ameisensäure bei der Destillation vermeiden, wenn man mit Wasserdampf im Vakuum arbeitet. Man benutzt dazu den S. 99 abgebildeten Apparat von Welde.

Anthracen.

Smp. 213°. Schwer löslich in Äthylalkohol, leichter in Methylalkohol (in ca. 50 Teilen).

Zur Identifikation dienen am besten[4]) folgende Operationen.

1. Überführung in 9.10-Dibromanthracen. Anthracen wird in Schwefelkohlenstoff verteilt und die berechnete Menge Brom nach und nach zugefügt. Unter Erwärmung tritt Lösung ein. Beim Erkalten scheiden sich schöne gelbe Nadeln ab. Smp. 221—222°. Man krystallisiert evtl. aus Toluol oder Xylol um. Sublimiert unzersetzt in langen gelben Nadeln.

2. Analog wird das ähnliche 9.10-Dichloranthracen erhalten, indem man Anthracen in Benzol, Nitrobenzol usw. warm läßt, dann rasch abgießt und in den Brei unter häufigem Schütteln Chlor einleitet. Die Masse erwärmt sich dabei stark, doch schadet dies nichts. Das Dichloranthracen scheidet sich ziemlich rasch ab. Man darf das Einleiten des Chlors nicht zu lange fortsetzen, da sich sonst leicht Dichloranthracentetrachlorid bildet. Man fällt schließlich den in Lösung gebliebenen Anteil des Dichloranthracens mit Alkohol aus. Nach dem Umkrystallisieren aus wenig Benzol ist es völlig rein. Lange gelbe, glänzende Nadeln. Die alkoholische Lösung fluoresciert schön blau. Sublimierbar. Smp. 209—210°.

3. Darstellung des Pikrats [A + 2 Pikr.[5])]. Man löst Anthracen mit Pikrinsäure in Benzol auf. Beim Erkalten erhält man rubinrote Krystalle. Smp. 170°. Das Pikrat wird schon durch Alkohol zersetzt.

[1]) Dakin, Janney und Wakeman, J. Biol. Chem. **14**, 341 (1913).
[2]) Rieser, Z. physiol. **96**, 366 (1916).   [3]) Z. Nahr. Gen. **27**, 733 (1914).
[4]) Hans Meyer und Alice Hofmann, M. **38**, 150 (1917).
[5]) Sisley, Bull. (4) **3**, 921 (1908).

Trägt man Anthracen in bei 40° gesättigte alkoholische Pikrinsäure ein, so erhält man ein bei 138° schmelzendes Produkt aus je einem Mol. der Komponenten.

Überführung in Anthrachinon. Quantitative Wertbestimmung[1]).

1 g Rohanthracen wird in einem 500 ccm fassenden Kolben mit 45 ccm Eisessig übergossen; den Kolben verschließt man mit einem zweifach durchbohrten Pfropfe in dessen einer Bohrung ein Tropftrichter, in der anderen ein Vorstoß sich befindet, der mit einem Rückflußkühler in Verbindung steht. Zu der kochenden Anthracenlösung läßt man durch den Tropftrichter innerhalb 2 Stunden allmählich eine Lösung von 15 g Chromsäure in 10 ccm Eisessig und 10 ccm Wasser fließen. Nachdem alle Chromsäure eingetragen ist, kocht man noch 2 Stunden weiter, läßt dann 12 Stunden stehen, verdünnt mit 400 ccm kaltem Wasser und filtriert nach 3 stündigem Stehen vom abgeschiedenen Anthrachinon. Dieses wird erst mit kaltem, dann mit kochendem, alkalischem und schließlich wieder mit reinem, heißem Wasser ausgewaschen. Das Anthrachinon spritzt man nun vom Filter in eine kleine flache Porzellanschale verdampft das Wasser, trocknet den Rückstand bei 100°, übergießt ihn mit der 10 fachen Menge rauchender Schwefelsäure (68° Bé) und erhitzt 10 Minuten auf dem Wasserbad[2]). Die so erhaltene Lösung läßt man 12 Stunden an einem feuchten Orte stehen, verdünnt dann mit 200 ccm kaltem Wasser und filtriert vom so gereinigten Anthrachinon ab. Man wäscht es wieder, wie oben angegeben, spritzt es in eine tarierte Schale, trocknet bei 100° und wägt; hierauf verflüchtigt man es durch Erhitzen und wägt die zurückbleibende Asche (und Kohle). Die Differenz der beiden Wägungen gibt die Menge des Anthrachinons. Durch Multiplikation derselben mit 0.855807 (Mol.-Gew. des Anthracens 177.58 dividiert durch Mol.-Gew. des Anthrachinons 207.5) erhält man den Gehalt an reinem Anthracen in 1 g des untersuchten Präparats.

Benzoesäure.

Smp. 121.4°. — Sublimiert bei Wasserbadtemperatur in breiten Nadeln. Amid: Smp. 128°.

Eisenchlorid fällt aus neutralen Benzoatlösungen einen voluminösen braunen Niederschlag (Monobenzoat der Hexabenzoatotriferribase

$$\left[Fe_3 \frac{(C_6H_5COO)_6}{(OH)_2} \right] \cdot C_6H_5COO \text{ }^3) \,.$$

Über die quantitative Bestimmung siehe S. 693.
Zur Trennung von Toluylsäuren oxydiert man mit Permanganat.

Benzol.

Smp. + 5.4°; Sdp. 80.4°.

Man identifiziert das Benzol[4]) am besten durch Ausfrieren und Bestimmen von Schmelz- und Siedepunkt und durch Überführen in Nitrobenzol durch Übergießen mit dem 3 fachen Volumen Salpetersäure 1.5. Das Nitrobenzol schmilzt bei + 3°. Man reduziert es zu Anilin und identifiziert dieses.

[1]) Luck, Z. anal. **16**, 81 (1877). — Siehe auch Basset, Z. anal. **36**, 247 (1897).
[2]) Einige Begleiter des Anthracens gehen ebenfalls in Chinone über, diese werden aber bei der Behandlung mit Schwefelsäure in Sulfosäuren verwandelt, die in Wasser und Alkalien löslich sind.   [3]) Weinland und Herz, B. **45**, 2662 (1912).
[4]) Siehe dazu Hans Meyer und Alice Hofmann, M. **38**, 354 (1917).

Zur Unterscheidung von Toluol bzw. zum Nachweis von Benzol neben anderen Kohlenwasserstoffen dient die Nickelcyanürreaktion von Hofmann und Höchtlen[1]).

Schüttelt man Benzol einige Minuten mit dem Reagens, so fällt die Verbindung

$$N \cdot C_2N_2NH_3 \cdot C_6H_6$$

als bläulichweißes krystallines Pulver aus. Man wäscht mit Ammoniakwasser, Alkohol und Äther und trocknet über Ätznatron im Vakuum. Die Lösung bereitet man folgendermaßen:

Man löst 5 g krystallisiertes Nickelsulfat in 20 ccm Wasser und vermischt mit einer Lösung von 2.5 g reinstem Cyankalium in 10 ccm Wasser, dann mit 20 ccm konzentriertem Ammoniak. Nach halbstündigem Verweilen bei 0° wird über Glaswolle filtriert und das Filtrat mit Essigsäure bis zur beginnenden Trübung versetzt.

Benzoldicarbonsäuren siehe Phthalsäuren, S. 594.

Benzoltricarbonsäuren.

1. **Hemimellithsäure**

$$\begin{array}{c}-COOH\\-COOH\\-COOH\end{array} + 2\,H_2O.$$

Smp. 197° unt. Zers. (Anhydridbildung). Imid: Smp. 247°. Gibt beim Erhitzen über 300° Phthalsäureanhydrid und Benzoesäure.

Nadeln, ziemlich schwer löslich in Wasser. Krystallisiert aber auch langsam wieder aus.

Wird aus der konzentrierten wäßrigen Lösung durch Salzsäure gefällt (Unterschied und Trennung von Phthalsäure usw.).

Zur Reinigung dient das Bariumsalz

$$Ba_3(C_9H_3O_6)_2 + 6\,H_2O.$$

100 Teile Wasser lösen bei 25° 0.36 Teile. Trimethylester: Smp. 100°.

2. **Trimellithsäure:**

$$\begin{array}{c}-COOH\\-COOH\\COOH\end{array}$$

Smp.: 215—217° im offenen, 239—244° im geschlossenen Rohr, u. B. v. Anhydrid Smp. 157—158°. Bei der Destillation entsteht Phthalsäureanhydrid. Warzige Krusten. Ziemlich leichtöslich in Wasser und Äther. Ba-Salz bindet 4 aq. Schwer löslich in Wasser.

Trimethylester: Öl: bei — 13° glasig.

3. **Trimesinsäure.**

$$HOOC-\langle\text{COOH}\rangle-COOH$$

Z. dicke Prismen (aus Wasser).

---

[1]) B. **36**, 1149 (1903). — Hofmann und Arnoldi, B. **39**, 339 (1906).

Smp. 345—350° (380°?). Sublimierbar. Ba-Salz + 1 H_2O (bei 150°)
äußerst schwer löslich (Unterschied und Trennung von Mesitylensäure).
Trimethylester: Smp. 143°.

Benzoltetracarbonsäuren.

1. **Mellophansäure:**

$$\underset{\text{COOH}}{\overset{\text{COOH}}{\bigcirc}}\begin{matrix}\text{COOH}\\\text{COOH}\end{matrix} + 2\,H_2O.$$

Schmilzt wasserfrei bei 238° unter Anhydridbildung (Smp. 239°).
Tetramethylester: Smp. 133—135°.

2. **Pyromellithsäure:**

$$\text{HOOC}-\bigcirc\begin{matrix}\text{COOH}\\-\text{COOH}\\\text{COOH}\end{matrix} + 2\,H_2O.$$

Schmilzt wasserhaltig bei 242.5° unter Aufschäumen, wasserfrei bei 275°
unter Übergang in das Dianhydrid. Smp. 286°.
Tetramethylester: Smp. 141.5°.

3. **Prehnitsäure:**

$$\underset{\text{HOOC}}{\overset{\text{COOH}}{\bigcirc}}\begin{matrix}\text{COOH}\\\text{COOH}\end{matrix}$$

Schmilzt bei 252° unter Anhydridbildung. Anhydrid: Smp. 238°.
Tetramethylester: Smp. 108—109°.

Bernsteinsäure.

Smp. 185°. Anhydrid: Smp. 6°.
Löslich in ca. 6 Teilen Methylalkohol, 10 Teilen 95 proz. Alkohol, 20 Teilen Wasser von 15°.
Beständig gegen Schwefelsäure und Salpetersäure und daraus umkrystallisierbar.
Mit Eisenchlorid geben Succinate eine braune Fällung.
Pyrrolreaktion[1]):
Man engt die auf Bernsteinsäure zu untersuchende Flüssigkeit nach Zusatz von einigen Kubikzentimetern Ammoniaklösung im Reagensglas auf etwa 1 ccm ein, fügt dann etwa 1 g käuflichen Zinkstaub zu, der die Flüssigkeit aufsaugt und gleichmäßige Verteilung derselben bewirkt, und glüht. Die entweichenden Dämpfe färben bei Anwesenheit von Bernsteinsäure, entsprechend deren Menge, Fichtenspäne (Streichhölzer) hell oder dunkelrot, wenn diese mit starker Salzsäure befeuchtet in die Reagensglasöffnung gehängt werden. Dabei ist die Vorsicht zu gebrauchen, die Fichtenspäne erst nach Vertreibung des überschüssigen Ammoniaks in die Dämpfe einzuführen, um Neutralisation der Salzsäure zu vermeiden.
Befindet sich die Bernsteinsäure in der Flüssigkeit nicht als freie Säure, sondern an Metall gebunden, so läßt sie sich in vielen Fällen (Erdalkali- und Schwermetallsalze) genau ebenso nachweisen, wenn man statt des Ammoniaks

---

[1]) Neuberg, Z. physiol. **31**, 575 (1901).

Ammoniumcarbonat anwendet. Ganz sicher gelingt ihre Auffindung, wenn man zu der mit Ammoniak auf ein kleines Volumen eingedampften Flüssigkeit vor Zugabe des Zinkstaubs einige Krystalle von phosphorsaurem Ammonium fügt.

Ebenso läßt sich der Nachweis von Bernsteinsäure in Niederschlägen (Silbersalz) führen, indem man, unbekümmert um etwaige feste Ausscheidungen, genau nach der gegebenen Vorschrift verfährt.

Die mitgeteilte Prüfung auf Bernsteinsäure ist außerordentlich empfindlich und durchaus charakteristisch, solange keine Substanzen zugegen sind, die gleichfalls die Fichtenspanreaktion geben.

Blausäure.

Charakteristisch riechendes, sehr giftiges Gas.

1. **Berlinerblaureaktion**[1]):

Die Substanz (fest oder flüssig) wird in einem Reagensrohr mit verdünnter Schwefelsäure gemischt. Sind Carbonate zugegen, so setzt man zunächst vorsichtig so viel Säure zu, bis alle Kohlensäure entwichen ist, und dann noch einige Kubikzentimeter Überschuß. Ein Stück Fließpapier von etwa Quadratdezimetergröße faltet man zu einem etwa $2^{1}/_{2}$ cm breiten Streifen. Man tränkt die Mitte dieses Streifens auf der einen Seite mit einigen Tropfen Natron- oder Kalilauge[2]), legt diese Stelle auf die Öffnung des Reagensrohres und biegt die beiden Streifenenden nach unten um, so daß die Öffnung durch das Papier verschlossen ist. Wird nun das Reagensglas über der Flamme oder (wenn das Gemisch beim direkten Erhitzen stoßen sollte) in einem lebhaft siedenden Wasserbad erhitzt, so entwickelt sich bei Gegenwart von Cyaniden Blausäure, die mit den Wasserdämpfen nach oben steigt und von dem Alkali des Papierstreifens aufgenommen wird. Nach einigem Kochen nimmt man den Streifen ab, kehrt die untere Seite nach oben, bringt auf die behandelte Stelle einige Tropfen einer sehr verdünnten Ferrosulfatlösung ($^{1}/_{4}$—$^{1}/_{2}$ proz.) und läßt den Papierstreifen einige Minuten an der Luft liegen. Der grünliche Niederschlag des Ferrohydroxyds bräunt sich dabei oberflächlich durch Oxydation zu Ferrihydroxyd. Das läßt sich durch einiges Hinundherschwenken des Streifens noch beschleunigen. Schließlich wird der Reaktionsfleck noch kurze Zeit (durch Auflegen auf das Reagensglas und Erhitzen) mit Wasserdampf behandelt und dann mit einigen Tropfen starker Salzsäure (konzentrierte Säure etwa mit gleichem Teile Wasser verdünnt) versetzt. Waren Cyanide zugegen, so erscheint dann das charakteristische Berlinerblau als schwächerer oder stärkerer Fleck.

2. **Rhodanprobe**[3]):

Der Cyannachweis läßt sich auch mit Hilfe der Rhodanprobe ausführen. Man verfährt in derselben Weise wie unter 1. beschrieben, nur daß man die Mitte des Papierstreifens außer mit Alkalilauge auch noch mit einigen Tropfen

---

[1]) Siehe auch S. 582. — Lockemann, B. **43**, 2127 (1910). — Lander und Walden, Analyst **36**, 266 (1911). — Z. Unt. Nahr. Gen. **23**, 399 (1912). — Vorländer, B. **46**, 181 (1913). — Anderson, Z. anal. **55**, 462 (1916). — Kolthoff, Z. anal. **57**, 1 (1918).

[2]) Die Reaktion wird noch empfindlicher, wenn man mit Borax alkalisch macht. Kling und Lassieur, Chimie et Industrie **4**, 151 (1920).

[3]) Lockemann, a. a. O. — Francis und Connell, Am. soc. **35**, 1624 (1913). — Viehoever und Johns, Am. soc. **37**, 602 (1915). — Johnson, Am. soc. **32**, 1230 (1916). — Kolthoff, Z. anal. **57**, 8 (1918).

gelben Schwefelammoniums tränkt. Nach einigem Erhitzen wird der Papierstreifen abgenommen und der Reaktionsfleck mit etwas Salzsäure angesäuert. Entsteht nun auf Zusatz einiger Tropfen Ferrichloridlösung die charakteristische Rotfärbung, so ist damit das Vorhandensein von Cyaniden nachgewiesen.

3. Nitroprussidreaktion (Vortmann):

Die auf Blausäure zu prüfende Flüssigkeit wird mit einigen Tropfen einer Kaliumnitritlösung, 2—4 Tropfen Eisenchloridlösung und so viel verdünnter Schwefelsäure versetzt, daß die gelbbraune Farbe des zuerst gebildeten basischen Eisenoxydsalzes eben in eine hellgelbe übergegangen ist. Man erhitzt nun bis zum beginnenden Kochen, kühlt ab, versetzt zur Fällung des überschüssigen Eisens mit einigen Tropfen Ammoniak, filtriert und prüft das Filtrat mit 1—2 Tropfen stark verdünnten farblosen Schwefelammoniums. War in der ursprünglichen Flüssigkeit Blausäure vorhanden, so nimmt die Lösung nun sofort schön violette Färbung an, die nach einigen Minuten in Blau, dann in Grün und schließlich in Gelb übergeht. Bei sehr geringen Mengen Blausäure entsteht nur bläulichgrüne Färbung, die bald in Grünlichgelb übergeht.

Weiteres über Blausäurenachweis: Kolthoff, a. a. O. — Kling und Lassieur, C. **1921**, II, 1009.

n-Buttersäure und i-Buttersäure.

Die Säuren werden am einfachsten durch Darstellung ihrer Derivate mit p-Halogenphenacylbromid erkannt.

Das Alkalisalz der Säure wird mit dem Reagens in verdünnt-alkoholischer Lösung gekocht.

p-Bromphenacylester

der n-Buttersäure: Smp. 63°,
der i-Buttersäure: Smp. 77°.

p-Jodphenacylester

der n-Buttersäure: Smp. 84°,
der i-Buttersäure: Smp. 109°.

Zur Herstellung der Phenacylbromide werden 157 g Brombenzol resp. 204 g Jodbenzol mit 85 g Acetylchlorid und 150 g Aluminiumchlorid in 250 g Schwefelkohlenstoff kondensiert. Das erhaltene p-Bromacetophenon (Smp. 50.5°) resp. p-Jodacetophenon (Smp. 83.5°) wird in Eisessig bromiert.

p-Bromphenacylbromid, Smp. 100°, p-Jodphenacylbromid, Smp. 113.5°.
Siehe Judefind und Reid, Am. soc. **42**, 1043 (1920).
Ferner zeigen n- und i-Buttersäure folgende Unterschiede:

n-Buttersäure	i-Buttersäure
Sdp. 163°	Sdp. 155°
Mit Wasser mischbar	Löslich in 5 Tl. Wasser von 25°
Ca-Salz + H_2O bei 65—80° in Wasser weniger löslich als bei niedrigerer Temperatur	Ca-Salz + 5 H_2O zeigt normale Löslichkeitsänderung

Nachweis der Isobuttersäure neben n-Buttersäure (durch Überführen der ersteren in α-Oxyisobuttersäure: R. Meyer, A. **219**, 240 (1883). — Hutzler und V. Meyer, B. **30**, 2525 (1897). — Erlenmeyer, B. **30**, 2960 (1897).

Dioxybenzole [1].

	Brenzcatechin	Resorcin	Hydrochinon
Smp.	104°	118°	169°
Eisenchlorid	Smaragdgrün, mit Bicarbonat rot	blauviolett, mit Bicarbonat Entfärbung	vorübergehend grünlich, dann braungelb. Trübung. Chinongeruch
Bromwasser	—	Niederschlag	—
Bleiacetat	Niederschlag	—	—
Geschmack	bitter	süß	süß
Phthaleinreaktion		mit Natronlauge grüne Fluorescenz	mit Natronlauge blaue Fluorescenz

Formaldehyd.

1. **Tryptophanreaktion [2]).**

5 ccm der Probe werden mit 2 ccm frischer formaldehydfreier Milch und 7 ccm 25proz. Salzsäure, die in 100 ccm 0.2 ccm 10proz. Eisenchloridlösung enthält, eine halbe Minute zum Sieden erhitzt. Die eintretende Violettfärbung wird unter diesen Versuchsbedingungen nur von Formaldehyd geliefert.

Abänderung der Reaktion für andere Aldehyde: Heimrod und Levene, Bioch. 25, 18 (1910).

2. **Reaktion mit fuchsinschwefliger Säure [3]).**

Die Reaktion ist an sich wenig zuverlässig, denn z. B. auch das Filtrat einer Aufschwemmung von kohlensaurem Kalk, selbst Leitungswasser — nicht destilliertes — zeigen diese Reaktion. Bei Gegenwart einer nicht zu geringen Menge freier Säure ist die fuchsinschweflige Säure aber ein gutes Reagens auf Formaldehyd [4]). Andere Aldehyde stören nicht. Nach dem Vorschlage von Große-Bohle versetzt man 10 ccm der zu prüfenden Flüssigkeit zunächst mit 1—2 ccm Salzsäure (spez. Gew. 1.124) und dann mit 1 ccm fuchsinschwefliger Säure (0.1% Rosanilinhydrochlorid enthaltend). Bei Anwesenheit von Formaldehyd tritt je nach dessen Menge in einigen Minuten bis einigen Stunden blau- bis rotviolette Färbung auf. Während die übliche Reaktion auf Aldehyde mit fuchsinschwefliger Säure außer durch Salzsäure auch durch großen Überschuß an schwefliger Säure verhindert wird, ist dieser hier ohne Einfluß. Die Färbung beruht auf der Entstehung eines Farbstoffes aus Fuchsin, Formaldehyd und schwefliger Säure. Gegenüber der Reaktion mit Milch und Eisenchlorid-Salzsäure hat diese Reaktion den Nachteil, daß sie um ein Geringes weniger empfindlich ist und daß bei sehr kleinen Mengen die Reaktion erst in einigen Stunden deutlich sichtbar wird.

3. **Reaktion von Legler [5]).**

Man dampft die aldehydhaltige Flüssigkeit mit überschüssigem Ammoniak zur Trockne, krystallisiert den Rückstand — Hexamethylentetramin — aus heißem Alkohol und wäscht mit Äther.

[1]) Unterscheidung mit Laccase: Wolff, A. ch. anal. appl. 22, 105 (1917).
[2]) Hehner, Analyst 21, 94 (1896). — Fellinger, Z. Nahr. Gen. 16, 226 (1908). — Salkowski, Bioch. 68, 337 (1915). — Z. physiol. 93, 432 (1915); 109, 52 (1920). — Herzberg, Bioch. 119, 13 (1921). — Siehe auch S. 564.   [3]) Siehe S. 825.
[4]) Große-Bohle, Z. Nahr. Gen. 14, 89 (1907). — Denigès, C. r. 150, 529 (1910).
[5]) B. 16, 1333 (1883). — Löw, J. pr. (2) 33, 326 (1886). — Romijn, Ph. C.-H. 36, 630 (1895). — Kippenberger, Z. anal. 42, 686 (1903).   M. u. J., I, 1, 704.

Farblose Krystalle von eigenartig süßem Geschmack, in der Hitze in Wasser schwerer löslich als in der Kälte.

Die Reaktion kann auch zur quantitativen Bestimmung des Formaldehyds dienen.

Ammoniak reagiert auf Formaldehyd glatt nach der Gleichung:

$$6\,CH_2O + 4\,NH_3 = (CH_2)_6N_4 + 6\,H_2O\,.$$

Die Gegenwart von 6 Äquivalenten Formaldehyd bewirkt also das Verschwinden von 4 Äquivalenten Ammoniak. Es ist indessen zu berücksichtigen, daß das Hexamethylentetramin selbst 1 Äquivalent Säure zur Salzbildung verbraucht und daß man daher bei Anwendung solcher Indicatoren, auf welche die Salze des Hexamethylentetramins neutral reagieren — wie z. B. Methylorange, Cochenille, Tropäolin, Kongorot —, auf 6 Äquivalente Formaldehyd nur 3 Äquivalente Ammoniak als verbraucht berechnen muß. Lackmus, Rosolsäure und Phenolphthalein dagegen zeigen auch die an das Amin gebundene Säuremenge an; bei Benutzung letzterer Indicatoren hat man daher 4 Äquivalente Ammoniak als 6 Äquivalenten Formaldehyd entsprechend zu berechnen.

Die Bestimmung wird am besten nach Lösekann[1]) und Eschweiler[2]) so, daß man 1 ccm der Lösung mit 10 ccm Ammoniak (ca. 1 proz.) eine Stunde auf 100° erwärmt oder 2 Tage stehen läßt. Dann wird mit Lackmus als Indicator und Schwefelsäure der Ammoniaküberschuß zurücktitriert.

Nimmt man Methylorange als Indicator, so darf es nur bis zur schwachen Gelbfärbung zugesetzt werden[3]).

4. Methode von Blank und Finkenheiner[4]).

3 g der zu prüfenden Formaldehydlösung (bei festem Formaldehyd 1 g) werden in einem Wägegläschen abgewogen und in 25 ccm (bei stärkerer als 45 proz. Lösung 30 ccm) doppeltnormaler Natronlauge, die sich in einem hohen Erlenmeyerkolben befindet, eingetragen. Gleich darauf werden allmählich (in etwa 3 Minuten) 50 ccm reines Wasserstoffsuperoxyd[5]) von 2.5 bis 3% durch einen Trichter (um Verspritzen zu verhindern) hinzugefügt. Nach 2—3 Minuten langem Stehenlassen wird der Trichter mit Wasser[6]) gut abgespült und die nicht verbrauchte Natronlauge mit doppeltnormaler Schwefelsäure zurücktitriert. Als Indicator wird Lackmustinktur[7]) angewandt. Bei Bestimmung verdünnterer als 30 proz. Lösung muß man zur Vervollständigung der Reaktion etwa 10 Minuten nach Zugabe des Wasserstoffsuperoxyds stehenlassen.

Der Prozentgehalt an Formaldehyd wird direkt erhalten, indem man die Anzahl der verbrauchten Kubikzentimeter Natronlauge bei Anwendung von 3 g Formaldehyd mit 2, von 1 g festem Formaldehyd mit 6 multipliziert. Die Reaktion verläuft unter ziemlich starker Selbsterwärmung und heftigem Aufschäumen im Sinne folgender Gleichung:

$$2\,H\cdot CHO + 2\,NaOH + H_2O_2 = 2\,H\cdot COONa + H_2 + 2\,H_2O\,.$$

[1]) B. **22**, 1565 (1889).   [2]) B. **22**, 1929 (1889).   [3]) Klöss, M. **24**, 788 (1903).

[4]) B. **31**, 2979 (1898). — Klöss, M. **24**, 788 (1903). — Haywood und Smith, Am. soc. **27**, 1183 (1905). — Marre, Rev. Gén. Ch. pure et appl. 8, 64 (1905). — Rüst, Z. ang. **19**, 138 (1906). — Schoorl, Ph. W. **43**, 1155 (1906).

[5]) Das Wasserstoffsuperoxyd ist auf Säuregehalt zu untersuchen und evtl. ein solcher in Rechnung zu ziehen.

[6]) Bei genauen Bestimmungen ist darauf zu achten, daß das Wasser durch Auskochen vorher kohlensäurefrei gemacht wird.

[7]) Bei Herstellung der Lackmustinktur müssen die rotvioletten Farbstoffe durch Ausziehen mit Alkohol entfernt werden, da sonst der Umschlag nicht scharf ist.

Wenn man Phenolphthalein als Indicator verwendet, muß man es in genügender Menge zusetzen, damit die Färbung ziemlich dunkel wird, da nur dann der Umschlag deutlich ist; ferner muß man auf den ersten Umschlag einstellen, da bei dieser Titration des Formaldehyds immer eine schwache Rosafärbung zurückbleibt.

Als zweiter Indicator, der noch zweckmäßiger erschien, wurde Jodeosin (Tetrajodfluorescin) in der Schüttelflasche mit Äther verwendet. Dieser Indicator gab absolut scharfen Umschlag.

Bei saurer Reaktion ist der über der Wasserschicht befindliche Äther braun gefärbt, während bei alkalischer Reaktion die Färbung in das Wasser übergeht, das dann rosa gefärbt ist. Körs[1]) erhielt bei diesem Indicator schon bei 0.05—0.1 ccm deutlichen Umschlag, während bei den übrigen Indicatoren stets 0.2—0.3 ccm dazu nötig waren.

5. Zur gasometrischen Bestimmung des Formaldehyds verwenden Frankforter und West[2]) das Calcimeter von Scheibler - Finkner. In das Seitenrohr werden 1 ccm Aldehyd, in die Flasche 10 ccm Wasserstoffsuperoxyd und 20 ccm n-Kalilauge gebracht, dann wird die Flasche verschlossen und das Wasser im Meßrohr (300 ccm) auf 0° gebracht. Wenn die Temperatur konstant geworden ist, wird das Gemisch aus Wasserstoffsuperoxyd und Kalilauge in kleinen Mengen zum Aldehyd fließen gelassen. Der Wasserstoff wird rasch unter starker Wärmeentwicklung in Freiheit gesetzt. Wenn die Reaktion beendet ist, wird stehengelassen, bis der Apparat wieder Zimmertemperatur angenommen hat, und das Volumen des Wasserstoffs abgelesen. Aus dem korrigierten Volumen des Gases kann leicht der Gehalt an Formaldehyd berechnet werden nach der Gleichung:

$$2 \, CH_2O + 2 \, KOH = 2 \, HCOOK + H_2O + H_2.$$

Siehe ferner S. 718.

Harnstoff.

Smp. 130—132°. Löslich in Wasser (1 : 1) und Alkohol (1 : 5). Unlöslich in Äther und Chloroform.

Schwerlösliches Nitrat, Pikrat und Oxalat. — Mit Phenylhydrazin in stark essigsaurer Lösung entsteht das in Wasser schwer lösliche Phenylsemicarbazid $C_6H_5NHNHCONH_2$. Smp. 178°. Siehe S. 815.

Erhitzt man Harnstoff zum Schmelzen und Wiedererstarren, so geht er teilweise in Biuret über, das nach S. 1010 nachgewiesen wird.

Zum makro- und mikrochemischen Nachweis und zur quantitativen Abtrennung von Harnstoff aus Pflanzenextrakten usw. dient am besten die

Reaktion von Fosse[3]).

Mittels derselben kann man noch $^1/_{100}$ mg Harnstoff nachweisen.

Sie beruht auf der Kondensation des Carbamids mit Xanthydrol, wobei Dixanthylharnstoff

$$O\begin{smallmatrix}C_6H_4\\ \diagdown \\ C_6H_4\end{smallmatrix}CH-NH-CO-NH-CH\begin{smallmatrix}C_6H_4\\ \diagup \\ C_6H_4\end{smallmatrix}O$$

entsteht.

Man macht eine ca. 70 proz. essigsaure Lösung des Untersuchungsobjekts

---

[1]) M. **24**, 789 (1903). [2]) Am. soc. **27**, 714 (1905).

[3]) C. r. **145**, 813 (1907); **154**, 1448 (1912); **156**, 1939 (1913); **157**, 948 (1913); **158**, 1076, 1432 (1914); **159**, 253, 367 (1914). — A. Inst. Pasteur, **30**, 525 (1916). — A. Chim. Ph. (9) **6**, 24, 62, 66, 77 (1916). — Bull. (4) **29**, 171 (1921). — Frenkel, A. ch. anal. appl. (2) **2**, 234 (1920). — d'Este. Boll. Chim. farm. **60**, 397 (1921).

und fügt dazu eine 5—10 proz. alkoholische (am besten methylalkoholische) Lösung von Xanthydrol[1]).

Das ausgeschiedene Kondensationsprodukt ist meist schon analysenrein; evtl. kann es auf Grund seiner Schwerlöslichkeit in den meisten Lösungsmitteln und seiner Unangreifbarkeit durch kochende Lauge leicht gereinigt werden.

Als bestes Krystallisationsmittel dient Pyridin, das in der Siedehitze 1%, in der Kälte gar nicht löst.

Seidenglänzende farblose Nädelchen, die bei 261° (korr.) unter Zersetzung schmelzen.

Darstellung von Xanthydrol[2]). Zu einer Lösung von 15 g Xanthon und 50 g Natriumhydroxyd in 400 ccm Alkohol fügt man 15 g Zinkstaub in einzelnen Anteilen, so daß aber stets noch etwas Zink ungelöst bleibt. Nach mehrstündigem Stehen wird in viel Wasser hineinfiltriert. Der entstandene Niederschlag wird abgesaugt, mit Wasser gewaschen und kurze Zeit über Schwefelsäure getrocknet. Ausbeute bis 13 g. Das so erhaltene Xanthydrol ist genügend rein.

Von den zahlreichen Methoden zur **Bestimmung des Harnstoffs im Harn** sei die von **Eckecrantz** und **Södermann**[3]) verbesserte **Riegler**sche Methode[4]) in der Ausführungsform von **Funcke**[5]) beschrieben.

Der nach der Gleichung

$$CO(NH_2)_2 + HNO_3 + HNO_2 = NH_4 + NO_3 + CO_2 + N_2 + H_2O$$
(Millons Reagens)

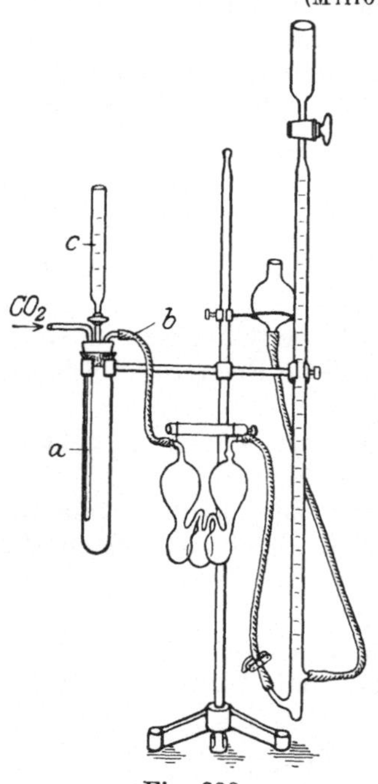

Fig. 288.
Apparat von Funcke.

entwickelte Stickstoff wird gemessen, nachdem Kohlendioxyd in 50 proz. Kalilauge und Stickoxyd, das aus dem Reagens stammt, durch 50 proz. Kupferchloridlösung, die 5% Salzsäure 1.12 enthält, absorbiert worden sind.

Der Gasabsorptionsapparat (Fig. 288) wird mit Kupferchloridlösung beschickt. Der obere Hahn des Nitrometers wird geöffnet und die Birne mit Kalilauge angefüllt, während der Quetschhahn geschlossen bleibt. Die Birne wird so weit gesenkt, daß sich die Oberfläche der Flüssigkeit im Nitrometer 2—3 cm oberhalb des oberen Seitenrohrs befindet.

Von der Harnstofflösung (bzw. dem Harn) wird genau (am besten mittels einer Pipette, die in $^1/_{100}$ ccm geteilt ist) 1 ccm abgemessen und in das Gasentwicklungsrohr gebracht. Der Stöpsel wird eingeschoben und der Hahn des Trichters geschlossen. Dann wird während einiger Minuten ein lebhafter Kohlendioxydstrom durch den Apparat geleitet, der Quetschhahn geschlossen und der Hahn am Trichter einige Augenblicke geöffnet, um die im Trichterrohr befindliche Luft zu entfernen. Der Quetschhahn wird wieder geöffnet und das Meßrohr des Trichters mit **Millon**schem Reagens beschickt.

Nach 10—15 Minuten wird der Kohlendioxydstrom unterbrochen, der

[1]) Ca. 150—300 ccm für 1 g Harnstoff.
[2]) Adriani, Rec. **35**, 183 (1915).   [3]) Sv. Farm. Tidskr. **1912**, 85.
[4]) Ph. C.-H. **1897**, 579.   [5]) Z. physiol. **114**, 72 (1921).

Quetschhahn geschlossen und das Nitrometer mit 50 proz. Kalilauge derart gefüllt, daß die Birne bis oberhalb des Hahns gehoben wird, wonach der Hahn geschlossen wird. Die Birne wird sodann gesenkt.

Wenn alle Luft ausgetrieben und das Nitrometer wiederum mit Lauge gefüllt ist, werden alle Hähne geschlossen und 2 ccm Reagens dadurch in das Gasentwicklungsrohr gebracht, daß man über die Mündung des Trichterrohrs einen Kautschukschlauch zieht und nach vorsichtigem Öffnen des Hahns das Reagens in das Gasentwicklungsrohr bläst. Der Quetschhahn wird sodann vorsichtig geöffnet und das Gemisch in dem Gasentwicklungsrohr über einer kleinen Flamme bis zum beginnenden Sieden erhitzt, wonach ein Kohlendioxydstrom von etwa 100 Blasen pro Minute durch den Apparat geleitet wird, bis das Volumen im Nitrometer konstant bleibt. Der Kohlendioxydentwickler wird schließlich ausgeschaltet und der Quetschhahn geschlossen, wonach das Stickstoffvolumen abgelesen wird.

$$p = 0.2141 \cdot v \cdot g.$$

p = Prozentgehalt an Harnstoff.

v = abgelesenes Volumen des Stickstoffs.

g = das Gewicht des in einem Kubikzentimeter feuchten Stickstoffs enthaltenen Stickstoffs bei dem Druck und der Temperatur, bei welchem die Bestimmung ausgeführt worden ist (Tabelle S. 232 f.).

Malonsäure,

Smp. 134°. Leicht löslich in Wasser, Alkohol und Äther. Zerfällt beim Kochen in Essigsäure und Kohlendioxyd.

Reaktion von Richer und Bougault[1]).

Ca. 0.1 g Malonsäure in Form der freien Säure oder eines Alkalisalzes werden mit 15 Tropfen Zimtaldehyd und 1 ccm Eisessig im Rohr 10 Stunden im siedenden Wasserbad erhitzt. Man nimmt den Röhreninhalt unter Zusatz von Soda in 15 ccm Wasser auf, filtriert durch ein angefeuchtetes Filter, säuert mit Salzsäure an, filtriert den Niederschlag ab und trocknet ihn bei 100°. Das Gewicht an Cinnamalmalonsäure beträgt etwa 0.110 g; die Löslichkeit des Kondensationsprodukts beträgt 2 mg pro 10 ccm Flüssigkeit. Die Gegenwart organischer Säuren, wie Oxalsäure, Bernsteinsäure, Citronensäure, scheint die Reaktion nicht merklich zu beeinflussen, ebensowenig die Gegenwart von Alkalisalzen.

Methylalkohol.

Nachweis und Bestimmung siehe S. 21, 603, 691, 696 und 892.

Kritische Untersuchung der Methoden zum Nachweis: Gettler, J. Biol. Ch. 42, 311 (1920). — Nachweis als Formaldehyd: S. 583.

Zum Nachweis und zu einer annähernden quantitativen Bestimmung kleiner Mengen, auch neben Äthylalkohol (Ausbeute 50—65%) ist, die Überführung in den anisartig riechenden, bei 77—78° schmelzenden p-Brombenzoesäureester sehr geeignet. Man arbeitet nach Schotten-Baumann (S. 684). Autenrieth, Arch. 258, 1 (1920).

Äthylalkohol.

Nachweis und Bestimmung siehe S. 474, 690 und 899.

---

[1]) Richer, B. 37, 1323 (1904). -- Bougault, J. Pharm. et Ch. (7) 8, 289 (1913).

Monosaccharide[1]).

Nach van der Haar erfolgt die Charakterisierung der Monosaccharide am besten in Form ihrer Hydrazone, manchmal der Osazone.

Über andere Nachweis- und Bestimmungsarten siehe das Register unter dem Namen des betr. Zuckers.

Im besonderen gibt van der Haar die nachfolgenden Derivate als besonders geeignet an:

l - Arabinose.

Wird als Benzylphenyl-, Diphenyl-, α-Methylphenyl- oder p-Bromphenyl-hydrazon oder endlich mit Benzhydrazid identifiziert.

d - Fructose.

Als o- und p-Nitrophenylhydrazon oder Phenyl-, α-Methylphenyl- und p-Nitrophenylosazon.

Fucose.

Als Phenyl-, p-Tolyl-, α-Methylphenyl-, Diphenyl-, β-Naphthyl-, p-Brom-phenyl-, o-, m- und p-Nitrophenylhydrazon oder mit Benzhydrazid.

d - Galaktose.

Als o-, m- und p-Tolyl-, α-Methylphenyl- und o-, m- und p-Nitrophenyl-hydrazon; als Phenylosazon oder mit Benzhydrazid. Durch Überführung in Schleimsäure und mit Lactosehefe.

d - Glucose.

Als p-Nitrophenyl- und β-Naphthylhydrazon; Phenyl- und p-Bromphenyl-osazon. Mit p-Brombenzhydrazid. Als zuckersaures Silber.

d - Mannose.

Als Phenyl-, p-Tolyl-, α-Methylphenyl-, o-, m- und p-Nitrophenyl- und p-Bromphenylhydrazon; als Phenylosazon.

Rhamnose.

Als p-Tolyl-, β-Naphthyl- und p-Nitrophenylhydrazon; Phenyl- und p-Bromphenylosazon. Mit p-Brombenzhydrazid.

Xylose.

Als m-Nitrophenylhydrazon; Phenylosazon; als xylonsaures Cadmium-Bromcadmium. Siehe dazu Heuser, J. pr. (2) **103**, 84, 99 (1921).

Trennung der Monosaccharide[2]).

Die Trennung erfolgt fast immer so, daß zunächst ein Saccharid möglichst vollständig als Hydrazon gefällt wird. Das Filtrat befreit man mit Formaldehyd oder Benzaldehyd vom überschüssigen Hydrazin und setzt das in Lösung befindliche Saccharid gleichzeitig in Freiheit. Dieses wird dann mit einem geeigneten Reagens nachgewiesen.

Die Krystallisation der Hydrazone soll bei Zimmertemperatur innerhalb höchstens 48 Stunden erfolgen. Wenn möglich, vermeidet man das Impfen, kühlt aber im Notfall (mit Eiswasser) noch etwas ab.

---

[1]) Mit dem Nachweis und der Bestimmung der wichtigsten aus Naturprodukten erhältlichen Monosaccharide beschäftigt sich die ausgezeichnete Monographie von van der Haar: Monosaccharide und Aldehydsäuren, Gebr. Borntraeger, Berlin (1920), die dem Folgenden hauptsächlich zugrunde liegt.

[2]) van der Haar, Monosaccharide und Aldehydsäuren (1920), 240 ff.

Schmelzpunkte der Hydrazone nach van der Haar[1]).

Schmelzpunkt im Rothschen Apparat von	l-Arabinose	Xylose	Rhamnose	Fucose	d-Glucose	d-Mannose	d-Galaktose	d-Fructose	d-Glucuronsäure
	°	°	°	°	°	°	°	°	°
Phenylhydrazon	152—153	—	159—160	170	112	199	158	—	—
p-Bromphenylhydrazon	168 s	— s	— s	178 s	— s	206 s	165 s	— s	141—142 s
	167 n	128—129 n	168—169 n	— n	— n	208 n	168 n	— n	—
α-Methylphenylhydrazon	165	112	124	180	—	181	190-191 a[2])	—	—
Λ-Benzylphenylhydrazon	174	95	124	178	162	170—171	157	—	147
β-Naphthylhydrazon	174—175	—	192—193	200—201	—	186—187	189—190	—	164—165
Diphenylhydrazon	204	—	135—136	197—198	162	158—159	157—158	—	—
p-Nitrophenylhydrazon	182 a / 186 w	158—159	190—191	210—211	189 n / 192 s	202	194 a / 196—197 w	180—181	224—225
m-Nitrophenylhydrazon	184	163	159—160	204	—	166—167	181	—	—
o-Nitrophenylhydrazon	183	—	154	181	—	171	177—178	156—157	174 a
Benzhydrazon	212 a / 207 w	176 a / — w	189 a / — w	197 a / — w	193 a / — w	185 a / — w	192—193 a / — w	— a / — w	170 w / — a
p-Brombenzhydrazon	216	—	191	205—209	201	198	213—214	—	160—161 w
p-Nitrobenzhydrazon	186	—	—	—	—	—	—	—	127—128
o-Nitrobenzhydrazon	—	—	185—186	—	—	—	—	—	—
p-Tolylhydrazon	160	—	166	169	—	190—191	168	—	—
m-Tolylhydrazon	156—157w	—	134 a	165 a	—	amorph	154 w	—	170
o-Tolylhydrazon	—	—	—	—	—	—	176	—	—
Phenylosazon	165—166	163[3])	182	177,5	210	210	184	210	—
p-Bromphenylosazon	185	—	218	200—202	215—216	—	—	214	205—208
α-Methylphenylosazon	—	—	—	—	—	—	—	161—162	—
α-Benzylphenylosazon	—	—	—	—	—	—	—	190	—
p-Nitrophenylosazon	—	—	236	—	252	—	—	251	—
p-Bromphenylosazon des Bariumsalzes	—	—	—	—	—	—	—	—	215—216 / 210

[1]) s = aus saurer, n = aus neutraler, w = aus wäßriger, a = aus alkoholischer Lösung.
[2]) Aus wäßriger Lösung mit aq.; Smp. 185—187°. Votoček, Bull. (4) **29**, 460 (1921).
[3]) Nach Heuser, J. pr. (2) **103**, 84 (1921): 152,3°.

Die für die Fällung der einzelnen Zucker geeignetsten Reagenzien sind Seite 588 aufgeführt.

In einzelnen Fällen werden beide Zucker zusammen auskrystallisieren und können dann durch verschiedene Löslichkeit (in Aceton, Alkohol usw.) getrennt werden.

Wenn man auf die Isolierung des einen Zuckers verzichtet, kann er evtl. durch Gärung oder Oxydation entfernt werden.

So können d-Glucose, d-Mannose und Fructose durch Gärung mit Preßhefe bei 35° von d-Galaktose, l-Arabinose, Rhamnose und Xylose getrennt werden.

Über Trennung von Aldosen und Ketosen durch Oxydation mit Brom: S. 875, mit Salpetersäure: S. 875 f.

Wiedergewinnung der Monosaccharide aus den Hydrazonen.

Für die Spaltung der Hydrazone der Zuckerarten können natürlich von den zahlreichen hierfür benutzten Methoden[1]) nur solche dienen, die auf den Zucker nicht verändernd wirken.

1. Phenylhydrazone.

Die Spaltung erfolgt nach dem Verfahren von Herzfeld[2]). 2 g reines Hydrazon werden in 14 g 95 proz. Alkohol gelöst, 10 g Wasser und 1.6 g Benzaldehyd zugefügt und 5 Stunden am Rückflußkühler gekocht.

Man läßt erkalten, filtriert vom Benzaldehydrazon, destilliert aus dem Filtrat den Alkohol ab und schüttelt dreimal mit Äther aus. Die wäßrige Lösung wird zum Sirup eingedampft, evtl. geimpft.

2. Alle anderen Hydrazone werden mit Formaldehyd gespalten. Dabei verwendet man möglichst wenig Reagens; nur bei den Diphenylhydrazonen ist es nötig, um vollständige Zerlegung zu erzielen, einen großen Überschuß an Formaldehyd zu nehmen.

2 g Hydrazon werden mit 18 g 95 proz. Alkohol und 1.5 g 40 proz. Formaldehydlösung auf ein Drittel eingedampft und danach noch 2 Stunden am Rückflußkühler auf dem Wasserbad erhitzt. Nach dem Abkühlen werden 10 ccm Wasser zugefügt und dreimal ausgeschüttelt. Die wäßrige Lösung wird zur völligen Entfernung des Formaldehyds einige Male mit etwas absolutem Alkohol zum Sirup eingedampft.

Das Ausschütteln erfolgt gewöhnlich mit Äther; bei Nitro- und β-Naphthylhydrazonen sowie bei den Derivaten der Brom- und Nitrobenzhydrazide besser mit nicht zu wenig Äthylacetat.

Das Ausschütteln muß mindestens dreimal wiederholt werden.

Trennung von l-Arabinose und

d - Fructose

mit α-Benzylphenylhydrazin oder p-Tolylhydrazin und p-Brom- oder p-Nitrophenylhydrazin[3]);

Fucose

mit Benzhydrazid und Phenylhydrazin[3]);

---

[1]) S. 790, 802 und 874. [2]) S. 802. Siehe auch v. d. Haar, Monosaccharide usw. 228 f.
[3]) v. d. Haar, Monosaccharide und Aldehydsäuren (1920), 240 ff.

d Galaktose

mit Diphenylhydrazin und α-Methylphenylhydrazin[1]);
mit α-Benzylphenylhydrazin und β-Naphthylhydrazin[2]);
mit α-Benzylphenylhydrazin und Phenylhydrazin[3]);
mit Benzhydrazid und o-Tolylhydrazin[3]);

d Glucose

mit α-Methylphenylhydrazin und Phenylhydrazin [Votoček u. Vondraček[1])];
mit α-Benzylphenylhydrazin oder Diphenylhydrazin und Phenylhydrazin oder
   p-Nitrophenylhydrazin[3]);
mit o-Nitrophenylhydrazin und Phenyl- oder p-Nitrophenylhydrazin[3]);

d - Mannose

mit Phenylhydrazin und α-Methylphenylhydrazin [Votoček u. Vondraček[1])];
mit α-Benzylphenylhydrazin oder Diphenylhydrazin und Phenylhydrazin[3]);
mit Benzhydrazid und Phenylhydrazin[3]);

Rhamnose

mit α-Benzylphenylhydrazin und α-Methylphenylhydrazin oder p-Bromphenylhydrazin[3]);

Xylose

mit α-Benzylphenylhydrazin und durch die Xylonsäurereaktion[3]).

Trennung von Fructose und

Fucose

mit Phenylhydrazin, Diphenylhydrazin oder p-Tolylhydrazin und salzs. Phenylhydrazin[3]);

d - Galaktose

mit α-Methylphenylhydrazin und Phenylhydrazin[4]) oder besser p-Bromphenylhydrazin[3]);
mit o- oder p-Tolylhydrazin und p-Bromphenylhydrazin[3]);

d - Glucose

mit Phenylhydrazin und p-Bromphenylhydrazin[3]);
mit p-Brombenzhydrazid und p-Nitrophenylhydrazin;
mit Phenylhydrazin und α-Methylphenylhydrazin[4]);
mit o-Nitrophenylhydrazin und als zuckersaures Silber[5]);

Rhamnose

mit o-Nitrophenylhydrazin und Phenyl- oder p-Bromphenylhydrazin[3]);
mit Phenylhydrazin und Aceton[3]);
mit p-Tolylhydrazin und Phenylhydrazin[3]);

---

[1]) Votoček und Vondraček B. **37**, 3854 (1904). — Tollens und Maurenbrecher,
B. **38**, 500 (1905).
[2]) Hilger und Rothenfußer, B. **35**, 1841 (1902).
[3]) v. d. Haar, Monosaccharide und Aldehydsäuren (1920), 240 ff.
[4]) Ruff und Ollendorff, B. **32**, 3234 (1899).
[5]) v. Ekenstein und Blanksma, Rec. **24**, 38 (1905).

Xylose

mit o-Nitrophenylhydrazin und mittels der Xylonsäurereaktion[1]);
mit Phenylhydrazin und Aceton[1]).

Trennung von Fucose und
d - Galaktose

mit Diphenylhydrazin und Tolylhydrazin[1]);
mit p-Bromphenylhydrazin und o-Tolylhydrazin[1]);

d - Glucose

mit p-Tolylhydrazin, p-Bromphenylhydrazin, Diphenylhydrazin oder α-Methyl-
phenylhydrazin und Phenylhydrazin[1]);
mit Phenylhydrazin und Aceton[1]);

Mannose

mit Diphenylhydrazin und Phenylhydrazin[1]);
mit Phenylhydrazin und Aceton[1]);

Rhamnose

mit p-Bromphenylhydrazin[1]);

Xylose

mit p-Tolylhydrazin, Benzhydrazid, p-Bromphenyl-, α-Methylphenyl- oder
Diphenylhydrazin und mit der Xylonsäurereaktion[1]).

Trennung von d-Galaktose und
d - Glucose

mit o-Tolylhydrazin[1]) oder α-Methylphenylhydrazin[1])[2]) und Phenylhydrazin;
mit p-Nitrophenylhydrazin[1]);

Mannose

mit Phenylhydrazin und α-Methylphenylhydrazin[1])[2]);
mit o-Tolylhydrazin und Phenyl- oder p-Bromphenylhydrazin[1]);

Rhamnose

mit o-Tolylhydrazin und p-Bromphenylhydrazin[1]);
mit α-Methylphenylhydrazin[2]) und p-Bromphenylhydrazin[1]);
mit Phenylhydrazin und Aceton[1]);

Xylose

mit o- oder p-Tolylhydrazin, α-Methyl- oder p-Nitrophenylhydrazin oder p-Brombenzhydrazid und der Xylonsäurereaktion[1]);
mit Phenylhydrazin[1]).

Trennung von d-Glucose und
Mannose

mit Phenylhydrazin, α-Methyl-, p-Brom-, o-Nitrophenylhydrazin oder p-Tolylhydrazin und als zuckersaures Silber[1]);

---

[1]) v. d. Haar, Monosaccharide und Aldehydsäuren (1920), 240 ff.
[2]) Votoček und Vondraček, B. 37, 3854 (1904 — Tollens und Maurenbrecher, B. 38, 500 (1905).

Rhamnose

mit p-Tolylhydrazin und Phenylhydrazin[1]);
mit Phenylhydrazin und Aceton[1]);

Xylose

mit p-Nitrophenylhydrazin und der Xylonsäurereaktion[1]);
mit Phenylhydrazin und Aceton[1]);

Mannose

mit Phenylhydrazin, α-Methyl-, o- und m-Nitro- oder p-Bromphenylhydrazin
und salzs. p-Bromphenylhydrazin[1]);

Xylose

mit Phenyl-, p-Bromphenyl-, o-Nitrophenylhydrazin oder p-Tolylhydrazin und
der Xylonsäurereaktion[1]);
mit p-Nitrophenylhydrazin[1]).

Trennung von Rhamnose und
Xylose

mit p-Tolylhydrazin oder p-Brombenzhydrazid und der Xylonsäurereaktion[1]).

Über die Trennung von drei und mehr Monosacchariden s. v. d. Haar,
Monosaccharide und Aldehydsäuren (1920), 273 ff.

Oxalsäure.

Über den Schmelzpunkt der wasserfreien Oxalsäure siehe S. 119.
Siehe dazu auch Calcagni, G. **50**, I, 245 (1920).

Quantitative Bestimmung der Oxalsäure nach Krause[2])
Essigsäureanhydrid zerlegt bei Temperaturen unter 100° Oxalsäure nach
der Gleichung:

$$C_2H_2O_4 = CO + CO_2 + H_2O \,,$$

während unter diesen Umständen weder Milchsäure noch Malonsäure, Bernsteinsäure, Apfelsäure, Weinsäure oder Citronensäure Kohlendioxyd entwickeln[3]).

0.1—0.3 g der freien Säure werden mit 5 ccm reinem (schwefelsäurefreiem)
Essigsäureanhydrid im Kohlendioxydstrom mittels des siedenden Wasserbades
erhitzt und das Kohlenoxyd über 50 proz. Kalilauge aufgefangen.

Der Versuch ist in einer Viertelstunde beendet.

Das Anhydrid muß im Kohlendioxydstrom ausgekocht und unter Kohlendioxyd aufbewahrt werden.

Oxalate werden, wenn sie löslich sind, mit überschüssiger 15 proz. Salzsäure im Wasserbad unter häufigem Umschütteln bis nahe zur Trockne eingedampft. Unlösliche Oxalate werden mit 4.5 ccm Anhydrid und 0.5 ccm konz.
Schwefelsäure zur Reaktion gebracht. Im letzteren Fall muß durch eine blinde
Probe ermittelt werden, wieviel Kohlenoxyd in der angewendeten Zeit (15 bis
20 Minuten) durch die Einwirkung der Schwefelsäure auf das Anhydrid gebildet
wird. (Ca. 0.25—0.3 ccm, entsprechend 1 mg Oxalsäure.)

Bei Gegenwart von Apfelsäure und Milchsäure wird das Schwefelsäure-
Anhydridverfahren unzuverlässig.

---

[1]) v. d. Haar, Monosaccharide und Aldehydsäuren (1920), 240 ff.
[2]) B. **52**, 426 (1919).   [3]) Wohl aber Ameisensäure.

Siehe dazu noch Ott, A. **401**, 177 (1913). — B. **52**, 752 (1919). — Krause, B. **52**, 1222 (1919).

Weiteres über die Bestimmung der Oxalsäure, ihre Trennung von Weinsäure usw.: Bau, Ch. Ztg. **42**, 425 (1918).

Hydrargyrometrische Oxalsäurebestimmung: Abelmann, B. d. pharm. Ges. **31**, 130 (1921).

Oxybenzoesäuren.

1. Salicylsäure:

$$\text{OH} \quad \text{COOH}$$

Smp. 156—157°. Sublimierbar. Mit Wasserdämpfen flüchtig. Schmeckt stark süßlichsauer.

Eisenchloridreaktion S. 616.

$$\begin{aligned}
&\text{Löslich in ca. 1000 T. Wasser von} && 0° \\
&\quad\text{,, \quad ,, \quad ,, \quad 500 \quad ,, \quad ,, \quad ,,} && 13° \\
&\quad\text{,, \quad ,, \quad ,, \quad \;13 \quad ,, \quad ,, \quad ,,} && 100°.
\end{aligned}$$

Leicht löslich in Chloroform (Unterschied von den Isomeren).

Mit Jod-Jodkalium und Sodalösung entsteht beim Erwärmen schwer lösliches Tetrajoddiphenylenoxyd $(C_6H_2J_2O)_2$. Man entfernt überschüssiges Jod mit Sulfit und kann im Filtrat evtl. noch vorhandene Benzoesäure (durch Ausäthern usw.) nachweisen.

Methylester: Flüssig, Smp. —8°, von charakteristischem Geruch.

2. Metaoxybenzoesäure:

$$\text{OH} \quad \text{COOH}$$

Smp. 200°. Sublimierbar. Schmeckt süßlich. Löslich in ca. 100 T. Wasser von 24°.

Keine Eisenchloridreaktion.

Methylester: Smp. 70°. — Siehe S. 50.

3. Paraoxybenzoesäure:

$$\text{OH} \qquad + H_2O$$
$$\text{COOH}$$

Smp. 210° (wasserfrei). Löslich in ca. 200 T. Wasser von 21°. Schmeckt sauer. Schwer löslich in Chloroform.

Eisenchloridreaktion S. 618.

Methylester: Smp. 131°.

Phthalsäuren.

	o-	m-	p-
Smp.	{ ca. 195° { bei raschem Erhitzen	348.5 im geschl. Rohr	subl. bei ca. 300°
Anhydrid	Smp. 128°, Sdp. 284.5°	—	—
Löslichkeit in Teilen: {	kalt 120	7800	67 000
Wasser . . . . . {	sied. 5.5	460	
Alkohol	10	ziemlich leicht	fast unlöslich
Äther	146	,, ,,	,, ,,
Chloroform	fast unlöslich	fast unlöslich	,, ,,
Dimethylester	(flüssig)	Smp. 64—65°	Smp. 140°
p-Nitrobenzylester[1] . .	Sdp. 282°	Smp. 202.5°	Smp.263—263.5°

[1] Lyons und Reid, Am. soc. **39**, 1727 (1917).

Isophthalsäure und Terephthalsäure verbinden sich nicht mit Anilin. Sowohl beim Hinzufügen von Anilin zu den alkoholischen Lösungen dieser Säuren wie beim Vermengen der wäßrigen Lösungen isophthalsaurer oder terephthalsaurer Salze mit salzsaurem Anilin wurden neben Anilin nur die freien Säuren erhalten[1].

Beim Erhitzen in einer Atmosphäre von Benzoesäure sublimiert die Terephthalsäure in großen charakteristischen Zwillingskrystallen[2].

Das Bariumsalz kann zur Unterscheidung von der Isophthalsäure dienen. Es löst sich bei 5° in 355 T. Wasser, während das isophthalsaure Barium sehr leicht löslich ist. Noch schwerer als terephthalsaures Barium wird das Strontiumsalz von Wasser aufgenommen: Ein Teil löst sich bei 17° in 325 T. Wasser[3].

Protocatechusäure.

$$\text{C}_6\text{H}_3(\text{COOH})(\text{OH})_2 + \text{H}_2\text{O}$$

Smp. 199°, gelbe Nadeln. Leicht löslich in heißem Wasser und Alkohol, schwerer in Äther, fast gar nicht in siedendem Benzol.

Eisenchloridreaktion S. 617.

Reduziert ammoniakalische Silberlösung.

Die Fällung mit Bleiacetat ist in Essigsäure löslich. Zerfällt in der Hitze unter Bildung von Brenzcatechin und Kohlendioxyd.

Pyridinmonocarbonsäuren.

1. Picolinsäure:

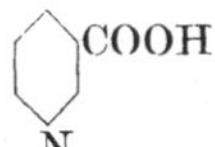

Smp. 136°, sublimierbar, mit Wasserdämpfen flüchtig. Leicht löslich in Wasser und Alkohol, schwer in Benzol und Äther.

Reaktion mit Eisenvitriol S. 619.

Das charakteristische violettblaue Kupfersalz ist in heißem Wasser ziemlich leicht löslich (Trennung von den Isomeren).

Methylester: Smp. 14°.

2. Nicotinsäure:

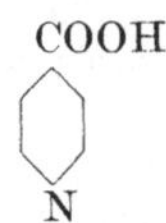

Smp. 229°. Sublimierbar. Ziemlich schwer löslich in kaltem Wasser, leicht in heißem und in Alkohol, sehr schwer in Äther.

Das Kupfersalz (hell blaugrün) ist in Wasser unlöslich.

Methylester: Smp. 38°.

3. Isonicotinsäure:

[1] Graebe und Buenzod, B. **32**, 1992 (1899).
[2] Warren de la Rue und Müller, A. **120**, 343 (1861). — Beilstein, A. **133**, 42 (1865). [3] Hell und Rockenbach, B. **22**, 508 (1889).

Sublimiert ohne zu schmelzen. Smp. im geschlossenen Rohr bei 317°. Sehr schwer löslich in kaltem, leicht in siedendem Wasser, sehr schwer in Äther und Benzol sowie in siedendem Alkohol.

Blaugrünes, in Wasser unlösliches Kupfersalz.

Methylester: Smp. 85°.

Pyridindicarbonsäuren.

1. Dipicolinsäure:

$$HOOC-\!\!\!\bigcirc\!\!\!-COOH + 1^{1}/_{2}\,H_{2}O$$

Smp. 229°.

Dimethylester: Smp. 121°.

Eisenvitriolreaktion S. 619.

2. Chinolinsäure:

$$\bigcirc\!\!\!\begin{matrix}COOH\\COOH\end{matrix}$$

Smp. 190—195° unter Zersetzung. Erstarrt dann wieder und schmilzt nochmals bei 231°.

Dimethylester: Smp. 56°. Anhydrid: Smp. 134°.

Eisenvitriol färbt die Lösung der Säure ähnlich der Farbe des Kaliumpyrochromats.

3. Lutidinsäure:

$$\begin{matrix}COOH\\\bigcirc\!\!\!-COOH\end{matrix} + H_{2}O$$

Smp. 240°.

Dimethylester: Smp. 58°. Leicht löslich in kaltem Methylalkohol. Schmeckt bitter.

Eisenvitriolreaktion: Rotgelb, in alkoholischer Lösung violettrot. [Hans Meyer und Tropsch, M. **35**, 195 (1914)].

4. Isocinchomeronsäure:

$$HOOC\!\!\!-\!\!\!\bigcirc\!\!\!-COOH + 1(1^{1}/_{2})\,H_{2}O$$

Smp. 236°. Mit Ferrosulfat rötlichgelbe Färbung.

Dimethylester: Smp. 164°. In kaltem Methylalkohol fast unlöslich. Geschmacklos.

5. Cinchomeronsäure:

$$\bigcirc\!\!\!\begin{matrix}COOH\\COOH\end{matrix}$$

Smp. 266° unter Zersetzung. Anhydrid: Smp. 67°. Keine Färbung mit Ferrosalzen.

Dimethylester: flüssig.

6. Dinicotinsäure:

$$HOOC\text{—}\underset{N}{\bigcirc}\text{—}COOH$$

Smp. 323°. In heißem Wasser sehr schwer löslich.
Dimethylester: Smp. 85°. Sehr lange Nadeln (aus Wasser). Keine Färbung mit Ferrosalzen.

Pyridintricarbonsäuren.

1. Carbocinchomeronsäure:

$$\underset{N}{\bigcirc}\begin{matrix}COOH\\COOH\\COOH\end{matrix} + 1\tfrac{1}{2}H_2O$$

Smp. 249—250°.
Trimethylester: Smp. 101—102°. Leicht löslich in Wasser und Methylalkohol, schwer in Petroläther.
Triäthylester: flüssig, Sdp. 300—305°.
Konzentrierte Lösung wird von Ferrosulfat blutrot, verdünnte rotgelb gefärbt.

2. Carbodinicotinsäure:

$$HOOC\text{—}\underset{N}{\bigcirc}\begin{matrix}COOH\\COOH\end{matrix} + 2\,H_2O$$

Smp. 323°. Wird von Eisenvitriollösung intensiv rot gefärbt.

3. Carbodipicolinsäure:

$$HOOC\text{—}\underset{N}{\bigcirc}\begin{matrix}COOH\\COOH\end{matrix} + 2\,H_2O$$

Schmilzt bei 130° im Krystallwasser und dann nochmals bei 245—250° unter Bildung von Isocinchomeronsäure. Wird durch Ferrosulfatlösung carminrot gefärbt.

4. Berberonsäure:

$$HOOC\text{—}\underset{N}{\bigcirc}\begin{matrix}COOH\\COOH\end{matrix} + 2(1)H_2O$$

Smp. 235°. Mit Eisenvitriol Blutrotfärbung

5. Trimesitinsäure:

$$HOOC\text{—}\underset{N}{\bigcirc}\text{—}COOH \quad + 2\,H_2O$$

Smp. 227° unter Zersetzung. Eisenvitriol erzeugt intensiv violettrote Färbung.
Trimethylester: Smp. 154.5°. Schmeckt bitter.
Äthylester: Smp. 127°.

6. β-Carbocinchomeronsäure:

$$\underset{\text{N}}{\overset{\overset{\textstyle COOH}{\text{HOOC}\diagup\diagdown\text{COOH}}}{\bigcirc}} + 3\,H_2O$$

Smp. 261° unter Zersetzung.
Mit Eisenvitriollösung keine Färbung.

Pyridintetracarbonsäuren.

1. $2 \cdot 3 \cdot 4 \cdot 5$ Tetracarbonsäure $+ 2\,(3)\,H_2O$.
Smp. unter Zersetzung bei 160°. Mit Eisenvitriollösung intensiv dunkelrot.

2. $2 \cdot 3 \cdot 4 \cdot 6$ Tetracarbonsäure $+ 2\,H_2O$.
Smp. 222° unter Zersetzung. In Wasser sehr leicht löslich, mit Ferrosalzen braunrot, auf Essigsäurezusatz kirschrot.

3. $2 \cdot 3 \cdot 5 \cdot 6$ Tetracarbonsäure $+ 2\,H_2O$.
Smp. unter Zersetzung bei 150°.
In Wasser leicht löslich. Mit Ferrosulfat blutrot.

Toluylsäuren.

	o-	m-	p-
Smp.	105°	111°	180°
Amid, Smp.	143°	94°	159°

Trioxybenzole.

	Pyrogallol 1 · 2 · 3	Phloroglucin 1 · 3 · 5 + 2 aq	Oxyhydrochinon 1 · 2 · 4
Smp.	132°	219°	140°
Geschmack	bitter	süß	bitter
Eisenchlorid	rot, auf Zusatz von CaCO$_3$ blau, alkohol. Lösung dunkelgrün[1])	blauviolett (in konz. Lösung)	vorübergehend blaugrün, auf Zusatz von wenig Soda dunkelblau, mit mehr Soda weinrot
Alkalische Lösung	bräunt sich rasch an der Luft	bleibt zunächst unverändert, beim Schütteln blauviolette Färbung, besonders auf Zusatz von Wasserstoffsuperoxyd	schon die wäßrige Lösung ist äußerst empfindlich
Bleiacetat	weißer Niederschlag	—	graugelber Niederschlag, der sich rasch dunkel färbt
Benzoat Smp.	90°	172°	120°
Acetat Smp.	160°	104—106°	97°

Siehe ferner zu Phloroglucin S. 644. — Oxyhydrochinon: Liebermann und Lindenbaum, B. **37**, 1176 (1904). Bildung von Phenyltrioxyfluoron.

---

[1]) Mit Eisenvitriollösung Blaufärbung, mit Kalkwasser violett, dann bräunlich.

Vierter Teil

Qualitative und quantitative Bestimmung der organischen Atomgruppen

Erstes Kapitel.

Nachweis und Bestimmung der Hydroxylgruppe.

Erster Abschnitt.

Qualitativer Nachweis der Hydroxylgruppe.

Außer den im nachfolgenden beschriebenen, allgemein anwendbaren
Methoden zur quantitativen Hydroxylbestimmung, die natürlich auch zum
qualitativen Nachweis dieser Atomgruppe dienen können, gibt es noch für
die einzelnen Bindungsformen der OH-Gruppe charakteristische Spezial-
reaktionen.

$$\text{1. Reaktionen der primären Alkohole: } R{-}\overset{\displaystyle H}{\underset{\displaystyle H}{C}}{-}OH.$$

A. Nitrolsäureprobe von V. Meyer und Locher[1].

Man verwandelt den zu untersuchenden Alkohol durch Jod und amorphen
Phosphor[2] in sein Jodid. Die bequemere Jodierungsmethode mit Jodwasserstoffsäure ist unstatthaft, weil sie eventuell zu Umlagerungen Anlaß geben
kann.

Von den kohlenstoffärmeren Jodiden (der Methyl- bis zur Propyl-
reihe), bei welchen die Umwandlung in Nitrokörper sehr glatt geht, genügen
zu der folgenden Operation 0.3 g; von den kohlenstoffreicheren, bei
denen neben der Bildung des Nitrokörpers stets Abspaltung von Alkylen
statthat, nimmt man 0.5—1.0 g.

Diese Jodidmenge bringt man in ein Destillierkölbchen von wenigen Kubikzentimetern Inhalt, mit seitlich angeblasenem, etwa 20 cm langem Rohr, in
das vorher eine kleine Menge trocknes Silbernitrit (das Doppelte vom Gewicht des Jodids), das mit seinem gleichen Volumen feinem, trocknem, weißem
Sand innig verrieben ist, eingefüllt wurde.

Man wartet einige Augenblicke, bis die unter Wärmeentwicklung erfolgende
Reaktion:

$$RCH_2J + AgNO_2 = RCH_2NO_2 + AgJ$$

eingetreten ist und destilliert nun über freier Flamme ohne Kühler ab. Das
aus wenigen Tropfen bestehende Destillat wird mit dem dreifachen Volum
einer Auflösung von Kaliumnitrit in konzentrierter Kalilauge geschüttelt, die

---

[1] B. **7**, 1510 (1874); **9**, 539 (1876). — A. **180**, 139 (1875). — Siehe auch Demjanow,
B. **40**, 4394 (1907) und **5**, 1077.   [2] Beilstein, A. **126**, 250 (1863).

Flüssigkeit mit etwas Wasser verdünnt und durch tropfenweisen Zusatz von verdünnter Schwefelsäure angesäuert.

Die vordem farblose Lösung färbt sich, falls ein primärer Alkohol vorlag, orangerot bis (in den niedrigeren Reihen) intensiv dunkelrot (Bildung von erythronitrolsaurem Salz). Siehe Hantzsch und Graul, B. **31**, 2854 (1898).

Durch abwechselnden Zusatz von Säure und Alkali kann man diese Färbung beliebig oft aufheben und wiederherstellen; falls das Destillat in wäßriger Kalilauge schwer löslich ist, kann man auch alkoholische Lauge verwenden.

Nach Gutknecht[1]) liefert diese Reaktion noch in der Octylreihe gute Resultate. Versuche des Verfassers zeigten, daß auch noch das Cetyljodid $C_{16}H_{33}J$ deutlich reagiert. — Aromatische Alkohole (Benzylalkohol) geben die Reaktion nicht.

B. Nach Stephan[2]) reagiert Phthalsäureanhydrid unter Zusatz eines geeigneten Verdünnungsmittels auf dem Wasserbad bei einstündigem Erwärmen quantitativ mit primären Alkoholen unter Bildung saurer Ester, während sekundäre Alkohole bei gleicher Behandlungsweise nur schwer und in geringer Menge, tertiäre durchaus nicht reagieren. Erhitzt man aber die Komponenten ohne Verdünnungsmittel[3]) auf 110—120°, so reagieren auch sekundäre Alkohole recht leicht. Pickard und Littlebury, Soc. **91**, 1978 (1907). — Pickard und Kenyon, Soc. **91**, 2059 (1907).

Der Alkohol wird mit dem gleichen Gewicht fein gepulvertem Phthalsäureanhydrid und dem gleichen Volum Benzol ca. 2 Stunden gekocht, der gebildete saure Ester durch Schütteln mit Sodalösung an Alkali gebunden, stark mit Wasser (bis zur klaren Lösung) verdünnt, mit Äther erschöpft (zur Entfernung der Verunreinigungen), mit wäßriger oder alkoholischer Lauge verseift und der regenerierte Alkohol mit Dampf übergetrieben. Die Phthalestersäuren lassen sich oftmals auch durch Umkrystallisieren aus hochsiedendem Petroläther reinigen.

Sie geben öfters charakteristische Silbersalze. So läßt sich das Silbersalz des d-Citronelloderivats aus Benzol und Methylalkohol umkrystallisieren und schmilzt bei 125°[4]). Das phytolphthalestersaure Silber ist in Äther und Benzol leicht löslich und schmilzt bei 119°[5]).

Ebenso können die Strychninsalze der Phthalestersäuren Verwendung finden[6]).

Manche Phthalestersäuren sind leicht durch Hitze zersetzlich, wobei Phthalsäure und ungesättigter Alkohol entstehen. (Phytadien aus Phytol, Phyten aus Dihydrophytol.) Man nimmt in solchen Fällen die 4fache Menge Benzol und erhitzt auf dem Wasserbad (nicht direkt) bis 5 Stunden lang.

---

[1]) B. **12**, 620 (1879).

[2]) J. pr. (2) **60**, 248 (1899); **62**, 523 (1900). — Semmler und Barthelt, B. **40**, 1365 (1907). Diese Methode ist namentlich in der Terpenreihe erprobt worden. — Schimmel & Co., B. **1899**, II, 17, 41; **1900**, 1, 44; **1900**, II, 45. — Roure - Bertrand Fils, B. I, **3**, 35, 38 (1901); B. I, **9**, 21 (1904). — Hesse, B. **36**, 1466 (1903). — Über eine etwas andere Arbeitsmethode siehe Charabot, Bull. (3) **23**, 926 (1900). — Roure-Bertrand Fils, B. I, **4**, 15 (1904). — Fr. P. 374 405 (1907). — Enklaar, B. **41**, 2086 (1908). — Schimmel & Co., B. **1910**, I, 107. — Elze, Ch. Ztg. **34**, 538, 857 (1910). — Semmler und Feldstein, B. **47**, 2687 (1914).

[3]) Oder in Benzollösung bei Gegenwart von Natrium: Helferich und Lecher, B. **54**, 932 (1921).

[4]) Schimmel & Co., B. **1909**, I, 98. — Siehe auch Erdmann und Huth, J. pr. (2) **56**, 40 (1897). — Mayer und Neuberg, Bioch. **71**, 178 (1915).

[5]) Willstätter, Mayer und Hüni, A. **378**, 87 (1910).

[6]) Paolini und Rebora, Atti Linc. (5) **25**, II, 377 (1916).

Um die Estersäuren zu reinigen, kann man sie in Form eines ätherlöslichen Salzes von Phthalsäure, mittels eines wasserlöslichen von Anhydrid und Alkohol trennen.

Nach Henderson und Heilbron[1]) bewährt sich die Phthalsäureester-methode auch in Fällen, wo Benzoylierung und Acetylierung nicht zu befriedigenden Resultaten führen. Sie versagt nach unveröffentlichten Beobachtungen von Hans Meyer und Swoboda bei den hochmolekularen Fettalkoholen (Ceryl- und Cetylalkohol).

Das Verfahren kann auch zu quantitativen Bestimmungen verwertet werden. Schimmel & Co. gehen z. B.[2]) zur Analyse des Citronellöls folgendermaßen vor.

In einem Kolben mit eingeschliffenem Rückflußkühler werden 2 g Öl mit 2 g Phthalsäureanhydrid und 2 g Benzol 2 Stunden im Wasserbad erhitzt. Nach dem Abkühlen wird der Kolbeninhalt mit 60 ccm $n/_2$-Kalilauge 10 Minuten durchgeschüttelt. Während dieser Zeit bleibt der Kolben verschlossen. Das Anhydrid ist dann in neutrales Kaliumphthalat und die Geraniolestersäure in ihr Kaliumsalz verwandelt. Der Überschuß an Kalilauge wird mit $n/_2$-Schwefel-säure zurücktitriert. Die Zahl der verbrauchten Kubikzentimeter multipliziert mit 0.028 gibt die noch vorhandene Menge Alkali an.

Das Geraniol kann hier nicht durch Acetylierung bestimmt werden, weil das anwesende Citronellal dabei in Isopulegolacetat übergeführt würde.

Die Natriumsalze der Phthalestersäuren reagieren mit p-Nitrobenzyl-bromid unter Bildung oftmals charakteristischer Ester. Man kann dabei die Trennung des Alkohols mit seiner Identifizierung verbinden, ferner einen primären Alkohol in Gegenwart von sekundärem und tertiärem, einen sekundären in Gegenwart von tertiärem identifizieren. Die Anwendbarkeit ist indessen beschränkt, da viele der in Betracht kommenden Derivate flüssig sind; gut verwendbar ist das Verfahren für die niederen Alkohole, besonders Methyl-alkohol, der so leicht neben Äthylalkohol nachgewiesen werden kann. Methyl-alkohol reagiert mit Phthalsäureanhydrid schon bei Zimmertemperatur[3]).

Über die Umwandlung auch von tertiären Alkoholen (Linalool) in Phthalestersäuren mittels trockner Natriumalkoholate siehe: Tiemann und Krüger, B. **29**, 902 (1896).

In analoger Weise liefern die primären Alkohole auch mit den Anhydriden schwer flüchtiger einbasischer Säuren unter geeigneten Bedingungen entsprechende Ester[4]).

Über saure Bernsteinsäureester siehe: Pickard und Littlebury Soc. **101**, 109 (1912).

Spaltung racemischer Phthalate durch Brucin: Pickard und Littlebury Proc. **24**, 217 (1909).

C. Namentlich für primäre Alkohole von höherem Molekular-gewicht ist die Reaktion von Hell[5]) verwertbar. Beim Erhitzen mit Natron-kalk werden nämlich die primären Alkohole nach der Gleichung[6]):

$$R \cdot CH_2OH + KOH = R \cdot COOK + 2\,H_2$$

[1]) Soc. **93**, 293 (1908).   [2]) B. f. **1899**, II, 17.

[3]) Reid, Am. soc. **39**, 1249 (1917).

[4]) Fr. P. 374 405 (1907). — DRP. 209 382 (1909).

[5]) A. **223**, 269, 274, 295 (1884). — Schwalb, A. **235**, 106 (1886). — Mangold, Ch. Ztg. **15**, 799 (1891).

[6]) Dumas und Stas, A. **35**, 129 (1841). — Brodie, A. **67**, 202 (1848); **71**, 149 (1849). — Nef, A. **318**, 173 (1901). — Siehe auch S. 504.

unter Entwicklung von 2 Molekülen Wasserstoff in die zugehörigen Säuren verwandelt. Die weitergehende Zersetzung der Säure:

$$\mathrm{R \cdot COOK + KOH = R \cdot H + K_2CO_3}$$

erfolgt bei nicht viel höherer Temperatur. Es wäre daher bei den niedrigeren Alkoholen auf eine entsprechende Reinigung des Wasserstoffs von gasförmigen Kohlenwasserstoffen Rücksicht zu nehmen. Bei den höheren Alkoholen dagegen übt die Bildung dieser Nebenprodukte, da sie nicht flüchtig sind, keinen Einfluß auf das Resultat.

Das Volum des bei der Reaktion entwickelten Gases ist ein Maß für die Molekulargröße des untersuchten Alkohols. Ebenso kann natürlich die Methode von Hell zur qualitativen und quantitativen Bestimmung eines primären Alkohols von bestimmtem Molekulargewicht dienen.

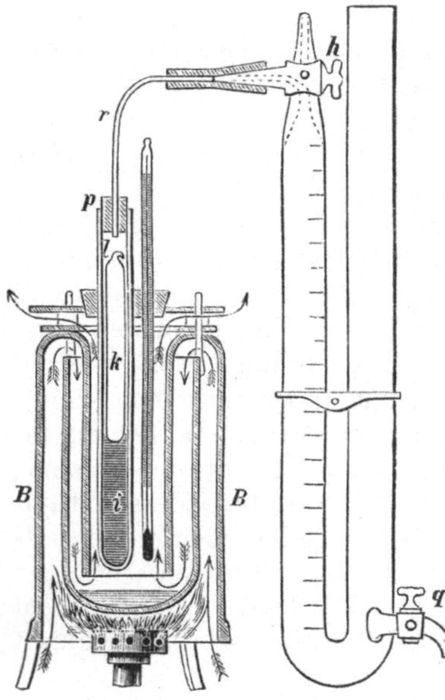

Fig. 289. Apparat von Hell.

Ausführung der Bestimmung. In einem nach dem Prinzip von Lothar Meyer[1]) konstruierten Luftbad[2]) B (Fig. 289), in das mit Kork das Rohr i und ein Thermometer eingesetzt sind, wird die Substanz erhitzt. Hell verwendet die fein gepulverte Probe direkt mit Natronkalk innig gemischt. Seither haben A. und P. Buisine[3]) konstatiert, daß man noch zuverlässigere Resultate erhält, wenn man den flüssigen oder geschmolzenen Alkohol zuerst mit dem gleichen Gewicht ($^1/_2$—1 g) fein gepulvertem Ätzkali in der Wärme verreibt. Die nach dem Erkalten harte Masse wird pulverisiert und mit 3 Teilen Kalikalk (auf 1 Teil Alkohol) innig gemischt. — Die Mischung wird in i gebracht, noch mit etwas Natron- oder Kalikalk bedeckt und dann, um das Luftvolumen möglichst zu verringern, eine an beiden Enden zugeschmolzene Röhre k, die das Rohr nahezu ausfüllt, eingeschoben. Durch das in den Kautschukstopfen p eingepaßte enge Röhrchen r wird dann luftdichte Verbindung mit einer vollständig mit Quecksilber gefüllten und mit einem Dreiweghahn h versehenen Hofmannschen Gasbürette hergestellt.

Um die durch das Einschieben von r in p veranlaßte Druckdifferenz auszugleichen, wird zuerst durch Drehen des Dreiweghahns die Kommunikation von i mit der atmosphärischen Luft hergestellt.

Man beobachtet Barometerstand und Temperatur und bringt durch Drehen von h die Bürette mit i in Verbindung. Durch Ablassen von Quecksilber bei q wird jetzt ein Vakuum erzeugt und untersucht, ob der Apparat luftdicht schließt, der Quecksilberstand in der Bürette sich also nach einiger Zeit nicht ändert.

Nun wird langsam angewärmt und dann so lange auf 300—310° erhitzt, bis das Niveau der Quecksilbersäule konstant bleibt. Man läßt dann den

[1]) B. **16**, 1087 (1883).
[2]) Oder einfacher einem Sand- oder Graphitbad. Kuhn, Diss. München (1909), 15.
[3]) Monit. scient. **1890**, 1127. — Bull. (3) **3**, 567 (1890).

Apparat wieder auf die Anfangstemperatur erkalten, stellt den ursprünglichen Druck durch Zugießen von Quecksilber her, liest das Gasvolumen ab und reduziert auf 0° und 760 mm Druck.

Will man das Gas trocken messen, so wählt man i länger und bringt oberhalb k noch eine Schicht stark ausgeglühten Natronkalk an.

Anderenfalls hat man die Tension des Wasserdampfes w zu berücksichtigen.

Aus dem abgelesenen Volumen v findet man das korrigierte Volumen:

$$V = \frac{v \cdot (b-w)}{760\,(1 + 0.0003\,665\,t)}$$

und das Gewicht des Wasserstoffs in Milligrammen:

$$G = 0.0896 \cdot V.$$

Zur Analyse der Alkohole der Wachsarten haben A. und P. Buisine den Apparat modifiziert. Als Bad dient das mit Quecksilber gefüllte eiserne Gefäß A (Fig. 290), das ein Steigrohr K zur Kondensation der Quecksilberdämpfe trägt.

Bemerkungen zur Hellschen Methode. Wenn man nicht einen reinen Alkohol untersucht, sondern etwa in Naturprodukten (Wachs od. dgl.) qualitativ und quantitativ auf das Vorhandensein von primären Alkoholen prüft, kann man oftmals die gefundene Wasserstoffzahl nicht verwerten, weil auch andere Substanzen (Harze usw.) beim Erhitzen mit Natronkalk Gase (Wasserstoff und Kohlenwasserstoffe) entwickeln. Die Ausbeute an Säure aus komplizierteren Alkoholen ist natürlich durchaus nicht quantitativ. So erhielten [1]) Willstätter, Mayer und Hüni aus dem Dihydrophytol nur ca. 50% Phytansäure; die Oxydation mit Chromsäure[2]) liefert hier bessere Resultate.

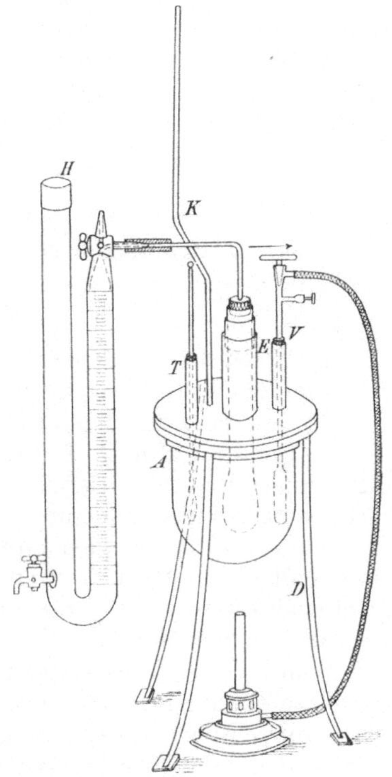

Fig. 290.
Apparat von A. und P. Buisine.

Enthält das Wachs ein Lacton, so wird letzteres durch den Natronkalk in die Oxysäure verwandelt, was zu Täuschungen Veranlassung geben kann[3]).

Über das Verhalten der primären, sekundären und tertiären Alkohole gegen Ätzkali siehe S. 514.

D. Reaktion von Jaroschenko[4]). Aus primären Alkoholen entsteht mit Phosphortrichlorid nach der Gleichung:

$$R \cdot CH_2 \cdot OH + PCl_3 = RCH_2 \cdot OPCl_2 + HCl$$

ein alkylphosphorsaures Chloranhydrid, das unzersetzt destillabel ist.

Man läßt den Alkohol unter sorgfältiger Kühlung in das Phosphortrichlorid eintropfen. Nach Beendigung der ziemlich stürmischen Reaktion wird noch einige Zeit auf dem Wasserbad erwärmt und dann rektifiziert.

---

[1]) A. **378**, 103 (1910).
[2]) Siehe S. 471.   [3]) Siehe dazu Hans Meyer und Soyka, M. **34**, 1171 (1913).
[4]) Russ. **29**, 223 (1897). — Menschutkin, A. **139**, 343 (1866). — Kowalewsky, Russ. **29**, 217 (1897).

E. Natürlich kann man für die Diagnose von primären Alkoholen auch ihre Überführbarkeit in Aldehyd und Säure vom gleichen Kohlenstoffgehalt verwerten, nur sind diese Oxydationen nicht immer leicht und glatt ausführbar. — Siehe hierzu S. 471.

F. Über Messung der Esterifizierungsgeschwindigkeit primärer Alkohole siehe S. 611.

G. Nur primäre Alkohole liefern Alkylschwefelsäuren.

H. Mit Brom[1])[6] reagieren die primären Alkohole, im Gegensatz zu den sekundären, nur sehr wenig energisch.

I. Primäre Alkohole können[2]) nicht durch wäßrige Salzsäure in Halogenalkyle übergeführt werden, wohl aber durch kochende Bromwasserstoffsäure (1.49) oder Jodwasserstoffsäure (1.7).

$$\textbf{2. Reaktionen der sekundären Alkohole: } R - \overset{\displaystyle C}{\underset{\displaystyle H}{\mid \mid}} C - OH.$$

A. Pseudonitrolreaktion von V. Meyer und Locher[3]).

Die Reaktion wird wie in der primären Reihe die Nitrolsäureprobe angestellt, nur muß das Schütteln mit der Kaliumnitrit-Kalilösung etwas längere Zeit (ungefähr 1 Minute) fortgesetzt werden. Nach Zusatz von Schwefelsäure erhält man dann eine tiefblaue bis blaugrüne Färbung, die auf Alkalizusatz nicht verschwindet, aber unter Entfärbung der wäßrigen Lösung durch Chloroform ausgeschüttelt werden kann. Manchmal scheidet sich auch das entstandene Pseudonitrol in festem Zustand ab und kann dann mit blauer Farbe in Chloroform gelöst werden. Die Pseudonitrole besitzen scharfen, zu Tränen reizenden Geruch, ähnlich dem des Nitrobenzols.

Während in Mischungen primärer und sekundärer Alkohole die Nitrolsäurebildung immer gleich gut gelingt, wird die Pseudonitrolreaktion schon durch die Anwesenheit geringer Mengen primären Jodids merklich gestört und durch große Mengen ganz verwischt. Das primäre Jodid bleibt also in Mischungen immer leicht nachweisbar, das sekundäre mit Sicherheit nur dann, wenn seine Menge wesentlich vorwiegt[4]). Die Reaktion gelingt in der aliphatischen Reihe nur bis einschließlich der Amylalkohole[5]).

B. Sekundäre Alkohole reagieren mit Brom schon bei gewöhnlicher Temperatur in explosionsartig heftiger Weise, ohne daß sich primär Bromwasserstoff entwickelt[6]).

C. Während im allgemeinen die sekundären Alkohole ebenso wie die primären durch Chlorwasserstoffsäure gar nicht oder nur schwer und dann in sekundäre Halogenkohlenwasserstoffe verwandelt werden, geben Alkohole —CH—CHOH (auch ungesättigte) der Terpenreihe hierbei tertiäre Haloge-
|
R

---

[1]) Etard, C. r. **114**, 753 (1892). — Lobry de Bruyn, B. **26**, 272 (1893). — Ipatjew, J. pr. (2), **53**, 257 (1896). — Ipatjew und Grawe, **33**, 18/10 (1901). — Bugarsky, Z. phys. **38**, 561 (1901); **42**, 545 (1903).
[2]) Norris, Am. **38**, 627 (1907).   [3]) Literatur siehe S. 601, Anm. 1.
[4]) V. Meyer und Forster, B. **9**, 539, Anm. (1876). — Demjanow, B. **40**, 4394 (1907).
[5]) Gutknecht, B. **12**, 624 (1879).
[6]) Henry, Bull. Ac. roy. Belg. **1906**, 424. — Rec. **26**, 118 (1907).

nide[1]); ungesättigte sekundäre Alkohole der Fettreihe dagegen die sekundären Chloride[2]).

D. Bromwasserstoffsäure (1.49) führt beim Kochen[1]) quantitativ in Bromide über, ungesättigte Alkohole können dabei unter Bromwasserstoffabspaltung in Diäthylenkohlenwasserstoffe übergehen, während die entsprechenden Chlorderivate stabil sind[3]).

E. Reaktion von Chancel[4]). Während bei der Einwirkung von Salpetersäure auf primäre Alkohole nur neutrale Verbindungen (Ester der Salpetersäure und salpetrigen Säure) entstehen, bilden die sekundären (und wahrscheinlich auch die höheren tertiären, was nicht untersucht ist) unter Spaltung des Alkohols sauer reagierende Nitroalkyle, die charakteristische Kalium- und Silbersalze liefern.

Man übergießt in einer Eprouvette 1 ccm des zu untersuchenden Alkohols mit dem gleichen Volumen Salpetersäure (1.35), erwärmt und verdünnt, wenn die Reaktion vorüber ist, mit Wasser und schüttelt mit Äther aus. Die Ätherschicht wird abpipettiert, in einem kleinen Schälchen verdampft und der Rückstand in wenigen Tropfen Alkohol gelöst. Auf Zusatz von etwas alkoholischer Kalilauge bleibt die Lösung klar, falls ein primärer Alkohol vorlag. Sekundäre Alkohole liefern hingegen nach kurzer Zeit eine Krystallisation von gelben Prismen des Nitroalkylsalzes.

Die Reaktion gelingt auch in den höheren Reihen, nicht aber beim Isopropylalkohol.

F. Beim Behandeln mit Phosphortrichlorid (siehe Reaktion D der primären Alkohole) erhält man ca. 80% ungesättigte Kohlenwasserstoffe.

G. Bei der Oxydation geben die sekundären Alkohole Ketone, unter Umständen indes auch Ketonsäuren[5]) mit der gleichen Anzahl von Kohlenstoffatomen.

H. Esterifizierungsgeschwindigkeit mit Essigsäure siehe S. 611.

$$\textbf{3. Reaktionen der tertiären Alkohole } R-\overset{\displaystyle C}{\underset{\displaystyle C}{\overset{|}{\underset{|}{C}}}}-OH.$$

A. Beim Behandeln der Jodide nach V. Meyer und Locher tritt keine Färbung ein.

B. Tertiäre Alkohole reagieren mit Brom, auch im Sonnenlicht, erst in der Wärme. Am stärksten werden Alkohole angegriffen, die neben der $\equiv C-OH$-Gruppe eine $=CH$-Gruppe, schwächer, die eine CH_2-Gruppe und ganz schwach, die eine CH_3-Gruppe benachbart haben[6]). — Siehe auch unter K.

C. Mit Phthalsäureanhydrid tritt keine Reaktion ein[7]).

D. Reaktion von Chancel: Siehe sekundäre Alkohole (E).

E. Mit Phosphortrichlorid bilden sich die entsprechenden Alkylchloride nahezu quantitativ.

---

[1]) Kondakow, B. **28**, 1618 (1895). — Kondakow und Lutschinin, J. pr. (2), **60**, 257 (1899); **62**, 1 (1900).   [2]) Abelmann, B. **43**, 1579 (1910).
[3]) Abelmann, B. **43**, 1577 (1910).   [4]) C. r. **100**, 604 (1885).
[5]) Glücksmann, M. **10**, 770 (1889). — Siehe auch S. 473 f.
[6]) Henry, Bull. Ac. roy. Belg. **1906**, 424. — Rec. **26**, 118 (1907).
[7]) Siehe übrigens S. 603.

F. **Reaktion von Denigès**[1]). Die Äthylenkohlenwasserstoffe verbinden sich mit Quecksilbersulfat zu charakteristischen Verbindungen vom Typus:

$$R''\left(>O<_{Hg}^{Hg}>SO_4\right)_3.$$

Da nun die tertiären Alkohole im allgemeinen unter Bildung derartiger Kohlenwasserstoffe zu zerfallen vermögen, reagieren sie auch leicht mit dem Reagens von Denigès.

Zur Darstellung des letzteren vermischt man 50 g Quecksilberoxyd, 200 ccm Schwefelsäure und 1000 ccm Wasser.

Zur Ausführung der Reaktion erhitzt man 1—2 Tropfen des zu untersuchenden Alkohols mit einigen Kubikzentimetern Quecksilberlösung. Nach kurzer Zeit bildet sich dann, falls der Alkohol tertiär ist, ein gelber, manchmal auch rötlicher Niederschlag. Das Kochen soll höchstens 2—3 Minuten andauern.

Alkohole, denen die Fähigkeit zur Bildung von Äthylenkohlenwasserstoffen abgeht, wie Triphenylcarbinol, Citronensäure usw., reagieren nicht, ebensowenig wie die primären und sekundären Alkohole. Nur Isopropylalkohol, der relativ leicht in Propylen übergeht, reagiert beim andauernden Kochen, jedoch viel langsamer als die tertiären Verbindungen.

G. **Beim Erhitzen mit Essigsäureanhydrid auf 155°** spalten die acyclischen tertiären Alkohole in der Regel Wasser ab und bilden Alkylene.

H. **Bei der Oxydation**[2]) zerfallen sie gewöhnlich in Ketone und Carbonsäuren von geringerer Kohlenstoffanzahl. Gelegentlich tritt indessen (als Nebenreaktion) infolge intermediärer Alkylenbildung und Wasseranlagerung Umwandlung in primären Alkohol ein, der dann zur Carbonsäure mit gleicher C-Zahl oxydiert wird; z. B.[3]):

$$\begin{array}{c}{CH_3 \atop CH_3}>C<{CH_3 \atop OH} \rightarrow {CH_3 \atop CH_3}>C=CH_2 \rightarrow {CH_3 \atop CH_3}>C<{CH_2-OH \atop H} \rightarrow \\ {CH_3 \atop CH_3}>C<{COOH \atop H}\end{array}$$

I. Im Gegensatz zu den primären und sekundären liefern die tertiären Alkohole mit **Bariumoxyd** keine Alkoholate[4]).

K. **Reaktion von Hell und Urech**[5]).

Brom wirkt auf tertiäre Alkohole nach dem Schema:

$$\begin{array}{ccc}C\ C\ C & & C\ C\ C \\ \diagdown\!|\!\diagup & & \diagdown\!|\!\diagup \\ C & +\ Br_2 = & C\ +\ HBr\ +\ O\,. \\ | & & | \\ OH & & Br\end{array}$$

Wenn man die Reaktion in Gegenwart von Schwefelkohlenstoff vor sich gehen läßt, bildet der nascierende Sauerstoff mit letzterem Schwefelsäure.

Zur Ausführung des Versuchs wird der wasserfreie, reine Alkohol mit trocknem Brom und reinem Schwefelkohlenstoff mehrere Stunden in einem gut verschlossenen Gefäß bei Zimmertemperatur sich selbst überlassen. Dann

---

[1]) C. r. **126**, 1043, 1277 (1898).

[2]) Wagner, J. pr. (2), **44**, 308 (1891) und M. u. J., 2. Aufl., **1**, 218 (1906).

[3]) Butlerow, Z. **1871**, 484. — A. **189**, 73 (1877). — Eine etwas andere Erklärung gibt Nevole, B. **9**, 448 (1876). — Wagner, B. **21**, 1232 (1888).

[4]) Menschutkin, A. **197**, 204 (1879).   [5]) B. **15**, 1249 (1882).

gießt man in Wasser und prüft nach sofortigem Durchschütteln mit Bariumnitrat. Tertiäre Alkohole geben reichliche Fällung von Bariumsulfat, während primäre und sekundäre wasserfreie Alkohole keinen Niederschlag erzeugen.

L. Nach Semmler[1]) werden tertiäre Alkohole, im Gegensatz zu den primären und sekundären, durch Reduktion mit Natrium und Alkohol, noch besser durch Zinkstaub, ihres Sauerstoffs beraubt.

Man schließt den Alkohol mit seinem doppelten Gewicht Zinkstaub in eine Einschmelzröhre ein und erhitzt $1/_2$—4 Stunden auf 220—230°. Die Röhren enthalten häufig Druck von teilweise abgespaltenem Wasserstoff. Das Reaktionsprodukt wird durch Destillieren mit Wasserdampf gereinigt oder der Röhreninhalt ausgeäthert und der Rückstand nach Entfernung des Äthers im Fraktionierkolben destilliert.

M. Tertiäre Alkohole — namentlich leicht die aromatischen Carbinole — werden durch Salzsäure, Acetylchlorid oder Thionylchlorid (Hans Meyer) in halogensubstituierte Kohlenwasserstoffe verwandelt[2]).

Wenn der Alkohol außer Kohlenwasserstoffresten in Nachbarstellung zum Hydroxyl noch andere Gruppen (wie CH_2Cl, $COOH$, $COOC_2H_5$, CN) enthält, wird er gegen Salzsäure resistenter und gibt mit Acetylchlorid Acetat.

N. Primäre und sekundäre alkoholische Hydroxyle reduzieren Neßlers Reagens. Verbindungen mit tertiärem alkoholischem Hydroxyl reduzieren nicht[3]).

O. Sekundäre Alkohole verdrängen die tertiären aus ihren Alkoholaten[4]). Die primären Alkoholate kondensieren sich mit sekundären Alkoholen auf Kosten der OH-Gruppe des primären Alkohols unter Verkettung an dem der OH-Gruppe vizinalen C-Atom zu einem sekundären Alkohol[5]).

P. Nach Wienhaus[6]) geben nur die tertiären Alkohole mit Chromsäure beständige Ester. Behält die mit Chromtrioxyd versetzte Lösung der Substanz in Tetrachlorkohlenstoff oder Petroläther längere Zeit, wenigstens im Dunkeln, rein rote oder gelbrote Farbe, so liegt ein tertiärer Alkohol vor. Baldige Verfärbung beweist dagegen nicht die Abwesenheit eines solchen, da auch tertiäre Alkohole oft rasch oxydiert werden.

Das Verfahren ist besonders geeignet zur Charakterisierung von Derivaten der Terpenreihe. Die Phenylgruppe scheint der Beständigkeit der Alkohole Eintrag zu tun.

4. Weitere Reaktionen der einwertigen Alkohole.

A. Primäre, sekundäre und tertiäre einwertige Alkohole, nicht aber mehrwertige Alkohole, Phenole und Säuren, zeigen nach v. Bittó[7]) eine charakteristische Farbenreaktion mit Methylviolett.

---

[1]) B. **27**, 2520 (1894); **33**, 776 (1900). — Gandurin, B. **41**, 4361 (1908). — Siehe S. 524.

[2]) Butlerow, A. **144**, 5 (1867). — Michael, J. pr. (2), **60**, 424, Anm. (1899). — Straus und Caspari, B. **35**, 2401 (1902); **36**, 3925 (1903). — Henry, Bull. Ac. roy. Belg. **1905**, 537. — Kauffmann und Grombach, B. **38**, 2702 (1905). — Semmler, Die ätherischen Öle **1**, 125 (1905). — Michael, B. **39**, 2790 (1906). — Henry, C. r. **142**, 129 (1906). — Rec. **25**, 138 (1906). — Bull. Soc. Chim. Belg. **20**, 152 (1906). — Bull. Ac. roy. Belg. **1906**, 424. — Gleditsch, Bull. (3), **35**, 1094 (1906). — Delacre, Bull. Ac. roy. Belg. **1906**, 134. — Henry, Rec. **26**, 89 (1907); **28**, 448 (1909).

[3]) Rosenthaler, Arch. **244**, 373 (1906). — Süddeutsche Apoth. Ztg. **1907**, 412. — Z. ang. **20**, 412 (1907).

[4]) Tschugaeff, Russ. **36**, 1253 (1904). — Tschugaeff und Gasteff, B. **42**, 4632, (1909). — Fomin und Sochanski, B. **46**, 245 (1913).

[5]) Guerbet, C. r. **154**, 1357 (1912).   [6]) B. **47**, 324 (1914).

[7]) Ch. Ztg. **17**, 611 (1893).

Einige Kubikzentimeter der zu untersuchenden Flüssigkeit werden mit 1—2 ccm einer Lösung von 0.5 g Methylviolett in 1 l Wasser versetzt und dann $1/2$—1 ccm Alkalipolysulfidlösung hinzugefügt. Ist ein einwertiger Alkohol vorhanden, so färbt sich die Flüssigkeit kirschrot bis violettrot und bleibt klar; im anderen Fall entsteht grünlichblaue Färbung und es scheiden sich bald darauf aus der gelb gewordenen Flüssigkeit rötlichviolette Flocken aus.

B. Xanthogensäurereaktion[1]). Die primären und sekundären Natrium(Kalium)alkoholate gehen mit Schwefelkohlenstoff und hierauf mit Methyljodid versetzt in Xanthogensäureester über, die namentlich in der Terpenreihe charakteristische Derivate bilden.

Tertiäre Alkohole liefern bei gleicher Behandlung die entsprechenden ungesättigten Kohlenwasserstoffe, da ihre Xanthogensäureester unbeständig sind.

Aus diesen Estern lassen sich durch Verseifen mit Lauge die Alkohole regenerieren.

Auch die nach der Gleichung:

$$ROK + CS_2 = CS\begin{matrix} \diagup OR \\ \diagdown SK \end{matrix}$$

erhältlichen Alkalisalze[2]) werden zum Isolieren und Charakterisieren hochmolekularer Alkohole dargestellt. Die daraus mit Säuren gewonnenen freien Xanthogensäuren zerfallen meist schon beim Erwärmen mit Wasser.

C. Verhalten der Alkohole bei der Esterifikation mit Essigsäure[3]).

Die Esterifizierungsgeschwindigkeiten der Alkohole sind nach Menschutkin durch die Struktur der Kohlenstoffkette bedingt. Je verzweigter die Kette ist und je näher die Seitenkette (bzw. Seitenketten) an das Hydroxyl tritt, desto kleiner wird die Esterifizierungsgeschwindigkeit.

Darum werden im allgemeinen die tertiären Alkohole am langsamsten, die primären am raschesten verestert, es hat aber auch der primäre Amylalkohol:

$$\begin{matrix} & CH_3 & \\ & | & \\ CH_3 & -C- & CH_2OH \\ & | & \\ & CH_3 & \end{matrix}$$

kleinere Esterifizierungsgeschwindigkeit als der sekundäre:

$$\begin{matrix} CH_3-CH_2-CHOH \\ | \\ CH_3 \end{matrix}$$

<hr>

[1]) Tschugaeff, B. **32**, 3332 (1899); **33**, 735, 3118 (1900); **34**, 2276 (1901); **35**, 2473 (1902); **37**, 1481 (1904). — Russ. **35**, 1116 (1904); **36**, 988 (1904); **39**, 1324, 1334 (1907). — Tschugaeff und Gasteff, B. **42**, 4632 (1909). — Kimura, B. pharm. Ges. **19**, 369 (1909). — Richter, Arch. **247**, 391 (1909). — Tschugaeff und Fomin, C. r. **151**, 1058 (1910). — A. **375**, 288 (1910). — B. **45**, 1293 (1912). — Tschugaeff und Budrick, A. **388**, 280 (1912). — Fomin und Sochanski, B. **46**, 245 (1913). — Buchner und Weigand, B. **46**, 2113 (1913). — Bruhnke, Diss. Breslau (1915), 31. — Dubsky, J. pr. (2) **103**, 110, 128 (1921).　　²) Bamberger und Lodter, B. **23**, 211, 213 (1890).

³) N. Menschutkin, A. **195**, 334 (1879); **197**, 193 (1879). — Russ. **13**, 564 (1881). — Willstätter und Hocheder, A. **354**, 249 (1907). — Gandurin, B. **41**, 4360 (1908). — Michael und Wolgast, B. **42**, 3157 (1909). — B. N. Menschutkin, B. **42**, 4020 (1909). — Michael, B. **43**, 464 (1910). — Willstätter, Mayer und Hüni, A. 378, 98 (1910). — Wolff, Ch. Umsch. **29**, 2 (1922).

Übrigens besitzen die tertiären Butyl- und Amylalkohole größere Geschwindigkeitskonstanten als die sekundären, trotzdem in ersteren die Ketten verzweigter sind und dem Hydroxyl näherstehen.

Namentlich durch die Arbeiten von Michael ist, wie Willstätter, Mayer und Hüni betonen, der Wert dieser Methode zweifelhaft geworden, und die Folgerungen hinsichtlich der wahren Geschwindigkeit der Reaktion sind strittig; immerhin sind die Zahlen für Anfangsgeschwindigkeit und Grenze der Esterbildung nach der ursprünglichen Arbeitsmethode von Menschutkin für die Beschreibung und den Vergleich der höheren aliphatischen Alkohole sehr nützlich.

Nennt man die Prozentzahl an Ester, die sich nach einstündiger Einwirkung äquimolekularer Mengen von Alkohol und Essigsäure (bei 155°) ergibt, den Wert der **Anfangsgeschwindigkeit**, den nach 120 Stunden erzielten Umsatz den **Grenzwert**, so findet man:

Für die **primären** Alkohole der Formel:

	Anfangsgeschwindigkeit:	Grenzwert:
$CH_3(CH_2)_nCH_2OH$	46.7	66.6
R_2CHCH_2OH	44.4	67.4
$C_nH_{2n-1}OH$	35.7	59.4
$C_nH_{2n-3}OH$	20.5	—
$C_nH_{2n-7}OH$	38.6	60.8

Für die **sekundären** Alkohole der Formel:

$C_nH_{2n+1}OH$	16.9—26.5	58.7—63.1
$C_nH_{2n-1}OH$	15.1	52.0—61.5
$C_nH_{2n-3}OH$	10.6	50.1
$C_nH_{2n-7}OH$	18.9	—
$C_nH_{2n-15}OH$	22.0	—

Für die **tertiären** Alkohole der Formel:

$C_nH_{2n+1}OH$	0.9—2.2	0.8—6.6
$C_nH_{2n-1}OH$	3.1	0.5—7.3
$C_nH_{2n-3}OH$	—	3.1—5.4
$C_nH_{2n-7}OH$ (Phenole)	0.6—1.5	8.6—9.6
$C_nH_{2n-13}OH$	—	6.2

Ausführung der Bestimmungen. Zu jeder Bestimmung werden ca. 2 g Alkohol und die äquimolekulare Menge reine, wasserfreie Essigsäure benutzt. Die Erhitzung des Gemisches wird in zugeschmolzenen, dünnwandigen Glasröhren von etwa 5 mm innerem Durchmesser vorgenommen (Fig. 291). — Um die Flüssigkeit einzuführen, wird die ausgezogene Spitze des gewogenen Röhrchens in das Gemisch von Säure und Alkohol getaucht und mittels Kautschukschlauchs so viel eingesogen, daß das Röhrchen, dessen Kapazität etwa 1 ccm beträgt, halb gefüllt ist. Dann schmilzt man bei C zu, dreht das Röhrchen um, entfernt durch leichtes Klopfen die Flüssigkeit aus c und schmilzt wieder etwa in der Hälfte der Capillare ab. Nun werden wieder alle Teile des Röhrchens gewogen und aus der Gewichtszunahme die Menge der in Untersuchung genommenen Mischung bestimmt. Auf dieselbe Art füllt man noch 3—4 Röhrchen, bei hochmolekularen Alkoholen von etwas größeren Dimensionen. Feste Alkohole werden in dem unausgezogenen tarierten Röhrchen gewogen, dann dieses justiert und die Essigsäure eingesogen.

Die Röhrchen werden mittels ihres einen hakenartigen Endes in das durch einen Thermoregulator auf 155° gehaltene Bad (Glycerin oder Paraffin) gebracht (Fig. 292), in dem sie vollständig eingetaucht sein müssen.

Durch einen blinden Versuch konstatiert man, ob und wieviel Essigsäure durch das Glas neutralisiert wird und zieht evtl. diese Differenz in Rechnung.

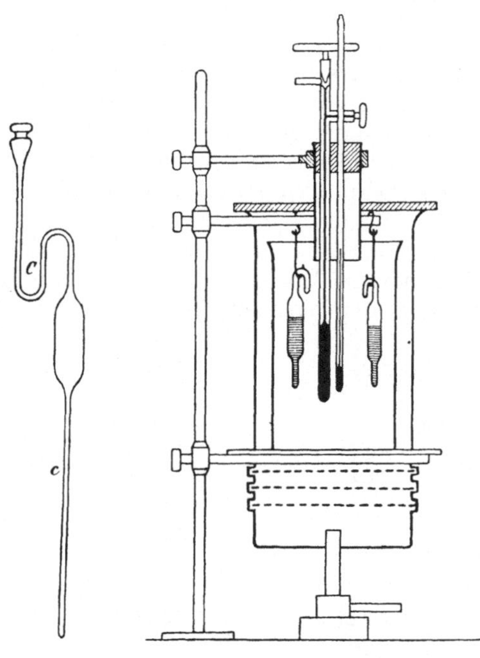

Fig. 291.   Fig. 292.

Bestimmung der Esterifizierungsgeschwindigkeit nach Menschutkin.

Nach einer Stunde wird das erste Röhrchen, evtl. ein zweites zur Kontrolle, herausgenommen, gereinigt und in eine starkwandige Flasche mit gut schließendem Stopfen gebracht, durch Schütteln zertrümmert, 50 ccm neutralisierter Alkohol und etwas Phenolphthaleinlösung (besser als, nach Menschutkin, Rosolsäure) zugefügt und mit $^n/_{10}$-Barythydratlösung titriert (Anfangsgeschwindigkeit).

Die Titerstellung erfolgt rasch und genau durch Eindampfen einer gemessenen Menge Barythydrat mit Schwefelsäure im Platintiegel, Glühen und Wägen des Bariumsulfats.

Der Grenzwert dürfte stets nach 120 Stunden erreicht sein.

Genauer, wenn auch weniger expeditiv, ist es, die Esterifizierung bei gewöhnlicher Temperatur sich vollziehen zu lassen. So wurden Geraniol und Linalool mit 6 Molekülen Essigsäure gemischt und bei konstanter (Zimmer-)Temperatur sich selbst überlassen. Verestert waren nach:

	24 Stunden	10 Tagen	24 Tagen	5 Monaten	12 Monaten
von Geraniol	5.5	29.2	45.0	85.6	90.0%
von Linalool	0.4	0.6	1.1	3.9	5.3%

Sonach ist Linalool als tertiärer Alkohol anzusprechen[1].

D. Kryoskopisches Verhalten der Alkohole [Biltz[2]]. Hydroxylhaltige Substanzen zeigen in Benzollösung bei größeren Konzentrationen infolge Assoziation scheinbar steigendes Molekulargewicht (Beckmann, Auwers). Bei Ketonen dagegen ändert sich mit steigender Konzentration die Größe für das Molekulargewicht nur sehr wenig.

Die kryoskopische Kurve ist für die einzelnen Gruppen von Alkoholen verschieden, und zwar zeigen die primären Alkohole die am stärksten, die tertiären die am wenigsten steigende Kurve, die sekundären Alkohole stehen in der Mitte. Die Kurve steigt um so rascher, je niedriger das wirkliche Molekulargewicht des Alkohols ist.

E. Nach Tschugaeff[3]) werden die Magnesiumverbindungen vom Typus RMgJ wie durch Wasser, so auch durch viele Hydroxylverbindungen (Alkohole, Phenole, Oxime) nach folgender Gleichung zersetzt:

$$RMgJ + R_1OH = RH + R_1OMgJ.$$

[1] Roure-Bertrand Fils, B. (2), **5**, 3 (1907).
[2] Z. phys. **27**, 529 (1899); **29**, 249 (1899).
[3] Ch. Ztg. **26**, 1043 (1902). — B. **35**, 3912 (1902).

Die auf den Gehalt an Hydroxyl zu prüfende Substanz (0.1—0.15 g) wird nach sorgfältigem Trocknen mit dem im Überschuß genommenen Methylderivat, CH_3MgJ, in Reaktion gebracht. Hierbei bildet sich Methan, wenn die Substanz Hydroxyl enthielt. Substanzen, die kein Hydroxyl[1]) enthalten, scheiden auch kein Gas aus. Auf diese Weise läßt sich im allgemeinen das Vorhandensein von Hydroxylgruppen qualitativ feststellen.

Außerdem läßt sich die angeführte Eigenschaft der magnesiumorganischen Verbindungen auch zur Trennung hydroxylhaltiger Substanzen von solchen benutzen, die kein Hydroxyl enthalten, insbesondere zur Trennung von Alkoholen und Kohlenwasserstoffen. Die Probe wird zu der im Überschuß genommenen Lösung der Verbindung CH_3MgJ gegeben. Hierbei entsteht Methan, und der Alkohol ROH geht in die nicht flüchtige Verbindung $ROMgJ$ über, während der Kohlenwasserstoff frei bleibt und unter vermindertem Druck, nach dem Verjagen des Äthers, abdestilliert werden kann. Dem Rückstand entzieht man den Alkohol mit Wasser.

Über die Ausbildung dieser Reaktion zu einer quantitativen Bestimmungsmethode für hydroxylhaltige Substanzen siehe S. 708ff.

F. Über die Säurechloridreaktion siehe S. 646.

G. Auch die Fähigkeit vieler Alkohole, sich mit Chlorcalcium zu verbinden[2]), wird gelegentlich als Hydroxylreaktion verwertet[3]).

H. Bei der Dampfdichtebestimmung nach V. und C. Meyer zeigen die überhitzten Dämpfe der drei Klassen von Alkoholen ebenfalls verschiedenes Verhalten[4]).

Primäre Alkohole sind noch bei der Siedetemperatur des Anthracens (360°) beständig, sekundäre zerfallen bei dieser Temperatur in Wasser und ungesättigte Kohlenwasserstoffe, ertragen aber noch die Siedetemperatur des Naphthalins (218°), während tertiäre Alkohole sich bereits bei dieser Temperatur spalten.

Gibt daher ein Alkohol z. B. im Naphthalindampf noch normale Zahlen, im Anthracendampf aber nur mehr den halben theoretischen Wert seiner Dampfdichte, so ist er als sekundär anzusprechen.

Isopropylalkohol und tertiärer Butylalkohol zeigen abnorme Beständigkeit; im übrigen ist die Reaktion für primäre Alkohole der Fettreihe bis C_7, für sekundäre bis C_9, für tertiäre bis C_{12} anwendbar.

I. Reaktion von Sabatier und Senderens[5]). Beim Überleiten über reduziertes, auf 300° erhitztes Kupfer werden die primären Alkohole in Aldehyd und Wasserstoff, die sekundären in Keton und Wasserstoff, die tertiären endlich in Wasser und ungesättigten Kohlenwasserstoff zerlegt.

Man behandelt das Reaktionsprodukt mit Caroschem Reagens, wodurch der evtl. entstandene Aldehyd resp. der primäre Alkohol erkannt wird, hierauf mit Semicarbazid, wodurch das Keton resp. der sekundäre Alkohol nachgewiesen wird, endlich mit Brom, das augenblicklich entfärbt wird, wenn

---

[1]) Respektive andere Gruppen mit aktivem Wasserstoff, siehe S. 712.
[2]) Siehe S. 112.
[3]) Jacobsen, A. **157**, 234 (1871). — Bertram und Gildemeister, J. pr. (2), **49**, 188 (1894). — Hoffmann und Gildemeister, Ätherische Öle **1899**, 195. — Thoms und Beckström, B. **35**, 3191 (1902). — Jones und Getman, Am. **32**, 338 (1904). — Schimmel & Co., B. **1910**, II, 52, 89.
[4]) Kling und Viard, C. r. **138**, 1172 (1904). — Kling, Bull. (3), **35**, 460 (1906).
[5]) Bull. (3), **33**, 263 (1905). — Mailhe, Ch. Ztg. **32**, 229 (1908). — Neave, Analyst **34**, 346 (1909).

aus der Zersetzung eines tertiären Alkohols ein ungesättigter Kohlenwasserstoff hervorgegangen war.

Darstellung von Caroschem Reagens[1]).

20 g Ammoniumpersulfat werden mit 11 ccm konzentrierter Schwefelsäure verrieben. Nach einstündigem Stehen im Eisschrank nimmt man die Mischung mit 50 g Eis auf und neutralisiert sie unter guter Kühlung mit konzentriertem Ammoniak oder besser Ammoniakgas, das durch eine als Kühler dienende Röhre eingeleitet wird. Man muß sorgfältig darauf achten, daß die Flüssigkeit auch nicht vorübergehend ammoniakalisch wird.

K. Bouveault[2]) charakterisiert die primären und sekundären Alkohole durch die Semicarbazone ihrer Brenztraubensäureester, die man nach Simon[3]) durch Erhitzen der Komponenten auf 110—120° oder auch mehrstündiges Digerieren auf dem Wasserbad (Wienhaus) erhält. Die Brenztraubensäure muß frisch im Vakuum destilliert sein.

L. Reaktion von Bacovesco[4]). Man löst 15 g Molybdänsäure in 85 g konzentrierter, auf ca. 85° erwärmter Schwefelsäure. Man unterschichtet die mit etwas Wasser verdünnte hydroxylhaltige Substanz mit dem gleichen Volumen Reagens. An der Berührungsstelle entsteht sofort ein blauvioletter Ring.

M. Nach Henry[5]) unterscheiden sich die Acetate der tertiären Alkohole sehr wesentlich von denen der primären und sekundären, indem sie durch rauchende Salzsäure bei Zimmertemperatur rasch nach der Gleichung:

$$R_1R_2R_3 : C{-}OOC_2H_5 + HCl = R_1R_2R_3CCl + CH_3COOH$$

zerfallen.

Analog wirken Salzsäure und Acetylchlorid auf die tertiären Alkohole (siehe S. 609).

5. Reaktionen der mehrwertigen Alkohole.

A. Esterifizierungsgeschwindigkeit[6]).

Für die Esterifizierungsgeschwindigkeit der Glykole mit Essigsäure fand Menschutkin folgende Werte:

	Anfangsgeschwindigkeit:	Grenzwert:
Primäre Glykole	43—49	54—60
Primär-sekundäre Glykole	36.4	50.8
Sekundäre Glykole	17.8	32.8
Tertiäre Glykole	2.6	5.9
(Zweiwertige Phenole	0	7)

B. Verhalten gegen organische Säurechloride[7]).

Bei der Einwirkung organischer Säurechloride wird die eine Hydroxylgruppe acyliert und an die Stelle der zweiten Chlor eingeführt (Halogenhydrine).

C. Verhalten gegen Jodwasserstoffsäure.

1.2-Diole sind nicht nach der Zeiselschen Methode[8]) bestimmbar, ein Teil des Glykols wird dabei zum entsprechenden Kohlenwasserstoff reduziert[9]).

---

[1]) Willstätter und Hauenstein, B. **42**, 1842 (1909).

[2]) C. r. **138**, 984 (1904). — Masson, C. r. **149**, 630 (1909). — Willstätter, Mayer und Hüni, A. **378**, 97 (1910). — Wienhaus, B. **53**, 1662 (1920).

[3]) Bull. (3), **13**, 477 (1895).   [4]) Ph. C.-H., **45**, 574 (1904). — Z. anal. **44**, 437 (1905).

[5]) Rec. **26**, 449 (1907).

[6]) Menschutkin, B. **13**, 1812 (1880). Siehe auch S. 611. — Verhalten der α-Glykole gegen Essigsäureanhydrid: Prileshajew, Russ. **39**, 759 (1907).

[7]) Lourenço, A. Chim. (3), **67**, 259 (1863).   [8]) Siehe S. 892.

[9]) Meisenheimer, B. **41**, 1015 (1908). — Grün und Bockisch, B. **41**, 3477 (1908).

Glycerin kann dagegen sowohl als solches [1]) als auch in seinen Äthern[2]), auch direkt in Fetten[3]), nach diesem Verfahren bestimmt werden. (Siehe hierzu S. 904.)

D. Einwirkung verdünnter Säuren[4]).

1.2-Diole werden unter dem Einfluß verdünnter Säuren (und ebenso durch Chlorzink, Phosphorpentoxyd oder Wasser allein bei hoher Temperatur) ausnahmslos in Aldehyde oder Ketone oder in beide zugleich übergeführt. Der Hergang vollzieht sich so, als ob ein an C neben Hydroxyl gebundenes H resp. Alkyl (Pinakone) mit einem an das Nachbar-C gebundenen OH Platz wechseln würde, wobei unter Wasseraustritt eine CO-Gruppe entsteht.

1.3-Diole liefern je nach ihrer Konstitution Aldehyde und Ketone, wenn das in Stelle (2) befindliche C [von der einen OH-Gruppe als (1) an gerechnet] mit mindestens einem Wasserstoffatom verbunden ist; wenn dies nicht der Fall, aber das an Stelle (4) befindliche C an Wasserstoff gebunden ist — wodurch Abspaltung von H aus (4) mit OH aus (3) möglich wird —, entsteht ein 1.4-Oxyd. Ist auch dies nicht der Fall, so treten andere Umlagerungen ein. In jedem Fall aber treten nebenher Doppeloxyde auf, die aus zwei Molekülen Glykol unter zweimaligem Wasseraustritt entstehen. Diese Doppeloxyde scheinen für die 1.3-Diole charakteristisch zu sein.

1.4- bis 1.10-Diole liefern alle beim Erhitzen mit verdünnten Säuren ringförmige 1.4- und 1.5-Oxyde.

E. Nach Klein und Jehn verwandeln mehrwertige Alkohole die alkalische Reaktion von Boraxlösungen gegen Indicatoren in saure[5]).

$$\textbf{6. Reaktionen des phenolischen Hydroxyls:}\quad C=C-OH,\ \overset{\displaystyle =C}{\underset{\textstyle |}{}}$$

A. Eisenchloridreaktion[6]). Die überwiegende Mehrzahl der Phenole und der von ihnen ableitbaren Verbindungen gibt in wäßriger Lösung auf Zusatz von Eisenchlorid eine charakteristische Farbenreaktion.

Worin das Wesen der Reaktion besteht, ist indes nur in wenigen Fällen aufgeklärt. Die Prozesse verlaufen auch nicht immer gleichartig. In gewissen Fällen ist die Bildung von Chinhydronen oder anderen Chinonfarbstoffen als Ursache der Färbung anzusehen. Bei den Naphtholen bewirkt das Eisenchlorid durch Aboxydation von Wasserstoff Verkettung der Kerne. Nach Raschig[7]) ist die Eisenreaktion der Phenole allgemein die Folge einer Ferrisalzbildung[8]), nach Weinland einer Komplexsalzbildung[9]). Die stärker sauren Phenole

<hr>

[1]) Zeisel und Fanto, Z. Landw. Vers. Öst. **4**, 977 (1901); **5**, 729 (1902).

[2]) Grün und Bockisch, B. **41**, 3472, 3473, 3474 (1908).

[3]) Willstätter und Madinaveitia, B. **45**, 2826 (1912).

[4]) Lieben, M. **23**, 60 (1902). — Kondakow, J. pr. (2), **60**, 264 (1899). — Ch. Ztg. **26**, 469 (1902). — Jegorow, Russ. **22**, 389 (1890). — Franke und F. Lieben, M. **35**, 1431 (1914).

[5]) Klein, C. r. **86**, 826 (1878); **99**, 144 (1884). — Z. ang. **9**, 551 (1896); **10**, 5 (1897). — Jehn, Arch. (3), **25**, 250 (1887). — Z. anal. **27**, 395 (1888). — Lambert, C. r. **108**, 1016 (1889).

[6]) Siehe auch die Broschüre von E. Nickel, Farbenreaktionen der Kohlenstoffverbindungen, 2. Aufl., 1890, S. 67 ff.

[7]) Z. ang. **20**, 2066 (1907).

[8]) Über farbige organische Ferriverbindungen überhaupt siehe: Hantzsch und Desch, A. **323**, 1 (1902). — Hopfgartner, M. **29**, 689 (1908).

[9]) Weinland und Binder, B. **45**, 148, 1113, 2498 (1912). — Weinland und Herz, A. **400**, 219 (1913). — Weinland und Nef, Arch. **252**, 600 (1914). — Weinland und Zimmermann, Arch. **255**, 204 (1917). — Weinland, Komplex-Verbindungen, Enke (1919), 131, 197, 257, 356.

(Phenolsulfosäuren) bilden dementsprechend stabilere Salze und zeigen (in saurer Lösung) beständigere und intensivere Färbung („Tintenbildung“).

Allgemeine Regeln für die Nuance der Färbung oder für die Fälle, wo die Reaktion ganz ausbleibt, lassen sich zur Zeit noch wenige geben. Sicher ist nur, daß zum Zustandekommen der Reaktion die Hydroxylgruppe frei (unverestert usw.) sein muß. Die entgegengesetzte alte Beobachtung von Biechele[1]), wonach der p-Chlor-m-Kresolmethyläther mit Eisenchlorid grüne Färbung gibt, ist ungenau (Hans Meyer).

Das Phenol selbst gibt nur in nicht sehr verdünnter Lösung (bis 1 : 3000) violette Färbung. Alkohol und Säuren bringen ebenso wie Überschuß von Eisenchlorid die Farbe zum Verschwinden, was durch Zurückdrängung der Ionisation des $FeCl_3$ oder Komplexsalzbildung erklärt wird (Bruchhausen).

Auch sonst ist natürlich eine gewisse Konzentration der Lösung zum Zustandekommen der Reaktion notwendig.

Sehr schwer in Wasser lösliche Phenole, wie Thymol, Carvacrol, Eugenol, zeigen daher die Reaktion nicht. Verwandelt man aber diese Substanzen in ihre leicht löslichen Sulfosäuren, so geben sie die Farbenreaktion[2]).

Die drei Phenol monosulfosäuren geben violette, die Disulfosäuren rote Färbung[3]).

Während die übrigen Salicylsäurederivate mit unsubstituiertem Hydroxyl alle mit Eisenchlorid reagieren[4]), bleibt die äußerst schwer in Wasser lösliche Salicyloanthranilsäure nach Hans Meyer[5]) ungefärbt. Dijod-p-oxybenzoesäure gibt erst beim Erwärmen Rotfärbung[6]).

Derivate der Orthoreihe zeigen fast durchgehends intensive Reaktion.

Es färben sich mit Eisenchlorid:

o-Kresol blau,
α-Naphthol violett (Flocken, in Äther mit blauer Farbe löslich),
Brenzcatechin smaragdgrün, auf Zusatz von Bicarbonat violettrot,
Guajacol (in Alkohollösung) smaragdgrün,
p-Chlorguajacol (in Alkohollösung) grün,
Pyrogallol braun, auf Sodazusatz rotviolett,
Oxyhydrochinon bläulichgrün, mit Soda dunkelblau bis weinrot,
o-Oxybenzaldehyd violett,
o-Oxybenzaldehyd-m-Carbonsäure violett,
Salicylsäure violett,
Salicylsäureamid violett,
3.3-Dioxybiphenyl-4.4-Dicarbonsäure (in Alkohollösung) violett[7]).
Sämtliche Nitrosalicylsäuren blutrot,
Oxyterephthalsäure violettrot,

---

[1]) A. **151**, 214 (1869).

[2]) Rosenthaler, Vhdlg. Ges. Naturf. f. 1906, S. 211. — Siehe übrigens auch die Erklärungsweise hierfür von Raschig.

[3]) Städeler, A. **144**, 299 (1867). — Barth und Senhofer, B. **9**, 969 (1876). — Obermiller, B. **40**, 3631 (1907).

[4]) Über Substanzen, die den Eintritt der Reaktion verhindern resp. die anwesenden $Fe^{\cdots}$-Ionen binden: Melzer, Apoth.-Ztg. **26**, 1033 (1911). — Langkopf, Apoth.-Ztg. **26**, 1057 (1911). — Linke, Apoth.-Ztg. **26**, 1083 (1911). — Bruchhausen, Apoth.-Ztg. **27**, 9 (1912).

[5]) Festschrift für Adolf Lieben (1906), 479. — A. **351**, 279 (1907).

[6]) Wheeler und Clapp, Am. **42**, 441 (1909).

[7]) Mudrovčič, M. **34**, 1424 (1913).

Oxynaphthoesäure -1.2 blaugrün,
     ,,   2.1 blau,
     ,,   2.3 blau,
     ,,   8.1 violett (Niederschlag),
Dioxybenzoesäure - 3.4 blaugrün, mit Soda dunkelrot,
     ,,   2.6 violett, dann blau,
     ,,   2.5 tiefblau,
     ,,   2.3 tiefblau, mit Soda violettrot,
Trioxybenzoesäure- 2.3.4 blauschwarz,
     ,,   2.4.6 blau, dann schmutzigbraun,
     ,,   3.4.5 violett,
α-Homoprotocatechusäure grasgrün,
Hydrokaffeesäure graugrün,
Homobrenzcatechin grün,
Protocatechualdehyd grün,
1.2-Xylenol (3) blauviolett,
1.3-Xylenol (4) blau,
Oxyterephthalsäuredimethylester violett,
Oxyterephthalsäure-β-Monomethylester violett[1]).

Es färben sich also die Derivate des Brenzcatechins grünlich, die Derivate der Salicylsäure violett bis blau, die Nitrosalicylsäuren rot.

Keine Färbung zeigen 1.4-Xylenol-(2), Mesitol, Pseudocumenol, Thymol[2]) und Pikrinsäure.

Derivate der Metareihe haben im allgemeinen keine große Tendenz zu Färbungen.

Es zeigen mit Eisenchlorid:
m-Kresol blaue Färbung,
Resorcin dunkelviolette Färbung,
1-n-Propyl-2 · 4-Dioxybenzol rotviolette Färbung[3]),
β-Naphthol schwachgrüne Färbung,
m-Oxybenzaldehyd keine Färbung,
Oxyterephthalsäure-α-Methylester rotgelbe Färbung,
m-Oxybenzoesäure keine Färbung,
Isovanillinsäure keine Färbung,
o-Homo-m-Oxybenzoesäure keine Färbung,
m-Homo-m-Oxybenzoesäure braunen Niederschlag,
p-Homo-m-Oxybenzoesäure hellbraunen Niederschlag,
Phloroglucin violblaue Färbung,
1.3-Xylenol-(5) keine Färbung,
1.2-Xylenol-(4) keine Färbung,
Dioxybenzoesäure-(3.5) keine Färbung,
3.5-Dioxyorthoxylol rote Färbung.

Derivate der Parareihe. Wird in das Phenolmolekül die Methylgruppe oder die Aldehydgruppe in p-Stellung eingeführt, so tritt Farbenreaktion ein. Die Carboxylgruppe verhindert die Reaktion oder gibt höchstens zu gelben bis roten Färbungen bzw. Fällungen Veranlassung.

---

[1]) Konstitutionsbestimmung mittels der Eisenreaktion: Wegscheider und Bittner, M. **21**, 650 (1900). — Mudrovčič, M. **34**, 1438 (1913). — Dimroth und Goldschmidt, A. **399**, 67 (1913).   [2]) Siehe dazu S. 616.
[3]) In alkoholischer Lösung grüngelb. Sonn, B. **54**, 773 (1921).

Es zeigen mit Eisenchlorid:

p-Kresol blaue Färbung,
Hydrochinon blaue Färbung, dann Chinonbildung,
p-Oxybenzaldehyd violette Färbung,
p-Oxybenzoesäure gelbe Fällung,
3.5-Dijod-p-Oxybenzoesäure keine Färbung[1]),
o-Homo-p-Oxybenzoesäure keine Färbung,
m-Homo-p-Oxybenzoesäure keine Färbung,
Saligenin-p-Carbonsäure keine Färbung,
Vanillinsäure keine Färbung[2]),
o-Aldehydo-p-Oxybenzoesäure rote Färbung,
α-Oxyisophthalsäure rote Färbung,
Tyrosinsulfosäure violette Färbung,
1.4-Oxynaphthoesäure schmutzigvioletten Niederschlag.

Derivate der Pyridinreihe zeigen ebenfalls zumeist Eisenchlorid-reaktion.

Es geben mit Eisenchlorid:

α-Oxypyridin rote Färbung,
Dichlor-α-Oxypyridin keine Färbung,
β-Oxypyridin rote Färbung,
Dibrom-β-Oxypyridin violette Färbung,
γ-Oxypyridin gelbe Färbung,
Pyrokomenaminsäure violette Färbung,
$\beta\beta'$-Dioxypyridin braunrote Färbung,
Glutazin tiefrote Färbung (wird beim Erwärmen dunkelgrün),
Pyromekazonsäure indigoblaue Färbung,
Brompyromekazonsäure tiefblaue Färbung,
Nitropyromekazonsäure blutrote Färbung,
1.3.5-Trioxypyridin tiefrote Färbung (beim Erwärmen gelb),
Tetraoxypyridin schmutzig violette Färbung,
(sog. α-)Oxypicolinsäure rötlichgelbe Färbung,
Chlor-β-Oxypicolinsäure gelbrote Färbung,
Komenaminsäure violette Färbung,
Monoacetylkomenaminsäureäthylester keine Färbung,
Trioxypicolinsäure indigoblaue Färbung,
Bromtrioxypicolinsäure tiefblaugrüne Färbung,
α'-Oxynicotinsäure gelbe Färbung,
α'-Oxychinolinsäure tiefrote Färbung,
Chelidamsäure rote Färbung,
Dichlorchelidamsäure purpurrote Färbung,
Dibromchelidamsäure fuchsinrote Färbung,
Kynurin schwach carminrote Färbung,
B-1-Oxy-2-Chinolinbenzcarbonsäure violett-tiefbraune Färbung,
B-1-Oxy-3-   „   rotbraune Färbung,
B-1-Oxy-4-   „   grüne Färbung,
B-3-Oxy-   „   blutrote Färbung,
(sog. α-)Oxycinchoninsäure grüne Färbung,

---

[1]) In der Wärme Rotfärbung.
[2]) In der Wärme rotbraun: E. Fischer und Freudenberg, A. **372**, 48 (1910).

Carbostyril-β-Carbonsäure braunrote Färbung[1]),
N-Methyldioxychinolincarbonsäure blaue Färbung,
B-1-Oxychinaldincarbonsäure kirschrote Färbung,
Py-γ-Oxychinaldin-β-Carbonsäure rote Färbung,
B-1-Oxytetrahydrochinolin dunkelrotbraune Färbung,
B-1-Oxy-N-äthyltetrahydrochinolin dunkelbraune Färbung,
B-2-Oxytetrahydrochinolin lichtgelbe bis braunrote Färbung,
B-4-Oxytetrahydrochinolin tiefdunkelrote Färbung.

Es sei übrigens hervorgehoben, daß auch das Thallin (B-3-Methoxytetrahydrochinolin), das keine freie Hydroxylgruppe besitzt, mit Eisenchlorid (und anderen Oxydationsmitteln) ebenfalls eine — intensiv smaragdgrüne — Färbung liefert.

Andererseits geben fast alle α-Oxy- und Carboxy-Derivate des Pyridins und Chinolins mit Eisenvitriol gelbrote bis blutrote Färbungen [Skraup[2])].

Wolff empfiehlt, da die Reaktion durch gleichzeitige Anwesenheit von Oxydsalz wesentlich abgeschwächt werden kann, an Stelle des Vitriols das stabilere Mohrsche Salz zu verwenden.

Trimethylchinolinsäure zeigt die Reaktion nicht[3]).

Bemerkenswert ist, daß auch die Pyrrolcarbonsäuren, nicht aber ihre Ester, intensive Eisenchloridreaktionen zeigen[4]).

B. Liebermannsche Reaktion[5]). Mit salpetriger Säure und wasserentziehenden Mitteln bilden die einwertigen Phenole mit nicht substituierter Parastellung und die mehrwertigen Phenole der Metareihe[6]) infolge Bildung von Paranitrosophenolen, die sich mit unverändertem Phenol unter Wasseraustritt verbinden, schöne Farbstoffe von wahrscheinlich folgender Struktur:

$$
\underbrace{
\begin{array}{ccc}
\text{OH} & & \text{OH} \\
\bigcirc & \text{respektive} & \bigcirc\!\!-\!\text{OH} \qquad\text{und} \\
\text{N}\!\!<\!\!\begin{array}{l}\text{O}\!-\!\mathrm{C_6H_5}\\ \mathrm{O_6}\!-\!\mathrm{CH_5}\end{array} & & \text{N}\!\!<\!\!\begin{array}{l}\text{O(1)}\!-\!\mathrm{C_6H_4}\!-\!\text{OH(3)}\\ \text{O(1)}\!-\!\mathrm{C_6H_4}\!-\!\text{OH(3)}\end{array}
\end{array}
}_{\alpha}
\qquad
\begin{array}{c}
\text{OH} \\
\bigcirc\!\!-\!\text{OH} \\
\text{N}\!\!<\!\!\begin{array}{c}\text{O(1)}\\ \text{O(3)}\end{array}\!\!>\!\mathrm{C_6H_4}\ , \\
\beta
\end{array}
$$

von denen man die ersteren nach Brunner und Chuit als α-, die letzteren als β-Dichroine bezeichnet, wegen ihrer prächtigen Fluorescenz und ihres Dichroismus.

Nach Liebermanns Vorschrift verwendet man als Reagens konzentrierte Schwefelsäure, in verschließbarer Flasche mit 5—6% Kaliumnitrit versetzt. Durch Schütteln bewirkt man Absorption der Dämpfe.

Die Substanz wird unter Kühlung in möglichst konzentrierter wäßriger oder schwefelsaurer Lösung mit dem vierfachen Volum Reagens versetzt. Unter Erwärmung tritt die Farbstoffbildung ein. Durch vorsichtiges Eingießen

---

[1]) Friedländer und Göhring, B. **17**, 459 (1884). — Nach meinen Beobachtungen tritt mit der reinen Substanz keine Färbung ein. H. M.

[2]) M. **7**, 212 (1886).   [3]) Wolff, A. **322**, 372, Anm. (1902).

[4]) E. Fischer und v. Slyke, B. **44**, 3166 (1911). — Benary und Silbermann, B. **46**, 1363 (1913).   [5]) B. **7**, 248, 806, 1098 (1874). — Krämer, B. **17**, 1875 (1884).

[6]) Liebermann und Kostanecki, B. **17**, 885, Anm. (1884). — Brunner und Chuit, B. **21**, 249 (1888). — Siehe übrigens Nietzki, Farbstoffe, 4. Aufl., S. 211, und Decker und Solonina, B. **35**, 3217 (1902).

in Wasser (Kühlen!) kann man den betreffenden Farbstoff fällen, der dann in schwach essigsaurer, verdünnt alkoholischer Lösung Seide schön anzufärben pflegt.

Eijkman[1]) verwendet Äthylnitrit, in Form des Spiritus aetheris nitrosi, der zu der mit dem gleichen Volum konzentrierter Schwefelsäure versetzten Phenolprobe zugetropft wird. Man bereitet das Reagens, indem man salpetrigsaures Kalium mit Alkohol und etwas überschüssiger verdünnter Schwefelsäure übergießt und dekantiert. Ebensogut wird man auch Amylnitrit verwenden können[2]).

Die Reaktion ist übrigens nicht auf Phenole beschränkt, da nach Liebermann[3]) auch Thiophen und seine Derivate zur Bildung blauer bis grüner Färbungen Anlaß geben.

Über andere Farbenreaktionen der Phenole siehe:

Alvarez, Ch. News **91**, 125 (1905) (Natriumsuperoxyd).
Aloy und Laprade, B. **33**, 860 (1900) (Uranylnitrat).
Stobbe und Werdermann, A. **326**, 373 (1903).

C. Durch Halogene, namentlich Brom und Jod, werden die Phenole leicht substituiert. Auf dieses Verhalten sind Methoden zur quantitativen Bestimmung der Phenole gegründet worden. Es wird genügen, für diese, hauptsächlich technischen Zwecken dienenden Verfahren die Literaturstellen anzuführen.

Titrationen mit Brom:

Koppeschaar, Z. anal. **15**, 242 (1876). — J. pr. (2), **17**, 390 (1879).
Benedikt, A. **199**, 128 (1877).
Degener, J. pr. (2), **20**, 322 (1879).
Seubert, B. **14**, 1581 (1881).
Kleinert, Z. anal. **23**, 1 (1884).
Endemann, D.-Am.-Ap.-Ztg. **5**, 365 (1884).
Weinreb und Bondy, M. **6**, 506 (1885).
Beckurts, Arch. (3) **24**, 562 (1886). — Z. anal. **26**, 391 (1887).
Toth, Z. anal. **25**, 160 (1886).
Werner, Bull. (2) **46**, 275 (1886).
Keppler, Arch. f. Hyg. **18**, 51 (1893).
Stockmeier und Thurnauer, Ch. Ztg. **17**, 119, 131 (1893).
Vaubel, Ch. Ztg. **17**, 245, 414 (1893). — Z. ang. **11**, 1031 (1898). — J. pr.
    (2) **48**, 74 (1893); (2) **67**, 476 (1903).
Zimmermann, Soc. **46**, 259 (1894).
Freyer, Ch. Ztg. **20**, 820 (1896).
Dietz und Clauser, Ch. Ztg. **22**, 732 (1898).
Wagner, Diss. Marburg (1899).
Clauser, Öst. Ch. Ztg. **2**, 585 (1899).
Ditz, Z. ang. **12**, 1155 (1899).
Ditz und Cedivoda, Z. anal. **37**, 873 (1899); **38**, 897 (1900).
Fresenius und Grünhut, Z. anal. **38**, 298 (1900).
Lloyd, Am. soc. **27**, 16 (1905).

---

[1]) New Remedies **11**, 340. — Ref. Z. anal. **22**, 576 (1883).
[2]) Vgl. Claisen und Manasse, B. **20**, 2197, Anm. (1887).
[3]) B. **16**, 1473 (1883); **20**, 3231 (1887).

Riedel, Z. phys. **56**, 243 (1906).
Seidell, Am. soc. **29**, 1091 (1907) (Amine).
Olivier, Rec. **28**, 354 (1909).
Siegfried und Zimmermann, Bioch. **29**, 369 (1910).
Peirce, Ch. Ztg. **35**, 1016 (1911).
Ditz und Bardach, Bioch. **42**, 347 (1912).
Smith und Frey, Am. soc. **34**, 1040 (1912).
Seidell, Am. **47**, 508 (1912).
Redman und Rhodes, J. Ind. Eng. Chem. **4**, 655 (1912).

Titrationen mit Jod:
Ostermayer, J. pr. (2) **37**, 213 (1888).
Kehrmann, J. pr. (2) **37**, 9, 134 (1888); **38**, 392 (1888).
Messinger und Vortmann, B. **22**, 2312 (1889); **23**, 2753 (1890).
Messinger und Pickersgill, B. **23**, 2761 (1890).
Kossler und Penny, Z. physiol. **17**, 121 (1892).
Frerichs, Apoth. Ztg. **11**, 415 (1896).
Neuberg, Z. physiol. **27**, 123 (1899).
Vaubel, Ch. Ztg. **23**, 82 (1899); **24**, 1059 (1900).
Bougault, C. r. **146**, 1403 (1908).
Gardner und Hodgson, Soc. **95**, 1819 (1909).
Wilkie, Soc. Ind. **30**, 398 (1911).
Redman, Weith und Brock, J. Ind. Eng. Chem. **5**, 831 (1913).

Titration (mehrfach) nitrierter Phenole:
Schwarz, M. **19**, 139 (1898).

D. Natriumamid wird durch Phenole nach der Gleichung:

$$R \cdot OH + NaNH_2 = RONa + NH_3$$

zersetzt.

Schryver[1]) benutzt diese Reaktion zur quantitativen Bestimmung des phenolischen Hydroxyls („Hydroxylzahl").

Ungefähr 1 g feingepulvertes Natriumamid[2]) wird ein paarmal mit kleinen Quantitäten thiophenfreiem Benzol gewaschen und dann in ein Kölbchen A (Fig. 293) von 200 ccm Inhalt gebracht, dessen doppelt durchbohrter Kork einen Scheidetrichter B und einen Rückflußkühler trägt. Letzterer ist wieder mit einem Absorptionsgefäß für Ammoniak C und einem Aspirator verbunden.

In das Kölbchen werden 50—60 ccm Benzol (Toluol, Xylol) gebracht und 10 Minuten lang auf dem Wasserbad gekocht, während ein Strom kohlendioxydfreier trockner Luft durchgesaugt wird, um durch evtl. Wassergehalt des Benzols gebildetes Ammoniak zu entfernen. Nun werden in den Absorptionsapparat 20 ccm Normalschwefelsäure gebracht und die Lösung des Phenols in reinem Benzol, die durch längeres Stehen über geschmolzenem Natriumacetat vollständig getrocknet sein muß, durch den Scheidetrichter eingesaugt und unter Durchsaugen von Luft weiter gekocht. Nach 1½ Stunden ist der Versuch als beendet anzusehen. Schließlich wird das Ammoniak unter Verwendung von Methylorange als Indicator titriert.

---

[1]) Ch. Ind. **18**, 533 (1899). — Bericht von Schimmel & Co., 1899, 60. — Haller, C. r. **138**, 1139 (1904). — Marpmann, Ztschr. Riech- u. Geschmackst. 1909, 20.
[2]) Von der Gold- und Silberscheideanstalt vorm. Rössler, Frankfurt a. M. und von Kahlbaum, Berlin.

Alkohole und Amine[1]) wirken in gleicher Weise auf Natriumamid. Das Natriumamid reagiert ferner auch mit Ketonen, worauf entsprechend Rücksicht zu nehmen ist[2]).

Die Methode ist auf $\pm 2\%$ genau.

E. Mit Diazokörpern geben Phenole, in denen die Parastellung oder eine der beiden Orthostellungen unbesetzt ist[3]), Oxyazokörper von meist intensiv roter oder rotgelber Farbe. Ungesättigte Seitenketten oder Azogruppen erschweren die Kupplungsfähigkeit der Phenole, am meisten, wenn die Seitenkette die Metastellung innehat[4]). Als Diazokomponente verwendet man zweckmäßig entweder diazotierte Sulfanilsäure[5]) oder Diazoparanitroanilin[6]).

Letzteres Reagens verwendet Bader[7]), um Phenole quantitativ als Azofarbstoffe zu fällen. Das Verfahren kann auch in der Anthrachinonreihe mit gutem Erfolg verwendet werden[8]).

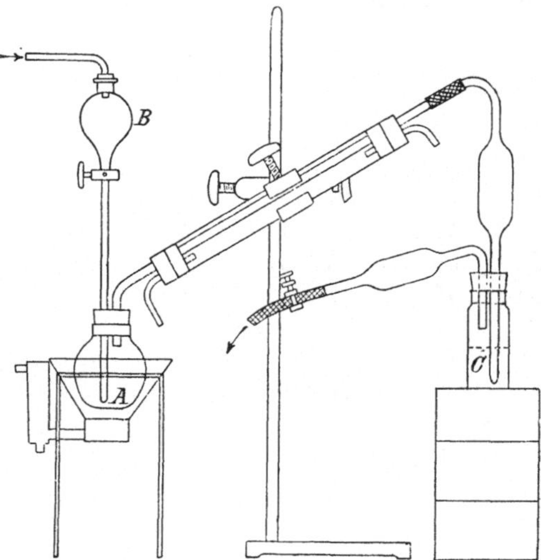

Fig. 293. Bestimmung der Hydroxylzahl.

Die Reaktion verläuft nach der Gleichung:

$$C_6H_4NO_2N : NCl + C_6H_5OH + 2\,NaOH = C_6H_4NO_2N : NC_6H_4ONa + NaCl + 2\,H_2O.$$

50 ccm einer wäßrigen Lösung des Phenols, die nicht mehr als 0.1 g davon enthalten darf, werden mit 1 ccm 5 proz. Sodalösung versetzt, 20 ccm Diazolösung zugefügt und unter Kühlen und starkem Umschütteln tropfenweise 1 : 5 verdünnte Schwefelsäure zugesetzt, bis Entfärbung der Lösung und vollständige Abscheidung des Farbstoffs eingetreten ist. Die Lösung muß stark sauer reagieren. Man läßt einige Stunden stehen, filtriert durch ein bei 100° getrocknetes, gewogenes Filterröhrchen, wäscht bis zum Verschwinden der Schwefelsäurereaktion und wägt nach dem Trocknen bei 100°. Die Phenollösung darf weder Ammoniak noch Ammoniumsalze oder Amine enthalten.

[1]) S. 985.

[2]) Mon. sc. 1900, 34. — Roure - Bertrand Fils, B. (1), 1, 60 (1900).

[3]) Nölting und Kohn, B. 17, 358, Anm. (1884). Paraoxybenzoesäure liefert hierbei (in ätzalkalischer Lösung) Phenoldisazobenzol und etwas Phenoltrisazobenzol; in Sodalösung Phenoldisazobenzol und ein wenig Benzolazo-p-oxybenzoesäure. Limpricht und Fitze, A. 263, 236 (1884). — Über die Verdrängung von Azoresten durch Diazokörper: Nölting und Grandmougin, B. 24, 1602 (1891). — Grandmougin, Guisan und Freimann, B. 40, 3453 (1907). — Lwoff, B. 41, 1096 (1908). — Grandmougin, B. 41, 1403 (1908). — Siehe auch Scharwin und Kaljanow, B. 41, 2056 (1908).

[4]) Borsche und Streitberger, B. 37, 4116 (1904).

[5]) Ehrlich, Z. f. klin. Med. 5, 285 (1885). — Sabalitschka und Schrader, Z. ang. 34, 45 (1921).

[6]) Buletin. societ. de Stiinte din Bucuresti 8, 51 (1899).

[7]) Tschirch und Edner, Arch. 245, 150 (1907). — Oesterle und Tisza, Arch. 246, 157 (1908). — Tisza, Diss. Bonn (1908), 54.

[8]) Diazoxylol: Bader, B. 22, 997 (1889).

Statt den Farbstoff zu wägen, wie dies Bader vorgeschlagen hat, kann man auch das verbrauchte Nitrit messen.

Bucherer[1]) hat diese Methode, die vorher an kleinen Fehlern krankte[2]), zu einer einwandfreien gemacht. Im folgenden ist hierüber das Wesentliche, zusammen mit ergänzenden Bemerkungen von Schwalbe[3]), wiedergegeben.

Man stellt sich das Diazoniumchlorid:

$$O_2N \cdot C_6H_4 \cdot N = N,$$
$$Cl$$

entweder aus dem p-Nitroanilin selbst oder noch zweckmäßiger aus der in der Technik mit dem wohl nicht ganz zutreffenden Namen „Nitrosaminrot" belegten Paste des Isodiazotats, $O_2N \cdot C_6H_4 \cdot N : N \cdot O \cdot Na + H_2O$, dar. Dieses Natriumsalz ist in gesättigter Kochsalzlösung fast unlöslich und läßt sich daher durch Auswaschen mit solcher völlig von dem in der Regel noch vorhandenen Nitrit befreien. Dieses würde nämlich in solchen Fällen störend wirken, in denen die Kombination zum Farbstoff in (mineral- oder essig-) saurer Lösung erfolgt. Unter solchen Bedingungen würde salpetrige Säure frei werden, die auf Amine unter Bildung von Diazoverbindungen und auf Phenole, Naphthole usw. unter Bildung von Nitrosoverbindungen einwirkt.

Der sehr einfache Prozeß des Auswaschens von Nitrosaminrotpaste mit gesättigter Kochsalzlösung kann ohne Beachtung gewisser Vorsichtsmaßregeln zu einem Mißerfolg führen. Hat man technische Nitrosaminrotpaste des Handels (Badische Anilin- und Sodafabrik) zur Verfügung, so muß man das Produkt möglichst sorgfältig absaugen, besser noch abpressen, den Saug- oder Preßkuchen mit gesättigter Kochsalzlösung anreiben, wiederum absaugen oder abpressen und nach abermaligem Anreiben mit Kochsalzlösung bei mäßiger Wärme (20—30°) einige Tage stehen lassen, besser noch 24 Stunden rühren. Die Paste erstarrt nämlich häufig zu einem harten Kuchen, dessen Verteilung in Teigform Schwierigkeiten macht; jedenfalls tut man gut, die Einstellung der Paste erst vorzunehmen, nachdem dieser an- scheinende Hydratationsvorgang beendet ist.

Hat man Nitrosaminrotpaste nicht zur Verfügung, so kann man sich das Isodiazotat leicht durch Eingießen von p-Nitrodiazoniumchlorid in Natron- lauge, die man mit Kochsalzlösung verdünnt hat, bereiten. Es ist vorteilhaft, recht stark zu kühlen, denn man kommt dann mit einem geringen Überschuß an Natronlauge aus, kann also auch das Auswaschen des Niederschlags abkürzen und diesen leichter natronlaugefrei erhalten. Das bei starker Kühlung bereitete Isodiazotat fällt in einer sehr leicht filtrierbaren Form als grobkrystallini- sches, sandiges, braunrotes Pulver nieder, doch läßt es sich kaum zur gleich- mäßigen Paste anrühren, da sich der schwere Niederschlag sehr rasch in der Kochsalzlösung am Gefäßboden absetzt. Rührt man jedoch die braunrote Modifikation einige Zeit mit lauwarmer Kochsalzlösung, so entsteht bald die bekannte gelbe Modifikation, die sehr lange als gleichmäßige Paste aufbewahrt werden kann. Die Nitrosaminrotpaste ist in der Regel 25 proz., d. h. sie enthält in 100 g etwa 25 g der Verbindung $O_2N \cdot C_6H_4 \cdot N_2 \cdot O \cdot Na + H_2O$ vom Molekulargewicht 207.

---

[1]) Z. ang. **20**, 877 (1907).
[2]) Siehe 1. Auflage dieses Buches, S. 307, 531, und Lunge, Chem. Techn. Unters., 4. Aufl., **3**, 778 (1900). — Die Erklärung hierfür siehe S. 626.
[3]) Z. ang. **20**, 1098 (1907).

Um z. B. 1 l $n/_{10}$ - Diazolösung herzustellen, verfährt man folgendermaßen:

$$\frac{4 \times 207}{10} = 82.8 \text{ g}$$

Paste werden mit ca. 200 ccm Wasser zu einem dünnen Brei angerührt, den man mit 30—40 ccm konzentrierter Salzsäure versetzt.

Die angegebenen Volumverhältnisse sind genau zu beachten. Vermehrung des Wasservolumens verlängert die Zeit der Umsetzung ganz bedeutend, jedoch nur bei der nitritfreien Paste, während die nitrithaltige Paste auch bei größeren Wassermengen fast momentan umgesetzt wird. Die Temperatur wird zwischen 10 und 20° gehalten; unterhalb 10° geht die Umsetzung sehr langsam vor sich. Bei der nitritfreien Paste kann man fast mit der theoretischen Menge Salzsäure (2 Mol.) auskommen, wenn man die Konzentration noch weiter erhöht. Es ist also die Bereitung von Diazolösungen mit sehr wenig freier Salzsäure möglich.

Nach Zusatz der Salzsäure wartet man mit dem Abfiltrieren mindestens eine Stunde. Man hat dann den Vorteil, daß die abfiltrierte Diazolösung bei Aufbewahrung in Eis und im Dunkeln eine Woche lang konstanten Titer zeigt. Es hat sich nämlich herausgestellt, daß innerhalb der ersten Stunde nach erfolgter Umsetzung der Titer der Lösung zunächst etwas abnimmt. Vermutlich kuppelt anfangs gelöste Diazoaminoverbindung mit β-Naphthol. Hat sich aber die Diazoaminoverbindung erst einmal völlig abgeschieden — und dies ist nach etwa einer Stunde der Fall —, so beeinflußt sie den Titer nicht mehr.

Will man sich die Diazolösung unmittelbar aus p-Nitroanilin darstellen, so benutzt man am besten die Vorschrift[1]) der Höchster Farbwerke: 14 g p-Nitroanilin werden in 60 ccm kochendem Wasser und 22 ccm Salzsäure (35 proz.) gelöst, unter gutem Rühren — am besten durch Schütteln unter einem Wasserstrahl — abgekühlt, 100—150 g Eis in fein zerklopftem Zustand eingetragen und 26 ccm Nitritlösung von 290 g im Liter auf einmal unter heftigem Umschütteln hinzugegeben. Fast noch sicherer ist es, das gepulverte Nitrit auf einmal in fester Form einzutragen. Wesentlich ist die Bildung eines feinen, gleichmäßig verteilten Breis von p-Nitroanilinchlorhydrat durch heftiges Schütteln und rasches Kühlen, ferner die unverzügliche Zugabe von Eis und Nitrit. Wartet man auch nur einige Minuten, so wird der Brei so grobkrystallinisch, daß die Diazotierung mißlingen kann. Alle Ingredienzien sind also vorher abzuwägen.

Derartige Diazolösungen sind jedoch nicht völlig frei von salpetriger Säure. Die im Vakuum bereiteten Präparate Azophorrot PN (Höchster Farbwerke) und Nitrazol C (Cassella) u. a. m. sind daher vorzuziehen, da man aus ihnen durch bloßes Lösen eine, allerdings verhältnismäßig salzreiche, Diazolösung erhält. In der Haltbarkeit ist aber die Nitrosaminrotpaste den genannten Präparaten überlegen, sofern sie in gut geschlossenen Gefäßen und vor Licht geschützt aufbewahrt wird.

Als Ursubstanz, die zur Einstellung der Diazolösung sehr wohl geeignet ist, benutzt man in der Technik β-Naphthol, das in vollkommen reiner Form leicht zu haben ist. Zur Kontrolle führt man eine Bestimmung des Schmelzpunkts aus, der bei 112° liegen muß. Handelt es sich um weniger genaue Bestimmungen, so kann man auch andere bequemer zu titrierende Zwischen-

---

[1]) Kurzer Ratgeber, S. 142.

produkte von bekanntem Gehalt, z. B. 2.6-Naphtholmonosulfosäure oder R-Salz, der Titration zugrunde legen. Doch ist zu beachten, daß derartige salzhaltige Substanzen nicht die nämliche Gewähr der gleichmäßigen und (mit Rücksicht auf den veränderlichen Wassergehalt der umgebenden Atmosphäre) konstanten Beschaffenheit bieten wie schmelzpunktreines β-Naphthol, und daß sie außerdem auch im Lauf der Zeit Veränderungen unterliegen können.

Einstellung der Diazolösung mit β-Naphthol nach Schwalbe[1]).

In einem Dreilitergefäß (Becherglas oder besser Batterieglas, „Stutzen") werden 1.44 g sublimiertes β-Naphthol[2]) mit 2 ccm konzentrierter Natronlauge von 30—35% Gehalt versetzt, 10—20 ccm warmes Wasser zugefügt und bis zur völligen Lösung umgerührt. Nunmehr wird mit warmem Wasser (ca. 25—30°) auf 2—2$^1/_2$ l verdünnt, mit Essigsäure bis zur sauren Reaktion (auf Lackmus) angesäuert und ca. 50 g krystallisiertes Natriumacetat dazugegeben. Bei diesem Verdünnungsgrad fällt das β-Naphthol aus der sauren Lösung nicht mehr aus. Aus einer Bürette läßt man dann die zu titrierende Diazolösung unter tüchtigem Umrühren hinzufließen. Der Farbstoff fällt fast augenblicklich aus. Nähert man sich mit dem Zusatz der Diazolösung dem mutmaßlichen Ende der Kupplung, so beginnt man mit Tüpfelproben. Ein Tropfen Farbstoffbrühe wird auf Filtrierpapier gebracht und der farblose Auslaufrand mit Diazolösung betupft.

Tritt noch momentane Rotfärbung ein, so ist weiterer Zusatz von Diazolösung in Mengen von 0.5 ccm nötig. Ist aber die Rotfärbung undeutlich oder gar verschwunden, so filtriert man eine Probe (3—4 ccm) der Farbstoffbrühe ab, teilt das Filtrat in zwei Hälften, fügt zur einen 1 Tropfen Diazolösung, zur zweiten 1 Tropfen β-Naphthollösung. Auf weißer Unterlage kann man mit aller Schärfe, sogar bei künstlicher Beleuchtung, die Rot- oder Rosafärbung beobachten. Man macht etwa 4—6 derartige Proben. Wird das Filtrat auch durch β-Naphthol rot, so ist das Ende der Reaktion erreicht, das angewendete β-Naphthol ist völlig verbraucht, und die richtige Zahl von Kubikzentimetern Diazolösung liegt zwischen den zwei zuletzt gemachten Ablesungen. Man kann 0.1 ccm Diazolösung noch deutlich wahrnehmen.

Der Verlust von etwa 20 ccm bei der Probeentnahme macht bei 2 l keinen merkbaren Fehler; man kann auch bei Rotfärbung der Diazolösung die zweite Hälfte der Filtratprobe sparen, kommt also mit noch kleineren Flüssigkeitsmengen aus. Bei einem Verbrauch von 100 ccm Diazolösung kann man bis etwa 99 ccm mit der Tüpfelprobe auskommen. Erst dann muß man Filtratproben entnehmen. In 2 l Flüssigkeit sind dann aber nur noch 0.0144 g β-Naphthol, in 20 ccm Flüssigkeit 0.000 144 g β-Naphthol = 0.01%! Analog entsprechen den Ablesungen 99.9 und 100.1 Abweichungen von nur 0.1%. Da 0.1 ccm bequem abgelesen und an dem Grad der Rotfärbung unterschieden werden kann, geht die Genauigkeit bis etwa 0.05%.

Was nun die Bestimmung der hydroxyl- oder aminhaltigen Substanz anbelangt, so ist in allen Fällen zu empfehlen:

1. Arbeiten in möglichst saurer Lösung und

2. Aussalzen des Monoazofarbstoffs unmittelbar nach seiner Entstehung, um ihn der Einwirkung der Diazoverbindung zu entziehen.

Im übrigen lassen sich bei der Azofarbstoffbildung noch folgende Abstufungen der Reaktionsbedingungen unterscheiden:

---

[1]) B. **38**, 3072 (1905).   [2]) Von Merck, Darmstadt.

1. schwach mineralsauer,

2. schwach essigsauer,

3. schwach essigsauer + wenig Natriumacetat (was annähernd neutraler Reaktion entspricht, da Natriumacetat für sich allein bekanntlich schwach alkalisch auf Lackmus reagiert),

4. neutrale Reaktion des Natriumbicarbonats, die auch bei Zugabe von Mineralsäuren ihre Konstanz bewahrt — das Vorhandensein genügender Mengen Bicarbonat vorausgesetzt,

5. schwach essigsauer + viel Acetat (= schwach alkalisch),

6. sodaalkalisch und ammoniakalisch,

7. ätzalkalisch.

Mehr oder minder stark (mineral- oder essig-) sauer arbeitet man, wenn die Gefahr der Disazofarbstoffbildung vorliegt, schwach sauer soll die Reaktion bei den gewöhnlichen Aminen sein. Kuppeln diese etwas schwerer, oder handelt es sich um normale Monooxyverbindungen, so fügt man je nach Bedarf Natriumacetat hinzu oder kuppelt in Bicarbonatlösung.

Die Diazolösung aus p-Nitroanilin ist außerordentlich reaktionsfähig gegenüber Alkalien und selbst gegenüber den Alkalicarbonaten, durch die sie Umwandlung in das Isodiazotat erfährt.

Daraus ergibt sich die Notwendigkeit, bei allen Titrationen, bei denen p-Nitrobenzoldiazoniumchlorid benutzt wird, sorgfältig soda- oder ätzalkalische Reaktion zu vermeiden[1]). Ist daher zur Bereitung der zu untersuchenden Lösungen die Anwendung von Alkali erforderlich, so muß vor Beginn der Titration durch Zusatz von Essig- oder Mineralsäure das überschüssige Alkali fortgenommen werden. Das ist besonders auch bei solchen Titrationen, die in Gegenwart von Bicarbonat ausgeführt werden sollen, zu beachten. Denn da aus Ätzalkali und Bicarbonat nur Soda erzeugt wird, so kann selbst durch noch so große Mengen Bicarbonat die Gefahr einer Isomerisierung nicht ausgeschlossen werden.

Die 20 oder 25 ccm der alkalischen $^{n}/_{10}$-β-Naphthollösung werden demgemäß in einem starkwandigen Becherglas mit ca. $^{1}/_{4}$ l Wasser von etwa 20° verdünnt und alsdann mit Essig- oder Salzsäure ganz schwach angesäuert. Nun fügt man etwa 10 g Natriumacetat oder Bicarbonat hinzu und läßt von der Diazolösung so lange hinzufließen, bis die Tüpfelprobe undeutlich wird, worauf man die Titration in der bereits angedeuteten Weise mit Hilfe von Filtrationsproben zu Ende führt.

Chapin[2]) empfiehlt folgende Arbeitsweise: 20 ccm der ca. $^{n}/_{10}$-Lösung des Phenols werden im 250-ccm-Becherglas nach Verdünnen mit 50 ccm 10 proz. Natriumacetatlösung mit Essigsäure gegen Lackmus neutral gestellt, 10 ccm 30 proz. basischer Bleiacetatlösung zugegeben und mit frisch bereiteter Diazolösung titriert. Nach Zusatz von 10 ccm Diazolösung wird jedesmal wieder 10 ccm Bleilösung zugegeben. Gegen den Endpunkt muß kräftig gerührt werden. Endpunkt wie folgt feststellen: Zwei Vertiefungen einer Porzellantüpfelplatte mit etwas Filtrat füllen, zur einen gibt man 1 Tropfen Diazolösung, zur anderen 1 Tropfen Phenollösung. Ausbleiben der Farbreaktion in beiden zeigt den Endpunkt der Reaktion an. Die Färbung kann durch Zugabe von 1 Tropfen 25 proz. Natronlauge verstärkt werden. Vorbedingung zu brauchbaren Resultaten ist schnelles Arbeiten; die Titration muß in 20 Minuten beendet sein.

---

[1]) Siehe auch Bülow und Sproesser, B. **41**, 1687 (1908).
[2]) J. Ind. Eng. Ch. **12**, 568 (1920).

Die quantitative Bestimmung der gewöhnlichen Naphthylamin-mono- und disulfosäuren, die man, wie bereits erwähnt, unter Zusatz von Acetat ausführt, bietet keine Schwierigkeiten, ebensowenig die Titration der Naphtholmono- und -disulfosäuren, bei denen entweder Acetat oder Bicarbonat als Neutralisationsmittel Verwendung finden kann. Gewisse Schwierigkeiten verursacht die 2.6.8-Naphtholdisulfosäure (G-Säure), die einerseits mit p-Nitrobenzoldiazoniumchlorid einen sehr schwer aussalzbaren Azofarbstoff bildet, andererseits sogar dieser so energischen Diazokomponente gegenüber ziemlich langsam kuppelt. Diese Erscheinung ist bekanntlich auf die in 8-Stellung befindliche Sulfogruppe zurückzuführen, die den Eintritt der Azogruppe in die 1-Stellung erschwert, derart, daß die 2.8-Naphthylaminmono- und die 2.6.8-Naphthylamindisulfosäure überhaupt keinen normalen Azofarbstoff mehr zu bilden vermögen. Diese Säuren sind daher, ebenso wie die 1.2.4-Naphthylamindisulfosäure oder die 1.2.4.7-Naphthylamintrisulfosäure, die gleichfalls kupplungsunfähig sind, mit Nitrit auf ihren Gehalt zu prüfen. Bei den technisch wichtigen Aminonaphtholsulfosäuren, z. B. 1.8.4-, läßt sich die Bildung von Disazofarbstoffen mit Sicherheit vermeiden, falls man bei mineralsaurer Reaktion titriert. Die 2.8.6-Aminonaphtholsulfosäure (γ-Säure) kuppelt jedoch unter diesen Umständen ziemlich langsam und ist, selbst wenn man die Lösung ein wenig erwärmt, zudem so schwer löslich, daß es sich empfiehlt, sie ebenso wie die 1.8.3.6-Aminonaphtholdisulfosäure (H-Säure) in essigsaurer Lösung zu titrieren. Das Verhältnis zwischen Acetat und freier Essigsäure ist derart zu bemessen, daß einerseits keine Ausscheidung der freien Aminonaphtholsulfosäuren stattfindet, andererseits aber die Kupplung nicht zu sehr erschwert und doch die Disazofarbstoffbildung verhindert wird (Näheres s. u.). Bei der H-Säure darf man, entsprechend ihrer größeren Neigung zur Disazofarbstoffbildung und ihrer größeren Löslichkeit in Wasser, das Verhältnis von Essigsäure zu Acetat etwas mehr zugunsten der Essigsäure verschieben.

Bezüglich der Ausführung der Titration und ihrer Berechnung sei noch folgendes bemerkt.

Man wende für jede Analyse im allgemeinen so viel Substanz an, daß jedesmal etwa 20—25 ccm Diazolösung verbraucht werden, also eine Bürette von 50 ccm für zwei Titrationen ausreicht. Handelt es sich z. B. um die Titration der γ-Säure und vermutet man einen Gehalt derselben an freier Säure, der zwischen 80 und 100% liegt, so verfährt man etwa in folgender Weise: Für

$$C_{10}H_5 \begin{cases} OH \\ NH_2 \\ SO_3H \end{cases}$$

berechnet sich das Molekulargewicht 239. Es entsprechen also 239 g γ-Säure (100 proz.) einem Molekül Diazoverbindung $= 1$ l Diazolösung von normalem Gehalt oder 20 l $n/_{20}$-Diazolösung oder 0.239 g $= 20$ ccm $n/_{20}$-Diazolösung. Wäre die γ-Säure tatsächlich z. B. 75 proz., so wären die 0.239 g $= 18$ ccm $n/_{20}$-Diazolösung. Man wägt, um evtl. Material für vier Titrationen zu haben, viermal ca. 0.3 g, also etwa 1.2 g, γ-Säure ab, löst sie in Natronlauge, stellt auf 100 ccm ein und pipettiert für jede Titration 25 ccm ab. Die Rechnung gestaltet sich dann folgendermaßen: Angenommen, es seien für die Titration 0.297 g γ-Säure verbraucht; diese erforderten 23.6 ccm einer $n/_{20.7}$-Diazolösung. Dann entsprechen 0.297 g γ-Säure $\frac{23.6}{20.7}$ ccm n-Diazolösung

40*

oder umgekehrt: $\frac{23.6}{20.7}$ ccm n-Diazolösung $= 0.297$ g γ-Säure, also 1 l n-Diazolösung $=$

$$\frac{0.297 \times 20.7 \times 1000}{23.6}$$

$= 260.46$ g γ-Säure. Der Titer der sonach bestimmten Säure wäre demgemäß $M = 260.46$

Beispiele:

1. **Naphthionat (1.4-Naphthylaminsulfosäure).**

Angewendet 1.532 g Substanz, gelöst in 100 ccm Wasser. Zur Titration verbraucht je 25 ccm. Dieselben wurden mit etwa 25 ccm Natriumacetatlösung (enthaltend 1 Molekül in $\frac{1}{2}$ l) und während der Titration nach Bedarf mit festem Kochsalz versetzt. Verbraucht $n/_{20.5}$-Diazolösung im Mittel 24.7 ccm. Also 1.532/4 g Naphthionat $= 24.7/20.5$ ccm n-Diazolösung. 1 l n-Diazolösung $= 1.532/4 \times 20.5/24.7 \cdot 1000$ oder $M = 317.8$.

2. **2.6-Naphtholsulfosäure (Schäffersches Salz).**

Angewendet 1.314 g Substanz gelöst in 100 ccm Wasser. Zur Titration verbraucht je 25 ccm. Diese wurden mit 5 g Bicarbonat und 50 ccm Kochsalzlösung versetzt. Der Farbstoff nimmt anfänglich leicht gallertartige Beschaffenheit an, die aber durch die Anwesenheit von Kochsalz bald in feinkrystallinische Form übergeht. Verbraucht $n/_{20.5}$-Diazolösung im Mittel 23.45 ccm; also

$$\frac{1.314}{4} \text{ g Schäffersches Salz} = \frac{23.45}{20.5} \text{ ccm n-Diazolösung.}$$

Daraus berechnet sich 1 l n-Diazolösung

$$= \frac{1.314}{4} \times \frac{20.5}{23.45} \cdot 1000 \text{ g}$$

oder $M = 287.4$.

3. **2.6.8-Naphtholdisulfosäure (G-Salz).**

Abgewogen 1.794 g G-Salz. Es wurde in 100 ccm Wasser gelöst. Von dieser Lösung wurden für die Titration je 25 ccm verwendet. Nach der Zugabe von 5 g Bicarbonat wurden zunächst 15 ccm Diazolösung zufließen gelassen und solche Mengen festes Kochsalz zugesetzt, daß ein kleiner Teil ungelöst blieb, während gleichzeitig der Farbstoff fast völlig ausgesalzen wurde, so daß beim Tüpfeln ein breiter farbloser Rand entstand, der bei der weiteren Zugabe von Diazolösung sichere Erkennung des jeweils überschüssigen Komponenten gestattete. Verbraucht wurden von der $n/_{21.4}$-Diazolösung im Mittel 22.7 ccm. Daraus berechnet sich auf die oben angegebene Weise $M = 422.9$.

F. Verhalten der Phenole bei der Ätherifikation.

Im allgemeinen lassen sich Phenoläther durch „saure Ätherifikation" nicht gewinnen, wodurch man meist phenolisches Hydroxyl von Carboxyl zu unterscheiden imstande ist. Wenn aber die OH-Gruppe durch Häufung von sauren Gruppen stärker negativ wird, kann sie auch durch Säuren ätherifizierbar werden.

So liefert **Phloroglucin** nach Will[1]) einen Dimethyläther, wenn man es mit Salzsäure und Alkohol behandelt: ja bei energischer Durchführung dieser

---

[1]) B. **17**, 2106 (1884); **21**, 603 (1888). — **Bamberger** und **Althausse**, B. **21**, 1900 (1888).

Methode kann man sogar teilweise Überführung in Trimethylphloroglucin erzwingen [Herzig und Kaserer[1])]. α- und β-Anthrol[2]), 1.5-Anthradiol [Rufol[2])] und 1.8-Anthradiol[3]) (Chrysazol), sowie α- und β-Naphthol geben gleichfalls mit Salzsäure und Alkoholen Alkyläther [Liebermann und Hagen[4])], und mit Schwefelsäure als Katalysator kann man sowohl die Naphthole[5]) als auch Dioxynaphthaline[6]) und sogar das p-Bromphenol und das Phenol selbst ätherifizieren[7]). Die α-Verbindungen entstehen weniger leicht als die β-Verbindungen, was sich aus sterischer Beeinflussung erklären läßt.

In der Terpenreihe findet sich auch öfters dieses Verhalten, so beim Isoborneol, Linalool und Geraniol [Bertram und Walbaum[8])]. Auch das 1-Methyldihydroresorcin

$$\begin{array}{c} H\diagdown\quad CH_3 \\ \diagup\!\!\times\!\!\diagdown \\ H_2C\diagup\quad\diagdown CH \\ \diagdown C\diagup\quad\diagdown COH \\ HO\diagup\quad CH \end{array}$$

läßt sich durch Schwefelsäure und Alkohol, und zwar in zwei isomere (cis-trans-) Äther:

$$\begin{array}{c} H\diagdown\quad CH_3 \\ \diagup\!\!\times\!\!\diagdown \\ H_2C\diagup\quad\diagdown CH_2 \\ \diagdown C\diagup\quad\diagdown CO \\ C_2H_5 - O\diagup\quad CH \end{array}$$

verwandeln[9]).

Paraoxybenzaldehyd gibt nach Hans Meyer[10]) mit Alkohol und Schwefelsäure kleine Mengen Anisaldehyd

Sehr interessant ist ferner die Bildung von Tetrabrommorinäther bei der Bromierung von Morin in alkoholischer Lösung[11]), und analog ist wahrscheinlich die Bildung von Spriteosin beim Erhitzen von Fluorescein mit Alkohol und Brom unter Druck zu erklären.

Derartig reaktives Hydroxyl besitzt aber trotzdem keine „sauren" Eigenschaften: ja es sind vereinzelte Fälle bekannt, wo sich sogar „alkoholisches" Hydroxyl — allerdings in Verbindung mit lauter negativen Gruppen — durch alkoholische Salzsäure ätherifizierbar erwies, z. B. in der von Geisenheimer und Anschütz[12]) studierten Substanz:

$$\begin{array}{ccc} \begin{array}{c} COO\,Alk \\ | \\ HO-C-NH \\ | \\ CO \\ | \\ HO-C-NH \\ | \\ COO\,Alk \end{array} & \text{, welche leicht den Diäthyläther} & \begin{array}{c} COO\,Alk \\ C_2H_5O\diagdown\;| \\ C-NH \\ | \\ CO \\ | \\ C-NH \\ C_2H_5O\diagup \\ COO\,Alk \end{array} \end{array}$$

[1]) M. **21**, 875 (1900).   [2]) Dienel, B. **38**, 2864 (1905).
[3]) Lampe, B. **42**, 1413 (1909).
[4]) B. **15**, 1427 (1882). — A. **212**, 49, 56 (1882). — Dienel, Diss. Berlin (1907), 38.
[5]) Henriques und Gattermann, A. **244**, 72 (1887). — Davis, Soc. **77**, 33 (1900). — Elbs, J. pr. (2), **47**, 69, 74 (1893).   [6]) DRP. 173730 (1906).
[7]) Armstrong und Panisset, Soc. **77**, 44 (1900).   [8]) J. pr. (2), **49**, 9 (1894).
[9]) Gilling, Soc. **103**, 2032 (1913).   [10]) M. **24**, 235 (1903).
[11]) Benedikt und Hazura, M. **5**, 667 (1884). — Herzig, M. **18**, 706 (1897).
[12]) A. **306**, 41, 54 (1899).

liefert. Die Ätherifizierbarkeit dieser Glyoxalonglykole wird erschwert, wenn eins der Stickstoffatome alkyliert ist, und wird vollständig aufgehoben, wenn beide alkyliert sind[1]). Ganz allgemein lassen sich die aromatischen Carbinole auf diese Art leicht ätherifizieren[2]).

Die Hydroxylgruppe der Allokaffursäure:

$$\begin{array}{c} CH_3{-}NH{-}CO\ CH_3 \\ |\ \ \ \ | \\ HO{-}C{-}N{-}CO \\ |\ \ \ \ \ | \\ CO{-}{-}{-}NCH_3 \end{array}$$

und der Kaffursäure ist durch die Nachbarschaft der beiden Carbonylgruppen so stark acidifiziert, daß sie sich leicht mit Alkohol und Salzsäure verestern läßt[3]).

Die Äther des Coeroxonols[4]) entstehen schon durch bloßes Aufkochen mit Alkoholen. Sie sind sehr leicht zerlegbar und werden durch Kochen mit anderen Alkoholen leicht umgeestert[5]).

Die allgemein übliche Ätherifizierungsart für Phenole ist das Behandeln ihrer Metallverbindungen, namentlich der Silber-[6]), Natrium- und Kaliumphenolate mit Jod- oder Bromalkyl in alkoholischer oder wäßrig-alkoholischer Lösung[7]). Diesem altbewährten Verfahren schließen sich einige neuere, außerordentlich wertvolle Methoden an[8]).

Die Methylierung mittels Diazomethan hat v. Pechmann[9]) eingeführt. Sie wird bei der Besprechung der Esterifikation von Carbonsäuren erörtert werden, siehe S. 754.

Anschließend hieran sei der Inhalt eines Patents wiedergegeben[10]), wonach mit nascierendem Diazomethan gearbeitet wird.

Das Verfahren besteht darin, daß Kohlenwasserstoffe der aromatischen Reihe mit einer oder mehreren Hydroxylgruppen in Gegenwart alkalischer Mittel der Einwirkung von Nitrosoderivaten des Alkylharnstoffs ausgesetzt werden. Bei Substanzen mit mehreren Phenolhydroxylen lassen sich die mono-, di- und trialkylierten Äther gewinnen.

Beispielsweise löst man 15 Teile β-Naphthol in 100 Teilen Normalkalilauge und versetzt langsam mit 7 Teilen Nitrosodiäthylharnstoff, wobei man für Kühlung Sorge trägt. Der Äthyläther des β-Naphthols scheidet sich ab. Oder man löst 55 Teile Brenzcatechin in 2000 Teilen Äthylalkohol und alkyliert mittels 55 Teilen Nitrosomonomethylharnstoff, indem man bei 0° 20 Teile Ätznatron, in wenig Wasser gelöst, unter Umrühren zufließen läßt. Nach der Filtration destilliert man den Alkohol ab und reinigt das Guajacol durch fraktionierte Destillation unter vermindertem Druck.

---

[1]) Biltz, A. **368**, 167 (1909).

[2]) Siehe S. 39, 120 und Massini, Diss. Zürich (1909), 37.

[3]) Biltz, B. **43**, 1611, 1628 (1910).

[4]) Decker und v. Fellenberg, A. **356**, 317, 318 (1907).

[5]) Unter „Umestern" verstehen Stritar und Fanto, M. **28**, 383, Anm. (1907), eine Alkoholyse, die zur Verwandlung eines Esters in einen anderen führt.

[6]) Torrey und Hunter erhielten aus Tribromphenolsilber mit Äthyl(Methyl)jodid ohne Verdünnungsmittel einen alkoxylfreien amorphen Körper; in Alkohollösung verlief die Reaktion normal. B. **40**, 4335 (1907).

[7]) Siehe auch S. 753.

[8]) Weitere Ätherifizierungsarten Krafft und Roos, DRP. 76 574 (1894) und Moureu, Bull. (3), **19**, 403 (1898).

[9]) B. **28**, 856 (1895); **31**, 64, 501 (1898). — Ch. Ztg. **22**, 142 (1898).

[10]) Fr. P. 374 378 (1907). — Faltis, M. **33**, 889 (1912). — DRP. 189 843 (1907); 224 388 (1910). — Siehe auch S. 756.

Um Morphin zu alkylieren, suspendiert man 15 Teile in 100 Teilen Alkohol unter Zugabe von 2 Teilen Natriumhydroxyd und wenig Wasser und trägt bei 0° 6 Teile Nitrosomonomethylharnstoff ein. Nach beendeter Reaktion wird der Alkohol abdestilliert und das Kodein nach Zusatz von Natronlauge mit Benzol extrahiert. Ähnlich wird die Alkylierung des Guajacols mit Nitrosodimethylharnstoff (Smp. 96°) und die Darstellung des Triäthyläthers des Pyrogallols vorgenommen. In analoger Weise lassen sich auch Dioxynaphthaline, Anthrol, Naphthole alkylieren, auch wenn man statt Natronlauge Kalk, Ammoniak, Monomethylamin usw. anwendet.

Dimethylsulfat als Alkylierungsmittel bei Phenolen[1] anzuwenden, haben Ullmann und Wenner[2] gelehrt.

Die Alkylierung wird gewöhnlich durch kurzes[3] Schütteln der alkalischen[4] Phenollösung mit der berechneten Menge Dimethylsulfat nahezu quantitativ durchgeführt. Es empfiehlt sich oftmals, bei Gegenwart von überschüssigem Bariumhydroxyd (Pringsheim) oder Bicarbonat[5] zu arbeiten.

Manchmal bewährt sich die Verwendung wäßrig-alkoholischer[6] oder rein alkoholischer[7] Lösungen.

Mit möglichst wenig Wasser arbeitet Funk[8], in kochender Lösung Sulser[9] und Cohen[10]. Auch Kostanecki und Lampe haben möglichst stürmischen Reaktionsverlauf, unter Benutzung siedenden Dimethylsulfats und siedender alkalischer Substanzlösung sehr vorteilhaft gefunden[11].

Ein Hindernis mechanischer Natur bei der Methylierung des Vanillins ist die Schwerlöslichkeit seines Natriumsalzes[12]. Dieser Umstand kommt zwar nicht in Betracht, wenn man das Kaliumsalz verwendet, aber auch so kann durch die weitere Einwirkung des Kalis auf den Aldehyd oder auf ähnliche empfindliche Körper die Darstellung eines reinen Reaktionsprodukts in Frage gestellt werden. Decker und Koch[13] haben deshalb folgende Versuchsanordnung angegeben.

Man löst 1 Mol. Vanillin in 10% weniger als der theoretischen Menge Dimethylsulfat auf dem Wasserbad und trägt nun tropfenweise in die heiße Flüssigkeit eine Lösung von einem Molekül Kaliumhydroxyd in dem doppelten Gewicht Wasser unter gutem Umschütteln ein. Die Reaktion ist sehr lebhaft, es muß daher ein Rückflußkühler benutzt werden. Nachdem alles eingetragen ist, setzt man noch etwas Lauge bis zur bleibenden Alkalinität hinzu und läßt abkühlen.

Es haben sich zwei Schichten gebildet; die obere ist reiner Veratrylaldehyd. Man setzt nun Äther zu und schüttelt zwei- bis dreimal aus: dabei scheidet

---

[1] Methylierung aliphatischer Verbindungen mit Dimethylsulfat: Grandmougin, Havas und Guyot, Ch. Ztg. **37**, 812 (1913). — Siehe auch Anm. 5 und folgende Seite (Oxindole). — Zucker: Haworth, Soc. **107**, 8 (1915). — Pringsheim, B. **48**, 1159 (1915). — Morphin: Pschorr und Dickhäuser, B. **44**, 2633 (1911). — Mannich, Arch. **254**, 352 (1916).

[2] B. **33**, 2476 (1900). — DRP. 122 851 (1900). — Graebe und Aders, A. **318**, 365, 370 (1901). — B. **38**, 152 (1905). — A. **349**, 201 (1906). — Colombano, G. **37**, II, 471 (1907). — Smith und Mitchell, Soc. **93**, 844 (1908). — Pschorr und Dickhäuser, B. **44**, 2633 (1911); **45**, 1567 (1912), alkoholisches Hydroxyl der Kodeine.

[3] Gelegentlich kann die Ausbeute durch Verlängerung der Reaktionsdauer recht wesentlich erhöht werden. Biltz und Robl, B. **54**, 2449 (1921).

[4] Verschiedenes Verhalten von Kali- und Natronlauge: Klemenc, M. **38**, 553 (1917).

[5] Backer, Rec. **31**, 172 (1912).

[6] Perkin und Hummel, Soc. **85**, 1466 (1905). — Widmer, Diss. Bern (1907), 30.

[7] Kulka, Ch. Ztg. **27**, 407 (1903). — Funk, Diss. Bern (1904), 25. — B. **37**, 774 (1904).   [8] Diss. Bern (1904), 26.   [9] Diss. Bern (1905), 25, 29.

[10] Diss. Bern (1905), 29, 30.   [11] B. **35**, 1669 (1902); **41**, 1331 (1908).

[12] Perkin und Robinson, Soc. **91**, 1079 (1907).   [13] B. **40**, 4794 (1907).

sich gewöhnlich festes Vanillinkalium ab. Die ätherischen Auszüge hinterlassen reinen, farblosen Aldehyd, der nach dem Einimpfen krystallisiert. Die Ausbeute entspricht, auf Dimethylsulfat berechnet, 97% der Theorie. Die 5—10% unausgenutztes Vanillin können aus der alkalischen Flüssigkeit wiedergewonnen werden. Nimmt man mehr Dimethylsulfat und Alkali, so kann man leicht diesen Rest von Vanillin umsetzen, dann ist aber eine Verunreinigung des empfindlichen Veratrals mit Dimethylsulfat oder Veratrylalkohol nicht zu vermeiden.

Die geschilderte Anordnung hat vor den meistgeübten Vorschriften den Vorteil, daß man den Gang der Reaktion durch die Regulierung der Zugabe des Alkalis vollkommen in der Hand hat.

Die Beobachtung der Geschwindigkeit, mit der die alkalische Reaktion nach Zugabe eines Tropfens Lauge verschwindet, dient als Kontrolle für den Verlauf des Prozesses.

Die Alkylierung der Oxyanthrachinone, deren α-Stellungen namentlich schwer alkylierbar zu sein pflegen[1]), wird nach Graebe[2]) ebenso wie die der Nitrophenole (Ullmann und Wenner) und der Carbon- und Sulfosäuren am besten unter Benutzung der trocknen Salze, eventuell noch unter Zusatz von weiteren Mengen fein gepulverten trocknen Ätzkalis[3]) vorgenommen.

Man erhitzt mit überschüssigem Dimethylsulfat, eventuell bis zum Kochen.

Dioxindole mit tertiärem Hydroxyl fixieren bei der Einwirkung von Dimethylsulfat und Lauge auch am alkoholischen Hydroxyl eine Methylgruppe [4]):

$$\text{(Ring)}\begin{matrix} R \\ C{-}OH \\ CO \\ NH \end{matrix} \quad\rightarrow\quad \text{(Ring)}\begin{matrix} R \\ C{-}OCH_3 \\ CO \\ NCH_3 \end{matrix}$$

Weiteres über die Anwendung dieses Alkylierungsmittels siehe S. 752ff.

Den bereits angeführten Alkylierungsmethoden ist noch die speziell auch für alkoholisches Hydroxyl und für Oxysäuren verwertbare Methode von Purdie und Lander[5]) anzureihen: die zu alkylierende Substanz wird mit trocknem Silberoxyd und Jodalkyl mehrere Stunden lang, eventuell im Einschmelzrohr, erhitzt[6]).

Das Verreiben der Substanz mit dem trocknen Silberoxyd muß vorsichtig und in glatten Gefäßen geschehen, weil sonst Verpuffung eintreten kann[7]).

In manchen Fällen kann dabei auch Oxydation eintreten. So wird z. B. bei der Alkylierung von Benzoin ein Teil zu Benzaldehyd und Benzoesäure oxydiert und letztere dann esterifiziert.

---

[1]) Sieh dazu Eder, Arch. **253**, 29 (1915). — Schürmann, Diss. Marburg (1914), 15, 43.   [2]) A. **340**, 244 (1905); **349**, 201, 224 (1906).

[3]) Fischer und Ziegler, J. pr. (2), **86**, 300 (1912).

[4]) Kohn und Ostersetzer, M. **32**, 905 (1911); **34**, 787 (1913).

[5]) Purdie und Pitkeathly, Soc. **75**, 157 (1899). — Purdie und Irvine, Soc. **75**, 485 (1899); **79**, 975 (1901). — McKenzie, Soc. **75**, 754 (1899). — Lander, Proc. **16**, 6, 90 (1900). — Soc. **77**, 729 (1900); **79**, 690 (1901); **81**, 591 (1902); **83**, 414 (1903). — Landau, Diss. Berlin (1900), 100. — Liebermann und Landau, B. **34**, 2154 (1901). — Liebermann und Lindenbaum, B. **35**, 2913 (1902). — Purdie und Young, Soc. **89**, 1194, 1578 (1906). — Irvine und Moodie, Proc. **23**, 303 (1907). — Soc. **89**, 1578 (1906); **93**, 95 (1908). — C. und H. Liebermann, B. **42**, 1923 (1909). — Hudson und Brauns, Am. soc. **38**, 1216 (1916). Nur mittels dieses Verfahrens gelang die vollständige Alkylierung der Chinasäure. Herzig und Ortony, Arch. **258**, 91 (1920).

[6]) Zur Darstellung von Trimethylinulin mußte wochenlang gekocht werden. Karrer und Lang, Hel. **4**, 249 (1921).

[7]) C. und H. Liebermann, B. **42**, 1927, Anm. (1909).

Diese Methode ist auch besonders zur Alkylierung von Zuckerarten und Glucosiden[1]) geeignet[2])[3]), sie dient übrigens auch zur Methylierung von Oximen[3]).

Nach den Untersuchungen von Herzig und Zeisel[4]) vermögen alle 1.3-Dioxybenzole bei der Ätherifizierung mit Kali und Jodalkyl[5]) Alkylgruppen am Kohlenstoff zu fixieren, falls keine anderen Gruppen hinderlich sind[6]).

In der Phloroglucinreihe werden hierbei ausschließlich bisekundäre und gänzlich sekundäre Verbindungen gewonnen[7]). — Ein Einfluß der schon vorhandenen Methylgruppen macht sich dabei insofern geltend, als das symmetrische Trimethylphloroglucin ausschließlich das gleichfalls symmetrisch konstituierte Hexamethylphloroglucin, das Dimethylphloroglucin, in dem die Methylgruppen an zwei verschiedenen C-Atomen haften, Tetra- und Hexamethylphloroglucin liefert, während das Monomethylphloroglucin, analog dem Phloroglucin selbst, alle drei Ketoformen nebeneinander bildet.

Bei der Alkylierung der echten Dialkyläther entstehen die wahren Trialkyläther[8]), in den Monoalkyläthern hingegen bleibt wohl die Alkyloxydgruppe erhalten, die neu eintretenden Alkyle dagegen gehen an den Kohlenstoff[9]).

Bei den Phloroglucincarbonsäurederivaten[10]) zeigt sich die bei den Phloroglucinhomologen konstatierte Herabsetzung der Alkylierungsfähigkeit in noch weit höherem Maß, indem weder mit Salzsäure und Alkohol noch mit Natrium und Jodalkyl Alkylierung (auch nicht der Methyläthersäuren) stattfindet.

Diese gelingt indessen leicht mit Diazomethan.

Auch bei der Acetylierung macht sich hier eine Abnahme der Reaktionsfähigkeit bemerkbar.

Zur Theorie dieser Vorgänge siehe Herzig und Zeisel a. a. O. und ferner Henrich, M. **20**, 540 (1899). — Kaufler, M. **21**, 1002 (1900).

---

[1]) Irvine, Bioch. **22**, 357 (1909). — Irvine und Steele, Soc. **117**, 1474 (1920).

[2]) Purdie und Irvine, Soc. **83**, 1021 (1903). — Irvine und Cameron, Soc. **85**, 1071 (1904). — Purdie und Mc Laren Paul, Soc. **85**, 1074 (1904). — Proc. **23**, 33 (1907).

[3]) Irvine und Moodie, Proc. **23**, 303 (1907). — Soc. **89**, 1578 (1906); **93**, 95 (1908). — Pringsheim und Persch, B. **54**, 3164 (1921).

[4]) M. **9**, 217, 882 (1888); **10**, 144, 435 (1889); **11**, 291, 311, 413 (1890); **14**, 376 (1893). — A. W. Hofmann, B. **11**, 800 (1878). — Margulies, M. **9**, 1045 (1888); **10**, 459 (1889). — Spitzer, M. **11**, 104, 287 (1890). — Kraus, M. **12**, 191, 368 (1891). — Ulrich, M. **13**, 245 (1892). — Ciamician und Silber, G. **22** (2), 56 (1892). — Hostmann, Diss. Rostock (1895), 30. — Pollak, M. **18**, 745 (1897). — Reisch, M. **20**, 488 (1899). — Henrich, M. **20**, 540 (1899). — Březina, M. **22**, 346, 590 (1901). — Hirschel, M. **23**, 181 (1902).

[5]) Über die Alkylierung alkoholischen Hydroxyls (der Kodeine, des Morphins usw.) in wäßrig-alkalischer Lösung oder Suspension mit Jodmethyl bei gelinder Temperatur: Pschorr und Dickhäuser, B. **44**, 2633 (1911); **45**, 1567 (1912).

[6]) Zur Entfernung des Jods, das sich bei diesen Alkylierungen auszuscheiden pflegt, setzt man Kupfersulfat zu und leitet Schwefeldioxyd ein, worauf das ausgeschiedene Kupferjodür abfiltriert wird. Gentsch, B. **43**, 2019 (1910).

[7]) Soweit Methyl- und Äthylgruppen in Frage kommen. Über die Einwirkung höherer homologer Alkyle: Kaufler, M. **21**, 993 (1900).

[8]) Will und Albrecht, B. **17**, 2107 (1884). — Will, B. **21**, 603 (1888). — Herzig und Theuer, M. **21**, 852 (1900).

[9]) Pollak, M. **18**, 745 (1897). — Weidel, M. **19**, 223 (1898). — Weidel und Wenzel, M. **19**, 236, 249 (1898). — Reisch, M. **20**, 488 (1899). — Herzig und Hauser, M. **21**, 866 (1900). — Herzig und Kaserer, M. **21**, 875 (1900).

[10]) Herzig und Wenzel, B. **32**, 3541 (1899). — M. **22**, 215 (1901); **23**, 81 (1902).

Hydroxyl, das sich zu einem Carbonylsauerstoff, wie im Chalkon-[1]), Xanthon-, Flavon- oder Anthrachinonkern:

1-Oxyxanthon   Alizarin

2'-Oxy-4'.3.4-trimethoxychalkon   1-Oxy-Flavon

in Orthostellung befindet, ist nach den Erfahrungen von Herzig[2]), Graebe[3]), Schunk und Marchlewski[4]), Kostanecki[5]) und Perkin[6]) zwar leicht durch Acylierung, nur schwer[7]) aber [und manchmal nur mit Dimethylsulfat oder bei Verwendung eines großen Überschusses an Jodalkyl[8])] durch direkte Alkylierung nachweisbar. — Die unvollständig alkylierten (acylierten) Produkte sind ebenso farbig (gelb) wie die Stammsubstanzen.

Die in der Xanthon-, Flavon- und Flavonolreihe gegen das weitere Methylieren mehr oder weniger widerstandsfähige, zum Carbonylrest orthoständige Hydroxylgruppe erlangt diese Resistenz erst durch die Substitution der anderen Hydroxylgruppen. Geht man von den alkylfreien Produkten aus, so kann es bei einzelnen Verbindungen sogar vorkommen, daß gerade die zum Carbonyl orthoständige Hydroxylgruppe (beim Alkylieren mit Diazomethan) zuerst in Reaktion tritt, so daß dann die vollkommene Methylierung ohne jede Schwierigkeit vor sich geht[9]).

Auch orthoständige Nitrogruppen erschweren oft die Alkylierbarkeit.

---

[1]) Auch das orthoständige Hydroxyl im 2.4-Dioxydesoxybenzoin:

ist nicht alkylierbar. Rosicki, Diss. Bern (1906), 36.

[2]) M. **5**, 72 (1884); **9**, 541 (1888); **12**, 163 (1891).

[3]) B. **38**, 152 (1905). — Siehe auch S. 632.   [4]) Soc. **65**, 185 (1894).

[5]) M. **12**, 318 (1891). — Dreher und Kostanecki, B. **26**, 71, 2901 (1893). — Dreher, Diss. Bern (1893), 32. — Kostanecki und Tambor, M. **16**, 920 (1895). — Tambor, B. **41**, 789 (1908).

[6]) Soc. **67**, 995 (1895); **69**, 801 (1896); **71**, 812 (1897).

[7]) Siehe auch Graebe und Ebrard, B. **15**, 1678 (1882). — Liebermann und Jelline, B. **21**, 1164 (1888). — Gregor, M. **15**, 437 (1894). — Wechsler, M. **15**, 239 (1894). — Czajkowski, Kostanecki und Tambor, B. **33**, 1988 (1900). — Kostanecki und Webel, B. **34**, 1455 (1901). — Böck, M. **23**, 1008 (1902). — DRP. 139 424 (1902); 155 633 (1904). — Waliaschko, Arch. **242**, 242 (1904). — Graebe und Thode, A. **349**, 201 (1906). — Perkin, Soc. **91**, 2067 (1907). — Herzig und Hofmann, B. **42**, 155 (1909). — M. **30**, 536 (1909). — B. **42**, 726 (1909). — Herzig und Klimosch, M. **30**, 527 (1909). — Tambor, B. **43**, 1882 (1910). — Mudrovčič, M. **34**, 1431 (1913).

[8]) Perkin, Soc. **81**, 206 (1902). — Proc. **28**, 329 (1912). — Soc. **103**, 654, 1632 (1913). — Bei Phloroglucinderivaten tritt nebenher teilweise Kernmethylierung ein. Perkin, Soc. **77**, 1310, 1316 (1900); **103**, 1635 (1913).

[9]) Herzig, M. **33**, 683 (1912). — Herzig und Stanger, M. **35**, 47 (1914).

So ist ein von Meldola und Hay[1]) untersuchtes Phenol:

$$\text{NO}_2\text{—}\underset{\underset{\text{NHCOCH}_3}{|}}{\overset{\overset{\text{OH}}{|}}{\bigodot}}\text{—N(CH}_3)_2$$

anscheinend nicht alkylierbar und ebensowenig das Dinitropropylphenol[2]):

$$\underset{\underset{\text{OH}}{|}}{\overset{\overset{\text{CH}_2\cdot\text{CH}_2\cdot\text{CH}_3}{|}}{\bigodot}}$$
$$\text{O}_2\text{N}\diagdown\quad\diagup\text{—NO}_2$$

Katalytische Alkylierung[3]).

Man leitet das Gemisch von Phenol und überschüssigem Alkohol über auf 390—420⁰ erhitztes Thordioxyd; aus dem Destillat wird die Mittelfraktion mit Lauge behandelt und der ungelöst bleibende Äther gleich recht rein erhalten. Methylalkohol gibt die besten Resultate. Als Nebenprodukte erhält man kleine Mengen Diphenyläther und Biphenylenoxyd. —

Die Phenoläther[4]) sind im Gegensatz zu den Säureestern meist sehr schwer, und zwar nur durch Säuren[5]) bei höherer Temperatur[6]) [Jodwasserstoffsäure bei 127°, Salzsäure bei 150°[7]), kochende Schwefelsäure], oder durch wasserfreies Aluminiumchlorid[8]) in Schwefelkohlenstoff- oder Antimontrichloridlösung[9]) oder Phosphorpentachlorid verseifbar, während sie von Alkalien[10]) noch viel schwerer angegriffen werden[11]).

Es gibt indessen auch Ausnahmen von dieser Regel.

---

[1]) Soc. **95**, 1033 (1909).

[2]) Thoms und Drauzburg, B. **44**, 2131 (1911).

[3]) Sabatier und Mailhe, C. r. **151**, 359 (1910). — Sabatier, Die Katalyse usw. 1914, S. 193.

[4]) Siehe auch S. 910.

[5]) Verseifung durch Salpetersäure: Thoms und Drauzburg, B. **44**, 2127 (1911).

[6]) Relativ leicht erfolgt Entalkylierung durch Kochen mit einem Gemisch von 48 proz. Bromwasserstoffsäure (1.49) und Eisessig. Jacobs, Diss. Berlin (1907), 18. — Störmer, B. **41**, 322 (1908). — C. und H. Liebermann, B. **42**, 1928 (1909). (Bromwasserstoffsäure 1.9.) — Guillaumin, Thèse Paris (1909). — Schimmel & Co., B. **1909**, I, 137. — Pauly und Lockemann, B. **43**, 1813 (1910). — Seer und Scholl, A. **398**, 86 (1913). — Mosimann und Tambor, B. **49**, 1703 (1916).

[7]) Entmethylierung von Phenoläthern (Säureestern) mit Hilfe der Chlorhydrate aromatischer Basen. Man vermengt 1 Mol Substanz mit 2—3 Molen Anilinchlorhydrat (oder Homologen) und erhitzt in einem Ölbad bis zur Schmelze, welche zwischen 180—230⁰ eintritt. Der Beginn der Reaktion ist leicht daran zu erkennen, daß eine dem oberen Ende des Steigrohres genäherte Bunsenflamme durch das Chlormethyl grün gefärbt wird. Nach ¹/₂—1 Stunde ist die Reaktion meist zu Ende. Man gießt die noch heiße Schmelze in starke Salzsäure. Anisol läßt sich auf diese Weise nicht entmethylieren. Klemenc, B. **49**, 1703 (1916).

[8]) Hartmann und Gattermann, B. **25**, 3531 (1892). — DRP. 70 718 (1892); 94 852 (1897). — Auwers, B. **36**, 3893 (1903). — Österle, Arch. **243**, 441 (1905). — Auwers und Rietz, B. **40**, 3515 (1907). — Auf diese Art kann man sogar alkylierte aromatische Oxyaldehyde verseifen, ohne daß die Aldehydgruppe angegriffen wird. DRP. 193 958 (1908). — Ullmann und Brittner, B. **42**, 2545 (1909). — Siehe S. 910.

[9]) Aikelin, Diss. München (1908). — Bayer, A. **372**, 101, 103, 148 (1910).

[10]) DRP. 78 910 (1894).

[11]) Im Tierkörper werden die Phenoläther leicht verseift: Dohrn, Bioch. **43**, 243 (1912).

So zerfällt Methylpikrat schon beim Kochen mit starker Kalilauge in Methylalkohol und Kaliumpikrat [Cahours[1]), Salkowsky[2])], die Dinitro- und Trinitroderivate des Phenyl- und p-Kresylbenzyläthers werden durch alkoholisches Kali verseift[3]), Alizarin-α-Methyläther durch kochendes Barytwasser[4]).

Nitroopiansäure verliert beim Kochen mit alkoholischer Kalilauge das der Carboxylgruppe benachbarte Methyl[5]), und analog wird Methylanthrol[6]) durch alkoholisches Kali zersetzt.

Beim 15stündigen Erhitzen mit der doppelten Menge Kali und der vierfachen Menge Alkohol auf 180—200° werden übrigens selbst Veratrol[7]), Anisol, Anethol und Phenetol entalkyliert[8]).

Verseifung mit amylalkoholischer Lauge: Abel, Diss. Rostock (1909), 63. Bei der Entalkylierung mit alkoholischem Kali kann gleichzeitig Reduktion stattfinden[9]).

Verseifung von Äthern durch quaternäre Basen: Decker und Dunart, A. **358**, 293 (1908). Durch Natriumalkyle: Schorigin, B. **43**, 193 (1910).

Die Methoxy- und Äthoxyleukobasen des Malachitgrüns verlieren schon beim Erwärmen mit konzentrierter Salzsäure auf 100° ihr Alkyl[10]).

Von den Äthern der Oxyazoverbindungen sind die vom Typus:

$$R \cdot O \cdot C_{10}H_6 \cdot N = N \cdot C_6H_4OH$$

schon durch kurzes Kochen mit verdünnten Säuren verseifbar[11]), während die isomeren Äther:

$$H \cdot O \cdot C_6H_7 \cdot N : N \cdot C_6H_4OR$$

nur durch Aluminiumchlorid verseift werden können[12]).

Über leicht verseifbare, stark negativ substituierte Phenylbenzyläther siehe noch Auwers und Rietz, A. **356**, 152 (1907) und Auwers, A. **357**, 85 (1907).

Außerordentlich leicht verseifbar sind meist die Enoläther.

So wird der Oxycholestenonäther schon durch Erwärmen mit Essigsäure verseift[13]), der Vinyläthyläther und seine Derivate werden ebenfalls sehr leicht durch verdünnte Säuren gespalten[14]).

Phenyläthoxytriazol ist dagegen sehr resistent[15]).

Über das Verhalten von Alkyläthern der Oxymethylenverbindungen siehe auch noch Knorr, B. **36**, 3077 (1903); **39**, 1410 (1906) und Gärtner, Diss., Kiel (1906).

---

[1]) A. **69**, 237 (1849).   [2]) A. **174**, 259 (1874).

[3]) Kumpf, A. **224**, 96 (1884). — Frische, A. **224**, 137 (1884).

[4]) Perkin, Soc. **91**, 2069 (1907).

[5]) Liebermann und Kleemann, B. **19**, 2277 (1886).

[6]) Liebermann und Hagen, B. **15**, 1427 (1882).

[7]) Bouveault, Bull. (3), **19**, 75 (1898).

[8]) Störmer und Kahlert, B. **34**, 1812 (1901). — Kahlert, Diss. Rostock (1902), 74. — Störmer und Kippe, B. **36**, 3995 (1903). — Kostanecki und Tambor, B. **42**, 825 (1909). — Siehe auch S. 514.

[9]) Kippe, Diss. Rostock (1904), 17. — Hildebrand, Diss. Rostock (1906), 8. — Voigt, Diss. Rostock (1908), 30.

[10]) Votoček und Köhler, B. **46**, 1764 (1913).

[11]) Charrier und Pellegrini, G. **43**, II, 227 (1913).

[12]) Charrier und Pellegrini, G. **43**, II, 563 (1913). Über die Alkylierung der o-Oxyazoverbindungen siehe Oddo und Puxeddu, G. **35**, I, 55 (1905); **36**, II, 1 (1906). — Auwers, B. **41**, 413 (1908). — Charrier, G. **46**, I, 404 (1916).

[13]) Windaus, B. **39**, 2253 (1906).

[14]) Eltekow, B. **10**, 706 (1877). — Wislicenus, A. **192**, 106 (1878). — Denaro, G. **14**, 117 (1884). — Faworsky, J. pr. (2), **37**, 532 (1888); **44**, 215 (1891). — Zimmermann, Diss. Jena (1907), 18.   [15]) Dimroth, A. **335**, 79 (1904).

Aromatische Oxyketone mit zum Carbonyl orthoständigem Hydroxyl liefern mit Zinntetrachlorid in benzolischer Lösung bei Wasserbadtemperatur Substitutionsprodukte, während solche mit anderen als orthoständigen Hydroxylen unter den gleichen Umständen nur Additionsprodukte bilden. Auch diese Substitutionsprodukte sind wenig stabil und werden durch kochendes Wasser zerlegt [1]).

G. Benzylierung der Phenole.

Um Phenole zu benzylieren, erhitzt man sie in alkoholischer Lösung mit der berechneten Menge Natriumalkoholat und Benzylchlorid mehrere Stunden unter Rückflußkühlung auf dem Wasserbad und filtriert dann noch heiß vom ausgeschiedenen Kochsalz [2]) oder gießt in Wasser und krystallisiert um.

Gomberg und Buchler [3]) erhitzen die wäßrigen Lösungen der Natriumphenolate mit Benzylchlorid unter starkem Rühren. Als Nebenprodukte werden Benzylphenole erhalten.

Die Silberphenolate reagieren besser als mit Benzylchlorid mit dem auch sonst [4]) zu Benzylierungen empfohlenen Benzyljodid [5]). Das Silbersalz wird mit einer benzolischen Lösung der äquivalenten Menge Benzyljodid auf dem Wasserbad unter Rückfluß gekocht, bis die stechenden Dämpfe des Jodids verschwunden sind. Man filtriert, dampft zur Trockne und krystallisiert (etwa aus Ligroin) um.

Darstellung von Benzyljodid.

Reines Benzylchlorid wird mit etwas mehr als der berechneten Menge Jodkalium und reinem Alkohol 20—30 Minuten am Rückflußkühler gekocht, unter häufigem tüchtigen Umschütteln, das Zusammenballen des gepulverten Jodkaliums verhindert. Nach dem Erkalten gießt man in kaltes Wasser und trennt im Scheidetrichter das als dickflüssiges Öl abgeschiedene rohe Benzyljodid ab. Man bringt in einer Kältemischung zum Erstarren, saugt ab und krystallisiert nochmals aus Alkohol um. Weiße Nadeln, Smp. 24°[6]).

Auch mit Nitrobenzylchlorid kann man benzylieren.

Noch geeigneter ist Nitrobenzylbromid [7]), da es mit Alkaliphenolaten leicht und quantitativ in alkoholischer Lösung reagiert. Die meisten Äther krystallisieren gut aus verdünntem Alkohol und haben scharfe Schmelzpunkte.

Einführung des Restes CH_3OCH_2 - (Bildung von Methoxymethyläthern) Mannich, Arch. **254**, 351, 358 (1916).

Über die Verwendung von Dimethylphenylbenzylammoniumchlorid (Leukotrop) als wasserlösliches Benzylierungsmittel siehe E. v. Meyer, Abh. Sächs. Ges. Wiss. **31**, 179 (1908) und Tschugaeff und Chlopin, B. **47**, 1273 (1914).

<hr>

[1]) Pfeiffer, B. **44**, 2653 (1911). — A. **398**, 137 (1913). **412**; 331, 339 (1916). — Herzig, M. **33**, 683 (1912).

[2]) Haller und Guyot, C. r. **116**, 43 (1893). — DRP. 91 813 (1897). — Mathilde Gerhardt, Diss. Göttingen (1914), 73, 76.   [3]) Am. soc. **42**, 2059 (1920).

[4]) M. u. J. **2**, 126. — Wedekind, B. **36**, 379, 1. Anm. (1903).

[5]) V. Meyer, B. **10**, 311 (1877). — Kumpf, A. **224**, 126 (1884). — Auwers und Walker, B. **31**, 3040 (1898). - · Anton, Diss. Heidelberg (1915), 36, 39.

[6]) Es gelingt nicht immer, das Benzyljodid zum Erstarren zu bringen; man verwendet in solchen Fällen einen Überschuß des Öls.

[7]) Reid, Am. soc. **39**, 304 (1917); **42**, 617 (1920). — Das Reagens besitzt sehr aggressive Eigenschaften.

H. In verdünnter Kali- (Natron-) Lauge pflegen im allgemeinen Substanzen mit phenolischem Hydroxyl löslich zu sein [1]), doch hat auch diese Regel zahlreiche Ausnahmen [2]). So ist das orthohydroxylierte Hexamethyl-triaminotriphenylmethan in wäßriger Lauge selbst in der Hitze ganz unlöslich [3]), und ebenso verhält sich Naphthyloldinaphthoxanthen [4]) und 2-Äthoxybenzal-resacetophenonmonoäthyläther [5]), sowie die Phenylhydrazone der aromatischen o-Oxyaldehyde und -Ketone [6]).

Auwers [7]) hat eine große Anzahl derartiger Phenole aufgefunden, die er nach dem Vorschlag Jacobsons als „Kryptophenole" bezeichnet; doch soll der Ausdruck eigentlich Substanzen mit maskierten Phenoleigenschaften überhaupt (z. B. Indifferenz gegen Ammoniak) bedeuten. Es gibt auch keine scharfe Grenze zwischen Kryptophenolen und echten Phenolen. So sind viele Kryptophenole kalilöslich, wie Salicylsäureester, Orthooxyacetophenon usw.

Über die Acidität der Phenole siehe noch Pellizari, G. 14, 262 (1884). — Raikow, Ch. Ztg. 27, 781, 1125 (1903). — Hantzsch, B. 40, 3801 (1907). — Hans Meyer, M. 28, 1381 (1907).

Hesse [8]) hat ein auf der Unlöslichkeit der Phenolate in Äther beruhendes Verfahren zur quantitativen Bestimmung derselben (und der Oxysäureester) angegeben.

Die zu analysierende Substanz,, z. B. ein ätherisches Öl, wird in 3 Teilen wasserfreiem Äther gelöst und normales alkoholisches Kali zufügt. Bei Abwesenheit von Phenolen entsteht dann kein Niederschlag, wenn aber das Öl Phenole oder Salicylsäureester enthält, so fallen die Kaliumsalze der Phenole meist in schönen Krystallen, manchmal allerdings auch ölig, aus. Man sammelt die Abscheidung und wäscht sie mit absolutem Äther. Zur Phenolbestimmung genügt es dann, sie durch eine Säure, am besten Kohlensäure, zu zerlegen, oder das Alkali zu titrieren. In letzterem Fall empfiehlt es sich, keinen allzu großen Überschuß an Kali zu verwenden. Diese elegante Methode wird in vielen Fällen mit Vorteil verwendbar sein [9]).

Vielfach wird die Ansicht ausgesprochen [10]), daß die Phenole im Gegensatz zu den Carbonsäuren aus ihren alkalischen Lösungen durch Einleiten von Kohlendioxyd ausgefällt werden können. Dieses Moment kann aber durchaus nicht als unterscheidendes Merkmal der beiden Körperklassen dienen, denn

---

[1]) Manche Phenole, namentlich auch Phenolcarbonsäureester, brauchen zur Lösung großen Überschuß wäßriger Lauge. Solche Phenole können einer ätherischen Lösung durch Ausschütteln mit Alkali nur äußerst schwer entzogen werden. Claisen und Eisleb, A. 401, 71 (1913).   [2]) Siehe auch S. 996.

[3]) Haller und Guyot, Bull. (3) 25, 752 (1901).

[4]) Fosse, Bull. (3) 27, 534 (1902). — C. r. 132, 789 (1901); 137, 858 (1903); 138, 2820 (1904); 140, 1538 (1905).

[5]) Siehe ferner: Michael, Am. 5, 92 (1883). — Herzig, M. 12, 101 (1891). — Dreher und Kostanecki, B. 26, 71 (1893). — Kostanecki, B. 27, 1989 (1894). — Cornelson und Kostanecki, B. 29, 242 (1896). — Kostanecki und Salis, B. 32, 1031 (1899). — Rogow, B. 33, 3535 (1900). — Graebe und Aders, A. 318, 365 (1901). — Anselmino, B. 35, 4099 (1902). — Bull. (3) 29, 1 (1903). — Scholz und Huber, B. 37, 395 (1904). — J. pr. (2) 72, 315 (1905). — Herzig und Klimosch, B. 41, 3894 (1908).

[6]) Torrey und Kipper, Am. soc. 29, 77 (1907); 30, 836 (1908). — Torrey und Brewster, Am. soc. 31, 1322 (1909). — Torrey und Adams, B. 43, 3227 (1910). — Torrey, Ch. Ztg. 34, 299 (1910). — Torrey und Brewster, Am. soc. 35, 426 (1913) Naphthole.   [7]) B. 39, 3167 (1906).

[8]) Ch. Ztschr. 2, 434 (1903). — B. 36, 1466 (1903). Siehe übrigens S. 66.

[9]) Roure-Bertrand Fils, I, 9, 72 (1904).

[10]) Z. B. Mohr, Vhdl. Ges. Nat. f. 1907, 97. — Schrötter und Flooh, M. 28, 1099 (1907). — Siehe auch Mohr, J. pr. (2) 79, 289 (1909).

bei genügend langem Einleiten des Gases werden sehr viele Säuren gleichfalls in freier Form oder als saure Salze niedergeschlagen; wird doch selbst Natrium- chlorid hierbei partiell unter Salzsäureentwicklung zersetzt [1]. „Von theore- tischen Gesichtspunkten aus muß die Ausfällbarkeit auch ganz stark saurer Verbindungen durch Kohlensäure unter gewissen Bedingungen nicht nur zu- gegeben, sondern direkt gefordert werden [2]." — Von den beiden stereoiso- meren Anisylzimtsäuren wird die α-Säure durch Kohlensäure sofort aus der wäßrigen Lösung ihres Natriumsalzes ausgeschieden. Die β-Säure fällt als solche nicht aus [3].

Übrigens sei bemerkt, daß gewisse Phenole (Guajacol und seine Derivate) durch Kohlensäure nicht in freier Form, sondern als Phenolate gefällt werden (Hans Meyer).

Über „komplexe" Salze von Phenolen siehe DRP. 247 410 (1912). — DPA. C 23 089 (1913).

I. Kryoskopisches Verhalten der Phenole [4].

Auwers hat für das kryoskopische Verhalten der Phenole in Naphthalin- lösung folgende Sätze aufgestellt:

Orthosubstituierte Phenole verhalten sich kryoskopisch normal, parasubstituierte zeigen starke Assoziation bei zunehmender Konzentration der Lösungen, Metaderivate stehen in der Mitte, nähern sich jedoch meist den Paraderivaten. Beliebige Substituenten in Orthostellung üben „nor- malisierenden", dieselben in Parastellung „anormalisierenden" Einfluß aus, während Metasubstituenten schwächer anormalisierend wirken.

Die Wirkung der Substituenten ist ceteris paribus stärker aus der Ortho- als aus der Meta- und Parastellung. Parasubstituenten, die stark anormali- sierend wirken, besitzen in Orthostellung ebenfalls starken normalisierenden Einfluß, und Analoges gilt für die schwach wirkenden Substituenten. Die angeführten Regeln geben einen Anhaltspunkt dafür, welcher Einfluß bei der Konkurrenz verschiedener Substituenten in mehrfach substituierten Phe- nolen siegreich bleibt.

Die Reihenfolge der Substituenten, nach abnehmender Stärke geordnet, ist folgende:

Aldehydgruppe.
Carboxalkyl,
Nitrogruppe,
Halogene,
Alkyle.

Weiteres über das kryoskopische Verhalten der Phenole: Auwers, B. **28**, 2878 (1895). — Z. phys. **30**, 300 (1899). — Orton, Z. phys. **21**, 341 (1896).

K. Über die Einwirkung von Phenylhydrazin auf Phenole siehe: Baeyer und Kochendörfer, B. **22**, 2189 (1889). — E. Fischer und Pass- more, B. **22**, 2735 (1889). — Seyewetz, C. r. **113**, 264 (1892). — Z. anal. **31**, 329 (1892). — Ciusa und Bernardi, Atti Linc. (5) **18**, I, 690 (1909).

---

[1]) Müller, B. **3**, 40 (1870). — Schulz, Pflüg. Arch. **27**, 454 (1882). — DRP. 74 937 (1893).
[2]) Herzig und Pollak, M. **25**, 880 (1904). — Siehe hierzu auch Mohr, A. **185**, 286 (1877). — Hans Meyer, M. **28**, 1381 (1907). — E. Mohr, J. pr. (2), **80**, 29 (1909). — Birnie, Ch. Ztg. **35**, 523 (1911).
[3]) Friderici, Diss. Rostock (1908), 59. — Stoermer und Friderici, B. **41**, 337 (1908). [4]) Auwers, Z. phys. **18**, 595 (1895).

7. Reaktionen der zweiwertigen Phenole[1]).

A. Reaktionen der Orthoverbindungen (Reihe des Brenzcatechins).

a) Eisenchloridreaktion siehe S. 616.

b) Verhalten gegen Antimonsalze[2]).

Brenzcatechin und andere Polyphenole, welche die Hydroxylgruppen in Orthostellung enthalten, vermögen zwei typische Wasserstoffatome gegen zwei Valenzen des dreiwertigen Antimons auszutauschen. Die Verbindung

$$R\diamondsuit\!\!\begin{array}{c}O\\O\end{array}\!\!Sb\!-\!OH$$

spielt die Rolle einer Base und ihre Derivate:

$$R\diamondsuit\!\!\begin{array}{c}O\\O\end{array}\!\!Sb\!-\!X \quad (X = Cl, Br, J, F, usw.)$$

sind denen des Antimonyls $O\!\!-\!\!Sb\!-\!X$ analog. Phenole, die der Metareihe angehören, liefern höchstens in konzentrierter Lösung mit Antimontrichlorid flockige, leicht zersetzliche Verbindungen und reagieren mit Antimonfluorür gar nicht. Derivate der p-Reihe geben überhaupt keine Fällungen.

Die Darstellung der Fluorüre gelingt leicht durch Mischen der wäßrigen Lösung des Phenols mit wäßriger Fluorantimonlösung. — Ähnliche Fällungen gibt Bleizucker[3]).

c) Heteroringbildungen.

Die Phenole der Orthoreihe bilden mit den anorganischen Säurechloriden, ferner mit o-Diaminen, o-Aminophenolen usw. cyclische Ester:

So mit:

Thionylchlorid	$R\diamondsuit\!\begin{smallmatrix}O\\O\end{smallmatrix}\!SO$	Sulfite,
Phosphortrichlorid	$R\diamondsuit\!\begin{smallmatrix}O\\O\end{smallmatrix}\!PCl$	Chlorphosphine,
Phosphoroxychlorid	$R\diamondsuit\!\begin{smallmatrix}O\\O\end{smallmatrix}\!POCl$	Oxychlorphosphine,
Phosgen	$R\diamondsuit\!\begin{smallmatrix}O\\O\end{smallmatrix}\!CO$	Carbonate,
ferner mit $R_1\diamondsuit\!\begin{smallmatrix}NH_2\\NH_2\end{smallmatrix}$	$R\diamondsuit\!\begin{smallmatrix}N\\N\end{smallmatrix}\!R_1$	Azine,
mit $R_1\diamondsuit\!\begin{smallmatrix}NH_2\\OH\end{smallmatrix}$	$R\diamondsuit\!\begin{smallmatrix}NH\\O\end{smallmatrix}\!R_1$	Oxazine
und mit $Br(CH_2)_2Br$	$R\diamondsuit\!\begin{smallmatrix}O-CH_2\\O-CH_2\end{smallmatrix}$	Äthylenäther usw.

Ebenso verhalten sich die orthohydroxylierten Pyridinderivate[4]).

d) Unter den Orthohydroxylderivaten, die ausschließlich Hydroxylgruppen enthalten, sind nur diejenigen gute, d. h. technisch brauchbare Beizen-

---

[1]) Verhalten gegen Ammoniummolybdat: Stahl, B. **25**, 1600 (1892).
[2]) Causse, Bull. (3), **7**, 245 (1892). — A. Chim. Phys. (7), **14**, 526 (1898).
[3]) Degener, J. pr. (2), **20**, 320 (1879).   [4]) Ris, B. **19**, 2206 (1886).

farbstoffe[1]), bei denen sich die Hydroxylgruppen in der Orthostellung zu einer Carbonylgruppe befinden [Regel von Liebermann und Kostanecki[2])]. Als Beizen dienen hierbei Eisenoxyd und Tonerde[3]).

An Stelle der einen Hydroxylgruppe können auch Carboxyl (Munjistin), die NH_2-Gruppe[4]) oder die Nitroso- und Isonitrosogruppe[5]) oder überhaupt gewisse chromophore Gruppen (evtl. auch in Parastellung) treten[6]).

Diese ursprünglich an Oxyanthrachinonen exemplifizierte Regel, die auch für Konstitutionsbestimmungen in anderen Körperklassen: Oxychinone[7]), Oxychinoline[8]), Orthochinondioxime, Orthodioxyphenole verwendet wurde, hat wesentlich an Bedeutung verloren, seitdem v. Georgievics gezeigt hat[9]), daß auch die in 2.3, 1.4 und 1.3 hydroxylierten Dioxyanthrachinone deutlich ausgesprochenes Beizenfärbevermögen besitzen.

Unter Umständen kann übrigens sogar der Eintritt weiterer Hydroxylgruppen wieder auslöschend auf das Färbevermögen wirken [1.4.5.8-Tetraoxyanthrachinon[10])].

v. Georgievics gibt hierfür[11]), im Anschluß an Betrachtungen von Hantzsch[12]), eine sehr ansprechende Erklärung, die auf der Annahme einer chinoiden Formel für die beizenfärbenden Oxyanthrachinone basiert.

B. Reaktionen der Metaverbindungen (Resorcinreihe).

a) Eisenchloridreaktion siehe S. 617.

b) Fluorescei n reaktion[13]). Metadioxybenzole werden durch Erhitzen mit Phthalsäureanhydrid in Phthaleine übergeführt, die in alkalischer Lösung intensiv (grün) fluorescieren. Das Eintreten der Fluoresceinreaktion wird indes durch Substitution in der Metastellung zu den beiden Hydroxylen verhindert[14]).

Wie die Metadioxybenzole reagieren auch die $\alpha\,\alpha'$-hydroxylierten Pyridinderivate[15]).

c) Phenole der Metareihe werden schon durch Kochen im offenen Gefäß mit Lösungen von Alkalibicarbonaten in Oxycarbonsäuren verwandelt[16]), eine Reaktion, die in den anderen Reihen nur unter Druck resp. über 130°[17]) erfolgt.

---

[1]) Zur Theorie der Beizenfarbstoffe: Werner, Ch. Ztg. **32**, 302 (1908). — B. **41**, 1062 (1908). — Liebermann, B. **41**, 1436 (1908).

[2]) B. **18**, 2145 (1885). — A. **240**, 245 (1887). — Buntrock, Rev. gén. mat. color. **5**, 99 (1901). — B. **34**, 2344 (1901). — Liebermann, B. **26**, 1574 (1893); **34**, 1026, 1031, 1562, 2299 (1901); **35**, 1490, 1778, 2301 (1902); **36**, 2913 (1903); **37**, 1171 (1904). — Buntrock und v. Georgievics, Z. f. Farb. u. Text. **1**, 351 (1902). — Möhlau und Steimmig, Z. f. Farb. u. Text. **3**, 358 (1904). — Sachs und Thonet, B. **37**, 3327 (1904). — Prudhomme, Z. f. Farb. u. Text. **4**, 49 (1905). — Sachs und Craveri, B. **38**, 3685 (1905). — Zaar, Diss. Berlin (1907).

[3]) Liebermann, B. **34**, 1563 (1901); **35**, 1491 (1902). — V. Intern. Kongreß f. ang. Ch., Sekt. IV B, **2**, 881 (1903).   [4]) Noelting, Ch. Ztg. **34**, 977 (1910).

[5]) Kostanecki, B. **20**, 3146 (1887). — Tschugaeff, J. pr. (2), **76**, 92 (1907).

[6]) Möhlau und Steimmig, a. a. O.   [7]) Kostanecki, B. **22**, 1351 (1889).

[8]) Nölting und Trautmann, B. **23**, 3660 (1890).

[9]) Z. f. Farb. u. Text. **1**, 523 (1902).

[10]) v. Georgievics, Z. f. Farb. u. Text. **4**, 187 (1905). — Siehe übrigens Möhlau, Ch. Ztg. **31**, 940 (1907).

[11]) Lotos (1907), 97. — Siehe auch Georgievics, Farbe und Konstitution, Zürich, Schulthess & Co., 1921, 91. — Farbenchemie 5. Aufl. 1922, 231 ff.

[12]) B. **39**, 3072 (1906).   [13]) Baeyer, A. **183**, 1 (1876).

[14]) Knecht, B. **15**, 298, 1070 (1882). — A. **215**, 83 (1882).

[15]) Ruhemann, B. **26**, 1559 (1893).

[16]) Kostanecki, B. **18**, 3203 (1885).

[17]) In Glycerinlösung: Brunner, A. **351**, 313 (1907).

d) Verhalten bei der Alkylierung.

Beim Ätherifizieren der Metadioxybenzole entstehen nach Herzig und Zeisel neben den wahren Äthern zum Teil auch C-alkylierte Verbindungen, die sich von einer Mono- oder Diketoform ableiten lassen. Siehe S. 633f.

Die m-Dioxybenzole geben indessen mit Hydroxylamin keine Oxime[1]).

e) Reaktion von Scholl und Bertsch[2]).

Phenole, die metaständige Hydroxyle und eine freie Parastelle haben, werden von Monochlorformaldoxim schon bei 0° und darunter in der Weise angegriffen, daß die Chlorhydrate von Aldoximen entstehen:

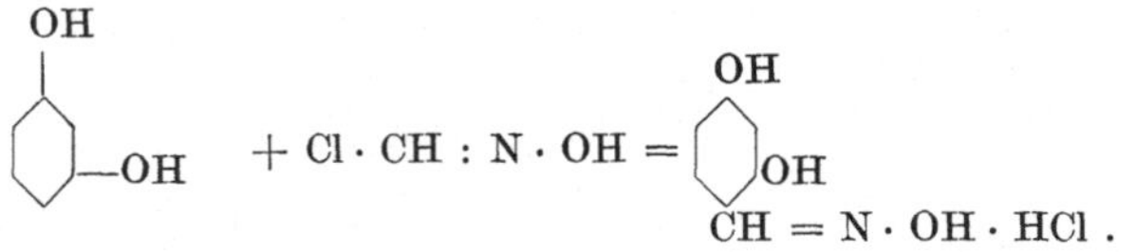

Suspendiert man Knallquecksilber in einer absolut ätherischen Lösung des Phenols und leitet unter Kühlung Chlorwasserstoff ein, so verschwindet das Knallquecksilber allmählich und an seiner Stelle scheidet sich das salzsaure Salz des Aldoxims in Krystallen aus. Durch Einwirkung von heißer verdünnter Schwefelsäure können daraus leicht die Aldehyde gewonnen werden.

Synthese von Phenolaldiminen aus mehrwertigen Phenolen mit m-Hydroxylen, Blausäure und Chlorwasserstoff in ätherischer Lösung: Gattermann und Köbner, B. **32**, 278 (1899).

f) Einwirkung von salpetriger Säure[3]).

In zweiwertige m-Phenole können nur dann zwei Isonitrosogruppen eintreten, wenn außer der Parastellung zu dem einen Hydroxylrest auch die Stelle zwischen den beiden OH-Gruppen unbesetzt ist, während, wenn die Parastelle und die Stelle zwischen den Hydroxylen besetzt ist, nur ein Mononitrosoderivat entstehen kann (Kostanecki).

g) Chrysoidingesetz[4]) (Witt).

Bei der Einwirkung von Diazoverbindungen auf Dioxybenzole reagieren nur die Derivate der Metareihe unter Bildung von Azokörpern (Grießsche Regel).

Man läßt gekühlte Diazobenzolchloridlösung langsam in die alkalische Lösung des Phenols einfließen. Nach einigem Stehen wird die Ausscheidung des Farbstoffs durch Kochsalzzusatz oder Ansäuern bewirkt.

Das Chrysoidingesetz hat für die Naphthalinreihe keine Gültigkeit, indem sowohl das β-Naphthohydrochinon[5]):

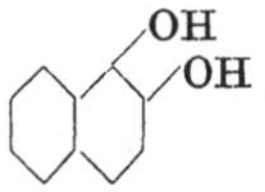

als auch dessen Sulfosäure:

---

[1]) Baeyer, B. **19**, 163 (1886). [2]) B. **34**, 1442 (1901).

[3]) Fitz, B. **8**, 631 (1875). — Stenhouse und Groves, A. **188**, 358 (1877); **203**, 294 (1880). — Aronheim, B. **12**, 30 (1879). — Kraemer, B. **17**, 1875 (1884). — H. Goldschmidt, B. **17**, 1883 (1884). — Kostanecki, B. **19**, 2322 (1886); **20**, 3133 (1887). — Goldschmidt und Strauß, B. **20**, 1608 (1887). — Nietzki und Maekler, B. **23**, 723 (1890). — Kraus, M. **12**, 373 (1891). — Kehrmann und Hertz, B. **29**, 1415 (1896). — Henrich, M. **18**, 142 (1897). — B. **29**, 989 (1896); **32**, 3419 (1899). — M. **22**, 232 (1901). — Kietaibl, M. **19**, 536 (1898). — Hantzsch und Farmer, B. **32**, 3108 (1899). — Pollak, M. **22**, 998, 1002 (1901). [4]) Siehe auch unter den Reaktionen der Metadiamine, S. 972.

[5]) DRP. 49 872 (1889); 49 979 (1889).

mit Diazoverbindungen Azofarbstoffe geben[1]).

Übrigens haben Witt und Mayer sowie Witt und Johnson gezeigt, daß unter besonderen Umständen auch Brenzcatechin[2]) und Hydrochinon[3]) (Monobenzoat) Azofarbstoffe geben.

C. Reaktionen der Parareihe (Reihe des Hydrochinons).

a) Eisenchloridreaktion siehe S. 617.

b) Überführung in Chinone.

Die p-Dioxybenzole gehen leicht durch Oxydationsmittel (Eisenchlorid, Mangansuperoxyd, Chromsäure usw.) in Chinone über, an deren Reaktionen sie erkannt werden.

Ebenso verhalten sich para-hydroxylierte Pyridinderivate[4]).

Als Zwischenprodukte entstehen [z. B. bei der Oxydation durch Elektrolyse[5]) oder mit Jodsäure[6])] die schön farbigen (grünlich), metallisch glänzenden Chinhydrone.

c) Mit Hydroxylamin geben die Hydrochinone die Dioxime der zugehörigen Chinone[7]).

d) Bei der Alkylierung entstehen nur echte Äther.

8. Reaktionen der dreiwertigen Phenole.

A. Verhalten der vizinalen Verbindungen (Pyrogallolreihe).

a) Eisenchloridreaktion: siehe S. 616.

b) Mit Bleiacetat entstehen schwerlösliche krystallinische Fällungen.

c) In wäßriger oder alkoholischer Lösung werden die vizinalen Trioxybenzole durch eine Spur Jod purpurrot gefärbt.

d) Von alkalischen Lösungen wird Sauerstoff äußerst energisch absorbiert[8]).

e) Verhalten beim Alkylieren[9]).

Mit Bromalkyl und Kali erhält man ein Gemisch von wahren und Pseudoäthern, daneben scheint auch partielle Reduktion zu alkylierten Brenzcatechinäthern stattzufinden.

B. Verhalten der asymmetrischen Verbindungen
(Oxyhydrochinone).

a) Eisenchloridreaktion: siehe S. 616.

b) Verhalten bei der Alkylierung[10])

---

[1]) Über die Regeln, nach denen hier der Kupplungsprozeß verläuft, siehe v. Georgievics, Farbenchemie, 3. Aufl. (1907), 53.

[2]) B. **26**, 1672 (1893). — Siehe Orton und Everatt, Soc. **93**, 1010 (1908).

[3]) B. **26**, 1908 (1893).

[4]) Kudernatsch, M. **18**, 624 (1897). — Es ist übrigens nicht ausgeschlossen, daß in diesem Fall ein Orthochinon vorliegt.   [5]) Liebmann, Z. El. **2**, 497 (1896).

[6]) Causse, A. Chim. Phys. (7) **14**, 526 (1898).

[7]) Nietzki und Benckiser, B. **19**, 305 (1886). — Nietzki und Kehrmann, B. **20**, 613 (1887). — E. v. Meyer, J. pr. (2), **29**, 494 (1889). — Jeanrenaud, B. **22**, 1283 (1889).

[8]) Weyl und Zeitler, A. **205**, 255 (1880). — Weyl und Goth, B. **14**, 2659 (1881).

[9]) A. W. Hoffmann, B. **11**, 800 (1878). — Herzig und Zeisel, M. **10**, 150 (1889). — Hirschel, M. **23**, 181 (1902).

[10]) Herzig und Zeisel, M. **10**, 149 (1889). — Březina, M. **22**, 346, 590 (1901).

Bei der Ätherifizierung mit Kalilauge und Brom-(Jod-)Alkyl verhält sich das Oxyhydrochinon im Gegensatz zum Brenzcatechin und Hydrochinon, die nach Herzig und Zeisel nur echte Äther liefern, und zum Phloroglucin, bei dem nur Pseudoäther nachgewiesen werden konnten, wie Resorcin, symmetrisches Orcin, Diresorcin und Pyrogallol, indem es sowohl echte als auch Pseudoäther liefert.

Über eine bequeme Darstellungsmethode für Oxyhydrochinone: Thiele, A. **311**, 341 (1899).

Oxyhydrochinon zeigt mit Aldehyden (Benzaldehyd, Acetaldehyd und Oxyaldehyden) die Fluoronreaktion[1]); siehe unter „Phloroglucinreihe".

C. Verhalten von symmetrischen Verbindungen (Phloroglucinreihe).

a) **Eisenchloridreaktion**: siehe S. 617.

b) **Fichtenspanreaktion**. Alle Homologen des Phloroglucins sowie das Phloroglucin selbst färben in wäßriger Lösung einen mit konzentrierter Salzsäure befeuchteten Fichtenspan rot- bis blauviolett, solange noch am Benzolkern ein nicht substituiertes Wasserstoffatom vorhanden ist[2]).

c) **Verhalten beim Alkylieren** siehe S. 633.

d) **Fluoronbildung**[3]).

Während sich das Phloroglucin mit o-Aminobenzaldehyd in der Ketoform[4]), mit Vanillin in der Enolform[5]) kondensiert, reagiert nach Weidel und Wenzel ein Molekül Phloroglucin mit einem Molekül Salicylaldehyd nach der Gleichung:

gleichzeitig in der Hydroxyl- und in der Ketoform unter Bildung des farbigen Fluorons.

Weit besser als Phloroglucin reagieren Methyl- und Dimethylphloroglucin und Methylphloroglucincarbonsäure, während Trimethylphloroglucin sich nicht kondensieren läßt.

Noch geeigneter für die Fluoronreaktion ist nach Sachs und Appenzeller[6]) Tetramethyldiaminobenzaldehyd.

e) **Einwirkung von salpetriger Säure**[7]).

Dabei entstehen Oxime von Ortho- und Parachinonen; es scheint jedoch auch gelegentlich die Bildung wahrer Nitrosokörper stattzufinden, wenigstens reagiert das Nitrosoderivat des Methylphloroglucindimethyläthers beim Alkylieren in der Nitrosoform[8]).

---

[1]) Liebermann und Lindenbaum, B. **37**, 1171, 2728 (1904).

[2]) Weidel und Wenzel, M. **19**, 295 (1898). — Weißweiler, M. **21**, 48 (1900).

[3]) Weidel und Wenzel, M. **21**, 62 (1900). — Schreier und Wenzel, M. **25**, 311 (1904). — Liebschütz und Wenzel, M. **25**, 319 (1904). — Liebermann und Lindenbaum, B. **37**, 2730 (1904).   [4]) Eliasberg und Friedländer, B. **25**, 1758 (1892).

[5]) Etti, M. **3**, 640 (1882).   [6]) B. **41**, 92 (1908).

[7]) Benedikt, B. **11**, 1375 (1878). — Moldauer, M. **17**, 462 (1896). — Weidel und Pollak, M. **18**, 347 (1897); **21**, 15, 50 (1900). — Brunnmayr, M. **21**, 3 (1900). — Bosse, M. **21**, 1021 (1900). — Konya, M. **21**, 422 (1900). — Pollak, M. **22**, 999, 1002 (1901).

[8]) Pollak, M. **22**, 1004 (1901). — Vgl. Weidel und Pollak, M. **17**, 593 (1896).

Mikrochemischer Nachweis und Trennung der Phenole: Behrens, Z. anal. **42**, 143 (1903).

9. Reaktionen der Oxymethylengruppe: $C = \overset{\displaystyle H}{\overset{|}{C}} - OH$.

Nach Erlenmeyer[1]) sollte der in offenen Ketten enthaltene Komplex $> C = CHOH$ unbeständig sein und alsogleich nach seiner Bildung in die Aldehydform $> CH-CH = O$ übergehen.

Durch die Arbeiten von Claisen[2]), v. Pechmann u. a. wissen wir nunmehr, daß, wenn im Acetaldehyd und seinen Homologen:

$$R \cdot CH_2 - CH = O$$

ein Wasserstoffatom der Methyl-(Methylen-)Gruppe durch ein Säureradikal ersetzt ist, oder zwei Wasserstoffe durch den schwächer sauren Phenylrest vertreten werden, dadurch eine Umlagerung der Aldehydform in die Vinylalkoholform:

$$R - CH = CH - OH$$

bedingt wird.

Außer diesen eigentlichen Oxymethylenverbindungen, die ausschließlich Alkoholform besitzen, können auch die meisten β-Ketoverbindungen, wie der Acetessigester, der Formylphenylessigester, Mesityloxydoxalsäureester, Benzylidenbisacetessigester, Diacetylbernsteinsäureester usw., wenigstens vorübergehend in „Enol"-Formen auftreten. Die Neigung zur Bildung der Hydroxylform tritt bei derartigen Substanzen um so mehr hervor, je negativer[3]) oder je zahlreicher die mit dem Methan-(Methyl-)Kohlenstoff verbundenen Acylreste sind (Claisen).

Von den chemischen Kriterien für das Vorliegen einer Enolform in solchen allelotropen[4]) Verbindungen haben nur diejenigen sicheren diagnostischen Wert, die rasch und ohne Temperaturerhöhung verlaufenden Reaktionen entsprechen, denn wo es nicht gelingt, Umwandlung auszuschließen, entstehen bei chemischen Reaktionen aus Enol- und Ketoform identische Produkte.

Ein, wenigstens vielfach, brauchbares Reagens ist das zuerst von Goldschmidt und Meißler[5]) empfohlene Phenylisocyanat. Nach W. Wislicenus[6]) ist es auch wirklich für „tautomere" Substanzen brauchbar, nur ist auf die Versuchsbedingungen noch weit größere Sorgfalt zu verwenden, als sie Goldschmidt beachtete.

Man muß das Phenylisocyanat

1. ohne Lösungsmittel,

2. bei gewöhnlicher Temperatur[7]) einwirken lassen.

Daß durch letzteren Umstand in manchen Fällen allzu lange Reaktionsdauer notwendig wird, kann die Sicherheit der Reaktion gefährden. Namentlich bei flüssigen Keto-Enolgemischen, die vielleicht ursprünglich nur spuren-

---

[1]) B. **13**, 309 (1880); **14**, 320 (1881). — Vgl. auch v. Baeyer, B. **16**, 2188 (1883).

[2]) Literatur und ausführliche Mitteilungen A. **281**, 306 (1894).

[3]) Siehe dazu K. H. Meyer und Wertheimer, B. **47**, 2379 (1914). — K. H. Meyer und Gottlieb-Billroth, B. **54**, 575 (1921).

[4]) Knorr, A. **306**, 336 (1899).   [5]) B. **23**, 257 (1890).

[6]) A. **291**, 198 (1896). — Knorr, A. **303**, 141 (1898). — Siehe auch Hantzsch, B. **32**, 585 (1899).

[7]) Michael, J. pr. (2) **42**, 19 (1890).   B. **38**, 22 (1905).   Dieckmann, B. **37**, 4627 (1904).   H. Goldschmidt, B. **38**, 1096 (1905).

weise Enolform besaßen, wird die durch das Verschwinden des mit Phenylisocyanat verbundenen Enolanteils erfolgte Gleichgewichtsstörung immer wieder
auf Kosten der Aldo-(Keto-)Form behoben und so bei genügend langer Reaktionsdauer schließlich alles enolisiert werden. Über die Notwendigkeit, Über-
tragungskatalyse (durch Spuren von Alkali) auszuschließen, siehe die in Anm. 7,
S. 645 angeführten Autoren und S. 705.

In bestimmten Fällen, wo das Phenylisocyanat versagt[1]), ist die Säurechloridreaktion[2]) erfolgreicher. Phosphorchloride, aber auch Acetylchlorid,
geben durch Erwärmen und Salzsäureentwicklung beim Zusammenbringen
mit der in trocknem Benzol gelösten Substanz das Vorhandensein einer Hydroxylgruppe zu erkennen:

$$R \cdot OH + PCl_5 = R \cdot Cl + HCl + POCl_3.$$

Für einige Klassen von Pseudosäuren, vor allem für Nitroparaffine (Mono-
und Dinitroäthan), kann die Ammoniakreaktion[3]), d. i. die Indifferenz
dieser Pseudosäuren gegen Ammoniak, als Kriterium dienen; doch sind der
allgemeinen Anwendbarkeit dieser Reaktion ziemlich enge Grenzen gezogen,
da auch nicht wenige Pseudosäuren mit Ammoniak fast momentan, d. h. mit
nicht meßbarer Geschwindigkeit, oder ebenso rasch, wie echte Säuren, reagieren
(Hantzsch).

Ein weiteres, viel bequemer anwendbares und nahezu vollkommen zuverlässiges Reagens auf die Oxymethylengruppe ist Eisenchlorid[4]). Während
bei den Phenolen, die ja auch zumeist eine Eisenreaktion geben, diese fast nur
in wäßriger Lösung auftritt, auf Alkoholzusatz usw. aber zumeist schwächer
wird oder ganz verschwindet[5]), zeigt sich die Reaktion bei den acyclischen Oxymethylenverbindungen besonders deutlich, wenn sie in organischen Lösungsmitteln untersucht werden.

Bei besonders labilen Substanzen kann übrigens schon durch gewisse
Lösungsmittel (namentlich Methyl- und Äthylalkohol) Umlagerung erfolgen,
während die „energiearmen" Lösungsmittel (Aceton, Chloroform, Benzol,
Äther) indifferent sind.

Die Eisenchloridreaktion ist also von der Art des Lösungsmittels abhängig,
und zwar scheint es, daß sich in bezug auf umlagernde Wirkung die Lösungsmittel nach ihrer dissoziierenden Kraft ordnen[6]). W. Wislicenus gibt für
den Fall des Formylphenylessigesters die Reihenfolge:

> Methylalkohol,
> Äthylalkohol,

---

[1]) Manche hydroxylhaltigen Verbindungen reagieren nicht mit Phenylisocyanat:
Gumpert, J. pr. (2) **31**, 119 (1885); **32**, 278 (1885). — Knoevenagel, A. **297**, 141 (1897).
— Hantzsch und Hornbostel, B. **30**, 3004 (1897). — Rabe, B. **36**, 228 (1903). —
Dimroth, A. **335**, 76 (1904). — Kaufler und Suchannek, B. **40**, 521 (1907).

[2]) Hantzsch, B. **32**, 586 (1899). — Kurt H. Meyer, B. **44**, 2725 (1911). — Knorr
und Schubert, B. **44**, 2772 (1911).

[3]) Tertiäre Amine zur Unterscheidung stabiler Enol- und Ketoderivate: Michael
und Smith, A. **363**, 36 (1908).

[4]) Claisen, A. **281**, 340 (1894). — W. Wislicenus, B. **28**, 769 (1895). — A. **291**,
173 (1896). — B. **32**, 2837 (1899). — Traube, B. **29**, 1717 (1896). — Knorr, A. **306**, 376
(1899). — Rabe, A. **313**, 180 (1900); **332**, 27 (1904). — Moureu und Lazennec,
C. r. **144**, 806 (1907). — Knorr, B. **44**, 2772 (1911). — Michael, A. **391**, 290 (1912).
Siehe dazu K. H. Meyer, B. **44**, 2725 (1911). — Hieber, B. **54**, 903 (1921).

[5]) Siehe S. 616. — Das Verhalten der Phenole gegen alkoholisches Eisenchlorid wäre
übrigens genaueres Studium wert.

[6]) Literaturzusammenstellung und weitere Angaben bei Stobbe, A. **326**, 357 (1903).
— Siehe ferner Rügheimer, B. **49**, 590, 594, 596 (1916). — Wislicenus, A. **413**, 226 (1917).

Äther,
Schwefelkohlenstoff,
Methylal,
Aceton,
Chloroform,
Benzol.

Die nicht oder schwach dissoziierenden Lösungsmittel begünstigen bzw. erhalten hier die Enolform in höherem Grad als die Alkohole. In manchen Fällen (Oxytriazolcarbonsäureester) liegen allerdings die Verhältnisse gerade umgekehrt[1]). — Nach Michael und Hibbert besteht zwischen Dissoziationsvermögen und Isomerisierungsgeschwindigkeit überhaupt keine einfache Beziehung[2]).

Nach Kurt H. Meyer stehen die Gleichgewichte, welche verschiedene Desmotrope in verschiedenen Lösungsmitteln geben, in bestimmter, gesetzmäßiger Beziehung zueinander. Siehe B. **45**, 2847 (1912); **47**, 826 (1914); **54**, 578 (1921).

Die Färbung, die man bei der Enolreaktion erhält, ist gewöhnlich rot, violett bis dunkelblau oder grün. Beim Stehen pflegt sie sich zu vertiefen[3]). Oftmals wird sie in ihrer Nuance durch Zusatz von Natriumacetat oder Überschuß an Ester modifiziert, was auf das Vorliegen verschiedener Ferriverbindungen: FeR_3, FeR_2Cl, $FeRCl_2$ hindeutet. In den Eisenverbindungen — deren eine Anzahl bereits isoliert und analysiert wurde[4]) — ist augenscheinlich das Eisen an Sauerstoff gebunden.

Leider ist übrigens auch die Eisenchloridreaktion kein absolut sicherer Beweis für das Vorliegen einer Enolgruppe, denn es geben einzelne Substanzen [Dicarboxyglutaconsäureester, Wislicenus[5]), Monoalkylacetessigester, Camphocarbonsäureester, Brühl[6])], die hydroxylfrei sind, die Reaktion.

Dimroth hat[7]) langsam ketisierbare Enolester von genügender Stärke nach der Methode von Gröger[8]) neben Ketoester titrieren können.

Die Substanz (ca. 0.5 g) wird in einem geeigneten Lösungsmittel (für den Phenyloxytriazolcarbonsäureester Wasser oder Alkohol) in der Kälte gelöst oder suspendiert, 20 ccm Jodkaliumlösung, die 32 g im Liter enthält, und 20 ccm 0.5 proz. Kaliumjodatlösung zugefügt und nach 5 Minuten das ausgeschiedene Jod mit $^n/_{10}$-Natriumthiosulfatlösung zurücktitriert. Als Indicator dient Stärke.

Bei den stabilen, eigentlichen Oxymethylenverbindungen können die üblichen Hydroxylreaktionen (Acylierung, Alkylierung, Säurechloridreaktion usw.) unbedenklich in Anwendung kommen. Bei den β-Ketoverbindungen erhält man, wie selbstverständlich, sowohl aus der Enol- wie aus der Aldo-(Keto-)Form je nach dem angewendeten Reagens das gleiche Hydroxyl- resp. Carbonylderivat[9]).

Titration der Enole nach Hieber: B. **54**, 902 (1921). Siehe dazu Dieckmann, B. **54**, 2251 (1921).

---

[1]) Dimroth, A. **335**, 1 (1904); **338**, 143 (1904). — Siehe auch Stobbe, A. **352**, 132 (1907).   [2]) B. **41**, 1080 (1908).   [3]) Z. B. Dieckmann, B. **45**, 2687 (1912).
[4]) Literatur siehe Rabe, a. a. O. — Siehe ferner Hantzsch und Desch, A. **323** (1902).
[5]) A. **291**, 174, Anm. (1896).   [6]) Z. phys. **34**, 53 (1900). — B. **38**, 1872 (1905).
[7]) A. **335**, 1 (1904).   [8]) Siehe S. 743.
[9]) Sehr hübsch legt dies namentlich Brühl, Z. phys. **30**, 55 (1899), dar. — Siehe auch B. **38**, 1872 (1905).

Titration der Enolverbindungen nach Kurt H. Meyer.

Die bisher erwähnten Methoden gründen sich darauf, daß das Enol eine saure Hydroxylgruppe enthält und mit dieser Reaktionen eingehen kann. Das Enol enthält aber auch eine **Doppelbindung**, die es zu den typischen Reaktionen der Doppelbindung befähigen muß. Von dieser Überlegung ausgehend, hat **Kurt H. Meyer**[1]) das Verhalten von Enolen und Ketonen gegen ein typisches Reagens auf Doppelbindung geprüft, gegen Brom. Es stellte sich heraus, **daß alle Enole mit Brom momentan reagieren, alle unzweifelhaften (gesättigten) Ketone nicht, und daß dieser Unterschied in alkoholischer Lösung am schärfsten ist.**

In anderen Lösungsmitteln ist der Unterschied zwischen Enolen und Ketonen nicht so scharf; die Enolform des Acetyldibenzoylmethans reagiert z. B. in Chloroform und Benzol nur äußerst träge mit Brom, während umgekehrt viele Ketone zwar zuerst sehr langsam, dann aber sehr rasch von Brom angegriffen werden. Dies liegt daran, daß der anfangs gebildete Bromwasserstoff in Mitteln wie Benzol, Schwefelkohlenstoff usw. die Enolisierung enorm beschleunigt, während er in Alkohol nur geringe katalytische Wirkung hat. Alkohol ist also für diesen Zweck das souveräne Lösungsmittel[2]). Zweifellos entstehen bei der Reaktion der Enole mit Brom zunächst Dibromide, die jedoch bis jetzt in keinem Fall gefaßt worden sind, wenn auch zahlreiche Beobachtungen auf ihre Existenz hinweisen. So hat z. B. schon Lippmann[3]) beobachtet, daß Acetessigester Brom aufnimmt, ohne sofort Bromwasserstoff abzuspalten. Erwin Mayer hat ähnliche Versuche mit verschiedenen Ketonen publiziert[4]). Die Dibromide spalten offenbar sehr rasch Bromwasserstoff ab und verwandeln sich in Halogenketone, nicht in Halogenenole. So entsteht z. B. nach Aschan aus dem Oxymethylencampher der folgende Aldehyd:

$$
\begin{array}{ccc}
-\!C = CHOH & -\!C\!\!-\!\!CHOH & -\!C\!\!-\!\!CHO \\
| & |\ \ Br\ \ \diagdown Br & |\ \ Br \\
-\!C = O & -\!C = O & -\!C = O\ .
\end{array}
$$

Ebenso entsteht aus Anthranol durch Bromieren Bromanthron. Diese Bromketone können sich natürlich sekundär zu Bromenolen isomerisieren; z. B. kann man Bromanthron weiter in Bromanthranol verwandeln:

Kurt H. Meyers Methode der quantitativen Untersuchung von Keto-Enol-Tautomeren kann entweder direkt oder indirekt angewendet werden.

Erstes Verfahren: Man titriert das fragliche Keto-Enolgemenge mit alkoholischer Bromlösung, bis die Farbe des Broms eben bestehen bleibt. Die verbrauchte Brommenge gibt direkt die Menge des Enols an. Der Umschlag

---

[1]) A. **380**, 212 (1911). — B. **45**, 2843 (1912); **47**, 835 (1914); **54**, 577 (1921). — Carrière, C. r. **158**, 1429 (1914). — Bedforss, B. **49**, 2804 (1916). — Dieckmann, B. **53,** 1778 (1920). — Kritik der Methode: Hieber, B. **54,** 902 (1921). — Auwers und Jacobsen, Ann. **426**, 162 (1922).

[2]) Siehe dazu Dimroth, B. **54**, 3042 (1921).

[3]) Z. **5**, 29 (1869). — Siehe auch Linnemann, A. **125**, 307 (1863).

[4]) Diss. Zürich (1910). — Willstätter, Mayer und Hüni, A. **378**, 122 (1910).

ist sehr gut bei Tageslicht zu sehen; bereits 2 Tropfen einer $^n/_{10}$-Bromlösung färben 50 ccm Alkohol deutlich gelb. So lassen sich künstliche Keto-Enolgemenge quantitativ bestimmen.

Die Methode hat den Nachteil, daß die alkoholische Bromlösung den Titer rasch ändert und man ihn daher jedesmal neu bestimmen muß. Diese Unbequemlichkeit läßt sich nun umgehen, indem man (zweites Verfahren) mit alkoholischer Bromlösung von unbekanntem Gehalt titriert und dann das gebildete Bromketon quantitativ bestimmt.

Bromketone werden in alkoholischer Lösung durch Jodwasserstoff bei gelinder Wärme quantitativ zu Ketonen reduziert; das dabei ausgeschiedene Jod läßt sich mit Thiosulfatlösung titrieren. Die Ketone werden in Alkohol gelöst, etwas Jodkaliumlösung und konzentrierte Salzsäure hinzugegeben, erwärmt und ohne Stärkezusatz bis zur bleibenden Entfärbung mit Thiosulfat zurücktitriert; der Umschlag von gelb in farblos ist bei Tageslicht meist scharf zu sehen.

Nach Kurt H. Meyers Ansicht lagert sich bei dieser eigentümlichen Reaktion Jodwasserstoff an das Keton an, während sich das Brom gegen Jod austauscht, so daß ein Dijodid entsteht. Solche Dijodide spalten nach Finkelstein[1]) freiwillig ihr Jod ab:

$$\begin{array}{ccccc} C=O & & C-OH & & C-OH \\ | & \rightarrow & | \quad J & \rightarrow & \| \quad | \; J_2. \\ C-Br & & C-J & & C \end{array}$$

Man titriert nun das Keto-Enolgemenge, indem man zu der alkoholischen Lösung alkoholische Bromlösung von unbekanntem Gehalt bis zum Umschlag, dann Jodkalium gibt und mit Thiosulfat zurücktitriert. Die Resultate sind hierbei die gleichen wie bei der direkten Titration mit gestellter Bromlösung. — Siehe dazu Hantzch, B. 48, 777 (1915).

Zusatz von Tetrachlorkohlenstoff oder Chloroform macht den Umschlag etwas undeutlicher, beeinflußt aber das Resultat der Titration nicht. Es muß jedoch jedenfalls ein großer Alkoholüberschuß vorhanden sein. Man titriert deshalb die alkoholische Lösung besser nicht mit Brom in Chloroformlösung, obwohl diese ja beständiger und daher bequemer wäre.

Die alkoholische Bromlösung wird am besten jedesmal frisch bereitet, da alte Bromlösungen das Resultat beeinflussen; sie enthalten vermutlich Bromacetaldehyd, der aus Jodwasserstoff Jod frei macht.

Die bis zum Umschlag mit Brom versetzten Lösungen geben keine Eisenchloridreaktion mehr, enthalten also kein Enol. Ja, man kann sogar das Verschwinden der Eisenenolatfarbe direkt als Titerumschlag benutzen. Acetessigester z. B. wurde in Alkohol gelöst, etwas Eisenchlorid hinzugefügt und bis zum Verschwinden der roten Farbe mit Brom titriert. Die Bestimmung ergab denselben Wert, der auch durch einfaches Titrieren ohne Eisenchlorid erhalten wird.

In der Regel wird die alkoholische Lösung des Keto-Enolgemisches mit frischer, auf $-5-0°$ gekühlter, alkoholischer Bromlösung bis zum Umschlag titriert, dann Jodkaliumlösung hinzugefügt, erwärmt und zurücktitriert.

Da die Titration sehr rasch, etwa in 20—25 Sekunden, zu beendigen ist, ist die Menge, die sich während der Titration enolisiert, sehr gering. Der hierdurch entstehende Titrationsfehler wird bestimmt, indem man nach dem Umschlag weitere 25 Sekunden wartet und die Menge Bromlösung mißt, die dann von

---

[1]) B. 43, 1528 (1910).

neuem absorbiert wird. Sie betrug bei — 7° etwa 0,2 cm für 1 g Acetessig-ester. Demnach ist anzunehmen, daß bei der Titration etwa ebensoviel Brom-lösung zuviel zugesetzt worden war. Man umgeht den Fehler, der durch die Langsamkeit der Titration und evtl. die Schwierigkeit, den Farbenumschlag zu erkennen, bedingt ist, indem man überschüssiges Brom zusetzt und den Über-schuß sofort durch eine alkoholische β-Naphthollösung oder einen anderen Stoff bindet, der rasch mit Brom, aber gar nicht mit Jod reagiert und dessen Bromderivat nicht durch Jodwasserstoff verändert wird[1]). Bei Substanzen, die zu langsam mit Brom reagieren (Acetyldibenzoylmethan) oder die auch bei — 7° zu rasch reagieren (Dimethylcyclohexandion, Succinilobernsteinsäure-ester), oder endlich einen unscharfen Farbenumschlag geben (Diacetylaceton), wird die Methode ungenau.

Titration der Formylphenylessigester nach Dieckmann[2]). Als bestes Verfahren erwies sich Eintragen in die gut gekühlte überschüssige alko-holische Bromlösung und Entfärbung des Bromüberschusses mit α-Naphthol oder Anilinchlorhydrat, das hier wie in anderen Fällen das α-Naphthol zu ersetzen ver-mag. Nach Zusatz von überschüssiger Jodkaliumlösung erfolgt die Abscheidung des Jods beim Erwärmen langsam (innerhalb etwa 10—15 Minuten) aber quantitativ, wenn die Temperatur nicht über 40—45° gesteigert wird, während bei höherer Temperatur das abgeschiedene Jod allmählich teilweise verbraucht wird.

Bestimmung der Konstitution von Enolverbindungen mit Ozon[3]).

Mit der Erkennung der Enolnatur eines Stoffes und selbst mit der Kenntnis des Enolisationsgrades ist noch nicht alles getan. Denn nunmehr erhebt sich die Frage nach der Struktur des vorliegenden Enols.

Eine allgemein brauchbare Methode zur Strukturbestimmung bei Enolen gibt es aber bisher nicht.

Die erste allgemeine Regel über die Beteiligung verschiedener Acyle an einer stattfindenden Enolisation stammt von Claisen[4]). Sie lautete dahin, daß das „negativste" bevorzugt würde. Weil nun alle Acetyl und ein anderes Acyl enthaltenden Methane mit Alkalien stets dieses Acetyl abspalten, galt es als das negativste und bei der Enolisation meist begünstigte. Man formulierte demnach z. B. acetyl-benzoylsubstituierte Methane gemäß I und nicht nach II[5]):

<table>
<tr><td>I.</td><td>II.</td></tr>
</table>

$$\text{—C}\!\!\begin{array}{l} \diagup \text{C(OH)CH}_3 \\ \diagdown \text{COC}_6\text{H}_5 \end{array} \qquad\qquad \text{—C}\!\!\begin{array}{l} \diagup \text{COCH}_3 \\ \diagdown \text{C(OH)C}_6\text{H}_5. \end{array}$$

Als schwächstes aller Acyle wurde das Carbäthoxyl angesehen[6]), für das daher auch keine Enolisation angenommen wurde.

Die leichte Abspaltbarkeit von Acetyl, z. B. vor Benzoyl und besonders vor Carbäthoxyl, konnte auch Bülow[7]) feststellen, als er das Verhalten acyl-substituierter β-Ketonsäureester gegen Diazoniumlösungen untersuchte.

Die Spaltungsbefunde von Claisen und von Bülow sind indes für die Aufklärung der Konstitution von Enolen nur bedingt brauchbar, weil sie in

[1]) Kurt Meyer und Kappelmeier, B. **44**, 2720 (1911).
[2]) B. **50**, 1382 (1917).
[3]) Scheiber und Herold, B. **46**, 1105 (1913); **53**, 701 (1920). — A. **405**, 295 (1914). — Herold, Diss. Leipzig (1915). — Kritik der Methode: Hieber, B. **54**, 905 (1921).
[4]) A. **277**, 206 (1893); **291**, 37 (1896).
[5]) Für die acide Form des p-brombenzoylierten Benzoylacetons wurde die Frage offen gelassen, ob die Enolisation im Acetyl oder p-Brombenzoyl erfolgt sei. Claisen, A. **291**, 90 (1896).   [6]) Claisen, B. **25**, 1763 (1892).   [7]) B. **35**, 915 (1902).

Gegenwart von Alkali gewonnen worden sind, was Umlagerungen nicht ausschließt.

Kurt H. Meyer hat [1]) mit Hilfe seiner Enoltitrationsmethode die „Enolisierungstendenzen" verschiedener Acyle ermittelt. Für die nachstehenden Komplexe hat sich dabei die folgende Reihe ergeben:

$$-COOC_2H_5 \qquad \diagdown -COCH_3 \qquad \diagdown -COC_6H_5 \qquad \diagdown -COCOOC_2H_5.$$

Danach kommt also dem Benzoyl eine größere Enolisierungstendenz zu als dem Acetyl. Aus diesem Grund formuliert K. H. Meyer das Benzoylaceton[2]) als β-Oxybenzalaceton, $C_6H_5C(OH) = CHCOCH_3$; er widerspricht hierin also der Ansicht von Claisen. Hinsichtlich der Carbäthoxylgruppe bestätigen allerdings auch die Enoltitrationen deren Nichtenolisation [Malonester[3])] oder höchstens spurenhafte Umwandlung [Methantricarbonsäureester[4])].

Wenn es wirklich den Tatsachen entspräche, daß Enolisierungstendenz und Enolisationsleichtigkeit eines Acyls praktisch das gleiche bedeuten, dann wäre die Enoltitration gegebenenfalls das einfachste Mittel, um über die Struktur eines enolisierten Produkts Aufschluß zu erlangen. Ein Zusammenhang zwischen Enolisierungstendenz und einer bestimmten Enolisierungsart ist ja von vornherein sehr wahrscheinlich. Wie weit aber diese Beziehungen gehen mögen, ist bis jetzt unbekannt.

Weder die Enoltitrationen selbst noch andere bekannte Verfahren sind in der Lage, hierüber Auskunft zu geben.

Für das schwach wirkende Carbäthoxyl könnte allerdings mit hoher Wahrscheinlichkeit praktisch stets Nichtenolisation angenommen werden. β-Ketonsäureester mögen deshalb so gut wie ausschließlich gemäß $RC(OH) = CH \cdot COOC_2H_5$ enolisiert sein. Bei komplizierteren Verbindungen dieser Art [Diacetbernsteinsäureester[6]), Alkylidenbisacetessigester[5])] bedeutet die Zulässigkeit solcher Annahme eine willkommene Beschränkung der bei praktischer Untersuchung in Betracht kommenden Isomeren.

Die Verhältnisse komplizieren sich indes, wenn Acyle mit stärkerer Enolisierungstendenz miteinander konkurrieren. So fragt es sich, ob z. B. Benzoylaceton in Lösung lediglich den Komplex I darstellt und nicht auch noch II und III (evtl. neben Keton) in mehr als nur spurenhafter Weise ausbildet:

$$\begin{array}{cc}
\text{I.} & \text{II.} \\
C_6H_5C(OH) = CHCOCH_3, & C_6H_5COCH = C(OH)CH_3, \\
\end{array}$$
$$\begin{array}{c}
\text{III.} \\
C_6H_5C(OH) = C = C(OH)CH_3.
\end{array}$$

Selbst bei symmetrischen Diacylmethanen, z. B. Acetylaceton, gestatten die bekannten Verfahren keine Entscheidung darüber, ob neben dem Diketon (IV) nur Halbenol (V) oder auch Dienol (VI) vorhanden ist:

$$\begin{array}{cc}
\text{IV.} & \text{V.} \\
CH_3COCH_2COCH_3, & CH_3C(OH) = CHCOCH_3, \\
\end{array}$$
$$\begin{array}{c}
\text{VI.} \\
CH_3C(OH) = C = C(OH)CH_3.
\end{array}$$

Noch weitere Komplikationen würde die Berücksichtigung des Auftretens

<hr>

[1]) B. **45**, 2849 (1912). — Siehe S. 648.
[2]) A. a. O. S. 2859; Benzoylacetessigester hingegen wird (S. 2855) als $CH_3C(OH) = C(COC_6H_5)COOC_2H_5$ formuliert. [3]) A. a. O. S. 2865. [4]) A. a. O. S. 2866.
[5]) Vgl. Knorr, A. **306**, 332 (1899). [6]) Rabe, A. **313**, 159 (1900).

stereoisomerer [cis-trans[1]) und optisch-aktiver] Formen mit sich bringen. Von diesen ist aber im folgenden abgesehen worden.

Eine Methode, die über Strukturfragen, wie sie eben angedeutet sind, Auskunft zu geben verhieß, haben Scheiber und Herold[2]) ausgearbeitet, indem sie die Harriessche Ozonspaltung ungesättigter Verbindungen auf die Enole anwendeten.

Hierbei konnte folgendes festgestellt werden:

1. Enole lagern Ozon bei — 20° im allgemeinen leicht an, d. h. also unter Bedingungen, die eine Umlagerung primär vorhandener Komplexe in andere, reaktionsfähigere ausschließen oder wenigstens unwahrscheinlich machen. Die gebildeten Ozonide lassen sich unschwierig isolieren und zerfallen schnell in Berührung mit kaltem Wasser. Aus der Art der Spaltstücke läßt sich die Struktur des Enols ableiten.

2. Desmotrope Ketoformen, z. B. β-Dibenzoylacetylmethan, β-Diacetbernsteinsäureester, reagieren nicht mit Ozon. Die zugehörigen Enole addieren ohne weiteres.

3. Katalytische Beeinflussung der Umwandlung Keton → Enol (Dienol) findet nicht statt, denn nur partiell enolisierte Stoffe (Acetessigester, Benzoylessigester u. a.) können trotz langer Einwirkung überschüssigen Ozons auch nur teilweise in Ozonid übergeführt werden.

Quantitative Versuche hierüber stehen zwar noch aus, doch kann bereits jetzt gesagt werden, daß der ozonisierte Anteil schätzungsweise ungefähr dem Enolbetrage entsprechen wird.

Jedenfalls darf behauptet werden, daß mit Hilfe der Ozonaddition sämtliche in einer Untersuchungslösung vorhandenen, strukturverschiedenen[3]) Enoltypen (Halbenole, Dienol) nebeneinander erkannt werden können. Und zwar unter Bedingungen, welche die primäre Existenz dieser Komplexe sehr wahrscheinlich machen.

Zur Untersuchung kamen zunächst eine Reihe von Di- und Triacylmethanen, wobei festgestellt werden sollte, welche unter den verschiedenen Enolisationsmöglichkeiten praktisch in Betracht kommen, da ja, wie angedeutet, hierüber noch keineswegs die wünschenswerte Sicherheit herrscht. Geprüft wurden die Kombinationen mit —$COOC_2H_5$, —$COCH_3$, —COC_6H_5 und —$COCOOC_2H_5$ an Malonester, Acetessigester, Benzoylessigester, Oxalessigester, Acetylaceton, Benzoylaceton, Oxalaceton, Oxalacetophenon und Dibenzoylmethan, sowie an Diacetylbenzoylmethan, α- und β-Dibenzoylacetylmethan und Benzoylacetessigester.

Die genannten Stoffe wurden (1—2 g) in absolutem Chloroform oder Tetrachlorkohlenstoff[4]) (15—20 ccm) bei Zimmertemperatur gelöst und dann

---

[1]) Zur Erkenntnis cis-trans-Isomerer in Mischung ist vielleicht die Absorptionsmethode berufen. Siehe die aus dem Laboratorium von Hantzsch stammende Dissertation von Meinke, Leipzig (1914), 24.

[2]) Anm. 3, S. 650 und Scheiber und Hopfer, B. **47**, 2704 (1914). — Lublin, Ch. Ztg. **39**, 433 (1915).

[3]) Strukturgleiche (cis-trans- und optisch-isomere) Enole lassen natürlich gleichartige Spaltstücke voraussehen; vgl. Harries und Frank, A. **374**, 356 (1910); Harries und Evers, A. **390**, 239 (1912).

[4]) Chloroform ist ein Lösungsmittel von sehr geringer tautomerisierender Wirkung, siehe Stobbe, A. **326**, 360 (1903); K. H. Meyer, B. **45**, 2862 (1912). Für Tetrachlorkohlenstoff dürfte ähnliches gelten [Michael und Fuller, A. **391**, 276, 277, 282, 299 (1912)]. Über das Verhalten beider Stoffe gegenüber starkem Ozon siehe Harries, A. **343**, 340 (1905); **374**, 307 (1910).

bei —20° unter Feuchtigkeitsausschluß mit Ozon von 6—8% behandelt, bis andauernder Geruch nach Ozon auftrat. Hierzu waren in manchen Fällen schon wenige Augenblicke ausreichend, bei weitgehend enolisierten Stoffen genügten meist 2—3 Stunden. Weniger als etwa eine Stunde wurde auch dann nicht ozonisiert, wenn die Addition des Ozons sehr schnell aufhörte.

Die Spaltungsergebnisse gelten also unter diesen Voraussetzungen.

Ermittelt ist folgendes:

1. Carbäthoxyl zeigt keine oder nur sehr geringe Neigung zum Übergang in die Enolform. Dies steht mit den Enoltitrationen K. H. Meyers im Einklang. Deutliche Enolisation zeigt das Carbäthoxyl des Oxalessigesters. Ein Acyl mit hoher Enolisierungstendenz vermag also andere Acyle zu erregen.

2. Die Acetylgruppe scheint sich stets an der Enolisation zu beteiligen, selbst in Fällen, wo mehrere Acyle, darunter Benzoyl, um nur ein Wasserstoffatom konkurrieren. Allerdings waren die betreffenden Spaltstücke nicht immer sicher nachweisbar, was in den besonderen Schwierigkeiten des betreffenden Einzelfalls begründet sein mag.

3. Benzoyl beteiligt sich an der Enolisation sehr weitgehend. Die von K. H. Meyer gefolgerte Beziehung zwischen der Enolisierungstendenz und der Enolisation selbst besteht für diese Gruppe also weitgehend tatsächlich zu Recht. Über den Grad der Enolisation geben deshalb Enoltitrationen in manchen Fällen praktisch zureichende Auskunft (siehe indes weiter unten).

Im Benzoylessigester enolisiert lediglich die Benzoylgruppe. Im Benzoylaceton ist aber Enolisation des Acetyls bereits deutlich wahrnehmbar. Im Dibenzoylmethan sollte die Enolisation noch weiter gehen, desgleichen beim Oxalacetophenon. Da aber Benzoylaceton schon fast 100% titrierbares Enol aufweist[1]), sollten die beiden anderen genannten Diketone der weitgehenden Dienolisation fähig sein.

4. Oxalyl zeigt die bei weitem ausgeprägteste Tendenz zum Übergang in die Enolform, was wiederum mit den Schlußfolgerungen K. H. Meyers harmoniert, der gerade für dieses Acyl die größte Enolisierungstendenz abgeleitet hat. Oxalyl erregt auch andere Acyle sehr stark, so nicht nur bereits Carbäthoxyl merklich, sondern namentlich Acetyl. Beim Benzoyl sollte das noch stärker der Fall sein, wofür die Spaltstücke des Oxalacetophenons auch tatsächlich einen Anhalt geben.

Titrimetrisch sind für Oxalessigester schon fast 90% Enol nachweisbar[2]). Für Oxalaceton resultieren gar Werte, die weit über 100% liegen, also Dienol anzeigen[3]). Gleiches sollte auch für Dibenzoylmethan und Oxalacetophenon zutreffen. Das erstere dieser beiden ergab aber nur etwa 100% Enol[4]), das andere gegen 110%[5]).

Es fragt sich indes, ob die Bromanlagerung an kumulierte Doppelbindungen, selbst wenn diese durch OH „aktiviert" sind[6]), immer genügend prompt erfolgt. Wenn die durch den Ausfall der Titration nachgewiesene Halbabsättigung (entsprechend 100% Enol) stattgefunden hat, würde aus Dibenzoylmethan die Verbindung I, aus Oxalacetophenon ein Gemisch von II und III gebildet sein:

[1]) K. H. Meyer, B. **45**, 2859 (1912).   [2]) K. H. Meyer, a. a. O., 2860.
[3]) Scheiber und Herold, A. **405**, 320 (1914).
[4]) K. H. Meyer, a. a. O. S. 2859. — A. **380**, 242 (1913).
[5]) Scheiber und Herold, a. a. O., 321.   [6]) K. H. Meyer, A. **398**, 66f. (1911).

$$\begin{array}{ccc} \underset{Br}{\overset{C_6H_5CO}{\diagdown}}C = C\underset{C_6H_5}{\overset{OH}{\diagup}} & \qquad & \underset{Br}{\overset{C_6H_5CO}{\diagdown}}C = C\underset{OH}{\overset{COOC_2H_5}{\diagup}} \\ \text{I.} & & \text{II.} \end{array}$$

$$\underset{OH}{\overset{C_6H_5}{\diagdown}}C = C\underset{Br}{\overset{COCOOC_2H_5}{\diagup}} \; .$$
III.

Für alle diese Systeme ist eine erschwerte Bromaufnahme wahrscheinlich wegen Häufung negativer Radikale, vielleicht auch aus sterischen Gründen [1]). Ob die Aktivierung der Doppelbindung durch OH gegen eine solche Annahme geltend gemacht werden kann, erscheint fraglich. Ist doch z. B. bereits beim Benzoylaceton [2]) und besonders beim Acetyldibenzoylmethan [2]) ein gewisser Widerstand gegen die Bromaufnahme zu beobachten.

Hinsichtlich der Natur des Dibenzoylmethans wie des Oxalacetophenons hat aber auch die Spaltung mittels Ozons nicht so ganz einwandfreie Aufklärung zu erbringen vermocht, weil nämlich diese beiden Stoffe das Ozon überraschenderweise nur sehr schwer addierten und fast ganz oder zum größeren Teil unverändert zurückgewonnen wurden. Dies Verhalten spricht ganz entschieden gegen Enole vom Typus $RC(OH) = CHCOR'$, denn diese addieren sämtlich. Da außerdem z. B. Benzalacetophenon, d. h. also das Dibenzoylmethanhalbenol, ähnliches Verhalten zeigt, besonders auch wegen Besitzes einer „aktivierten“ Doppelbindung. Nimmt doch selbst das a-Dibenzoylacetylmethan, $C_6H_5C(OH) = C(COCH_3)COC_6H_5$, ziemlich leicht Ozon auf. Es ist indes möglich, daß die Ozonaddition an kumulierte Doppelbindungen u. U. ähnlichen Schwierigkeiten begegnet, wie sie für Brom gegebenenfalls sicher vorhanden sind. Im diskutierten Fall kann die relative Beständigkeit der beiden Diketone gegen Ozon im Hinblick auf ihre zweifellos vorhandene weitgehende Enolisation am besten durch Annahme der Dienolstruktur erklärt werden.

Für das Auftreten von Dienolen haben sich denn auch bei einer ganzen Reihe von Diacylmethanen direkte experimentelle Anhaltspunkte gewinnen lassen.

Das nachstehende Schema läßt erkennen, daß bei der Ozonspaltung von Verbindungen mit kumulierten Doppelbindungen Kohlendioxyd auftreten wird:

$$\diagup\!\!\!\diagdown C = C = C\diagdown\!\!\!\diagup \; \xrightarrow[2H_2O]{2O_2} \; 2\diagup\!\!\!\diagdown CO + CO_2 + 2\,H_2O_2 \; .$$

Konnte also unter den Spaltprodukten der Diacylmethanozonide Kohlendioxyd nachgewiesen werden, so war dies ein Hinweis auf die Anwesenheit von Systemen mit kumulierten Doppelbindungen, d. h. in diesem Fall von Dienolen.

Dies war tatsächlich möglich.

Oxydation mit Kaliumpermanganat [3]).

Formylphenylessigester wird in neutraler oder alkalischer Lösung von Permanganat nach der Gleichung

$$\underset{\substack{\|\\ CHON}}{C_6\,H_5\,C - COOR} \; + O_2 = \quad \underset{HCOON}{CH_3{-}COCOOR} +$$

an der Stelle der Doppelbindung gespalten.

Auch die Oxydation anderer 1.3-Dicarbonylverbindungen mit Kaliumpermanganat verläuft analog. So wurden aus Acetylaceton Brenztraubensäure, aus Benzoylaceton Phenylglyoxylsäure, aus den Hydroresorcinen a-Ketoadipinsäuren gewonnen. Der Verlauf der Oxydation scheint geeignet, Auf-

---

[1]) Siehe S. 1102.   [2]) K. H. Meyer, B. **44**, 2721 (1911).
[3]) Dieckmann, B. **50**, 1381 (1917).

schluß über die Lage der Enoldoppelbindung zu geben. So führt die Bildung von Phenylglyoxylsäure zu der auch durch andere Beobachtungen gestützten Annahme, daß dem Natriumsalz des Benzoylacetons die Konstitution $C_6H_5 \cdot CO \cdot CH : C(ONa) \cdot CH_3$ zukommt, während das freie Benzoylaceton nach dem Ergebnis der Ozonoxydation die Konstitution $C_6H_5 \cdot C(OH) : CH \cdot CO \cdot CH_3$ besitzt. Vgl. Scheiber und Herold, A. **405**, 295 (1913).

Physikalische Untersuchungsmethoden[1]).

Es wird hier genügen, die wichtigsten derartigen Methoden kurz zu skizzieren.

A. Nach Drude[2]) zeigen hydroxylhaltige Substanzen die Erscheinung der „anomalen Absorption" für schnelle elektrische Schwingungen, während hydroxylfreie Substanzen im allgemeinen diese Erscheinung nicht bieten. Die Reaktion ist für feste Stoffe nicht verläßlich[3]).

B. Die **Molekularrefraktion** bietet nach den Untersuchungen von Brühl[4]) ein Mittel, zwischen Enol- und Ketoform zu unterscheiden, da die Doppelbindung der Alkoholform sich durch das Auftreten des für Äthylenbindung charakteristischen Refraktionsinkrements verrät. Diese Methode ist also kein direkter Nachweis der Hydroxylgruppe, sondern nur ein Beweis für das Vorliegen eines ungesättigten Komplexes. Siehe Müller, Bull. (3) **27**, 1019 (1902).

C. Die **elektromagnetische Drehung der Polarisationsebene** ist nach Perkin[5]) ebenfalls ein Mittel, zwischen den beiden isomeren Formen zu unterscheiden, da die Molekularrotation gesättigter und ungesättigter Verbindungen beträchtliche Unterschiede zeigt.

D. Auch das **molekulare Lösungsvolumen** hat Traube[6]) für derartige Untersuchungen als Kriterium angegeben.

E. Die **innere Reibung** als Hilfsmittel zum Nachweis desmotroper Formen benutzen Müller[7]) und Sander[8]). Das Enol hat größere Zähigkeit.

F. **Absorption im Ultraviolett:** Hantzsch, B. **43**, 3049 (1910); **44**, 1771 (1911); **48**, 1407 (1915). — Meinke, Diss. Leipzig (1914), 24. — Müller, B. **54**, 1466 (1921). — Siehe S. 652, Anm. 1.

Um die Anwesenheit eines an **ein asymmetrisches Kohlenstoffatom** gebundenen **Hydroxyls** zu erweisen, prüft man auf die optische Aktivität der Verbindung unter Zusatz von **alkalischer Uranylnitratlösung**, die sowohl in wäßriger als auch alkoholischer Lösung erhebliche Steigerung der Drehung hervorruft: Walden, B. **30**, 2889 (1897). — Lutz, B. **35**, 2460 (1902).

---

[1]) Über Vermeidung katalytischer Störungen bei solchen Versuchen: Kurt H. Meyer und Willson, B. **47**, 838 (1914).

[2]) B. **30**, 940 (1897). — Wied. **58**, 1 (1898). — Z. phys. **28**, 673, 684 (1899).

[3]) Wislicenus, A. **312**, 36, Anm. (1900).

[4]) B. **20**, 2297 (1887). — Z. phys. **34**, 31 (1900). — Smedley, Soc. **97**, 1475, 1484 (1910). — Knorr, Rothe und Averbeck, B. **44**, 1144 (1911). — Auwers, B. **44**, 3514, 3525 (1911). — Eisenlohr, Spektrochemie (1912), 179. — Kurt H. Meyer und Willson, B. **47**, 838 (1914).

[5]) Soc. **61**, 800 (1892). — A. **291**, 185 (1896).

[6]) A. **290**, 43 (1895).

[7]) Diss. Leipzig (1906). — Siehe ferner Dunstan und Stubbs, Z. phys. **66**, 153 (1909).

[8]) Diss. Leipzig (1908).

Zweiter Abschnitt.

Quantitative Bestimmung der Hydroxylgruppe.

Zur quantitativen Bestimmung der Hydroxylgruppe in organischen Substanzen gewinnt man Derivate derselben nach folgenden Methoden:

Durch Acylierung,

wobei namentlich die Radikale der

Essigsäure, Chloressigsäure,
Benzoesäure und deren Substitutionsprodukte,
Benzolsulfosäure,

ferner seltener die Reste anderer Säuren, wie z. B. der

Propionsäure, Isobuttersäure, Stearinsäure,
Phenylessigsäure oder
Opiansäure

in das Molekül der hydroxylhaltigen Substanz eingeführt werden,

durch Darstellung der Carbamate,
durch Alkylierung oder
Benzylierung,
durch Darstellung der Phenylcarbaminsäureester usw.

In der Regel wird man sich mit Acetyl- und Benzoylderivaten der zu untersuchenden Substanzen bescheiden, wobei wieder die Acetylierungsmethode von Liebermann und Hörmann [1]) und die Benzoylierungsarten nach Lossen resp. Schotten und Baumann [2]) zumeist gebräuchlich sind, doch müssen manchmal auch die anderen Bestimmungsmethoden der Hydroxylgruppe zur Konstitutionsermittlung versucht werden.

Daß bei stickstoffhaltigen Verbindungen auf Imid- und Aminwasserstoff zu achten ist, ist selbstverständlich.

Ebenso ist der Wasserstoff der SH-Gruppe der Acylierung usw. zugänglich [3]).

In gewissen Fällen kann übrigens auch Acylierung stattfinden, wo keine Hydroxylgruppen vorliegen [4]).

Chinoide und andere leicht reduzierbare Substanzen, so z. B. einige Farbstoffe (Methylenblau, Neumethylenblau GG, Capriblau, Nilblau A, Indigo, Indanthren), geben bei erzwungener Acylierung O-acylierte Reduktionsprodukte [5]).

Benzochinon liefert nach Sarauw [6]) und Buchka [7]) mit Essigsäureanhydrid und Natriumacetat Diacetylhydrochinon; Chloranil nach Graebe [8]) mit Acetylchlorid Diacetyltetrachlorhydrochinon.

Viele cyclische Ketone, und zwar nicht nur Triketone (wie Phloroglucin) und Diketone (wie Dihydroresorcin), sondern auch Monoketone (Cyclohexanone), Menthon, Cyclopentanon, Suberon), werden durch energische Einwirkung von

---

[1]) S. 663.   [2]) S. 684.

[3]) Siehe z. B. Glahn, Diss. Marburg (1908), 32, 34. — Zincke und Jörg, B. **42**, 3368 (1909).

[4]) Über das Acetat der Lävulinsäure siehe v. Baeyer, B. **15**, 2101 (1882). — Bredt, A. **236**, 228 (1886); **256**, 314 (1889). — Siehe auch unter „Ketonsäuren", S. 869.

[5]) Heller, B. **36**, 2762 (1903). — Scholl, Steinkopf und Kabacznik, B. **40**, 398, 399 (1907).   [6]) B. **12**, 680 (1879). — Scharwin, B. **38**, 1270 (1905).

[7]) B. **14**, 1327 (1881).   [8]) A. **146**, 13 (1868).

Essigsäure-, Propionsäure-, Buttersäure- oder Benzoesäureanhydrid in die Ester der Enolform übergeführt [1]) [2]).

Ebenso verhalten sich die Aldehyde [2]) [3]), welche ganz allgemein durch Essigsäureanhydrid bei Gegenwart von Katalysatoren (Schwefelsäure, Chlorzink) in Diacetate übergehen:

$$R \cdot C{\Large<}^{O}_{H} + {CH_3CO \atop CH_3CO}{\Large>}O = R \cdot C{\Large<}^{OCOCH_3}_{OCOCH_3} .$$
$$H$$

Beim Erhitzen mit Essigsäureanhydrid (ohne oder mit Katalysatoren) kann bei dazu geeigneten Aldehyden auch Enolisierung und Bildung von Enolestern stattfinden:

$$R \cdot CH_2 \cdot C{\Large<}^{H}_{O} \rightarrow R \cdot CH = CHOH \rightarrow R \cdot CH = CH—O \cdot CHCO_3 .$$

Diese Enolacetate [4]) lassen sich (mit Ozon oder Permanganat in Acetonlösung) zu Aldehyden und Säuren bzw. Ketonen oxydieren.

Aus der Bildung eines Aldehyds resp. einer Säure ist auf das ursprüngliche Vorhandensein der Gruppe $R \cdot CH_2 \cdot CHO$, aus der Bildung eines Ketons auf die Gruppe:

$${R \atop R_1}{\Large>}CH—CHO$$

zu schließen (Semmler).

Nach Wohl und Maag ist es übrigens wahrscheinlich, daß die Enolacetate durch Essigsäureabspaltung aus den Diacetaten gebildet werden, da die Aldehyde mit beweglichem α-Wasserstoff, die bei höheren Temperaturen unter sonst gleichen Umständen in Monoacetate übergehen, bei gelinder Temperatur ausschließlich Diacetate bilden.

Bemerkenswert ist, daß ein Überschuß an Anhydrid hier nicht fördernd, sondern hemmend auf die Reaktion wirkt und daß Spuren von Wasser die Reaktion katalysieren.

Auch die offenen und ringförmigen Anhydride mehrwertiger Alkohole, darunter die Polysaccharide, können durch Acetolyse unter Acylierung aufgespalten werden.

Endlich werden auch ätherartige Oxyde, z. B. der Äthyläther, wenn auch meist in geringem Maß und nur bei Benutzung besonderer Katalysatoren (Eisenchlorid) gespalten [5]).

Immer muß man sich davon zu überzeugen trachten, daß das acylierte Produkt wieder durch Verseifung in die ursprüngliche Substanz überführbar ist, oder wenigstens davon, daß das Reaktionsprodukt wirklich den Säurerest aufgenommen hat, den man einführen wollte.

Durch acylierende Reagenzien tritt nämlich öfters Kernacetylierung [6]), Isomerisation oder Polymerisation ein, oder wird Anhydridbildung verursacht usw.

---

[1]) Mannich, B. **39**, 1594 (1906). — Mannich und Hâncu, B. **41**, 564 (1908). — Hâncu, B. **42**, 1052 (1909). — Schimmel & Co., B. **1910**, I, 157.

[2]) Knoevenagel, A. **402**, 113 (1913).

[3]) Wegscheider und Späth, M. **30**, 825 (1909). Hier Literaturzusammenstellung.— Späth, M. **31**, 191 (1910). — Wohl und Maag, B. **43**, 3291 (1910). — Siehe auch Gutmann, Diss. Kiel (1907), 47. — Hohenemser, Diss. Kiel (1908), 29. Anwendung von Chlorzink.

[4]) Semmler, B. **42**, 584, 963, 1161, 2014 (1909); **43**, 1724, 1890 (1910). — Semmler und Zaar, B. **43**, 1890 (1910). — Wohl und Berthold, B. **43**, 2178 (1910). — Mylo, B. **45**, 646 (1912).

[5]) Knoevenagel, A. **402**, 134 (1913).   [6]) Siehe S. 665.

Meyer, Analyse. 4. Aufl.

So entsteht nach Benedikt und Ehrlich[1]) aus Orthozimtcarbonsäure durch Behandeln mit Essigsäureanhydrid und Natriumacetat das isomere Benzhydrylessigcarbonsäureanhydrid, aus α-Truxillsäure das Anhydrid der γ-Truxillsäure [Liebermann[2])], aus Cantharsäure nach Anderlini und Ghiro[3]) beim Erhitzen mit Acetylchlorid im Rohr Isocantharidin[4]). Ganz allgemein werden tertiäre Alkohole durch Acetylchlorid in Chloride übergeführt.

2-Oxy-3-methoxyphenylessigsäure gibt beim Versuch der Acetylierung in Pyridin-Eisessig Isocumaranon[5]):

$$
\begin{array}{c}
\text{OCH}_3 \\
\langle \rangle\!-\!\text{OH} \\
\quad\backslash\text{CH}_2\,\text{COOH}
\end{array}
\quad\rightarrow\quad
\begin{array}{c}
\text{OCH}_3 \\
\langle \rangle\!-\!\text{O} \\
\qquad\diagup\text{CO}\cdot \\
\quad\text{CH}_2
\end{array}
$$

Über Wanderung von Acetylgruppen aus der p- in die m-Stellung bei der Verseifung von acylierten Orthophenolcarbonsäuren: E. Fischer, Bergmann und Lipschütz, B. **51**, 45 (1918). Bei der Herausnahme des Halogens aus acylierten Jodhydrinen: Bergmann und Dangschat, B. **53**, 373 (1920).

Ersatz einer Äthoxylgruppe durch Wasserstoff beim Kochen mit Essigsäureanhydrid, Eisessig oder Acetylchlorid: Bistrzycki und Herbst, B. **35**, 3135 (1902).

Endlich ist hier an die interessante Beobachtung von Askenasy und Viktor Meyer[6]) zu erinnern, daß sich auch schwache Carbonsäuren mit Essigsäureanhydrid verbinden (Jodosobenzoesäure, Paradimethylaminobenzoesäure). Das gemischte Anhydrid der Essigsäure und Camphorylidenessigsäure entsteht bei der Einwirkung von Zink und Essigsäure auf Camphorylidenessigsäurechlorid[7]). Diese Verbindungen (gemischte Anhydride der Form R · COO · COCH$_3$) werden schon durch kochendes Wasser zerlegt.

Siaresinolsaures Natrium gibt mit Acetylchlorid ein gemischtes Anhydrid[8]).

Nach dem DRP. 117 267 (1901) entstehen solche gemischte Anhydride ganz allgemein beim Zusammenbringen von Säuren und Säurechloriden in Pyridin- (Chinolin-) Lösung[9]).

Auch bei der Benzoylierung gewisser Säuren in sodaalkalischer Lösung treten solche gemischte Anhydride auf, so von der m-Aminozimtsäure, p-Aminozimtsäure und Benzoyl-p-aminobenzoesäure[10]).

1. Acetylierungsmethoden.

A. Die Verfahren zur Acetylierung.

Zur Darstellung von Acetylderivaten aus hydroxylhaltigen Substanzen dienen folgende Essigsäurederivate:

---

[1]) M. **9**, 529 (1888).   [2]) B. **22**, 126 (1889).   [3]) B. **24**, 1998 (1891).

[4]) Weitere hierhergehörige Fälle: Pinner, B. **27**, 1057, 2861 (1894); **28**, 457 (1895). — Liebermann und Lindenbaum, B. **35**, 2910 (1902). — Bistrzycki und Herbst, B. **35**, 3136 (1902). — Scharwin, B. **38**, 1270 (1905). — Posner, B. **39**, 3528 (1906). — Piloty, Wilke und Blömer, A. **407**, 1 (1914).

[5]) Mosimann und Tambor, B. **49**, 1259 (1916).

[6]) B. **26**, 1365 (1893). — Willstätter und Fritzsche, Pyrroporphyrin, A. **371**, 34, 104 (1910). — Piloty, Wilke und Blömer, a. a. O.

[7]) Rupe, Werder und Takagi, Hel. **1**, 309 (1918).

[8]) Zinke und Lieb, M. **39**, 636 (1919).

[9]) Benzoylsalicylsäurebenzoesäureanhydrid und Cinnamoylsalicylsäurebenzoesäureanhydrid: Einhorn und Seuffert, B. **43**, 2988 (1910).

[10]) Heller, B. **46**, 3974 (1913).

1. Acetylchlorid,
2. Essigsäureanhydrid, Natriumacetat (Kaliumacetat),
3. Eisessig,
4. Chloracetylchlorid,
5. Thioessigsäure.

Acetylierung mit Acetylchlorid [1]).

Manche Hydroxylderivate reagieren mit Acetylchlorid schon beim Vermischen oder Digerieren auf dem Wasserbad, so die primären und sekundären Alkohole der Fettreihe [2]).

Zweckmäßig arbeitet man in Benzollösung, indem man äquimolekulare Mengen Substanz und Säurechlorid am Rückflußkühler kocht, bis die Salzsäureentwicklung beendet ist.

Wenn keine Gefahr vorhanden ist, daß durch die frei werdende Säure sekundäre Reaktionen (Verseifung) eintreten könnten [3]), schließt man auch gelegentlich die unverdünnte Substanz mit dem Säurechlorid im Rohr ein.

Empfindliche, leichtreagierende Stoffe werden dagegen unter Eiskühlung zur Reaktion gebracht [4]).

Gelegentlich ist es auch geraten, längere Zeit (8 Tage) in der Kälte stehen zu lassen [5]).

Zur Einleitung der Reaktion setzt Aschan einen Tropfen Wasser zu [6]).

Houben [7]) und Henry [8]) verwandeln schwer acylierbare (zersetzliche), namentlich auch tertiäre Alkohole in ihre Halogenmagnesiumverbindungen und lassen auf diese Acetylchlorid (oder Anhydrid) einwirken.

Bei einigen zweibasischen Oxysäuren der Fettreihe, die, wie z. B. Schleimsäure, der Einwirkung von siedendem Acetylchlorid widerstehen, wird Zusatz von Chlorzink empfohlen [9]).

Acetylchlorid und Phosphoroxychlorid [10]) führt Cochenillesäure in das sonderbare Produkt $C_{10}H_6O_6 + C_2H_4O_2$ (Essigsäureverbindung des Cochenillesäureanhydrids) über, das bei 115° die Essigsäure verliert.

Acetylchlorid wirkt überhaupt nur leicht auf Alkohole und Phenole ein, kann aber andererseits bei mehratomigen Säuren zur Anhydridbildung führen. In derartigen Fällen läßt man das Reagens auf den Ester einwirken. Man erhält so ein Säurederivat des Esters, das viel leichter destillierbar ist als die freie Säure [Wislicenus [11])].

Läßt man Lävoglucosan mit Acetylchlorid stehen, so bildet sich unter Ringöffnung β-Acetochlorglucose [12]).

Auch die aromatischen Carbinole [Triphenylcarbinol [13])], Dicinnamenylchlorcarbinole [14]) werden durch Acetylchlorid in Chlormethane verwandelt, die

---

[1]) Das käufliche Acetylchlorid enthält meist eine große Menge Salzsäure, von der es durch Destillieren über Dimethylanilin befreit werden kann.

[2]) Tissier, A. Chim. Phys. (6) **29**, 364 (1893). — Henry, Rec. **26**, 89 (1907).

[3]) Über einen derartigen interessanten Fall, der wahrscheinlich auf Verseifung beruht, Herzig und Schiff, B. **30**, 380 (1897). — Vgl. auch Bamberger und Landsiedl, M. **18**, 507 (1897).   [4]) Anschütz und Bertram, B. **37**, 3972 (1904).

[5]) Schulze und Liebner, Arch. **254**, 572 (1916).

[6]) A. **271**, 283 (1892).   [7]) B. **39**, 1736 (1906).

[8]) Bull. Ac. roy. Belg. **1907**, 285. — Rec. **26**, 440 (1907).

[9]) Weit besser wirkt in solchen Fällen übrigens Anhydrid mit Schwefelsäure, siehe S. 664.   [10]) Liebermann und Voßwinckel, B. **37**, 3346 (1904).

[11]) A. **129**, 17 (1864).   [12]) Pictet und Cramer, Hel. **3**, 640 (1920).

[13]) Gomberg und Davis, B. **36**, 3924 (1903). — Am. soc. **25**, 1269 (1904).

[14]) Straus und Caspari, B. **40**, 2692 (1907).

ihrerseits unter Feuchtigkeitsabschluß mit Silberacetat in Acetylderivate verwandelt werden können[1]). Noch bequemer ist das oben angeführte Verfahren von Houben.

Adam[2]) hat vorgeschlagen, die beim Acetylieren nach der Gleichung:

$$R \cdot OH + CH_3COCl = RO \cdot COCH_3 + HCl$$

entstehende Salzsäure[3]) zu titrieren und so diese Reaktion zur quantitativen Bestimmung von Glycerin im Wein und von Fuselöl im Branntwein zu verwerten.

Vorteilhafter als die geschilderte sog. „saure" Acetylierung ist das von Claisen[4]) angegebene Verfahren, namentlich weil dabei die schädlichen Wirkungen der bei der Reaktion gebildeten Salzsäure aufgehoben werden.

Das Verfahren hat sich auch zur O-Acetylierung (Benzoylierung) von Oxymethylenverbindungen bewährt[5]).

Die in Äther oder Benzol gelöste Substanz wird mit der äquivalenten Menge Acetylchlorid und trocknem Alkalicarbonat digeriert und die Menge des letzteren so bemessen, daß nach der Gleichung:

$$R\text{—}OH + ClCOCH_3 + K_2CO_3 = R\text{—}OCOCH_3 + KCl + KHCO_3$$

saures Alkalicarbonat entsteht.

In gleicher Weise wird Bariumcarbonat verwendet[6]).

Konschegg[7]) geht, um die Wirkung der Salzsäure zu annullieren, folgendermaßen vor:

Die Substanz wird in Äther gelöst und mit festem, nicht entwässertem Natriumacetat und wenig überschüssigem Acetylchlorid geschüttelt. Nach Zusatz von Wasser wird der Äther abgeschieden und mit schwacher Lauge bis zur neutralen Reaktion geschüttelt, endlich mit entwässertem Natriumsulfat getrocknet und abdestilliert.

Jacobs und Heidelberger[8]) lösen in einer Mischung von je 5 Teilen Eisessig und gesättigter Natriumacetatlösung und setzen das Säurechlorid ($1^1/_2$ Mol.) unter Schütteln und Kühlen in kleinen Anteilen zu.

Zur Darstellung von Cellulosetetraacetat[9]) werden molekulare Mengen Cellulose und Magnesium- oder Zinkacetat mit zwei Molekülen Acetylchlorid (evtl. unter Zusatz von Essigsäureanhydrid) erhitzt. Als passendes Verdünnungsmittel wendet man Nitrobenzol und seine Homologen an[10]), oder auch Chloroform. Zuerst läßt man die Reaktion in der nicht verdünnten Acetylierungsmischung eintreten und setzt dann erst die erwähnten Lösungsmittel zu, und zwar zuerst sehr wenig und, je nach dem Fortgang der Reaktion in größerer Menge, derart, daß der letzte und größte Anteil ungefähr dann zugesetzt wird, wenn die reagierende Mischung die höchste Temperatur erreicht hat.

Auch Acetylieren mit Acetylchlorid und wäßriger Lauge wird, allerdings selten (siehe S. 687), vorgenommen.

---

[1]) Butlerow, A. **144**, 7 (1867). — Friedel, C. r. **76**, 229 (1873). — Gomberg, B. **36**, 3926 (1903). — Henry, Rec. **26**, 438 (1907).

[2]) Öst. Ch. Ztg. **2**, 241 (1899).   [3]) Siehe Anm. 1, S. 659.   [4]) B. **27**, 3182 (1894).

[5]) Nef, A. **276**, 201 (1893). — Claisen, A. **291**, 65 (1896); **297**, 2 (1897). — Claisen und Haase, B. **33**, 1242 (1900). — Siehe auch S. 687.

[6]) Syniewski, B. **31**, 1791 (1898).

[7]) M. **27**, 248 (1906). — Über eine ähnliche Verwertung von krystallisiertem Barythydrat siehe Etard und Vila, C. r. **135**, 699 (1902).

[8]) Am. Soc. **39**, 1440 (1917). — Das Verfahren wird namentlich für Chloracetylierungen empfohlen.

[9]) DRP. 85 329 (1895) und 86 368 (1895).   [10]) DRP. 105 347 (1898).

Manchmal empfiehlt es sich auch, die zu acetylierende Substanz in Pyridin, Chinolin oder Diäthylanilin[1]) zu lösen und dann das Säurechlorid, das selbst durch Chloroform verdünnt werden kann[2]), einwirken zu lassen [Denninger[3])].

Die Alkohole und Phenole werden hierzu in der 5—10fachen Menge Pyridin (reines aus dem Zinksalz) gelöst und das Säurechlorid unter Abkühlen allmählich hinzugefügt. Dabei findet gewöhnlich Rötung der Flüssigkeit und Abscheidung von Pyridinchlorhydrat statt. — Nach mindestens 6 Stunden tropft man in kalte, verdünnte Schwefelsäure ein, wobei die Acetylprodukte entweder als bald erstarrende Öle oder direkt in festem Zustand auszufallen pflegen [Einhorn und Hollandt[4])].

Die Pyridinmethode bildet[5]) bei den Oxybenzylarylaminen $C_6H_4\!\!<^{OH}_{CH_2NHAr}$ und Phenylhydrazonen der aromatischen Oxyaldehyde $C_6H_4\!\!<^{OH}_{CH:NNAHC_6H_5}$ ein spezifisches Mittel zur Erzeugung von O-Acylverbindungen, während man mit Acetylchlorid allein oder Anhydrid die entsprechenden N-Derivate erhält.

Man kann auch in saurer Lösung arbeiten, indem man die betreffende hydroxylhaltige Substanz in Eisessig, der Pyridin enthält, löst und dann Acetylchlorid zutropft. Nach diesem Verfahren kann man sogar mit Benzoylchlorid acetylieren.

Feist erzielte Acylierung des Diacetylacetons nur dadurch, daß er auf das Bariumsalz der Substanz Acetylchlorid in der Kälte einwirken ließ[6]).

Statt fertigen Säurechlorids kann man auch Phosphortrichlorid oder besser Phosphoroxychlorid oder auch Chlorkohlenoxyd oder Thionylchlorid auf ein äquivalentes Gemisch von Essigsäure und Substanz einwirken lassen[7]).

Man versetzt z. B. äquivalente Mengen von Essigsäure und Phenol in einem mit Tropftrichter versehenen, auf 80° erwärmten Kolben allmählich mit $^1/_3$ Molekül Phosphoroxychlorid, gießt nach beendigter Salzsäureentwicklung in kalte, verdünnte Sodalösung, wäscht das ausgeschiedene Öl mit sehr verdünnter Natronlauge und Wasser, trocknet mit Chlorcalcium und rektifiziert.

Acetylierung mit Essigsäureanhydrid.

Reinigung des Essigsäureanhydrids S. 30.

Erkennung von Essigsäureanhydrid: Man kocht die Probe mit einem Krystall Selendioxyd oder etwas Natriumselenit. Anhydrid gibt rotes amorphes Selen, mit Eisessig bleibt die Lösung klar[8]).

Beim Kochen von Essigsäureanhydrid mit Schwefelsäure entsteht das bei 132—133° schmelzende Dimethylpyron, worauf gelegentlich zur Vermeidung von Irrtümern geachtet werden muß[9]).

---

[1]) Ullmann und Nadai, B. **41**, 1870 (1908).

[2]) Heß und Meßmer, B. **54**, 500 (1921). — Empfindliche Substanzen (Zuckerarten) läßt man bei — 15° reagieren.

[3]) B. **28**, 1322 (1895); vgl. Minunni, G. **22**, II, 213 (1892). — Behrend und Roth, A. **331**, 362 (1904). — Auwers, B. **37**, 3899 (1904). — Michael und Eckstein, B. **38**, 50 (1905).

[4]) A. **301**, 95 (1898). — Näheres über diese Methode siehe S. 687 ff.

[5]) Auwers, B. **37**, 3899, 3905 (1904).   [6]) B. **28**, 1824 (1895).

[7]) Rasiński, J. pr. (2), **26**, 62 (1882). — Bischoff und von Hederström, B. **35**, 3431 (1902).

[8]) Klein, J. Ind. Eng. Ch. **2**, 389 (1910).

[9]) Skraup und Priglinger, M. **31**, 363 (1910). — Philippi und Seka, B. **54**, 1089 (1921).

Um mit Essigsäureanhydrid zu acetylieren, kocht man in der Regel die Substanz mit der 5—10fachen Menge [1]) Anhydrid oder erhitzt evtl. mehrere Stunden im Einschlußrohr.

Manchmal darf indes die Einwirkung nur kurze Zeit bei mäßiger[2]) Temperatur andauern. So konnte Beberin[3]) nur durch kurzes Digerieren bei 40 bis 50° acetyliert werden, bei längerer Einwirkung des Anhydrids wurde ein amorpher, nicht einheitlicher Körper gebildet.

Acetylierung von Oxyanthrachinonen: Dimroth, Friedemann und Kämmerer, B. **53**, 481 (1920).

Empfindliche Alkohole (auch tertiäre) der Terpenreihe verdünnt Boulez vor Zusatz des Anhydrids mit indifferenten Lösungsmitteln, z. B. Terpentinöl[4]).

Nach seinem Verfahren vermischt man 5 g ätherisches Öl oder auch reines Linalool mit 25 g Terpentinöl, fügt 40 g Essigsäureanhydrid und 4 g geschmolzenes Natriumacetat hinzu und erhitzt am Rückflußkühler 3 Stunden bis zum gelinden Sieden. Hierauf erwärmt man den Kolbeninhalt $^1/_2$ Stunde mit destilliertem Wasser auf dem Wasserbad und führt die Operation dann in gewohnter Weise zu Ende. Auf Grund einer besonderen Bestimmung ermittelt man gleichzeitig den Verseifungskoeffizienten des Terpentinöls und bringt die so gewonnene Zahl bei der Berechnung des Resultats in Ansatz.

Diese Versuche sind im Laboratorium von Schimmel & Co.[5]) einer Nachprüfung unterzogen worden; hierbei wurde gefunden, daß die Resultate keine ganz quantitativen sind, daß man aber das Maximum der überhaupt erzielbaren Genauigkeit erreicht, wenn man die Dauer der Acetylierung beim Linalool auf 7 Stunden und beim Terpineol auf 5 Stunden ausdehnt. Beim Linalool wurden dann 91% und beim Terpineol 99.8% der angewendeten Alkoholmenge wiedergefunden. Die Versuche wurden in der Weise durchgeführt, daß man mit 20% Terpentinöl, Toluol oder auch Xylol verdünnte.

Auch Simmons hat nach diesem Verfahren günstige Resultate erzielt[6]).

Dieses Verdünnen des zu acetylierenden Alkohols empfiehlt sich aber ganz allgemein, worauf in neuerer Zeit wiederholt aufmerksam gemacht wurde[7]).

Als Lösungsmittel kommen hauptsächlich Äther, Aceton, Ligroin, Benzol, Toluol, Xylol und Nitrobenzol in Betracht. Smith und Orton erklären dagegen[8]) Benzol und Aceton für ungeeignete Verdünnungsmittel, empfehlen dafür Eisessig[9]) und vor allem Chloroform.

---

[1]) Einen enormen Überschuß (für 3 g Substanz 1 kg Anhydrid) verwenden gelegentlich Scholl und Berblinger, B. **37**, 4183, 4184 (1904).

[2]) Siehe dazu auch Diels und Schleich, B. **49**, 1712 (1916).

[3]) Scholtz, B. **29**, 2057 (1896).

[4]) Les Corps Gras industriels **33**, 178 (1907). — Bull. (4) **1**, 117 (1907). — Jeancard und Satie, Am. Druggist **56**, 42 (1910). — Fernández und Luengo, A. soc. españ. Fis. Quim. (2) **18**, 158 (1921).

[5]) Geschäftsbericht **1907**, I, 121, 128; **1910**, I, 103 (Xylol); **1910**, II, 154. — Siehe auch Berichte von Roure - Bertrand Fils, Grasse (2) **6**, 73 (1907); (2) **7**, 35 (1908).

[6]) The Chemist and Druggist **70**, 496 (1907).

[7]) Franzen, B. **42**, 2465 (1909). — Kaufmann, B. **42**, 3480 (1909). — Siehe auch R. Meyer und Friedland, B. **32**, 2123 (1899). — Fernández und Luengo, a. a. O. — Beim Formylieren scheint der Zusatz von Lösungsmitteln der Reaktion entgegenzuwirken. Woodbridge, Am. soc. **31**, 1071 (1909).

[8]) Soc. **95**, 1060 (1909).

[9]) Siehe auch S. 921 und Witt und Truttwin, B. **47**, 2793 (1914).

Acetylieren mit Essigsäureanhydrid in Benzol in der Kälte: Maron und Kontorowitsch, B. 47, 1348, 1349, 1352 (1914).

Es ist dabei in Vergessenheit geraten, daß schon Menschutkin[1]) auf den enormen Einfluß, den die „indifferenten" Lösungsmittel auf die Geschwindigkeit der Acetylierung ausüben, aufmerksam gemacht und z. B. gezeigt hat, daß sich die Geschwindigkeitskonstanten für Isobutylalkohol in Benzol-, Xylol- und Hexanlösung wie 1 : 1.37 : 2.18 verhalten.

Zur Theorie dieser Erscheinung: Michael und Wolgast B. 42, 3171, Anm. (1909).

Essigsäureanhydrid vermag sich ohne Zersetzung in Wasser aufzulösen und bewahrt diese Eigenschaft bei seiner Verwendung zum Acetylieren. Die Hydratation setzt zwar schnell ein, die Geschwindigkeit dieses Vorgangs nimmt indessen um so rascher ab, je kleiner der Anteil an Anhydrid ist. Mit absolutem Alkohol reagiert das Anhydrid sehr langsam, wenn man Erwärmung vermeidet[2]).

Man kann dementsprechend auch mit Essigsäureanhydrid und wäßriger Lauge acetylieren, wie dies z. B. Pschorr und Sumuleanu[3]) für die Darstellung von Acetylvanillin empfehlen; doch ist im allgemeinen dieses Verfahren für hydroxylhaltige Substanzen wenig gebräuchlich. (Siehe unter Acetylierung von Aminen, S. 919.)

Mehrfach sind mit ungereinigtem Anhydrid schlechte Resultate erhalten worden[4]); zur Reinigung empfiehlt Korndörfer Destillation über Calciumcarbonat.

In der Regel setzt man nach dem Vorschlag von Liebermann und Hörmann[5]) dem Essigsäureanhydrid, das in 3—4facher Menge angewendet wird, gleiche Teile frisch geschmolzenes essigsaures Natrium und Substanz zu und kocht kurze Zeit — bei geringen Substanzmengen nur 2—3 Minuten — am Rückflußkühler. Seltener ist es notwendig, im Einschmelzrohr auf 150° zu erhitzen[6]).

Die Wirksamkeit des Zusatzes von Natriumacetat[7]) soll nach Liebermann darauf beruhen, daß zuerst das Natriumsalz der zu acetylierenden Substanz entsteht und dieses dann mit Essigsäureanhydrid reagiert.

Wahrscheinlicher aber[8]) bildet sich ein Additionsprodukt von Natriumacetat und Essigsäureanhydrid:

---

[1]) Z. phys. 1, 629 (1887).

[2]) Menschutkin, Z. phys. 1, 611 (1887). — Menschutkin und Wasilieff, Russ. 21, 188 (1889). — Lumière und Barbier, Bull. (3) 33, 783 (1905); (3) 35, 625 (1906). — Siehe Menschutkin, Russ. 21, 192 (1889). — Hinsberg, B. 23, 2962 (1890). — Reverdin und Bucky, B. 39, 2689 (1906). — Benrath, Z. phys. 67, 501 (1909). — Rivett und Sidgwick, Soc. 97, 732 (1910). — Orton und Jones, Soc. 101, 1708 (1912).

[3]) B. 32, 3405 (1899). — Siehe auch Bistrzycki und Herbst, B. 36, 3567 (1903). — Pisovschi, B. 43, 2139 (1910).

[4]) Korndörfer, Arch. 241, 450 (1903). — Fischer, B. 30, 2483 (1897). — Hinsberg, B. 38, 2801, Anm. (1905). — Spuren von Alkali können O-Ester von Oxymethylenverbindungen umlagern. Dieckmann und Stein, B. 37, 3370 (1904). — Siehe S. 920.

[5]) B. 11, 1619 (1878). — Pyridin statt Natriumacetat: S. 667. — Kaliumacetat wirkt manchmal noch besser. Siehe dazu Hans Meyer und Beer, M. 34, 651 (1913).

[6]) Tiemann und de Laire, B. 26, 2013 (1893). — Kunz-Krause und Schelle, Arch. 242, 262 (1904).

[7]) Über eine zweite wasserfreie Form des Natriumacetats, die etwas energischer reagiert, Vorländer und Nolte, B. 46, 3207 (1913). — Diese Form wird durch Entwässern des Hydrats bei 120—160° erhalten.

[8]) Higley, Am. 37, 305 (1907).

$$\underset{CH_3-CO}{\overset{CH_3-CO}{\Big\rangle}}O \;+\; \underset{O}{\overset{CH_3}{\underset{\|}{C}}}-ONa \;=\; \underset{CH_3-CO}{\overset{CH_3-CO}{\Big\rangle}}\overset{O}{\underset{O}{\diagup}}C\overset{CH_3}{\diagdown ONa}$$

das in Berührung mit hydroxylhaltigen Substanzen leicht unter Bildung von Essigsäure, Natriumacetat und Acetylprodukt zerfällt.

Von allen Acetylierungsmethoden liefert diese die zuverlässigsten Resultate und führt fast ausnahmslos zu vollständig acylierten Verbindungen. Resistent hat sich indessen nach Diamant[1]) das Hydroxyl der α-Oxychinoline (Pyridine) erwiesen, das aber der Benzoylierung zugänglich ist.

Daß der Zusatz von Natriumacetat übrigens auch gelegentlich schädlich sein kann, haben Herzig[2]), sowie Biltz und Heyn[3]) beobachtet.

Über die Spaltung von Alkaloiden durch Kochen mit Essigsäureanhydrid siehe: Knorr, B. 22, 1113 (1889). — Freund und Göbel, B. 30, 1363 (1897). — Knorr, B. 36, 3074 (1903). — Knorr und Pschorr, B. 38, 3177 (1905).

Man kann zur Acetylierung auch ein Gemisch von Anhydrid und Acetylchlorid verwenden[4]) oder dem Anhydrid zur Einleitung der Reaktion einen Tropfen konzentrierter Schwefelsäure zusetzen [Franchimont[5]), Grönewold[6]), Merck[7])].

Letztere Methode haben Skraup[8]) und Freyss[9]) sehr warm empfohlen.

So gibt nach Skraup Schleimsäure sehr leicht die krystallisierte Tetraacetylverbindung, während man mit Acetylchlorid oder mit Anhydrid und geschmolzenem Natriumacetat nur amorphe Produkte erhält. Es sind dabei nur wenige Zehntausendstel Prozente Schwefelsäure zur Einleitung der Reaktion erforderlich.

Die meisten Acetylierungen, die unter den gewöhnlichen Versuchsbedingungen Zusatz von geschmolzenem Natriumacetat zum Essigsäureanhydrid und längeres Kochen oder Erhitzen auf hohe Temperatur unter Druck erfordern, verlaufen nach Zugabe einiger Tropfen konzentrierter Schwefelsäure zu der kalten Mischung des Essigsäureanhydrids mit der zu acetylierenden Verbindung vollständig quantitativ, meistens ohne Zufuhr von äußerer Wärme. Bei nicht substituierten Phenolen ist die Reaktion nach Zugabe der konzentrierten Schwefelsäure fast momentan, die Flüssigkeit erhitzt sich sofort bis zur Siedehitze, und das Phenol wird dann durch Zusatz von etwas Calciumcarbonat gebunden, die Flüssigkeit filtriert und der Destillation unterworfen.

Sind in den Phenolen negativierende Gruppen vorhanden, wie im Orthonitrophenol, o-Chlorphenol, Dinitroresorcin, so genügt für den quantitativen Reak-

---

[1]) M. 16, 770 (1895); vgl. La Coste und Valeur, B. 20, 1822 (1887). — Kudernatsch, M. 18, 620 (1897). Der $\alpha\alpha'$-Dioxy-$\beta\beta'$-Pyridincarbonsäureester gibt übrigens ein Diacetylderivat. Guthzeit, B. 26, 2795 (1893). — Siehe ferner S. 668.

[2]) M. 18, 709 (1897).   [3]) B. 47, 463 (1914).

[4]) Bamberger, B. 28, 851 (1895). — Horrmann, B. 43, 1905 (1910).

[5]) C. r. 89, 711 (1879).

[6]) Arch. 228, 124 (1890). — Rosinger, M. 22, 558 (1901).

[7]) DRP. 103 581 (1899). — Vgl. DRP. 124 408 (1901).

[8]) M. 19, 458 (1898); vgl. Thiele, B. 31, 1249 (1898). — Schmalzhofer, M. 21, 677 (1900). — Thiele und Winter, A. 311, 341 (1900). — Rogow, B. 34, 3883 (1901); 35, 1962 (1902). — Auwers und Bondy, B. 37, 3915 (1904). — Gorter, A. 359, 225 (1908). — Bauer, Diss. Leipzig (1908), 18. — R. Meyer und Desamari, B. 42, 2817 (1909). — Blanksma, Ch. W. 6, 717 (1909). — Faltis, M. 31, 577 (1910). — Mannich und Hahn, B. 44, 1548 (1911). — Mosimann und Tambor, B. 49, 1260 (1916). — Dimroth, B. 53, 478 (1920). — Schroeter, A. 426, 67 (1922).

[9]) Ch. Ztg. 22, 1048 (1898).

tionsverlauf längeres Stehen der anfangs erhitzten Flüssigkeit bei gewöhnlicher Temperatur oder kurzes Erwärmen auf dem Wasserbad. Dasselbe gilt auch für die **Diacetylierung der aromatischen und aliphatischen Aldehyde**. Bei **Oxyaldehyden** kann, je nach der angewendeten Menge Essigsäureanhydrid, der Versuch so geleitet werden, daß nur die Acetylierung der Hydroxylgruppen oder daneben vollständige Acetylierung der Aldehydgruppen eintritt.

Nach Stillich[1]) ist die katalysierende Wirkung der Schwefelsäure durch die intermediäre Bildung von Acetylschwefelsäure zu erklären; da diese Substanz bei 40—50° rasch in Sulfoessigsäure übergeht, wäre die günstigste Temperatur für die Ausführung von Acetylierungen die angegebene[2]). Manchmal ist aber die Reaktion so energisch oder sind die Substanzen so empfindlich, daß Eiskühlung erforderlich ist[3]).

Der Zusatz von Schwefelsäure oder anderen stark wirkenden Kondensationsmitteln [Eisenchlorid[4])] kann aber unter Umständen zu Nebenreaktionen führen. So kann bei Polyosen Hydrolyse[5]) eintreten[6]) und bei Verbindungen, welche die Gruppierung $CO \cdot C = C \cdot CO$ besitzen, wie Benzochinon und Dibenzoylstyrol, tritt eine Acetylgruppe in Kohlenstoffbindung[7]). Ebenso erfolgt

---

[1]) B. **36**, 3115 (1903); **38**, 1241 (1905). — Thiele und Winter, **311**, 341 (1900), und Hans Meyer, M. **24**, 840 (1903). — Knorr, Hörlein und Staubach, B. **42**, 3511 (1909). — Smith und Orton, Soc. **95**, 1061 (1909). — Siehe auch Bergmann und Radt, B. **54**, 1652 (1921). — Peski, Rec. **40**, 103 (1921).

[2]) Siehe z. B. Dimroth, A. **399**, 26 (1913).

[3]) R. Meyer und Desamari, B. **42**, 2823 (1909).

[4]) Knoevenagel, A. **402**, 128 (1913).

[5]) Skraup bezeichnet M. **26**, 1415 (1905) die Spaltung der Polysaccharide durch Essigsäureanhydrid als „Acetolyse". — Solche abbauende Reaktionen bei Acetylierungen hat auch Knoevenagel [Ch. Ztg. **33**, 104 (1909)] öfters beobachtet. Aus Cineol entsteht z. B. mit Essigsäureanhydrid in Gegenwart von Schwefelsäure, Eisenchlorid, Chlorzink oder Benzolsulfinsäure, Terpindiacetat bzw. Terpineolacetat.

Cineol $+ (CH_3 \cdot CO)_2O =$ Terpindiacetat bzw. Terpineolacetat $+ CH_3COOH$

Auch aufbauende Reaktionen wurden beobachtet. So entsteht nach den Untersuchungen von Knoevenagel, Jung und Rümschin aus Benzalaceton mit Essigsäureanhydrid und einer geringen Menge Eisenchlorid ein Pentenderivat nach folgender Gleichung:

$$2\,C_6H_5{-}CH = CH{-}CO{-}CH_3 + (CH_3CO)_2O = CH_3 \cdot COOH + \text{Pentenderivat}$$

[6]) Franchimont, B. **12**, 1938 (1879). — C. r. **89**, 711 (1879). — Tanret, C. r. **120**, 194 (1895). — Hamburger, B. **32**, 2413 (1899). — Skraup und König, M. **22**, 1011 (1901). — Pregl, M. **22**, 1049 (1901). — Schwalbe, Z. ang. **23**, 433 (1910).

[7]) Thiele, B. **31**, 1247 (1898). — DRP. 101 607 (1899). — Thiele und Winter, A. **311**, 341 (1900). — Dimroth, A. **399**, 39, 42 (1913).

eine solche Kernacetylierung leicht bei mehrwertigen Phenolen[1]. Sie kann aber auch ohne Anwendung von Katalysatoren durch Addition von Essigsäureanhydrid an sehr reaktionsfähige C : C — Bindungen erfolgen[2]. Tertiäre aliphatische Alkohole werden (auch durch Chlorzinkzusatz) meist in Alkylene verwandelt[3].

Oxycholestenon mit Anhydrid und Schwefelsäure erhitzt addiert Schwefelsäure [Windaus[4])].

Übrigens ist es nicht einmal immer erforderlich, konzentrierte Säure[5] als Kondensationsmittel anzuwenden, man kann vielmehr nach einer Patentvorschrift an Stelle von konzentrierter Schwefelsäure auch wäßrige Salzsäure, Salpetersäure oder Phosphorsäure verwerten[6] und ebenso vorteilhaft kann der Zusatz von Phenol- oder Naphtholsulfosäure[7], Camphersulfosäure[8], Benzolsulfinsäure[9] oder Dimethylsulfat[10] sein. Auch Eisenvitriol, Eisenchlorid, Kaliumpyrosulfat, Überchlorsäure[11]), Dimethylaminchlorhydrat, 1 bis 2 proz. Hydrazin- oder Hydroxylaminsulfat[12]), saure Sulfate primärer aromatischer Amine[13] werden angewendet[14] und ebenso Mono-, Di- und Trichloressigsäure[15]).

Wo Gelegenheit zum Entstehen von Isomeren vorhanden ist, können auch die einzelnen Zusätze verschieden wirken[16]).

So erhält man mit Natriumacetat resp. Schwefelsäure verschiedene Celluloseacetate.

Siehe über die Wirkung der Katalysatoren in Abhängigkeit vom Anhydrid und von der Art der zu acylierenden Substanz: Böeseken, v. d. Berg und Kerstjens, Rec. **35**, 320 (1916).

Einfluß von Katalysatoren auf die Beständigkeit der Acetylopiansäure: Wegscheider und Späth, M. **37**, 281 (1916).

Über Acylierungen bei Gegenwart von Kupfervitriol siehe: Bogojawlenski und Narbutt, B. **38**, 3344 (1905). — Habermann und Brezina, J. pr. (2), 80, 349 (1909). — Clemmensen und Heitman, Am. **42**, 319 (1909). — Aromatische Sulfosäuren: DPA. Kl. 12 o. f. 41 428 (1920).

Zusatz von Zinntetrachlorid hat Michael[17] empfohlen, Kaliumbisulfat wurde von Wallach und Wüsten[18] und Böttinger[19]), Phosphorpentoxyd von Bischoff und Hederström[20]), Phosphoroxychlorid von Watte[21] verwendet.

---

[1] Siehe hierzu Knorr, Hörlein und Staubach, B. **42**, 3513 (1909).
[2] Wieland und Weil, B. **46**, 3318 (1913).
[3] Masson, C. r. **132**, 484 (1901). — Henry, C. r. **144**, 552 (1907).
[4] B. **39**, 2259 (1906).
[5] Die konzentrierte Säure der Laboratorien ist übrigens nur ca. 92 prozentig.
[6] DRP. 107 508 (1900); 124 408 (1901). — Fr. P. 373 994 (1907).
[7] Am. P. 709 922 (1902). — Fr. P. 324 862 (1902). — DRP. 180 666 (1907). — Schwalbe, Z. ang. **23**, 433 (1910).
[8] Reychler, Bull. Soc. Chim. Belge **21**, 428 (1907). — Tutin, Soc. **95**, 665 (1909).
[9] DRP. 180 667 (1905).   [10] E. P. 9998 (1905).
[11] Smith und Orton, Soc. **95**, 1060 (1909).
[12] DPA. C 21 388 (1912).   [13] Am. P. 987 692 (1911).
[14] Fr. P. 373 994 (1907). — Knoevenagel, A. **402**, 116 (1913).
[15] Fr. P. 368 738 (1906).
[16] Erwig und Königs, B. **22**, 1457 (1889). — Siehe auch Tanret, C. r. **120**, 194 (1895). — Bull. (3) **31**, 854 (1904).
[17] Ch. Ztg. **21**, 658 (1897).   [18] B. **16**, 151 (1883).
[19] B. **27**, 2686 (1894).   [20] B. **35**, 3431 (1902).   [21] E. P. 10 243 (1886).

Unter Umständen gibt Chlorzink[1]) die besten Resultate[2]), kann aber auch zu gechlorten Produkten führen[3]) oder Kernsubstitution hervorrufen[4]) und Isomerisation bewirken[5]). Cross. Bevan und Briggs[6]), sowie Law[7]) empfehlen eine Mischung von 100 g Eisessig, 100 g Essigsäureanhydrid und 30 g Zinkchlorid. Manchmal genügt es, eine Spur Chlorzink zuzusetzen[8]).

Mit Essigsäureanhydrid und Pyridin kann man nach Verley und Bölsing[9]) leicht quantitative Esterifikation von Alkoholen und Phenolen erzielen:

$$R \cdot OH + (CH_3CO)_2O + Pyridin = R \cdot O \cdot COCH_3 + CH_3COOH, \text{ Pyridin.}$$

Das freiwerdende Halbmolekül Anhydrid kombiniert sich sofort mit dem Pyridin zu neutralem Salz, wodurch jede Möglichkeit einer Wiederverseifung ausgeschlossen ist. Die Methode liefert namentlich bei der Untersuchung der ätherischen Öle gute Dienste.

Man stellt zunächst durch Vermischen von ca. 120 g Essigsäureanhydrid mit ca. 880 g Pyridin eine Anhydridlösung („Mischung") her, die bei Ver-wendung wasserfreier Materialien gänzlich ohne gegenseitige Einwirkung bleibt. Versetzt man diese Mischung mit Wasser, so wird das Anhydrid sofort unter Bildung von Pyridinacetat verseift, das seinerseits durch Alkalien in Alkali-acetat und Pyridin zerfällt, beides Stoffe, die gegen Phenolphthalein neutral reagieren.

In einem Kölbchen von 200 ccm Inhalt wägt man 1—2 g des Alkohols (Phenols) ab, fügt 25 ccm Mischung hinzu und erwärmt ohne Kühler $^1/_4$ Stunde im Wasserbad; nach dem Erkalten versetzt man mit 25 ccm Wasser und titriert unter Benutzung von Phenolphthalein als Indicator die nicht gebundene Essigsäure mit $^n/_2$-Lauge zurück.

25 ccm Mischung entsprechen ca. 120 ccm $^n/_2$-Lauge.

Es ist wichtig, Mischung und Lauge vor Beginn des Versuchs genau auf die Temperatur zu bringen, bei der ihr gegenseitiger Wirkungswert ermittelt wurde.

Die Methode versagt in einigen Fällen, wo sich, wie bei Vanillin oder Salicylaldehyd, das Acetat schon während des Titrierens zersetzt.

Manche Substanzen erfordern auch zur quantitativen Umsetzung großen Überschuß (bis zu 50%) an Anhydrid, z. B. Menthol. Linalool und Terpineol gaben ungenügende Resultate. — Siehe dazu Schimmel & Co., Ber. **1922**, 119.

---

[1]) **Franchimont**, B. **12**, 2058 (1879). — **Eykman**, Rec. **5**, 134 (1886). — **Ma-quenne**, Bull. (2) **48**, 54, 719 (1887). — **Bülow** und **Sautermeister**, B. **37**, 4720 (1904). — Fr. P. 373 994 (1907). — **Zellner**, M. **31**, 625 (1910). — **Knoevenagel**, A. **402**, 116 (1913).

[2]) **Erwig** und **Königs**, B. **22**, 1458, 1464 (1889). — **Cross** und **Bevan**, Soc. **57**, 2 (1890). — **Miller** und **Rhode**, B. **30**, 1761 (1897). — v. **Arlt**, M. **22**, 146 (1901). — **Diels** und **Stein**, B. **40**, 1663 (1907). — **Müller**, B. **40**, 1824 (1907).

[3]) **Thiele**, B. **31**, 1249 (1898).

[4]) **Liebermann**, B. **14**, 1843 (1881). — **Auwers**, B. **48**, 91 (1915). — Siehe Anm. 7, S. 665.   [5]) **Jungius**, Z. phys. **52**, 97 (1905).

[6]) J. Soc. Dyers and Col. **23**, 250 (1907).

[7]) Ch. Ztg. **32**, 365 (1908). — Siehe auch S. 749.

[8]) **Bertram**, Bull. (3) **33**, 166 (1905).

[9]) B. **34**, 3354, 3359 (1901). — **Carfield**, Ph. C. H. **38**, 631 (1897). — **Perkin**, Soc. **93**, 1191, Anm. (1908). — **Behrend** und **Roth**, A. **331**, 361 (1904). Zuckerarten. — E. **Fischer** und **Nouri**, B. **50**, 611 (1917). Hydroxylhaltige Säureamide. Nach E. **Fischer** und **Bergmann** ist dies die mildeste Form der Acetylierung von Hydroxylgruppen. B. **50**, 1048 (1917); **51**, 1797 (1918). Glucoside. — **Perkin** und **Uyeda**, Soc. **121**, 69 (1922). — Siehe übrigens van **Urk**, Ph. W. **58**, 1265 (1921).

Acetylierung durch Eisessig.

Durch Erhitzen der zu acetylierenden Substanz mit Eisessig, evtl. unter Druck, läßt sich öfters Acetylierung, namentlich von alkoholischem Hydroxyl erzielen.

Auch hier ist Zusatz von Natriumacetat von Vorteil.

Manchmal führt ausschließlich dieses Verfahren zum Ziel.

So gibt Campherpinakonanol bei kurzem Erwärmen mit Essigsäure das stabile und beim 24stündigen Stehen mit kaltem Eisessig das labile Acetylderivat, während Anhydrid auch beim Kochen nicht einwirkt und Acetylchlorid zur Chloridbildung führt [Beckmann[1])].

Zusatz von Salzsäure empfehlen Bougault und Bourdier, J. Pharm. Chim. (6) **30**, 10 (1909).

Acetylierung durch Chloracetylchlorid[2]).

Chloracetylchlorid hat zuerst Klobukowsky[3]) zu Acetylierungen versucht. Später haben Bohn und Graebe[4]), um zu entscheiden, ob das Galloflavin vier oder sechs Acetylgruppen aufzunehmen imstande sei, 15 Stunden mit überschüssigem Chloracetylchlorid auf 100—115° erwärmt. Die Chlorbestimmung zeigte, daß das Reaktionsprodukt vier CH_2ClCO-Gruppen enthielt.

Dieses Verfahren empfiehlt sich auch in Fällen, wo keine Verseifung und somit keine direkte Bestimmung der Acetylgruppe möglich ist.

Nach Feuerstein und Brass[5]) arbeitet man am besten nach dem Schotten-Baumannschen Verfahren (siehe S. 684).

Nicht acetylierbare Hydroxyle.

Es ist schon erwähnt worden, daß das α-Hydroxyl der Oxypyridinderivate gegen Acetylierungsmittel resistent ist[6]). Man kennt außerdem noch einige Fälle, in denen es nicht gelang, durch Acetylierung das Vorliegen einer OH-Gruppe nachzuweisen.

So ist nach Beckmann Amylenhydrat und Campherpinakon[7]), nach Hans Meyer Cantharidinmethylester[8]), nach W. Wislicenus α - Oxybenzalacetophenon[9]) nicht acetylierbar[10]). — Tertiäre Alkohole zeigen ganz allgemein wenig Tendenz zur Acetylierbarkeit[11]).

Von den vier Oxyaldehyden:

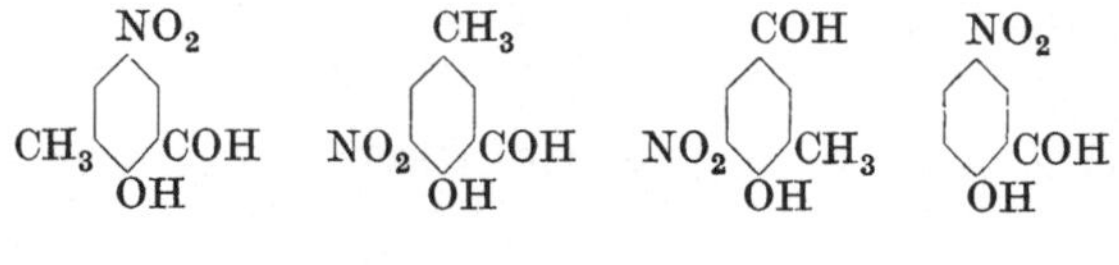

$$
\begin{array}{cccc}
\text{NO}_2 & \text{CH}_3 & \text{COH} & \text{NO}_2 \\
\text{CH}_3\text{—COH} & \text{NO}_2\text{—COH} & \text{NO}_2\text{—CH}_3 & \text{—COH} \\
\text{OH} & \text{OH} & \text{OH} & \text{OH}
\end{array}
$$

---

[1]) A. **292**, 17 (1896).

[2]) Siehe auch Finck, Diss. Marburg (1908), 22. — Fries und Finck, B. **41**, 4276 (1908). — Fries und Frellstedt, B. **54**, 717 (1921).

[3]) B. **10**, 881 (1877). — Dzezrgowski, Bull. (3) **12**, 911 (1894).

[4]) B. **20**, 2330 (1887).

[5]) B. **37**, 817, 820 (1904). — Bauer, Diss. Erlangen (1915), 17, 41. — Hammerschmidt, Diss. Erlangen (1916), 14. — O. Fischer und Hammerschmidt, J. pr. (2) **94**, 25 (1916).   [6]) Siehe S. 664.   [7]) A. **292**, 1 (1896).

[8]) M. **18**, 401 (1897).   [9]) A. **308**, 232 (1899).

[10]) Siehe ferner Knoevenagel und Reinecke, B. **32**, 418 (1899). — Japp und Findlay, Soc. **75**, 1018 (1899). — Penfold, Perfumery Ess. Oil Rec. **12**, 336 (1921). Leptospermol.   [11]) Schmidt und Weilinger, B. **39**, 654 (1906).

ist nur der erstaufgeführte nicht acetylierbar [1]). Auch das Trinitrophenol:

$$\text{O}_2\text{N} \overset{\displaystyle \text{OH}}{\underset{\displaystyle -\text{NO}_2}{\diagdown\diagup \text{NO}_2}}$$

läßt sich nach Meldola und Hay[2]) nicht acetylieren. Nicht oder nur sehr schwer acetylierbar sind auch die aliphatischen, ungesättigten tertiären Alkohole $C_nH_{2n-5} \cdot OH$[3]).

Auch Fälle, daß von mehreren Hydroxylgruppen nicht alle acetylierbar sind — wobei zum Teil sterische Behinderungen ins Spiel kommen mögen[4]) —, sind beobachtet worden: so beim Resacetophenon, Gallacetophenon[5]), p-Oxy-triphenylcarbinol[6]) und Hexamethylhexamethylen-s-Triol[7]).

Man darf aber nicht außer acht lassen, daß manche Acetylderivate so leicht zersetzlich sind (siehe S. 671), daß sie der Beobachtung entgehen können, oder besondere Vorsicht bei der Bereitung erheischen. Hierher gehört z. B. das Acetyltriphenylcarbinol [Gomberg[8])].

Hier mag auch die Beobachtung von Willstätter[9]) angeführt werden, daß Tropinpinakon keine Benzoylverbindung liefert.

Verdrängung der Äthoxylgruppe durch den Acetylrest: Gomberg, B. **36**, 3926 (1903); **der Isobutylgruppe**: Brauchbar und Kohn, M. **19**, 27 (1898).

Verdrängung der Benzoylgruppe durch den Acetylrest: Cohen, Soc. **59**, 71 (1891). — Cohen und Scharvin, B. **30**, 2863 (1897). — Bamberger und Böck, M. **18**, 298 (1897). — Freundler, C. r. **137**, 713 (1903). — Heller und Jacobsohn, B. **54**, 1110 (1921). Indazolderivate.

Verdrängung der Acetylgruppe durch den Benzoylrest: Tingle und Williams, Am. **37**, 51 (1907).

B. Isolierung der Acetylprodukte.

Um die Acetylprodukte zu isolieren, gießt man in Wasser oder entfernt die überschüssige Essigsäure resp. das Anhydrid, durch Kochen mit Methylalkohol[10]) und Abdestillieren des entstandenen Esters, oder man saugt das Anhydrid im Vakuum ab[11]), oder erhitzt andauernd auf dem Wasserbad[12]).

Wasserlösliche Acetylprodukte werden oft durch Zusatz von Natrium-carbonat oder Kochsalz ausgefällt, oder können durch Ausschütteln mit Chloroform oder Benzol aus der wäßrigen Lösung zurückerhalten werden.

---

[1]) Auwers und Bondy, B. **37**, 3905 (1904).   [2]) Soc. **95**, 1383 (1909).

[3]) Reformatzky, B. **41**, 4088, 4097, 4099 (1908).

[4]) Weiler, B. **32**, 1909 (1899). — Paal und Härtel, B. **32**, 2057 (1899). — Siehe hierzu auch Dimroth, Friedemann und Kämmerer, B. **53**, 481 (1920). Oxyanthrachinone.

[5]) Crépieux, Bull. (3) **6**, 161 (1891).

[6]) Bistrzycki und Herbst, B. **35**, 3133 (1902).

[7]) Brauchbar und Kohn, M. **19**, 22 (1898).

[8]) B. **36**, 3926 (1903).   [9]) B. **31**, 1674 (1898).

[10]) Oder Äthylalkohol, Schmidt und Spoun, B. **43**, 1805 (1910).

[11]) Z. B. Paal und Hörnstein, B. **39**, 1363, 2824 (1906). — Ach und Steinbock, B. **40**, 4284 (1907). — Mohr und Stroschein, B. **42**, 2523 (1909). (Bei 15 mm und 60°.) — Horrmann, B. **43**, 1905 (1910). — Horrmann und Wächter, B. **49**, 1559 (1916). — H. Fischer, B. **54**, 777 (1921).

[12]) Wunderlich, Diss. Marburg (1908), 29.

Als gute Krystallisationsmittel sind Benzol [1]), Essigsäure, Essigsäureanhydrid [2]), verdünntes Pyridin [3]) und Essigester zur Reinigung zu empfehlen.

Bamberger krystallisiert leicht verseifbare Acetylderivate aus essigsäureanhydridhaltigem Eisessig oder Toluol um [4]).

Manche Acetylderivate sind gegen Wasser sehr empfindlich (siehe unter „Verseifung durch Wasser") und können nur aus sorgfältig getrockneten Lösungsmitteln umkrystallisiert werden [5]), oder werden durch Alkohol angegriffen [6]).

Oftmals erhält man die Acetylprodukte rasch und gut krystallisiert, wenn man in die abgekühlte Reaktionsflüssigkeit erst etwas Eisessig und dann vorsichtig Wasser einträgt und die jedesmalige Reaktion, die oft erst nach einiger Zeit und dann stürmisch eintritt, abwartet. Bei einer gewissen Verdünnung pflegt dann die Ausscheidung von Krystallen zu beginnen.

C. Qualitativer Nachweis des Acetyls.

Man geht in der Regel so vor, daß man die durch Verseifung gebildete Essigsäure mit Wasserdampf übertreibt und entweder als Silbersalz fällt und mit konzentrierter Schwefelsäure und Alkohol in den charakteristisch riechenden Ester verwandelt, oder mit Kalilauge zur Trockne dampft und nach Zusatz von Arsenigsäureanhydrid glüht, wobei sich der widerliche Kakodylgeruch bemerkbar macht.

Eisenchlorid bewirkt in einer neutralen Kaliumacetatlösung blutrote Färbung.

D. Quantitative Bestimmung der Acetylgruppen.

Nur in wenigen Fällen ist es möglich, durch Elementaranalyse mit Bestimmtheit zu entscheiden, wie viele Acetylgruppen in eine Substanz eingetreten sind, da die Acetylderivate in ihrer prozentischen Zusammensetzung wenig zu differieren pflegen.

So haben z. B. die Mono-, Di- und Tri-Acetyltrioxybenzole gleiche prozentuelle Zusammensetzung.

Man ist daher in der Regel gezwungen, den Acetylrest abzuspalten und die gebildete Essigsäure entweder direkt oder indirekt zu bestimmen.

In Chloracetylderivaten begnügt man sich mit einer Halogenbestimmung.

Verseifungsmethoden.

Zum Verseifen von Acetylderivaten werden folgende Reagenzien verwendet:

Wasser, Alkohol,
Kalilauge, Natronlauge, Kaliumacetat, Natriumacetat,
Ammoniak, Piperidin, Anilin,
Kalk, Baryt, Magnesia,
Eisessig, Salzsäure, Schwefelsäure, Jodwasserstoffsäure, Benzolsulfosäure, Naphthalinsulfosäuren.

---

[1]) Auwers und Bondy, B. **37**, 3908 (1904). — Gorter, A. **359**, 225 (1908).
[2]) Perkin und Nierenstein, Soc. **87**, 1416 (1905). — Perkin, **89**, 252 (1906).
[3]) Tisza, Diss. Bern (1908), 26.
[4]) B. **28**, 851 (1895).
[5]) Gomberg, B. **36**, 3926 (1903).
[6]) Kudernatsch, M. **18**, 619 (1897). — Werner und Detscheff, B. **38**, 77 (1905). — Kostanecki und v. Lampe, B. **39**, 4020 (1906).

Verseifung durch Wasser.

Manche Acetylderivate lassen sich schon durch Erhitzen mit Wasser im Rohr verseifen.

So haben Lieben und Zeisel[1]) Butenyltriacetin:

$$C_4H_7(C_2H_3O_2)_3$$

durch 30stündiges Erhitzen mit der 40fachen Menge Wasser auf 160° im zugeschmolzenen Rohr verseift. Die freigewordene Essigsäure wurde durch Titration bestimmt.

Diacetylmorphin spaltet schon beim Kochen mit Wasser eine Acetylgruppe ab[2]), ebenso Acetylglykol[3]), und noch empfindlicher ist Acetyldioxypyridin[4]), das schon durch Umkrystallisieren aus feuchtem Essigäther und durch Alkohol, sowie durch Auflösen in Wasser verseift wird, ebenso wie Acetyltriphenylcarbinol[5]) und Acetylterebinsäureester, die schon durch feuchte Luft zersetzt werden.

Analog werden auch die Acetylderivate von Oximen durch Alkohol zersetzt[6]).

Verseifung mit Kali- oder Natronlauge[7]).

Die Verseifung wird entweder mit wäßriger oder mit alkoholischer Lauge oder mit wäßriger Lauge und Aceton[8])[9]) vorgenommen, und zwar mit n- bis $^n/_{10}$-Lauge. Wäßrige Lauge, die die meisten Acetylkörper nicht leicht benetzt, wird seltener verwendet und erfordert fast immer andauerndes Erhitzen am Rückflußkühler.

Häufig wird man nach Benedikt und Ulzer[10]) verfahren, welche diese Methode speziell für die Analyse der Fette verwertet haben.

Die Substanz wird in einem Kölbchen[11]) von 100—150 ccm Inhalt mit titrierter alkoholischer Kalilauge (25, eventuell 50 ccm ca. $^n/_2$-Lauge) $^1/_2$ bis 1 Stunde auf dem Wasserbad zum schwachen Sieden erhitzt, wobei der Kolben einen Rückflußkühler trägt.

Nach beendeter Verseifung fügt man Phenolphthaleinlösung[12]) hinzu und titriert mit $^n/_2$-Salzsäure zurück.

Diese Methode kann auch zur Molekulargewichtsbestimmung von Alkoholen benutzt werden.

Bedeutet V die Anzahl Milligramme Kaliumhydroxyd, die zur Verseifung von 1 g der acetylierten Substanz verbraucht wurde, so ist das Molekulargewicht des betreffenden Alkohols:

$$M = \frac{56\,100}{V} - 42.$$

---

[1]) M. **1**, 835 (1880). — Debus, A. **110**, 318 (1859).

[2]) Wright und Beckett, Soc. **28**, 315 (1875). — Danckworth, Arch. **226**, 57 (1888).

[3]) Erlenmeyer, A. **192**, 149 (1878).   [4]) Kudernatsch, M. **18**, 619 (1897).

[5]) Gomberg, B. **36**, 3926 (1903).

[6]) Werner und Detscheff, B. **38**, 77 (1905). — Siehe S. 1070.

[7]) Schiff, A. **154**, 10, 339 (1870); **156**, 3 (1870). — Sestini, B. **7**, 1461 (1874). — Schiff, B. **12**, 1532 (1879).

[8]) Lipp und Miller, J. pr. (2), **88**, 380 (1913).   [9]) B. **52**, 844, 848, 851 (1919).

[10]) M. **8**, 41 (1887). — Lewkowitsch, Soc. Ind. **9**, 982 (1890). — R. und H. Meyer, B. **28**, 2965 (1895). — R. Meyer und Hartmann, B. **38**, 3956 (1905). — Siegfeld, Ch. Ztg. **32**, 63 (1908). — Mastbaum, Ch. Ztg. **32**, 378 (1908). — Sieburg, Arch. **251**, 163 (1913). — Über Fehlerquellen bei der Acetylzahlbestimmung: Grün, Öl- u. Fettind. **1**, 339 (1919).

[11]) Am besten Silberkolben. Siehe S. 676, Anm. 2, und Rosinger, M. **22**, 558 (1901).

[12]) Falls das entacetylierte Produkt farbig ist oder mit Alkali eine Färbung gibt, ist manchmal der Zusatz eines Indicators unnötig. Tisza, Diss. Bern (1908), 59.

Substanzen, die leicht durch den Sauerstoff der Luft verändert werden, verseift man im Wasserstoffstrom[1]).

Wenn der ursprüngliche Stoff in verdünnter Salzsäure unlöslich ist, so kocht man mit wäßriger Kalilauge, säuert an und bringt das abgeschiedene Produkt zur Wägung.

Verseifen mit propylalkoholischer Lauge empfiehlt Winkler[2]). Wäßriger Propylalkohol ist ein gutes Lösungsmittel für die meisten Ester, sein Siedepunkt ist auch höher als der des Äthylalkohols. n‑Butylalkohol wenden Pardee und Reid[3]) an, weil hier die Gefahr einer partiellen Veresterung auch durch die alkoholische Lauge nicht besteht. Während der Verseifung (Dauer eine Stunde) setzt man nach einer halben Stunde 0.5 ccm Wasser zu[4]).

Amylalkoholische Lauge: Einhorn, Z. anal. **39**, 640 (1900). — Radcliffe, Soc. Ind. **25**, 158 (1906). — Benzylalkoholische Lauge: Slack, Ber. von Schimmel & Co, 1916, 94; 1920, 95.

Verseifen mit Glycerin und Kalilauge: Leffmann und Beam, Analyst **1891**, 153. — Siegfeld, Ch. Ztg. **32**, 1128 (1908). 150 ccm Kalilauge (1 : 1), nicht Natronlauge, werden mit 850 ccm Glycerin von 30 Bé (spez. Gew. 1.25) gemischt. — Campbell, Ch. Ztg. **35**, 167 (1911). — Kreis, Ch. Ztg. **35**, 1054 (1911) nimmt 1 Vol.-Teil Kalilauge 1 : 1 und 2 Vol.-Teile Glycerin. — Mielck, Ch. Ztg. **35**, 668 (1911). — Zoul, J. Ind. Eng. Ch. **3**, 114 (1912). — Verseifen mit alkoholischer Lauge und Lösungsmitteln (Benzol, Xylol): Marcusson, Ch. Rev. **15**, 193 (1908). — Berg, Ch. Ztg. **33**, 886 (1909). — Hans Meyer und Brod, M. **34**, 1146 (1913).

Verseifung mit schmelzendem Kali: Auwers und Bondy, B. **37**, 3908 (1904). Siehe S. 514.

<h3 align="center">Kalte Verseifung[5]).</h3>

1—2 g Substanz werden bei Zimmertemperatur[6]) in 25 ccm Petrol‑äther vom Siedepunkt 100—150° in einem Kolben gelöst, mit 25 ccm Normalalkali versetzt und nach dem Umschwenken 24 Stunden lang verschlossen aufbewahrt, dann zurücktitriert.

Die Verseifungslauge muß alkoholisch (Kali- oder Natronlauge, Alkohol von mindestens 96%) und kohlensäurefrei sein.

Königs und Knorr[7]) verseifen mit methylalkoholischer Lauge in der Kälte. Zur Darstellung[8]) einer farblos bleibenden alkoholischen

---

[1]) Klobukowski, B. **10**, 883 (1877). — Dimroth und Kämmerer, B. **53**, 477 (1920).   [2]) Z. ang. **24**, 636 (1911). — Schulek, Ph. C.-H. **62**, 391 (1921).

[3]) J. Ind. Eng. Ch. **12**, 129 (1920).

[4]) Pardee, Hasche und Reid, J. Ind. Eng. Ch. **12**, 481 (1920). Siehe dazu Schimmel & Co., Ber. 1920 (April—Okt.), 95. — Pépin-Leballeur, Ch. Ztg. **46**, 23 (1922).

[5]) Henriques, Z. ang. **8**, 271 (1895); **9**, 221, 423 (1896); **10**, 398, 766 (1897). — Schmitt, Z. anal. **35**, 381 (1896). — Ch. Rev. **1**, Nr. 10 (1897). — Z. f. öffentl. Ch. **4**, 416 (1898). — Herbig, Z. f. öffentl. Ch. **4**, 227, 257 (1898).

[6]) Verseifen bei 0°: Hudson und Brauns, Am. soc. **38**, 1284, 2740 (1916).

[7]) B. **34**, 4348 (1901). — Darstellung methylalkoholischer Lauge: Mc Callum, J. Ind. Eng. Ch. **13**, 943 (1921).

[8]) Es seien hierzu auch die noch sehr richtigen Ausführungen Mastbaums (a. a. O.) wiedergegeben: „Die Klagen über die Schwierigkeit der Herstellung und die geringe Haltbarkeit der alkoholischen Kalilauge sind in der Tat alt und zahlreich. Daß noch jemand das Ätzkali pulvert und mit dem Alkohol am Rückflußkühler kocht, dürfte wohl nur vereinzelt vorkommen. Ganz allgemein löst man 30 g Ätzkali in 20—25 ccm Wasser, spült sie mit dem vorher über Natron oder Kali destillierten 95/96 proz. Alkohol in die Literflasche, läßt nach dem Auffüllen ein oder mehrere Tage stehen und gießt die vollkommen klare, farblose Lösung von der Fällung ab. Irgendwelche Schwierigkeit wird bei dieser Herstellung der Flüssigkeit niemand finden.

Kalilauge löst Haupt[1]) 35 g Kali caust. fus. alcoh. dep. Kahlbaum in 100 ccm absolutem Alkohol durch längeres Umschütteln in einem verschlossenen Standzylinder, filtriert durch ein trocknes Filter vom unlöslichen Carbonat ab und verdünnt mit Alkohol beliebiger Konzentration zu einem Liter. Man erhält so eine ungefähr $\frac{1}{2}$ normale haltbare Lauge.

Thiele und Marc[2]) mischen 34.5 g reinstes Kaliumsulfat mit 110—120 g Barythydrat in einer Schale gut durch, übergießen mit 100 ccm Wasser, wägen die Schale, kochen unter beständigem Rühren 10—15 Minuten und ergänzen nach dem Abkühlen das verdampfte Wasser. Nach Zugabe von 800 ccm Alkohol gießt man in eine Flasche, spült mit 100 ccm Wasser nach, schüttelt und fügt nach der Klärung noch 3—4 ccm konzentrierte Kaliumsulfatlösung zu, um den Baryt völlig abzuscheiden, schüttelt gut um und läßt absitzen.

Mit Schwefelsäure überzeugt man sich von der völligen Abscheidung des Baryts. Die klare Lösung wird abgehebert. Sie hält sich monatelang unverändert klar und farblos.

Der Alkohol, der zur Bereitung der Kalilösung dienen soll, muß von Verunreinigungen befreit sein. Von den Methoden[3]), die hierfür vorgeschlagen sind, ist zur Darstellung absoluten Alkohols die Winklersche allein verwertbar.

Durch Eingießen von Silbernitratlösung in überschüssige Lauge gewonnenes Silberoxyd wird gewaschen, bei gewöhnlicher Temperatur getrocknet, mit Alkohol fein verrieben und in Mengen von einigen Gramm je einem Liter absoluten Alkohols zugesetzt. Man fügt noch 1—2 g gepulvertes Ätzkali zu und läßt unter öfterem Schütteln stehen, bis eine Probe, etwa 10 ccm, mit dem gleichen Volum Wasser verdünnt und mit ammoniakalischer Silberlösung versetzt, nach mehrstündigem Stehen im Dunkeln farblos bleibt. Man dekantiert und destilliert, eventuell noch über einigen Grammen Calciumspänen. (Siehe hierzu S. 111.)

Dunlop löst 1.5 g Silbernitrat in ca. 3 ccm Wasser oder in heißem Alkohol und vermischt in einem mit Glasstopfen versehenen Zylinder mit 1 l 95proz. Alkohol. Dann werden 3 g reines Ätzkali in 10—15 ccm warmem Alkohol gelöst und nach dem Abkühlen langsam in die alkoholische Silbernitratlösung gegossen, ohne daß umgeschüttelt wird. Das in feiner Verteilung ausfallende Silberoxyd vermischt sich von selbst langsam mit dem Zylinderinhalt. Nach dem

Um die so häufig beobachtete Gelb- und Braunfärbung der Lauge zu verhindern, die man gewöhnlich der Einwirkung des Ätzkalis auf die Nebenbestandteile des Alkohols unter dem Einflusse besonders des Lichtes zuschreibt, sind eine Anzahl Verfahren zur Reinigung des Alkohols angegeben worden, und es ist außerdem üblich, die alkoholische Kalilösung in gelben oder braunen Flaschen möglichst unter Abschluß des Lichtes aufzubewahren. Ich habe gefunden, daß man sich auf eine einfache Destillation des alkalisch gemachten Alkohols beschränken kann, wenn man die fertige Lösung nicht in dunklen, sondern in farblosen Flaschen ohne irgendwelchen Ausschluß des Lichtes aufhebt. Man kann sogar gelb gewordene Lösung dadurch, daß man sie dem vollen Sonnenlicht aussetzt, vollständig und in kurzer Zeit mindestens so weit, daß sie wieder gut brauchbar wird, entfärben." — Siehe auch Halla, Ch. Ztg. **32**, 890 (1908). — Plücker, Z. Unt. Nahr.-Gen. **17**, 454 (1909). — Van Raalte, Ch. W.**6**, 252 (1909). — Rupp und Lehmann, Apoth. Ztg. **24**, 972 (1909). — Malfatti, Z. anal. **50**, 692 (1911).

[1]) Ph. C.-H. **46**, 569 (1905).

[2]) Z. f. öffentl. Ch. **10**, 386 (1904). — Davidsohn und Weber, Seifens. Ztg. **33**, 770 (1906). — Zetzsche, Ch. Ztg. **32**, 222 (1908).

[3]) Waller, Am, soc. **11**. 124 (1889). — Bell, Soc. Ind. **12**, 236 (1893). — Kitt, Ch. Rev. **11**, 173 (1904). — Winkler, B. **38**, 3612 (1905). — Dunlop, Am. soc. **28**, 395 (1906). — Scholl, Z. Unt. Nahr.-Gen. **15**, 343 (1908). — Mastbaum, Ch. Ztg. **32**, 379 (1908). — Rusting, Ph. W. **45**, 433 (1908). — Rabe, Z. Unt. Nahr.-Gen. **15**, 730 (1908).

völligen Absetzen des Silberoxyds wird dekantiert und destilliert. Das gesamte Destillat ist brauchbar.

Für **Methylalkohol** ist diese Methode nicht anwendbar; man kann ihn nur durch Kochen mit Ätzkali und fraktionierte Destillation reinigen, wobei man die Anteile, die sich mit Lauge gelb färben, verwirft.

Chace[1]) läßt den von Aldehyd zu befreienden Alkohol mehrere Tage in Berührung mit Ätzkali. destilliert dann ab und läßt das Produkt mehrere Stunden hindurch am aufsteigenden Kühler über m-Phenylendiaminchlorhydrat (25 g Salz pro Liter) sieden. Hierauf destilliert man den so gereinigten Alkohol und bringt ihn durch Verdünnen auf die gewünschte Konzentration.

Beim längeren Kochen mit Alkali wird der Alkohol etwas oxydiert. So fanden R. **Meyer** und **Hartmann**, daß sich beim Kochen von 5 g Ätznatron mit 150 ccm Äthylalkohol nach 4 Stunden 0.0129 g Essigsäure gebildet hatten. Dieser Fehler wird durch Verwenden von Methylalkohol auf die Hälfte heruntergebracht[2]).

Duchemin und **Dourlen** empfehlen, um den Einfluß des Luftsauerstoffs auf die alkoholische Lauge auszuschließen, im Vakuum zu verseifen[3]).

Wasserlösliche Acetylprodukte können natürlich ohne Alkoholzusatz verseift werden. Eine derartige Substanz wird nach E. **Fischer**, **Bergmann** und **Lipschitz**[4]) mit 20 ccm n-Natronlauge 1 Stunde bei 20° im Wasserstoffstrom aufbewahrt, dann überschüssige Phosphorsäure zugegeben und die Lösung aus einem Ölbad bis fast zur Trockne abdestilliert. Diese Operation wurde noch zwei- bis dreimal nach Zugabe von 20 ccm Wasser wiederholt. Das stark saure Destillat wurde unter Anwendung von Phenolphthalein mit $n/_{10}$-Natronlauge titriert.

Für die Bestimmung der Acetylgruppen haben E. **Fischer** und **Bergmann**[5]) das folgende Verfahren angewandt, das nach ihren Erfahrungen für acetylierte Tannine empfohlen werden kann.

0.4431 g wurden in 50 ccm reinem Aceton gelöst und im Wasserstoffstrom unter Umschütteln bei 20° erst mit 25 ccm n-Natronlauge und nach einigen Minuten mit 60 ccm Wasser versetzt. Zum Schluß war eine klare gelbrote Lösung entstanden. Sie wurde noch 1 Stunde bei Zimmertemperatur aufbewahrt, dann mit Phosphorsäure stark angesäuert und nun die wäßrige Flüssigkeit in einem rasch wirkenden Extraktionsapparat erschöpfend mit reinem Äther extrahiert. Die ätherische Flüssigkeit wurde unter Zusatz von 200 ccm Wasser aus einem Bade, das zum Schluß auf 140° erhitzt war, destilliert und diese Operation noch 2—3 mal nach Zugabe von 150 ccm Wasser wiederholt, bis keine Säure mehr überging. Selbstverständlich muß man sich überzeugen, daß das verwendete Aceton und der Äther unter denselben Bedingungen kein saures Destillat geben.

Natriumalkoholat.

Um das freie Dibrom-p-oxy-p-xylylnitromethan aus seinem Acetat zu gewinnen, verrieb es **Auwers**[6]) unter Kühlung mit einer 9 proz. methylalkoholischen Lösung von Natriummethylat, bis sich nahezu alles gelöst hatte, verdünnte dann mit viel Wasser und filtrierte in gekühlte verdünnte Essig-

---

[1]) Am. soc. **28**, 1473 (1906).   [2]) B. **38**, 3956 (1905).
[3]) Bull. Assoc. Chim. Sucr. et Dist. **23**, 109 (1905).   [4]) B. **51**, 57 (1918).
[5]) B. **51**, 1768 (1918).
[6]) B. **34**, 4269 (1901).

säure oder Salzsäure. Der weiße Niederschlag wird abgesaugt und auf Ton getrocknet.

Auch zur Verseifung von empfindlichen Benzoylderivaten der Zuckerreihe hat sich dieses Verfahren bewährt[1]).

Verseifung mit Kalium(Natrium)acetat[2]).

Gewisse Acetylderivate von „gelben Farbstoffen", wie das Diacetyl-jacarandin, werden nach Perkin und Briggs[2]) durch Kochen mit überschüssiger alkoholischer Kaliumacetatlösung verseift.

Seelig[3]) gelang die Verseifung des Acetylglykols durch Erhitzen mit Natriumacetat und absolutem Alkohol auf 160°.

Daß wäßriges Kaliumacetat verseifend auf Ester wirken kann, hat schon vor längerer Zeit Claisen[4]) gezeigt.

Die Verwendung einer wäßrig-acetonischen Lösung von Natrium- oder Kaliumacetat bei etwa 70° dürfte bei den acylierten Phenolen allgemein dort Vorteil bieten, wo die Produkte gegen freies Alkali oder Ammoniak empfindlich sind.

Die Ablösung des Acetyls von einer Phenolgruppe geht überhaupt ebenso leicht vonstatten wie die Entfernung der Carbomethoxygruppe[5]).

Verseifung durch Ammoniak.

Das diacetylierte Benzoingelb wird beim Kochen mit Natronlauge nur teilweise zersetzt, aber glatt in die Stammsubstanz verwandelt, wenn man es in kochendem Alkohol löst und dann einige Zeit mit etwas Ammoniak kocht[6]).

Verseifen acetylierter Glucoside usw. mit methyl- oder äthylalkoholischem Ammoniak: E. Fischer und Helferich, B. 47, 218 (1914). — Schneider, Clibbens, Hüllweck und Steibelt, B. 47, 1267 (1914). — E. Fischer, B. 47, 1377, 1381 (1914). — Schneider und Clibbens, B. 47, 2221 (1914). — E. Fischer und Bergmann, B. 50, 1057 (1917).

Verseifen durch flüssiges Ammoniak: E. Fischer, B. 47, 1379 (1914).

Verseifung durch Piperidin.

Auwers, A. 332, 214 (1904). — Auwers und Eckardt, A. 359, 357, 363 (1908).

Verseifung durch Anilin.

Gorter, A. 359, 232 (1908). — Klemenc, M. 33, 377 (1912). — B. 49, 1371 (1916).

Verseifung mit Baryt, Kalk oder Magnesia.

Auch Barythydrat[7]) läßt sich in manchen Fällen verwenden, wo Kalilauge zerstörend einwirkt.

So wird nach Erdmann und Schultz[8]) das Hämatoxylin beim Kochen auch mit sehr verdünnter Lauge unter Bildung von Ameisensäure[9]) zersetzt,

---

[1]) Baisch, Z. physiol. 19, 342 (1894).
[2]) Soc. 81, 218 (1902).
[3]) J. pr. (2), 39, 166 (1889).   [4]) B. 24, 123, 127 (1891).
[5]) E. Fischer, Bergmann und Lipschitz, B. 51, 46 (1918).
[6]) Graebe, B. 31, 2976 (1898).
[7]) Verseifen mit Barythydrat in der Kälte: E. Fischer und Delbrück, B. 42, 2783 (1909).   [8]) A. 216, 234 (1882).
[9]) Siehe auch Schulze und Liebner, Arch. 254, 581 (1916).

während die Zerlegung des Acetylderivats bei Verwendung von Barythydrat glatt verläuft.

Zur Verseifung mit diesem Mittel kocht Herzig[1] 5—6 Stunden am Rückflußkühler. Der entstandene Niederschlag wird filtriert und im Filtrat das überschüssige Barythydrat mit Kohlensäure ausgefällt. Das Filtrat wird abgedampft, mit Wasser wieder aufgenommen, filtriert, gut gewaschen und im Filtrat das Barium als Sulfat bestimmt.

Da die Barytlösung in Glasgefäßen aufbewahrt wird und die Verseifung in einem Glaskolben vor sich geht, muß wegen des in Lösung gehenden Alkalis, das einen Teil der Essigsäure neutralisiert, eine Korrektur angebracht werden.

Zu diesem Behuf wird das Filtrat vom schwefelsauren Barium in einer Platinschale eingedampft, die überschüssige Schwefelsäure weggeraucht und der Rückstand mit reinem kohlensaurem Ammonium bis zur Gewichtskonstanz behandelt. Man löst in Wasser, filtriert von der Kieselsäure, wäscht und fällt im Filtrat die Schwefelsäure mit Chlorbarium; das ausfallende schwefelsaure Barium ist zu dem erstgefundenen hinzuzurechnen[2].

Barth und Goldschmidt[3] empfehlen, Substanzen, die in trocknem Zustand von Barythydrat nur schwer benetzt werden, vorerst mit ein paar Tropfen Alkohol zu befeuchten.

Müller[4] arbeitet direkt mit wäßrig-alkoholischen Lösungen.

Barythydrat in wäßrig-alkoholischer Lösung verseift acetylierte Glucoside quantitativ schon in der Kälte. Siehe E. Fischer und Raske, B. **42**, 1465 (1909). — Schneider, Clibbens, Hüllweck und Steibelt, B. **47**, 1262, 1266 (1914). — E. Fischer und Curme, B. **47**, 2050, 2054 (1914). — E. Fischer und v. Fodor, B. **47**, 2059, 2061 (1914). — Schneider und Clibbens, B. **47**, 2220 (1914).

Substanzen von Farbstoffcharakter bilden öfters mit Barythydrat beständige Lacke und können darum so nicht vollständig entacetyliert werden [Genvresse[5])].

Ebenso wie mit Baryt kann man mit gesättigtem Kalkwasser verseifen[6].

Verseifung durch Calciumcarbonat (Kreide) haben Friedländer und Neudörfer ausgeführt[7].

Während alkoholische Laugen bei Gegenwart von Aldehydgruppen nicht anwendbar sind, kann man in solchen Fällen nach Barbet und Gaudrier[8] Zuckerkalk anwenden.

Zur Herstellung der Lösung werden auf 1 Teil Kalk 5 Teile Zucker und so viel Zuckerwasser verwendet, daß die Flüssigkeit ca. $^1/_{10}$ normal wird. Man kocht die Substanz in alkoholischer Lösung mit der Zuckerkalklösung zwei Stunden am Rückflußkühler und titriert dann zurück.

Acetylbestimmung mit Magnesia nach Schiff[9]:

Man darf sich weder der käuflichen gebrannten Magnesia noch des Hydrocarbonats (Magnesia alba) bedienen, die nur sehr schwer entfernbare Alkalicarbonate enthalten.

---

[1] M. **5**, 86 (1884).
[2] Diese Korrektur entfällt, wenn man, wie Lieben und Zeisel, M. **4**, 42 (1883); **7**, 69 (1886), im Silberkolben arbeiten kann.   [3] B. **12**, 1242 (1879).
[4] B. **40**, 1825 (1907).   [5] Bull. (3), **17**, 599 (1897).
[6] Brauchbar und Kohn, M. **19**, 42 (1898).   [7] B. **30**, 1081 (1897).
[8] A. chim. anal. appl. **1**, 367 (1896).
[9] B. **12**, 1531 (1879). — A. **154**, 11 (1870); **163**, 211 (1872). — Horrmann, B. **43**, 1906 (1910).

Man fällt vielmehr die Magnesia aus eisenfreier Magnesiumsulfat- oder Chloridlösung mit nicht überschüssigem kaustischem Alkali, wäscht lange und gut aus und bewahrt das Produkt unter Wasser als Paste auf. Etwa 5 g davon werden mit 1—5 g des sehr fein gepulverten Acetylderivats und wenig Wasser zu einem dünnen Brei verrieben und mit weiteren 100 ccm Wasser in einem Kölbchen aus resistentem Glas 4—6 Stunden am Rückflußkühler gekocht. Gewöhnlich ist übrigens die Zersetzung schon nach 2—3 Stunden beendet.

Man dampft im Kölbchen auf etwa ein Drittel ab, filtriert nach dem Erkalten an der Saugpumpe und wäscht mit wenig Wasser. Im Filtrat fällt man nach Zusatz von Salmiak und Ammoniak durch eine stark ammoniakalische Lösung von Ammoniumphosphat.

Der nach 12 Stunden abfiltrierte Niederschlag wird nochmals in verdünnter Salzsäure gelöst und wieder durch Ammoniak ausgefällt.

Die Zersetzung mit Magnesia ist bei fein gepulverter Substanz und bei genügend lange (eventuell bis zu 12 Stunden) fortgesetztem Kochen auch bei nicht löslichen Substanzen vollständig.

Die Löslichkeit der Magnesia in sehr verdünntem Magnesiumacetat ist geringer, als daß sie eine Korrektur notwendig machen würde.

Die Magnesiamethode dient mit Vorteil namentlich in solchen Fällen, wo Alkalien sonst verändernd wirken oder gefärbte Produkte erzeugen, welche die Titration unsicher machen.

Verseifen mit Magnesia und 50proz. Alkohol: Wunderlich, Diss. Marburg (1908), 73.

1 Gewichtsteil Magnesiumpyrophosphat $Mg_2P_2O_7$ entspricht 0.774 648 Gewichtsteilen C_2H_3O.

Verseifung durch Säuren.

Andere als die starken Mineralsäuren werden zur Verseifung von Acetylderivaten im allgemeinen nicht benutzt.

Heller[1]) hat acetylierte Enolverbindungen durch Kochen mit Eisessig verseift.

Versuche mit Benzolsulfosäure, sowie α- und β-Naphthalinsulfosäure beschreiben Sudborough und Thomas[2]); nach ihnen sind diese starken Säuren der Schwefel- und Phosphorsäure vorzuziehen.

Das Acetylderivat wird mit einer 10proz. Lösung von Benzolsulfosäure, an deren Stelle auch α- oder β-Naphthalinsulfosäure treten kann, der Dampfdestillation unterworfen und in dem Destillat die übergegangene Säure durch Titration bestimmt.

Da die Benzolsulfosäure meist mit flüchtigen Säuren verunreinigt ist, muß man sie vorher dadurch reinigen, daß man die wäßrige Lösung ihres Bariumsalzes so lange der Wasserdampfdestillation unterwirft, bis das Destillat neutral ist, das Bariumsalz aus der zurückbleibenden Lösung auskrystallisieren läßt und mit der berechneten Menge Schwefelsäure zersetzt.

Mit Salzsäure wird selten[3]) in der Kälte entacetyliert, meist am Rückflußkühler gekocht[4]). Gelegentlich benutzt man auch alkoholische Salzsäure[5]). Über die Verwendung von Äther-Salzsäure siehe S. 992.

---

[1]) Diss. Marburg (1904), 21.
[2]) Proc. **21**, 88 (1905). — Soc. **87**, 1752 (1905). — Busch, Diss. Berlin (1907), 26.
[3]) Franchimont, Rec. **11**, 107 (1892).   [4]) Erwig und Königs, B. **22**, 1464 (1889).   [5]) Wunderlich, Diss. Marburg (1908), 71.

Wirkt freie **Salzsäure** (**Schwefelsäure**) auf das Hydroxylderivat nicht ein, so erhitzt man die Acetylverbindung mit einer abgemessenen Menge Normalsäure im Einschmelzrohr (Druckfläschchen) auf 120—150° und titriert die freigemachte Essigsäure [1]) oder wägt das entstandene Produkt, wenn es unlöslich ist [2]).

Die Verseifung mit stärker konzentrierter **Schwefelsäure** empfiehlt sich namentlich dann, wenn die ursprüngliche Substanz in der verdünnten Säure unlöslich ist.

Man benutzt nitrosefreie, verdünnte Schwefelsäure, am besten aus 75 Teilen konzentrierter Säure mit 32 Teilen Wasser gemischt, mit der man die in einem Kölbchen genau abgewogene Substanz — etwa 1 g und 10 ccm der Säuremischung — übergießt.

Um die Substanz leichter benetzbar zu machen, kann man sie vor dem Zusatz der Schwefelsäure mit 3—4 Tropfen Alkohol befeuchten oder, nach **Perkin** [3]), in Eisessig lösen.

Man erwärmt $^1/_2$ Stunde auf dem nicht ganz siedenden Wasserbad, verdünnt mit dem 8fachen Volumen Wasser, kocht 2—3 Stunden im Wasserbad und läßt 24 Stunden stehen. Dann sammelt man das abgeschiedene Hydroxylprodukt auf dem Filter [4]). (**Liebermann**sche Restmethode.)

Stülcken [5]) mußte mit 50 proz. Schwefelsäure zum Kochen erhitzen.

Hudson und **Brauns** arbeiten in Quarzgefäßen.

Gelegentlich ist auch die Verwendung von **unverdünnter** Schwefelsäure angezeigt [6]), die evtl. kurze Zeit auf 100° erhitzt wird [7]). Das entacetylierte Produkt kann dann direkt durch Ausfällen mit Wasser gewonnen werden.

Falls das Hydroxylderivat in der sauren Flüssigkeit nicht ganz unlöslich ist, muß man durch einen Parallelversuch der gelöst gebliebenen Menge Rechnung tragen [8]).

In vielen Fällen tritt durch konzentrierte Schwefelsäure schon beim 24 stündigen Stehen in der Kälte Verseifung ein, ja es ist diese Methode oftmals anwendbar, wo die Verseifung mit Alkalien nicht angängig ist [**Franchimont** [9])].

Man fügt nach einigem Stehen vorsichtig Wasser zu, bis die Lösung etwa 1 proz. ist und destilliert die gebildete Essigsäure mit Wasserdampf ab. Dieses von **Franchimont** stammende, von **Skraup** [10]) modifizierte Verfahren hat **Wenzel** [11]) zu einer recht allgemein anwendbaren Bestimmungsmethode ausgearbeitet. Speziell bei den mehrwertigen Phenolen, die gegen Alkali sehr empfindlich sind, leistet sie treffliche Dienste.

Methode von Wenzel.

Bei der Einwirkung von konzentrierter Schwefelsäure auf leicht oxydable Substanzen bei höherer Temperatur tritt außer flüchtigen organischen Säuren

[1]) **Schützenberger** und **Naudin**, A. **84**, 74 (1869). — **Herzfeld**, B. **13**, 266 (1880). — **Schmoeger**, B. **25**, 1453 (1892). — **Volpert**, Z. Ver. D. Zuck. (1916), 673.

[2]) **Perkin**, Soc. **75**, 448 (1899). — **Waliaschko**, Arch. **242**, 235 (1904). — **Perkin** und **Hummel**, Soc. **85**, 1464 (1904). — Siehe S. 521.   [3]) Soc. **69**, 210 (1896).

[4]) **Liebermann**, B. **17**, 1682 (1884). — **Herzig**, M. **6**, 867, 890 (1885). — **Ciamician** und **Silber**, B. **28**, 1395 (1895). — **Wunderlich**, Diss. Marburg (1908), 30, 60.

[5]) Diss. Kiel (1906), 28.   [6]) **Schrobsdorff**, B. **35**, 2931 (1902).

[7]) **Meldola** und **Hay**, Soc. **95**, 1381 (1909). Trinitroacetylaminophenol.

[8]) **Ciamician** und **Silber**, B. **28**, 1395 (1895).

[9]) B. **12**, 1940 (1879). — **Perkin**, Soc. **73**, 1034 (1898).

[10]) M. **14**, 478 (1893). — Siehe auch **Ost**, Z. ang. **19**, 1995 (1906).

[11]) M. **18**, 659 (1897). — **Heuser**, Ch. Ztg. **39**, 57 (1915). — **Landsteiner** und **Prášek**, Bioch. **74**, 388 (1916). — **Krause**, B. **51**, 141 (1918).

stets schweflige Säure auf. Die Abwesenheit der letzteren kann man daher als Kriterium dafür betrachten, daß der nach Abspaltung der Essigsäure verbleibende Körper von der Schwefelsäure nicht angegriffen wurde, die Verseifung demgemäß glatt vonstatten gegangen ist. Es wird daher in allen Fällen die Menge der schwefligen Säure quantitativ bestimmt und, falls diese Null war, ergibt sich auch stets eine brauchbare Acetylzahl.

In weitaus den meisten Fällen läßt sich zur Verseifung 2 : 1 verdünnte Schwefelsäure anwenden.

Ein einziger Körper, das Acetyltribromphenol, erwies sich gegen Schwefelsäure 2 : 1 resistent, da er sich hierin nicht löste; hier trat erst bei Verwendung von konzentrierter Schwefelsäure Lösung und Verseifung ein.

Des öfteren ist jedoch die Säure 2 : 1 zu konzentriert. In diesen Fällen wird die Säure noch mit dem gleichen Volumen Wasser verdünnt, so daß sie die Konzentration 1 : 2 hat; nun gelingt es durch vorsichtiges Erwärmen auf 50—60°, bei vollständiger Verseifung die Bildung der schwefligen Säure gänzlich zu vermeiden oder doch auf einen ganz minimalen Betrag zu reduzieren.

Um Fehlbestimmungen zu vermeiden, ist es zweckmäßig, mit einer geringen Menge Substanz in der Eprouvette jene Konzentration der Schwefelsäure zu ermitteln, bei der sich das Acetylprodukt eben löst, ohne sich beim Erwärmen stark zu verfärben, harzige Produkte abzuscheiden oder schweflige Säure zu entwickeln.

Auch bei Substanzen, die eine Amingruppe enthalten, ist die Schwefelsäure 2 : 1 noch zu verdünnen, weil mit der konzentrierten Säure, wie die Versuche gezeigt haben, die Verseifung unvollständig bleibt.

Enthält eine Verbindung Schwefel, so kann bei der Einwirkung der Schwefelsäure Schwefelwasserstoff abgespalten werden. Dieser kann unschädlich gemacht werden, indem man vor der Zugabe der Schwefelsäure in den Verseifungskolben die entsprechende Menge festes Cadmiumsulfat bringt.

Ebenso läßt sich bei halogenhaltigen Substanzen etwa auftretende Halogenwasserstoffsäure durch Silbersulfat binden.

Was die Dauer der Bestimmung betrifft, so ist Verseifung meist schon eingetreten, sobald die Substanz gelöst ist, und es genügt bei Sauerstoffverbindungen erfahrungsgemäß, eine halbe Stunde auf 100—120° zu erwärmen, während es bei Stickstoffverbindungen notwendig ist, bei Verwendung der Säure 1 : 2 zur Sicherheit 3 Stunden auf diese Temperatur zu erhitzen, obwohl längst Lösung eingetreten ist.

Ist die Verseifung beendet, so wird erkalten gelassen und eine Lösung von primärem, phosphorsaurem Natrium zugesetzt, das die Schwefelsäure in nichtflüchtiges saures Natriumsulfat verwandelt. Die Verwendung des primären Natriumphosphats hat ihren Grund in der leichteren Löslichkeit und dadurch bedingten geringeren Wassermenge, die damit hineingebracht wird. Die Essigsäure wird endlich im Vakuum abdestilliert und durch Titration bestimmt.

Man hat auch die Möglichkeit, sich zu überzeugen, ob das Acetylprodukt wirklich vollständig verseift war. Nachdem die Essigsäure abdestilliert und titriert ist, bringt man in den Verseifungskolben, der den Rest der Substanz, saures Natriumsulfat und Phosphorsäure enthält, die gleiche Menge Schwefelsäure wie bei der ersten Verseifung und erhitzt 3 Stunden auf 120°.

War alles verseift, so geht beim nachherigen Versetzen mit Natriumphosphat und Abdestillieren keine Essigsäure mehr über.

Der Apparat ist in Fig. 294 dargestellt.

Der größere Rundkolben von etwa 300 ccm Inhalt dient zur Verseifung. In seinen Hals ist mittels doppelt durchbohrten Kautschukstöpsels eine starkwandige Capillare für die Vakuumdestillation und ein Tropftrichter eingesetzt, dessen ausgezogenes Ende etwa 2 cm unter die Anschmelzstelle des seitlichen Rohrs am Kolbenhals reicht. Dieses letztere ist schief aufwärts gerichtet und dient, mit einem etwa 10 cm langen Kühlmantel umgeben, als Rückflußkühler. Im weiteren Verlauf ist es nach abwärts gebogen und endet etwa in der Mitte der Kugel des kleineren Kölbchens.

Dieses hat 50—70 ccm Inhalt, ist mit Glasperlen gefüllt und dient als Dampfwäscher.

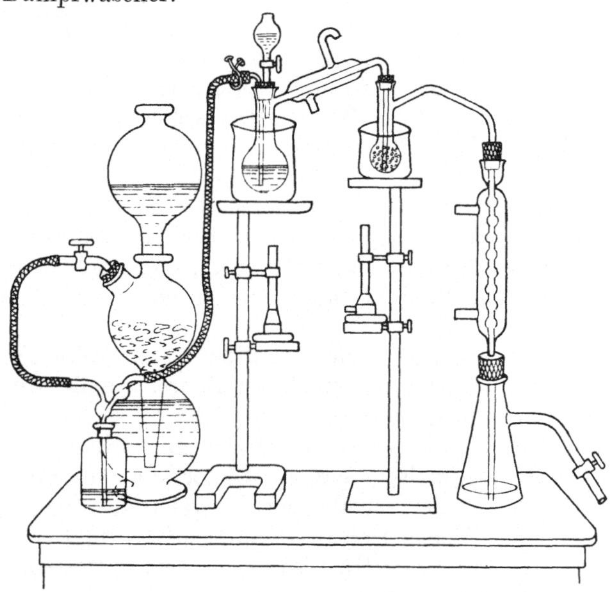

Fig. 294. Acetylbestimmung nach Wenzel.

Von hier gelangen die Dämpfe in einen vertikal gestellten Kugelkühler, der mittels Kautschukstöpsels in eine Druckflasche von $^1/_4$ l Inhalt so eingesetzt ist, daß die verlängerte Kühlröhre bis zum Boden der Flasche reicht. Diese dient zur Aufnahme der vorgelegten Kalilauge und wird durch einen Glashahn mit der Pumpe verbunden. Für die Verbindungen zwischen den einzelnen Teilen muß man guten Kautschuk verwenden. Der Glashahn am Tropftrichter muß sehr gut schließen, weil sonst die ins Vakuum eingesaugte, oft saure Laboratoriumsluft Fehler bedingen würde.

Zur Ausführung der Bestimmung bringt man erst etwas mehr als die berechnete Menge titrierter Kalilauge in die Druckflasche und setzt den Kugelkühler an. Dann gibt man die Substanz, 0.2—0.4 g, je nach der Anzahl der Acetylgruppen, in den größeren Kolben, läßt 3 ccm Schwefelsäure 2 : 1, eventuell noch 3 ccm Wasser zufließen, fügt den Apparat zusammen und erwärmt, nachdem die beiden Kühler in Tätigkeit gesetzt sind, das Wasserbad, in dem der größere Kolben sich befindet, bis die Verseifung vollendet ist. Nun ersetzt man das heiße Wasser durch kaltes, erhitzt wieder und heizt auch das Becherglas unter dem kleinen Kolben an, läßt durch den Tropftrichter 20 ccm einer Lösung, die im Liter 100 g Metaphosphorsäure und 450 g krystallisiertes primäres Natriumphosphat enthält, zufließen, verbindet die Capillare mit dem Wasserstoffapparat, die Druckflasche mit der Pumpe und destilliert im Vakuum zur Trockne, indem man den Kolben, wenn keine Flüssigkeit mehr übergeht, noch etwa 10 Minuten im kochenden Wasserbad läßt, bis die trockne Salzmasse vom Glas abzuspringen beginnt. Man schließt den Hahn, der zur Pumpe führt, entfernt das heiße Wasserbad unter dem größeren Kolben, läßt durch den Tropftrichter 20 ccm ausgekochtes Wasser nachfließen, ohne daß dabei Luft eindringt, und destilliert abermals im Vakuum. Ist dies geschehen, so schließt man den Hahn, der die Verbindung mit der Pumpe herstellt, öffnet vorsichtig den Quetschhahn an der Capillare und füllt den Apparat mit Wasserstoff. Nunmehr lüftet man den Kautschukstöpsel oben am Kühler, entfernt diesen mit der Druckflasche, spritzt die Kühlröhre innen und außen ab und titriert.

Man benutzt $n/_{10}$-Lösungen und als Indicator Lackmus oder Phenolphthalein. Im ersteren Fall kann man die Essigsäure in der Druckflasche selbst bestimmen und dann sogleich die evtl. gebildete schweflige Säure nach dem Ansäuern und Versetzen mit Stärkekleister mit $n/_{10}$-Jodlösung titrieren. Phenolphthalein dagegen addiert selbst Jod, man muß daher bei Benutzung dieses Indicators das Filtrat teilen.

Wenn sich bei der Verseifung leicht flüchtige Phenole bilden, so ist natürlich der Jodverbrauch kein Beweis für die Anwesenheit von schwefliger Säure. In solchen Fällen wird ein Teil des Destillats mit Bromwasser oxydiert, angesäuert, evtl. filtriert und mit Chlorbarium versetzt.

Über einen Fall, wo die Methode durch mitgebildete Isobuttersäure unanwendbar wurde, berichten Brauchbar und Kohn[1]; in einem anderen Fall störte mit übergehende Kohlensäure[2], in einem dritten mit überdestilliertes Phthalein[3].

Modifikation der Methode durch Orndorff und Brewer: Am. **26**, 121 (1901). — Orndorff und Black, Am. **41**, 373 (1909).

Landsteiner und Prášek (a. a. O.) erhitzen 0.4 g Substanz mit 5 ccm 84 proz. Phosphorsäure und 5 ccm Wasser 12 Stunden auf 100° und arbeiten dann weiter ohne Phosphatzusatz.

Auch mit Jodwasserstoffsäure hat Ciamician[4] Verseifung von Acetylprodukten vorgenommen.

Additionsmethode[5].

Dieses Verfahren bildet gewissermaßen eine Umkehrung der von Liebermann angegebenen, auf S. 678 angeführten sogenannten Restmethode.

Ist das Acetylprodukt in kaltem Wasser unlöslich und kann man sich davon überzeugen, daß der Reaktionsverlauf quantitativ war, so kann man durch Kontrolle der Ausbeute des aus einer gewogenen Menge hydroxylhaltiger Substanz erhaltenen Acetylprodukts die Anzahl der eingeführten Acetyle ermitteln[6].

Auf diese Art hat z. B. Schiff[7] die aus Gerbsäure dargestellten Acetylprodukte untersucht.

Wägung des Kaliumacetats[8].

Ist das Kaliumsalz des Verseifungsproduktes in absolutem Alkohol unlöslich, so kann man folgendes Verfahren anwenden:

1—2 g des Acetylderivats werden mit verdünnter Lauge in geringem Überschuß bis zur vollständigen Verseifung unter Ersatz des Wassers am Rückflußkühler gekocht, das freie Kali mit Kohlensäure neutralisiert, die Flüssigkeit

---

1) M. **19**, 22 (1898).   2) Doht, M. **25**, 960 (1904).   3) R. Meyer, B. **40**, 1445 (1907).
4) B. **27**, 421, 1630 (1894). — Reigrodski und Tambor, B. **43**, 1966 (1910).
5) Siehe dazu Hesse, J. pr. (2) **94**, 241 (1917).
6) Wislicenus, A. **129**, 181 (1864). — Goldschmiedt und Hemmelmayr, M. **15**, 321 (1894).   7) Ch. Ztg. **20**, 865 (1897).
8) Wislicenus, A. **129**, 175 (1864). — Skraup, M. **14**, 477 (1893).

im Wasserbad möglichst zur Trockne gebracht und der Rückstand vollständig mit absolutem Alkohol erschöpft. Die alkoholische Lösung wird wieder zur Trockne verdampft und noch einmal in absolutem Alkohol gelöst. Von einem geringen Rückstand durch Filtration und genaues Auswaschen mit absolutem Alkohol getrennt, bleibt nach dem Verdunsten in einem gewogenen Platin-schälchen reines Kaliumacetat zurück, das vorsichtig geschmolzen und, nach dem Erkalten über Schwefelsäure, rasch gewogen wird.

Destillation mit Phosphorsäure.

Die schon von Fresenius[1]) angegebene Methode, Essigsäure in Acetaten durch Destillation der mit Phosphorsäure angesäuerten Lösung ohne oder mit[2]) Zuhilfenahme von Wasserdampf zu isolieren und zu bestimmen, haben zuerst weniger glücklich (Anwendung von Schwefelsäure statt Phosphorsäure) Erd-mann und Schultz[3]), dann ebenso Buchka und Erk[4]) und Schall[5]) für die Bestimmung der aus Acetylderivaten durch Verseifung abgespaltenen Essig-säure benutzt[6]).

Herzig hat[7]) bald nach dem Erscheinen der Arbeit von Erdmann und Schultz Phosphorsäure zur Bestimmung der Essigsäure verwendet. Daher wird dieses Verfahren öfter irrtümlicherweise als „Herzigsche Methode" bezeichnet[8]).

Das Acetylprodukt wird mit Lauge oder Barythydrat verseift, in der Kälte mit Phosphorsäure angesäuert, filtriert und gut gewaschen. Das Filtrat wird in eine Retorte umgefüllt und dann die Essigsäure unter öfterer Erneuerung des Wassers so lange abdestilliert, bis das Destillat absolut keine saure Reaktion mehr zeigt.

Anfangs destilliert man über freiem Feuer, dann im Ölbad, wobei die Temperatur auf 140—150° gesteigert werden kann, oder im Vakuum auf dem kochenden Wasserbad[9]). Beim Apparat sind Korke zu vermeiden, um das Aufsaugen von Essigsäure zu verhindern, alle Verbindungen und Verschlüsse sind mit Kautschuk zu bewerkstelligen.

Phosphorsäure und Kali müssen frei von salpetriger und Salpetersäure sein. Ein Gehalt des Kalis an Chlorid ist nicht schädlich, da die wäßrige Phosphorsäure keine Salzsäure daraus freimacht; aus diesem Grund hingegen, unter anderen, ist die Anwendung von Schwefelsäure zu vermeiden.

Das Destillat wird in einer Platinschale unter Zusatz von Barythydrat konzentriert, das überschüssige Barium mit Kohlensäure ausgefällt, das Filtrat vom kohlensauren Barium ganz abgedampft, mit Wasser wieder aufgenommen, filtriert, gut gewaschen und dann schließlich das Barium mit Schwefelsäure gefällt und quantitativ bestimmt.

1 Gewichtsteil Bariumsulfat entspricht

$$0.5064 \text{ Gewichtsteilen } C_2H_3O_2 \text{ oder}$$
$$0.5070 \quad\quad\quad ,, \quad\quad\quad \text{Essigsäure.}$$

[1]) Z. anal. **5**, 315 (1866). — Gschwendner, Diss. Leipzig (1906), 45.

[2]) Fresenius, Z. anal. **14**, 172 (1875).   [3]) A. **216**, 232 (1882).

[4]) B. **18**, 1142 (1885).   [5]) B. **22**, 1561 (1889).

[6]) Siehe auch Ost, Z. ang. **19**, 995 (1906). — Heller, B. **42**, 2739 (1909). — Beck, Diss. Leipzig (1912), 33. — Dimroth, A. **399**, 26 (1913). — Dimroth und Scheurer, A. **399**, 53 (1913).   [7]) M. **5**, 90 (1884).

[8]) Michael, B. **27**, 2686 (1894). — Ciamician, B. **28**, 1395 (1895).

[9]) Eventuell im Wenzelschen Apparat (S. 680). — Dieser Vorschlag stammt von Michaël, B. **27**, 2686 (1894).

Zur Bestimmung der Acetylgruppen in acetylierten Gallussäuren verseift Sisley[1] 3—4 g, nach Zugabe von 5 ccm reinem Alkohol und 2—3 g Ätznatron, das in ca. 15 ccm Wasser gelöst war. Nach beendeter Verseifung verdampft man den Alkohol. Die Essigsäure wird aus der mit Phosphorsäure angesäuerten Lösung mit Wasserdampf übergetrieben[2] und das Destillat unter Benutzung von Phenolphthalein als Indicator mit Natronlauge titriert.

Da die aus dem Ätznatron stammende und die bei der Verseifung häufig mitgebildete Kohlensäure zum Teil mit den Wasserdämpfen übergeht, so wird sie auch mit titriert. Den dadurch entstehenden Fehler korrigiert Sisley in der Weise, daß er das neutralisierte Destillat zum Kochen erhitzt, mit einer geringen Menge Normalsäure ansäuert, wiederum kocht, neutralisiert, evtl. diese Operationen wiederholt, bis die neutralisierte Flüssigkeit beim weiteren Kochen nicht mehr röter wird. Nunmehr ist auch alle Kohlensäure entfernt, ohne daß Verlust an Essigsäure stattgefunden hätte.

Zweckmäßiger wird man nach Dobriner[3] nach vollzogener Verseifung und Vertreibung des Alkohols der alkalischen Lösung die nötige Menge Phosphorsäure zufügen und zunächst am Rückflußkühler so lange kochen, bis sicher alle Kohlensäure entfernt ist. Dann kann die Bestimmung wie gewöhnlich vollzogen werden.

Bemerkenswert sind auch die Erfahrungen von Goldschmidt, Jahoda und Hemmelmayr mit dieser Methode[4].

Eine ausführliche Beschreibung einer Acetylbestimmung nach diesem Verfahren gibt Zölffel[5].

Methode von Perkin[6].

Auf einer anderen Basis, als die im vorstehenden beschriebenen Verfahren, beruht die Methode von Perkin.

0.5 g Substanz werden in 30 ccm Alkohol gelöst, 2 ccm Schwefelsäure zugefügt und unter zeitweisem Zusatz von Alkohol destilliert.

Der übergegangene Essigsäureester wird mit titrierter Lauge verseift.

In einzelnen Fällen kann man statt Schwefelsäure Kaliumacetat verwenden (siehe S. 675).

Bestimmung der Essigsäure als Silbersalz: Müller und Herrdegen, J. pr. (2) **102**, 132 (1921). — Das Salz enthält 64.6% Silber.

Bestimmung der Essigsäure in Acetaten durch Destillieren mit Xylol: Pickett, Ph. W. **58**, 101 (1921).

2. Benzoylierungsmethoden.

A. Verfahren zur Benzoylierung.

Um den Rest der Benzoesäure usw. in hydroxylhaltige Substanzen einzuführen, verwendet man nachfolgende Reagenzien:

---

[1] Bull. (3), **11** 562 (1894). — Z. anal. **34**, 466 (1895).

[2] Am besten in einer Wasserstoffatmosphäre. E. Fischer, Bergmann und Lipschitz, B. **51**, 57, 58 (1918).

[3] Z. anal. **34**, 466, Anm. (1895). — Siehe hierzu Dekker, B. **39**, 2500 (1906). — Gorter, A. **359**, 220 (1908).

[4] M. **13**, 53 (1892); **14**, 214 (1893); **15**, 319 (1894).   [5] Arch. **229**, 149 (1891).

[6] Proc. **20**, 171 (1904). — Soc. **85**, 1462 (1904); **87**, 107 (1905). — Pyman, Soc. **91**, 1230 (1907). — Perkin und Uyeda, Soc. **121**, 69 (1922).

Benzoylchlorid, Benzoylbromid,
Benzoësäureanhydrid, Natriumbenzoat, Benzoësäure.
p-Chlorbenzoylchlorid,
o-Brombenzoylchlorid, p-Brombenzoylchlorid, p-Brombenzoësäureanhydrid,
o-, m- und p-Nitrobenzoylchlorid, Dinitrobenzoylchlorid, ferner noch
Anisoylchlorid, Veratroylchlorid und Benzol(Toluol-)sulfosäurechlorid.

Benzoylieren mit Benzoylchlorid.

Zur „sauren Benzoylierung" mit Benzoylchlorid erhitzt man mehrere Stunden am Rückflußkühler auf 180°.

Im Einschmelzrohr zu arbeiten empfiehlt sich nur dann, wenn man sicher sein kann, daß die entstehende Salzsäure zu keinerlei sekundären Reaktionen Veranlassung geben kann, oder wenn sie, bei stickstoffhaltigen Verbindungen, unter Chlorhydratbildung unwirksam gemacht wird [1]). In solchen Fällen werden die berechneten Mengen der Ingredienzien etwa 4 Stunden auf 100—110° erhitzt.

Leichter benzoylierbare Körper werden auf dem Wasserbad erhitzt oder einfach, etwa in ätherischer Lösung, mit durch Äther verdünntem Benzoylchlorid stehengelassen [2]).

Zur Benzoylierung des Tetrabrombiresorcins mußten R. Meyer und Desamari mit dem Doppelten der berechneten Menge Benzoylchlorid und etwas Chlorzink auf 150° erhitzen [3]).

Anwendung von Schwefelsäure: Reverdin, Hel. 1, 205 (1918); 2, 729 (1919) [4]).

Auf α- und γ-Oxychinoline wirkt Benzoylchlorid in der Siedehitze so ein, daß das Hydroxyl des Oxychinolins durch Chlor ersetzt wird [5]).

Über reduzierende Benzoylierung siehe S. 523.

Beim Dicyanmethyl und Dicyanäthyl wird nach Burns [6]) durch Erhitzen der Substanz mit Benzoylchlorid der direkt am Kohlenstoff befindliche Wasserstoff durch Benzoyl substituiert.

Während diese Art des Benzoylierens nur relativ selten angewendet wird [7]), ist die Methode des Acylierens in wäßrig-alkalischer Lösung [8]) eine sehr häufig und fast immer mit Erfolg geübte Reaktion. Diese von Lossen aufgefundene [9]), von Schotten und Baumann [10]) verallgemeinerte Methode ist unter dem Namen der Schotten-Baumannschen bekannt. Die Substanz wird im allgemeinen mit überschüssiger 10proz. Natronlauge und Benzoylchlorid geschüttelt, bis der Geruch nach Benzoylchlorid verschwunden ist (Baumann). Soll die Benzoylierung möglichst vollständig sein, so muß man in-

---

[1]) Danckworth, Arch. **228**, 581 (1890).
[2]) Knorr, A. **301**, 7 (1898).   [3]) B. **42**, 2818 (1909).
[4]) Siehe dazu Bergmann und Radt, B. **54**, 1652 (1921).
[5]) Ellinger und Riesser, B. **42**, 3336 (1909).   [6]) J. pr. (2) **44**, 568 (1891).
[7]) In manchen Fällen, wo die alkalische Benzoylierung versagt, führt aber gerade die saure Benzoylierung zum Ziel. — Lassar-Cohn und Löwenstein, B. **41**, 3360 (1908). — Lipp und Scheller, B. **42**, 1972 (1909).
[8]) Benzoylieren in aceton-wäßrig-alkalischer Lösung: Kinscher, Diss. Erlangen (1909), 14, 39.
[9]) A. **161**, 348 (1872); **175**, 274, 319 (1875); **205**, 282 (1880); **217**, 16 (1883); **265**, 148, Anm. (1891).
[10]) Schotten, B. **17**, 2445 (1884). — Baumann, B. **19**, 3218 (1886).

dessen nach Panormow[1]) etwas stärkere Lauge verwenden. Man schüttelt
z. B. die Substanz mit 50 Teilen 20 proz. Natronlauge und 6 Teilen Benzoylchlorid in geschlossenem Kolben, bis der heftige Geruch des Säurechlorids
verschwunden ist. Die Temperatur soll nicht über 25° steigen [v. Pechmann[2])].

Skraup[3]) empfiehlt, die Mengenverhältnisse so zu wählen, daß auf
ein Hydroxyl immer sieben Moleküle Natronlauge und fünf Moleküle Benzoylchlorid in Anwendung kommen. Das Ätznatron wird in der 8—10fachen Menge
Wasser gelöst. Man schüttelt unter mäßiger Kühlung 10—15 Minuten.

Beim Pyrogallol war es nötig, die Schüttelflasche mit Leuchtgas[4])
zu füllen. Bei derartigen, gegen Alkali empfindlichen Stoffen kann man auch
in Sodalösung[5]) oder nach Bamberger[6]) unter Verwendung von Alkalibicarbonat[7])[8]) oder Natriumacetat arbeiten; oft genügt es übrigens, die
Lauge stark zu verdünnen[9]).

Die Benzoylprodukte bilden gewöhnlich weiße, halbfeste Massen, die
bei längerem Stehen mit Wasser hart und krystallinisch werden, aber häufig
hartnäckig Benzoylchlorid oder Benzoesäure resp. Benzoesäureanhydrid
zurückhalten.

Zur Reinigung des Traubenzuckerderivats löst Skraup[10]) das Reaktionsprodukt in Äther, destilliert ab und nimmt den Rückstand mit Alkohol
auf, wodurch anhaftende Reste von Benzoylchlorid zerstört werden, die selbst
andauerndes Schütteln der ätherischen Lösung mit konzentrierter Lauge nicht
hatte entfernen können. Die alkoholische Lösung wird mit etwas überschüssiger
Soda vermischt, mit Wasser ausgefällt, Alkohol und Äthylbenzoat mit Wasserdampf verjagt und der Rückstand durch oftmaliges Umkrystallisieren aus
Alkohol, dann Eisessig, gereinigt. In Äther ist die reine Substanz nicht löslich,
während das Rohprodukt sich in der Regel schon in wenig Äther vollständig
löst.

Anhaftende Benzoesäure kann man evtl. im Vakuum absublimieren,
oder mit Wasserdampf abtreiben, oder, wenn angängig, durch Auskochen mit
Schwefelkohlenstoff[11]), mit Ligroin[12]) oder kaltem Benzol[13]) entfernen. Ein
Gramm Benzoesäure löst sich in ca. 7.8 ccm siedendem Ligroin[14]).

Das Auskochen erfolgt (einfacher als im Soxhletschen Apparat) folgendermaßen: Das Rohprodukt, in Filterpapier gewickelt, befindet sich in einem
60 cm langen, 4 cm breiten Glasrohr, oberhalb einer Porzellansaugplatte, die
durch Verjüngen des Rohrs an einem Ende eingepaßt werden kann. Das Rohr
wird mittels Gummistopfens auf einen mit Ligroin beschickten Kolben gesetzt,

---

[1]) B. **24**, R. 971 (1891). — Baisch, Z. physiol. **18**, 200 (1894). — Schunck und
Marchlewski, Soc. **65**, 187 (1894).   [2]) B. **25**, 1045 (1892).   [3]) M. **10**, 390 (1891).

[4]) Besser Wasserstoff. Eder, Arch. **254**, 1 (1916).

[5]) Lossen, A. **265**, 148 (1891). — Simon, Arch. **244**, 460 (1906). — Die öfters in
großer Menge zugesetzte Soda wirkt auch aussalzend auf das Reaktionsprodukt, was
unter Umständen von Wert sein kann. Siehe Kauffmann und Fritz, B. **43**, 1216 (1910).

[6]) M. u. J. **2**, 546 .— E. Fischer, B. **32**, 2454 (1899). — Siehe auch S. 924.

[7]) Siehe auch B. **38**, 1659 (1905); **39**, 539 (1906). — Wieland und Bauer, B. **40**,
1687 (1907). (Dioxyguanidin). — Pauly und Weir, B. **43**, 667 (1910).

[8]) Das löslichere Kaliumbicarbonat ist wieder dem Natriumbicarbonat vorzuziehen: Mohr, J. pr. (2) **81**, 57 (1910).

[9]) Cebrian, B. **31**, 1598 (1898).   [10]) M. **10**, 395 (1889).

[11]) Barth und Schreder, M. **3**, 800 (1882).

[12]) E. Fischer, B. **34**, 2900 (1901). — Baum, B. **37**, 2950 (1904). — Pauly und
Weir, B. **43**, 667 (1910). — Mohr, J. pr. (2), **81**, 57 (1910).

[13]) Ehrlich, B. **37**, 1828 (1904). — Kyriacou, Diss. Heidelberg (1908), 32.

[14]) Weir, Diss. Würzburg (1909), 20.

sein oberes Ende trägt einen Rückflußkühler. Auf die Porzellansaugplatte gibt man noch etwas entfettete Baumwolle.

Ist das Benzoylprodukt in Äther löslich, so führt gewöhnlich schon wiederholtes Ausschütteln mit Lauge zum Ziel, kann aber partielle Verseifung bewirken. Auch Waschen des Rohproduktes mit verdünntem Ammoniak kann am Platze sein.

Als bestes Krystallisationsmittel hat Kueny[1]) Essigsäureanhydrid empfohlen. So wird z. B. Pentabenzoyltraubenzucker mit überschüssigem Anhydrid im Einschlußrohr 6 Stunden im Chlorcalciumbad auf 112° erwärmt. Beim Erkalten krystallisiert die Substanz in schönen Nadeln aus. — Diese Methode schließt indes immer die Gefahr einer Verdrängung von Benzoyl- durch Acetylgruppen in sich.

Dioxymethylenkreatinin kann nur auf folgende Weise in ein reines und einheitliches Dibenzoylderivat übergeführt werden[2]).

Die mit einem kleinen Überschuß von Lauge und Benzoylchlorid versetzte Lösung wird nur so lange geschüttelt, bis die erste krystallinische Ausscheidung bei noch vorhandener, evtl. wiederhergestellter, alkalischer Reaktion erfolgt. Der Überschuß des Benzoylchlorids und etwa vorhandenes Benzoesäureanhydrid wird nun mit Äther entfernt, filtriert und der Filterrückstand nach dem Waschen mit Wasser aus Alkohol umkrystallisiert. Aus dem Filtrat können in analoger Weise weitere Mengen Benzoylprodukt gewonnen werden.

Während die freien aromatischen Oxysäuren und Phenolsulfosäuren sich nur schwer benzoylieren lassen, gelingt die Benzoylierung leicht mit den Estern[3]).

Da Benzoylchlorid sich in der Kälte mit Alkohol nur langsam umsetzt, kann man auch in alkoholischer Lösung arbeiten und benutzt dann an Stelle der wäßrigen Lauge Natriumalkoholat [Methode von Claisen[4])]. Im allgemeinen wird man hier unter Eiskühlung zu arbeiten haben[5]).

Feist[6]) konnte nur auf folgende Art Benzoylierung des Diacetylacetons erreichen: Ein Gemenge von einem Molekül Diacetylaceton, zwei Molekülen Benzoylchlorid und zwei Molekülen bei 200° getrocknetem Natriumäthylat[7]) wurde 6 Stunden am Rückflußkühler erhitzt, nach dem Erkalten die Lösung vom Chlornatrium abgesaugt und von Benzol befreit. Zur Reinigung wurde die ätherische Lösung mit verdünnter Sodalösung geschüttelt.

Sehr bewährt hat sich nach Brühl[8]) auch Aceton als Lösungsmittel. 5.25 g ($^1/_{40}$ Molekül) Camphocarbonsäureester wurden in 50 ccm Aceton gelöst und unter Eiskühlung und Turbinieren gleichzeitig 17.5 g ($^5/_{40}$ Molekül) Benzoylchlorid und 100 ccm dreifach normale Natronlauge ($^{12}/_{40}$ Molekül) langsam eintropfen lassen. Allmählich werden auch noch weitere Mengen Aceton zugefügt, so daß alles in Lösung bleibt. Sobald der Geruch nach Benzoylchlorid verschwunden war, wurde in Wasser gegossen und ausgeäthert.

Auch Xylol[9]), Ligroin[10]), Chloroform[11]) und Benzoesäureester[12]) werden als Verdünnungsmittel empfohlen.

[1]) Z. physiol. **14**, 337 (1890).   [2]) Jaffé, B. **35**, 2899 (1902).
[3]) Lassar-Cohn und Löwenstein, B. **41**, 3360 (1908).   [4]) B. **27**, 3183 (1894).
[5]) Claisen, A. **291**, 53 (1896). — Wislicenus und Densch, B. **35**, 763 (1902).
[6]) B. **28**, 1824 (1895).   [7]) Von E. Merck, Darmstadt, zu beziehen.
[8]) B. **36**, 4273 (1903).
[9]) Bischoff, B. **24**, 1046 (1891). — Brühl, B. **24**, 3378 (1891).
[10]) Lassar-Cohn und Löwenstein, B. **41**, 3360 (1908).
[11]) E. Fischer und Freudenberg, B. **45**, 2725 (1912). — E. Fischer und Oetker,
B. **46**, 4029 (1913).   [12]) Brühl, B. **25**, 1873 (1892).

Ähnlich konnte Dimroth den Phenylbenzoyloxytriazolcarbonsäureester nur durch mehrtägiges Erhitzen des trocknen Natriumsalzes mit absolutem Äther und Benzoylchlorid auf 100° erhalten [1].

In manchen Fällen sind die Kaliumsalze verwendbarer als die Natriumsalze [2]. Noch energischer reagieren Silbersalze [3].

Besser als auf die trocknen Alkaliverbindungen Benzoylchlorid einwirken zu lassen — was Claisen [4] gelegentlich versucht hat —, ist das obenerwähnte Verfahren, Natriumalkoholat in alkoholischer Lösung zu benutzen oder die Benzoylierung in ätherischer oder Benzollösung bei Gegenwart von trocknem Alkalicarbonat vorzunehmen (Claisen), oder endlich nach Brühl [5] die in Petroläther gelöste Substanz mit in demselben Medium suspendiertem Natriumstaub und gleichermaßen verdünntem Benzoylchlorid zu kochen.

Nach Viktor Meyer [6] und Goldschmiedt [7] enthält das Benzoylchlorid des Handels oft Chlorbenzoylchlorid. Da die gechlorten Benzoylverbindungen schwerer löslich sind als die entsprechenden Derivate der Benzoesäure, lassen sich die erhaltenen Benzoylderivate durch Umkrystallisieren nicht gut von Chlor befreien.

Übrigens führt auch reines Benzoylchlorid gelegentlich zur Bildung chlorhaltiger Produkte [8].

War das Benzoylchlorid aus Benzotrichlorid und Bleioxyd oder Zinkoxyd dargestellt, so wird aus etwa beigemischtem Benzalchlorid durch die Behandlung mit den Metalloxyden Benzaldehyd entstehen, der zu Störungen Anlaß geben kann [9].

Lactone geben alkalilösliche benzoylierte Säuren. Man säuert an und destilliert aus dem Gemisch des Produkts mit Benzoesäure letztere mit Wasserdampf ab [10].

Die Schotten-Baumannsche Methode ist auch analog für Acetylierungen verwendbar, hat hier indessen wegen der leichteren Zersetzlichkeit des Acetylchlorids weniger Bedeutung.

Benzoylieren in Pyridinlösung [11].

Tertiäre Basen, wie Pyridin, Picolin, Chinolin oder Dimethylanilin, wirken als Überträger der Benzoylgruppe, indem sie erst Benzoylchlorid addieren und dann das Benzoylradikal unter Übergang in Chlorhydrat wieder abspalten:

[1] A. **335**, 77 (1904).

[2] Löwenstein, Diss. Königsberg (1908). — Lassar-Cohn und Löwenstein, B. **41**, 3362 (1908).

[3] Dimroth und Dienstbach, B. **41**, 4063, 4064, 4067 (1908). Auch für Acetylierung und Einführung des m-Nitrobenzoylrestes.   [4] A. **291**, 53 (1896).

[5] B. **36**, 4273 (1903).   [6] B. **24**, 4251 (1891).   [7] M. **13**, 55, Anm. (1892).

[8] Scholtz, B. **29**, 2057 (1896). — Siehe auch S. 684.

[9] Hoffmann und V. Meyer, B. **25**, 209 (1892).

[10] Bistrzycki und Flatau, B. **30**, 127 (1897).

[11] Dennstedt und Zimmermann, B. **19**, **75** (1886). — Minunni, G. **22**, II, 213 (1892). — Deninger, J. pr. (2) **50**, 479 (1894). — Claisen, A. **291**, 106 (1896); **297**, 64 (1897). — Wislicenus, A. **291**, 195 (1896). — Léger, C. r. **125**, 187 (1897). — Erdmann und Huth, J. pr. (2) **56**, 4, 36 (1897). — Erdmann, B. **31**, 356 (1898). — Claisen, B. **31**, 1023 (1898). — Einhorn und Hollandt, A. **301**, 95 (1898). — Wedekind, B. **34**, 2070 (1901). — Bouveault, Bull. (3) **25**, 439 (1901). — Tschitschibabin, Bull. (3), **30**, 70, 500 (1903). — Dieckmann, B. **37**, 3370, 3384 (1904). — Auwers, B. **37**, 3899, 3905 (1904). — Freundler, Bull (3) **31**, 616 (1904).

$$\text{(Pyridin-}C_6H_5CO\cdot Cl) + R{-}OH = \text{(Pyridin-}H\cdot Cl) + ROOCC_6H_5.$$

Es ist notwendig [1]), zu den Versuchen reine Basen (Pyridin aus dem Zinksalz oder Pyridin „Kahlbaum") zu verwenden Manchmal muß auch das Pyridin sorgfältig getrocknet sein [2]). Die Ausführung der Benzoylierung erfolgt, wie S. 661 beschrieben.

Als Nebenprodukt [3]) entsteht immer das bei 42° schmelzende Benzoesäureanhydrid.

Man braucht auch nicht überschüssiges Pyridin zu nehmen und kann die Reaktion fast immer in der Kälte zu Ende führen, ja manchmal ist sogar gute Kühlung notwendig [4]). Als Verdünnungsmittel empfiehlt sich Äther [5]).

Chinolin [6]), das man vorteilhaft mit Chloroform verdünnt [7]), wirkt ebenso, nur weniger energisch, bietet dafür aber die Möglichkeit, falls es notwendig ist, höher zu erhitzen; das gleiche gilt vom Dimethylanilin [8]) oder Diäthylanilin [9]).

Bei mehrwertigen Phenolen und Alkoholen ist nach diesem Verfahren meist keine erschöpfende Acylierung zu erzielen.

Über Bildung gemischter Säureanhydride nach diesem Verfahren siehe S. 658.

Eine eigentümliche Beobachtung machten E. Fischer und Bergmann [10]) bei der Benzoylierung des α-Diaceton-dulcits. Bei der Einwirkung von Benzoylchlorid und Chinolin entsteht ein Dibenzoylderivat, das bei 185—186° schmilzt und in Alkohol ziemlich schwer löslich ist. Verwendet man aber Pyridin an Stelle des Chinolins, so entsteht ein isomerer Körper (β-Dibenzoyl-diaceton-dulcit). Die gleiche Isomerie wurde bei dem Dianisoyl-diaceton-dulcit beobachtet; auch hier entstehen verschiedene Körper, je nachdem man den α-Diaceton-dulcit mit Anisoylchlorid bei Gegenwart von Chinolin oder Pyridin behandelt.

Benzoylbromid.

Nach Brühl [11]) ist Benzoylbromid dem Benzoylchlorid an Reaktionsfähigkeit beträchtlich überlegen. Er benzoylierte mit diesem Reagens den Camphocarbonsäureester nach der Schotten-Baumannschen Methode bei —5°.

Benzoesäure

hat Wedekind [12]) zum Benzoylieren von Oxyanthrachinonen benutzt, wobei unter Zusatz von Schwefelsäure oder auch ohne Katalysator beim Siedepunkt der Benzoesäure gearbeitet wird.

---

[1]) Lockemann und Liesche, A. **342**, 40 (1905).
[2]) Lockemann, B. **43**, 2224 (1910).
[3]) Siehe hierzu auch Schenkel, B. **43**, 2598 (1910).
[4]) Rupe, Luksch und Steinbach, B. **42**, 2517 (1909).
[5]) Einhorn, Rothlauf und Seuffert, B. **44**, 3318 (1911).
[6]) Scholl und Berblinger, B. **40**, 395 (1907).
[7]) E. Fischer und Freudenberg, B. **45**, 2725 (1912). — E. Fischer und Oetker, B. **46**, 4029 (1913).　　[8]) Nölting und Wortmann, B. **39**, 638 (1906).
[9]) Ullmann und Nádai, B. **41**, 1870 (1908).　　[10]) B. **49**, 289 (1916).
[11]) B. **36**, 4274 (1903).　　[12]) DPA. Kl. 12, W 46 334 (1917).

Benzoylieren mit Benzoesäureanhydrid.

Mit Benzoesäureanhydrid erhitzt man die hydroxylhaltige Substanz im offenen Kölbchen 1—2 Stunden auf 150° [Liebermann[1])] oder 160 bis 170°[2]), gelegentlich auch 22—25 Stunden auf 50—60°[3]).

Seltener wird es notwendig sein, im Einschlußrohr stundenlang auf 190 bis 200° zu erhitzen[4]).

Mit Benzoesäureanhydrid und Wasser gelingt die Überführung des Ecgonins in Cocain besonders gut[5]).

Ein Molekül Ecgonin wird in der halben Menge heißen Wassers gelöst und bei Wasserbadhitze mit etwas mehr als einem Molekül Benzoesäureanhydrid, das man allmählich zusetzt, eine Stunde digeriert. Nach dem Abkühlen werden überschüssiges Anhydrid und Benzoesäure durch Ausschütteln mit Äther entfernt. Der ausgeätherte Rückstand wird durch Waschen mit Wasser gereinigt, oder man kocht mit Soda und treibt unveränderten Alkohol (Phenol) mit Wasserdampf über.

In ähnlicher Weise benzoyliert Knick[6]) das p-Nitrophenyl-α-, γ-lutidyl-alkin. Die stark verdünnte salzsaure Lösung der Substanz wird mehrere Stunden mit Benzoesäureanhydrid auf dem Wasserbad erwärmt, aus der wäßrigen Lösung durch Schütteln mit Äther die Benzoesäure entfernt und der Ester mit Natronlauge gefällt.

Nach Goldschmiedt und Hemmelmayr[7]) ist vollständige Benzoylierung manchmal noch besser als nach Schotten - Baumann bei Anwendung von Benzoesäureanhydrid und Natriumbenzoat zu erzielen.

2 g Scoparin, 10 g Benzoesäureanhydrid und 1 g trocknes benzoesaures Natrium wurden 6 Stunden im Ölbad auf 190° erhitzt, hierauf die Masse mit 2 proz. Natronlauge übergossen und über Nacht in der Kälte stehen gelassen. Das ausgeschiedene Hexabenzoylderivat wurde aus Alkohol gereinigt.

Reychler empfiehlt, als katalysierendes Agens statt der sonst verwendeten[8]) Schwefelsäure oder statt Chlorzink Sulfosäuren, speziell Camphersulfosäure, zu verwenden[9]).

Auch mit Benzoesäureanhydrid allein sind Erfolge erzielt worden, die nach den anderen Verfahren nicht erreicht werden konnten [Gorter[10]), Emmerling[11])].

Gascard[12]) benutzt die Benzoylierung mit Benzoesäureanhydrid zur Bestimmung des Molekulargewichts von Alkoholen und Phenolen.

Das in Äther gelöste Gemisch von Ester, Anhydrid und Säure gibt nämlich seine Säure an wäßrige Kalilauge ab, ohne daß der Ester und das Anhydrid merklich zersetzt werden. Die Benzoesäureester der tertiären Alkohole liefern jedoch zu niedrige Werte, da sie bei der Titration mehr oder weniger verseift werden. In einen langhalsigen Kolben bringt man eine bestimmte Menge des zuvor getrockneten Alkohols oder Phenols und einen Überschuß von Benzoe-

[1]) A. **169**, 237 (1873). — Windaus und Hauth, B. **39**, 4378 (1906).
[2]) E. Müller, Diss. Leipzig (1908), 22.
[3]) Lifschütz, Z. physiol. **96**, 342 (1916).
[4]) Romburgh, Rec. **1**, 50 (1882). — Likiernik, Z. phys. **15**, 418 (1894).
[5]) Liebermann und Giesel, B. **21**, 3196 (1888). — DRP. 47 602 (1889).
[6]) B. **35**, 2791 (1902).
[7]) M. **15**, 327 (1894). — Siehe auch Thoms und Drauzburg, B. **44**, 2130 (1911). — Kueny, Arch. **252**, 370 (1914).
[8]) Wegscheider, M. **30**, 859 (1909). Aldehyde.
[9]) Bull. Soc. Chim. Belg. **21**, 428 (1907).   [10]) Arch. **235**, 313 (1897).
[11]) B. **41**, 1375 (1908).   [12]) J. Pharm. Chim. (6) **24**, 97 (1906).

säureanhydrid (das 2—3fache der Theorie), schmilzt den Kolben zu und erhitzt ihn längere Zeit (bis 24 Stunden) im Wasser- oder Ölbad. Der Kolben soll untertauchen. In den meisten Fällen wird siedende, in der Kälte gesättigte Chlorcalciumlösung als Bad genügen. Nach beendigtem Erhitzen öffnet man den Kolben, läßt 10—20 ccm Äther einfließen, setzt nach eingetretener Lösung 5 ccm Wasser und 2 Tropfen Phenolphthaleinlösung zu und titriert mit normaler Kalilauge. Das Molekulargewicht M ergibt sich aus der Formel:

$$M = \frac{p \cdot 1000}{N-n},$$

wo p das Gewicht des Alkohols oder Phenols, N die Anzahl verbrauchter Kubikzentimeter normaler Kalilauge und n die bei einem blinden Versuch mit der gleichen Menge Anhydrid, Äther und Phenolphthalein verbrauchte Anzahl Kubikzentimeter Kalilauge bedeutet.

Handelt es sich um einen mehrwertigen Alkohol, so ist das Resultat mit der Anzahl der vorhandenen Hydroxylgruppen zu multiplizieren.

In den Fällen, wo der Benzoesäureester in Äther schwerlöslich oder unlöslich ist, muß Benzol oder Chloroform als Lösungsmittel verwendet werden.

Benzoylieren mit substituierten Benzoesäurederivaten und Acylierung durch Benzol-(Toluol-)sulfosäurechlorid.

Jackson und Rolfe[1]) benzoylieren mit p-Brombenzoylchlorid oder p-Brombenzoesäureanhydrid und bestimmen aus dem Bromgehalt der so gewonnenen Derivate die Zahl der ursprünglich vorhandenen Hydroxylgruppen.

Authenrieth empfiehlt[2]) dieses Reagens zum Nachweis des Methylalkohols (siehe S. 587).

Ebenso eignen sich o-Brombenzoylchlorid[3]), p-Chlorbenzoylchlorid[4]), o-Nitrobenzoylchlorid[5])[6]), m-Nitrobenzoylchlorid[6])[7]) und p-Nitrobenzoylchlorid[6])[8]) zur Bestimmung von Hydroxylgruppen.

Speziell die mit m-Nitrobenzoylchlorid erhältlichen Derivate zeichnen sich durch Schwerlöslichkeit und eminentes Krystallisationsvermögen aus [V. Meyer und Altschul[9])].

Das schwer lösliche p-Nitrobenzoylchlorid wird meist in Äther, Aceton oder Benzol gelöst. Es dient[10]) u. a. zur Identifizierung des Äthylalkohols und für die Charakterisierung von Enolen[11]).

Die zu prüfende Flüssigkeit wird mit dem gleichen Gewicht p-Nitrobenzoyl-

---

[1]) Am. **9**, 82 (1887). — Scholl, B. **43**, 351 (1910). — Potschiwauscheg, B. **43**, 1744, 1749 (1910).   [2]) Arch. **258**, 1 (1920).   [3]) Schotten, B. **21**, 2250 (1888).
[4]) Stolz, B. **37**, 4151 (1904). — Lockemann, B. **43**, 2224, 2228, 2229 (1910).
[5]) DRP. 170 587 (1906). — Die Substanz explodiert bei der Vakuumdestillation selbst bei bloß 5 mm Druck. Schaarschmidt und Herzenberg, B. **53**, 1393 (1920).
[6]) Hänggi, Hel. **4**, 23 (1921).
[7]) Claisen und Thompson, B. **12**, 1943 (1879). — Schotten, B. **21**, 2244 (1888). — Soc. **67**, 591 (1895). — W. Wislicenus, A. **312**, 48 (1900). — Frankland und Harger, Soc. **85**, 1571 (1904). — Siehe auch DRP. 170 587 (1906). — Wohl, B. **40**, 4694 (1907). — Frenzen, B. **42**, 2466 (1909). — Lockemann, B. **43**, 2224, 2228 (1910).
[8]) Wislicenus, A. **316**, 37, 333 (1901). — Buchner und Meisenheimer, B. **38**, 624 (1905). — Emmerling, B. **41**, 1376 (1908). — Lockemann, B. **43**, 2226 (1910). — Forster und Kunz, Soc. **105**, 1718 (1914). — Henderson und Sutherland, Soc. **105**, 1710 (1914).
[9]) B. **26**, 2756 (1893).
[10]) Buchner und Meisenheimer, B. **38**, 624 (1905). — E. Fischer, B. **47**, 456 (1914).
[11]) Rügheimer, B. **49**, 591 (1916).

chlorid versetzt und kurze Zeit erwärmt, wobei Salzsäure entweicht. Beim Erkalten scheidet sich eine Krystallmasse ab, die mit verdünnter Sodalösung verrieben, dann abgesaugt und mit Wasser gewaschen wird. Durch Umkrystallisieren aus heißem Ligroin wird der Schmelzpunkt des reinen p-Nitrobenzoesäureäthylesters (57—58°) leicht erreicht.

Zur Identifizierung von aliphatischen Alkoholen überhaupt empfehlen Berend und Heymann[1]) sowie Mulliken[2]) die Darstellung der 3.5-Dinitrobenzoylderivate. — Methylalkohol: Kremers, a. a. O.

Zur Spaltung der p-Nitrobenzoylderivate (namentlich auch der Basen) hat sich Kochen mit (etwa 15proz.) Bromwasserstoffsäure bewährt[3]).

Gelegentlich kann es von Wert sein, Versuche statt mit halogensubstituierten Benzoylchloriden, mit Anisoylchlorid[4]) oder Veratroylchlorid zu unternehmen, wodurch die Bestimmung der Hydroxylgruppen vermittels der Methoxylzahl ermöglicht wird.

Die Umsetzungen der Säurechloride sind auf primäre Additionen an die Carbonylgruppe zurückzuführen[5]). Säurechloride mit ungesättigter Carbonylgruppe sollten deshalb besonders reaktionsfähig sein. Von Staudinger und Con[1]) wurde gezeigt, daß eine paraständige Methoxygruppe oder eine Dimethylaminogruppe die Reaktionsfähigkeit des Carbonyls im Benzaldehyd resp. Benzophenon stark erhöht. Entsprechend ist auch Anissäurechlorid, noch mehr aber p-Dimethylamino-benzoylchlorid reaktionsfähiger als Benzoylchlorid[6]). — Siehe auch S. 693.

Auch die von Hinsberg[7]) angegebene Verwendung von

Benzolsulfosäurechlorid[8])[10])

sei hier angeführt.

Es wird nach der Schotten-Baumannschen Methode zur Einwirkung gebracht, oder man setzt der Mischung von Phenol und Benzolsulfochlorid, Zinkstaub oder Chlorzink zu und erwärmt[9]).

Alkoholische Lösungen sind möglichst zu vermeiden, da der Alkohol bei Gegenwart von Alkali das Benzolsulfochlorid zu heftig angreift, das dann vor Vollendung der gewünschten Reaktion verbraucht wird. Zur Reinigung werden die Niederschläge mit etwas Alkali angerührt, um sie von einem Rest Benzolsulfochlorid zu befreien, und aus Alkohol umkrystallisiert.

Diese Ester pflegen in heißem Alkohol, Benzol, Chloroform und Schwefelkohlenstoff leicht, in Äther schwer löslich zu sein[11]). Sie besitzen oftmals besonderes Krystallisationsvermögen[12]).

---

[1]) J. pr. (2) **69**, 455 (1904). — Kremers, J. Am. pharm. Ass. **10**, 252 (1921).

[2]) A method for the identification of pure organic compounds **1**, 168 (1904).

[3]) Jacobs, Diss. Berlin (1907), 18.

[4]) Hierfür Beispiele: Werner und Subak, B. **29**, 1156 (1896). — Braun und Steindorf, B. **38**, 3098 (1905). — Rud. Schulze, Diss. Kiel (1906), 110. — Auwers und Eckardt, A. **359**, 367 (1908). — Scheiber und Brandt, J. pr. (2), **78**, 93 (1908). — Frenzen, B. **42**, 2467, 2468 (1909). — Gabriel, B. **42**, 4062 (1909). — DRP. 264654 (1913). — E. Fischer und Bergmann, B. **49**, 289 (1916). — Rügheimer, B. **49**, 592 (1916).   [5]) Werner, Stereochemie, S. 411.   [6]) A. **384**, 62 (1911).

[7]) Staudinger und Endle, B. **50**, 1046 (1917).

[8]) B. **23**, 2962 (1890).

[9]) Schotten und Schlömann, B. **24**, 3689 (1891). — DRP. 117587 (1901). — Grandmougin und Bodmer, B. **41**, 610 (1908).

[10]) Schiaparelli, G. **11**, 65 (1881). — Krafft und Roos, B. **26**, 2823 (1893). — Heffter, B. **28**, 2261 (1895).

[11]) Georgescu, B. **24**, 416 (1891).   [12]) Manasse, B. **30**, 669 (1897).

Ebenso verwertbar ist

p - Toluolsulfochlorid.

Das käufliche Präparat ist oft nicht rein. Man löst es in einem Teil Aceton und läßt unter Rühren in Eiswasser eintropfen. Dabei scheidet sich die Substanz sofort in Krystallen ab[1]). Man arbeitet nach Schotten-Baumann unter Benutzung von Soda[2]) oder Ätznatron, zweckmäßig mit Benzol als Verdünnungsmittel[3]), oder nach Einhorn mit Diäthylanilin[4]).

Die Verseifung derartiger Ester läßt sich mit kalter konzentrierter Schwefelsäure ausführen[5]).

Polynitrophenole (Naphthole) mit zur Hydroxylgruppe orthoständigen NO_2-Gruppen tauschen beim Behandeln mit Arylsulfochloriden bei Gegenwart tertiärer Basen ihr Hydroxyl gegen Chlor aus[6]). Die Ausbeuten sind aber oft sehr schlecht.

Darstellung der substituierten Benzoesäurederivate und des Benzolsulfosäurechlorids.

Parabrombenzoylchlorid. Parabrombenzoesäure wird mit der äquivalenten Menge Phosphorpentachlorid zusammengerieben, das Gemisch erwärmt und nach Austreibung des größten Teils des dabei entwickelten Chlorwasserstoffs im Vakuum fraktioniert. Smp. 42°, Sdp. 174° bei 102 mm. Leicht löslich in Benzol und Ligroin.

Parabrombenzoesäureanhydrid entsteht bei einstündigem Erhitzen von 3 Teilen p-brombenzoesaurem Natrium mit 2 Teilen p-Brombenzoylchlorid auf 200°. Smp. 212°. Fast unlöslich in Äther, Schwefelkohlenstoff und Eisessig, wenig löslich in Benzol, etwas leichter in Chloroform, woraus es gereinigt wird.

Orthobrombenzoylchlorid[7]), analog seinem Isomeren dargestellt, läßt sich bei Atmosphärendruck unzersetzt destillieren. Flüssig, Sdp. 241—243°.

Metabrombenzoylchlorid[8]). 15 g geschmolzene und nach dem Erkalten im Exsiccator gepulverte Metabrombenzoesäure und 17 g Phosphorpentachlorid werden vermischt und die Reaktion durch gelindes Erwärmen unterstützt. Das Chlorid wird dann bei 30—35 mm destilliert; Sdp. 130 bis 135°.

Metabrombenzoesäureanhydrid[8]). Man erhitzt ein Gemisch von 17 g brombenzoesaurem Natrium, bei 110° getrocknet und gepulvert, mit 13 g Brombenzoylchlorid $2\frac{1}{2}$ Stunden auf 150—200°. — Das entstandene Anhydrid wird bei 140—180° heraussublimiert und bildet dann bei 148—149° schmelzende lange Nadeln, löslich in Benzol und Chloroform, schwer löslich in Äther und Ligroin.

Metanitrobenzoylchlorid erhält man nach Claisen und Thomp-

<hr>

[1]) Knoop und Landmann, Z. physiol. **89**, 159 (1914).
[2]) Ullmann und Loewenthal, A. **332**, 62 (1904).
[3]) Ullmann und Brittner, B. **42**, 2546 (1909).
[4]) Ullmann und Nádai, B. **41**, 1872 (1908).
[5]) Ullmann und Brittner, a. a. O., 2547 (1909).
[6]) DRP. 199 318 (1908). — Ullmann und Sané, B. **44**, 3731 (1911). — Borsche und Fiedler, B. **46**, 2122 (1913).
[7]) Schotten, B. **21**, 2244 (1888). — Sudborough, Soc. **67**, 591 (1895.)
[8]) Danaila, Bull. (4) **7**, 287 (1910).

son [1]) durch Mischen von Nitrobenzoesäure mit der allmählich zuzusetzenden äquivalenten Menge Phosphorpentachlorid, Abdestillieren des gebildeten Phosphoroxychlorids und Fraktionieren des Rückstands im Vakuum. Smp. 34°; Sdp. 183—184° bei 50—55 mm.

Zur Darstellung von Benzolsulfosäurechlorid [2]) werden äquivalente Mengen benzolsulfosaures Natrium und Phosphorpentachlorid zusammen erwärmt und nach Beendigung der Reaktion in Wasser gegossen. Das abgeschiedene Öl wäscht man mit Wasser und entfärbt es in ätherischer Lösung mit Tierkohle. Smp. 14°; Sdp. 120° bei 10 mm.

Nach dem Verfahren von Hans Meyer [3]) — Darstellung der Säurechloride mit Thionylchlorid [4]) — sind alle diese Derivate viel leichter zugänglich geworden. Man ist damit in die Lage gesetzt, sich rasch und bequem die verschiedensten Säurechloride rein darzustellen.

Das Dimethylamino - benzoylchlorid z. B. wurde früher aus Dimethylanilin und Phosgen gewonnen, ist aber nicht in reinem Zustand hergestellt worden. Man erhält es durch ca. 8 stündiges Erhitzen von Dimethylaminobenzoesäure mit Thionylchlorid. Durch Umkrystallisieren aus Schwefelkohlenstoff wird es in weißen Blättchen vom Smp. 145—147° erhalten.

Das Chlorid ist sehr reaktionsfähig und gegen Luftfeuchtigkeit empfindlicher als Anissäurechlorid und hauptsächlich als Benzoylchlorid [5]).

B. Analyse der Benzoylderivate [6]).

In manchen Benzoylprodukten kann man schon durch Elementaranalyse die genaue Zusammensetzung ermitteln; in substituierten Derivaten bestimmt man Halogen resp. Stickstoff, Schwefel oder Methoxyl.

Zur direkten Bestimmung der Benzoesäure hat Pum [7]) ein Verfahren ausgearbeitet.

Die Substanz, etwa 0.5 g, wird durch zweistündiges Erhitzen im geschlossenen Rohr mit der zehnfachen Menge konzentrierter, mit Benzoesäure in der Kälte gesättigter Salzsäure verseift. Die Digestion wird im kochenden Wasserbad vorgenommen.

Nach 1—2 stündigem Stehen wird der Rohrinhalt vor der Pumpe filtriert, zunächst mit der benzoesäurehaltigen Salzsäure, dann mit einer gesättigten wäßrigen Benzoesäurelösung vollständig gewaschen.

Der Filterrückstand wird in überschüssiger $^n/_{10}$-Natronlauge gelöst, dann die Benzoesäure durch Übersättigen mit Säure und Zurücktitrieren mit Lauge bestimmt. Als Indicator wird Phenolphthalein verwendet. Die Normallösungen werden auf reine Benzoesäure gestellt.

Beim Mischen der beiden Waschflüssigkeiten fällt etwas Benzoesäure aus, und daher wird immer ca. 1% zuviel gefunden. Man kann diesen konstanten Fehler entweder in Rechnung ziehen oder dadurch eliminieren, daß man in einem blinden Versuch, unter Benutzung einer gleichen Menge Waschflüssigkeit wie beim Hauptversuch, die Menge der ausgefällten Benzoesäure bestimmt.

---

[1]) B. **12**, 1943 (1879).
[2]) Otto, Z. **1866**, 106. — Siehe dazu Knoevenagel, B. **41**, 3325, Anm. (1908).
[3]) M. **22**, 109, 415, 777 (1901). — Siehe auch S. 720, 750.
[4]) Zur Reinigung des Thionylchlorids destilliert man es langsam über Bienenwachs. Hans Meyer und Schlegl, M. **34**, 569 (1913).
[5]) Staudinger und Endle, B. **50**, 1046 (1917).
[6]) Über Verseifen empfindlicher Benzoylverbindungen siehe auch Wohl, B. **36**, 4144 (1903).
[7]) M. **12**, 438 (1891).

Allgemeiner anwendbar ist das Verfahren, in der verseiften Substanz, analog der Destillationsmethode bei Acetylbestimmungen, die mit Wasserdampf übergetriebene Benzoesäure zu titrieren [R. und H. Meyer[1])].

Ca. 0.5 g Substanz werden mit 30—50 ccm Alkohol (am besten Methylalkohol: siehe S. 674) und überschüssigem Ätzkali unter Rückflußkühlung verseift, nach dem Erkalten mit konzentrierter Phosphorsäurelösung oder glasiger Phosphorsäure angesäuert und hierauf mit Wasserdampf destilliert.

Im Anfang läßt man die Destillation langsam gehen und evtl. noch durch einen Tropftrichter Alkohol zufließen, damit das Verseifungsprodukt sich allmählich und krystallinisch ausscheide und keine harzigen Produkte entstehen, die Benzoesäure einhüllen und ihre Übertreibung erschweren können.

Sobald 1—$1\frac{1}{2}$ l Wasser übergegangen sind, werden 150 ccm des nun folgenden Destillats gesondert aufgefangen, durch Titration auf Benzoesäure geprüft, und sobald diese nicht mehr nachweisbar ist, die Destillation abgebrochen.

Wenn sich die Substanz nicht durch alkoholische Lauge verseifen läßt, führt oft Erhitzen mit (bis 80 proz.) Schwefelsäure zum Ziel. Man destilliert dann nach Zusatz von primärem Natriumphosphat[2]).

Die vereinigten Destillate werden mit einer gemessenen Menge Lauge alkalisch gemacht und in einer Platin-, Silber- oder Nickelschale auf 100 bis 150 ccm konzentriert, dann kochend zurücktitriert.

Als Indicator dient Aurin oder Rosolsäure. Erst wenn sich der Farbstoff nach 10 Minuten langem Kochen nicht mehr rot färbt, ist alle Kohlensäure vertrieben und die Titration beendet.

Die zum Titrieren benutzte $n/_{10}$-Lauge stellt man auf sublimierte, frisch geschmolzene Benzoesäure.

Das Eindampfen hat auf einer Spiritus- oder Benzinkochlampe zu erfolgen, damit keine schweflige oder Schwefelsäure in die Flüssigkeit gelange.

Scharf[3]) zieht es vor, das mit Natronlauge alkalisch gemachte Destillat einzuengen, die überschüssige Natronlauge durch Einleiten von Kohlendioxyd in Carbonat zu verwandeln und zur Trockne einzudampfen. Aus dem Rückstand erhält man durch Extraktion mit Alkohol das benzoesaure Natrium, das nach dem Abdestillieren des Alkohols bei 110° getrocknet und gewogen wird.

Durch Verseifung und direkte Titration hat Vongerichten[4]) das Benzoylmorphin untersucht.

Die Substanz wurde in Methylalkohol gelöst, mit wenig Wasser und 10 ccm Normallauge am Rückflußkühler 2—3 Stunden gekocht, bis eine Probe beim Verdünnen mit Wasser keine Trübung mehr zeigte. Titration mit n-Salzsäure unter Benutzung von Phenolphthalein als Indicator ergab das Vorliegen des Monobenzoylprodukts.

Auf dieselbe Art wurde Dibenzoylpseudomorphin und Tribenzoylmethylpseudomorphin analysiert.

Wenn das entacylierte Produkt in Lauge unlöslich ist, kann es abfiltriert, getrocknet und gewogen werden. Das alkalische Filtrat wird angesäuert, erschöpfend mit Äther extrahiert und die Benzoesäure im Rückstand gewogen[5]), evtl. nachdem der Ätherrückstand im Trockenschrank auf 115—120°

---

[1]) B. **28**, 2965 (1895). — R. Meyer und Hartmann, B. **38**, 3956 (1905).
[2]) Heller, B. **42**, 2740 (1909).   [3]) Diss. Leipzig (1903), 29.
[4]) A. **294**, 215 (1896). — Lockemann und Liesche, A. **342**, 42 (1905).
[5]) Scholl, Steinkopf und Kabacznik, B. **40**, 392 (1907). — Scholl und Holdermann, B. **41**, 2320 (1908). — Wunderlich, Diss. Marburg (1908), 62. — Sieburg, Arch. **251**, 161 (1913).

(zum Wegsublimieren der Benzoesäure) erhitzt worden war, eine Kontrollwägung ausgeführt[1]).

Spaltung von Benzoylprodukten durch Natriumäthylatlösung in der Kälte: Kueny, Z. physiol. **14**, 341 (1890) — beim Kochen am Rückflußkühler: Kiliani und Sautermeister, B. **40**, 4296 (1907) — mit Natriummethylatlösung: Baisch, Z. physiol. **19**, 342 (1895) — mit Piperidin: Auwers und Eckardt, A. **359**, 257 (1908). — Siehe auch S. 675.

3. Acylierung durch andere Säurereste.

Da öfters die höheren Homologen der Fettsäuren, proportional dem steigenden Kohlenstoffgehalt, infolge höheren Siedepunkts leichter in das hydroxylhaltende Molekül eintreten oder besser krystallisierende Derivate geben, werden gelegentlich

Propionsäureanhydrid, Propionylchlorid, Valeriansäurechlorid[2]), Buttersäurechlorid[3]),

Buttersäureanhydrid[4])[5]), Isobuttersäureanhydrid, Isovaleriansäureanhydrid[5]), Isovaleriansäurechlorid[5])[6]), Capronsäurechlorid[5]), sowie Stearinsäureanhydrid, Stearinsäurechlorid[5])[7]), Palmitinsäurechlorid[5]), Palmitin-, Stearin- und Salicylsäureester[8]), Laurinsäurechlorid, Ölsäurechlorid[5])[6]), Brenzschleimsäurechlorid, andererseits aber auch

Opiansäure- und Phenylessigsäurechlorid, Hippursäurechlorid[5]), Zimtsäurechlorid[8])[9]), endlich Chlorkohlensäureester

zu Acylierungen benutzt.

Um zu propionylieren[10]), erhitzt man die Substanz mit überschüssigem Propionsäureanhydrid 2 Stunden in der Druckflasche auf 100° oder einfach am Rückflußkühler[11]).

Man kann auch in offenen Gefäßen arbeiten[12]), setzt dann aber gewöhnlich zur Einleitung der Reaktion einen Tropfen konzentrierte Schwefelsäure zu[13]).

Mit Propionylchlorid haben Fortner und Skraup[14]), indem sie mit äquimolekularen Mengen arbeiteten, den Schleimsäurediäthylester durch 2 stündiges Erhitzen unter Rückfluß auf dem Wasserbad und 24 stündiges Stehenlassen bei Zimmertemperatur in das Tetrapropionylderivat verwandelt[5]).

Die Propionylbestimmung wurde nach zwei Methoden durchgeführt.

1. Titration mit Kalilauge. Der Ester wurde mit der zehnfachen Menge absolutem Alkohol übergossen, auf dem Wasserbad unter Rückfluß-

---

[1]) v. d. Haar, Arch. **252**, 205 (1914).

[2]) Erdmann, B. **31**, 357 (1898). — Brühl, B. **35**, 4037 (1902). — DRP. 182 627 (1907). — Wilke, Diss. Halle (1909), 30.   [3]) Palomaa, B. **42**, 3875 (1909).

[4]) Stütz, A. **218**, 250 (1883). — Hemmelmayr, M. **23**, 162 (1902). — Cohen, Arch. **246**, 512 (1908). — Reychler, Bull. Soc. Chim. Belg. **21**, 428 (1907), setzt noch Camphersulfosäure als Katalysator zu.

[5]) Zuckerarten: Hess und Meßmer, B. **54**, 499 (1921). Man arbeitet bei —10 bis —15°, höchstens bei Zimmertemperatur.

[6]) DRP. 182 627 (1906). — Zemplén und Lázló, B. **48**, 917 (1915).

[7]) Siehe S. 696, Anm. 4.   [8]) Gloth, Diss. München (1910), 47.

[9]) Romburgh, B. **37**, 3470 (1904). — Windaus und Welsch, Arch. **246**, 507 (1908). — Cohen, Rec. **28**, 371, 392, 394 (1909). — E. Fischer und Oetker, B. **46**, 4029 (1913). — Röhmann, Bioch. **77**, 326 (1916).

[10]) Anwendung der Pyridinmethode: Palomaa, B. **42**, 3875 (1909). — Hess und Meßmer, a. a. O.

[11]) Windaus und Schneckenburger, B. **46**, 2631 (1913).

[12]) Windaus und Hauth, B. **39**, 4378 (1906). — Woodbridge, Am. soc. **31**, 1067 (1909).   [13]) Groenewold, Arch. **228**, 177 (1890).   [14]) M. **15**, 200 (1894).

kühlung erwärmt und allmählich etwas mehr als die berechnete Menge $n/10$-Kalilauge zufließen gelassen. Nach $1\frac{1}{2}$ stündigem Kochen wurde mit $n/10$-Salzsäure angesäuert und zurücktitriert.

2. **Wägung des Kaliumpropionats.** Der titrierte Kolbeninhalt wurde zur Trockne gebracht, viermal mit absolutem Alkohol extrahiert, der Extrakt eingedunstet, bei 130° getrocknet und gewogen.

Hess und Meßmer verseifen mit $n/5$-Schwefelsäure und titrieren dann mit Natronlauge.

Die Derivate der Buttersäure und der höheren Fettsäuren müssen mit Lauge verseift und durch eine Parallelprobe mit dem unacylierten Zucker der Mehrverbrauch an Lauge, der durch die Bildung von sauren Umwandlungsprodukten bedingt ist, als Abzugsposten bestimmt werden.

Derivate der Isobuttersäure können in ähnlicher Weise erhalten werden.

Zur Darstellung von Isobutyrylostruthin erhitzte beispielsweise Jassoy[1] je 3 g Ostruthin mit 10 g Isobuttersäureanhydrid 2 Stunden im zugeschmolzenen Rohr auf 150°.

Man gießt das Reaktionsprodukt in Wasser, läßt die anfangs ölartige Masse erstarren, wäscht mit warmem Wasser bis zur neutralen Reaktion aus, preßt ab und trocknet zwischen Fließpapier. Dann reinigt man durch Umkrystallisieren aus Alkohol.

Stearinsäureanhydrid[2], Stearinsäurechlorid, Laurinsäurechlorid[3][4], sowie Palmitinsäurechlorid[5][6] werden auch öfters zum Acylieren verwendet.

Mischt man aus 44 Teilen Stearinsäure dargestelltes Chlorid mit 35 Teilen Santalol, so tritt Erwärmung und starke Salzsäureentwicklung ein. Die Reaktion wird auf dem Wasserbad zu Ende geführt, das Reaktionsprodukt mehrere Male aus heißem, 85 proz. Alkohol umgeschieden und das beim Erkalten ausfallende Öl auf dem Wasserbad getrocknet und filtriert[7].

Quantitative Bestimmung flüchtiger Alkohole nach Grün und Wirth[8].

Ungefähr 0.5—1 g Substanz werden in ein Kölbchen von etwa 100 ccm Fassungsraum eingewogen, wobei man natürlich Benetzen der Kolbenwand vermeidet. Substanzen, die Methyl-, Äthyl- oder Propylalkohol enthalten, wägt man in geschlossenen Gläschen. Man übergießt die Einwage mit einigen — höchstens 5—10 — Kubikzentimetern Laurinsäurechlorid[9], verschließt das Kölbchen mit einem Wattebausch und läßt $\frac{1}{2}$—3 Stunden[10] auf dem Luftbad bei etwa 60° stehen. Hierauf versetzt man mit 50 ccm Wasser,

---

[1] Arch. **228**, 551 (1890).   [2] Beckmann und Pleißner, A. **262**, 5 (1891).

[3] Auwers und Bergs, A. **332**, 201, 203 (1904). — Zemplén und László, B. **48**, 917, 920 (1915).

[4] Grün und Wirth, D. Öl- und Fett-Ind. **1921**, 145.

[5] Erdmann, B. **31**, 356 (1898). — Bergs, Diss. Greifswald (1903), 24.

[6] Sobbe, J. pr. (2) **77**, 510 (1908). — Zemplén und László, B. **48**, 919 (1915).

[7] DRP. 182 627 (1906).   [8] D. Öl- und Fett-Ind. **1921**, 145.

[9] Es ist übrigens gar nicht nötig, eine einheitliche Verbindung zu verwenden; es genügt auch ein Gemenge, wie z. B. von Laurin- und Myristinsäurechlorid, das man aus einer entsprechenden Fettsäurenfraktion durch Behandlung mit Thionylchlorid erhält.

[10] Bei der Analyse primärer Alkohole genügt gewöhnlich halbstündige Einwirkung; in einigen Fällen, bei komplizierter gebauten, wie Geraniol, namentlich aber bei den sekundären Alkoholen, muß man bis zu 3 Stunden einwirken lassen. Versuche, in solchen Fällen, wie auch bei der Veresterung tertiärer Alkohole, durch Zusatz von Pyridin nachzuhelfen, ergaben keine günstigen Resultate.

schüttelt um und kocht bei aufgesetztem kurzen Steigrohr eine Minute auf. Nach dem Erkalten füllt man den Kolbeninhalt in einen $^3/_4$-l-Scheidetrichter um, spült das Kölbchen dreimal mit je 10 ccm Äther, die man erst durch das Steigrohr laufen ließ, aus und gibt die Ätheranteile ebenfalls in den Scheidetrichter. Die wäßrige Schicht wird abgelassen, die ätherische Lösung noch einmal mit Wasser gewaschen und dann in den Titrierkolben abgefüllt. Der Scheidetrichter wird dreimal mit je 10 ccm Alkohol in den Titrierkolben ausgespült, wodurch die Substanz gleich im nötigen Ausmaß verdünnt wird. Man neutralisiert mit alkoholischer Kalilauge, setzt hierauf noch 25 ccm halbnormale alkoholische Lauge zu und verfährt weiter wie bei der Bestimmung der Verseifungszahl.

Der Opiansäure-ψ-ester ist das einzige krystallisierbare Säurederivat des Rhodinols[1]).

Eine allgemein anwendbare Methode, um Säurereste in hydroxylhaltige Substanzen einzuführen, haben Einhorn und Hollandt[2]) angegeben. Ihre Methode fußt auf der Beobachtung von Kempf[3]), daß durch Einwirkung von Phosgen auf Essigsäure Acetylchlorid entsteht. Diese Reaktion vollzieht sich unter Vermittlung von Pyridin schon in der Kälte und läßt sich verallgemeinern. Es entstehen dabei die Säurechloridadditionsprodukte des Pyridins, die in Gegenwart von Phenolen usw. Acylderivate liefern. Man löst die hydroxylhaltige Verbindung in Pyridin auf, das die berechnete Menge der Säure enthält, deren Alkylverbindung man darstellen will, und fügt zu der kalt gehaltenen Flüssigkeit die berechnete Menge gasförmiges oder in Toluol gelöstes Phosgen. Beim Eintropfen in Wasser scheidet sich das Acylierungsprodukt dann entweder direkt ab oder es bleibt im Toluol gelöst.

Auf diese Art wurden Propionyl-, i-Butyryl- und i-Valeryl-β-Naphthol dargestellt. — Natürlich kann man auch die fertigen Säurechloride in Pyridinlösung reagieren lassen[4]). (Siehe S. 688.)

Auch mit Chlorkohlensäureester kann man nach diesem Verfahren oder nach Schotten-Baumann acylieren[5]). Namentlich Phenolcarbonsäuren, Phenolsulfosäuren[6]), Amine[7]), Oxyaldehyde, aliphatische Aminocarbon- und -sulfosäuren werden schon beim Schütteln der wäßrigen oder acetonischen[8]) Lösungen ihrer Alkalisalze mit Chlorkohlensäureester acyliert.

Wenn man etwas größere Mengen der Carbomethoxyderivate darstellen will oder auf die Alkaliempfindlichkeit der Substanz Rücksicht zu nehmen hat, wird man nach folgendem Beispiel vorgehen[9]):

Darstellung der Tricarbomethoxygallussäure. In die Woulfsche Flasche (Fig. 295), die 80 g Gallussäure enthält, läßt man bei b einen ziemlich

[1]) Erdmann, B. **31**, 358 (1898).
[2]) A. **301**, 100 (1898). — Einhorn und Mettler, B. **35**, 3639 (1902).
[3]) J. pr. (2) **1**, 414 (1870).
[4]) Syniewski, B. **28**, 1875 (1895). — Erdmann, J. pr. (2) **56**, 43 (1897). — Weidel, M. **19**, 229 (1898). — Rosauer, M. **19**, 557 (1898). — Kaufler, M. **21**, 994 (1900).
[5]) Claisen, B. **27**, 3182 (1894). — E. Fischer, B. **41**, 2875 (1908); **42**, 215, 1015 (1909). — Houben, B. **42**, 3191 (1909). — Herzog und Krohn, Arch. **247**, 553 (1909). — Thoms und Drauzburg, B. **44**, 2131 (1911). — Nierenstein, B. **43**, 628, 1269 (1910). — E. Fischer und Hoesch, A. **391**, 347, 352 (1912). — E. Fischer und Freudenberg, B. **45**, 927 (1912). — E. Fischer und Pfeffer, A. **389**, 198 (1912). — E. und H. Fischer, B. **46**, 1138 (1913). — E. Fischer und Rapaport, Sitz. Akad. Berlin **1913**, 493. — E. und H. Fischer, Sitz. Akad. Berlin **1913**, 507. — DRP. 264 654 (1913).
[6]) Dereser, Diss. Marburg (1915), 6, 17. [7]) Smith, Diss. Kiel (1914), 25.
[8]) Hoesch, B. **46**, 887 (1913). [9]) E. Fischer, B. **41**, 2882 (1908).

starken Wasserstoffstrom eintreten, der bei *a* wieder austritt; durch den Trichter *c* läßt man 400—500 ccm kaltes Wasser und nach dem Aufschlämmen der Säure durch Schütteln 2 Mol. Natriumhydroxyd in 2 n-Lösung einfließen, worauf man durch Rühren mit der Turbine bald klare Lösung erhält. Unter Kühlung mit einer Kältemischung und starkem Rühren gibt man nun durch *d* allmählich $1^1/_{10}$ Mol. Chlorkohlensäuremethylester, hierauf noch 1 Mol. Natriumhydroxyd und wieder die gleiche Menge Chlorkohlensäureester hinzu, worauf die Operation noch zweimal wiederholt wird. Die ganze Reaktion dauert 15—20 Minuten. Schließlich wird mit 5 n-Salzsäure gefällt.

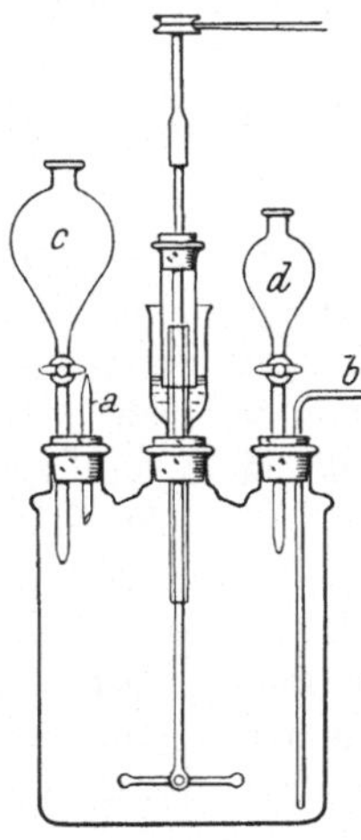

Fig. 295.
Darstellung von
Carbomethoxyderivaten.

Die aliphatischen Oxysäuren lassen sich nach diesem Verfahren ebensowenig wie gewisse orthosubstituierte Phenolcarbonsäuren (Gentisinsäure, β-Resorcylsäure) carbomethoxylieren, wohl aber nach der zuerst bei der Salicylsäure[1]) angewendeten Methode: Einwirkenlassen von Chlorkohlensäuremethylester in wasserfreien Lösungsmitteln (Chloroform, Benzol, Aceton) bei Gegenwart tertiärer Basen (Dimethylanilin).

Bei der Carbomethoxylierung von Oxysäuren können gemischte Anhydride der Oxysäure und der Methylkohlensäure entstehen[2]).

Zu ihrer Zerlegung löst man in Aceton und schüttelt mit kaltgesättigter Kaliumbicarbonatlösung bis zum Aufhören der Kohlensäureentwicklung, säuert an und äthert aus.

Zur Darstellung der Tricarbomethoxyphloroglucincarbonsäure gehen z. B. E. Fischer und Strauß[3]) folgendermaßen vor:

10 g Säure werden in einer dickwandigen Flasche mit 50 ccm trocknem, reinem Benzol übergossen und dann allmählich unter Schütteln mit 48 g ($7^1/_2$ Mol.) trocknem Dimethylanilin versetzt. Durch das Schütteln wird vermieden, daß das entstandene Salz zusammenbackt. Man kühlt mit Eis-Kochsalz, fügt 35 g (7 Mol.) Chlorkohlensäureester zu und schüttelt unter zeitweisem Eiszusatz. Es tritt Lösung und Schichtenbildung ein. Von Zeit zu Zeit wird der entstandene Druck durch Lüften des Stopfens aufgehoben. Nach ca. 2 Stunden fügt man 100—150 ccm Chloroform zu, das die evtl. erfolgte Ausscheidung von Krystallen löst, schüttelt mit 10 proz. Schwefelsäure aus, wäscht, filtriert und verdampft das Chloroform unter Minderdruck. Der krystalline Rückstand besteht aus dem gemischten Anhydrid der carbomethoxylierten Säure und der Methylkohlensäure. Man löst in 180 ccm Aceton, fügt 4.5 ccm 25 proz. Kaliumbicarbonatlösung und ca. 90 ccm Wasser zu, verdünnt nach einstündigem Stehen mit viel Wasser, übersättigt mit Salzsäure und schüttelt zweimal mit Essigäther aus, der nach dem Abdunsten im Vakuum das krystallisierende Reaktionsprodukt fast rein hinterläßt. Man löst wieder in Essigäther und fällt mit Ligroin.

Kohlensäureester kann man übrigens[4]) auch durch Erhitzen der in Benzol gelösten Substanz mit Chlorkohlensäureester in Gegenwart von Calciumcarbo-

[1]) Am. P. 1 639 174 (1899). — E. Fischer, B. **46**, 3256 (1913).

[2]) E. Fischer und Straus, B. **47**, 319 (1914). — E. Fischer und H. Fischer, B. **47**, 768 (1914). — Vgl. DRP. 117 267 (1899) und Einhorn und Seuffert, B. **43**, 2988 (1910).   [3]) B. **47**, 318 (1914).

[4]) Syniewski, B. **28**, 1875 (1895). — Weidel, M. **19**, 229 (1898). — Rosauer, M. **19**, 557 (1898). — Kaufler, M. **21**, 994 (1900).

nat[1]) darstellen. In diesen Derivaten macht man dann eine Methoxylbestimmung.

Daniel und Nierenstein haben[2]) die Carbalkyloxyderivate für die quantitative Bestimmung von Hydroxylen verwertet.

Die Methode hat speziell für die Gerbstoffchemie Bedeutung. Das Verfahren beruht auf der Verseifung von Carbalkyloxyderivaten:

$$R \cdot O \cdot COOR_1 + H_2O = R \cdot OH + CO_2 + R_1 \cdot OH$$

und bietet den Vorteil, daß Verschiebungen und Aufspaltungen des Moleküls, wie sie bei der Darstellung anderer Gerbstoffderivate[3]) vorkommen, dem Anschein nach nicht zu befürchten sind. Das Prinzip dieser Methode beruht auf dem Wägen des bei der Verseifung entwickelten Kohlendioxyds.

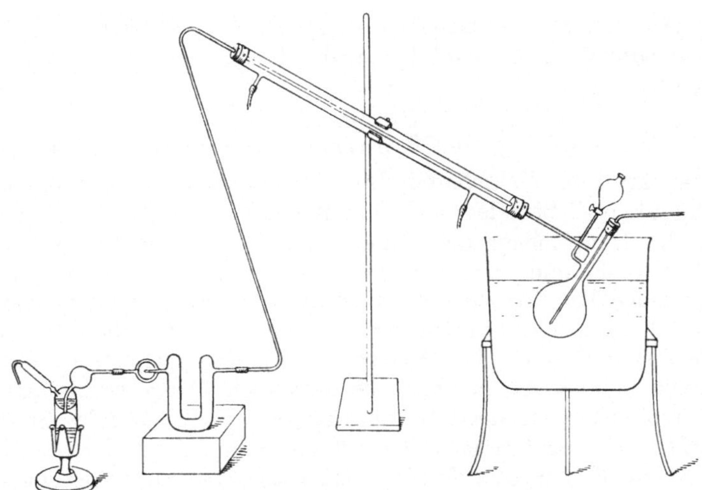

Fig. 296. Analyse der Carbomethoxyverbindungen.

Die Hydroxylbestimmung wird im vorstehenden Apparat (Fig. 296), dessen Anordnung aus der Zeichnung leicht zu entnehmen ist, ausgeführt. Wie eine Reihe von Versuchen ergeben hat, eignet sich 50proz. Pyridinlösung für die Verseifung der Derivate am besten. Man beschickt daher das U-Rohr mit einem Gemisch von 2 Teilen Calciumchlorid und 1 Teil Oxalsäure, so daß (was selten der Fall ist) evtl. übergehende Pyridindämpfe zurückgehalten werden können.

Für die Bestimmung löst man 0.3—0.5 g Substanz in 20—30 ccm Alkohol und bringt das Ölbad unter Einleiten von kohlendioxydfreier Luft auf 115—120°. Hierauf läßt man unter Vorwärmen des Tropftrichters mit der Hand in drei Portionen 50 ccm Pyridinlösung hinzufließen und setzt das Erwärmen (120° ist die Maximaltemperatur) und Einleiten von Luft während $^3/_4$—1 Stunde fort. Im ganzen dauert die Bestimmung $1^1/_2$—2 Stunden.

Über Carbonate und Formylderivate der Phenole siehe die Literatur[4]).

---

[1]) Weniger gut ist Alkalicarbonat, das auf die Ester verseifend wirken kann.
[2]) B. **44**, 701 (1911).
[3]) Nierenstein, Chemie der Gerbstoffe. Stuttgart (1910), 34.
[4]) Hinsberg, B. **23**, 2962 (1890). — Erdmann, B. **31**, 356 (1898).

Mit
Phenylessigsäurechlorid

arbeitet man nach Art der Schotten-Baumannschen Reaktion, indem
man die in verdünnter Kalilauge gelöste Substanz mit überschüssigem Phenyl-
acetylchlorid schüttelt.

Die Darstellung erfolgt am besten mit Thionylchlorid[1]).

Phenylchloressigsäurechlorid.

Darstellung: Staudinger und Bereza B. **49**, 536 (1911).

Man acyliert nach der auf S. 660 beschriebenen Methode von Jacobs
und Heidelberger.

Brenzschleimsäurechlorid

hat Baum[2]) empfohlen, namentlich für die Acylierung mehrwertiger Phenole.

Baum bezeichnet die Einführung des Restes der Brenzschleimsäure
als Furoylierung.

Darstellung des Brenzschleimsäurechlorids.

Man erwärmt ein Gewichtsteil Brenzschleimsäure mit der 5fachen Menge
Thionylchlorid 1—2 Stunden auf dem Wasserbad am Rückflußkühler. Man
destilliert die Hauptmenge des Thionylchlorids auf dem Wasserbad und sodann mit freier Flamme ab; das Thermometer steigt rasch von **73°** an und
nachdem wenige Kubikzentimeter einer Zwischenfraktion übergegangen sind,
die sich durch einmaliges Fraktionieren zerlegen läßt, destilliert bei **173°** reines
Brenzschleimsäurechlorid. Die Ausbeute ist nahezu quantitativ, ebenso wird
vom Thionylchlorid wenig mehr als die berechnete Menge verbraucht.

Hervorzuheben wäre noch die stark aggressive Wirkung des Brenzschleim-
säurechlorids. Es wirkt namentlich auf die Schleimhaut der Augen in weit
heftigerer Weise als Benzoylchlorid, so daß man damit nur unter einem gut wirkenden Abzug arbeiten kann.

Beispiel: Difuroylresorcin.

Um Verharzung durch Alkali zu vermeiden, wird die Furoylierung in
Pyridinlösung vorgenommen. 1 Teil Resorcin wird in der 5fachen Menge
Pyridin gelöst und die berechnete Menge Säurechlorid tropfenweise unter
guter Kühlung zugegeben.

Beim Eingießen der Pyridinlösung in Wasser scheidet sich die Substanz
als Öl aus, das bald krystallinisch erstarrt. Die Ausbeute an Rohprodukt ist
quantitativ. Aus heißem Alkohol umkrystallisiert bildet es farblose, recht-
eckige, perlmutterglänzende Tafeln vom Schmelzpunkt 128—129°. Es ist unlöslich in Wasser, schwer löslich in kaltem Alkohol, leicht löslich in Äther.
Durch 2stündiges Erhitzen mit Barytwasser wird es, allerdings unter schwacher
Braunfärbung, in die Komponenten gespalten.

Die Spaltung der Furoylderivate gelingt überhaupt immer durch
Kochen mit Barytwasser[3]).

In der Regel wird die Furoylierung (wo keine Schädigung des Hydr-
oxylderivats durch Alkali zu befürchten ist) nach Schotten-Baumann
durchgeführt.

---

[1]) Hans Meyer, M. **22**, 427 (1901).
[2]) Diss. Berlin (1903). — B. **37**, 2949 (1904).
[3]) Jaffé und Cohn, B. **20**, 2312 (1887).

4. Darstellung von Urethanen mit Harnstoffchlorid.

Mit Harnstoffchlorid reagieren nach Gattermann[1]) hydroxylhaltige Verbindungen nach der Gleichung:

$$NH_2COCl + ROH = HCl + NH_2COOR$$

unter Bildung der schön krystallisierenden Urethane[2]).

Man läßt am besten molekulare Mengen der Komponenten in ätherischer Lösung aufeinander einwirken. Die Reaktion verläuft meist schon beim Stehen bei Zimmertemperatur quantitativ, nur bei mehrwertigen Phenolen ist schwaches Erwärmen nötig.

In dem Reaktionsprodukt wird der Stickstoff, am besten als Ammoniak, bestimmt.

Größerer Überschuß an Säurechlorid ist zu vermeiden, weil er zur Bildung von Allophansäureestern:

$$NH_2CONHCOOR$$

führen könnte.

Darstellung von Harnstoffchlorid[3]).

30 g Salmiak werden in einem 4 cm weiten, 60 cm langen Glasrohr im Luftbad auf etwa 400° erhitzt und ein kräftiger Strom durch Schwefelsäure getrocknetes Phosgen darübergeleitet. Das Harnstoffchlorid destilliert dann als farblose Flüssigkeit von sehr stechendem Geruch über, die zuweilen zu zolllangen, breiten Nadeln vom Schmelzpunkt 50° erstarrt. Das Chlorid verflüchtigt sich schon bei 61—62° und polymerisiert sich bei längerem Stehen unter Abspaltung von Salzsäure zu Cyamelid, weshalb es sich empfiehlt, es nach seiner Darstellung unmittelbar weiter zu verarbeiten. An feuchter Luft, sowie mit Wasser setzt es sich zu Kohlensäure und Salmiak um. Direktes Sonnenlicht ist bei der Darstellung auszuschließen.

Nach Kauffmann[4]) braucht man das höchst lästige Phosgen nicht zu isolieren, man leitet vielmehr das rohe, nach Erdmann[5]) bereitete Gas durch mehrere mit konzentrierter Schwefelsäure beschickte Waschflaschen, die das mitgebildete Sulfurylchlorid und Schwefelsäureanhydrid zurückhalten, dann direkt über den Salmiak.

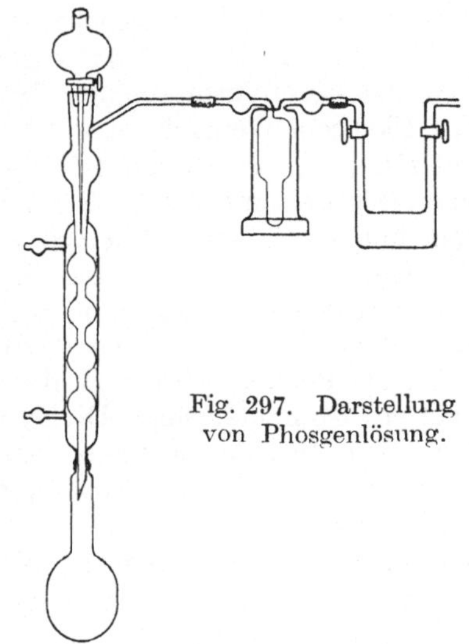

Fig. 297. Darstellung von Phosgenlösung.

Darstellung der Phosgenlösung nach Erdmann.

100 ccm Tetrachlorkohlenstoff werden in einem Rundkolben von 300 ccm Inhalt im kochenden Wasserbad zum lebhaften Sieden erhitzt und aus einem Tropftrichter mit zur Spitze ausgezogenem Hals 120 ccm 80 proz. Oleum in

---

[1]) A. **244**, 38 (1888). — Siehe auch Erdmann, B. **35**, 1860 (1902).

[2]) Beziehungen zwischen der Konstitution der Alkohole und der Geschwindigkeit der Urethanbildung: Agathe Lewandowsky, Diss. Berlin (1915).

[3]) Gattermann und Schmidt, B. **20**, 858 (1887). — Gattermann, A. **244**, 30 (1888). [4]) A. **344**, 70 (1905). [5]) B. **26**, 1993 (1893).

der durch die Zeichnung (Fig. 297) erläuterten Weise so zugegeben, daß jeder Tropfen Anhydrid zuerst in dem senkrecht stehenden Kugelkühler mit den aufsteigenden Dämpfen des Tetrachlorids in innige Berührung gelangt und dann erst in das Siedegefäß herabfällt. Das in regelmäßigem Strom entwickelte Phosgen wird in ganz aus Glas geblasenen Waschflaschen mit wenig konzentrierter Schwefelsäure gewaschen.

Auch substituierte Harnstoffchloride haben in vielen Fällen gute Dienste geleistet. So ist nach Erdmann und Huth[1]) das Diphenylharnstoffchlorid:

$$\begin{array}{l} C_6H_5 \\ C_6H_5 \end{array}\!\!\!\!\searrow\!\!NCOCl$$

speziell für Rhodinol- (Geraniol-)Bestimmungen sehr geeignet. Ebenso bewährt es sich für die Charakterisierung des Furalkohols [Erdmann[2])]. Man erhitzt 5 g Furalkohol mit 11.5 g Diphenylharnstoffchlorid und 6.5 g Pyridin eine Stunde im kochenden Wasserbad, trägt in heißes Wasser ein und läßt erkalten. Die ausgeschiedene Krystallmasse wird aus Alkohol und Ligroin gereinigt. — Nerol wird gleichfalls als Diphenylcarbaminsäureester charakterisiert[3]).

Darstellung des Diphenylharnstoffchlorids.

250 g Diphenylamin werden in 700 ccm Chloroform gelöst und 120 ccm wasserfreies Pyridin zugegeben. Diese Mischung kühlt man in einem Kolben auf 0° ab und leitet 147 g Phosgen ein. Nach 5—6stündigem Stehen destilliert man das Chloroform aus dem Wasserbad ab und krystallisiert den Rückstand aus 1500 ccm Weingeist um. Man erhält 300 g krystallisiertes Carbaminsäurechlorid, in der Mutterlauge bleibt salzsaures Pyridin. Nach nochmaligem Umkrystallisieren aus einem Liter Weingeist ist das Diphenylcarbaminsäurechlorid rein und zeigt den Schmelzpunkt 84°.

Nach Herzog[4]) ist das Diphenylharnstoffchlorid übrigens ganz allgemein ein ausgezeichnetes Reagens für Phenole und deren Derivate, mit Ausnahme der freien Phenolcarbonsäuren[5]).

Das Phenol wird mit der vierfachen Menge Pyridin und der molekularen Gewichtsmenge Diphenylharnstoffchlorid im Kölbchen mit Steigrohr eine Stunde in siedendem Wasser erhitzt, darauf die Lösung unter Umrühren in Wasser gegossen, wobei sich ein rötlicher, mehr oder weniger verschmierter Krystallbrei ausscheidet. Nach dem Abgießen des Wassers und oberflächlichem Trocknen der Krystallmasse wird aus Ligroin, bei hochmolekularen Substanzen aus Alkohol, umkrystallisiert.

Löst man Diphenylharnstoffchlorid ohne Phenolzusatz in Pyridin, so bildet sich, namentlich rasch bei Belichtung, ein Additionsprodukt, Diphenylharnstoffchloridpyridin, das sich unter lebhafter Rotfärbung der ganzen Masse in Krystallen ausscheidet, und das aus wasserfreiem Alkohol-Äther in anfangs farblosen, bei 105—110° schmelzenden Nadeln erhalten werden kann, die sich leicht wieder röten. Dieses Zwischenprodukt gibt mit Phenolen die ent-

[1]) J. pr. (2) **53**, 45 (1896); (2) **56**, 7 (1897).

[2]) B. **35**, 1851 (1902). — Caryophyllin: Herzog, B. d. pharm. Ges. **1905**, 121. — Zimtaldehyd: Schimmel & Co., B. **1910**, I, 174.

[3]) Hesse und Zeitschel, J. pr. (2) **66**, 502 (1902). — Soden und Treff, B. **39**, 906 (1906).

[4]) B. **40**, 1831 (1907). — Basen: Dehn und Platt, Am. soc. **37**, 2122 (1915).

[5]) Herzog und Hâncu, B. **41**, 637 (1908). — Arch. **246**, 411 (1908). — Thoms und Drauzburg, B. **44**, 2131 (1911). — Thoms und Baetcke, B. **45**, 3712 (1912).

sprechenden Urethane in besserer Ausbeute und reiner als Diphenylharnstoffchlorid selbst, doch wird seine Isolierung im allgemeinen nicht notwendig
sein.

Zur Verseifung der Urethane erhitzt man in einer Druckflasche zwei
Stunden im kochenden Wasserbad mit alkoholischer Kalilauge, treibt das
Diphenylamin mit Wasserdampf über, übersättigt mit Säure und erhält so
das reine Phenol, das dann auch wieder durch Destillation mit Wasserdampf
oder Ausschütteln isoliert wird.

Zur Identifizierung von Phenolen genügen Zehntelgramme Substanz, da
die Ausbeute vorzüglich zu sein pflegt.

Mit Säuren liefert Diphenylharnstoffchlorid diphenylierte Säureamide
(Herzog und Hâncu, a. a. O.) resp. gemischte Säureanhydride

$$O \Big\langle {}^{CO-N(C_6H_5)_2.}_{OCR\ ^1).}$$

Die Analyse der Diphenylurethane gibt namentlich bei hochmolekularen Phenolen keinen sicheren Aufschluß über die Zusammensetzung der
Substanzen, so zeigen z. B. Resorcin- und Phloroglucin-Diphenylurethan im
Kohlenstoff-, Wasserstoff- und Stickstoffgehalt nur um Zehntelprozente differierende Werte.

Nach Herzog und Hâncu[2]) kann man aber auf die Tatsache, daß Diphenylamin in Wasser vollkommen unlöslich ist, eine quantitative Spal-
tungsmethode dieser Substanzen aufbauen. Etwa ein Gramm Urethan und
8 ccm Alkohol werden mit überschüssiger Kalilauge, wie weiter oben angegeben,
verseift, darauf das Produkt in einen Destillationskolben gegossen und die
Druckflasche zweimal mit je 2 ccm Alkohol nachgespült.

Die nun folgende Wasserdampfdestillation wird so langsam ausgeführt,
daß die milchige, mit Diphenylamin beladene Flüssigkeit nur tropfenweise
übergeht. Sobald das Destillat klar abläuft, wird zum Hinübertreiben der
schon im Kühler erstarrten Substanz durch heiße Wasserdämpfe das Kühlwasser abgestellt.

Nach ein bis höchstens zwei Tagen hat sich das Diphenylamin vollkommen
klar abgesetzt und wird auf einem bei 30° getrockneten und gewogenen Filter
gesammelt, wieder bei 30° getrocknet und gewogen.

Die erhaltene Menge Diphenylamin, durch den Faktor 9.94 dividiert,
gibt das entsprechende Gewicht an Hydroxyl.

Man erhält in der Regel etwas zuviel, bis etwa 1% des Hydroxylwerts,
manchmal aber auch um den entsprechenden Betrag zu wenig.

5. Bestimmung der Hydroxylgruppe durch Phenylisocyanat[3]).

Durch Einwirkung molekularer Mengen Phenylisocyanat auf Hydroxylderivate entstehen Phenylcarbaminsäureester[4]) nach der Gleichung:

$$ROH + CO \cdot N \cdot C_6H_5 = ROCONHC_6H_5.$$

Oft findet die Reaktion schon bei gewöhnlicher Temperatur statt, in der
Regel aber erhitzt man die berechneten Mengen der Komponenten im Kölb-

---

[1]) Herzog, B. D. pharm. Ges. **19**, 394 (1910).
[2]) B. **41**, 638 (1908).   [3]) Siehe auch S. 645.
[4]) Hofmann, A. **74**, 3 (1850). — B. **18**, 518 (1885). — Snape, B. **18**, 2428 (1885). —
W. Wislicenus, A. **308**, 233 (1890). — Knorr, A. **303**, 141 (1898). — Sack und Tollens,
B. **37**, 4108 (1904). — Dieckmann, Hoppe und Stein, B. **37**, 4627 (1904). — Michael,
B. **38**, 23 (1905). — Heinr. Goldschmidt, B. **38**, 1096 (1905). — Dieckmann und
Breest, B. **39**, 3052 (1906).

chen auf vorgewärmtem Sandbad rasch zum Sieden. Die eingetretene Reaktion wird unter Schütteln und geringem Erwärmen zu Ende geführt[1]), evtl. noch 1—2 Stunden auf dem Wasserbad erhitzt[2]).

Mehrwertige Phenole werden 10—16 Stunden im Einschlußrohr erhitzt [Snape[3])]. Verbindungen, die bei dieser Temperatur Wasser abspalten, zersetzen das Phenylisocyanat in Kohlendioxyd und Carbanilid[4]).

Auch beim Kochen im offenen Kölbchen ist, zur Vermeidung der Bildung größerer Mengen von Diphenylharnstoff, die Dauer des Erhitzens tunlichst abzukürzen. Aus der zu einem weißen Brei erstarrten Masse entfernt man durch wenig absoluten Äther — gewöhnlich noch besser durch Benzol — etwas unangegriffenes Phenylisocyanat, wäscht nach dem Verjagen des Äthers oder Benzols mit kaltem Wasser und krystallisiert aus Alkohol, Petroläther, Essigester oder Äther-Petroläther um, wobei der schwerlösliche Diphenylharnstoff zurückbleibt.

Man kann auch das überschüssige Phenylisocyanat im Vakuum abdestillieren[5]).

Manche Urethane vertragen weder Erhitzen noch Umkrystallisieren aus hydroxylhaltigen Medien. So wird das von Knorr beschriebene Urethan:

$$CH_3—C = CH—C = C\diagup\diagdown\begin{smallmatrix}CH_3\\OCONHC_6H_5\end{smallmatrix}$$
$$\underset{O\text{————}CO}{}$$

sowohl beim Schmelzen als auch beim Kochen mit Alkohol gespalten, wird aber unverändert aus siedendem Benzol oder Äther zurückerhalten[6]).

Treten elektronegative Gruppen substituierend in den Hydroxylträger ein, so nimmt die Reaktionsfähigkeit ab oder erlischt ganz.

So gibt Pikrinsäure selbst bei 180° unter Druck keinen Carbaminsäureester[7]) und ebensowenig reagiert Triphenylcarbinol[8]).

Klages benutzt als Lösungsmittel Ligroin[9]); Weehuizen[10]) stellt die Urethane durch Erhitzen der Komponenten in einer hauptsächlich aus Decan und Undecan bestehenden Petroleumfraktion vom Sdp. 170—200° dar. Die Anwendung des Lösungsmittels bietet ihm zufolge folgende Vorteile:

1. Die Gegenwart von Wasser ist ausgeschlossen, so daß die Bildung von Diphenylharnstoff nicht zu befürchten ist;

2. sowohl die Terpenalkohole und Phenole wie auch Phenylisocyanat sind in der Petroleumfraktion löslich;

3. die Urethane sind darin schwer löslich, so daß sie sich daraus beim Abkühlen in schönen Krystallen absetzen.

Weehuizen löst 1 g des Terpenalkohols oder Phenols in etwa 6—10 ccm der Petroleumfraktion, fügt die nötige Menge Phenylisocyanat zu und läßt das Gemisch $^1/_2$—1 Stunden kochen; zuweilen ist längeres Erhitzen notwendig. Einige der Phenylurethane sind auch in der siedenden Petroleumfraktion schwer löslich; man setzt in diesem Fall 10—20% des Volumens an absolutem Alkohol zu. In der Kälte scheiden sich die Urethane aus; zum Umkrystallisieren verwendet Weehuizen dieselbe Petroleumfraktion. Beim

[1]) Tesmer, B. **18**, 969 (1885).   [2]) E. Müller, Diss. Leipzig (1908), 21.
[3]) B. **18**, 2428 (1885).   [4]) Beckmann, A. **292**, 16 (1896).
[5]) Ciamician und Silber, B. **43**, 1348 (1910).   [6]) A. **303**, 141 (1899).
[7]) Gumpert, J. pr. (2) **31**, 119 (1885); (2) **32**, 278 (1885).
[8]) Knoevenagel, A. **297**, 141 (1897).   [9]) B. **35**, 2263 (1902).
[10]) Rec. **37**, 266, 355 (1918). — Ph. W. **56**, 299 (1918). — Schimmel & Co., B. **1919**, II, 140.

Eugenol empfiehlt es sich, die Reaktion in Benzin vom Sdp. 80—100° in der Kälte vorzunehmen und das Gemisch einige Tage im geschlossenen Gefäß stehen zu lassen; es scheiden sich dann die Krystalle des Eugenolphenylurethans aus. Man kann mit Hilfe von Phenylisocyanat auch Campher und Borneol trennen; beide Körper sind leicht löslich in der Petroleumfraktion; beim Kochen mit Phenylisocyanat bildet sich Bornylphenylurethan, das in der Kälte auskrystallisiert, während Campher nicht reagiert und bei Verwendung von genügend Lösungsmittel in Lösung bleibt. Mit Linalool und Geraniol wurden keine guten Ergebnisse erzielt; besonders bei Linalool bildete sich stets viel Diphenylharnstoff.

Klobb arbeitet in Benzollösung[1]), Maquenne[2]) in Pyridinlösung. Die auf diese Art dargestellten Urethane der Zuckerarten können zur quantitativen Bestimmung der letzteren durch Wägung des Derivats dienen[3]). Auch für die Reindarstellung von Alkoholen sind die Phenylurethane geeignet[4]).

Phenylisocyanat und Mercaptane: Goldschmidt und Meißler, B. **23**, 272 (1890).

Über einen Fall von anormaler Wirkung: Eckart, Arch. **229**, 369 (1891).

Über „Aktivierung" des Phenylisocyanats mit einer Spur Alkali (Natriumacetat) siehe Dieckmann, Hoppe und Stein, B. **37**, 3370, 4627 (1904). —

Vallée[5]) empfiehlt als Katalysator metallisches Natrium. Zur Darstellung der Urethane werden die Komponenten in Benzollösung mit $^1/_2$—1% Natrium kurze Zeit (15—30) Minuten auf dem Wasserbad erwärmt oder auch längere Zeit bei gewöhnlicher Temperatur stehen gelassen, dann das Lösungsmittel im Vakuum abgedunstet und der Rückstand bis zum Festwerden über Paraffin unter Feuchtigkeitsabschluß aufbewahrt, auf Ton abgepreßt und umkrystallisiert[6]).

Darstellung von Phenylisocyanat[7]).

Je 15 g käufliches Phenylurethan werden in kleinen Retorten mit dem doppelten Gewicht Phosphorpentoxyd gemengt. Die Mischung wird mit der leuchtenden Flamme des Bunsenbrenners erhitzt und das Destillat mehrerer Portionen in einem Fraktionierkolben gesammelt. Einmaliges Destillieren genügt, um ein reines Präparat zu erzielen. (Sdp. 162—163°.)

Die Ausbeute beträgt 52—53%.

Michael[8]) destilliert je 50 g Phenylurethan mit 30 g Phosphorpentoxyd bei 100 mm (140—170°) aus einem Metallbad.

Nach einem patentierten Verfahren[9]) kann man zweckmäßig auch folgendermaßen vorgehen: 13 Teile trocknes Anilinchlorhydrat werden mit 11 Teilen Phosgen, die in 40 Teilen Benzol gelöst sind, unter Druck auf 120° erhitzt. Man bläst die nach der Gleichung:

$$C_6H_5NH_2 \cdot HCl + COCl_2 = C_6H_5NCO + 3\,HCl$$

entstandene Salzsäure ab und destilliert dann.

---

[1]) Bull. (3) **35**, 741 (1906).   [2]) Bull. (3) **31**, 854 (1904).

[3]) Maquenne und Goodwin, Bull. (3) **31**, 430, 433 (1904).

[4]) Bloch, Bull. (3) **31**, 49 (1904).

[5]) Bull. (4) **3**, 185 (1908). — Thèse, Paris (1908), 81. — Tschugaeff und Glebko, B. **46**, 2752 (1913). — Ebenda Angaben über die Verwendung von Menthyl- und Fenchylisocyanat.

[6]) Manchmal nützen auch diese „Aktivierungsmittel" nichts: Abelmann, B. **43**, 1577 (1910).   [7]) Goldschmidt, B. **25**, 2578, Anm. (1892).

[8]) B. **38**, 22 (1905).   [9]) DRP. 133 760 (1902).

Zunächst geht das Benzol mit noch viel Salzsäure und überschüssigem Phosgen über, dann steigt das Thermometer rasch, worauf bei 166° Phenylisocyanat überdestilliert. Durch nochmalige Destillation wird es vollkommen rein gewonnen. Aus salzsaurem p-Phenetidin und Phosgen erhält man auf ähnliche Weise p - Äthoxyphenylisocyanat $C_2H_5O \cdot C_6H_4 \cdot NCO$.

Gleich dem Phenylisocyanat liefert auch das, wie später [1]) ausgeführt wird, für die Abscheidung von Aminokörpern wichtige

6. α-Naphthylisocyanat

mit den Alkoholen Verbindungen, die in gewissen Fällen zu ihrer Identifizierung dienen können [2]). Die Methode ist namentlich dann zu empfehlen, wenn die Derivate des Phenylisocyanats nicht krystallisiert erhalten werden können.

Namentlich für die Abscheidung kleiner Mengen aliphatischer Alkohole, die relativ wenige krystallisierte Derivate geben, ist dieses Reagens sehr geeignet. Durch sein großes Molekulargewicht erhöht es die Menge der abzuscheidenden Substanz und verleiht der Verbindung gutes Krystallisationsvermögen.

Die Derivate entstehen nach der Gleichung:

$$C_{10}H_7N : CO + HO \cdot R = C_{10}H_7NHCOOR$$

bei primären Alkoholen oft schon bei gelindem Erwärmen. Bei den sekundären und tertiären Alkoholen sind die Ausbeuten meist schlechter.

Stets muß für völligen Ausschluß von Wasser Sorge getragen werden.

Meist genügt Erwärmen, höchstens bis zum beginnenden Sieden am Steigrohr, worauf die Reaktion unter Wärmeentwicklung von selbst weiter verläuft.

Das Urethan fällt meist nach kurzem Stehen, manchmal erst nach Stunden, wobei Reiben mit dem Glasstab gute Wirkung tut, krystallinisch aus.

Man kocht mit Ligroin aus und filtriert von etwas unlöslichem Dinaphthylharnstoff. Das entsprechend konzentrierte Filtrat pflegt dann die Naphthylisocyanatverbindung in schönen Krystallen auszuscheiden.

Zur Darstellung[3]) der Naphthylurethane der Terpenreihe läßt man das Gemisch der Komponenten entweder einige Tage lang stehen oder erhitzt einige Stunden auf dem Wasserbad. Die Derivate pflegen erst nach einiger Zeit zu krystallisieren und können dann aus verdünntem Methyl- oder Äthylalkohol umkrystallisiert werden. Das Gemisch von Isocyanat und Terpineol war selbst nach 6 Tagen noch nicht fest geworden; man unterwarf deshalb die ölige Masse der Einwirkung eines Dampfstroms und behandelte den festen Rückstand mit siedendem Petroläther. Schließlich wurde aus verdünntem Alkohol umkrystallisiert.

Naphthylisocyanat haben Willstätter und Hocheder[4]) auch zur Charakterisierung des Phytols benutzt.

Als Nebenprodukt entstand bei 281—282° schmelzender Dinaphthylharnstoff.

Die Naphthylderivate machen gelegentlich bei der Elementaranalyse Schwierigkeiten und liefern wesentlich zu niedrige Kohlenstoffwerte[5]). Siehe übrigens Neuberg und Kansky, Bioch. **20**, 447, 449 (1909).

---

[1]) Siehe S. 932.
[2]) Neuberg und Kansky, Bioch. **20**, 445 (1909). — Elze, Ch. Ztg. **34**, 538 (1910). — Neuberg und Hirschberg, Bioch. **27**, 339 (1910).
[3]) Bericht von Schimmel & Co., **1906**, II, 38.
[4]) A. **354**, 253 (1907). — Hämopyrrolidin: Willstätter und Asahina, B. **44**, 3707 (1911).   [5]) Roure - Bertrand Fils, B. (2) **5**, 49 (1907).

7. Carboxäthylisocyanat $OC : NCO_2C_2H_5$ [1].

Darstellung von Carboxäthylisocyanat. 60 g Urethan werden in 1 l absolutem Äther gelöst und 29 g Natriumdraht hinzugefügt. Zur Einleitung der Reaktion wird die Mischung, die mit einem gut wirkenden, mit Chlorcalciumrohr verschlossenen Rückflußkühler versehen ist, in ein Gefäß mit warmem Wasser gestellt. Nach kurzer Zeit beginnt die Wasserstoffentwicklung und die Umwandlung des Natriums vollzieht sich sehr energisch. Nach etwa 2—3 Stunden hat sich ein großer Teil des Metalls gelöst und in eine weiße, gequollene Masse verwandelt. Zu dieser läßt man 140 g Chlorkohlensäureester langsam und sehr vorsichtig hinzufließen, wobei der Niederschlag unter starker Erwärmung pulvrige Beschaffenheit annimmt und das noch unangegriffene Metall aufgelöst wird. Nachdem der Ester eingetragen ist, überläßt man das Gemisch noch einige Stunden sich selbst, filtriert dann, laugt den Niederschlag mit Äther aus und destilliert letzteren ab.

Das zurückbleibende Öl, 127 g, wird im Vakuum fraktioniert, wobei unter 12 mm Druck nach einem Vorlauf von ca. 16 g, der hauptsächlich aus unverändertem Urethan besteht, zwischen 143—147° die Hauptmenge übergeht. Bei nochmaligem Fraktionieren unter 12 mm erhält man 100 g bei 146—147° siedenden Stickstofftricarbonsäureester.

50 g desselben werden mit etwa der doppelten Menge Phosphorpentoxyd gut gemischt und in einem geräumigen Fraktionierkolben in einem Bad auf ca. 120° erhitzt. Bei dieser Temperatur tritt unter lebhafter Gasentwicklung Reaktion ein und das entstehende Isocyanat destilliert als farblose Flüssigkeit in die durch eine Kältemischung gut gekühlte und vor Luftfeuchtigkeit gut geschützte Vorlage. Sobald kein Äthylen mehr entweicht, was man leicht durch Anzünden des Gases während der Reaktion erkennen kann, unterbricht man den Versuch und reinigt das in der Vorlage befindliche Reaktionsprodukt durch eine zweite Destillation, wobei nahezu die ganze Menge konstant bei 115—116° übergeht. Die Ausbeute an diesem analysenreinen Produkt beträgt 8 g.

Das Carboxäthylisocyanat ist eine wasserhelle, ziemlich bewegliche Flüssigkeit von charakteristischem, sehr stechendem Geruch.

Gegen Wasser ist es äußerst empfindlich. Schon kurzes Stehen an feuchter Luft genügt, um es unter Abscheidung eines krystallinischen Produkts zu zersetzen. Dieses ist identisch mit dem bei 107° schmelzenden Carbonyldiurethan. Nachdem das Isocyanat (1 Molekül) zuerst 1 Molekül Wasser unter Bildung von Urethan aufgenommen hat, addiert dieses ein zweites Molekül Carboxäthylisocyanat.

Etwas weniger heftig, aber meist sehr glatt reagiert Carboxäthylisocyanat mit Alkoholen und Phenolen.

Die Substanz wird meist in einem indifferenten Lösungsmittel aufgelöst und mit dem Carboxäthylisocyanat, von dem zur Erzielung besserer Ausbeuten ein kleiner Überschuß angewendet wird, zusammengebracht. Man überläßt das Gemisch sich selbst oder führt die Reaktion durch schwaches Erwärmen auf dem Wasserbad zu Ende. Die Beendigung der Umsetzung wird durch das völlige Verschwinden des charakteristischen, stechenden Geruchs angezeigt. Das Additionsprodukt fällt dann von selbst aus, oder es wird durch Abdunsten des Lösungsmittels isoliert.

---

[1] Diels, B. **36**, 740 (1903). — Diels und Wolf, B. **39**, 686 (1906). — Jacoby, Diss. Berlin (1907). — Diels und Jacoby, B. **41**, 2397 (1908).

Bei dieser Reaktion entstehen mit Alkoholen und Phenolen die zum Teil sehr schön krystallisierenden gemischten Ester der Iminodicarbonsäure:

$$NH\big\langle {}^{CO_2R}_{CO_2C_2H_5} \cdot$$

Diese Derivate können mittels der Äthoxylbestimmungsmethode bequem analysiert werden. Siehe S. 901.

Nachweis von Alkoholen (auch tertiären) in Form von Allophanaten: Béhal, C. r. **168**, 945 (1919). — Schimmel & Co., Ber. 1920 (April-Oktober), 136.

8. Alkylierung der Hydroxylgruppe [1]).

Der Hydroxylwasserstoff der Phenole und vieler Alkohole läßt sich alkylieren, und in den so entstehenden Äthern kann man nach Zeisel die Zahl der eingetretenen Alkylgruppen ermitteln. (Siehe S. 892.)

Da die Phenoläther sich in der Regel nicht durch Alkalien verseifen lassen, ist dadurch meist auch die Möglichkeit gegeben, in Oxysäuren Carboxyl- und Hydroxylgruppe zu unterscheiden.

9. Benzylierung der Hydroxylgruppe [2]).

Siehe hierüber S. 637.

Das dargestellte Produkt wird der Elementaranalyse unterworfen bzw. bei Nitrobenzylderivaten eine Stickstoff- oder Nitrobestimmung vorgenommen.

10. Einwirkung von Natriumamid siehe S. 621.

11. Darstellung von Dinitrophenyläthern [3]).

Die leichte Beweglichkeit des Chlors im 1-Chlor-2.4-Dinitrobenzol ermöglicht die Bildung der verschiedensten Dinitrophenyläther. Man löst das Chlordinitrobenzol in dem Alkohol auf, setzt auf je 1 g 0.25 g Ätzkali (in dem gleichen Alkohol gelöst) zu und erwärmt, falls notwendig, zur Beendigung der Reaktion. Die Kalilösung bereitet man so, daß man das Ätzkali zuerst in Wasser löst und dann mit der gleichen Alkoholmenge versetzt.

Phenole löst Landau [4]) in Natronlauge, gibt etwas mehr als die berechnete Menge Chlordinitrobenzol zu und schüttelt.

12. Quantitative Bestimmung von Hydroxylgruppen mit Hilfe magnesiumorganischer Verbindungen nach Tschugaeff und Zerewitinoff [5]).

Nachdem schon Hibbert und Sudborough [6]) die Tschugaeffsche Reaktion [7]) zu einer quantitativen auszugestalten versucht hatten, ist von Zerewitinoff [8]) ein recht allgemein anwendbares Verfahren ausgearbeitet worden.

---

[1]) Siehe S. 628. — Über Phenoläther aus Kohlensäureestern: Einhorn, B. **42**, 2237, 2772 (1909). — DRP. 224 160 (1910).

[2]) Siehe auch Haase und Wolffenstein, B. **37**, 3231 (1904).

[3]) Willgerodt, B. **12**, 762 (1879); siehe auch Vongerichten, A. **294**, 215 (1896). — DRP. 75 071 (1894); 76 504 (1894). — Werner, B. **29**, 1151, 1156 (1896).

[4]) Diss. Zürich (1905), 24.

[5]) Anwendung zur Wasserbestimmung: Zerewitinoff, Z. anal. **50**, 680 (1911).

[6]) B. **35**, 3912 (1902). — Proc. **19**, 285 (1904). — Soc. **95**, 477 (1909).

[7]) Siehe S. 612.

[8]) B. **40**, 2023 (1907); **41**, 2223 (1908); **43**, 3590 (1910); **47**, 1659 (1914). — Windaus, B. **41**, 618 (1908). — Oddo, B. **44** 2040 (1911). — Herrmann und Wächter, B. **49**, 1663—1667 (1916). — Herrmann, Arch. **258**, 203, 205 (1920). — Herzig.

Als Lösungsmittel für die magnesiumorganische Verbindung und für die zu untersuchende Substanz kann man Äthyläther nicht gebrauchen, da seine Dampfspannung sich selbst bei unbedeutenden Temperaturschwankungen merklich ändert, was natürlich auch die Resultate der Bestimmungen stark beeinträchtigt. Aus diesem Grund wird, dem Vorschlag Hibberts und Sudboroughs folgend, der hochsiedende Amyläther, dessen Dampfspannung bei gewöhnlicher Temperatur vernachlässigt werden kann, als Lösungsmittel benutzt.

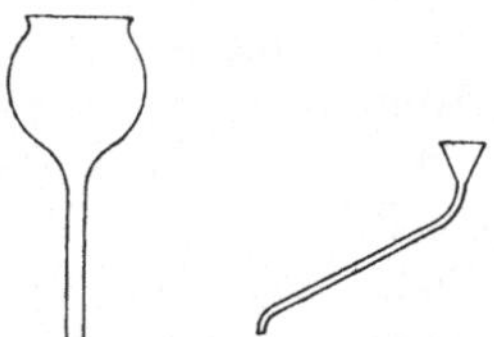

Fig. 298.   Fig. 299.

Man bekommt hierbei befriedigende Resultate, aber es löst sich nur eine relativ kleine Zahl der in Frage kommenden Substanzen in diesem Medium auf.

Weit allgemeiner anwendbar erwies sich das Pyridin[1]).

Das käufliche Präparat wird mit Bariumoxyd 7—10 Tage stehen gelassen, unter Feuchtigkeitsabschluß destilliert und in gut verschlossenen, hohen[2]) Flaschen über Bariumoxyd aufgehoben.

Es bildet mit magnesiumorganischen Verbindungen Komplexe, etwa von der Zusammensetzung:

$$(C_5H_5N)_2 \cdot JMgCH_3 \cdot O(C_5H_{11})_2 ,$$

die beim Zusammentreffen mit hydroxylhaltigen Substanzen ganz ebenso wie das freie $CH_3 \cdot MgJ$ reagieren. — Nur bei längerem Stehen oder Erhitzen reagiert auch das Pyridin unter Gasentwicklung mit.

Zur Herstellung von Methylmagnesiumjodid[3]) werden 100 g ganz trockner, über Natrium destillierter Amyläther oder Pyridin[4]), 9.6 g Magnesiumband und 35.5 g trocknes Methyljodid in Arbeit genommen und einige Jodkrystalle hinzugefügt. Die Reaktion beginnt von selbst; sollte sie aber nach einiger Zeit noch nicht eintreten, so wird die Mischung schwach erhitzt. Nach Beendigung der Reaktion erhitzt man die Ingredienzien noch 1—2 Stunden unter Rückfluß auf einem stark siedenden Wasserbad und darauf noch einige Zeit mit absteigendem Kühler, um das nicht in Reaktion getretene Methyljodid zu entfernen; dies ist wegen der beträchtlichen Dampfspannung des Methyljodids und weil das Pyridinjodmethat

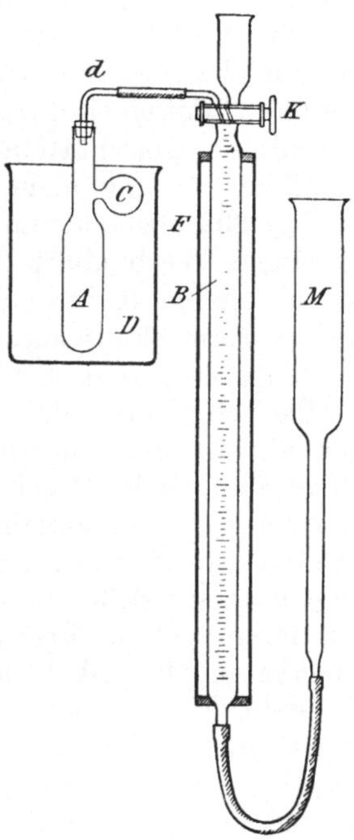

Fig. 300.

Bestimmung von Hydroxylgruppen nach Tschugaeff und Zerewitinoff.

unter Äthanbildung reagiert, von Wichtigkeit. Die gewonnene magnesiumorganische Verbindung kann in einer gut verkorkten, mit Paraffin überzogenen Flasche längere Zeit (3—4 Wochen) ohne Veränderung aufbewahrt werden.

---

[1]) Zerewitinoff, B. **47**, 2417 (1914). — Es wird auch gelegentlich Anisol, Phenetol, Xylol und Mesitylen benutzt, aber ohne sonderliche Vorteile. Dagegen haben sich Mischungen von Pyridin mit Anisol oder Xylol bewährt. Krellwitz, Diss. Freiburg i. Br. (1914), 30, 31, 32. — Über die Anwendung von Äthyläther siehe Hess, B. **48**, 1970, 1972 (1915).

[2]) Damit beim Ausgießen des Pyridins kein Bariumhydroxyd mit herausgelangt, was sorgfältig vermieden werden muß.   [3]) Oddo benutzt Äthylmagnesiumjodid.

[4]) Käufliches Produkt von Kahlbaum (Pyridin I).

Die Bestimmung [1] selbst wird in einem Apparat (Fig. 300) ausgeführt, der im wesentlichen aus 2 Teilen besteht: 1. aus einem Gefäß A, in dem sich die Reaktion abspielt, und 2. aus einem Apparat, der nach dem Typus des Lungeschen Nitrometers hergestellt ist.

Damit richtige Resultate erhalten werden, müssen Apparat und Reagenzien vollkommen trocken sein. A wird dadurch getrocknet, daß man etwa 15 Minuten einen trockenen Luftstrom hindurchleitet.

A wird in der Klammer des Stativs in vertikaler Lage befestigt und durch einen Trichter (Fig. 298) die Substanz aus einem kleinen Reagensgläschen eingeführt. Das Gewicht der Substanz beträgt in der Regel (je nach dem Molekulargewicht des Körpers und nach der Hydroxylzahl) 0.03—0.2 g. Durch denselben Trichter wird das Lösungsmittel (ca. 15 ccm) eingebracht und durch einen Überschuß des letzteren die am Trichter haften gebliebene Substanz in A hineingespült. Wird hierbei Pyridin genommen, so muß die Einfüllung möglichst rasch erfolgen, da sonst Feuchtigkeit aus der Luft absorbiert werden könnte. Nachdem man den Trichter herausgenommen und A mit einem Pfropfen geschlossen hat, bringt man die Substanz durch vorsichtiges Umschütteln in Lösung. Danach stellt man A schräg auf, so daß die Lösung nicht in die Kugel C hineinkommen kann. Mit Hilfe des Fig. 299 abgebildeten Trichters werden in C etwa 5 ccm der magnesiumorganischen Verbindung (in Lösung) eingegossen. Darauf verschließt man A fest mit einem Kautschukpfropfen, der mit Hilfe des Gasableitungsrohrs d und des Kautschukschlauchs mit dem Meßapparat in Verbindung steht. Um die Temperatur in A einzustellen, benutzt man das Wasserbad D, in dem man dieselbe Temperatur einhält wie in der ebenfalls mit Wasser gefüllten Hülse F; innerhalb 10 Minuten wird die Temperatur konstant. Während dieser Zeit fällt gewöhnlich der Druck in A, wohl infolge einer geringen Sauerstoffabsorption durch die magnesiumorganische Verbindung. Um wieder Atmosphärendruck herzustellen, nimmt man für einen Augenblick den Zweiweghahn K heraus. Darauf bringt man mit Hilfe von K die Röhre B mit der Außenluft in Verbindung, hebt dann den mit Quecksilber gefüllten Trichter M, bis letzteres alle Luft aus B verdrängt hat und bis es dicht an die Öffnung des Hahns steigt, dreht dann diesen um 90°, senkt M und befestigt den Trichter in einer Stativkammer. Wenn der Apparat in solche Lage gebracht ist, vermischt man sofort das Methylmagnesiumjodid mit der Lösung. Dazu nimmt man A mit der linken Hand und läßt, indem man es schief hält, die magnesiumorganische Verbindung aus C nach A hinüberfließen: zugleich dreht man mit der rechten Hand K so um, daß A mit B in Verbindung tritt. Bei starkem Schütteln von A erfolgt lebhafte Gasausscheidung, und das Quecksilber in B sinkt in raschem Tempo. Sobald das Quecksilber langsam zu fallen beginnt und das Gasvolumen aufhört sich zu vergrößern, setzt man A wieder in das Wasserbad zur Erzielung der ursprünglichen Temperatur, wozu etwa 5—7 Minuten erforderlich sind. Hierbei sinkt die Temperatur und es findet infolgedessen Volumkontraktion statt. Wird hierbei Pyridin als Lösungsmittel verwendet, so muß man diese Kontraktion sorgfältig verfolgen und, sobald sie aufhört, sofort die Ablesung des Volumens vornehmen, da sonst in der Regel stetiges, wenn auch langsames Ansteigen des Gasvolumens erfolgt. Man soll deshalb immer das Minimum des Gasvolumens notieren und es der weiteren Berechnung zugrunde legen. Falls Amyläther angewendet wird, erfolgt keine Volumvergrößerung und das

---

[1] Gewichtsanalytische Bestimmung: Oddo, B. **44**, 2048 (1911).

Gasvolumen ändert sich nicht mehr, wenn die Temperatur einmal konstant geworden ist.

Gleichzeitig mit der Volumbestimmung werden auch die Temperatur des Gases und der Barometerstand notiert. Wird Pyridin gebraucht, so ziehe man vom beobachteten Barometerstand 16 mm ab, die der Dampfspannung des Pyridins bei 18° entsprechen.

Der Prozentgehalt an Hydroxylgruppen wird nach der Formel:

$$x = (\% \ OH) = \frac{0.000719 \cdot V \cdot 17 \cdot 100}{16 \cdot S} = 0.0764 \, \frac{V}{S}$$

berechnet, in der 0.000 719 das Gewicht von 1 ccm Methan bei 0° und 760 mm bedeutet; 16 ist das Molekulargewicht von CH_4, 17 das von OH; V das Volumen des Methans auf 0° und 760 mm reduziert und in Kubikzentimetern ausgedrückt; S das Gewicht der Substanz in Grammen.

Bei krystallwasserhaltigen Substanzen reagieren beide Wasserstoffatome des Wassers und müssen entsprechend in Rechnung gestellt werden. Die Formel lautet in diesem Fall:

$$x = (\% \ H) = \frac{V \cdot 0.000719 \cdot 100}{16 \cdot S} = 0.00449 \, \frac{V}{S} \, .$$

Wenn man die Bestimmung in einem indifferenten Gas ausführen will, was aber kaum jemals notwendig sein wird, so wird A (Fig. 300) mit einem seitlich angebrachten Rohr versehen, das beinahe bis zum Boden reicht und durch das der Apparat mit sorgfältig getrocknetem Gas gefüllt wird. Methan ist hierbei dem Stickstoff vorzuziehen, da letzterer verhältnismäßig schwieriger in absolut reinem Zustand, ohne Beimengung von Stickoxyden, zu erhalten ist.

Recht bequem erscheint die Anwendung der Methode zur Bestimmung der Hydroxyle in Säuren. Kombiniert man nämlich die Resultate der Hydroxylbestimmung mit den Ergebnissen der Titration, so erhält man sofort alle Daten zur Berechnung der Basizität (Carboxylzahl) und der Atomigkeit (Carboxyl- + Alkoholhydroxylzahl) der betreffenden Säure.

Zu den Vorzügen der Methode gehört auch der Umstand, daß sich die Reaktion zwischen magnesiumorganischen Verbindungen und hydroxylhaltigen Substanzen bei gewöhnlicher Temperatur und in Abwesenheit von stark wirkenden Reagenzien abspielt, ein Vorzug, welcher z. B. der Acetylierungsmethode nicht zukommt. Aus diesem Grund ist die Möglichkeit sekundärer Prozesse (z. B. der Anhydrisierung der Hydroxylverbindungen), die sonst die Genauigkeit der Analysenresultate beeinträchtigen könnten, so gut wie ausgeschlossen.

Das Verfahren hat auch in der Flavongruppe vorzügliche Resultate geliefert.

Es erlaubt, Hydroxylgruppen nachzuweisen, die sonst auf keinerlei Art zu konstatieren sind.

So ist das Reaktionsprodukt des Hexamethylphloroglucins mit dem Grignardschen Reagens:

$$
\begin{array}{c}
\text{HO} \quad CH_3 \\
\diagdown \diagup \\
C \\
CH_3 \diagup \diagup \quad \diagdown \diagdown \, CH_3 \\
CH_3 \diagup \, C \qquad C \, \diagdown CH_3 \\
HO \diagdown \qquad \diagup OH \\
CH_3 \diagup \, C \qquad C \, \diagdown CH_3 \\
\diagdown \diagup \\
C \\
\diagup \diagdown \\
CH_3 \quad CH_3
\end{array}
$$

gegen Essigsäureanhydrid, Diazomethan, Phenylisocyanat, Dimethylsulfat und Benzoylchlorid vollkommen resistent[1]); nach der Methode von Zerewitinoff werden aber alle drei Hydroxylwasserstoffe quantitativ in Reaktion gebracht[2]).

Schließlich sei bemerkt, daß der zur Hydroxylbestimmung benutzte Amyläther[3]) aus den Rückständen leicht regeneriert werden kann. Man behandelt zu diesem Zweck die angesammelten Rückstände zur Entfernung von Pyridin mit verdünnter Salzsäure, scheidet die obere Ätherschicht ab und behandelt sie noch mehrmals in ganz ähnlicher Weise. Schließlich wäscht man mit Wasser, trocknet über Calciumchlorid und destilliert über Natrium.

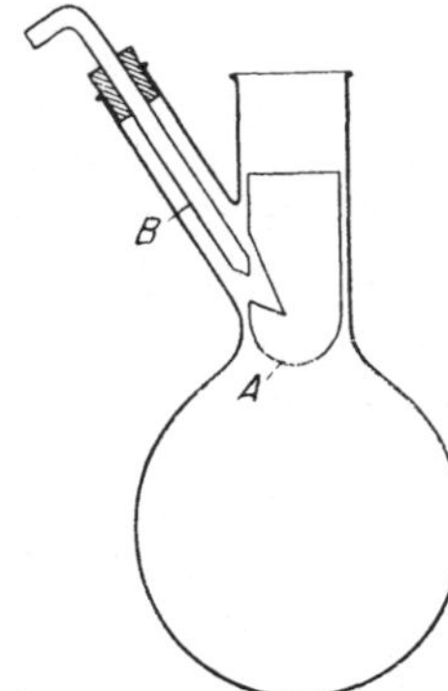

Fig. 301. Apparat von Nierenstein und Spiers.

Nach dieser Methode können auch Sulfhydrylgruppen (S. 1094), Imid- und Amingruppen[4]) bestimmt werden, und überhaupt alle „aktiven" Wasserstoffatome[5]).

Nierenstein und Spiers[6]) haben den Apparat in der durch Fig. 301 erkennbaren Weise modifiziert. Die Grignardlösung befindet sich in dem Gefäß A, das durch Einschieben des Glasstabs B gegen seine Wandung zertrümmert wird. Die Manipulation wird dadurch sehr vereinfacht.

---

[1]) Herzig und Erthal, M. **32**, 505 (1911).   [2]) Herzig, M. **35**, 74 (1914).
[3]) Darstellungsmethode für Amyläther: Schroeter und Sondag, B. **41**, 1922 (1908). — DRP. 200 150 (1908).
[4]) Ostromisslensky, B. **41**, 3025 (1908). — Sudborough und Hibbert, Soc. **95**, 477 (1909). — Hibbert, Proc. **28**, 15 (1912). — Soc. **101**, 328 (1912). — Hibbert und Wise, Soc. **101**, 344 (1912). — Liebermann, A. **404**, 295 (1914).
[5]) Zerewitinoff, B. **41**, 2233 (1908); **42**, 4806 (1909); **43**, 3590 (1910).
[6]) B. **46**, 3152 (1913).